D1659697

Einführung in die Kreislaufwirtschaft

Martin Kranert
Hrsg.

Einführung in die Kreislaufwirtschaft

Planung – Recht – Verfahren

5. Auflage

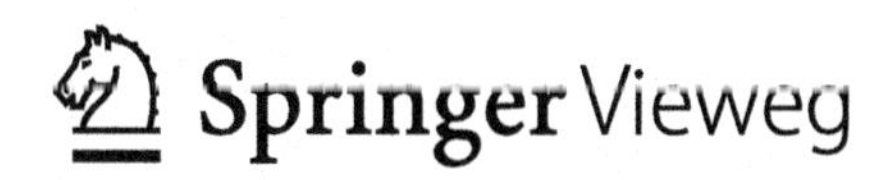

Herausgeber
Martin Kranert
Universität Stuttgart
Stuttgart
Deutschland

ISBN 978-3-8348-1837-9 ISBN 978-3-8348-2257-4 (eBook)
DOI 10.1007/978-3-8348-2257-4

Die Deutsche Nationalbibliothek verzeichnet diese Publikation in der Deutschen Nationalbibliografie; detaillierte bibliografische Daten sind im Internet über http://dnb.d-nb.de abrufbar.

Springer Vieweg

Lektorat: Dr. Daniel Fröhlich

Gedruckt auf säurefreiem und chlorfrei gebleichtem Papier

Springer Vieweg ist Teil von Springer Nature
Die eingetragene Gesellschaft ist Springer Fachmedien Wiesbaden GmbH
Die Anschrift der Gesellschaft ist: Abraham-Lincoln-Strasse 46, 65189 Wiesbaden, Germany

Vorwort

Auch in der Abfallwirtschaft gilt: nichts ist so beständig wie der Wandel. Dies beginnt bei den Begrifflichkeiten. So hat sich in den vergangenen 30 Jahren die Abfallbeseitigung über die Abfallwirtschaft hin zu einer Kreislaufwirtschaft entwickelt, die ein relevantes Element der Ressourcenwirtschaft darstellt. Mit dem Kreislaufwirtschaftsgesetz von 2012 ist die Kreislaufwirtschaft auch als Rechtsbegriff definiert. So war es naheliegend, in der Neuauflage des Lehrbuches „Abfallwirtschaft" auch den Titel an die aktuellen Intentionen und Faktenlage anzupassen und den Titel „Kreislaufwirtschaft" zu wählen.

Der Ursprung des Lehrbuches geht auf meinen Kollegen Cord-Landwehr zurück, der dieses beginnend von 1994 bis 2002 in drei Auflagen erfolgreich herausgegeben hat. Mit der 4. Auflage, deren Herausgeberschaft ich im Jahr 2010 übernommen habe, wurde das Lehrbuch neu konzipiert, um den aktuellen Anforderungen und Entwicklungen Rechnung zu tragen.

Das Gewicht der Themengebiete wurde verlagert und neue Aspekte aufgenommen. Zur Selbstkontrolle, aber auch um die im jeweiligen Kapitel angesprochenen Inhalte zu verdeutlichen, wurde am Ende jedes Kapitels ein Fragenkatalog angefügt. Darüberhinaus wurde ein umfangreiches Glossar, das die wesentlichen verwendeten Begriffe kurz erläutert, ergänzt und in einem Tabellenteil im Anhang wesentliche abfallwirtschaftliche Kenngrößen zum Nachschlagen untergebracht.

Mit der nun vorliegenden 5. Auflage wurden nicht nur die aktuellen gesetzlichen und technischen Entwicklungen berücksichtigt, es wurden auch 2 zusätzliche Kapitel neu aufgenommen. So wird die Bedeutung der Kreislaufwirtschaft für den Ressourcen- und Klimaschutz explizit dargestellt. Darüber hinaus ist die Verwertung von Altprodukten und Abfällen beginnend von den klassischen Sekundärrohstoffen wie Altglas, Altpapier, Altkunststoff und Altmetall über die Ersatzbrennstoffe bis hin zu dem hochaktuellen Thema der Elektro- und Elektronikaltgeräte in einem eigenen Kapitel vertieft ausgeführt. Wie schon in der vierten Auflage wird ergänzendes Zusatzmaterial betreffend Anlagen und Anlagentechnikin Form farbiger Abbildungen zur Illustration und Vertiefung über die Website des Springer Vieweg-Verlages online zur Verfügung gestellt.

Mit dem vorliegenden Lehrbuch soll den Studierenden umweltbezogener Studiengänge, besonders der Bau- und Umweltingenieurwissenschaften, aber auch der Verfahrenstechnik, den Naturwissenschaften, speziell auch der Ökologie und der Geographie, ein Kompendium zum Einstieg in das interdisziplinäre Gebiet der Kreislaufwirtschaft an die Hand geben werden. Aber auch für die in der beruflichen Praxis Stehenden kann es als Handbuch dienen, um Informationen zu gewinnen, abfallwirtschaftliche Strategien weiter zu entwickeln, sowie Planungs- und Bemessungsansätze nachzuschlagen.

Wie schon in der 4. Auflage wurde Wert darauf gelegt, das Lehrbuch grundlagenorientiert zu gestalten, wie es für den Einsatz in der Hochschullehre erforderlich ist, aber auch dem Bezug zur Praxis gebührenden Raum zu geben. Wir haben versucht, die komplexen Zusammenhänge so aufzubereiten, dass das Verständnis gefördert und das Interesse an der Kreislaufwirtschaft geweckt wird. Das Buch soll aber auch Anstöße geben, den eigenen Umgang mit Abfällen zu hinterfragen und das Handwerkszeug zur Verfügung zu stellen, für die Aufgabenstellungen der Kreislaufwirtschaft Lösungsansätze zu finden.

Um das weite Themengebiet der Kreislaufwirtschaft in der für ein Lehrbuch erforderlichen Breite und Tiefe kompetent abzudecken, konnten neben den an meinem Lehrstuhl an der Universität Stuttgart tätigen fachkundigen Mitarbeiterinnen und Mitarbeitern auch externe Kolleginnen und Kollegen, die auf ihrem Fachgebiet eine große Expertise besitzen, gewonnen werden, sich an dieser Mammutaufgabe mit ihrem Wissen und Erfahrungsschatz einzubringen. Wir haben versucht, alle wesentlichen, für den Einstieg in das komplexe Feld der Kreislaufwirtschaft relevanten Themengebiete aufzunehmen, wohl bewusst, das jedes dieser Gebiete ein ganzes Buch füllen könnte, um es in der Tiefe erschöpfend zu behandeln. Es bleibt hierbei nicht aus, dass einige Schwerpunkte in jenen Bereichen, in denen die Autorinnen und Autoren wissenschaftlich arbeiten, in besonderer Weise beleuchtet werden.

Da die Kreislaufwirtschaft einer hohen Dynamik unterliegt, die neben neuen wissenschaftlichen Erkenntnissen vor allem auch durch sich laufend ändernde gesetzliche Rahmenbedingungen verursacht wird, war es die die Herausforderung, das Lehrbuch so aktuell wie möglich zu gestalten, gleichzeitig jedoch den allgemeingültigen Charakter, der für die natur- und ingenieurwissenschaftlichen Grundlagen und auch methodischen Ansätze gilt, zu behalten. Wir haben uns auch in dieser Auflage bemüht, diesen Spagat zu bewerkstelligen.

Auf globaler Ebene steigt der Verbrauch an Rohstoffen und fossilen Energieträgern immer noch deutlich an, während gleichzeitig die fossilen, mineralischen und metallischen Ressourcen zunehmend knapper werden. Zusätzlich schwindet die Fertilität der Böden und die Erosion und Versteppung nehmen in dramatischem Umfang zu.

Zur Lösung dieser Problematik sind unter der Prämisse, unseren Lebensstandard nicht deutlich abzusenken und gleichzeitig in den sich entwickelnden Ländern ein wirtschaftliches Wachstum und damit auch verbesserte soziale Bedingungen zu erreichen, drei Möglichkeiten zu nennen:

- Schonung von Ressourcen durch das Vermeiden von Abfällen, Schließen von Stoffkreisläufen durch Recycling von Wertstoffen und Rückführung organischer Substanz auf die Böden sowie Nutzung der in den Abfällen enthaltenen – teilweise regenerativen – Energie, nach dem Kaskadenprinzip. Dies schließt die Wiederverwendung längerfristig in Infrastruktureinrichtungen und Deponien festgelegter Ressourcen z. B. durch „urban mining" zur Deckung des Bedarfs von morgen ein.

- Erhöhung der Materialeffizienz und Materialsubstitution bei der Produktion.
- Veränderung der Konsummuster unter Einbeziehung immateriellen Konsums, innovationsoffener Langzeitprodukte, von Leasingmodellen u. Ä.

Kreislaufwirtschaft ist aber auch eine Maßnahme zum Klimaschutz. So konnte im Jahr 2014 verglichen mit der Ausgangssituation im Jahr 1990 die Menge an jährlichen treibhausgasrelevanten Emissionen aus der Abfallwirtschaft um über 70 % reduziert werden. Darüber hinaus enthalten Siedlungsabfälle über 50 % an regenerativer Energie, die genutzt werden kann.

Auch vor diesem Hintergrund hat sich die Umwelttechnik, zu der auch die Kreislaufwirtschaft zählt, zu einem Wirtschaftzweig mit dem höchsten Wachstumspotential entwickelt, in dem in Deutschland inzwischen mehr Menschen als in der Automobilindustrie beschäftigt sind. Die Kreislaufwirtschaft kann darüber hinaus zukünftig beitragen, die vor allem in Hochtechnologieprodukten enthaltenen versorgungskritischen Rohstoffe der Produktion wieder zur Verfügung zu stellen.

Die Kreislaufwirtschaft ist in Lehre und Forschung ein Fachgebiet, das – herkommend aus dem Bauingenieurwesen – im Vergleich zu vielen anderen Disziplinen in den vergangenen 40 Jahren eine stürmische Entwicklung hinter sich hat. Kreislaufwirtschaft ist ein komplexes Thema, in welches nicht nur das Fachwissen aus verschiedenen Disziplinen der Ingenieur- und Naturwissenschaften, sondern zunehmend auch aus den Wirtschafts- und Sozialwissenschaften einfließt. Auch die Archäologie hat sich zwischenzeitlich der Wissenschaft vom Abfall – auch als „garbology" tituliert – angenommen.

Da der Begriff des Abfalls direkt an unsere Wertvorstellungen gekoppelt ist, resultiert hieraus, dass Abfallwirtschaft mit den Bedürfnissen, Emotionen und dem Bewusstsein der Menschen, aber auch mit Informationsflüssen verbunden ist. Daneben wird sie neben den naturgesetzlichen Randbedingungen und technischen Möglichkeiten auch durch wirtschaftliche und politische Interessen geprägt.

In der vorliegenden 5. Auflage wird, ausgehend von den gesetzlichen Rahmenbedingungen, welche die Entwicklungen der Kreislaufwirtschaft maßgeblich bestimmen, in einem übergeordneten Kapitel der Ressourcen- und Klimaschutz durch Kreislaufwirtschaft beleuchtet. Die abfallwirtschaftlichen Basisdaten, deren Gewinnung und Interpretation werden aufgezeigt und das Themengebiet der Abfallvermeidung – von manchen auch als Mythos bezeichnet – diskutiert. Die Sammel- und Transportsysteme sowie mechanische Aufbereitungs- und Trenntechniken werden erläutert und die Verwertung von Altprodukten und Abfällen dargestellt. Einen breiten Raum nehmen die biotechnischen Verfahren ein, denen zukünftig auch im internationalen Kontext eine der Schlüsselrollen in der Kreislaufwirtschaft zukommen wird. Die thermische Abfallbehandlung, die besonders in Nord- und Mitteleuropa einen hohen Stellenwert besitzt und weiter im Vormarsch ist, wird in der erforderlichen Tiefe dargestellt. Auch wenn die Deponie in Deutschland für nicht vorbehandelte Abfälle ein Auslaufmodell darstellt, so ist sie international das Standbein der Abfallentsorgung; aber auch in Deutschland werden wir uns, bis die bestehenden Deponien aus der Nachsorge entlassen werden, noch lange mit diesem Thema beschäftigen müssen. Ein eigenes Kapitel ist den gefährlichen Abfällen gewidmet, die als Ausfluss unserer Industriegesellschaft besonders wegen ihrer Umweltrelevanz und den eigens hierfür entwickelten Behandlungsmethoden einer besonderen Betrachtung bedürfen. Im Hinblick auf die Umsetzung wird das Vorgehen für eine zielorientierte abfallwirtschaftliche Planung dargestellt. Unter dem Aspekt, sich von den „end of pipe"-Ansätzen zu verabschieden, kommt dem betrieblichen Umweltmanagement als vorsorgende Maßnahme des Umweltschutzes eine besondere Bedeutung zu, was in einem eigenen Kapitel beschrieben ist. Das Buch schließt mit einer Übersicht über Ansätze zum Stoffstrommanagement und über die Bewertung abfallwirtschaftlicher Maßnahmen durch Ökobilanzen, die nicht zuletzt vor dem Hintergrund ganzheitlicher Betrachtung an Bedeutung gewinnen.

Das Werk wäre nicht zustande gekommen ohne die Autorinnen und Autoren, die viele Stunden ihrer Freizeit geopfert und ihr Wissen eingebracht haben; ihnen möchte ich zuvorderst an dieser Stelle besonders danken. Ein besonders herzliches Dankeschön an Frau Eugenia Steinbach von meinem Lehrstuhl, die sowohl bei der Umsetzung der Manuskripte und Abbildungen, aber auch bei der redaktionellen Bearbeitung und organisatorischen Abwicklung Großes geleistet hat; vielen Dank auch Frau Constanze Sanwald und den ungenannten wissenschaftlichen Hilfskräften, welche einen wesentlichen Teil der Zeichnungen in reproduzierbare Form gebracht haben. Herrn Dr. Daniel Fröhlich und Frau Annette Prenzer mit dem Team von Springer Vieweg danke ich für die Geduld, die sie mit uns als Autoren aufgebracht haben, sowie für die kompetente Begleitung von der Konzeption bis hin zur Fertigstellung.

Es würde uns freuen, wenn dieses Lehrbuch dazu beitragen kann, Anstöße zu geben, eine zukunftsfähige umweltverträgliche Nutzung natürlicher Ressourcen in Theorie und Praxis umzusetzen und die Faszination der Kreislaufwirtschaft zu entdecken.

Stuttgart, im März 2017 Martin Kranert

Inhaltsverzeichnis

Autorenverzeichnis

Dr.-Ing. Mechthild Baron Studium des Technischen Umweltschutzes an der Technischen Universität Berlin (Abschluss Dipl.-Ing. 1996), bis 1999 Projektleiterin für Altlastensanierung und Gebäuderückbau bei der INTECUS GmbH Berlin, 1999 bis 2006 wissenschaftliche Mitarbeiterin an der Technischen Universität Berlin, Institut für Technischen Umweltschutz, Fachgebiet Abfallwirtschaft (2006 Promotion zum Dr.-Ing.), seit 2007 wissenschaftliche Mitarbeiterin für Abfallwirtschaft und Bodenschutz beim Sachverständigenrat für Umweltfragen (SRU) in Berlin.
Internet: www.umweltrat.de
E-Mail: mechthild.baron@umweltrat.de
Kapitel 2: Ressourcen- und Klimaschutz durch Kreislaufwirtschaft

Dipl.-Ing., Dipl.-Wirtsch.-Ing. Andreas Behnsen Studium der Umwelt- und Hygienetechnik an der Fachhochschule Braunschweig/Wolfenbüttel sowie des Wirtschaftsingenieurwesens an der Hochschule Magdeburg/Stendal. Bis 2002 tätig als wissenschaftlicher Mitarbeiter an der Fachhochschule Braunschweig/Wolfenbüttel im Institut für Abfalltechnik und Umweltüberwachung und im Institut für Verfahrensoptimierung und Entsorgungstechnik. 2000 bis 2014 geschäftsführender Gesellschafter der Gesellschaft für Stoffstrom- und Abfallmanagement. Seit 2006 Kollege bei Barbara Bosch und Kollegen KG, Institut für systemisches Coaching und Organisationsberatung. Seit 2009 geschäftsführender Gesellschafter der Fa. Wienecke, Hillebrecht & Partner – Ingenieurgesellschaft für Energiemanagement. Seit 2012 Vorstandsmitglied in der Niedersächsischen Lernfabrik für Ressourceneffizienz e. V. (NiFaR). In den Jahren 2002 bis 2008 und seit 2013 Lehrer für Mathematik und Physik am Gymnasium des CJD Braunschweig.
Kapitel 13: Managementsysteme und innerbetriebliche Abfallwirtschaft

Prof. Dr.-Ing. habil. Werner Bidlingmaier Studium des Bauingenieurswesens an der Universität Stuttgart, Fakultät Bauingenieurwesen.

1972 Graduierung zum Dipl.-Ing.; 1979 Promotion zum Dr.-Ing.; 1990 Habilitation; 1991 Ernennung zum Privatdozenten mit dem Lehrgebiet: „Siedlungsabfallwirtschaft“.

1992 Forschungspreis der Freien Universität Brüssel mit 3monatigem Forschungsaufenthalt.

1993 Professor für Abfallwirtschaft der Universität GH Essen.

1997 Professor für Abfallwirtschaft an der Bauhaus-Universität Weimar.

Seit 2013 Gastdozent an der Universität Padua.

2015 Award „A life for Waste" der IWWG.

Schwerpunkte: Internationale Abfallwirtschaft (spez. Entwicklungs- und Schwellenländer), Biologische Verfahren in der Abfallwirtschaft (Kompostierung, Anaerobtechnik, MBA), Kommunale und betriebliche Abfallwirtschaftskonzepte, 127 Veröffentlichungen, 3 Fachbücher.

Kapitel 4: Abfallvermeidung

Prof. Dr.-Ing. Carla Cimatoribus Professorin für das Lehrgebiet Umwelttechnik an der Fakultät Gebäude, Energie, Umwelt (GU) der Hochschule Esslingen. Sie studierte Chemische Verfahrenstechnik (Dipl.-Ing. 2003) an der Universität Padua, Italien, und promovierte 2009 an der Universität Stuttgart zum Thema Simulation und Regelung von Bioabfallvergärungsanlagen. Sie verfügt über mehrere Jahre internationaler Industrieerfahrung im Anlagenbau für Wasser- und Abwassertechnologien.

Kapitel 8: Biologische Verfahren (Abschn. 8.3)

Dipl.-Geol. Detlef Clauß Studium der Geologie und Paläontologie (Stuttgart). Seit 1994 akademischer Angestellter am Institut für Siedlungswasserbau, Wassergüte- und Abfallwirtschaft der Universität Stuttgart. Von 2002 bis 2005 Beteiligung an der Summer School „Abfallwirtschaft" in Brasilien. Seit 2002 selbstständige Lehraufgaben im Masterstudiengang Air Quality Control, Solid Waste and Waste Water Process Engineering (WASTE) und im Studiengang Umweltschutztechnik.

Durchführung zahlreicher nationaler und internationaler Forschungsprojekte im Themenbereich Abfallwirtschaft.

Seit 2015 Leiter des Arbeitsbereichs Systeme in der Kreislauf- und Abfallwirtschaft am Lehrstuhl für Abfallwirtschaft und Abluft.

Internet: www.iswa.uni-stuttgart.de

Kapitel 3: Abfallmenge und Abfallzusammensetzung

Dr.-Ing. Heinz-Josef Dornbusch studierte an der Fachhochschule Münster Bauingenieurwesen in der Vertieferrichtung Abfallwirtschaft. Anschließend war er wissenschaftlicher Mitarbeiter/Sachgebietsleiter im LASU – Labor für Abfallwirtschaft, Siedlungswasserwirtschaft und Umweltchemie der Fachhochschule Münster, ab 1994 wissenschaftlicher Mitarbeiter/Sachgebietsleiter in der INFA GmbH sowie im INFA e. V. Seit 1996 ist er Mitglied des VKS im VKU Fachausschusses „Entsorgungslogistik". Herr Dornbusch ist seit 2005 Geschäftsführer der INFA GmbH und promovierte 2005 zu dem Thema „Untersuchungen zur Optimierung der Entsorgungslogistik für Abfälle aus Haushaltungen" an der Universität Rostock.

Kapitel 5: Sammlung und Transport

M. Sc. Katharina Eckstein studierte an der Fachhochschule Münster Bauingenieurwesen in der Vertieferrichtung Wasser- und Abfallwirtschaft. Anschließend absolvierte sie, ebenfalls an der Fachhochschule Münster, den Masterstudiengang „Internationales Infrastrukturmanagement". Seit 2009 arbeitet sie als wissenschaftliche Mitarbeiterin im LASU – Labor für Abfallwirtschaft, Siedlungswasserwirtschaft und Umweltchemie (im Jahr 2014 umfirmiert in IWARU – Institut für Wasser, Ressourcen und Umwelt) mit den Forschungsschwerpunkten Aufbereitung und Recycling von Kunststoffen, Flachbildschirmen und Photovoltaikanlagen.
Kapitel 7: Verwertung von Altprodukten und Abfällen (Abschn. 7.1)

M. Sc. Nicolas Escalante Studium des Bauingenieurwesens an der Universidad de loss Andes in Bogotá, Kolumbien (Abschluss B.Sc. 2002). Masterstudium „Air Quality Control, Solid Waste, and Waste Water Process Engineering" (WASTE) an der Universität Stuttgart (Abschluss M.Sc. 2006). 2006 bis 2008 Dozent am Fachbereich Bau- und Umweltingenieurwesen der Universidad de los Andes. Seit 2008 Promotion am Lehrstuhl für Abfallwirtschaft und Abluft der Universität Stuttgart und zum Thema modell- und simulationsbasierte strategische Planung in der Abfallwirtschaft. Zwischen 2008 und 2013 wissenschaftlicher Mitarbeiter der gleichen Einrichtung. 2009 bis 2012 Aufbaustudium am Worcester Polytechnic Institute (USA) und Fortbildungen an der Universität St. Gallen (Schweiz), an der Universitat Politècnica de Catalunya (Spanien) und an der Universität Bergen im Bereich Systemmodellierung und dynamische Simulation (System Dynamics). Nach freiberuflicher Tätigkeit von 2013 bis 2015, seit Anfang 2016 Senior Consultant und Partner bei der Firma RRA (Public Law + Social Innovation) mit Sitz in Bogota, Kolumbien.
Internet: www.rra-law-innovation.com
E-Mail: nescalante@rra-law-innovation.com
Kapitel 14: Stoffstrommanagement und Ökobilanzen (Abschn. 14.4)

Prof. Dr.-Ing. Martin Faulstich Studium der allgemeinen Verfahrenstechnik und Maschinenbaus in Düsseldorf und Aachen (Abschluss Dipl.-Ing. 1985), 1985 bis 1992 wissenschaftlicher Mitarbeiter an der Technischen Universität Berlin, Fachbereich Technischer Umweltschutz, 1992 Promotion zum Dr.-Ing. an der Technischen Universität Berlin, 1992 bis 1994 Geschäftsführer der Fördergemeinschaft Abfallwirtschaft und Ressourcenschonung e.V., Berlin, 1994 bis 2003 Professor für Abfallbehandlung und Reststoffverwertung, Institut für Wassergüte- und Abfallwirtschaft, Technische Universität München, 2000 bis 2012 Vorstandsvorsitzender ATZ Entwicklungszentrum Rohstoffe Energie Materialien, Sulzbach-Rosenberg, 2003 bis 2012 Lehrstuhlinhaber für Rohstoff- und Energietechnologie, Technische Universität München, 2003 bis 2012 Gründungsdirektor Wissenschaftszentrum Straubing (Gemeinschaftseinrichtung von sechs Hochschulen), seit 2006 Mitglied im und 2008 bis 2016 Vorsitzender des Sachverständigenrates für Umweltfragen, dem wissenschaftlichen Beratungsgremium der Bundesrepublik, Berlin, seit 2013

Lehrstuhlinhaber für Umwelt- und Energietechnik, Technische Universität Clausthal, seit 2013 Geschäftsführer des CUTEC Institut, Clausthaler Umwelttechnik-Institut GmbH,

Mitglied in nationalen und internationalen Gremien (u.a. Ifo-Institut, Daimler und Benz Stiftung, Co-Vorsitzender der Ressourcenkommission am Umweltbundesamt), Autor bzw. Co-Autor von über 300 Fachbeiträgen in Zeitschriften, Tagungsbänden und Büchern
Internet: www.cutec.de
E-Mail: martin.faulstich@cutec.de
Kapitel 2: Ressourcen- und Klimaschutz durch Kreislaufwirtschaft

Dr.-Ing. Alexander Feil Studium des Bergbaus, Fachrichtung Aufbereitung, Diplom 1992, RWTH Aachen. 1992 bis 1996: Wissenschaftlicher Mitarbeiter am Lehrstuhl für Umweltverfahrenstechnik und Recycling (LUR), Erlangen-Nürnberg. 1996 bis 2002: Schriftleitung der Fachzeitschrift Aufbereitungstechnik/Mineral Processing. 2002 bis 2011: Technischer Direktor des Forschungsinstitutes der Internationalen Forschungsgemeinschaft Futtermitteltechnik (IFF), Braunschweig-Thune. Seit 2012: Oberingenieur am Lehrstuhl für Aufbereitung und Recycling (I.A.R.) der RWTH Aachen.
Internet: www@ifa.rwth-aachen.de
E-Mail: feil@ifa.rwth-aachen.de
Kapitel 6: Aufbereitung fester Abfallstoffe

Dr.-Ing., Dipl.-Chem. Klaus Fischer Studium der Chemie an der Universität Stuttgart, Promotion 1984 mit dem Thema: „Die weitergehende Abwasserreinigung mit Hilfe von Aktivkohlefiltern unter besonderer Berücksichtigung der biologischen Regeneration"

Ab 1983 wissenschaftlicher Mitarbeiter am Institut für Siedlungswasserbau, Wassergüte- und Abfallwirtschaft der Universität Stuttgart mit dem Schwerpunkt „Biologische Abluftreinigung". Seit 1994 bis 2014 Leiter des Arbeitsbereichs Siedlungsabfall. Lehrtätigkeit an der Universität Stuttgart sowie Lehrauftrag an der Universidade Federal do Parana in Curitiba/Brasilien im deutsch-brasilianischen Studiengang Masterstudiengang MAUI. Über 170 Veröffentlichungen auf dem Gebiet der Abluftreinigung und Abfallwirtschaft. Mitglied der VDI-Arbeitsgruppen VDI 3475 (Emissionen aus Abfallbehandlungsanlagen) und VDI 3477 (Biofilter).
E-Mail: Klaus.Fischer@iswa.uni-stuttgart.de
Kapitel 8: Biologische Verfahren

Prof. Dr.-Ing. Sabine Flamme Studium FH Münster Fachbereich Bauingenieurwesen, 2002 Promotion zum Dr.-Ing. an der Bergischen Universität Wuppertal, 1994 bis 2001 Projektleiterin und 2001 bis 2006 Sachgebietsleiterin in der INFA GmbH für den Bereich mechanische und energetische Abfallbehandlung, zum Wintersemester 2005/2006 Ruf an die FH Münster, Lehrgebiet Stoffstrom- und Ressourcenwirtschaft.

Seit Herbst 2005 Leitung des LASU – Labor für Abfallwirtschaft, Siedlungswasserwirtschaft und Umweltchemie (im Jahr 2014 umfirmiert in IWARU – Institut für Wasser, Ressourcen und Umwelt) sowie der Geschäftsstelle der Gütegemeinschaft Sekundärbrennstoffe und Recyclingholz e.V. (BGS). Von 2006 bis 2014 wissenschaftliche Leiterin in der INFA GmbH und seit 2007 Geschäftsführerin der neovis GmbH & Co. KG.

Mitglied in verschiedenen nationalen und internationalen Fach- und Projektbeiräten und Kuratorien, Autorin und Co-Autorin zahlreicher Fachbeiträge in Zeitschriften, Tagungsbänden und Büchern, Herausgeberin der Schriftenreihe Münsteraner Schriften zur Abfallwirtschaft,
Internet: www.iwaru.de
E-Mail: flamme@fh-muenster.de
Kapitel 7: Verwertung von Altprodukten und Abfällen (Abschn. 7.1)

Dipl.-Ing. Anna Fritzsche Studium im Fach Entsorgungsingenieurwesen an der RWTH Aachen von 2006 bis 2011. Zwei Jahre Referentin beim Bundesverband Sekundärrohstoffe und Entsorgung e.V. in Bonn, zuständig für den Fachverband Mineralik – Recycling und Verwertung sowie das Thema Biogene Abfälle im Fachverband Ersatzbrennstoffe, Altholz und Biogene Abfälle. Seit Sommer 2014 wissenschaftliche Mitarbeiterin am Institut für Siedlungswasserbau, Wassergüte und Abfallwirtschaft im Arbeitsbereich Biotechnische Verfahren in der Kreislaufwirtschaft und Doktorandin im Graduiertenprogramm BBW ForWerts des Forschungsprogramms Bioökonomie Baden-Württemberg.
E-Mail: anna.fritzsche@iswa.uni-stuttgart.de
Kapitel 4: Abfallvermeidung
Kapitel 8: Biologische Verfahren

Prof. Dr.-Ing. Bernhard Gallenkemper studierte in Münster von 1964 bis 1967 an der Staatlichen Ingenieurschule für Bauwesen, Fachrichtung Allgemeiner Ingenieurbau und anschließend an der TU Hannover, Fachrichtung Bauingenieurwesen. In seiner Dissertation im Jahr 1977 wurde der Einsatz verschiedener Behältersysteme bei der Müllabfuhr unter besonderer Berücksichtigung der örtlichen Gegebenheiten untersucht. Nach einer Tätigkeit beim Ruhrverband, Essen, wurde er 1980 an die Fachhochschule Münster für das Lehrgebiet Wasser- und Abfallwirtschaft berufen. Neben seiner Lehrtätigkeit befasste er sich dort bis zu seinem Ruhestand im Jahre 2005 im Rahmen vieler Forschungs- und Entwicklungsprojekte mit praxisnahen anwendungsbezogenen Fragestellungen aus dem Bereich der Abfallwirtschaft. Ein Schwerpunkt seiner Arbeitsbereiche ist die Logistik. Sein umfassendes Wissen schlägt sich in der Vielzahl von Gutachten, Veröffentlichungen und Vorträgen sowie Mitarbeit in verschiedenen Fachausschüssen nieder. Außerdem verfügt er über umfangreiche praktische Planungserfahrungen in den Bereichen abfallwirtschaftlicher Behandlungsanlagen und Deponien. Seit 1994 ist er wissenschaftlicher Leiter der INFA GmbH, Ahlen.
Kapitel 5: Sammlung und Transport

Dipl.-Ing. Gerold Hafner Studium Bauingenieurwesen an der Universität Stuttgart mit Abschluß Diplom-Ingenieur im Jahr 1992. Danach Tätigkeiten in Ingenieurbüros im

Bereich Erd- und Grundbau, Altlastensanierung und später Abfallwirtschaft. Seit 2003 wissenschaftlicher Mitarbeiter an der Universität Stuttgart, seit 2004 Vorlesungen im Bereich Stoffstrom- und Ressourcenmanagement an der Universität Stuttgart. Seit 2009 Arbeitsbereichsleiter „Ressourcenmanagement und Industrielle Kreislaufwirtschaft". Seit 2015 Dozent an der Hochschule für Forstwirtschaft Rottenburg. Wichtige Schwerpunkte der wissenschaftlichen Tätigkeiten auf nationaler und internationaler Ebene sind, neben klassischen Themen der Abfallwirtschaft, das Stoffstrom- und Ressourcenmanagement und seit 2010 die Analyse, Bewertung und Optimierung von Systemen der Lebensmittelkette.
Kapitel 14: Stoffstrommanagement und Ökobilanzen (Abschn. 14.1–14.3)

Dipl.-Biol. Kai Hillebrecht Studium der Biologie und des Umweltingenieurwesen an der Technischen Universität Braunschweig.

Bis 2002 als wissenschaftlicher Mitarbeiter an der Fachhochschule Braunschweig/Wolfenbüttel im Institut für Abfalltechnik und Umweltüberwachung und im Institut für Verfahrensoptimierung und Entsorgungstechnik tätig. Bis 2007 Mitarbeiter am Lehrstuhl für Abfall- und Ressourcenwirtschaft der Technischen Universität Braunschweig. 2000–2014 geschäftsführender Gesellschafter der Gesellschaft für Stoffstrom- und Abfallmanagement, Wolfenbüttel. 2005–2014 Redakteur der Fachzeitschrift „Müll und Abfall", Fachzeitschrift für Abfall- und Ressourcenwirtschaft, für den Erich Schmidt Verlag, Berlin. Seit 2008 geschäftsführender Gesellschafter der Fa. Wienecke, Hillebrecht & Partner, Ingenieurgesellschaft für Energiemanagement, Wolfenbüttel. Seit 2008 Lehrbeauftragter für den Bereich Abfallbewirtschaftung und Abfallbehandlungstechnologien an der Ostfalia Hochschule für angewandte Wissenschaften Seit 2012 Mitarbeiter an der Ostfalia Hochschule für angewandte Wissenschaften, Abteilung Hochschulentwicklung und – kommunikation. Das Aufgabengebiet umfasst die Projektkoordination im BMBF geförderten Projekt EU-Strategie-FH die Forschungsevaluation und die Internationalisierung der Forschung.
Kapitel 13: Managementsysteme und innerbetriebliche Abfallwirtschaft

Dipl-Ing. Julia Hobohm Studium der Verfahrenstechnik an der Technischen Universität Hamburg, seit 2011 wissenschaftliche Mitarbeiterin an der Technischen Universität Hamburg, Institut für Umwelttechnik und Energiewirtschaft, Gruppe der Abfallressourcenwirtschaft. Das Promotionsthema ist die ressourcenoptimierte Erfassung von Elektro- und Elektronikaltgeräten. Seit 2011 Mitarbeit in der IWWG (International Waste Working Group), hier seit 2015 Gruppenleiterin der WEEE-Arbeitsgruppe. Seit 2014 Mitarbeit in dem internationalem Netzwerk ReCreew zur Rückgewinnung von kritischen Metallen. Außerdem aktiv in Lehre, in weiteren Forschungs- und Industrieprojekten und in der Nachwuchsförderung über die Zusammenarbeit mit Schulen.
Internet: https://www.tuhh.de/iue/
E-Mail: Julia.hobohm@tuhh.dee

Kapitel 7: Verwertung von Elektro- und Elektronikaltgeräten (Abschn. 7.2)

Dr.-Ing. Hans-Dieter Huber Studium des Bauingenieurwesens (Dipl.-Ing. 1984) sowie Promotion (Dr.-Ing. 2000) an der Universität Stuttgart. Ab 1984 in einem Ingenieurbüro Projektleiter verschiedener Großprojekte von Abfallbehandlungsanlagen. 1997 bis 2015 sowie seit 2005 Mitinhaber von auf die Planung von Abfallbehandlungsanlagen spezialisierten Ingenieurbüros. Seit 2002 Lehrbeauftragter an der Universität Stuttgart.
Internet: www.tbf.ch
E-Mail: hr@tbf.ch
Kapitel 12: Abfallwirtschaftliche Planungen und Abfallwirtschaftskonzepte auf Ebene der öffentlich-rechtlichen Entsorgungsträger (Abschn 12.7–12.12)

Dr.-Ing. Jörg Julius Studium des Wirtschaftsingenieurwesens, technische Fachrichtung Elektrotechnik, an der Technischen Universität Berlin mit Abschluss Diplom- Ingenieur im Jahr 1976. Ab 1977 Wissenschaftlicher Assistent am Institut für Aufbereitung, Kokerei und Brikettierung, Prof. Hoberg, RWTH Aachen. Promotion zum Dr.-Ing. im Mai 1983. Dann bis 1992 Technischer Leiter Anlagenbau, Lindemann Maschinenfabrik, Düsseldorf. 1993 bis 1997 Vertriebsleiter, Fa. KHD Humboldt Wedag AG, Köln und von 1998 bis 2012 Oberingenieur am Institut für Aufbereitung und Recycling der RWTH Aachen.
Kapitel 6: Aufbereitung fester Abfallstoffe

Prof. Dr.-Ing. Martin Kranert Studium des Bauingenieurwesens an der Universität Stuttgart (Abschluss Dipl.-Ing. 1981), 1981 bis 1984 wissenschaftlicher Mitarbeiter an der Universität Stuttgart, Institut für Siedlungswasserbau, Wassergüte- und Abfallwirtschaft, Lehrstuhl für Abfalltechnik, 1987 Promotion zum Dr.-Ing. an der Universität Stuttgart, 1984 bis 1993 Projektleiter, Büroleiter und technischer Geschäftsführer bei der Ingenieursozietät Abfall, Stuttgart, 1993 bis 2002 Professor für Abfallwirtschaft an der Fachhochschule Braunschweig/Wolfenbüttel, Leitung des Institutes für Abfalltechnik und Umweltüberwachung, 2000 bis 2002 Leiter des Instituts für Verfahrensoptimierung und Entsorgungstechnik IVE (An-Institut) der Niedersächsischen Technologieagentur (NATI), Hannover, seit 2002 Ordinarius für Abfallwirtschaft und Abluft an der Universität Stuttgart am Institut für Siedlungswasserbau, Wassergüte- und Abfallwirtschaft und Mitglied des Institutsdirektoriums, seit 2010 Vorsitzender der Gemeinsamen Kommission des Studienganges Umweltschutztechnik, 2011–2013 Dekan der Fakultät Bau- und Umweltingenieurwissenschaften der Universität Stuttgart, seit 2010 Mitglied des wissenschaftlichen Vorstandes des Indo-German-Center for Sustainability (IGCS) am IIT Madras (Chennai, Indien) und seit 2012 Obmann des Bundesgüteausschusses der BGK e. V.; Gremientätigkeiten, Mitglied in nationalen und internationalen Fachvereinigungen und Fachkomittees, Autor bzw. Co-Autor von über 350 Fachbeiträgen in Zeitschriften, Tagungsbänden und Büchern, Herausgeber der Schriftenreihe Abfallwirtschaft
Internet: www.iswa.uni-stuttgart.de
E-Mail: martin.kranert@iswa.uni-stuttgart.de

Kapitel 4: Abfallvermeidung
Kapitel 8: Biologische Verfahren
Kapitel 12: Abfallwirtschaftliche Planungen und Abfallwirtschaftskonzepte auf Ebene der öffentlich-rechtlichen Entsorgungsträger

Prof. Dr.-Ing. Kerstin Kuchta studierte Technischen Umweltschutz an der TU Berlin und promovierte 1997 an der TU Darmstadt zur Produktion von Qualitätsgütern in der thermischen Abfallbehandlung. Bis zum Antritt ihrer Professur für Energie- und Umweltmanagement an der HAW Hamburg 2002, war sie in der Leitung verschiedener Ingenieurgesellschaften mit der Planung, der Genehmigung und dem Betrieb von umwelttechnischen Anlage betraut. Von 2008 bis 2010 fungierte sie zusätzlich als Gründungsdekanin der Ingenieurwissenschaftlichen Fakultät der Deutsch-Kasachischen Universität in Almaty, Kasachstan. Seit 2011 ist sie Professorin für Abfallressourcenwirtschaft an der TU Hamburg und leitet den Forschungsbereich Abfall als Ressourcen im Institut für Umwelttechnik und Energiewirtschaft. Ihre Forschungsschwerpunkte liegen neben den Bereichen Biogas aus organischen Reststoffen, Algenbioraffinerie und dem Kunststoffrecycling vor allem in dem Bereich Recycling seltener Metalle aus Elektronikabfall, Altfahrzeugen und Schlacken.
Internet: www.tuhh.de/iue
E-Mail: kuchta@tuhh.de
Kapitel 7: Verwertung von Elektro- und Elektronikaltgeräten (Abschn. 7.2)

Prof. Dr.-Ing., Dr. phil. Paul Laufs Studium des Maschinenwesens, der Luftfahrttechnik und der Technikgeschichte in München und Stuttgart (Dipl.-Ing. 1963), Wissenschaftlicher Assistent am Institut für Aerodynamik und Gasdynamik der Universität Stuttgart (Promotion zum Dr.-Ing. 1967), Industrietätigkeit 1967 bis 1976 – davon 3 Jahre in den USA, Mitglied des Deutschen Bundestags (CDU) 1976 bis 2002, Mitglied eines Kreistags 1979–1984, Parlamentarischer Staatssekretär 1991–1997 u. a. im Bundesministerium für Umwelt, Naturschutz und Reaktorsicherheit, nach 2002 technikhistorische Studien an der Universität Stuttgart (Abschluss Promotion zum Dr. phil. 2006), Lehrbeauftragter der Universität Stuttgart 1967–1973 (Hyperschallströmungen) und seit 1991 (Umweltpolitik), Honorarprofessor 1998. Laufs ist Träger des Großen Bundesverdienstkreuzes
Kapitel 1: Politische Ziele, Entwicklungen und rechtliche Aspekte der Abfallwirtschaft

Univ. Prof. Dr.-Ing. Thomas Pretz Studium des Bergbaus, Fachrichtung Aufbereitung; ab 1977 an der RWTH Aachen. September 1983: Abschluss zum Dipl.- Ing. Ab Oktober 1983 Wissenschaftlicher Mitarbeiter am Institut für Aufbereitung bei Prof. Hoberg, RWTH Aachen. Promotion zum Dr.- Ingenieur im Oktober 1988. Von 1988 bis 1989 Oberingenieur am Institut für Aufbereitung. Danach Projektingenieur bei TILKE, Ingenieure für Umwelttechnik, Aachen. 1990 Gründung der HTP, Ingenieurgesellschaft für Aufbereitungstechnik und Umweltverfahrenstechnik, Aachen. Seit 1993 Gesellschafter

der Ingenieurgesellschaft pbo. 1997 erfolgte die Berufung auf den Lehrstuhl für Aufbereitung und Recycling zum Leiter des Instituts für Aufbereitung der RWTH Aachen.
Internet: www.ifa.rwth-aachen.de
E-Mail: pretz@ifa.rwth-aachen.de
Kapitel 6: Aufbereitung fester Abfallstoffe

Dr.-Ing. Martin Reiser Ausbildung zum Chemielaboranten am Institut für Siedlungswasserbau, Wassergüte- und Abfallwirtschaft der Universität Stuttgart, Studium der Chemie an der Universität Stuttgart (Abschluss Dipl.-Chem. 1992). Thema der Diplomarbeit in technischer Chemie war „Herstellung und Charakterisierung von Molybdänoxid-Clustern in mittelporigen Zeolithen". 1999 Dissertation am ISWA mit dem Titel „Reinigung von Abluft mit schlecht wasserlöslichen Inhaltsstoffen im Biomembranreaktor". Seit 1999 Leiter des Arbeitsbereichs „Technik und Analytik der Luftreinhaltung" (2010 umbenannt in „Emissionen") im Lehrstuhl für Abfallwirtschaft und Abluft des ISWA an der Universität Stuttgart und seit 2013 zusätzlich Laborleiter der drei zum Lehrstuhl gehörenden Labore. Arbeitsgebiete sind Luftanalytik mit Schwerpunkt Spuren- und Geruchsstoffe, Verfahren der Luftreinhaltung und Emissionen aus Abfallbehandlungsanlagen.
Kapitel 8: Biologische Verfahren (Abschn. 8.6)

Prof. Dr.-Ing. Gerhard Rettenberger studierte an der Universität Stuttgart bis 1972 Bauingenieurwesen. Danach war er wissenschaftlicher Mitarbeiter an der Universität Stuttgart bei Prof. Dr. Tabasaran. Seine wissenschaftlichen Aktivitäten lagen insbesondere auf den Gebieten Deponietechnik, Deponiesanierung und Deponiegas. Seit 1987 hat er eine Vollprofessur für Abfalltechnik und Abwasserbehandlung an der Hochschule Trier inne. Zuletzt leitete er dort das Institut für Abfalltechnik und Ressourcensicherung. Er publizierte über 400 Fachartikel. Seit 2014 ist er emeritiert. Er war Vizepräsident und Vorstand in der Deutschen Gesellschaft für Abfallwirtschaft (DGAW e.V.), war Vorstandsmitglied des Arbeitskreises zur Nutzbarmachung von Siedlungsabfällen (ANS e.V.) und Vorsitzender des wissenschaftlichen Kuratoriums der Entsorgergemeinschaft der deutschen Entsorgungswirtschaft (EdDE). Er ist Berater und Bevollmächtigter in einem Ingenieurbüro (Ingenieurgruppe RUK GmbH) und arbeitet als Seniorconsultant an zahlreichen Deponieprojekten in verschiedenen Ländern. Als Sachverständiger prüft er Biogas- und Deponiegasanlagen. Er ist von der Industrie- und Handelskammer Trier öffentlich bestellter und vereidigter Sachverständiger für Abfalltechnik. Er ist in zahlreichen Gremien bei VDI, DWA, VKU und FvB tätig, leitet mehrere Arbeitskreise und wirkte bei zahlreichen Publikationen und Merkblättern mit. Bei der DWA (Deutsche Vereinigung für Wasserwirtschaft, Abwasser und Abfall e.V.) ist er u.a. stellvertretender Leiter des Fachausschusses Deponie. Er gibt die Schriftenreihe „Trierer Berichte zur Abfallwirtschaft" heraus.
E-Mail: rettenberger.trier@ruk-online.de
Kapitel 10: Deponie

Dipl.-Ing. Manfred Santjer studierte an der Fachhochschule Münster Bauingenieurwesen in der Vertieferrichtung Wasser- und Abfallwirtschaft. Im Anschluss war er als Planungsingenieur in der IWA – Ingenieurgesellschaft für Wasser- und Abfallwirtschaft mbH, Enniger tätig. Von 1996 bis 2007 war er als Projektingenieur in der INFA GmbH beschäftigt, seit 2007 ist er leitender Projektingenieur. Dabei stehen neben Organisationsuntersuchungen im Bereich der Entsorgungslogistik sowie im dazugehörenden technischen und administrativen Bereich auch Wirtschaftlichkeits-untersuchungen sowie Management- und Strategieberatungen im Fokus seiner Tätigkeiten.
Kapitel 5: Sammlung und Transport

Dipl.-Biol. M.Eng. Jan Henning Seelig Studium der Biologie an der Georg-August-Universität Göttingen (Abschluss Dipl.-Biol. 2007), 2007 bis 2008 Mediengestalter Bild und Ton bei Imago Film in Göttingen mit Schwerpunkt auf umweltschutzbezogenen Dokumentarfilmprojekten, 2008 bis 2014 Projektmitarbeiter am Büsgen-Institut, Abteilung Forstzoologie und Waldschutz der Georg-August-Universität Göttingen, 2012 bis 2014 Masterstudium Nachwachsende Rohstoffe und Erneuerbare Energien an der HAWK Hochschule für angewandte Wissenschaft und Kunst in Göttingen, Masterarbeit im Bereich thermochemische Konversion am Fraunhofer-Institut für Umwelt-, Sicherheits- und Energietechnik (UMSICHT) in Oberhausen, dort anschließend Tätigkeit als Verfahrensingenieur im selben Bereich, seit 2015 Projektingenieur in der Abteilung Metallrecycling am CUTEC-Institut in Clausthal-Zellerfeld.
Internet: www.cutec.de
E-Mail: jan.seelig@cutec.de
Kapitel 2: Ressourcen- und Klimaschutz durch Kreislaufwirtschaft

Prof. Dr.-Ing. Helmut Seifert Studium Maschinenbau und Allgemeine Verfahrenstechnik an der Universität Karlsruhe (TH) und anschließende Promotion am Lehrstuhl für Feuerungstechnik des Engler-Bunte-Instituts der Universität Karlsruhe, von 1975–1979 als wissenschaftlicher Assistent. Nach der Promotion von 1979–1996 Industrietätigkeit in der BASF, Ludwigshafen, in verschiedenen Entwicklungs-und Projektierungsabteilungen u.a. Planung einer neuen Rückstandsverbrennungsanlage mit zentraler Abgasreinigung. Von 1987–1996 Leitung der Gruppe Hochtemperaturverfahrenstechnik in der Technischen Entwicklung der BASF. 1997 Berufung als Professor für thermische Abfallbehandlung an die Universität Stuttgart, zeitgleich Übernahme der Leitung des Instituts für Technische Chemie (ITC) am Forschungszentrum Karlsruhe, das 2009 mit der Universität Karlsruhe zum KIT (Karlsruher Institut für Technologie) fusionierte. Nach seiner Emeritierung im Jahr 2015 weiterhin Betreuung externer und interner Aktivitäten des Institutes ITC am KIT u. a. von Doktoranden. Mitwirkung bei der europäischen Gesellschaft KIC-Innoenergy zur Entwicklung innovativer Energieprojekte sowie in zahlreichen Gremien und Fachgruppen z. B. bei ProcessNet/VDI und DVV sowie in mehreren Programmkomittees internationaler Tagungen z. B. IT3 (Incineration Technologies USA) und INFUB (Industrial Furnaces and Boiler, Portugal).

Forschungsschwerpunkte: Hochtemperaturverfahren, Pyrolyse, Vergasung und Verbrennung fester Brennstoffe sowie den dazugehörigen Abgasreinigungsverfahren mit Schwerpunkt Partikeltechnologie.

Autor bzw. Co-Autor von über 250 Fachbeiträgen in Zeitschriften, Tagungsbänden und Büchern und Inhaber zahlreicher Patente.
Internet: http://www.itc.kit.edu
Email: helmut.seifert@kit.edu
Kapitel 9: Thermische Verfahren

Prof. Dr.-Ing. Dipl.-Chem. Erwin Thomanetz Von 1986 bis 2009 Leiter der Ab. Industrielle Sonderabfälle/Altlasten am Institut für Siedlungswasserbau, Wassergüte- und Abfallwirtschaft der Universität Stuttgart, Forschung & Entwicklung sowie Lehre. Tätigkeitsfelder: Industrieabwasser, Industrieabfälle, Kommunalabfall, Recyclingverfahren, Klärschlamm, Abfallvermeidung, Altlastenerkundung und Altlastensanierung. Von der IHK Öffentlich bestellter und Vereidigter Sachverständiger für Abfallpyrolyse. Mitglied im Beirat des Altlastenforums Baden-Württemberg e.V. Berufliche Auslandserfahrungen: USA, England, Luxemburg, Belgien, Dänemark, Norwegen, Türkei, Korea, Japan, China, Vietnam, Kirgisien, Kolumbien, Brasilien, Kenia, Äthiopien, Ruanda, Ägypten. Karl Imhoff Preis (1984) für Arbeiten zur Quantifizierung der Biomasse von belebten Schlämmen, Oce´-van der Grinten Industriepreis (1989) für Arbeiten zur Thematik Aufbereitung von Sickerwasser aus Sonderabfalldeponien. Autor bzw. Co-Autor zahlreicher Fachbeiträge in Fachzeitschriften, Tagungsbänden und Büchern. Derzeit tätig bei der GCTU (Gesellschaft für Chemischen und Technischen Umweltschutz mbH, Stuttgart).
E-Mail: gctu-stuttgart@t-online.de
Kapitel 11: Gefährliche Abfälle und Altlasten

Dr. rer.nat. Jürgen Vehlow Studium der Chemie, Physik und Mathematik an der Freien Universität Berlin folgte die Promotion zum Dr. rer. nat im März 1972 mit einer Arbeit zur Messung elektrischer Überführungszahlen im Debye-Hückel-Bereich unter Einsatz von Radiotracern. Im gleichen Jahr wechselte er als Wissenschaftler an das Laboratorium für Isotopentechnik (heute Institut für Technische Chemie) im Kernforschungszentrum Karlsruhe (heute Karlsruher Institut für Technologie) mit dem Tätigkeitsgebiet Korrosionsforschung mittels Radionuklidtechnik. Seit 1984 bearbeitete er dort chemische Prozesse der Abfallverbrennung mit den Schwerpunkten Elementverhalten (Schwermetalle, Halogene) Bildung und Abreinigung organischer Verbindungen (Dioxine, FCKW, Flammschutzmittel), Charakterisierung, Verwertung und Entsorgung von Prozessrückständen, Abfallwirtschaftskonzepte unter besonderer Beachtung des biogenen Abfallanteils. Ab 1980 war er Leiter der Abteilung Chemie, von 1995 bis 1997 hatte er die kommissarische Institutsleitung inne und von 1997 bis 2006 war er Vertreter des Institutsleiters. Nach seinem Ausscheiden im August 2006 betreute er externe Aktivitäten des Instituts.

Er ist Mitglied im Foreign Editoral Board des 'Journal of Material Cycles and Waste Management', im Scientific Committee der International Conference on Combustion, Incineration/Pyrolysis and Emission Control (ICIPEC, Ostasien) und im Scientific Committee des Waste-to-Energy Research and Technology Council (WTERT) an der Columbia University, New York.
Email: Juergen.vehlow@partner.kit.edu
Kapitel 9: Thermische Verfahren

Dr. rer. nat. Torsten Zeller (Diplom-Geologe) Studium der Geologie, Vertiefung Geophysik/Hydrogeologie an der TU Clausthal, CDG-Stipendiat Chengdu College of Geology, nebenberufliche Promotion TU Clausthal, seit 1989 CUTEC, Laborleiter, Gruppenleiter, seit 2014 Leiter der Abteilung Metallrecycling, Core-Vertreter im KIC RawMaterials und Western CLC Recycling, Leitung AK 4 des REWIMET e. V.

Lehr- und Dozententätigkeit im Bereich Bodenschutz und Abfallbehandlung und Landfill Mining. Einwerbung, Verbundkoordinator und Leitung zahlreicher nationaler und internationaler Forschungsprojekte im Bereich Rohstoffrecycling z. B. BMBF (u.a. r2, r3, r4, CLIENT, KMU-Innovativ) mit intensiver Industriebeteiligung. Aktuelle Arbeitsschwerpunkte: Schließung von metallischen Rohstoffkreisläufen durch Prozessinnovation, Recycling und Landfillmining, Kritische Metalle besonders im Kontext der Energiewende. Zahlreiche Veröffentlichungen.
Internet: www.cutec.de
E-Mail: torsten.zeller@cutec.de
Kapitel 2: Ressourcen- und Klimaschutz durch Kreislaufwirtschaft

Politische Ziele, Entwicklungen und rechtliche Aspekte der Abfallwirtschaft

1

1.1 Die Aufgaben der Abfallwirtschaft

Die Entsorgung des Gemeinwesens von Abfällen gehört zu den Grundpflichten der Abfallerzeuger und -besitzer als Verursacher und ist zugleich im Bereich der Siedlungsabfälle eine öffentlich-rechtliche (kommunale) Aufgabe der Daseinsvorsorge. Bei der kommunalen Abfallentsorgung besteht für die Bürger und Gewerbetreibenden ein Anschluss- und Benutzungszwang. Am Entsorgungsmarkt ist neben und im Zusammenwirken mit den öffentlich-rechtlichen Entsorgungsträgern seit den 1970er Jahren ein prosperierender und inzwischen dominierender Wirtschaftszweig aus privaten Unternehmen entstanden, die Dienstleistungen zur Verwertung und Beseitigung von Abfällen (Abfallentsorgung) im Wettbewerb anbieten. Europarechtliche Vorgaben stärken die abfallwirtschaftliche Warenverkehrs- und Wettbewerbsfreiheit und zielen darauf, Qualität und Quantität der Verwertung von Siedlungs- und Gewerbeabfällen weiter zu verbessern.

Der Rat von Sachverständigen für Umweltfragen (SRU) hat in seinem Umweltgutachten von 1974 als Auftrag der Abfallwirtschaft definiert: „sowohl das Abfallaufkommen als auch die Abfallbeseitigung so zu ordnen, dass die Gesundheit von Menschen nicht gefährdet und die gesellschaftlich gewünschte Nutzung von Umweltgütern nicht eingeschränkt wird" [1]. Dabei ist grundsätzlich der vorsorgende Umweltschutz dem nachsorgenden Umweltschutz vorzuziehen. Umweltvorsorge lässt schädliche Emissionen und Ablagerungen erst gar nicht entstehen, sondern vermeidet oder vermindert sie von vornherein durch Integration von Umweltschutzmaßnahmen in Produkte, Produktions- und Entsorgungsverfahren. Die Produktverantwortung der Hersteller und Vertreiber, die auch Rücknahmepflichten zur Entsorgung umfasst, ist ein Leitprinzip bei der Weiterentwicklung der Abfall- zur Kreislaufwirtschaft.

M. Kranert (Hrsg.), *Einführung in die Kreislaufwirtschaft*,
DOI 10.1007/978-3-8348-2257-4_1

Alle wirtschaftlich genutzten Materialien wurden einmal den natürlichen Ressourcen entnommen und werden schließlich zu Emissionen und Abfall. Wer Abfälle vermeidet oder verwertet und wirtschaftlich wieder verwendet, schont die natürlichen Ressourcen. Neben dem Gesundheits- und Umweltschutz ist die abfallwirtschaftliche Zielsetzung des schonenden Umgangs mit Rohstoffen immer mehr in den Vordergrund getreten.

Die Abfallwirtschaft in Kommunen und privater Wirtschaft umfasst die Vermeidung, Verwertung und Beseitigung von Abfällen und soll nach Maßgabe staatlicher Regulierung die Inanspruchnahme natürlicher Ressourcen und alle Umweltauswirkungen bis hin zur Freisetzung klimarelevanter Gase möglichst gering halten. Die abfallwirtschaftliche Ordnung soll also dem Ziel dienen, Produkte so zu gestalten und Produktionsverfahren so auszurichten, dass möglichst wenige und möglichst unproblematische (schadstoffarme) Abfälle entstehen. Die erste abfallwirtschaftliche Zielsetzung, die Abfallvermeidung, fordert vor allem die Produzenten- und Konsumentenverantwortung ein. Sie hat einen quantitativen und einen qualitativen Aspekt: einmal die Verringerung der Menge und zum anderen die Verminderung der Gefährlichkeit der anfallenden Abfälle. Die Abfallverwertung bedeutet die Aufarbeitung von nicht vermiedenen Abfällen zu wieder verwendbaren und verkaufsfähigen Stoffen, die stofflich als sekundäre Rohstoffe oder energetisch als Ersatzbrennstoffe verwertet werden. Die Wiedereingliederung solcher Stoffe in den Wirtschaftskreislauf wird auch als Recycling bezeichnet. Die Abfallbeseitigung schließlich bedeutet (von besonderen Beseitigungsverfahren abgesehen), Restabfälle so zu behandeln, dass sie gefahrlos abgelagert werden können und sie dann in einen dafür zugelassenen Deponiekörper geordnet einzubauen. Eine weitere Aufgabe ist die Behebung der durch unsachgemäße Abfallbeseitigung entstandenen Schäden (Altlastensanierung, s. Abschn. 11.2).

Gegenstand der Abfallwirtschaft im Produktionsbereich sind folglich die zum Gebrauch und Verbrauch erzeugten Wirtschaftsgüter sowie die bei ihrer Herstellung anfallenden Nebenprodukte, Reststoffe und Produktionsrückstände. Im Konsumbereich ist die Abfallwirtschaft mit den Rückständen und Altprodukten befasst, die beim Gebrauch und nach dem Verbrauch von Gütern anfallen.

In Deutschland werden jährlich in der Größenordnung von 330 bis 400 Mio. t Abfälle statistisch erfasst. Auf die mengenmäßig dominierende Abfallgruppe „Bau- und Abbruchabfälle, einschließlich Straßenaufbruch" entfallen 55 bis 60 % dieses Abfallaufkommens, wovon der Bodenaushub den größten Anteil ausmacht. Bergematerial aus dem Bergbau, Abfälle aus Produktion und Gewerbe sowie Siedlungsabfälle machen zu etwa gleichen Teilen die restlichen 40 bis 45 % des Gesamtaufkommens aus. Ungefähr 20 Mio. t des Gesamtaufkommens, in erster Linie aus Industrie, Dienstleistungs- und Abbruchgewerbe, sind besonders überwachungsbedürftige – gefährliche – Abfälle („Sonderabfälle"). Annähernd die Hälfte des gesamten Abfallaufkommens gelangt in nahezu 10.000 Entsorgungsanlagen der Abfallwirtschaft, wo sie verwertet, behandelt oder abgelagert werden [2]. Der Vielfalt der Abfallarten entspricht eine Vielfalt von Entsorgungstechniken. Die auf Deponien abgelagerten Mengen haben sich von 2000 bis 2012 etwa halbiert.

1.2 Die staatliche Regulierung und ihre Probleme

Alle Abfälle müssen verwertet oder beseitigt werden, wodurch zwangsläufig Umweltauswirkungen sowie volkswirtschaftliche Kosten verursacht werden. Gesundheits- und nachsorgender Umweltschutz sowie Ressourcenschonung durch Recycling sind umso kostenaufwändiger, je höher die Qualitätsanforderungen sind. Die Ablagerung von unbehandelten Abfällen verursacht zunächst die geringsten Kosten. (Bei der späteren Nachsorge können sie dann in erheblichem Umfang entstehen.) Nach Marktgesichtspunkten folgen die Abfallströme den Entsorgungspfaden, die am wenigsten Kosten verursachen. Es ist deshalb die Aufgabe des Gesetzgebers und der Verwaltung, die Zielvorgaben für hohe Gesundheitsstandards sowie für eine umweltfreundliche und schonende Ressourcen-, Recycling- und Abfallbeseitigungspolitik zu formulieren. Deren Verwirklichung muss mit Hilfe von Rechtsvorschriften durchgesetzt und kontrolliert werden. Die Aufgaben und Rahmenbedingungen der Abfallwirtschaft hängen in hohem Maße von staatlicher Regulierung ab.

In global vernetzten Volkswirtschaften, deren grenzüberschreitende Stoffströme immer umfangreicher werden, gehört die internationale Harmonisierung von Regelungen über Abfallverbringung und -entsorgung zu einer fairen Wirtschaftsordnung. Die staatlichen Gemeinwesen wiederum suchen hohe Standards des Gesundheits- und Umweltschutzes zu erreichen. Noch fehlen konkrete Kriterien für eine umweltgerechte Abfallbewirtschaftung, die von allen Staaten der Vereinten Nationen als verbindlich anerkannt und eingehalten werden. Alle politischen Ebenen beschäftigen sich deshalb mit Fragen der Abfallwirtschaft:

- Das Umweltprogramm der Vereinten Nationen (UNEP) und die OECD sind mit der definitionsgemäßen Abgrenzung der Abfälle von Wirtschaftsgütern sowie mit Abfallexporten befasst. Im Rahmen des Konzepts „umweltgerechte Abfallbewirtschaftung" (Environmentally Sound Management – ESM – of Waste) sind allgemeine Empfehlungen, Mindestkriterien und Technische Leitlinien für die Behandlung von bestimmten Stoffen und Gegenständen herausgegeben worden (vgl. Beschlüsse der 11. und 12. Vertragsstaatenkonferenz des Basler Übereinkommens von 2013 bzw. 2015 sowie die OECD-Ratsbeschlüsse C(2004)100 und C(2007)97).
- Die Europäische Union setzt Normen (unmittelbar geltende Verordnungen und Richtlinien, die erst in nationales Recht umgesetzt werden) über Abfalldefinitionen und Anforderungen an die Vermeidung, Verbringung, Behandlung und Beseitigung von Abfällen. Die zu erreichenden Ziele sind im Interesse eines hohen Umweltschutzniveaus und eines fairen Wettbewerbs im gemeinsamen Binnenmarkt für alle Mitgliedstaaten verbindlich. Bei der Umsetzung von Richtlinien in nationales Recht besteht Wahlfreiheit über Rechtsform und Mittel.
- Auf der Bundesebene werden die europäischen Richtlinien in nationales Recht umgesetzt und ausgestaltet, Ausführungsgesetze zu europäischen Verordnungen sowie eigenständige, die Abfallwirtschaft betreffende Gesetze erlassen und mit Rechtsverordnungen und Verwaltungsvorschriften konkretisiert.

- Die Länderebene verabschiedet Ausführungsgesetze zu den Bundesgesetzen und regelt Fragen der Verwaltung, des Vollzugs, der Planung und der Finanzierung.
- Die kommunale Ebene führt im Rahmen der Gesetze, gemäß ihren Abfallwirtschaftskonzepten und Abfallsatzungen, die Haus- und Gewerbemüllentsorgung durch. Die Gebühren für die kommunalen Entsorgungsleistungen werden in Abfallgebührensatzungen festgelegt.
- Die Bürgerschaft ist mit ihrem Produzenten- und Konsumentenverhalten angesprochen und kann nach Landesrecht bei gewissen abfallrechtlichen Zielfestlegungen durch Volksbegehren und Volksentscheide mitwirken, wie beispielsweise 1991 im Freistaat Bayern, als eine Volksabstimmung über ein Abfallwirtschafts- und Altlastengesetz bzw. das „Bessere Müllkonzept" stattfand.

Die Menge und die Zusammensetzung des Abfalls entwickeln sich abhängig von wirtschaftlichen Konjunkturen, demografischen Veränderungen, technischen Innovationen, dem Lebensstandard und den Lebensweisen der Bürger. Das Abfallaufkommen kann nur vermindert und verändert werden, wenn Verbrauchsmuster, Ressourcenmanagement und Produktpolitik in ihrem Zusammenhang gesehen und geändert werden. Dies bedeutet für die Politik, dass ökologische, ökonomische und soziale Aspekte bei der Steuerung des Abfallaufkommens stets gleichgewichtig berücksichtigt werden müssen. Die ökologische Vorteilhaftigkeit eines Produkts oder Verfahrens muss gemeinsam mit den wirtschaftlichen und sozialen Zusammenhängen bewertet werden.

Bei der Festlegung und Durchsetzung abfallwirtschaftlicher Zielvorgaben stößt die Politik auf erhebliche Schwierigkeiten:

- Die Komplexität der Beschaffenheit der Abfälle und ihrer Verwertungsmöglichkeiten sowie das sich ändernde gesellschaftliche und wirtschaftliche Umfeld machen ständig neue Bewertungen erforderlich. Eine entscheidende Frage ist dabei: Wann wird ein Gegenstand zu Abfall und wann verliert er seine Abfalleigenschaft? Die Grenze zwischen Abfall und Reststoff/Wirtschaftsgut ist für gewöhnlich fließend. Eine unklare, umstrittene Rechtslage bei der Abgrenzung von Verwertung und Beseitigung ist für die Abfallwirtschaft und ihre Planungssicherheit höchst unbefriedigend.
- Die allgemeinen Definitionen des bisherigen Abfallrechts eröffnen beträchtliche Auslegungsspielräume und enthalten auch subjektive Kriterien. Beispielsweise sind zur Verwertung bestimmte Abfälle handelsfähige Güter, für die der Warenverkehr frei ist. In Industrie und Gewerbe entscheidet der Besitzer der Materialien weitgehend selbst, ob er sich seiner Abfälle zur Beseitigung oder zur Verwertung entledigen will. Es kam häufig vor, dass Gewerbeabfälle als Verwertungsabfälle deklariert und nach oberflächlicher Behandlung, z. B. Sortierung, fast vollständig auf billigen Deponien des In- und Auslands abgelagert wurden. „Scheinverwertungen" sind solange einträglich, wie Sekundärrohstoffe teurer als primäre Rohstoffe sind. Es gibt nicht wenige Rechtsstreitigkeiten auf nationaler und europäischer Ebene, mit denen die Zulässigkeit bestimmter Entsorgungswege geklärt werden soll.

- Die Schaffung des gemeinschaftlichen Wirtschaftsraums Europa eröffnete Entsorgungswege, die von unterschiedlichen nationalen Standards geprägt sind. Die Europäische Kommission schlug Ende des Jahres 2005 vor, gemeinschaftsweit geltende Umweltvorschriften für Abfallbehandlungsverfahren, auch für das Recycling zu schaffen (s. Abschn. 1.7.1). Insbesondere unterscheiden sich auch die Kosten und die Standards für die Abfalldeponierung innerhalb der EU erheblich. Die Konsequenz sind Abfalltransporte über weite Strecken („Standard-Dumping"). Von deutscher Seite wird dringlich gefordert, die Ablagerungskriterien der europäischen Deponierichtlinie den in Deutschland seit dem 1. 6. 2005 uneingeschränkt geltenden Standards anzupassen.
- Die Abfallverwertung ist ein dynamischer Prozess, der neben den abfallrechtlichen Rahmenbedingungen von unbeständigen Einflussgrößen wie Rohstoff- und Energiepreisen, Abnehmer- und Konsumentenverhalten sowie Technologieentwicklungen gesteuert wird. Die ökologische Optimierung des Recyclings ist eine schwierige Frage. Welche Abfallströme, Altprodukte und Materialien bringen durch das Recycling hohen Umweltnutzen? Welche Potenziale lassen sich vernünftigerweise erschließen? Beispielsweise werden die Überprüfung und Überarbeitung der europäischen Altfahrzeug-, Elektroaltgeräte- und Verpackungsrichtlinien hinsichtlich der in langen Intervallen stufenweise erhöhten stofflichen Verwertungs- und Recyclingquoten sowie des bürokratischen Aufwands angemahnt.
- Im Entsorgungsmarkt sind kommunale Betriebe und privatwirtschaftliche Unternehmen tätig. Auf welche Weise können rechtliche Rahmenbedingungen die Arbeitsteilung zwischen öffentlich-rechtlichen und privatwirtschaftlichen Akteuren so steuern, dass die abfallwirtschaftlichen Ziele wirkungsvoll und zugleich kostengünstig erreicht werden? Wie können sich große zentrale Abfallentsorgungsanlagen und kleine flexible, dezentrale Anlagen optimal ergänzen? Wie weit soll die öffentlich-rechtliche Daseinsvorsorge reichen?

Aufgaben und Rahmenbedingungen der Abfallwirtschaft werden auch in Zukunft unter Reformdruck stehen. Politische Zielvorgaben sind häufigen Änderungen unterworfen, technische Anlagen haben dagegen aber eine lange Lebensdauer. Daraus können erhebliche Konflikte entstehen. Die staatliche Regulierung soll auf bestehende Strukturen Rücksicht nehmen und nur in präzise bemessener Weise eingreifen. Dadurch wird das Abfallrecht immer komplizierter.

1.3 Die politische Zielsetzung des Gesundheitsschutzes

Stadtentwässerung, Müllbeseitigung und Straßenreinigung waren lästige aber notwendige Aufgaben zur Sauberhaltung größerer Siedlungen schon im Altertum und Mittelalter. Antike Metropolen wie Memphis, Athen, Rom und Jerusalem besaßen Kanalsysteme zur Entwässerung, Abladeplätze und Sammelgruben für Müll sowie Einrichtungen für das Einsammeln und die Abfuhr von Unrat und Kot. Dennoch starrten die antiken Städte gewöhnlich von Schmutz, weil die Menschen ihre Abfälle auf die Straße warfen und dort liegen ließen. Unbeschreiblich verdreckt und morastig waren die von Schweinen, Federvieh und Vögeln bevölkerten unbefestigten Straßen, Gassen und Plätze mittelalterlicher Großstädte, auf die die menschlichen Ausscheidungen und Hausabfälle ausgeschüttet wurden. Die Obrigkeiten führten einen meist vergeblichen Kampf um eine Verbesserung dieser Zustände [3]. Die Bemühungen um öffentliche Sauberkeit wurden schon im 14. Jahrhundert von der Vermutung angetrieben, es könne ein Zusammenhang zwischen der maßlosen Verschmutzung und den immer wieder auftretenden Pestepidemien bestehen. Erst die Bahn brechenden Erkenntnisse der Bakteriologie durch Louis Pasteur und Robert Koch haben in der zweiten Hälfte des 19. Jahrhunderts das Bewusstsein von den Ursachen der Volksseuchen wachsen lassen. Die gesundheitlichen Auswirkungen der Städtekanalisation sowie der grundlegenden Reformen der Müllbeseitigung im 19. und beginnenden 20. Jahrhundert [4] lassen sich an der eindrucksvoll rückläufigen Cholera- und Typhus-Sterblichkeit aufzeigen [5]. Vor diesem Hintergrund ist es verständlich, dass die ersten Vorschriften des modernen Abfallrechts auf Bundesebene der seuchenhygienischen Gefahrenabwehr dienten und ihren Standort im Bundesseuchengesetz hatten.

Die Abfallwirtschaft dient heute dem Gesundheitsschutz mit

- hygienischen Sammel- und Transportsystemen, die in angemessen kurzen Zeitab-ständen den Müll wegschaffen,
- Abfallbehandlungsverfahren, in denen gefährliche Stoffe unschädlich gemacht werden und
- Deponien mit Abdichtsystemen, die das Grundwasser und die Atmosphäre nicht nachteilig beeinträchtigen. Die Politik hat einschneidende Anforderungen an geo-logische und technische Voraussetzungen für den Betrieb von Deponien sowie an die Beschaffenheit der abzulagernden Restabfälle gestellt und rechtlich verankert.

Im Übrigen gelten u. a. die immissionsschutzrechtlichen und wasserrechtlichen Umweltschutzvorschriften.

1.4 Die Stoffströme in der modernen Konsumgesellschaft

Die vorindustrielle Agrargesellschaft mit ihrer auf Selbstversorgung angelegten Wirtschaftsweise hatte im Vergleich mit der modernen Konsumgesellschaft weniger als ein Fünftel des Pro-Kopf-Materialbedarfs. Er bestand ganz überwiegend aus Biomasse (pro Jahr ca. 4 t: 0,5 t Nahrungs- und 2,7 t Futtermittel – jeweils in Trockensubstanz – sowie 0,8 t Holz) [6]. Küchenabfälle und Exkremente waren als Dünger und Bodenverbesserer für die landwirtschaftlich genutzten Flächen gefragt, während die Reparatur und Wiederverwertung von Textilien, Baumaterial, Eisen und Buntmetallen von großer Bedeutung nicht nur für die privaten Haushalte, auch für die gewerblichen Berufe und Tätigkeiten waren. Darüber hinaus war Asche aus der Holzverbrennung (Pottasche) zur Gewinnung von Kaliumkarbonat für vielfältige Verwendungen ein gesuchter, weiträumig gehandelter Rohstoff [7]. Lebensmittel aus dem Umland wurden eingekellert und durch Trocknen, Säuern oder Einsalzen konserviert.

Die Mentalität des sparsamen Umgangs mit Stoffen aller Art, des Sammelns und Verwertens von Materialien erhielt sich noch bis in die Mitte des 20. Jahrhunderts. Auch das Konsumverhalten in der Industriegesellschaft veränderte sich von Mitte des 19. Jahrhunderts bis nach dem Zweiten Weltkrieg trotz Verdoppelung der Reallöhne, die überwiegend für bessere Qualitäten verwendet wurde, nur unwesentlich [8].

In den 1950er Jahren setzte in den Industriestaaten der westlichen Welt ein kräftiges und beständiges Wirtschaftswachstum ein, das mit einer grundlegenden Wende in den Wirtschafts- und Lebensweisen verbunden war [9]. Damals begann die Entwicklung der modernen Konsumgesellschaft mit ihrem massenhaften Gebrauch von Kraftfahrzeugen, Haushalts-, Sport- und Kommunikationsgeräten sowie einem höchst vielfältigen Angebot von Artikeln des täglichen Bedarfs. Die Entstehung regionaler Supermärkte und eines individuellen, anspruchsvollen Konsumverhaltens machte neue Verpackungstechniken erforderlich. Neuartige Verkaufs-, Um- und Transportverpackungen trugen wesentlich zum Entstehen einer „Müll-Lawine" bei.

Das beschleunigte Wirtschaftswachstum in der zweiten Hälfte des 20. Jahrhunderts ging mit der geradezu exponentiell zunehmenden Inanspruchnahme natürlicher Ressourcen einher. Abbildung 1.1 zeigt den enormen Zuwachs der Entnahmen von Metallen (Aluminium, Kupfer, Blei und Zink) [10], Öl und Erdgas [11] aus der Lithosphäre. Diese Steigerung der Ressourcennutzung überstieg das globale Bevölkerungswachstum um ein

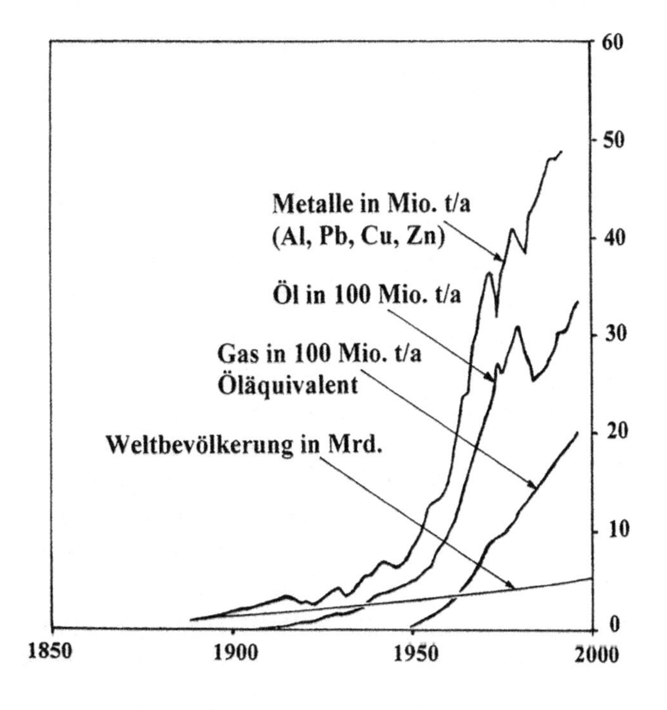

Abb. 1.1 Jährliche Ressourcenverbräuche im 20. Jahrhundert

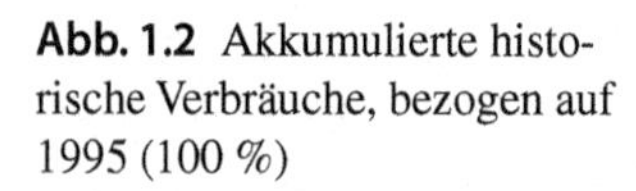
Abb. 1.2 Akkumulierte historische Verbräuche, bezogen auf 1995 (100 %)

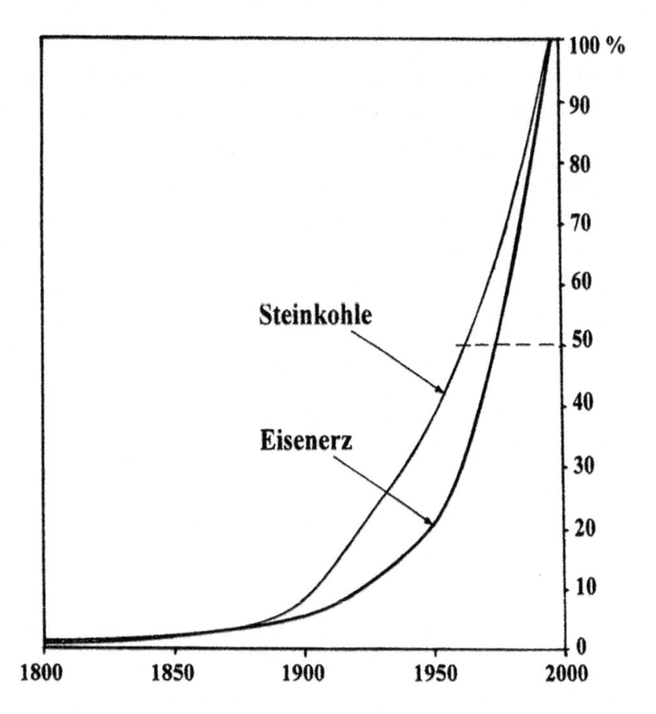

Vielfaches, wobei noch zu berücksichtigen ist, dass in erster Linie nur ein kleiner Teil der Erdbevölkerung begünstigt war. In Abb. 1.2 sind die akkumulierten historischen Verbräuche von Steinkohle [12] und Eisenerz [13] bis zum Jahr 1995 dargestellt. Zwischen 1965 und 1995 sind ungefähr die gleichen Mengen gefördert worden, wie in der ganzen Menschheitsgeschichte zuvor.

Die westlichen Industriestaaten nehmen die Ressourcen der Erde in hohem Maße in Anspruch. Die Industriegesellschaft westlicher Prägung ist auch das Vorbild für die Entwicklungs- und Schwellenländer. Diese wollen möglichst bald aufschließen und in gleicher Weise an der Nutzung der Ressourcen entsprechend ihrer Größe teilhaben. Angesichts der beispiellos zunehmenden Ausbeutung der natürlichen Vorräte an fossilen Energieträgern, Erzen und anderen Mineralien sowie landwirtschaftlich nutzbaren Flächen drängt sich die Frage nach den zu erwartenden Grenzüberschreitungen und ihren Folgen auf. Die politische Botschaft lautet etwa so: „Es kann nicht richtig sein, die großen, kostengünstig abbaubaren Rohstofflagerstätten bis zur Erschöpfung auszubeuten und den künftigen Generationen nur die vielen kleineren und niedrighaltigeren Lagerstätten zu hinterlassen. Es kann auch nicht richtig sein, in wenigen Generationen fossile Energievorräte zu verbrauchen, die in Jahrmillionen aus Biomasse entstanden sind."

Anfang der 1970er Jahre haben Wissenschaftler des Massachusetts Institute of Technology (MIT) im Auftrag des „Club of Rome", einer Vereinigung namhafter Industrieller, Politiker und Wissenschaftler, denkbare zukünftige Entwicklungen aufgezeigt [14]. Grundlage dieser Untersuchung waren Weltmodelle in Form von Computerprogrammen, die eine Extrapolation verschiedener globaler Wachstumstrends anhand der Grundparameter

Bevölkerung, Wirtschaftsleistung, Nahrungsmittelproduktion, nicht regenerierbare Rohstoffe und Umweltverschmutzung zuließen. Als das zu erwartende Verhalten des Weltsystems wurden die Erschöpfung der Rohstoffvorräte, der Verfall der Industrieproduktion und der Landwirtschaft sowie verheerende Hungersnöte mit einem drastischen Rückgang der Weltbevölkerung prognostiziert. Ein in absehbarer Frist eintretender katastrophaler Zusammenbruch sei nur zu vermeiden, wenn das Bevölkerungs- und Wirtschaftswachstum drastisch zurückgeführt würden. Diese Unheil verkündende Vorhersage von „Grenzen des Wachstums" beruhte auf der entscheidenden Grundannahme, dass die Rohstoffressourcen der Erde in wenigen Jahrzehnten erschöpft seien. Die Grundannahme einer sich kurzfristig zuspitzenden Rohstoffversorgungskrise war jedoch verfehlt.

Ein weiteres, stärker ausdifferenziertes Weltmodell (World Integrated Model -WIM) wurde Anfang der 1970er Jahre verwendet, das ebenfalls im Rohstoff-Versorgungssystem den entscheidenden Engpass sah [15]. Zwei Jahrzehnte nach der Veröffentlichung von „Grenzen des Wachstums" wurde der Bericht „Die neuen Grenzen des Wachstums" auf einer aktualisierten Datenbasis publiziert [16]. Darin waren Szenarien enthalten, nach denen der gegenwärtige Zustand der Welt längerfristig aufrechterhalten werden kann. Ein entscheidender Aspekt ist dabei die nachhaltige Steigerung der Energie- und Rohstoffproduktivität sowie die Begrenzung der Umweltbelastungen durch technische Fortschritte.

Durch Aufforderung des US-Präsidenten Carter im Jahr 1977 wurde vom Umwelt-Sachverständigenrat und der Environment Protection Agency der USA das Weltmodell „Global 2000" entwickelt und 1980 ein Bericht vorgelegt. Auch nach dieser Studie wird die Weltbevölkerung wenige Generationen nach dem Jahr 2000 die Grenzen des Planeten erreichen. Entscheidender Faktor wird nicht die absehbare Erschöpfung der Rohstofflager als vielmehr die Grenzen der für die Landwirtschaft notwendigen Ressourcen sein: Boden, Wasser und Artenvielfalt. „Global 2000" hat die öffentliche Aufmerksamkeit insbesondere auch auf die Folgen des Treibhauseffekts durch erhöhte Kohlendioxidkonzentrationen in der Erdatmosphäre gelenkt [17].

Die Sicherung der Rohstoffversorgung ist als ein langfristiges Problem der modernen Konsumgesellschaft einzuschätzen. Im Rahmen einer freiheitlichen und ökologischen Wirtschaftsordnung, in der Marktpreise Angebot und Nachfrage steuern, sind jedoch für leistungsfähige Volkswirtschaften bei keinem mineralischen Rohstoff in absehbarer Zukunft Verfügbarkeitsprobleme erkennbar [18]. Steigt der Marktpreis für einen bestimmten Rohstoff, wird der Abbau neuer Lagerstätten wirtschaftlich. Sehr langfristig betrachtet werden sich selbstverständlich alle technisch und wirtschaftlich erschließbaren Rohstofflagerstätten erschöpfen, was voraussichtlich zuerst für das fließfähige Erdöl eintreten wird [19]. Hohe Rohstoffpreise hemmen und beschränken den wirtschaftlichen Aufstieg der Entwicklungs- und Schwellenländer und können zu schweren Konflikten führen.

An erster Stelle der Besorgnisse um unsere Zukunft stehen die anhaltende Überforderung der Leistungs- und Tragfähigkeit der Biosphäre, ihre biologische Verarmung und die Tendenz zur globalen Versteppung. Die überlastete Biosphäre muss zugleich die Stoffströme aus der Erdkruste und die bei ihrer industriellen und konsumtiven Nutzung entstehenden, die Natur und Umwelt belastenden Stoffe und komplexen Stoffgemische aufnehmen. Die mit unserer Wirtschafts- und Lebensweise anfallenden Emissionen und Abfälle verursachen schwerwiegende Probleme. Es ist zu beachten, dass alle aus der Biosphäre und der Lithosphäre entnommenen Stoffe letztlich zu Emissionen und Abfällen werden. Die Ressourcenproduktivität, also der Aufwand an Energie und Material pro Einheit des erwirtschafteten Sozialprodukts und die Umweltbelastungen durch Emissionen und Abfälle stehen in einer engen Beziehung zueinander.

1.5 Das umweltpolitische Ziel hoher Ressourcenproduktivität und geringer Abfallintensität in hoch industrialisierten Volkswirtschaften

Die internationale Staatengemeinschaft hat sich bei der Konferenz der Vereinten Nationen für Umwelt und Entwicklung, die im Juni 1992 in Rio de Janeiro stattfand, zu den Grundsätzen der nachhaltigen Entwicklung und der Umweltvorsorge bekannt. Dazu gehört die nachhaltige Nutzung der natürlichen Ressourcen, welche die Lebenschancen künftiger Generationen nicht gefährdet. Um einer Verknappung natürlicher Ressourcen in Form sowohl von Rohstoffen als auch von Tragfähigkeit der Umwelt für Emissionen und Abfälle entgegenzuwirken, forderte die Rio-Konferenz eine effizientere Nutzung von Energie und Rohstoffen sowie die Minimierung des Abfallaufkommens. Im Aktionsprogramm Agenda 21 wurden ausdrücklich

- die Senkung des Energie- und Materialverbrauchs je Produktionseinheit bei der Erzeugung von Gütern und Erbringung von Dienstleistungen sowie
- die Abfallvermeidung durch
  a) Förderung des Recyclings auf Produktions- und Verbraucherebene,
  b) Vermeidung aufwendiger Verpackungen und
  c) Begünstigung der Einführung umweltverträglicher Produkte

als Voraussetzungen einer nachhaltigen Entwicklung genannt [20].

Im Juli 2002 beschlossen das Europäische Parlament und der Rat das sechste Umweltaktionsprogramm, das einen Schwerpunkt auch auf natürliche Ressourcen und Abfälle legte. Dabei wurde festgestellt: „Die zunehmende Ressourcennachfrage kann von der Erde nur in begrenztem Maße befriedigt werden und sie kann auch nur eine bestimmte Menge der Emissionen und des Abfalls aufnehmen, die aufgrund der Nutzung der Ressourcen anfällt." … „Das Abfallaufkommen steigt in der Gemeinschaft weiterhin an, wobei ein signifikanter Teil davon gefährlicher Abfall darstellt: dies führt zum Verlust von Ressourcen und zu einem verstärkten Verschmutzungsrisiko" [21].

Im Aktionsprogramm des Weltgipfels der Vereinten Nationen über nachhaltige Entwicklung von Anfang September 2002 in Johannesburg wurde in Bekräftigung der Agenda 21 beschlossen, die Abfallwirtschaft so zu organisieren, dass mit höchster Priorität Abfälle vermieden, vermindert, wieder verwendet und recycelt sowie umweltverträgliche

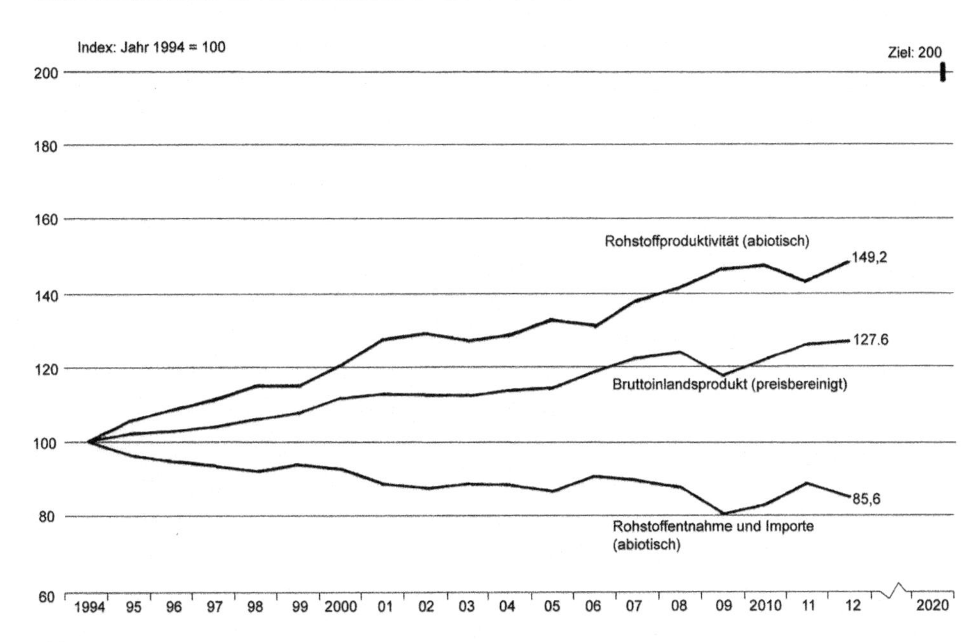

Abb. 1.3 Entwicklung der Rohstoffproduktivität

Deponien errichtet werden. Die Ressourcenproduktivität soll verbessert und umweltfreundliche alternative Materialien verwendet werden [22].

Die Agenda 21 wurde auch zur Grundlage einer deutschen nationalen Nachhaltigkeitsstrategie, die sich die Entkoppelung des Energie- und Rohstoffverbrauchs vom Wirtschaftswachstum zum Ziel setzte. Zunächst waren Umweltziele für Effizienzsteigerungen beim Ressourceneinsatz um den Faktor 4 bis 10 in der Diskussion [23, 24]. In den „Perspektiven für Deutschland", die im Dezember 2001 von der Bundesregierung der Öffentlichkeit vorgestellt wurden, ist nunmehr die Zielsetzung enthalten, die Energie- und Rohstoffproduktivität bis zum Jahr 2020 gegenüber 1990 bzw. 1994 zu verdoppeln [25]. Die Rohstoffproduktivität stieg von 1994 bis 2012 in Deutschland um nahezu 50 % (s. Abb. 1.3) [26]. Die absolute jährliche Effizienzsteigerung betrug im Durchschnitt 2,25 %.

Die Zielvorgabe der Nachhaltigkeitsstrategie lässt sich nur verwirklichen, wenn eine durchschnittliche Steigerungsrate von 5 Prozent pro Jahr in den Jahren 2015 bis 2020 erreicht wird, was nicht zu erwarten ist.

Der Materialeinsatz war im Zeitraum 1994 bis 2012 vor allem deshalb rückläufig gewesen, weil durch die Abschwächung der Baukonjunktur und die Substitution von Steinkohle und Braunkohle durch Erdgas und regenerative Energien die Entnahmen von fossilen Energieträgern und Mineralien erheblich zurückgegangen waren, wobei der Atomausstieg eine gegenläufige Wirkung hatte. Der Indikator Rohstoffproduktivität umfasst unterschiedslos alle der Erde entnommenen und verwerteten Rohstoffe. In Deutschland sind die abgebauten Steine und Erden sowie Stein- und Braunkohlen die mineralischen Rohstoffe, die mengenmäßig mit großem Abstand die bedeutendsten sind.

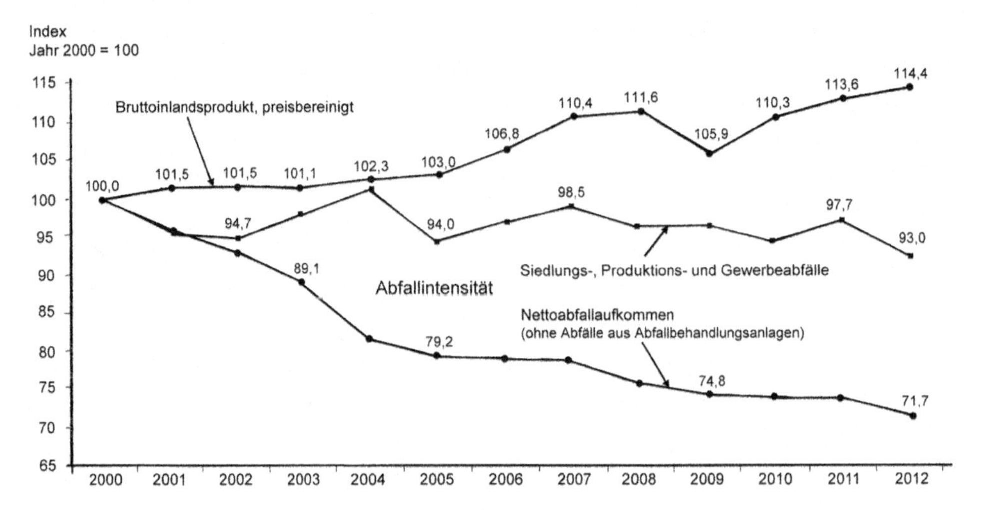

Abb. 1.4 Entwicklung der Abfallintensität

Es ist anzumerken, dass deshalb die Aussagekraft dieses Indikators für die Nachhaltigkeit der Wirtschaft eines Industriestaats begrenzt ist.

Der Steigerung der Rohstoffproduktivität entspricht in der Tendenz der Rückgang der Abfallintensität als Quotient aus Nettoabfallaufkommen (ohne Sekundärabfälle, d.h. ohne Reststoffe aus Abfallbehandlungsanlagen) und realem Bruttoinlandsprodukt. Abbildung 1.4 zeigt ihre Verringerung um nahezu 30 Prozent im Zeitraum von 2000 bis 2012 [27]. Auch hier macht sich die rückläufige Förderung von Steinen, Erden und Kohlen bemerkbar. Für die Beurteilung einer politisch angestrebten Kreislaufwirtschaft müssen mit vorrangigem Interesse auch die Stoffströme und Emissionen außerhalb der Bereiche Steine, Erden, Straßenaufbruch und Kohlen betrachtet werden. In Abb. 1.4 ist für diesen Zeitraum auch der vergleichsweise geringe Rückgang der auf die Siedlungs-, Produktions- und Gewerbeabfälle bezogenen Abfallintensität dargestellt.

1.6 Die Entwicklung des deutschen Abfallrechts

Am Beginn der abfallrechtlichen Regulierungen stand in Deutschland die gesundheitspolizeiliche Gefahrenabwehr. Die Müllentsorgung war zuerst die Aufgabe ausschließlich der Hausbesitzer und Inhaber von Gewerbebetrieben gewesen. Müll wurde in Gruben und Behältern bei den Häusern gelagert. Die Sammelgruben waren geräumig, so dass oft Monate vergingen, bis sie mit primitiver Verlade- und Transporttechnik entleert wurden. Sie waren Brutstätten für Ungeziefer, Krankheitserreger, Ratten und Mäuse. Mit einer Polizeiverordnung vom 30. 1. 1895 setzte die Stadt Berlin eine geordnete, staubfreie Müllabfuhr durch [28]. Diese Vorschrift wurde zum Vorbild für andere Städte. In kommunale Satzungen wurden erste grundsätzliche Bestimmungen zur Abfallbeseitigung aufgenommen.

Die Polizeiverordnungen wurden durch den Anschluss- und Benutzungszwang abgelöst, der mit der Deutschen Gemeindeordnung (DGO) vom 30. 1. 1935 eingeführt wurde. In § 18 DGO hieß es: „Die Gemeinde kann bei dringendem öffentlichen Bedürfnis durch Satzung mit Genehmigung der Aufsichtsbehörde für die Grundstücke ihres Gebietes den Anschluss an Wasserleitung, Kanalisation, Müllabfuhr, Straßenreinigung und ähnliche der Volksgesundheit dienende Einrichtungen (Anschlusszwang) und die Benutzung dieser Einrichtungen und der Schlachthöfe (Benutzungszwang) vorschreiben" [29]. Da die Landwirtschaft nach Einführung der Mineraldünger den mit Fremdkörpern durchsetzten städtischen Müll nicht mehr abnahm, wurde dieser auf Müllabladeplätze gebracht. In der ersten Hälfte des 20. Jahrhunderts entstanden Müllberge beachtlicher Größe. Auf einer 20 m hohen Aufschüttung bei Leipzig wurde sogar ein 15 m hoher Aussichtsturm errichtet [30]. Die Ablagerungen belasteten das Grundwasser und verursachten Gesundheitsgefahren und Belästigungen.

Gemeinden, Gemeindeverbände und Landesregierungen bildeten 1952 die „Arbeitsgemeinschaft für kommunale Abfallwirtschaft (AkA)", die sich um praktische und wirtschaftlich vertretbare Lösungen für eine schadlose Abfallbeseitigung bemühte. In der ersten Hälfte der 1960er Jahre brachten die AkA und die „Arbeitsgemeinschaft für industrielle Abfallstoffe (AfIA)" Merkblätter über die geordnete und kontrollierte Ablagerung von Hausmüll, industriellen und gewerblichen Abfällen heraus, die wegen der damit verbundenen Kosten nur mit begrenztem Erfolg umgesetzt werden konnten. 1963 wurde von den Ländern die „Länderarbeitsgemeinschaft Abfallbeseitigung (LAGA)" gebildet um sich mit dem Bund zu beraten und über Verwaltungsangelegenheiten abzustimmen. Heute ist die Bund/Länder-Arbeitsgemeinschaft Abfall – LAGA – ein Arbeitsgremium der Umweltministerkonferenz.

Das Bundesseuchengesetz von 1961

Anfang der 1960er Jahre wurden in der Bundesrepublik Deutschland auf ungefähr 50.000 Müllplätzen im Gelände jährlich ca. 40 Mio. m^3 Abfälle aus privaten Haushalten, Gewerbe und Industrie sowie ca. 10 Mio. m^3 Abwasserschlämme deponiert. Da dies ohne besondere Vorsichtsmaßnahmen geschah, wurden im Bereich dieser Müllplätze schwerwiegende Gefahren und Schäden vermutet oder festgestellt sowie erhebliche Belästigungen aus hunderten Städten und Gemeinden gemeldet [31]. Der Bundesgesetzgeber bestimmte deshalb im Bundesseuchengesetz vom 18. 7. 1961, dass die Gemeinden und Gemeindeverbände darauf hinzuwirken haben, dass bei der Beseitigung von festen und flüssigen Abfall- und Schmutzstoffen keine Gefahren für die menschliche Gesundheit durch Krankheitserreger entstehen. „Eine ordnungsgemäße Müllabfuhr ist für die Verhütung übertragbarer Krankheiten von erheblicher Bedeutung" [32]. Dieses allgemeine Gebot zur Eindämmung seuchenhygienischer Gefahren galt nur für die Kommunen, nicht für Wirtschaftsunternehmen, die Abfälle beseitigten oder verwerteten. Übertragbare Krankheiten bei Tieren, Pflanzenschäden sowie Schädigungen des Bodens und von Gewässern wurden nicht berücksichtigt.

Das Abfallbeseitigungsgesetz von 1972

In den 1960er Jahren verdoppelte sich der jährlich anfallende Müll und neue problematische Abfallarten kamen hinzu: Autowracks, Mineralöl- und Treibstoffrückstände, Bauschutt und Sperrmüll. Für viele Städte waren Lagermöglichkeiten nur noch zeitlich befristet vorhanden. Die Bundesregierung brachte im Juli 1971 beim Deutschen Bundestag den Entwurf eines Gesetzes über die Beseitigung von Abfallstoffen (Abfallbeseitigungsgesetz) ein, das die Abfallbeseitigung ordnungsrechtlich bestimmte und in erster Linie auf den Gesundheitsschutz ausgerichtet war [33]. Die wesentlichen Regelungen des Abfallgesetzes waren:

- Die Gemeinden oder andere durch Landesrecht bestimmte Gebietskörperschaften haben die Pflicht, die in ihrem Gebiet angefallenen Abfälle zu beseitigen. Zur Erledigung dieser Aufgabe können sie sich Dritter bedienen.
- Abfallstoffe dürfen nur in dazu bestimmten Abfallbeseitigungsanlagen behandelt, gelagert und abgelagert werden.
- Die Errichtung und der Betrieb von ortsfesten Abfallbeseitigungsanlagen bedürfen der Planfeststellung.
- Die Länder stellen für ihren Bereich Abfallbeseitigungspläne nach übergeordneten Gesichtspunkten auf, in denen geeignete Standorte für Abfallbeseitigungsanlagen sowie Andienungspflichten festgelegt werden.
- Die Abfallbeseitigung unterliegt der Überwachung durch die nach Landesrecht bestimmte zuständige Behörde.
- Verstöße werden als Ordnungswidrigkeiten oder Straftaten geahndet.

Das Abfallbeseitigungsgesetz von 1972 regelte hauptsächlich die Beseitigung von Abfällen „im engeren Sinne", d. h. die möglichst umweltschonende Behandlung und Ablagerung.

Auf Vorschlag des Bundesrates wurden im Rahmen des Gesetzgebungsverfahrens durch eine Änderung des Grundgesetzes die Gesetzgebungskompetenz des Bundes geklärt und die Abfallbeseitigung in den Katalog des Art. 74 GG (Gebiete der konkurrierenden Gesetzgebung) einbezogen. Die Beratungen fanden unter dem Eindruck öffentlicher Erregung über Giftmüllskandale statt, wie etwa über die das Grundwasser gefährdenden Ablagerungen von arsenhaltigen Industrieschlämmen im August 1971. In den Debatten des Deutschen Bundestags wurde bereits der Übergang von der Gefahrenabwehr zur Umweltvorsorge gefordert, die Umweltbelastungen bei der Abfallentsorgung erst gar nicht entstehen lässt. Ein vorsorglicher Umweltschutz müsse das Ziel verfolgen, Abfälle zu vermeiden, nicht vermiedene Abfälle wieder in den Rohstoff- und Energiekreislauf zurückzuführen und nur nicht weiter verwertbare Abfälle umweltverträglich abzulagern. Auch die einheitliche Regelung der Abfallbeseitigung in der Europäischen Wirtschaftsgemeinschaft wurde dringlich angemahnt [34].

Bei der Novellierung des Abfallbeseitigungsgesetzes im Jahr 1980 wurde der Verwertung von Abfällen Vorrang vor einer „Beseitigung im engeren Sinne" gegeben. Im neuen Gesetzestext hieß es nun: „ … die Abfälle sollen dem Wirtschaftskreislauf zugeführt oder zur Energiegewinnung genutzt werden, soweit dies technisch möglich ist und hierdurch gegenüber anderen Formen der Abfallbeseitigung Mehrkosten nicht entstehen oder durch Erlöse ausgeglichen werden“ [35]. Die Abfallverwertung wurde also „nicht um jeden Preis“, sondern insoweit zur Pflicht, als sie, den Marktverhältnissen entsprechend, wirtschaftlich sinnvoll war.

Das Abfallgesetz von 1986

Mit dem Abfallwirtschaftsprogramm ’75 der Bundesregierung wurden die Zielsetzungen entwickelt, Abfälle auf Produktions- und Verbraucherebene zu reduzieren und die Nutzbarmachung von Abfällen zu steigern [36]. Damit sollten die wachsenden Müllmengen zurückgeführt und die beseitigungspflichtigen Kommunen entlastet werden.

Mit der 4. Abfallbeseitigungsnovelle versuchte der Bundesgesetzgeber, das Abfallbeseitigungsgesetz um abfallwirtschaftliche Regelungen zu erweitern. Ein Gebot der grundsätzlich vorrangigen Verwertung wurde als integrierter Bestandteil der Einsammlung, Beförderung, Behandlung, Lagerung und Ablagerung von Abfällen in das Gesetz aufgenommen. Es wurde nunmehr ausdrücklich hingenommen, dass die Verwertung von Abfällen im Rahmen der getrennten Sammlung zu deutlichen Kostensteigerungen führen kann. Ein Abfallvermeidungsgebot wurde als Programmsatz neu eingefügt; es entfaltete jedoch keine unmittelbare rechtsverbindliche Wirkung [37]. Bei der Beratung im Deutschen Bundestag erhielt das Gesetz die Bezeichnung „Abfallgesetz“. Die Bundesregierung wurde umfassend ermächtigt, Rechtsverordnungen zur Kennzeichnung und getrennten Sammlung schadstoffhaltiger Abfälle und zu Rückgabe- und Rücknahmepflichten für bestimmte Erzeugnisse, insbesondere Verpackungen und Behältnisse, zu erlassen [38]. Der Bundesregierung wurde damit erstmals ermöglicht, das Verursacherprinzip bereits im Produktbereich mit abfallrechtlichen Maßnahmen umzusetzen und Hersteller zu verpflichten, Vorsorge für eine umweltverträgliche Entsorgung ihrer Produkte am Ende der Nutzungsdauer zu treffen.

Die Bundesregierung nutzte die Verordnungsermächtigungen zunächst als Druckmittel, um Produzenten und Handel für freiwillige Vereinbarungen über Abfallvermeidung und -verwertung zu gewinnen und auf diese Weise umweltpolitische Ziele in Kooperation mit den beteiligten Kreisen ohne unnötige staatliche Eingriffe in den Marktprozess zu erreichen (Kooperationsprinzip). Vordringlicher Handlungsbedarf wurde in den Bereichen schwermetallhaltige Batterien, Stanniol-Flaschenkapseln, Getränkeverpackungen und Altpapier gesehen. Es kam zu einer Reihe freiwilliger Selbstverpflichtungen von betroffenen Wirtschaftsverbänden zur Sammlung, Rücknahme und Verwertung von beispielsweise Altpapier, Altglas, Batterien und Altautos oder zum Verzicht auf gesundheitsschädliche oder umweltbelastende Stoffe wie Asbest oder FCKW-Treibgase. Sie wurden vom Staat informell entgegengenommen, wobei dieser ohne rechtliche Verpflichtung im Gegenzug auf ordnungsrechtliche Regulierungsmaßnahmen bis auf weiteres verzichtete. Diese Selbstverpflichtungen waren in der Regel recht erfolgreich. Es gab aber auch Beispiele für nicht erreichte Zielsetzungen. So hat die freiwillige Selbstbindung der Batterieindustrie von 1988 die vorgesehenen Rücklauf- und Verwertungsquoten nicht erfüllt. Es zeigte sich als unumgänglich, für Altbatterien und andere Abfallströme von den Verordnungsermächtigungen Gebrauch zu machen. Die Batterieverordnung (BattV) von 1998 wurde 2009 vom Gesetz über das Inverkehrbringen, die Rücknahme und die umweltverträgliche Entsorgung von Batterien und Akkumulatoren (Batteriegesetz – BattG, BGBl I Nr. 36, 30. Juni 2009, S. 1582) abgelöst. Zur Umsetzung von EU-Rechtsvorschriften wurde das BattG 2015 novelliert (BGBl I Nr. 46, 25. November 2015, S. 2071).

Am Anfang der Verordnungsgebung auf der Grundlage des Abfallgesetzes stand die Verordnung über die Entsorgung gebrauchter halogenierter Lösemittel (HKWAbfV) vom Oktober 1989. Zum Schutz der Ozonschicht gegen ozonabbauende Chemikalien wurde im Mai 1991 die Verordnung zum Verbot von bestimmten die Ozonschicht abbauenden Halogenkohlenwasserstoffen (FCKW-Halon-VerbV) erlassen. Unter dem politischen Druck der beseitigungspflichtigen Körperschaften und ihrer Entsorgungsnöte erließ die Bundesregierung mit Zustimmung des Bundestags und des Bundesrats am 12. 6. 1991 eine Rechtsverordnung über die Vermeidung und Verwertung von Verpackungsabfällen (Verpackungsverordnung), deren Entlastungswirkung beim anfallenden Hausmüllvolumen sich nach Einführung des Sammel- und Verwertungssystems mit dem „Grünen Punkt“ der Duales System Deutschland GmbH zeigte. Die EG-Altölbeseitigungs-Richtlinie von 1975 wurde 1987 auf der Grundlage des Abfallgesetzes in die Altölverordnung (AltölV) umgesetzt. Zur Umsetzung der EG-Klärschlamm-Richtlinie von 1986 wurde 1992 ebenfalls auf dieser Rechtsgrundlage die Klärschlammverordnung (AbfKlärV) erlassen.

Das Abfallgesetz war auch die Grundlage für den Erlass wichtiger Verwaltungsvorschriften [39]: Ende Januar 1990 wurde die erste allgemeine Verwaltungsvorschrift über Anforderungen zum Schutz des Grundwassers bei der Lagerung und Ablagerung von Abfällen erlassen. Eine zweite allgemeine Verwaltungsvorschrift zu besonders überwachungsbedürftigen Abfällen („Sonderabfällen“) wurde nach Anhörung der beteiligten Kreise am 1. 4. 1991 in Kraft gesetzt (Technische Anleitung – TA Abfall). Von außerordentlicher Bedeutung war die dritte allgemeine Verwaltungsvorschrift vom 14. 5. 1993, die Technische Anleitung zur Verwertung, Behandlung und sonstigen Entsorgung von Siedlungsabfällen (TASi). Wesentliche Regelungen der TASi wurden später aus Gründen der vom Europäischen Gerichtshof (EuGH) geforderten hohen Rechtsqualität in Rechtsverordnungen übergeführt (Abfallablagerungsverordnung, Deponieverordnung). Die TASi stellte u. a. umwälzend neue Anforderungen an die Beschaffenheit von Hausmülldeponien und die abzulagernden Abfälle. Diese Vorschriften wurden mit dem 1. Juni 2005 uneingeschränkt wirksam. Seither ist es unzulässig, unbehandelte, organische, biologisch abbaubare Siedlungsabfälle abzulagern. Die Anzahl der nach diesem Datum in Deutschland anforderungskonform betriebenen Siedlungsabfalldeponien wird sich voraussichtlich in der Größenordnung von 100 einpendeln.

Die im Abfallgesetz vorgeschriebenen Abfallentsorgungspläne der Länder mit verbindlich festgelegten Standorten für Abfallentsorgungsanlagen kamen in den 1980er Jahren nur zögerlich voran [40]. Sobald ein Standort für eine neue Anlage, insbesondere eine großtechnische Verbrennungsanlage mit großräumigem Einzugsbereich, in die Diskussion kam, bildeten sich lokale Bürgerinitiativen, die das Vorhaben mit Entschiedenheit bekämpften. Die Planfeststellungsverfahren erwiesen sich in diesem gesellschaftlichen und lokalpolitischen

Umfeld als schwierig, langwierig und in den gewöhnlich nachfolgenden Verwaltungsstreitverfahren als angreifbar. Die Ängste der Bevölkerung richteten sich auf gesundheitsschädigende Stoffe, wie Dioxine und Furane, die mit den Abgasen aus den Kaminen der Müllverbrennungsanlagen in die Umwelt freigesetzt wurden. Die Politik reagierte mit der drastischen Verschärfung der Emissionsgrenzwerte und erließ am 23. 11. 1990 die 17. Bundes-Immissionsschutzverordnung über Verbrennungsanlagen für Abfälle und ähnliche brennbare Stoffe.

Die Müllmengen wuchsen weiter an, während bei den entsorgungspflichtigen Gebietskörperschaften die erforderlichen Beseitigungskapazitäten, insbesondere Anlagen zur thermischen Behandlung und Nutzung der Siedlungsabfälle, fehlten und die vorhandenen Deponien rasch aufgefüllt wurden. In verschiedenen Bereichen und Regionen wurde von einem „Entsorgungsnotstand" gesprochen. In dieser „besorgniserregenden Situation" unternahmen die Länder eine Gesetzesinitiative, um „alle Anstrengungen zur Vermeidung und Zurückführung von Abfällen in den Stoffkreislauf (Verwertung) zu unternehmen" [41]. In den Mittelpunkt sollten die Abfallvermeidung und die stoffliche Verwertung gerückt werden, um die Mengen- und Akzeptanzprobleme zu lösen.

Die Bundesregierung kündigte in ihrer Stellungnahme eine über den als unzureichend eingestuften Bundesratsgesetzentwurf hinausgehende Neufassung des Abfallgesetzes an, im Sinne einer durchgreifenden Neuordnung nach der Prioritätenfolge Vermeidung, stoffliche Verwertung und sonstige Entsorgung von Abfällen.

Das Investitionserleichterungs- und Wohnbaulandgesetz von 1993

Nach der deutschen Wiedervereinigung 1990 wurde es beim „Aufbau Ost", aber auch in den alten Bundesländern unumgänglich, Planungs- und Genehmigungsverfahren für Investitionen zu beschleunigen und Verfahrensanforderungen zu erleichtern. Im Rahmen eines Artikelgesetzes wurde u. a. die Zulassung von Abfallentsorgungsanlagen neu geregelt. Mit Ausnahme der Deponien wurden die Abfallentsorgungsanlagen anstelle des Planfeststellungsverfahrens nun dem immissionsschutzrechtlichen Genehmigungsverfahren unterstellt, weil sie mit den Produktionsanlagen des Bundes-Immissionsschutzgesetzes vergleichbar seien. Um die Umweltverträglichkeitsprüfungen im bisherigen Umfang zu gewährleisten, wurden Abfallentsorgungsanlagen in das Umweltverträglichkeitsprüfungsgesetz aufgenommen. Das Bundes-Immissionsschutzgesetz erfuhr ebenfalls wesentliche Abänderungen: Für Anlagenänderungen wurde ein vereinfachtes Verfahren eingeführt, der vorzeitige Beginn der Inbetriebnahme neuer Anlagen wurde erleichtert, Fristen wurden zwingend vorgeschrieben, innerhalb derer die Genehmigungsbehörden über Anträge entschieden haben müssen sowie die Erteilung einer Bauartzulassung neu geregelt [42]. Die neuen Vorschriften traten am 28. 4. 1993 in Kraft.

Das Kreislaufwirtschafts- und Abfallgesetz von 1994

Mit dem Gesetz zur Förderung der Kreislaufwirtschaft und Sicherung der umweltverträglichen Beseitigung von Abfällen (Kreislaufwirtschafts- und Abfallgesetz – KrW-/AbfG) [43], das am 7. 10. 1996 in Kraft getreten ist, fand das deutsche Abfallrecht seine vorerst endgültigen Zielsetzungen:

- den Anfall von Abfällen erheblich zu reduzieren, um einem drohenden Entsorgungsnotstand entgegenzuwirken und durch die Förderung der Kreislaufwirtschaft die natürlichen Ressourcen zu schonen,
- konsequente Maßnahmen der Vermeidung und Verwertung von Abfällen bereits im Vorfeld der Abfallentstehung anzusetzen sowie,
- nicht verwertete Abfälle dauerhaft und gemeinwohlverträglich i. Allg. im Inland zu beseitigen [44].

Die Aufarbeitung, Behandlung und Endlagerung radioaktiver Abfälle sind im Atomgesetz geregelt. Für diese Art von Abfällen gelten die Vorschriften des KrW-/AbfG nicht. Ebenfalls von den Regelungen des Gesetzes ausgenommen sind:

- Tierkörper und tierische Nebenprodukte,
- Bergbauabfälle,
- nicht in Behälter gefasste gasförmige Stoffe,
- Stoffe, die in Abwässern in Klärwerke oder Vorfluter eingeleitet werden,
- Kampfmittel.

Dem sehr umkämpften Gesetzgebungsverfahren lagen der Bundesrats-Gesetzentwurf vom Mai 1991, der 1991 angekündigte, grundlegend neue Gesetzentwurf der Bundesregierung zur Vermeidung von Rückständen, Verwertung von Sekundärrohstoffen und Entsorgung von Abfällen [45], auf den sich in erster Linie die Beratungen stützten, sowie die europäische Abfallrahmenrichtlinie von 1991 (s. Abschn. 1.7.1) zugrunde. Der Gesetzestext des Entwurfs der Bundesregierung wurde bei den Beratungen im Deutschen Bundestag und im Vermittlungsausschuss von Bundestag und Bundesrat umfassend neu formuliert wobei verschiedene, zunächst vorgesehene Regelungen wegfielen.

Das KrW-/AbfG ist in 9 Teile gegliedert:

- Allgemeine Vorschriften,
- Grundsätze und Pflichten der Erzeuger und Besitzer von Abfällen sowie der Entsorgungsträger,
- Produktverantwortung,
- Planungsverantwortung,
- Absatzförderung,
- Informationspflichten,
- Überwachung,
- Betriebsorganisation und Beauftragter für Abfall,
- Schlussbestimmungen.

Die wichtigsten Inhalte seien im Folgenden skizziert.

Dem **Abfallbegriff** kommt im KrW-/AbfG eine Schlüsselfunktion zu. Er bestimmt den Geltungsbereich des Gesetzes und war deshalb heftig umstritten. Er ist nun umfassend angelegt, um die Stoffströme der Kreislaufwirtschaft insgesamt in die Regelungen einzubeziehen. Er schließt auch zu verwertende Stoffe, also bestimmte Wirtschaftsgüter, ein. Der Abfallbegriff enthält als voluntaristisches Element den Willen des Besitzers, sich bestimmter Sachen als Abfall zu entledigen. Darüber hinaus gibt es Abfälle, deren sich der Besitzer entledigen muss. Der Gesetzgeber hat Abfallgruppen festgelegt, denen die im KrW-/AbfG geregelten Abfälle zuzuordnen sind. Der im Gesetzesanhang aufgeführte Katalog ist der europäischen Abfallrichtlinie entnommen. Er umfasst 16 Abfallgruppen von Produktions- und Verbrauchsrückständen, kontaminierten, verschmutzten, verbrauchten und unverwendbar gewordenen Stoffen, die erhebliche Auslegungsspielräume eröffnen. Eine genauere Zuordnung angefallener Abfälle ermöglicht das in detaillierte Abfallarten aufgegliederte, gemeinschaftsrechtlich harmonisierte europäische Abfallverzeichnis entsprechend der Abfallverzeichnis-Verordnung (AVV) vom 10. 12. 2001 [46]. Mit Streitfragen in konkreten Einzelfällen sind die nationalen Verwaltungsgerichte, insbesondere auch der EuGH befasst.

Das Kernstück des KrW-/AbfG ist die Herstellerverantwortung auch für die Entsorgung der Produkte. Diese weit reichende **Produktverantwortung** wurde als völlig neue Grundpflicht in die Marktwirtschaft eingeführt. Als Instrument der praktischen Umsetzung wurde für den Verordnungsgeber die Möglichkeit gesetzlich verankert, für bestimmte Erzeugnisse durch Rechtsverordnung Rückgabe- und Rücknahmepflichten vorzuschreiben. Altprodukte kommen auf diese Weise zum Hersteller zurück, der sie entsorgen und die bisher externen Entsorgungskosten tragen muss. „Wenn man bereits in die Produktpreise die Entsorgungskosten hineinrechnet, wird ein marktwirtschaftlicher Anreiz dafür geschaffen, Produkte entsorgungsfreundlich, wieder verwertbar, demontierbar, mehrmals nutzbar zu machen, weil man dann bei den Preisen einen Vorteil hat und am Markt besser besteht" [47]. Rückgabe- und Rücknahmepflichten wurden beispielsweise für Verpackungsabfälle, Altfahrzeuge, Batterien, Elektro- und Elektronikgeräte verwirklicht. Hier konnten die Vorschriften auf überschaubare Sachverhalte bezogen werden und sich die gewünschten Wirkungen hinsichtlich Getrenntsammlung, Vorbehandlung, Demontage sowie stofflicher und energetischer Verwertung entfalten. Diese Regulierungen im Einzelnen und die damit erforderliche Verwaltung und Vollzugskontrolle sind nur zu rechtfertigen, wenn es sich um Abfallströme handelt, in denen massenhaft weitgehend gleiche Altprodukte enthalten sind. Politisch gewünscht sind darüber hinausgehende Regelungen für verwertbare Materialien anstelle spezieller Altprodukte, um das gesamte Abfallaufkommen zu erfassen.

Zur zentralen Konzeption des KrW-/AbfG gehört die **Zielhierarchie** Vermeiden, Verwerten, Beseitigen. Die erste Pflicht der Abfallerzeuger und Entsorgungsträger ist die **Abfallvermeidung** (s. Kap. 4). Als Maßnahmen nennt das Gesetz die abfallarme Produktgestaltung, die anlageninterne Kreislaufführung von Stoffen (primäres Recycling) und ein Konsumverhalten, das auf den Erwerb von abfall- und schadstoffarmen Produkten gerichtet ist. Die Pflichten der Betreiber von genehmigungsbedürftigen Anlagen (mit Ausnahme der Deponien) wurden im Bundes-Immissionsschutzgesetz (BImSchG) geregelt und folgen der Pflichtenhierarchie des KrW-/AbfG. Als Genehmigungsvoraussetzung sind Anlagen so zu errichten und zu betreiben, dass sie dem Stand der Technik entsprechen und ein allgemein hohes Schutzniveau für die Umwelt gewährleisten. Die im deutschen Immissionsschutz- und Abfallrecht bewährte Generalklausel zur Umsetzung von Technik in Recht „Stand der Technik" wurde durch die europäische Richtlinie von 1996 über die integrierte Vermeidung und Verminderung der Umweltverschmutzung wesentlich geändert [48]. Zur Bestimmung des Standes der Technik gehört nun u. a. die Berücksichtigung der Kriterien

- Einsatz abfallarmer Technologien,
- Einsatz weniger gefährlicher Stoffe und
- Förderung der Rückgewinnung und Wiederverwertung der bei den einzelnen Verfahren erzeugten und verwendeten Stoffe.

Die Vermeidung muss technisch möglich, wirtschaftlich zumutbar und umweltverträglicher als die Verwertung sein. Durch Maßnahmen der Abfallvermeidung, wie z. B. Mehrweg-Konzepte bei Transportverpackungen, können ebenfalls Umweltbelastungen entstehen. Diese sind jedoch im Vergleich zur Herstellung neuer Güter und deren Abfallverwertung meist gering. Die Verhältnismäßigkeit zwischen Aufwand und Nutzen ist zu berücksichtigen [49]. Zur Grundpflicht der Abfallvermeidung, die überwiegend appellativen Charakter hat, können im Einzelnen aber auch Maßnahmen, wie etwa das Verbot der Verwendung gesundheitsschädlicher Stoffe, durch Rechtsverordnung auferlegt und durchgesetzt werden.

Das KrW-/AbfG unterscheidet zwischen Abfällen zur Verwertung und Abfällen zur Beseitigung. Abfälle zur **Verwertung** sind Abfälle, die verwertet werden. Abfälle, die nicht verwertet werden, auch wenn sie verwertbar sind, sind Abfälle zur Beseitigung.

Eine Grundpflicht der Kreislaufwirtschaft besteht für Abfallerzeuger und -besitzer darin, Abfälle stofflich zu verwerten oder zur Gewinnung von Energie zu nutzen. Vorrang hat die umweltverträglichere Verwertungsart. Im Anhang II B des Gesetzes sind praktische Verwertungsverfahren aufgelistet, wie beispielsweise die Hauptverwendung als Brennstoff, die Rückgewinnung von Metallen, anderen anorganischen und organischen Stoffen, Regenerierung von Säuren und Basen, Ölraffination oder die Aufbringung auf den Boden zum Nutzen der Landwirtschaft. Auch diese Liste wurde der europäischen Abfallrahmenrichtlinie entnommen (s. Abschn. 1.7.1). Die Verwertungspflicht entfällt, wenn die Beseitigung die umweltverträglichere Lösung darstellt. Die Pflicht zur Verwertung von Abfällen ist außerdem nur einzuhalten, soweit dies technisch möglich und wirtschaftlich zumutbar ist.

Eine lange andauernde politische Auseinandersetzung galt der Abgrenzung von stofflicher zu energetischer Verwertung zu thermischer Behandlung. Die politischen Bewertungen in Bundesregierung und Bundesrat gingen so weit auseinander, dass die in § 6 KrW-/AbfG enthaltene Verordnungsermächtigung nicht genutzt werden konnte, um bestimmte Abfallarten vorrangig entweder der stofflichen oder der energetischen Verwertung zuzuordnen. Eine stoffliche Verwertung liegt vor, wenn Stoffe aus Abfällen gewonnen werden, die primäre Rohstoffe im Wirtschaftskreislauf ersetzen (sekundäres Recycling). Eine energetische Verwertung liegt vor, wenn Abfälle als Ersatzbrennstoff zur Energieerzeugung eingesetzt werden, wobei laut KrW-/AbfG anspruchsvolle Kriterien hinsichtlich des Heizwerts, des Feuerungswirkungsgrads, der Energieverwendung und der Beschaffenheit der Feuerungsrückstände erfüllt werden müssen (die jedoch nach Auffassung des EuGH bei der Abgrenzung zwischen Verwertung und Beseitigung keine Rolle spielen). Die Müllverbrennung in eigens dafür errichteten Anlagen mit Energiegewinnung war laut EuGH keine energetische Verwertung, da Müll in diesen Anlagen kein Ersatzbrennstoff darstellt, sondern eine i. Allg. sinnvolle thermische Abfallbehandlung zur umweltverträglichen Beseitigung. Die Ende 2008 in Kraft getretene Novelle der europäischen Abfallrahmenrichtlinie (AbfRRL) hat diese Fragen durch Einführung einer abgrenzenden Energieeffizienzformel geklärt.

Im Zeitraum von 1990, dem ersten Jahr des vereinten Deutschlands, bis 2010 hat sich das Gesamtaufkommen der Siedlungsabfälle mit ca. 50 Mio. t nur wenig verändert. Die Verwertungsquote ist in dieser Zeitspanne jedoch von 13 auf 63 % [50] angestiegen und hat im Jahr 2002 zum ersten Mal die Beseitigungsquote (44 %) überholt [51]. In dieser Tendenz spiegelt sich der Erfolg der auf Abfallverwertung ausgerichteten Abfallwirtschaft im Rahmen des KrW-/AbfG wider.

Bemerkenswert waren die relativ hohen Beiträge der Abfallwirtschaft zum Klimaschutz, die in erster Linie auf die starke Verminderung der Methanemissionen aus den Deponien zurückgeführt werden können. Die Klimarelevanz von Methan (CH_4) ist, über einen Zeitraum von 100 Jahren betrachtet, 21fach höher als von Kohlendioxid (CO_2). Zum einen wurden die Deponiegase besser erfasst und teils mit, teils ohne energetische Nutzung verbrannt, zum anderen wurde mit der Abfallablagerungsverordnung (später Deponieverordnung) das Deponierungsverbot für unbehandelte, biologisch abbaubare Abfälle seit Juni 2005 durchgesetzt. Weitere beachtliche Beiträge zum Klimaschutz erbrachte die energetische Nutzung der Restabfallmengen in Müllverbrennungsanlagen. Auch können die in allen Materialbereichen kräftig angestiegenen Verwertungsquoten als klimarelevant eingestuft werden, denn beim Recycling ist gewöhnlich weniger Energie aus fossilen Brennstoffen erforderlich als bei der Gewinnung der Rohstoffe aus der Natur. Die Zuordnung der entsprechenden Gutschriften von CO_2-Äquivalenten wird jedoch von den betroffenen Wirtschaftszweigen – etwa der Kraftwirtschaft gegenüber der Abfallwirtschaft – kontrovers gehandhabt. Der im Zuge der Berichterstattung unter der Klimarahmenkonvention der Vereinten Nationen und des Kyoto-Protokolls im April 2014 vorgelegte „Nationale Inventarbericht zum Deutschen Treibhausgasinventar 1990 – 2012" berücksichtigt für die Emissionsentwicklung der Quellgruppe Abfall allein die jährlichen Treibhausgas-Emissionen aus der Abfalldeponierung. Diese sind im Zeitraum 1990 bis 2012 um nahezu 29 Mio. t CO_2-Äquivalente zurückgegangen. Bezogen auf die Gesamtemissionen verminderte sich der Anteil der Quellgruppe Abfall von 3,40 auf 1,44 % [52]. Die Reduktionspotenziale im Deponiebereich sind inzwischen weitgehend ausgeschöpft. Würden die Gutschriften aus allen stofflichen und energetischen Abfallverwertungen der Abfallwirtschaft zugerechnet (der Nationale Inventarbericht beispielsweise folgt dieser Vorgabe nicht), so würde sie statistisch betrachtet zu einer Senke klimarelevanter Emissionen. Die Abfallwirtschaft könnte unter diesem Blickwinkel nach einer Schätzung des Umweltbundesamtes im Jahr

2020 insgesamt mehr als 27 Mio. t CO_2-Äquivalente pro Jahr einsparen [53], was etwa 4 % der dann zu erwartenden gesamten Treibhausgasemissionen entspräche.

Das Bundesumweltministerium hat im Jahr 1999 das „abfallwirtschaftliche Ziel 2020" formuliert, nach dem bis spätestens 2020 die Behandlungstechniken so weiterentwickelt und ausgebaut werden sollen, dass alle Siedlungsabfälle in Deutschland vollständig umweltverträglich verwertet werden. Damit soll zugleich die oberirdische Deponierung beendet werden [54].

Der durchgreifenden Verwirklichung der Grundsätze der Kreislaufwirtschaft, möglichst wenig primäre Rohstoffe in Anspruch zu nehmen, möglichst viel Material möglichst lange im Wirtschaftskreislauf zu halten und möglichst keine Abfälle mehr abzulagern, stehen allerdings gewichtige Sachverhalte entgegen:

- Der Preis, der Gebrauchsnutzen und die gefällige Form einer Ware sowie der gute Ruf des Herstellers sind nach wie vor die entscheidenden Verkaufsargumente und nicht die Vorzüge bei der späteren Verwertung des Altprodukts.
- Das Prinzip der offenen Grenzen und die globalen Transporte lassen den Wunsch nach einer umfassenden Herstellerverantwortung für die Altproduktentsorgung nur eingeschränkt realistisch erscheinen.
- Je komplexer Produkte aus Verbundstoffen aufgebaut sind, umso aufwändiger ist die Rückgewinnung recycelbarer Stoffe aus dem Altprodukt und umso unverhältnismäßiger können die Verwertungskosten und der Nutzen für die Umwelt sein.
- In der Regel verschlechtern sich die Materialeigenschaften mit jedem Recycling-Umlauf (Downcycling), wie beispielsweise bei Altpapier, dessen Fasern sich verkürzen [55].

Die großen Hoffnungen, die in den 1990er Jahren auf die Kreislaufwirtschaft gesetzt wurden, müssen relativiert werden [56]. Deutschland wird vermutlich noch lange ein Rohstoffimportland und eine Stoffsenke großen Umfangs bleiben [57].

Das KrW-/AbfG enthält eine Vielzahl von Ermächtigungen zum Erlass von Rechtsverordnungen, von denen reichlich Gebrauch gemacht wurde. Diese Rechtsverordnungen sind ständig fortgeschrieben und verändert worden; eine Reihe von ihnen wurde wieder aufgehoben, weil ihre wesentlichen Regelungsinhalte in andere Verordnungen oder Gesetze verlagert werden konnten oder weil sie aufgrund der praktischen Erfahrungen im Interesse des Bürokratieabbaus und der Deregulierung verzichtbar erschienen.

- Über Abfallverzeichnisse und Abfallüberwachung: Abfallverzeichnisverordnung (AVV, 2001), Bestimmungsverordnung überwachungsbedürftige Abfälle zur Verwertung (BstüVAbfV, 1996, 2007 aufgehoben), Nachweisverordnung (NachwV, 1996), Transportgenehmigungsverordnung (TgV, 1996).
- Über Anforderungen an die Abfallbeseitigung: Abfallablagerungsverordnung (AbfAblV, 2001, 2009 aufgehoben), Deponieverordnung (DepV, 2002, 2009), Gewinnungsabfallverordnung (GewinnungsAbfV, 2009), Versatzverordnung (VersatzV, 2002), Deponieverwertungsverordnung (DepVerwV, 2005, 2009 aufgehoben).

- Über betriebliche Regelungen: Abfallwirtschaftskonzept- und -bilanzverordnung (AbfKoBiV, 2007 aufgehoben), Entsorgungsfachbetriebeverordnung (EfbV, 1996).
- Über produkt- und produktionsbezogene Regelungen: Verpackungsverordnung (VerpackV, 1991, Neufassungen 1998, 2005, 2006, 2008, 2014), Batterieverordnung (BattV, 1998, 2009 aufgehoben), PCB/PCT-Abfallverordnung (PCBAbfallV, 2000), Altfahrzeug-Verordnung (AltfahrzeugV, 2002), Gewerbeabfallverordnung (GewAbfV, 2002), Altholzverordnung (AltholzV, 2002), Altölverordnung (AltölV, 2002).
- Über Klärschlamm, Bioabfälle: Klärschlammverordnung (AbfKlärV, 2006), Bioabfallverordnung (BioAbfV, 1998, 2013).

Das Inverkehrbringen, die Rücknahme und die umweltverträgliche Entsorgung von Elektro- und Elektronikgeräten sind nicht als Rechtsverordnung des KrW-/AbfG sondern in einem besonderen Gesetz [58] vom 16. 3. 2005 geregelt (2014 novelliert) worden, mit dem europäische Richtlinien (s. Abschn. 1.7.1) umgesetzt wurden. Auch die Batterieverordnung ist durch ein „Gesetz zur Neuregelung der abfallrechtlichen Produktverantwortung für Batterien und Akkumulatoren" ersetzt worden, das der Deutsche Bundestag am 23. 4. 2009 verabschiedet hat. Mit einer Rechtsverordnung zur Durchführung des Batteriegesetzes (BattGDV, 2009) sind Anforderungen an die Behandlung und Verwertung von Altbatterien sowie Anzeigepflichten der Hersteller festgelegt worden. Das Abfallverbringungsgesetz ist als Ausführungsgesetz der europäischen Abfallverbringungs-Verordnung (VO-Nr. 1013/2006) und des Basler Übereinkommens über die Kontrolle der grenzüberschreitenden Verbringung gefährlicher Abfälle und ihrer Entsorgung geschaffen worden (2007/2013).

Das Kreislaufwirtschaftsgesetz von 2012

Mit dem „Gesetz zur Förderung der Kreislaufwirtschaft und Sicherung der umweltverträglichen Bewirtschaftung von Abfällen" (KrWG) [59] wurde das Kreislaufwirtschafts- und Abfallgesetz von 1994 hauptsächlich durch die Umsetzung der EU-Abfallrahmenrichtlinie 2008/98/EG des Europäischen Parlaments und des Rates novelliert. Es trat am 1. 6. 2012 in Kraft. Neben dem Schutz von Mensch und Umwelt bei der Erzeugung und Bewirtschaftung von Abfällen bezweckt das KrWG wie das KrW-/AbfG in erster Linie, „die Kreislaufwirtschaft zur Schonung der natürlichen Ressourcen zu fördern" (§ 1). Die Abfallwirtschaft soll ökologisch fortentwickelt und letztlich zu einer Rohstoffwirtschaft werden. „Die Fortentwicklung der Kreislaufwirtschaft ist eine gesamtgesellschaftliche Aufgabe an der alle Akteure, insbesondere Verbraucher, Erzeuger, private wie öffentliche Entsorgungsträger, Verbände, Bund, Länder und Kommunen gleichermaßen beteiligt sind." Und das Idealziel ist: „Verbrennungskapazitäten verringern zu können und Deponien weitgehend entbehrlich zu machen" [60]. Aufgrund der Vorgaben der EU-Abfallrahmenrichtlinie wurden umfangreiche textliche Änderungen und Ergänzungen eingeführt, denen jedoch keine ähnlich umfangreichen neuen Regelungstatbestände entsprechen. Das KrW-/AbfG von 1994 ist vom Gesetzgeber mit Bedacht und Augenmaß weiterentwickelt worden.

Die beabsichtigte verstärkte Förderung der Kreislaufwirtschaft erweist sich insbesondere in der Ergänzung der Abfallhierarchie um die Maßnahme „Vorbereitung zur Wiederverwendung" sowie in den konkreten Zielvorgaben

- spätestens ab 1. 1. 2015 Bioabfälle (§ 11) sowie Papier-, Metall-, Kunststoff- und Glasabfälle (§ 14) getrennt zu sammeln und
- spätestens ab 1. 1. 2020 die Vorbereitung zur Wiederverwendung und das Recycling aller Siedlungsabfälle auf mindestens 65 Gewichtsprozent sowie aller Bau- und Abbruchabfälle auf mindestens 70 Gewichtsprozent auszurichten und anzuheben (§ 14).

Zur Einführung einer haushaltnahen erweiterten Wertstoffsammlung kann eine einheitliche Wertstofftonne oder eine einheitliche Wertstofferfassung in vergleichbarer Qualität eingeführt werden (§§ 10 und 25).

Als Rangfolge des wirtschaftlichen und abfallwirtschaftlichen Handelns wird nun in § 6 KrWG eine fünfstufige Abfallhierarchie vorgeschrieben:

1. Vermeidung
2. Vorbereitung zur Wiederverwendung
3. Recycling
4. Sonstige Verwertung, insbesondere energetische Verwertung und Verfüllung
5. Beseitigung

Die Gliederung des KrW-/AbfG in 9 Teile wurde beibehalten, wobei die Vorschriften des Teils „Informationspflichten" in andere Teilbereiche eingearbeitet und der Teil „Entsorgungsfachbetriebe" neu aufgenommen wurde. In die Begriffsbestimmungen (§ 3) wurde eine Reihe neuer Fachausdrücke aufgenommen und Definitionen abgeändert. In der Abfalldefinition wurde der Ausdruck „bewegliche Sachen" durch „Stoffe und Gegenstände" ersetzt und der Bezug auf eine Liste von eigens aufgeführten Abfallgruppen aufgehoben. Die bisher geläufige Bezeichnung „besonders überwachungsbedürftig" wurde durch „gefährlich" ersetzt. Neue Begriffsbestimmungen wurden eingereiht: Bioabfälle; Sammler, Beförderer, Händler und Makler von Abfällen; Sammlung, getrennte Sammlung, gemeinnützige Sammlung und gewerbliche Sammlung von Abfällen; Vermeidung; Wiederverwendung und Vorbereitung zur Wiederverwendung; Verwertung; Recycling; Beseitigung u. a. In einer Kreislaufwirtschaft, in der abwechselnd Stoffe und Gegenstände zu Abfällen und Abfälle zu wiederverwendbaren Wirtschaftsgütern werden, ist es angezeigt, das Ende der Abfalleigenschaft zu bestimmen und anfallende Nebenprodukte von Abfällen abzugrenzen. Ebenfalls bedarf es der Vorschriften für das Getrennthalten von Abfällen zur Verwertung und für ein Vermischungsverbot. Diese Regelungen finden sich in den §§ 4, 5 und 9 KrWG, wobei die Festlegung von Anforderungen und Bedingungen im Einzelnen Rechtsverordnungen vorbehalten wurde. Grundsätzlich ist anzumerken, dass eine weitere Zahl von Verordnungsermächtigungen im KrWG dem Verordnungsgeber, also Bundesregierung, Bundesrat und in Sonderfällen auch dem Deutschen Bundestag, die wesentliche Aufgabe der Umsetzung und Ausgestaltung der allgemeinen Vorschriften für den praktischen Vollzug auferlegen.

Ende 2013 wurde die Verordnung zur Fortentwicklung der abfallrechtlichen Überwachung erlassen, die neben einigen Anpassungsänderungen in bestehenden Rechtsverordnungen die neue „Verordnung über das Anzeige- und Erlaubnisverfahren für Sammler, Beförderer, Händler und Makler von Abfällen" (AbfAEV) enthält [61]. Die Regelungen sind so kompliziert, dass eine umfangreiche Vollzugshilfe herausgegeben wurde [62].

Das KrWG ermöglicht zur Erfassung aller Haushaltsabfälle aus Metall und Kunststoff, also nicht nur der Verpackungsabfälle, die Einführung einer einheitlichen Wertstofftonne. Da die privaten Entsorger nach bisherigem Recht für die Verpackungsabfälle, die Kommunen aber für den gesamten anderen Siedlungsabfall zuständig waren, bringt die neue Wertstofftonne Interessenskonflikte mit sich. Bei den Beratungen des KrWG-Entwurfs hatte der Bundesrat den Vermittlungsausschuss angerufen, weil er die öffentlichen gegenüber den privaten Entsorgern benachteiligt sah. Er wollte verhindern, „dass sich gewerbliche Abfallsammler lediglich die lukrativen Wertstoffe aus dem Hausmüll herauspicken können" [63]. Bundestag und Bundesrat einigten sich darauf, dass der gewerbliche Sammler den ersten Zugriff hat, wenn die von ihm angebotene Sammlung und Verwertung gegenüber dem öffentlich-rechtlichen Entsorgungsservice wesentlich leistungsfähiger ist (§ 17). Für den Nachweis trägt der gewerbliche Anbieter die Beweislast. Gewerbliche und gemeinnützige Sammlungen sind jedoch entsprechend den europarechtlichen Vorgaben der Warenverkehrs- und Wettbewerbsfreiheit grundsätzlich zuzulassen. Die Bundesregierung untersuchte den Verwaltungsaufwand und die Probleme im Vollzug der neuen Regelungen und legte im März 2014 einen Monitoring-Bericht vor [64]. Die angehörten Betroffenen vertraten teilweise kontroverse Positionen hinsichtlich der Frage, ob durch das neue KrWG die EU-rechtlich gebotene Stärkung des Wettbewerbs und die Verbesserung der Qualität und Quantität des Recyclings erreicht werden. Einigkeit bestand in der Auffassung, dass erhebliche Vollzugsprobleme gelöst werden müssen. Die Bundesregierung verweist darauf, dass sich durch die Rechtsprechung eine klare Linie für die Auslegung und Handhabung der neuen Vorschriften abzuzeichnen beginne. Im Übrigen sei die weitere Beobachtung der Vollzugssituation erforderlich. Ende 2016 brachte die Bundesregierung den Entwurf eines Verpackungsgesetzes in das Gesetzgebungsverfahren ein, mit dem das Verpackungsrecht weiter entwickelt und die Verpackungsverordnung abgelöst werden sollten (s. Abschn. 1.8.2).

Die EU-Abfallrahmenrichtlinie erlegte den Mitgliedstaaten auf, Abfallvermeidungsprogramme mit Vermeidungszielen zu erstellen und dabei „zweckmäßige, spezifische qualitative oder quantitative Maßstäbe für verabschiedete Abfallvermeidungsmaßnahmen" vorzugeben. Das deutsche Abfallvermeidungsprogramm legt qualitative Ziele fest, zu deren Erreichung keine quantitativen und zeitlichen Vorgaben gemacht werden. Das Hauptziel ist die Abkoppelung des Wirtschaftswachstums von den mit der Abfallerzeugung verbundenen Auswirkungen auf Mensch und Umwelt. Dieses Hauptziel wird unterstützt durch die operativen Ziele:

- Reduktion der Abfallmenge
- Reduktion schädlicher Auswirkungen des Abfalls
- Reduktion der Schadstoffe in Materialien und Erzeugnissen (bis hin zur Substitution umwelt- und gesundheitsschädlicher Stoffe).

Unterzielsetzungen können zur Erreichung dieser operativen Ziele dienen:

- Verminderung der Abfallintensität in allen Wirtschaftsbereichen
- Verbesserung des Informationsstandes zur Sensibilisierung der Bevölkerung und der beteiligten Akteure
- Anlageninterne Kreislaufführung von Stoffen
- Förderung eines abfallarmen Konsumverhaltens
- Abfallarme Produktgestaltung
- Steigerung der Lebensdauer und der Nutzungsintensität von Produkten
- Förderung der Wiederverwendung von Produkten [65].

Im Anhang des Programms sind beispielhaft 34 Abfallvermeidungsmaßnahmen mit deren Bewertung dargestellt.

Das KrWG ist in den Jahren 2013 bis 2016 mehrmals geändert worden, etwa zur Einführung von Überwachungsplänen und -programmen für große Deponien (Umsetzung der Richtlinie 2010/75/EU - BGBl I Nr. 17, 12. April 2013, S. 744) oder zur Einführung eines Klimakorrekturfaktors in die Energieeffizienzformel (BGBl I Nr. 46, 25. November 2015, S. 2072).

1.7 Europäische Entwicklungen und internationale Einflüsse

1.7.1 Europäische Gemeinschaft/Union (EG/EU)

Die Staats- und Regierungschefs der Europäischen Gemeinschaft haben auf ihrer Pariser Konferenz im Oktober 1972 beschlossen, eine EG-Umweltpolitik einzuführen. Eine harmonische Entwicklung des Wirtschaftslebens und weiteres Wirtschaftswachstum erfordere eine wirksame Bekämpfung der Umweltbelastungen. Eine Kompetenz für einen gemeinschaftlichen Umweltschutz war im EWG-Vertrag von 1957 nicht vorgesehen. Erst im Jahr 1987 wurde mit der Einheitlichen Europäischen Akte eine eigenständige umweltpolitische Zuständigkeit begründet [66]. Diese EG-Umweltkompetenz wurde mit dem Maastrichter Vertrag von 1992 weiter ausgebaut. Das Abfallrecht in Europa wird nunmehr überwiegend vom Europäischen Parlament und dem Rat gesetzt. Nationale gesetzliche Gestaltungsspielräume und Vollzugsunterschiede blieben in einem gewissen Umfang erhalten und wirken sich auf die Entsorgungspraxis aus.

Eine Rechtsangleichung erschien jedoch schon Anfang der 1970er Jahre notwendig, um gleiche Wettbewerbsbedingungen im Binnenmarkt aufrechtzuerhalten. Im November 1973 wurde von den europäischen Ministern für Umweltfragen ein erstes Aktionsprogramm der EG für den Umweltschutz vorgelegt, in dessen Kap. 7 die Aktionen im Zusammenhang mit der Beseitigung von Abfällen und Rückständen aufgeführt waren [67]. Im Vordergrund standen Abfälle, deren Beseitigung wegen ihrer Toxizität, ihrer mangelnden Abbaufähigkeit oder Sperrigkeit eine überregionale und gegebenenfalls auch eine grenzüberschreitende Lösung erfordert. Die Minister für Umweltfragen betonten ihre Absicht, sich auf dem Gebiet des Umweltschutzes mit den internationalen Organisationen abzustimmen und eine gemeinsame Haltung anzustreben. Dies gelte insbesondere für die Arbeiten, die von der OECD sowie im Rahmen des Umweltprogramms der Vereinten Nationen UNEP durchgeführt werden. In allen weiteren EG-Umweltaktionsprogrammen sind Fragen der Vermeidung, Verwertung und Beseitigung von Abfällen behandelt worden. Das 7. Umweltaktionsprogramm für den Zeitraum 2014 bis 2020 legt es darauf an, Ressourceneffizienz – neben dem Klimaschutz und der nachhaltigen Mobilität – ins Zentrum der langfristigen europäischen Umweltpolitik zu rücken. Europa soll auf den Übergang zu einer ressourceneffizienten, umweltschonenden und wettbewerbsfähigen CO_2-armen Wirtschaftsweise hinsteuern. Dazu gehört als besonderer Schwerpunkt die Verwandlung von Abfällen in Rohstoffe, einschließlich der Ausweitung der Abfallvermeidung und -wiederverwendung sowie des Recyclings.

Im Juli 1975 erging eine Richtlinie des Rates über Abfälle [68], die so genannte europäische Abfallrahmenrichtlinie. Diese erste europäische abfallrechtliche Normsetzung, die für alle EG-Mitgliedstaaten bindend ist (Europarecht bricht nationales Recht) wurde auf die Artikel 100 (Binnenmarkt) und 235 (Generalermächtigung) des EWG-Vertrags gestützt. Ihre Zielsetzungen waren:

- Schutz der menschlichen Gesundheit sowie der Umwelt gegen nachteilige Auswirkungen der Sammlung, Beförderung, Behandlung, Lagerung und Ablagerung von Abfällen und
- Förderung der Aufbereitung von Abfällen sowie die Verwendung wiedergewonnener Materialien im Interesse der Erhaltung der natürlichen Rohstoffquellen.

Den Mitgliedstaaten wurde auferlegt, mit geeigneten Maßnahmen die mengenmäßige Verringerung, Verwertung und Umwandlung von Abfällen sowie die Gewinnung von Rohstoffen und Energie zu fördern.

Die europäische Abfallrahmenrichtlinie wurde im Jahr 1991 novelliert und mit Anhängen über Abfallgruppen, Beseitigungs- und Verwertungsverfahren versehen, die dem Basler Übereinkommen von 1989 entnommen wurden [69]. Diese Rahmenrichtlinie enthält die in der EU harmonisierten Begriffsbestimmungen und Grundsätze. Sie ist die allgemeine Grundlage des europäischen Abfallrechts. In ihrem Rahmen wurden zahlreiche Richtlinien über bestimmte Abfälle und Sachverhalte erlassen: Altölbeseitigung (1975), Titandioxid (1978), Klärschlamm (1986), Verbrennungsanlagen für Siedlungsmüll (1989), Batterien und Akkumulatoren (1991, 2006), Verbrennung gefährlicher Abfälle (1994), PCB/PCP (1996), Abfalldeponien (1999), Altfahrzeuge (2000), Abfallverbrennung (2000), Abfallstatistik (2002), gefährliche Stoffe in Elektro- und Elektronikgeräten (2002, 2011), Elektro- und Elektronik-Altgeräte (2003, 2012).

Im März 1978 erließ der EG-Ministerrat ebenfalls auf der Grundlage der Artikel 100 und 235 des EWG-Vertrags die Richtlinie über giftige und gefährliche Abfälle [70]. Der Anhang der Richtlinie enthielt die Liste der giftigen und gefährlichen Stoffe oder Materialien mit 27 Positionen: einige Schwermetalle und ihre Verbindungen, chemische Elemente wie Arsen, Antimon, Beryllium, Selen, Tellur und ihre Verbindungen, Mineralien wie Asbest, organische und anorganische Cyanide, chlorierte und organische

Lösungsmittel, Phenole, Peroxide, Chlorate, Äther, Teerrückstände u. a. Die Richtlinie forderte von den Mitgliedstaaten, Maßnahmen der Planung für die geordnete Beseitigung und die Einrichtung von Genehmigungs- und Überwachungsverfahren für die erforderlichenfalls getrennte Einsammlung, Beförderung, Lagerung, Behandlung und Ablagerung dieser Abfälle zu treffen. Den Mitgliedstaaten wurde es ausdrücklich freigestellt, bei der Umsetzung dieser Richtlinie in nationales Recht, strengere als die gemeinschaftlich vorgesehenen Vorschriften festzulegen.

Die Europäische Union ist mit ihrer bisherigen Zielvorgabe zur mengenmäßigen Vermeidung von Siedlungsabfällen gescheitert. In ihrem 5. Umweltaktionsprogramm von 1993 hatte sie das „Einfrieren der Abfallerzeugung auf 300 kg pro Kopf im EG-Durchschnitt (Stand von 1985)“ als Ziel vorgegeben, das in keinem Mitgliedsstaat überschritten werden sollte [71]. Tatsächlich hat sich in den alten EU-Mitgliedstaaten die Abfallmenge pro Kopf seither mehr als verdoppelt. In Deutschland bewegt sich das Aufkommen an Siedlungsabfällen mit gewissen Schwankungen seit dem Jahr 2000 um 600 kg/Einwohner [72]. Die Maßnahmen zur Verminderung der Gefährlichkeit der Abfälle waren dadurch erfolgreicher, dass die Verwendung bestimmter Gefahrstoffe verboten werden konnte. Im Bereich der Abfallvermeidung wird nach einem europaweit einsetzbaren Instrumentenmix aus gesetzgeberischen Vorschriften, freiwilligen Maßnahmen im Rahmen der Herstellerverantwortung und wirtschaftlichen Anreizen gesucht, um das Abfallaufkommen zu stabilisieren und zu verringern [73].

Zum Jahresende 2005 publizierte die Europäische Kommission eine Mitteilung über die „Weiterentwicklung der nachhaltigen Ressourcennutzung: Eine thematische Strategie für Abfallvermeidung und -recycling“, in der sie ihre Vorstellungen zu den künftigen Rahmenbedingungen für die europäische Abfallwirtschaft darlegte [74]. Mit dieser Strategie soll der Grundstein für die Entwicklung der EU zu einer Gesellschaft mit Kreislaufwirtschaft gelegt werden. Die gemeinschaftlichen Rechtsvorschriften sollen im Abfallbereich zur Verbesserung von Abfallvermeidung und -recycling weiterentwickelt und zugleich vereinfacht werden. Die Kommission legte zeitgleich mit dieser Mitteilung den Vorschlag zur Novellierung der Abfallrahmenrichtlinie vor, in die sowohl die Richtlinie über gefährliche Abfälle als auch die Altölrichtlinie eingearbeitet wurden [75]. Die jahrelang politisch umkämpfte Novellierung ist im November 2008 abgeschlossen worden.

Die neue europäische Abfallrahmenrichtlinie (AbfRRL) [76] ist seit 12. 12. 2008 in Kraft und richtet die EU-Mitgliedstaaten auf eine gemeinsame Abfallwirtschaftspolitik mit dem Ziel aus, die EU einer „Recycling-Gesellschaft“ näher zu bringen. Die wichtigsten Änderungen und Neuerungen betreffen:

- die Abfallhierarchie (Prioritätenfolge), die um weitere Stufen ergänzt wurde: Vermeidung, Vorbereitung zur Wiederverwendung, Recycling, sonstige Verwertung – z. B. energetische Verwertung, Beseitigung;
- die Einführung der erweiterten Herstellerverantwortung (Produktverantwortung) für den gesamten Lebenszyklus eines Produkts;
- die Beschränkung des Abfallrechts auf bewegliche Sachen (Ausschluss unbeweglicher Sachen aus den AbfRRL-Anwendungen);

- die Definition der Nebenprodukte und ihre Abgrenzung von Abfällen;
- die Regelungen zum Ende der Abfalleigenschaft im Zusammenhang mit Verwertungsverfahren;
- die Abgrenzung der Abfallverwertung als Brennstoff in Müllverbrennungs-Anlagen nach einer Energieeffizienzformel von der Beseitigung (s. Anhang II der AbfRRL);
- Regelungen zu Bioabfällen;
- die Absicherung der Entsorgungsautarkie bei der Beseitigung von Hausmüll;
- die Erstellung von Abfallvermeidungsprogrammen mit konkreten Vermeidungszielen in den Mitgliedstaaten bis Ende 2013 um das Wirtschaftswachstum von den mit der Abfallerzeugung verbundenen Umweltauswirkungen zu entkoppeln. (Anhang IV der AbfRRL enthält einen Katalog von möglichen Vermeidungsmaßnahmen.) Das Bundesministerium für Umwelt, Naturschutz und Reaktorsicherheit ist dieser Forderung im Juli 2013 nachgekommen und hat das „Abfallvermeidungsprogramm des Bundes unter Beteiligung der Länder" vorgelegt.

In Volkswirtschaften, die weitreichende Freiheiten im Wettbewerb und für Unternehmer- und Verbraucherentscheidungen sicherstellen, sind regulierende Eingriffe des Staats zur Durchsetzung der Abfallvermeidung nur sehr begrenzt möglich. Europaweite politische Initiativen konzentrieren sich deshalb in erster Linie auf die öffentliche Bewusstmachung der Notwendigkeit und der beispielhaft aufgezeigten Chancen der Abfallvermeidung. Zu diesem Zweck hat die EU-Kommission u. a. im Jahr 2009 die „Europäische Woche zur Abfallvermeidung" eingeführt, die alljährlich im November mit zahlreichen Aktivitäten zur Sensibilisierung der Bevölkerung in allen EU-Mitgliedstaaten und darüber hinaus durchgeführt wird. Bei solchen Gelegenheiten wird beispielsweise dafür geworben, Trinkgläser statt Wegwerfpapp- oder -plastikbecher zu verwenden, Papier beidseitig zu bedrucken, auf Einwegwindeln zu verzichten, Lebensmittel unverpackt einzukaufen, leichte Plastiktüten durch Einkauftaschen oder -körbe zu ersetzen oder zumindest mehrfach zu benutzen usw.

Die Europäische Kommission hat im Jahr 2011 einen „Fahrplan für ein ressourcenschonendes Europa" mitgeteilt (KOM(2011) 571 endgültig vom 20. 9. 2011) mit Handlungsempfehlungen und Etappenzielen. Seither wird die Abfallrahmenrichtlinie von 2008 kritisch überprüft. Mit einer Überarbeitung dieser Richtlinie soll durch eine weitere Stärkung der Produktverantwortung und des Sekundärrohstoffmarktes die ressourcenschonende Wirtschaftsweise vorangebracht werden. Die Erfolge und Erfahrungen der deutschen Recyclingwirtschaft sollen als ein Vorbild dienen. Um dem „Fahrplan für ein ressourcenschonendes Europa" weiteren Vorschub zu leisten, hat die EU-Kommission im Mai 2013 das „Grünbuch zu einer europäischen Strategie für Kunststoffabfälle in der Umwelt" (KOM(2013) 123 endg./2 vom 3. 5. 2013) vorgelegt. Das Grünbuch zeigt auf, dass die Märkte für die sehr langlebigen, vielseitig einsetzbaren und relativ billig herstellbaren Kunststoffe exponentiell wachsen und die unkontrollierten Ablagerungen der Kunststoffabfälle, insbesondere in der Meeresumwelt, große Probleme verursachen. Da etwa die Hälfte der vollständig recyclingfähigen Kunststoffabfälle in Europa deponiert und insgesamt nur ein Bruchteil werkstofflich wiederverwertet wird, gibt das Grünbuch

Denkanstöße für eine Entwicklung, die zu hohen Recyclinganteilen führt und letztlich Deponierungsverbote ermöglicht.

Im europäischen „Jahr des Abfalls" 2014 hat die Europäische Kommission in einer weiteren Mitteilung „Hin zu einer Kreislaufwirtschaft: Ein Null-Abfallprogramm für Europa" (KOM(2014) 398 endgültig vom 2. 7. 2014) ein anspruchsvolles Bündel an Reformabsichten zur Überarbeitung der EU-Abfallrahmenrichtlinie, der EU-Deponierichtlinie sowie der EU-Richtlinie über Verpackungen und Verpackungsabfälle vorgelegt und bis ins Jahr 2030 reichende ehrgeizige Ziele für Abfallverwertung und Ressourceneffizienz vorgegeben. Ab 2025 soll ein Deponierungsverbot von recyclingfähigem Kunststoff, Metall, Glas, Papier und Karton sowie von biologisch abbaubarem Abfall gelten. Die Deponierung von Siedlungsabfall soll bis 2030 (ausgenommen Restabfälle mit einem Anteil von ca. 5 %) praktisch völlig abgeschafft werden. Der Prozess der Umsteuerung der europäischen Wirtschaft wird von dem politischen Gremium European Resource Efficiency Platform (EREP) der EU-Kommission begleitet, dessen 33 umweltpolitisch namhaften Mitglieder aus UNEP, EU-Kommission, Europäischem Parlament, nationalen Umweltministerien, Industrie und Verbänden berufen worden sind.

Abfallwirtschaftliche Aspekte finden sich neben dem Abfallrecht im engeren Sinne auch in anderen Regelungsbereichen der EU-Umweltpolitik. Von besonderem Interesse ist hier die Richtlinie über die Integrierte Vermeidung und Verminderung der Umweltverschmutzung (IVU, Integrated Pollution Prevention and Control -IPPC) sowie das Konzept der Integrierten Produktpolitik (IPP, Integrated Product Policy). An dieser Stelle sei noch zur EU-Chemikalienpolitik angemerkt, dass bei der Reform des europäischen Stoffrechts, wie sie unter der Kurzbezeichnung REACH (Registration, Evaluation and Authorisation of Chemicals) bekannt ist, Abfälle ausdrücklich von den Regelungen in REACH ausgenommen wurden.

Im September 1996 wurde die Richtlinie des Rates über die Integrierte Vermeidung und Verminderung der Umweltverschmutzung (IVU) erlassen. Sie wurde 2008 neu gefasst und im Jahr 2010 durch die Industrieemissionsrichtlinie [77] abgelöst. Diese Richtlinien wurden durch Änderungen des Bundes-Immissionsschutzgesetzes, des Wasserhaushaltsgesetzes und des Kreislaufwirtschaftsgesetzes in deutsches Recht übergeführt. Sie zielen auf Industrieanlagen mit einem hohen Verschmutzungspotenzial. Deren Emissionen in Luft, Wasser und Boden unter Einbeziehung der Abfallwirtschaft sollen mit einem integrierten Konzept bei Anwendung der besten verfügbaren Techniken soweit wie möglich vermieden, und, wo dies nicht möglich ist, vermindert werden, um ein insgesamt hohes Schutzniveau für die Umwelt zu erreichen. Von den Rechtsvorschriften der IVU-Richtlinie sind in der EU ca. 55.000 Anlagen betroffen, zu denen auch die Anlagen zur Behandlung und Beseitigung von Abfällen, wie Müllverbrennungsanlagen und Deponien, gehören.

Im Jahr 2001 begründete der Europäische Rat in Göteborg eine Strategie für nachhaltige Entwicklung als ein grundlegendes Ziel der Europäischen Union. Für einen verantwortlichen Umgang mit natürlichen Ressourcen forderte der Europäische Rat, dass die Integrierte Produktpolitik (IPP) der EU zur Verringerung des Ressourcenverbrauchs und der Umweltauswirkungen des Abfalls im Zusammenwirken mit der Wirtschaft realisiert werden soll.

Die Europäische Kommission legte 2001 ihr „Grünbuch zur IPP“ vor. Im Juni 2003 veröffentlichte die Europäische Kommission eine Mitteilung an den Rat und das Europäische Parlament über die IPP, in welcher der ökologische Lebenszyklus-Ansatz der IPP sowie Instrumente und Maßnahmen zur Umsetzung der IPP dargestellt wurden [78]. Es wurde erläutert, dass die EU-Umweltpolitik auch Produkte berücksichtigen müsse, weil sich diese während ihrer Herstellung, Nutzung und Entsorgung auf die Umwelt auswirkten. Das IPP-Konzept stützt sich auf fünf wesentliche Grundsätze:

- IPP betrachtet den gesamten Produktlebenszyklus vom Entwurf des Produkts über die Rohstoffgewinnung, die Herstellung, den Vertrieb, die Nutzung bis hin zur Abfallentsorgung. Der integrative Ansatz bedeutet, dass die Umweltauswirkungen auf allen Stationen des Lebenswegs zusammen berücksichtigt werden und dadurch auch bei komplexen Umweltproblemen die Verlagerung von Umweltbelastungen von einer Station zur anderen oder von einem Umweltmedium in das andere verhindert wird.
- IPP heißt marktorientiert und politikfeldübergreifend zu handeln. Der Markt soll sich zur Nachhaltigkeit hin entwickeln indem innovative, vorausschauende Unternehmen belohnt und umweltgerechtere Produkte gefördert werden. Der integrative IPP-Ansatz bezieht auch andere Politikbereiche wie Energieversorgung, Verkehr oder Verbraucherschutz mit ein.
- IPP soll alle Beteiligte – Industrie, Handel, Verbraucher und Staat – entlang der Wertschöpfungskette von Produkten einbeziehen und ihre Zusammenarbeit fördern. Jeder Akteur soll seine direkten und indirekten Gestaltungsmöglichkeiten im Sinne eines lebenszyklusbezogenen Denkens für umweltgerechtere Produkte wahrnehmen und verantworten. Einseitige Aufgabenzuweisungen an die Wirtschaft werden abgelehnt.
- IPP will laufende Verbesserungen bewirken, statt feste Zielwerte vorzugeben. Die IPP soll einen anhaltenden Prozess der Verringerung von Umweltbelastungen bei der Gestaltung, Herstellung, Verwendung und Entsorgung eines Produkts auslösen, wobei sich die Akteure auf die jeweils effizientesten Verbesserungen konzentrieren können.
- IPP setzt unterschiedliche Instrumente ein, die von verbraucherbezogenen, freiwilligen, ökonomischen bis zu flankierenden ordnungsrechtlichen und differenzierten steuerrechtlichen Maßnahmen reichen. Die verschiedenen produktbezogenen Instrumente sollen optimal aufeinander abgestimmt werden.

Die Maßnahmen der europäischen IPP enthalten keine konkreten Umweltziele und Zeitpläne für deren Umsetzung. Mit der IPP im Rahmen der EU-Nachhaltigkeitsstrategie soll vielmehr der integrative und kooperative Ansatz des auf den gesamten Produktlebensweg bezogenen Denkens in die Volkswirtschaft eingeführt werden. In diesem Sinne wurden in Mitgliedstaaten auf EU-Ebene Pilotprojekte zur Konzeption und Umsetzung der IPP für Papierprodukte, Textilien, Möbel, Plastikerzeugnisse, Automobile, Nahrungsmittel u. a. durchgeführt. Dabei arbeiteten Unternehmen, Händler, Forschungsinstitute, Verbraucherorganisationen und andere Interessenten in sogenannten Produktpaneln zusammen. Die Ergebnisse waren teilweise ermutigend. Im Juli 2008 legte die Europäische Kommission ein Paket von Maßnahmen und Vorschlägen zur Verbesserung der Umweltverträglichkeit von Produkten vor (KOM(2008) 397, 399, 400).

1.7.2 Organisation für wirtschaftliche Zusammenarbeit und Entwicklung (OECD) und Umweltprogramm der Vereinten Nationen (UNEP)

Die Organisation für wirtschaftliche Zusammenarbeit und Entwicklung (OECD) setzte im Jahr 1971 einen Ausschuss für Umweltpolitik (Environment Policy Committee – EPOC) ein, der seither für den Rat der OECD das umweltpolitische Programm erarbeitet. Mit einem OECD-Ratsbeschluss von 1984 wurde den Mitgliedstaaten die Einhaltung von Grundsätzen über die grenzüberschreitende Verbringung von gefährlichen Abfällen empfohlen. Der Ratsbeschluss nannte die grundsätzlichen Pflichten der Abfallerzeuger und -beseitiger sowie der betroffenen Staaten, die bei der wirksamen Kontrolle der gefährlichen Abfälle vom Ort ihrer Entstehung bis zum Ort ihrer Beseitigung eng zusammenarbeiten sollten [79]. In weiteren OECD-Ratsbeschlüssen wurden Begriffsbestimmungen vorgeschlagen, Abfälle klassifiziert und Kontrollen für die grenzüberschreitende Verbringung von Abfällen zum Zwecke der Verwertung empfohlen. Im März 1992 erging ein OECD-Ratsbeschluss über die Überwachung der grenzüberschreitenden Verbringung von Abfällen zur Verwertung [80], der u. a. dem Erlass der europäischen Abfallverbringungsverordnung zugrunde lag. Eine neuere OECD-Initiative zielt auf praktische Anleitungen für eine nachhaltige Materialbewirtschaftung, die in erster Linie die Abfallerzeugung begrenzen sowie die Ressourcenproduktivität erhöhen soll: „Sustainable Materials Management and Waste".

Am 22. März 1989 verabschiedeten die Mitgliedstaaten des Umweltprogramms der Vereinten Nationen UNEP das Basler Übereinkommen zur Kontrolle der grenzüberschreitenden Verbringung von gefährlichen Abfällen und ihrer Entsorgung [81]. Neben den gefährlichen Abfällen regelte das Basler Übereinkommen auch „andere Abfälle", d. h. Haushaltsabfälle und Rückstände aus deren Verbrennung. Es enthielt umfangreiche Listen von Gruppen und Arten der zu kontrollierenden Abfälle sowie von gefährlichen Stoffeigenschaften. In den Anhängen des Basler Übereinkommens wurden auch sämtliche Verwertungs- und Beseitigungsverfahren aufgeführt, die in der Praxis angewendet wurden. Alle diese Zusammenstellungen wurden in die einschlägigen europäischen Richtlinien und Verordnungen übernommen und teilweise ergänzt. Sie sind damit auch Bestandteile der deutschen Gesetze und Verordnungen. Das Basler Übereinkommen vom 22. März 1989 wurde mit einem eigenen Ausführungsgesetz in das deutsche Recht übergeführt [82] Im zweijährigen Turnus halten die rund 170 Vertragsstaaten des Basler Übereinkommens Konferenzen ab. Auf der 10. Vertragsstaatenkonferenz 2011 in Cartagena/Kolumbien wurde ein Beschlusspaket zur Verbesserung der Effizienz des Übereinkommens angenommen und ein strategischer Rahmen für den Zeitraum 2012 bis 2021 verabschiedet.

Das Basler Übereinkommen und der OECD-Ratsbeschluss vom 30. 3. 1992 waren die Grundlagen, auf denen die europäische Verordnung zur Überwachung und Kontrolle der

Verbringung von Abfällen in der, in die und aus der Europäischen Gemeinschaft 1993 erlassen wurde [83]. Eine europäische Verordnung ist unmittelbar geltendes Recht in den Mitgliedstaaten der EG. Gleichwohl wurde sie im Ausführungsgesetz zum Basler Übereinkommen, dem Abfallverbringungsgesetz vom 30. 9. 1994, umgesetzt.

1.8 Instrumente zur Steuerung der Abfallströme

Dem Staat steht zur unmittelbaren und mittelbaren Steuerung von Abfallströmen ein breit gefächertes Handlungsinstrumentarium zur Verfügung. Unmittelbar, unausweichlich und einzelfallbezogen wirken ordnungsrechtliche Ge- und Verbote. Seit den 1980er Jahren bemüht sich die Umweltpolitik vermehrt um die Nutzung der mittelbaren Verhaltenssteuerung mit ökonomischen Instrumenten wie Abgaben, Zertifikaten oder finanziellen Anreizen. Auch für diese Instrumente ist ein rechtlicher Rahmen erforderlich. Darüber hinaus sind Instrumente geschaffen worden, die von den Wirtschaftsunternehmen freiwillig zur Analyse und Optimierung von Produkten und betrieblichem Umweltmanagement verwendet werden können.

1.8.1 Staatliche Instrumente im engeren Sinne

Planungen

Abfallwirtschaftliche Planungen sollen den öffentlichen Verwaltungen, der Wirtschaft und der Bürgerschaft vorausschauende, langfristig angelegte Zielsetzungen als Leitlinien vorgeben.

Die Europäische Gemeinschaft hat in ihren sechs Umweltaktionsprogrammen von 1973 bis 2002 planerische Zielvorgaben für die Harmonisierung von Rechtsvorschriften, für Untersuchungen und Forschungsarbeiten, für die Abfallvermeidung und Reduktion der zu beseitigenden Abfälle, für Recycling und Begrenzung der Abfallexporte gemacht.

Die Bundesregierung entwickelte in ihren Berichten über die Probleme der Beseitigung von Abfallstoffen (1963, 1966) und des Vollzugs des Abfallgesetzes (1987), in ihrem Umweltprogramm (1971), ihrem Abfallwirtschaftsprogramm (1975) sowie in ihren Perspektiven für Deutschland (2001) grundsätzliche Konzeptionen, allgemeine und konkrete Anforderungen und Maßnahmen für die Abfallvermeidung, -verwertung und -beseitigung in den jeweils betrachteten Zeiträumen. Im Juli 2013 publizierte das Bundesministerium für Umwelt, Naturschutz und Reaktorsicherheit das „Abfallvermeidungsprogramm des Bundes unter Beteiligung der Länder" gemäß § 33 Abs. 3 Nr. 1 KrWG mit zahlreichen Empfehlungen von Planungsmaßnahmen und sonstigen wirtschaftlichen Instrumenten, mit denen die Effizienz der Ressourcennutzung gefördert werden kann.

Neben diesen konzeptionellen, informativen und koordinierenden Planungen auf europäischer und Bundesebene gibt es die abfallwirtschaftlichen Fachplanungen im engeren Sinne. Auf der Grundlage des KrW-/AbfG stellen die Bundesländer mit Beteiligung der

Gemeinden, Gemeindeverbänden und Entsorgungsträgern nach überörtlichen Gesichtspunkten Abfallwirtschaftspläne auf. Die Abfallwirtschaftspläne weisen zugelassene Abfallbeseitigungsanlagen und geeignete Flächen für Deponien sowie für sonstige Abfallbeseitigungsanlagen aus, können die vorgesehenen Entsorgungsträger festlegen und die Beseitigungspflichtigen bestimmten Anlagen zuordnen. Diese Bestimmungen können rechtsverbindlich gemacht werden. Die Abfallwirtschaftspläne wurden erstmalig zum 31. 12. 1999 erstellt und werden alle fünf Jahre fortgeschrieben.

Auf der Ebene der Wirtschaft und der kommunalen Gebietskörperschaften werden Abfallwirtschaftskonzepte zur Planung der Entsorgung von Betrieben und öffentlichen Einrichtungen aufgestellt (s. Kap. 12).

Ordnungsrecht

Im Zentrum der abfallwirtschaftlichen Steuerungsmaßnahmen zur Erreichung der geplanten Ziele stehen normative Gebote und Verbote zur direkten Verhaltensregulierung. Es handelt sich um europäische Verordnungen und Richtlinien sowie nationale Gesetze, Rechtsverordnungen und Verwaltungsvorschriften über Anforderungen an Abfallsammlung, -beförderung, -behandlung und -ablagerung, Rückgabe- und Rücknahmepflichten, Verwertungsgebote, Verwendungsverbote bestimmter Stoffe usw. (s. Kap. 6 und 7). Normadressaten sind Produzenten und Konsumenten, die Entsorgungswirtschaft, aber auch die öffentliche Verwaltung. Verstöße gegen die ordnungsrechtlichen Vorschriften werden als Straftat oder Ordnungswidrigkeit sanktioniert.

Öffentliches Beschaffungswesen

Die Öffentlichen Verwaltungen haben in ihrem Zuständigkeitsbereich über den Vollzug des Ordnungsrechts hinaus Gestaltungsmöglichkeiten für ökologisches und Ressourcen schonendes Verhalten. Das *KrWG* verpflichtet in § 45 die Behörden und öffentlichen Einrichtungen zu einem Verhalten, das die Kreislaufwirtschaft fördert, natürliche Ressourcen schont und Abfälle umweltverträglich beseitigt. Bei der Gestaltung ihrer Arbeitsabläufe und bei der Beschaffung oder Verwendung von Material und Gebrauchsgütern hat die öffentliche Hand zu prüfen, ob und in welchem Umfang Erzeugnisse eingesetzt werden können, die sich durch Langlebigkeit, Reparaturfreundlichkeit und Wiederverwendbarkeit oder Verwertbarkeit auszeichnen, die schadstoffarm sind oder aus Abfällen zur Verwertung hergestellt wurden. Ihr Verhalten soll für die private Wirtschaft vorbildlich sein.

1.8.2 Ökonomische Instrumente

In einer Marktwirtschaft sollten jenseits ordnungsrechtlicher Regulierung die Marktkräfte innerhalb großer eigener Gestaltungsspielräume für abfallwirtschaftliche Zielsetzungen zur Wirkung kommen. Ein wirtschaftliches Interesse an hohen Gesundheits-, Umweltschutz- und Recyclingstandards existiert jedoch aus Kostengründen nicht von vornherein. Es kann mit einer staatlichen Anreiz- und Anschubpolitik geschaffen werden. Die

EU-Kommission hat mit dem Grünbuch „Marktwirtschaftliche Instrumente für umweltpolitische und damit verbundene politische Ziele“ (KOM(2007) 140 endg. vom 28. 3. 2007) die Bedeutung dieser kosteneffizienten Hilfsmittel hervorgehoben.

Steuer- und Abgabenrecht

Steuern und Entgeltabgaben (z. B. kommunale Benutzungsgebühren und Beiträge) sowie Sonderabgaben können so ausgestaltet werden, dass von ihnen eine Lenkungswirkung im Sinne eines gewünschten Verhaltens ausgeht. Es ist dabei zu beachten, dass Eingriffe in einem Bereich zu Problemverlagerungen in andere Bereiche führen können.

Verursacherbezogene Systeme der Abfallgebührenerhebung werden in erster Linie bei der kommunalen Entsorgung von Haus- und Gewerbeabfällen angewandt. Die Gebühren sind volumen- oder gewichtsbezogen. Auf europäischer Ebene spricht man von Pay-As-You-Throw (PAYT) -Systemen. Die größte Wirkung erzielt diese Art der Gebührenerhebung, wenn sie gleichzeitig mit Systemen für die getrennte Sammlung verwertbarer Stoffe kombiniert wird. Es kann allerdings das Problem auftreten, dass besonders bei hohen Restabfallgebühren die Verunreinigungsquote bei den Wertstoffen ansteigt.

Die Europäische Kommission befürwortet auf nationaler Ebene die Einführung von Deponiesteuern, die von einigen Mitgliedstaaten bereits erhoben werden. Durch die Erhöhung der Deponiekosten sollen andere Abfallbehandlungsverfahren, insbesondere Recycling und Verwertung, begünstigt werden. Durch harmonisierte Ablagerungskriterien und Steuersätze könnte verhindert werden, dass unerwünschte grenzüberschreitende Mülltransporte stattfinden.

In Deutschland ist erwogen worden, anstelle der Rücknahme- und Pfandpflichten eine Verpackungsabgabe auf jede in Verkehr gebrachte Verpackung zu erheben. Mit dieser Abgabe sollten die externen Kosten (u. a. die Säuberung von Plätzen und Wegen von weggeworfenen Verpackungsabfällen) abgegolten werden. Eine Reihe von Bundesländern hat in den 1990er Jahren Landesabfallabgabengesetze geschaffen, mit denen besonders überwachungsbedürftige Abfälle mit einer Abgabe belegt wurden. Damit sollte ein ökonomischer Anreiz geschaffen werden, die Potenziale zur Vermeidung und Verwertung der „Sonderabfälle“ auszuschöpfen. Die Stadt Kassel hat kommunale Verpackungssteuern beispielsweise auf Wegwerf-Geschirr von Imbissständen durch Satzung eingeführt. In einem Normenkontrollverfahren hat das Bundesverfassungsgericht in einem Urteil vom 7. 5. 1998 entschieden, dass Kommunen nicht berechtigt sind, das Abfallrecht des Bundes normativ in ihren Satzungen auszugestalten. Dies sei mit dem Rechtsstaatsprinzip des Grundgesetzes unvereinbar. Auch die Abfallabgabengesetze der Länder wurden für nichtig erklärt. Sie sind nicht kompatibel mit der eher auf Kooperation als auf Lenkung ausgerichteten Bundesabfallpolitik.

Mehrweg-, Rücknahme- und Pfandsysteme

Mehrwegsysteme zur mehrfachen Benutzung von Transport- und Verbrauchsverpackungen sind in der Regel ökologisch vorteilhaft im Vergleich zu Einwegverpackungen, wenn der Reinigungsaufwand und die Transportwege nicht übermäßig lang sind. Mit der im

Jahr 1991 in Kraft getretenen Verpackungsverordnung ist die Absicht verfolgt worden, den Mehrweganteil insbesondere am Getränkemarkt auf einem hohen Niveau zu stabilisieren und für Einwegverpackungen beträchtliche Erfassungs- und Verwertungsquoten durchzusetzen. Dafür sind Rücknahme- und Pfanderhebungspflichten eingeführt, aber der Wirtschaft auch die Möglichkeit eingeräumt worden, ohne Pfanderhebung in eigener Regie insbesondere Getränkeverpackungen zu sammeln und zu verwerten. Industrie und Handel gründeten 1990 die „Der Grüne Punkt, Duales System Deutschland (DSD), Gesellschaft für Abfallvermeidung und Sekundärrohstoffgewinnung mbH" als Selbsthilfeorganisation, auf die sie ihre eigenen Rücknahme- und Verwertungspflichten übertrugen. Die mit dem „Grünen Punkt" gekennzeichneten Leichtverpackungen aus Aluminium, Weißblech, Kunststoff, Karton und Verbundmaterialien können als Abfälle im „Gelben Sack" oder in der „Gelben Tonne" entsorgt werden. Behälterglas aus Haushaltungen wird in Glascontainern gesammelt. Für den Grünen Punkt müssen von den Herstellern und Abfüllern Lizenzgebühren an DSD entrichtet werden. DSD erreichte alsbald eine marktbeherrschende Stellung. Die EU-Wettbewerbskommission setzte 2001 den erleichterten Marktzutritt für Wettbewerber durch. Es etablierten sich einige konkurrierende duale Systeme. Neben den Pfanderhebungs- und Rücknahmesystemen und den dualen Systemen ist auch die Selbstentsorgung, bei der direkt am Verkaufsort die Verpackungen wieder eingesammelt werden, zulässig. Der Grüne Punkt wurde auch für andere duale Systeme und Selbstentsorger verwendbar. Problematisch war, dass die Verbraucher ihre Abfälle nicht immer den entsprechenden Entsorgungssystemen zuordneten. So fanden sich bei DSD große Mengen, die nicht von DSD lizenziert wurden (Problem der „Trittbrettfahrer").

Mit der 5. Änderungsverordnung zur Verpackungsverordnung, die am 1. 4. 2009 vollständig in Kraft getreten ist, wurden alle Hersteller und Vertreiber von Verpackungen, die bei privaten Endverbrauchern anfallen, verpflichtet, sich an einem „dualen Entsorgungssystem" zu beteiligen und verbindliche Erklärungen über die in den Verkehr gebrachten und lizenzierten Mengen („Vollständigkeitserklärungen") abzugeben. Für bepfandete Einweg-Getränkeverpackungen gilt keine Lizenzierungspflicht. Wegen ständig rückläufiger Mehrwegquoten war bereits zum 1. 1. 2003 die Pfandpflicht für Getränkedosen und Einwegflaschen eingeführt worden. Die Einrichtung eines aufwändigen automatisierten Pfandsystems von Sammel- und Verrechnungsstellen hat den Mehrweganteil im Getränkemarkt weiter stark sinken lassen. Die Verpackungsverordnung von 2009 stellt allerdings hohe Anforderungen an die stoffliche Verwertung von Verkaufsverpackungen: bei Glas 75 %, Weißblech 70 %, Aluminium 60 %, Papier, Pappe, Karton 70 % und bei Verbunden 60 % (Anhang I). Im Jahr 2011 war die tatsächlich erreichte Gesamtverwertungsquote bei Verpackungsabfällen 86,7 % [84].

Die sechste und siebte Novelle der Verpackungsverordnung erfolgten beide im Jahr 2014. Mit der sechsten Veränderungsverordnung wurde die Verpackungsverordnung an den neuesten Stand der europäischen Verpackungsrichtlinie angepasst und zusätzliche Beispiele für Verpackungen aufgenommen, die zu einer verbindlichen Auslegung der geltenden Verpackungsdefinition in allen EU-Mitgliedstaaten beitragen sollen. Die siebte Novelle hat die Zielsetzung, einen fairen Wettbewerb zwischen den dualen Systemen zu gewährleisten und das System insgesamt zu stabilisieren. Der Missbrauch und die Umgehung einzelner Regelungen der Verpackungsverordnung, beispielsweise bei der sogenannten Eigenrücknahme und bei Branchenlösungen außerhalb der dualen Systeme, wurden eingedämmt, Schlupflöcher verstopft.

Die Vorschriften der Verpackungsverordnung gehen über Fragen der ökologischen Vorteilhaftigkeit von Verpackungen hinaus und berücksichtigen auch Verpackungsinhalte und Marktgegebenheiten. So ist beispielsweise die Erfassung anderer Abfälle gleicher Materialarten in einer „Gelben Tonne Plus" möglich. Die komplizierte Rechtslage und hohe Anteile von Restmüll in den gelben Säcken und Tonnen führten zu Marktentwicklungen, deren Effizienz hinsichtlich des Umweltschutzes und der Ressourcenschonung in Frage zu stellen ist.

Die anhaltenden Reparaturarbeiten an akuten Schwachstellen der Verpackungsverordnung und die nicht behobenen Interessenskonflikte ließen den Ruf von allen Seiten nach einer grundlegenden Neuordnung in der Form eines Wertstoffgesetzes immer stärker werden. Die Bundesregierung und die Umweltministerkonferenz von Bund und Ländern haben sich wiederholt für ein Wertstoffgesetz ausgesprochen. Es ist politischer Konsens, eine einheitliche Wertstofferfassung für alle Kunststoff- und Metallabfälle aus Haushalten einzuführen, um höhere Recyclingquoten zu erreichen. Als Grundlage für die Fortentwicklung der Verpackungsverordnung zu einem Wertstoffgesetz stellt das Bundesumweltministerium fest, dass Kommunen und private Entsorgungswirtschaft gemeinsam bereits einen „hohen Entsorgungsstandard und den Einstieg in eine beispielhafte Kreislaufwirtschaft" erreicht haben und sich die Produktverantwortung bewährt habe [85]. Die umfangreichen Vorarbeiten für ein Wertstoffgesetz, dessen Entwurf 2014/15 in das Gesetzgebungsverfahren eingebracht werden sollte, sind bereits in der 17. Wahlperiode des Deutschen Bundestags (2009–2013) geleistet worden. Offen blieb dabei allerdings die Frage der Organisationsverantwortung für diese erweiterte Wertstoffwirtschaft zwischen öffentlich-rechtlichen und privatwirtschaftlichen Entsorgungsträgern.

MS. Einfügung Zeile 1538

Im Juni 2015 stellten die Koalitionsfraktionen CDU/CSU und SPD Eckpunkte für ein modernes Wertstoffgesetz vor.[1] Die Produktverantwortung der Hersteller und Vertreiber für Verpackungen sollte auf stoffgleiche Nichtverpackungen aus Kunststoffen, Metallen und Verbunden ausgeweitet werden. In einem grundsätzlich privat organisierten System sollten die Sammlung, Sortierung und Verwertung von den Inverkehrbringern wahrgenommen werden. Die öffentlich-rechtlichen Entsorgungsträger sollten bessere Einflussmöglichkeiten auf die zeitliche und örtliche Struktur der Sammlungen, auf Größe und Art der Sammelbehälter, Abholintervalle und -fahrten erhalten. Die Errichtung einer „Zentralen Stelle" mit hoheitlichen Kontrollfunktionen war vorgesehen. Das Eckpunkte-Papier und ein entsprechender Referenten-Gesetzentwurf aus dem Umweltministerium wurden vonseiten der Länder und Kommunen heftig kritisiert. Trotz intensiver Bemühungen konnte eine Kompromisslinie über die Verantwortung für die Wertstoffsammlung nicht gefunden

---

[1] Eckpunkte für ein modernes Wertstoffgesetz vom 12.06.2015, http://wertstoffgesetz-fakten.de/wp-content/uploads/2015/06/endfassung-eckpunkte-wertstoffg-12062015.pdf

werden. In einem gemeinsamen Papier über die Weiterentwicklung des Verpackungsrechts („Verbändepapier") vom Juni 2016[2] stellten die Vereinigungen und Verbände der Industrie und des Handels einerseits sowie die der Städte, Landkreise, Gemeinden und kommunalen Unternehmen andererseits fest, dass eine Verständigung zwischen ihnen nicht möglich und ein Wertstoffgesetz im bisher geplanten Sinne gegen den Willen maßgeblich beteiligter Akteure nicht durchsetzbar ist. Ende Juli 2016 legte das Umweltministerium statt eines Wertstoffgesetzentwurfs den Entwurf eines Verpackungsgesetzes (VerpackG) vor, den die Bundesregierung mit Kabinettsbeschluss vom 21.12.2016 in das Gesetzgebungsverfahren einbrachte.[3] Das VerpackG soll die Verpackungsverordnung weiter entwickeln und ablösen. Das private System mit seinen privaten Entsorgungs- und Recyclingunternehmen und den dualen Systemen soll beibehalten werden. Eine allgemein verbindliche Erfassung von haushaltsnah anfallenden wertstoffhaltigen Nichtverpackungsabfällen aus Metallen, Kunststoffen und Verbunden wird nicht vorgeschrieben. Die öffentlich-rechtlichen Entsorgungsträger können jedoch gegen angemessenes Entgelt von den privaten Systemen verlangen, dass Nichtverpackungsabfälle aus Papier, Pappe und Karton mit gesammelt werden. Sie können auch mit den privaten Systemen die Durchführung von einheitlichen Wertstoffsammlungen vereinbaren und vertraglich ausgestalten. Die Kommunen sollen generell bestimmen können, wie die Abfall-Sammlung vor Ort erfolgen soll. Den von Industrie und Handel finanzierten dualen Systemen werden deutlich höhere Recycling-Quoten vorgeschrieben werden, so für Kunststoffverpackungen ab dem 1. 1. 2022 63 Prozent statt heute 36 Prozent. Die Recycling-Quoten sollen bis zum 1. 1. 2022 bei Metallen (heute bei 60 Prozent), Papier (70) und Glas (75) auf 90 Prozent steigen. Die zum Schutz der Mehrwegsysteme in der Verpackungsverordnung enthaltene Mehrweg-Zielquote entfällt ersatzlos, weil sie durch die Pfandpflicht für Einweggebinde seit 2005 überholt ist. Der Handel soll verpflichtet werden, Einweg- und Mehrwegflaschen durch gut sichtbare Regalkennzeichnungen besser zu unterscheiden. Die Entsorgung der Verpackungsabfälle soll wie bisher im Wettbewerb durch Ausschreibungen erfolgen. Um einen fairen Wettbewerb und einen strikten Vollzug sicherzustellen, soll als Registrierungs- und Standardisierungsstelle eine „Zentrale Stelle" in der Form einer rechtsfähigen Stiftung des bürgerlichen Rechts von den Herstellern und Vertreibern bzw. ihren Interessenverbänden bis zum 1. 1. 2019 errichtet werden.

Handelbare Zertifikate

Umweltzertifikate, wie sie beispielsweise von der EU für den Handel mit CO_2-Emissionen eingeführt wurden, gelten aus wirtschaftlicher Sicht als das kostenwirksamste Instrument zur Durchsetzung umweltpolitischer Ziele. Im Bereich der Abfallwirtschaft wird

[2] Weiterentwicklung des Verpackungsrechts vom 09.06.2016, http://www.kunststoffverpackungen.de/show.php?ID=5886

[3] Gesetz über das Inverkehrbringen, die Rücknahme und die hochwertige Verwertung von Verpackungen (Verpackungsgesetz – VerpackG), Bundesrat Drucksache 797/16 vom 30.12.2016

der Zertifikatenhandel in ersten Ansätzen erprobt. Das Vereinigte Königreich nutzt dieses Instrument zur Reduktion der Verpackungsabfälle und der biologisch abbaubaren Siedlungsabfälle. Die Europäische Union erwägt im Rahmen der Herstellerverantwortung die Einführung handelbarer Zertifikate für die gemeinschaftsweite Durchsetzung von Recyclingzielen. Unternehmen könnten in einem solchen System ihre eigenen Recyclingverpflichtungen innerhalb der Gemeinschaft auch dadurch erfüllen, dass sie Recyclingzertifikate auf dem Markt etwa bei Recyclingorganisationen in anderen Mitgliedstaaten kaufen. Es gibt noch keine abschließenden Erfahrungen mit der Zuteilung von europaweit gültigen Recyclingzertifikaten sowie mit Kontroll- und Durchsetzungsmechanismen.

Finanzielle Anreize

Die finanzielle Förderung von Maßnahmen des Umweltschutzes und der Ressourcenschonung ist ein wirkungsvolles und bewährtes Instrument. Die Förderung kann grundsätzlich durch gesetzlich festgelegte Finanzhilfen zu Lasten Dritter, insbesondere der Endverbraucher, oder durch Zuwendungen aus Staatshaushalten direkt oder über staatliche Banken erfolgen. Zur Weiterentwicklung des Standes der Technik können Demonstrationsvorhaben gefördert werden. Zur innovativen Markteinführung oder stärkeren Marktdurchdringung wurden für neue Techniken in den Bereichen Abfallwirtschaft, Abwasserreinigung, Luftreinhaltung usw. Förderprogramme mit direkten Zuschüssen oder mit zinsverbilligten Darlehen (Abwicklung über die Deutsche Ausgleichsbank bzw. die Kreditanstalt für Wiederaufbau) für die gewerbliche Wirtschaft und private Haushalte aufgelegt.

Kennzeichnung, Hinweise und Umweltzeichen

Das *KrWG* enthält in § 24 Vorschriften über die Kennzeichnung bestimmter Erzeugnisse, um die Erfüllung von Rücknahme-, Rückgabe- und Pfanderhebungspflichten zu sichern oder die erforderliche besondere Verwertung oder Beseitigung sicherzustellen. Der Konsument ist auf die Rückgabemöglichkeiten hinzuweisen. Diese Kennzeichnungs- und Hinweispflichten werden in den Verordnungen des *KrWG*, wie beispielsweise in der Verpackungsverordnung, im Einzelnen ausgeführt.

Umweltzeichen (Gütesiegel/Umweltlabel) machen umweltbewusste Verbraucher auf vergleichsweise umweltfreundliche Produkte und Dienstleistungen aufmerksam. Bedeutende europäische Umweltzeichen sind u. a. die Europäische Blume (EU-Ecolabel), der Blaue Engel in Deutschland, der Nordische Schwan in Skandinavien oder das Österreichische Umweltzeichen. Zu ihren Vergabekriterien gehören jeweils auch die auf dem Lebensweg eines Produkts entstehenden Ressourcenverbräuche, Rückstände und Restabfälle, wobei die Langlebigkeit, Reparaturfreundlichkeit und Verwertbarkeit des Altprodukts besonders bewertet werden. Seit 1994 gibt es einen internationalen Verbund der Umweltzeichen, ein Umweltzeichen-Netzwerk (Global Ecolabelling Network – GEN).

Der Blaue Engel ist für umweltschonende Produkte und Dienstleistungen seit 1978 ein marktwirtschaftliches Informationsinstrument der staatlichen und unternehmerischen Umweltpolitik und folgt den Grundsätzen der ISO-Norm 14024, Typ I. Im Arbeitsplan der Jury Umweltzeichen für die Jahre 2004 bis Mitte 2007 war ein Schwerpunkt der Schutz der Ressourcen durch eine Nutzungsintensivierung von Produkten und Stoffen, einschließlich Recyclingmaterialien. Die Kategorie „schützt die Ressourcen“ macht die Verbraucher u. a. auf die ausgezeichneten Eigenschaften „weil abfallarm“, „weil Mehrweg“, „weil aus Recycling-Kunststoffen“, „weil aus 100 % Altpapier“, „weil recyclinggerecht und ergonomisch“ aufmerksam.

1.8.3 Instrumente der Wirtschaft

EMAS (Öko-Audit-System)
Das „Eco-Management and Audit Scheme“ (EMAS) ist ein gesetzlich normiertes Verfahren für die freiwillige Beteiligung von gewerblichen Unternehmen und öffentlichen Dienstleistungseinrichtungen an einem europäischen Gemeinschaftssystem für das Umweltmanagement und die Umweltbetriebsprüfung (s. Kap. 13). Im Abfallvermeidungsprogramm des Bundes unter Beteiligung der Länder vom Juli 2013 wird die EMAS-Anwendung insbesondere mit der Zielsetzung der Abfallvermeidung empfohlen.

Ökobilanzierung
Die Ökobilanzierung ist ein Informations-, Planungs- und Kontrollinstrument der ökologisch nachhaltigen Produktpolitik. Sie ist gesetzlich nicht normiert, ihr Verfahren jedoch nach der ISO-Norm 14040 geregelt. Ökobilanzen eignen sich zum ökologischen Vergleich von Produkten, zur Analyse und Optimierung von Produkten und Produktlinien hinsichtlich ihrer Umweltbelastungen und Ressourceninanspruchnahme. Eine Ökobilanz umfasst folgende Bestandteile:

- Bestimmung des gesamten Lebenswegs eines Produkts von der Rohstoffgewinnung und -aufarbeitung über die Herstellung, die Verteilung einschließlich des Transports, dem Gebrauch und Verbrauch bis zur Entsorgung;
- Medienübergreifende Betrachtung der mit dem gesamten Lebensweg des Produkts verbundenen Umweltbelastungen, d. h. der Luft-, Wasser- und Bodenbelastungen durch Schadstoffe, des Verbrauchs an Rohstoffen, Energie, Wasser und Fläche, des Lärms und der anfallenden Abfälle (Sachbilanz);
- Beschreibung der Auswirkungen der verschiedenen Umweltbelastungen innerhalb der festgelegten Systemgrenzen (Wirkungsbilanz bzw. -abschätzung);
- Zusammenfassende Bewertung der Umweltbelastungen und ihrer Auswirkungen mit dem Ziel, die ökologische Optimierung des produktbezogenen Gesamtprozesses und umweltorientierte Entscheidungen über Alternativen zu ermöglichen (Bilanzbewertung).

Bei der Erstellung von Ökobilanzen sind Sachbilanz und Wirkungsbilanz einerseits von der Bilanzbewertung andererseits deutlich zu trennen. Sach- und Wirkungsbilanz sind auf aktuelle betriebsbezogene Daten angewiesen, die aussagekräftig und belastbar sind.

Datenauswahl, Verifikation und Dokumentation sind von zentraler Bedeutung für die Bilanzergebnisse. Die Erstellung von Ökobilanzen ist sehr zeit- und kostenaufwändig und kann nur Momentaufnahmen liefern, da Märkte und Techniken sich laufend ändern. Aus diesen Gründen werden Ökobilanzen bevorzugt für Massenartikel wie Getränkeverpackungen angefertigt. Bei der Bilanzbewertung und dem Vergleich miteinander konkurrierender Produkte ist meist zu beobachten, dass für die Alternativen die ökologischen Vor- und Nachteile in den Wirkungskategorien (Klima, Ozonabbau, Toxizität, Eutrophierung, abzulagernde Abfälle usw.) unterschiedlich verteilt sind. Welche ökologische Bedeutung den verschiedenen Wirkungskategorien zugemessen werden sollte, ist eine eminent politische Frage. Die Bilanzbewertung ist deshalb verbal-argumentativ in Expertenpanels und politischen Gremien vorzunehmen. Die Emission klimarelevanter Gase hat gegenwärtig einen hohen Stellenwert. Vonseiten der Wirtschaft ist vorgeschlagen worden, der Ressourcenintensität (Ressourceninanspruchnahme pro Nutzeneinheit) besonders hohes Gewicht beizumessen, da sie relativ leicht erfassbar und positiv mit den Emissionen und Abfällen korreliert ist.

Eine bemerkenswerte Anwendung der Ökobilanzierung erfolgte auf Verpackungssysteme für Getränke, insbesondere Frischmilch, Saft und Bier. Mitte der 1990er Jahre wurden Einweg-Verpackungsarten untereinander und mit Mehrwegsystemen verglichen [86]. Zu den Ergebnissen gehörte, dass sich der Einweg-Schlauchbeutel aus Polyethylen der Milch-Mehrwegglasflasche als ökologisch gleichwertig und die Kartonverpackung als annähernd gleichwertig erwiesen. Mit der Konzentration der Milchabfüller und der damit verbundenen Vergrößerung der Versorgungsgebiete und Transportwege sowie mit der Erhöhung der Recyclingquote der Getränkeverpackungen wurde der Einweg-Milchkarton ökologisch so vorteilhaft wie die Mehrweg-Milchflasche. Die Ergebnisse dieser Ökobilanzen fanden ihren Niederschlag bei den Neufassungen der Verpackungsverordnung von 1998, 2005 und 2006.

Fragen zu Kap. 1

1. Warum ist die staatliche Regulierung der Abfallwirtschaft erforderlich und welches sind ihre grundlegenden Zielsetzungen?
2. Welche politischen Ebenen sind jeweils mit welchen Fragen der Abfallwirtschaft befasst?
3. Welche sachlichen und rechtlichen Schwierigkeiten können bei der Durchsetzung politischer Zielvorgaben für die Abfallwirtschaft auftreten?
4. Aus welchen Entwicklungen heraus wurden die ersten Vorschriften des modernen Abfallrechts eingeführt?
5. Woraus entwickelte sich die rasch zunehmende Inanspruchnahme der natürlichen Ressourcen?
6. Was versteht man unter Abfallintensität?
7. Was ist unter „Ressourcenproduktivität“ zu verstehen, und weshalb wird sie zu einem Schlüsselkriterium für künftige globale Entwicklungen?

8. In welchen Stufen vollzog sich die deutsche Abfallgesetzgebung?
9. Was versteht man unter „Produktverantwortung“?
10. Nach welcher Ziel- bzw. Abfallhierarchie sind die Rechtsvorschriften und Maßnahmen des Kreislaufwirtschafts- und Abfallgesetzes geordnet, und wie wurde diese Prioritätenfolge durch die Novellierung der europäischen Abfallrahmen-Richtlinie vom 19. 11. 2008 ergänzt?
11. Wann und mit welchen Zielsetzungen begann die Europäische Gemeinschaft/Union Rechtsnormen für die Abfallwirtschaft zu setzen, und welche Bedeutung kommt heute dem europäischen Abfallrecht zu?
12 Mit welchen politischen Konzepten außerhalb des Abfallrechts im engeren Sinne versucht die EU abfallarme und ressourcenschonende Produkte und Produktionsverfahren zu fördern?
13. Auf welche Weise beteiligte sich die OECD an der Entwicklung länderübergreifender Regelungen der Abfallwirtschaft?
14. Mit welchen staatlich normierten und eigenständig wirtschaftlichen Instrumenten können Abfallströme gesteuert werden?

Literatur

[1] Umweltgutachten 1974, Deutscher Bundestag (BT) Drucksache (Drs) 7/2802, 14.11.1974, S 98

[2] Statistisches Bundesamt (*Hrsg*): Umwelt Abfallentsorgung 2012, DESTATIS Fachserie 19, Reihe 1, Wiesbaden, 2014, S 15 ff

[3] Erhard, Heinrich: Aus der Geschichte der Städtereinigung, Der Städtetag, 1953, S 184, 324 f, 383–385, 431 f, 642–644 und Der Städtetag, 1954, S 91 f, 188–190, 401 f

[4] Erhard, Heinrich: Die Entwicklung der staubfreien Müllabfuhr, Der Städtetag, 1962, S 549–554 und: Die kommunale Müllbeseitigung seit der Jahrhundertwende, Der Städtetag, 1968, S 391–395 und 441–444

[5] Hösel, Gottfried: Unser Abfall aller Zeiten, Kommunalschriften-Verlag J. Jehle, München, 1990, S 62–110 und 163–166

[6] Fischer-Kowalski, Marina und Haberl, Helmut: Stoffwechsel und Kolonisierung: Ein universal-historischer Bogen, in: Fischer-Kowalski, Marina et al (*Hrsg*): Gesellschaftlicher Stoffwechsel und Kolonisierung der Natur, Verlag Fakultas, Amsterdam, 1997, S 25–35

[7] Reith, Reinhold: „altgewender, humpler, kannenplecker“ – Recycling im späten Mittelalter und in der frühen Neuzeit, in: Ludwig, Roland (*Hrsg*): Recycling in Geschichte und Gegenwart, Vorträge der Jahrestagung der Georg-Agricola-Gesellschaft 2002 in Freiberg (Sachsen), Die Technik-Geschichte als Vorbild moderner Technik, Bd 28, Schriftenreihe der Georg-Agricola-Gesellschaft zur Förderung der Geschichte der Naturwissenschaften und der Technik e. V., Freiberg, 2003, S 41–74

[8] Zapf, Wolfgang: Die Wohlfahrtsentwicklung in Deutschland seit der Mitte des 19. Jahrhunderts, in: Conze, Werner und Lepsius, M. Rainer (*Hrsg*): Sozialgeschichte der Bundesrepublik Deutschland, Beiträge zum Kontinuitätsproblem, Klett-Cotta, Stuttgart, 1985, S 46–65

[9] Pfister, Christian (*Hrsg*): Das 1950er Syndrom, Verlag Paul Haupt, Bern, Stuttgart und Wien, 1996

[10] Macqueen, M. und Nötstaller, R.: Langfristige Entwicklung der Metallnachfrage – Tendenzen und Paradigmen, Berg- und Hüttenmännische Monatshefte, Jg 142, 1997, Heft 8, S 353
[11] Schollnberger, Wolfgang E.: Gedanken über die Kohlenwasserstoffreserven der Erde. Wie lange können sie vorhalten? in: Zemann, Josef (*Hrsg*): Energievorräte und mineralische Rohstoffe: Wie lange noch? Österreichische Akademie der Wissenschaften, Schriftenreihe der Erdwissenschaftlichen Kommissionen, Bd 12, Wien, 1998, S 83
[12] Fettweis, Günter B. L.: Urproduktion mineralischer Rohstoffe und Zivilisation – geschichtliche Entwicklungen und aktuelle Probleme, in: Zemann, Josef (*Hrsg*): Energievorräte und mineralische Rohstoffe: Wie lange noch? Österreichische Akademie der Wissenschaften, Schriftenreihe der Erdwissenschaftlichen Kommissionen, Bd 12, Wien, 1998, S 28
[13] Wellmer, Friedrich-Wilhelm: Gewinnung und Nutzung von Rohstoffen im Spannungsfeld zwischen Ökonomie und Ökologie, Geowissenschaften, Organ der Alfred-Wegener- Stiftung, 14, 1996, Heft 2, S 51–58
[14] Meadows, Dennis L. et al: Die Grenzen des Wachstums, DVA, Stuttgart, 1972
[15] Mesarovic, Mihailo und Pestel, Eduard: Menschheit am Wendepunkt, DVA, Stuttgart, 1974, S 28–32
[16] Meadows, Donella H. et al: Die neuen Grenzen des Wachstums, Reinbek, 1993
[17] Kaiser, Reinhard (*Hrsg*): Global 2000, Verlag Zweitausendeins, Frankfurt, 1981, S 68–87 und S 554–560
[18] Wellmer, Friedrich-Wilhelm: Lebensdauer und Verfügbarkeit mineralischer Rohstoffe, in: Zemann, Josef (*Hrsg*): Energievorräte und mineralische Rohstoffe: Wie lange noch? Österreichische Akademie der Wissenschaften, Schriftenreihe der Erdwissenschaftlichen Kommissionen, Bd 12, Wien, 1998, S 47–73
[19] Campbell, C. J.: Depletion patterns show change due to production of conventional oil, Oil & Gas Journal, Vol 95, No 52, 1997, S 33–37
[20] Bundesministerium für Umwelt, Naturschutz und Reaktorsicherheit (*Hrsg*): Konferenz der Vereinten Nationen für Umwelt und Entwicklung im Juni 1992 in Rio de Janeiro, Dokumente – Agenda 21, Bonn, 1994, S 22–25
[21] Beschluss Nr. 1600/2002/EG des Europäischen Parlaments und des Rates vom 22.7.2002 über das sechste Umweltaktionsprogramm der Europäischen Gemeinschaft, Amtsblatt der Europäischen Gemeinschaften, L 242, 10.9.2002, Textziffern 28 und 29
[22] Vereinte Nationen: World Summit on Sustainable Development, Johannesburg, 26.8.–4.9.2002, Plan of Implementation, Chapter III, Changing unsustainable patterns of consumption and production, Textziffer 21
[23] Weizsäcker, Ernst Ulrich von, Lovins, Amory B. und Lovins, Hunter L.: Faktor vier, Droemer Knaur, München, 1995
[24] Merkel, Angela: Der Preis des Überlebens, DVA, Stuttgart, 1997, S 254–256
[25] Die Bundesregierung: Perspektiven für Deutschland – Unsere Strategie für eine nachhaltige Entwicklung, Berlin, 2001, S 93
[26] Statistisches Bundesamt: Nachhaltige Entwicklung in Deutschland, Indikatorenbericht 2014, S 8
[27] Statistisches Bundesamt: Umwelt, Zeitreihe zum Abfallaufkommen 1996–2012, Wiesbaden 2014; sowie: Wirtschaft und Statistik, Wiesbaden, Januar 2013; eigene Berechnungen
[28] Röhrecke, B.: Berlins Müllabfuhr 1901, in: Weyl, Th. (*Hrsg*): Fortschritte der Straßenhygiene, G. Fischer Verlag, Jena, 1901, Heft 1, S 32–43
[29] Helmreich, Karl und Rock, Kurt (*Hrsg*): Die Deutsche Gemeindeordnung vom 31. Januar 1935, Verlag C. Brügel & Sohn, Ansbach, 1935, S 19 f und 169
[30] Erhard, Heinrich: Müllverwertung, Rückblick und Ausblick, Der Städtetag, Februar 1951, S 55

[31] Der Bundesminister für Gesundheitswesen: Erster Bericht der Bundesregierung zum Problem der Beseitigung von Abfallstoffen, BT Drs 4/945 vom 31.1.1963, S 3
[32] § 12 Bundesseuchengesetz, Entwurf der Bundesregierung eines Gesetzes zur Verhütung und Bekämpfung übertragbarer Krankheiten beim Menschen (Bundesseuchengesetz), BT Drs 3/1888 vom 27.5.1960, S 4 und 22 sowie Schriftlicher Bericht des 11. Ausschusses BT Drs 3/2662 vom 17.4.1961, S 11
[33] Entwurf der Bundesregierung eines Gesetzes über die Beseitigung von Abfallstoffen (Abfallbeseitigungsgesetz) vom 5.7.1971, BT Drs 6/2401, Vorblatt und S 2–8
[34] Stenographische Berichte des Deutschen Bundestags zu den Beratungen des Abfallbeseitigungsgesetzes, Plenarprotokoll (PlPr) 3/134, 22.9.1971, S 7834–7843 und PlPr 3/175, 2.3.1972, S 10118–10131
[35] Entwurf der Bundesregierung eines Zweiten Gesetzes zur Änderung des Abfallbeseitigungsgesetzes, BT Drs 8/3887 vom 3.4.1980, S 4, 6 f, 9 und 12
[36] Unterrichtung durch die Bundesregierung: Abfallwirtschaftsprogramm '75 der Bundesregierung, BT Drs 7/4826, 4.3.1976
[37] Entwurf der Bundesregierung eines Vierten Gesetzes zur Änderung des Abfallbeseitigungsgesetzes, BT Drs 10/2885 vom 21.2.1985, S 1–3
[38] Beschlussempfehlung und Bericht des Innenausschusses, BT Drs 10/5656 vom 13.6.1986, S 8, 10, 24 und 26 f
[39] Bericht der Bundesregierung über den Vollzug des Abfallgesetzes vom 27.8.1986, BT Drs 11/756, 1.9.1987, S 12–22
[40] Unterrichtung durch die Bundesregierung: Sondergutachten des Rates von Sachverständigen für Umweltfragen vom September 1990 „Abfallwirtschaft", BT Drs 11/8493, S 73–88
[41] Gesetzentwurf des Bundesrats zur Änderung des Abfallgesetzes und des Bundes-Immissionsschutzgesetzes mit Stellungnahme der Bundesregierung, BT Drs 12/631, 29.5.1991
[42] Gesetzentwurf der Fraktionen der CDU/CSU und FDP zur Erleichterung von Investitionen und der Ausweisung und Bereitstellung von Wohnbauland (Investitionserleichterungs- und Wohnbaulandgesetz), BT Drs 12/3944 vom 8.12.1992
[43] Beschlussempfehlung des Ausschusses nach Artikel 77 des Grundgesetzes (Vermittlungsausschuss) zu dem Gesetz zur Vermeidung von Rückständen, Verwertung von Sekundärrohstoffen und Entsorgung von Abfällen, Artikel 1: Gesetz zur Förderung der Kreislaufwirtschaft und Sicherung der umweltverträglichen Beseitigung von Abfällen (KrW-/AbfG), BT Drs 12/8084, 23.6.1994, siehe auch KrW-/AbfG vom 27.9. 1994, BGBl I 1994 Nr 66, 6.10.1994, S 2705
[44] Beschlussempfehlung des Ausschusses für Umwelt, Naturschutz und Reaktorsicherheit, BT Drs 12/7240, 13.4.1994, S 1 f
[45] Gesetzentwurf der Bundesregierung zur Vermeidung von Rückständen, Verwertung von Sekundärrohstoffen und Entsorgung von Abfällen, BT Drs 12/5672, 15.9.1993
[46] Verordnung über das Europäische Abfallverzeichnis vom 10.12.2001, BGBl I S 3379
[47] Bundesumweltminister Klaus Töpfer in: Zweite und dritte Beratung des Gesetzes zur Vermeidung von Rückständen usw. sowie anderer Vorlagen, BT PlPr 12/220, 15.4.1994, S 19061
[48] Richtlinie 96/61/EG des Rates vom 24.9.1996 über die integrierte Vermeidung und Verminderung der Umweltverschmutzung, Artikel 2, Anhang IV
[49] § 3 (6) sowie Anhang zu § 3 (6) und § 5 (1)Nr. 3 Bundes-Immissionsschutzgesetz in der Fassung vom 26.9.2002, BGBl I 2002 Nr 71, 4.10.2002, S 3830
[50] Bundesministerium für Umwelt, Naturschutz und Reaktorsicherheit: Abfallwirtschaft in Deutschland 2013, Dezember 2012, S 12
[51] Bundesumweltministerium Referat WA II 4: Nachhaltige Abfallwirtschaft in Ressourcen- und Klimaschutz, Siedlungsabfallentsorgung, Statistiken und Grafiken zusammengestellt aus Daten des Statistischen Bundesamtes und Umweltbundesamtes, Stand 1.6.2005, S 2

[52] Nationaler Inventarbericht zum Deutschen Treibhausgasinventar 1990–2012, April 2014, Umweltbundesamt Reihe Climate Change 24/2014, S 63
[53] Umweltbundesamt: Klimaverträgliche Abfallwirtschaft – Ausblick, 2013, http://www.umweltbundesamt.de/daten/abfall-kreislaufwirtschaft/klimavertragliche-abfallwirtschaft. Zugegriffen: 20.9.2014
[54] Bundesministerium für Umwelt, Naturschutz und Reaktorsicherheit (Bundesminister Jürgen Trittin), Referat Öffentlichkeitsarbeit: Siedlungsabfallentsorgung 2005, Stand – Handlungsbedarf – Perspektiven, Berlin, 1.6.2005, S 34 f
[55] Fuchsloch, Norman: Recycling, Upcycling, Downcycling. Eine umwelthistorische Ist-Soll-Analyse, in: Ladwig, Roland (*Hrsg*): Recycling in Geschichte und Gegenwart, Georg- Agricola-Gesellschaft, Freiberg, 2003, S 11–40
[56] Schramm, Engelbert und Schenkel, Werner: Im Namen des Kreislaufs, Müll und Abfall, 4, 1998, S 219–225
[57] Schenkel, Werner: Zur Geschichte der Abfallwirtschaft in Deutschland, Müll und Abfall, 12, 2003, S 620–625
[58] Gesetz über das Inverkehrbringen, die Rücknahme und die umweltverträgliche Entsorgung von Elektro- und Elektronikgeräten (Elektro- und Elektronikgerätegesetz – ElektroG) vom 16.3.2005, BGBl I S 762
[59] BGBl I vom 24.2.2012, S 212
[60] Deutscher Bundestag Drucksache 17/7505 (neu), 27.10.2011, S 13 und 14
[61] Verordnung zur Fortentwicklung der abfallrechtlichen Überwachung, BGBl I Nr. 69 vom 10.12.2013, S 4043–4064
[62] Bundesministerium für Umwelt, Naturschutz, Bau und Reaktorsicherheit: Vollzugshilfe Anzeige- und Erlaubnisverfahren nach §§ 53 und 54 KrWG und AbfAEV, Stand: 29.1.2014
[63] Bundesrat Protokoll der 892. Sitzung, 10.2.2012, S 2
[64] Deutscher Bundestag Drucksache 18/800 vom 13.3.2014
[65] Bundesministerium für Umwelt, Naturschutz und Reaktorsicherheit: Abfallvermeidungsprogramm des Bundes unter Beteiligung der Länder, Juli 2013, S 20–21
[66] Scherer-Leydecker, Christian: Europäisches Abfallrecht, NVwZ, 1999, Heft 6, S 590–596
[67] Erklärung des Rates der Europäischen Gemeinschaften und der im Rat vereinigten Vertreter der Regionen der Mitgliedstaaten vom 22.11.1973 über ein Aktionsprogramm der Europäischen Gemeinschaften für den Umweltschutz, ABl. EG Nr. C 112 vom 20.12.1973, S 28–30
[68] Richtlinie des Rates vom 15.7.1975 über Abfälle, 75/442/EWG, ABl EG Nr L 194, 25.7.1975
[69] Richtlinie des Rates vom 18.3.1991 zur Änderung der Richtlinie 75/442/EWG über Abfälle, 91/156/EWG, ABl EG Nr L 78 vom 26.3.1991, S 32–37
[70] Richtlinie des Rates vom 20.3.1978 über giftige und gefährliche Abfälle, 78/319/EWG, ABl EG Nr L 84, 31.3.1978, S 43–48
[71] Ein Programm der Europäischen Gemeinschaft für Umweltpolitik und Maßnahmen im Hinblick auf eine dauerhafte und umweltgerechte Entwicklung, ABl EG, 36. Jahrgang, Nr C 138, 17.5.1993, S 59
[72] Statistisches Bundesamt: Umwelt, Zeitreihe zum Abfallaufkommen 1996–2012, Wiesbaden, 2014, und: ZahlenFakten/Bevölkerung, Wiesbaden, 2014
[73] Mitteilung der Kommission vom 27.5.2003: Eine thematische Strategie für Abfallvermeidung und -recycling, KOM(2003) 301, Abl EG C 76 vom 25.3.2004
[74] KOM(2005) 666 endgültig, Brüssel, 26.12.2005, Mitteilung der Kommission der Europäischen Gemeinschaften an den Rat, das Europäische Parlament, den Europäischen Wirt- schafts- und Sozialausschuss und den Ausschuss der Regionen über die Weiterentwicklung der nachhaltigen Ressourcennutzung: Eine thematische Strategie für Abfallvermeidung und -recycling, vgl. Unterrichtung durch die Bundesregierung, Bundesrat (BR) Drs 10/06 vom 10.1.2006

[75] KOM(2005) 667 endgültig, Brüssel, 26.12.2005, Vorschlag für eine Richtlinie des Europäischen Parlaments und des Rates über Abfälle, vgl. Unterrichtung durch die Bundesregierung, BR Drs 4/06 vom 10.1.2006
[76] Richtlinie 2008/98/EG des Europäischen Parlaments und des Rates vom 19. November 2008 über Abfälle und zur Aufhebung bestimmter Richtlinien, Abl EU Nr L 312 vom 22.11.2008, S 3–30
[77] Richtlinie 2010/75/EU des Europäischen Parlaments und des Rates vom 24. November 2010, Abl EU Nr L 334, S 17–50
[78] KOM(2003) 302 endgültig, Brüssel, 18.6.2003 (nicht im Amtsblatt veröffentlicht), Mitteilung der Kommission an den Rat und das Europäische Parlament: Integrierte Produktpolitik
[79] OECD- Ratsbeschluss: Grundsätze über grenzüberschreitende Verbringung von gefährlichen Abfällen, 1.2.1984, C(83)180/Endgültig, S 1–3
[80] OECD-Ratsbeschluss über die Kontrolle der grenzüberschreitenden Verbringung von Abfällen zur Verwertung, C(92)39/Endgültig, 30.3.1992, S 1–15
[81] Basler Übereinkommen, BGBl II, S 2704 ff, vom 14.10.1994
[82] Beschlussempfehlung des Ausschusses nach Artikel 77 Grundgesetz (Vermittlungsausschuss) zu dem Ausführungsgesetz zu dem Basler Übereinkommen vom 22.3.1989 über die Kontrolle der grenzüberschreitenden Verbringung gefährlicher Abfälle und ihrer Entsorgung (Ausführungsgesetz zum Basler Übereinkommen), BT Drs 12/8085, 23.6.1994
[83] Verordnung (EWG) Nr. 259/93 des Rates vom 1.2.1993 zur Überwachung und Kontrolle der Verbringung von Abfällen in der, in die und aus der Europäischen Gemeinschaft, ABl EG Nr L 30, 6.2.1993
[84] Gesellschaft für Verpackungsforschung: Recycling-Bilanz für Verpackungen, 20. Ausgabe, Mainz, 2013
[85] Rummler, Thomas: Recyclingquoten werden übererfüllt, recyclingnews, 3.6.2013
[86] Umweltbundesamt: UBA-Texte 52/95

2 Ressourcen- und Klimaschutz durch Kreislaufwirtschaft

2.1 Einleitung

Die weitreichenden Auswirkungen des fortschreitenden Klimawandels erfordern eine Weiterentwicklung der etablierten Wirtschaftsweisen. Von hoher Bedeutung ist dabei, wie die Industrienationen ihre Versorgung mit Rohstoffen bei gleichzeitig exponentiell zunehmender Nachfrage gestalten. Für die Gewinnung von Rohstoffen werden traditionell vor allem primäre Quellen genutzt. Wegen des steigenden Verbrauchs werden zunehmend aufwendiger auszubeutende natürliche Lagerstätten abgebaut. Energieverbrauch und Belastungen für die Umwelt pro gewonnener Rohstoffeinheit haben dadurch ein bisher nicht dagewesenes Niveau erreicht. Irreversible Schäden an wertvollen Ökosystemen, unter anderem durch Flächenverbrauch und Biodiversitätsverlust, sind die lokalen Folgen. Globale Auswirkungen haben diese Aktivitäten unter anderem in Form des Klimawandels – verursacht durch die mit zunehmender Energieintensität weiter steigenden Treibhausgasemissionen.

Deutschland ist ein relativ rohstoffarmes Land. Dennoch wird mit etwa 26 Prozent (im Jahr 2015) ein signifikanter Anteil des Bruttoinlandsprodukts durch die produzierende Industrie erwirtschaftet [1]. Die dabei verwendeten Rohstoffe werden zum Großteil importiert. Im Fall der metallischen Rohstoffe ist Deutschland zu nahezu einhundert Prozent auf Importe angewiesen.

Deutschland wird in Zukunft nicht umhin kommen, seine Strategien zur nachhaltigen Rohstoffversorgung grundlegend zu überdenken. Im Inland zurückgewonnene Sekundärrohstoffe sind ein geeignetes Mittel, die deutsche Wirtschaft unabhängiger von der Verfügbarkeit kostengünstiger Rohstoffe am Weltmarkt zu machen. Zusätzlich würde dies eine höhere Planungssicherheit für die rohstoffveredelnde Industrie erzeugen und zum Erreichen des zweifachen Entkopplungsziels, welches der Sachverständigenrat für Umweltfragen (SRU) benannt hat, beitragen. Danach ist die Grundlage einer nachhaltigen Wirtschaftsweise einerseits die Wohlstandsentwicklung vom Ressourcenverbrauch und

M. Kranert (Hrsg.), *Einführung in die Kreislaufwirtschaft*,
DOI 10.1007/978-3-8348-2257-4_2

andererseits den Ressourcenverbrauch von den einhergehenden Umweltauswirkungen zu entkoppeln [2].

Im Hinblick auf das Ziel einer weitgehenden Kreislaufführung der nichtenergetischen Rohstoffe konnten einige Fortschritte erzielt werden, aber noch immer wird ein Teil der anfallenden Abfälle nicht für die Rückgewinnung der enthaltenen Rohstoffe genutzt. Hier müssen Industrie, Politik und Gesellschaft mit gebündelten Kräften und entschiedenem Willen handeln, um das Ziel einer Kreislaufwirtschaft in absehbarer Zeit zu erreichen. Die Rolle der Abfallwirtschaft für die Rückgewinnung von Rohstoffen ist dabei nicht neu: Seit 2006 werden regelmäßig immerhin über 60 Prozent der Siedlungsabfälle in Anlagen zur stofflichen Verwertung behandelt [3]. Dies ist nicht nur in Anbetracht steigender Rohstoffpreise am Weltmarkt und der Versorgungssicherheit wichtig. Zunehmend wächst auch die Erkenntnis über die Belastungsgrenzen unseres Planeten.

Ein Ausbau der Kreislaufwirtschaft ist somit sowohl aus ökonomischen Gründen und dem damit zusammenhängenden Wohlstand der Gesellschaft als auch aus ökologischer Sicht unumgänglich. Nachfolgend soll ein Überblick über die Bedeutung einer im Rahmen der thermodynamischen Grenzen größtmöglichen Kreislaufführung von Rohstoffen gegeben werden.

2.2 Globale Herausforderungen der Rohstoffwirtschaft

2.2.1 Rohstoffverfügbarkeit und -nachfrage

Die globale Rohstoffwirtschaft steht vor der Herausforderung, die Rohstoffverfügbarkeit der größer werdenden Nachfrage anzupassen. Entscheidende Größen, um die zukünftige Verfügbarkeit zu beschreiben, sind die vorhandenen Reserven und Ressourcen sowie die damit in Zusammenhang stehenden Reichweiten.

Die Reserven stellen die gegenwärtig sicher nachgewiesenen und mit bekannter Technologie wirtschaftlich gewinnbaren Vorkommen eines Rohstoffes dar. Dagegen umfasst der Begriff Ressourcen jene Lagerstätten, die entweder geologisch erwartet werden oder auch bereits bekannt sind, jedoch aufgrund technischer oder wirtschaftlicher Hindernisse nicht gewonnen werden können [4]. Durch den Einfluss von Preissteigerungen am Weltrohstoffmarkt, Exploration oder technischen Entwicklungen können Ressourcen in Reserven überführt werden. Der ermittelte Umfang einer jeden rohstofflichen Reserve unterliegt dadurch starken Schwankungen. Unter Betrachtung des Umfangs vorhandener Ressourcen kann im Regelfall davon ausgegangen werden, dass die Versorgung der Weltwirtschaft mit mineralischen und energetischen Rohstoffen auch für längere Zeiträume gesichert ist. Kurz- bis mittelfristig sind jedoch heute schon Engpässe absehbar.

Dazu lohnt es sich, einen Blick auf die unterschiedlichen Reichweitenbegriffe zu werfen. Allgemein wird die Reichweite durch Bezug der Reserven beziehungsweise Ressourcen auf den Verbrauch berechnet. Dabei wird allgemein zwischen statischer und dynamischer Reichweite unterschieden. Während die statische Reichweite auf der Annahme eines zukünftig konstant bleibenden Jahresverbrauchs basiert und diesen zu den momentanen

Reserven/Ressourcen in Beziehung setzt, werden zur Ermittlung der dynamischen Reichweite Modelle für die Entwicklung des Jahresverbrauchs und der Reserven herangezogen [5]. Bei zukünftig steigender Nachfrage und gleichbleibender Fördermenge sind die dynamischen Reichweiten demnach weitaus geringer als die zumeist verwendeten statischen Reichweiten der Rohstoffe.

Aufgrund der erwähnten Dynamik sind die ermittelten Reichweiten nicht als feste Größe anzusehen, sondern müssen vielmehr auf Basis der jeweils bestehenden Datengrundlage aktualisiert werden. Als Beispiel kann hier die prognostizierte Reichweite der Erdölreserven herangezogen werden. Obwohl es unbestritten ist, dass die weltweiten Vorräte an fossilen Energieträgern deutlich begrenzt sind und der Peak Oil schon mehrfach als überschritten angesehen wurde, verschiebt sich die errechnete Reichweite der Reserven seit Jahrzehnten in die Zukunft. Dies ist sowohl auf neu entdeckte beziehungsweise erschlossene konventionelle Vorkommen zurückzuführen, als auch auf die zunehmende Nutzung unkonventioneller Vorkommen (zum Beispiel Ölschiefer oder Teersande). Auch hier wird jedoch das Problem des Versiegens des weltweit wichtigsten Energieträgers lediglich in die Zukunft verlagert, eine dauerhafte Lösung ist damit nicht zu erzielen [6].

Bedingt durch das Wachstum der Weltwirtschaft steigt die Nachfrage nach Rohstoffen jeglicher Art rasant an – so auch bei den Metallen. Die Menge des abgebauten Kupfers stieg beispielsweise von knapp 10 Mio. t zu Beginn der 1990er Jahre auf knapp 19 Mio. t im Jahr 2015 [7]. Die weltweite Aluminiumproduktion erhöhte sich im gleichen Zeitraum von unter 20 Mio. t auf rund 58 Mio. t [8]. Unter der Voraussetzung, dass die Entwicklungsländer langfristig zu den OECD-Staaten aufschließen, ist für die Zukunft eine Fortsetzung dieser Entwicklung der globalen Rohstoffnachfrage zu erwarten (Abb. 2.1).

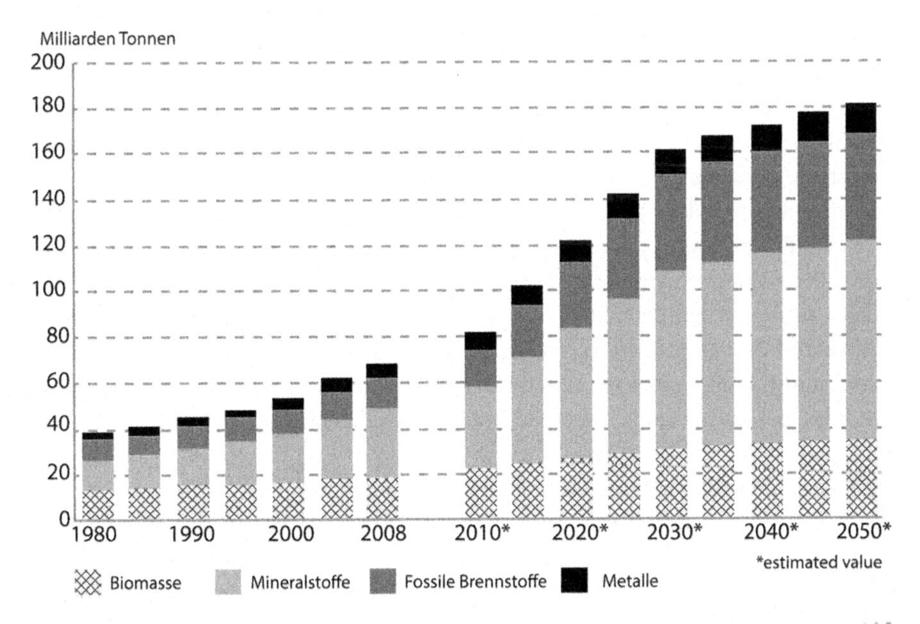

Abb. 2.1 Globaler Ressourcenverbrauch unter der Annahme, dass Entwicklungsländer bis 2030 auf OECD-Level aufschließen. Nach [9]

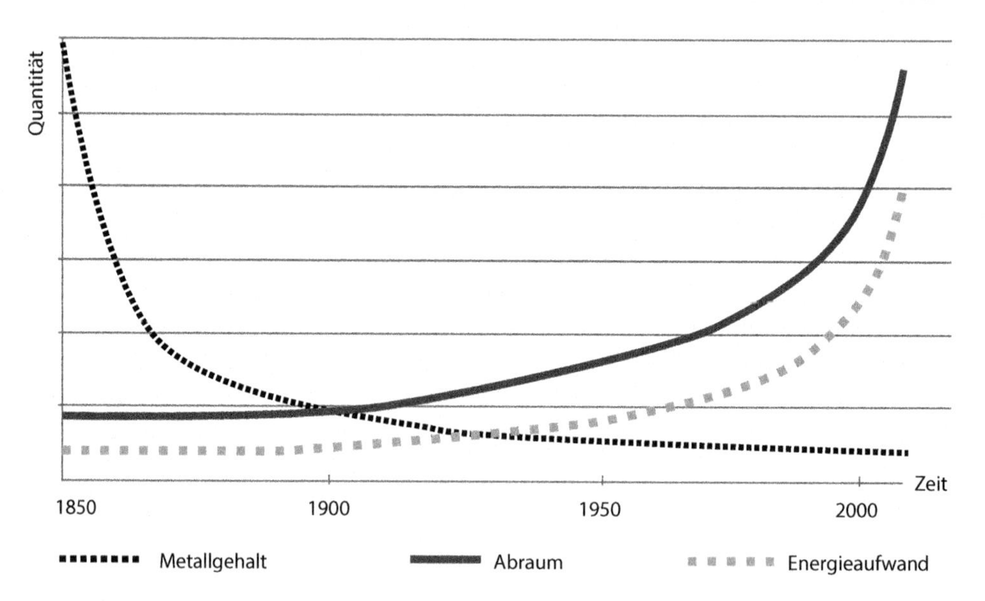

Abb. 2.2 Schematische Darstellung der Entwicklung von Metallgehalt, Abraummenge und Energiebedarf

Neben der Ausweitung der Fördermengen in bereits erschlossenen Abbaugebieten kommt es verstärkt zur Exploration neuer Lagerstätten. Der Aufwand, den die Gewinnung einer Einheit eines Rohstoffes erfordert, bleibt dabei nicht konstant. Vielmehr unterliegt er durch abnehmende Wertstoffgehalte und geographisch wie geologisch unzugänglichere Vorkommen in den Lagerstätten regelmäßig einer zwangsläufigen Steigerung (Abb. 2.2). Mehr Abraum muss bewegt und verarbeitet werden, was wiederum einen höheren Einsatz von Energie und Rohstoffen erfordert. Erhöhte Weltmarktpreise oder der Wunsch nach Unabhängigkeit von anderen Ländern führen – wie am Beispiel des Erdöls beschrieben – zusätzlich zur Nutzung bis dato unlukrativer Vorkommen.

Bei einzelnen Metallen zeichnen sich kurz- und mittelfristig empfindliche Engpässe ab. Dies ist jedoch in erster Linie auf den rasanten Anstieg der Nachfrage zurückzuführen, dem die Fördermengen nicht in gleichem Tempo folgen können. In naher Zukunft sind daher weiterhin deutliche Steigerungen der Fördermengen zu erwarten. Zwar können bei einem Teil der Anwendungen einige der benötigten Metalle durch Nutzung anderer Rohstoffe substituiert werden, wodurch Knappheiten teilweise umgangen werden können, jedoch führt dies zwangsläufig zu einer Problemverschiebung und stellt keine Lösung der grundlegenden Problematik dar.

Die tatsächliche Verfügbarkeit von Rohstoffen hängt zu einem definierten Zeitpunkt nicht allein von vorhandenen Reserven, Ressourcen und der Nachfrage ab, sondern auch von der globalen Verteilung der Vorkommen sowie politischen Gegebenheiten. Ein Beispiel dafür sind die Seltenerdelemente. Die Konzentration der im Abbau befindlichen Lagerstätten auf nur wenige Staaten (siehe Abb. 2.3) beziehungsweise auf politisch instabile

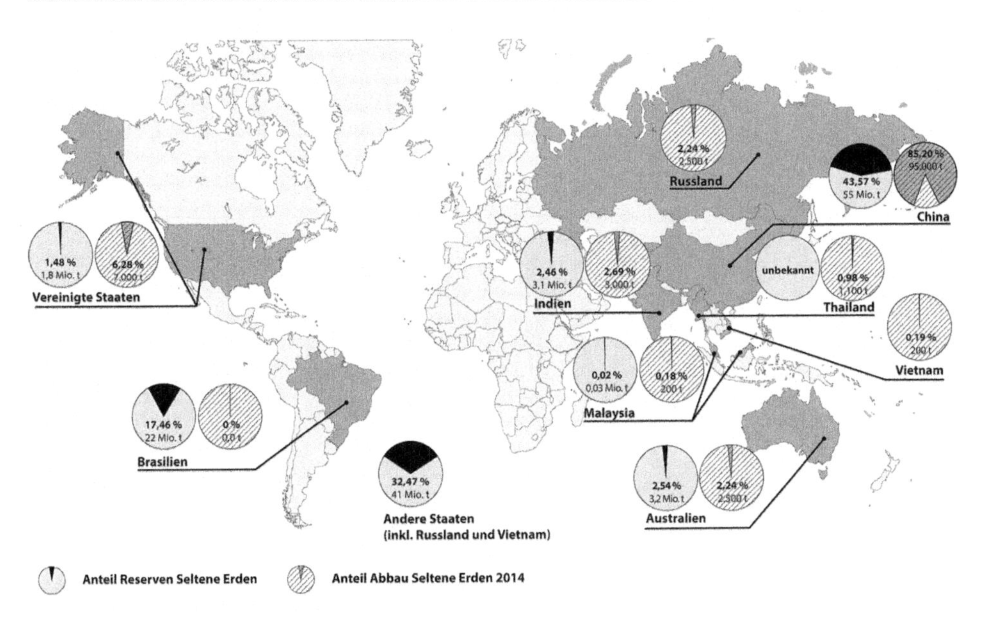

Abb. 2.3 Weltweite Verteilung der Reserven sowie des Abbaus von Seltenerdelementen (2014). Eigene Darstellung nach Daten aus [10]

Regionen manifestiert sich als ein ernstzunehmendes Problem hinsichtlich der Versorgungssicherheit der Weltwirtschaft mit diesen heute stark nachgefragten Rohstoffen.

Die Seltenerdelemente stehen mit dem Klima- und Ressourcenschutz in besonderem Zusammenhang, da für die Nutzung erneuerbarer Energiequellen ein hoher Bedarf an diesen Elementen besteht. Die in Deutschland angestrebte Energiewende, als wichtige Säule einer effizienten, ressourcenschonenden Wirtschaftsweise, hängt demnach ebenfalls von der Verfügbarkeit spezieller Rohstoffe ab.

Dass die Problematik ebenso bei den sogenannten Massenmetallen auftritt, wird am Beispiel Zinn deutlich. Für Zinn hat die Deutsche Rohstoffagentur (DERA) ab 2018 bereits ein starkes Defizit am Weltmarkt prognostiziert. Dies ist auf den voraussichtlich starken Rückgang des Abbaus in Indonesien zurückzuführen, wo bis heute mehr als ein Drittel der weltweiten Fördermenge des Metalls gewonnen wird. Deutschland nimmt bei der Nachfrage nach Zinn weltweit den vierten Platz ein und nutzt dieses beispielsweise zur Herstellung von Lötzinn, Chemikalien oder Lagermetallen [11].

Viele Staaten sehen bezüglich der Rohstoffversorgung bereits deutlichen Handlungsbedarf, identifizieren die für ihre Wirtschaft besonders kritischen Rohstoffe und entwerfen entsprechende Strategien um den Auswirkungen einer zukünftigen Verknappung entgegenzuwirken [12–14]. Auch auf europäischer Ebene wurden entsprechende Anstrengungen unternommen [15]. Das voraussichtliche jährliche Wachstum der Nachfrage nach für die EU kritischen Rohstoffen bis zum Jahr 2020 verdeutlicht die Dringlichkeit (Abb. 2.4).

Auch die nachwachsenden Rohstoffe sind für die zukünftige Rohstoffsituation von Bedeutung. Die Substitution nichterneuerbarer Rohstoffe durch nachwachsende

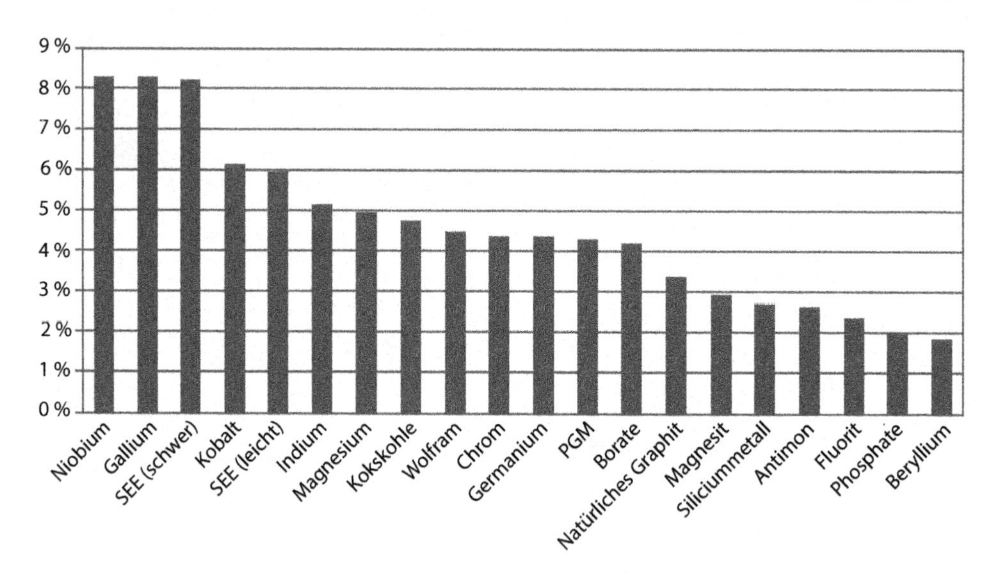

Abb. 2.4 Voraussichtliche durchschnittliche Wachstumsrate (Prozent pro Jahr) der weltweiten Nachfrage nach für die EU als kritisch eingestuften Rohstoffen bis 2020. Nach [15]

Rohstoffe kann in einigen Anwendungsgebieten eine sinnvolle Alternative darstellen. Die nachwachsenden Rohstoffe sind zwar in ihrer Gesamtheit weiterhin als potenzialträchtig zu betrachten, müssen aber im Kontext einer zunehmenden Flächenkonkurrenz mit Nahrungsmitteln gesehen werden. Auf den ersten Blick scheinen noch große Potenziale durch Ertragssteigerungen auf einem Großteil der Flächen vorhanden zu sein. Die Intensivierung des Anbaus führt jedoch zu Bodendegradation, Verlust an Biodiversität und nachhaltiger Beeinträchtigung der Umwelt durch Pestizide und Düngemittel. Auch falsche Bewirtschaftung, Flächenversiegelung und Klimawandel führen zu Anbauflächenverlusten. In Anbetracht der weiterhin exponentiell wachsenden Bevölkerung birgt diese Entwicklung bereits jetzt erhebliches soziales Konfliktpotenzial und führt immer wieder zu humanitären Katastrophen.

Somit ist es nicht verwunderlich, dass auf der Suche nach den letzten großen Rohstoffvorkommen, sei es in Form von fossilen Energieträgern, mineralischen Rohstoffen oder Anbauflächen, ein weltweiter Wettlauf eingesetzt hat – mit teilweise dramatischen Folgen. Tiefseebohrungen, „Fracking", Abbau von Ölsanden, Abholzung und das sogenannte „Land Grabbing" sind erste Auswirkungen dieser Entwicklung.

2.2.2 Wirtschaftlicher Aufstieg der Schwellenländer

China, Indien und weitere den Schwellenländern zugeordnete Staaten beteiligen sich mit einem rasanten Wirtschaftswachstum an der Ausbeutung der natürlichen Ressourcen.

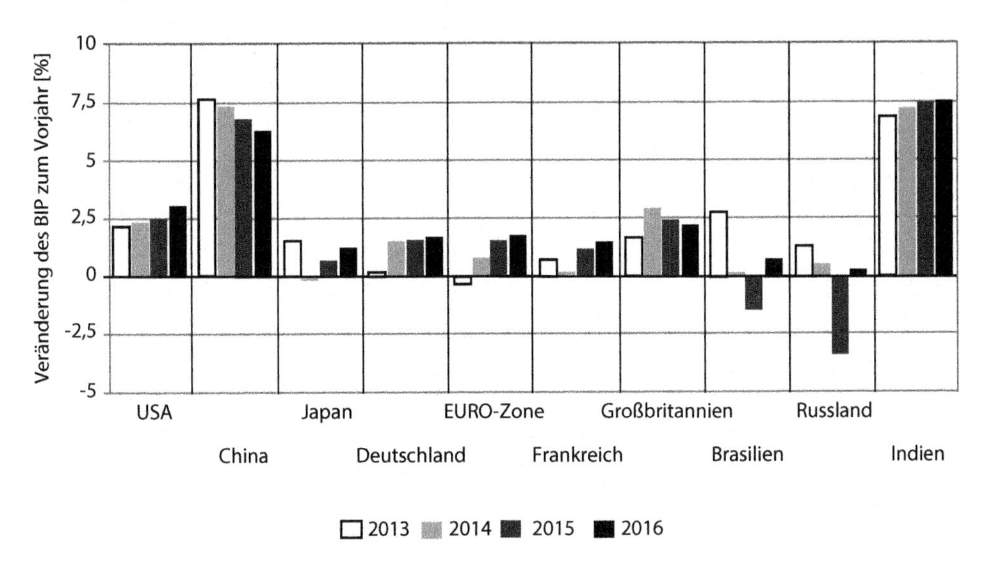

Abb. 2.5 Wachstum (gegenüber dem Vorjahr) des realen Bruttoinlandsprodukts (BIP) in den wichtigsten Industrie- und Schwellenländern in den Jahren 2013 und 2014 und Prognose für 2015 und 2016. Nach [16]

Sie folgen dabei nur dem Vorbild der Industrienationen, die bis vor wenigen Jahrzehnten für den weitaus größten Anteil des Ressourcenverbrauchs verantwortlich waren. Einige Schwellenländer wiesen über die vergangenen Jahre enorme Wachstumsraten des Bruttoinlandsproduktes auf (siehe Abb. 2.5).

Gemessen am Bruttosozialprodukt hat sich die Weltwirtschaftsleistung seit 1960 etwa alle zehn Jahre verdoppelt. Der Anteil der Schwellenländer an dieser Entwicklung wächst zunehmend. Die G7 Staaten werden langfristig aufgrund einer überalterten und schrumpfenden Bevölkerung ihre wirtschaftliche Bedeutung verlieren. Das wachsende Machtbewusstsein der neuen Großakteure der Weltwirtschaft und die steigende Rohstoffnachfrage ihrer Industrien können Länder ohne eigene Lagerstätten in eine zunehmend kritische Versorgungslage bringen.

Da die Qualität der Sozial- und Umweltstandards oftmals nicht in gleichem Maße ansteigt wie die Wirtschaftsleistung, wachsen auch die negativen Umweltauswirkungen in den Förderländern erheblich an.

2.2.3 Umweltauswirkungen der Rohstoffwirtschaft

Der Weg vom Rohstoff über das Endprodukt bis zum Abfall besteht aus vielen Arbeitsschritten mit einer Vielzahl von Umweltauswirkungen (Abb. 2.6).

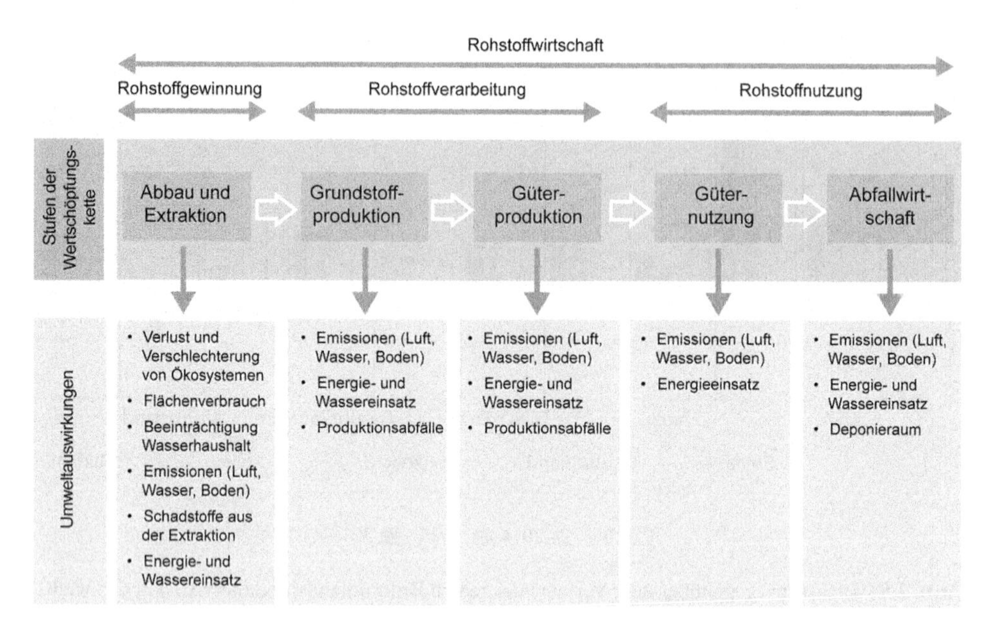

Abb. 2.6 Umweltauswirkungen entlang der Wertschöpfungskette. Nach [2]

Die Umweltauswirkungen lassen sich auf verschiedene Weise kategorisieren:

1. zeitlich: akut oder langfristig,
2. nach Beeinflussbarkeit: reversibel oder irreversibel,
3. örtlich: lokal, regional oder global,
4. nach Wirkobjekt: Wasser, Boden, Luft, Mensch, Natur, Klima, …
5. nach Wirkungsweise: direkt oder indirekt.

Während zum Beispiel ein abgesenkter Grundwasserspiegel durch ein gezieltes Wassermanagement eventuell innerhalb einiger Jahre zum Normalzustand zurückkehren kann, verbleiben klimaschädliche Gase wie CO_2 und N_2O durchschnittlich über 100 Jahre in der Atmosphäre. Einige Auswirkungen sind reversibel, andere, wie das Aussterben einer Tier- oder Pflanzenart, sind hingegen unumkehrbar. Direkte Auswirkungen der Rohstoffgewinnung sind z. B. der Verlust von Ökosystemen und Lebensraum vor Ort durch die Flächeninanspruchnahme, indirekt können durch Veränderungen des Grundwassersspiegels und verunreinigte Abwässer auch weiter entfernte Gegenden stark beeinträchtigt werden.

Die Gewinnung und Aufbereitung von Seltenerdelementen ist beispielhaft für die vielfältigen Umweltauswirkungen der Primärrohstoffgewinnung. Die Herstellung marktfähiger Konzentrate einzelner Seltenerdelemente ist mit einer aufwendigen Aufbereitung verbunden. Neben dem hohen Energiebedarf sind die anfallenden Aufbereitungsrückstände oftmals mit Arsen, Blei und weiteren Schwermetallen sowie radioaktiven Nukliden kontaminiert. Dadurch werden neben den Arbeitern vor Ort auch die lokale Bevölkerung und die angrenzenden Ökosysteme gefährdet [2]. Die Auswirkungen sind immens, was nicht zuletzt auf die teils stark vernachlässigten Gesundheits- und Umweltschutzstandards zurückzuführen ist, sofern solche in den Abbaustaaten überhaupt vorhanden sind.

Um die Umweltauswirkungen der Rohstoffnutzung möglichst gering zu halten, ist eine mögliche Strategie, das Beziehen von Rohstoffen aus besonders schädlichen Unternehmungen einzustellen. Zertifizierungssysteme, die dem Rohstoffproduzenten die Einhaltung definierter Anforderungen bescheinigen, unterstützen die Standardsetzung beim weltweiten Rohstoffabbau. Beispiele für erfolgreiche nicht-staatliche Zertifizierungssysteme sind der Forest Stewardship Council (FSC) für Holz aus nachhaltiger Nutzung und der Marine Stewardship Council (MSC) für Fisch aus nachhaltiger Fischerei.

Im Bereich der Metalle und Mineralien existieren bisher nur erste Initiativen, vor allem für Schmuckrohstoffe wie Gold und Diamanten. Die USA beispielsweise haben im Juli 2010 den Dodd-Frank Act verabschiedet, der den an der Wall Street notierten Öl-, Gas- und Bergbaufirmen vorschreibt, ihre Einkommen und Steuerzahlungen offen zu legen. Zusätzlich müssen sie nachweisen, dass ihre Produkte nicht aus den Konfliktregionen in der und um die Demokratische Republik Kongo stammen. Die „Äquator-Prinzipien" dagegen sind eine freiwillige Verpflichtung von Kreditinstituten, bei der Finanzierung von Projekten bestimmte Umwelt- und Sozialstandards einzuhalten. Auch Rohstoffpartnerschaften und internationale Rohstoffabkommen bieten die Möglichkeit, auf Umwelt- und Arbeitsschutz ebenso wie auf eine gerechtere Bezahlung hinzuwirken [2].

Auch nach einer Optimierung der Abbaumethoden und der Versorgungspfade werden mit der Verwendung von Primärrohstoffen stets negative Umweltauswirkungen verbunden bleiben. Als langfristige Folge der Nutzung ist bereits heute ein massiver und schnell fortschreitender Verlust an Biodiversität zu verzeichnen. Dieser gehört zu den durch den Menschen verursachten weltweiten Umweltproblemen, welche die Grenzen der globalen Tragfähigkeit bereits überschritten haben [17].

Die Gewinnung und Weiterverarbeitung von Rohstoffen sind sehr energieaufwendige Prozesse. Allein der Bergbau ist für ungefähr 7 Prozent des weltweiten Energieverbrauchs verantwortlich [18]. Für die Bereitstellung dieser Energie werden meist fossile Energieträger genutzt, die Bedeutung für den Klimawandel ist also erheblich.

Das Bewusstsein für die Auswirkungen des Rohstoffabbaus ist aufgrund einer fehlenden zentralen Dokumentation (von Menge, Herkunft, Gewinnungsverfahren usw.) wenig ausgeprägt. Gerade die Umweltauswirkungen in Entwicklungs- und Schwellenländern sind bisher nicht systematisch quantifizierbar.

2.3 Kreislaufwirtschaft

Es existieren verschiedene Ansätze, die eine dauerhafte Rohstoffverfügbarkeit sicherstellen können. Zum einen sollen durch die Steigerung der Materialeffizienz in der Wirtschaft – analog zur Energieeffizienz – die für das Generieren eines bestimmten Nutzens aufzubringenden Rohstoffmengen reduziert werden. Diese Maßnahmen sind grundsätzlich anzustreben, können die Problematik jedoch nicht abschließend beseitigen – auch bei verringertem Einsatz neigen sich die natürlichen Lagerstätten auf Dauer dem Ende zu. Der Prozess wird durch eine steigende Materialeffizienz zwar verzögert, spürbare Zunahmen der Effizienz sind jedoch nur begrenzt möglich. Zudem werden diese Einsparungen oft durch einen vermehrten Konsum (Rebound-Effekt) mehr als ausgeglichen.

Noch vor dem Prozessschritt der Produktion liegt die Produktplanung – hier liegen erhebliche Potenziale für eine intensivierte Kreislaufwirtschaft. Die Auswahl von Materialien, der Produktaufbau und die Auswahl der Verbindungen bestimmen maßgeblich die Lebensdauer, die Reparaturfähigkeit und die Verwertbarkeit der Produkte. Deren Entwicklung muss künftig den Kriterien „niedriger Rohstoff- und Energieverbrauch", „hohe Lebensdauer" und „Rückführbarkeit" ebenso genügen wie den bisher den Markterfolg bestimmenden Anforderungen „Zweckerfüllung", „Optik" und „Preis".

Unabdingbar für den Kreislauf ist ein intensiver Wissensaustausch zwischen den verschiedenen Akteuren: Grundstoffhersteller benötigen Mindestqualitäten der Sekundärrohstoffe. Reparaturbetriebe kennen die Schwachstellen von Produkten und den Bedarf an Austauschkomponenten. Abfallaufbereiter verfügen über das Wissen, welche Komponenten gut demontierbar sein sollten, welche Stoffe sich im Aufbereitungsprozess behindern, was zerstörungsfrei entnehmbar angeordnet sein muss. Das eigentliche Ziel dieser Anstrengungen ist es, dem Nutzer zu ermöglichen, eine bewusste Kaufentscheidung auch anhand solcher kreislaufrelevanter Informationen treffen zu können. Der Anteil an Sekundärrohstoffen und Mehrwegkomponenten, Soll-Lebensdauer, Recyclingfähigkeit und ähnliches müssen dafür transparent am Produkt erkennbar sein.

Auf diesem Weg können Materialien den Zyklus aus Produktion, Nutzung und Aufbereitung mehrfach durchlaufen, bevor es durch dissipative Verluste oder thermodynamische Einschränkungen bei der Wiedergewinnung zu einem Ausscheiden aus dem Verwendungszyklus kommt.

Je nach Material können mit zunehmender Anzahl von Verwendungszyklen funktionelle Verluste auftreten, infolge dessen die recyclierten Materialien ein eingeschränktes Anwendungsspektrum aufweisen. Um diese Materialien dennoch möglichst lange im Verwendungskreislauf zu halten, ist die sogenannte Kaskadennutzung anzustreben. Dabei werden primär gewonnene Rohstoffe zunächst derjenigen Nutzung zugeführt, welche die höchsten Ansprüche an deren Reinheit stellt. Mit abnehmender Qualität werden diese der nächsten Stufe innerhalb der Nutzungshierarchie zugeführt. Ein solches System ist jedoch nur durch getrennte Recyclingwege aufrecht zu erhalten, bei denen die Materialreinheit berücksichtigt wird.

Die im Kreislaufwirtschaftsgesetz (KrWG) formulierte Abfallhierarchie sieht analog zu der Idee einer Kaskadennutzung eine Optimierung des Rohstoffeinsatzes durch möglichst hochwertige Verwertung vor. Demnach hat die Abfallvermeidung zunächst die höchste Priorität, gefolgt von der Vorbereitung zur Wiederverwendung. Bei letzterer werden Erzeugnisse beziehungsweise deren Bestandteile so aufbereitet, dass sie für den gleichen Zweck erneut eingesetzt werden können. Sollte dies nicht möglich sein, ist das stoffliche Recycling zu priorisieren, gefolgt von der energetischen Verwertung. Ganz unten in der Abfallhierarchie steht die Beseitigung durch Deponierung.

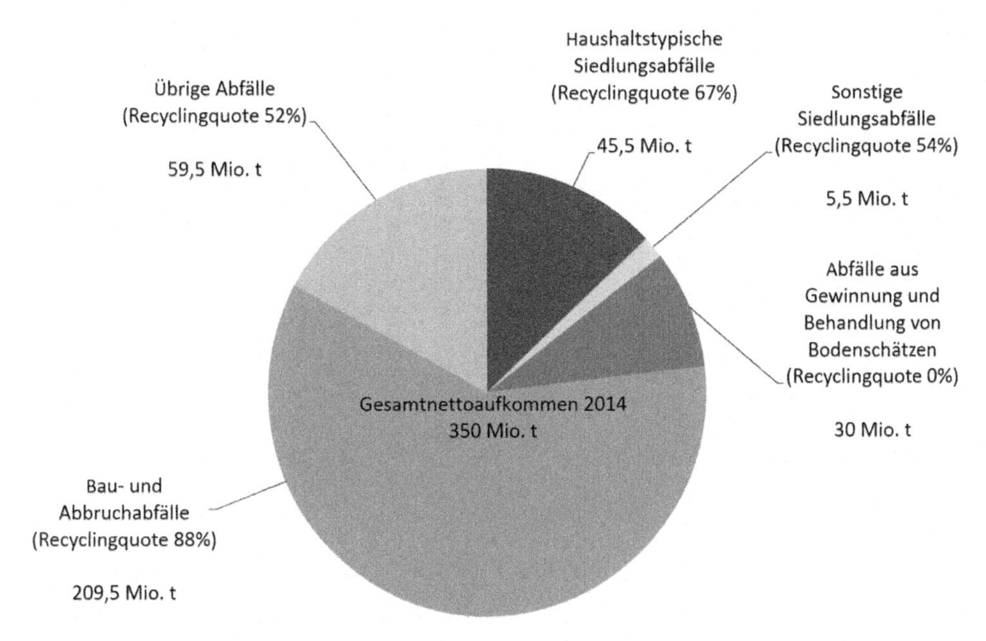

Abb. 2.7 Abfallaufkommen in Deutschland 2014 und Verwertungsquoten. Nach Daten aus [3]

Die Kreislaufwirtschaft ist das gegenteilige Modell zu der heute immer noch global vorherrschenden Linearwirtschaft, in der hochwertige Materialien nach einmaliger Nutzung in Abfallströme gelangen und thermisch behandelt beziehungsweise deponiert werden.

2.3.1 Recycling in Deutschland

Auf dem Gebiet des Recyclings (stoffliche Verwertung) sind in Deutschland bereits große Erfolge zu verzeichnen. Deutschland erreicht für Siedlungsabfälle europaweit eine der höchsten Quoten an „dem stofflichen Recycling zugeführtem Abfall" (Abb. 2.7). Zu bedenken ist dabei allerdings, dass dies den Anlageninput, nicht jedoch die tatsächlich in den Kreislauf zurückgeführten Mengen beschreibt. Bei der Aufbereitung müssen Fehlwürfe, Verunreinigungen und nicht verwertbare Anteile ausgeschleust werden.

Während in der Vergangenheit der Fokus der Abfallwirtschaft im Bereich der Siedlungsabfälle hauptsächlich auf der Entsorgungssicherheit sowie der Reduzierung des Restmüllaufkommens durch energetische Verwertung lag, sind heute Schritte der Transformation – weg von der Linearwirtschaft, hin zu einer Kreislaufwirtschaft – zu verzeichnen [19]. Insbesondere das endgültige Verbot der Deponierung von Abfällen ohne Vorbehandlung, das seit 2005 vollständig umgesetzt wird, hat die Abfallströme deutlich in Richtung der energetischen und stofflichen Verwertung verschoben (Abb. 2.8).

Zu den Siedlungsabfällen zählen Hausmüll und hausmüllähnliche Gewerbeabfälle, Sperrmüll, biogene Abfälle und getrennt gesammelte Abfallarten (Glas, Papier, gemischte Verpackungen und Elektrogeräte) sowie sonstige Siedlungsabfälle.

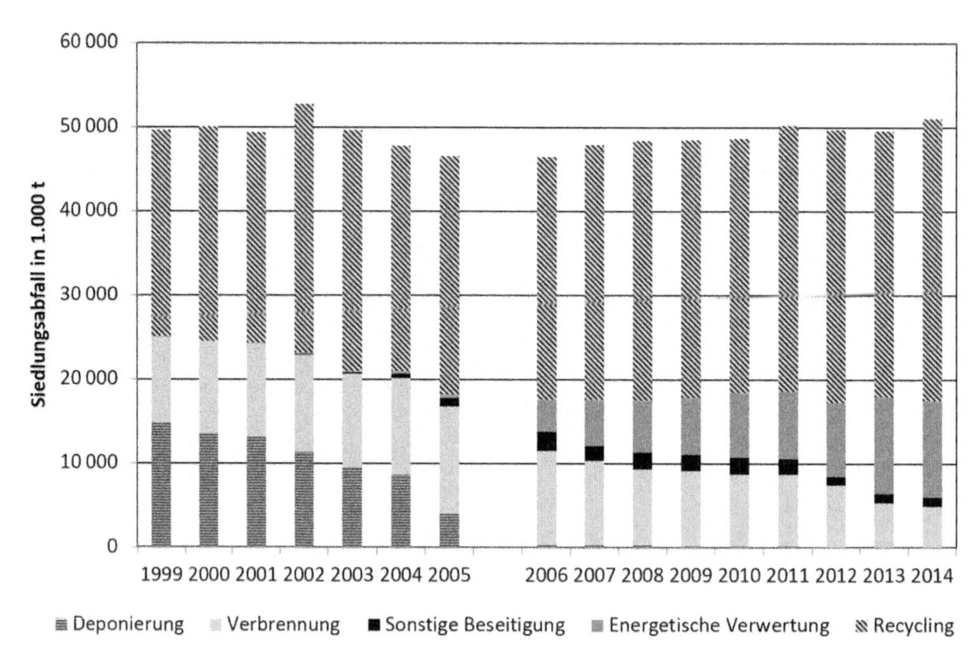

Abb. 2.8 Entsorgungswege des Siedlungsabfalls in Deutschland 1999–2014 (Nettoaufkommen). Nach Daten aus [3]

Sehr hohe Recyclingquoten werden für Glas und Altpapier erreicht. Im Jahr 2011 wurden beispielsweise vier Millionen Tonnen Behälterglas in Deutschland produziert. Sekundärglas wurde dabei zu einem Anteil von 63 Prozent eingesetzt. Je nach Farbe des hergestellten Glases kann dieser Anteil sogar bis zu 90 Prozent betragen [20]. Der Einsatz von Altglas ist nicht nur aufgrund der eingesparten Primärmaterialien (unter anderem Soda, Quarzsand, Kalk) sehr vorteilhaft. Auch im Hinblick auf den notwendigen Energieeinsatz in der Glasschmelze ergeben sich große Vorteile. So werden pro zehn Prozentpunkten eingesetzten Altglases etwa drei Prozent weniger Energie benötigt [21].

Beim Altpapier ist der durchschnittlich verwendete Anteil an Sekundärrohstoff sogar noch höher als im Falle des Altglases. Hier werden etwa 71 Prozent Sekundärmaterial bei der Produktion von Papiererzeugnissen eingesetzt [20]. Dies liegt in der vergleichsweise einfachen Aufbereitung dieser Abfallfraktion begründet. Gegenüber der Primärproduktion erzeugt die sekundäre Bereitstellung aus Altpapier weniger als die Hälfte der CO_2-Emissionen und schont nebenbei außerdem CO_2-bindende Waldflächen [22]. Die für die Papierherstellung benötigten Faserstoffe erfahren jedoch im Zuge der Verwendung und Aufbereitung stets eine Verkürzung. Aus diesem Grund ist die Anzahl der Verwendungszyklen begrenzt. Im Durchschnitt kann eine Faser nur etwa sieben Mal recycelt werden, bevor sie aus der Verwendung ausscheidet. Beim Altglas ist diese Einschränkung nicht gegeben, es kann – bis auf einige Spezialanwendungen – stets erneut recycelt werden.

Die Mischfraktion der Verpackungsabfälle (für die Materialgruppen Glas, Kunststoff, Papier, Aluminium, Weißblech, Verbunde, sonstiger Stahl, Holz und sonstige Packstoffe) wurde 2014 zu 71 Prozent stofflich verwertet [23].

Metalle sind prinzipiell endlos recyclingfähig und können somit theoretisch dauerhaft im Verwendungskreislauf verweilen. Da die Bereitstellung von Metallen aus primären Quellen einen enormen Energieaufwand erfordert, ist deren Recycling zudem aus ökologischer und ökonomischer Sicht besonders sinnvoll [2]. Gerade die Massenmetalle werden bereits zu relativ hohen Anteilen recycelt. Dies liegt auch in der großen Verfügbarkeit entsprechender Abfälle begründet sowie im Vorhandensein geeigneter Aufbereitungsanlagen. Einige Edelmetalle werden ebenfalls aufgrund ihres hohen Wertes – trotz niedriger Massenanteile in End-of-Life-Produkten – zu hohen Anteilen zurückgewonnen. Bei vielen Technologiemetallen liegen die Recyclingquoten hingegen bei nahezu Null (Abb. 2.9), da diese oftmals in sehr niedrigen Konzentrationen verbaut sind und deren Rohstoffpreise keine lukrative Rückgewinnung zulassen. Dies ist besonders kritisch, da die Primärgewinnung dieser Technologiemetalle meist einen sehr hohen Energieaufwand erfordert [24].

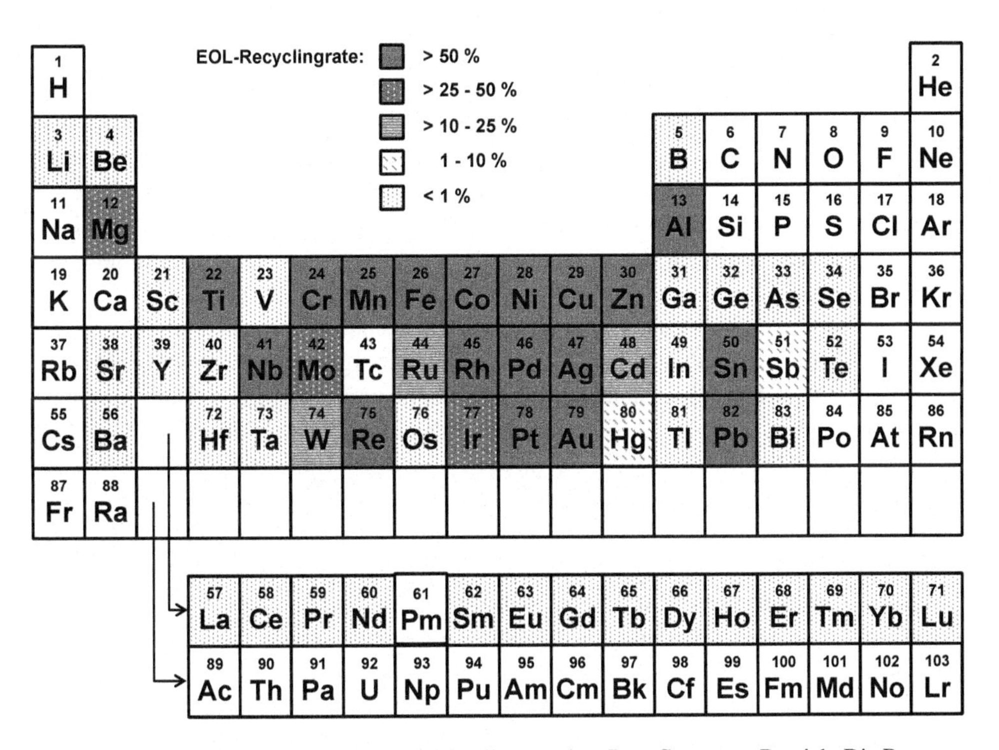

Abb. 2.9 End-of-Life-Recyclingraten von Metallen aus dem Post-Consumer-Bereich. Die Recyclingraten beziehen sich auf das funktionelle Recycling, bei dem jene physikalischen oder chemischen Eigenschaften der Metalle wiederhergestellt werden, die diese auch aus primären Quellen aufweisen. Nach [25]

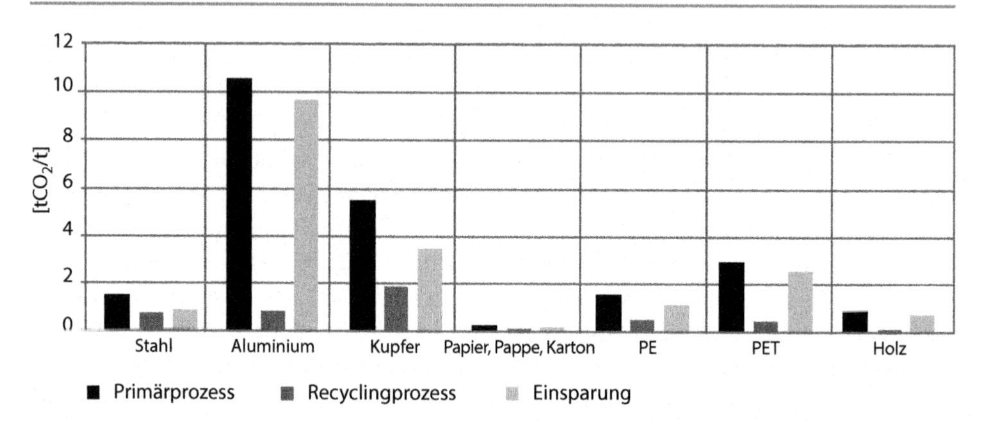

Abb. 2.10 CO_2-Emissionen von Primär- und Sekundärmaterialien im Vergleich. Angegeben ist die emittierte CO_2-Menge in Tonnen pro Tonne hergestellten Materials. Nach [22]

Je höher der Energiebedarf eines Metalls in der Primärproduktion ist, desto mehr kann entsprechend durch dessen Recycling eingespart werden. Beim Recycling von Aluminium sind im Vergleich sehr hohe Energieeinsparungen zu erzielen, da die Elektrolyse den energieintensivsten Teil in der Bereitstellungskette darstellt und dieser Schritt beim Recycling umgangen wird. Die Energiebereitstellung erfolgt zum größten Teil aus fossilen Energiequellen, was sich dementsprechend auch in den durch Recycling eingesparten Kohlendioxidemissionen widerspiegelt (Abb. 2.10). Die weitaus größten Einsparpotenziale sind jedoch bei den Edelmetallen zu verzeichnen. Pro geförderter Tonne Gold aus primären Lagerstätten werden beispielsweise etwa 17.000 Tonnen CO_2 freigesetzt. Dies liegt in den extrem geringen Goldgehalten der Erzlagerstätten von etwa fünf Gramm pro Tonne begründet.

Unter Klimaschutzaspekten von hoher Bedeutung sind die biogenen Abfälle: Hausmüll enthält Küchen- und Gartenabfälle, die von Mikroorganismen biologisch abgebaut werden. Dabei entsteht jedoch unter bestimmten Bedingungen Methan, das eine sehr hohe Klimawirkung hat. Ausgedrückt in CO_2-Äquivalenten wurden von der Abfallwirtschaft 1990 noch knapp 40 Mio. t CO_2-Äqu. (von insgesamt 1250 Mio. t) verursacht. Durch das Ablagerungsverbot für unvorbehandelte Abfälle konnte dieser Wert bis 2015 auf 10 Mio. t/a (von insgesamt 908 Mio. t) gesenkt werden. Bei getrennter Erfassung und Behandlung von biogenen Abfällen kann Methan gezielt erfasst und energetisch genutzt werden. In älteren Deponien klingt die Bildung von Deponiegas langsam ab, bis dahin müssen Deponiebetreiber dieses Gas möglichst effektiv auffangen und energetisch nutzen.

Entscheidend für eine Kreislaufwirtschaft ist jedoch nicht nur, wie viele Materialien in einen Aufbereitungsprozess eingespeist werden, sondern einerseits, welcher Anteil anschließend für den erneuten Einsatz zur Verfügung steht, und andererseits, welche Menge an Primärmaterial dadurch substituiert werden kann. Das Verhältnis von jährlich in Deutschland verbrauchten Rohstoffen und in den Kreislauf zurückgeführten Mengen ergibt eine stoffliche Substitutionsrate von etwa 4 Prozent [26]. Dies ist auch dadurch bedingt, dass ein großer Anteil der Rohstoffe bis auf weiteres im Bauwerken und anderen langlebigen Gütern festgelegt wird [27], allerdings ohne dass diese Mengen für eine spätere Nutzung dokumentiert werden.

2.3.2 Herausforderungen und Optionen für die Abfallwirtschaft

Die Bereitstellung von Rohstoffen durch Recycling erfordert in der Regel einen geringeren Energie- und Rohstoffaufwand als die entsprechende Bereitstellung aus primären Quellen und verursacht daher geringere Umweltauswirkungen [28]. Den aus Abfallströmen verfügbaren Rohstoffpotenzialen sind jedoch auch Grenzen gesetzt. Bei jedem Durchlaufen des Verwendungszyklus treten (teils unvermeidbare) Verluste an den verwendeten Materialien auf, welche häufig auf dissipative Mechanismen zurückzuführen sind [29]. Zudem hängt die Gesamtmenge der verfügbaren Sekundärmaterialien direkt von der Menge anfallender End-of-Life-Produkte ab. Solange Bevölkerungszahlen und Konsumniveau ansteigen, könnte daher selbst bei theoretisch einhundert Prozent Materialrückgewinnung durch Recycling nicht die gesamte Rohstoffnachfrage durch die Abfallwirtschaft gedeckt werden. Recycling kann dennoch in bedeutendem Maße zu einer Verlängerung der Reichweiten der Primärrohstoffe beitragen. Aus diesem Grund, wie auch vor dem Hintergrund des hohen Vermeidungspotenzials an Treibhausgasen und weiterer Umweltbeeinträchtigungen, ist zukünftig ein größtmöglicher Anteil stofflichen Recyclings an der Abfallentsorgung anzustreben.

Um mehr der im Abfall enthaltenen Rohstoffe in den Kreislauf zurückzuführen, müssen unterschiedliche Hürden genommen werden. Eine Weiterentwicklung der Vorkonditionierungsmethoden kann Verluste in der Separation verschiedener Materialien aus einem gemischten Stoffstrom verringern. Der wirtschaftliche Aufwand für die Aufbereitung, die Qualität der Sekundärrohstoffe, die Preise für Primärmaterial und die Nachfrage stehen in einem ständigen Wechselspiel. Der Aufbereitungsaufwand lässt sich durch eine getrennte Erfassung an der Anfallstelle deutlich verringern. Auf diese Weise ist es möglich, hohe Wertstoffkonzentrationen zu erzeugen, die in Folge die weitere Verarbeitung erleichtern. Bei Betrachtung des Rohstoffs Gold wird dies besonders deutlich. Während in den natürlichen Lagerstätten der Goldgehalt bei etwa fünf Gramm pro Tonne liegt, sind in separierten Fraktionen aus Handys oder Leiterplatten Goldgehalte von 200–350 g/t zu erzielen [30]. In diesem Fall, wie auch bei anderen Edelmetallen, begünstigen zudem die hohen Marktpreise die Rückgewinnung.

Die getrennte Sammlung führt prinzipiell zu einer leichteren Aufbereitung und zu höherwertigen Sekundärrohstoffen. Den größten Einfluss hat dabei das menschliche Nutzungsverhalten dieser Systeme. Werden Produkte in die falschen Sammelsysteme überführt, bedeutet dies einen Verlust an Material, wie etwa bei der Entsorgung von Elektro- und Elektronikaltgeräten über die Hausmülltonne. Fehlwürfe führen auch zu einer Verschlechterung der Recyclatqualität. Große Mengen werthaltiger Abfälle werden dem hochwertigen Recycling ebenfalls durch (oftmals illegale) Exporte entzogen. Prominente Beispiele sind Elektro- und Elektronikaltgeräte sowie Alt-Kfz. Neben dem Verlust der Materialien kommt es durch die unsachgemäße Behandlung in vielen Entwicklungsländern, bei der meist keinerlei Auflagen eingehalten werden, zu starken Gesundheits- und Umweltbeeinträchtigungen.

Die Nutzung von Pfandsystemen ist ein wirksames Mittel zur Stoffstromlenkung, welches sowohl die Rückgewinnungsquoten von EoL-Produkten als auch die Reinheit der Stoffströme erhöhen kann. Pfandsysteme existieren bereits in vielen Ländern und für eine Vielzahl von Produkten. Am prominentesten sind Pfandsysteme für Getränkeverpackungen. Denkbar sind derartige Systeme aber auch für besonders wert- oder schadstoffhaltige Produkte, die – wie z. B. Handys und andere Elektrokleingeräte – oft in die falschen Entsorgungswege geraten.

Um aber das Prinzip einer Kreislaufwirtschaft deutlich zu stärken, sind neben den technischen und organisatorischen Optimierungen in der Abfallwirtschaft Vernetzungen mit den anderen Akteuren des Kreislaufs zwingend. So wie der natürliche Kreislauf in der Natur ein enges Zusammenspiel zwischen Produzenten, Konsumenten und Destruenten aufgebaut hat, kann zwischen Herstellung (insbesondere in der Produktplanung), Nutzung (Kaufentscheidung auf Basis aussagekräftiger Informationen) und Abfallwirtschaft (Qualität und Quantität auf Herstellung ausrichten) ein ständiger Lernprozess stattfinden.

Nur die Annahme aller erwähnten Herausforderungen führt im Zusammenspiel zu einer maximal ressourceneffizienten Wirtschaftsweise, bei der das menschliche Handeln geringstmögliche Auswirkungen auf die lokale und globale Umwelt aufweist.

Fragen zu Kap. 2

1. Welcher Mehrwert würde sich aus einer verstärkten Versorgung mit Sekundärrohstoffen ergeben?
2. Wie ist der Unterschied zwischen den Reserven und den Ressourcen eines Rohstoffes definiert?
3. Was sind die grundlegenden Treiber der weltweit wachsenden Rohstoffnachfrage?
4. Welche Probleme ergeben sich durch einen verstärkten Rohstoffabbau?
5. Aufgrund welcher Kriterien kann beurteilt werden, ob eine Substitution nicht regenerativer Rohstoffe durch nachwachsende Rohstoffe sinnvoll ist?
6. Ist bei einer Verdoppelung der Weltwirtschaftsleistung ebenfalls von einer Verdoppelung der Umweltauswirkungen auszugehen? Welche Faktoren beeinflussen diese?
7. Was ist unter direkten und indirekten Umweltauswirkungen zu verstehen?
8. Kann die Rohstoffnachfrage eines Landes vollständig durch recycelte Rohstoffe gedeckt werden? Begründen Sie.
9. Wo liegen die Unterschiede im Recycling von Massenmetallen und Technologiemetallen?

Literaturverzeichnis

[1] Statistisches Bundesamt (DESTATIS) (2016) Bruttoinlandsprodukt 2015 für Deutschland. Statistisches Bundesamt, Wiesbaden, 51 S

[2] Sachverständigenrat für Umweltfragen (SRU) (2012) Umweltgutachten 2012 – Verantwortung in einer begrenzten Welt. Erich Schmidt Verlag, Berlin, 422 S
[3] Statistisches Bundesamt (DESTATIS) (2016) Umwelt – Abfallbilanz 2014. Statistisches Bundesamt (DESTATIS), Wiesbaden, 63 S
[4] Wirtschaftsverband Erdöl- und Erdgasgewinnung e.V. (WEG) (2008) Reserven und Ressourcen – Potenziale für die zukünftige Erdgas- und Erdölversorung. Wirtschaftsverband Erdöl- und Erdgasgewinnung e. V. (WEG), Hannover, 6 S
[5] Behrendt S, Scharp M, Kahlenborn W, Feil M, Dereje C, et al. (2007) Seltene Metalle – Maßnahmen und Konzepte zur Lösung des Problems konfliktscharfender Rohstoffausbeutung am Beispiel Coltan. Umweltbundesamt, Dessau, 68 S
[6] Andruleit H, Bahr A, Babies H G, Franke D, Meßner J, et al. (2013) Energiestudie 2013 – Reserven, Ressourcen und Verfügbarkeit von Energierohstoffen. Bundesanstalt für Geowissenschaften und Rohstoffe (BGR), Hannover, 112 S
[7] 2016 U.S. Geological Survey (2016) Copper. In: Mineral Commodity Summaries 2016. U.S. Geological Survey, 202 S, URL: http://dx.doi.org/10.3133/70140094. Zugegriffen: 15. Januar 2017
[8] 2016 U.S. Geological Survey (2016) Aluminum. In: Mineral Commodity Summaries 2016. U.S. Geological Survey, 202 S, URL: http://dx.doi.org/10.3133/70140094. Zugegriffen: 15. Januar 2017
[9] Ax C, Marschütz B, Hinterberger F (2014) Die Aussichten von hier aus. Fact. – Mag. für Nachhalt. Wirtschaften (02), S 24–28
[10] U.S. Geoligical Survey (USGS) (2015) Mineral commodity summaries 2015. Reston, VA, 196 S
[11] Elsner H, Schmidt M, Schütte P, Näher U (2014) DERA Rohstoffinformationen: Zinn – Angebot und Nachfrage bis 2020. Deutsche Rohstoffagentur (DERA) in der Bundesanstalt für Geowissenschaften und Rohstoffe, Berlin
[12] Erdmann L, Behrendt S, Feil M (2011) Kritische Rohstoffe für Deutschland – Identifikation aus Sicht deutscher Unternehmen wirtschaftlich bedeutsamer mineralischer Rohstoffe, deren Versorgungslage sich mittel- bis langfristig als kritisch erweisen könnte, Abschlussbericht. Institut für Zukunftsstudien und Technologiebewertung (IZT), adelphi, Berlin, 134 S
[13] U.S. Department of Energy (2011) Critical Materials Strategy. U.S. Department of Energy, Washington D.C., 191 S
[14] Kozlik M, Raith J G, Janisch A, Moser P, Treimer R, et al. (2012) Kritische Rohstoffe für die Hochtechnologieanwendung in Österreich. Bundesministerium für Verkehr, Innovation und Technologie (bmvit), Wien, 350 S
[15] European Commission (2014) Report on Critical Raw Materials for the EU – Report of the Ad hoc Working Group on Defining Critical Raw Materials. European Commission, Brüssel, 41 S
[16] International Monetary Fund (IMF) (2015) World Economic Outlook Update, An Update of the Key WEO Projections. Washington D.C., 4 S
[17] Rockström J, Steffen W, Noone K, Persson A, Chapin F S, et al. (2009) Planetary boundaries: exploring the safe operating space for humanity. Ecol. Soc. 14 ((2):32), http://pdxscholar.library.pdx.edu/iss_pub/64/ Zugegriffen: 16. November 2015
[18] MacLean H L, Duchin F, Hagelüken C, Halada K, Kesler S E, et al. (2009) Stocks, Flows, and Prospects of Mineral Resources. In: Linkages of Sustainability. Graedel T E, van der Voet E (Hrsg), The MIT Press, Cambridge, MA, S 199–218
[19] Wilts H, Lucas R, von Gries N, Zirngiebl M (2014) Recycling in Deutschland – Status quo, Potenziale, Hemmnisse und Lösungsansätze. Wuppertal Institut für Klima, Umwelt, Energie GmbH, Wuppertal, 97 S
[20] Die Dualen Systeme (2014) Duale Systeme – Recyclingquoten und positive Effekte. http://www.recycling-fuer-deutschland.de/web/recycling/dl=effekte Zugegriffen: 4. November 2015

[21] Bundesverband Glasindustrie e.V. (2015) Umwelt & Energie – Aus Alt wird Neu. http://www.bvglas.de/umwelt-energie/glasrecycling/ Zugegriffen: 4. November 2015
[22] Fraunhofer UMSICHT, INTERSEROH (2008) Recycling für den Klimaschutz – Ergebnisse der Studie von Fraunhofer UMSICHT und INTERSEROH zur CO_2-Einsparung durch den Einsatz von recycelten Rohstoffen. Interseroh SE, Köln, 16 S
[23] Schüler K, GVM Gesellschaft für Verpackungsmarktforschung mbH (Mainz) (2016) Aufkommen und Verwertung von Verpackungsabfällen in Deutschland im Jahr 2014. Umweltbundesamt, Dessau-Roßlau, 165 S
[24] Hagelüken C (2009) Urban Mining ist wichtiger Beitrag zum Klimaschutz. Dow Jones Trade-News Emissions. (5). S 14–16
[25] Reuter M A, Hudson C, Schaik A V, Heiskanen K, Hagelüken C (2013) Metal Recycling: Opportunities, Limits, Infrastructure, A Report of the Working Group on the Global Metal Flows to the International Resource Panel. UNEP Division of Technology, Industry and Economics, Paris, 316 S
[26] Statistisches Bundesamt (DESTATIS) (2010) Rohstoffeffizienz: Wirtschaft entlasten, Umwelt schonen – Ergebnisse der Umweltökonomischen Gesamtrechnungen 2010, Begleitmaterial zur Pressekonferenz am 17. November 2010 in Berlin. Statistisches Bundesamt (DESTATIS), Wiesbaden, 21 S
[27] Schiller G, Ortlepp R, Krauß N, Steger S, Schütz H, et al. (2015) Kartierung des anthropogenen Lagers in Deutschland zur Optimierung der Sekundärrohstoffwirtschaft. Umweltbundesamt (UBA), Dessau-Roßlau, 261 S
[28] Grimes S, Donaldson J, Cebrian Gomez G (2008) Report on the Environmental Benefits of Recycling. Bureau of International Recycling (BIR), Brüssel, 49 S
[29] Seelig J H, Stein T, Zeller T, Faulstich M (2015) Möglichkeiten und Grenzen des Recycling. In: Recycling und Rohstoffe Band 8. Thomé-Kozmiensky K J, Goldmann D (Hrsg), TK Verlag Karl J. Thomé-Kozmiensky, Neuruppin, S 55–70
[30] Hagelüken C (2012) Recycling von Handys & Computern – Kreislaufwirtschaft der Edel- & Sondermetalle. 12. Münchner Wissenschaftstage, S 34

3 Abfallmenge und Abfallzusammensetzung

Die Kenntnis der Abfallmenge und Abfallzusammensetzung sowie deren physikalische, chemische und biologische Eigenschaften sind das Fundament um abfallwirtschaftliche Strategien entwickeln und umsetzen zu können. Diese Daten stellen die Basis für die verschiedensten Maßnahmen dar, u. a. für die:

- Sammellogistik (z. B. Sammelbehälter, Tourenplanung),
- Auslegung von Aggregaten bzw. Anlagenelementen (z. B. Korngröße, Wassergehalt, Heizwert),
- Dimensionierung von abfalltechnischen Anlagen (z. B. Sortieranlagen, Müllheizkraftwerke),
- Überprüfung der Effizienz (z. B. Erfassungsgrad von Wertstoffen),
- Ökologische Bewertung (z. B. Klimarelevanz),
- Deponiegasprognose (z. B. bei Clean Development Mechanism Projekten),
- Ökonomische Bewertung (z. B. Abfallgebührensystem) oder,
- Benchmarking in der Abfallwirtschaft.

Je genauer die Datenlage zur Abfallmenge und Abfallzusammensetzung sind, desto exakter lassen sich abfallwirtschaftliche Strategien planen und umsetzen. Gerade vor dem Hintergrund des Ressourcen- und Klimaschutz bzw. dem Stoffstrommanagement sind diese von elementarer Bedeutung.

Während die Bestimmung der heutigen Abfallmenge relativ einfach ist, nahezu jede Bewegung von Abfällen wird mengenmäßig erfasst und von den Statistischen Ämtern der Länder bzw. des Bundes zusammengefasst und zur Verfügung gestellt (z. B. www.destatis.de), ist die Prognose der zukünftigen Mengen umso schwieriger. Zukünftige Abfallmengen hängen von einer Vielzahl von Rahmenbedingungen bzw. Faktoren ab. Hier seien exemplarisch die Entwicklung und der Einsatz von neuen Materialien (z. B.

M. Kranert (Hrsg.), *Einführung in die Kreislaufwirtschaft*,
DOI 10.1007/978-3-8348-2257-4_3

Abfallaufkommen von Solarpanelle, Materialien mit Nanopartikeln), Veränderungen im Konsumverhalten (z. B. Elektronische Bauteile in Textilien) oder die Bevölkerungsentwicklung (z. B. Demographischer Wandel) genannt.

Gleiches gilt im Wesentlichen auch für die Prognose der Abfallzusammensetzung und die Eigenschaften der einzelnen Abfallkomponenten. Allerdings ist schon heute das Wissen um die Zusammensetzung der Abfälle nicht mehr auf dem neuesten Stand, d. h. es werden kaum noch umfassende Abfallsortieranalysen durchgeführt. In den frühen 90ziger Jahren des 20ten Jahrhunderts wurden z. B. bei den häuslichen Abfällen alle anfallenden Stoffströme – Restmüll, Bioabfall, Papier/Pappe/Karton, Glas und Verpackungen – bilanziert und untersucht. Heute wird i. d. R. nur noch die Abfallzusammensetzung spezifischer, im Moment wichtiger (Kosten), Abfallsammelsysteme (z. B. Papiertonne oder Gelben Tonne) untersucht bzw. publiziert. Durch diesen Umstand ist es u. a. schwierig die Abfallbilanzen der öffentlich rechtlichen Entsorgungsträger (örE) hinsichtlich der Effizienz zu bewerten. Die Tatsache, dass eine bestimmte Menge an Wertstoffen gesammelt wird, gibt keine Auskunft darüber, ob das System wirklich effizient ist, da die Wertstoffmenge im Restmüll nicht bekannt ist.

Bedeutend schwieriger ist die Beurteilung der internationalen Abfallwirtschaft. Gerade in Staaten mit niedrigem und mittlerem Einkommen sind kaum bis keine statistischen Daten zur Abfallmenge und Zusammensetzung vorhanden. Ganz abgesehen davon, werden die Abfälle je nach Land unterschiedlich benannt. Dieser Umstand ist vor allem bei internationalen Vergleichen zum einwohnerspezifischen Siedlungsabfallaufkommen (Municipal Solid Waste) zu berücksichtigen. Es existieren zwar Definitionen was unter dieser Abfallgruppe zusammengefasst wird, z. B. Definition der Weltbank (www.worldbank.org), allerdings ist nicht gewährleistet, dass dies auch so umgesetzt wird.

Als erster Schritt zur korrekten Bilanzierung der Abfallmengen bedarf es der klaren Definition der Abfallarten.

3.1 Abfallarten

Nach „Kreislaufwirtschaftsgesetz – KrWG § 3 Begriffsbestimmungen

… (1) Abfälle im Sinne dieses Gesetzes sind alle Stoffe oder Gegenstände, derer sich ihr Besitzer entledigt, entledigen will oder entledigen muss. Abfälle zur Verwertung sind Abfälle, die verwertet werden; Abfälle, die nicht verwertet werden, sind Abfälle zur Beseitigung … "

Abfälle werden unterschiedenen nach Abfällen aus Produktion und Gewerbe, Bau- und Abbruchabfällen, Bergematerial aus dem Bergbau und Siedlungsabfällen. Nach Abfallverzeichnis-Verordnung (AVV) [1] sind 20 verschiedene Herkunftsbereiche von Abfällen definiert. So sind in Kap. 20 die Siedlungsabfälle einschließlich der getrennt gesammelten Fraktionen definiert. Hierbei muss jedoch beachtet werden, dass Verpackungen im Kap. 15 zu finden sind. Für alle Abfälle die keiner der Herkunftsbereiche zuzuordnen sind existiert das Kap. 16 „Abfälle, die nicht anderswo im Verzeichnis aufgeführt sind".

In der Tab. 3.1 sind die 20 Kapitel zusammengestellt.

Der Abfallschlüssel nach Abfallverzeichnis-Verordnung ergibt sich aus der jeweiligen zweistelligen Kapitelnummer, dem zweistelligen Unterkapitel sowie der zweistelligen Zuordnung des Abfalls. In der Tab. 3.2 ist das Codierungsverfahren beispielhaft dargestellt. Die im AVV mit einen Asteris (*) versehenden Abfälle werden als gefährliche

Tab. 3.1 Kapitel der Abfallverzeichnis-Verordnung – AVV [1]

Nr.	Kapitel
01	Abfälle, die beim Aufsuchen, Ausbeuten und Gewinnen sowie bei der physikalischen und chemischen Behandlung von Bodenschätzen entstehen
02	Abfälle aus Landwirtschaft, Gartenbau, Teichwirtschaft, Forstwirtschaft, Jagd und Fischerei sowie der Herstellung und Verarbeitung von Nahrungsmitteln
03	Abfälle aus der Holzbearbeitung und der Herstellung von Platten, Möbeln, Zellstoffen, Papier und Pappe
04	Abfälle aus der Leder-, Pelz- und Textilindustrie
05	Abfälle aus der Erdölraffination, Erdgasreinigung und Kohlepyrolyse
06	Abfälle aus anorganisch-chemischen Prozessen
07	Abfälle aus organisch-chemischen Prozessen
08	Abfälle aus Herstellung, Zubereitung, Vertrieb und Anwendung (HZVA) von Beschichtungen (Farben, Lacken, Email), Klebstoffen, Dichtmassen und Druckfarben
09	Abfälle aus der fotografischen Industrie
10	Abfälle aus thermischen Prozessen
11	Abfälle aus der chemischen Oberflächenbearbeitung und Beschichtung von Metallen und anderen Werkstoffen; Nichteisen-Hydrometallurgie
12	Abfälle aus Prozessen der mechanischen Formgebung sowie der physikalischen und mechanischen Oberflächenbearbeitung von Metallen und Kunststoffen
13	Ölabfälle und Abfälle aus flüssigen Brennstoffen (außer Speiseöle, 05 und 12)
14	Abfälle aus organischen Lösemitteln, Kühlmitteln und Treibgasen (außer 07 und 08)
15	Verpackungsabfall, Aufsaugmassen, Wischtücher, Filtermaterialien und Schutzkleidung (a.n.g.)
16	Abfälle, die nicht anderswo im Verzeichnis aufgeführt sind
17	Bau- und Abbruchabfälle (einschließlich Aushub von verunreinigten Standorten)
18	Abfälle aus der humanmedizinischen oder tierärztlichen Versorgung und Forschung (ohne Küchen- und Restaurantabfälle, die nicht aus der unmittelbaren Krankenpflege stammen)
19	Abfälle aus Abfallbehandlungsanlagen, öffentlichen Abwasserbehandlungsanlagen sowie der Aufbereitung von Wasser für den menschlichen Gebrauch und Wasser für industrielle Zwecke
20	Siedlungsabfälle (Haushaltsabfälle und ähnliche gewerbliche und industrielle Abfälle sowie Abfälle aus Einrichtungen), einschließlich getrennt gesammelter Fraktionen

Tab. 3.2 Beispielhafte Darstellung der Einteilung der Abfälle nach der Abfallverzeichnis-Verordnung – AVV [1]

Abfallschlüssel	Abfallart
20	**Siedlungsabfälle ...**
20 01	**Getrennt gesammelte Fraktionen (außer 15 01)**
20 01 01	Papier und Pappe/Karton
20 01 02	Glas
20 01 08	biologisch abbaubare Küchen- und Kantinenabfälle
20 01 35*	gebrauchte elektrische und elektronische Geräte, die gefährliche Bauteile enthalten, mit Ausnahme derjenigen, die unter 20 01 21 und 20 01 23 fallen
20 02	**Garten- und Parkabfälle (einschließlich Friedhofsabfälle)**
20 02 01	kompostierbare Abfälle
20 03	**Andere Siedlungsabfälle**
20 03 02	Marktabfälle
20 03 07	Sperrmüll

* Die mit Asteris gekennzeichneten Abfälle sind als gefährliche Abfälle eingestuft.

Abfälle eingestuft. Die sechsstelligen Abfallschlüssel wurden bereits erweitert, so werden Leichtverpackungen (LVP) in der Fachserie 19 Umwelt Abfallentsorgung [2] unter der achtstelligen Schlüsselnummer 15 01 06 01 aufgeführt werden.

Neben dieser nach Herkunft definierten Nomenklatur, werden aber auch beschreibende Definitionen für Abfälle verwendet. So wird z. B. von Hausmüll bzw. Resthausmüll gesprochen, also Abfällen aus Haushalten und ähnlichen Anfallstellen. Diese Begriffe finden sich aber nicht im AVV. Zum besseren Verständnis der Erläuterungen in diesem Kapitel sind die wesentlichen Begrifflichkeiten sowie der verwendeten Abkürzungen in Tab. 3.3 zusammengefasst.

Tab. 3.3 Abfallarten (erweitert nach [3])

Abfallart	Abkürzung	Beschreibung
Hausmüll	HM	Hausmüll sind Abfälle aus Haushaltungen, die von den Entsorgungspflichtigen selbst oder von ihnen beauftragten Dritten in genormten, im Entsorgungsgebiet vorgeschriebenen Behältern gesammelt und transportiert werden.
Resthausmüll	RM	Verbleibender Hausmüll nach der getrennten Erfassung der momentan verwertbaren Stoffströme. Abfall zur Beseitigung.

Tab. 3.3 (Fortsetzung)

Abfallart	Abkürzung	Beschreibung
Sperrmüll	SM	Sperrmüll sind feste Abfälle aus Haushaltungen, die wegen ihrer Sperrigkeit nicht in die im Entsorgungsgebiet vorgeschriebenen Behälter passen und von den Entsorgungspflichtigen selbst oder von ihnen beauftragten Dritten getrennt vom Hausmüll gesammelt und transportiert werden.
Geschäftsmüll	GM	Geschäftsmüll ist der in Geschäften, Kleingewerben (z. B. Handwerksbetrieben) und Dienstleistungsbetrieben (z. B. Speditionen, Gaststätten) anfallende Abfall, der gemeinsam mit dem Hausmüll gesammelt und transportiert wird.
Hausmüllähnliche Gewerbeabfälle	hmä. GA	Gewerbeabfall sind die in Gewerbebetrieben anfallenden Abfälle, die getrennt vom Hausmüll gesammelt und gemeinsam mit Hausmüll der sonstigen Entsorgung zugeführt werden (nach TA Siedlungsabfall: Gewerbemüll).
Straßenkehricht	SK	Straßenkehricht sind Abfälle aus der öffentlichen Straßenreinigung, wie z. B. Straßen- und Reifenabrieb, Laub sowie Streumittel des Winterdienstes.
Marktabfälle	MA	Marktabfälle sind die auf Märkten anfallenden Abfälle, wie z. B. Obst- und Gemüseabfälle.
Garten- und Parkabfälle	G + P	Garten- und Parkabfälle sind überwiegend pflanzliche Abfälle, die auf gärtnerisch genutzten Grundstücken, in öffentlichen Parkanlagen und auf Friedhöfen anfallen.
Problemstoff	PS	Problemstoffe sind Bestandteile im Abfall, die bei der nachfolgenden Entsorgung zu Problemen führen, z. B. Lösemittel, Lacke, Farben, Batterien, Medikamente, Pflanzenschutzmittel.
Klärschlamm	KS	Klärschlamm ist der bei der Behandlung von kommunalen Abwässern in Abwasserbehandlungsanlagen zur weitergehenden Entsorgung anfallende Schlamm, der auch entwässert, getrocknet oder in sonstiger Form behandelt sein kann.
Produktionsspezifische Abfälle	PA	Produktspezifische Abfälle sind z. B. verdorbene Rohware, Fehlchargen, Formsande, Flugaschen, Rauchgasreinigungsrückstände, soweit nicht als Sonderabfall ausgeschlossen.
Baustellenabfälle	BSA	Baustellenabfälle sind Abfälle aus Bautätigkeiten, wie z. B. Hölzer, Gebinde, Verpackungsmaterialien, außer mineralischen Abfällen.

Tab. 3.3 (Fortsetzung)

Abfallart	Abkürzung	Beschreibung
Baurestmassen	BRM	Baurestmassen sind Erdaushub, Bauschutt, Straßenaufbruch als inerter Abfall aus Baumaßnahmen ohne organische Verunreinigungen
Erdaushub	EAH	Erdaushub ist natürlich gewachsenes oder bereits verwendetes Erd- und Felsmaterial. Kann auch getrennt ausgewiesen werden im verunreinigten und nicht verunreinigten Erdaushub.
Bauschutt	BS	Bauschutt sind mineralische Abfälle aus Bautätigkeiten.
Straßenaufbruch	SAB	Straßenaufbruch sind mineralische Abfälle mit Bindemittelgehalten aus Bautätigkeiten im Straßen- und Brückenbau.
Bauabfall	BA	Bauabfall, vermischte Anlieferung von BRM und BSA. Die Anlieferung von vermischten Bauabfällen ist möglichst zu vermeiden.
Stofflich verwertete Siedlungsabfälle	SVA	Stofflich verwertet Siedlungsabfälle in unterschiedlichen Stoffgruppen bereits erfasste und stofflich verwertete Abfälle, z. B. Altpapier, Altglas.

3.2 Faktoren, die Menge und Zusammensetzung der Abfälle beeinflussen

Die Menge und Zusammensetzung von Abfällen wird durch eine Reihe von Faktoren (Rahmenbedingungen) beeinflusst. Dabei spielen Gesetze und Verordnungen, sozio-ökonomische Faktoren, die Ausgestaltung der Abfallwirtschaftskonzepte und die Struktur der Entsorgungsgebiete eine wesentliche Rolle. In Abb. 3.1 sind die wesentlichen Faktoren zusammengefasst, welche die Menge und Zusammensetzung der Siedlungsabfälle beeinflussen können.

Bei der Betrachtung, welche Faktoren denn die Menge und Zusammensetzung von Abfällen aus Haushalten bestimmen, steht der Konsument im Mittelpunkt [4]. Dieser wird durch sozio-ökonomische Faktoren in seinem Verhalten beeinflusst.

Durch Werbung, Mode und das Angebot von mehr oder weniger nützlichen Produkten wird der Verbraucher zum Konsum von Waren angeregt; die letztendlich als Abfälle zur Beseitigung oder Verwertung anfallen. Je nach Lebensstandard (soziales Umfeld, Einkommen, …), Bildung und Konsumverhalten variiert die Abfallmenge und Abfallzusammensetzung.

Mode – Werbung – Produktvielfalt

Der Einfluss von angebotenen Waren und deren Auswirkungen auf die Abfallzusammensetzung und Abfallmenge ist besonders anschaulich am Beispiel der Elektro- und Elektronikgeräte nachzuvollziehen. Handys und Personal Computer werden sehr häufig nicht

<table>
<tr><th colspan="2">Einflussfaktoren für die Menge und Zusammensetzung von Abfällen</th></tr>
<tr><th>Gesetzliche Rahmenbedingungen</th><th>Sozio-ökonomische Faktoren</th></tr>
<tr><td>Kreislaufwirtschafts- und Abfallgesetz
Verpackungsverordnung
Altbatterieverordnung
Elektro- und Elektronikgerätegesetz
Abfallsatzungen
...
Europäische Richtlinien</td><td>Lebensstandard – Konsumverhalten – Mode
Umweltbewusstsein, Bildung Alter
Haushaltsgröße, Einkommen</td></tr>
<tr><th>Abfallwirtschaftliche Situation</th><th>Struktur im Entsorgungsgebiet</th></tr>
<tr><td>Getrennt Sammelsysteme
Behälterausstattung – Abfuhrrhythmus
Gebührenstruktur
Entsorgungskosten AzB
Öffentlichkeitsarbeit
Abfallvermeidungsmaßnahmen</td><td>Bebauungsstruktur (ländlich – städtisch)
Garten- und Grünflächenanteile
Wirtschaftsstruktur
Anteil Kleingewerbe (Geschäftsmüll)</td></tr>
<tr><th colspan="2">Methodik der Datenerhebung</th></tr>
<tr><td colspan="2">Jahreszeitlicher Einfluss, Stichprobenauswahl, Sortiermethodik, Verfügbarkeit statistischer Zahlen,
Zuordnung der Abfälle in der Statistik</td></tr>
</table>

Abb. 3.1 Wesentliche Einflussfaktoren für die Mengen und Zusammensetzung der Siedlungsabfälle

deshalb zu Abfall (E-Schrott) weil der Lebenszyklus des Produktes abgeschlossen ist, sondern weil sich Mode- und Technologie verändert haben (z. B. Handys mit 1 Mega Pixel sind „out"). Durch die vermeintliche Verbesserung von Software, wird diese häufig so umfangreich, dass „ältere" PC mit diesen nicht mehr arbeiten können bzw. Spiele nicht mehr gespielt werden können. Dies führt zum Konsum neuer, leistungsfähigerer Computer. Der anfallende E-Schrott wird dann mehr oder weniger sachgerecht aufgearbeitet.

Lebensstandard – Bildung

Je nach finanzieller Ausstattung des Konsumenten werden die verschiedenen Produkte länger oder kürzer genutzt. Hier ist der Konsum von Textilien am offensichtlichsten. Ob die Bildung des Konsumenten eine wesentliche Rolle spielt ist noch offen. Allerdings wird durch das Umweltbewusstsein welches häufig mit dem Bildungsstand korreliert sicher sowohl das Konsumverhalten als auch das Entsorgungsverhalten beeinflussen. Hier wäre der Trend hin zum Konsum von Bioprodukten zu erwähnen. Es werden vermehrt Bioprodukte nachgefragt (auch Supermärkte bieten dieses Segment mittlerweile an) und damit sind auch Veränderungen im Verpackungsbereich zu erwarten. Zum einen werden Obst und Gemüse offen, also ohne Verkaufsverpackungen, eingekauft zum anderen finden sich hier vermehrt biologisch abbaubare Verpackungen, die zum Beispiel über die Biotonne entsorgt werden könnten.

Haushaltgröße

Nach älteren Untersuchungen von HUBER (1994) [5] produzieren Single Haushalte ca. 1,6 kg/Wo. mehr Abfälle als ein vier Personen Haushalt (3,54 kg/(E · Wo)). Betrug der

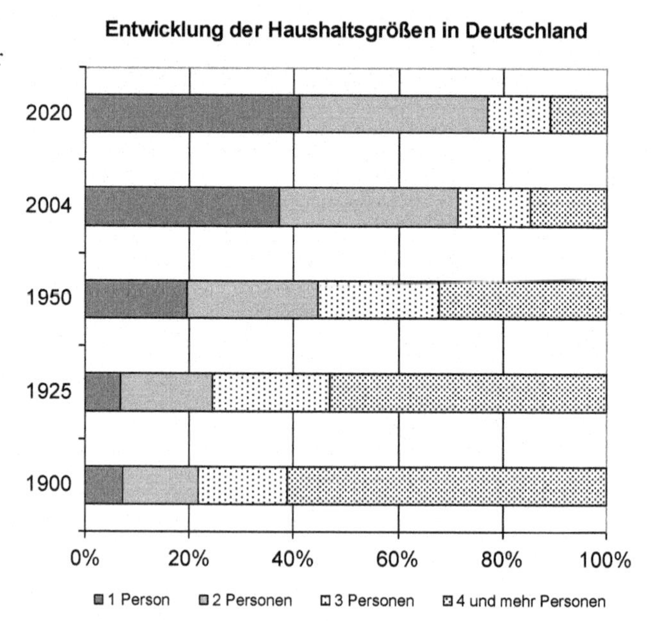

Abb. 3.2 Entwicklung der Haushaltsgrößen in Prozent der Haushalte [6, 7]

Anteil an Einpersonen-Haushalten 1950 nur ca. 20 % gehen die Prognosen von einem Anteil von ca. 41 % im Jahr 2020 aus. Die Entwicklung der Haushaltsgröße ist in Abb. 3.2 dargestellt. Obwohl die Industrie auf die Nachfrage der Single Haushalte mit kleineren Gebindegrößen reagiert, ist hier mir einer Veränderung in der Abfallmenge und der Abfallzusammensetzung zu rechnen.

Veränderungen in der Demographischen Entwicklung werden Einfluss auf die Menge und Zusammensetzung der Abfälle aus Haushalten haben und sei es nur über den vorne genannte Einfluss der Haushaltsgröße. Es wird von einem Bevölkerungsrückgang auf ca. 77 Mio. Einwohner [Statistische Ämter] und einem Zuwachs der über 65-Jährigen von 16 Mio. in 2005 auf ca. 22 Mio. in 2030 ausgegangen. Dies hat Auswirkungen auf die Zusammensetzung und auf die Mengen. In Abb. 3.3 ist der Vergleich 2005–2020 dargestellt. Hier ist zu erkennen, dass vor allem in den neuen Bundesländern deutliche Verschiebungen zu erkennen sind, die auch Einfluss auf die Verwertungs- und Behandlungskapazitäten haben werden.

Abfallwirtschaftskonzepte der entsorgungspflichtigen Kommunen

Die Ausgestaltung der kommunalen Abfallwirtschaftskonzepte hat einen Einfluss auf die gesamte Abfallmenge, jedoch eine größere auf die Abfallzusammensetzung der einzelnen Abfallströme. Durch die Ausstattung der Getrennten Sammlung von Wertstoffen, die Behältergröße, den Abfuhrrhythmus und die Gebührenstruktur werden Stoffströme in bestimmte Entsorgungswege umgelenkt. Dadurch kommt es zu Fehlentsorgungen die die getrennte Erfassung von Wertstoffen stark beeinflussen (Fehlwurf- und Störstoffproblematik).

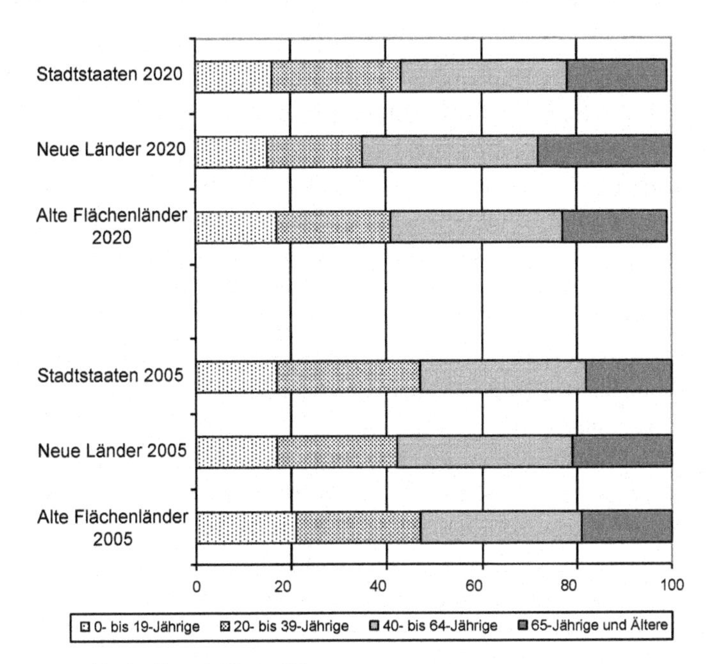

Abb. 3.3 Demographische Entwicklung [7]

Gesetzliche Rahmenbedingungen

… die gesetzlichen Randbedingungen beeinflussen maßgeblich sowohl die Abfallentstehung und -verwertung als auch die Abfallbeseitigung … [8].

Durch das Kreislaufwirtschafts- und Abfallgesetz [1994] wurden Rahmenbedingungen geschaffen, durch die die Stoffströme in verschiedene Verwertungs- und Beseitigungswege gelenkt wurden. Dies beeinflusste vor allem die den Kommunen angedienten Abfälle zur Beseitigung aus dem Gewerbe sowie die Verkaufsverpackungen [4] aus Haushalten und Gewerbe. Durch die teilweise Umsetzung der Produktverantwortung, aktuell Verpackungen, Altbatterien und Elektro- und Elektronikschrott, wird die Zusammensetzung der Restmüllströme zur Beseitigung verändert. Die damit verbunden Mengenverschiebungen haben sowohl logistische als auch ökonomische Auswirkungen.

Weitere Faktoren die Menge und Zusammensetzung von Abfällen beeinflussen können:

Jahreszeit

Die Jahreszeiten sind bezüglich der Anteile an biologisch abbaubaren Gartenabfällen relevant. In der Regel fallen im Frühjahr und Herbst vermehrt Abfälle aus Gartenarbeiten an. Des Weiteren sind an den kirchlichen Feiertage wie Ostern und Weihnachten mit erhöhten Verpackungsmengen zu rechnen. Zu diesen Zeiten sollten keine Analysen zur Abfallzusammensetzung durchgeführt werden, da sie nicht übertragbar sind.

Heizungsart
Früher war der Anteil aus Heizungsasche ein relevanter Anteil der Hausmüllzusammensetzung der vor allem die Aufbereitung der Abfälle (Sortierung) beeinflusste. In Deutschland spielt diese Fraktion praktisch keinen Einfluss mehr – ob die Zunahme der Feuerung mit Holzpellets hier einen Einfluss haben könnte, ist nicht abschätzbar. International ist diese Fraktion jedoch eine beachtenswerte Stoffgruppe. Nach KRANERT [8] kann der Ascheanteil in städtischen Gebieten bis zu 60–70 kg/(E · a) betragen.

Faktoren, die die gewerbliche Anfallmenge und Abfallzusammensetzung beeinflussen
Neben den oben genannten Faktoren sind vor allem die Art des Gewerbes, die Betriebsgröße und die Gebührenstruktur in der Kommune sowie die Marktpreise für Wertstoffe, für die Mengen und Zusammensetzung der angedienten Abfälle abhängig.

Gewerbliche Abfälle sind vor allem ökonomisch gelenkt und entziehen sich damit häufig einer quantitativen und qualitativen Bewertung. Ist die Entsorgung von Papier über die kommunale Entsorgung (i. d. R. Geschäftsmüll) lukrativer als die Beseitigung, wird dieser Weg gewählt. Lassen sich Erlöse erzielen werden andere Wege gewählt.

3.3 Abfallmenge

In Deutschland betrug das Abfallaufkommen in 2013 ca. 385 Mio. Mg. Davon entfielen ca. 52,5 % auf Bau- und Abbruchabfälle, ca. 7,6 % auf Abfälle aus der Gewinnung und Behandlung von Bodenschätzen, ca. 14,8 % auf Abfälle aus Produktion und Gewerbe sowie ca. 12,9 % auf Siedlungsabfälle. Seit 2006 werden Abfälle aus Abfallbehandlungsanlagen (12,2 %) gesondert ausgewiesen. In Abb. 3.4 ist das gesamte Abfallaufkommen für den Zeitraum von 2000 bis 2013 grafisch dargestellt. In Abb. 3.5 ist das Mengenaufkommen für 2013 dargestellt.

Im Folgenden wird nur noch auf das Siedlungsabfallaufkommen, speziell das Aufkommen von Abfällen aus Haushalten und ähnlichen Anfallstellen eingegangen.

3.3.1 Siedlungsabfälle

Unter Siedlungsabfällen werden Abfälle aus Haushalten [inkl. Wertstoffe] sowie hausmüllähnliche Gewerbeabfälle, Garten- und Parkabfälle, Straßenreinigungsabfälle und Marktabfälle zusammengefasst. In der Tab. 3.4 sind die spezifischen Mengen für 2013 zusammengefasst.

In Abb. 3.6 ist die Mengenentwicklung seit 2000 dargestellt.

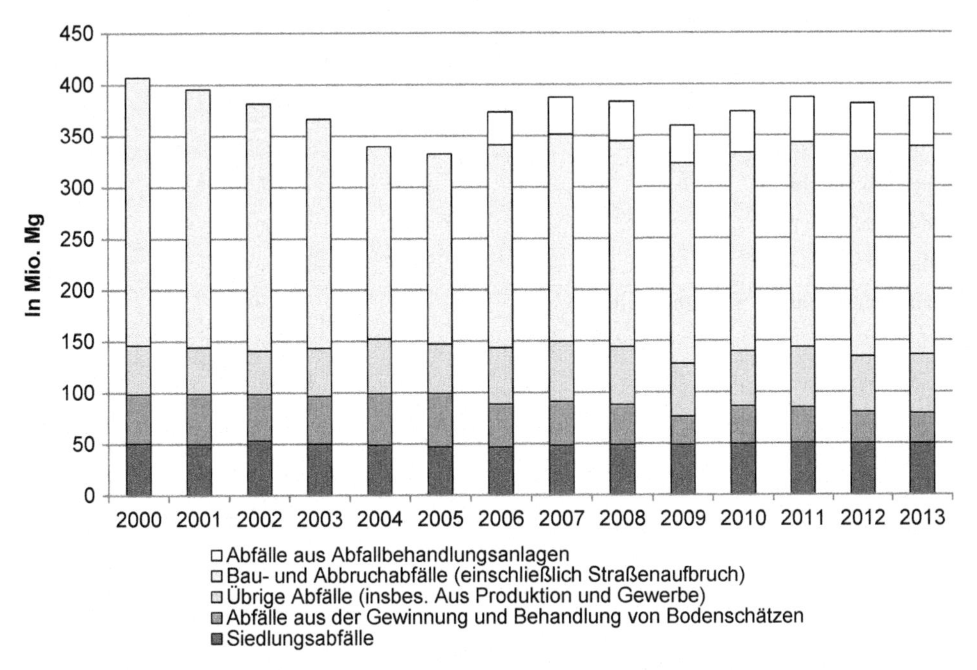

Abb. 3.4 Abfallmengenentwicklung in Deutschland (in 1000 Mg) [9]

Abb. 3.5 Gesamtabfallaufkommen (in Tsd. Mg) und Zusammensetzung der Siedlungsabfälle (in %) in Deutschland 2013 [9]

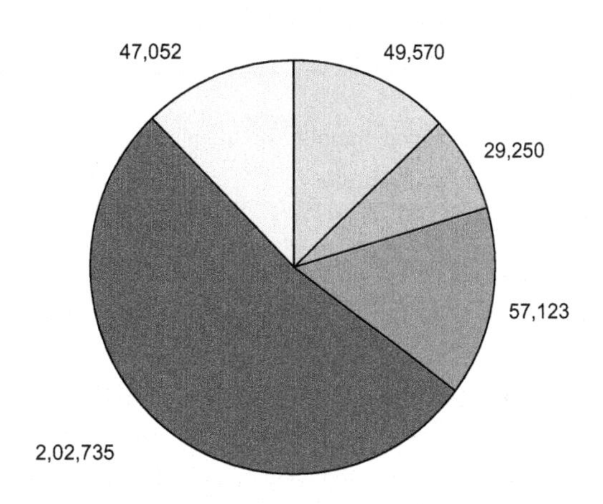

Tab. 3.4 Siedlungsabfallaufkommen in Deutschland 2013 (Auszug aus [9])

2013	1000 Mg	kg/E
Siedlungsabfälle insgesamt	49.570	613,7
gefährliche Abfälle	557	6,9
nicht gefährliche Abfälle	49.013	606,8
davon		
Haushaltstypische Siedlungsabfälle	43.942	544,1
davon		
gefährliche Abfälle	490	6,1
nicht gefährliche Abfälle	43.452	538,0
davon		
Hausmüll, hausmüllähnliche Gewerbeabfälle gemeinsam über die öffentliche Müllabfuhr eingesammelt	14.028	173,7
Sperrmüll	2486	30,8
Abfälle aus der Biotonne	4050	50,1
biologisch abbaubare Garten- und Parkabfälle (einschließlich Friedhofsabfälle)	5049	62,5
Andere getrennt gesammelte Fraktionen	18.329	226,9
davon		
Glas	2516	31,2
Papier, Pappe, Kartonagen	7609	94,2
gemischte Verpackungen/Wertstoffe	5541	68,6
Elektroaltgeräte	597	7,4
Sonstiges (Verbunde, Metalle, Textilien usw.)	2067	25,6
Sonstige Siedlungsabfälle	5627	69,7
davon		
gefährliche Abfälle	67	0,8
nicht gefährliche Abfälle	5560	68,8
davon		
Hausmüllähnliche Gewerbeabfälle, getrennt vom Hausmüll angeliefert oder eingesammelt	3840	47,5
Straßenkehricht/Garten- und Parkabfälle (Boden und Steine)	899	11,1
Biologisch abbaubare Küchen- und Kantinenabfälle	634	7,8
Marktabfälle	72	0,9
Leuchtstoffröhren und andere quecksilberhaltige Abfälle	7	0,1
Andere getrennt gesammelte Fraktionen	176	2,2

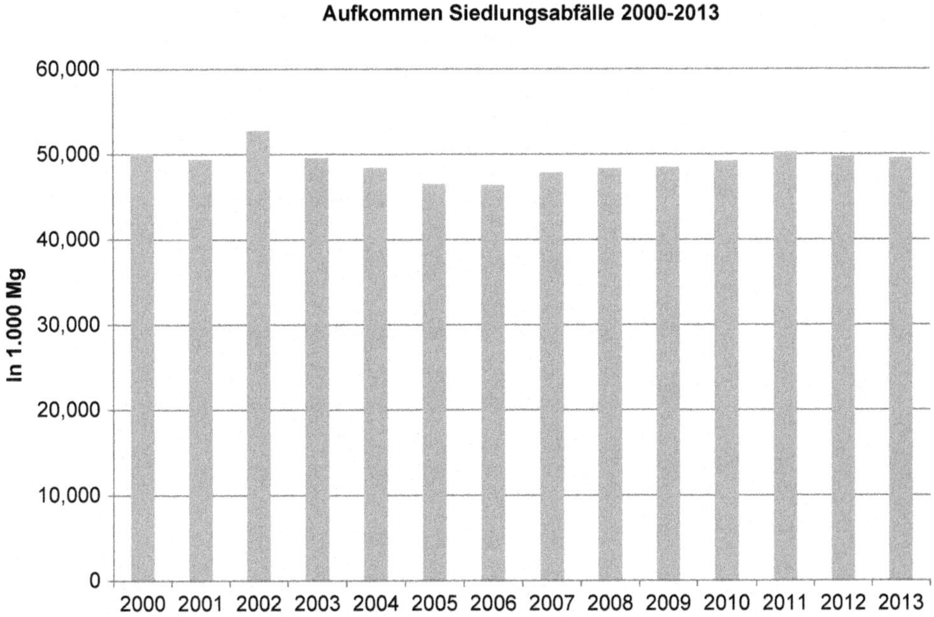

Abb. 3.6 Entwicklung des Siedlungsabfallaufkommens zwischen 2000 und 2013 [9]

Abbildung 3.7 zeigt die Veränderungen im Haus- und Sperrmüllaufkommen der Bundesländer bezogen auf 1990 und 2014. Es ist festzuhalten, dass die Mengen deutlich zurückgegangen sind. Im Mittel für ganz Deutschland von 333 kg/(E · a) auf 191 kg/(E · a). Der stärkste Rückgang ist mit ca. 270 kg/(E · a). in Brandenburg zu verzeichnen. Weiterhin ist festzuhalten, dass das einwohnerspezifische Aufkommen eine große Bandbreite aufweist. In 1990 liegt das Haus- und Sperrmüllaufkommen zwischen 269 und 499 kg/(E · a). in 2013 zwischen 142 und 284 kg/(E · a). Der Rückgang der Abfälle zur Beseitigung hat dabei verschiedene Gründe. Zum einen die gesteigerten Anstrengungen Wertstoffe getrennt zu erfassen zum anderen wahrscheinlich auch Unterschiede in der statistischen Erfassung der Mengen (u. a. Umstieg auf den Abfallartenkatalog).

Wie in Abb. 3.8 dargestellt unterscheidet sich das Abfallaufkommen zwischen den Bundesländer z. T. recht deutlich, sowohl im Gesamtaufkommen an Abfällen zur Beseitigung und zur Verwertung als auch der Anteil der einzelnen Stoffströme. Der Anteil der Stoffströme die zur Verwertung erfasst wurden, schwankt zwischen ca. 35,7 und 67,5 %.

Das unterschiedliche Aufkommen an Abfall zur Beseitigung und zur Verwertung zeigt sich noch deutlicher, werden die öffentlich rechtlichen Entsorgungsträger (örE) direkt miteinander verglichen. In Abb. 3.9 ist exemplarisch die Abfallbilanz von Baden-Württemberg dargestellt. Es ist festzuhalten, dass das Aufkommen (HM + SM + WS) zwischen ca. 252 kg/(E · a) und ca. 506 kg/(E · a) schwankt. Die Unterschiede ergeben sich aufgrund

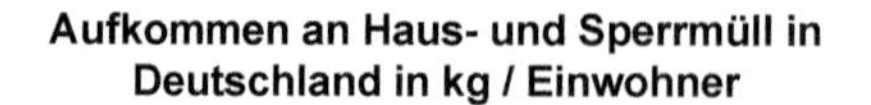

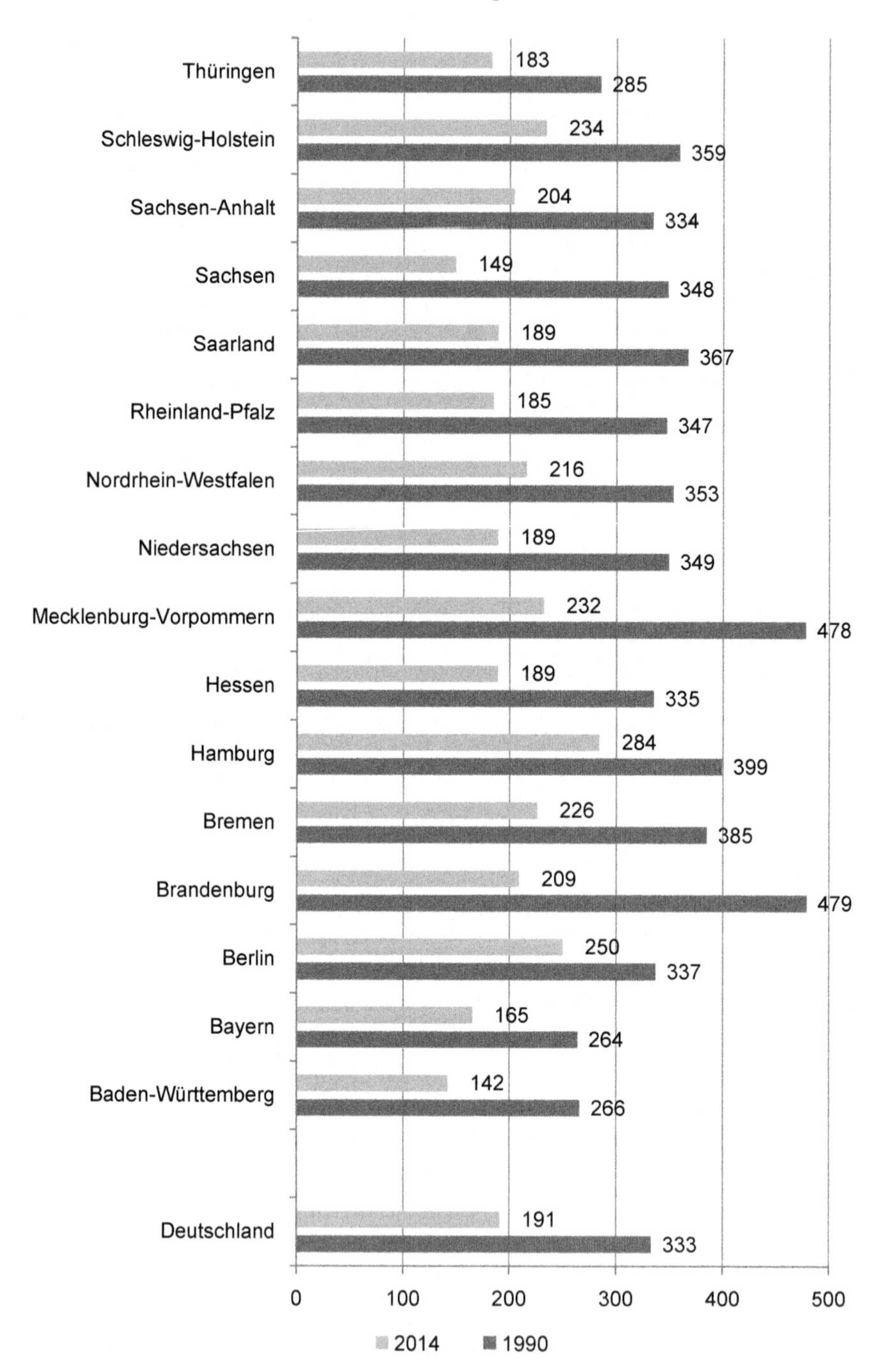

Abb. 3.7 Veränderungen des Resthaus- und Sperrmüllaufkommen in Deutschland 1990 und 2014 [11]

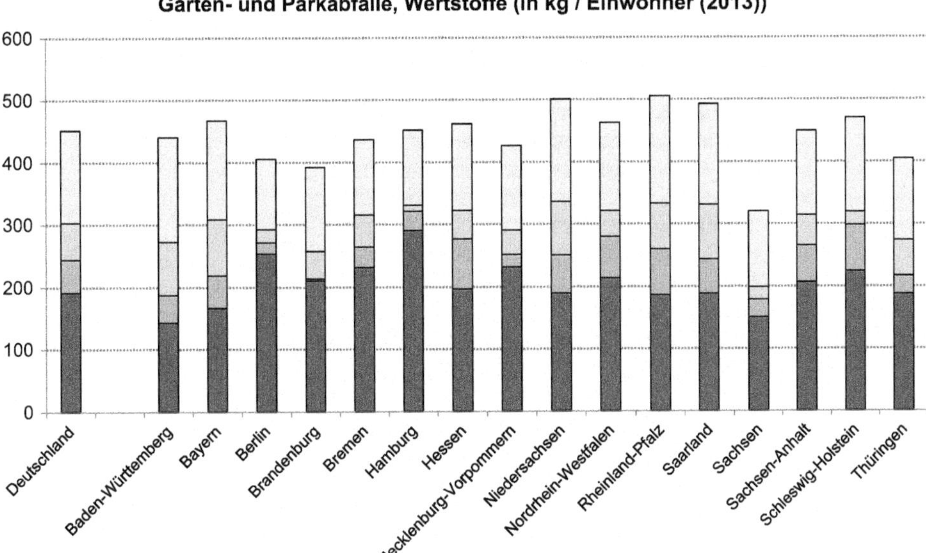

Abb. 3.8 Aufkommen an Haus- und Sperrmüll sowie Wertstoffen in den Bundesländern [Statistische Ämter des Bundes und der Länder 2013]

der vorne dargestellten Einflussfaktoren (Bebauungsstruktur, Abfallwirtschaftskonzept, Aufkommen an Garten- und Parkabfällen etc.) sowie dem zu berücksichtigenden Anteil an Abfällen aus dem Kleingewerbe (Geschäftsmüll). Nach [10] kann der Geschäftsmüllanteil am Hausmüllaufkommen zwischen ca. 8 und 46 % betragen.

In Abb. 3.10 ist die Entwicklung der Erfassung der trockenen Wertstoffe (d. h. ohne Bioabfälle) seit 1990 in Kilogramm pro Einwohner in Baden-Württemberg dargestellt. In 1990 wurden im wesentliche Altpapier und Altglas erfasst. Deren getrennte Sammlung beginnt schon in den 70ziger des letzten Jahrhunderts. Die Gesamtmenge ist von ca. 78 kg/(E · a) kontinuierlich bis auf ca. 129 kg/(E · a) in 2012 angestiegen. In 2000 wurden mit ca. 146 kg/(E · a) die größten Mengen erfasst.

In den nachfolgenden Abbildungen sind die Mengenentwicklungen (Abb. 3.11 + 3.12) der einzelnen Wertstoffströme dargestellt.

Das Altpapieraufkommen lag 2014 bei ca. 15,1 Mio. Mg.

Das Aufkommen an Behälterglas ist seit 1999 rückläufig. In 1999 wurden noch ca. 2,7 Mio. Mg aus Haushalten erfasst, in 2013 waren es nur noch ca. 1,9 Mio. Mg. Als wesentlicher Grund ist hier die Verschiebung innerhalb der Verpackungsmaterialien von Glas zu Kunststoff- bzw. Metallverpackungen (Getränkeverpackungen) zu nennen.

In 2013 wurden ca.14,6 Mio. Mg in Bioabfallbehandlungsanlagen angeliefert. In der Abb. 3.13 sind angelieferten Mengen seit 1990 dargestellt.

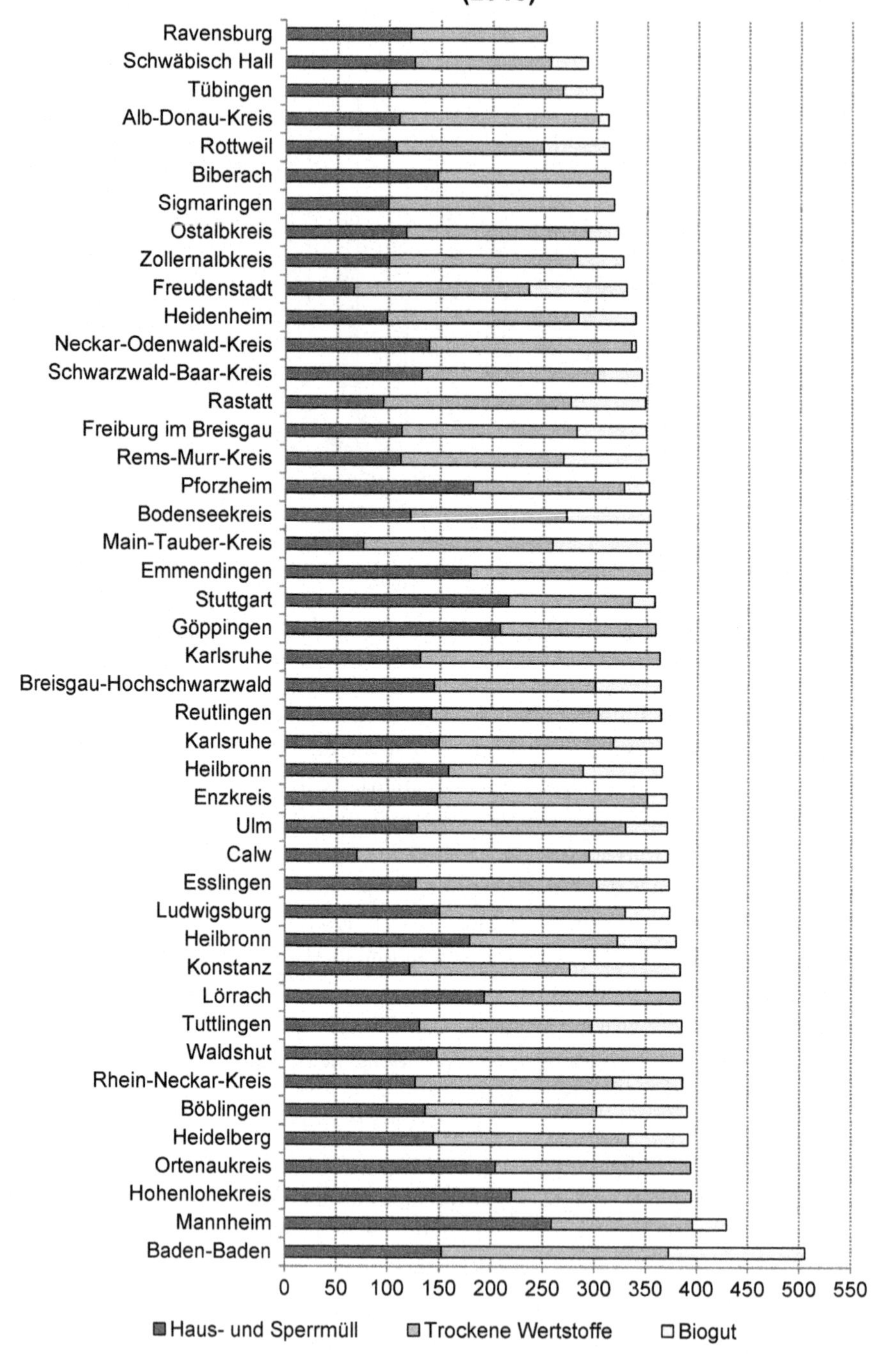

Abb. 3.9 Haus- Sperrmüll und Wertstoffaufkommen nach örE in Baden-Württemberg [12]

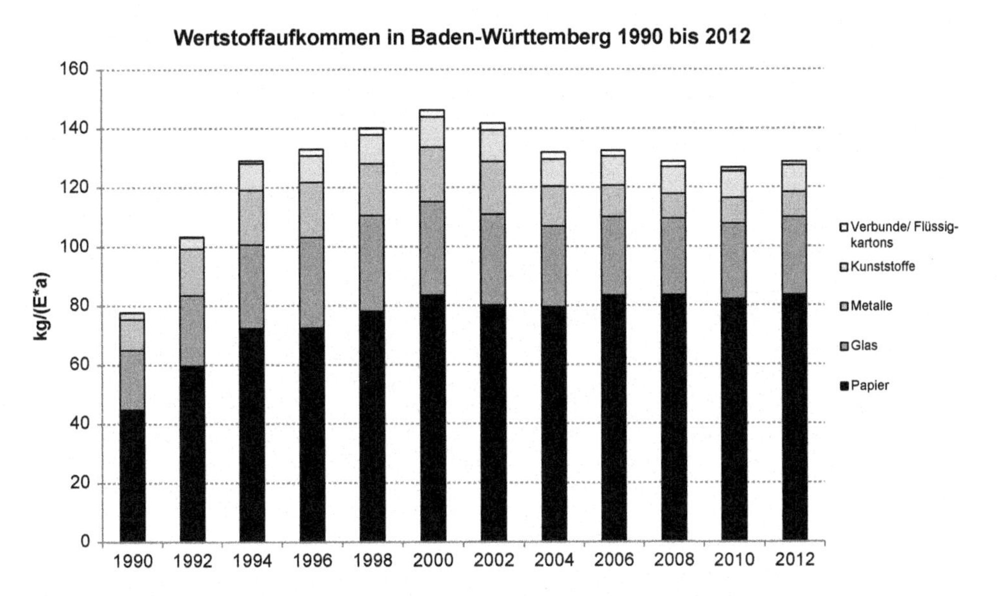

Abb. 3.10 Durchschnittliches Aufkommen von ausgewählten Wertstoffen in Baden-Württemberg von 1990–2012 [12]

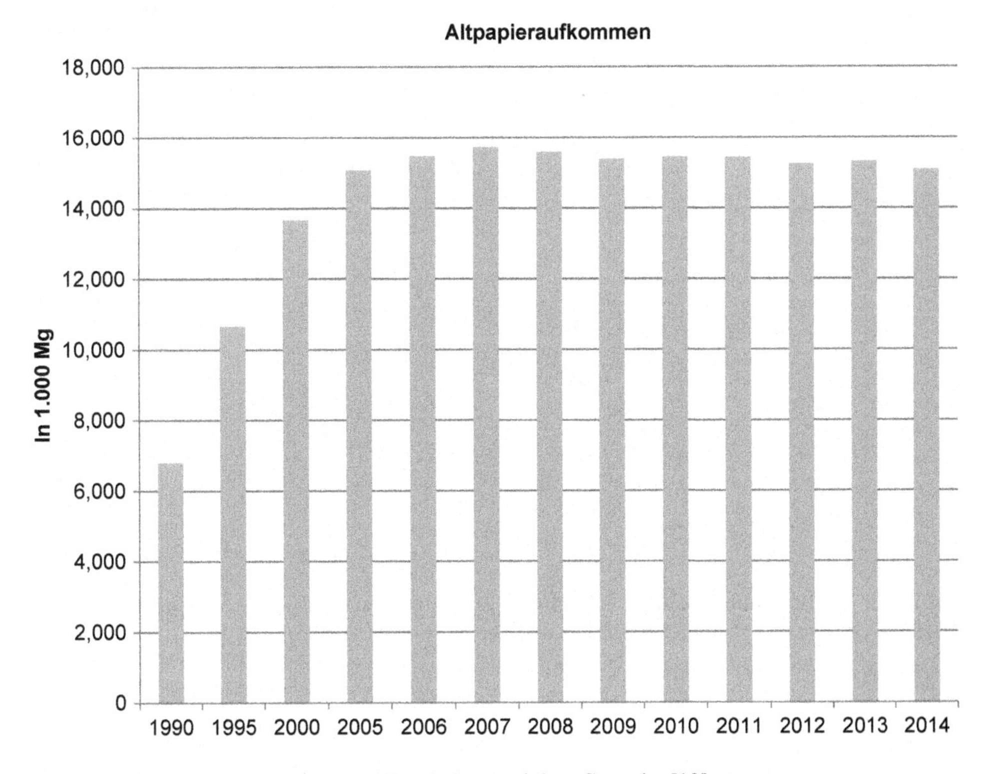

Abb. 3.11 Altpapieraufkommen aus Haushalten und dem Gewerbe [13]

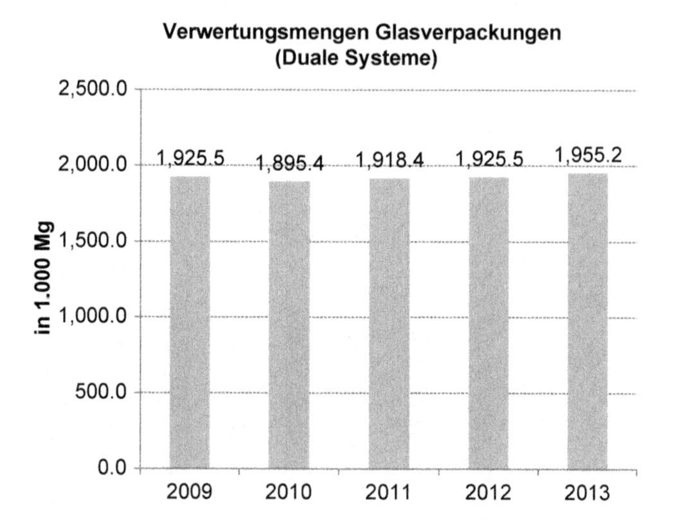

Abb. 3.12 Behälterglasaufkommen aus Haushalten und dem Gewerbe [14]

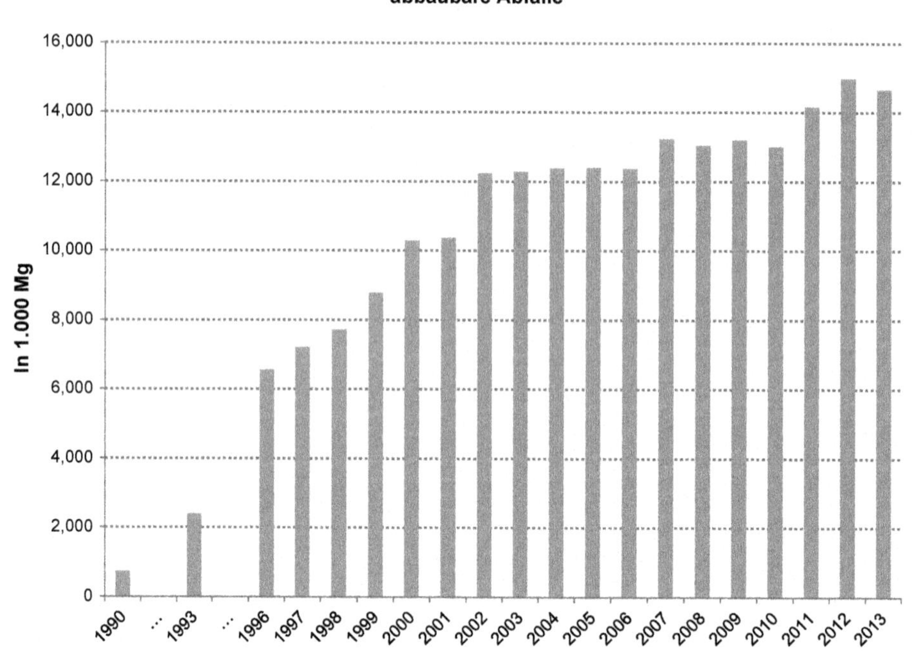

Abb. 3.13 An Bioabfallbehandlungsanlagen angelieferte biologisch abbaubare Abfälle (u. a. Bioabfälle aus Haushalten, Gärten, Parkabfälle und Landwirtschaftsabfälle) [15]

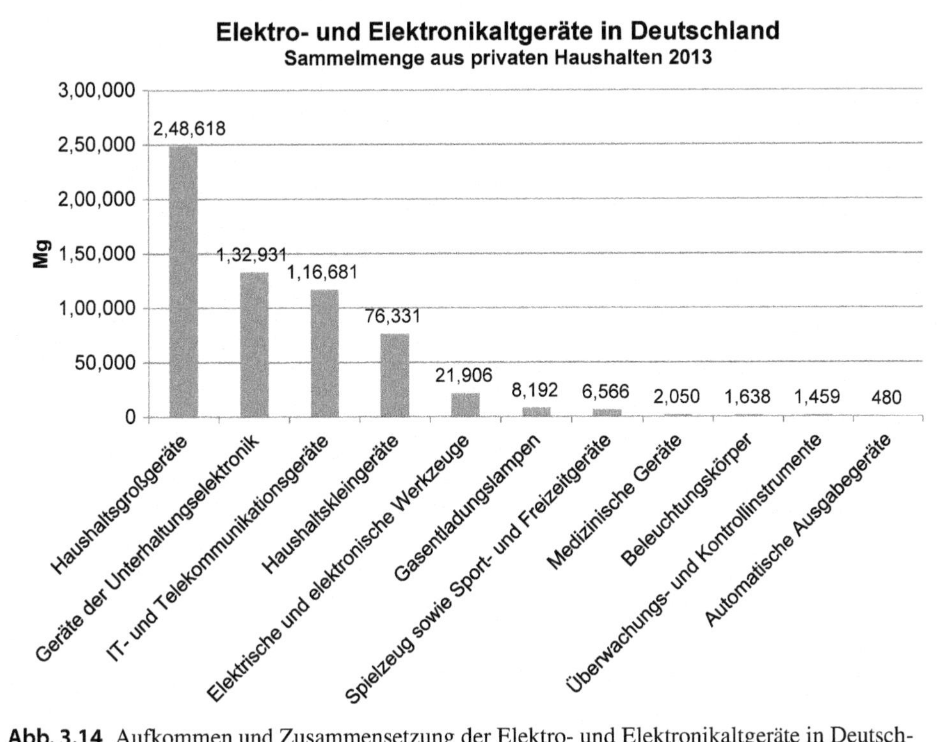

Abb. 3.14 Aufkommen und Zusammensetzung der Elektro- und Elektronikaltgeräte in Deutschland 2013 in Mg [16]

In Abb. 3.14 ist das erfasste Aufkommen an Elektro- und Elektronikaltgeräten für das Jahr 2013 dargestellt. Das Gesamtaufkommen betrug ca. 617.000 Mg. Mit 249.000 Mg ist der Anteil der Haushaltsgroßgeräte am größten.

3.3.2 Internationale Abfallmengen

Der Vergleich der Abfallmengen in Deutschland mit denen in anderen europäischen Staaten oder gar weltweit, ist aufgrund der unterschiedlichen Art der statistischen Erfassung und dem Stand der Abfallwirtschaft äußerst schwierig. Das wesentliche Problem ist die Zuordnung der einzelnen Stoffströme bzw. die Frage welche Stoffströme unter den genannten Mengen zusammengefasst wurden. In Europa wird der Vergleich aufgrund der Einführung des Europäischen Abfallartenkatalogs zunehmend leichter, wenngleich auch hier noch Interpretationsprobleme auftreten. Die vorne dargestellten Einflussfaktoren wie z. B. Einkommen, Lebensstandard, Gesetzgebung und Stand der Abfallwirtschaft sind im

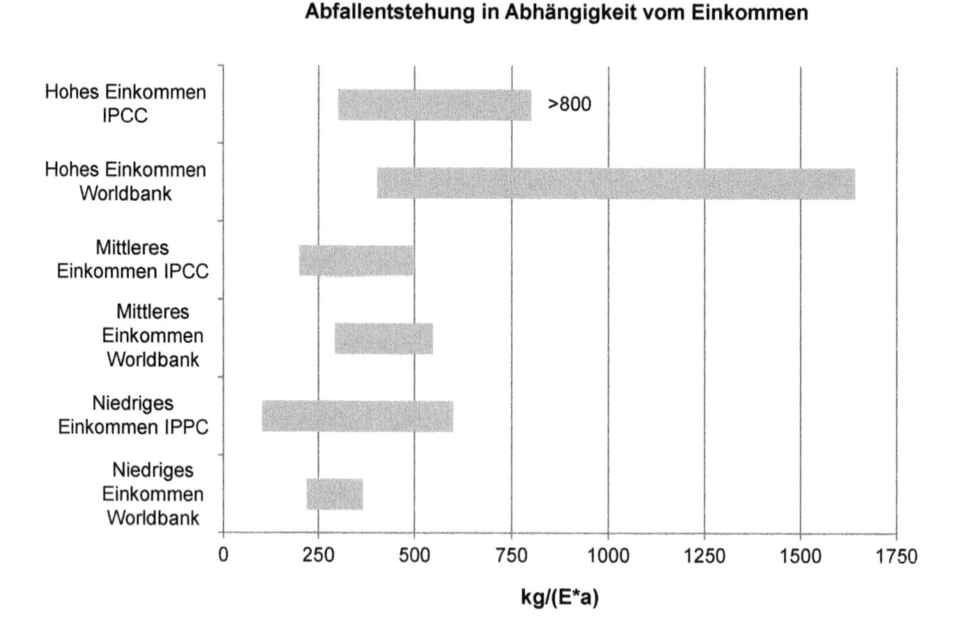

Abb. 3.15 Abfallentstehung in Abhängigkeit vom Einkommen [17, 18]

internationalen Vergleich wesentlich stärker ausgeprägt. Hinsichtlich des Abfallaufkommens wird dies besonders deutlich in der nachfolgenden Abbildung. Hier sind das Abfallaufkommen nach Einkommen dargestellt. Je nach Quelle (IPPC, Weltbank Abb. 3.15) werden sehr unterschiedliche Ansätze getroffen. In der Tab. 3.5 ist exemplarisch das Abfallaufkommen einiger außereuropäischer Staaten dargestellt. In Abb. 3.16 das der europäischen Staaten.

3.4 Abfallzusammensetzung

Zur Darstellung der Abfallzusammensetzung soll im Folgenden zunächst erläutert werden, auf welche Weise die Abfallzusammensetzung in der Praxis ermittelt wird. Für die Durchführung einer Sortieranalyse ist es notwendig im Vorfeld zu wissen mit welchen Materialien zu rechnen ist und wie diese zuzuordnen sind. In der Tab. 3.6 ist eine Stoffgruppenaufstellung dargestellt.

Die hier aufgeführten Stoffgruppen werden normalerweise in einer Sortieranalyse aus dem Hausmüll separiert. Je nach Fragestellung der Sortieranalyse können die Stoffgruppen in den zu untersuchenden Abfällen erweitert oder gekürzt werden. Speziell bei der oben aufgeführten Gruppe „Rest“ sind Untergruppen möglich.

Tab. 3.5 Siedlungsabfallaufkommen in ausgewählten Staaten (verändert nach [19])

Staat	kg/(E · d)	kg/(E · a)	Staat	kg/(E · d)	kg/(E · a)
China	0,74	270	Bahamas	2,6	950
Japan	1,29	470	Cuba	0,58	210
Rep. of Korea	1,04	380	Costa Rica	0,47	170
Bangladesh	0,49	180	Honduras	0,41	150
India	0,47	170	Nicaragua	0,77	280
Nepal	0,49	180	Argentina	0,77	280
Sri Lanka	0,88	320	Bolivia	0,44	160
Indonesia	0,77	280	Brazil	0,49	180
Malaysia	0,82	300	Colombia	0,71	260
Myanmar	0,44	160	Venezuela	0,9	330
Philippines	0,52	190	Canada	1,34	490
Singapore	1,1	400	Mexico	0,85	310
Thailand	1,1	400	USA	3,12	1140
Vietnam	0,55	200	Australia	1,89	690

In der Regel werden vor allem

- Haus- und Geschäftsmüll
- Getrennt gesammelte Wertstoffe und
- Getrennt gesammelte Bioabfälle

händisch sortiert.

Die Zusammensetzung anderer Abfallarten z. B.

- hmä. Gewerbeabfälle
- Sperrmüll

werden über eine Sichtung abgeschätzt, da eine händische Sortierung aufgrund der Stückgrößen und –gewichte nicht möglich ist. Bei der Sichtung von z. B. hausmüllähnlichen Gewerbeabfällen werden die Inhalte der Sammelfahrzeuge (Container- oder Pressmüllfahrzeuge) abgeladen, früher erfolgte dies auf der Deponie. Dann wird das Volumen der einzelnen Stoffgruppen auf 5 Vol.% geschätzt. Am Ende ergibt sich eine prozentuale Volumenverteilung des Schüttgutes. Aus der Kenntnis des Müllgewichts (Wiegeschein) dem Volumen und Füllgrad des Containers und bekannten Schüttgewichten einzelner

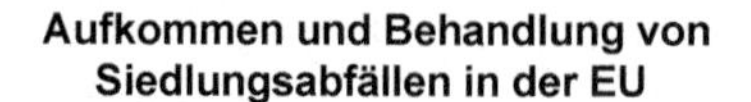

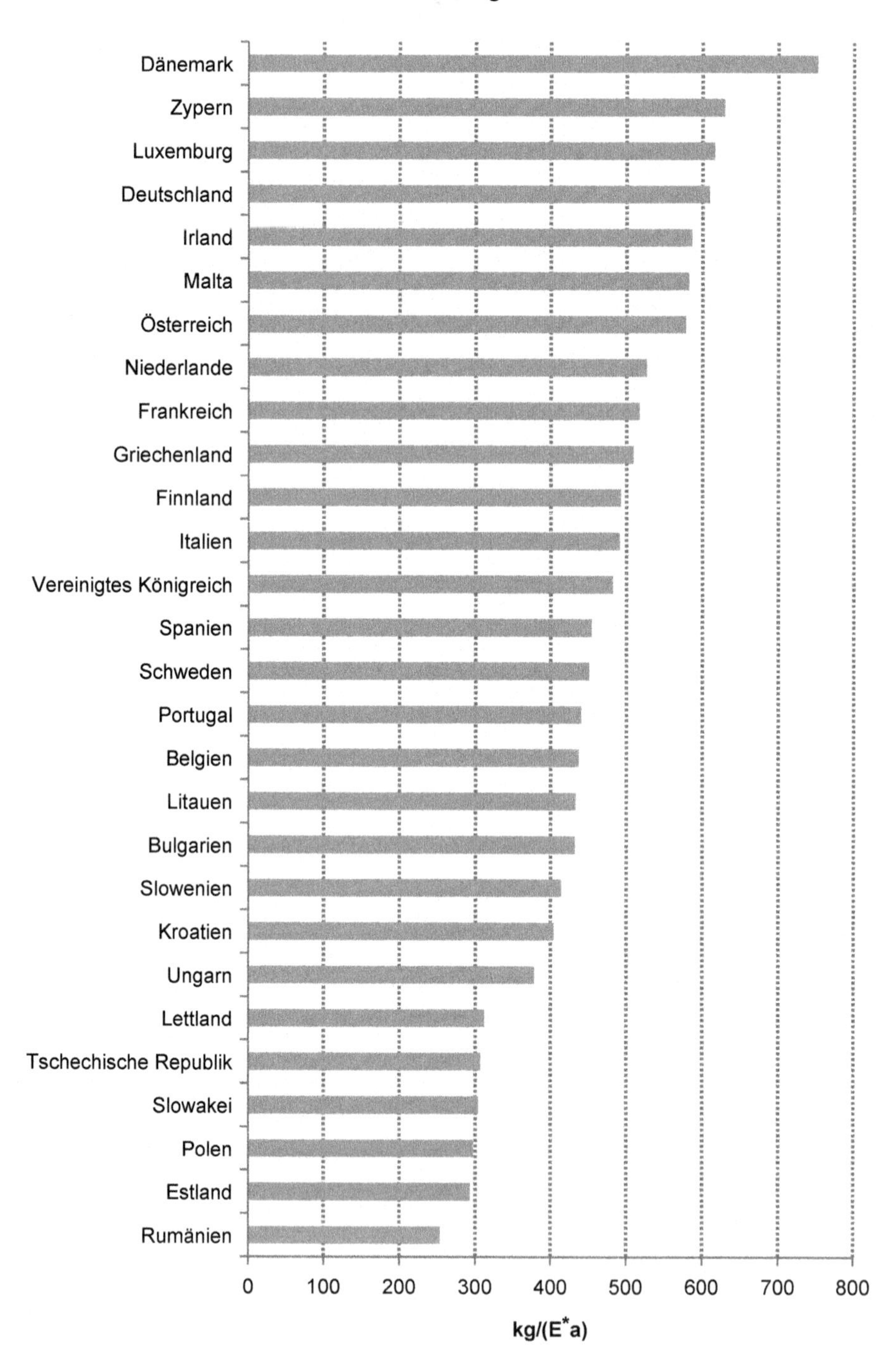

Abb. 3.16 Siedlungsabfallaufkommen in Europa [20]

Tab. 3.6 Auszug aus der Stoffgruppenliste aus REMECOM [21]

Stoffgruppen	Untergruppen
Organik	
	Küchenabfälle
	Gartenabfälle
Papier/Pappe	
	Papier, Verpackungen, Zeitungspapier, Illustrierte, Büropapier, Restpapier, Kartonagen, Wellpappe
Verkaufsverpackungen	
	Verpackungsverbund, Styropor, Flaschen PVC durchsichtig, Flaschen PVC undurchsichtig, Flaschen PET durchsichtig, Flaschen PET undurchsichtig, Flaschen PE, PP, PS, Becher, Blister, Netze, Folien (DSD/Nicht-DSD), Fe-Verpackungen, Al-Verpackungen, sonstige metallische Verpackungen, mineralische Verpackungen, Holzverpackungen
Sonstige Kunststoffe	
	Nicht-Verpackungskunststoffe, Spielzeug
Glas	
	Grünglas, Weißglas, Braunglas, Glas sonstige Farben, Glasscherben
Sonstiges Glas	Nicht Verpackungsgläser, z. B. Fensterglas
Problemstoffe	
	Batterien, Farben, Klebstoffe, Medikamente, Spraydosen, medizinische Abfälle, Sonstiges
Metalle	
	Fe-Schrott, Al-Schrott, sonstiger metallischer Schrott
Textilien	
	Bekleidungstextilien, textile Gebrauchsgegenstände
Mineralien	
	Bauschutt, sonstige Mineralien
Holz	
	Holz unbehandelt, Holz behandelt
Rest	
	Reststoff nicht definiert, Knochen, volle Lebensmittelbehälter, Bodenbeläge, alte Tapeten, Staubsaugerbeutel, Bitumen, Dachpappe, Materialverbund Glas-, Steinwolle, Korken, Schuhe, Leder Abdeckfolie, -papier, Gummi, Heraklit
Hygieneartikel	
	Einwegwindeln Hygienepapier
Feinmaterial	
	<20 mm

Stoffgruppen werden die Volumenprozente in Gewichtsprozente umgerechnet. Die Sichtung ist mit einer Reihe von Problemen und Fehlern behaftet. Hier sei die Problematik des Pressmüllfahrzeugs (z. B. bei Sperrmüllsammlungen) und den damit verbundenen Veränderung der Schüttdichte sowie die Kenntnis des Füllgrades exemplarisch genannt. Dieses Verfahren ergibt nur Näherungswerte und muss von erfahrenen Schätzern durchgeführt werden, die auch die Umrechnung durchführen sollten.

Die Planung und Durchführung einer Sortieranalyse hängt von verschiedenen Rahmenbedingungen ab:

I. Welcher Stoffstrom soll analysiert werden, Restmüll, Wertstoffe etc.?
II. Welche Detailtiefe und Repräsentativität ist gefordert? Welches statistische Material ist in welcher Detailtiefe verfügbar (Einwohner pro Gebäude, pro Bebauungsstruktur, Anteil Kleingewerbe, Zuordnung von Einwohner, Kleingewerbe zu Abfallbehälter etc.)?
III. Welche Finanzmittel stehen zur Verfügung?
IV. Welche Infrastruktur steht zur Verfügung (Sortierplatz, Sammelfahrzeuge etc.)

Hier sollen nur kurz und exemplarisch einige Punkte dargestellt werden, welche auf jeden Fall berücksichtigt werden müssen. Die detailliert Vorgehensweise ist u. a. in der „Richtlinie für Abfallanalytik“ [22] dokumentiert.

Um verlässliche Aussagen zur Restmüllzusammensetzung treffen zu können, sind Aussagen zum jahreszeitlichen Verlauf notwendig. Laut TASi sollten wenigsten drei bis vier jahresspezifische Untersuchungen durchgeführt werden. Dies gilt auch für die Analyse der Getrennten Sammlung von Bioabfällen. Bei den trockenen Wertstoffen ist kein ausgeprägter Jahreszeitlicher Verlauf zu erwarten. Analysen sollten jedoch nicht in der Ferienzeit und in zeitlicher Nähe von verpackungsintensiven Feiertagen wie Ostern oder Weihnachten durchgeführt werden. Da hier mit unterdurchschnittlichem (Ferien) bzw. überdurchschnittlichem (Feiertage) Aufkommen zu rechnen ist.

Detailtiefe, Repräsentativität und Statistische Grunddaten

Ziel einer jeden Abfallanalyse ist es, die Ist-Situation so genau wie nur möglich abzubilden. Statistische Genauigkeit ist jedoch häufig direkt mit den zur Verfügung stehenden Finanzmitteln verbunden. Um eine Repräsentative Analyse durchführen zu können, müssen alle Parameter identifiziert und in die Analyse einbezogen werden, die den zu untersuchenden Stoffstrom beeinflussen. Diese Parameter sind vorne bereits genannt. Die wichtigsten sind dabei:

- Bebauungsstruktur (Stadt, Land, Innerstädtisch, Stadtrand, Großwohnanlage etc.)
- Sammelsystem des zu untersuchenden Stoffstroms (Bring- Holsystem, Behältergröße, Abfuhrrhythmus etc.)
- Sammelsystem der anderen Stoffströme (wie oben)
- Stoffstrommengen

Die für eine Abfallsortieranalyse erforderliche Stichprobengröße und Vorgehensweise bei der Analyse ist in der „Richtlinie für Abfallanalytik" [22] praxisnah beschrieben.

Ein grundsätzliches Problem bei der Durchführung von Sortieranalysen ist die Hochrechnung der Stichproben auf die Grundgesamtheit (Bebauungsstruktur, Stadt – Landkreis etc.). Prinzipiell sind die notwendigen Rahmendaten bereits für die Stichprobenplanung notwendig, um überhaupt repräsentative Proben auswählen zu können. In manchen Fällen ist die Ermittlung der notwendigen Basisdaten schwierig. Soll zum Beispiel der Anteil an Geschäftsmüll im Hausmüllaufkommen bestimmt werden, ist der Anteil des an die kommunale Abfallentsorgung angeschlossen Kleingewerbes (Bäckerei, Metzgerei, Arztpraxis, Anwaltskanzlei etc.) zu ermitteln. Dies geht bis zur Überprüfung ob bestimmte Müllbehälter von Haushalten und vom Kleingewerbe gemeinsam genutzt werden. Diese Daten sind in aller Regel nicht verfügbar.

Finanzmittel und Infrastruktur

Die benötigten Finanzmittel zur Durchführung einer repräsentativen Sortieranalyse werden im Wesentlichen durch die Detailtiefe der Sortieranalyse, Kosten für die Ermittlung von Basisdaten, Kosten der Stichprobensammlung, Kosten für die Infrastruktur der Sortieranalyse sowie Personalkosten bestimmt. Teilweise werden die Infrastruktur und das Personal vom Auftraggeber gestellt, allerdings sollte dies im Vorfeld abgestimmt sein.

Für die Durchführung einer Sortierung muss folgende Ausrüstung bereitgehalten werden bzw. Maßnahmen zum Arbeitsschutz berücksichtigt werden:

Sortiereinrichtung:

Sortierband oder Sortiertisch, Sortiergefäße (Mülltonnen bzw. Sortierwannen), Magnete (Fe vom NE Metall abscheiden), Schaufeln, Mistgabel, Besen etc., überdachte Halle, geschultes Personal.

Verwiegung:

Geeichte Waagen mit unterschiedlichem Wägebereich (bis 200 kg, bis 10 kg, optional bis 1 kg), optional Hubwagen mit Wägeeinrichtung (z. B. für 1.1 m^3 MGB), Stromanschluss oder Reservebatterien, geschultes Personal.

Arbeitsschutz:

Arbeitskleidung, Sicherheitsschuhe, Schutzbrille, Atemschutz- Staubmasken, Arbeitshandschuhe, Wetterschutzkleidung, Überprüfung des Impfstatus des Sortierpersonals, Verbandskasten, geschultes Personal.

Sonstiges:

Büroausrüstung, Probenahmebehälter, Werkzeug, Verlängerungskabel etc.

In Abb. 3.17 ist der Ablauf einer Sortieranalyse schematisch dargestellt.

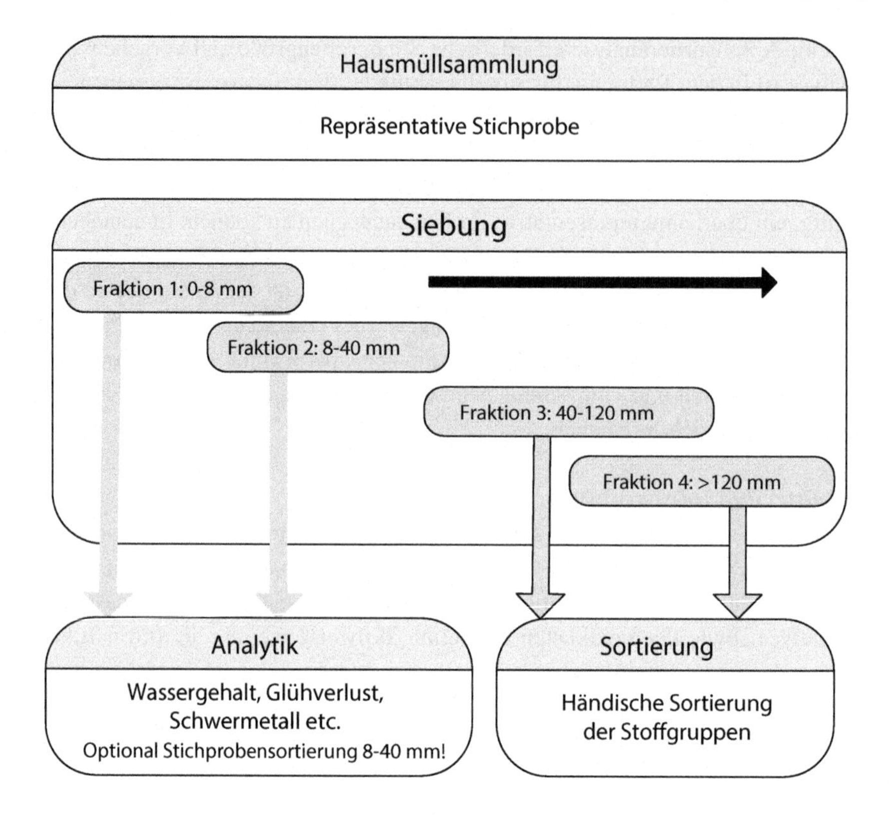

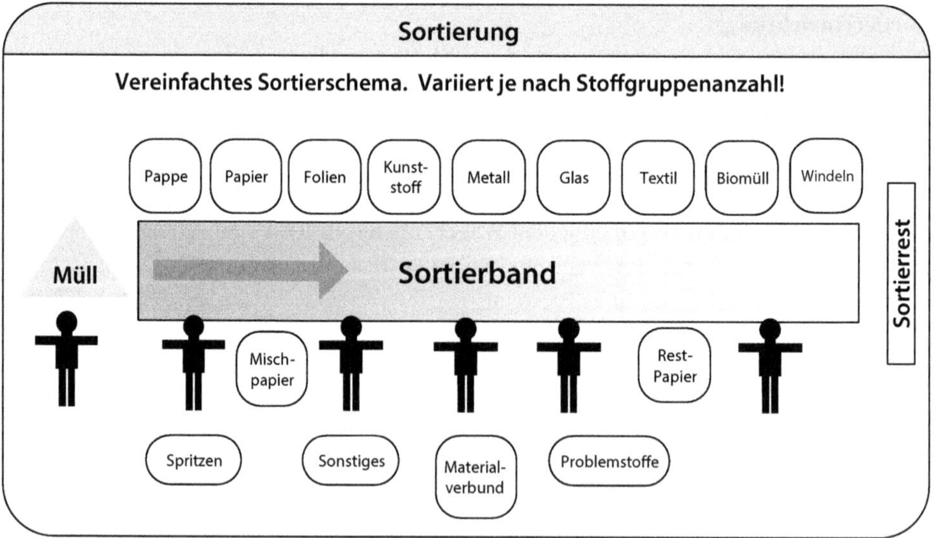

Abb. 3.17 Ablauf einer Sortieranalyse

Wertstoffpotential und Erfassungsgrad

Ausgehend von den Sortieranalysen der verschiedenen Stoffströme aus Haushalten können die Getrenntsammelsysteme (z. B. Altpapier) beurteilt werden. Dazu kann die Erfassungsgquote der Wertstoffströme herangezogen werden.

Unter der Erfassungsquote wird der prozentuale Anteil verstanden, der bezogen auf das jeweilige Wertstoffpotential (Abb. 3.18: 1) über das Sammelsystem (z. B. Altpapiertonne) erfasst wird. Als Wertstoffpotential wird die Menge des Wertstoffs bezeichnet die insgesamt im Haushalt anfällt, d. h. die Menge die mit dem Resthausmüll beseitigt wird und die Menge die über das Getrenntsammelsystem der Sortierung und Verwertung zugeführt wird (Abb. 3.18: 2 + 3). Um das Wertstoffpotential bestimmen zu können, ist es demnach immer notwendig die Zusammensetzung des Resthausmülls zu kennen.

Die Erfassungsquote wird in der Praxis nicht 100 % erreichen, da immer ein gewisser Anteil im Resthausmüll verbleiben wird (Abb. 3.18: 5). Dies ist u. a. begründet durch die fehlende Motivation der Bürger am Sammelsystem teilzunehmen.

Da in der Praxis über die Wertstoffsammlung nicht nur verwertbare Stoffe eingesammelt werden, müssen diese z. B. in einer Sortieranlage aufbereitet werden. Hier werden

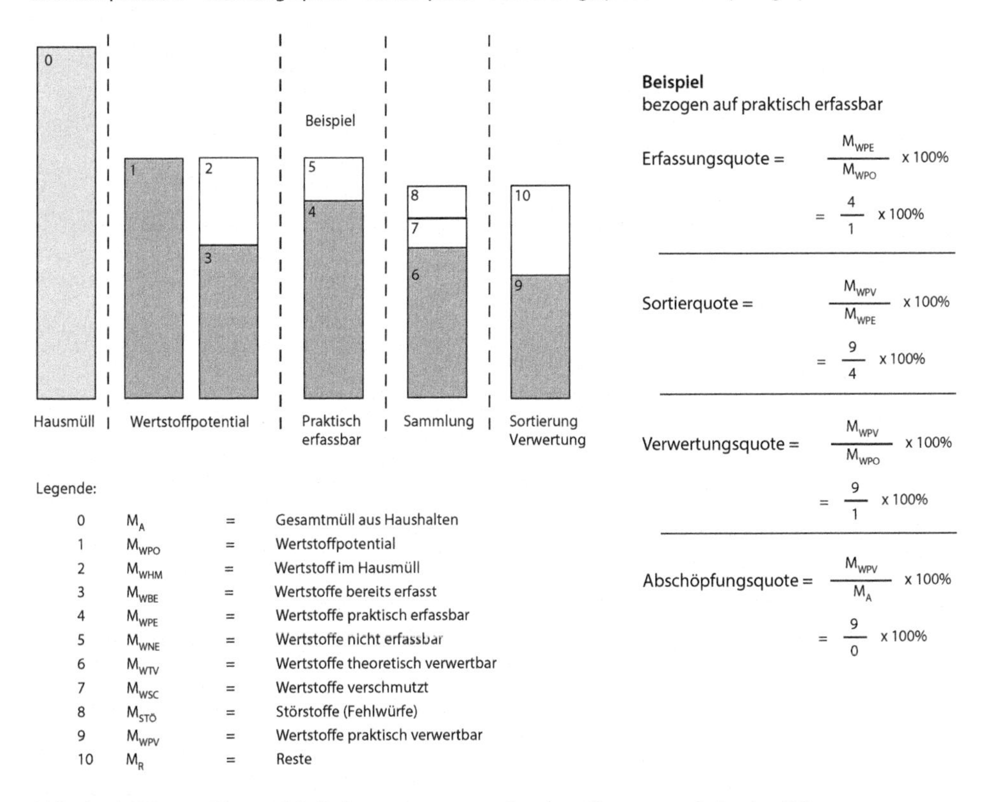

Abb. 3.18 Wertstoffpotential, Erfassungsquote und andere Bewertungskriterien [8]

Störstoffe (Abb. 3.18: 8) und die Wertstoffe aussortiert, die aufgrund ihres Verschmutzungsgrades (Abb. 3.18: 7) nicht verwertbar sind. Die Sortierquote ergibt den Anteil der aus der erfassten Menge aussortiert wurde. Die Menge des Wertstoffs die tatsächlich verwertet wird (Abb. 3.18: 9), wird auf das tatsächliche Wertstoffpotential bezogen (Verwertungsquote).

Anhand der Abschöpfungsquote kann die Wertstofferfassung beurteilt werden. Durch das Sammelsystem z. B. Papiertonne konnten X% aus dem Gesamthausmüll (Abb. 3.18: 10) der Verwertung zugeführt werden. Hierbei ist jedoch klar auszuweisen ob im Gesamthausmüll Sperrmüll enthalten ist oder nicht.

Die verschiedenen Quoten können für jeden einzeln erfassten Wertstoff berechnet werden oder für die Summe der getrennt erfassten Wertstoffe.

Die beschriebenen Bewertungskriterien sind in Abb. 3.18 schematisch dargestellt.

Beispiel:

Das einwohnerspezifische Altpapieraufkommen beträgt 100 kg/a. Davon werden 60 kg/(E · a) über die Altpapiertonne erfasst. Im Resthausmüll verbleiben 40 kg/(E · a) die nicht verwertet werden.

Nach

$$\text{Erfassungsquote} = \frac{\text{Masse Altpapier in Papiertonne}}{\text{Masse Altpapier Papierpotential}} \bullet 100\,\%$$

dabei ist das Wertstoffpotential (hier Altpapierpotential):

Wertstoffpotential = Masse Altpapier in Papiertonne + Masse Altpapier in Restmülltonne

daraus ergibt sich:

$$\text{Erfassungsquote} = \frac{60\,\text{kg/E.a}}{100\,\text{kg/E.a}} \bullet 100 = 60\,\%$$

3.4.1 Siedlungsabfälle

Im Folgenden wird anhand einer umfangreichen Sortieranalyse für die Stadt Stuttgart im Rahmen des EU-Vorhabens REMECOM die Abfallzusammensetzung der häuslichen Abfälle exemplarisch dargestellt. Für die Abfallzusammensetzung gelten die gleichen Einschränkungen und Hinweise wie für die Abfallmengen. Die Abfallzusammensetzung schwankt genauso wie die Abfallmenge. Die gewählten Beispiele sollen lediglich Tendenzen aufzeigen und darauf hinweisen, welche Stoffgruppen in welchem Sammelsystem zu finden sind bzw. wie Abfälle aus Haushalten generell zusammengesetzt sind. Die größten

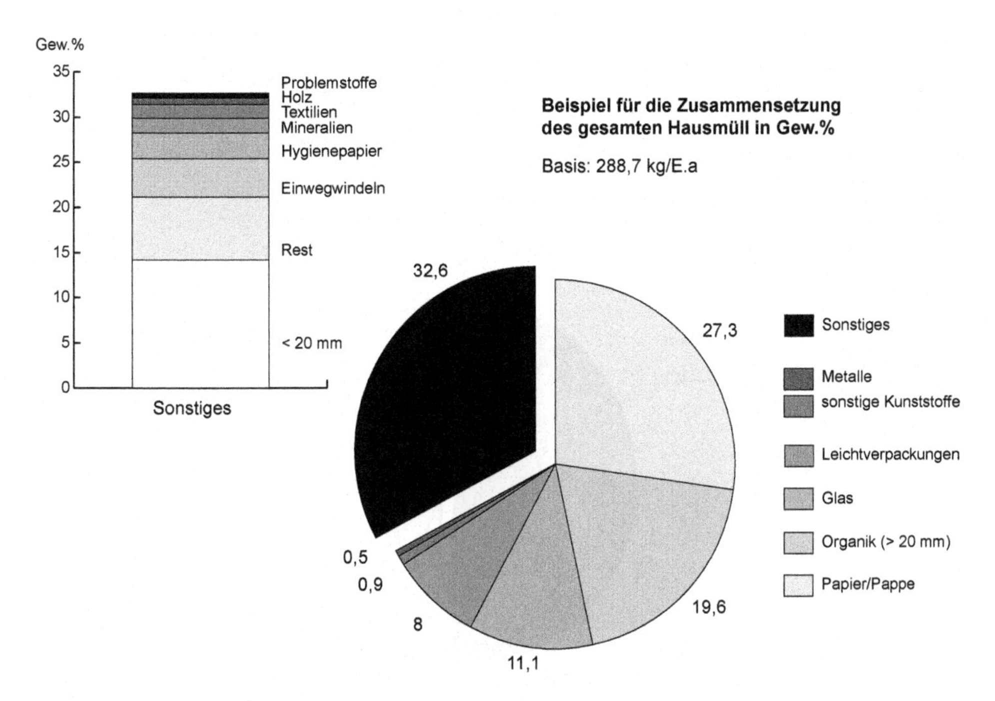

Abb. 3.19 Rechnerische Zusammensetzung des Hausmülls (ohne Geschäftsmüll) der Landeshauptstadt Stuttgart (1996/1997) Basis:288,7 kg/(E · a) [23]

Abweichungen ergeben sich im Anteil der Störstoffe in den jeweiligen Sammelsystemen. Am deutlichsten ist dies bei der Erfassung der Leichtverpackungen.

3.4.1.1 Zusammensetzung des Hausmüll bzw. Resthausmüll

In Abb. 3.19 ist die berechnete Hausmüllzusammensetzung dargestellt. Dabei wurden die Sortierergebnisse sowie die Mengen aus folgenden Sammelsystemen zusammengefasst:

- Resthausmüll (Restmülltonne)
- Altpapier (Altpapiertonne)
- Altglas (Depotcontainer, farb-getrennt)
- Verpackungen (Gelber Sack)

Die Gesamthausmüllmenge setzt sich demnach im Wesentlichen aus den Stoffgruppen

1. Papier, Pappe, Karton (27,3 Gew. %)
2. Organik >20 mm (Bioabfall) (19,6 Gew. %)
3. Feinmüll <20 mm (14,2 Gew. %)
4. Glas (11 Gew. %)
5. Verpackungen mit Grünem Punkt (8 Gew. %)

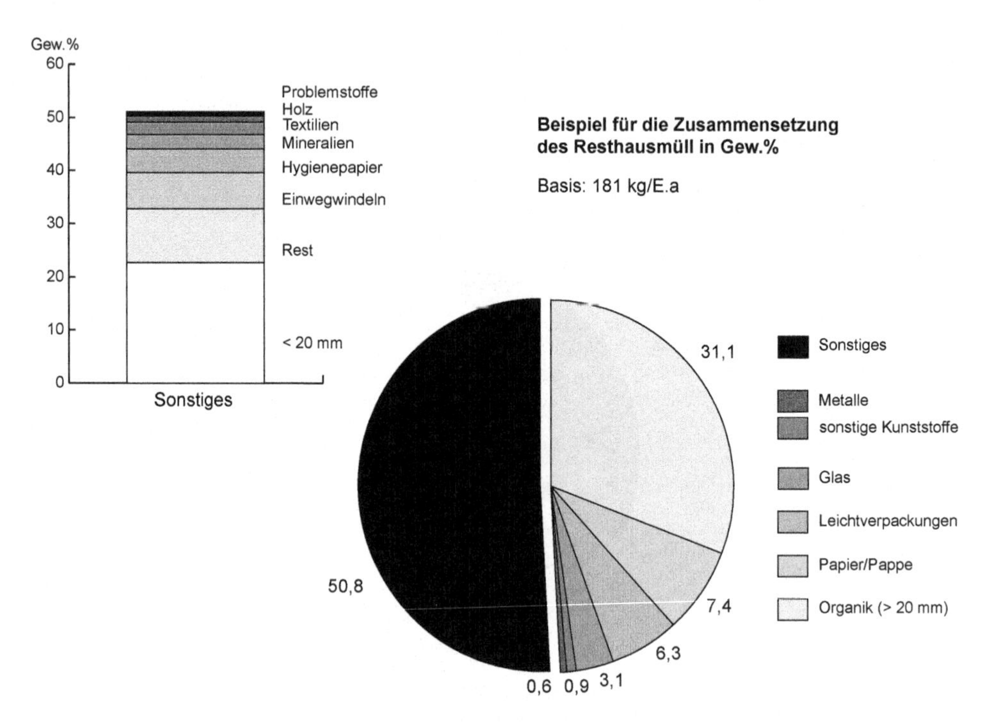

Abb. 3.20 Restmüllzusammensetzung der Landeshauptstadt Stuttgart (1996/1997) Basis: 181 kg/(E · a) [23]

zusammen. Die verbleibenden ca. 20 Gew. % werden von den unterschiedlichsten Materialien gestellt. Die ausgewiesenen Metalle und Kunststoffe entstammen den Stoffgleichen Nichtverpackungen. Betrachtet man das Potential an stofflich verwertbaren Stoffgruppen, so ergibt sich etwa ein Anteil von 67 Gew. % ohne die verwertbaren Anteile im Feinmüll (hier vor allem Bioabfall) und der Stoffgruppe Rest. Einwohnerspezifisch heißt dies, dass ca. 200 kg pro Jahr potentiell einer Verwertung zugeführt werden könnten und nur 89 kg/a als Restabfall behandelt werden müssten. Dies ist allerdings nur ein theoretischer Wert, da in der Praxis keine hundertprozentige getrennte Erfassung der Wertstoffe möglich ist.

Wie aus Abb. 3.20 ersichtlich wird, betrug das Restmüllaufkommen zur Beseitigung (1996/1997) jedoch mit 181 kg/(E · a) jedoch ca. 100 kg mehr. Dabei muss allerdings berücksichtigt werden, dass zu diesem Zeitpunkt noch keine getrennte Erfassung der Bioabfälle erfolgte. Deshalb stellt die Stoffgruppe Organik > 20 mm auch mit 31 Gew. % den größten Anteil in der Restmüllzusammensetzung.

Die Resthausmüllzusammensetzung zeigt jedoch auch, dass noch Potentiale (ca. 16 Gew. %) vorhanden sind, die einer Getrennten Sammlung zugeführt werden könnten. In der Studie des Bayerischen Landesamt für Umweltschutz [24] wurde Restmüll aus

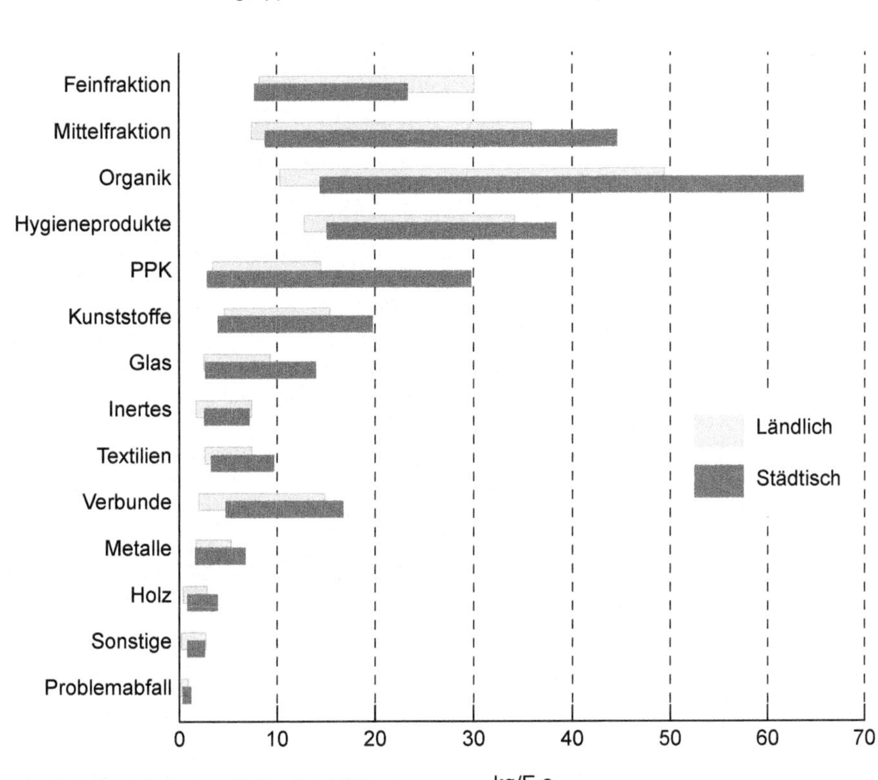

Abb. 3.21 Schwankung der Restmüllzusammensetzung in ausgewählten Strukturen in Bayern (verändert nach [24])

verschiedenen Strukturen untersucht und deren stoffliche Zusammensetzung ermittelt. In Abb. 3.21 sind die Ergebnisse graphisch dargestellt. Zum einen zeigt sich auch hier, das noch Wertstoffpotentiale im Restmüll enthalten sind, zum anderen das große Spannbreiten vorhanden sind, einmal hinsichtlich der Bebauungsstruktur (Stadt – Land) und zum anderen innerhalb der untersuchten Strukturen.

3.4.1.2 Zusammensetzung Altpapier – Beispiel Papiertonne

In der Abb. 3.22 ist die Zusammensetzung der Papiertonne in Stuttgart (1996/1997) zusammengefasst. Der Störstoffanteil, also die Stoffe die nicht aus Altpapier sind, beträgt lediglich 1,5 Gew. %. Der Anteil an Verpackungen aus Papier und Pappe beträgt 16 Gew. %. Im wesentlichen werden jedoch mit 75 Gew. % Zeitungspapier und Illustrierte über die Papiertonne erfasst. Untersuchungen von FISCHER et al.

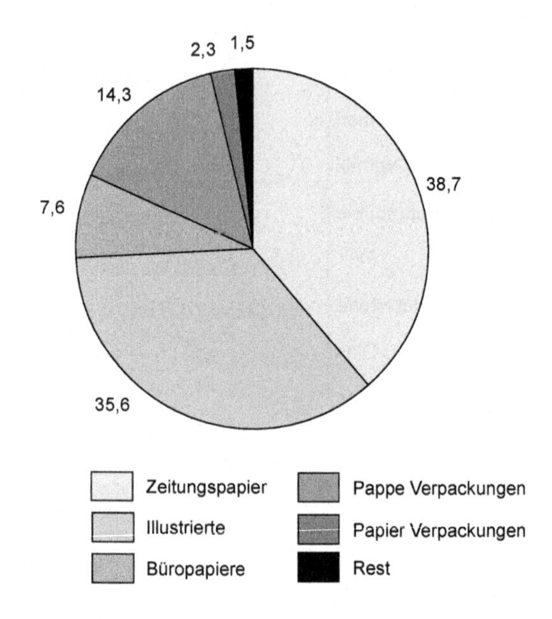

Abb. 3.22 Zusammensetzung der Papiertonne (Holsystem) der Landeshauptstadt Stuttgart (1996/1997) Basis: 65,9 kg/(E · a) (verändert nach [23])

2005 (unveröffentlicht) zeigen ähnliche Ergebnisse im Bereich der PPK-Erfassung über MGB. Die geringsten Fehlwurfanteile wurden dabei der Bündelsammlung festgestellt. Hinsichtlich der erfassten Altpapierarten sind beim System Wertstoffhof deutlich geringe Mengen an Zeitungspaper und Illustrierte mit 36 Gew. % festzustellen. Dies kann dadurch verursacht sein das, neben dem Bringsystem, noch die Bündelsammlung durch Vereine erfolgt. Hier werden i. d. R. gerade Zeitungspapier und Illustrierte bereitgestellt (einfacher zu bündeln).

3.4.1.3 Zusammensetzung Altglas – Beispiel Depotcontainer (nach Farben getrennt)

Glas wird in Stuttgart über Depotcontainer nach Farben getrennte gesammelt. In der Untersuchung von WALDBAUER [23] wurden auch dieser einer händischen Sortierung unterzogen. Nach KERN wird in Deutschland Altglas zum überwiegenden Teil über Depotcontainer erfasst. Der Störstoffanteil im Stuttgarter Altglas ist wie bei der Altpapiererfassung sehr niedrig (0,5–1 Gew. %). In Abb. 3.23 sind die Ergebnisse dargestellt. Betrachtet man den Fehlwurfanteil des Bringsystems ergibt sich ein anderes Bild. Als Fehlwürfe werden in diesem

Zusammenhang solche Gläser bezeichnet, die generell in die Glassammlung gehören, aber der falschen Farbe zugeordnet wurden. Die Fehlwurfquote (Falschfarben und Pfandflaschen) beträgt 2,8 Gew. % bei Grünglas, 5,1 Gew. % bei Weißglas und 10 Gew. % bei

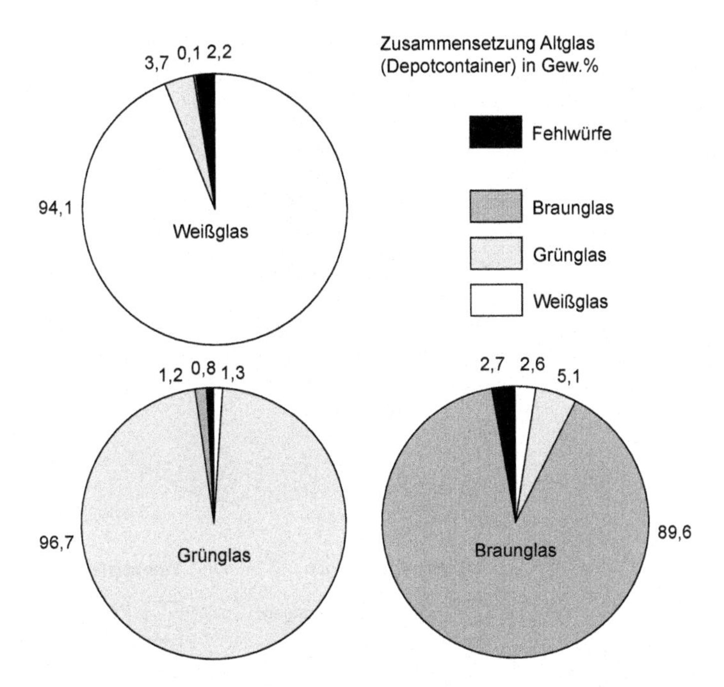

Abb. 3.23 Zusammensetzung der Glassammlung (Bringsystem) in der Landeshauptstadt Stuttgart (1996/1997) Basis: xx kg/(E · a) Abfallbilanz 1997 26 kg/kg/(E · a) (verändert nach [23])

Braunglas. Der hohe Anteil von Grünglas in der Brauglassammlung ist wahrscheinlich dem Umstand geschuldet, dass die farbliche Differenzierung manchmal problematisch ist.

Ebenso wie bei der Altpapiersammlung ist die Glassammlung mit geringen Fehlwurfquoten bzw. Störstoffanteilen belastet. Dies lässt sich auf verschiedene Faktoren zurückführen, vor allem wenn diese Ergebnisse mit der Erfassung von Leichtverpackungen verglichen werden.

1. Altpapier- und Altgassammlung sind seit langer Zeit in Deutschland etabliert!
2. Der Bürger hat die Notwendigkeit/Sinnhaftigkeit der Erfassung verstanden und akzeptiert!
3. Für den Bürger ist relativ verständlich welche Stoffgruppen in welchem Sammelsystem entsorgt werden müssen!

3.4.1.4 Zusammensetzung der Leichtverpackungen (LVP)

Seit Umsetzung der Verpackungsverordnung [25] werden Leichtverpackungen über Bring- und Holsysteme erfasst. Nach KERN überwiegt dabei der Anteil, der im Holsystem über „Gelbe Säcke“ bzw. Müllgroßbehälter eingesammelt wird. In Stuttgart werden die Verpackungen mit grünem Punkt über den „Gelben Sack“ erfasst. In der Untersuchung wurde ein Störstoffanteil

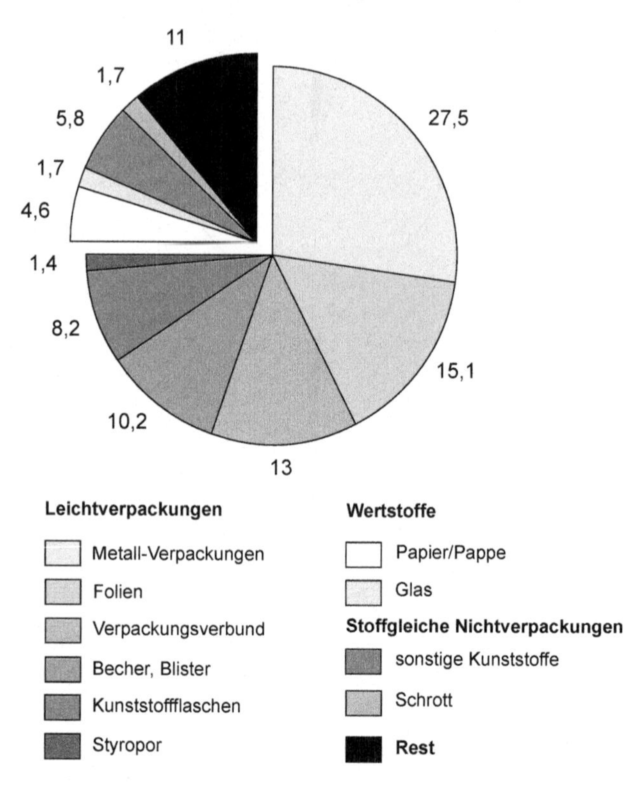

Abb. 3.24 Zusammensetzung des Gelben Sacks (Holsystem) der Landeshauptstadt Stuttgart (1996/97) Basis: 15,4 kg/ (E · a) (verändert nach [23])

von ca. 25 Gew. % ermittelt. Zum Zeitpunkt der Untersuchung (1996/1997) war dies ein außergewöhnlich gutes Ergebnisse, da in Deutschland Störstoffanteile von ca. 50 Gew. % festgestellt wurden. In Abb. 3.24 sind die Ergebnisse graphisch dargestellt.

Die Leichtverpackungen bestehen zu ca. 35 Gew. % aus Kunststoffverpackungen, 27,5 Gew. % aus Metallverpackungen und 13 Gew. % Verpackungsverbund (u. a. Flüssigkeitskartons). Wird auch hier zwischen Störstoffen und Fehlwürfen differenziert zeigt sich folgendes Bild. Der Anteil an stoffgleichen Nichtverpackungen (Kunststoffe, Metall) beträgt 9,9 Gew. % und der Anteil an Wertstoffen im falschen Sammelsystem (Glas und Papier) 6,2 Gew. %. Der eigentliche Störstoffanteil beträgt 11 Gew. %. Diese Differenzierung soll dazu dienen, die Problematik in diesem Sammelsystem abzubilden. In der Öffentlichkeit wird dieses Sammelsystem häufig mit dem Lizenzzeichen Grüner Punkt gleichgesetzt. Das heißt alle Verpackungen die einen Grünen Punk tragen, können über den Gelben Sack oder die Gelbe Tonne entsorgt werden. Dadurch finden sich im Sammelsystem Altglas und Altpapier. Als weiteres scheint den Bürgern die Unterscheidung von Verpackung und Nicht-Verpackung unklar zu sein. Warum darf der Joghurtbecher in den Gelben Sack aber die Kunststoffschale nicht, gleiches gilt für Metallteile, die ja verwertet werden können. Dadurch finden sich ca. 9,9 Gew. % stoffgleiche Nichtverpackungen im Sammelsystem.

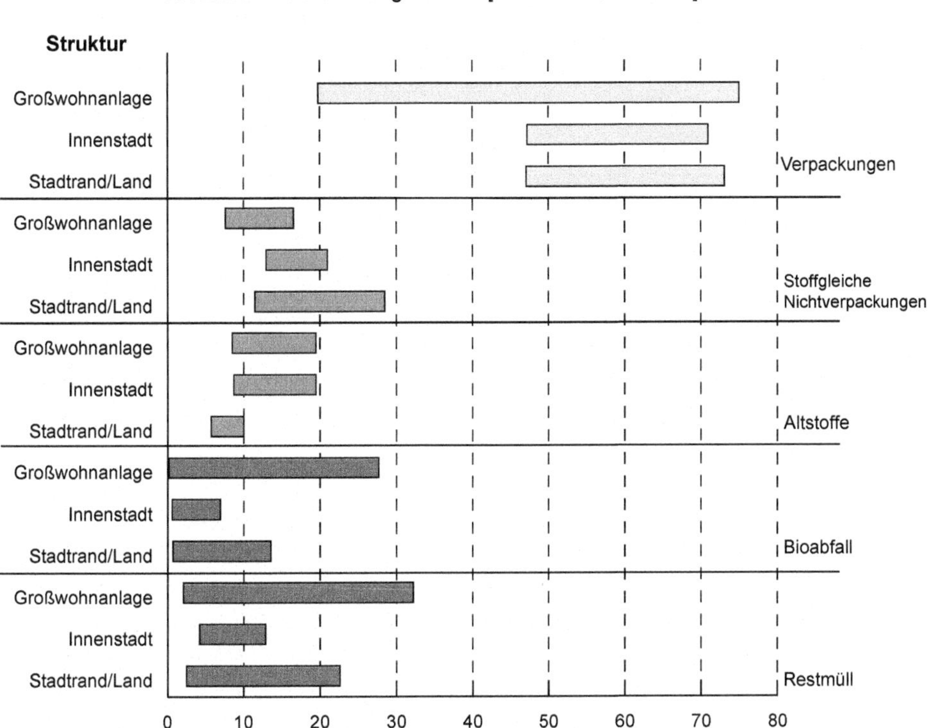

Abb. 3.25 Stoffgruppenzusammensetzung der Sammlung von Leichtverpackungen in unterschiedlichen Bebauungsstrukturen (verändert nach [27])

Selbst geringe Störstoffanteil von nur 11 Gew. % sind verglichen mit den anderen Sammelsystem (Altpapier, Altglas) deutlich zu hoch.

In der DSD-Fehlwurfstudie 2002 des Landesamt für Umwelt und Geologie [26] (Abb. 3.25) wurden unterschiedliche Bebauungsstrukturen und Erfassungssystem untersucht. Im Folgenden werden exemplarisch einige Kernaussagen dargestellt. Die Details können der im Internet veröffentlichten Studie entnommen werden.

Sammelsystem

Bei der Untersuchung wurde festgestellt, dass der Anteil der gesammelten Leichtverpackungen u. a. abhängig ist von der Bebauungsstruktur und dem eingesetzten Sammelsystem. Die besten Ergebnisse bei der Erfassung der Leichtverpackung wurden in der Bebauungsstruktur Stadtrand/Land im „Sack"-System erzielt. Die schlechtesten Ergebnisse bei Großwohnanlagen mit 1.1 m³ Müllgroßbehältern. Für die Unterschiede sind verschiedene

Tab. 3.7 Anteil der Leichtverpackung im Sammelsystem nach Bebauungsstrukturen [26]

Struktur	Spanne [%]	1.1 m³ MGB [%]	Tonne [%]	Sack [%]
Großwohnanlage	20–76	20–57		67–76
Innenstadt	47–71		44–56	66–71
Stadtrand/Land	47–73		47–50	72–73

Faktoren verantwortlich, u. a. Umweltbewusstsein, Verfügbarkeit von Zwischenlagerplätzen, bereitgestelltes Behältervolumen und nicht zu letzt eine gewisse Sozialkontrolle. In einem Müllgroßbehälter ist schnell ein Restmüllsack unbemerkt „versteckt" während in einem transparenten Kunststoffsack jeder Nachbar sehen kann was ich entsorgt habe, vor allem aber auch der Entsorger der den Gelben Sack einsammelt.

Stoffgruppen im Sammelsystem der Leichtverpackungen

Wie für den Fall Stuttgart dargestellt, werden über das Sammelsystem nicht nur Verpackungen sondern auch stoffgleiche Nichtverpackungen und Altstoffe entsorgt. In der DSD-Fehl-wurfstudie ist dieser Umstand deutlich dargestellt. Der Anteil an stoffgleichen Nichtverpackung liegt im Maximalfall bei knapp 30 % (Stadtrand/Land). Der Anteil an Altstoffen (Papier, Glas) im Maximalfall bei ca. 20 % (Großwohnanlage, Innenstadt). Die Ergebnisse sind in der nachfolgenden Abbildung zusammengestellt.

Bemerkenswert ist der z. T. beträchtliche Anteil an Bioabfällen im Sammelsystem für Leichtverpackungen. Dies lässt darauf schließen, dass das Sammelsystem gar nicht verstanden wird bzw. sogar bewusst falsch entsorgt wird. In der Tab. 3.8 sind die relevanten Störstoffanteile dargestellt.

3.4.1.5 Zusammensetzung des Sperrmülls

Für die Beschreibung der Sperrmüllzusammensetzung muss auf andere Quellen zurückgegriffen werden, da eine derartige Untersuchung in Stuttgart nicht stattgefunden hat. Nach KRANERT ist die Sperrmüllzusammensetzung im Wesentlichen durch den Anteil an Möbeln (62 Gew. %) geprägt. Alle anderen Stoffgruppen sind mit weniger als 7 Gew. % an der Zusammensetzung beteiligt. Dass der Anteil an Möbeln so hoch ist lässt sich leicht

Tab. 3.8 Störstoffquote (Rest- und Biomüllanteil) im Sammelsystem für Leichtverpackungen (verändert nach [27])

Struktur	Min [%]	Max [%]
Großwohnanlage	2,6	53,9
Innenstadt	5,8	19,9
Stadtrand/Land	3,3	33,2

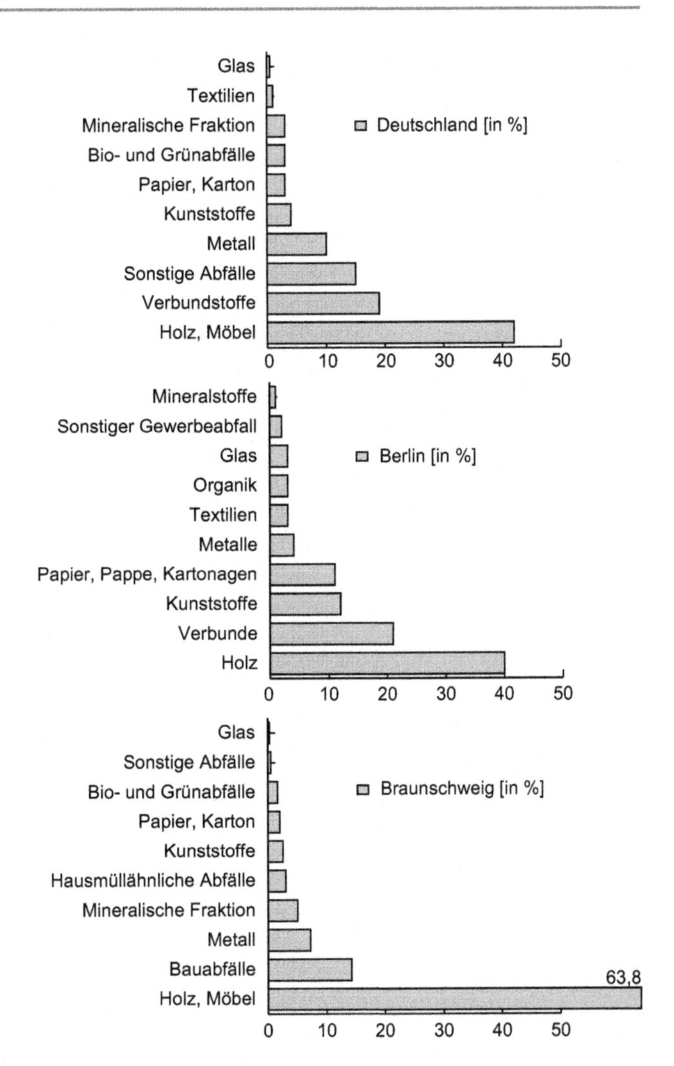

Abb. 3.26 Beispiele für die Zusammensetzung des Sperrmülls Braunschweig 1995 [8], Deutschland 2001 [27], Berlin 2003 [28]

dadurch ableiten, das Sperrmüll in den Abfallsatzungen der Kommunen als solche Stoffe bezeichnet sind die nicht über die gängigen Müllbehälter entsorgt werden können. Dies sind vor allem großvolumige Möbelstücke vom Sofa, über die Matratze bis zum Wohnzimmerschrank. Als zweite Gruppe lassen sich die Abfälle aus Baumaßnahmen, Renovierungsarbeiten mit zusammengefasst ca. 17 Gew. % ausmachen. Deutlich wird die Vielzahl von Materialien die bei der Sperrmüllsammlung erfasst werden. Wie diese in Realität zusammengesetzt sind hängt u. a. von der Ausgestaltung des Sperrmüllsammelsystems in den örE sowie der Art der Sammlung, auf Abruf oder 1–2 Jährlich. Als Vergleich sind in Abb. 3.26 die Ergebnisse einer Untersuchung aus Berlin, Brauschweig sowie der bundesdeutsche Durchschnitt dargestellt.

3.4.2 Internationale Abfallzusammensetzung

Detaillierte Aussagen hinsichtlich der Abfallzusammensetzung in anderen Staaten zu treffen ist schwierig und an dieser Stelle nicht durchführbar. Wie im Kapitel Abfallmenge beschrieben hängt die Abfallmenge unter anderem vom Einkommen ab. Je höher das Einkommen, desto höher ist der Anteil an Wertstoffen und desto Vielfältiger die zu entsorgenden Materialien. Je niedriger das Einkommen desto weniger Wertstoffe bzw. Materialien finden sich im Hausmüll bzw. im Siedlungsabfall. Im Folgenden soll die Schwierigkeit der Vergleichbarkeit von Abfalldaten kurz aufgezeigt werden.

In Abb. 3.27 sind verschiedene Abfallzusammensetzungen aus unterschiedlichen Quellen dargestellt. Nachfolgend werden Fallbeispiele aus Bangalore (Indien), Asuncion (Paraguay), Wien (Österreich) und Bexar County (USA) aufgeführt.

Der wesentliche Unterschied in der Abfallzusammensetzung erscheint auf den ersten Blick leicht auszumachen. Der Anteil an Bioabfall variiert sehr deutlich. In Bangalore entfallen ca. 75 Gew. %, in Asuncion 61 Gew. %, in Wien 23 Gew. % und in Bexar County 43 Gew. % auf die Stoffgruppe Bioabfälle.

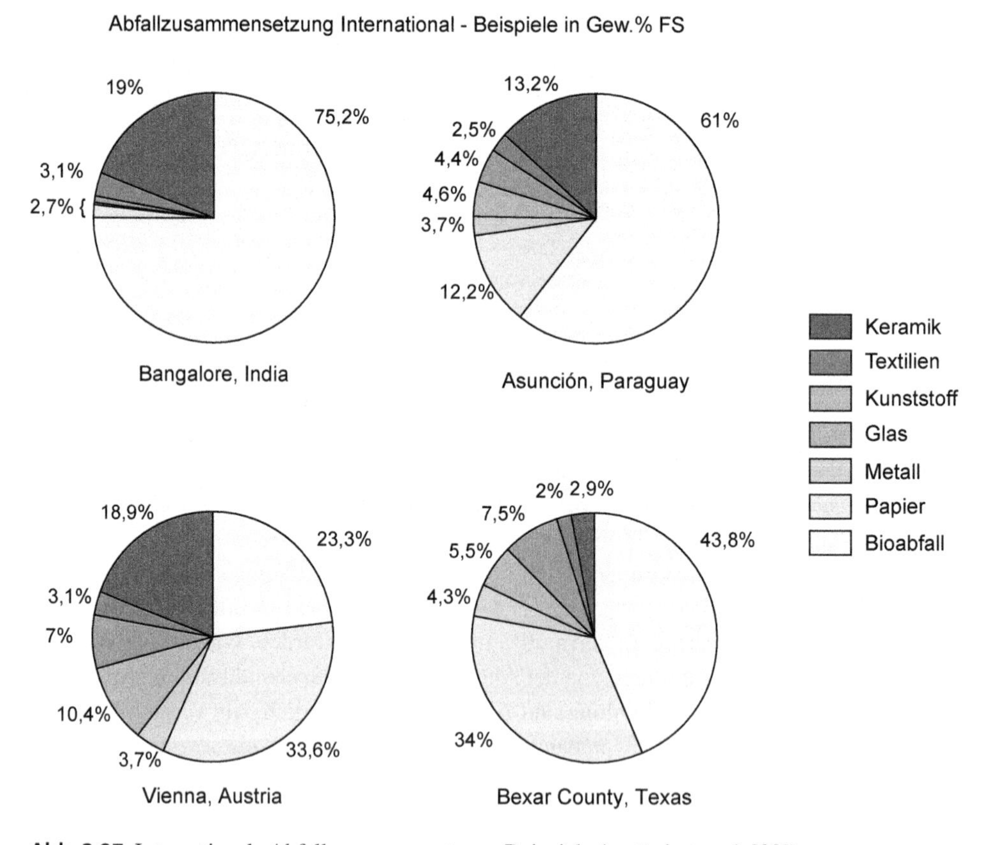

Abb. 3.27 Internationale Abfallzusammensetzung Beispiele (verändert nach [29])

Tab. 3.9 Internationale Abfallzusammensetzung in Gramm (Feuchtmasse) pro Einwohner und Tag (verändert nach [29])

	Bio-abfall	Papier	Metall	Glas	Kunst-stoff	Textilien	Keramik	g/(E · d)
Bangalore, India	109,8	12,2	10,1	10,3	11,3	14,5	27,7	146,0
Asunción, Paraguay	102,1	120,5	13,9	17,7	17,4	14,2	22,2	167,9
Vienna, Austria	100,4	144,7	15,9	44,8	30,1	13,4	81,4	430,7
Bexar County, Texas	290,3	225,4	28,5	36,5	49,7	13,3	19,2	662,8

Kunststoff inkl. Gummi, Leder; Keramik inkl. Steine, Staub.

Die Aussage, der Abfall aus Bangalore besteht zu ¾ aus Bioabfall ist korrekt. Daraus jedoch abzuleiten das in Bangalore auch die größte Bioabfallmenge in kg/(E · a) anfällt, ist falsch. Dies lässt sich leicht überprüfen, indem die Originaldaten in der Tab. 3.9 unten überprüft werden.

Eine weitere Fehlerquelle bei der Interpretation von Abfalldaten ist die Zuordnung von Stoffgruppen zu übergeordneten Stoffgruppen. Für dieses Fallbeispiel wird (zum Glück) in den Fußnoten folgendes ausgewiesen. In Bexar County enthält die angegebene Bioabfallmenge auch Gartenabfälle. In Wien enthält die Stoffgruppe Keramik auch alle Anteile, die als Sonstiges ausgewiesen sind.

Als letztes seien noch zwei Punkte erwähnt die zu Fehlinterpretationen führen können. In der englischsprachigen Literatur werden Abfallmengen sehr häufig in Gramm bzw. Kilogramm pro Einwohner und Tag angegeben. Vor allem bei Grammangaben besteht die Gefahr diese, als Kilogramm zu lesen, so werden z. B. aus 662,8 g leicht 662,8 kg/(E · a) eine Plausibilitätsprüfung ist hier kaum mehr auffällig. Manchmal werden Abfallanalysen auch bezogen auf die Trockenmasse ausgewiesen. In unserem Fall wird der Bezug auf die Feuchtmasse deutlich gemacht. Sind keine Angaben dazu vorhanden so muss im Normalfall von der Feuchtmasse ausgegangen werden.

3.5 Abfallanalytik

Die Durchführung von Abfallanalysen gliedert sich in folgende Schritte

1. Probennahme
2. Probenaufbereitung

3. Probenaufschluss
4. Messung
5. Auswertung der Messergebnisse

Probennahme

Nach RUMP [30] versteht man unter Probennahme die Entnahme von Teilmengen aus einer Grundgesamtheit. Bei der Entnahme von Teilmengen besteht im Fall von heterogenen Abfallgemischen wie zum Beispiel Hausmüll (siehe dazu Stoffgruppenliste Tab. 3.6) das Problem der Repräsentativität der Probennahme.

Nach LAGA PN 98 [31] wird eine repräsentative Probe folgendermaßen definiert … „Probe, deren Eigenschaften weitestgehend den Durchschnittseigenschaften der Grundmenge des Prüfgutes entsprechen" … Es ist leicht nachzuvollziehen, dass die Probennahme aus einem 120 l Müllgroßbehälter relativ einfach ist, allerdings ist diese Probennahme nicht repräsentativ für die durchschnittliche Hausmüllzusammensetzung oder gar den durchschnittlichen Heizwert.

Die Probennahme erfolgt entsprechend den Eigenschaften des Prüfgutes. Diese hängen z. B. von ihrer räumlichen Verteilung (z. B. Altlasten), der Homogenität (z. B. Fertigkompost), der Heterogenität (Hausmüll, Sperrmüll, Gewerbemüll) sowie deren physikalisch-chemischen Eigenschaften ab. Für eine repräsentative Analyse, müssen alle Parameter identifiziert und in die Analyse einbezogen werden, die den zu untersuchenden Stoffstrom beeinflussen (z. B. Bebauungsstrukturen). Für die ordnungsgemäße Probennahme ist es notwendig im Vorfeld die Zielsetzung der Analytik und deren spezifischen Rahmenbedingungen zu kennen. Entsprechend der anschließenden Analytik müssen geeignete Transportbehältnisse ausgewählt werden – werden organische Schadstoffe analysiert, sollten die Behältnisse aus Glas und nicht aus Kunststoff sein. Werden biologische Verfahren verwendet oder Nährstoffgehalte bestimmt werden muss die Transportdauer auf ein Minimum reduziert werden bzw. die Transportbehältnisse gekühlt werden.

Die Vorgehensweise bei der Probennahme für die Bestimmung der Abfallzusammensetzung ist ausführlich in der Richtlinie für Abfallanalytik beschrieben. Für die Untersuchung der physikalischen, chemischen und biologischen Eigenschaften sei auf die LAGA PN 98 [31] verweisen.

Um die Bedeutung der Probennahme zu verdeutlichen sei hier auf das Fehlerfortpflanzungsgesetz hingewiesen. Bei der Analysenkette Probennahme – Probenaufbereitung – Analytik, ist die Probennahme mit dem größten Fehler behaftet, die Analytik mit dem kleinsten [32].

$$S^2_{Gesamt} = S^2_{Probennahme} + S^2_{Aufbereitung} + S^2_{Analyse}$$

Der Gesamtfehler ergibt sich aus der Summe der Einzelfehler. Bei der Analyse beträgt dieser allenfalls wenige Prozent. Bei der Probennahme z. B. aus heterogenen Abfallgemischen sind die Fehler kaum bezifferbar. Diese können fallweise über 1000 Prozent ausmachen [32].

Aufbereitung der Proben

Die Aufbereitung der Proben umfasst je nach durchzuführender Analyse das Trocknen und Zerkleinern.

Die Proben werden getrocknet, weil eine Zerkleinerung (Homogenisierung) im feuchten Zustand kaum möglich ist (z. B. Bioabfall) oder weil die Analytik mit der Trockensubstanz durchgeführt wird (z. B. Glühverlust).

Eine Zerkleinerung der Analyseprobe ist notwendig, da i. d. R. nur geringe Mengen für die Analytik notwendig sind, die Einwaage beim Glühverlust beträgt zum Beispiel nur 5 g. Des Weiteren wird durch die Zerkleinerung der Probe eine weitere Homogenisierung des Probenmaterials erreicht. Als Zerkleinerungsaggregate kommen Messermühlen, Schwingscheibenmühlen oder Zentrifugalmühlen zum Einsatz.

Aufschluss

Nach RUMP [30] müssen anorganische Bestandteile aufgeschlossen werden, um sie der chemischen Analyse zugänglich zu machen. Dabei können je nach Analyse unterschiedliche Aufschlussverfahren zum Einsatz kommen, z. B. Aufschluss mit Säuren bei der Analyse von Schwermetallen.

Messung und Auswertung

Je nach zu analysierendem Parameter stehen verschiedene Analyseverfahren zur Verfügung. Diese reichen von der Elementaranalyse über elektrochemische, spektrometrische, chromatografische bis hin zu biologisch/biochemischen Verfahren. Entsprechend der eingesetzten Methode werden die Messergebnisse ermittelt und ausgewertet. Die Durchführung und Auswertung ist den jeweiligen Richtlinien z. B. DIN zu entnehmen. In der Tab. 3.10 sind exemplarisch einige Standarduntersuchungen in der Abfallanalytik zusammengestellt.

Tab. 3.10 Standarduntersuchungen in der Abfallanalytik

Wassergehalt [WG] [% FS]	
Anwendung	• **Abfälle für die biologische Behandlung (aerob/anaerob) (optimaler Wassergehalt)** • **Vergleichbarkeit von Sortieranalysen** • **Basis für andere Analysen**
Ausrüstung	Probenbehältnis, Waage, Trockenschrank
Durchführung	Einwiegen der feuchten Probe, Trocknung der Probe bis zur Gewichtskonstanz (105 °C), Auswiegen der getrockneten Probe ! Falls die Probe leichtflüchtige Bestandteile in größeren Mengen enthält muss der Wassergehalt über die Karl-Fischer-Titration bestimmt werden. Bei Kunststoffen sollte die Temperatur auf 60 °C (Bilitewski) reduziert werden. Bei der Analytik von org. Schadstoffen auf 30 °C

Tab. 3.10 (Fortsetzung)

Formel	$$Wassergehalt = \left[\frac{\left(Masse_{feucht} - Masse_{trocken}\right)}{\left(Masse_{feucht} - Masse_{tara}\right)}\right] \times 100\% \quad (3.1)$$ Masse $_{tara}$ = Masse der leeren Schale (g) Masse $_{feucht}$ = Masse der feuchten Probe plus Masse tara (g) Masse $_{trocken}$ = Masse der trockenen Probe plus Masse tara (g)
(DIN etc.)	DIN 38414-S2, Methodenhandbuch BGK [33]
Glühverlust [GV] [% TS]	
Anwendung	• **Bei Komposten Gehalt an biologisch abbaubarer Substanz** • **Zuordnungskriterium Deponie** • **Basis für andere Analysen**
Equipment	Porzellantiegel, Waage, Muffelofen, Exsikator
Durchführung	Zerkleinern der getrockneten Probe (<0,25 mm) Einwiegen der trockenen Probe, Verglühen der Probe im Muffelofen (550 °C) bis zur Gewichtskonstanz, Abkühlen im Exsikator, Auswiegen der Probe
Formel	$$Glühverlust = \left[\frac{\left(Masse_{vor\ dem\ Glühen} - Masse_{nach\ dem\ Glühen}\right)}{\left(Masse_{vor\ dem\ Glühen} - Masse_{tara}\right)}\right] \times 100\% \quad (3.2)$$ Masse $_{tara}$ = Masse des leeren Porzellantiegel (g) Masse $_{vor\ dem\ Glühen}$ = Probeneinwaage plus Masse tara (g) Masse $_{nach\ dem\ Glühen}$ = Probe plus Masse tara (g)
DIN etc.	DIN 38414-S3, Methodenhandbuch BGK [33], Abfallablagerungsverordnung [34]
Gärtest [GB_{21}]	
Anwendung	• **Gasbildungspotential (z. B. Vergärung)** • **Zuordnungskriterium Deponie**
Ausrüstung	Siehe Ablagerungsverordnung
Durchführung	1. Feuchte Probe < 10 mm zerkleinern 2. Probenansatz 50 g + 50 ml Impfschlamm + 300 ml Leitungswasser 3. Referenzansatz 50 ml Impfschlamm + 1 g Cellulose + 300 ml Leitungswasser (! muss 400 Nl/kg erreichen, sonst Versuchsergebnisse verwerfen) 4. pH-Wert muss zu Beginn und am Ende gemessen werden. (! pH-Wert muss > 6,8 und < 8,2 sonst Versuchsergebnisse verwerfen) 5. Messdauer 21 Tage
DIN etc.	Abfallablagerungsverordnung [34]
Atmungsaktivität [AT_4]	
Anwendung	• **Biologische Aktivität** • **Zuordnungskriterium Deponie**
Ausrüstung	Sapromat

Tab. 3.10 (Fortsetzung)

Durchführung	1. Feuchte Probe < 10 mm zerkleinern (bei Kompost < 10 mm sieben) 2. Einstellen des Wassergehaltes 3. 30–50 g in Messapparatur 4. pH-Wert muss zu Beginn und am Ende gemessen werden. (! pH-Wert muss > 6,8 und < 8,2 sonst Versuchsergebnisse verwerfen) 5. Messung des Sauerstoffverbrauchs bzw. des gebildeten Kohlendioxid bei 20 °C. Messintervall mindestens 6 h (nach AbfAblV stündlich)
Ergebnis	Rottegrad I-V
DIN etc.	Methodenhandbuch der BGK [33], Abfallablagerungsverordnung [34]
Selbsterhitzungstest [SERH]	
Anwendung	• **Kompostqualität** • **Biologische Aktivität von Restmüll**
Ausrüstung	Dewar-Gefäß, Thermometer bzw. online Messung
Durchführung	Einstellen des optimalen Wassergehaltes (Faustprobe), befüllen des Dewar-Gefäßes, Temperaturerfassung über 10 Tage
Ergebnis	Rottegrad I–V aus Temperaturmaximum
Verweis.	Methodenhandbuch der BGK [33]
Brennwert [Ho] und Berechnung des Heizwert [Hu]	
Anwendung	• **Zuordnungskriterium Deponie** • **Thermische Abfallbehandlung** • **Energetische Verwertung**
Ausrüstung	Brikettierpresse zur Herstellung der Brennstoffprobe, kalorimetrische Bombe, Chemikalien und Hilfsmittel. Das Kalorimeter muss kalibriert werden (Referenzmaterial).
Durchführung	Durch die Verbrennung der Analysenprobe in der kalorimetrischen Bombe wird Wärme freigesetzt. Aus der Temperaturerhöhung des Kalorimeters, der Wärmekapazität des Kalorimeters, sowie der Einwaage der Probe und weiterer in der DIN beschrieben Parametern wird der Brennwert Ho ermittelt. Aus dem Brennwert kann anhand der nachfolgenden Formel der Heizwert H_u errechnet werden.
Formel	$H_u = [H_o - (24{,}41 \times 8{,}94 \times F)] \times \left(\frac{100 - W}{100}\right) - (W \times 24{,}41)$ (3.3) H_u = unterer Heizwert in kJ/kg H_o = Brennwert in kJ/kg W = Wassergehalt in % F = Wasserstoffgehalt in %
DIN etc.	DIN 51900-1, DIN 51900-2, DIN 51900-3

Fragen zu Kap. 3

1. Wie ist der Abfallbegriff nach Kreislaufwirtschafts- Abfallgesetz definiert?
2. Was sind Baustellenabfälle?
3. In der Abfallverzeichnis Verordnung sind verschiedene Abfälle mit einem Asteris * gekennzeichnet. Welche Bedeutung hat dies?
4. Welchen Einfluss hat das Einkommen auf die Abfallmenge und -zusammensetzung?
5. Welchen Einfluss hat der zu erwartende Demographische Wandel auf die Abfallwirtschaft?
6. Welche Abfälle aus Haushalten unterliegen einem jahreszeitlichen Einfluss?
7. Welche Daten werden benötigt um den Erfassungsgrad zu bestimmen?
8. Wie ist die Abschöpfungsquote definiert?
9. In welcher Stoffgruppe (Hausmüll) sehen Sie das größte Potential um die Menge an Abfällen zur Beseitigung weiter zu minimieren bzw. die Verwertungsquote zu erhöhen?

Literatur

[1] Anonym: Verordnung über das Europäische Abfallverzeichnis (Abfallverzeichnis-Verordnung – AVV) AVV Ausfertigungsdatum: 10.12.2001. http://bundesrecht.juris.de

[2] DESTATIS: Statistisches Bundesamt. http://www.destatis.de, Fachserie 19 Reihe 1, Umwelt Abfallentsorgung. Statistisches Bundesamt 2006

[3] Leitfaden Siedlungsabfall: Ministerium für Umwelt Baden-Württemberg. Luft Boden Abfall Heft 12, 1991

[4] Cord-Landwehr, K.: Einführung in die Abfallwirtschaft 3. Auflage. B.G. Teubner, Stuttgart/Leipzig/Wiesbaden, 2002

[5] Huber, H.-D.: Spezifische Müllmengen und Müllzusammensetzungen in Haushalten unterschiedlicher Größe bei der getrennten Sammlung von Haushaltsabfällen. IN: Abfallwirtschaft, Abfalltechnik: Siedlungsabfälle/Oktay Tabasaran (Hrsg.). Ernst u. Sohn, Berlin,

[6] Datenreport 2006: Zahlen und Fakten über die Bundesrepublik Deutschland. Auszug aus Teil I (Bevölkerung), Statistisches Bundesamt (Hrsg.)

[7] Demographischer Wandel in Deutschland: Bevölkerungs- und Haushaltsentwicklung im Bund und in den Ländern Heft 1. Statistische Ämter des Bundes und der Länder. Ausgabe 2007 (Internet)

[8] Kranert, M.: Vorlesungsunterlagen. Institut für Siedlungswasserbau, Wassergüte- und Abfallwirtschaft der Universität Stuttgart

[9] Statistisches Bundesamt: Abfallbilanz (Abfallaufkommen/-verbleib, Abfallintensität, Abfallaufkommen nach Wirtschaftszweigen), Wiesbaden 2015. https://www.destatis.de/DE/Publikationen/Thematisch/UmweltstatistischeErhebungen/Abfallwirtschaft/Abfallbilanz5321001137004.html (Zugriff 02.08.2016)

[10] Quicker, P.; Fojtik, F.; Faulstich, M.: Verfahren zur Quantifizierung von Geschäftsmüll. In: Müll und Abfall 10/2006

[11] Statistisches Landesamt Baden-Württemberg: http://www.statistik.baden-wuerttemberg.de/Umwelt/Abfall/a2b08.jsp (Zugriff 02.08.2016)

[12] Statistisches Landesamt Baden-Württemberg: Die Abfallwirtschaft in Baden-Württemberg 05/15 CD

[13] Verband Deutscher Papierfabriken e. V., Papier 2015, Ein Leistungsbericht. In: https://www.umweltbundesamt.de/daten/abfall-kreislaufwirtschaft/entsorgung-verwertung-ausgewaehlter-abfallarten/altpapier (Zugriff 05.04.2016)

[14] Umweltbundesamt (Hrsg.): Aufkommen und Verwertung von Verpackungsabfällen in Deutschland im Jahr 2013. TEXTE 101/2015 Tab 4–6

[15] Statistisches Bundesamt: https://www.umweltbundesamt.de/daten/abfall-kreislaufwirtschaft/entsorgung-verwertung-ausgewaehlter-abfallarten/bioabfaelle (Zugriff 11.04.2016)

[16] Umweltbundesamt: https://www.umweltbundesamt.de/daten/abfall-kreislaufwirtschaft/entsorgung-verwertung-ausgewaehlter-abfallarten/elektro-elektronikaltgeraete

[17] Intergovernmental Panel on Climate Change (IPCC): https://www.ipcc.ch/publications_and_data/ar4/wg3/en/ch10s10-2.html (Zugriff 02.08.2016)

[18] World Bank: http://siteresources.worldbank.org/INTURBANDEVELOPMENT/Resources/336387-1334852610766/What_a_Waste2012_Final.pdf (Zugriff 02.08.2016)

[19] Intergovernmental panel on climate change (IPCC): Guideline for national greenhouse gas inventories 2006 (www.ipcc-nggip.iges.or.jp)

[20] Eurostat: http://ec.europa.eu/eurostat/tgm/table.do?tab=table&init=1&plugin=1&language=de&pcode=tsdpc240 (Zugriff 02.08.2016)

[21] REMECOM: Réseau Européen de Mesures pour la Caractérisation des Ordures Ménagères.- Förderprogramms LIFE 94 der Europäischen Union

[22] Richtlinie für Abfallanalytik: Richtlinie zur einheitlichen Abfallanalytik in Sachsen.- Herausgeber: Sächsisches Landesamt für Umwelt und Geologie, Öffentlichkeitsarbeit, 1998 (www.umwelt.sachsen.de)

[23] Waldbauer, M.: Verpackungsabfälle im Hausmüll in der Europäischen Union und die Qualität ihrer Erfassung mit Getrenntsammelsystemen am Beispiel der Staaten Deutschland und Frankreich. Oldenbourg Industrieverlag GmbH, München, 2005. (Stuttgarter Berichte zur Abfallwirtschaft; Bd. 85.)

[24] Bayer. LfU: Zusammensetzung und Schadstoffgehalt von Siedlungsabfällen. Bayerisches Landesamt für Umweltschutz, Augsburg, 2003

[25] Anonym: VerpackV – Verpackungsverordnung (Verordnung über die Vermeidung und Verwertung von Verpackungsabfällen) (www.bmu.de/abfallwirtschaft/downloads)

[26] Landesamt für Umwelt und Geologie: DSD-Fehlwurfstudie 2002. Freistaat Sachsen. (www.umwelt.sachsen.de)

[27] Kern & Sprick: Mittlere Sperrmüllzusammensetzung in Deutschland. IN: Pladerer, C. et al.: Erhebung und Darstellung des Sperrmüllaufkommens in Wien, 2002

[28] Abfallbilanz Berlin: Abfallwirtschaftskonzept für das Land Berlin, Juli 2004. Senatsverwaltung für Stadtentwicklung, Referat IX E (Internet)

[29] Solid Waste Management (Volume I): UNEP, United Nations Environment Programme, 2005

[30] Rump, H.H.; Scholz, B.: Untersuchung von Abfällen, Reststoffen und Altlasten – Praktische Anleitung für chemische, physikalische und biologische Methoden. VCH, New York; Basel; Cambridge; Tokio, 1995

[31] LAGA PN 98: Richtlinie für das Vorgehen bei physikalischen, chemischen und biologischen Untersuchungen im Zusammenhang mit der Verwertung/Beseitigung von Abfällen. Länderarbeitsgemeinschaft Abfall (LAGA 32), 2001 (www.laga-online.de)

[32] Thomanetz, E.: Das Märchen von der repräsentativen Abfallprobe. In: Müll und Abfall, 2002, Heft 3, Seite 136

[33] Bundesgütegemeinschaft Kompost e.V.: Methodenhandbuch zur Analyse von Kompost. Eigenverlag, Berlin
[34] Anonym: Verordnung über die umweltverträgliche Ablagerung von Siedlungsabfällen (Abfallablagerungsverordnung – AbfAblV) „Abfallablagerungsverordnung vom 20. Februar 2001 (BGBl. I S. 305), zuletzt geändert durch Artikel 1 der Verordnung vom 13. Dezember 2006 (BGBl. I S. 2860)". http://bundesrecht.juris.de

4 Abfallvermeidung

4.1 Grundlagen

4.1.1 Einführung

Abfallvermeidung hat sowohl bei strategischen und konzeptionellen Ansätzen auf Ebene der Europäischen Union und der Mitgliedstaaten, bei den gesetzlichen Vorschriften, aber auch im Rahmen der gesellschaftlichen Diskussion Priorität vor anderen Maßnahmen der Abfallbewirtschaftung. Demgegenüber zeigt die abfallwirtschaftliche Praxis – bei Betrachtung der zunehmenden Mengenentwicklung der Abfälle – ein deutlich anderes Bild.

Allein die Definition des Abfallbegriffes unter Anlegung eines subjektiven oder gesellschaftlichen Wertmaßstabes zeigt (KrWG) [1], dass in erster Linie vom Abfallerzeuger selbst bestimmt wird, ob ein Stoff oder ein Produkt zu Abfall erklärt wird. Darüber hinaus legen die gesellschaftlichen Zielvorstellungen, welche die Wahrung des Wohls der Allgemeinheit und des Schutzes der Umwelt umfassen, objektiv den Abfallbegriff fest. Abfallvermeidung ist daher primär an das Verhalten des Abfallerzeugers geknüpft und damit von administrativer Seite nur begrenzt beeinflussbar.

Die derzeitige Situation ist gekennzeichnet durch globale Prozesse der Produktion und der Güterverteilung, sich teilweise stark entwickelnde Volkswirtschaften (Beispiele China, Indien, Brasilien), schnelle Entwicklung von Produkten und damit verbundenen kurzen Nutzungsdauern, Distributionssysteme beim Handel mit geringem Personaleinsatz und zunehmendem Versand, besonders aber auch veränderte Konsumgewohnheiten mit der Zunahme an Einmal- und Einwegprodukten, wodurch die Abfallmengen global aber auch lokal mehrheitlich deutlich zunehmen (OECD) [2].

Durch das „Veralten" (Obsoleszenz) eines Produktes wird die Vermeidung von Abfällen konterkariert. Zu unterscheiden ist in die

M. Kranert (Hrsg.), *Einführung in die Kreislaufwirtschaft*,
DOI 10.1007/978-3-8348-2257-4_4

- geplante Obsoleszenz, bei der schon bei Konstruktion, Design und Produktion bewusst Schwachstellen, definierte Lebenszeiten bzw. Betriebsstunden, Einschränkungen der Funktionalität und der Haptik bei Gebrauchsgütern eingebaut werden (z. B. Glühlampen, Drucker etc.)
- funktionelle Obsoleszenz, bei der Produkte aufgrund erhöhter technischer Anforderungen und neuer Standards nicht mehr verwendet werden können (z. B. Computer, Smartphones, Fernsehgeräte)
- psychische Obsoleszenz, bei der aufgrund von Mode, Trends, Prestige und Image Güter nicht mehr benutzt werden (z. B. Kleider, Möbel, Elektronikartikel)

Die Abfallmenge ist primär von der wirtschaftlichen Entwicklung abhängig [3–5]. An dieser Stelle setzen neue strategische Ansätze an [6]. So soll versucht werden, das wirtschaftliche Wachstum von der Entstehung von Abfällen zu entkoppeln (z. B. Strategie der EU zur Abfallvermeidung und Recycling 2006 [7]), Abfallvermeidungsprogramm des Bundes [8].

Konzeptionelle Ansätze zur Abfallvermeidung fordern die Klärung der Frage: „Woher kommt der Abfall"? Diese Frage ist nicht allein abfallwirtschaftlich zu beantworten, sondern führt direkt zum Stoffstrommanagement, das den gesamten Lebensweg von Produkten betrachtet. Hierbei ist die entstehende Qualität und Quantität von Abfällen ein Aspekt, übergeordnet muss es jedoch um effektive Nutzung von Ressourcen insgesamt, z. B. auch einschließlich des Energieverbrauchs innerhalb des Lebenszyklus gehen. Hieraus wird erkennbar, dass Abfallvermeidung mit wissenschaftlich-technischen, aber auch mit volkswirtschaftlichen und gesellschaftspolitischen Fragestellungen vernetzt ist.

4.1.2 Definition

Der Begriff der Abfallvermeidung wird unterschiedlich definiert und ist systemimmanent schwer zu fassen, da sie Aktivitäten betrifft, die nicht stattgefunden haben. Im engeren Sinne beinhaltet Abfallvermeidung eine Aktivität, die das „Nicht-Ausführen" einer Tätigkeit, die der Abfallerzeugung, umfasst. Übergeordnet werden unter Abfallvermeidung alle Maßnahmen und Handlungsmöglichkeiten verstanden, die das Entstehen von Abfällen bei der Produktion, bei der Distribution, bei der Nutzung und bei der Entledigung von Gütern verhindern [9].

Gemäß OECD [2] kann Abfallvermeidung in 3 weitere Begrifflichkeiten unterschieden werden und ist darüber hinaus deutlich von der Abfallverwertung und Abfallbeseitigung zu trennen (Abb. 4.1).

1. Eigentliche Vermeidung
   Sie umfasst die vollständige Vermeidung von Abfällen durch virtuelles Eliminieren von (gefährlichen) Stoffen oder durch Verringerung des Material- und Energieeinsatzes bei Produktion, Handel und Verbrauch. Die Maßnahmen zur Vermeidung greifen „bevor ein Stoff, ein Material oder ein Erzeugnis zu Abfall geworden ist" [10].

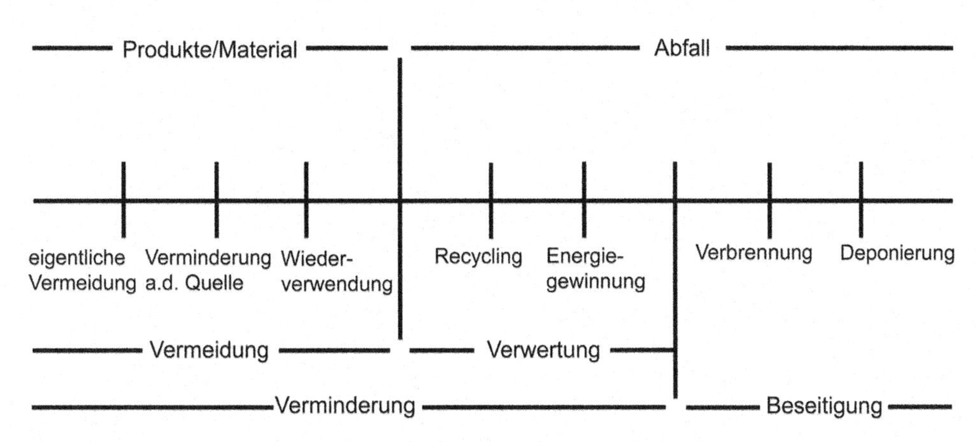

Abb. 4.1 Einordnung der Abfallvermeidung [2]

2. Verminderung an der Quelle
   Dies beinhaltet die Minimierung des Gebrauchs (gefährlicher) Stoffe und/oder Minimierung des Material- und Energieverbrauchs.
3. Wiederverwendung oder Weiterverwendung von Produkten
   Dies umfasst den mehrfachen Gebrauch von Produkten in ihrer originalen Form zum ursprünglichen oder auch anderweitigen Einsatz, mit oder ohne Wiederaufarbeitung. Gemäß AbfRRL [10] wird die Wiederverwendung definiert als „jedes Verfahren, bei dem die Erzeugnisse oder Bestandteile, die keine Abfälle sind, wieder für den selben Zweck verwendet werden, für den sie ursprünglich bestimmt waren".
   Gemäß Abfallhierarchie der EU stellt die Vorbereitung zur Wiederverwendung die der Abfallvermeidung nachgeordnete Stufe dar.

Der Beitrag der „drei klassischen unternehmerischen Nachhaltigkeitsstrategien" zur Ressourcenschonung, insbesondere der Abfallvermeidung sowie der Ökoeffektivitätsstrategie [11] ist in Tab. 4.1 aufgeführt.

Bei strenger Auslegung der Abfallvermeidung können nach Grooterhorst [12] jedoch „aus der Abfallwirtschaft heraus keine Abfälle vermieden werden". Er vertritt die Position, dass „nachhaltig handeln im strengen oder starken Sinne [...] für den Menschen in den Industrienationen nicht [bedeutet], weniger Abfälle zu erzeugen, sondern weniger Produkte zu konsumieren und damit weniger Produktion geschehen zu lassen." Die „Abfallwirtschaft als Wirtschaftszweig [kümmert sich] nur um die unvermeidbaren Produkt-Abfallströme" [12].

Der Wirtschaftszweig der Abfallwirtschaft hat in den vergangenen 30 Jahren zu einer deutlichen Reduzierung der Umweltbelastung beigetragen. Eine direkte Reduzierung der Gesamtabfallmenge (Abfälle zur Beseitigung und Verwertung) und eine Verringerung des Materialdurchsatzes insgesamt wurde nicht erreicht [12].

Unbestritten ist, dass von der Abfallwirtschaft wesentliche Impulse auf die Thematisierung, Bewusstwerdung und Implementierung von Aktivitäten zur Abfallvermeidung auf allen Akteursebenen ausgehen.

Tab. 4.1 Nachhaltigkeitsstrategien mit abfallvermeidenden Auswirkungen (nach [11, 12])

Strategie	Erläuterung
Effizienz	Geringer Einsatz von Stoff und Energie pro Ware oder Dienstleistung Entkopplung von Wirtschaftsleistung und Umweltverbrauch; geringer Energie- und Materialverbrauch in der Fertigung; Dematerialisierung und Substitution von Produkten und Verfahren durch effizientere, aufgrund unmittelbarer ökonomischer Vorteile in weitem Umfang eingeführte Strategie; Limitation durch Rebound-Effekt
Konsistenz	Wirtschaften in Übereinstimmung mit den Stoffwechselprozessen der Natur und Führung schädigender Stoffe in eigenen Kreisläufen; materielle und energetische Durchflüsse der Wirtschaftsprozesse werden zu einem System von Kreisläufen geschlossen; es sind große technische und organisatorische Änderungen in allen Wirtschaftsbereichen (Produktion, Distribution, Konsum, Entsorgung) erforderlich, um die notwendigen, untereinander verkoppelten und vernetzten Recyclingprozesse zu installieren
Suffizienz	Unterlassen von Produkten und Dienstleistungen Zielt auf verändertes Nutzungsverhalten und Änderung der Bedürfnisse ab; oftmals durch Gleichsetzung mit Verzicht (Selbstbegrenzung) diskreditiert; erforderlich die weitreichendsten Umstellungen für Produzenten und Konsumenten hinsichtlich der Wirtschaftsweisen, Geschäftsmodelle und Lebensgewohnheiten
Ökoeffektivität	Ist im ökologischen Sinn zielführender als Effizienz(steigerung); zielt darauf ab, dass auch alle Abfälle vollständig wieder in natürliche Kreisläufe zurückgeführt werden; gekennzeichnet durch eine konsequente Kreislaufführung

Zu unterscheiden ist die quantitative (mengenrelevante Abfallreduzierung) und die qualitative (schadstoffrelevante Abfallreduzierung) Abfallvermeidung [9]. Diese Unterscheidung ist insofern bedeutsam, da nicht alleine die Abfallmenge im Hinblick auf die Abfallvermeidung im Vordergrund stehen kann, sondern zunehmend die Verringerung schadstoffbelasteter Abfälle betrieben werden muss, was gleichzeitig mit einer Abfallmengensteigerung einher gehen kann.

Es besteht die Möglichkeit den Ressourcenverbrauch vom wirtschaftlichen Wachstum durch Dematerialisierung und Immaterialisierung zu entkoppeln [13]. Bei der Dematerialisierung wird der Verbrauch natürlicher Ressourcen vermieden oder es werden diese direkt wieder verwendet. Die Erzeugung von Abfall wird vermieden durch quantitative und qualitative Maßnahmen (Beispiele geringer Materialverbrauch, Ökodesign, umweltfreundliche Vermarktung, Mehrfachnutzung, Leasing, Serviceleistungen). Indikatoren der Dematerialisierung können für den Vergleich von Volkswirtschaften eingesetzt werden [14].

Bei der Immaterialisierung steht die Vermeidung des Ressourcenverbrauches und der Erzeugung von Abfall durch Veränderung des Lebensstils und durch verstärkte Inanspruchnahme von Dienstleistungen im Vordergrund. (Beispiele: Verlagerung des Konsums von Gütern hin zum Konsum von Dienstleistungen in Kultur, Gesundheit, Sozialem, Erziehung, Freizeit.)

Abfallvermeidung beinhaltet auch, Produktmenge, Rohstoffeinsatz pro Produkteinheit und den Schadstoffeinsatz zu verringern [15]. Dies gilt für den gesamten Produktlebenszyklus. Von besonderer Bedeutung ist hierbei, die Ressourcen effizienter zu nutzen, um hierdurch Material- und Energieverbrauch für die Produkte zu verringern.

Abfallvermeidung kann auch auf Stoffströme angewandt werden, die nicht dem Abfallbegriff unterliegen. So wird im Zusammenhang mit der Lebensmittelbewirtschaftung unterschieden in „Lebensmittelverluste" und „Lebensmittelabfälle". Verluste entstehen u. a. als Reste bzw. Rückstände aus Prozessen, z. B. der Lebensmittelproduktion, die nicht als Abfälle im Sinne des Kreislaufwirtschaftsgesetzes betrachtet werden (z. B. Ernterückstände auf dem Acker, weitergenutzte Produktionsrückstände aus der Lebensmittelindustrie) [16]. Eine Vermeidung dieser Verluste kann bei erweiterter Auslegung ebenfalls als Abfallvermeidung bezeichnet werden. Verluste können durch Systemoptimierung reduziert werden.

Strittig ist, ob die **Eigenkompostierung** tatsächlich als Abfallvermeidung definiert werden kann. In diesem Zusammenhang kann die Abfallvermeidung damit begründet werden, dass diese Stoffe durch die öffentliche Hand oder einen beauftragten Dritten weder gesammelt, transportiert, behandelt und verwertet werden müssen, die hierdurch entstehenden Emissionen vermieden werden und keine Kosten durch die Behandlung entstehen. Gleichzeitig wird ein schadstoffarmes Produkt erzeugt, welches direkt der Wiederverwertung zugeführt wird. Für den Komposterzeuger ist das Ausgangsprodukt kein Abfall, er braucht es notwendigerweise zur Herstellung von Kompost. Demgegenüber wird von mehreren Autoren (u. a. [17, 18]) die Eigenkompostierung als Verwertung definiert, da die Abfälle tatsächlich entstanden sind und bei unsachgemäßer Kompostierung und Verwertung vermeidbare Emissionen (Gerüche, Überdüngung) ausgehen können.

Es könnte der Schluss gezogen werden, dass auch die haushaltsinterne energetische Nutzung von brennbaren Abfällen, speziell Altpapier, eine Maßnahme zur Abfallvermeidung darstellt [19]. Dies entspricht jedoch nicht der strengen Definition der Abfallvermeidung, da hier infolge fehlender Rauchgasreinigungssysteme die Abfallproblematik (vor allem durch Stäube) in die Luft verlagert wird.

Genauso wenig kann der Einsatz von Küchenabfallzerkleinerern, wodurch die Abfälle in die Kanalisation geschwemmt werden, als Maßnahme zur Abfallvermeidung angesehen werden, da hier lediglich eine Verlagerung der Problematik von der Abfallentsorgung hin zur Abwasserbehandlung stattfindet (Schlamm!).

Hieraus resultiert, die Abfallvermeidung eindeutig von der Abfallverminderung und der Abfallverwertung abzusetzen.

Die Abfallvermeidung umfasst folgende Maßnahmen:

1. Abfallvermeidung durch Produktions- und Konsumverzicht, indem hierdurch zwangsläufig die Abfallentstehung von vornherein unterbunden wird

2. Abfallvermeidung bei der Aufbereitung und Produktion durch bessere Ausnutzung der Rohstoffe bzw. durch interne Kreislaufführung. Hierbei ist die Schnittstelle zur Verwertung dort zu ziehen, wo dem Abfallerzeuger die Verwertung bzw. der direkte Einfluss hierauf entzogen ist
3. Abfallvermeidung durch Substitution von schadstoffhaltigen Produkten durch schadstoffarme Produkte (z. B. Einsatz schwermetallarmer Produkte etc.)
4. Abfallvermeidung bei der Produktion durch die Konstruktion langlebiger Produkte
5. Abfallvermeidung beim Handel durch den Einsatz von Mehrwegsystemen
6. Abfallvermeidung beim Verbraucher durch die längere Benutzung von Gebrauchsgütern, deren Reparatur bzw. die Verwertung von Abfällen vor Ort durch Eigenkompostierung
7. Abfallvermeidung durch Erhöhung der Ressourceneffizienz von Produkten (Lebenszyklusbetrachtung)

4.1.3 Gründe zur Abfallvermeidung

Die verschiedenen Gründe zur Abfallvermeidung haben zwei Hauptziele im Fokus. Durch die Abfallvermeidung wird unmittelbar der Ressourcenverbrauch reduziert (*Ressourcenschonung*) und zugleich in wirtschaftlichen Prozessen eine Reduzierung von Emissionen bewirkt (*Emissionsminderung*) [11].

Die Notwendigkeit, der Abfallvermeidung im Rahmen abfallwirtschaftlicher Maßnahmen Priorität einzuräumen, resultiert aus einer Anzahl relevanter Faktoren:

Verringerung der Abfallmenge
Durch das Vermeiden von Abfällen wird die zu sammelnde, zu transportierende, zu behandelnde, und abzulagernde Abfallmenge reduziert. Dies ist vor allem unter dem Aspekt der Entsorgungskapazitäten (Vorhandensein, Erweiterung, Neubau) und des Transports bedeutsam.

Verringerung von Schadstoffemissionen und Maßnahmen zum Klimaschutz
Über die Pfade Luft, Wasser, Boden werden Schadstoffe in die Umwelt eingetragen. Diese stehen in direktem Zusammenhang mit den durchgesetzten Abfallmengen. So sind nicht nur bei der Abfallentsorgung durch Sammlung und Transport, sowie deren die stoffliche, biologische und thermische Behandlung verursachten Emissionen deutlich zu reduzieren, sondern es lassen sich vor allem auch bei der Gewinnung der Rohstoffe und deren Aufbereitung direkte bzw. indirekte Emissionen, welche durch den erforderlichen Energieeinsatz entstehen, ebenfalls drastisch verringern.

Spätestens mit den Ausführungen von Meadows [20] in den Siebzigerjahren des letzten Jahrhunderts wurde deutlich, dass die Vorräte an Rohstoffen auf der Erde nicht als unbegrenzt zu betrachten sind, sondern abhängig von verschiedenen Parametern die Grenzen der mit vertretbaren Mitteln erschließbaren Ressourcen schon bei manchen Stoffen in wenigen Jahren erreicht sein werden.

Hand in Hand geht hiermit die Energie, welche benötigt wird, um die Stoffe zu gewinnen, wobei mit zunehmender Knappheit der Rohstoffe der Energiebedarf exponentiell ansteigt, um auch minderwertige Reserven auszubeuten [21]. Dieser Energieverbrauch ist auch von hoher Bedeutung bei Rohstoffen, welche langfristig in großem Umfang vorhanden sein werden. Als Beispiel hierfür seien genannt: Glasherstellung aus Quarzsand und Soda, Papierherstellung aus Zellulose etc.

Kostenreduktion
Da das Sammeln, Behandeln und Entsorgen der Abfälle an menschliche Aktivitäten gekoppelt ist, welche Kosten verursachen, können durch das Vermeiden von Abfällen die absoluten Entsorgungskosten gesenkt werden. Ungeachtet dessen können die spezifischen Entsorgungskosten (z. B. in €/Mg Abfall) infolge von Fixkostenanteilen ansteigen. Eine deutliche Kosteneinsparung ist jedoch vor allem dann zu verzeichnen, wenn nicht nur kurzfristige betriebswirtschaftliche Kosten, sondern auch die volkswirtschaftlich relevanten Kosten inkl. Folgekosten berücksichtigt werden. Bei Internalisierung externer Kosten bietet die Abfallvermeidung eindeutige Einsparpotenziale.

Verringerung der Entropiezunahme
Der thermodynamische Begriff der Entropie ist über den „Ordnungszustand" bzw. die Richtung von Prozessen nach [22, 23] auch auf nicht chemisch-physikalische Vorgänge wie den Bereich der gesellschaftlichen und wirtschaftlichen Entwicklung übertragbar. Eine Entropiezunahme kann als Maß für die Nicht-Umkehrbarkeit eines Prozesses angesehen werden. Entropie ist damit vereinfacht als die Abwesenheit von nutzbarem Potenzial auszudrücken.

Unter naturwissenschaftlichen Gesichtspunkten ist die lokale Entropieabnahme bei lebenden Organismen möglich; gleichzeitig ist jedoch in deren Umgebung eine Entropiezunahme zu verzeichnen [24].

Nach Rifkin [23] ist ein Industrieland ökologisch umso fortschrittlicher, je enger das Netz von Produktions- und Stoffströmen geflochten ist, je feiner abgestimmt die Rohstoff und Energienutzungskaskaden sind und je langsamer die Entropiezunahme je Nutzungsstufe ansteigt.

Bezogen auf einen Produktionsprozess werden Ressourcen – Materialien mit niedriger bis mittlerer Entropie – mittels freier Energie (z. B. durch Maschinen) in Produkte mit hochgeordneten Strukturen (niedrige Entropie) umgewandelt. Werden diese als Abfall deklariert, geht das vorhandene Rohstoffpotential durch Verteilung in einen Zustand hohen entropischen Niveaus über. Als Beispiele seien genannt: Rohstoffe in Deponien, Metalllegierungen (z. B. im Auto), seltene Metalle in Elektronikprodukten. Daraus resultiert, dass die nahezu ubiquitäre Verteilung der Abfälle mit einer starken Entropiezunahme verbunden ist. Es ist ein hoher Energieaufwand notwendig, um diese verteilten Abfallstoffe in Sekundärrohstoffe umzuwandeln.

Unter diesem Aspekt ist ebenfalls die Abfallverwertung zu betrachten. Sie ist auch unter entropischen Gesichtspunkten hierarchisch der Abfallvermeidung nachzuordnen, da eine konsequente Anwendung des Recyclings mit dem Ziel der Konservierung von Ressourcen und Verringerung der abzulagernden Abfälle zu einem vermehrten Energieverbrauch und Dissipation von Stoffen in die Umgebung führt.

4.1.4 Akteure zur Abfallvermeidung

Zur Realisierung einer intensivierten Abfallvermeidung sind neun wesentliche Akteure zu nennen:

1. Gesetz- und Verordnungsgeber, welche über die Kompetenz der Gesetzgebung und dem Erlassen von Verordnungen, Satzungen etc. auf die Abfallmengen steuernd einwirken können.
2. Forschung, Bildungswesen und Information, die durch Innovation und Bewusstseinsbildung Abfallvermeidung an der Basis beeinflussen können. Durch Bildung können das Konsumverhalten und Bewusstseinsbildung erheblich beeinflusst werden.
3. Die öffentliche Hand (Ausführende, Exekutive), die vor allem über das Beschaffungswesen im eigenen Bereich neben der Öffentlichkeitswirkung Abfallvermeidung betreiben kann.
4. Die Produktion, welche beginnend beim Produktionsprozess bis hin zum Produkt, durch dessen Gestaltung und Konstruktion die Lebensdauer und Einsetzbarkeit wesentlich bestimmt.
5. Der Handel, der durch die Distributionssysteme vor allem im Verpackungsbereich die Abfallmengen bestimmt.
6. Das Dienstleistungsgewerbe, welches durch den Einsatz von Produkten Einfluss auf die Abfallmenge nimmt.
7. Die Privathaushalte, welche durch Konsum, Produktauswahl, Lebensdauer der Produkte und Eigenverwertung abfallvermeidend wirken können (Mikroakteure).
8. Planer, Berater sowohl im öffentlichen als auch im privaten Bereich. Deren Einflussnahme ist in frühem Stadium der Planung zugunsten der Abfallvermeidung möglich.
9. Parteien, Verbände, Vereine, Gewerkschaften: Einflussnahme sowohl durch Information der Mitglieder als auch durch Einbindung der beteiligten Kreise bei Gesetz- und Verordnungsgebung sowie Unterstützung flankierender Aktivitäten/Aktionen (Abfallvermeidungswoche, Konferenzen, Website).

Hierbei haben die Akteure auf die einzelnen Abfallarten unterschiedliche direkte Einflussmöglichkeiten. Es ist zu beachten, dass zwischen diesen Akteuren Rückkopplungseffekte auftreten, so dass indirekte Einflussmöglichkeiten in großem Umfang existieren (z. B. Produktion bestimmt das Warenangebot), wodurch letztlich ein Zusammenspiel aller Beteiligten erfolgt.

4.2 Gesetzliche Rahmenbedingungen zur Abfallvermeidung

Sowohl das Abfallrecht der Europäischen Union [25] als auch des Bundes [1] setzt die Abfallvermeidung an oberste Stelle.

4.2.1 Verankerung im europäischen Recht

Auf EU-Ebene soll durch die Strategie für Abfallvermeidung und Recycling die Abfallvermeidung forciert werden. Vorgesehen sind hierbei unter den Aspekten der Abfallvermeidung

- Betrachtung des Lebenszyklus von Ressourcen
- Förderung von Abfallvermeidungsstrategien
- Erweiterung des Wissens und der Informationsgrundlagen.

Abfallvermeidungsziele werden für die EU aufgrund der Komplexität der Umweltfolgen nicht vorgeschrieben. Auch sollen die ökonomischen Auswirkungen von Abfallvermeidungsmaßnahmen, z. B. Auswirkungen auf das Wirtschaftswachstum, beachtet werden. Gemäß IED-Richtlinie [26] müssen in Industrieanlagen die bestverfügbaren Techniken (BVT) eingesetzt werden, was abfallvermeidende Maßnahmen einschließt.

Konkrete Maßnahmen sind gemäß der neuen 5-stufigen Abfallhierarchie auf Ebene der EU-Mitgliedstaaten zu ergreifen (national, regional, kommunal). Die EU-Abfallrahmenrichtlinie – AbfRRL [10] verpflichtet die Mitgliedstaaten Abfallvermeidungsprogramme auszuarbeiten.

4.2.2 Verankerung im deutschen Recht

Schon seit 1971 besitzt die Abfallvermeidung nominell mit dem Umweltprogramm der Bundesregierung Priorität in der Abfallpolitik. Im KrWG des Bundes wurde die Abfallvermeidung u. a. in § 7 Abs. 1 unter Bezugnahme auf in bestimmten Fällen zu erlassenden Rechtsverordnungen im Gesetz verankert. Der Vorrang vor der Verwertung ist eindeutig festgelegt, die Forderungen sind allgemein gehalten und es wird auf Einzelfallbetrachtungen (Verordnungen) hingewiesen (§ 5 KrWG).

Nach § 3 Abs. 20 KrWG ist Vermeidung daher „jede Maßnahme, die ergriffen wird, bevor ein Stoff, Material oder Erzeugnis zu Abfall geworden ist". Nach [27] ist die entscheidende Trennlinie, dass kein Abfall gegeben ist, solange er noch nicht entstanden oder ein Stoff diese Eigenschaft wieder verloren hat.

Gemäß § 10 KrWG können Rechtsverordnungen bei besonders schadstoffhaltigen Abfällen, aber auch zur Vermeidung und Verringerung von Abfällen vor allem unter dem Aspekt einer umweltverträglichen Entsorgung erlassen werden.

Dies umfasst besonders:

- Kennzeichnungspflicht
- Pflichten zur Getrennthaltung und getrennten Entsorgung
- Pflichten zu Mehrwegsystemen
- Rücknahme und Pfandpflichten
- mögliche Verbote.

Zentrales Element der abfallarmen Gestaltung und Herstellung von Produkten ist die Verpflichtung des Produzenten zur Produktverantwortung. Produkte sollen so konstruiert, hergestellt und vertrieben werden, dass bei ihrer Produktion und bei ihrem Gebrauch Abfälle vermieden oder verwertet werden und dass nach ihrem Gebrauch Abfälle verwertet oder umweltverträglich beseitigt werden können. Damit steht die Entwicklung mehrfach verwendbarer, technisch langlebiger und reparaturfreundlicher Produkte unter Verzicht auf kritische Stoffe im Vordergrund. Die Produktverantwortung ist aber nicht für alle Produkte pauschal formuliert.

Produktverantwortung trägt, wer Erzeugnisse entwickelt, herstellt, be- oder verarbeitet oder vertreibt (§ 23 Abs. 1 KrWG) [1].

In Absatz 2 werden darüber hinaus Grundpflichten definiert, die besagen, dass

- Erzeugnisse mehrfach verwendbar und technisch langlebig sein sollen,
- Erzeugnisse nach dem Gebrauch für eine ordnungsgemäße und schadlose Verwertung und umweltgerechte Beseitigung geeignet sein sollen (keine Maßnahme der Abfallvermeidung),
- bei der Herstellung vorrangig verwertbare Abfälle oder sekundäre Rohstoffe eingesetzt werden sollen,
- eine Kennzeichnung von schadstoffhaltigen Erzeugnissen für eine entsprechende Verwertung oder Beseitigung erforderlich ist,
- auf bestehende Rückgabe-, Wiederverwertungsmöglichkeiten oder -pflichten sowie Pfandregelungen hingewiesen werden soll,
- Erzeugnisse bzw. deren verbleibende Abfälle nach Gebrauch zurückzunehmen sind.

In den §§ 24 und 25 des KrWG [1] sind Ermächtigungen für Rechtsverordnungen für Produktverbote, Beschränkungen des Inverkehrbringens, Kennzeichnungspflichten etc. aufgeführt. Beispielhaft sind hier zu nennen: Verpackungsverordnung, Elektro- und Elektronikaltgeräte-Verordnung, Altfahrzeug-Verordnung, Bauabfall-Verordnung.

Die Vermeidung, Verringerung und Verwertung von Abfällen bei genehmigungsbedürftigen Anlagen nach dem Bundes-Immissionsschutzgesetz ist in § 5 Abs. 1 geregelt, wonach diese so zu errichten und zu betreiben sind, dass Abfälle vermieden werden.

Auch die Merkblätter über die Best-Verfügbare-Technik (BVT-Merkblätter) beinhalten teilweise Vorgaben zur Abfallvermeidung.

4.2.3 Abfallvermeidungsprogramm

In § 33 Abs. 1 KrWG ist festgelegt, dass der Bund ein Abfallvermeidungsprogramm erstellt und sich die Länder an der Erstellung beteiligen können. Es war erstmals zum Ende des Jahres 2013 zu verfassen.

Inhalte des Abfallvermeidungsprogramms sind nach § 33 Abs. 3 KrWG:

1. Festlegung der Abfallvermeidungsziele (Ziele sind darauf gerichtet, das Wirtschaftswachstum und die mit der Abfallerzeugung verbundenen Auswirkungen auf Mensch und Umwelt zu entkoppeln)
2. Darstellung und Bewertung der bestehenden Abfallvermeidungsmaßnahmen (u. a. die in Anlage 4 KrWG angegebenen)
3. Festlegung weiterer Abfallvermeidungsmaßnahmen, soweit erforderlich
4. Vorgabe zweckmäßiger, spezifischer, qualitativer oder quantitativer Maßstäbe für festgelegte Abfallvermeidungsmaßnahmen, zur Überwachung und Bewertung der bei den Maßnahmen erzielten Fortschritte

Hauptziele bei der Ausarbeitung der Abfallvermeidungsprogramme sind [28]:

- Konzentration auf die wichtigsten Umweltfolgen und Berücksichtigung des gesamtem Lebenszyklus von Stoffen und Produkten → „Zweck solcher Ziele und Maßnahmen ist es, das Wirtschaftswachstum von den mit der Abfallerzeugung verbundenen Umweltauswirkungen zu entkoppeln" [10], Art. 29
- Orientierung an Art. 1 AbfRRL: „Maßnahmen zum Schutz der Umwelt und der menschlichen Gesundheit [...] [sind so festzulegen, dass] die schädlichen Auswirkungen der Erzeugung und Bewirtschaftung von Abfällen vermieden oder verringert, die Gesamtauswirkungen der Ressourcennutzung reduziert und die Effizienz der Ressourcennutzung verbessert werden."

Eine Studie zur inhaltlichen Umsetzung der EU-Vorgaben und Erarbeitung von wissenschaftlich-technische Grundlagen für ein bundesweites Abfallvermeidungsprogramm legt zwei Zielebenen fest (Abb. 4.2). Zielebene I betrifft die Reduktion von Umweltauswirkungen und Aus-wirkungen auf den Menschen durch Abfälle entlang der gesamten Wertschöpfungskette. Zielebene II betrifft die Wege, dieses zu erreichen – insbesondere die Reduktion von Abfallmengen und Schadstoffgehalten in Abfällen und Produkten (die irgendwann auch zu Abfällen werden).

Abfallvermeidungsprogramme enthalten jedoch keine verbindlichen Pflichten für den Einzelnen.

Neben der Festlegung von Abfallvermeidungszielen und der Darstellung und Bewertung von Abfallvermeidungsmaßnahmen dient das Abfallvermeidungsprogramm aber auch als Auftakt zu einem Dialog zwischen der öffentlichen Hand und beteiligten Kreisen.

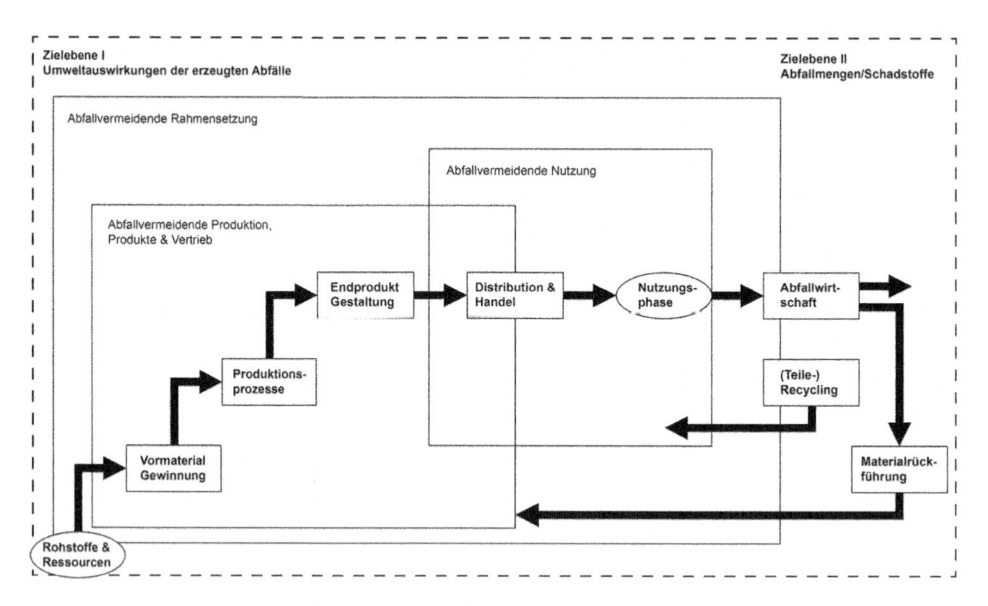

Abb. 4.2 Zielebenen und Maßnahmenbereiche entlang der Lebensweg-Stufen von Produkten (zur besseren Übersichtlichkeit wird die Abfallerzeugung innerhalb der Produktionskette nicht dargestellt!); nach [28]

Außerdem sind konkrete Aktionen, wie Konferenzen, Websites und Aktionen zu den Themen Lebensmittelabfälle, Produktdesign und abfallvermeidende öffentliche Beschaffung vorgesehen. Darüber hinaus arbeiten Bundesumweltministerium und Umweltbundesamt an einem Handlungskatalog und einer Kommunikationsstrategie, die die Einbeziehung und Beratung aller Beteiligten vorsieht. Eine Überarbeitung und Vorlage eines aktualisierten Abfallvermeidungsprogramms ist von Seiten der EU für das Jahr 2019 gefordert [29].

4.3 Maßnahmen zur Abfallvermeidung sowie Problembereiche bei der Umsetzung

Zur Vorbereitung des Abfallvermeidungsprogramms für Deutschland wurden in [28] ca. 300 Maßnahmen zur Abfallvermeidung im Auftrag des UBA systematisch entlang der Lebenswegstufen von der Rohstoffgewinnung bis zur Nutzung für die öffentliche Hand tabellarisch dargestellt und bewertet. Hierzu wurden auch Indikatoren erarbeitet anhand derer eine Bewertung der Maßnahmen erfolgen kann (Tab. 4.2) [11].

Aufbauend auf die Studie „Inhaltliche Umsetzung von Art. 29 der Richtlinie 2008/98/EG – wissenschaftlich-technische Grundlagen für ein bundesweites Abfallvermeidungsprogramm" [28] wurde das bundesweite Abfallvermeidungsprogramm [8] erarbeitet und Mitte 2013 vom Bundeskabinett beschlossen. Dieses beinhaltet 34 Maßnahmen, wie bspw. die Information und Sensibilisierung für das Thema Abfallvermeidung in verschiedenen

Tab. 4.2 Indikatoren zur Bewertung der Abfallvermeidung (aus [28])

Indikator	Datenverfügbarkeit	Priorisierung
Abfallaufkommen in Haushalten	Daten sind prinzipiell vorhanden	Sinnvoller Indikator und problemlos ermittelbar
Aufkommen von Nahrungsmittelabfällen	Wesentliche Daten müssen neu erhoben werden	Dringend erforderlich
Aufkommen von Bauabfällen	Daten sind prinzipiell vorhanden	Sinnvoller Indikator und problemlos ermittelbar
Wiederverwendung von Elektronikaltgeräten	Daten sind prinzipiell vorhanden, problematisch sind die Mengen aus der Sperrmüllsammlung	Sinnvoller Indikator
Abfallintensität in Industriesektoren	Wesentliche Daten müssen neu erhoben werden	Sinnvoller Indikator
Entwicklung der Ressourcenproduktivität	Wesentliche Daten müssen neu erhoben werden, dies erfolgt aber bereits (u. a. ProgRess)	Dringend erforderlich
Aufkommen von gefährlichen Abfällen	Daten sind prinzipiell vorhanden, Verlauf jedoch stark abhängig von rechtlichen Rahmenbedingungen	Sinnvoller Indikator
Aufkommen von Verpackungsabfällen	Daten sind prinzipiell vorhanden	Sinnvoller Indikator und problemlos ermittelbar
Kosten als Anreiz zur Reduzierung des Abfallaufkommens	Daten sind prinzipiell vorhanden	Sinnvoller Indikator und problemlos ermittelbar
Reduzierung des Abfallaufkommensdurch Umweltmanagementsysteme (UMS)	Daten sind prinzipiell vorhanden, jedoch bisher nur für spezifische UMS	Sinnvoller Indikator
Relevanz der Abfallvermeidung beim Konsumenten	Wesentliche Daten müssen neu erhoben werden	Dringend erforderlich

Kreisen sowie die Forschung und Entwicklung. Außerdem enthält das Programm Maßnahmen zur organisatorischen oder finanziellen Förderung von Strukturen zur Mehrfachnutzung, Reparatur und Wiederverwendung, von Konzepten zur Nutzung von Gebrauchsgütern durch einen größeren Kreis (z. B. Car-Sharing) sowie die Erstellung praxisnaher Arbeitshilfen. Die einzelnen Maßnahmen werden im Abfallvermeidungsprogramm näher beschrieben und unter Angabe der Maßnahme (Konzept), des Status der Maßnahme, des Initiators, des Adressaten sowie einer Bewertung tabellarisch zusammengefasst.

Als Beispiel sei hier die empfohlene Maßnahme „Entwicklung von Abfallvermeidungskonzepten und -plänen durch Kommunen" genannt. Landkreise und Gemeinden können unter Einbeziehung der beteiligten Kreise Abfallvermeidungsstrategien und -konzepte entwickeln. Diese sollten zum Ziel haben, die Bürger und die ansässigen Unternehmen – sowie auch die kommunalen Stellen selbst – mit Blick auf abfallvermeidendes Verhalten aufzuklären und zur Abfallvermeidung anzuhalten. Sie können auch in kommunale Abfallwirtschaftskonzepte nach § 21 KrWG integriert werden [8].

Im Zusammenspiel von gesellschaftlichen Normen und legislativen Vorgaben lassen sich drei grundsätzliche Maßnahmenbereiche zur Abfallvermeidung ableiten:

1. Abfallvermeidung wird erreicht durch den Verzicht auf Produktion und Konsum von Produkten; dies gilt besonders, wenn diese die Lebensqualität nicht erhöhen.
2. Wird ein Produkt benötigt, so ist es unter Einsatz minimalen Energie- und Materialaufwands zu erzeugen, hierbei ist der Einsatz von Schadstoffen zu minimieren. Potentielle Abfälle sind am Entstehungsort weitgehend wieder einzusetzen (Ressourceneffizienz).
3. Durch Einsatz von Mehrwegsystemen und langlebigen Produkten sind Abfälle zu vermeiden.

In den folgenden Kapiteln werden für verschieden Akteure Ansätze und Maßnahmen zur Abfallvermeidung vorgestellt.

4.3.1 Gesetzgeber und kommunale Verordnungsgeber

Der Gesetzgeber kann durch die Schaffung gesetzlicher Rahmenbedingungen abfallvermeidende Maßnahmen induzieren (siehe Abschn. 4.2). Auch können Umweltabgaben dazu herangezogen werden umweltschädigendes Verhalten zu verteuern (Lenkungsfunktion) [30]. Auf kommunaler Ebene sind folgende Möglichkeiten zur Abfallvermeidung anzusprechen:

- Bauleitplanung (Ansiedlung von Reparaturbetrieben etc.)
- Baurecht, Ortsbausatzungen (Sanierung statt Abbruch), Verbleib von Erdaushub vor Ort (Neubaugebiete)
- Wirtschaftsförderung (abfallarme Produktion), Gebrauchtwarenvermittlung (Kaufhaus)
- Modellprojekte (regional)
- Abfallwirtschaftskonzepte mit Vermeidungsstrategien
- Abfallgebührengestaltung (Wirklichkeitsmaßstab), Förderung der Eigenkompostierung (öffentlich-rechtliche Entsorgungsträger)
- Entwicklung und Einsatz neuer Informationssysteme zur Werterhaltung.

Die in mehreren europäischen Ländern eingeführten Deponieabgaben bzw. -steuern, die teilweise deutlich über 30 €/Mg liegen, induzieren eine Verlagerung von Abfallströmen von der Beseitigung zur Verwertung. Ein nachweisbarer Effekt zur Abfallvermeidung ist hieraus nicht ablesbar. Ebenso hat der Handel mit CO_2-Zertifikaten, durch den klimaschutzwirksame Maßnahmen auch auf dem Gebiet der Abfallwirtschaft besonders in

Entwicklungs- und Schwellenländern finanziert werden können, keinen Einfluss auf die Abfallvermeidung.

4.3.2 Forschung, Bildung und Information

Sowohl auf Bundes- als auf Landesebene kann die Forschung für abfallvermeidende Technologien und Systeme weiter entwickelt werden. Das bestehende Defizit ist nicht zuletzt damit zu begründen, dass die Abfallvermeidung primär als nicht wirtschaftlich betrachtet wird, da sie keine sofort monetär messbaren Erfolge erwarten lässt.

Gerade im Bildungsbereich erlaubt die Kulturhoheit der Länder im Hochschulbereich, aber auch an Schulen, Kindergärten etc. die Abfallproblematik durch den Einsatz entsprechender Lehrkräfte und beispielhafte Projektarbeiten gezielt ins Bewusstsein zu rücken. Dieser Punkt muss als besonders relevant angesehen werden, da gerade die ethischen Grundsätze das Konsumverhalten erheblich beeinflussen. So wurden in der Vergangenheit besonders Kampagnen im Bereich des öffentlichen Beschaffungswesens, der Schulen und Privathaushalte durchgeführt. Über umweltverträgliche Produkte, was allerdings über die Abfallvermeidung hinausgeht und auch Energie- und Schadstoffbetrachtungen einschließt, informieren z. B. das Umweltbundesamt [31] und Webseiten (z. B. EcoTopTen-Kampagne [32]).

Auf Ebene der entsorgungspflichtigen Gebietskörperschaften und der Kommunen ist die Abfallberatung für Behörden, Firmen und Bürger zu nennen (Abfallvermeidungsfibeln, Medien). Als ein Schritt der Informationspolitik in diese Richtung sind auch zertifizierte Öko-Label anzusprechen (z. B. Umweltengel etc.).

4.3.3 Öffentliche Hand, Beschaffungswesen

Als politische Maßnahme ist der Einfluss durch Lobby-Wirkung auf die Gesetzgeber möglich.

ZERO-Waste-Initiativen, die allerdings nicht gleich zu setzen sind mit einer abfallfreien Gesellschaft (in vielen Fällen wird auch das Recycling als Vermeidung postuliert), werden in einigen Städten als Initiativen umgesetzt. Beispiele sind: Canberra (Australien, seit 1996), Toronto (Kanada), Seattle (USA), Abfallstrategie Neuseeland (2002), Provinz Nova Scotia (Kanada) [33].

Beschaffungswesen
Die Forderung zu abfallvermeidendem Handeln der öffentlichen Hand ist im § 45 KrWG niedergelegt. Die öffentliche Hand ist selbst als einer der Großverbraucher (Bildung, Forschung, Erziehung, öffentliche Verwaltung) zu bezeichnen, welcher wesentlich zur Abfallvermeidung beitragen kann. Dies gilt besonders, da sie eine herausragende Vorbildfunktion ausübt.

So sollen an dieser Stelle nur die wesentlichen Punkte hervorgehoben werden. Maßnahmen zur Abfallvermeidung sind:

- Einsatz schadstoffarmer Produkte
- Einsatz langlebiger und reparaturfreundlicher Geräte
- keine Verwendung von Wegwerfutensilien vor allem im Bürobereich
- Doppelseitiges Kopieren und Bedrucken von Papier
- generelle Verringerung des Papierverbrauchs
- keine Einweg-Behältnisse und Portionspackungen in Kantinen
- kein Alu- oder Einweggeschirr; Einsatz eines Geschirrmobils bei öffentlichen Veranstaltungen, Straßenfesten etc.

Speziell im Baubereich sind durch entsprechende Ausschreibungsformulierungen Altmaterialien (z. B. aufbereitetes Material) dem Neuprodukt vorzuziehen. Entsprechendes gilt auch für den Komposteinsatz bei der Garten-, Grünflächen- und Landschaftsgestaltung.

Im kommunalen Bereich sind als Problemfelder hinsichtlich der Abfallvermeidung auszumachen:

- Innovation und Veränderung sind aufgrund der Verwaltungswege nur sehr langsam durchzusetzen
- Bezugsquellen für Recyclingmaterial und -produkte sind häufig unbekannt; gleichzeitig bestehen oftmals Verträge mit Firmen, welche die Recyclingprodukte nicht führen
- Kostenvorteile sind häufig nicht erkennbar
- Die Anforderungen an das Material sind häufig überzogen (Maximalforderungen)
- Der Organisationsaufwand und Personalaufwand kann höher als bisher sein.

4.3.4 Produktion und produzierendes Gewerbe

Produktionsvermeidung

Die effektivste Abfallvermeidung besteht in der Vermeidung der Produktion. Für den Produzenten ist dies jedoch eine existenzielle Frage. Eine hundertprozentige Abfallvermeidung kann es nicht geben, da ein bestimmtes Maß an Produktion für die Deckung des täglichen Lebensbedarfs notwendig ist.

Bezogen auf die Gesamtmenge aller in der Bundesrepublik entstehenden Abfälle kommt den Produktionsabfällen selbst die größte quantitative Bedeutung zu. Beginnend bei der Gewinnung der Rohstoffe bis hin zur Produktverarbeitung besteht das größte Potential.

Produktdesign und -konstruktion

Bei Produktkonstruktion und -design liegt einer der wesentlichen Mechanismen zur Abfallvermeidung. Wird doch hier festgelegt, aus welchen Materialien ein Produkt besteht und ob es nach einmaligem Gebrauch zu Abfall deklariert werden muss oder ob es mehrmaligen Gebrauchszyklen unterworfen werden kann.

Die Verwendungsdauer des Produkts im Wirtschaftskreislauf hängt somit entscheidend davon ab, ob die Konstruktion des Produktes auf einfache Wartung, Verfügbarkeit und der Möglichkeit des Austausches von Ersatzteilen sowie Haltbarkeit des Materials ausgelegt ist oder nicht (z. B. EcoDesign [34]).

Ansätze hierzu sind in der VDI-Richtlinie 2243 „Recyclingorientierte Produktentwicklung" [35] festgelegt. Design for the Environment (DFE) umfasst umweltgerechtes Design.

Es sollte:

- materialeffizient
- materialgerecht
- energieeffizient
- schadstoffarm
- abfallvermeidend/-vermindernd
- langlebig
- recyclinggerecht
- entsorgungsrecht
- logistikgerecht

sein.

Durch die Ökodesign-Richtlinie der EU (Richtlinie 2009/125/EG vom 21. Oktober 2009) [36] wird ein Rahmen für die Festlegung von Anforderungen an die umweltgerechte Gestaltung energieverbrauchsrelevanter Produkte geschaffen. Das Energieverbrauchsrelevante-Produkte-Gesetz (EVPG) von 2008 [37] setzt diese Ökodesign-Richtlinie in deutsches Recht um. Ziel ist die Einsparung von Energie und anderen Ressourcen bei Herstellung, Betrieb und Entsorgung bei Produkten, welche in nennenswertem Umfang Energie verbrauchen.

Folgende Produktgruppen sind hiervon betroffen: Geräte zum Heizen, Lüften und Kühlen, Elektronikartikel (z. B. PCs, Fernsehgeräte), Weiße Ware (z. B. Kühlschränke), Beleuchtung, Maschinen und Anlagen in der Industrie, sowie Sonstige (z. B. Fenster, Wasserhähne, Dämmstoffe).

Für diese wird die qualitative und quantitative Beschreibung von Umweltauswirkungen, die Limitierung des Energie- und Ressourcenverbrauches und der Schadstoffkonzentration sowie die Dokumentation des Ressourcenverbrauches gefordert. Damit ist von Seite des Gesetzgebers ein Instrument vorhanden, abfallvermeidende Produktgestaltung bis hin zur verbesserten Demontierbarkeit zu fordern. Bei einigen wenigen Produkten werden hierfür Anforderungen definiert (z. B. Mindeststandards hinsichtlich der Produktlebensdauer bei Lampen oder die Lebensdauer und Gebrauchstauglichkeit von Komponenten (z. B. bei Staubsaugern)) und hinsichtlich der Bereitstellung von Informationen, z. B. für die Wartung und Demontage.

Dies kann ein Ansatz für weiterführende Anforderungen auch zur abfallvermeidenden Konstruktion sein. In der Studie „Material-efficiency Ecodesign Report and Module to the Methodology for the Ecodesign of Energy-related Products (MEErP)" [38], wird eine Methodik zur Verbesserung der Materialeffizienz dargestellt.

Zielführende Ansätze werden in verschiedenen Branchen wie z. B. der Möbelindustrie umgesetzt [39]. Nicht völlig losgelöst hiervon zu betrachten ist die Nachfrage der Verbraucher nach bestimmten Eigenschaften eines Produktes. So implizieren z. B. Forderungen der UV-Beständigkeit und biologischer Resistenz zur Haltbarkeit, Chemikalienbeständigkeit u. Ä. von vorneherein bestimmte Stoffeigenschaften, welche im Hinblick auf die ökologische Relevanz auch bei Substituten in der Regel keine deutliche Verbesserung bringen können.

Die Produkte lassen sich untergliedern in Verbrauchsgüter und Gebrauchsgüter, wobei die Übergänge abhängig von der Lebensdauer fließend sind [40]. Bei Verbrauchsgütern sind als besonders abfallträchtig die Einwegprodukte zu nennen, welche eine nur kurze Lebensdauer haben. Diese sind einteilbar in Einwegartikel und Einwegverpackungen.

Als Einwegverpackungen sind Verpackungen aus Pappe, Glas, Blech, Kunststoff, Verbundmaterial sowie Einweggeschirr zu nennen. Die Produkte sind grundsätzlich durch Mehrwegsysteme ersetzbar.

Dagegen sind Einwegartikel durch ihre Benutzungsdauer begrenzt, indem sich Verschleißelemente oder der Betriebsstoff erschöpfen oder dass sie als Hygieneartikel nur einmal benutzt werden. Als Beispiele seien hier genannt: Feuerzeuge, Kugelschreiber, Taschenlampen, Uhren, Batterien und auch Fotoapparate, aus dem Hygienebereich zählen hierzu Papiertaschentücher, Windeln, Einwegwäsche. Diese Produkte sind nicht nur von ihrer Abfallmenge her relevant, sondern vor allem wegen ihres Schadstoffgehaltes (z. B. Hg in Batterien etc.). Sie sind generell vermeidbar, indem sie durch längerlebige Alternativen ersetzt werden (nachfüllbar, ladbar) und somit zu Gebrauchsgütern werden.

Gebrauchsgüter erfahren in der Regel eine mehr- bis vieljährige Benutzung, so dass die Reparierbarkeit und Nachrüstbarkeit bei der Produktherstellung von großer Bedeutung ist. Als Beispiele hierfür seien genannt: Haushaltsgeräte, Möbel, Fahrzeuge, Bürogeräte, Werkzeugmaschinen u. Ä. Hierbei geht der Trend zu komplexen Compoundprodukten, welche zwar rohstoff- und energiesparender sind als Altgeräte; eine Reparatur (Abfallvermeidung) oder Verwertung ist jedoch oft nicht möglich. So steht abfallvermeidendes Verhalten durch langen Geräteeinsatz oftmals gegen neue Produkte mit durchaus ökologischen Vorteilen (z. B. geringerer Wasserverbrauch, Energieverbrauch, Schadstoffausstoß).

Hieraus resultiert unter Berücksichtigung einer Phasenverschiebung eine in Zukunft steigende Abfallmenge infolge dieser Geräte. Aus Abb. 4.3 wird deutlich, dass gerade im Bereich von Konsumgütern wie Elektrogeräten etc. zwischen Produktion und Entsorgung aufgrund der Nutzungsdauer eine Phasenverschiebung von mehr als zehn Jahren auftreten kann, so dass nach dem Zeitpunkt der Änderung von gesetzlichen Rahmenbedingungen bzw. Konsumgewohnheiten über einen langen Zeitraum mit Konsumgüterabfällen zu rechnen ist, welche als Güter nicht mehr produziert werden. Es zeigt sich unabhängig von der Abfallvermeidung, welche bei vorhandenen Geräten nur über die Reparatur laufen könnte, folgende Situation:

- die Produkte enthalten immer mehr Einzelteile und verschiedene Materialien.
- die Zusammensetzung einzelner Materialien wird vielfältiger.

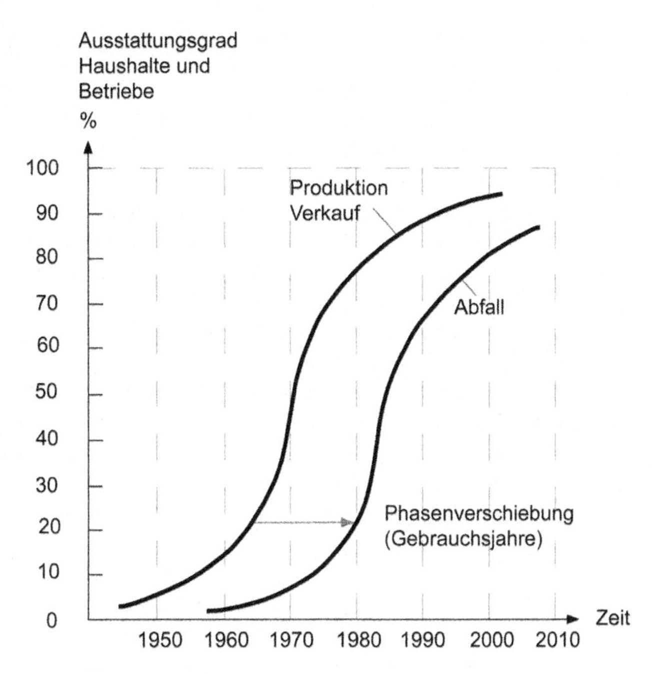

Abb. 4.3 Phasenverschiebung von Produktion und Abfallanfall bei Elektrogeräten (nach [41])

- die einzelnen Elemente von Elektrogeräten werden zwar laufend kleiner und vielfach ressourcen- und energiesparender, dafür aber komplexer,
- die Geräte enthalten immer mehr Verbundstoffe,
- ihre Auftrennung in die verschiedenen Grundstoffe wird schwieriger,
- strategisch wichtige Metalle sind in kleinen Mengen in komplexen Produkten (Magnete, Kondensatoren, Halbleiter) eingesetzt.

Produktionsprozess

Im Produktionsprozess selbst sind entscheidende Maßnahmen möglich, Abfälle zu vermeiden oder deutlich zu verringern. Beispielhaft sind zu nennen [35]:

- Wahl von Materialien, welche sich direkt wieder in den Prozess zurückführen lassen (z. B. kein Compoundmaterial) und hieraus folgernde Rückführung in den Prozess
- Verwendung möglichst wenig verschiedener Werkstoffe
- Wahl einer Konstruktion, welche abfallarmes Produzieren erlaubt (z. B. bei Stanzformen)
- Substitution bestehender Produktionsverfahren durch Prozesse bei welchen weniger Restmengen und/oder schadstoffhaltige Reste anfallen
- Substitution schadstoffhaltiger Rohstoffe oder Produktionshilfsmittel (z. B. Ersatz von CKW durch wässrige Reinigungsmittel).

Hindernis für die Umsetzung der vorgenannten Optionen sind neben juristischen vor allem (welt)wirtschaftliche Aspekte, da durch reparaturfreundlichere Produkte zum einen die Herstellungskosten in der Regel höher werden, zum anderen die Lebensdauer der Produkte erhöht wird und damit der Bedarf und die hieraus resultierende Produktionsrate geringer würde. Gleichzeitig wären technische Neuerungen langsamer durchsetzbar.

Eine gesellschaftlich-wirtschaftliche Umstrukturierung, die eine Verminderung der Produktionsbetriebe und eine deutliche Zunahme der Reparaturbetriebe beinhaltet, wäre unabdingbar.

Abfallvermeidung bei der Lebensmittelproduktion ist durch Optimierung der Produktionsprozesse (z. B. Vermeidung von Überproduktion, Verringerung von Fehlchargen, Reduzierung von Beschädigung und Verderb) umsetzbar [42].

Umweltmanagementsysteme

In Umweltmanagementsystemen als Maßnahme des betrieblichen Umweltschutzes ist Abfallvermeidung einzubinden. Details hierzu siehe im Kapitel Umweltmanagementsysteme.

4.3.5 Handel

Der Handel stellt schon aufgrund seiner Funktion die Schnittstelle auf dem Weg der Produkte vom Hersteller zum Konsumenten dar. Er selbst produziert nicht und ist im Bereich der Verpackungen oder auch überlagerter bzw. defekter Produkte selbst Abfallerzeuger.

Maßnahmen zur Abfallvermeidung sind:

- Wiederverwendbare Transportverpackungen (Mehrwegsysteme)
- Produkte ohne Umverpackung
- Verkaufsverpackungen (Mehrwegsysteme) mit kurzen Transportwegen (Einheitsflaschen zum Beispiel Mineralwasser, Bier)
- Verkauf offener Ware, teilweise Akzeptanzprobleme und Einkaufsverhalten als Hinderungsgrund
- Regionalvermarktung, Direktvermarktung

Es zeigt sich, dass der Handel eine wichtige Funktion im Rahmen der Abfallvermeidung übernehmen kann. Er benötigt aber stets die intensive Unterstützung des Käufers, da dieser bei alternativem Angebot entscheidet was absetzbar ist.

Die Auswirkungen der Verpackungsverordnung im Hinblick auf die Abfallvermeidung sind schwer quantifizierbar. Wie die Abb. 4.4 bis 4.6 zeigen, konnte durch eine Veränderung des Designs und der Materialien der Verpackungen sowie deren Größe eine Reduzierung der Masse und eine verbesserte Verwertbarkeit erzielt werden (z. B. Ersatz von Mehrkomponenten-Material). Durch die Substitution von Glasflaschen durch PET-Flaschen wurde eine deutliche Massenreduzierung erreicht. Die Abfallvermeidung im strengen Sinne wurde hierdurch jedoch nicht erzielt.

Abb. 4.4 Vermeidung der Umverpackung (Karton) durch neu gestaltete Verkaufsverpackung [43], © DSD GmbH

Abb. 4.5 Vermeidung der Umverpackung (Blister) durch Veränderung des Produktdesign [44], © DSD GmbH

Zur Vermeidung von Verpackungsabfällen und bewussterem Umgang mit Lebensmitteln verfolgen vermehrt einzelne Läden das Geschäftsmodell, Waren, u. a. durch Einsatz von Lebensmittelspendern in Selbstbedienung, unverpackt zu verkaufen (u. a. in London, Berlin, Kiel, München).

Die Vermeidung von Abfällen von z. B. überlagerten Lebensmitteln ist möglich. Untersuchungen in Österreich zeigen, dass durch die Abgabe an Bedürftige, Tafelläden etc. Abfälle vermieden werden können [45].

Im Bereich des Lebensmitteleinzelhandels entstehen in Deutschland ca. 500.000 Mg/a an Lebensmittelverlusten. Gründe sind Überlagerung bei Fleischwaren, Obst und Gemüse, teilweise entstehend durch Überbevorratung (z. B. frisches Obst und Gemüse oder Backwaren bis kurz vor Ladenschluss vollständig im Sortiment zu haben), große Warenvielfalt oder das nahende bzw. die Überschreitung des Mindesthaltbarkeitsdatums. Von diesen Lebensmittelverlusten im Einzelhandel gehen zwischenzeitlich ca. 40 % an Tafelläden, der Rest wird als Abfall entsorgt. Kleinere Geschäfte im Lebensmitteleinzelhandel haben

Abb. 4.6 Verminderung der Verpackungsmenge durch wieder befüllbare Behälter [44], © DSD GmbH

es erreicht, durch optimiertes Abfallmanagement bis hin zur Verarbeitung verderblicher frischer Lebensmittel vor deren Verfall (z. B. als Kompott, Marmelade, Gerichte) die Menge an Lebensmittelabfällen auf gegen null zu reduzieren [42].

Die Ausweisung von Sonderangeboten von Produkten, die kurz vor Ablauf des Mindesthaltbarkeitsdatums stehen, Vortagsbäckereien, die Weiterentwicklung von Logistik und Bestelltools und dynamische Mindesthaltbarkeitsdaten, die von Kühlkette und Qualität der Lebensmittel abhängig sind, können zur Abfallvermeidung beitragen.

4.3.6 Dienstleistungsgewerbe

Im Dienstleistungsgewerbe kann Abfallvermeidung vorherrschend auf folgenden Wegen beeinflusst werden:

- Einfluss auf die Abfallentstehung bei der Dienstleistung selbst (z. B. Hotel- und Gaststättengewerbe, Kantinen)
- Nutzungsoptimierung der genutzten bzw. verwalteten Güter
- Personalabfälle
- Beschaffungswesen (siehe auch Abschn. 4.3.3)

Die weite Spannbreite der Möglichkeiten soll an dieser Stelle nicht beschrieben werden. Es sei auf Handbücher zur umweltfreundlichen Beschaffung verwiesen [31].

Darüber hinaus existieren eine Vielzahl von Branchenkonzepten besonders für klein- und mittelständische Unternehmen, die über das Internet abrufbar sind (z. B. (Material)-Effizienzagentur, PIUS).

Lebensmittelabfälle bei Großverbrauchern (Betriebsverpflegung, Heime, Beherbergungsgewerbe, Gaststättengewerbe) fallen in einer Größenordnung von ca. 1,9 Mio. Mg/a in Deutschland an [42]. Nach [46] können bis zu 50 % der Lebensmittelabfälle bei Großverbrauchern vermieden werden. Untersuchungen in einer Universitätsmensa zeigen, dass ca. 10 % der eingesetzten Lebensmittel als Abfall entstehen, hierbei machen die Buffetreste mit ca. 60 % den größten Anteil aus, gefolgt von den Tellerresten mit ca. 20 % [47]. Durch Feedback-Systeme in Kantinen, mobile Kantinen in Krankenhäusern, und bedarfsorientierte Essensausgabe bei Kantinen und im Gaststättengewerbe können Lebensmittelabfälle in diesem Bereich deutlich reduziert werden [48]. Initiativen wie u. a. „United against Waste e.V." verfolgen, die Menge vermeidbarer Lebensmittelabfallmengen bei den Vereinsmitgliedern zu reduzieren (bes. Lebensmittelhersteller, Händler, Gastronomie, Kantinenbetreiber).

Nutzungsoptimierung von Gütern beruht auf dem Prinzip der besseren Ausnutzung der Güter. Damit einher geht ein deutlich verminderter Ressourceneinsatz. Dies kann u. a. erfolgen durch:

- Längere Nutzung vorhandener Güter durch Maßnahmen der Nutzungsdauerverlängerung wie Reparatur, Instandsetzung, technologisches Aufrüsten.
- Langzeitnutzung durch periodische Qualitätsüberwachung (z. B. Motorölwechsel).
- Intensivierung der Nutzung durch gemeinsame, geteilte oder Mehrfachnutzung (Computer-timesharing).
- Durch Leasing (Computer, Maschinen, Fahrzeuge) kann partiell ebenfalls eine Optimierung erreicht werden. Dies bietet häufig auch betriebswirtschaftliche Vorteile.
- Langlebigkeit durch zeitloses Produktdesign.
- Einsatz von Multifunktionsgeräten (z. B. Drucker incl. Scanner und Faxgerät).

Aktuelle Lösungsansätze sind die Etablierung von Reparaturbetrieben für Elektroaltgeräte, die zum Wiederverkauf angeboten werden [49] und die sich ausbreitende Kultur der Repair Cafés [50]. Ausgehend von einem Projekt in Amsterdam im Jahr 2009 haben sich hiervon schon über 100 allein in Deutschland etabliert.

4.3.7 Privathaushalte

Der private Haushalt ist, sofern es sich nicht um gewerbliche oder öffentliche Nutzung handelt, in der Regel die letzte Station im Leben eines Produktes, bevor es zu Abfall wird. Im Wesentlichen lassen sich sieben Quellen im Haushalt aufspüren, an denen Abfall entsteht und damit Vermeidungsstrategien anknüpfen können:

- Reste aus der Essenszubereitung
- Verpackungen

- Reste infolge zu großer Packeinheiten
- Einwegartikel
- Druckerzeugnisse
- defekte Produkte
- Gartenabfälle

Reste aus der Essenszubereitung und Gartenabfälle sind beeinflusst durch Kochgewohnheiten und Gartengestaltung. Sie bilden ein erhebliches Potential für die Abfallvermeidung, wenn Flächen für eine eigene Kompostierung dieser Abfälle zur Verfügung stehen (zur Problematik der Abgrenzung zur Verwertung siehe Abschn. 4.1.2). Der Anteil der Eigenkompostierung liegt im ländlichen Raum bei 35 bis hin zu 50 % [51, 52], in Städten bis zu max. ca. 30 % [53, 54] (siehe auch Kapitel Kompostierung).

Verpackungen fallen in Haushalten in einer Menge von ca. 90 kg/(E · a) an. Versuche ergaben ein theoretisches Einsparpotential von ca. 60 kg/(E · a).

Zu große Packeinheiten bilden besonders im Hobbybereich und bei Arzneimitteln ein Potential für die Entstehung von Abfällen. Das abzuschätzende Vermeidungspotential liegt bei ca. 1–2 kg/(E · a).

Basierend auf Hausmüllanalysen ist von einem Anteil an Einwegartikeln (ohne Verpackung) von rund 10 % auszugehen. Davon sind ca. 50 % Einwegwindeln, deren Anteil stark abhängig von der Siedlungsstruktur ist. In Haushaltungen mit Kleinkindern kann dieser Anteil am Restmüll über 15 % betragen.

Die Menge an Einwegartikeln beträgt zwischen 20 und 25 kg/(E · a). Realistischerweise muss aber davon ausgegangen werden, dass unter den heutigen gesellschaftlichen Rahmenbedingungen, auch bei hohem Aufwand für Information und Motivation der Haushalte, nur eine Vermeidungsquote von maximal 50 % angenommen werden kann.

Druckerzeugnisse befriedigen den Informationsbedarf unserer Gesellschaft. Sie betragen ca. 50 kg/(E · a). Durch Reduktion von Postwurfsendungen und Nichtannahme von Werbesendungen, sowie kritischem Einkauf von Zeitungen und Zeitschriften ließe sich eine Vermeidungsquote von ca. 10–20 % erzielen.

Die Menge an defekten Produkten ist schwer abzuschätzen. Sie finden sich häufig im Sperrmüll wieder. Vorliegende Analysen lassen eine Menge von rund 15 kg/(E · a) wahrscheinlich erscheinen, wenn Haus- und Sperrmüll zusammengerechnet werden.

Bezogen auf Investitionsgüter mit hohem Energieverbrauch (z. B. Kühlschrank) im Haushalt wird jedoch auch deutlich, dass Abfallvermeidung nicht eindimensional zu betrachten ist. Substituiert ein Elektrogerät mit deutlich geringem Energieverbrauch ein Altgerät mit hohem Energieverbrauch, so kann unter den Aspekten des Ressourcen-(Energie) und Klimaschutzes durchaus ein Ersatz ökologisch sinnvoll sein. Zur Abwägung dieser Situation sind Ökobilanzen heranzuziehen (siehe Kapitel Ökobilanzen).

Bei den Lebensmittelabfällen aus Haushalten ist zu unterscheiden in nicht vermeidbar (z. B. Knochen, Schäl- und Putzreste), teilweise vermeidbar bedingt durch Verbrauchergewohnheiten (z. B. Brotrinde, Schalen von Obst und Gemüse) und vermeidbar (überlagert, nicht gegessen). Von den ca. 6,7 Mio. Mg/a in Deutschland anfallender Lebensmittelabfälle

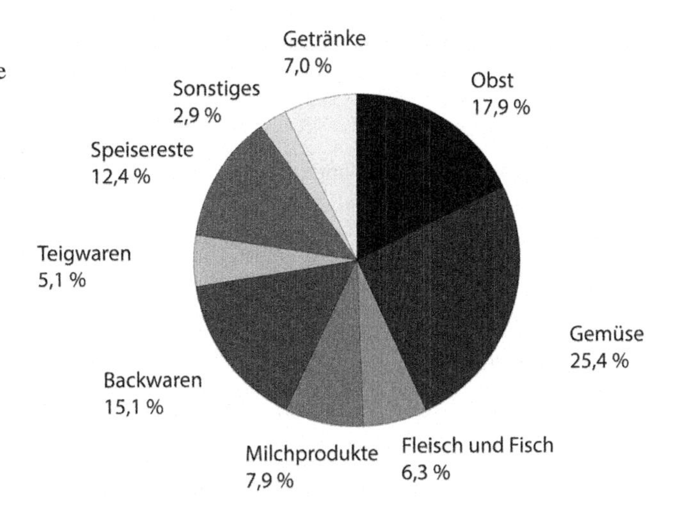

Abb. 4.7 Zusammensetzung der vermeidbaren und teilweise vermeidbaren Lebensmittelabfälle aus Haushalten nach Produktgruppen (Massenprozent) [42]

(entsprechend ca. 82 kg (E · a)) sind ca. 2/3 (entsprechend ca. 53 kg (E · a)) teilweise vermeidbar oder vermeidbar. Wie in Abb. 4.7 dargestellt wird der größte Anteil durch Obst, Gemüse und Backwaren verursacht.

Dies entspricht einem Warenwert von ca. 200 bis 260 €/(E · a).

Die Gründe für die Entstehung der teilweise vermeidbaren bzw. vermeidbaren Lebensmittelabfälle beinhalten besonders falsche Lagerung, zu viel gekocht, kein Bedürfnis mehr, die Lebensmittel zu konsumieren und Überschreitung des Mindesthaltbarkeitsdatums (siehe Abb. 4.8) [42].

Untersuchungen zeigen, dass durch bewusstes Verbraucherverhalten (z. B. beim Einkaufen und Kochen, Führen eines Lebensmitteltagebuchs, Verwenden von hartgewordenen

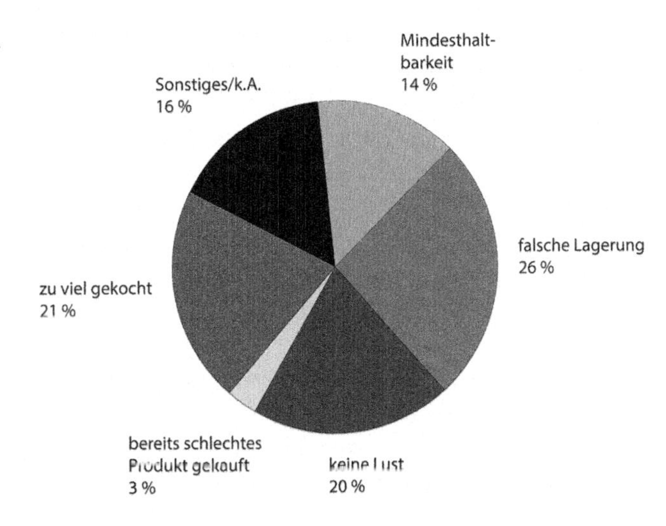

Abb. 4.8 Gründe für vermeidbare Lebensmittelabfälle in Pilothaushalten [55]

Tab. 4.3 Theoretisches und realistisches Potential für die Abfallvermeidung in Privathaushalten

	theoretische Obergrenze (kg/(E · a))	realistische Menge in (kg/(E · a))
org. Abfälle aus Küche und Garten (je nach Struktur des Gebietes)	über 80	20–40
Verpackungen	bis 60	30
zu große Packeinheiten	1 bis 2	1
Einwegartikel	20–25	10–15
Druckerzeugnisse	bis zu 50	5–10
defekte Produkte	10 bis 15	1–2

Backwaren und Kochresten für neue Gerichte) bis zu 50 % Lebensmittelabfälle vermieden werden können [55].

Zusammenfassend lässt sich das Vermeidungspotential in privaten Haushalten wie in Tab. 4.3 dargestellt, wie folgt quantifizieren:

Wird eine Abfallmenge aus Haushalten von 453 kg/(E · a) angesetzt [56], so beträgt das theoretische Vermeidungspotential fast 50 %. Als realistisch ist ein Vermeidungspotential von 5 bis 15 % anzusetzen. Voraussetzung sind jedoch intensive Maßnahmen der Öffentlichkeitsarbeit mit dem Schwerpunkt auf der Förderung der Eigenkompostierung und der Reduktion von Verpackungen.

In der Praxis wurden in Hamburg, Berlin und Köln Versuche durchgeführt. Die nach intensiver Information der Verbraucher vermiedenen Abfallmengen lagen bei 35–47 kg/(E · a) in Berlin und bei 64 kg/(E · a) in Hamburg [54].

Diese Werte nähern sich schon gut den oben dargestellten Abschätzungen. Hierbei ist zu beachten, dass bei konsequent durchgeführten Recyclingmaßnahmen die vermiedenen Abfälle das Recyclingpotential des Haus- und Sperrmülls um über 70 % verringern. (Beispiele: Druckerzeugnisse, Verpackungen (teilweise), organische Abfälle.)

Untersuchungen in Wien im Jahr 1999 ergaben ein Vermeidungspotential von ca. 15 kg/(E · a) an Restabfällen [55]. Auf Basis von 281 kg/(E · a) Restabfall (1999) bedeutet dies eine Verminderung um 5,4 %. Bezogen auf die gesamten Abfälle einschließlich der wiederverwendeten Abfälle mit 481 kg/(E · a) wurde ein Potential von 30 kg/(E · a), entsprechend 6,2 % kalkuliert. Tabelle 4.4 zeigt das Vermeidungspotential für Wien.

4.3.8 Schlussbemerkungen

Die Effekte von Abfallvermeidungsmaßnahmen sind schwer quantifizierbar. So fehlen bis dato allgemein anerkannte Methoden sowie Benchmarks, um die eigentliche Abfallvermeidung (keine Produktion) oder infolge längerer Nutzungsphase zu bewerten. Allein die Festlegung der Bezugsgröße ist eine offene Fragestellung. Ansatzweise können über

Tab. 4.4 Abfallvermeidungspotential für Wien (kg/(E · a)) [45, 57]

Thema	Maßnahme	Restabfall	Abfälle zur Verwertung	Summe
Werbematerial	Werbematerial auf Bestellung	3,2	7,4	10,6
	unerwünschtes Werbematerial	0,5	1,2	1,7
Getränkeverpackung	Mehrwegquoten	7,7	4,4	12,1
	Kreislaufquote	1,3	0,2	1,5
	Verpackungsabgabe	7,7	4,4	12,1
	Lizenzmodelle	7,7	4,4	12,1
	Verbot von Getränkedosen	1,9	1,8	3,6
Babywindeln	Unterstützung Nutzung Mehrwegwindeln	2,0	0,0	2,0
	Leihwindeln	2,0	0,0	2,0
Elektrogeräte	Verlängerung der Garantiezeit	0,3	1,4	1,7
	Rücknahmeverpflichtung	0,3	1,4	1,7
	Produktabgabe	n.q.	n.q.	n.q.
	Verringerung der MWST bei Reparatur	n.q.	n.q.	n.q.
Öffentliche Einrichtungen	Interesse Festlegung von Vermeidungsmaßnahmen	0,4	n.q.	0,4
Öffentlichkeitsarbeit	Pilotprojekte für Abfallvermeidung	0,5	0,4	0,9

n.q. = nicht quantifiziert.

Ökobilanzen Produkte hinsichtlich ihrer Umweltrelevanz einschließlich der hieraus resultierenden Abfallmenge bewertet werden.

Wie sich gezeigt hat, ist die Vermeidung von Abfällen nur in sehr begrenztem Umfang von Seiten der Abfallwirtschaft und den für die Entsorgung Zuständigen beeinflussbar. Neben dem Konsumverhalten des Einzelnen sind Produktangebote, gesetzliche Rahmenbedingungen sowie die nationale und internationale wirtschaftliche Situation wesentliche Einflussgrößen. Besonders in sich entwickelnden Ländern lässt sich eine Proportionalität zwischen Abfallmenge und Bruttoinlandsprodukt herstellen. In Industriestaaten zeigt sich eine Tendenz zur Entkoppelung dieser beiden Größen [58, 59].

Abfallvermeidung ist aber nicht nur die Reduzierung der Menge sondern hat durchaus auch eine qualitative Komponente. Die Abfallintensität stellt einen spezifischen Indikator für die Messbarkeit der Abfallvermeidung dar [59]. Die Substitution von Schadstoffen z. B. FCKW durch umweltneutrale Stoffe ist eine Maßnahme der Abfallvermeidung und sorgt für eine Entlastung der Umwelt. Stärker als in der Mengenreduktion ist im qualitativen Bereich der Gesetzgeber gefordert.

Darüber hinaus können Materialflussindikatoren den Ressourcenverbrauch anzeigen, der indirekt Abfallvermeidung quantifizieren kann. Zur Angabe der Ressourcenintensität kann die Rohstoffproduktivität herangezogen werden [8] (Bruttoinlandprodukt je Inanspruchnahme an nicht erneuerbaren Rohstoffen).

Generell ist Abfallwirtschaft als integraler Bestandteil der Wirtschaft zu verstehen und muss in alle Stufen der Produktion und des Konsums einbezogen werden. Hierbei ist auf die Schließung von Stoffkreisläufen und die Minimierung der Schadstoffe zu achten.

Es wurde dargestellt, dass eine konsequente Abfallvermeidung nicht alleine auf die Verringerung des Abfallgewichts bezogen werden kann, sondern die Effizienz der Ressourcennutzung, welche auch den Energieverbrauch und Schadstoffreduktion als maßgebliche Größe berücksichtigt, einbezogen werden muss.

Einen zusätzlichen Bewertungsmaßstab können ökonomische Kriterien darstellen, wenn externe Kosten internalisiert werden. Damit können auch mittelbare Kosten aus Energieverbrauch und Abfallentstehung (wie z. B. Altlasten, fehlende Ressourcen, Umweltbelastung) berücksichtigt werden [60].

Fragen zu Kap. 4

1. Wie ist Abfallvermeidung zu definieren?
2. Was versteht man unter geplanter, funktioneller bzw. psychischer Obsoleszenz?
3. Welche Maßnahmen umfasst die Abfallvermeidung?
4. Warum sollen Abfälle vermieden werden?
5. Welche wesentlichen Akteure beeinflussen die Maßnahmen zur Abfallvermeidung?
6. Welche Maßnahmen können besonders zur Abfallvermeidung beitragen?
7. Was sind die wesentlichen Inhalte des Abfallvermeidungsprogrammes der Bundesregierung?
8. Welche Indikatoren können für die Bewertung von Abfallvermeidungsmaßnahmen herangezogen werden?
9. Warum findet Abfallvermeidung nicht in dem Umfang statt, der aus ökologischer Sicht wünschenswert wäre?
10. Hat die Verpackungsverordnung signifikant zur Abfallvermeidung beigetragen?
12. Welche Abfallquellen im Haushalt bieten ein hohes Potential zur Abfallvermeidung?
13. Welche Abfallmengen können theoretisch bzw. realistisch vermieden werden? Welche Auswirkungen hat dies auf die Abfallmengen zur Beseitigung?
14. Warum ist Abfallvermeidung schwer quantifizierbar?

Literatur

[1] KrWG: Gesetz zur Förderung der Kreislaufwirtschaft und Sicherung der umweltverträglichen Bewirtschaftung von Abfällen (Kreislaufwirtschaftsgesetz – KrWG). Artikel 1 des Gesetzes

vom 24.02.2012 (BGBl. I S. 212), in Kraft getreten am 01.03.2012 bzw. 01.06.2012, zuletzt geändert durch Gesetz vom 22.05.2013 (BGBl. I S. 1324) m.W.v. 01.05.2014

[2] OECD: Organisation for Economic Co-operation and Development, Environment Directorate, Environment Policy Committee, Working Group on Waste Prevention and Recycling, Working Group on Environmental Information and Outlooks, Towards Waste Prevention Performance Indicators, ENV/EPOC/WGWPR/SE(2004)1/FINAL, 30.09.2004

[3] Illich, I.: Die Entstehung des Un-Wertes als Grundlage von Knappheit und Ökologie. Ex- und hopp, anabas-Verlag, Gießen, 1989, S. 31–32

[4] Lausch, W.: Abproduktarme Territorien als Entscheidung für Technologie und Ökologie. Zeitschrift für angewandte Umweltforschung H2/1989, S. 167–178

[5] Schurz, K.: Der Affe kennt keine Treue. Ex- und hopp; anabas-Verlag, Gießen, 1989, S. 31–32

[6] Stahel, W. R.: Die wichtigsten Strategien der Abfallvermeidung und deren Umsetzung. In: Bilitewski et al.: Müllhandbuch. Kennzahl 8505, Berlin, 2007

[7] Europäische Kommission: Weiterentwicklung der nachhaltigen Ressourcennutzung: Eine thematische Strategie für Abfallvermeidung und –recycling. EU, Brüssel, 2006

[8] Bundesministerium für Umwelt, Naturschutz und Reaktorsicherheit (Hrsg.): Abfallvermeidungsprogramm des Bundes unter Beteiligung der Länder, Juli 2013

[9] Schenkel, W.: Abfallwirtschaft – eine Quelle der Innovation. Abfallwirtschaftsjournal 1 1989, Nr. 1, EF-Verlag, Berlin, S. 7–13

[10] AbfRRL – RICHTLINIE 2008/98/EG DES EUROPÄISCHEN PARLAMENTS UND DES RATES vom 19. November 2008 über Abfälle und zur Aufhebung bestimmter Richtlinien. http://www.eur-lex.europa.eu

[11] Urban, A.: Grundsatzfragen der Abfallvermeidung. In: Urban, A.; Halm, G. (Hrsg.): UNIKAT-Fachtagung Abfallvermeidung. Kassel, 2013, S. 51–64

[12] Grooterhorst, A.: Gefangen in der Kreislaufwirtschaft – oder – Abfallwirtschaft und starke Nachhaltigkeit. Müll und Abfall 10/2010, S. 493–500

[13] Vogel, G.: Dematerialisation and Immaterialisation – Options for Decoupling resource consumption from economic growth. In: ISR Reunion: Dematerialisation and Immaterialisation, September 2004, Barcelona 2004

[14] Skovgaard, M.; Moll, S.: Outlook for waste and material flows – Baseline and alternative Scenarios. ETC/RWM working Paper 2005/1, European Topic Centre on Resource and Waste Management, Copenhagen, 104 S., 2005

[15] Kopytziok, N.: Sachgebiet Abfall – Vermeidung ökologischer Belastungen. Rhombos Verlag, Berlin, 2001

[16] Hafner, G. et al.: Analyse, Bewertung und Optimierung von Systemen zur Lebensmittelbewirtschaftung. Teil 1: Definition der Begriffe „Lebensmittelverluste" und „Lebensmittelabfälle". Müll und Abfall 11/2013, S. 601–609

[17] Menzel, R. et al.: Kompostfibel, Umweltbundesamt, 2015, Broschüre, www.umweltbundesamt.de/publikationen/kompostfibel. Zugriff 14.04.2016

[18] Krause, P. et al.: Verpflichtende Umsetzung der Getrenntsammlung von Bioabfällen. UFOPLAN Bericht FKZ 371233328, 2014

[19] Morlock-Rahn, G.: Abfallvermeidung (Teil 1 und 2). IRB-Verlag, Stuttgart, 1989

[20] Meadows, D.: Die Grenzen des Wachstums. Deutsche Verlagsanstalt, Stuttgart, 1974

[21] Barney, G. O. et al.: Global 2000. Verlag Zweitausendeins, Frankfurt, 1981

[22] Georgescu-Roegen, N.: The Entropy Law and Economic Process. Harvard University Press, Cambridge, MA, 1971

[23] Rifkin, J.: Entropie – ein neues Weltbild. Ullstein-Verlag, Frankfurt, 1981

[24] Lehninger, A.: Bioenergetik. Thieme-Verlag, Stuttgart, 1982

[25] EU-Richtlinie 2006/12: Richtlinie 2006/12/EG des Europäischen Parlaments und des Rates vom 5. April 2006 über Abfälle

[26] IED-Richtlinie: Industrieemissionsrichtlinie 2010/75/EU, http://www.eur-lex.europa.eu

[27] Frenz, W.: Rechtliche Rahmenbedingungen der Abfallvermeidung. UNIKAT-Fachtagung Abfallvermeidung, A. Urban, G. Halm, Kassel, 2013, S. 29–40
[28] Dehoust, G. et al.: Inhaltliche Umsetzung von Art. 29 der Richtlinie 2008/98/EG – wissenschaftlich-technische Grundlagen für ein bundesweites Abfallvermeidungsprogramm. Umweltforschungsplan der Bundesministeriums für Umwelt, Naturschutz und Reaktorsicherheit; Forschungskennzahl 3710 32 310, UBA-FB 001760, 38/2013, 2013
[29] Jaron, A.: Umsetzung des Abfallvermeidungsprogramms in der Praxis. UNIKAT-Fachtagung Abfallvermeidung, A. Urban, G. Halm, Kassel, 2013, S. 103–106
[30] Ewringmann, D.: Umweltorientierte Abgabepolitik. Hauptausschuss der Arbeitsgemeinschaft für Umweltfragen, Referat, 1987
[31] Umweltbundesamt: Produkte, http://www.umweltbundesamt.de/themen/wirtschaft-konsum/produkte. Zugriff 15.01.2016
[32] Grießhammer, R. et al.: EcoTopTen-rundum gute Produkte. http://www.jahrbuch-oekologie.de/Griesshammer2006.pdf, 2006
[33] Manou, V.: Auf dem Weg zu ZERO WASTE – Abfallvermeidung und Nachhaltigkeit. Diplomarbeit Universität Stuttgart, 2006
[34] Kopytziok, N.: Neue Perspektiven für das EcoDesign. Müllmagazin 3/2005
[35] VDI-Richtlinie, VDI 2243: Recyclingorientierte Produktentwicklung. Ausgabedatum: 2002–07
[36] Ökodesign-Richtlinie: Richtlinie 2009/125/EG des Europäischen Parlaments und des Rates vom 21. Oktober 2009
[37] EVPG: Energieverbrauchsrelevante-Produkte-Gesetz, BGBL I S. 2224, vom 21. Oktober 2011
[38] BIO Intelligence Service (2013), Material-efficiency Ecodesign Report and Module to the Methodology for the Ecodesign of Energy-related Products (MEErP), Part 1: Material Efficiency for Ecodesign – Draft Final Report. Prepared for: European Commission – DG Enterprise and Industry
[39] Remmers, B.: Nachhaltigkeit beginnt beim Design. In: Kranert (Hrsg): Ressourcenmanagement – Das zentrale Element für unternehmerisches und kommunales Handeln. Stuttgarter Berichte zur Abfallwirtschaft Band 89, Stuttgart, 2006
[40] Fleischer, G.: Elemente der versorgenden Abfallwirtschaft. Abfallwirtschaftsjournal 1/1989, S. 18–23
[41] Bidlingmaier, W.; Kranert, M.: Abfallvermeidung. In: Tabasaran (Hrsg): Abfallwirtschaft, Abfalltechnik; Ernst u. Sohn, 1994
[42] Kranert, M. et al.: Ermittlung der weggeworfenen Lebensmittelmengen und Vorschläge zur Verminderung der Wegwerfrate bei Lebensmitteln in Deutschland. Projektbericht, Bundesanstalt für Landwirtschaft und Ernährung (BLE), FKZ 2810HS033, März 2012
[43] DSD: Abfallvermeidung und -verwertung durch das Prinzip der Produzentenverantwortung. Broschüre, 1992
[44] DSD: Bildmaterial zur Verpackungsverordnung http.//www.gruener-punkt.de, 2007
[45] Salhofer, S. et al.: Prevention of Municipal solid waste. Waste management in the focus of controversial interests. 1st BOKU Waste Conference 2005, Hrsg. Lechner, facultas, Wien, S. 57–67
[46] Baier, U. et al.: Bewirtschaftung organischer Abfälle aus Großküchen im Kanton Aargau. Hochschule Wädenswil, 2007
[47] Wong, Y.: Untersuchung und Bilanzierung der Nahrungsmittelströme in Kantinen und Großküchen am Beispiel der Universitätsmensa auf dem Campus Vaihingen. Masterarbeit Universität Stuttgart, 2011
[48] Leverenz, D.: Entwicklung einer Anwendung zur Erfassung, Bewertung und Vermeidung von Lebensmittelabfällen in gastronomischen Einrichtungen. In: Bockreis et al. (Hrsg.):

Tagungsband zum 6. Wissenschaftskongress Abfall- und Ressourcenwirtschaft der DGAW in Berlin, 2016, S. 265–270
[49] Brüning, R.; Kockelmann, L.: Reparatur und Wiederverwendung von Elektro(nik)altgeräten. In: Kranert, M.; Sihler, A. (Hrsg.): Ressourceneffizienz- und Kreislaufwirtschaftskongress Baden-Württemberg 2014 – Ideenvielfalt statt Ressourcenknappheit. Teil Kreislaufwirtschaft, Tagungsband, Stuttgarter Berichte zur Abfallwirtschaft Band 114/2014. DIV, München, 2014, S. 80–88.
[50] Heckl, W. M.: Die Kultur der Reparatur. Hanser, München, 2013
[51] Ingenieursozietät Abfall: Abschlussbericht zum Projekt zur Förderung der privaten Kleinkompostierung im Kreis Segeberg. Erstellt vom Wege-Zweckverband in Bad Segeberg, 1991
[52] Universität Stuttgart, Institut für Siedlungswasserbau, Wassergüte- und Abfallwirtschaft: Getrennte Erfassung und Verwertung von organischen Siedlungsabfällen aus der Stadt Hechingen (Zollernalbkreis). Gutachten im Auftrag des Zollernalbkreises, 1990
[53] Anonym: Pilotprojekt Abfallvermeidung in Köln. Der Städtetag 12/1989, S. 805–808
[54] Gewiese, A. et al.: Abfallvermeidung – ein Modellversuch in Hamburg-Harburg im Jahre 1987. Müll und Abfall 3/89, Erich-Schmidt-Verlag, Berlin, S. 106–120
[55] Barabosz, J.: Konsumverhalten und Entstehung von Lebensmittelabfällen in Musterhaushalten. Diplomarbeit Universität Stuttgart, 2011
[56] Statistisches Bundesamt: Aufkommen an Haushaltsabfällen in Deutschland, 2013. https://www.genesis-destatis.de. Zugriff 09.10.2015
[57] Salhofer, S. et al.: Potentiale und Maßnahmen zur Vermeidung kommunaler Abfälle am Beispiel Wiens. Beiträge zum Umweltschutz Heft 67/01, Wien, 2001
[58] BMU, Bundesumweltministerium: Nachhaltige Abfallentsorgung, http://www.bmub.de/fileadmin/Daten_BMU/Download_PDF/Abfallwirtschaft/siedlungsabfallentsorgung_nachhaltig.pdF. Zugriff 28.09.2015
[59] Bringezu, S.; Schütz, H.; Steger, S.; Baudisch, J.: International comparison of resource use and its relation to economic growth. The development of total material requirement, direct material inputs and hidden flows in the structure of TMR. Ecological Economics 2004 (51): S. 97–124
[60] Hiebel, M.: Development and application of a method to calculate optimal recycling rates with the help of cost benefit scenarios. Dissertation, Umsicht Schriftenreihe Band 58, Fraunhofer Verlag, 2007

Sammlung und Transport

5

5.1 Einleitung und Einstieg in die Thematik

Seit Mitte der 1990er Jahre stand in der Abfallwirtschaft nicht mehr nur der ökologische, sondern zunehmend der ökonomische Aspekt im Mittelpunkt der Diskussion. Mit Inkrafttreten des KrW-/AbfG im Jahre 1996 und der Abgrenzung zwischen Abfällen zur Verwertung und Beseitigung erfolgte die Wegbereitung hin zu einer Ressourcenwirtschaft. Am 1. Juni 2012 trat das Gesetz zur Förderung der Kreislaufwirtschaft und Sicherung der umweltverträglichen Bewirtschaftung von Abfällen (Kreislaufwirtschaftsgesetz, KrWG) in Kraft. Mit dem KrWG werden Vorgaben der EU-Abfallrahmenrichtlinie in nationales Recht umgesetzt. Die Kreislaufwirtschaft wurde noch stärker auf den Ressourcen-, Klima- und Umweltschutz ausgerichtet. Die daraus folgende weitere Intensivierung der getrennten Abfallsammlung wirkt sich auch auf die Strukturen in der Entsorgungslogistik aus, diese muss den verändernden Rahmenbedingungen fortlaufend angepasst werden.

Dieses Kapitel umfasst die Sammlung und den Transport der verschiedenen Abfälle, beginnend mit der Erfassung im Haushalt und deren Bereitstellung in entsprechenden Sammelbehältern zur Abfuhr durch einen kommunalen oder privaten Entsorgungsbetrieb, bis zum Transport der erfassten Abfälle zur (Vor-)Behandlung, Verwertung oder Beseitigung.

Nach einer kurzen Erläuterung der grundsätzlichen organisatorischen Abläufe und Begrifflichkeiten in der aktuellen Entsorgungslogistik liegt der Fokus auf der Beschreibung der verschiedenen Systeme zur getrennten Abfallsammlung. Dieses beinhaltet die eingesetzten Sammelbehälter und Sammelfahrzeuge sowie die verschiedenen Systematiken und Techniken im Rahmen des anschließenden Transportes der Abfälle bis hin zu relevanten Umladungs- bzw. Umschlagsystemen. Daran schließen sich Ausführungen zu Leistungsdaten in der Entsorgungslogistik in Verbindung mit Kostenbetrachtungen für Sammlung und Transport an. Abschließend werden kurz einige Aspekte von Abfallgebührensystemen vorgestellt.

M. Kranert (Hrsg.), *Einführung in die Kreislaufwirtschaft*,
DOI 10.1007/978-3-8348-2257-4_5

5.2 Sammelsysteme

5.2.1 Grundsätzlicher Ablauf der Entsorgungslogistik

In der nachfolgenden Abbildung (Abb. 5.1), Angaben sind die wesentlichen Prozessschritte der Entsorgungslogistik für Abfälle aus Haushaltungen anhand eines Ablaufschemas dargestellt. An die Erfassung der Abfälle in den Haushalten in geeigneten Sammelsystemen schließt sich die Sammlung der Abfälle an, wobei eine weitergehende Differenzierung der Erfassungssysteme und der Fahrzeugsysteme vorliegt, die in ihren technischen Randbedingungen oft aufeinander abgestimmt sind (s. Abschn. 5.3). Bei dem anschließenden Transport ist grundsätzlich zwischen dem Direkttransport im Sammelfahrzeug und einem unterbrochenen Transportweg mit Umladung des Abfalls bzw. Wechsel des Fahrzeugaufbaus zu unterscheiden (s. Abschn. 5.4), der immer mit der Entladung in der Entsorgungsanlage endet.

Durch die Intensivierung der getrennten Sammlung wurde in der Vergangenheit eine größere Anzahl verschiedener Sammelbehälter beim Abfallerzeuger zur Erfassung von Wertstoffen eingesetzt, die nachgeschaltet für die einzelnen Fraktionen eine separate Abfuhr und damit differenzierte Tourenplanungen erfordern. Dabei wird bei den meisten Wertstoffen (Altpapier, Altglas, Bioabfall) eine Einzelstoffsammlung durchgeführt, während bei den sogenannten Leichtstoffverpackungen (LVP) eine Mischstoffsammlung überwiegt, bei der die Wertstoffe Weißblech, Aluminium, Kunststoffe und Verbunde in einem Behälter erfasst, abgefahren und anschließend sortiert werden (Abb. 5.2).

Aktuell wird die getrennte Sammlung der Leichtstoffverpackungen (LVP) aus Kunststoff und Metall (LVP) vor dem Hintergrund des neuen KrWG und der darin ab 2015

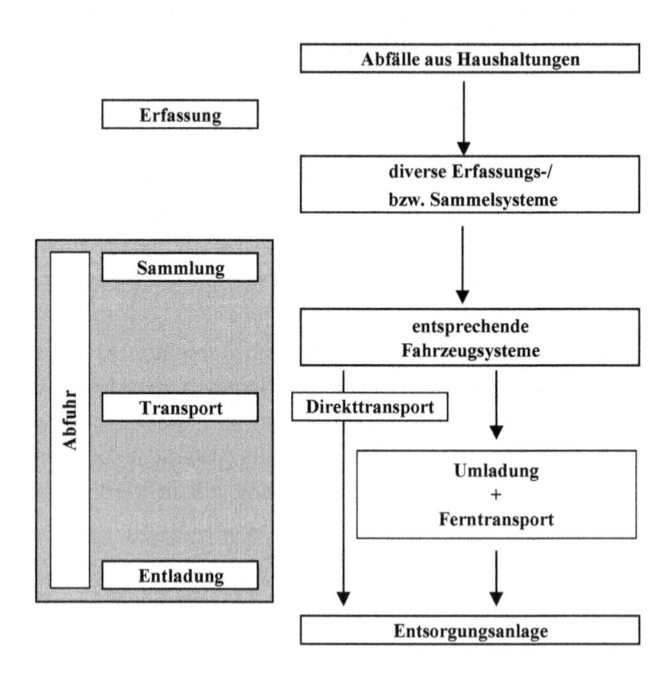

Abb. 5.1 Ablaufschema der Entsorgungslogistik [1]

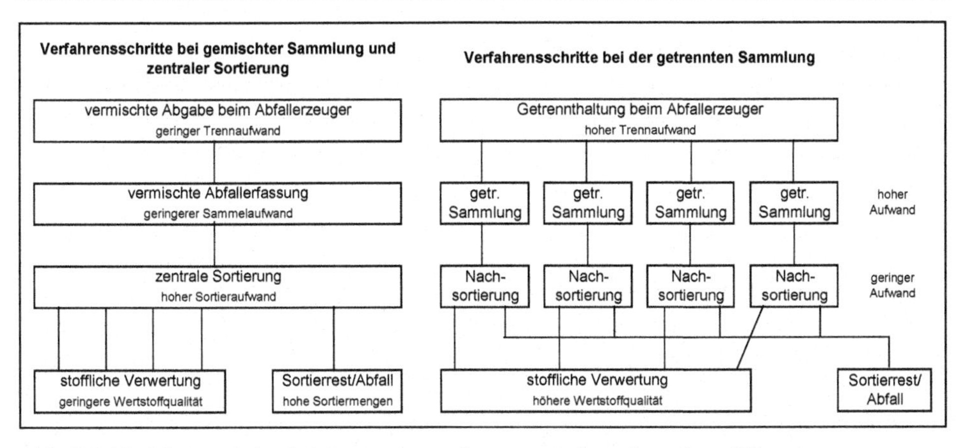

Abb. 5.2 Verfahrensschritte bei der getrennten bzw. gemischten Sammlung [2]

geforderten separaten Erfassung der stoffgleichen Nichtverpackungen aus Metall und Kunststoff sowie deren Verbunde diskutiert. Es werden derzeit verschiedene Modellversuche zur optimalen Ausgestaltung eines Systems durchgeführt, in dem die Verpackungen und Nichtverpackungen gemeinsam erfasst werden (z. B. Wertstofftonne).

Als Vor- und Nachteile der getrennten Sammlung, im Vergleich zur Verwertung gemischt gesammelter Abfälle, können genannt werden:

Vorteile

- geringe Investitionen im Vergleich zur aufwendigen Aufbereitung gemischt gesammelter Abfälle;
- schnell realisierbar und anpassungsfähig;
- durch „zweistufige" Sortierung (an der Anfallstelle und zentral in der Nachsortierung) hohe Wertstoffqualität als Voraussetzung für die Vermarktung;
- fördert Erkenntnis über abfallwirtschaftliche Relevanz einzelner Produkte;
- fördert „Problembewusstsein Abfall", umwelterziehend; ausgerichtet auf Ressourcen-, Klima- und Umweltschutz;

Nachteile

- höherer Logistikaufwand (Behälter, Sammlung);
- teilweise Stellplatz-Probleme für zusätzliche Behälter; Wertstoffzwischenlagerbedarf in der Wohnung und auf dem Grundstück; daher notwendige Beschränkung auf wenige Stoffgruppen oder Stoffe;
- erhöhter Aufwand für Öffentlichkeitsarbeit; hoher Arbeitsaufwand beim Abfallerzeuger für Trennung;
- Wertstoffqualität, Erfassungsgrad und Wirtschaftlichkeit sind abhängig von Motivation und Teilnahmequote;

Die getrennte Erfassung von Abfällen aus Haushaltungen umfasst neben dem Rest- und Bioabfall die Leichtstoffverpackungen (LVP), die trockenen Wertstoffe Altpapier (AP) und Altglas (AG) sowie den Sperrmüll (SM). Diese Abfälle und Wertstoffe werden in verschiedene Erfassungs- bzw. Sammelsysteme vom Bürger separiert und in definierten Abfuhrintervallen zur Abholung bereitgestellt.

Bei der heutigen Abfallentsorgung wird grundsätzlich nach Hol- und Bringsystemen unterschieden.

Bei **Bringsystemen** muss der Abfall- und Wertstofferzeuger seine Abfälle zum Sammelbehälter bringen. Das bekannteste Beispiel hierfür ist der Depotcontainer z. B. für die Altglaserfassung an zentralen Sammelstellen. Darüber hinaus sind i. d. R. Wertstoff- oder Recyclinghöfe als Ergänzungssystem vorhanden.

Die **Holsysteme** zeichnen sich durch die Abholung der Abfälle bei den Haushalten oder Gewerbegrundstücken aus, wobei hier im Wesentlichen zwischen Systemabfuhr und einer systemlosen Abfuhr unterschieden wird. Eine Systemabfuhr erfolgt durch weitgehend einheitliche Behältersysteme und angepasste Fahrzeuge, während eine systemlose Sammlung ohne definiertes Sammelgefäß erfolgt (s. Abschn. 5.3.1). Dabei haben sich bei der Abfuhrorganisation der Wertstoffe teilintegrierte Systeme (separate Wertstoffabfuhr in wechselnden Touren anstelle einer Restmülltour) und additive Systeme (Sammlung von Wertstoffen zusätzlich zur normalen Hausmüllabfuhr mit separaten Fahrzeugen und getrennten Behältern) gegenüber den integrierten Systemen (Sammlung von Wertstoffen und Restmüll in geteilten oder mehreren Behältern zusammen in einem Arbeitsgang mit einem Mehrkammerfahrzeug) durchgesetzt [3].

Die nachfolgende Tabelle (Tab. 5.1) gibt einen Überblick über die relevanten Behälter- und Erfassungssysteme für die privaten Haushalte.

5.2.2 Abfall- und Wertstoffmengen in Abhängigkeit der Systeme

Die spezifischen Mengen der verschiedenen getrennt erfassten Abfälle und Wertstoffe haben sich im Zuge der praktizierten Abfalltrennung fortlaufend verändert. Die Restabfallmenge ging durch die Intensivierung der getrennten Sammlung (Einführung Biotonne, Verstärkung der haushaltsnahen Erfassung trockener Wertstoffe, Sensibilisierung der Bevölkerung für Umweltaspekte etc.) und der damit verbundenen besseren Abschöpfung der Wertstoffe in den letzten 15 Jahren kontinuierlich zurück (s. Abb. 5.3, Angaben kommunaler Entsorgungsbetriebe).

Neben Umfang und Art der getrennten Sammlung (s. Abschn. 5.2.1) gibt es weitere Einflussgrößen auf die anfallenden bzw. erfassbaren Abfall- und Wertstoffmengen. Insbesondere sind hier zu nennen:

- Gebiets- bzw. Bebauungsstruktur
- Sozialstruktur
- Spezifisches Behältervolumen
- Gebührensystem

Tab. 5.1 Behälter- und Erfassungssysteme für die wesentlichen Abfallarten in Haushaltungen [1]

	Behälter bzw. Erfassungssystem	Restabfall	Bioabfall	Leichtstoff-verpackungen	Altpapier	Altglas	Sperrmüll*
Holsystem	MGB-System[1] (≤360 l)	xx	xx	xx	xx	(x)	
	MGB-System[1] (660–1.100 l)	xx	(x)	xx	xx		
	Mehrkammerbehälter (i. d. R. ≤240 l)	x	x				
	Mülleimer/Mülltonne	x					
	Müllsäcke	(x)	(x)	xx	(x)		
	Bündelsammlung				x		
	Systemlose Sammlung		x[3]				xx
Bringsystem	Depotcontainer			x	x	xx	
	Wertstoffhöfe/ Recyclinghöfe[2]	x	x[4]	x	x	x	x

1) gilt grundsätzlich auch für Diamond-Umleerbehälter
2) oftmals als Ergänzungssystem
3) oftmals für Grünabfälle
4) i. W. für Grünabfälle
(x) selten für Haushalte, teilweise im (klein-)gewerblichen Bereich, bzw. begrenzte Eignung
x eingesetztes Erfassungssystem
xx bevorzugtes Erfassungssystem
* Sperrmüll, Altmetall, Elektroaltgeräte

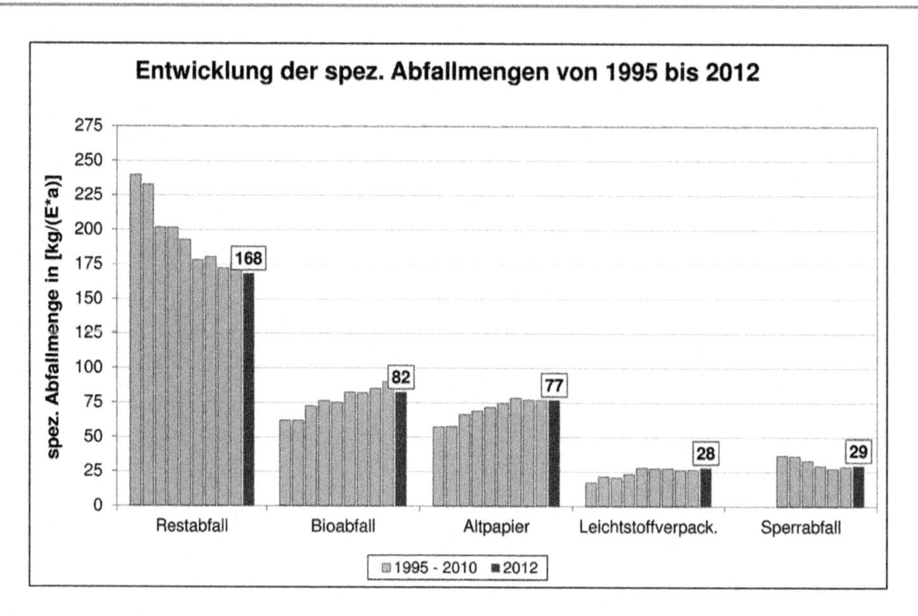

Abb. 5.3 Entwicklung der spezifischen Abfall- und Wertstoffmengen [4]

Die Menge der anfallenden bzw. erfassbaren Bioabfälle steht in unmittelbarem Zusammenhang mit der Gebietsstruktur (Tab. 5.2). In ländlichen Gebieten oder in Bereichen mit 1–2 Familienhausbebauung und entsprechenden Gartenanteilen bzw. Grundstücksgrößen sind im Vergleich zu städtischen Strukturen deutlich höhere Bioabfallpotenziale vorhanden. Eine genaue Definition der Gebietsstrukturen ist im Anhang aufgeführt.

In Abb. 5.4 ist die Abhängigkeit zwischen der erfassten Rest- und Bioabfallmenge für ein aufgelockertes/ländliches Entsorgungsgebiet (Gebietsstruktur 4 und 5) und dem vorhandenen spezifischen Behältervolumen dargestellt.

Die Abbildung zeigt den unabhängig von der Abfallart ermittelten Anstieg der erfassten Mengen von ca. 25 kg/(E*a) bei Erhöhung des spez. Behältervolumens von 10 l/(E*w). Die Bioabfallmengen sind dabei im Besonderen von der Teilnehmerquote an die Biotonne bzw. vom Anteil der Eigenkompostierer abhängig.

In der Gebietsstruktur 3 sind in Abhängigkeit der Teilnehmerquote 30–60 kg/(E*a) Bioabfall (i. d. R. Küchenabfälle) zu erfassen. Diese Mengen liegen in den aufgelockerten Bebauungsstrukturen (GS 4) aufgrund des größeren Potenzials sowie der Erreichbarkeit einer höheren Teilnehmerquote mit bis zu 155 kg/(E*a) deutlich höher.

Altpapier

Die erfassten Altpapiermengen sind viele Jahre kontinuierlich gestiegen (s. Abb. 5.3). Dieses ist in erster Linie mit der zunehmenden Papiererfassung über ein haushaltsnahes Holsystem mittels MGB`s und paralleler Reduzierung von Erfassungssystemen im Bringsystem zu begründen. Durch die Steigerung des Entsorgungskomforts für den Nutzer werden heute bis zu 80 kg/(E*a) erfasst. Dieses komfortable Sammelsystem ist

Tab. 5.2 Erfasste Bioabfall- und Restmüllmengen in Abhängigkeit der Teilnehmerquote an die Biotonne [2]

GS 3 [kg/(E · a)]	Teilnehmerquote Biotonne [%]				
	50	60	70	80	
Bioabfall Restmüll Summe	30 170 200	40 160 200	50 150 200	60 140 200	(Küchenabfall)
GS 4 [kg/(E · a)]	Teilnehmerquote Biotonne [%]				
	50	65	80	95	
Bioabfall Restmüll Summe	75 170 245	100 150 250	125 130 255	150 110 260	(Küche und Garten)
GS 4* [kg/(E · a)]	Teilnehmerquote Biotonne [%]				
	50	65	80	95	
Bioabfall Restmüll Summe	125 80 205	135 75 210	145 70 210	155 65 215	

GS 3: Offene Mehrfamilienhausbebauung
GS 4: Ein- und Zweifamilienhausbebauung
GS 4*: Ein- und Zweifamilienhausbebauung mit weitgehender RM-Minimierung

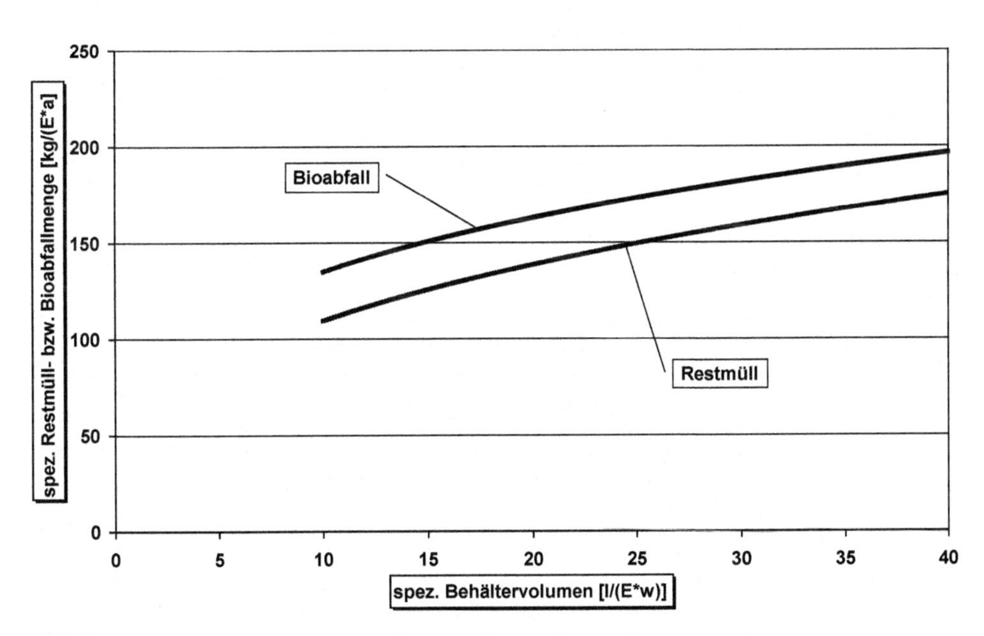

Abb. 5.4 Einfluss des spezifischen Behältervolumens auf die erfasste Rest- und Bioabfallmenge [5]

inzwischen vielerorts flächendeckend installiert, daher ist in den letzten Jahren auch keine weitere Steigerung der Sammelmengen festzustellen.

Bei der Sammlung von Altpapier über Depotcontainer wird dagegen nur eine spez. Menge ca. 50 kg/(E*a) erreicht. Dieser Wert entspricht in etwa auch den Erfassungsmengen über eine Bündel- bzw. Straßensammlung [6].

Ein weiterer Aspekt, der zur Reduzierung der Altpapiererfassung an zentralen Standorten geführt hat, ist die stärker in den Fokus gerückte Diskussion der Stadtsauberkeit. An Depotcontainerstandorten, an denen i. d. R. auch Altglas gesammelt wird, kommt es häufig zu Verschmutzungen durch unzulässig abgestellte Abfälle. Dieses kann einerseits zu einem negativen Erscheinungsbild des Standortes sowie in Wohngebieten zu einer verstärkten Verunreinigung des Wohnumfeldes führen.

LVP

Die spezifischen Mengen an erfassten Leichtstoffverpackungen sind in den letzten Jahren vergleichsweise konstant (s. Abb. 5.3). Die Qualität und Quantität der gesammelten Leichtstoffverpackungen steht in unmittelbarem Zusammenhang mit dem eingesetzten Erfassungssystem. Bei Erfassung des LVP in Gelben Säcken wird im Vergleich zur Behältersammlung eine etwas geringere spezifische Menge von ca. 18–32 kg/(E*a) in allerdings besserer Qualität (geringere Verschmutzung) abgeschöpft [4]. Dieser Effekt ist in erster Linie mit der Transparenz der Gelben Säcke zu begründen, da hier Fehlbefüllungen leichter zu identifizieren sind als in einem Sammelbehälter und Mechanismen der sozialen Kontrolle zum Tragen kommen.

Bei der Entscheidung zwischen Gelben Sack und Behälter sind verschiedene Vor- und Nachteile abzuwägen.

- Kosten für Säcke bzw. Behälter
- Komfort für den Nutzer
- Materialverbrauch
- Auswirkungen auf Abfuhr und Sortierung
- Aspekte der Stadtsauberkeit

In vielen Gebieten werden in Abhängigkeit der örtlichen Rahmenbedingungen beide Systeme parallel betrieben, wobei in verdichteten Strukturen Behälter präferiert werden (Wegfall des Problems der Zwischenlagerung der Gelben Säcke).

Erste Erfahrungen mit der Öffnung des bisherigen Sammelsystems für Leichtstoffverpackungen für die stoffgleichen Nichtverpackungen zeigen einen Anstieg der Sammelmenge von bis zu 8 kg/(E*a). Diese Mehrmenge wird stark von den örtlichen Rahmenbedingungen beeinflusst, die größten Mengensteigerungen sind mit einem Systemwechsel von Sacksammlung auf eine behältergebundene Erfassung (Wertstofftonne) zu erwarten. Die erfassten Mehrmengen enthalten neben den gewünschten Wertstoffen aus Kunststoff und Metall auch Störstoffe (z. B. Restabfall).

Sperrmüll

Neben den bereits genannten allgemeinen Einflussgrößen auf Abfall- und Wertstoffmengen, die auch für den Sperrmüll Gültigkeit haben, kommt hier der Art der Abfuhr eine besondere Bedeutung zu:

- Art der Sperrmüllabfuhr
- periodisch
- auf Abruf (mit/ohne Abholgebühr)

Analog zum Rest- und Bioabfall gibt es einen Zusammenhang zwischen dem spezifischen Behältervolumen (für Restabfall), der Art der Sperrmüllabfuhr (mit/ohne separate Gebühr) und den erfassten Sperrmüllmengen (s. Abb. 5.5).

Die Abbildung verdeutlicht die Abhängigkeit der spezifischen Sperrmüllmenge vom spezifischen Behältervolumen. Bei der Sperrmüllsammlung ohne separate Gebühr ist dieser Einfluss auf die Erfassungsmenge im Gegensatz zur Konzeption mit einer separaten Gebühr deutlich geringer. Bei separater Gebühr für Sperrmüll geht die Erfassungsmenge bei größerem spez. Restmüllbehältervolumen deutlich zurück.

Altglas

Die getrennte Erfassung von Altglas erfolgt nahezu ausschließlich über Depotcontainer an zentralen Standorten. Die spezifischen Erfassungsmengen liegen in Abhängigkeit der örtlichen

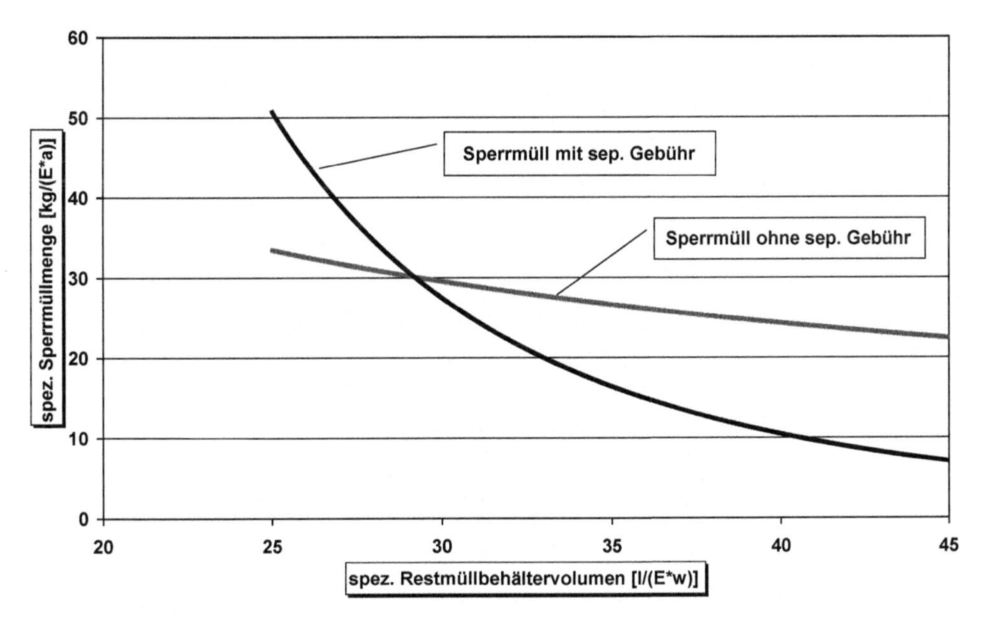

Abb. 5.5 Spezifische Sperrmüllmenge (mit/ohne separate Gebühr) in Abhängigkeit vom spezifischen Restmüllbehältervolumen [7]

Rahmenbedingungen im Bereich zwischen 20 kg/(E*a)–35 kg/(E*a). In den letzten Jahren ist auf Grund der verstärkten Nutzung von PET und Ausbau der Pfandpflicht die Menge rückläufig. Mittlere Erfassungsmengen über Depotcontainerstandorte liegen derzeit bei ca. 24 kg/(E*a). Dabei erfolgt i. d. R. eine Farbtrennung nach Weiß- und Buntglas, teilweise auch in drei Farbgruppen (s. Abschn. 5.3.2.1). Einen wesentlichen Einfluss auf die Erfassungsmengen hat die Depotcontainerdichte, die im Bereich von < 1000 Einwohner je Standplatz liegen sollte. Eine benutzerfreundliche Standplatzgestaltung sowie eine für den Nutzer praktische Standortauswahl (z. B. an einem Einkaufszentrum) tragen zu höheren Erfassungsmengen bei. Parallel werden noch kleinere Altglasmengen an Wertstoff- und Recyclinghöfen gesammelt.

Wertstoffhöfe

Parallel besteht in nahezu allen Kommunen für die genannten Abfallarten die Möglichkeit der Selbstanlieferung an einen Wertstoffhof (Abb. 5.6). Die dort erzielten Anlieferungsmengen stehen in unmittelbarem Zusammenhang mit der für den Nutzer zurückzulegenden Strecke zum Wertstoffhof sowie der örtlichen Gebührenstruktur.

Die angelieferten Abfall- und Wertstoffmengen schwanken in Abhängigkeit der örtlichen Rahmenbedingungen erheblich. Je nach Verbreitung der haushaltsnahen Erfassungssysteme und einer historisch entwickelten Entsorgungsstruktur können die Mengen auch noch höher liegen.

5.3 Verfahren der Müllabfuhr

5.3.1 Abfuhrsysteme

Bei den Abfuhrsystemen werden vier relevante Verfahren unterschieden.

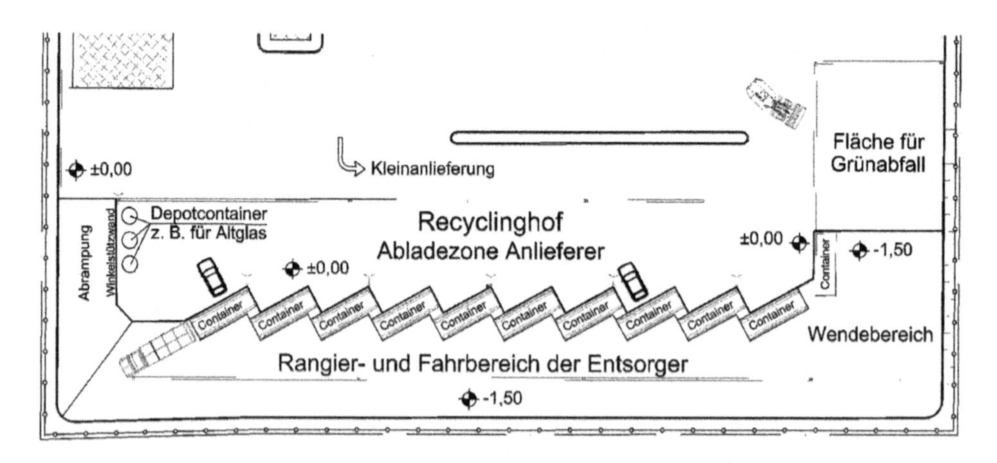

Abb. 5.6 Wertstoffhof [8]

Umleerverfahren
Das Umleerverfahren ist das übliche Verfahren bei der Sammlung von Abfällen aus Haushaltungen. Dieses System findet auch vielfach im gewerblichen Bereich Anwendung. Der Abfallerzeuger erfasst die Abfälle und Wertstoffe in entsprechenden Behältersystemen und stellt diese im Rahmen des geregelten Abfuhrintervalls am Straßenrand zur Umleerung des Behälterinhaltes in das Sammelfahrzeug bereit (Benutzertransport, Teilservice). Beim Mannschaftstransport (Vollservice) übernehmen die Müllwerker auch das Raus- und Reinstellen der auf dem Grundstück befindlichen Behälter (grundsätzlich üblich bei MBG > 660 l).

Wechselverfahren
Dieses System wird i. d. R. bei größerem Anfall von Abfallmengen (z. B. Gewerbe) und Abfällen mit größerem Schüttgewicht (z. B. Bauschutt) umgesetzt. Dabei erfolgt der Containerwechsel im regelmäßigen Rhythmus oder auf Abruf. Der volle Container wird gegen einen leeren ausgewechselt oder nach der Entleerung auf der Entsorgungsanlage wieder bereitgestellt.

Einwegverfahren
Bei diesem Verfahren werden die Abfälle in Säcken (aus Papier oder Kunststoff) erfasst und zur regelmäßigen Sammlung bereitgestellt. Diese Systematik findet die häufigste Anwendung im Rahmen der LVP-Erfassung (gelber Sack).

Die ***systemlose Abfuhr*** wird insbesondere bei voluminösen Abfällen aus Haushaltungen verwendet, die aufgrund ihrer Form oder Größe nicht über die verschiedenen Behälter entsorgt werden können. Diese sogenannte Sperrmüllabfuhr (beinhaltet auch Altholz, Grünabfälle, Elektroaltgeräte, Altmetall (Schrott)) wird zusätzlich zur Hausmüllabfuhr in regelmäßigen Abständen (periodische Abfuhr) oder auf Abruf (Anforderung durch den Abfallerzeuger) durchgeführt. Eine weitere Variante der systemlosen Abfuhr stellt die Bündelsammlung im Rahmen der Papiersammlung dar.

5.3.2 Sammelbehälter

5.3.2.1 Umleerbehälter

Umleerbehälter werden in das Sammelfahrzeug entleert und anschließend wieder zurückgestellt.

Die Beurteilung eines Behältersystems erfolgt unter technologischen, ökonomischen, arbeitsphysiologischen und umweltrelevanten Gesichtspunkten. Zu den relevanten Kriterien zählen:

- Wirtschaftlichkeit (Staffelung der Behältergrößen, Laderzahl, Leistung)
- physische Beanspruchung des Personals (Transport, Behälter, Lärm, Staub)
- Arbeitssicherheit

- Hygiene (Standplätze, Behälter)
- städtebauliche Aspekte
- Anforderungen der Benutzer (Komfort, Standplätze, Gebührenmaßstab)

Die Entscheidung für ein bestimmtes Behältersystem (Tab. 5.3) hat weitreichende Folgen für den künftigen Investitionsbedarf, die Arbeitsbedingungen des Personals und die Höhe der Sammelkosten.

Mülleimer (ME) und Mülltonne (MT)

Die Mülleimer (35/50 l) bzw. Mülltonnen (70/110 l) werden nur noch selten eingesetzt. Hintergrund hierfür ist die vergleichsweise hohe körperliche Belastung der Müllwerker im Rahmen der Sammlung bei diesen Behältersystemen. Da die Behälter nicht über Räder bzw. Rollen verfügen (geringer Bedienungskomfort) müssen die Behälter in der Regel getragen (ME) oder auch drehend auf dem Untergrund (MT) bewegt werden.

Unter bestimmten Randbedingungen, wie z. B. bei innerstädtischen Strukturen mit einer hohen Anzahl an Kellerstandorten finden diese Behälter aus praktischen Erwägungen aber weiterhin Anwendung.

Müllgroßbehälter (MGB)

Die Müllgroßbehälter (MGB) haben sich im Bereich der Sammlung von Haushaltsabfällen durchgesetzt und werden in Größen von 35 l bis zu 5 cbm angeboten (Abb. 5.7 und Abb. 5.7a). Neben der Herstellung aus belastungsstabilem Kunststoff und des daher leichten Behältereigengewichtes liegt ein wesentlicher Vorteil in der breiten Staffelung des möglichen Nutzungsvolumens. Der kleinste Behältertyp von 35 l wird durch einen zusätzlichen Einsatz in einen 120 l Behälter erreicht. Durch zwei Räder (bei Behältern >

Tab. 5.3 Abfallsammelbehälter

Behältersystem l bzw. m^3	Sammelsystem und Normung	
MGB mit Nennvolumen bis 400 l	U	DIN EN 840 – 1
4-rädrige MGB mit Nennvolumen bis 1300 l (mit Flachdeckel)	U	DIN EN 840 – 2
4-rädrige MGB mit Nennvolumen bis 1300 l (mit Runddeckel)	U	DIN EN 840 – 3
MGB mit Nennvolumen bis 360 l (DU)	U	DIN 30760
MGB 2,5 und 5,0 m^3	U	DIN 30737
GAB 4–40 m^3	W	DIN 30722
AK 5–20 m^3	W	DIN 30720

MGB Müllgroßbehälter, *GAB* Gleitabsetz- oder Gleitabrollcontainer, *AK* Absetzkipper, *U* Umleerbehälter; *W* Wechselbehälter; *DU* Diamond-Umleer-System

Abb. 5.7 MGB 60–360 (www.sulo.com)

Abb. 5.7a MGB 120 (www.sulo.com)

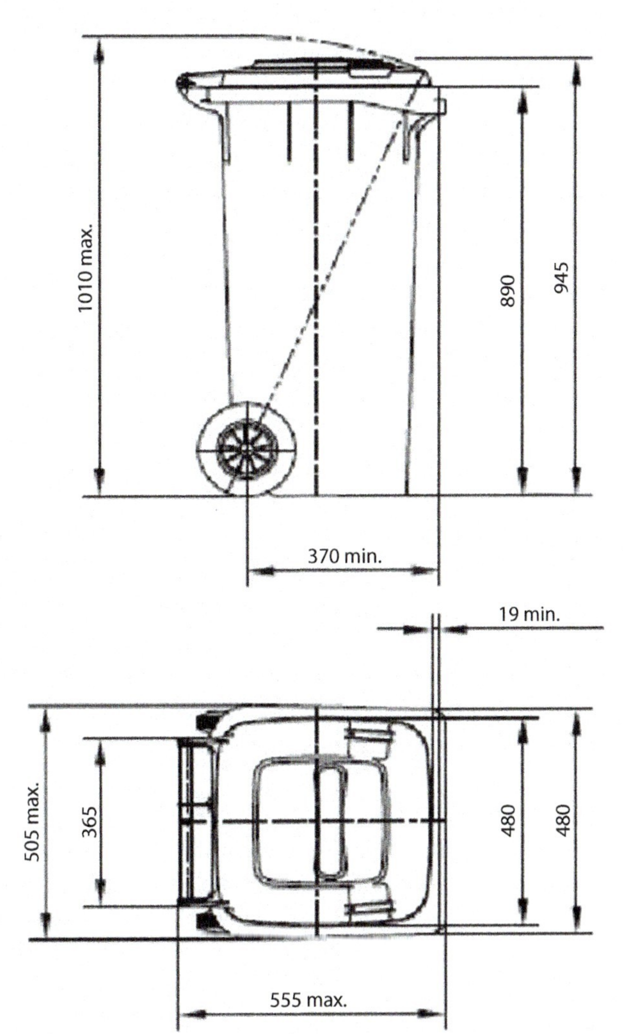

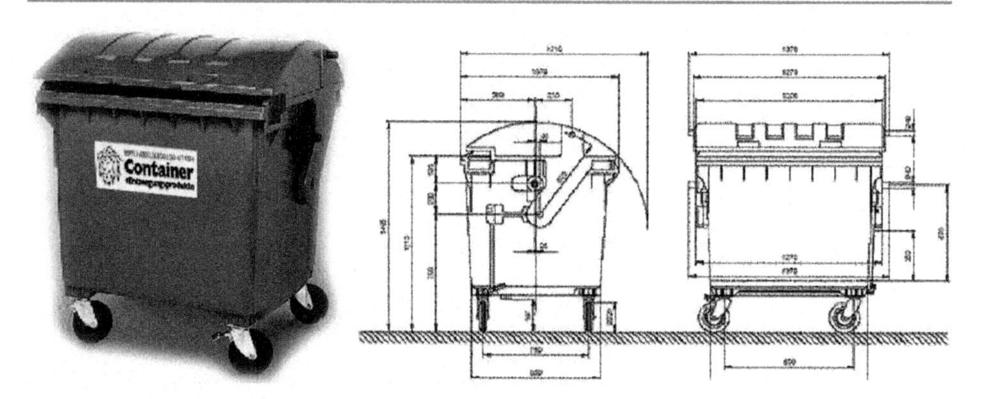

Abb. 5.8 MGB 1100 l (www.loewe-container.de)

660 l Fassungsvolumen 4 Lenkrollen) und Rundgriffen ist das Rangieren der Behälter im Gegensatz zum ME/MT-System einfach und bedeutet eine deutlich geringere körperliche Belastung für die Müllwerker. Bei größeren Volumina (1100 l) (Abb. 5.8) werden die MGB auch aus verzinktem Stahl hergestellt. Diese Behältertypen finden insbesondere bei dichter Bebauung, Gewerbebetrieben, Krankenhäuser etc. Anwendung. Alle Behältergrößen sind kompatibel zu Ident- und Wiegesystemen und über eine Kammschüttung zu entleeren. Darüber hinaus ist eine farbige Ausfertigung der Behälter möglich, die eine Zuordnung zu den verschiedenen Wertstoffen ermöglicht.

Diamond-Umleerbehälter (DU)

Die Diamond-Umleerbehälter sind von den Proportionen dem MGB ähnlich. Es werden Behältergrößen mit einem Füllvolumen von 40 l bis 1100 l hergestellt. Das wesentliche Unterscheidungsmerkmal ist eine Aufnahmeschürze an der Vorderseite des Behälters, in die der spezielle Diamond-Lifter bei der Behälteraufnahme durch das Sammelfahrzeug hineingreift und einen besonders sicheren und schnelleren Kippvorgang gewährleistet.

MEKAM-Behälter

Die Abkürzung MEKAM steht für Mehrkammer-Behälter. Bei diesem Typ ist der Behälter geteilt und ermöglicht so die Aufnahme von zwei verschiedenen Stoffgruppen. Dieser Behältertyp wird in der Praxis aber kaum eingesetzt. Die Entleerung der Behälter erfolgt i. d. R. über einen einteiligen Kammlifter in ein in Längsrichtung vertikal geteiltes Sammelfahrzeug (Zweikammerfahrzeug). Es werden auch horizontal geteilte Sammelfahrzeuge und entsprechend geteilte Behälter angeboten.

Depotcontainer (DC)

Ein weitverbreitetes Bringsystem ist die Erfassung von Wertstoffen an zentralen Sammelplätzen über Depotcontainer (Abb. 5.9). Vorrangig wird diese Erfassungsform für Altglas und Altpapier, seltener auch für LVP, eingesetzt, wobei in den letzten Jahren die

Abb. 5.9 Depotcontainer für Altpapier, Weiß- und Grünglas (www.ssi-schaefer.de)

Altpapiersammlung verstärkt auf haushaltbezogene Behälter umgestellt wird. Depotcontainer für Altglas ermöglichen eine Trennung in verschiedene Glasfraktionen (Weiß-, Grün,- Braun,- oder auch Weiß- und Buntglas) durch Mehrkammersysteme. Durch die wachsende Bedeutung der Stadtsauberkeit und eines ansprechenden Wohnumfeldes sowie der angestrebten Reduzierung von Lärmemissionen (bei Altglas) werden in der jüngeren Vergangenheit in ausgewählten Einsatzbereichen verstärkt Unterflurcontainer für die Erfassung von Altglas eingesetzt. Diese Container werden bis zu einem Fassungsvermögen von 5 m³ hergestellt.

In der jüngeren Vergangenheit werden auch Altkleider und Elektrokleingeräte über speziell ausgestattete Depotcontainersysteme gesammelt.

Unterflurcontainer (Abb. 5.10) werden in den letzten Jahren verstärkt im öffentlichen Raum (z. B. Parkanlagen), aber auch zur Erfassung von Restabfall im Bereich von Großwohnanlagen eingesetzt.

5.3.2.2 Wechselbehälter

Wechselbehälter werden mit dem Inhalt bei der Abfuhr von einem Fahrzeug übernommen und i. d. R. gegen einen anderen mitgebrachten Leerbehälter ausgetauscht. Die Abfuhr erfolgt i. d. R. für einen einzigen Container, höchstens aber in Transporteinheiten von drei Behältern. Wechselbehälter werden für Behältervolumina 3 m³ eingesetzt, sinnvoll insbesondere bei größeren Mengen und Schüttgewichten. Für Sonderabfälle werden auch kleinere Wechselbehälter eingesetzt, z. B. ASF/ASP-Kleincontainer für Flüssiggut bzw. pastöse Abfälle.

Die geläufigsten Behältergrößen in Form der Container belaufen sich auf Volumen von 7–40 m³ (Abb. 5.11).

Aus wirtschaftlichen Gründen ist oft das Umleerverfahren vorteilhaft, dieses ist aber nur so lange gültig, wie eine Vermischung der Abfälle einzelner Anfallstellen zulässig ist.

Abb. 5.10 Unterflurcontainer für Altglas und Altpapier (INFA, 2014)

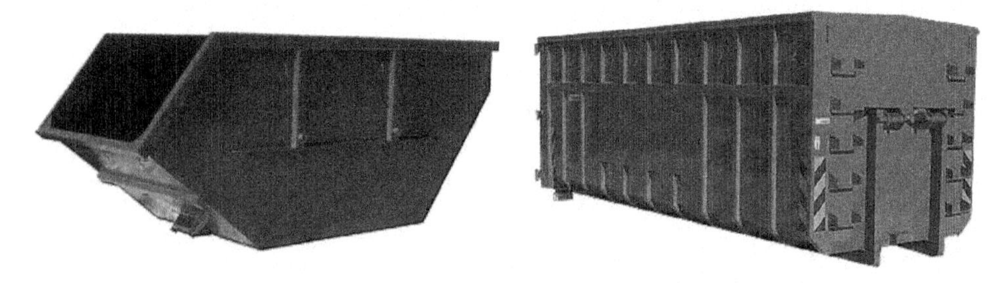

Abb. 5.11 Beispiel eines 7 m³ Absetzcontainers und eines 40 m³ Abrollcontainers (INFA, 2014)

Bei spezifisch leichten Abfällen führt das Wechselbehälterverfahren jedoch zu vergleichsweise hohen Kosten. Aus diesem Grunde findet es auch vorrangig bei der Abfuhr von Gewerbe- und Industrieabfällen Verwendung. Dabei kann bei Abfällen geringerer Dichte evtl. eine Verpressung des Abfalls am Anfallort erfolgen (ortsfeste oder in den geschlossenen Container integrierte Presseinheit).

5.3.2.3 Einwegbehälter

Der Einwegbehälter wird gemeinsam mit dem darin bereitgestellten Abfall entsorgt. Es handelt sich i. d. R. um Müllsäcke mit einem Volumen 35–90 l aus PE oder Papier. Vor dem logistischen Hintergrund erreicht man bei Säcken geringere Sammelzeiten und -kosten wegen des Fortfalls der Rückstellung des geleerten Behälters. Aus Sicht der körperlichen Belastung der Müllwerker ist die Sacksammlung u. a. aufgrund der ungesunden Körperhaltung (Verdrehungen) problematisch zu bewerten. Neben der Erfassung von Leichtstoffverpackungen (gelbe Säcke) werden Säcke u. a. auch als Beistellsack zur Behälterabfuhr für Rest- oder Grünabfall eingesetzt.

5.3.3 Sammelfahrzeuge

Die Auswahl des optimalen Fahrzeugsystems ist im Wesentlichen von den örtlichen Randbedingungen abhängig. Dabei werden an die Fahrzeuge für die Sammlung und den Transport von Abfällen unterschiedliche Ansprüche gestellt:

- für die Sammlung möglichst wendig, d. h. kleines Fahrzeug;
- für den Transport möglichst große Nutzlast, also großes Fahrzeug.

Die Abfallsammelfahrzeuge (Tab. 5.4) stellen daher meistens einen Kompromiss für diese beiden Aufgaben dar. Zu unterscheiden sind weiterhin Fahrzeuge für Umleerbehälter, bei denen im Wesentlichen nur die Schüttung auf die zu ladenden Behälter abgestimmt ist und Fahrzeuge für Wechselbehälter, bei denen der gesamte Aufbau auf die abgefahrenen Behälter zugeschnitten ist. Wegen der geringen Raumgewichte von Hausmüll, Sperrmüll und Gewerbeabfällen von nur 0,05 bis 0,2 Mg/m³ benötigen die Fahrzeuge eine Verdichtung (nur bei Umleer-/Einwegbehältern) vor dem Transport. Mögliche Verdichtungsgrade sind abhängig von der Art der Abfälle, der Dichte vor der Sammlung und den Anforderungen für die weitere Behandlung. Hausmüll kann im Müllfahrzeug verdichtet werden auf ca. 0,4–0,6 Mg/m³.

Sammel- und Transportfahrzeuge unterliegen den Regelungen der StVO und der StVZO des Straßenverkehrsgesetzes.

Einflüsse auf die Sammlung und damit auf die Gestaltung der Fahrzeuge ergeben sich aus:

Tab. 5.4 Kenndaten von Sammelfahrzeugen

Kenndaten von Sammelfahrzeugen			
Achsanzahl [Stk.]	zul. Gesamtgewicht [Mg]	Nutzlast [Mg]	Nutzvolumen [m³]
2	16–18	5,5–7	bis 16
3	24–27	10–14	18–25
4	32–35	15–18	25–32
5	40–42	20–22	35–42

- Zugänglichkeit der Standplätze,
- parkendem Verkehr,
- fließendem Verkehr,
- Straßengestaltung,
- Verkehrsführung,
- Topographie,
- Mannschaftsgröße (Führerhausgröße),
- Transportentfernungen,
- Abfallarten und
- Behältersystemen

In der heutigen Praxis werden überwiegend Dreiachsfahrzeuge eingesetzt, in verdichteten Gebieten immer mehr mit lenkbarer Vorder- bzw. Hinterachse.

5.3.3.1 Fahrzeuge für das Umleerverfahren

Sammelfahrzeuge für das Umleerverfahren setzten sich aus drei Einzelkomponenten zusammen.

- Fahrgestell
- Fahrzeugaufbau inklusive der zugehörigen Verdichtungseinrichtung
- Schüttung

Beim **Fahrgestell** werden überwiegend übliche LKW-Fahrgestelle verwendet, die sich lediglich durch veränderte Ausstattungen (z. B. Nebenantrieb für den Fahrzeugaufbau, Größe der Fahrerkabine, Niederflureinstieg) von den gängigen Konstruktionen unterscheiden.

Der **Fahrzeugaufbau** ist dagegen variabel und den verschiedenen Einsatzgebieten angepasst. Durch die geringe Dichte der unterschiedlichen Abfälle sind für eine optimale Ausnutzung der Nutzlast Verdichtungs- und Fördereinrichtungen erforderlich. Im Wesentlichen werden Pressmüll- und Drehtrommelfahrzeuge eingesetzt.

Hecklader

Beim Heckladerpressmüllfahrzeug (Abb. 5.12) erfolgt die Beladung mit Förder- und Presseinrichtung, Packplatte und Schlitten oder Schwenk- und Führungsplatte vom Fahrzeugende. Nach dem der Behälter in die Ladewanne entleert ist, fährt die Führungsplatte nach unten und der Müll wird von der Schwenkplatte vorverdichtet und die Ladewanne ausgeräumt. Durch Hochfahren der Führungsplatte erfolgt die Verdichtung des Mülls gegen die Ausschubwand, die mit fortschreitender Beladung nach hinten verschoben wird. Die Entladung wird durch das Ausfahren der Ausschubwand erreicht.

Beim Drehtrommelfahrzeug (Abb. 5.13) wird der zylindrische Fahrzeugaufbau über einen hydraulischen Antrieb um die Längsachse gedreht. Durch die Rotation wird das Ladegut in Bewegung gehalten, in den Aufbau gedrückt, verdichtet, und zerkleinert. Das Entladen des Fahrzeugs wird durch entgegengesetztes Drehen der Trommel bewirkt.

Abb. 5.12 Hecklader (Variopress, Fa. Faun)

Für die Aufnahme und das Entleeren der Behälter sind Schüttungen entweder am Heck des Sammelfahrzeuges (Hecklader), an der Fahrzeugseite (Seitenlader) oder an der Front bzw. vor dem Fahrzeug (Frontlader) angebracht. Die Art der jeweils eingesetzten Schüttung (Abb. 5.14) orientiert sich an den vorhandenen Behältersystemen.

Eine Übersicht über die gängigsten Kombinationsmöglichkeiten zeigt folgende Tabelle (Tab. 5.5).

Ein weiteres Schüttungssystem, die Klammerschüttung (Grabber), funktioniert nach dem Zangenprinzip und ist für alle Behältersysteme bis zu einem Volumen von 360 l geeignet. Der Einsatz ist für Fahrzeuge mit Seitenladertechnik geeignet.

Abb. 5.13 Drehtrommelfahrzeug (Rotopress, Fa. Faun)

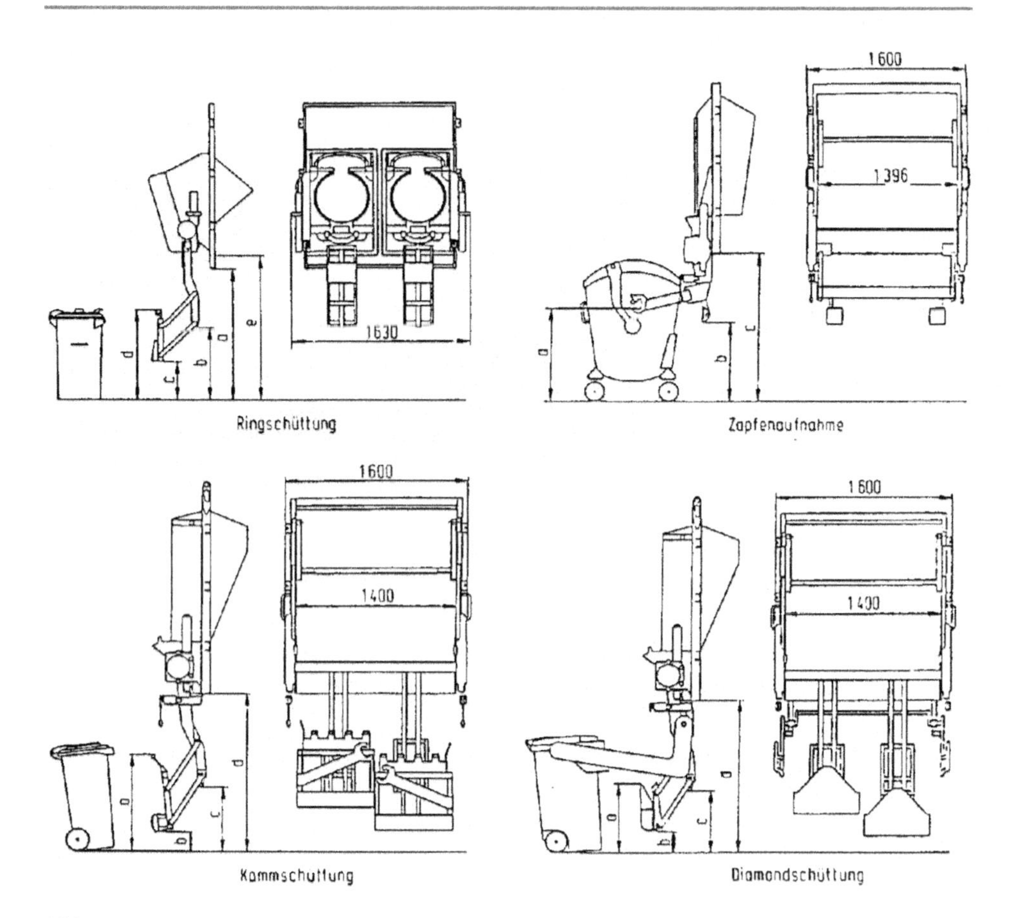

Abb. 5.14 Schüttungsarten [9]

Tab. 5.5 Kombinationen Schüttung/Ladetechnik

Schüttung	Behälter	Seitenlader	Frontlader	Hecklader
Kamm	für MGB bis 1,1 m³	X		X
Zapfen	für MGB 660 bis zu 5,0 m³		X	X
Diamond	für Diamond-Behälter bis 1,1 m³	X	X	X
Ring	für Mülleimer und -tonnen			X

Seitenlader

Die Seitenladertechnik (Abb. 5.15) findet überwiegend in ländlichen Strukturen oder in städtischen Randgebieten mit Teilservicebetrieb Anwendung. Bei diesem System wird das Ladepersonal eingespart und die Sammlung im Einmannbetrieb vorgenommen. Wirtschaftlich bietet der Seitenlader i. d. R. in den vorgenannten Strukturen Vorteile, da die etwas langsamere Sammelzeit (Ausnahme aufgelockerte Bebauung) und der höhere Anteil an Zwischenfahrten im Vergleich zum Hecklader (nur einseitige Sammlung möglich) durch den eingesparten Lader kompensiert wird. In verdichteten Bebauungsstrukturen mit erhöhter Verparkung ist ein effizienter Einsatz kaum möglich. Im Gegensatz zum Hecklader befindet sich das Presswerk und die Ladewanne in den vorderen Teil des Fahrzeugaufbaus.

Front- Seitenlader

Das Front-/Seitenladerfahrzeug ist Teil eines speziell entwickelten Gesamtsystems, welches zusätzlich passende Behältersysteme, Schüttungen, Wechselcontainer und Transportfahrzeuge umfasst. Die Vorteile des Frontladerfahrzeugs (Arbeiten im Sichtfeld des Fahrers wie auch Wechselaufbautechnik) sowie des Seitenladerfahrzeugs (Einmannbetrieb) werden beim Front-/Seitenladerfahrzeug sinnvoll vereint. Die Einsatzgebiete bei der Sammlung ohne Ladepersonal entsprechen denen der Seitenladerfahrzeuge. Der Einsatz in verdichteten Gebieten mit starker Verparkung ist mit Laderunterstützung im Vollservice ebenfalls möglich.

Frontlader

Frontlader (Abb. 5.16) haben sich in den letzten Jahren insbesondere bei der Großbehältersammlung (i. d. R. MGB > 1100 l) im (klein-)gewerblichen Bereich, etabliert. Auch

Abb. 5.15 Seitenlader (Sidepress, Fa. Faun)

Abb. 5.16 Frontlader (Frontpress, Fa. Faun)

hier liegt der wesentliche Vorteil im Einmannbetrieb sowie in dem vor dem Fahrzeug liegenden Arbeitsbereich. Voraussetzung für einen effizienten Einsatz ist allerdings eine gute Zugänglichkeit der zu leerenden Behälter.

5.3.3.2 Fahrzeuge für das Wechselverfahren

Die beim Wechselbehälterverfahren (Abb. 5.17) eingesetzten Fahrzeuge sind zum Auf- und Abladen der Mulden und Container mit fahrzeugeigenen Hub- und Absetzkippsystemen, Abrollkippsystemen mit Hakenaufnahme sowie Abgleitkippsystemen mit Seilzug ausgestattet. Dabei ist ein Übersetzen der Behälter auf einen entsprechend ausgestatteten Anhänger mit der Hubkippvorrichtung des Zug – LKW möglich, so dass in einer Transporteinheit bis zu 80–90 m³ Behältervolumen zur Verfügung stehen.

5.3.3.3 Fahrzeuge für das Einwegverfahren

Beim Einwegverfahren bedient man sich entweder herkömmlicher Pritschenfahrzeuge mit unterschiedlichem Aufbauvolumen oder aber Sammelfahrzeugen mit offener Wanne, ohne spezielle Schüttung (Universalschüttung).

5.4 Umladung und Transport

5.4.1 Grundsätzliche Überlegungen

Bei kurzen Distanzen zwischen dem Entsorgungsgebiet und den Entsorgungsanlagen erfolgt die Anlieferung der Abfälle im Direkttransport. Dabei fährt das Sammelfahrzeug

Abb. 5.17 Sammelfahrzeug für Wechselbehälter [2]

direkt aus dem Sammelgebiet zur Entsorgungsanlage. Die Planung zentraler Entsorgungsanlagen im Rahmen überregionaler Abfallentsorgungskonzepte führte in den letzten Jahren zu einer Vergrößerung der Transportstrecken. Bei diesen größeren Distanzen kann die Umladung des Abfalls in spezielle Transportfahrzeuge bzw. der Einsatz von Wechselverfahren kostengünstiger als ein Direkttransport sein (Abb. 5.18).

Grundsätzlich ist ein ortsbezogener Vergleich zwischen Umladesystemen und dem Direkttransport durch Kostenvergleichsberechnungen unter Berücksichtigung der in Abb. 5.19 dargestellten Abhängigkeiten durchzuführen.

Eine genauere Betrachtung der Kosten erfolgt im Abschn. 5.6.2.

5.4.2 Umladesysteme

Nach der Anlieferung des Abfalls an der Umladestation erfolgt dessen Umladung auf das jeweilige Ferntransportmittel. Dabei wird zwischen Umladung ohne Verdichtung und Umladung mit Verdichtung unterschieden (Abb. 5.20).

Die Abbildung 5.21 zeigt eine Umladung mit Verdichtung. Dieses dargestellte System verfügt über eine Vorkammerpresse als zentrales Element. Diese verdichtet das angelieferte Material in geschlossenen Container mit einem Volumen von i. d. R. 50 m³. Durch die Verdichtung wird eine Auslastung der Container von ca. 20 Mg (0,4 Mg/m³) erreicht.

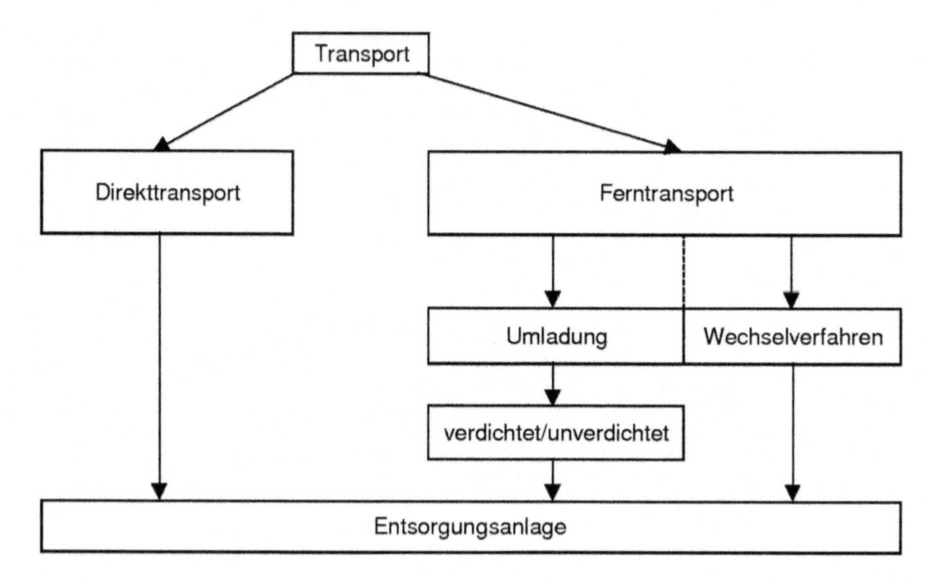

Abb. 5.18 Transportvarianten

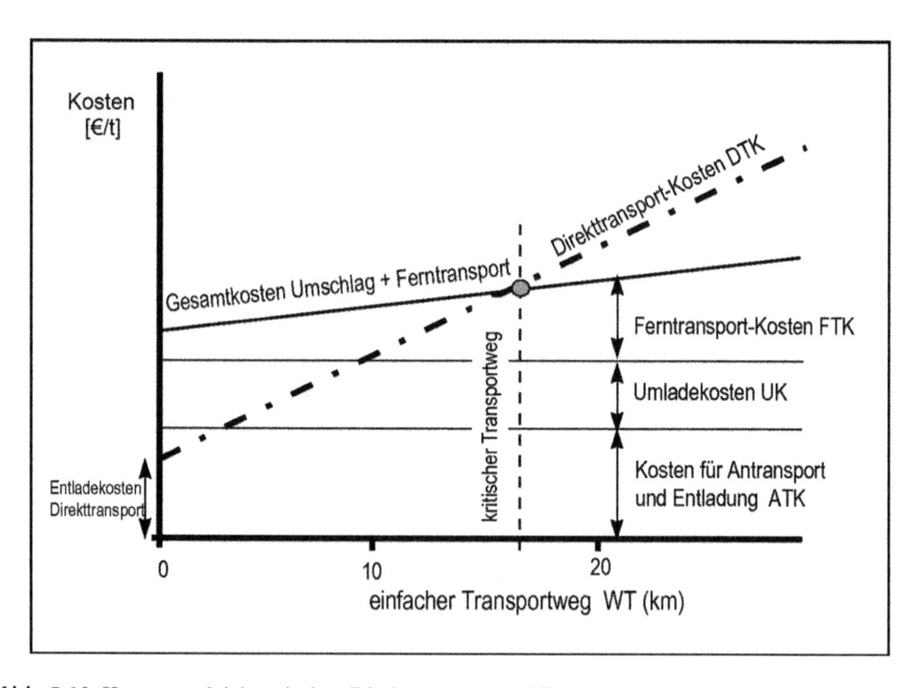

Abb. 5.19 Kostenvergleich zwischen Direkttransport und Ferntransport mit Umladung [2]

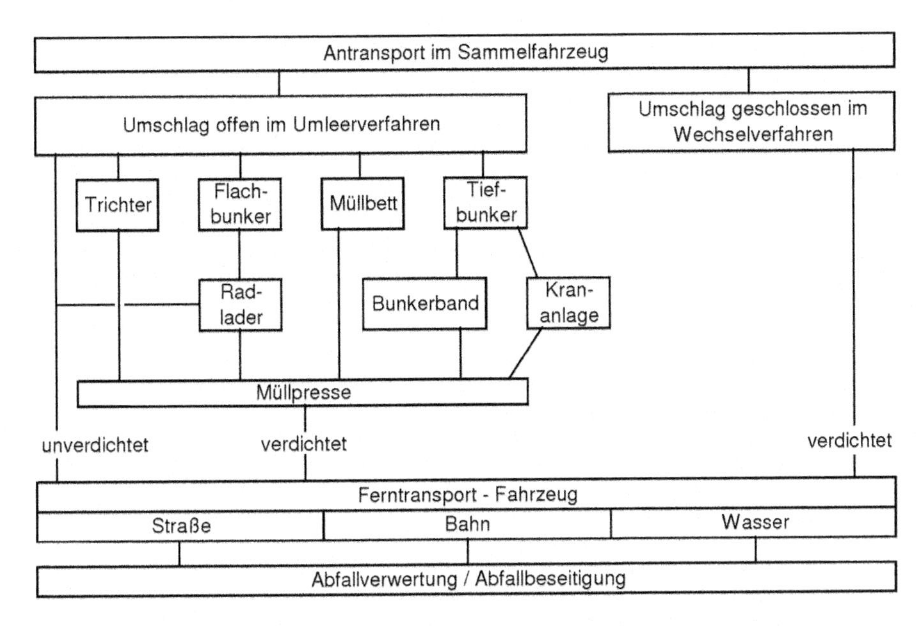

Abb. 5.20 Umladesysteme

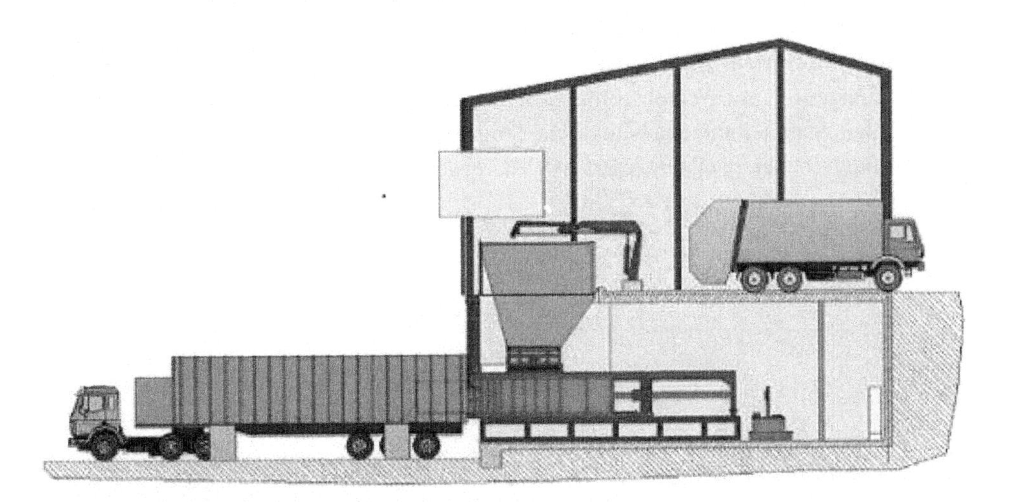

Abb. 5.21 Umladestation mit Verdichtung

Die gefüllten Container können mit Sattelschleppern (Straße) bzw. Züge (Schiene) transportiert werden. Alternativ können die Presscontainer mit Verschiebewagen aufgenommen, abgesetzt und von Fahrzeugen mit Luftfederung übernommen werden.

Abbildung 5.22 zeigt eine Umladestation ohne Verdichtung. Hier erfolgt die Umladung der Abfälle direkt vom Sammelfahrzeug in den Container (40 m³) oder alternativ mittels Radlader. Bei dieser unverdichteten Beladungstechnik werden Nutzlasten von <20 Mg

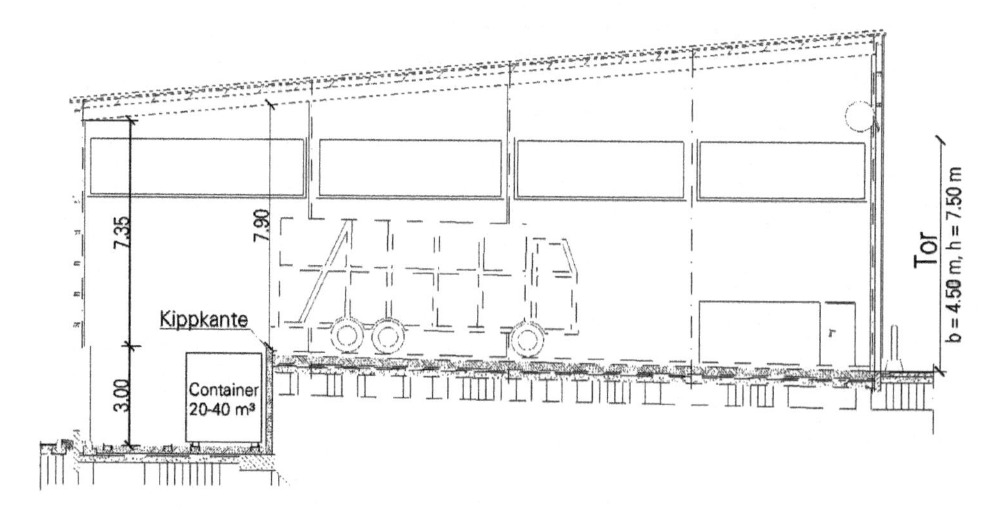

Abb. 5.22 Umladestation ohne Verdichtung [8]

pro Behälter erreicht. Bei einem LKW mit Anhänger bzw. Sattelschlepper mit Festaufbau (2 Container) stehen 80–90 m³ Volumen zur Verfügung.

Die unverdichtete Umladung ist i. a. wirtschaftlich sinnvoll bei kleinen Durchsatzmengen und begrenzten Transportentfernungen.

Ein weiteres System zur Trennung von Sammlung und Transport ist der Einsatz von Sammelfahrzeugen mit Wechselaufbautechnik (Abb. 5.23). Dabei werden die Abfälle über eine auf dem Sammelfahrzeug befindliche Stopfpresse in den Wechselaufbau gepresst und der gefüllte Behälter an einem zentralen Platz gegen einen Leerbehälter ausgetauscht.

Abb. 5.23 Seitenlader mit Wechselaufbau (Sidepress X, Fa. Faun)

5.4.3 Ferntransport

Der Ferntransport von Abfällen erfolgt i. d. R. auf der Straße. In seltenen Fällen wird bei entsprechenden ortspezifischen Rahmenbedingungen die Beförderung von Abfällen auch über die Schiene bzw. den Wasserweg praktiziert.

Die für den Ferntransport eingesetzten Fahrzeuge unterliegen den maßgeblichen beförderungs- und verkehrsrechtlichen Bestimmungen. Für mittlere und größere Anlagen sind als Presscontainer etwa 50 m³-Aufbauten auf 5-Achs-Sattelaufliegern möglich sowie für kleinere Anlagen als offene, unverpresste Gleit-Abroll-Container auf 3-bis 4-Achs-LKW oder im Hängerbetrieb mit bis zu 2 × 40 m³ oder als offener Sattelauflieger oder offener Schubkipper (z. B. Fa. GEORG) mit bis zu 90 m³. Abhängig vom erreichten Raumgewicht lassen sich mit diesen Systemen Nutzlasten von 20–22 Mg/Fzg. erreichen, wobei bei unverpressten Systemen die Nutzlasten geringer sind.

Daneben sind verstärkt Wechselcontainer von Sammelfahrzeugen mit absetzbaren Aufbauten im Einsatz, die zu 2 bzw. 3 Containern in speziellen Lastzügen zusammengefasst werden.

Die Umschlagsform Straße/Bahn ist aus wirtschaftlichen Gründen nur bei größeren Entfernungen (>100 km) und den Einsatz von Ganzzügen sinnvoll. Dabei werden die Presscontainer mit Kränen auf die Waggons aufgesetzt. Bei kleineren Mengen kann auf Gesamtzüge verzichtet werden oder z. B. das ACTS-System zum Einsatz kommen (Abb. 5.24), bei dem der Container vom Lastwagen auf einen Drehrahmen geschoben wird. Diese Form der Umladung kann direkt an üblichen Ladegleisen erfolgen.

5.5 Organisation und Einsatzplanung in der Entsorgungslogistik

5.5.1 Örtliche Rahmenbedingungen

Da die Entsorgungslogistik den jeweiligen Randbedingungen angepasst werden bzw. darauf aufbauen muss, bilden die örtlichen Einflussgrößen die Basis bzw. Ausgangslage für die gesamte Organisation.

Die Gebietsstruktur hat durch ihre Differenzierung nach wohn- und städtebaulichen Aspekten einen unmittelbaren Einfluss auf die Dichte der Ladepunkte, die Größe und Anzahl der zu leerenden Behälter. Die Behälterdichte beschreibt die Anzahl der Behälter je Sammelstrecke und steht in unmittelbarem Zusammenhang mit dem Sammelzeitbedarf (nähere Erläuterung im Abschn. 5.6). Einen erheblichen Einfluss auf die tägliche Sammelleistung hat darüber hinaus auch die Transportentfernung. Der Zeitbedarf für den Transport hängt neben den Straßen- und Verkehrsverhältnissen (Stadtgebiet, Landstraße oder Autobahn) insbesondere von der Entfernung des jeweiligen Sammelgebietes zur Entsorgungsanlage ab.

Der Servicegrad im Sammelrevier hat einen unmittelbaren Einfluss auf den Personalbedarf im Rahmen der Sammlung. Die Erfassung der Abfälle erfolgt entweder im Vollservice (Mannschaftstransport) oder im Teilservice (Benutzertransport). Insbesondere in verdichteten Strukturen wird häufig ein Vollservicebetrieb angeboten, wohingegen in

Abb. 5.24 ACTS-Umschlagsystem für das System Straße/Schiene

Stadtrandbereichen und ländlichen Strukturen i. d. R. im Teilservicebetrieb gesammelt wird. Der Personalbedarf für das Raus- und Reinstellen der Behälter und den Ladevorgang am Fahrzeug wird wesentlich vom Anteil der Kellerstandplätze, der Behälterstruktur wie auch von der Entfernung der Behälterstandplätze auf dem Grundstück zum Ladepunkt am Fahrbahnrand beeinflusst. Die notwendige Mannschaftsstärke für das Sammeln von Abfällen ist daher ortsspezifisch sehr unterschiedlich ausgeprägt. So werden in verdichteten Bebauungsstrukturen für die Sammlung von Restabfällen im Vollservicebetrieb bis zu fünf Raus- und Reinsteller/Lader eingesetzt, dagegen erfolgt in aufgelockerten Strukturen im Teilservicebetrieb die Sammlung oftmals mit Seitenladerfahrzeugen im Einmannbetrieb (ausschließlich Fahrer) [1].

Die Abfuhrrhythmen der erfassten Abfall- und Wertstoffarten variieren in der Praxis. Die Tabelle 5.6 zeigt die üblichen Leerungsintervalle der im Holsystem erfassten Fraktionen.

Örtlich verschieden kann sich neben dem eingesetzten Behältersystem auch der Umfang der getrennten Abfallsammlung darstellen. Wesentliches Differenzierungsmerkmal ist

Tab. 5.6 Abfuhrrhythmen (INFA, 2014)

Abfall-/Wertstoffart	überwiegende Abfuhrrhythmen
Restabfall	wöchentlich, 14-täglich, 28-täglich, mehrfach pro Woche[1)]
Bioabfall	wöchentlich, 14-täglich
Leichtstoffverpackungen	14-täglich, 28-täglich
Altpapier	14-täglich, 28-täglich
Sperrmüll	periodisch (z. B. monatlich), auf Abruf

[1)] stark verdichtete Bereiche, Gewerbebetriebe

hier die Umsetzung einer getrennten Erfassung der Bioabfälle sowie die Erfassung des Altpapiers im Holsystem.

5.5.2 Technische Rahmenbedingungen

In den letzten Jahren hat sich der Einsatz technischer Hilfsmittel vor dem Hintergrund verbesserter Planungsmöglichkeiten zur Feststellung der tatsächlich geleerten Abfallbehälter bzw. entsorgten Abfallmengen sowie einer verursachergerechten Gebührenveranlagung (s. Abschn. 5.7) erheblich verstärkt. In diesem Zusammenhang wird auf elektronische Behälteridentifikations- bzw. Behälterwägesysteme (in Einzelfällen auch Volumenmesssysteme) zurückgegriffen. Durch diese technische Unterstützung erhält der Betrieb einen Überblick des tatsächlichen Behälterbestandes als Grundlage der Tourenplanung. Da mit diesen Systemen neben den geleerten Behältern auch Detailzeiten erfasst werden, bietet sich auch die Möglichkeit eines betrieblichen Controllings. Bei einer Gebührenabrechnung auf Basis der Leerungsanzahl sinkt i. d. R. der Bereitstellungsgrad der Behälter und folglich verringert sich die Behälterdichte mit unmittelbaren Auswirkungen auf den Sammelzeitaufwand.

Die Auswirkungen eines Behälteridentifikationssystems auf den Bereitstellungsgrad sind davon abhängig, ob eine Teilgebühr pro Behälterbereitstellung zu entrichten ist. Wird darauf verzichtet, ist i. d. R. der Füllgrad der Behälter gering und der Bereitstellungsgrad hoch (hierdurch Mehraufwand bei der Sammlung).

Die Basis einer EDV-Unterstützung in der Planung der Entsorgungslogistik bilden die Standplatzdaten der Behälterverwaltung. Hierzu gehören neben den Behälterzahlen die Behälterstandorte (Adresse), die Behälterarten (Größen), die gesammelten Abfallarten (Rest-, Bioabfall usw.), die entsprechenden Abfuhrintervalle sowie evtl. vorhandene Standplatzcharakteristika. Letztere beinhalten z. B. die Entfernung der Behälter zum Straßenrand, die Zugänglichkeit, Anzahl Stufen, Steigungen oder weitere Besonderheiten des Standplatzes. Zum optimierten Personal- und Fahrzeugeinsatz werden Tourenplanungsmodule eingesetzt. Diese müssen neben den Standplatzdaten verschiedene entsorgungsspezifische Planungsdaten erfassen und verarbeiten. Während bei vielen Programmen wenige Parameter abgefragt werden, können bei differenzierteren Programmen z. B. auch Siedlungsstrukturen (Behälterdichten) und behälterspezifische Faktoren hinterlegt werden.

In den letzten Jahren werden auch verstärkt satellitengestützte Navigationssysteme als Steuerungs- und Controllinginstrumente in die Sammelfahrzeuge eingebaut. Hiermit können einerseits Vorgaben über die Reihenfolge der abzufahrenden Straßen bzw. der zu leerenden Behälter gegeben werden (z. B. Aufzeichnen der Sammeltour für Ersatzfahrer), andererseits erhält der Betrieb durch Verknüpfung des Bordcomputers mit ausgewählten Signalen, wie z. B. Betätigung der Schüttung, Rückwärtsfahrten, Stillstandszeiten etc., eine lückenlose Dokumentation jeder einzelnen Tour [1].

5.5.3 Betriebliche Rahmenbedingungen

Betriebliche Rahmenbedingungen werden in großen Teilen durch rechtliche Vorgaben bestimmt. Zu nennen sind hier im Wesentlichen

- Tarifverträge
- Arbeitszeitverordnung
- Lenkzeitverordnung

und betriebliche Dienstvereinbarungen. Hier werden verschiedene Einzelanteile der täglichen Arbeitszeit, wie Rüstzeiten, Pausen (bezahlte/unbezahlte), Pausenort, Fahrzeug- und Personalreinigungszeiten oder auch Leistungsvorgaben innerbetrieblich geregelt.

Immer noch existieren in der Müllabfuhr vielfach relativ starre Vorgaben bezüglich der täglichen bzw. wöchentlichen Arbeitszeiten. Konventionelle Arbeitszeitmodelle sehen eine relativ gleichmäßige Verteilung auf fünf Wochentage vor. Erfahrungen in der Praxis zeigen hierbei, dass eine Tourenplanung nur selten minutengenau vorgenommen werden kann. Darüber hinaus steht auf Grund von Rüstzeiten, Pausen, An- und Abfahrten etc. nur eingeschränkt Zeit für die Sammlung zur Verfügung.

Unterschiedliche 4-Tage-Arbeitszeitmodelle sehen eine 4-Tagewoche für die Mitarbeiter (verlängerte Tagesarbeitszeiten von durchschnittlich 7,7 auf 9,625 Stunden je Tag für kommunale sowie von 7,5 auf 9,375 Stunden je Tag für private Betriebe) vor. Die Wochenarbeitszeit für den jeweiligen Mitarbeiter bleibt hierbei unverändert. Durch die verlängerten Fahrzeugeinsatzzeiten kommt es zu einer Reduzierung der notwendigen Fahrzeuganzahl. Neben einer grundsätzlichen Neuorganisation durch die Einführung neuer Arbeitszeitmodelle wird eine Flexibilisierung der Arbeitszeiten in der Form angestrebt, dass die täglichen Arbeitszeiten dem jeweiligen Bedarf angepasst werden. Hier können auch saisonale Schwankungen (z. B. kürzere Arbeitszeiten bei der Bioabfallsammlung außerhalb der Vegetationsperiode) Berücksichtigung finden.

Eine optimale Organisation und Einsatzplanung kann durch die Kombination der Abfuhr mehrerer Abfallarten an einem Tag und den Einsatz von Satellitenfahrzeugen beim

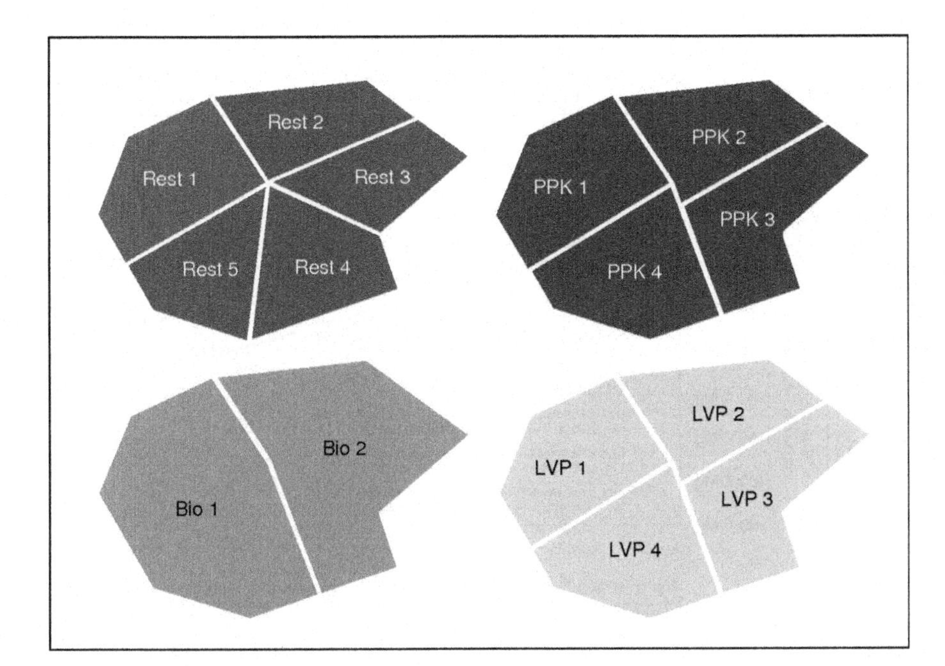

Abb. 5.25 Abfuhr mehrerer Abfallarten am selben Tag [1]

Vollservice erreicht werden (s. Abb. 5.25). So verringert sich durch die organisatorische Trennung von Abfallsammelfahrzeug und dem Raus- und Reinstellen der Behälter durch das Serviceteam der Aufwand für sonstige Tätigkeiten des Serviceteams (Rüstzeit, Transporte, Entladung) erheblich [1].

Für die Praxis bedeutet dieses im Idealfall die Planung einer Abfallarten übergreifenden Tourenplanung, bei der mehrere Abfallarten in einem zusammenhängenden Gebiet an einem Tag von verschiedenen Sammelfahrzeugen gesammelt werden. Die Serviceteams arbeiten in diesem Tagesbezirk Fahrzeug übergreifend und bedienen unterschiedliche Fahrzeuge gleichzeitig. Hierdurch kann ein mehrmaliges Durchlaufen der Straßen, wie auch das Betreten der Grundstücke (für jede Abfallart), erheblich reduziert werden.

5.5.4 Organisatorische Rahmenbedingungen

Über die Veränderung organisatorischer Rahmenbedingungen kann die Entsorgungslogistik erheblich beeinflusst werden. Hier sind ortspezifisch optimale Lösungen im Hinblick auf Bürgerservice, hoher Effektivität und Kostenkontrolle möglich.

Neben den Logistikkosten haben insbesondere auch die Entsorgungskosten einen erheblichen Einfluss auf Wirtschaftlichkeitsbetrachtungen in der Abfallwirtschaft (Abb. 5.26). So hat der **Umfang der getrennten Sammlung** einen erheblichen Einfluss

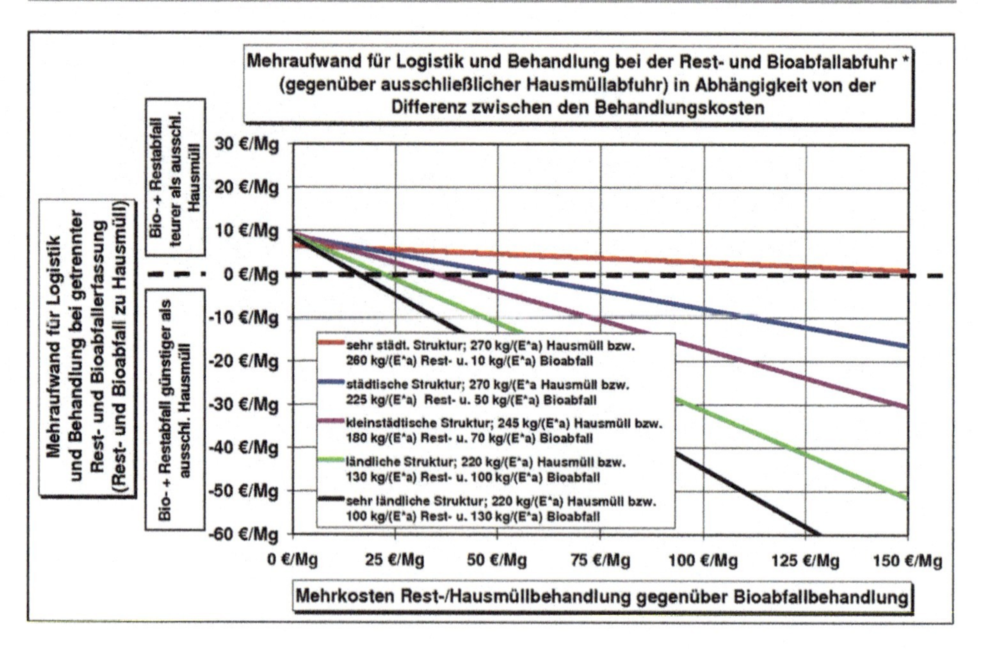

Abb. 5.26 Mehraufwand für Logistik und Behandlung bei der Rest- und Bioabfallerfassung gegenüber einer ausschließlichen Hausmüllerfassung in Abhängigkeit von der Differenz zwischen den Behandlungskosten [1]

auf die Entsorgungskosten. Zum Beispiel kann in Abhängigkeit der Mengenverteilung zwischen Rest- und Bioabfall ermittelt werden, ab welcher Differenz zwischen den Entsorgungskosten für den Restabfall und den Entsorgungskosten für den Bioabfall die Einführung einer Biotonne unter Berücksichtigung der erforderlichen Logistik kostenneutral erfolgen kann. Vergleichbare Berechnungen können bzgl. einer **Ausdehnung des Holsystems** z. B. auf Altpapier durchgeführt werden.

Einen erheblichen Einfluss im Hinblick auf die erforderlichen **Mannschaftsstärken** und damit auf die entstehenden Kosten hat der Servicegrad in den Entsorgungsgebieten.

Die **Leerungsintervalle** der Behälter haben großen Einfluss auf die Logistik. Eine Harmonisierung der Abfuhrintervalle bei einzelnen Abfallarten auf eine z. B. einheitliche 14-tägliche Leerung ist mit monetären Vorteilen im Vergleich zu einer Mischung aus wöchentlicher/14-täglicher Abfuhr verbunden.

Eine **Trennung von Sammlung und Transport** kann in Abhängigkeit der örtlichen Rahmenbedingungen (große Entfernung zwischen Sammelrevier und Entsorgungsanlage) zu einer Effektivitätssteigerung in der Entsorgungslogistik führen. Die Sammelfahrzeuge steigern ihre Sammelleistung durch den Wegfall weiter Transportstrecken deutlich und das Ladepersonal wird effektiv eingesetzt.

Je nach örtlicher Behälterverteilung kann eine **getrennte Abfuhr** (MGB < 360 und MGB > 660 in separaten Sammeltouren) oder eine **gemischte Abfuhr** (MGB < 360 und MGB > 660 in einer Sammeltour) wirtschaftliche Vorteile bringen. Insbesondere die Verteilung der Großbehälter und die eingesetzten Mannschaftsstärken sind hier ausschlaggebend.

5.6 Leistungsdaten und Kosten der Entsorgungslogistik

5.6.1 Sammlung

Die Sammlung umfasst die Vorgänge des Ladens der einzelnen Behälter sowie des Fahrens zwischen den Ladepunkten und ist damit insbesondere vom Transport abzugrenzen.

5.6.1.1 Leistungsdaten der Sammlung

Die Leistungsdaten der Sammlung sind von verschiedenen Parametern abhängig. Diese sind neben der Gebietsstruktur die Fahrzeugtechnik, die eingesetzte Mannschaftsstärke, der Servicegrad der Behälter (Voll- oder Teilservice) sowie das Behältersystem. Die nachfolgenden Tabellen stellen somit Anhaltswerte dar, da sie keine örtlichen Besonderheiten, wie z. B. den Aufwand für den Transport, berücksichtigen (Tab. 5.7 und 5.8).

In der Tab. 5.9 sind Sammelzeiten für ausgewählte Gebietsstrukturen aufgeführt.

Eine detaillierte Definition der Gebietsstrukturen befindet sich im Anhang

Tab. 5.7 Schüttvorgänge bei Vollservice [4]

Vollservice					
2012	Schüttvorgänge/(Lader* Tag)			Anz. der Nennungen	Schüttvorgänge je Besatzung und Tag (berechnet)
	min	max	mittel		mittel
Behälter bis 360 l	198	500	**286**	14	**855**
Behälter ab 550 l	40	200	**110**	36	**156**
gemischte Abfuhr	136	800	**289**	33	**654**

*über Angaben der Betriebe, welche sowohl Nennungen zu [Anz. Lader] und [Beh./(Lader*d)] in der jeweiligen Behältergröße.

Tab. 5.8 Schüttvorgänge bei Teilservice [4]

2012	Teilservice (inkl. Touren mit Voll- und Teilservice)				Schüttvorgänge pro Besatzung und Tag (berechnet)
	Schüttvorgänge/(Lader * Tag)			Anz. der Nennungen	
	min	max	mittel		mittel*
Behälter bis 360 l	302	950	**632**	27	**746**
gemischte Abfuhr	205	900	**520**	46	**764**

*über Angaben der Betriebe, welche sowohl Nennungen zu [Anz. Lader] und [Beh./(Lader*d)] in der jeweiligen Behältergröße.

Tab. 5.9 Sammelzeiten in Abhängigkeit der Behälterdichte (INFA, 2014)

Sammelzeit pro Behälter in Abhängigkeit der Behälterdichte						
Behältersystem	GS 3		GS 4		GS 5	
	[B/100m]	[s/B]	[B/100m]	[s/B]	[B/100m]	[s/B]
ME 50	13–18	15–14	7–11	19–16	–	–
MGB 120/240	10–15	20–18	4–8	28–22	1,5–2	55–39
MGB 1100	3–5	41–31	0,5–1,5	112–61		–
Sack	30–40	2–4	10–15	7–6	1–5	22–10

GS 3: offene Mehrfamilienhausbebauung (>3 Vollgeschosse).
GS 4: Mischung aus 1–2 und 3–6 Familienhausbebauung.
GS 5: aufgelockerte 1–2 Familienhausbebauung.

Eine genaue Logistikplanung muss folgende Einflussparameter berücksichtigen:

- Tagesarbeitszeit (abzgl. Rüstzeiten etc.)
- Transportzeiten je Tag (Entfernung, Geschwindigkeit)
- Anzahl der Fahrzeugladungen je Tag (Nutzlast, Fahrzeugauslastung)
- verbleibende Sammelzeit je Tag
- Behälterbestände im Sammelgebiet
- Sammelzeit je Behälter (Behälterdichte, organisatorische Rahmenbedingungen) (Abb. 5.27)

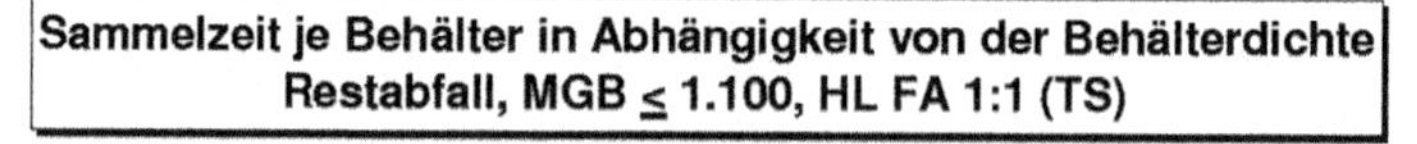

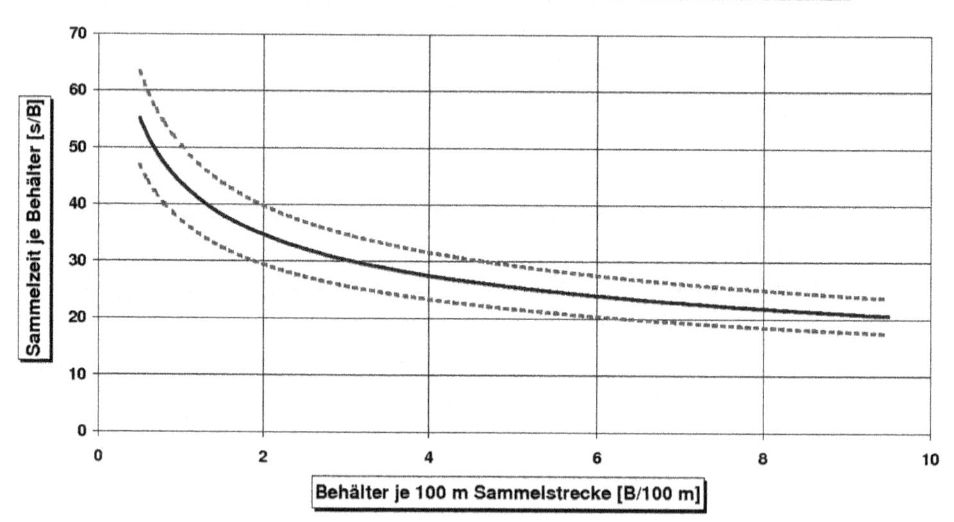

HL: Hecklader, FA: Festaufbau, TS: Teilservice

Abb. 5.27 Sammelzeit in Abhängigkeit von der Behälterdichte (INFA, 2014)

Die Sammelzeit je Behälter wird neben der Behälterdichte wesentlich von der Anzahl der eingesetzten Lader beeinflusst, die wiederum von der Art der Behälterbereitstellung bestimmt wird.

Eine Tourenplanung stellt aufgrund der vielfältigen örtlichen Rahmenbedingungen einen spezifischen Einzelfall von großer Komplexität dar. Um die verschiedenen planerischen Einflussgrößen optimal miteinander zu verknüpfen erfolgt in der Praxis die Erarbeitung neuer Logistikkonzepte immer häufiger mit speziell entwickelter Tourenplanungssoftware.

5.6.1.2 Kosten der Sammlung

Die Kosten für die Sammlung setzten sich aus Behälter-, Personal- und Fahrzeugkosten zusammen.

Behälterkosten

Die Kosten für die Anschaffung und Verteilung der Behälter gliedern sich deutlich in zwei Gruppen. Die Kleinbehälter (MGB 40–240) (Tab. 5.10) verursachen hierbei Anschaffungs- und Verteilungskosten in Höhe von ca. 16–24 Euro pro Behälter; die Anschaffungs- und Verteilungskosten der Großbehälter (MGB > 660) liegen zwischen ca. 140 und 205 Euro je Behälter. Bei identischen Abschreibungszeiträumen, vergleichbaren Ansätzen für Reparatur und Verluste (ab MGB 660 erhöhte Reparaturkosten; i. W. wg. Schäden an Rädern und Deckeln) betragen die Behälterkosten pro Jahr für die Kleinbehälter ca. 3–5 Euro und 24–36 Euro für die Großbehälter.

Personalkosten

Wesentlichen Einfluss auf den Personalkostensatz (Tab. 5.11) haben neben den Lohnkosten (inkl. Sozialabgaben) tarifliche bzw. betriebliche Vereinbarungen. Dieses können z. B. Zuschläge für besondere Erschwernisse oder Leistungszulagen sein.

Tab. 5.10 Beispielhafte Berechnung der jährlichen Behälterkosten (INFA, Kostenstand 2014)

Kleinbehälter		MGB 120
Anschaffung und Verteilung	[€/Beh.]	19,80
Abschreibungszeitraum	[a]	10
Zinssatz	[%]	3,0
Kapitalkosten	[€/(Beh.*a)]	2,28
Anteil Reparatur, Verluste (v. Invest)	[%]	3
Betriebskosten	[€/(Beh.*a)]	0,59
Verwaltung, Wagnis und Gewinn	[%]	20
Verwaltungskosten	[€/(Beh.*a)]	0,57
Behälterkosten pro Jahr	**[€/(Beh.*a)]**	**3,45**

Tab. 5.11 Beispielhafte Berechnung der jährlichen Personalkosten (INFA, Kostenstand 2014)

Mitarbeiterfunktion		MA
Lohnkosten je Mitarbeiter und Jahr	[€/(MA*a)]	43.000
Anteil Reserve	[%]	25
Kosten inkl. Reserve	[€/(MA*a)]	53.750
Arbeitsstunden/Jahr	[h/a]	2002
Stundensatz	[€/(MA*a)]	26,85
Verwaltung, Wagnis und Gewinn	[%]	20
Personalkosten je Stunde	**[€/(MA*a)]**	**32,22**

Darüber hinaus sind insbesondere die notwendigen Personalreserven (Ersatzpersonal für Urlaub und Krankheit) sowie Anteile für die Verwaltung sowie Wagnis und Gewinn zu berücksichtigen.

Fahrzeugkosten

Neben den Investitionskosten wirken sich bei der Berechnung der spezifischen Fahrzeugkosten (Tab. 5.12) die Abschreibungsdauer, der notwendige Reserveanteil, der Treibstoffverbrauch sowie der Anteil für Verwaltung, Wagnis und Gewinn aus.

Tab. 5.12 Beispielhafte Berechnung der jährlichen Fahrzeugkosten (INFA, Kostenstand 2014)

Fahrzeugsystem		Hecklader (FA) 3-Achsfahrzeug
Anschaffung	[€/Fzg.]	210.000
Abschreibungszeitraum	[a]	8
Zinssatz	[%]	3,0
Anteil Reserve	[%]	10
Kapitalkosten (inkl. Reserve)	[€/(Fzg.*a)]	32.340
Steuer/Versicherung	[%]	2
Einsatzstunden je Jahr	[h/a]	2002
Treibstoffkosten	[€/h]	9,09
Reparatur/Material (% v. Invest.)	[%]	9
Betriebskosten	[€/(Fzg.*a)]	41.720
Gesamtkosten	[€/(Fzg.*a)]	74.060
Verwaltung, Wagnis und Gewinn	[%]	20
Fahrzeugkosten je Stunde	[€/(Fzg.*h)]	44,39

Sammelkosten

Berechnungsbeispiel für die Ermittlung von Sammelkosten von Restabfall mit einem Hecklader (Fahrer + 2 Lader) in €/Mg:

Behälterkosten:

Behälter:	MGB 120, mittlerer Füllgrad 80 %
Raumgewicht des Restabfall:	120 kg/m³
mittleres Behälterinhaltsgewicht:	ca. 11,5 kg
Anzahl zu leerende MGB 120 für ein Mg Restabfall:	ca. 87 Behälter
Behälterkosten je Leerung eines MGB 120 bei einem:	
2-wöchentlichen Leerungsintervall:	ca. 0,13 €/(Beh.* Leerung)
Behälterkosten je Megagramm Restabfall:	***ca. 11,3€/Mg***

Fahrzeugkosten:

mittlere Sammelzeit je Behälter:	ca. 25 s
Zeitbedarf zur Sammlung von einem Megagramm Restabfall:	**ca. 0,6 h**
Fahrzeugkosten pro Stunde:	44,4 €/h
Fahrzeugkosten je Megagramm Restabfall:	***ca. 26,6 €/Mg***

Personalkosten:

Personalkosten pro Stunde:	32,2 €/h
Personalkosten je Megagramm Restabfall	***ca. 58,0 €/Mg***
Sammelkosten je Megagramm Restabfall:	***ca. 95,9 €/Mg***

Die vorgenannten beispielhaften Kostenansätze weisen in Abhängigkeit der jeweiligen betriebsspezifischen Einzelkostenansätze (z. B. Tarifvertrag, Einkaufskonditionen) und den in den vorgenannten Kapiteln genannten Einflussgrößen eine erhebliche Spannbreite auf.

5.6.2 Transport

Der Transport umfasst die verschiedenen Fahrten des Sammelfahrzeuges. Diese sind im Wesentlichen:

- *Antransport* (erste Fahrt): Fahrt vom Betriebshof zur ersten Tätigkeit (i. d. R. zur Sammlung in das Sammelgebiet)

- *Abtransport* (letzte Fahrt): Abschließende Fahrt von der letzten Tätigkeit (i. d. R. Entladung) zurück zum Betriebshof
- *Betriebsbedingte Fahrt*: Fahrt, die aus betriebsbedingten Gründen durchgeführt wird. Mögliche Anlässe: Pausen, Reparaturen o. Ä.; verbleibt das Fahrzeug nach einer Fahrt zur Reparatur in der Werkstatt, handelt es sich um einen *Abtransport*
- *Entsorgungsfahrt*: Fahrt, die durchgeführt wird, um das Fahrzeug zu entladen (Fahrt zur Behandlungsanlage, zur Umladestation, Sortieranlage usw.)
- *Zwischentransport*: Fahrt, die zwischen zwei deutlich voneinander getrennten Sammelgebieten zurückgelegt wird:

5.6.2.1 Leistungsdaten des Direkttransports

Untersuchungen zur Zeit bzw. Geschwindigkeit von Sammelfahrzeugen bzw. Containerfahrzeugen beim Transport der Abfälle weisen eine deutliche Abhängigkeit von den mittleren Transportentfernungen auf (Abb. 5.28). So steigt die Geschwindigkeit bei kurzen Transportstrecken schnell an; ab einer Transportstrecke von mehr als 20 km zeigt sich nur noch eine geringe Geschwindigkeitszunahme. Darüber hinaus ist noch der Einfluss der Straßenarten (Stadtstraße, Landstraße, Autobahn) zu berücksichtigen.

Theoretisch können bei Rest- und Bioabfall im Rahmen des Direkttransportes die zulässigen Fahrzeugnutzlasten ausgenutzt werden. Die Nutzlasten für Leichtverpackungen, Altpapier und Sperrabfall sind in Abhängigkeit der ortspezifischen Bedingungen geringer anzusetzen.

5.6.2.2 Kosten des Direkttransports

Berechnungsbeispiel für die Ermittlung der Kosten eines Direkttransportes von Restabfall mit einem Hecklader (Fahrer + 2 Lader) in €/Transport:

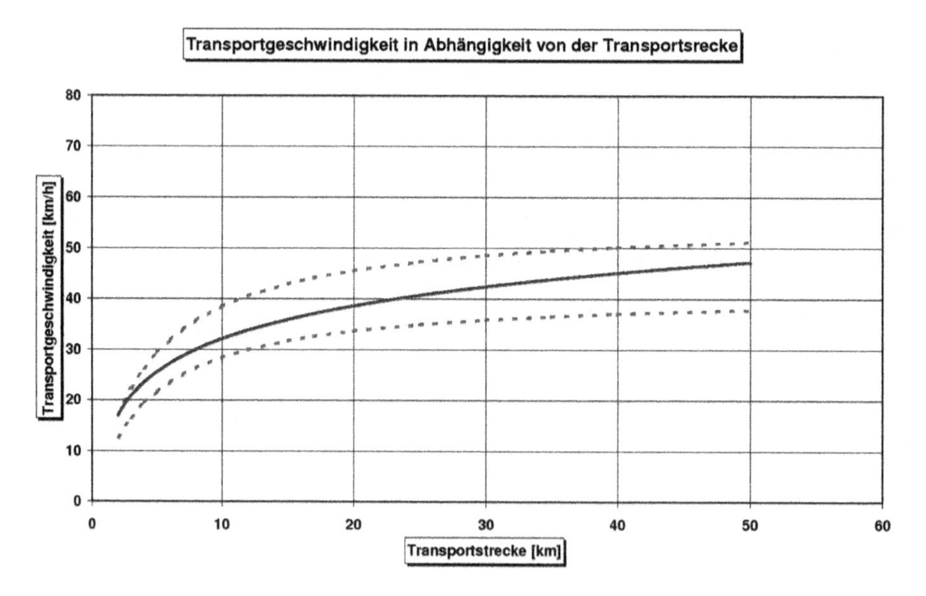

Abb. 5.28 Transportgeschwindigkeit in Abhängigkeit von der Transportstrecke (INFA, 2014)

Einfache Entfernung Sammelgebiet-Entsorgungsanlage:	20 km
Durchschnittsgeschwindigkeit Sammelfahrzeug:45 km/h:	Fahrzeugzuladung: 10 Mg
Entladezeit auf der Anlage:	10 min
Transportzeit inkl. Entladezeit:	63 min
Fahrzeugkosten pro Stunde:	44,4 €/h
Fahrzeugkosten je Transport:	**46,6 €/Transport**
Personalkosten pro Stunde:	32,2 €/h
Personalkosten je Transport:	**101,4 €/Transport**
Transportkosten je Megagramm Restabfall:	***ca. 15 €/Mg***

5.6.2.3 Umladekosten

Die Kosten einer ortsfesten Umladeanlage setzen sich aus einem Festkostenanteil (Fixkosten) und den variablen Kosten, in Abhängigkeit der Durchsatzleistung, zusammen. Abbildung 5.29 zeigt Anhaltswerte, sie sollten jedoch konkret ermittelt werden, da sie bedingt durch unterschiedliche Verfahrenssystematiken sowie entsprechender baulicher Einrichtung starken Schwankungen unterliegen.

Bei Wechselaufbauten ist eine detaillierte Betrachtung von Sammel- und Transportfahrzeug erforderlich, wobei zusätzlich Handlingszeiten je Container von 5–10 Minuten zu berücksichtigen sind.

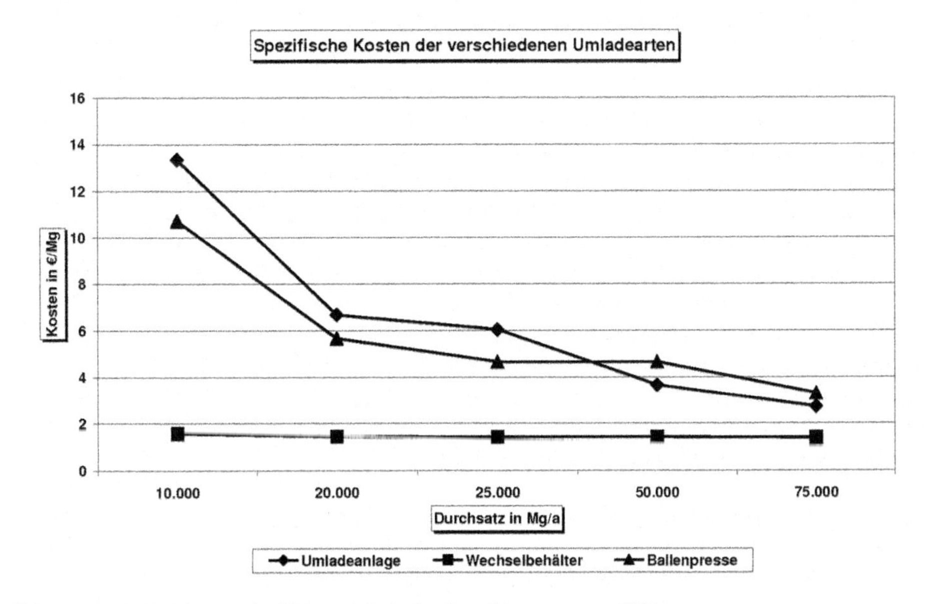

Abb. 5.29 Umladekosten in Abhängigkeit der Durchsatzmengen [10]

Neben der Transportentfernung bzw. der hierfür benötigten Zeit wirkt sich insbesondere die Mannschaftsstärke erheblich auf die Wirtschaftlichkeit der gewählten Transporteinheit (Direkttransport oder Trennung von Sammlung und Transport) aus. Mit zunehmender Mannschaftsstärke sinkt die für eine Umladung wirtschaftliche Transportentfernung (im Vergleich zum Direkttransport).

Abbildung 5.30 zeigt ab einem Zeitbedarf von ca. 55 Minuten für die einfache Transportentfernung vom Sammelgebiet zur Entsorgungsanlage für die Mannschaftsstärke 1 Fahrer + 1 Lader die wirtschaftlichste Lösung durch den Einsatz eines Wechselaufbausystems. Für ein ländliches Entsorgungsgebiet ergibt sich aus diesem Zeitbedarf bei einer durchschnittlichen Transportgeschwindigkeit von 50 km/h eine einfache Transportstrecke von etwa 46 km. Bei einer Mannschaftsstärke von 1 + 5 (Einsatz vor allem in verdichteten Strukturen) kann der Einsatz von Sammelfahrzeugen mit Wechselaufbauten bereits ab einer einfachen Transportentfernung von ca. 11 km (Zeitbedarf ca. 26 min) wirtschaftlich sein.

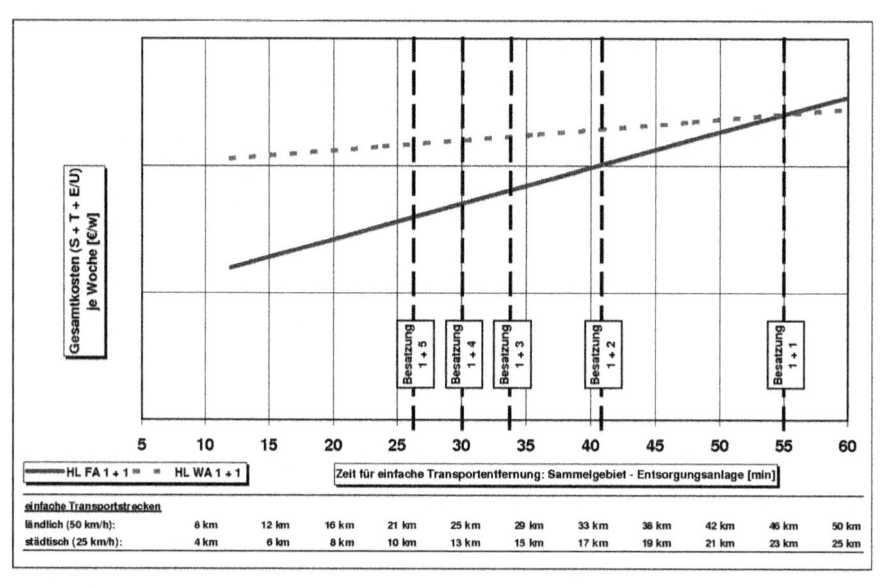

S+T+E/U = Sammlung, Transport und Ent-/Umladung
HL = Heckladerfahrzeug
FA = Festaufbau
WA = Wechselaufbau
1+x = Fahrzeugbesatzung: 1 Fahrer und x Lader

Abb. 5.30 Kostenvergleich Festaufbau- und Wechselaufbaufahrzeuge in Abhängigkeit der Mannschaftsstärke und Transportentfernung [1]

5.7 Abfallgebühren

5.7.1 Allgemeines

Das Leistungsspektrum der kommunalen Abfallwirtschaft ist aufgrund gestiegener Umweltstandards sowie der 5-stufigen Abfallhierarchie derartig ausgeweitet worden, dass neben den restmüllbezogenen Kosten erhebliche weitere Kostenanteile anfallen (z. B. Bio-. Altpapier- und Sperrmüllentsorgung, Wiederaufbereitung, Abfallberatung). Darüber hinaus weist die Kostenstruktur einen hohen Fixkostenanteil und einen verhältnismäßig geringen abfallmengenabhängigen Kostenanteil auf. Die Fixkosten wiederum werden im Wesentlichen durch allgemeine Vorhalteleistungen (z. B. Vorhaltung von Behandlungs- und Entsorgungsanlagen) bzw. durch behälterbezogene Leistungen (z. B. Behälterbereitstellung, Abfallsammlung) verursacht.

Angesichts dieser Tatsachen gilt es im Hinblick auf die Kommunalabgabengesetze der Bundesländer (Äquivalenzprinzip; Wahrscheinlichkeitsmaßstab) ein Gebührenmodell zu erstellen, das die örtliche Kostenstruktur möglichst weitgehend durch die Gebührenstruktur widerspiegelt. Außerdem sind abfallwirtschaftlich sinnvolle Lenkungsaspekte (Abfallvermeidung, getrennte Sammlung, Verwertung) zu integrieren (vgl. diesbezüglich die unterschiedlichen Landesabfallgesetze) sowie Akzeptanzfragen zu berücksichtigen.

Die Städte und Gemeinden bzw. Kreise haben auf Basis der örtlichen Abfallsatzungen Abfallgebührensatzungen umzusetzen, die diesen Aspekten genügen.

Alle Einwohner bzw. Haushalte und Gewerbebetriebe sollen in etwa entsprechend den Anteilen an den allgemeinen Vorhaltekosten beteiligt werden. Dies kann durch eine Grundgebühr unter Berücksichtigung eines entsprechenden Grundgebührenmaßstabes (Behälter, Grundstück, Haushalt, Einwohner) erreicht werden. Alternativ sind auch degressive Gebührenmodelle möglich, die z. B. die wirtschaftlichen Unterschiede der Behältergrößen berücksichtigen (Schüttdichten und Logistikaufwand je Behältergröße und Leerungsrhythmus). Daneben führt auch die satzungsgemäße Festlegung eines spezifischen Restabfall-Mindestbehältervolumens zu einer ergänzenden Komponente in einer optimierten Gebührenstruktur.

5.7.2 Gebührenmaßstäbe

Die in den Gebührensatzungen festgelegten Gebühren können nach unterschiedlichen Gebührenmaßstäben festgelegt werden. Ein Gebührenmodell stellt die Verknüpfung einzelner verschiedener Gebührenmaßstäbe dar.

Behältermaßstab

- Linearer oder proportionaler Gebührenmaßstab

Bei diesem Gebührenmaßstab werden die Gesamtentsorgungskosten linear nach dem zur Verfügung gestellten Behältervolumen umgelegt. Der Benutzer hat die Wahl zwischen verschieden großen Sammelbehältern, wobei der größere Behälter gegenüber dem kleineren linear kostenaufwendiger wird.

- Gebührenmaßstab mit Grund- und Zusatzgebühr

Ein Teil der Kosten (Fixkosten, evtl. anteilig) wird unabhängig von der Inanspruchnahme als Grundgebühr, die Zusatzgebühr z. B. in Abhängigkeit von dem zur Verfügung gestellten Behältervolumen (linearer Anteil) erhoben (siehe auch Empfehlungen).

- Wahlweise Streckung des Abfuhrintervalls

Vor dem Hintergrund der besseren Anpassung des Behältervolumens an das tatsächliche Abfallaufkommen kann der Benutzer dieser Variante zwischen einer wöchentlichen, einer 14täglichen oder ggfs. einer 4wöchentlichen Abfuhr wählen. Die Veranlagung erfolgt volumenbezogen.

- Identifikationssysteme zur Behälterentleerung

Bei den Identifikationssystemen werden die entleerten Behälter über einen Transponder oder Barcode am Behälter identifiziert und die Daten auf einen Bordrechner übertragen, so dass die Anzahl der Leerungen erfasst wird.

Gewichtsmaßstab

- Verwiegung am Fahrzeug

Diese stützt sich auf die bereitgestellten Abfallmengen als Veranlagungsmaßstab für den Abfallerzeuger. Das System besteht aus den Komponenten:

- Transponder am Behälter zur Identifikation des Abfallerzeugers/Gebührenzahlers
- Integrierte Wiegeeinrichtung in der Schüttung zur Ermittlung des Füllgewichtes im Behälter
- Sende- und Empfangsanlage zur Datenübertragung zwischen Behälter, Wiegeeinrichtung und Fahrzeug-Bordrechner.

Volumenmaßstab

- Messung mit Ultraschall

Eine weitere Alternative stellt die Messung des Behälterinhaltsvolumens mit Ultraschall dar. Hier wird durch entsprechend ausgerüstete Ultraschallsensoren das Volumen des bereitgestellten Abfalls gemessen.

Abb. 5.31 Einsatz von Müllschleusen

- Einsatz von Müllschleusen im Bereich von Hochhausbebauungen (Abb. 5.31)

Durch den Einsatz von Müllgroßbehältern mit volumenbezogenen Einwurfschleusen besteht auch in dieser Bebauungsstruktur die Möglichkeit, eine Anreizfunktion zur Abfallvermeidung bzw. Abfallentsorgung zu bieten. Einer bestimmten Hausgemeinschaft steht ein Großbehälter für Restmüll zur Verfügung, von dem jeder Haushalt mittels einer Chip-, Magnet- oder Metallkarte ein flexibles Volumen nutzen kann, welches dann individuell abgerechnet werden kann.

5.7.3 Empfehlung für ein Gebührenmodell

Generell erscheint eine Aufteilung nach Grund- und Zusatzgebühr insbesondere zur Abdeckung von Vorhaltekosten (Grundgebühr) und als Anreiz zur Abfallvermeidung bzw. Abfallverwertung (Zusatzgebühr) sinnvoll.

Eine differenzierte Betrachtung der Leistungen der öffentlichen Müllabfuhr weist dabei drei Anteile von Kostenblöcken auf:

- konstante Kosten,
- einwohnerbezogene Kosten und
- leistungsbezogene Kosten.

Unter Abwägung dieser Gesichtspunkte kann grundsätzlich eine Gebühr empfohlen werden, die sich z. B. zusammensetzt aus einer

- Grundgebühr je Behälter (z. B. ca. 20 %), (allgemeine Vorhaltekosten, wie z. B. Kosten für Behandlungs- und Entsorgungsanlagen, den Betriebshof, Vorhaltung von Recyclinghöfen oder die Verwaltung)
- Grundgebühr je Haushalt/Einwohner (z. B. ca. 20 %), (allgemeine Vorhaltekosten, wie z. B. Kosten für Behandlungs- und Entsorgungsanlagen, den Betriebshof, Vorhaltung von Recyclinghöfen oder die Verwaltung)
- einem einheitlichen Preis je Liter Behältervolumen (z. B. ca. 80 % leistungsabhängiger Anteil als Zusatzgebühr).

Auch für die Bioabfälle bietet sich eine ähnliche Gebührenstruktur an, sofern keine einheitsgebühr veranlagt wird. Zusätzliche Elemente einer Gebührenstruktur sollten Zusatzgebühren für besondere Leistungen (z. B. Sperrmüll- und Grünabfallabfuhr, lange Antransportwege oder Kellerstandplätze bei Vollservice) sein, wobei hier oft nur eine Lenkungsgebühr (keine Vollkostendeckung) erhoben werden kann.

Fragen zu Kap. 5

1. Benennen Sie Vor- und Nachteile von Hol- und Bringsystemen!
2. Was versteht man unter Umleer-, Wechsel- und Einwegbehältern?
3. Nennen Sie Beispiele für eine systemlose Erfassung!
4. Nennen Sie verschiedene Aufbauarten und deren Funktionsweisen bei der Verdichtung und der Entladung!
5. Was ist ein Mehrkammerfahrzeug?
6. Worin bestehen Vor- und Nachteile von Dreiachs- im Gegensatz zu Zweiachsfahrzeugen?
7. Nennen Sie Vor- und Nachteile der getrennten Sammlung gegenüber der gemischten Erfassung von Wertstoffen und Restabfall!
8. Nennen Sie Anhaltswerte für Wertstoff- und Restabfallmengen je Einwohner und Jahr!
9. Unter welchen Randbedingungen ist der Einsatz eines Seitenladers sinnvoll?
10. Wann ist eine Umladung von Abfällen dem Direkttransport vorzuziehen? Nennen Sie wesentliche Verfahrensvarianten!
11. Wovon ist die Sammelzeit je Behälter im Wesentlichen abhängig?
12. Welche Arbeitszeitmodelle kennen Sie?
13. Was ist ein Gebührenmaßstab und wozu dient dieser?

Literaturverzeichnis

[1] Dornbusch, H.-J.: Untersuchungen zur Optimierung der Entsorgungslogistik für Abfälle aus Haushaltungen, Münsteraner Schriften zur Abfallwirtschaft, Band 9, 2006

[2] Gallenkemper, B.: Skript Abfallwirtschaft, Fachhochschule Münster, Fachbereich Bauingenieurwesen, 2005
[3] Bidlingmaier, W., Gallenkemper, B.: Grundlagen der Abfallwirtschaft, Bauhaus-Universität Weimar, Weiterbildendes Studium Wasser und Umwelt, 2004
[4] Anonym: Verband kommunaler Unternehmen e. V. (VKU): VKU-Betriebsdatenauswertung 2012, Ergebnisse der VKU-Umfrage zu Sammlung und Transport von Abfällen zur Beseitigung und zur Verwertung bei kommunalen Entsorgungsunternehmen, Berlin, 2012
[5] Gallenkemper, B., Doedens, H.: Getrennte Sammlung von Wertstoffen des Hausmülls, Abfallwirtschaft in Forschung und Praxis, Heft 65, Erich Schmidt Verlag, Berlin, 1993
[6] Anonym: Verband Kommunale Abfallwirtschaft und Stadtreinigung (VKS) e. V.: VKS-Kennzahlenvergleich, Köln, 2004
[7] Anonym: Verband Kommunale Abfallwirtschaft und Stadtreinigung (VKS) e. V.: VKS-Kennzahlenvergleich, Köln, 2000
[8] Anonym: IWA – Ingenieurgesellschaft für Wasser- und Abfallwirtschaft mbH, Ennigerloh – Enniger, 2006
[9] Tabasaran, O. (Hrsg.): Abfallwirtschaft Abfalltechnik, Verlag Ernst & Sohn, Berlin, 1994
[10] Würz, W.: Müllhandbuch, Sammlung und Transport, Behandlung und Ablagerung sowie Vermeidung und Verwertung von Abfällen, 2007

Ergänzende Literatur

Untersuchungen INFA – Institut für Abfall, Abwasser und Infrastruktur-Management GmbH, Ahlen

6 Aufbereitung fester Abfallstoffe

Der Begriff „Aufbereitung“ wurde schon in vorindustrieller Zeit für die Verarbeitung bergmännisch gewonnener, mineralischer Rohstoffe mit dem Ziel verwendet, Rohstoffe wie Erze oder Kohle anzureichern und in verwertungsfähige Produkte zu überführen [1]. Die Erfahrungen aus diesem Anwendungsbereich der mechanischen Behandlungsmethoden führten in den siebziger Jahren des letzten Jahrhunderts zur Entwicklung von Verfahren zur Abfallaufbereitung. Da das Materialrecycling aus Gründen des Umweltschutzes einen immer höheren Stellenwert bekam, wurde die bestehende Aufbereitungstechnik insbesondere mit Anleihen aus der Aufbereitung von Agrarrohstoffen so modifiziert, dass sie sich für die Verarbeitung der oft sehr komplex zusammengesetzten Abfallgemische besser eignete. Darüber hinaus wurden völlig neuartige Trenntechniken entwickelt, die der speziellen Charakteristik von Abfallstoffen Rechnung trugen. Die nachfolgenden Ausführungen geben eine zusammenfassende Darstellung zur Technik und den Methoden moderner mechanischer Abfallaufbereitung.

6.1 Grundlagen

Die in der Abfallaufbereitung eingesetzte Technologie kann mit wenigen Ausnahmen der mechanischen Verfahrenstechnik zugeordnet werden. Im Gegensatz zur thermischen Verfahrenstechnik erfolgt hierbei keine chemische Konversion der Einsatzstoffe. Diese werden vielmehr in einem Aufbereitungsprozess durch mechanische Einwirkungen in Produkte umgewandelt, deren Zusammensetzung sich im Vergleich zum Ausgangsmaterialgemisch stark unterscheidet [2]. Aus dem Abfallgemisch werden durch Trennprozesse einzelne Stoffgruppen soweit angereichert, dass sie als Wertstoffkonzentrat für Folgeprozesse verwendet werden können. Der verbleibende Rest enthält aufgrund endlicher Wirkungsgrade

M. Kranert (Hrsg.), *Einführung in die Kreislaufwirtschaft*,
DOI 10.1007/978-3-8348-2257-4_6

aller technischen Prozesse sowohl die in den Konzentraten nicht erwünschten Stoffgruppen als auch die für die eigentliche Verwertung verlorenen Anteile.

Recyclingprozesse sind in der Regel mehrstufig aufgebaut, wobei die mechanische Aufbereitung sehr häufig die Eingangsstufe bildet. Gegenstand der Aufbereitungstechnik beim Wertstoffrecycling ist die Erzeugung von Zwischen- oder Endprodukten aus Abfallgemischen mittels physikalischer und/oder untergeordnet biologischer oder chemischer Prozesse.

Die Verwertung von Leichtverpackungen (LVP) ist ein Beispiel mehrstufiger Prozessketten. Die erste Anreicherung findet durch die Abfallerzeuger in Form getrennter Bereitstellung statt. In einer 2. Anreicherungsstufe werden in sogenannten „Sortieranlagen" Konzentrate mit definierter Qualität erzeugt, wie z. B. Kunststoffflaschen mit einer Reinheit von 94 %. Dieses Konzentrat wird in Ballenform verpresst und spezialisierten Anlagen der 3. Anreicherungsstufe, den sogenannten „Aufbereitungsanlagen" als Rohstoff bereitgestellt. Dort erfolgt eine Auflösung der Artikeleigenschaft „Kunststoffflasche" durch Zerkleinerung, eine intensive Reinigung und schließlich die Herstellung von z. B. „Mahlgut" als sekundärem Rohstoff.

Alle Prozesse, auch Verfahren genannt, bestehen aus jeweils sinnvollen Kombinationen einzelner Prozessstufen, die auch als Grundoperationen bezeichnet werden [3]. Diese lassen sich in folgende Hauptgruppen einteilen:

- Ändern zum Herabsetzen der Korngröße: Zerkleinern, Mahlen
- Ändern zum Heraufsetzen der Korngröße: Agglomerieren, Brikettieren, Pelletieren
- Trennen nach Korngröße: Klassieren
- Trennen nach Stoffart: Sortieren
- Trennen nach Phasenart (fest – gasförmig): Entstauben
- Trennen nach Phasenart (fest – flüssig): Entwässern
- Ordnen nach Stoffzusammensetzung: Mischen, Vergleichmäßigen

Hilfsprozessgruppen sind Lagern, Fördern und Dosieren. Die wichtigste Gruppe bildet das Trennen nach Sorten. Ein Hauptziel der Aufbereitung liegt somit in der Konditionierung von Abfallgemischen für die Verwendung in Folgeprozessen. Diese Konditionierung kann sowohl in der Anreicherung bestimmter Stoffgruppen als Konzentrate als auch in der Abreicherung von Störstoffen wie z. B. PVC aus einem heizwertreichen Brennstoffgemisch bestehen.

6.2 Stoffspezifische Aufbereitung

Aufbereitungstechnik wird in unterschiedlichen Stoffsystemen eingesetzt. Die jeweiligen stofflichen Eigenschaften schränken die Auswahl an Technik mehr oder weniger stark ein. Daher werden alle Angaben zur Aufbereitungstechnik im Folgenden mit einem Bezug zu den Stoffsystemen gemacht, in denen sie bevorzugt zum Einsatz kommen. Die

Tab. 6.1 Merkmale von Stoffsystemen

Stoffsystem/ Maschinentyp	Hausmüll Gewerbe-abfall	Mineral. Abfälle	Metall-abfälle Elektro-abfälle	Alt-kabel	Kunst-stoffe, Verpa-ckungen	Holz, Grün- und Bioabfall	Papier, Papier-verbunde	Indus-trie-abfälle
Heterogenität	*h*	*n*	*h*	*n*	*h*	*n*	*n*	*n/h*
Schüttdichte	*m*	*h*	*m/h*	*h*	*n*	*m/h*	*m*	*m/h*
Stückgrößen	*g*	*g*	*g*	*g*	*m*	*g*	*g*	*g/m*
Stückmassen	*h*	*h*	*h*	*h/n*	*n*	*h*	*n*	*n/h*
Form	*3-,2-D*	*3-D*	*3-D*	*1-D*	*3-,2-D*	*3-D*	*2-D*	*3-,2-D*
Festigkeit	*n/h*	*h*	*h*	*h*	*n*	*n/h*	*n*	*n/h*
Elastizität	*h*	*n*	*n*	*n*	*h*	*h*	*h*	*h/n*

Stoffsysteme sind nach charakteristischen Merkmalen zusammengestellt. Aus Gründen besserer Übersicht ist ihre Anzahl begrenzt. Die Tab. 6.1 stellt die hier verwendeten Stoffsysteme mit den wichtigsten Merkmalen vor.

- Mit Heterogenität wird die Anzahl an Stoffgruppen beschrieben, die in einem Stoffsystem auftritt (n = niedrig ≤ 5), h = hoch ≥ 6).
- Die Schüttdichte wird mit den Klassen n = niedrig (ca. < 50 kg/m³), m = mittel (ca. 50 bis 250 kg/m³) und h = hoch (≥ 250 kg/m³) klassifiziert.
- Stückgrößen beschreiben das größte zu erwartende Einzelpartikel in einem Stoffsystem zur Aufbereitung. Hier wird unterschieden nach g = groß (> 1 m Kantenlänge) und m = mittel (< 300 mm).
- Bei Stückmassen wird unterschieden nach n = niedrig (ca. < 50 g/Stk.) und hoch (Einzelpartikel im kg-Bereich).
- Die Formen unterscheiden sich nach 3-D, 2-D für Partikel mit flächiger Ausprägung und 1-D für Partikel, bei denen eine Dimension deutlich dominiert.
- Festigkeit und Elastizität werden grob nach h = hoch und n = niedrig unterteilt.

Die Merkmalszuordnungen orientieren sich überwiegend nicht an eindeutig messbaren physikalischen Parametern. Sie sollen vielmehr eine qualitative Einordnung eines Stoffsystems ermöglichen und sind damit als „eher" niedrig oder „eher" hoch als niedrig zu interpretieren.

6.3 Zerkleinerung

Das Zerkleinern fester Abfallstoffe stellt in der Aufbereitungstechnik einen wichtigen Verfahrensschritt dar, bei dem der Parameter Korngröße geplant verändert wird. Das Ziel der Zerkleinerung, die Überführung eines Aufgabematerials in eine feinere Körnung, hängt von den Anforderungen der nachfolgenden Verfahrensstufen oder vom Verwendungszweck der zerkleinerten Endprodukte ab [3]. Hierbei lassen sich die im Folgenden aufgeführten Hauptzielfunktionen der Zerkleinerung unterscheiden:

- Aufschlusszerkleinerung zur Freilegung von Materialverbunden: Eine sinnvolle Verarbeitung in Aufbereitungsprozessen ist nur möglich, wenn die zu trennenden Stoffe frei voneinander vorliegen, so dass eine gezielte Anreicherung bestimmter Stoffe vorgenommen werden kann.
- Herstellung einer oberen Korngröße bzw. von Korngrößenverteilungen, um Stoffe sortierfähig zu machen: Um zu guten Trennergebnissen zu kommen, müssen die Anforderungen nachgeschalteter Prozesse bezüglich der oberen bzw. der unteren Korngröße oder der Korngrößenverteilung erfüllt werden.
- Vergrößerung der spezifischen Kornoberfläche: Bei jeder Reduzierung der Korngröße vergrößert sich die Oberfläche des Materials. Dies ist dann von Bedeutung, wenn die spezifische Oberfläche Teil der gewünschten Produktqualität ist, wie beispielsweise für biologische Prozesse.

Bei der Wahl von Zerkleinerungsmaschinen sind vor allem Informationen zu den physikalischen Eigenschaften des Aufgabematerials wichtig. In der Abfallaufbereitung muss mit dem kompletten Spektrum von Materialeigenschaften gerechnet werden, das von hart, mittelhart, weich, spröde bis duktil, elastisch und zähelastisch reicht. Die Beanspruchungsarten bei der Zerkleinerung müssen dementsprechend gewählt werden. Hier unterscheidet man:

Druckbeanspruchung: Das Aufgabegut wird zwischen zwei Werkzeugen durch Druck zerkleinert, wobei die Beanspruchungsgeschwindigkeit relativ niedrig ist.

Schlagbeanspruchung: Das Aufgabegut wird von einem schnell bewegten Werkzeug getroffen und durch Schlag zerkleinert.

Prallbeanspruchung: Ein schnell beschleunigtes Aufgabegut trifft auf eine feststehende Fläche und wird durch Prall zerkleinert.

Schneidbeanspruchung: Das Aufgabegut wird zwischen zwei gegenläufigen Messern mit äußerst geringer Spaltweite durch Schneiden zerkleinert.

Reibbeanspruchung: Das Aufgabegut wird zwischen zwei gegenläufigen Flächen durch Reibung zerkleinert.

Reißende Beanspruchung: Das Aufgabegut wird zwischen zwei gegenläufigen Werkzeugen mit großer Spaltweite durch Reißen zerkleinert.

Plausibel ist, dass ein zähelastisches Material wie Gummi nicht durch Druck- oder Prallbeanspruchung zerkleinert werden kann, sondern dass allein Scherbeanspruchung zum Ziel einer Korngrößenreduzierung führt. Wenn das Gummi allerdings durch eine Abkühlung mit flüssigem Stickstoff vor der Behandlung versprödet wird, gelingt es, dieses mittels Schlagbeanspruchung zu zerkleinern. Diese Vorgehensweise einer gezielten Änderung der Materialeigenschaft wird als kryogene Zerkleinerung bezeichnet. Sie findet beispielsweise bei der Altreifenzerkleinerung Anwendung.

Von einer selektiven Zerkleinerung wird dann gesprochen, wenn durch unterschiedliche Materialeigenschaften der im Aufgabegut enthaltenen Komponenten nach der Behandlung einige Bestandteile feinkörniger als der Rest anfallen. Der Korngrößenunterschied kann nachfolgend zur Trennung der Komponenten mittels Siebung genutzt werden. Bei einem Gemisch aus Kunststofffolien und Papier wird z. B. mit schlagender Beanspruchung eine wesentlich stärkere Zerkleinerung des Papiers erreicht.

Als Zerkleinerungsverhältnis wird der Quotient aus der jeweils oberen Korngröße des Aufgabematerials und des zerkleinerten Produktes bezeichnet [4]. Da sich die oberen oder Maximalkorngrößen in der Praxis nur schwer bestimmen lassen, wird zur Bestimmung des Zerkleinerungserfolges häufig der Wert d_{90} verwendet, der die Korngröße charakterisiert, bei der 90 Ma.-% des zerkleinerten Materials bei einer nachfolgenden Absiebung im Siebunterlauf ausgetragen werden.

Eine Einteilung von Zerkleinerern in Brecher und Mühlen ist üblich, sie wird aber nicht konsequent und durchgängig angewandt. Dies resultiert daraus, dass, historisch bedingt, entsprechend dem gewünschten Zielkorngrößenbereich in Grob-, Mittel- und Feinzerkleinerung unterteilt wurde, wobei in Brechen (grob) und Mahlen (fein) unterschieden wurde.

6.3.1 Zerkleinerer mit schneidender Beanspruchung

6.3.1.1 Rotorscheren

Rotorscheren werden in der Abfallaufbereitung sehr häufig und für unterschiedliche Materialien eingesetzt. Die universelle Verwendbarkeit dieser langsam laufenden Zerkleinerungsmaschinen zeigt sich an der Vielzahl von Abfallstoffen, die hiermit zerkleinert werden können [5] wie z. B.:

- Haus- und Sperrmüll, gewerbliche Abfälle,
- Altholz,
- dünnwandiger Schrott mit Wandstärken kleiner ca. 3 mm,
- Altkabel und Bleiakkumulatoren,
- Kunststoffabfälle (auch komplette Ballen) sowie
- industrielle Abfälle.

Der prinzipielle Aufbau und das Arbeitsprinzip von Rotorscheren gehen aus Abb. 6.1 hervor. In einem Gehäuse drehen sich zwei Wellen langsam (ca. 0,3 bis 0,8 m/s), die mit Schneidscheiben versehen sind, so dass jeweils eine Schneidscheibe zwischen zwei Schneidscheiben des gegenüberliegen Rotors eingreift. Dabei beträgt der Schneidspalt im Neuzustand nur ca. 0,1 mm. Auf den Schneidscheiben befinden sich hakenförmige Zähne, die das Aufgabegut in die Schneidspalte einziehen. Das Material wird somit in Längs- und Querrichtung zerkleinert. Die Stückgröße des zerkleinerten Materials wird durch die Anzahl der Zähne am Umfang der Schneidscheiben sowie durch die Schneidscheibenbreite (15 bis 150 mm) bestimmt. Im Arbeitsraum der Rotorscheren treten komplexe Beanspruchungsarten auf, da neben der reinen Scherbeanspruchung auch Beanspruchungen durch Zug und Reißen entstehen, was sich aber nicht negativ auf den Erfolg der Zerkleinerung auswirkt. Das zu zerkleinernde Material kann bei größeren Rotorscherenbauarten direkt

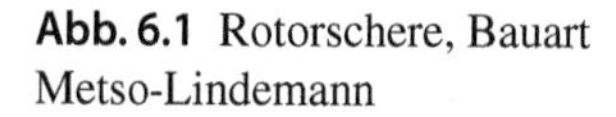

Abb. 6.1 Rotorschere, Bauart Metso-Lindemann

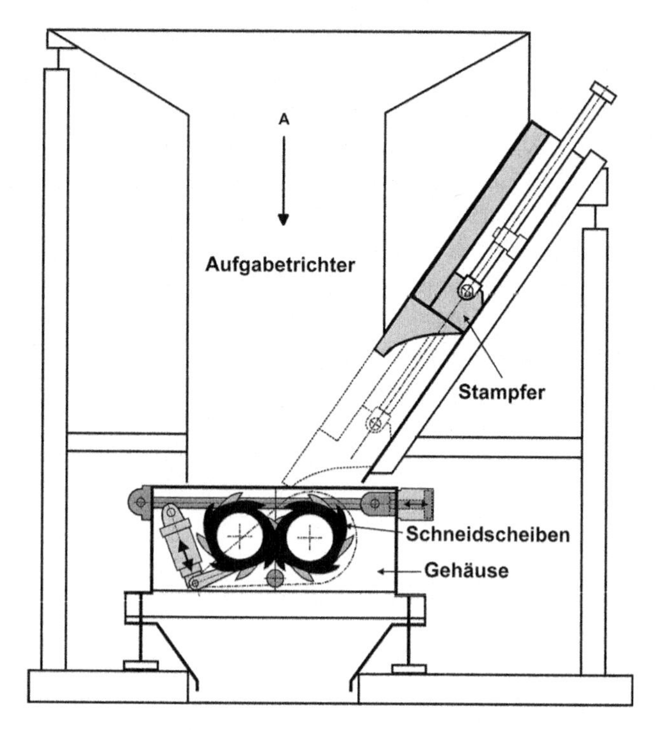

mit einem Greifer oder einem Radlader in den Aufgabetrichter gefüllt werden. Bei sperrigem oder voluminösem Material kann es allerdings vorkommen, dass ein kontinuierlicher Einzug durch die Schneidzähne nicht gewährleistet ist, da es zu Brückenbildung im Trichter kommt oder die Rotorzähne das Aufgabegut nicht erfassen können. Deshalb ist häufig ein zumeist hydraulisch angetriebener Stampfer vorgesehen, der das Material direkt zwischen die beiden Rotoren drückt.

Im Falle einer Überlastung von Rotorscheren stoppen die Antriebsmotoren, reversieren kurzzeitig, um dann erneut in Laufrichtung zu drehen. Wenn die Rotoren nach einer vorgegebenen Anzahl von Reversiervorgängen immer noch nicht störungsfrei durchdrehen, wird die Rotorschere stillgesetzt. Falls ein unzerkleinerbares Massivteil zu der Störung geführt hat, muss dieses manuell entfernt werden. Bei großen Rotorscheren kann dieses automatisch erfolgen, indem die zwei Rotoren bzw. Gehäusehälften, die hydraulisch vorgespannt sind, auseinandergefahren werden und das Schwerteil nach unten ausgetragen wird.

Rotorscheren werden in einer Vielzahl von Baugrößen hergestellt. Diese reichen vom kleinen Aktenvernichter mit rd. 1 kW bis zu Großscheren mit ca. 500 kW Antrieb. Speziell bei großen Maschinen mit einer Aufgabeöffnungsweite von bis zu 1500 × 2500 mm werden in der Regel hydraulische Antriebe verwendet, die sehr hohe Drehmomente aufweisen und unempfindlich auf ein Blockieren der Rotoren reagieren. Die Schneidscheibendurchmesser liegen in einem Bereich zwischen 125 und 850 mm. Besonderes Merkmal aller Rotorscheren ist, dass das zerkleinerte Material überwiegend streifenförmig geschnitten wird.

Rotorscheren waren lange Zeit Standardzerkleinerer für Haus- und Sperrmüll und sowohl in Müllverbrennungsanlagen als auch in mechanischen oder mechanisch-biologischen Anlagen eingesetzt. Sie sind inzwischen in der Funktion als Grobzerkleinerer aus ökonomischen Gründen weitgehend durch reißend arbeitende Zerkleinerer vom Typ Kammwalze ersetzt worden.

6.3.1.2 Einwellenzerkleinerer

Einwellenzerkleinerer sind fast so universell einsetzbar wie Rotorscheren. Sie unterscheiden sich von diesen vor allem dadurch, dass sie nur einen Rotor aufweisen, der mit deutlich höherer Umfangsgeschwindigkeit läuft (ca. 5 bis 10 m/s). Die Schneidgeometrie der Messer auf dem Rotor ist auch unterschiedlich ausgebildet, so dass teilweise andere Anwendungsbereiche mit diesen Maschinen erschlossen werden. So können mit Einwellenzerkleinerern eine Vielzahl fester Abfallstoffe verarbeitet werden, wie z. B.

- Altholz,
- Altkabel,
- Kunststoffe aus Altautos und sonstigen Abfällen,
- Verpackungskunststoffe (auch komplette Ballen),
- Teppichböden, Textilien und
- Elektronikschrott (Transformatoren bis ca. 1 kg).

Der prinzipielle Aufbau von Einwellenzerkleinerern geht aus Abb. 6.2 hervor. Den Kern der Maschine bildet ein Stahlblechgehäuse, in dem ein massiver, mit Schneidmessern

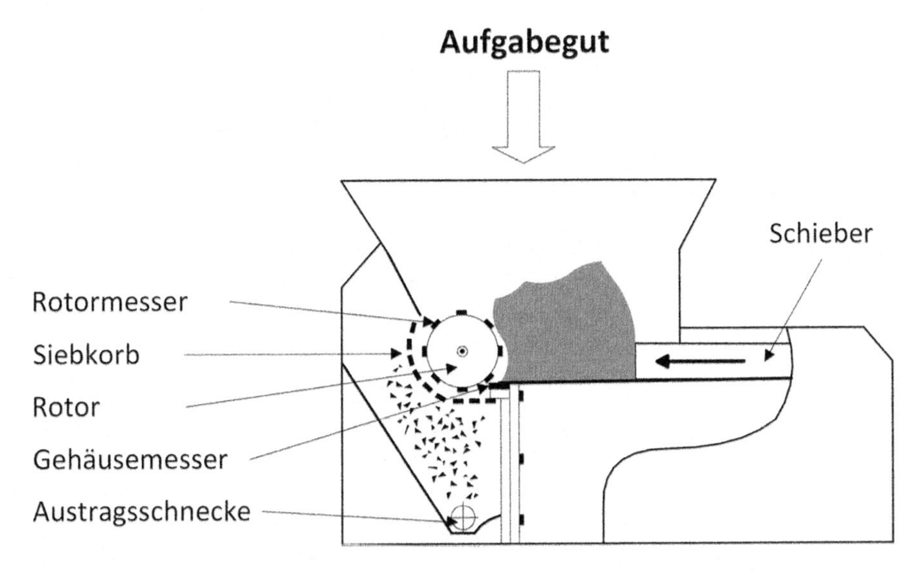

Abb. 6.2 Einwellenzerkleinerer

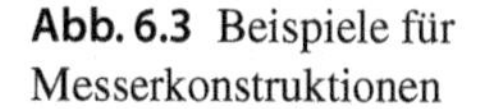

Abb. 6.3 Beispiele für Messerkonstruktionen

bestückter Rotor sowie ein Siebkorb, der ungefähr 180° des Rotorumfanges umschließt, enthalten sind [6]. Hinzu kommen feststehende Gehäusemesser, die einen Abstand von nur ca. 0,1 mm zu den Rotormessern (Abb. 6.3) aufweisen, sowie bei den meisten Ausführungen ein hydraulisch betätigter Schieber zur Materialzuführung in den Rotorbereich.

Ebenso wie bei Rotorscheren kann das Aufgabegut bis zur Ballengröße einschließlich Drahtumwicklung bei Einwellenzerkleinerern direkt in den Trichter der Maschine eingefüllt werden. Der Schieber drückt das Material gegen den Rotor und wird automatisch gesteuert, d. h. er besitzt eine lastabhängige Vorschubregelung, so dass Stromspitzen vermieden werden.

Nachdem der Schieber seine vorderste Position vor dem Rotor erreicht hat, wird er komplett zurückgezogen und beginnt dann mit einem neuen Zyklus. Daraus ergibt sich ein quasikontinuierlicher Zerkleinerungsprozess. Das Material wird zwischen den Rotor- und Statormessern durch Schneidbeanspruchung zerkleinert. Dabei können nur solche Bestandteile das Austragsieb passieren, die schon kleiner sind als die gewählte Lochöffnungsweite. Die obere Korngröße und auch die Korngrößenverteilung des zerkleinerten Gutes können durch die Wahl des Siebes in weiten Grenzen vorgegeben werden. Mit kleiner werdenden Sieblochungen sinkt allerdings auch der Durchsatz, da Teile, die noch nicht weit genug zerkleinert sind, vom Rotor nochmals in den Schneidbereich zur Nachzerkleinerung transportiert werden. Der Abtransport des zerkleinerten Materials erfolgt häufig mit einem in die Maschine integrierten Schneckenförderer, mit Gurtförderern oder auch pneumatisch.

Wenn ein unzerkleinerbares Fremdteil zwischen die Messer gelangt, kann es im Extremfall zu Messerausbrüchen kommen. Schutzvorrichtungen gegen solche Beschädigungen sind Hydrokupplungen und ausweichbar gelagerte Statormesserreihen. Im Störfall kann bei vielen Bauarten der Siebkorb hydraulisch hochgeklappt werden, so dass bei abgesenkten Statormessern ein Massivteil von Hand aus der Maschine entfernt werden kann. Wenn die Rotormesser verschlissen sind, was sich an deutlich vermindertem Durchsatz und nicht sauber geschnittenem, sondern gerissenem Material zeigt, müssen diese getauscht bzw. gewendet werden (letzteres ist bei vielen Maschinen möglich). Die Schneidspaltweiten lassen sich in der Regel durch eine Verstellung der Statormesserposition mittels Spindeln nachstellen. Bei zu weitgehendem Verschleiß sind auch die Statormesser auszutauschen.

Für Einwellenzerkleinerer gibt es am Markt eine große Anzahl an Anbietern. Die Palette reicht von sehr kleinen Geräten mit wenigen 100 kg/h Durchsatz bis zu großen Maschinen, die beispielsweise 5 t/h Kunststoffverpackungsabfälle in einem Arbeitsgang auf kleiner 60 mm zerkleinern können. Der Rotordurchmesser beträgt bis zu 800 mm und die Arbeitsbreite bis ca. 5000 mm. Die installierte elektrische Leistung liegt dabei zwischen 0,35 kW bis ca. 350 kW.

6.3.1.3 Schneidmühlen

Schneidmühlen zählen zu den schnelllaufenden Zerkleinerungsgeräten, da sie im Gegensatz zu den Einwellenzerkleinerern mit Rotorumfangsgeschwindigkeiten von ca. 15 m/s betrieben werden. Sie werden für die Zerkleinerung aller schneidfähigen Stoffe eingesetzt, reagieren aber sehr empfindlich auf unzerkleinerbare Fremdbestandteile wie z. B. Eisen. Schneidmühlen werden daher am Ende von Prozessketten zur Produktkonfektionierung eingesetzt, wenn störende Verunreinigungen bereits weitgehend entfernt worden sind. Typische Einsatzbereiche finden sich bei:

- Kunststoffen aller Art,
- Altkabeln,
- Leder und Kautschuk und anderen zähelastischen Materialien.

Den Aufbau von Schneidmühlen zeigt Abb. 6.4. In einem stabilen, aufklappbaren Gehäuse ist ein Rotor angeordnet, der mit mehreren Messerreihen bestückt ist. Die aufgeschraubten Messer sind häufig als kurze Messersegmente ausgeführt, was den Vorteil hat, dass bei einer Beschädigung durch ein unzerkleinerbares Fremdteil nur das beschädigte Messer ausgetauscht werden muss und nicht ein langes, durchgehendes Messer. Die im Gehäuse befestigten und nachstellbaren Statormesser weisen zu den Rotormessern Spaltweiten von 0,1 mm auf. Nach unten ist die Schneidmühle durch einen Austragssiebkorb abgeschlossen. Der im Einlaufbereich der Mühle zu erkennende keilförmige Einsatz (K) verhindert, dass Teile mit zu großen Abmessungen eingezogen werden und der Rotor im Extremfall blockiert. Oberhalb der Mühle ist ein Aufgabetrichter montiert, der häufig geschlitzte Gummivorhänge enthält, die verhindern sollen, dass Spritzkorn aus der Mühle austritt.

Das Aufgabematerial sollte – beispielsweise mit einem Gurtförderer – möglichst gleichmäßig dem Trichter (in Abb. 6.4 nicht gezeigt) der Schneidmühle zugeführt werden. Die Zerkleinerung erfolgt ausschließlich zwischen den Messern. Diese müssen möglichst scharfkantig sein, da der Energieaufwand und die Temperatur des zerkleinerten Materials umgehend erheblich ansteigen, wenn die schneidende in eine mehr quetschende und reißende Beanspruchung übergeht. Die Messer bestehen deshalb aus gehärteten Stählen, die allerdings bei harten Störstoffen im Aufgabegut zum Ausbrechen neigen. Bei zu starkem Verschleiß müssen deshalb die Rotormesser ausgebaut und gegen einen anderen Messersatz ausgetauscht werden. Der alte Messersatz wird nachgeschliffen und kann bei der nächsten Wechselaktion wieder eingebaut werden. Um die gewünschte Spaltweite zu den Statormessern zu erhalten, werden die Statormesser mittels Spindeln nachgestellt. Die

Abb. 6.4 Schneidmühle

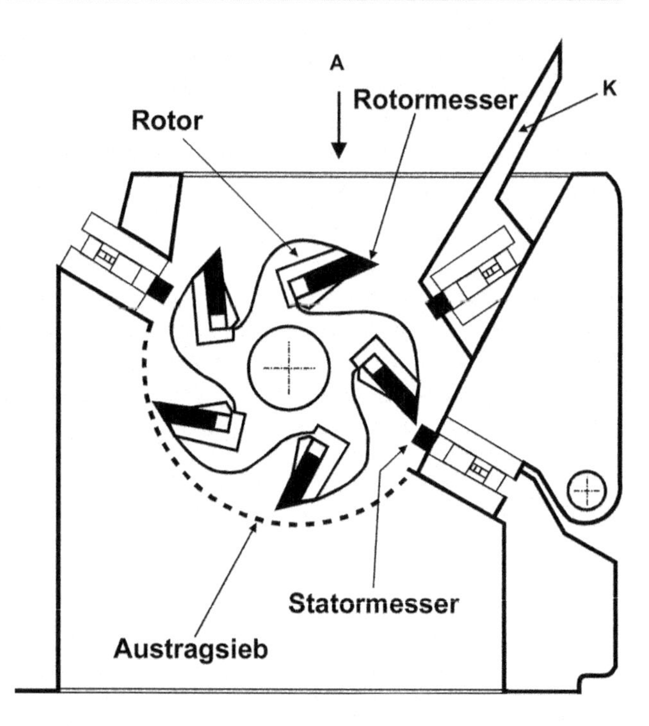

rechteckförmigen Statormesser können dreimal gewendet werden, bevor sie nachgeschliffen werden müssen.

Die obere Korngröße und die Korngrößenverteilung werden insbesondere durch die Lochweiten des Austragsiebes beeinflusst. Teilchen, die noch größer als die Sieböffnungen sind, verbleiben deshalb zumindest solange im Mühlenraum, bis sie auf das Maß der Sieböffnungsweite herunterzerkleinert sind. Der Austrag des zerkleinerten Gutes aus der Schneidmühle erfolgt häufig mittels einer pneumatischen Absauganlage. Dies hat folgende Vorteile:

- Der unerwünschte Feinstkornanteil im Endprodukt sinkt durch den Entstaubungseffekt,
- die Mühle und das Produkt werden gekühlt,
- der Energiebedarf des Mühlenantriebes sinkt und
- der Materialtransport zur nächsten Verfahrensstufe in der Anlage ist gegeben.

Schneidmühlen werden häufig in der Altkabelaufbereitung eingesetzt. Bei einer dreistufigen Zerkleinerung gelingt es, für die meisten Kabelarten einen Aufschlussgrad von ca. 99 % zu erreichen, d. h. der metallische Leiter liegt getrennt von der Isolierung vor. Die Zerkleinerung von Litzendrähten bereitet dagegen Probleme, da die Spaltweite zwischen Rotor- und Statormessern mit 0,1 mm größer ist als der Durchmesser von Kabellitzen.

Die Rotordurchmesser von Schneidmühlen liegen zwischen 200 und 1000 mm. Große Maschinen weisen Aufgabebreiten von über 2500 mm auf. Der Antrieb erfolgt in der Regel über Elektromotoren und Keilriemen, wobei die installierte elektrische Leistung bis zu 300 kW beträgt.

6.3.2 Zerkleinerer mit reißender Beanspruchung

6.3.2.1 Kammwalzenzerkleinerer

Zur Zerkleinerung einer Vielzahl von komplex zusammengesetzten Abfallgemischen wie Haus- und Sperrmüll, Altholz, Baumischabfällen und Biomüll kommen die so genannten Kammwalzenzerkleinerer zur Anwendung. Hierbei handelt es sich wie bei Rotorscheren zumeist um Langsamläufer mit Rotorumfangsgeschwindigkeiten um etwa 1 m/s, die das Aufgabegut aber im Wesentlichen nicht durch Scherung sondern überwiegend durch Zug und Reißen beanspruchen. Aggregate zur Nachzerkleinerung laufen auch mit höheren Geschwindigkeiten von bis zu ca. 12 m/s. Man unterscheidet Bauarten mit einer oder zwei Walzen. Die Walzen (Rotoren) sind mit Zähnen bestückt, die entsprechend dem zu verarbeitendem Material ein spezielles Profil aufweisen. Die Zähne kämmen durch einen bei einigen Bauarten hydraulisch vorgespannten, ausweichbaren Gegenrost, bei anderen Bauarten durch feste Schneidtische.

Aus Abb. 6.5 gehen der Aufbau und das Funktionsprinzip eines Kammwalzenzerkleinerers hervor. Das zu verarbeitende Material wird in den Vorratstrichter aufgegeben, von den Zähnen erfasst und nach unten durch den verstellbaren Kamm hindurchgezogen. Dabei erfolgt die Zerkleinerung, wobei es nur schwer gelingt, zähelastische Stoffe wie Kunststofffolien wirkungsvoll in ihrer Größe zu reduzieren. Hier findet daher eine selektive Zerkleinerung statt, die immer dann erwünscht ist, wenn bestimmte Stoffgruppen nachfolgend aufgrund ihrer unterschiedlichen Korngrößen abgetrennt werden sollen. Bei Überlastung der Maschine, beispielsweise durch ein Massivteil aus Stahl, wird der Gegenkamm mittels Hydraulikzylindern nach unten geschwenkt, so dass der Störstoff abgeworfen wird. Der kammartige Rost wird danach automatisch wieder in seine Arbeitsposition gefahren.

Die Verschleißteile wie Zähne und Gegenkamm bestehen aus Spezialstahl. Sie müssen bei zu starker Abnutzung ausgetauscht werden. Zweiwalzenzerkleinerer arbeiten nach demselben Prinzip, sind jedoch mit zwei Rotoren bestückt, die sich gegenläufig drehen.

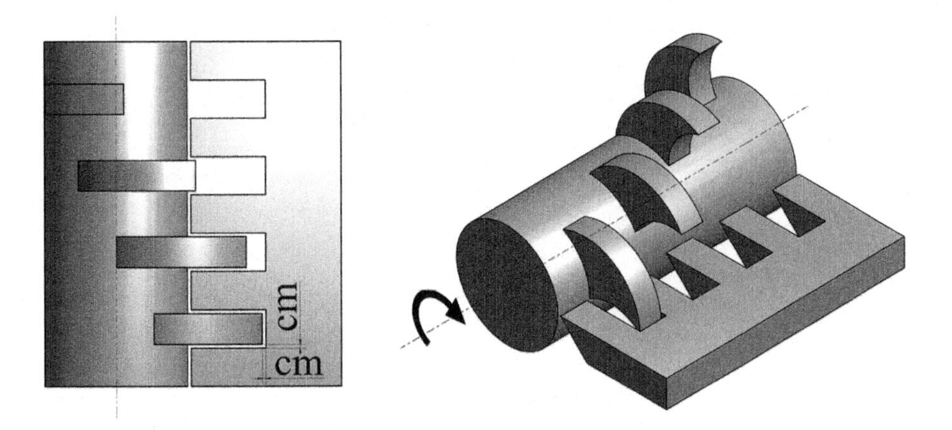

Abb. 6.5 Prinzipskizze Kammwalzenzerkleinerer mit festem und hydraulisch verfahrbarem Kamm

Die Rotordurchmesser liegen bei 600 bis 800 mm und die Rotorlänge beträgt bis zu 3000 mm. Der Antrieb erfolgt bei stationären Anwendungen mit Elektromotoren, die bis zu 400 kW installierte Leistung aufweisen, teilweise auch hydraulisch. Als Endkorngröße wird bei der Verarbeitung von Gewerbeabfall eine Korngrößenverteilung von ungefähr 90 Ma.-% kleiner als 300 mm erreicht, mit speziellen Kämmen können auch d_{90} Werte von ca. 160 mm erzielt werden.

Kammwalzenzerkleinerer haben sich als universelle Maschinen für eine Vorzerkleinerung etabliert, die sowohl stationär als auch mobil mit dieselhydraulischen Antrieben eingesetzt werden. Gegenüber Rotorscheren sind sie deutlich leichter gebaut und erreichen mit dem reißenden Wirkprinzip signifikant höhere Standzeiten der Zerkleinerungswerkzeuge von mindestens 1000 bis 1500 h.

Ihr Einsatz erfolgt im Bereich gemischter Siedlungsabfälle, von Bio- und Grünabfällen und z. B. LVP. In vielen Fällen erfüllen Kammwalzenzerkleinerer neben der Herabsetzung der oberen Korngröße und einem groben Aufschluss die Funktion von Dosierern [7]. Bei Schüttdichten von ≤ 200 kg/m³ erreichen die meisten Maschinen Durchsätze von ca. 30 t/h.

6.3.2.2 Schneckenmühlen

Schneckenmühlen oder Schraubenmühlen wurden lange Zeit als Grobzerkleinerer für Siedlungsabfälle und Garten- und Parkabfälle eingesetzt. Sie sind in vielen Fällen aus ökonomischen Gründen durch Kammwalzenzerkleinerer ersetzt worden und heute nur noch vereinzelt zu finden. Wie in Abb. 6.6 zu erkennen ist, sind Schneckenmühlen mit drei Walzen von 400 bis 600 mm Durchmesser ausgerüstet, die sich in einem massiven Gehäuse mit Umfangsgeschwindigkeiten von ca. 1 m/s langsam drehen. Die oberen beiden Walzen sind

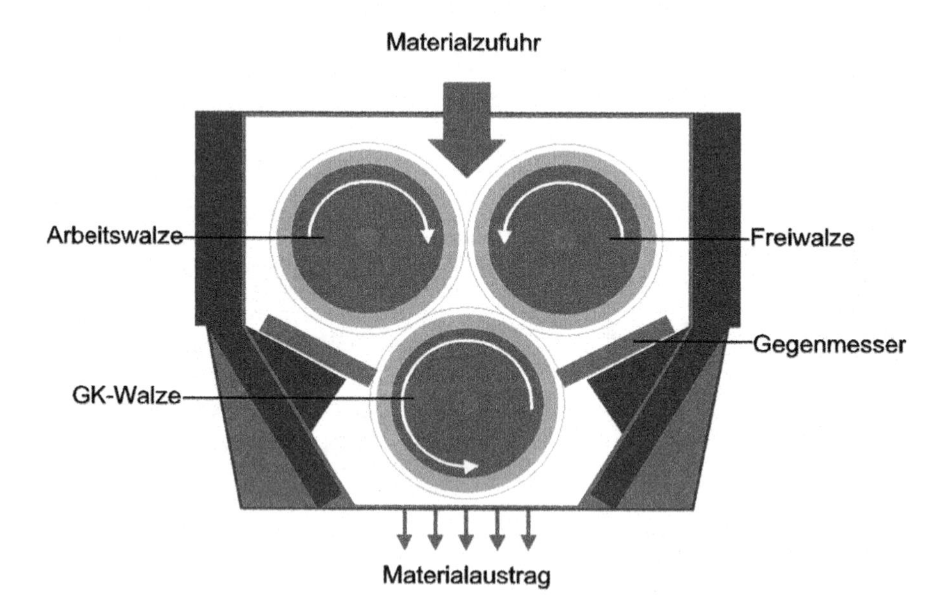

Abb. 6.6 Schneckenmühle

mit schraubenförmigen Zerkleinerungswerkzeugen versehen, während die untere Walze rechteckförmige Vertiefungen aufweist. Sie wird deshalb als Kastenwalze bezeichnet.

Das Aufgabegut wird von den beiden oberen Schnecken, die gegenläufig und mit geringer Differenzdrehzahl rotieren, in den Zerkleinerungsspalt eingezogen. Das Material wird hierbei durch Reißen, Quetschen und Scheren beansprucht. Die Kastenwelle hat vor allem die Aufgabe, Langteile und unvollständig aufgeschlossene Abfallkomponenten nachzuzerkleinern. Dieses wird mittels einer weiteren Beanspruchung durch Scherung an den unterhalb der Kastenwelle angeordneten, nachstellbaren Gegenmessern erreicht. Die Vorteile von Schraubenmühlen liegen in ihrer geringen Lärm- und Staubentwicklung.

6.3.3 Zerkleinerer mit Schlag- und Prallbeanspruchung

6.3.3.1 Hammermühlen und Shredder

Für die Zerkleinerung von mittelharten, duktilen und weichen Abfallstoffen wie Altholz und in spezieller Ausführung als Shredder für Schrotte werden Hammermühlen eingesetzt. In den Anfängen der Abfallaufbereitung wurden Hammermühlen auch für die Zerkleinerung von Siedlungsabfällen eingesetzt, haben sich dort jedoch nicht bewährt. Als Sonderformen finden sich spezielle Bauarten für die Zerkleinerung von Elektroschrott oder von Papier, insbesondere wenn letzteres mit Kunststoffen verunreinigt ist. Gemeinsames Merkmal dieser Zerkleinerungsmaschinen ist, dass sie in einem Stahlblechgehäuse mindestens einen schnell umlaufenden Rotor besitzen, auf dem sich mehrere, häufig vier oder sechs, Tragachsen befinden, auf denen die Zerkleinerungswerkzeuge (Hämmer, Schlagringe, Ketten) pendelnd gelagert sind Abb. 6.7 zeigt den typischen Aufbau von Hammermühlen. Wenige spezielle Bauarten ordnen den Rotor senkrecht an.

Die Hämmer werden beim Umlauf durch Zentrifugalkräfte radial ausgerichtet, können aber beim Vorhandensein eines schwer zerkleinerbaren Massivteils ausweichen, so dass Beschädigungen vermieden werden. Das dem Prozessraum zugeführte Aufgabematerial wird von den Hämmern erfasst und zerkleinert. Dabei sind die Beanspruchungsverhältnisse je nach Aufgabematerial sehr unterschiedlich. Bei sprödbrüchigen Abfallstoffen wird die Zerkleinerungsarbeit vorwiegend durch Schlag- und Prallbeanspruchung geleistet. In der Metallzerkleinerung haben daneben Scher- und Biegebeanspruchungen einen erheblichen Anteil am Aufschluss und der Verdichtung des Materials.

Der Austrag des zerkleinerten Gutes erfolgt durch einen unten liegenden Rost- oder Siebkorb. Dabei sind die Spalt- bzw. die Lochöffnungsweiten entscheidend für die obere Korngröße des zerkleinerten Materials. Hammermühlen sind in der Regel komplett mit wechselbaren Schleißblechen ausgekleidet. Die Hämmer lassen sich einmal drehen und müssen dann bei zu hohem Verschleiß ausgetauscht werden.

Hammermühlen und Hammerbrecher weisen Rotordurchmesser im Bereich von ca. 100 bis 1000 mm auf. Die Rotorbreite beträgt maximal ca. 2000 mm. Die Umfangsgeschwindigkeit am äußeren Schlagkreis erreicht bis zu 75 m/s. Die elektrische Anschlussleistung kann mehr als 2500 kW betragen.

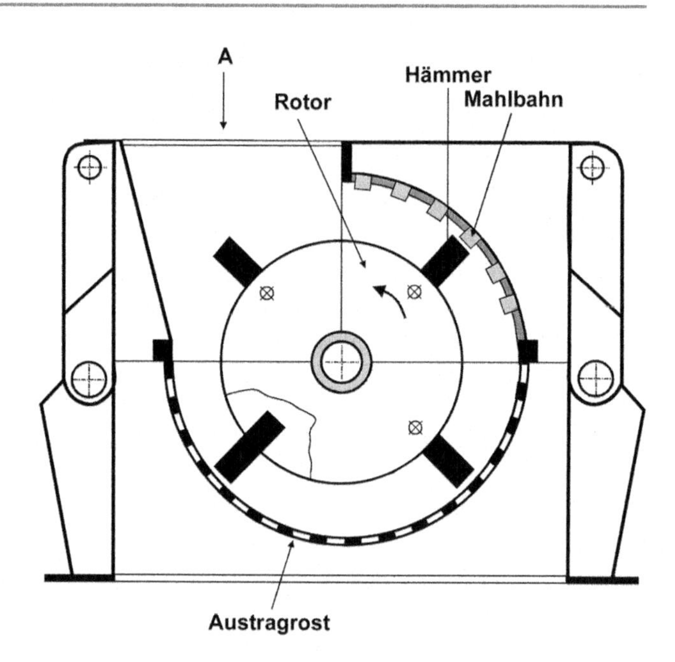

Abb. 6.7 Hammermühle

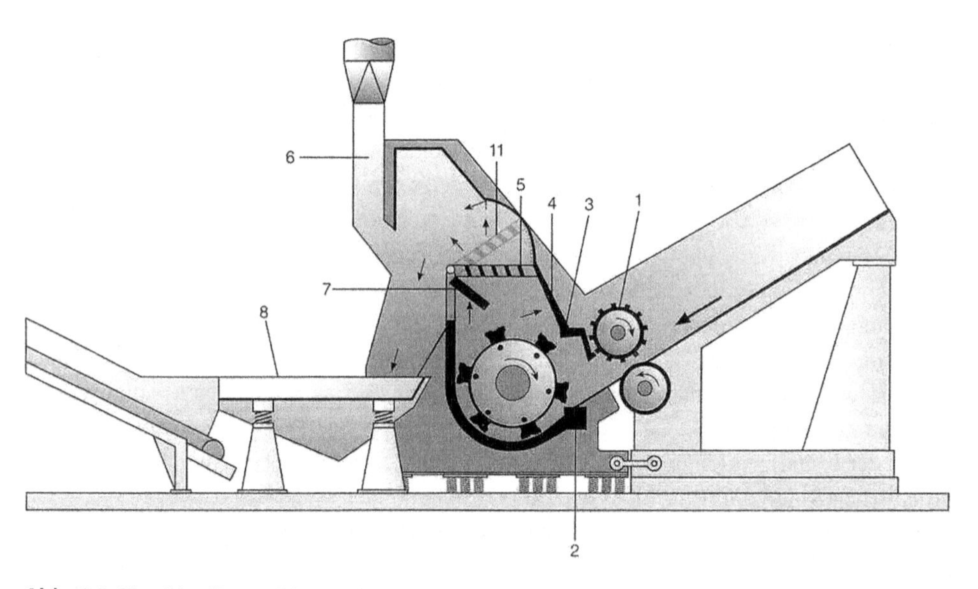

Abb. 6.8 Shredder, Bauart Metso-Lindemann

Shredder sind speziell zur Schrottzerkleinerung von Altautos ausgelegt. Sie weisen eine im Vergleich zu Hammermühlen modifizierte Konstruktion auf [8]. Wie Abb. 6.8 zu entnehmen ist, erfolgt die Materialaufgabe von der Seite über eine Schurre, auf der die Schrottteile von den Treibrollen (1) erfasst und vorverdichtet werden. Außerdem gewährleisten die Treibrollen einen lastabhängigen Befüllungsgrad des Shredders, der zur Vermeidung von Stromspitzen automatisch gesteuert wird. Das mit bis zu 400 mm/s zugeführte Material wird an der Ambosskante (2) von den mit bis zu 70 m/s umlaufenden Hämmern erfasst, durch Scherung beansprucht und grob zerteilt. Die an den Tragachsen des Rotors pendelnd gelagerten Glockenhämmer beschleunigen die Schrottteile weiter in den mit Schleißblechen versehenen Innenraum des Shredders, wobei diese zusätzlich durch Schlag, Prall und Biegung beansprucht werden. Hierzu sind die Prallkante (3) und die Prallwand (4) konstruktiv so ausgeformt, dass duktile Metalle solange verdichtet und zerkleinert werden, bis sie die Öffnungen der oben angeordneten Austragrostplatte (5) passieren können. Der Rost lässt sich in seiner Position (11) so verändern, dass die Endkorngröße und der Verdichtungsgrad des Schrottes gezielt beeinflusst werden können. Das in Shredderanlagen erzeugte Stahlschrottendprodukt wird in der Regel so weit verdichtet, dass die Schüttdichte über 1 t/m³ liegt. Der Austrag des zerkleinerten Metalls erfolgt auf eine Schwingförderrinne (8) und weiter auf einen ansteigenden Gurtförderer. Wenn sich schwer zerkleinerungsfähige Grobteile im Shredder befinden, kann vom Bedienungspersonal eine Auswurftür (7) hydraulisch geöffnet werden, um Beschädigungen und unnötigen Verschleiß im Shredder zu vermeiden. Eine Automatisierung des Schwerteilauswurfs ist durch akustische Detektion von Schwerteilen im Zerkleinerungsraum möglich. Ein Anschluss an die Entstaubungsanlage erfolgt über die Rohrleitung (6), so dass praktisch keine Emissionen auftreten. Der Zerkleinerungsraum, in dem aufgrund von Reibung sehr hohe Temperaturen bis zur Rotglut einzelner Metallpartikel auftreten können, wird kontinuierlich von der abgesaugten Luft kühlend durchströmt. Die Luft transportiert flugfähige kleine bzw. leichte Partikel durch den Rost in den als Windsichter arbeitenden Trennraum. Dort fallen schwere Partikel auf den Austragsförderer (8), während leichte Partikel vom Luftstrom (6) in die Entstaubungsanlage transportiert und dort als Shredder-Leichtgut abgetrennt werden.

Shredder werden mit Schlagkreisdurchmessern zwischen 1000 und 3000 mm gebaut. Für die größten Bauarten mit 3000 mm Einlaufbreite, einer Antriebsleistung von 7500 kW und Hammergewichten von je 320 kg wird ein Durchsatz von rd. 260 Mg/h Schrott erreicht. Dies entspricht einer Verarbeitung von über 300 Altautos pro Stunde.

6.3.3.2 Prallmühlen und Prallbrecher

Die aus der Zerkleinerung mineralischer Rohstoffe bekannten Prallmühlen und Prallbrecher eignen sich vorwiegend zur Verarbeitung von Abfallstoffen mit sprödbrüchigem Stoffverhalten wie z. B. von Bauschutt, Schlacken oder Aschen aus thermischen Prozessen [9]. Positiv wirkt sich bei der Prallbeanspruchung aus, dass Verbundmaterialien wie z. B. armierter Beton an den Grenzflächen zwischen Verbundmaterialien gut aufgeschlossen werden. Der Aufbau einer Prallmühle geht aus Abb. 6.9 hervor. Sie besteht aus einem aufklappbaren Gehäuse, das in der Regel aus einer Schweißkonstruktion besteht und dessen Innenflächen mit austauschbaren Schleißblechen besetzt sind. Der schnell umlaufende Rotor enthält wechselbare Schlagleisten, die bei entsprechender Abnutzung, die in Einzelfällen wenige 10er-Stunden betragen kann, ausgetauscht werden müssen. Die Prallplatten sind ausweichbar gelagert und enthalten aufgeschraubte Schleißbleche, die ebenfalls ausgetauscht werden können. Die Spaltweiten zwischen den Prallplatten und den Schlagleisten können mit Spindeln oder alternativ hydraulisch verstellt werden.

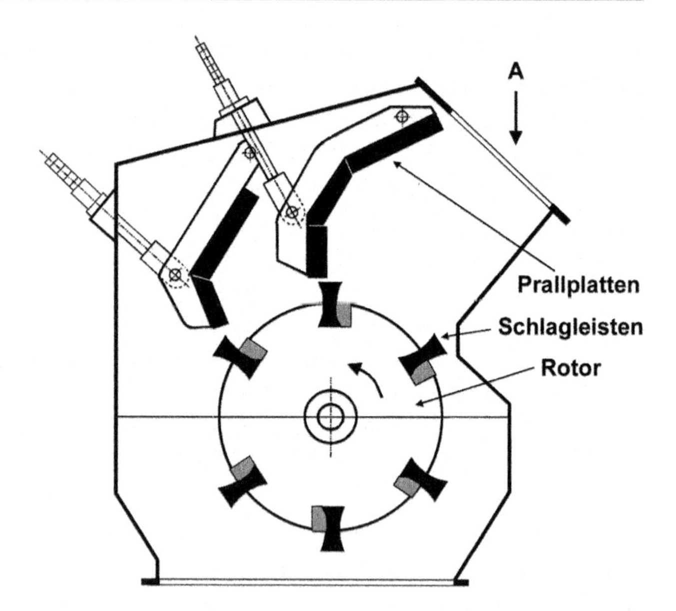

Abb. 6.9 Prallmühle

Das Aufgabegut wird beim Eintritt in die Mühle von den mit ca. 20 bis 60 m/s schnell umlaufenden Schlagleisten erfasst und schon teilweise zerkleinert. Eine Nachzerkleinerung findet statt, wenn das Gut mit hoher Geschwindigkeit auf die Prallplatten trifft. Von den Prallplatten wird ein großer Anteil des Materials reflektiert und erneut von den Schlagleisten getroffen. Dieser Vorgang kann sich bis zum endgültigen Austrag mehrfach wiederholen und hat eine zunehmende Feinheit des Aufgabematerials zur Folge. Wenn schwer zerkleinerbare Bestandteile oder Massivteile in die Prallmühle gelangen, werden Beschädigungen an den Zerkleinerungswerkzeugen dadurch verhindert, dass die Prallschwingen nach oben bzw. nach hinten ausweichen können. Das zerkleinerte Material wird nach unten, in der Regel auf eine Schwingförderrinne, ausgetragen.

Für die Zerkleinerungswirkung entscheidend ist die Häufigkeit von Beanspruchungen bei dem Materialtransport durch den Prozessraum. Die mit Prallmühlen erzielte Kornverteilung wird durch

- die Rotordrehzahl,
- die Anzahl von Prallplatten und deren Abstand zum Rotorkreis sowie
- den Einsatz von Mahlbahnen (in Drehrichtung hinter den Prallplatten angeordnet) und Austragsrosten beeinflusst.

Prallmühlen müssen entstaubt werden, da es sich in der Regel nicht vermeiden lässt, dass ein hoher Feinstkornanteil entsteht. Die Entstaubung erfolgt zumeist mit Absaugvorrichtungen an der Austragseite oder bei mobilen Anlagen durch Eindüsen von Wasser in den Arbeitsraum der Mühle.

Prallmühlen werden in einer Vielzahl von Ausführungen von Laborgröße bis zum Großbrecher hergestellt. Die Rotordurchmesser und Aufgabebreiten liegen dabei in einem

Abb. 6.10 Rostasche vor (links) und nach (rechts) der Zerkleinerung [10]

Bereich zwischen 100 und 2500 mm. Die installierte elektrische Leistung beträgt bis zu 1200 kW.

Ein Anwendungsbeispiel ist die Reinigung von Metallpartikel, die aus Rostaschen von Müllverbrennungsanlagen sortiert werden. Deren mineralische Oberflächenschicht lässt sich durch Prallbeanspruchung von den Metallpartikeln lösen und durch Siebung entfernen, wobei die Metalle nicht zerkleinert, sondern allenfalls verdichtet werden. Das Abb. 6.10 zeigt Nichteisenpartikel vor (links) und nach (rechts) einer Prallbeanspruchung. Die mechanische Konditionierung ermöglicht somit, dass Metallgemische z. B. nach der Farbe sortiert werden können.

6.3.3.3 Stofflöser/Pulper

Recycling betrifft u. a. das Stoffsystem Papier, das bei Produkten mit kurzer Lebensdauer wie Zeitungen, Kartonverpackungen oder auch Getränkekartonverpackungen eingesetzt wird. Die Grundlage der Papiere sind Fasern, die einen temporären, lösbaren Verbund bilden. Im Fall von Getränkekartonverpackungen wird das Papier zusätzlich mit Kunststoff- und teilweise Aluminiumfolien sowie massiven Kunststoffen als Verschluss kombiniert. Eine Rückführung der Produkte auf Papierbasis als Sekundärrohstoff ist nur durch Auflösen der Verbunde und Abtrennung der faserfremden Bestandteile möglich. Grundsätzlich lässt sich der Verbund trocken durch mechanische Beanspruchung z. B. in einer Hammermühle lösen. Bei diesem Zerkleinerungsprozess werden die Fasern allerdings in hohem Umfang gekürzt und somit zerstört.

Als Besonderheit der Zerkleinerungstechnik hat sich daher eine Nasszerkleinerung mit kombinierter Sortierung der faserfremden Stoffe bewährt, wobei die in einer Pulpe aufgelöste Papierfasern direkt in den Papierproduktionsprozess eingespeist werden können [11].

Abbildung 6.11 zeigt den Pulper in seinem prinzipiellen Aufbau. In der Praxis sind zahlreiche Variationen dieses Grundprinzips anzutreffen. In einen oben geöffneten runden Rührbehälter wird Altpapier gemeinsam mit Wasser bis zu einem Feststoffgehalt von ca. 50 g/l eingefüllt. Ein bodennaher Rotor bringt das Feststoff-Wasser-Gemisch in Rotation. An der

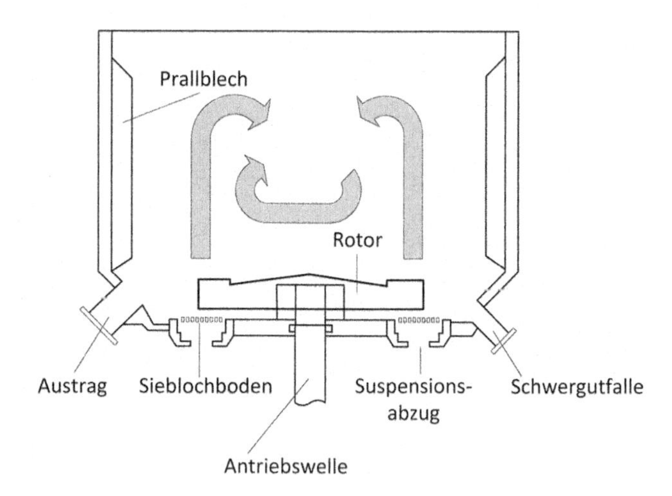

Abb. 6.11 Pulper

Innenseite des Behälters befinden sich Prallbleche, an denen es zu einer Verwirbelung der Suspension und damit zu einem Eintrag von Scherkräften kommt. Nach einer stoffabhängigen Beanspruchungsdauer von 15 bis 60 Minuten liegen die lösbaren Fasern vollständig frei vor. Leichte Verunreinigungen schwimmen auf der Trübeoberfläche auf, schwere Verunreinigungen sedimentieren und konzentrieren sich am Tiefpunkt des Behälters in einer Schwergutfalle. Der diskontinuierliche Zerkleinerungsprozess wird mit dem Austrag der Faser-Wasser-Suspension durch Siebe im Behälterboden beendet. Faserfremde Stoffe, die den Siebboden nicht passieren können, werden abschließend aus dem Behälter gespült.

6.3.4 Zusammenfassung Zerkleinerung

Als Übersicht sind für verschiedene Stoffsysteme nachfolgend die einsetzbaren Zerkleinerungsaggregate tabellarisch zusammengestellt (Tab. 6.2). Die Einsatzbereiche sind mit grob (g), mittel (m) und fein (f) gekennzeichnet. Im Verlauf der Anwendung von Technik führen Erfahrungen zu Weiterentwicklungen, bei denen oft bessere technisch-wirtschaftliche Lösungen gefunden werden. In diesen Fällen verschwinden einzelne Maschinenarten in Stoffsystemen, sobald aufgrund von Abnutzung Neubeschaffungen erforderlich werden. Um die technische Entwicklung in den verschiedenen Anwendungsgebieten zu kennzeichnen, sind die Jahrzehnte (z. B. 1980 steht für die Jahre 1980 bis 1989) der Anwendung aufgeführt.

Die Auslegung und Dimensionierung von Zerkleinerungsmaschinen beruht allein auf empirischen Daten, rechnerische Ansätze liegen nur in wenigen Einzelfällen ohne Übertragbarkeit vor. Um einen sicheren Vergleich mit empirischen Daten von Maschinenherstellern oder Anwendern vornehmen zu können, ist die Schüttdichte als Maß für das Massen/Volumen-Verhältnis von herausragender Bedeutung. Daneben sind belastbare Angaben zur Korngrößenverteilung erforderlich, um den Anteil eines Massenstroms,

Tab. 6.2 Anwendung von Zerkleinerungstechnik

Stoffsystem/ Maschinentyp	Hausmüll Gewerbeabfall	Mineral. Abfälle	Metallabfälle Elektroabfälle	Altkabel	Kunststoffe, Verpackungen	Holz, Grün- und Bioabfall	Papier, Papier-verbunde	Industrieabfälle
Rotorschere	*g,m* *1980/* 1990		*g,m*	*g,m*	*g,m*			*g,m*
Einwellen-Z.	*m*		*m*	*g,m*	*g,m,f*			*g,m*
Schneidmühle				*m,f*	*m,f*			
Kammwalzen-Z.	*g*		*g*		*g*	*g,m*		*g*
Schneckenmühle	*g* *1980*					*g,m*		
Hammermühle	*g,m* *1970/* *1980*		*g,m,f*			*g,m*	*g,m,f*	*g,m*
Shredder			*g,m*					
Prallbrecher/-mühle		*g,m,f*	*g,m*			*m,f*		
Pulper							*g,m,f*	

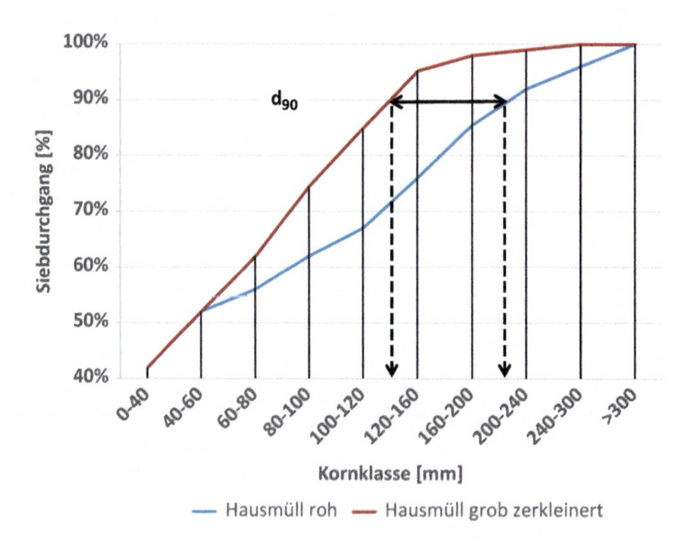

Abb. 6.12 Korngrößenverteilungen vor und nach Zerkleinerung von Hausmüll mit einem Kammwalzenzerkleinerer

dessen Korngröße reduziert werden muss, ebenso abschätzen zu können wie den Massenanteil, der eine Zerkleinerungsmaschine ohne Manipulation der Korngröße nur passieren muss.

Der Prozesserfolg einer Zerkleinerung ist abhängig von der Zielsetzung (z. B. Herabsetzen der oberen Korngröße, z. B. Konfektionieren eines Aufbereitungsproduktes für nachfolgende Prozessschritte) zu definieren. Als Mittel zur Beschreibung dienen Informationen zur Korngrößenverteilung vor und nach dem Zerkleinerungsprozess. Entsprechend Abb. 6.12 und 6.13 können als Kenngrößen zur Beschreibung des Zerkleinerungserfolgs

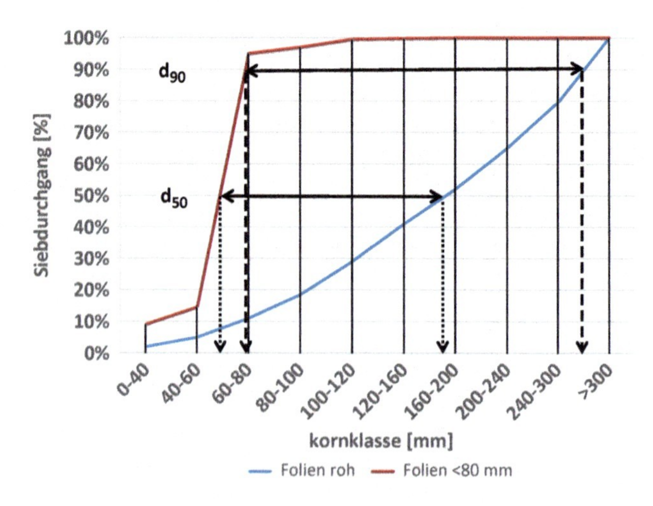

Abb. 6.13 Korngrößenverteilungen vor und nach Zerkleinerung eines Folien-Produktes mit einem Einwellenzerkleinerer mit 80 mm Siebkorb

die Veränderung von d_{90} bzw. d_{50} verwendet werden [12]. In Fällen, in denen eine gezielte Feinmahlung durchgeführt wird, eignet sich auch der Kennwert d_{10} zur Charakterisierung des Prozesserfolgs. Erfolgskenngrößen sind immer auf einen Normzustand wie den Durchsatz je Zeiteinheit sowie auf einen Verschleißzustand der Zerkleinerungswerkzeuge, der z. B. als bereits genutzte Betriebsstunden angegeben werden kann, zu beziehen.

6.4 Siebklassierung

Unter Klassierung wird die Trennung von Komponenten eines Aufgabegutes nach den geometrischen Abmessungen verstanden. Bei der Siebklassierung wird das Aufgabematerial über einen Siebboden bewegt, der mit Öffnungen definierter Größe versehen ist, so dass die feineren Bestandteile diese Öffnungen passieren können. Als Produkte fallen der Siebdurchgang und der Siebüberlauf an.

Eine Stromklassierung liegt vor, wenn die Bestandteile eines Gemisches in einem strömenden Medium (Luft, Wasser, Lösungen oder Suspensionen) aufgrund ihrer Korngrößenverteilung unterschiedliche Sinkgeschwindigkeiten aufweisen bzw. unterschiedliche Bewegungsbahnen beschreiben. Wegen ihrer untergeordneten Bedeutung in der Abfallaufbereitung wird nachfolgend nicht weiter auf die Stromklassierung eingegangen.

Eine Siebklassierung findet in Recyclingprozessen immer dann Anwendung, wenn

- Produkte aus einer vorgeschalteten Aufbereitung für die nachfolgende Verarbeitung konfektioniert, d. h. in definierte Korngrößenklassen zerlegt werden sollen. Als typisches Beispiel sind Recycling-Baustoffe aus der Bauschuttaufbereitung zu nennen, die z. B. in die Kornklassen 0–8, 8–16 und 16–32 mm abgesiebt werden.
- eine Kornfraktion abgetrennt werden soll, in der eine bestimmte Stoffgruppe angereichert ist wie z. B. Kunststofffolien > 220 mm bei der Aufbereitung von Leichtverpackungen.
- nachfolgende Prozessstufen dies erfordern. So können die meisten Sortierverfahren nur in einem begrenzten Korngrößenbereich mit gutem Trennerfolg durchgeführt werden, wodurch vorgeschaltete Klassierstufen unumgänglich sind.
- Grob- oder Feinfraktionen abgetrennt werden sollen, die im weiteren Verfahrensgang Störungen an Aggregaten oder Verschlechterungen der Aufbereitungsprodukte bewirken können. Dies sind beispielsweise grobe Bestandteile in Abfallgemischen, die zur Zerstörung der Werkzeuge eines Zerkleinerers oder zu Blockierungen im Förderweg führen. Die Abtrennung feiner und feinster Partikel ist immer dann sinnvoll, wenn nachfolgende Aggregate wie z. B. schneidende Zerkleinerer vor übermäßigem Verschleiß geschützt, ein negativer Einfluss auf Sichtprozesse vermieden oder Endprodukte von qualitätsmindernden, überfeinen Anteilen befreit werden sollen.
- die in einer Zerkleinerungsstufe erzeugte Korngrößenverteilung einen schon hinreichend hohen Anteil an der unteren Zielkorngröße enthält und nur grobes Material zur Nachzerkleinerung zurückgeführt oder in eine weitere Zerkleinerungsstufe geleitet

werden soll. Derartige sogenannte „Mühlen-Klassierer-Kreisläufe“ werden beispielsweise in der Altglasaufbereitung verwendet, bei der es wichtig ist, möglichst wenig Feinkorn < 5 mm zu erzeugen. Dabei wird der Siebüberlauf nach der Siebklassierung einer schonenden Zerkleinerung zugeführt.

Zur Kennzeichnung des Trennerfolges mittels Siebklassierung wird häufig der Siebwirkungsgrad η herangezogen [13]. Dieser lässt sich bei gegebener Sieböffnungsweite über das Feinkornausbringen im Siebüberlauf berechnen, das mit dem Feinkorninhalt des Aufgabematerials korreliert wird. In der Formel (6.1) beschreibt f_a den Massenanteil einer Merkmalsklasse, hier „< Sieböffnungsweite i“ im Aufgabegut und f_g den Massenanteil dieser Merkmalsklasse im Siebüberlauf bzw. dem Siebgroben.

$$\eta = \frac{(f_a - f_g) \cdot 100}{(100 - f_g) \cdot f_a} \cdot 100\% \tag{6.1}$$

Nach DIN 66165 wird vereinbarungsgemäß die Sieböffnungsweite von z. B. 30 mm zur Beschreibung der oberen Korngröße des Siebdurchgangs verwendet, d. h. der Siebdurchgang wäre hier mit < 30 mm zu bezeichnen. Die tatsächliche Trennung erfolgt jedoch bei einer kleineren Korngröße, da ein 30 mm Partikel nur mit sehr geringer Wahrscheinlichkeit eine Sieböffnung passieren könnte. In der Praxis wird die Sieböffnungsweite fälschlich oft mit der Trennkorngröße gleichgesetzt. Die Trennkorngröße beschreibt jedoch die rechnerische Korngröße, von der jeweils 50 % in den Siebdurchgang bzw. den Siebüberlauf gelangen.

Dabei wird unterstellt, dass bei unbeschädigten Siebbelägen praktisch 100 % des Grobgutes im Siebüberlauf ausgetragen werden. Für den Sieberfolg ist die sogenannte offene Siebfläche A_0 von hoher Bedeutung [14]. In Abfallgemischen befinden sich häufig elastische, eindimensionale Bestandteile, die sich um die Stege zwischen den Sieböffnungen wickeln und damit die Sieböffnungen zusetzen. Im laufenden Betrieb verringert sich die offene Siebfläche und die Wahrscheinlichkeit (W), dass einzelne Partikel der Größe d durch Passieren einer Sieböffnung mit der Weite l in den Siebdurchgang gelangen können, entsprechend dem in der Formel (6.2) beschriebenen Zusammenhang.

$$W = A_0 \cdot (1 - \frac{d}{l})^2 \tag{6.2}$$

In der Folge verändert sich das Massenverhältnis von Siebdurchgang zu Siebüberlauf, wovon alle nachfolgenden Prozessschritte betroffen sind. Bei der Auswahl geeigneter Siebmaschinen und Siebbeläge muss die stoffliche Charakteristik des Aufgabematerials berücksichtigt werden. Materialabhängige Einflussgrößen sind die Schüttdichte, die Kornform, die Kornfestigkeit, das gröbste Korn in der Aufgabe sowie die Feuchte. Außerdem ist die Siebwahl vom gewünschten Durchsatz, der Sieböffnungsweite, des erforderlichen Siebwirkungsgrades und den gegebenen Einbauverhältnissen abhängig. Eine schwierige

Siebaufgabe ist immer dann gegeben, wenn im Aufgabegut ein hoher Anteil an Feinkorn vorhanden ist, das kleiner als die Sieböffnungsweite ist. Darüber hinaus wirken sich feuchtes und klebendes Material sowie auch faserige und „wickelnde" Abfallbestandteile zumeist negativ auf eine verstopfungsfreie Siebung aus.

Im Folgenden werden die wichtigsten Maschinentypen zur Siebklassierung vorgestellt.

6.4.1 Trommelsiebe

Trommelsiebe werden bevorzugt für die Klassierung solcher Abfallgemische verwendet, die einen hohen Anteil an großflächigen Bestandteilen aufweisen und eine starke Auflockerung zur Abtrennung des enthaltenen Feinanteils benötigen. Dies ist beispielsweise bei der Aufbereitung von Siedlungs- sowie von Gewebeabfällen der Fall.

Trommelsiebe bestehen, wie Abb. 6.14 zeigt, aus einem rotierenden, zumeist zylindrisch ausgebildeten Siebmantel. Der Antrieb erfolgt über Laufräder, auf denen der Trommelkörper gelagert ist. Das der Trommel axial zugeführte Material wird durch Reib- und Zentrifugalkräfte an der zylindrischen Wandung nach oben mitgenommen, steigt bis auf eine bestimmte Höhe, gleitet dann nach unten ab und erfährt dabei infolge der geneigten Trommellage (zumeist ca. 4° bis 6°) gleichzeitig eine langsame Vorwärtsbewegung. Dieser Vorgang wiederholt sich bis zum Austrag des Siebüberlaufes fortlaufend. Durch das ständige Umwälzen wird Bestandteilen, die kleiner als die Sieböffnungen sind, die Möglichkeit gegeben, sich über einer Öffnung anzuordnen und diese zu passieren.

Trommelsiebe in mobiler Bauart werden ohne Siebneigung betrieben. Hier erfolgt der Längstransport durch an der Innenseite des Siebkorbes angebrachte Schneckengänge (vergl. Abb. 6.15).

Die Transportgeschwindigkeit des Siebgutes hängt vor allem von der Trommeldrehzahl und der Neigung des Trommelmantels bzw. bei mobilen, nicht geneigten Sieben von der Steigung der Transportwendel im Inneren des Siebkorbs ab. Zur Verbesserung des

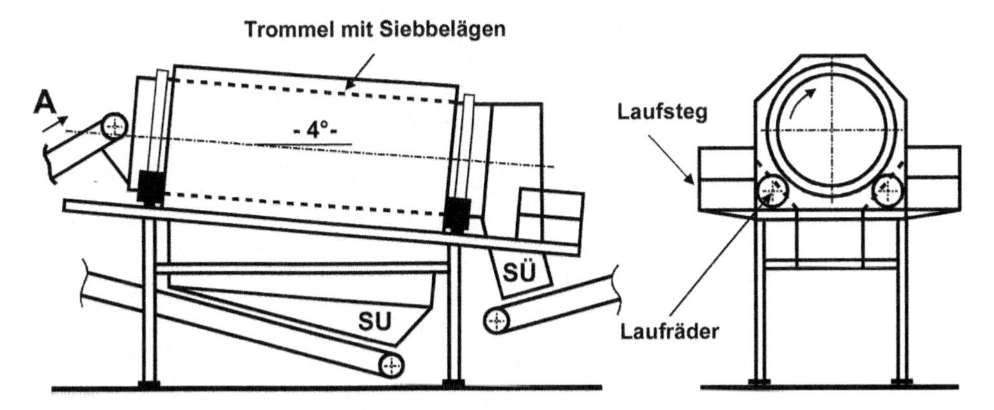

Abb. 6.14 Trommelsieb im Längs- und Querschnitt

Abb. 6.15 Förderschnecke im Siebkorb eines mobilen Trommelsiebes

Siebwirkungsgrades werden deshalb in der Trommel häufig Mitnehmerleisten eingebaut, die bewirken, dass das Material höher nach oben getragen wird und auf eine freie Siebfläche herabfällt. Bei Siebaufgaben im Grobkornbereich (ca. 100–250 mm) treten häufig Probleme durch Verstopfungen der Siebbeläge auf. So kann sich die offene Siebfläche durch wickelnde Bestandteile wie große Folien und Textilien innerhalb weniger Stunden so deutlich verringern, dass ein erheblicher Anteil an Feingut im Siebüberlauf fehlausgetragen wird. Zur Vermeidung solcher Verstopfungen haben sich Rohrstutzen bewährt, die von außen auf die Sieböffnungen geschweißt werden (vergl. Abb. 6.16).

Die Siebbeläge bestehen in der Regel aus Stahlblechen, die mit Rund- oder Quadratlochungen versehen sind. Im Interesse guter Trennergebnisse sollte der Füllgrad von Trommelsieben 15 Vol.-% nicht wesentlich überschreiten. Bei Drehzahlen von bis zu ca. 14 min^{-1} hat das Gut eine mittlere Verweilzeit von 60 bis 90 Sekunden in der Trommel.

Abb. 6.16 Rohrhülsen als Umwicklungsschutz

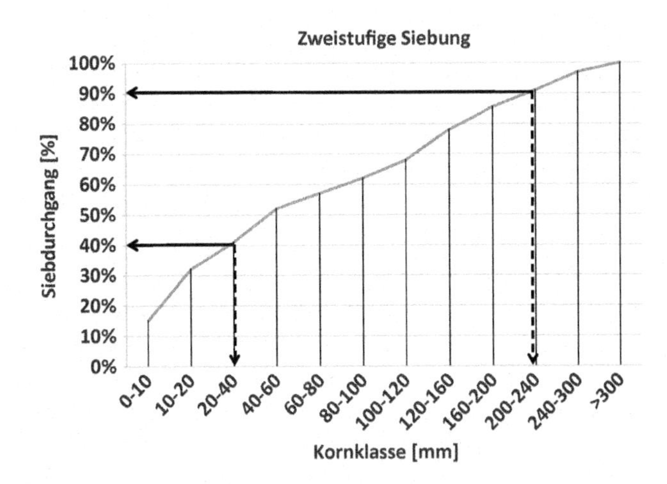

Abb. 6.17 Zweistufige Siebung von Hausmüll

Stationäre Trommelsiebe sind auch für mehrstufige Absiebungen geeignet. Dabei weisen die auswechselbaren Siebbleche im vorderen Abschnitt der Trommel kleinere Sieböffnungen als im hinteren Bereich auf, so dass drei Siebfraktionen gewonnen werden können: ein Feingut, ein Mittelgut und der grobe Siebüberlauf. Aus Gründen ökonomischen Anlagendesigns wird häufig auf diese Bauweise zurückgegriffen. Sie weist jedoch gegenüber einer Aufteilung der beiden Siebprozesse auf zwei Aggregate erhebliche Nachteile auf. Abbildung 6.17 zeigt am Beispiel der Kornverteilung von feuchtem Hausmüll, wie dieser in Mechanisch-Biologischen-Abfallbehandlungsanlagen verarbeitet wird, eine typische Aufgabenstellung der Siebklassierung. Hausmüll weist einerseits einen mit im Beispiel ca. 40 % hohen Massenanteil an feuchtem, siebschwierigen Feingut < 40 mm auf, andererseits finden sich im Gemisch ca. 10 % große, flächige und ebenfalls siebschwierige Großteile > 240 mm wie Kunststofffolien und Textilien.

Werden in einem zweistufigen Trommelsieb die Siebprozesse 1 (40 mm) und 2 (240 mm) kombiniert, muss zunächst in Anwesenheit des volumenreichen Grobgutes das Feingut aus dem Gemisch gesiebt werden. Erst im zweiten Schritt wird das Mittelgut 40–240 mm gesiebt. Da Prozessschritt 1 aufgrund der Behinderung durch den großen Volumenstrom mit beschränkter Effizienz abläuft, wird Feingut in das Mittelgut fehlausgetragen.

Bei Verteilung der Trennaufgabe auf zwei separate Prozesse erfolgt dagegen zunächst eine Abtrennung des großflächigen Materials > 240 mm mit deutlicher Wirkung hinsichtlich einer Erhöhung der Schüttdichte. Im zweiten Siebprozess wird aus einer Mischung mit verbessertem Siebverhalten der ebenfalls siebschwierige 40 mm Siebschnitt vorgenommen. Diese Vorgehensweise führt nachweislich praktischer Erfahrungen zu deutlich höheren Siebwirkungsgraden insbesondere bei der Feinguttrennung. Dies ist auch dem Umstand geschuldet, dass in zwei Siebmaschinen insgesamt mehr offene Siebfläche zur Verfügung steht als bei einer kombinierten Bauweise möglich.

Die in der Abfallaufbereitung häufig eingesetzten Trommelsiebmaschinen weisen Durchmesser von 2100 bis 3600 mm auf. Ihre Länge kann bis zu ca. 12 m betragen. Der Antrieb erfolgt zumeist mittels Elektromotoren und Antriebsleistungen von bis zu 75 kW.

6.4.2 Linear- und Kreisschwingsiebe

Schwingsiebe werden in einer Vielzahl von Bauarten hergestellt. Ihr gemeinsames Merkmal ist, dass in einem stabilen Rahmen eine durchbrochene Fläche, der so genannte Siebbelag, eingebaut ist, der mechanisch bewegt wird. Das auf dem Siebbelag befindliche Material wird durch die schwingende Bewegung aufgelockert und transportiert. Beide Effekte sorgen dafür, dass Bestandteile, die kleiner als die Sieböffnungen sind, wirkungsvoll abgesiebt werden können. Die Anwendung von Schwingsieben in der Recyclingtechnik beispielsweise für die Klassierung von Stoffsystemen höherer Schüttdichte wie Bauschutt, Aschen, Schlacken und Altglas beschränkt sich in der Regel auf den Kornbereich kleiner ca. 80 mm.

Die Schwingsiebe können unter Berücksichtigung der Bewegungsform, der Schwingungs- und der Antriebsart sowie der Art der Gutbewegung auf dem Siebboden eingeteilt werden. In den Abb. 6.18 und 6.19 sind die beiden wichtigsten Bauformen, die Linear- und Kreisschwingsiebe, schematisch dargestellt. Die Siebkästen bestehen aus den Seitenteilen, Traversen und einem Rahmen, auf dem die wechselbaren Siebbeläge befestigt sind. Der Rahmen ist auf Stahl- oder Gummifedern verlagert.

Die Bewegung wird beim Linearschwinger durch zwei gegenläufig rotierende Unwuchten erzeugt, wozu häufig Unwuchtmotoren verwendet werden. Die angenähert lineare Beschleunigung in Transportrichtung führt zu einer guten Materialförderung über die gesamte Sieblänge, so dass das Sieb sogar horizontal oder leicht ansteigend gelagert sein kann. Beim Einbau derartiger Siebe in Anlagen bietet sich also der Vorteil einer geringen Bauhöhe.

Beim Kreisschwingsieb erzeugt ein im Massenschwerpunkt des Siebes angeordneter Unwuchterreger eine kreisförmige Schwingung. Hierzu muss das Sieb zum Zweck eines guten Materialtransportes ca. 10 bis 18° geneigt sein [14]. Mit beiden Bauarten kann eine Trocken- und Nasssiebung durchgeführt werden.

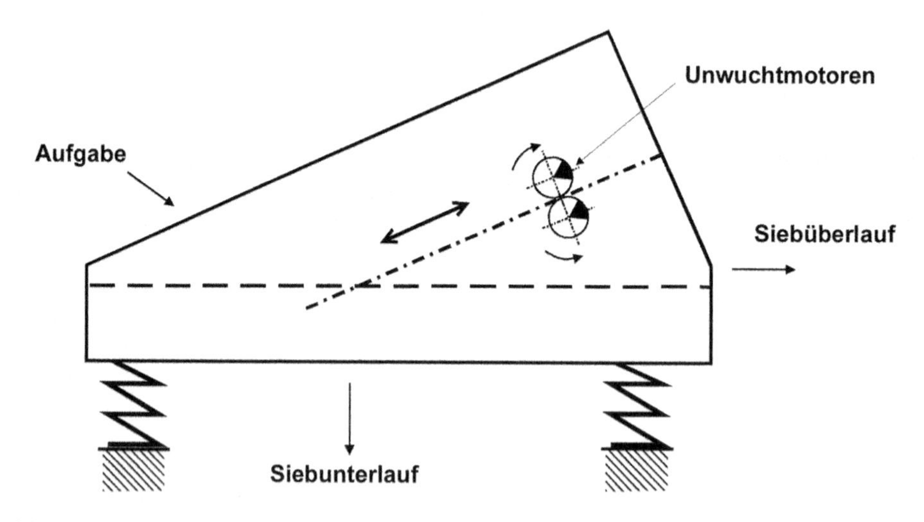

Abb. 6.18 Linearschwingsieb

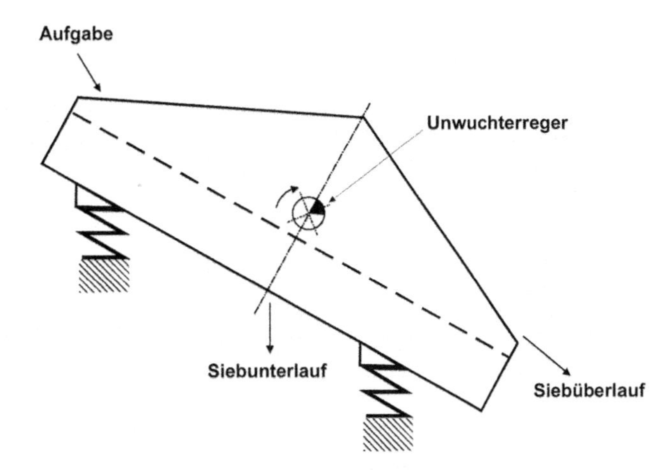

Abb. 6.19 Kreisschwingsieb

Schwingsiebe können als Ein- oder Mehrdecksiebe ausgeführt werden. Bei einem sogenannten „Doppeldecker" sind zwei Siebbeläge übereinander angeordnet, so dass drei Kornfraktionen in einem Arbeitsgang hergestellt werden können. Das obere Sieb kann auch als Schutzdeck dienen, wenn grobe Schwerteile im Aufgabegut vorhanden sind. Soll etwa bei einem Siebschnitt von 4 mm abgesiebt werden, wird das untere Sieb mit der feinen Lochung durch das Vorhandensein des oberen Siebbelages mit beispielsweise 20 mm Lochung vor zu hohem Verschleiß geschützt. Mit Verweis auf die Erläuterung zu Abb. 6.17 wird bei Mehrdeck-Siebmaschinen immer die schwierige Aufgabe der Feingutsiebung durch Vorabsiebung grober Partikel optimiert.

Siebbeläge werden aus verschiedenen Werkstoffen hergestellt. Für gröbere Absiebungen werden Lochplatten aus Stahl oder Polyurethan mit runden oder rechteckigen Sieböffnungen verwendet. Bei der Siebung im Feinkornbereich kleiner ca. 4 mm werden Siebgewebe aus Stahl- oder Kunststoffdrähten bevorzugt. Wegen der größeren offenen Siebfläche haben Siebgewebe bei der Fein- und Feinstkornklassierung Vorteile gegenüber anderen Siebbelägen. Für Entwässerungsaufgaben haben sich Spaltsiebe bewährt.

Der erreichbare Trennerfolg auf Schwingsieben ist abhängig von Materialeigenschaften wie Feuchtigkeit, Kornform und Korngrößenverteilung. Grundsätzlich gilt, dass die Länge des Siebbelages maßgeblich für die Güte der Absiebung ist, während die Aufgabebreite direkt proportional zum erreichbaren Durchsatz ist. Zur Übersicht sind Linear- und Kreisschwingsiebe mit ihren wichtigsten Kenndaten in Tab. 6.3 aufgeführt.

Eine in den letzten Jahren erfolgreich eingesetzte Sonderform sind sogenannte „Müllsiebe" [15]. Bei diesen Kreisschwingsieben mit hohen Siebamplituden sind die Siebbeläge in Stufen angeordnet, an deren Ende häufig einseitig eingespannte, schwingende Stangen den Materialumschlag auf die nächste Ebene unterstützen. Die gestufte Anordnung der Siebbeläge lässt keine Ausführung als Mehrdecksieb zu. Müllsiebe werden vorwiegend in Stoffsystemen mit niedrigen Schüttdichten wie Gewerbe- und Verpackungsabfällen eingesetzt. Die speziellen Registersiebbeläge erfüllen die Aufgabe eines Umwicklungsschutzes ähnlich wie Rohrhülsen bei Trommelsieben (vergl. Abb. 6.20)

Tab. 6.3 Technische Daten von Linear- und Kreisschwingsieben

Kenngrößen	Linearschwingsiebe	Kreisschwingsiebe
Nutzbreite	ca. 500–4500 mm	ca. 400–3600 mm
Nutzlänge	ca. 2000–7000 mm	ca. 2000–11.000 mm
Neigung Siebfläche	Horizontal bis 5 Grad ansteigend	ca. 10–18 Grad
Schwingungsform	Linear in Förderrichtung aufwärts	Angenähert kreisförmig
Schwingungsweite	3–16 mm	4–21 mm
Beschleunigung	Bis max. 7 g	Bis max. 5 g
Antriebsdrehzahl	700–1450 min^{-1}	800–3000 min^{-1}

Abb. 6.20 „Müllsieb" mit Registersiebbelag Bauart IFE

Eine spezielle Form der Schwingsiebe sind die sogenannten Taumelsiebe. Bei diesen kreisrund aufgebauten Siebmaschinen überlagern sich eine tangentiale und eine radiale Schwingung dergestalt, dass sich das zentral dosierte Aufgabegut zu den Rändern hin bewegt. Da die Partikel bei dieser Bauart keine Beschleunigung senkrecht zum Siebbelag erfahren, wird die Technik immer dann eingesetzt, wenn faserige (1-D) Partikel aus Suspensionen abgetrennt werden müssen. Die Klassierung erfolgt entsprechend der Faserlänge mit geringen Fehlausträgen von senkrecht aufgestellten Fasern.

Abb. 6.21 Taumelsieb zur Trennung von Papierfasern aus einer Suspension

Taumelsiebe werden z. B. zur Feststoffabtrennung aus Waschwässern in Kompostierungsanlagen oder nass arbeitenden Aufbereitungsanlagen eingesetzt. Der wichtigste Einsatzbereich liegt jedoch im Stoffsystem Papier. Nach der Stofflösung im Pulper werden die Papierfasern nach der Länge mit den bei Papiermachern als „Sortierer" bezeichneten Taumelsieben klassiert. Den Anwendungen entsprechend werden Sieböffnungen zwischen 0,032 und maximal 6 mm eingesetzt. Abbildung 6.21 zeigt als Anwendungsbeispiel die Absiebung von suspendierten Fasern aus Getränkekartonverpackungen. Im Gegensatz zur Standardanwendung als Mehrdecksieb [16] ist nur ein Siebbelag und keine Abdeckung montiert, so dass sowohl die zentrale Aufgabe als auch der radiale Austrag zu erkennen sind.

Neben der vorwiegend nassen Anwendung von Taumelsieben (trockene Anwendungen z. B. in der Keramikindustrie) wird das Prinzip einer flächigen Schwingung ohne Wurfbewegung einzelner Partikel in trockener Betriebsweise in den sogenannten Plansieben angewandt. Hierbei handelt es sich um Flächensiebe für Siebschnitte bis ca. 30 mm, bei denen eine Unwuchterregung parallel zur Siebfläche erfolgt. Zwecks Transportes von Siebgut müssen die Siebflächen geneigt angeordnet werden. Plansiebe sind dem Einsatz in der Holzaufbereitung vorbehalten, bei denen eine Klassierung nach Spanlängen erfolgen muss.

6.4.3 Spannwellensiebe

Eine Sonderbauform mit spezifischen Anwendungsmöglichkeiten in Recyclingverfahren im Trennbereich von 1–30 mm ist das so genannte Spannwellensieb [17]. Dieses wird eingesetzt, wenn besonders siebschwierige Materialien verarbeitet werden sollen. Hierbei kann es sich um feuchtes oder unregelmäßig geformtes Material handeln, das zum Verkleben der Siebbeläge oder zum Verstopfen der Sieböffnungen neigt. Typische Einsatzgebiete sind die Klassierung von Kompost, Feinmüll, Müllverbrennungsasche sowie von Shredderleichtfraktionen und Kunststoffgemischen oder zerkleinertem Elektronikschrott.

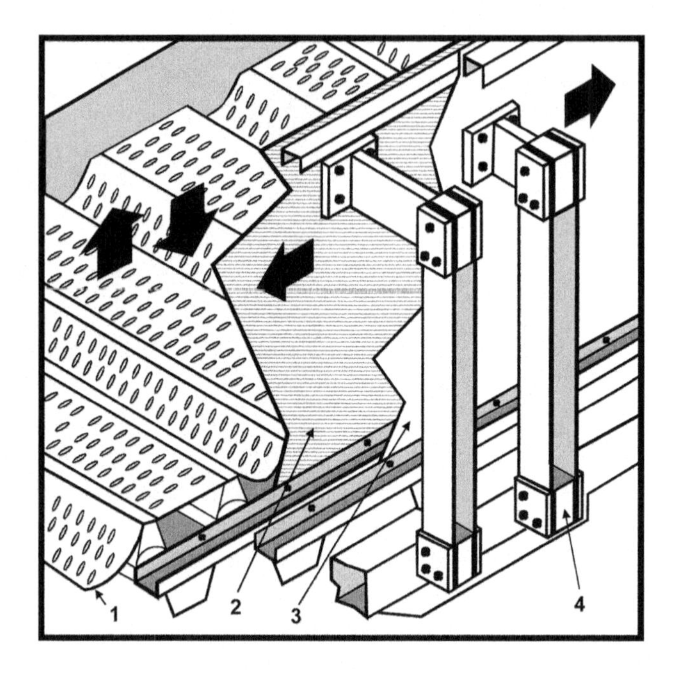

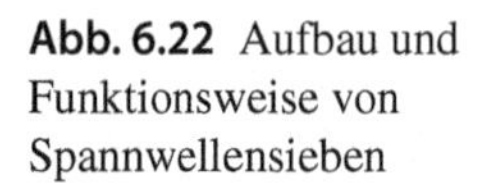
Abb. 6.22 Aufbau und Funktionsweise von Spannwellensieben

Der Aufbau und und Arbeitsprinzip von Spannwellensieben unterscheiden sich herstellerabhängig. Abbildung 6.22 zeigt den Aufbau am Beispiel des Herstellers Hein, Lehmann.. Hier sind zwei durch gegenläufige Exzenter angetriebene Siebkästen (2, 3) vorhanden, die auf Lenkerfedern (4) gelagert sind. An den Siebkästen sind Quertraversen befestigt, auf denen elastische Kunststoffsiebbeläge (1) aus Polyurethan oder Gummi montiert sind. Die Siebbeläge werden somit nach Art eines Trampolins abwechselnd gespannt und entspannt, so dass sich sehr hohe Beschleunigungen und ein guter Auflockerungseffekt für das Siebgut ergeben. Zusätzlich werden die Siebmatten in der Endphase des Spannens überdehnt, wodurch anhaftendes Material abplatzt. Dabei wird eine Beschleunigung von über 50 g auf das Aufgabegut übertragen, so dass ein praktisch senkrechter Wurf erfolgt. Um einen Materialtransport über die Sieblänge zu erreichen, müssen diese Maschinen mit etwa 15 bis 20 Grad Neigung eingebaut werden. Die nutzbaren Siebflächen liegen je nach Baugröße der Siebe zwischen ca. 1 und 27 m².

Das Arbeitsprinzip des Spannwellensiebes wird von zahlreichen Herstellern mit gegenüber dem hier erläuterten Antrieb modifizierten Formen angeboten.

Alle Flächensiebe sind auf mittlere Betriebsbedingungen ausgelegt. So wird davon ausgegangen, dass im Zulauf der Siebe der Volumenstrom eine Höhe von maximal $3 \times d_0$ des Aufgabegutes einnimmt. Auf der Siebfläche wird die Wahrscheinlichkeit eines erfolgreichen Passierens von Feinkornpartikeln durch einen gebremsten Transport (ca. 0,1 m/s) aufgrund gegenseitiger Teilchenbehinderung erhöht. Bricht der Volumenstrom ab, erhöht sich die Transportgeschwindigkeit und die Häufigkeit eines Teilchen-Sieböffnung-Kontaktes sinkt. Unterauslastung führt demnach zu schlechteren Siebwirkungsgraden! Eine häufig praktizierte Maßnahme zur Reduzierung der Transportgeschwindigkeit und Erhöhung der

Verweilzeit auf dem Sieb sind auf dem Siebbelag aufliegende Gummimatten im Einlaufbereich, die die Beweglichkeit der Partikel einschränken.

6.4.4 Bewegte Roste

Unter dem Begriff bewegte Roste werden Schwingsiebe mit stangenförmigem Siebbelag sowie die so genannten Rollenroste, bei denen die Siebflächen aus einzelnen, in gleicher Drehrichtung laufenden Walzen oder Scheiben oder Sternen bestehen, zusammengefasst.

6.4.4.1 Stangenroste

Stangenroste, auch Stangensizer genannt, werden speziell zur Vorabscheidung eines kleinen Massenanteils grobstückiger Bestandteile zwischen ca. 80 und 300 mm aus einem Abfallgemisch genutzt. Typische Anwendungsbeispiele für Stangenroste sind die Abtrennung grober Bestandteile aus Müllverbrennungsaschen oder metallurgischen Schlacken sowie aus Bauschutt und Gewerbeabfall [18]. Abbildung 6.23 zeigt die konstruktive Ausgestaltung eines Stangenrostes. In den rechteckigen, auf Schraubenfedern (4) gelagerten Siebkasten (1) sind zumeist kaskadenartig mehrere Siebdecks hintereinander eingebaut. Jedes Siebdeck besteht aus mehreren Stäben (2), die einseitig auf einer Quertraverse (3) parallel zueinander eingespannt sind. Abstand und Neigung der Stangen können beliebig eingestellt werden. Häufig ist es günstig, jeweils zwei nebeneinander liegende Stangen unterschiedlich geneigt anzuordnen, was zu einer Öffnung in Transportrichtung und einer verstopfungsfreien Arbeitsweise führt. Wenn das Sieb mittels Unwuchtmotoren (5) in eine gerichtete Schwingung versetzt wird, geraten die Stangen ihrerseits in Vibrationen, deren Amplitude und Frequenz von der Dicke und Länge der Stangen sowie von der Belastung durch das Siebmaterial beeinflusst werden. Der Siebschnitt wird durch den Abstand

Abb. 6.23 Stangensizer

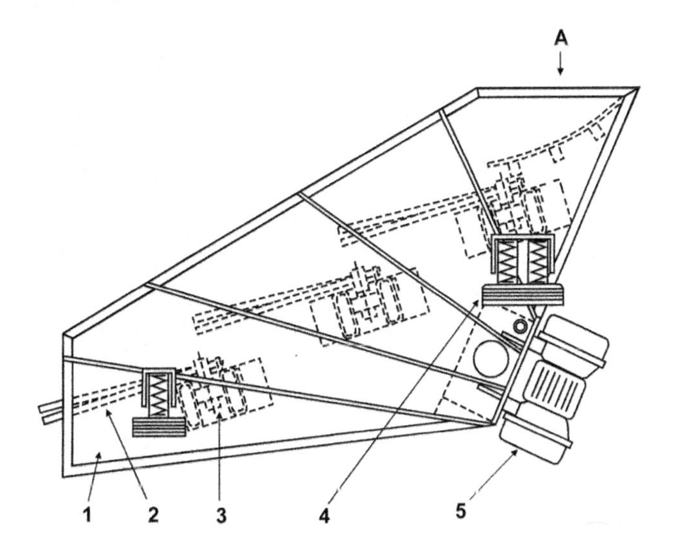

der Stangen bestimmt, wobei auch längliche Bestandteile größerer Abmessungen in den Unterlauf gelangen können. Vorteilhaft ist das Umwälzen an den Stufen zwischen den Siebdecks, wodurch sich eine Auflockerung und bessere Absiebung des Aufgabematerials ergeben.

6.4.4.2 Rollenroste

Rollenroste werden in verschiedenen Ausführungsarten hergestellt, die sich hauptsächlich durch die Form und Abmessungen der Förderscheiben unterscheiden. Diese bewegten Roste werden auch als Diskscheider, Walzenroste, Sternsiebe, Scheibensiebe oder Rotationsseparatoren bezeichnet. Gemeinsam ist allen, dass sie, wie in Abb. 6.24 dargestellt, aus einer Vielzahl von im gleichen Abstand und parallel angeordneten Wellen bestehen, die mit runden, polygonförmigen oder sternartigen Walzen oder Scheiben besetzt sind. Diese sind in einem Gehäuse so angeordnet, dass sie entweder der nächsten Walze gegenüber oder auf Lücke stehen. So werden quadratische oder rechteckförmige Rostöffnungen gebildet, durch die das Feingut nach unten austreten kann. Die Wellenabstände und die Walzenabmessungen bestimmen die Größe der Rostöffnungen.

Abb. 6.24 Rollenrost oder Scheibensieb

Gröbere Bestandteile als die Rostöffnungen werden von den sich gleichsinnig drehenden Walzen transportiert und auf der Austragsseite abgeworfen. Rollenroste können horizontal oder leicht geneigt eingebaut werden. Bei Anwendungen in der Altpapieraufbereitung ist eine in Transportrichtung um etwa 15 bis 20° ansteigende Anordnung üblich. Hier werden Siebschnitte bei ca. 200 × 300 mm genutzt, um steife Kartonagen und Pappen von weicherem Zeitungs- und Mischpapier zu trennen. Eine Reinigung der Zeitungen- und Zeitschriftenfraktion zu Deinkingqualität erfolgt bei Siebschnitten von etwa 150 × 200 mm.

Rollenroste sind durch einen ruhigen, vibrationsarmen Betrieb gekennzeichnet und eigen sich bei Trennkorngrößen zwischen ca. 8 und 80 mm wegen ihrer geringen Neigung zu Verstopfungen besonders für Klassieraufgaben von siebschwierigen, feuchten Gütern. Im Recyclingbereich sind dies z. B. kontaminierte Böden, Müllverbrennungsschlacken und Bauschutt. Anwendungen für Gewerbeabfälle haben sich aufgrund des hohen Anteils an elastischen Bestandteilen und damit verbundenen Umwicklungen hingegen nicht bewährt.

6.4.4.3 Sternsiebe

Eine spezielle Bauform der Rollenroste sind die sogenannten Sternsiebe [19]. Hier sind die Wellen mit sternförmigen „Scheiben“ nach Abb. 6.25 versehen. Sternsiebe werden sowohl stationär als auch mobil eingesetzt und haben sich in jüngster Zeit für Siebschnitte zwischen 20 und 80 mm bei der Aufbereitung von Bioabfall bewährt und dort große Verbreitung gegenüber Trommelsieben gefunden.

In einer Kombination mit vorhergehender Aufschlusszerkleinerung mittels Kammwalzenzerkleinerer führt ein Siebschnitt von ca. 80 mm etwa zu einer effizienten Reinigung von Störstoffen wie Kunststoffbeuteln. Letztere „schwimmen“ auf der Sternsiebfläche und werden nicht in den Siebdurchgang transportiert.

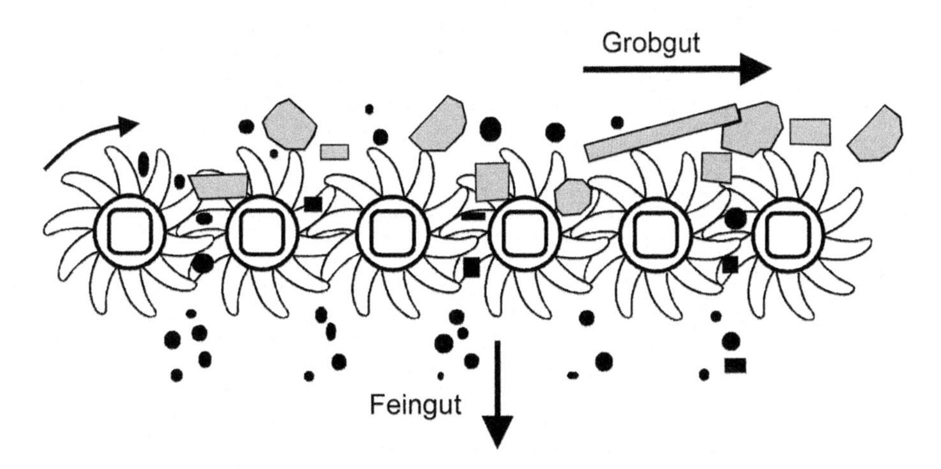

Abb. 6.25 Sternsieb, schematisch

Tab. 6.4 Anwendung von Klassiertechnik

Stoffsystem/ Maschinentyp	Hausmüll Gewerbe-abfall	Mineral. Abfälle	Metallabfälle Elektroabfälle	Altkabel	Kunststoffe, Verpackungen	Holz, Grün- und Bioabfall	Papier, Papier-verbunde	Industrie-abfälle
Trommelsieb	*g,m*	*m*	*m*		*g,m*	*m*	*g*	
Linear-Schwingsieb		*m*	*m*	*m*				
Kreis-Schwingsieb	*g,m*	*g,m*	*m*	*f*	*m*			*g,m*
Taumelsieb							*f*	
Plansieb						*m*		
Spannwellensieb		*m,f*			*f*	*m,f*		*f*
Stangensizer	*g*	*g*	*g*					
Rollenrost		*m*					*g,m*	
Sternsieb						*m,f*		

6.4.5 Zusammenfassung Klassierung

Als Übersicht sind für verschiedene Stoffsysteme nachfolgend die einsetzbaren Klassieraggregate tabellarisch zusammengestellt (Tab. 6.4). Die Einsatzbereiche sind mit grob (g) für Siebschnitte > 100 mm, mittel (m) für Siebschnitte im Bereich 10–100 mm und fein (f) für Siebschnitte < 10 mm gekennzeichnet. Industrieabfälle weisen ein großes Spektrum an Eigenschaften auf, so dass hier positive Erfahrungen aus einzelnen Anwendungen nur begrenzt verallgemeinert werden können.

Ebenso wie bei Zerkleinerungsaggregaten beruhen Auslegung und Dimensionierung von Klassiermaschinen auf empirischen Daten. Liegen keine vergleichbaren Anwendungserkenntnisse vor, muss die Eignung von Maschinen zwingend durch einen Testbetrieb ermittelt werden. Hier reichen Laborergebnisse in der Regel nicht aus, da sie keine Information über die Auswirkung niedrig konzentrierter, „störender" Inhaltsstoffe auf ein Siebergebnis liefern können. Dies betrifft insbesondere das Zusetzen von Sieböffnungen durch Einzelpartikel, deren spezielle Eigenschaften ein Passieren unmöglich machen und zwangsläufig im Betrieb zu einer Verringerung der offenen Siebfläche A_0 mit den beschriebenen Auswirkungen auf das Trennergebnis führen [20].

6.5 Sortierung

Der Begriff Sortierung kennzeichnet in der Aufbereitungstechnik das Trennen eines Stoffgemisches in zumindest zwei Produkte unterschiedlicher Zusammensetzung. Zur Sortierung fester Abfallstoffe, wie beispielsweise der Abtrennung von Eisenmetallen aus zerkleinertem Altholz, werden die unterschiedlichen Materialeigenschaften der enthaltenen Stoffgruppen genutzt. Die wichtigsten Trennmerkmale in der Abfallaufbereitung sind die Dichte, die Form, die magnetische Suszeptibilität und die elektrische Leitfähigkeit. Tabelle 6.5 gibt einen Überblick zu den von den verbreiteten Trennverfahren genutzten Materialeigenschaften und Beispielen für Einsatzgebiete in der Abfallaufbereitung, wobei die Trennung in Luft (L) oder in Wasser (W) erfolgen kann.

Die Güte der Sortierung wird vielfach durch andere materialabhängige Eigenschaften wie eine sehr breite Korngrößenverteilung, stark unterschiedliche Kornformen oder das Vorhandensein von Verbundstoffen negativ beeinflusst. Um zu guten Sortierergebnissen zu gelangen, ist deshalb häufig eine Konditionierung durch vorgeschaltete Klassierung und/oder eine Aufschlusszerkleinerung notwendig. Dennoch lassen sich insbesondere die Einflüsse von Korngröße und Kornform zumeist nicht vollständig eliminieren, mit der Konsequenz, dass die meisten Sortieraggregate einen nur endlichen Trennerfolg gewährleisten können oder nur im Zusammenwirken mit zusätzlichen Zerkleinerungs-, Klassier- und Sortiermaschinen das gewünschte Resultat erreicht werden kann.

Die Ermittlung des Trennerfolges von Sortierverfahren erfolgt in der Regel so, dass aus den erzeugten Produkten repräsentative Proben entnommen werden, die mittels Handsortierung in einzelne Stoffgruppen zerlegt werden. Danach werden die Gewichte dieser

Tab. 6.5 Trennkriterien der Sortierung in der Abfallaufbereitung

Trennkriterium	Medium	Verfahren	Zielprodukte
Magnetische Suszeptibilität Form, Masse	*L, W*	*Magnetscheidung*	*Magnetisierbare Metalle*
Elektrische Leitfähigkeit Korngröße, Masse	*L*	*Wirbelstromscheidung*	*NE-Metalle*
Dielektrizität Korngröße, Masse	*L*	*Elektroscheidung*	*Metalle, Kunststoffe*
Stoffdichte Korngröße, Form	*L*	*Windsichtung*	*Kunststoffe, Papier, Mineralien*
Stoffdichte	*W*	*Dichtesortierung*	*Kunststoffarten*
Stoffdichte	*L*	*SBS Röntgen-transmission*	*Metalle, Kunststoffe, Mineralien*
Optische Eigenschaften	*L*	*SBS VIS*	*Verpackungen, Glas, Papier*
Chemische Oberflächeneigenschaften	*L*	*SBS NIR*	*Kunststoffarten, Holz, Papier*
Chemische Zusammensetzung	*L*	*SBS LIBS, Röntgenabsorption*	*Metalle, Legierungen*
Metallische Eigenschaften	*L*	*SBS Induktion*	*Metalle*

Stoffgruppen bestimmt, um eine rechnerische Auswertung zu ermöglichen. Für die Kennzeichnung des Erfolges einer Aufbereitungsmaßnahme gibt es u. a. zwei wichtige Kenngrößen: Den Wertstoffgehalt des Wertstoffproduktes und das Wertstoffausbringen im Wertstoffprodukt.

Der Wertstoffgehalt (auch Produktreinheit genannt) kennzeichnet, wie hoch das Endprodukt in Masseprozent mit Wertstoff angereichert ist. Bei vielen Abfallstoffen stellt sich die Antwort auf die Frage nach dem Wertstoffgehalt als problematisch dar. So besteht eine Getränkedose aus ca. 90 % Weißblech und ca. 10 % Aluminium (Deckel) und ggf. einem Verschluss aus Kunststoff. Ein anderes Weißblech zeigt starke Oxidation, die den nutzbaren Metallgehalt auf z. B. 70 % reduziert. Beide Partikel sind aufgrund ihres Hauptmassenanteils magnetisierbar und werden als Fe-Fraktion sortiert. Die Aussage zur Qualität des Sortierproduktes lautet dann bei störstofffreier Sortierung 100 %, sie darf jedoch nicht gleichgesetzt werden mit dem Metallgehalt.

Zur Erfolgsbeschreibung von Sortierprozessen bedarf es vor dem Hintergrund dieser Unschärfe einer eindeutigen Definition des „Wertstoffgehalts“. Diese Definitionen richten sich häufig an „Artikeleigenschaften“ aus, die die ursprüngliche Funktion eines Produktes beschreiben. Technische Sortierprozesse trennen jedoch in den meisten Fällen nach eindeutigen physikalischen Eigenschaften. Daher divergieren Artikeleigenschaften und physikalische Eigenschaften bei komplexen Verbundmaterialien erheblich.

Das Wertstoffausbringen gibt an, welcher Masseanteil des im Aufgabegut enthaltenen Wertstoffs entsprechend der jeweiligen Definition im Wertstoffprodukt ausgetragen wird. Wenn der Wertstoff in einem anderen Produkt ausgebracht wird, führt dies zu einem Verlust an Wertstoff. Gehalt und Ausbringen sind in der Regel voneinander abhängig. Angestrebt wird, dass beide Größen – bezogen auf das Wertstoffendprodukt – möglichst nahe an 100 % herankommen. In der Praxis müssen jedoch immer Kompromisse eingegangen werden, d. h. die Erzielung eines mit Wertstoffen sehr hoch angereicherten Endproduktes wird zumeist mit Verlusten an diesem Wertstoff in anderen Produkten einhergehen.

Nicht zu verwechseln mit dem Wertstoffausbringen ist das Masseausbringen. Dieses gibt den Massenanteil an, der in einem Trennprozess in eine der beiden neuen, getrennten Stoffströme überführt worden ist. Um den Zusammenhang zwischen Wertstoffgehalt (c), Wertstoffausbringen (R_W) und Massenausbringen (R_M) zu erläutern, wird nachfolgend ein Trennprozess skizziert (Abb. 6.26).

Jeder Trennprozess ist hinsichtlich seiner Massen nach der Formel

$$m_A = m_R + m_W \tag{6.3}$$

bilanzierbar. Diese Bilanz ist nicht auf die Volumina übertragbar, da die Trennung eines Gemisches die Schüttdichten erheblich verändern kann. In Abb. 6.26 stehen die Indizes A für Aufgabe, R für Reststoff und W für Wertstoff. Das Masseausbringen errechnet sich nach der Formel:

$$R_M = \frac{m_W}{m_A} \cdot 100 \tag{6.4}$$

Für die Berechnung des Wertstoffausbringens sind neben der Kenntnis der Massen m_i auch die Zusammensetzungen der Stoffströme mit dem jeweiligen Gehalt an Wertstoff nach eindeutiger Definition erforderlich. Während sich c_i durch Probenahme und Analyse

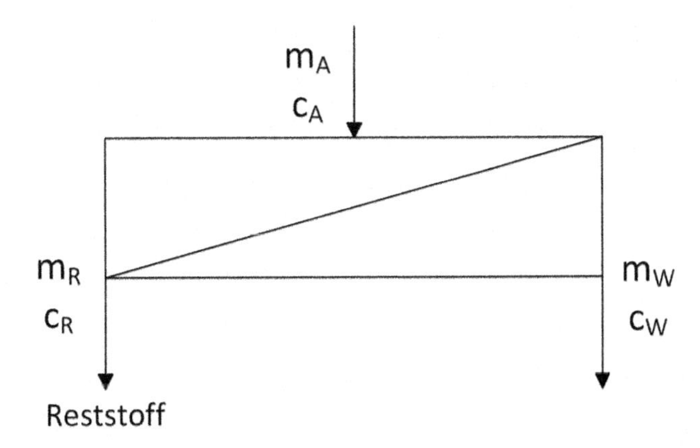

Abb. 6.26 Trennprozess mit Rechengrößen

zuverlässig ermitteln lässt, stellt sich die Messung von Massenanteilen in Aufbereitungsanlagen oft äußerst problematisch dar.

$$R_W = \frac{m_W \cdot c_W}{m_A \cdot c_A} \cdot 100(\%) \tag{6.5}$$

$$R_W = \frac{c_W}{c_A} \cdot R_M \tag{6.6}$$

Sortierprozesse werden immer mit einer Zielsetzung betrieben, die entweder auf ein hohes Wertstoffausbringen oder auf eine hohe Reinheit abzielt. Beide Ziele lassen sich nur getrennt voneinander verfolgen, so dass mehrstufige Sortierungen den größten Erfolg versprechen. Abbildung 6.27 zeigt das Grundschema von Sortierprozessen, die zunächst ein maximales Ausbringen sicherstellen, den angereicherten Wertstoff dann reinigen und zusätzlich die Abgänge beider Prozesse mit einem dritten Prozessschritt ebenfalls auf Ausbringen optimiert behandeln. Oft können die gleichen Aggregate für alle drei Schritte eingesetzt werden, sie müssen jedoch entsprechend der jeweiligen Aufgabenstellung unterschiedlich justiert werden.

In der Praxis findet sich eine derartige mehrstufige Sortierung insbesondere aus ökonomischen Gründen nur in wenigen Fällen. Wird ein Sortierprozess jedoch nur einstufig betrieben, können entweder hinsichtlich des Wertstoffausbringens oder der Produktqualität keine hohen Erwartungen an den Prozesserfolg erfüllt werden.

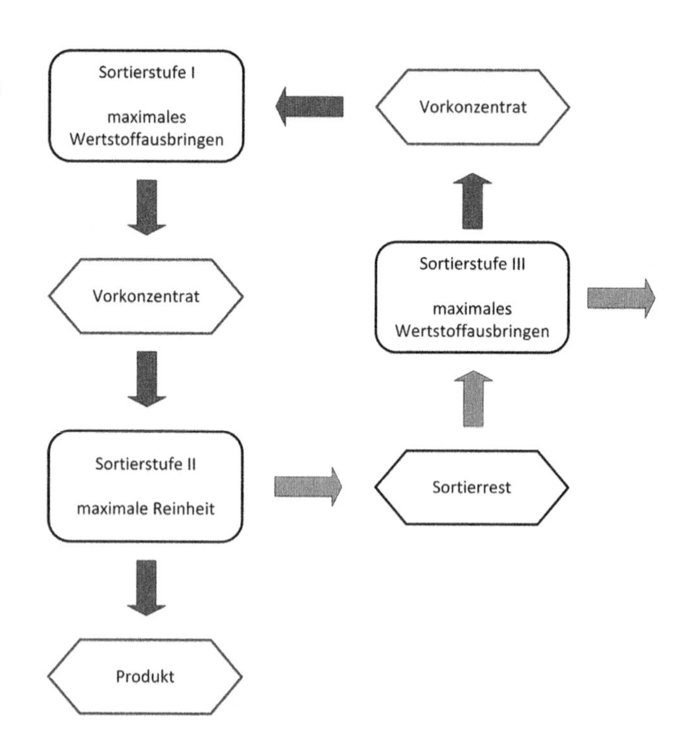

Abb. 6.27 Mehrstufiger Sortierprozess mit Zielsetzungen

6.5.1 Magnetscheider

Mit Magnetscheidern lassen sich ferromagnetische Bestandteile aus einem Stoffgemisch abtrennen. Der Materialstrom durchläuft hierbei eine Zone, in der ein so starkes magnetisches Feld wirksam ist, dass magnetisierbare Bestandteile aus ihrer Bewegungsbahn ausgelenkt und getrennt ausgetragen werden können. In fast allen Verfahren zur Aufbereitung fester Abfälle sind Magnetscheider integriert. Ihre Aufgabe besteht einerseits darin, Eisen und Stahl als Wertstoffprodukt abzutrennen (Beispiel: aus abgesiebten Leichtverpackungen wird ein Weißblechdosenprodukt zurückgewonnen). Andererseits ist es in vielen Prozessen notwendig, Fremdeisen, das entweder zu Störungen im Verfahrensgang führt oder die Produktqualität verschlechtern würde, abzusondern (Beispiel: in der Kabelaufbereitung dienen Magnetscheider zum Schutz der empfindlichen Schneidmühlen sowie zur Nachreinigung der Kupferprodukte). Edelstähle sind nur sehr schwach oder überhaupt nicht magnetisierbar und können in der Regel mit den gebräuchlichen Magnetscheidern nicht abgetrennt werden.

6.5.1.1 Überbandmagnetscheider

Zur kontinuierlichen Abtrennung größerer Eisen- und Stahlteile aus einem Förderstrom werden vorzugsweise Überbandmagnetscheider verwendet. Sie bestehen im Wesentlichen aus einem Magnetsystem, das in einen Gurtförderer mit kurzem Achsabstand eingebaut ist und dessen Gurt das Magnetsystem umfasst. Alle Teile werden von einem kräftigen Stahlrahmen getragen. Überbandmagnetscheider sind stets über einem Fördermittel (zumeist Gurtförderer) angeordnet, auf dem das Material durch das Magnetfeld hindurch geführt wird. Wie aus Abb. 6.28 hervorgeht, werden magnetisierbare Bestandteile dabei aus dem

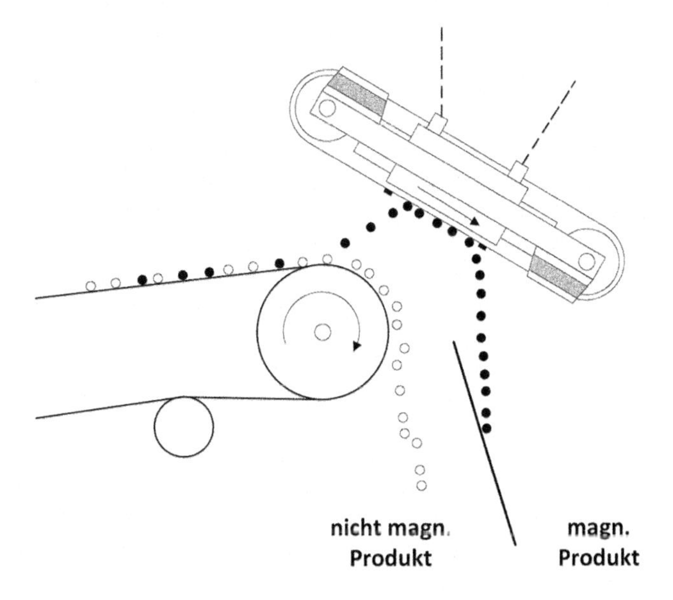

Abb. 6.28
Überbandmagnetscheider

Gutstrom ausgehoben und in Richtung Magnetsystem angezogen. Der umlaufende, mit Querstollen versehene Gummigurt des Überbandmagnetscheiders transportiert diese Teile kontinuierlich weiter und wirft diese nach Verlassen des Magnetfeldes ab. Die Konstruktionsteile von Förderaggregaten unterhalb des Überbandmagneten, die sich im Bereich des Magnetfeldes befinden, müssen aus nicht magnetisierbaren Werkstoffen wie Edelstahl gefertigt sein, da es ansonsten durch die Felddeformation zu schlechten Trennergebnissen und zu Blockierungen durch anhaftende Teile kommt.

Die wichtigsten Einbauarten von Überbandmagnetscheidern in Verbindung mit Gurtförderern sind die Anordnung quer zum Gurtverlauf und in Längsrichtung über der Abwurftrommel. Letztere Einbaulage sollte im Interesse guter Trennergebnisse immer der Queranordnung vorgezogen werden, da sich das zu trennende Material hierbei in einer Wurfparabel befindet und damit einen aufgelockerten Zustand aufweist. Beim Queraustrag muss zusätzlich zum Eigengewicht der zu separierenden Teile das Gewicht der eventuell darüber liegenden nichtmagnetisierbaren Komponenten des Fördergutes berücksichtigt werden. Während für einen sicheren Austrag in Längsanordnung die Magnetkraft lediglich das Doppelte des Eigengewichtes des Fe-Körpers betragen sollte, ist beim Queraustrag aus dem Schüttgut mit einem Mehrfachen dieses Faktors zu rechnen.

Überbandmagnetscheider müssen bei Arbeitsabständen von bis zu ca. 400 mm weitreichende Magnetfelder aufweisen, die eine ausreichende Kraft zum Ausheben auch schwererer Fe-Teile aufweisen. Die Magnetfelder der Überbandmagnetscheider werden durch Elektromagnete oder bei kleinen bis mittleren Scheidergrößen und nicht zu grober Körnung des Fördergutes auch durch Permanentmagnete erzeugt. Dennoch kann es vorkommen, dass kleinere Eisenteile unter einer nicht magnetisierbaren Materialschicht liegen und nicht erfasst werden können. Eine Nachsortierung mit den im Folgenden beschriebenen Trommel- oder Bandrollenmagnetscheidern ist deshalb in solchen Fällen sinnvoll.

Bei der Sortierung von Abfallgemischen, die einen höheren Gehalt an großflächigen, leichten Bestandteilen haben, werden mit Überbandmagnetscheidern unvermeidlich Komponenten wie Kunststofffolien teilweise zusammen mit den Eisenteilen mitgerissen. Zur Minimierung derartiger Fehlausträge empfiehlt es sich, die Geschwindigkeit des zuführenden Gurtförderers nahe an der des Austragsbandes des Magnetscheiders zu wählen. Mit Überbandmagnetscheidern können im Allgemeinen sehr gute Trennergebnisse erzielt werden. Bei einem körnigen Gut sind Reinheitsgrade des Fe-Produktes bis 98 Ma.-% möglich, wobei ein Eisenausbringen von über 97 % erreicht wird. In Abfallbehandlungsanlagen werden Überbandmagnetscheider vor allem immer dann eingesetzt, wenn gröberes Eisen oder störende Fremdbestandteile abzutrennen sind [21]. Die angebotenen Baugrößen von Überbandmagnetscheidern erreichen Dimensionen von 1200 × 600 mm (Länge × Breite) bis ca. 2800 × 1800 mm.

6.5.1.2 Trommelmagnetscheider

Trommelmagnetscheider werden vorwiegend für die Abtrennung kleinerer bis mittelgroßer Eisenteile bis zu ca. 150 mm eingesetzt. Sie bestehen, wie in Abb. 6.29 gezeigt, aus einem feststehenden Magnetsystem und einem widerstandsfähigen Trommelmantel aus

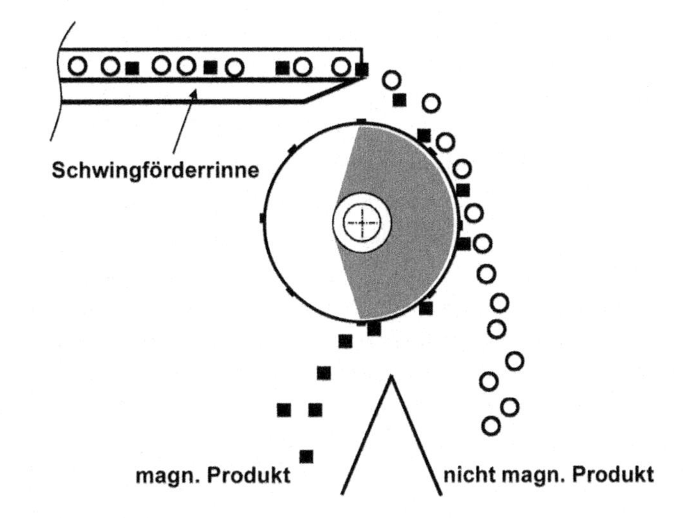

Abb. 6.29 Trommelmagnetscheider mit Parallelpolmagnetsystem

nicht magnetisierbarem Metall mit Abwurfleisten, der sich um das Magnetsystem dreht. Die Felderzeugung geschieht durch Elektro- oder Permanentmagnete. Es gibt Bauarten mit Parallelpol- oder Wechselpolanordnungen. Diese weisen in Drehrichtung der Trommel entweder eine gleichbleibende oder wechselnde Polarität auf. Parallele Pole gewährleisten ein gutes Ausbringen feinkörniger Fe-Partikel, während die Ausführungen mit Polen alternierender Vorzeichen eine höhere Reinheit des Eisenproduktes erzielen. Letzteres ergibt sich aus der Relativbewegung, die Eisenteile auf dem Trommelmantel beschreiben, wenn diese magnetisch umorientiert werden und dabei festgehaltene, nichtmagnetisierbare Materialien freigeben. Das Magnetsystem ist an der Trommelachse befestigt und lässt sich je nach Richtung und Art der Materialaufgabe verstellen.

Entsprechend der Materialzuführung wird in Abwurf- und Aushebescheider unterschieden. Beim Abwurfscheider wird das zu sortierende Gut von oben kurz vor dem Scheitelpunkt der Trommel häufig mittels einer Schwingförderrinne aufgegeben. Die Trennung erfolgt in der Weise, dass nur magnetisierbare Bestandteile im Bereich des Magnetfeldes am Trommelmantel haften bleiben und separat vom übrigen Produktstrom unterhalb der Trommel hinter einem nichtmagnetisierbaren Scheitelblech aufgefangen werden. Der Vorteil der Abwurfscheider liegt darin, dass Fe-Teile direkt in den Bereich des stärksten Feldes gelangen und somit auch sehr kleine und schwächer magnetisierbare Partikel sicher separiert werden können.

Bei der aushebenden Betriebsweise von Trommelmagnetscheidern werden ferromagnetische Teile durch einen Luftspalt an den Trommelmantel angezogen und ähnlich wie beim Überbandmagnetscheider erst nach Verlassen des Feldes ausgetragen. Aushebende Trommelscheider sind in der Abfallaufbereitung in der Regel nur für spezielle Anwendungen anzutreffen. Sie werden z. B. in der Shredderschrottaufbereitung eingesetzt. Bei diesen Trommeln erzeugt ein Anzugspol ein besonders weit reichendes, starkes Magnetfeld, um den zerkleinerten und verdichteten Schrott sicher zu erfassen. Die zusätzlichen Pole dienen zum Weitertransport des Fe-Materials bis zum Abwurf und sind schwächer ausgebildet. Die Trommelmäntel sind bei der Schrottsortierung starken Abriebsbeanspruchungen ausgesetzt und werden deshalb mit typisch 8 mm Wandstärke aus Manganhartstahl gefertigt.

6.5.1.3 Bandrollenmagnetscheider

Diese Scheiderbauart hat im äußeren Aufbau eine gewisse Ähnlichkeit mit Magnettrommeln. Die Aufgabe des Gutes erfolgt jedoch nur indirekt, indem die Rollen, wie Abb. 6.30 zeigt, einen Teil von Bandförderanlagen darstellen. Magnetrollen werden also in die Kopfstation von Förderbändern eingebaut und übernehmen zumeist die Funktion der Antriebstrommel. Die Aufgabe des Gutes erfolgt immer von oben, d. h. diese Scheider arbeiten im Abwurfverfahren [22]. Im Gegensatz zu vergleichbaren Magnettrommeln sind zum Erreichen derselben Anzugs- und Haltekräfte stärkere Magnetsysteme notwendig, weil das Feld durch den umlaufenden Gurt geschwächt wird. Das Magnetsystem im Inneren der Trommel erstreckt sich über den gesamten Umfang und rotiert synchron mit dem Trommelmantel.

Das magnetisierbare Gut bleibt aufgrund des von Permanent- oder Elektromagneten erzeugten Magnetfeldes am Band haften und wird gesondert hinter einem Scheitelblech ausgetragen, während das restliche Material beim Abwurf die normale Wurfparabel beschreibt. Die Magnetfelder können so gestaltet werden, dass sie entweder parallel oder senkrecht zur Achse der Bandrollen verlaufen. Damit können Effekte ähnlich wie bei der Parallel- oder Wechselpolanordnung von Trommelmagnetscheidern erzielt werden. Magnetbandrollenscheider werden vor allem immer dann eingesetzt, wenn kein Platz für andere Magnetscheiderbauarten vorhanden ist, magnetische Antriebstrommeln nachträglich in vorhandene Gurtförderer eingebaut oder große Fördermengen mit geringem Eisengehalt verarbeitet werden sollen.

Sind Stoffströme weitgehend von magnetisierbaren Bestandteilen zu reinigen, empfiehlt sich eine mindestens zweistufige Sortierung. Abweichend von der Darstellung in Abb. 6.27 wird zunächst ein störstoffarmer Wertstoff mittels Überbandmagnetscheider

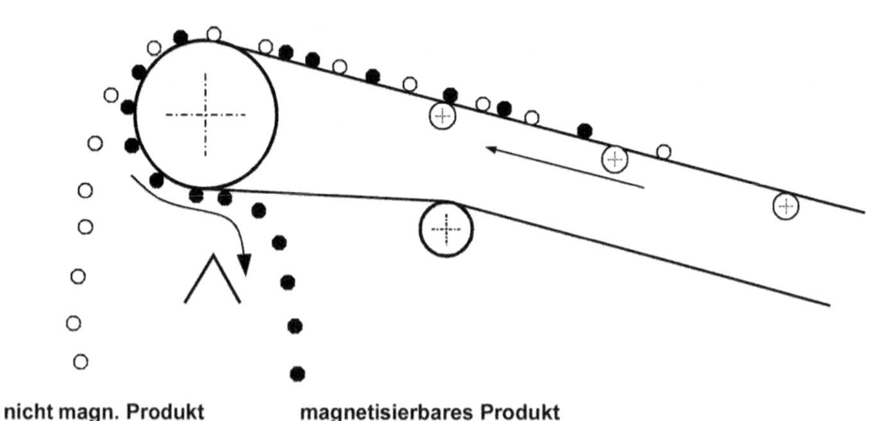

Abb. 6.30 Bandrollenmagnetscheider

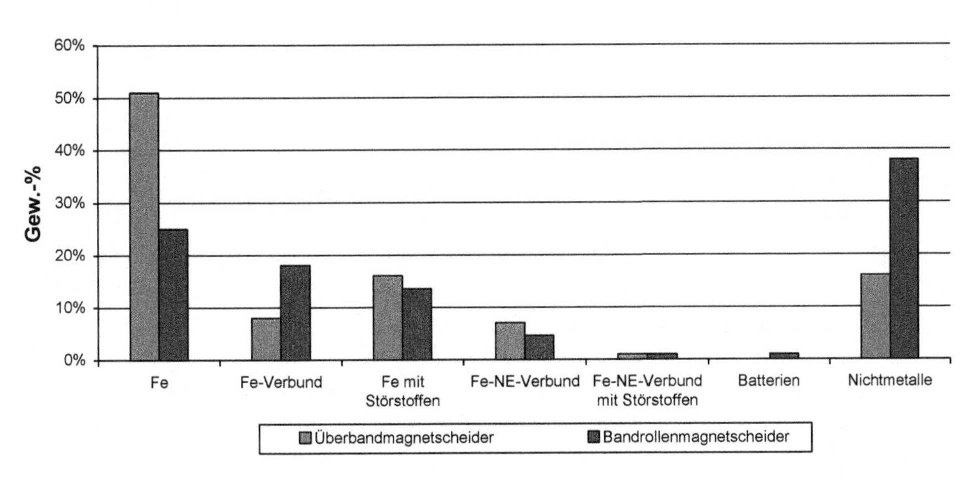

Abb. 6.31 Zusammensetzung von Magnetscheiderprodukten bei Reihenschaltung

gewonnen. Die Reinigung des Reststoffstroms übernimmt z. B. ein Trommelmagnetscheider mit hohem Ausbringen. Die qualitativen Unterschiede der Sortierprodukte einer solchen Anordnung zeigt Abb. 6.31. Entsprechend den Ausführungen in Abschn. 6.5 sind die ausgewiesenen Verbundmaterialien dem Zielprodukt zugeordnet, da sie unlösbare Verbunde darstellen, deren Hauptmassenanteil magnetisierbar ist. Einzig die Gruppe der Nichtmetalle ist als Fehlaustrag der Systeme zu bewerten.

6.5.2 Wirbelstromscheider

Wirbelstromscheider, oder auch Nichteisen (NE)-Metallscheider genannt, sind Sortiermaschinen, die speziell für den Einsatz im Recyclingbereich zur selektiven Abtrennung von NE-Metallen entwickelt wurden. Die Wirbelstromscheidung basiert darauf, dass in magnetischen Wechselfeldern nur in elektrisch gut leitfähigen Körpern eine Spannung induziert wird. Hierdurch kommt es zu einem Stromfluss auf in sich geschlossenen Pfaden, den so genannten Wirbelströmen. Die Wirbelströme sind mit einem eigenen Magnetfeld umgeben, das dem Erregerfeld entgegen gerichtet ist. Die abstoßende Kraft der beiden Felder wird dazu verwendet, um eine Trennung nicht magnetisierbarer Metallteile von schlecht leitfähigen Materialien zu bewirken. Die Stärke der Auslenkung von NE-Metallen auf Wirbelstromscheidern und damit auch der Trennerfolg ist von einer Reihe von Parametern abhängig:

- Der Größe und Form der zu trennenden Bestandteile: Die verarbeitbare Kornspanne liegt zwischen etwa 1 und 150 mm. Je enger das Material vorklassiert ist, desto besser ist der Trennerfolg (Ideal: d_U:d_O = 1:3). Schlecht abtrennen lassen sich längliche und flächige Komponenten, wie feine Kupferdrähte und Aluminiumfolien.

- Dem elektrischen Widerstand und der Stoffdichte der zu trennenden Bestandteile: Der Quotient aus Leitfähigkeit und Stoffdichte ergibt ein direktes Maß für die abstoßende Kraft auf Metalle im magnetischen Wechselfeld. Aluminium lässt sich somit prinzipiell leichter auslenken als Messing. Eine selektive Trennung verschiedener NE-Metalle untereinander ist dennoch nicht zu erreichen, da die Einflüsse von Korngröße und Kornform die Abstoßungskräfte zu stark überlagern.
- Der Stärke und Reichweite des magnetischen Wechselfeldes: Die abstoßende Kraft auf ein NE-Metallteil wächst linear mit dem Quadrat der Induktion des veränderlichen Magnetfeldes an. Das Aufgabegut sollte deshalb so dicht wie möglich über das Magnetsystem geführt werden.
- Der Frequenz des magnetischen Wechselfeldes: Hier gilt prinzipiell, dass feinere NE-Metallpartikel besser bei höheren Feldfrequenzen abgetrennt werden können.

Aus Abb. 6.32 gehen Aufbau und Wirkungsweise der heute häufig verwendeten Wirbelstromscheider hervor. Dabei ist in der aus faserverstärkten Kunststoffen bestehenden Kopftrommel eines Spezialgurtförderers ein schnell umlaufendes Polrad eingebaut. Dieses Polrad ist achsparallel auf seinem Umfang mit Permanentmagneten wechselnder Polarität versehen, wodurch sich im Bereich der Abwurfzone des Förderers ein veränderliches Magnetfeld mit einer Frequenz von bis zu ca. 1200 Hz (abhängig von der Polpaar- und der Drehzahl) ausbildet. Die Verwendung von Neodym-Eisen-Bor-Magneten und deren spezielle Anordnung auf dem Polrad gewährleisten ein weitreichendes Feld. Das Polrad kann konzentrisch oder exzentrisch [23] in der Kopftrommel gelagert sein.

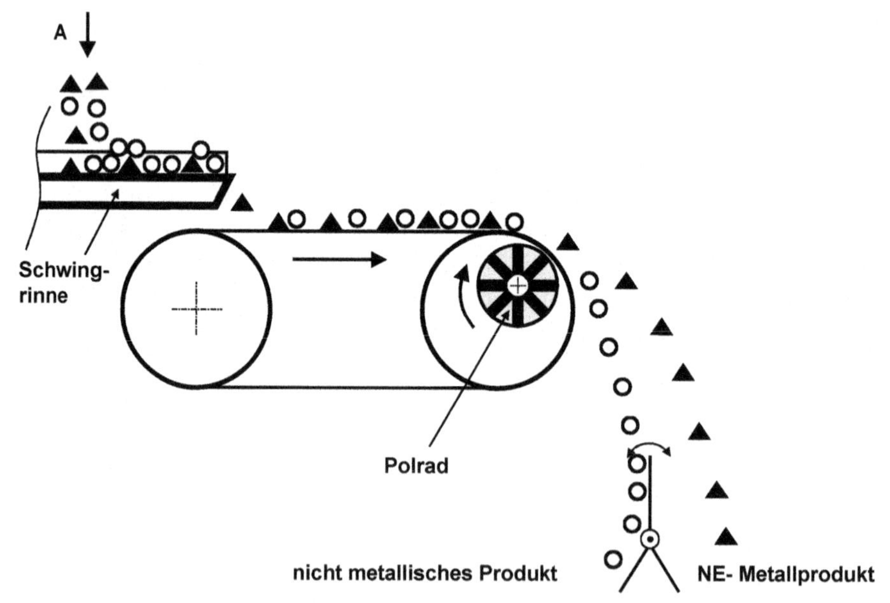

Abb. 6.32 Wirbelstromscheider mit exzentrisch angeordnetem Polrad

Das Aufgabematerial wird zur Vergleichmäßigung in der Regel mittels einer Schwingförderrinne möglichst in einer Einkornschicht auf den Gurt aufgegeben. Im Bereich des magnetischen Wechselfeldes werden nur in den metallischen Bestandteilen Wirbelströme induziert, wodurch diese selektiv und in nahezu radialer Richtung aus der Wurfparabel des Fördergutstromes ausgelenkt werden. Der Austrag erfolgt über ein verstellbares Scheitelblech. Somit lässt sich der Trennerfolg in Abhängigkeit von der Korngrößenverteilung und Art des Aufgabematerials durch Variation der Gurt- und Polradgeschwindigkeiten sowie der Lage des Polrades und des Austragscheitels in weiten Grenzen anpassen, d. h. die Reinheit des NE-Metallproduktes wie auch das NE-Metallausbringen können nach Wunsch optimiert werden. Zur Abscheidung feinerer Fe-Teilchen, die den Trennvorgang erheblich behindern, sollte eine Magnetscheidung vorgeschaltet werden. Hier haben sich Trommelmagnetscheider in abwerfender Arbeitsweise bewährt.

Die Anwendungen von Wirbelstromscheidern in der Aufbereitung fester Abfälle erstrecken sich über den gesamten Bereich nichteisenmetallhaltiger Gemische. So werden sie unter anderem für die Abtrennung von NE-Metallen aus Altglas, Altholz, Leichtverpackungen, Elektronikschrott, Schlacken sowie der Shredderschwerfraktion eingesetzt.

6.5.3 Sortierung im Luftstrom

6.5.3.1 Windsichter

Die Windsichtung erlaubt die Trennung von trockenen Feststoffen entsprechend ihrer Unterschiede in der Dichte, Korngröße und Kornform. Da sich diese Materialeigenschaften oft überlagern, muss das Aufgabegut so vorkonditioniert werden, dass ein Trennmerkmal genügend stark ausgeprägt ist. Das kann eine vorhergehende Absiebung sein, mit der z. B. eine Anreicherung flächiger Bestandteile in einem der Produkte erzielt wird. Außerdem ist ein guter Trennerfolg nur dann gewährleistet, wenn das Verhältnis von oberer zu unterer Korngröße in der Windsichteraufgabe nicht mehr als 3 zu 1 beträgt.

Das Hauptanwendungsgebiet von Windsichtern in der Aufbereitung von Abfällen liegt in der Sortierung von Gemischen, die spezifisch leichte Bestandteile wie Kunststoffe, Papier, Schaumstoffe und dergleichen enthalten [24]. Typische Anwendungsgebiete sind die Abscheidung eines heizwertreichen Produktes aus vorklassiertem Hausmüll oder die Reinigung von Shredderschrott von nichtmetallischen Verunreinigungen. Das Funktionsprinzip von Windsichtern beruht darauf, dass ein Materialgemisch in einen Kanal eingebracht wird, der von einem Luftstrom definierter Geschwindigkeit durchströmt wird. Leicht flugfähige Stoffe werden dabei ausgelenkt und getrennt von den schwereren Bestandteilen ausgetragen. Die am weitesten verbreitete Windsichter-Bauart ist der Querstromsichter.

Abbildung 6.33 zeigt den Aufbau einer kompletten Querstrom-Windsichteranlage. Die Zuführung des zu trennenden Materials erfolgt über einen schnelllaufenden Gurtförderer (1), der gleichzeitig eine Vereinzelung der Komponenten gewährleistet, was sich vorteilhaft auf den Trennerfolg auswirkt. In den Sichterkanal (2) wird schräg von unten (8) ein von einem Ventilator (7) erzeugter Luftstrom eingeblasen, der die Trennung zwischen leichten

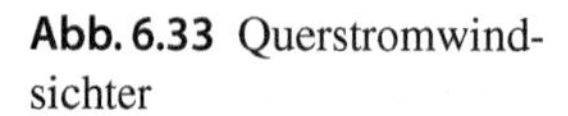

Abb. 6.33 Querstromwindsichter

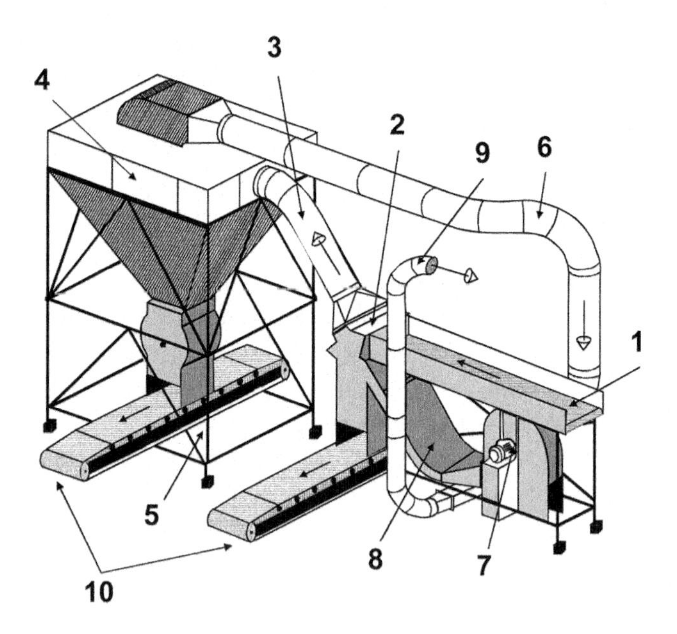

und schweren Stoffen bewirkt. Das Schwergut fällt nach unten auf einen Austraggurtförderer (10). Das Leichtgut wird über eine Rohrleitung (3) in den Abscheider (4) geführt (hier als großer Blechbehälter ausgeführt, in dem die Luftgeschwindigkeit so niedrig ist, dass die Feststoffe absinken). Das anfallende Leichtstoffprodukt wird über eine als Luftabschluss dienende Zellenradschleuse ebenfalls auf einen Gurtförderer (10) ausgetragen. Die Luft wird oben am Abscheider abgezogen und mit einer Rohrleitung (6) zur Saugseite des Ventilators zurückgeführt. Etwa 30 % der umlaufenden Luftmenge werden aus dem Kreislauf auf der Druckseite des Ventilators ausgeschleust und über eine Rohrleitung (9) einem Schlauchfilter zugeleitet. Dieses so genannte Umluftverfahren bietet folgende Vorteile:

- Der Schlauchfilter kann deutlich kleiner ausgelegt werden, da nur 30 statt 100 % der Sichtluftmenge entstaubt werden müssen.
- an den offenen Stellen des Sichterkanals (Aufgabe- und Schwergutaustrag) tritt keine staubbeladene Luft aus, sondern es werden 30 % an Falschluft aus der Umgebung angesaugt.
- Die umlaufende Luftmenge reichert sich nicht mit Staubpartikeln und Feuchtigkeit an.

Die Sichtluftgeschwindigkeit in der Trennzone des Sichterkanals kann mittels Drosselklappen genau eingestellt werden. Sie beträgt beispielsweise ca. 10–12 m/s für die Abtrennung trockener Papiere, dünnwandiger Formkunststoffe und Kunststofffolien aus vorklassiertem Hausmüll. Das Ausbringen dieses heizwertreichen Leichtgutes liegt dabei mindestens bei 70 %. Die Luftmenge von Sichtern ist ausschließlich von der Geometrie des Sichterkanals abhängig. Der Durchsatz von Windsichtern ist durch die spezifische Beladung limitiert, die nicht höher als 0,35 kg Feststoff pro m³ Sichtluft und Stunde betragen sollte.

6.5.3.2 Luftherde

Luftherde wurden ursprünglich in der Landtechnik für die Auslese von Steinen aus Getreide und Sämereien entwickelt. Bei der Aufbereitung sekundärer Rohstoffe finden sie mittlerweile einen recht breiten Anwendungsbereich. Typische Einsatzgebiete hierbei sind die Abtrennung von:

- Metallen in der Kabel- und Elektronikschrottaufbereitung,
- Glas bei der Aufbereitung von PVC- oder Holzfenstern,
- Metallen, Steinen und Glas in der Altholzaufbereitung sowie,
- Steinen und Glas in der Kompostveredlung.

Luftherde sind luftdurchströmte, geneigte Linearschwingsiebe. Mit den nur in Längsrichtung geneigten Bauarten lässt sich eine Sortierung in zwei Produkte erzielen. Bei Herden, die sowohl in Längs- als auch in Querrichtung geneigt sind, lassen sich neben einem Leicht- und Schwergut zusätzlich verschiedene Produkte mittlerer Dichte wie z. B. oft noch nicht vollständig aufgeschlossene Verbundstoffe wie zerkleinerte Altkabel abtrennen [25].

Aus Abb. 6.34 geht der Aufbau von Luftherden zur Zweiproduktentrennung hervor. Der nach unten durch einen Luftkasten abgeschlossene, auf Lenkerfedern ruhende Siebrahmen wird durch einen exzentrischen Schubkurbelantrieb in eine angenähert lineare Schwingbewegung versetzt. Die Siebfläche ist in Richtung Schwergutaustrag ansteigend und wird von unten mit Luft aus einem Ventilator beaufschlagt. Die Materialaufgabe erfolgt ungefähr in der Mitte des Siebes möglichst gleichmäßig

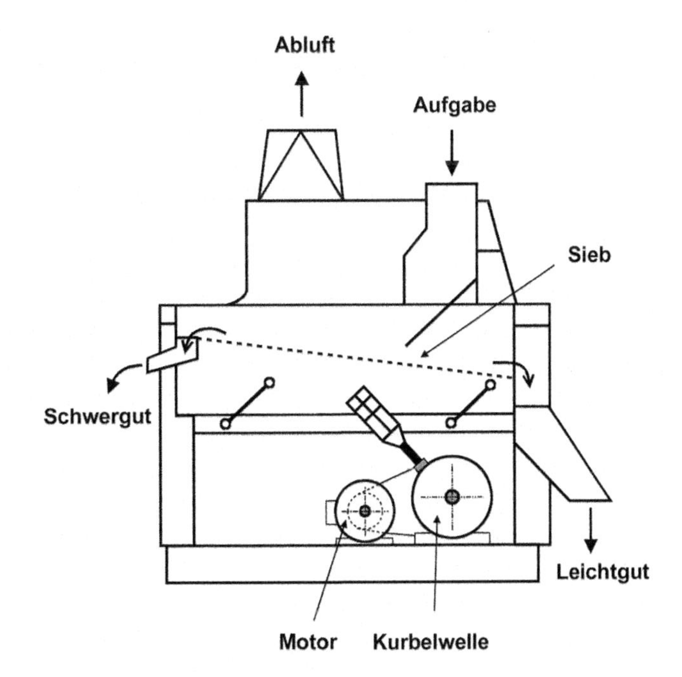

Abb. 6.34 Luftherd

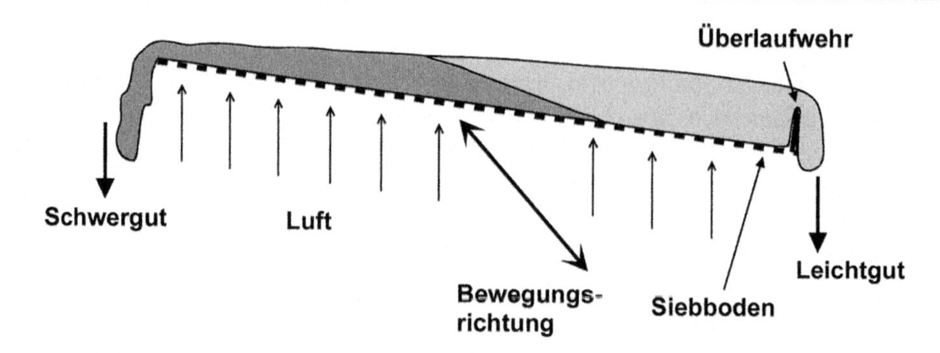

Abb. 6.35 Trennprinzip beim Zweiprodukten-Luftherd

über die gesamte Breite. Am Schwergutauslauf ist ein einstellbares Blech angeordnet, mit dessen Hilfe die Luftgeschwindigkeit nur in diesem Bereich gezielt verändert werden kann, um eventuell mitgerissenes Leichtgut zurück zu blasen. Der Austrag des Leichtgutes erfolgt über ein in seiner Höhe einstellbares Wehr. Oben ist der Herd mit einer nicht mitschwingenden Haube versehen. Die staubbeladene Luft wird über eine Öffnung in der Haube mit einem Ventilator abgesaugt. Der Ventilator hat druckseitig eine Abzweigung, durch die ca. 15 % der Gesamtluftmenge in ein Schlauchfilter ausgeschleust werden. Die Vorteile eines Teilumluftbetriebes können hier also genau wie bei Windsichtern genutzt werden.

Die Funktionsweise eines Luftherdes wird aus Abb. 6.35 ersichtlich. Das zu trennende Aufgabegut wird dem Gerät gleichmäßig zugeführt. Die durch die Siebfläche strömende Unterluft fluidisiert das auf dem Siebboden aufliegende Gut, so dass es sich entsprechend seiner Dichte und der Kornform schichtet. Spezifisch schwere Bestandteile verdrängen leichtere Teile und werden durch den Reibschluss mit der Siebfläche transportiert. Das stärker fluidisierte Leichtgut wandert aufgrund der Schwerkraft auf der geneigten Siebfläche abwärts und wird über ein Wehr ausgetragen. Luftherde sind im Allgemeinen trennschärfer als Windsichter. Das Trennergebnis lässt sich durch folgende Parameter beeinflussen:

- Den Korngrößenbereich des Aufgabematerials: das Verhältnis von oberer zu unter Korngröße sollte nicht mehr als 3 zu 1 betragen. Die obere Korngröße beträgt ca. 40 mm.
- Dem Masseverhältnis von Schwer- und Leichtgut: bei einem zu geringen Gehalt an spezifisch schweren Bestandteilen ist die Trennung schwierig, so dass leichtes Gut im Schwerprodukt fehlausgetragen wird.
- der Kornform des Aufgabematerials: eine gute Trennwirkung wird erzielt, wenn das Schwergut 3-D und das Leichtgut 2-D Form aufweist.
- der Luftgeschwindigkeit auf der Sieboberfläche: diese kann stufenlos über Drosselklappen eingestellt werden.
- der Richtung der Luftströmung: durch entsprechende Wahl der wechselbaren Siebe; bei Verwendung von Nasenlochblechen kann eine gerichtete Strömung erzielt werden.

- der Amplitude und Frequenz der Schwingung: die Schwingweite kann nur in engen Grenzen variiert werden, die Frequenz kann stufenlos zur Beeinflussung der Transportgeschwindigkeit eingestellt werden.
- der Längsneigung des Siebes: diese wird abhängig vom Massenanteil und der Form des Schwergutes justiert.
- der Beladung des Luftherdes: eine volumetrische Dosierung des Aufgabegutes ist für den stabilen Betrieb von Luftherden im optimalen Arbeitspunkt erforderlich.

6.5.4 Sortierung nach Form

Ebenfalls mit dem Begriff „Sichter" gekennzeichnet ist der Paddelsichter. Dieses Sortieraggregat arbeitet jedoch nicht nach dem Sichterprinzip mit einer vom Luftstrom unterstützten Trennung. Paddelsichter gehören zur Gattung der Rollgutscheider oder Ballistik-Separatoren, d. h. sie separieren nach der Partikelform in rollfähige 3-D Partikel und nicht rollfähige 2-D Partikel. Sie sind bauartbedingt mit einer weiteren Trennfunktion ausgestattet, die sich als Siebung bezeichnen lässt [26].

Nach Abb. 6.36 sind Paddelsichter mit einer aufsteigenden schrägen Ebene als Trennfläche ausgestattet. Diese Ebene ist aus einzelnen Längselementen von ca. 150–300 mm

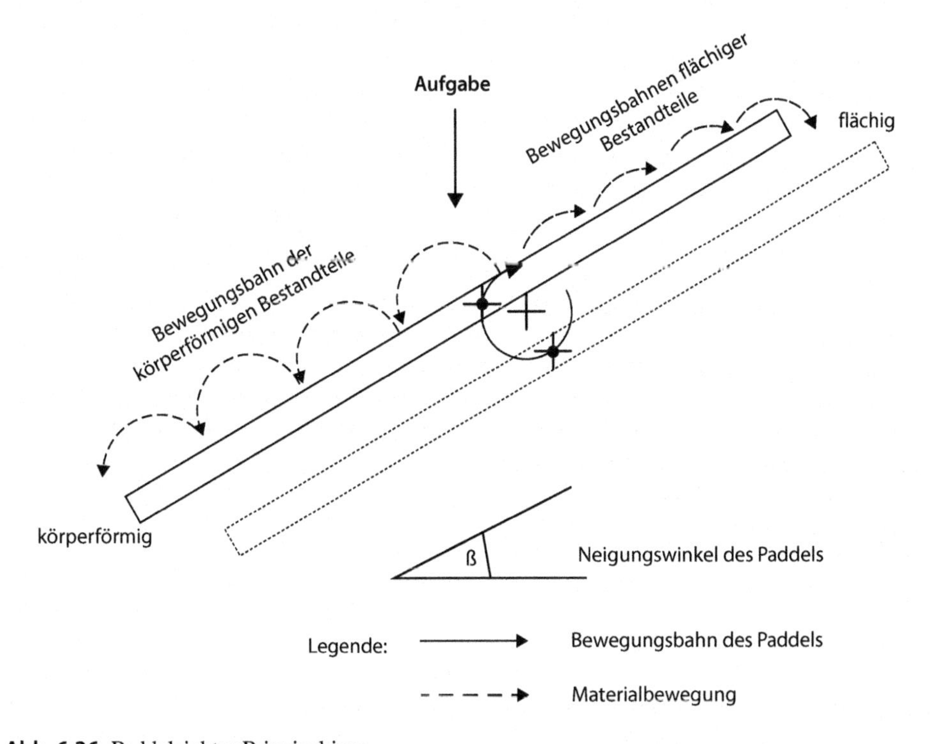

Abb. 6.36 Paddelsichter Prinzipskizze

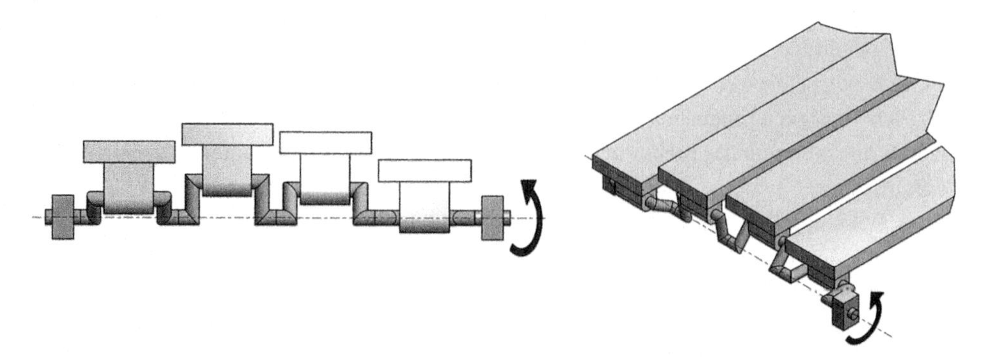

Abb. 6.37 Prinzipskizze Paddelsichter Ansicht

Breite aufgebaut, deren Oberfläche mit Sieböffnungen ausgestattet sein kann. Die als „Paddel" bezeichneten Längselemente werden von einem Kurbelmechanismus so bewegt, dass sie eine Aufwärtsbewegung in der oberen Höhenlage vollziehen und an ihren Ausgangspunkt in der unteren Höhenlage zurückkehren (Abb. 6.37). Die Amplitude der kreisförmigen Bewegung des Kurbelantriebs liegt in einer Größenordnung von 100 mm. Bei einer mittigen Beschickung erhalten rollfähige Partikel zwar einen aufwärts gerichteten Impuls, die Schwerkraft in Verbindung mit ihrer 3-D-Form sorgt jedoch für eine abwärts gerichtete Bewegung und einen Austrag am tiefen Ende der Trennfläche. Flächige Partikel werden hingegen allein über den Reibschluss mit den Paddeln von diesen aufwärts bewegt und am hohen Ende der Trennfläche ausgetragen. Selbst für den Fall, dass die Paddel keine Sieböffnungen aufweisen, ergeben sich aufgrund der Bewegung zwischen benachbarten Paddeln Spalte, über die Feingut aufgrund der Schwerkraft die Trennebene verlassen kann.

Paddelsichter weisen eine nur beschränkte Trenneffizienz auf, d. h. die beiden Hauptfraktionen 2-D bzw. 3-D enthalten erhebliche Fehlausträge. Dennoch sind sie für die Konditionierung von Stoffströmen von hoher Bedeutung, insbesondere, wenn eine Einzelkornsortierung mit sensorgestützten Bandsortierern durchgeführt werden soll. Aufgrund des unterschiedlichen Bewegungsverhaltens von rollfähigen und nicht rollfähigen Partikeln können die Bandsortiermaschinen besser auf die Eigenschaften des jeweiligen, vorkonditionierten Gutstroms eingestellt werden.

Paddelsichter finden sich dementsprechend in den meisten Aufbereitungsanlagen vor der sensorgestützten Sortierstufe. Aufgrund der konstruktiven Baubreite der Paddel eignen sich Paddelsichter für Korngrößen > 50 mm, d. h. sie werden erst nach einer Feinkornsiebung im Prozess angeordnet. Typische Anwendungen finden sich in der Aufbereitung von Verpackungsabfällen oder von Abfallgemischen im Comingled-System.

6.5.5 Nasse Dichtesortierung

Die Sortierung von Kunststoffabfallgemischen nach der Dichte der enthaltenen Komponenten ist eine weit verbreitete Methode zur Rückgewinnung bestimmter Kunststoffsorten. Bei der nassen Dichtetrennung gibt es grundsätzlich zwei Verfahren:

- Statisches Schwimm-Sink-Verfahren: Die Trennung erfolgt unter normaler Erdbeschleunigung g in flüssigkeitsgefüllten Behältern, so dass Teilchen mit geringerer Dichte als die Trennflüssigkeit aufschwimmen, während das restliche Material absinkt. Der Absetzvorgang wird durch turbulente Strömungen, die hauptsächlich durch Ein- und Austragsorgane sowie der Einspeisung von Prozessflüssigkeit verursacht werden, behindert. Aufgrund der bei Kunststoffen zumeist geringen Dichteunterschiede im Bereich zwischen ca. 0,9 (Polyolefine) und 1,4 g/cm³ (PET, PVC) und den damit verbundenen niedrigen Absetzgeschwindigkeiten müssen zudem sehr großvolumige Behälter mit entsprechendem Raum- und Flüssigkeitsbedarf verwendet werden. Die Anwendung dieser Trenntechnik, die gleichwohl durch einen einfachen Aufbau und relativ geringe Investitionskosten gekennzeichnet ist, stößt daher an systembedingte Grenzen.
- Trennung im Zentrifugalfeld: Die hierfür zur Verfügung stehenden Verfahren sind selektiver als das statische Verfahren, da die Verweil- und Absetzzeiten aufgrund signifikant erhöhter Beschleunigung deutlich geringer sind. Außerdem liegen der Verbrauch an Raum und Flüssigkeit erheblich niedriger. In der Praxis haben sich Sortieraggregate wie Hydrozyklone und Sortierzentrifugen bewährt. Beispielhaft wird nachfolgend die Technik der Sortierzentrifugen vorgestellt.

Beschleunigungswerte bis zum ca. 1100-fachen der Erdbeschleunigung wirken in Vollmantelsortierzentrifugen auf die Partikel ein. Hiermit werden bei der Dichtetrennung von Kunststoffgemischen deshalb deutlich bessere Trennschärfen als mit anderen Aggregaten erzielt. Vor der Aufgabe in eine Sortierzentrifuge wird ein vorher zerkleinertes Materialgemisch im Korngrößenbereich < ca. 15 mm in einem Einrührbehälter mit Flüssigkeit angemaischt, um eine pumpfähige Suspension zu erhalten. Der Rührbehälter besitzt einen konisch ausgeformten Boden. Aufgrund der Schwerkraft sedimentieren schwere, kunststofffremde Bestandteile, wie beispielsweise Aluminium, am Behälterboden aus und werden aus der Mitte des Bodens mittels einer Siebförderschnecke entwässert ausgetragen. Im Rührbehälter erfolgt außerdem eine Hydrophilierung der Kunststoffoberflächen mit Reagenzien, um im Trennprozess eine Verfälschung der Dichte durch anhaftende Luftbläschen sicher zu verhindern.

Mittels einer Pumpe werden sodann die in der Flüssigkeit dispergierten Kunststoffpartikel der Zentrifuge zugeführt. Die Zentrifuge besteht, wie in der Abb. 6.38 am Beispiel der Sortierzentrifuge CENSOR® der Firma Andritz Separation GmbH, Köln dargestellt, aus einer Trommel mit konisch zulaufenden Enden, in deren Innerem eine der Kontur angepasste, zweigeteilte Schnecke angeordnet ist [27]. Die Schnecke besitzt zwei gegenläufige Schneckenwendeln, die das Material in Richtung des jeweiligen Austrags an den Stirnseiten der Zentrifuge fördern. Sowohl die Trommel als auch die Schnecke rotieren gleichsinnig mit hohen Drehzahlen, die durchmesserabhängig bis zu 4000 min^{-1} betragen können. Die Schnecke wird, um eine Förderwirkung zu erzielen, mit einer etwas höheren Drehzahl betrieben.

Die Suspension wird durch eine Hohlwelle in den mittleren Bereich der Sortierzentrifuge gepumpt. Am Trommelmantel bildet sich durch die Zentrifugalbeschleunigung ein

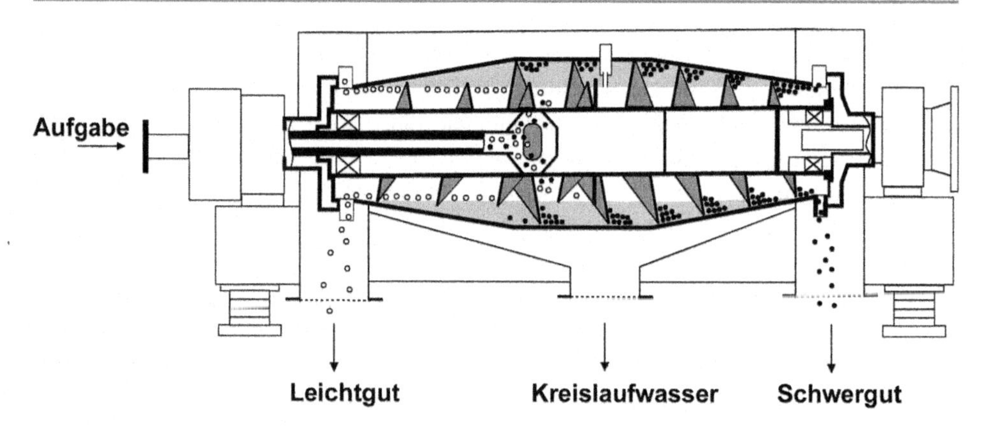

Abb. 6.38 Sortierzentrifuge

Flüssigkeitsring aus, dessen Tiefe durch die Lage der Auslaufdüsen der Trennflüssigkeit eingestellt wird. Die Suspension trifft auf die Oberfläche der Flüssigkeit auf und wird hierbei so starken Scherkräften ausgesetzt, dass eine praktisch vollständige Abtrennung von anhaftenden Schmutzteilchen und Luftblasen erfolgt. Die spezifisch leichten Feststoffpartikel mit geringerer Dichte als das Trennmedium schwimmen auf, werden von den Wendeln der Schnecke erfasst und zum Leichtgutaustrag gefördert. Die schweren Teile sedimentieren in Bruchteilen einer Sekunde im Flüssigkeitsmantel zum Zentrifugenmantel und werden von der Austragschnecke zum Schwergutauslauf transportiert. Im stirnseitennahen Bereich des jeweiligen Konus verlässt das Gut den Wassermantel und durchläuft eine Entwässerungszone, so dass beide Produkte mit 3 bis 8 % Restfeuchte weitgehend entwässert anfallen. Die mit dem Kunststoffgemisch eingebrachte Flüssigkeit wird zum Anmaischbehälter zurückgeführt und im Kreislauf geführt. Somit fällt kein Abwasser an. Wenn als Trennflüssigkeit Wasser benutzt wird, werden als Leichtgut die Kunststoffe mit einer Dichte < 1 g/cm³ ausgetragen. Durch Einsatz von Trennflüssigkeiten mit höheren Dichten (Salzlösungen) können Kunststoffarten bis zu einer Dichte von ca. 1,4 kg/l und Dichteunterschieden von ca. 0,05 kg/l mit Reinheiten von mehr als 99 % zurückgewonnen werden.

6.5.6 Sensorgestützte Sortierung

Unter sensorgestützter Sortierung (SBS = sensor based sorting) wird eine Einzelkornsortierung anhand berührungslos sensorisch messbarer Trennmerkmale verstanden. Dies können u. a. die Form, die Farbe, der Glanz, die Materialzusammensetzung oder die elektrische Leitfähigkeit sein. Die älteste Methode einer Einzelkornsortierung ist die Handklaubung, die auch heute noch praktiziert wird. Hierbei befindet sich das Sortierpersonal an einem mit ca. 0,16 m/s langsam laufenden Gurtförderer, entnimmt gezielt dem Förderstrom bestimmte Artikel und leitet diese in Abwurfschächte. Als Sensor wird das menschliche Auge in Verbindung mit der Kenntnis von Artikeleigenschaften eingesetzt, die Stofftrennung erfolgt durch Greifen einzelner Partikel. Die geringe Fördergeschwindigkeit, die begrenzte Trennkapazität von im Mittel etwa 1800 Griffen je Stunde und die Beschränkung auf wenige optische Merkmale hat zur Automatisierung der Einzelkornsortierung geführt.

Abgeleitet aus einer weit verbreiteten automatisierten Qualitätskontrolle bei landwirtschaftlichen Gütern wurden seit Anfang der 1990er Jahre Maschinen zur sensorgestützten Sortierung von Wertstoffen aus Abfallgemischen in der Recyclingwirtschaft eingeführt. Durch stete Entwicklungen werden laufend neue Anwendungsfelder erschlossen.

Sensorgestützte Sortierer bestehen grundsätzlich aus einem Fördermittel zur Zuführung und Vereinzelung des zu sortierenden Materials, einem Sensorsystem zur Erkennung spezifischer Materialeigenschaften einzelner Bestandteile, einer Auswerteelektronik sowie einer Ausschleusevorrichtung für die als Abweisgut detektierten Bestandteile. Neuentwicklungen sind heute häufig mit einer Kombination verschiedener Detektionsverfahren ausgerüstet, die mehrere Materialeigenschaften simultan erkennen und kombiniert auswerten können. Diese mit Multisensorik ausgerüsteten Maschinen gewährleisten einen deutlich besseren Trennerfolg als mit herkömmlicher Technik, insbesondere für komplex zusammengesetzte Abfallgemische mit hoher Merkmalsvielfalt. Ein spezieller Vorteil moderner, sensorgestützter Sortiermaschinen ist ihre Lernfähigkeit, die auf softwaregesteuerter Auswerteelektronik basiert. Dies ermöglicht eine gute Anpassungsfähigkeit an sich wandelnde Sortieraufgaben und eine vielseitige Anwendbarkeit bei Änderungen der Verfahrenstechnik oder abfallwirtschaftlicher Vorgaben.

Die wichtigste Voraussetzung zur Erzielung guter Trennergebnisse mit der sensorgestützten Sortierung ist eine angemessene Vorkonditionierung des Aufgabegutes. Deren Aufgabe besteht darin, Merkmale eines Stoffgemischs so einzugrenzen, dass die technischen Grenzen der Sortiertechnik nicht überschritten werden. Beispiele dafür sind:

- Flugfähige Bestandteile mit 2-D-Struktur können andere Partikel überdecken und deren Erkennung verhindern. Sie führen bei Transportgeschwindigkeiten oberhalb von ca. 1,5 m/s Relativbewegungen auf dem Fördermittel aus und verhalten sich damit abweichend vom übrigen Material. Die programmierte Zeit zwischen Detektion und Passage der Austragseinheit kann variieren und einen Austrag erschweren. Flugfähige Partikel sollten daher vor einer Sortierung unbedingt aus einem Gemisch entfernt werden.
- Die Stofftrennung erfolgt überwiegend durch Auslenkung einzelner Partikel aus ihrer Flugbahn mittels gezielter Druckluftstöße. Düsenparameter können nur auf eine Auslegungsmasse und Auslegungsstückgröße dimensioniert werden. Zur Erzielung einer guten Trennschärfe sollte daher der Korngrößenbereich durch Vorklassierung so eingeengt werden, dass das Verhältnis von oberer zu unterer Korngröße nicht mehr als 3 zu 1 beträgt. Für ähnliche Partikel entspricht das Größenspektrum einem Stückmassenspektrum.
- Erfolgt eine Stofftrennung mittels Druckluftstößen, führt dies zu einer starken Staubentwicklung und ggf. Kontamination von Partikeloberflächen mit Schmutzteilchen.

Eine Vorreinigung durch effiziente Absiebung feiner Partikel verhindert sowohl eine Staubentwicklung als auch eine Verschmutzung von sortierten Wertstoffen.

- Für die Güte einer Erkennung und Sortierung ist letztlich entscheidend, ob es gelingt, das Aufgabematerial vor dem Durchlaufen der Sensorik so zu vereinzeln, dass eine Monoschicht entsteht. Dabei dürfen einzelne Komponenten nicht übereinander liegen oder sich gegenseitig berühren. Dies wird in der Regel über eine Kaskade von Gurtförderern oder geneigten Schurren erreicht, die ansteigende Transportgeschwindigkeiten gewährleisten. Schwingrinnen mit einer Fördergeschwindigkeit von ca. 0,3 m/s haben dabei als erstes Glied die Hauptaufgabe, das Material über die gesamte Aufgabebreite gleichmäßig zu verteilen.

Mit der automatisierten Einzelkorntrennung kann sowohl eine Positivsortierung (das als Wertstoff identifizierte Gut wird dem Stoffstrom entnommen) als auch eine Negativsortierung durchgeführt werden (alle Partikel, die die Qualitätsanforderungen des Wertstoffs nicht sicher erfüllen, werden als Störstoffe identifiziert und dem Stoffstrom entnommen). Um die Grenzen der pneumatischen Stoffstromtrennung zu unterschreiten und gleichzeitig den Bedarf des Mediums Druckluft zu minimieren, wird üblicherweise der kleinere Massenstrom ausgetragen.

Sensorgestützte Sortiermaschinen werden in den Bauarten „Bandsortierer“ und „Rinnensortierer“ für unterschiedliche Anwendungen eingesetzt. Bandsortierer sind nach Abb. 6.39 mit einem schnelllaufenden Gleit-Gurtförderer (1) ausgestattet, über den das zu sortierende Gut mit bis zu 4 m/s als Monoschicht in den Detektionsbereich geführt wird. Die Detektion kann von oben als Reflexionsmessung (3) in Verbindung mit einer Ausleuchtung des Detektionsfeldes (2), von unten als induktive Messung oder von unten nach oben als Transmissionsmessung erfolgen. An der Bandantriebsseite ist

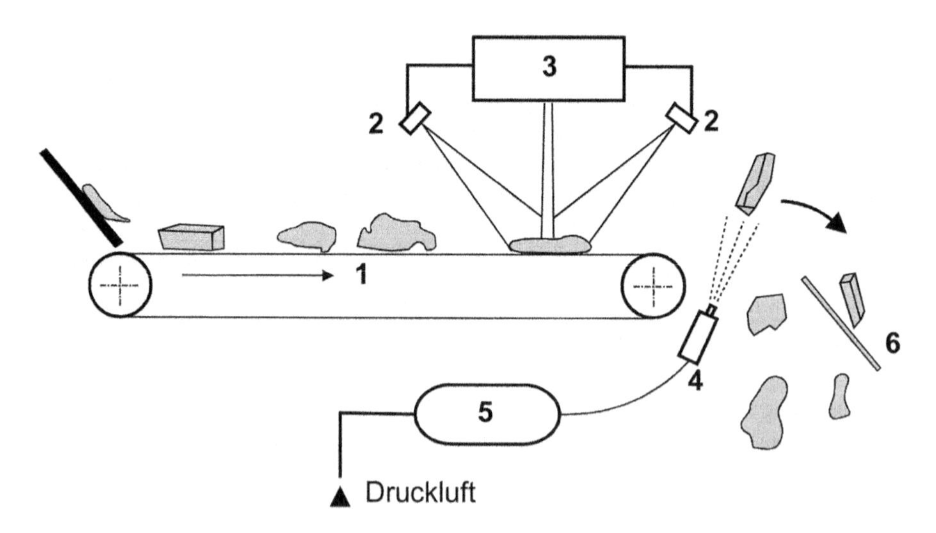

Abb. 6.39 Bandsortierer

eine Düsenleiste (4) montiert, die für auszutragende Partikel die Flugbahn über einen Trennscheitel (6) verlängert. Düsenluftdruck im Vorratsbehälter (5) und Düsenquerschnitt können entsprechend der Aufgabenstellung variiert werden. Bandsortierer finden sich im Kornband von ca. 10–250 mm. Die Baugrößen liegen zwischen ca. 0,7 m und maximal 2,8 m Düsenbreite. Die Düsenabstände gewährleisten stets, dass das jeweils kleinste Partikel von einer Düse bewegt werden kann. Bei Anwendungen mit unteren Partikelgrößen von z. B. 50 mm werden mehrere Düsen auf einer entsprechenden Breite zusammengeschaltet.

Einzige Voraussetzung zum Einsatz von Bandmaschinen ist, dass auf dem Band geförderte Partikel keine Relativbewegungen zum Band ausführen dürfen. Im Fall der Sortierung von Kunststofffolien oder Papieren mit geringer Partikelmasse und ausgeprägter 2-D-Stuktur muss die Transportgeschwindigkeit auf ca. 1,5 m/s reduziert werden, um Relativbewegungen durch Abheben von der Bandfläche sicher zu verhindern.

Rinnensortierer nach Abb. 6.40 werden immer dann eingesetzt, wenn Materialien mit Schüttguteigenschaften sortiert werden sollen. Die Schüttguteigenschaft ist mit einer ausgeprägten 3-D-Struktur verbunden, die auf Bandmaschinen zwangsläufig Relativbewegungen zum Transportband ausführen würden. Über mit ca. 0,3–0,5 m/s langsam fördernde Vibrorinnen wird ein Gutstrom auf eine steile Rutsche übergeben. Darauf beschleunigen die Partikel nahe am freien Fall. Sie passieren Sensoren wie für die Bandsortierer beschrieben. Eine optische Detektion ist im freien Fall als 360° Gesamtbild möglich, wenn mehr als eine Kamera eingesetzt wird. Die zumeist pneumatische Düseneinheit ist wenige cm unterhalb der Detektionseinheit positioniert.

Rinnensortierer werden bevorzugt im Kornband 3–5 mm eingesetzt. Es finden sich Baugrößen bis ca. 1,5 m Breite.

Von den zahlreichen Detektionsverfahren werden nachfolgend die vorgestellt, die eine ausreichende Verbreitung in der Recyclingwirtschaft gefunden haben. Einzelanwendungen werden im Folgenden nicht aufgeführt.

Abb. 6.40 Rinnensortierer

6.5.6.1 Nahinfrarot Technologie

Zur automatischen Erkennung organischer Stoffe kann die Spektralanalyse im Nahinfrarotbereich von ca. 770 bis ca. 2000 nm (NIR) verwendet werden.

Der Anwendungsbereich der NIR-Sortiermaschinen erstreckt sich auf die selektive Abtrennung von Getränkekartons, Papier, Pappe und Kartonagen, Holz, Windeln, Mischkunststoffen mit und ohne PVC sowie auf einzelne Kunststoffsorten wie PE, PP, PS, EPS, PA, PET und PVC [28, 29]. Die Abscheidung dunkelbrauner und schwarzer Materialien ist praktisch unmöglich, da das NIR-Licht weitgehend absorbiert wird, so dass keine reflektierte Strahlung den Sensor erreicht. Das Wertstoffausbringen beträgt deshalb in Abhängigkeit von der Beschaffenheit der Abfallgemische ca. 80 bis 90 %. Die erzielbaren Produktreinheiten erreichen 90 bis 97 Ma.-%. Tabelle 6.6 zeigt die Anwendung von NIR-Sortiertechnik in den Stoffsystemen.

6.5.6.2 Induktive Sensoren

Eine Metallsortierung erfolgt als Allmetallscheidung und betrifft sowohl Fe- als auch NE-Metalle sowie Edelstahl und Verbundstoffe mit metallischen Inhalten [30]. Je nach Anwendungsgebiet ergeben sich für die Metallprodukte nur mindere Qualitäten mit niedrigen Metallgehalten, da alle Metalle unabhängig von ihrem Massenanteil am Partikel detektiert und sortiert werden. Als Beispiel dient hier eine Baumwolljeans, deren Nieten, Knopf und Reißverschluss metallisch sind, jedoch nur einen Massenanteil von < 1 % ausmachen.

Die technische Grundlage der Metallerkennung stellen Spulen von ca. 12 mm Durchmesser dar, die als Spulenbatterie unter dem Fördermittel angebracht werden. Passiert ein metallisches Partikel eine Spule, wird deren Feld messbar verändert und damit das Partikel als metallhaltig detektiert. Der Austrag erfolgt pneumatisch oder für Anwendungen mit hohen Einzelstückmassen mittels Klappen. Typische Anwendungen (vergl. Tab. 6.7) finden Allmetallscheider mit induktiven Sensoren, wenn Stoffströme von Metallinhalten weitgehend gereinigt werden müssen. Hier steht ein maximales Ausbringen im Vordergrund, nicht aber hohe Reinheit des Metallproduktes. Sie dienen in der Hohlglas- und Kunststoffaufbereitung zur Abtrennung metallischer Verunreinigungen, werden aber auch zur Konditionierung von Brennstoffgemischen vor einer Agglomeration eingesetzt. Ein weiteres Anwendungsfeld stellt der Maschinenschutz dar, wobei insbesondere schneidend arbeitende Zerkleinerungsaggregate eine derartige Maßnahme verlangen.

6.5.6.3 Sensoren im Spektrum des sichtbaren Lichts

Das sichtbare Lichtspektrum zwischen 400 und 700 nm bietet für zahlreiche Anwendungen Möglichkeiten für eine präzise Detektion von Eigenschaften wie der Lage und Größe eines Partikels, der Form, der Farbe, speziellen Farbspektren oder anderen optisch wahrnehmbaren Oberflächeneigenschaften wie z. B. dem Glanz. Zum Einsatz kommen sowohl hochauflösende Schwarz-Weiß- als auch Farbkameras, die Auflösungen bis zu 0,1 mm bei Aufnahmefrequenzen im kHz-Bereich ermöglichen. Die bekannteste Anwendung (vergl. Tab. 6.8) liegt in der Hohlglasaufbereitung mit einer Sortierung nach den Farben weiß, braun und grün, aber auch im Bereich mineralischer Rohstoffe eignet sich die Farbe als Sortierkriterium für

Tab. 6.6 Anwendung der NIR-Sortierung in den Stoffsystemen

Stoffsystem/ Anwendung	Hausmüll Gewerbeabfall	Mineral. Abfälle	Metallabfälle Elektroabfälle	Altkabel	Kunststoffe, Verpackungen	Holz, Grün- und Bioabfall	Papier, Papierverbunde	Industrieabfälle
Kunststoffe	x		*x*		*x*		*x*	*x*
Holz/Papier	*x*				*x*		*x*	
PVC	*x*							*x*
Getränkekarton	*x*				*x*			

Tab. 6.7 Einsatz von induktiven Sensorsortierern

Stoffsystem/ Anwendung	Hausmüll Gewerbe-abfall	Mineral. Abfälle	Metallabfälle Elektroabfälle	Altkabel	Kunststoffe, Verpackungen	Holz, Grün- und Bioabfall	Papier, Papierverbunde	Industrieabfälle
Reinigung von Stoffströmen	X	*x* *Glas*	*x*	*x*	*x*		*x*	*x*
Vorkonzentrat von Metallen aus armen Gemischen	*X*		*x*					*X*
Edelstahlsortierung nach Magnet- und Wirbelstromscheider			*x*					*x*

Tab. 6.8 Einsatz von Sensoren im sichtbaren Lichtspektrum

Stoffsystem/ Anwendung	Hausmüll Gewerbeabfall	Mineral. Abfälle	Metallabfälle Elektroabfälle	Altkabel	Kunststoffe, Verpackungen	Holz, Grün- und Bioabfall	Papier, Papierverbunde	Industrieabfälle
Farbe		*x* *Glas*	*x*					*x*
Spezielles Farbspektrum							*x* *Druckfarbe*	
Größe + Lage in Verbindung mit anderen Sensoren	*x*		*x*				*x*	*x*
Form u. a.			*x*					*x*

Tab. 6.9 Einsatz von Röntgensortierern

Stoffsystem/ Anwendung	Hausmüll Gewerbeabfall	Mineral. Abfälle	Metallabfälle Elektroabfälle	Altkabel	Kunststoffe, Verpackungen	Holz, Grün- und Bioabfall	Papier, Papierverbunde	Industrieabfälle
Spezielle Werkstoffe		*x* *Glas*	*x*					*x*
Maschinenschutz	*x*		*x*	*x*			*x*	*x*

unterschiedliche Mineralien oder Gesteine. In der Metallaufbereitung lassen sich insbesondere Nichteisenmetalle nach Farbkriterien sortieren (Kupfer, Messing, Zink, Aluminium). Bei der Reinigung von Deinkingqualitäten des Altpapiers besteht die Möglichkeit, das Spektrum wasserlöslicher Druckfarben eindeutig zu identifizieren [31, 32].

Sofern eine Kombination verschiedener Sensoren zum Einsatz kommt, ist in einigen Fällen eine Lage- und Größenbestimmung erforderlich, die mit Kameratechnik im sichtbaren Lichtspektrum vorgenommen wird. Werden Form- und andere optische Merkmale mit Hilfe bildauswertender Verfahren bestimmt, bedarf es ebenfalls hochauflösender Kameratechnik.

6.5.6.4 Röntgentransmissionsmessung

Röntgenwellen liegen im Spektralbereich zwischen 10 und 0,001 nm. Sie durchdringen das zu detektierende Sortiergut, wobei abhängig von der Materialdicke und der Materialdichte ein Teil der Strahlung absorbiert wird. Um den Einfluss unterschiedlicher Dicken auszugleichen, arbeiten die Röntgendetektoren mit Strahlung auf zwei verschiedenen Energieniveaus. Die Messdaten werden zu Farbbildern verarbeitet, wobei einzelnen Elementen Farben zugeordnet werden. Die Auswertung ermöglicht eine gezielte Selektion nach Flächenanteilen einzelner Farben, so dass nicht nur reine Partikel, sondern auch Verbundmaterialien identifiziert werden können. Da es sich bei der Röntgendetektion um ein Transmissionsverfahren handelt, sind Emitter und Detektor über bzw. unter dem Transportband angeordnet. Aus Gründen des Strahlenschutzes ist der gesamte Detektionsbereich im Gegensatz zu den meisten reflektiv messenden Verfahren mit gekapselt.

Nach Tab. 6.9 finden sich vermehrt Anwendungen für die Röntgensortierung. Von besonderem Interesse sind alle Metallgemische, in denen sich leichte Metalle wie Aluminium deutlich von schweren Metallen wie Kupfer, Messing, Zink oder Edelstähle unterscheiden lassen. Weiterhin kann nach Materialdicken unterschieden werden, so dass über dieses Merkmal auch unterschiedliche Legierungen sortiert werden können. Auch Gerätebatterien lassen sich mit einem durchleuchtenden Verfahren nach Typen klassifizieren. Daneben bietet sich auch ein Einsatz zum Maschinenschutz an, sofern empfindliche Verfahren zum Einsatz kommen, die durch Mineralien oder Metalle beschädigt oder zerstört werden.

6.6 Verfahrensentwurf

Aufbereitungsverfahren stellen eine sinnvolle Kombination verschiedener Prozessstufen dar, die häufig aus den Hauptgrundoperationen Zerkleinerung, Klassierung und Sortierung bestehen. Hinzu kommen nach den Erfordernissen Entstaubungs-, Entwässerungs-, Trocknungs- und Fördereinrichtungen sowie auch Maschinen zur Materialverdichtung. Die Anzahl der Verfahrensstufen richtet sich im Wesentlichen nach der Komplexität der Zusammensetzung des Aufgabematerials und nach der gewünschten Qualität der angestrebten Sortierprodukte.

Neben den technologischen Möglichkeiten sind bei der Verfahrensgestaltung auch wirtschaftliche Gesichtspunkte zu berücksichtigen: So werden im Ergebnis der Aufbereitung neben Produkten mit positiven Erlösen auch Nebenprodukte erzeugt, die u. U. nur mit deutlichen Zuzahlungen an die nachfolgenden Kettenglieder abgegeben werden können, d. h. zu den Betriebskosten fallen zusätzlich negative Erlöse an, die je nach Art und Menge der Abfallzusammensetzung sowie des Wirkungsgrades der Anlage erheblich sein können [33].

Die Entwicklung von Aufbereitungsverfahren erfordert deshalb unter Berücksichtigung wirtschaftlich-technologischer Aspekte sowohl die Kenntnis der rohstofflichen Eigenschaften von Abfällen als auch der Leistungsfähigkeit der einzusetzenden maschinellen Ausrüstung [34].

Der Entwurf kompletter Aufbereitungsverfahren wird vor allem von folgenden Punkten beeinflusst:

- Wenn ein Aufgabegut einen hohen Anteil an Verbundstoffen enthält, ist eine Aufschlusszerkleinerung unumgänglich. Dies wird bei der Verarbeitung des Verbundstoffsystems Altauto deutlich, bei der ein Shredder grundsätzlich die erste Prozessstufe bildet,
- wenn im Aufgabegut Stoffgruppen vorliegen, die vorzugsweise in bestimmten Korngrößenklassen zu finden sind, bietet sich an, diese mittels Siebklassierung abzutrennen. Damit werden diese Materialien vorangereichert und können dann mittels nachfolgender Verfahrensstufen weiter aufkonzentriert werden. So ist es bei der Hausmüllaufbereitung sinnvoll, schon in den Eingangsstufen des Verfahrens bei ca. 60–80 mm zu klassieren, um den größten Anteil der enthaltenen organischen Bestandteile wie Küchenabfälle im Siebfeinen auszutragen.
- wenn im Aufgabegut wenige grobe und schwere Bestandteile enthalten sind, die zu Störungen des Betriebsablaufes führen können, sollten diese mittels Siebklassierung entfernt werden. Bei der Aufbereitung von Müllverbrennungsasche kann dies mit einem Stangenrost durchgeführt werden,
- die Trenngüte von Sortierstufen wird grundsätzlich deutlich verbessert, je enger der angebotene Korngrößenbereich vorklassiert ist. Darüber hinaus eignet sich die Klassierung auch zur Mengenstromteilung, um einzelne Prozessstufen nicht zu überlasten. Wenn sich die Schüttdichten der Siebprodukte unterscheiden, ist auch eine Volumenstromteilung möglich.
- das Trennergebnis von Sortierstufen wird ebenfalls deutlich verbessert, wenn störende Bestandteile in vorgeschalteten Konditionierschritten abgetrennt werden. Bei der Eisenabscheidung mittels Überbandmagnet werden beispielsweise Kunststofffolien fehlausgetragen, die auf Fe-Teilen liegen. Daher ist eine vorgeschaltete Windsichtung zur selektiven Folienabtrennung in der Regel sinnvoll.
- Die Auslegung von Anlagen erfolgt ebenso wie die einzelner Prozesse nach dem zu behandelnden Volumendurchsatz. Dieser ergibt sich aus der Schüttdichte einzelner Stoffströme, die sich mit jedem Auflockerungsvorgang oder Trennprozess verändern kann. Die Kenntnis von Schüttdichten einzelner Stoffströme bildet somit die wesentliche Grundlage für jeden Anlagenentwurf.
- Schüttdichten variieren entsprechend wechselnder Zusammensetzung von Eingangsstoffströmen in Aufbereitungsanlagen. Da in der Aufbereitungspraxis weitgehend auf

eine Rohstoff-Vergleichmäßigung verzichtet wird, ist der Anlagendurchsatz durch starke Schwankungen der Zusammensetzung geprägt. Gründliche Kenntnisse der Zusammensetzung und dem unter Betriebsbedingungen zu erwartenden Schwankungsbereich sind eine weitere, notwendige Grundlage für den Anlagenentwurf.

- Aufbereitungstechnik wird auf der Grundlage empirischer Daten der Hersteller ausgelegt. Je besser die zu erwartenden Betriebsbedingungen hinsichtlich Abfallzusammensetzung und Schüttdichten beschrieben werden können, umso präziser können Vergleichsdaten aus Erfahrungswerten identifiziert werden.

Fragen zu Kap. 6

Abschnitt 6.1

1. Worin unterscheidet sich die mechanische von der thermischen Verfahrenstechnik?
2. Welche Grundoperationen gibt es in der Aufbereitungstechnik?

Abschnitt 6.2

3. Beschreiben Sie den Kennwert „Schüttdichte"!
4. Warum sollte die Abfallzusammensetzung statistisch ausgewertet werden?

Abschnitt 6.3

5. Welchen Zielen dient die Abfallzerkleinerung?
6. Welche Stoffgruppen können vorteilhaft mit Rotorscheren zerkleinert werden?
7. Warum schneiden Rotorscheren das Aufgabematerial streifenförmig?
8. Welche Beanspruchungsart ist vorherrschend in Einwellenzerkleinerern (EWZ)?
9. Für welche Anwendungsbereiche werden EWZ genutzt?
10. Worin liegen die Unterschiede zwischen Schneidmühlen und Einwellenzerkleinerern?
11. Welche Unterschiede gibt es zwischen Kammwalzenzerkleinerern und Rotorscheren?
12. Welche Beanspruchungsarten sind bei Kammwalzenzerkleinerern vorherrschend?
13. Welche Hauptbeanspruchungsarten sind bei Schraubenmühlen gegeben?
14. Welche Hauptbeanspruchungsarten treten in Hammermühlen auf?
15. Wozu werden Shredder verwendet?
16. Welche Abfallstoffe werden mit Prallmühlen verarbeitet?
17. Durch welche Betriebsparameter wird die Endkorngröße bei Prallmühlen beeinflusst?

Abschnitt 6.4

18. Was besagt der Siebwirkungsgrad?
19. Was wird als siebschwieriges Material bezeichnet?
20. Welche Abfallstoffgemische werden vorzugsweise mit Trommelsieben behandelt?
21. Worin unterscheiden sich Linear- und Kreisschwingsiebe?
22. Weshalb müssen Kreisschwingsiebe immer geneigt eingebaut werden?

23. Für welche Klassieraufgaben werden Spannwellensiebe bevorzugt eingesetzt?
24. Wie wird bei Spannwellensieben der Materialtransport erzielt?
25. Welche Bauarten werden unter dem Begriff „bewegte Roste“ zusammengefasst?

Abschnitt 6.5

26. Welche wichtigen Trennmerkmale gibt es in der Abfallaufbereitung?
27. Wie erfolgt die Bestimmung des Trennerfolges in der Abfallaufbereitung?
28. Welche Materialeigenschaft wird zur Stofftrennung mit Magnetscheidern verwendet?
29. Weshalb lassen sich mit gebräuchlichen Magnetscheidern keine Edelstähle abtrennen?
30. Weshalb müssen Bauteile im Feld von Überbandmagnetscheidern (ÜMS) aus nichtmagnetisierbaren Stoffen bestehen?
31. Wie können Fehlausträge durch Mehrfachlagerung im Feld von ÜMS vermieden werden?
32. Worin unterscheiden sich Parallel- und Wechselpolsysteme?
33. Worin liegen die Unterschiede zwischen Trommel- und Bandrollenmagnetscheidern?
34. Wann werden Bandrollenmagnetscheider bevorzugt eingesetzt?
35. Erläutern Sie das Funktionsprinzip von Wirbelstromscheidern!
36. Von welchen Parametern ist der Trennerfolg auf Wirbelstromscheidern abhängig?
37. Welche Trennmerkmale von Abfällen werden bei der Windsichtung genutzt?
38. Welche Vorteile ergeben sich beim Umluftbetrieb von Windsichtern?
39. Welche Trennkriterien sind maßgeblich für eine erfolgreiche Sortierung mittels Luftherd?
40. Worin unterscheiden sich Hydrozyklone und Sortierzentrifugen?
41. Welche Trennkriterien werden bei der „sensorgestützten Sortierung“ verwendet?
42. Aus welchen Einzelkomponenten bestehen grundsätzlich „sensorgestützte Sortierverfahren“?
43. Welche Bestandteile können mit Nahinfrarot (NIR)- Sortiermaschinen abgetrennt werden?
44. Mittels welcher Art von Sensorik können Metallteile selektiv erkannt werden?

Abschnitt 6.6

45. Welche Kriterien beeinflussen den Entwurf kompletter Aufbereitungsverfahren?
46. Wodurch wird die Anzahl der Prozessstufen in Aufbereitungsverfahren bestimmt?

Literatur

[1] Küppers, B.: Bergbau und Hüttenwesen, Literatur aus vier Jahrhunderten, S. 130 f., Shaker Verlag, ISBN 3-8322-0692-2

[2] Schubert, H.: Aufbereitung fester Stoffe, Band 1, S. 15 f., Deutscher Verlag für Grundstoffindustrie, Leipzig, 1975

[3] Handbuch der Mechanischen Verfahrenstechnik, S. 101 f., 299 ff, Hrsg. H. Schubert, Wiley-VCH, 2003, ISBN 3-527-30577-7
[4] Schubert, H.: Aufbereitung fester Stoffe, Band 1, S. 96, Deutscher Verlag für Grundstoffindustrie, Leipzig, 1975
[5] n.n. SID SA Firmenschrift: „SID – Rotorscheren“, http://www.sidsa.ch/01_d/00_prospekte/Prosp_pdf/d_pdf/SID_Rotorscheren.pdf
[6] n.n. Weima WEIMA Maschinenbau GmbH Firmenschrift: „Abfall-Zerkleinerer mit Einwellen-Technologie“, 2016, http://weima.com/assets/pdf/prospekte/zerkleinern/2016%20PreCut%20PowerLine%20FineCut%20Deutsch.pdf
[7] n.n. Komptech GmbH Website, https://www.komptech.com/de/produkte-komptech/pdetails/terminator.html
[8] n.n. Metso Firmenschrift: „Texas Shredder™ PS Series“, 2016, http://www.metso.com/miningandconstruction/MaTobox7.nsf/DocsByID/25C3DDA2A0E311CBC2258028003B554A/$File/TS_Power_Shread_Metric_EN.pdf
[9] n.n. Hazemag Firmenschrift: „Sekundär Prallbrecher I HSI“, 2014, http://minerals.hazemag-group.com/fileadmin/user_upload/minerals/HSI/HSI_de_2014_low__1_.pdf
[10] Mineralische Nebenprodukte und Abfälle 2, S. 217 ff, Hrsg. K.J. Thomé-Kozmiensky, 2015, Vivis Verlag, ISBN 978-3-944310-21-3
[11] n.n. Voith GmbH Firmenschrift: „IntensaPulper IP-R. Energy-efficient LC pulping of recovered paper“, 2015, http://resource.voith.com/vp/publications/downloads_export/1525_e_2015-09-22_intensapulper-ip-r_en_interaktiv.pdf
[12] Bunge, R.: Mechanische Aufbereitung, Primär- und Sekundärrohstoffe, S. 13 f, Wiley-VCH, Weinheim, 2012
[13] Schubert, H.: Aufbereitung fester Stoffe, Band 1, S. 239 f., Deutscher Verlag für Grundstoffindustrie, Leipzig, 1975
[14] Schmidt, P., Körber, R., Coppers, M.: Sieben und Siebklassierung, S. 18 ff, Wiley-VCH, Weinheim, 2003
[15] n.n. IFE Aufbereitungstechnik GmbH Firmenschrift: „Müllsiebe“, 2015, http://www.ife-bulk.com/files/inhalt/ressourcen/prospekte/prospekt_muellsiebe.pdf
[16] n.n. Allgaier Process Technology GmbH Firmenschrift: „Taumelsiebmaschinen TSM / tsi“, 2016, https://www.allgaier.de/sites/default/files/downloads/de/allgaier_apt_sat_taumelsiebmaschinen_de.pdf
[17] n.n. Hein, Lehmann GmbH Firmenschrift: „LIWELL®. eine Siebmaschine - viele Möglichkeiten“, 2012, http://www.heinlehmann.de/images/stories/hl/siebmaschinen/pdf/deu/1_Siebmaschine_Typ_LIWELL_-_DEU.pdf?s=D664129DA2F2F28009AE5362BBE69AB46FA0D860
[18] n.n. Spaleck GmbH & Co. KG Firmenschrift: „Stangensizer“, 2010, http://www.spaleck.de/uploads/tx_sbdownloader/Stangensizer.de.pdf
[19] n.n. Backers Maschinenbau GmbH Firmenschrift: „Sternsieb-und Mischmaschine“, http://backers.de/sites/default/files/Prospekt%20Sternsieb-%20und%20Mischmaschine.pdf
[20] Westerkamp, K.U., Stockhowe, A.: Problemlösungen für die Klassierung siebschwieriger Materialien, Aufbereitungs Technik/Mineral Processing, Heft 7, 1997, S 349–357
[21] n.n. Steinert Elektromagnetbau GmbH Website, http://www.steinertglobal.com/de/de/produkte/magnetische-sortierung/steinert-um-am-ueberbandmagnetscheider/
[22] n.n. Bakker Magnetics Firmenschrift: „KM Head pulley magnets“, https://bakkermagnetics.com/sites/default/files/downloads/km_head_pulley_magnets_0.pdf
[23] n.n. Steinert Elektromagnetbau GmbH Firmenschrift: „STEINERT NES. Nichteisenmetallscheider“, http://www.steinertglobal.com/fileadmin/user_upload/global/download-area/DE/STE_B_NES_DE.pdf
[24] n.n. Nihot Recycling Technology B.V. Firmenschrift: „Airconomy®“, http://www.nihot.de/fileadmin/nihot/About_Nihot/Downloads/Folder_Airconomy_DE.pdf

[25] n.n. Trennso Technik Website, August 2016, http://www.trennso-technik.de/maschinen/dichte-technik-sortiertechnik/trenntische.html
[26] n.n. Stadler® Anlagenbau GmbH Firmenschrift: „Ballistik Separatoren", 2016, http://www.trennso-technik.de/maschinen/dichtetechnik-sortiertechnik/trenntische.html
[27] n.n. Andritz Separation GmbH Firmenschrift: „CENSOR plastics recycling", 2014, https://www.andritz.com/se-censor_centrifuge-en.pdf
[28] n.n. Tomra Systems GmbH Website, https://www.tomra.com/de/solutions-and-products/sorting-solutions/recycling/products/
[29] n.n. Steinert Elektromagnetbau GmbH Website, http://www.steinertglobal.com/de/de/produkte/unisort/
[30] Julius, J., Müller, J.: Entwicklung und Erprobung eines Sortierverfahrens für die Rückgewinnung der Edelstahlfraktion, Abschlussbericht über ein Entwicklungsprojekt, gefördert unter dem Az. 15926 von der Deutschen Bundesstiftung Umwelt Juli 2002
[31] Nienhaus, K., Pretz, T., Wotruba, H.: Sensor Technologies: Impulses for the Raw Materials Industry, Schriftenreihe zur Aufbereitung und Veredlung, Band 50, Aachen, 2014
[32] Pretz, T., Wotruba, H., Nienhaus, K.: Applications of Sensor-based Sorting in the Raw Material Industry, Schriftenreihe zur Aufbereitung und Veredelung, Band 42, Aachen, 2011
[33] Eule, B.: Processing of Co-mingled Recyclate Material at UK Material Recycling Facilities (MRF's), Schriftenreihe zur Aufbereitung und Veredelung, Band 47, Aachen, 2013
[34] Schmalbein, N.D.: Entwicklung einer Systematik zur Konzeption von Verfahren zur mechanischen Wertstoffseparierung, Schriftenreihe zur Aufbereitung und Veredelung, Band 51, Aachen, 2014

7 Verwertung von Altprodukten und Abfällen

7.1 Altstoffe und Ersatzbrennstoffe

7.1.1 Verwertung von Abfällen

Das Kreislaufwirtschaftsgesetz bildet in Deutschland die Grundlage für die Verwertung von Abfällen. In § 3 Abs. 23 KrWG wird ein Verfahren dann als Verwertung definiert, wenn die Abfälle, die dieses durchlaufen haben, andere Materialien ersetzen, die sonst für die Erfüllung einer bestimmten Funktion verwendet worden wären oder wenn die Abfälle so vorbereitet werden, dass sie diese Funktion selbst erfüllen [1]. In Anlage 2 des Kreislaufwirtschaftsgesetzes sind beispielhaft Verwertungsverfahren aufgelistet. Bei der Verwertung von Abfällen wird unterschieden in Recycling und sonstige Verwertung. Der Begriff Recycling umfasst das werkstoffliche und das rohstoffliche Recycling und beinhaltet die Aufbereitung von Abfällen zu Erzeugnissen, Materialien oder Stoffen. Der Begriff sonstige Verwertung beschreibt unter anderem die energetische Verwertung. Die Vorbereitung zur Wiederverwendung als ein weiterer Teil der Verwertung wird hier nicht betrachtet.

▶ **Definitionen**

Werkstoffliches Recycling

Beim werkstofflichen Recycling werden Materialien umgeformt, um neue Produkte daraus herzustellen, ohne dass eine chemische Veränderung stattfindet (die Moleküle bleiben erhalten). Für diese Art der Verwertung ist in der Regel eine hohe Sortenreinheit der Ausgangsmaterialien erforderlich.

Rohstoffliches Recycling

Beim rohstofflichen Recycling werden die Ausgangsbestandteile der Materialien auf Molekülebene genutzt. Dazu werden die Bindungsformen chemisch verändert und

M. Kranert (Hrsg.), *Einführung in die Kreislaufwirtschaft*,
DOI 10.1007/978-3-8348-2257-4_7

Makromoleküle zu kleineren Molekülen aufgespalten. Die Stoffe werden anschließend energetisch oder chemisch eingesetzt.

Energetische Verwertung
Bei der energetischen Verwertung wird die in den Materialien enthaltene Energie genutzt. Dies kann im Rahmen der Mit- oder Monoverbrennung erfolgen (vgl. Abschn. 7.1.6). Damit ein thermischer Prozess – in Abgrenzung zur thermischen Beseitigung – als energetische Verwertung nach Anlage 2 Nummer R1 des Kreislaufwirtschaftsgesetzes [1] eingestuft wird, muss die enthaltene Energie effizient genutzt werden (Faktor 0,6 für vor dem 31.12.2008 bzw. 0,65 für nach dem 31.12.2008 genehmigte Anlagen; vgl. Kapitel Thermische Verfahren).

Abfälle zur Verwertung können aus folgenden Herkunftsbereichen stammen:

- aus Produktion und Verarbeitung
- getrennt erfasste Abfälle aus privaten Haushalten und anderen Bereichen
- aus Anlagen, in denen vermischt erfasste Abfälle aus Haushalten und anderen Bereichen aufbereitet werden.

In den nachfolgenden Kapiteln werden für die Stoffströme Kunststoffe, Altglas, Altpapier, Metalle und Ersatzbrennstoffe typische Aufbereitungs- und Verwertungsverfahren erläutert und Aspekte wie Umweltentlastungseffekte und Verwertungsmengen beschrieben. In Abb. 7.1 ist die Mengenrelevanz der in diesem Kapitel betrachteten Stoffströme in Abhängigkeit der jeweiligen Herkunftsbereiche (halbquantitativ) dargestellt.

7.1.2 Altglas

Der Werkstoff Glas wird in Form von Behälter- und Flachglas, Bleikristallglas sowie Glaskeramik verwendet. Glas ist für ein **werkstoffliches Recycling** ein ideales Material, das nach entsprechender Aufbereitung auch bei mehrfachem Recycling keinen Qualitätsverlust erleidet und anstelle der natürlichen Rohstoffe in der Glashütte verwertet werden kann. In Deutschland wurden im Jahr 2013 rund 4,1 Mio. Mg Behälterglas hergestellt. Dazu wurden 267 Tsd. Mg importiert bzw. 1,2 Mio. Mg exportiert. Als Abfall wurden in 2013 rund 2,8 Mio. Mg getrennt gesammelt [6].

Aufbereitung und Verwertung
Für die Glasherstellung werden je nach Glasart (z. B. Flachglas, Behälterglas, Bleikristall) unterschiedliche, untereinander nicht verträgliche Rezepturen verwendet. Daher ist auch bei der Aufbereitung und Verwertung eine entsprechende getrennte Behandlung erforderlich. Behälterglas, das den überwiegenden Stoffstrom beim Altglasrecycling darstellt, wird zunächst zerkleinert und Störstoffe werden separiert (s. Abb. 7.2). Anschließend werden

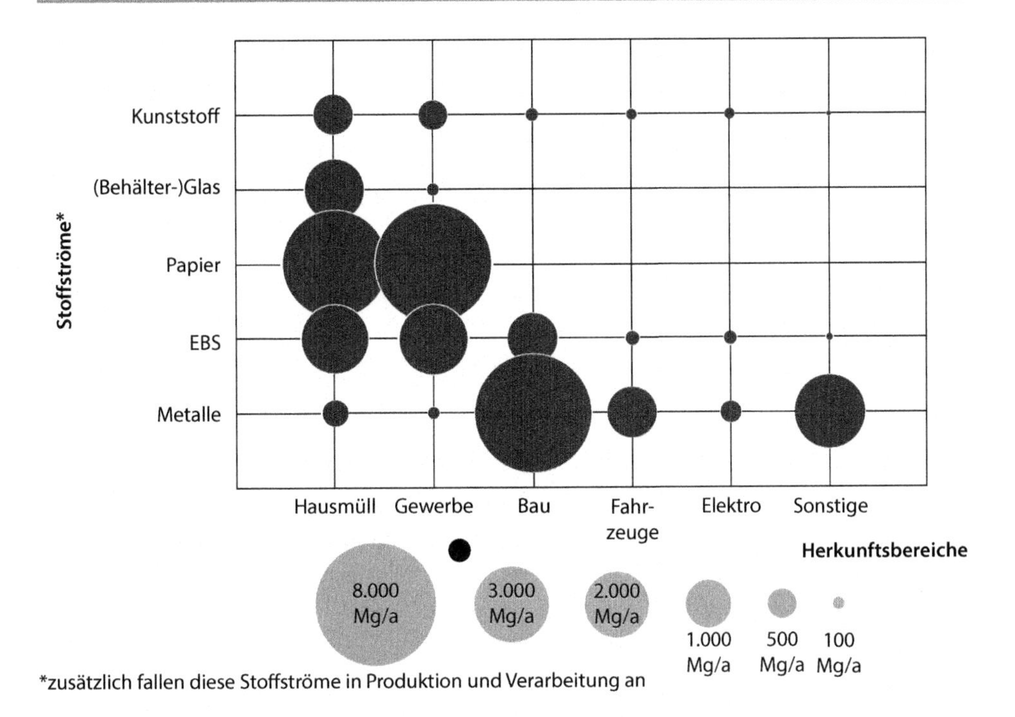

Abb. 7.1 Herkunftsbereiche der beschriebenen Stoffströme. Nach [2–5]

mittels optischer Sortiertechniken Steine, Keramik und Porzellan (z. B. über Nahinfrarot-Technik) sowie Glaskeramik und bleihaltige Gläser (z. B. über Röntgenfluoreszenz-Technik) aussortiert [7]. Danach erfolgt die Trennung nach Farben in einer weiteren optischen Sortierstufe (z. B. mittels Farbzeilenkamera). Je nach Glasart können verschieden große Anteile an Altglas bei der Neuproduktion beigemischt werden. Die Angaben reichen von etwa 40 bis zu 90 Prozent [8]. Die höchsten Anteile an Altscherben werden beim Behälterglasrecycling beigemischt. Der Anteil ist dabei abhängig vom Fehlfarbenanteil im Altglas. In dieser Hinsicht ist Grünglas am unempfindlichsten. Bei Weißglas ist dagegen nur ein geringer Fehlfarbenanteil zulässig (bei einer Altscherbenzugabe von 50 %: bei Grünglas max. 15 %, bei Braunglas max. 8 % und bei Weißglas max. 0,3 %). Zudem dürfen als Störstoffe nicht mehr als 25 Gramm Keramik, Steine und Porzellan bzw. je 5 Gramm Nichteisen- und Eisenmetalle sowie maximal 1 Gramm Blei je Mg enthalten sein [8] schematische Darstellung s. Abb. 7.2.

Bei der Flachglasherstellung (z. B. Fenster) gelten hinsichtlich des Parameters „Klarheit" strenge Qualitätsanforderungen an das Recyclingglas. Aufgrund dessen werden hauptsächlich Altscherben aus Produktionsresten hinzugefügt, da hier die genaue Materialzusammensetzung bekannt ist [8]. Die Altscherben werden sowohl bei der Behälter- als auch bei der Flachglasherstellung dem sogenannten Gemenge (Rohstoffmischung) beigemischt, welches sich anschließend im Schmelzofen (Hafenofen oder Wannenofen) bei Temperaturen von 1550 °C verflüssigt. Die Weiterverarbeitung der Glasschmelze erfolgt

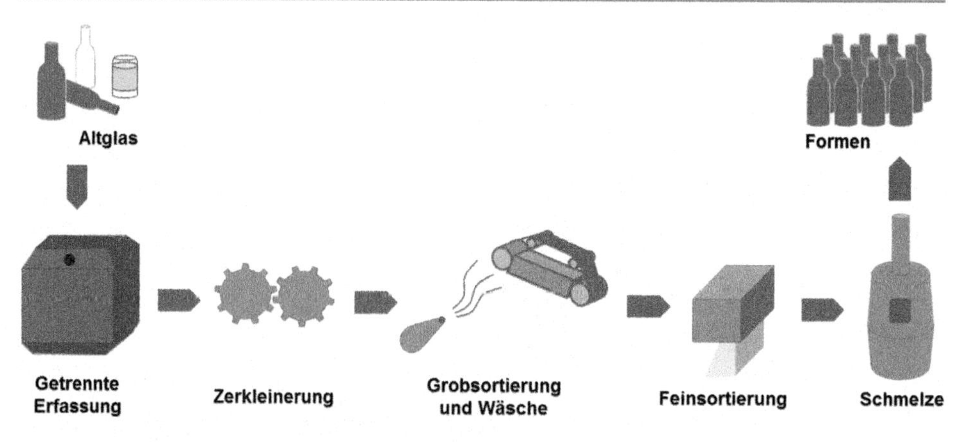

Abb. 7.2 Verwertungsweg Behälterglas, (eigene Darstellung nach [8a])

im automatisierten Blasverfahren (Behälterglas) oder im Floatverfahren (Flachglas), bei welchem die Schmelze (ca. 1050 °C) auf einer Oberfläche aus flüssigem Zinn (ca. 600 °C) aufgebracht wird [9].

Umweltentlastung

Der Hauptvorteil bei der Verwertung von Altglas liegt in der eingesparten Prozessenergie. Je beigemischtem Prozent Altglas sinkt der Energiebedarf um etwa 0,2 bis 0,3 Prozent [8]. Das würde bei 65 Prozent Altscherbeneinsatz eine Einsparung von etwa 13 bis 19,5 Prozent bedeuten. Dadurch können pro Mg eingesetzten Altglases rund 175 kg CO_2 eingespart werden, was einer Verringerung von 88 Prozent entspricht [10]. Zudem werden die Rohstoffe Quarzsand, Soda und Kalk eingespart. Insgesamt werden je Mg Glas trotz Altscherbeneinsatz 2,4 Mg abiotische Ressourcen (inkl. abiotischer Energieressourcen) verbraucht [11].

Verwertungsmengen

Zur Verwertung, getrennt gesammelt, fällt hauptsächlich Behälterglas an. Davon wurden im Jahr 2013 rund 2,8 Mio. Mg getrennt gesammelt und mit einer vergleichsweise hohen Quote von 87 % stofflich verwertet (Stand 2013) [12]. Für die anderen Glasarten liegen keine entsprechenden Daten vor. Die Anteile der Glasfarben in der kommunalen Sammlung sind in Tab. 7.1: dargestellt.

Tab. 7.1 Anteile der Glasfarben in der kommunalen Sammlung von Behälterglas [13]

Glasfarben-Aufteilung/Kommunale Glassammlung Behälterglas in BRD in 2013 (Gesamt ca. 2,8 Mio. Mg [6])						
Weiß-glas	Grün-glas	Braun-glas	Mischglas* (We + Gr + Br)	Buntglas* (Gr + Br)	Glas + Metalle* (We + Gr + Br + Met.)	**Gesamt**
50 %	33 %	8 %	3 %	5 %	<1 %	**100 %**

*Sonderformen der Glaserfassung als Mischfraktionen oder in Kombination mit Metallen.

7.1.3 Altpapier

Der jährliche Pro-Kopf-Verbrauch an Papier, Pappe und Karton in Deutschland beträgt rund 250 kg pro Einwohner [14]. Der größte Anteil wird dabei für Verpackungen produziert, den zweitgrößten Sektor bilden die grafischen Papiere. Mengenmäßig eine geringere Bedeutung haben Hygienepapiere sowie Papiere für technische und spezielle Verwendungen. Insgesamt wurden in 2013 deutschlandweit rund 22,4 Mio. Mg Papier, Kartonagen und Pappen produziert sowie 10,5 Mio. Mg importiert bzw. 13 Mio. Mg exportiert [14]. Rund 90 Prozent des Altpapiers in Deutschland kommt als getrennt erfasster Stoffstrom aus Haushalten oder aus dem gewerblichen Bereich [14]. Zusätzlich werden Produktionsabfälle und verarbeitete Neuware, wie unverkaufte Zeitungen, als Altpapier wieder in der Papierherstellung eingesetzt. Altpapier aus den verschiedenen Herkunftsbereichen wird nach der Altpapiersortenliste DIN EN 643 in 63 Haupt- und weitere 32 Untersorten mit unterschiedlichen Qualitätsanforderungen kategorisiert. Diese werden wiederum in 5 Gruppen (siehe Tab. 7.2) eingeteilt [15]. Etwa 80 Prozent des Altpapiers lassen sich den unteren Sorten zuordnen [16].

Aufbereitung und Verwertung

Ziel der Aufbereitung von Altpapier der unteren Sorten (Gruppe 1) ist die Herstellung von Zeitungs- und Magazinpapier (1.11 Deinkingware) [16]. Das gemischte Altpapier wird zunächst zerkleinert und Störstoffe wie Metalle und Kunststoffe entfernt. Geeignete Aggregate für diese Schritte sind Grob- und Feinsiebe, Metallscheider und optische Trenntechnologien. Für die Separation von Verpackungen und Kartonagen finden verschiedene Trenntechniken Anwendung. Der sogenannte Paper-Spike trennt die Partikel anhand ihrer Biegesteifigkeit, indem auf einer Trommel angebrachte Spikes das Material

Tab. 7.2 Gruppenbezeichnung für Altpapiere nach DIN EN 643 [15]

Gruppe	Bezeichnung	Beispiele
Gruppe 1	Untere Sorten	Gemischtes Altpapier, Verpackungen aus Papier und Karton, Illustrierte, Deinkingware[1)]
Gruppe 2	Mittlere Sorten	Zeitungen, Büropapier, weiße Bücher, kunststoffbeschichteter Karton
Gruppe 3	Bessere Sorten	Weißer, mehrlagiger Karton; weißes Zeitungspapier, weiße Späne; unbedrucktes Tissue
Gruppe 4	Krafthaltige Sorten	Unbenutzte Pappe; Kraftwellpappe; Kraftpapiersäcke
Gruppe 5	Sondersorten	Mischungen aus Gruppen 1–5; gemischte Verpackungen; Getränkekarton; Etiketten; Kraftpapiersäcke; Papierbecher o.Ä.

[1)] Deinkingware 1.11: Sortiertes graphisches Papier, mindestens 80 % Zeitungen und Illustrierte. Es müssen mindestens 30 % Zeitungen und 40 % Illustrierte enthalten sein. Druckprodukte, die für Deinking ungeeignet sind, sind auf 1,5 % begrenzt.

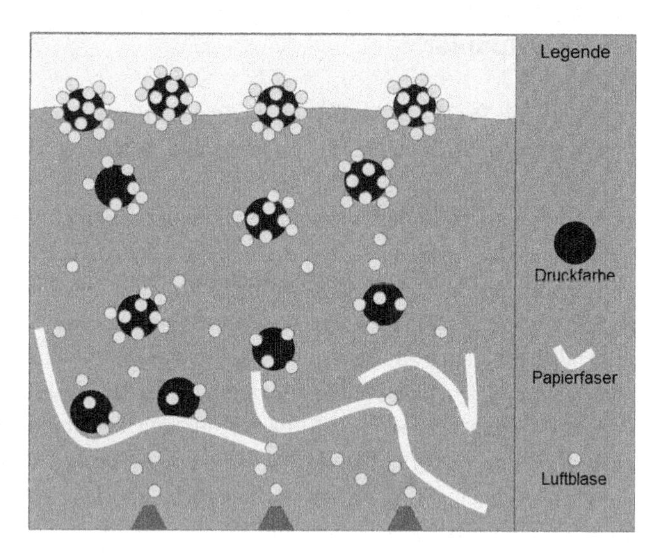

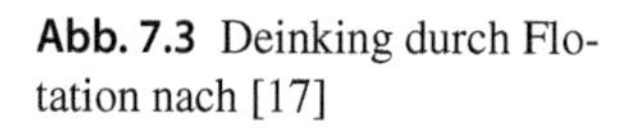
Abb. 7.3 Deinking durch Flotation nach [17]

aufspießen. Stabile Pappanteile bleiben auf den Spitzen stecken und die nicht formstabilen Papierstücke fallen herunter. Häufig erfolgt eine weitere Sortierung mittels sensorgestützter Aggregate mit Nachsortierung der Rejekte [16].

Die weitestgehend sortierten Papierfraktionen werden mit Wasser in einem Pulper zu Faserbrei vermengt. Noch enthaltene Fremdanteile werden als sogenannte Spuckstoffe und Zöpfe abgetrennt. Deinkingware durchläuft den Prozess der Druckfarbenentfernung, wodurch der Weißegrad erhöht wird. Dazu werden die hydrophilen Papierfasern mit Wasser benetzt und von den hydrophoben Druckfarbenteilchen abgetrennt, welche durch Flotation aufgeschwemmt werden (siehe Abb. 7.3).

Die gereinigten Fasern werden als Sekundärrohstoffe wieder für die Papierherstellung genutzt. Der Faserbrei wird in der Papiermaschine auf ein Sieb aufgebracht und vorentwässert. Anschließend durchläuft das noch feuchte Papierband mehrere Presswalzen. Mittels Trockenzylindern wird dem Papier weiter Feuchtigkeit entzogen. Der Verwertungsprozess von Altpapier ist in der Abb. 7.4 dargestellt. Mit jedem Recyclingprozess verkürzen sich die Papierfasern, was einen Qualitätsverlust zur Folge hat. Daher ist die Anzahl der Recyclingdurchgänge auf fünf bis sieben Mal beschränkt [18].

Umweltentlastung

Durch den Einsatz von Altpapier werden etwa 70 bis 74 Prozent des Rohstoffbedarfs in der Papierherstellung gedeckt [14]. Zudem verringern sich der Frischwasserverbrauch sowie der Energiebedarf zur Papierherstellung auf jeweils 40 Prozent verglichen mit der Herstellung aus Primärrohstoffen [19]. So können durch den Einsatz von einem Mg Altpapier etwa 94 kg CO_2 eingespart werden [18]. Die Umweltentlastung bei der Herstellung von Frischfaserpapier verglichen mit Recyclingpapier ist in der Tab. 7.3 im Einzelnen dargestellt.

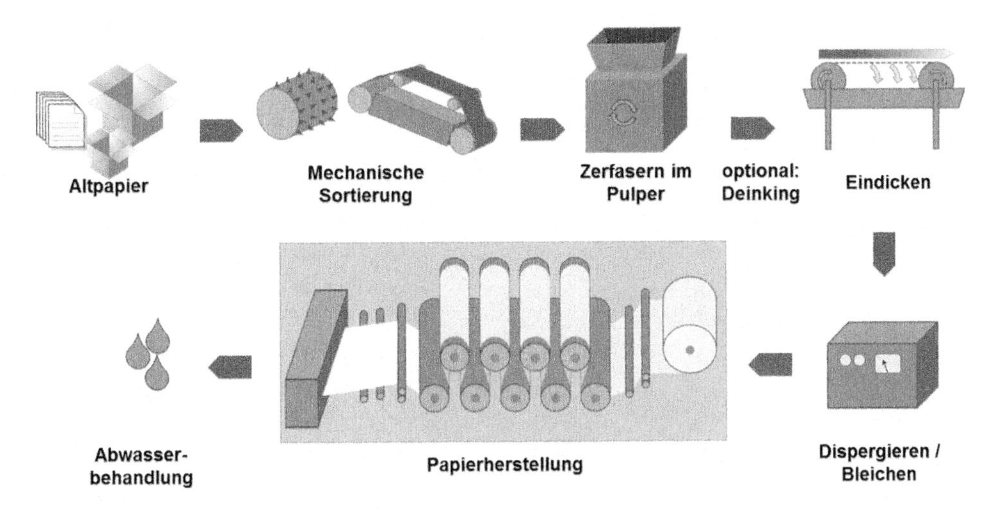

Abb. 7.4 Verwertungsweg Altpapier (eigene Darstellung nach [8a])

Tab. 7.3 Ressourcenverbrauch bei der Herstellung von Recycling- und Frischfaserpapier nach [19]

		Recyclingpapier bezogen auf 1 Mg	Frischfaserpapier bezogen auf 1 Mg	Differenz total	Differenz %
Altpapier/Holz	[kg]	1120	3000	-	
Energie	[kWh]	4200	10.720	6520	60,8
CO_2	[kg]	880	1040	160	15,4
Frischwasser	[m³]	20,44	52,08	31,64	60,8

Verwertungsmengen

Die Altpapiereinsatzquote lag in den Jahren 2009 bis 2013 durchschnittlich zwischen 70 und 74 Prozent [14], bei einzelnen Papiersorten bis zu 100 Prozent. In der Abb. 7.5 ist dargestellt, in welchen Produktionsbereichen das Altpapier verwendet wird. Zusätzlich ist die jeweilige Altpapiereinsatzquote für den Produktionsbereich dargestellt.

7.1.4 Metalle

In der Kreislaufwirtschaft werden Altmetalle in Eisenmetalle (**Fe**) und Nichteisenmetalle (**NE**) unterschieden. Neben Produktionsabfällen (Neuschrott) und getrennt gesammelten Altschrotten fallen z. B. bei der Altautozerlegung, im Baubereich oder bei der Aufbereitung von MVA-Schlacken verschiedene Metallfraktionen an. Zunehmend an Bedeutung gewinnt auch die Verwertung von ausgewählten besonders werthaltigen, aber

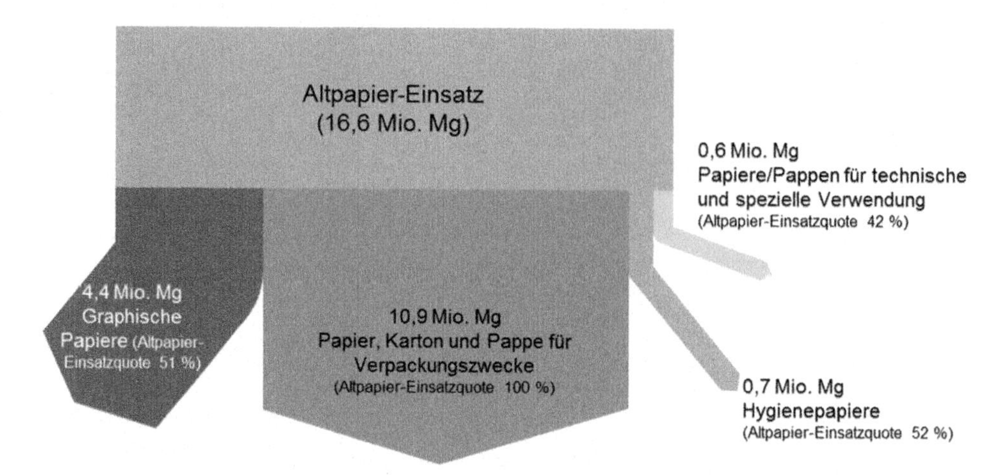

Abb. 7.5 Altpapierverwertung mit Einsatzquoten in der Produktion (Stand 2013) nach [14]

mengenmäßig im geringeren Maße anfallenden Metallen, z. B. aus Elektroaltgeräten (siehe. Abschn. 7.2) [5].

7.1.4.1 Fe-Metalle

Jährlich werden in Deutschland über 40 Mio. Mg Rohstahl hergestellt. Die größten Abnehmerbranchen sind die Automobil- und Bauindustrie [20]. Die Primärproduktion von Stahl gehört zu den energieintensiven Wirtschaftszweigen, daher rückt die Sekundärproduktion aufgrund hoher Einsparpotenziale zunehmend in den Fokus [21]. In Stahlwerken und Gießereien wird neben dem sogenannten Eigenentfall auch Zukaufschrott eingesetzt. Dieser setzt sich etwa zu gleichen Teilen aus Alt- und Neuschrott zusammen [22]. Stahlschrott wird nach der europäischen **Stahlschrottsortenliste** (VDI 4085) in sieben Kategorien unterteilt [23]:

- Altschrott
- Neuschrott
- Shredderschrott
- Stahlspäne
- Leicht legierter Schrott mit hohem Gehalt an Begleitelementen
- Schrott mit hohem Reststoffanteil
- Geshredderter Schrott aus der Müllverbrennung

Innerhalb dieser Kategorien findet eine weitere Unterscheidung nach Sorten statt, für die Qualitätsanforderungen und Spezifikationen wie Abmessungen, Schüttgewicht, Schuttanteil sowie angestrebte Gehalte für Fremdelemente wie Kupfer, Zinn, Chrom, Nickel, Molybdän sowie teilweise für Schwefel und Phosphor festgelegt sind (siehe Anhang).

Aufbereitung und Verwertung

Die Abtrennung von Fe-Metallen aus Gemischen (z. B. aus Leichtverpackungen, MVA-Schlacken) erfolgt mittels Magnetscheidern. Um die Vorgaben der Stahlwerke (lt. Stahlschrottsortenliste) im Hinblick auf Abmessung, erforderliche Dichte, Schüttgewicht und Reinheit einzuhalten, wird Alt- und Neuschrott im Regelfall sortiert und weiter aufbereitet. Eingesetzt werden hier neben Zerkleinerungsaggregaten, wie Scheren und Shredder auch Sensorsortiereinheiten, mit denen Fremd- und Störstoffe separiert werden.

Für die Verwertung von Fe-Altschrott werden in Deutschland zwei Verfahren eingesetzt. Das Hochofenverfahren, mit einem Marktanteil von rund zwei Dritteln, bei dem sogenannter Oxygenstahl erzeugt wird sowie der Lichtbogenofen, in dem Elektrostahl erzeugt wird. Während der Fe-Altschrott-Einsatz im Lichtbogenofen bis zu 100 Prozent beträgt, kann davon im Hochofenverfahren höchstens 28 Prozent hinzugegeben werden [22]. Die erzeugten Stähle haben unterschiedliche Eigenschaften, so dass die Wahl des jeweiligen Verfahrens von dem zu erzeugenden Produkt abhängt, s. Abb. 7.6.

Umweltentlastung

Die für die Herstellung von Roheisen benötigte Menge an Erz hängt von dem Eisengehalt des Erzes ab. In [24] wird von rund 1,6 Mg Erz je Mg erzeugten Roheisens ausgegangen. Daneben werden Reduktionsmittel, z. B. Koks, Kohle oder Sekundärbrennstoffe sowie

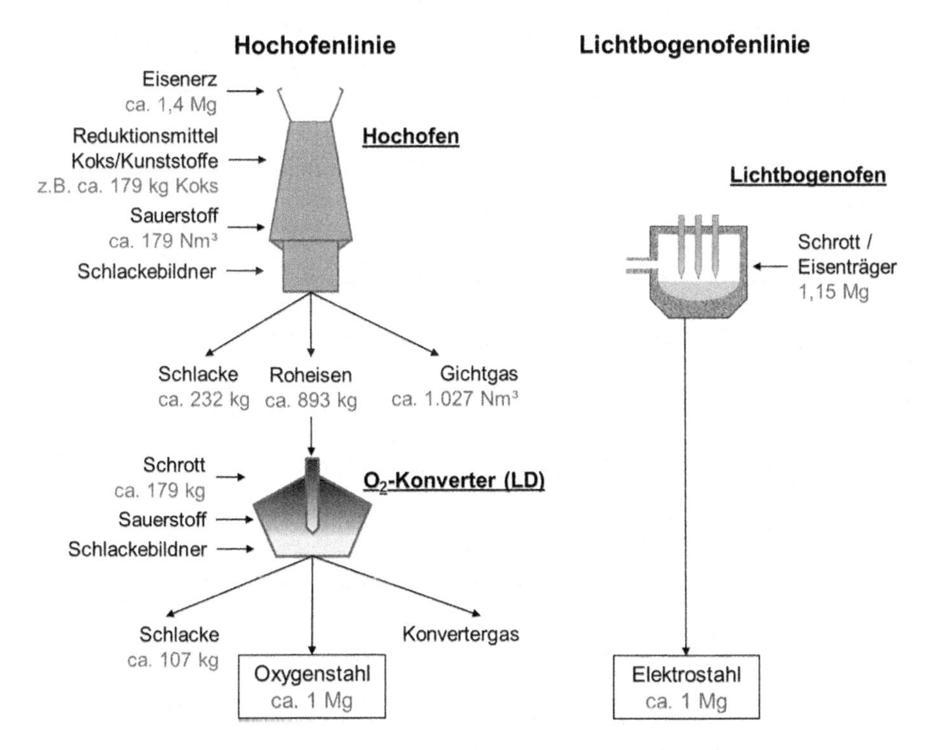

Abb. 7.6 Verwertung von Eisenschrotten in der Hochofenlinie oder Lichtbogenofenlinie (eigene Darstellung, nach [24])

Sauerstoff benötigt (s. Abb. 7.6). Bei der Roheisenerzeugung (1 Mg) bilden sich zudem etwa 260 kg Schlacke [24]. Die aufbereitete Hochofenschlacke wird in der Zementerzeugung als Sekundärrohstoff eingesetzt [21]. Durch die Verwertung von Stahl- und Eisenschrott können Roheisen und damit die vorgenannten Rohstoffe ganz oder teilweise ersetzt werden. Beim Hochofenverfahren werden durch den Einsatz von einem Mg Altstahl etwa 1,1 Mg Roheisen und damit rund 2,5 Mg Rohstoffe substituiert [5]. Der Altstahleinsatz ist in diesem Verfahren jedoch begrenzt (s. o.). Im Elektrolichtbogenofen kann der Input nahezu vollständig aus Altstahl bestehen. Produzierte Stahlmengen aus diesem Verfahren ersetzen Stahl aus der Hochofen-Route. Durch den Ersatz von einem Mg Oxygenstahl (inkl. 16 % Schrottanteil) durch Stahl aus dem Elektrolichtbogenofen können 3,1 Mg Rohstoffe eingespart werden [5]. Der durchschnittliche Energieverbrauch bei der Erzeugung von Sekundärstahl liegt, verglichen mit der Primärerzeugung, um etwa 72,5 Prozent niedriger [22]. Dabei liegt der Energiebedarf des Lichtbogenofen-Verfahrens mit etwa 7,2 GJ/Mg erheblich niedriger als der des Hochofenverfahrens mit 22,5 GJ/Mg [5]. Durchschnittlich werden je Mg durch Altstahl ersetzten Inputmaterials 0,98 Mg (rund 64 Prozent) der CO_2-Emissionen eingespart [10].

Verwertungsmengen

Die deutsche Stahlindustrie setzt jährlich mehr als 20 Millionen Tonnen Stahl- und Eisenschrott in der Produktion ein. Davon stammen beispielsweise nur rund 450 Tsd. Mg aus MVA-Schlacken [25], etwa 106 Tsd. Mg aus MBA-Anlagen [26] und rund 350 Tsd. Mg aus der Verwertung von Verpackungen [3]. Der weitaus größere Anteil des Eisen- und Stahlschrotts wird direkt von gewerblichen Endverbrauchern oder Zwischenhändlern verkauft, ohne dass er in eine Abfallstatistik eingeht. Bei Altmetallen kann aufgrund der erzielbaren Erlöse davon ausgegangen werden, dass die Verwertungsquote bei annähernd 100 Prozent liegt [5].

7.1.4.2 NE-Metalle

Alle Metalle und Legierungen mit einem Eisengehalt unter 50 Prozent werden als Nichteisenmetalle (NE-Metalle) bezeichnet. Weiterhin werden NE-Metalle unterschieden in:

- Leichtmetalle (Dichte ≤ 5 g/cm³), z. B. Aluminium
- Schwermetalle (Dichte > 5 g/cm³), z. B. Kupfer
- Edelmetalle, z. B. Gold, Silber

Neu- und Altschrotte werden den in den „Usancen und Klassifizierungen des Metallhandels" (siehe Anhang) definierten Sorten zugeordnet. Aufgrund der mengenmäßigen Relevanz wird in diesem Kapitel der Fokus auf die Metalle Aluminium und Kupfer gelegt. Sowohl bei der Verwertung von Aluminium, als auch bei der Verwertung von Kupfer sind durch Aufbereitungsprozesse Qualitäten vergleichbar mit der Primärproduktion zu erreichen [27].

Tab. 7.4 Nachfrage nach Aluminium in Deutschland (2013) [29]

Produktion (primär + sekundär)	1.089.723 Mg
Verbrauch	2.083.000 Mg
Import (inkl. Produkte und Rohstoffe, z. B. Bauxit, Aluminiumoxid, Schrotte)	6.632.450 Mg
Export (inkl. Produkte und Rohstoffe, z. B. Bauxit, Aluminiumoxid, Schrotte)	2.239.076 Mg

Aluminium ist aufgrund seines geringen Gewichts bei vergleichsweise hoher Festigkeit sowie der guten Wärmeleitfähigkeit und Korrosionsbeständigkeit ein weit verbreiteter Werkstoff. So lag der Verbrauch 2013 bei 2.083.000 Mg (vgl. Tab. 7.4). Anwendungsbereiche liegen in der Verkehrstechnik, dem Verpackungssektor, der Baubranche und dem Maschinenbau (s. Tab. 7.4, Nachfrage nach Aluminium in Deutschland). Neben der Herkunft werden Aluminiumschrotte in Knet- (für z. B. Folien, Drähte, Schilder, Tuben und Fässer) und Gusslegierungen (für z. B. Gießsteiger, Späne und Shredderschrott) unterschieden [28]. Primäraluminium wird aus dem Erz Bauxit gewonnen, welches zunächst zu Tonerde gebrannt wird, aus welcher anschließend mittels Schmelzflusselektrolyse reines Aluminium gewonnen wird [28].

Kupfer ist ein guter elektrischer Leiter und wird daher für Stromleitungen sowohl im Baubereich als auch den Bereichen Elektronik sowie Informations- und Telekommunikation verwendet (s. Tab. 7.5, Nachfrage nach Kupfer in Deutschland). Wegen seiner leichten Verarbeitbarkeit und Korrosionsbeständigkeit wird es zudem für Trinkwasser- und Heizungsleitungen sowie Dachrinnen im Hochbau verwendet [27]. Die wichtigsten Legierungen von Kupfer sind Bronze (Kupfer-Zinn), Rotguss (Kupfer-Zinn-Zink) und Messing (Kupfer-Zink). Für die Primärkupfergewinnung stehen verschiedene Erze zur Verfügung, das wichtigste ist Chalkopyrit (*Kupferkies*). Durch Röst- und Oxidationsvorgänge wird Rohkupfer erzeugt, welches mittels einer elektrolytischen Raffination gereinigt wird [30]. Die Nachfrage nach Kupfer ist für das Jahr 2013 in Tab. 7.5 aufgelistet.

Aufbereitung und Verwertung

Aluminium

Aluminiumhütten setzen einen Gehalt von 98 % Aluminium oder Aluminiumlegierungen im Schrott voraus, daher ist eine weitergehende Sortierung dieser mit Abtrennung der Fremdbestandteile erforderlich (z. B. Magnetscheider) [31]. Die Verwertung von Aluminiumschrott ist in Abb. 7.7 dargestellt. Organische Bestandteile werden vor der Schmelze

Tab. 7.5 Nachfrage nach Kupfer in Deutschland (2013) [29]

Produktion	679.700 Mg
Verbrauch	1.140.000 Mg
Import (inkl. Produkte und Rohstoffe, z. B. Erz, Legierungen, Schrotte)	2.536.348 Mg
Export (inkl. Produkte und Rohstoffe, z. B. Erz, Legierungen, Schrotte)	828.395 Mg

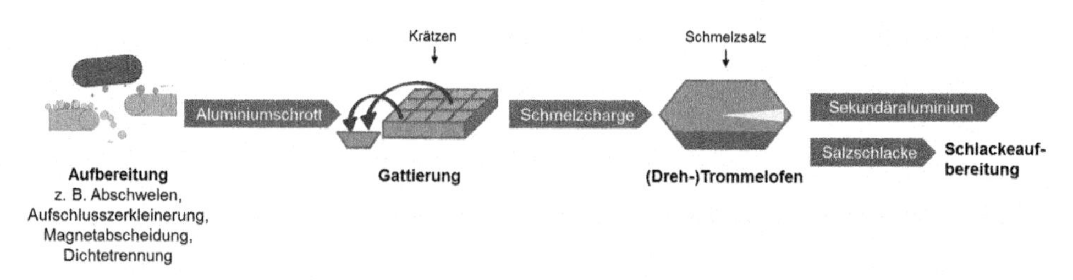

Abb. 7.7 Verwertung von Aluminiumschrott nach [28]

abgeschwelt. Sekundäraluminium aus Alt- oder Neuschrott wird hauptsächlich in (z. T. kippbaren) Drehtrommelöfen eingeschmolzen. Auch metallreiche Nebenprodukte aus der Sekundäraluminiumproduktion wie Krätze (von der Schmelze abgetragene Oxidhaut) werden wieder eingesetzt [28]. Bei der sogenannten Gattierung werden Altaluminiumfraktionen und Legierungselemente so zusammengestellt, dass die gewünschte Legierung im Sekundärprodukt erreicht wird [32]. Um Oxideinschlüsse in der Schmelze zu verhindern, erfolgt das Einschmelzen unter einer leichteren Salzschicht, welche zudem Verunreinigungen aus der Schmelze aufnimmt (schematische Darstellung s. Abb. 7.7). Bei der Verwertung von einem Mg Aluminium fallen daher etwa 300 bis 500 kg sogenannte Salzschlacke an, welche üblicherweise noch etwa acht Prozent Aluminium enthalten [28].

Beim Einsatz von Herd- oder Induktionsöfen kann der Schmelzprozess ohne die Zugabe von Salzen erfolgen, es werden jedoch hohe Anforderungen an die Reinheit (Oxidgehalt) des Inputmaterials gestellt [28]. In der Sekundärproduktion werden fast nur Gusslegierungen hergestellt, da der für Knetlegierungen auf 2,6 Prozent begrenzte Siliziumgehalt der Schrotte meist überschritten wird [28].

Kupfer

Ungefähr die Hälfte der jährlich in Deutschland bereitgestellten Kupfermenge wird aus Sekundärquellen gewonnen [10]. Die Vorbehandlung besteht aus den Schritten Mischen, Zerkleinern und Agglomerieren sowie der Separation von Fe-Metallen und Aluminium. Der Prozess der Sekundärkupfergewinnung besteht aus mehreren Reinigungsstufen, welchen die Schrotte je nach Reinheit zugeführt werden. Je nach Kupfergehalt der Schrotte können somit einzelne Schmelzprozesse übersprungen werden. Fraktionen mit vergleichsweise geringem Kupfergehalt (<50 % Cu) [33] und hohen Bestandteilen an Fremdelementen (z. B. Elektroschrott) werden im ersten Schmelzprozess im Badschmelzofen eingeschmolzen. Das entstandene Schwarzkupfer hat einen Kupfergehalt von etwa 80 Prozent. Dieses wird einem Konverter (z. B. rotierender Aufblaskonverter, s. Abb. 7.8) zugeführt, um den Schwefel- und Eisengehalt unter Luftzufuhr weiter zu reduzieren [34]. In diesem Prozessschritt können auch Legierungsschrotte (z. B. Bronze, Messing) hinzugegeben werden. Der Output aus diesem Prozess wird als Konverter-/oder Blisterkupfer bezeichnet. Im Anodenofen werden weitere Verunreinigungen durch Verschlackung entfernt [35]. Schrotte mit einem hohen Kupfergehalt (>85 % Cu) werden direkt in diesen Ofen eingebracht [33]. Das flüssige Kupfer wird anschließend zu Anoden mit einem

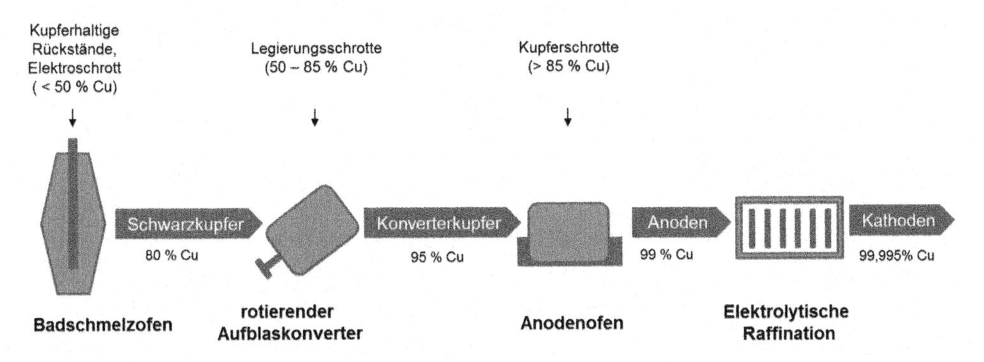

Abb. 7.8 Verwertung von Kupferschrott nach [36]

Kupfergehalt von 99 Prozent gegossen. Der letzte Reinigungsschritt ist die elektrolytische Raffination. Hier werden Reinheiten von 99,995 Prozent erreicht (s. Abb. 7.8).

Umweltentlastung

Aluminium

Das Aluminiumerz Bauxit ist nach Sauerstoff und Silizium das dritthäufigste Element der Erdkruste. Bei der Herstellung von Aluminium aus Bauxit wird eine große Menge an Energie benötigt. Daher kann bei der Verwertung von Aluminiumschrott, verglichen mit der Primärproduktion, ein Großteil der Prozessenergie eingespart werden. Die Angaben reichen dabei von 85 bis 95 Prozent [21, 27, 28]. In [28] wird der Energiebedarf für die Primärgewinnung mit 163,7 GJ/Mg Aluminium angegeben und für die Sekundärgewinnung mit rund 19,5 GJ/Mg. Pro Mg recyceltem Material werden 10 Mg CO_2 eingespart, was etwa 85 Prozent der CO_2-Emissionen der Primärproduktion entspricht [10]. Die festen Rückstände aus der Primärproduktion liegen mit 3,7 Mg pro Mg erzeugten Aluminiums fast um eine 10er-Potenz höher als bei der Sekundärproduktion (ca. 0,4 Mg/Mg Al) [28].

Kupfer

Durch die Sekundärproduktion von Kupfer werden, verglichen mit der Primärproduktion, pro Mg Sekundärkupfer 3,4 Mg CO_2 eingespart, was einer Einsparung von 64 Prozent entspricht [10]. Im Jahr 2007 wurden 117,5 Mio. Mg Rohstoffe und 81 PJ Energieaufwand durch das Recycling von Kupfer in Deutschland eingespart [5]. Bei 894.000 Mg Kupfer aus sekundären Vorstoffen ergibt sich eine Einsparung je Mg von rund 131 Mg an Rohstoffen und 90.626 MJ an Energie [5].

Verwertungsmengen

In Deutschland wurden im Jahr 2013 rund 597.000 Mg Sekundäraluminium produziert, was einem Anteil von rund 55 Prozent entspricht [29]. 60.700 Mg stammen davon aus der Verwertung von Verpackungen [3].

Beim Kupfer lag die Produktionsmenge von Raffinadekupfer 2013 bei 679.700 Mg, wovon rund 285.000 Mg aus sekundären Vorstoffen stammen (Recyclinganteil 42 %) [29].

Aus Müllverbrennungsanlagen gelangten im Jahr 2013 rund 56.000 Mg Nichteisenmetalle in den Verwertungskreislauf [25].

7.1.5 Altkunststoffe

Altkunststoffe fallen in nahezu allen Lebensbereichen an. Der weitaus größte Anteil stammt aus der Sammlung von gebrauchten Verpackungen, dem Baubereich sowie aus der Fahrzeugaufbereitung. Im Jahr 2011 wurden in Deutschland insgesamt 20,7 Mio. Mg Kunststoffe hergestellt, zudem 8,4 Mio. mg importiert bzw. 11,9 Mio. Mg exportiert. Letztendlich gelangten nach Verarbeitung und weiteren Im- und Exporten 9,7 Mio. Mg zum privaten und gewerblichen Verbraucher. In 2011 fielen insgesamt 5,5 Mio. Mg Kunststoffabfälle an, von welchen 81,5 Prozent Post-Consumer-Abfälle und 18,5 Prozent Produktions- und Verarbeitungsabfälle waren. Die Post-Consumer-Abfälle gliedern sich weiter auf nach den Herkunftsbereichen private Haushalte (48,7 %) und gewerbliche Endverbraucher (32,8 %), die Produktions- und Verarbeitungsabfälle in die Bereiche Kunststoffverarbeitung (17,2 %) und -erzeugung (1,3 %) [2]. In Tab. 7.6 sind Kunststoffabfälle aus dem Jahr 2011, differenziert nach Arten, beschrieben.

Tab. 7.6 Kunststoffabfälle in Deutschland, differenziert nach Arten (Stand 2011). Nach [2]

Kunststoffart	Menge 2011 in 1000 Mg	Anteil in %	Typ	Wichtige Anwendungsgebiete
PE-LD/LLD: Polyethylen Low Density	1375	25,2	Thermoplast	Verpackungen, Bau
PP: Polypropylen	909	16,7	Thermoplast	Verpackungen, Fahrzeuge
PE-HD/MD: Polyehtylen High Density	718	13,2	Thermoplast	Verpackungen, Bau
PVC: Polyvinylchlorid	610	11,2	Thermoplast	Bau
PET: Polyethylenterephthalat	524	9,6	Thermoplast	Verpackungen
PS: Polystyrol	285	5,2	Thermoplast	Verpackungen
PUR: Polyurethan	237	4,4	Duroplast oder Elastomer	Bau, Fahrzeuge
PS-E: Geschäumtes Polystyrol	111	2,0	Thermoplast	Bau
Sonst. Kunststoffe	679	6,2		Bau, Verpackungen, Fahrzeuge, Elektro/Elektronik

Eine Umformung von Duromeren und Elastomeren ist aufgrund ihrer vernetzten Molekülstrukturen nicht möglich. Diese Kunststoffe können lediglich durch Zerkleinerung und anschließende Anwendung als Füllstoff werkstofflich verwertet werden [5]. Die Verwertung von sortenreinen Thermoplasten oder thermoplastischen Elastomeren ist dagegen gut durchführbar, da diese aus unvernetzten Molekülen bestehen. Sie lassen eine erneute Überführung in eine Schmelze oder Lösung zu, wodurch eine erneute Umformung möglich ist [37]. Mischkunststofffraktionen bilden, aufgrund chemischer Unverträglichkeiten und unterschiedlicher Schmelztemperaturen, i. d. R. keine homogene Schmelze [38].

Aufbereitung und Verwertung

In Abhängigkeit von der Kunststoffsorte und der vorliegenden Qualität stehen unterschiedliche Verwertungswege zur Verfügung. In der Abb. 7.9 sind für die jeweiligen Anwendungsfelder etablierte Verfahren dargestellt.

Wesentliche Voraussetzung für die werkstoffliche Verwertung von Kunststoffen ist die Separation sortenreiner Kunststofffraktionen. Für ein **werkstoffliches Recycling** eignen sich insbesondere Thermoplaste, die entweder bereits sortenrein und sauber vorliegen oder in einer Aufbereitungsanlage abgetrennt werden. Sie werden zunächst von Störstoffen wie Metallpartikeln befreit, zerkleinert und gewaschen. Fremdkunststoffe werden durch sensorgestützte Sortierung oder durch Dichtetrennung abgetrennt. Das aufbereitete und getrocknete Mahlgut wird z. B. in Extrudern zu Regranulat umgeschmolzen. Das Regranulat dient in der Kunststoffverarbeitung zur Herstellung von Fertigprodukten (z. B. von Profilen, Rohren, Blumen- und Getränkekästen und Folien). Durch Alterungsprozesse und Additive kann ein Qualitätsverlust entstehen. Daher lassen sich die meisten Kunststoffe nicht beliebig oft recyceln, sondern nur etwa drei bis fünf Mal (häufigere Recyclingdurchgänge sind jedoch nicht auszuschließen) [5].

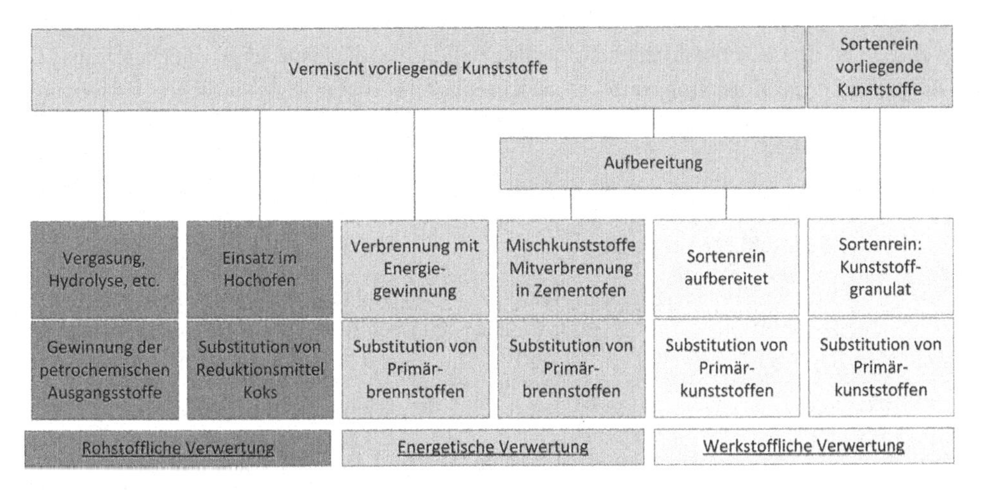

Abb. 7.9 Verwertungswege für Kunststoffe

Tab. 7.7 Heizwerte von Kunststoffen und Vergleich mit Primärbrennstoffen

Heizwert	Kunststoffe (ohne Zusatzstoffe)	Primärbrennstoffe (Beispiele)
>36.000	PP, PE, PS	Heizöl, Benzin
>25.000–36.000	PET	Steinkohle
>14.500–25.000	PVC, PUR	Holz, Braunkohlenbrikett

Beim **rohstofflichen Recycling** werden die Kunststoffe mittels thermischer oder chemischer Verfahren in ihre petrochemischen Ausgangsbestandteile zerlegt. Weitergehende Informationen zu thermischen Verfahren sind in Abschn. 9.2, Grundprozesse der thermischen Abfallbehandlung, beschrieben. Diese Form des Recyclings wird vor allem für die Verwertung von Mischkunststoffen genutzt, da an die Reinheit der Materialien geringere Anforderungen gestellt werden. Ein Waschen der Ausgangsmaterialien kann entfallen. Die Verwertung von Kunststoffen als Reduktionsmittel im Hochofen fällt ebenfalls unter das rohstoffliche Recycling. In der Stahlindustrie können Mischkunststoffe Koks oder Schweröl als Reduktionsmittel für Eisenerz ersetzen.

Mischkunststoffe können auch **energetisch verwertet** werden. Die in Kunststoffen enthaltene Energie wird genutzt, um fossile Brennstoffe in Industrie und Kraftwerken zu ersetzen. Mit der gewonnenen Energie wird Strom, Fernwärme oder Prozessenergie erzeugt. In Tab. 7.7 sind beispielhaft die Heizwerte verschiedener Kunststoffe vergleichbaren Primärbrennstoffen gegenübergestellt. Im Abschn. 7.6 werden Verfahren der energetischen Verwertung erläutert.

Umweltentlastung

Durch das werkstoffliche Recycling von Kunststoffabfällen können je nach Kunststoff- und Verwertungsart, pro Mg eingesetzten Sekundärmaterials, rund 40 bis 90 Gigajoule an Energie sowie rund 1 bis 2 Mg Rohstoffe, im Vergleich zur Primärproduktion, eingespart werden [5]. Beim rohstofflichen Recycling fallen diese Einsparungen geringer aus. In Tab. 7.8 sind die Einsparungseffekte bei einer hochwertigen werkstofflichen Verwertung und der rohstofflichen Verwertung im Hochofen dargestellt.

Tab. 7.8 Einsparungseffekte bei der werkstofflichen und rohstofflichen Verwertung [5]

	Werkstoffliche Verwertung		Rohstoffliche Verwertung	
	Rohstoffeinsparungen [Mg/Mg]	Energie-einsparungen [GJ/Mg]	Rohstoff-einsparungen [Mg/Mg]	Energie-einsparungen [GJ/Mg]
PE-HD	1,4	68	0,54	47
PE-LD	1,4	72	0,54	47
PET	2,2	93	0,20	33
PVC	0,8	39	–0,085	21

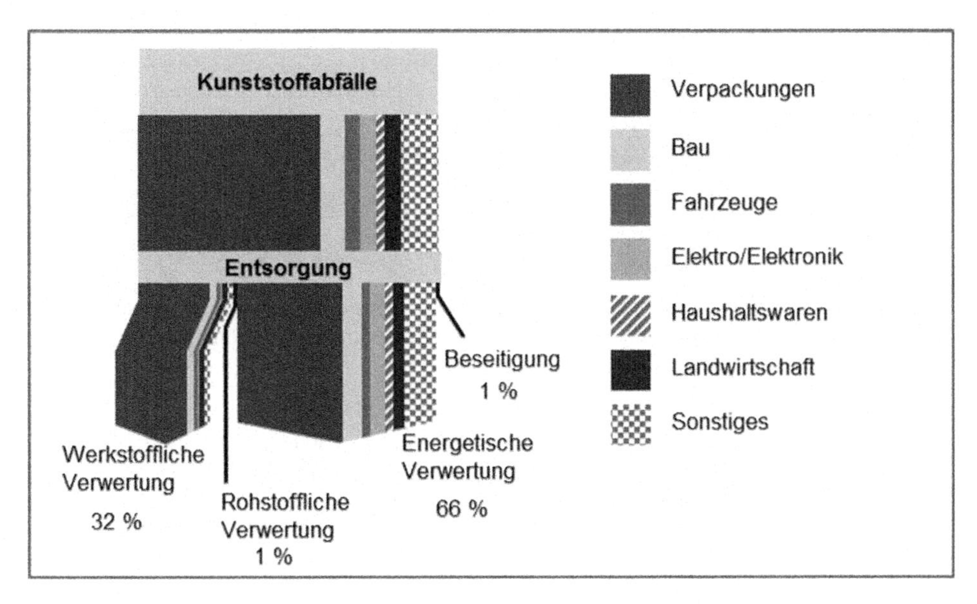

Abb. 7.10 Verwertungsmengen Kunststoffe (ohne Produktions- und Verarbeitungsabfälle) in Deutschland (Stand 2011) nach [2]

Durch die energetische Verwertung von Kunststoffen werden Primärenergieträger substituiert. Eine ausführliche Betrachtung dazu findet sich in Abschn. 7.6.

Verwertungsmengen
Der größte Anteil der anfallenden Altkunststoffe wird energetisch verwertet. Bei Post-Consumer-Abfällen lag dieser Anteil im Jahr 2011 bei rund 66 Prozent [2]. Der Anteil der werkstofflich verwerteten Abfälle lag bei 32 Prozent. Das rohstoffliche Recycling hat, ebenso wie die Beseitigung, nur eine geringe Bedeutung (siehe Abb. 7.10).

7.1.6 Ersatzbrennstoffe

Ersatzbrennstoff ist der Oberbegriff für Brennstoffe, die aus Abfällen hergestellt werden. Dieser Begriff umfasst Brennstoffe, die in Zement- oder Kraftwerken mitverbrannt oder einer Monoverbrennung (in Ersatzbrennstoffkraftwerken) zugeführt werden. In Deutschland wurden in 2010 rund 6.8 Mio. Mg Ersatzbrennstoffe eingesetzt, um fossile Energieträger zu ersetzen. Ersatzbrennstoffe werden unterschieden in heizwertreiche Fraktionen (HWRF) und Sekundärbrennstoffe (SBS). Diese Fraktionen werden, wie in Tab. 7.9 beschrieben, definiert.

Durch Gütesicherung wird eine hochwertige und schadlose Verwertung von Sekundärbrennstoffen sichergestellt. Gütegesicherte Sekundärbrennstoffe (gekennzeichnet mit dem Markenzeichen SBS®) müssen den festgelegten Qualitätskriterien des RAL-Gütezeichens 724 der Gütegemeinschaft Sekundärbrennstoffe und Recyclingholz e. V. (BGS e. V.) entsprechen.

Tab. 7.9 Definition Ersatzbrennstoffe

	Sekundärbrennstoffe (SBS)	Heizwertreiche Fraktionen (HWRF)
Abbildung		
Ausgangsmaterial	Heizwertreiche Fraktionen des Siedlungsabfalls oder produktionsspezifischer Abfälle	Hausmüll- und/oder gewerbeabfallstämmige Stoffströme
Aufbereitungstiefe	hoch	gering
Korngröße	<30 mm	>80 bis 500 mm
Heizwertband	überwiegend > 20 MJ/kg FS	11–15 MJ/kg FS
Verwertung	Mitverbrennung (Kraft-, Zement- oder auch Kalkwerken)	Monoverbrennung (Ersatzbrennstoffkraftwerke)

Aufbereitung und Verwertung

Unabhängig, ob Ersatzbrennstoffe aus Abfällen einer Mono- oder Mitverbrennung zugeführt werden, sind Anforderungen an die physikalische und chemische Beschaffenheit einzuhalten, dazu zählen:

- Schwermetallgehalte
- Heizwert sowie Chlorgehalt
- Korngröße sowie Schüttdichte
- Störstoffanteile

Die Monokraftwerke (Ersatzbrennstoffkraftwerke) sind von der eingesetzten Technik mit den Müllverbrennungsanlagen vergleichbar (siehe Kap. 9). Häufig werden hier Anforderungen an den Heizwert, den Chlor- und Aschegehalt und teilweise auch an Schwermetallgehalte der eingesetzten heizwertreichen Fraktionen gestellt. Die Anforderungen sind je nach Anlage verschieden und richten sich nach der Anlagentechnik, den Verbrennungsbedingungen und den Genehmigungsvoraussetzungen. Bei der Mitverbrennung ersetzen Sekundärbrennstoffe direkt Primärbrennstoffe in einem Produktionsprozess. Aus diesem Grund sind zu den oben genannten Anforderungen insbesondere **geringe Schwermetallgehalte, gleichbleibende Heizwerte** um 20.000 KJ/kg und **niedrige Chlorgehalte** (<1 %) einzuhalten. Im Folgenden werden die sich daraus ergebenden Produktionsschritte zur Herstellung von Sekundärbrennstoff beschrieben wie sie in Abb. 7.11 dargestellt sind.

- **Annahme und Inputkontrolle:** Der erste Schritt des Herstellungsprozesses ist die Inputkontrolle. Der Anlagenbetreiber dokumentiert für die Inputströme den

Abfallschlüssel, die angelieferte Menge, spezifische Herkunftsinformationen sowie chemisch-physikalische Kenngrößen.

- **Konditionierung und Aufschluss:** Vor der Aufgabe des Materials erfolgt die Abtrennung von groben Störstoffen. Das Material wird anschließend zerkleinert und in der Regel durch eine erste Siebstufe klassiert. Dieser Schritt entfrachtet den Stoffstrom von Feinmaterial mit einem hohen Mineralikanteil, welcher im Verwertungsprozess zu hohe Aschegehalte verursacht.
- **Sortierung:** Durch spezielle Sortiertechnologien wird der Stoffstrom mit heizwertreichen Bestandteilen angereichert, um einen definierten Energiegehalt zu erzielen und von schadstoffhaltigen Bestandteilen entfrachtet, um eine schadlose Verwertung zu gewährleisten. Durch den Einsatz von Magnet- und Wirbelstromscheidern werden Eisen- und Nicht-Eisen Metalle abgetrennt. Zusätzliche Sichterstufen ermöglichen die Trennung von Schwer- und Leichtgut sowie von flächigen und körperförmigen Materialien. Das abgetrennte Leichtgut weist einen deutlich höheren Energiegehalt auf. Optische Sortiertechniken (z. B. Nahinfrarottrenner) ermöglichen z. B. die gezielte Entnahme von Störstoffen (z. B. PVC). Durch die PVC-Abtrennung wird der Chlorgehalt des Materials reduziert. Die aussortierten Störstoffe, darunter Steine, Mineralik, Metalle und die verbleibende Restfraktion werden nicht zu Sekundärbrennstoffen verarbeitet, sondern einer stofflichen Verwertung oder thermischen Behandlung zugeführt.
- **Konfektionierung:** Der letzte Schritt im Produktionsprozess besteht in der Regel aus einer weiteren Zerkleinerungsstufe (s. Abb 7.11).

RAL-Gütezeichen 724 Sekundärbrennstoffe (RAL-GZ 724)

Wegen der hohen Qualitätsanforderungen an den Sekundärbrennstoff hat die Gütegemeinschaft Sekundärbrennstoffe und Recyclingholz e. V. (BGS e. V.) das Gütezeichen Sekundärbrennstoff RAL-GZ 724 entwickelt (vgl. www.bgs-ev.de). Sekundärbrennstoffe erhalten das Gütezeichen (RAL-GZ 724) s. Abb 7.12, wenn sie den Anforderungen der „Allgemeinen und Besonderen Güte- und Prüfbestimmungen für Sekundärbrennstoffe" genügen und werden dann mit der Markenbezeichnung SBS® gekennzeichnet.

Die hergestellten Sekundärbrennstoffe müssen für den Erhalt des Gütezeichens bestimmte Qualitätsanforderungen einhalten. Abbildung 7.13 zeigt die Vorgehensweise bei der Qualitätssicherung nach RAL-GZ 724. In den Güte- und Prüfbestimmungen des RAL-GZ 724 ist ein strenges Qualitätssicherungssystem für die Herstellung von Sekundärbrennstoffen festgelegt, das auf einer Eigenüberwachung durch die Hersteller und auf einer Fremdüberwachung durch unabhängige Gutachter und Prüflabore beruht. Maßgeblich ist, dass die Inputmaterialien den Abfallarten in Anlage 1 der Güte- und Prüfbestimmungen entsprechen und dass die in Tab. 7.10 aufgeführten Richtwerte von Schwermetallgehalten in den aufbereiteten Brennstoffen eingehalten werden. Die Vorgehensweise für die Probenahme, Analytik und Auswertung im Rahmen der Gütesicherung ist festgelegt.

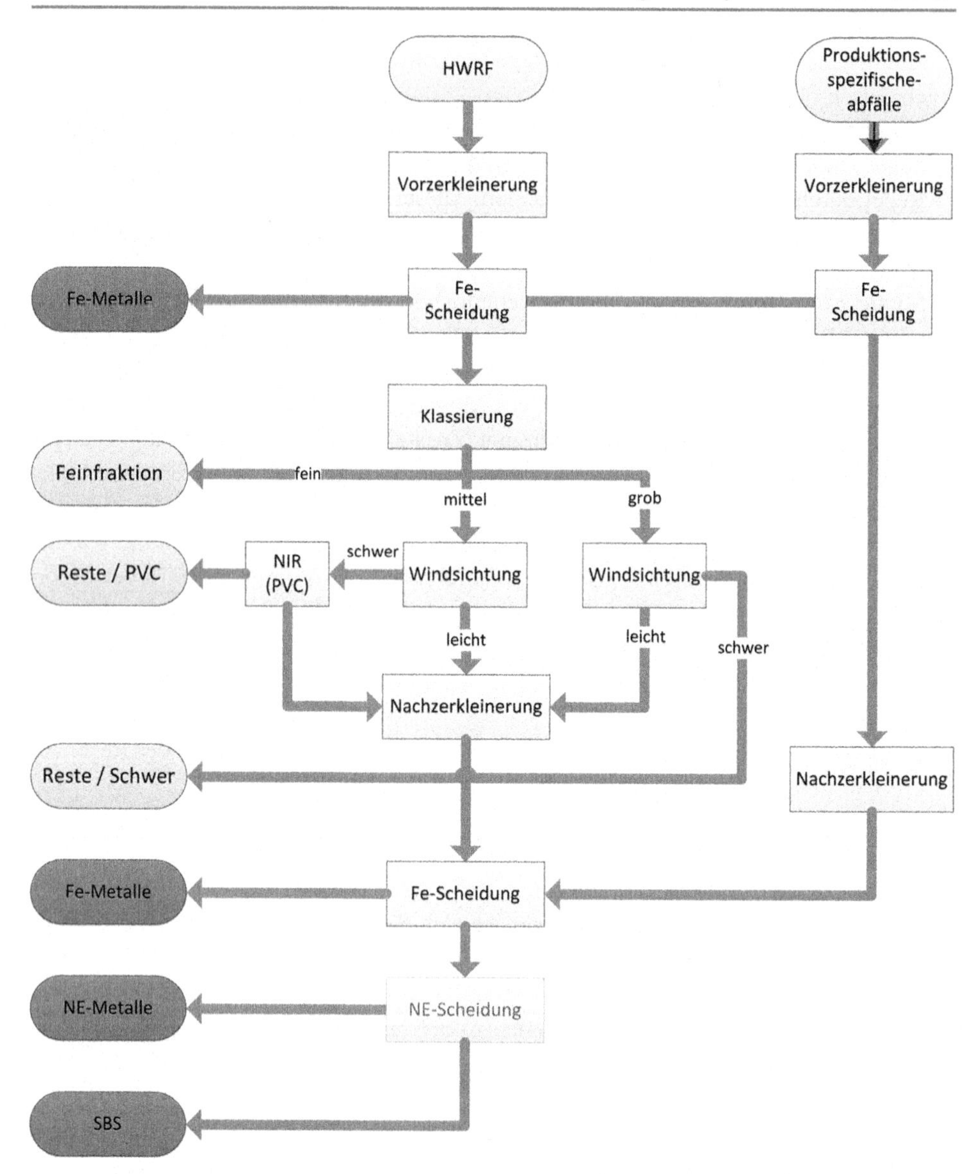

Abb. 7.11 Produktionsschritte zur Herstellung von Sekundärbrennstoff

Die Parameter Heizwert, Wassergehalt, Asche- und Chlorgehalt müssen im Rahmen der Gütesicherung auch analysiert und dokumentiert werden. Für diese Parameter sind keine spezifischen Richtwerte festgelegt, da es sich um verfahrensspezifische Parameter handelt, die bilateral zwischen den Vertragspartnern festgelegt werden. Typische Heizwerte sind z. B. 20 MJ/kg für den Einsatz in der Zementindustrie, >25 MJ/kg in Kalkwerken und Steinkohlekraftwerken sowie 13–16 MJ/kg für den Einsatz in Braunkohlekraftwerken. Darüber hinaus ist auch der Kupfergehalt zu analysieren und zu dokumentieren.

Abb. 7.12 RAL- Gütezeichen 724 Sekundärbrennstoffe [39]

Umweltentlastung

Der Einsatz der Ersatzbrennstoffe trägt durch den enthaltenen biogenen Anteil (CO_2-neutral) zur Minderung der CO_2-Emissionen in industriellen Feuerungsanlagen bei, denn CO_2-Emissionen aus nachwachsenden Rohstoffen werden bei der Bilanzierung des Treibhauseffektes nicht angerechnet. In der energieeffizienten Ersatzbrennstoffnutzung mit einem hohen Anteil an biogenem Kohlenstoff (zwischen 20 und 75 %) liegt somit ein wichtiger Beitrag zur globalen CO_2-Minderung. Die CO_2-Kennzahlen sind u. a. abhängig von den eingesetzten Inputmaterialien, der Abfallcharakteristik, der Art der Vorbehandlung, der Berücksichtigung von Teilprozessen, dem Wirkungsgrad und den Äquivalenzprozessen [40–44]. Daher können Vergleiche nur mit denselben Bilanzräumen durchgeführt werden. Durch qualifizierte Aufbereitung der heizwertreichen Bestandteile im Abfall und anschließender Mitverbrennung in Kraftwerken und Zementwerken sind, je nach Randbedingung, CO_2-Einsparpotenziale im Bereich von 350–1000 kg CO_2 Äq./Mg zu erzielen. Die Kennzahlen werden von aktuellen Erhebungen des Vereins Deutscher Zementwerke bestätigt. Beim Einsatz von Sekundärbrennstoffen wurde aufgrund des enthaltenen biogenen Anteils und dem geringen C/H-Verhältnis eine CO_2-Minderung von 740 kg CO_2-Äq./Mg Brennstoff ermittelt [45].

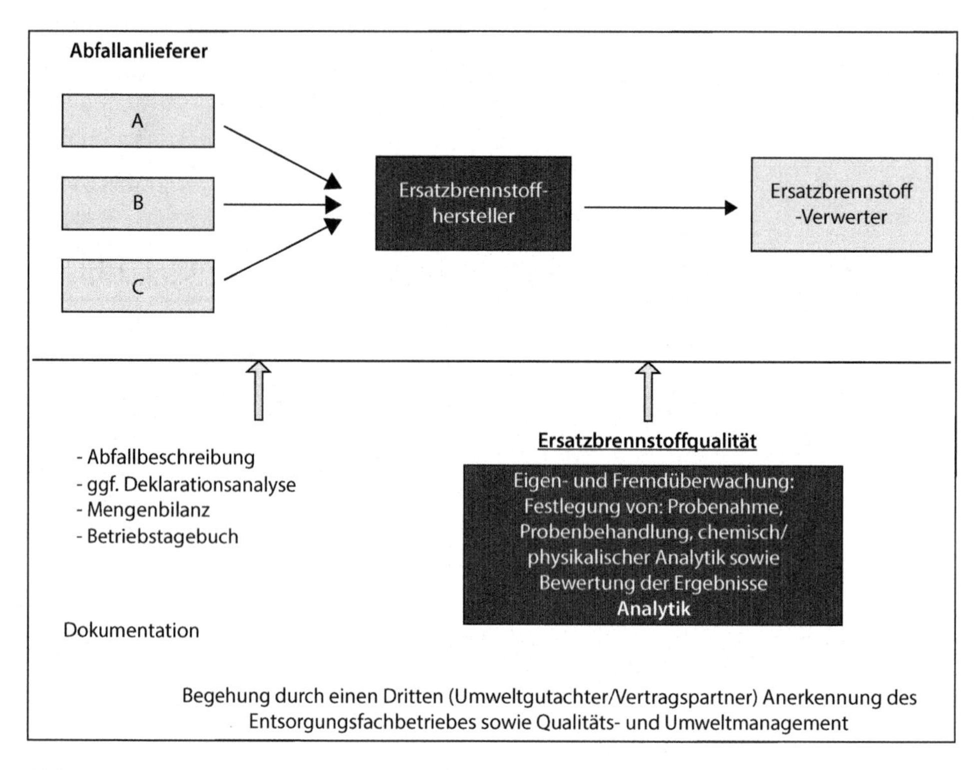

Abb. 7.13 Qualitätssicherung nach RAL-GZ 724 für Sekundärbrennstoffe

Tab. 7.10 Richtwerte des RAL-GZ 724 Sekundärbrennstoffe [39]

Parameter	Einheit	Schwermetallgehalte	
		Medianwerte	80. Perzentil Werte
Cadmium	mg/MJ	0,25	0,56
Quecksilber	mg/MJ	0,038	0,075
Thallium	mg/MJ	0,063	0,13
Arsen	mg/MJ	0,31	0,81
Kobalt	mg/MJ	0,38	0,75
Nickel	mg/MJ	5	10
Antimon	mg/MJ	3,1	7,5
Blei	mg/MJ	12	25
Chrom	mg/MJ	7,8	16
Mangan	mg/MJ	16	31
Vanadium	mg/MJ	0,63	1,6
Zinn	mg/MJ	1,9	4,4

Tab. 7.11 Einsatz von Sekundärbrennstoffen sowie sonstigen alternativen Brennstoffen in der Zementindustrie im Jahr 2013 nach [47]

Sekundärbrennstoff	1000 Mg/a	MJ/kg
Altreifen	202	28
Aufbereitete Fraktionen aus Industrie-/Gewerbeabfällen	1786	21
Aufbereitete Fraktionen aus Siedlungsabfällen	345	16
Altholz	11	13
Tiermehl- und fette	164	18
Lösemittel	95	24
Altöl	50	25
Klärschlamm	316	3
Sonstige	63	11

Verwertungsmengen
Die Herstellung von Ersatzbrennstoffen lag 2010 bei ca. 6,8 Mio. Mg. Diese Menge setzt sich wie folgt zusammen [46]:

- aus Anlagen mit überwiegender SBS-Produktion: 1,35 Mio. Mg
- aus Aufbereitungsanlagen mit überwiegender HWRF-Produktion: 3,35 Mio. Mg
- aus MBA-Anlagen: 2,10 Mio. Mg (überwiegend HWRF)

Die im Jahr 2013 in Deutschland zur Mitverbrennung in der Zementindustrie eingesetzten Sekundärbrennstoffe und sonstigen alternativen Brennstoffe sind in der Tab. 7.11 beschrieben.

7.1.7 Schlagwörter

Abfallverwertung, Altpapier, Altglas, Altmetalle, Altkunststoffe, Ersatzbrennstoff, Sekundärbrennstoff, Heizwertreiche Fraktion, werkstoffliches Recycling, rohstoffliches Recycling, Deinking, biogener Anteil, Monoverbrennung, Mitverbrennung

7.2 Verwertung von Elektro- und Elektronikaltgeräten

7.2.1 Einleitung

In Deutschland werden jährlich ca. 1,7 Mg Elektrogeräte [48] in Verkehr gebracht und mit dem Absatz von elektrischen Geräten wachsen auch die Entsorgungsmengen für elektronische und elektrische Altgeräten (EAG). Dieser Abfallstrom enthält neben Basismetallen wie Eisen, Kupfer und Aluminium auch Edelmetalle (z. B. Gold, Silber, Palladium), strategische Metalle (z. B. Indium, Tantal oder Niob) und Seltene Erdmetalle (z. B. Neodym, Yttrium, Lanthan). Damit sind Elektronikaltgeräte ein „Urbanerz" der Zukunft, welches zur Deckung des steigenden Bedarfs an strategischen Metallen, d. h. Seltenen Erdmetallen, Edelmetallen und weiteren kritischen Industriemineralien, nach Nutzung zu erfassen und effizient zu recyceln gilt.

Aber nicht nur in Deutschland, auch global sind EAG (engl. *Waste Electrical and Electronical Equipment* (WEEE)) einer der am stärksten zunehmenden Abfallströme [49, 50]. In Industrienationen beträgt der Anteil von WEEE im Durchschnitt 1 % des gesamten Abfalls [51] und es wird erwartet, dass dieser weiter ansteigt. In den USA beläuft sich der Anteil bereits heute auf ca. 3 % des gesamten kommunalen Abfalls. Elektro- und Elektronikgeräten gewinnen in Bereichen der Medizin-, Sicherheits-, Informations- und Telekommunikationstechnik aber auch in Bereichen der Zukunftstechnologien, wie der grünen Technologie, immer mehr an Bedeutung. Somit sind sie ein entscheidender Bestandteil im alltäglichen Leben geworden.

Aufgrund von immer schneller aufeinanderfolgenden Technologie- und Designwechseln verkürzen sich die Lebensdauern von Geräten [50]. Infolgedessen steigt in der Europäischen Union historisch betrachtet die Menge an WEEE alle fünf Jahre um etwa 16–28 %.

Die Europäische Union verabschiedete vor diesem Hintergrund 2003 die erste WEEE-Richtlinie und überarbeitete diese bis vollständig 2012. Ziel ist es, die in elektrischen Geräten enthaltenen Wertstoffe für die Gesellschaft zu erhalten, was unter anderem durch eine erweiterte Herstellerverantwortung gesichert werden soll. Die Richtlinien sowie deren Überarbeitungen müssen in nationales Recht implementiert werden. So wurde die WEEE 2012/19/EU in Deutschland 2015 mit dem sogenannten ElektroG2 in deutsches Recht überführt.

Im folgenden Kapitel sollen weitere Verordnungen zusammenfassend erläutert werden. Hersteller, Vertreiber und Importeure nehmen über die Produktverantwortung in den Verordnungen eine entscheidende Rolle ein, da sie hierüber verpflichtet sind, ein recyclingfähiges Produkt unter Vermeidung von umweltschädlichen Stoffen zu erzeugen. Zusätzlich muss die Begrifflichkeit der Elektro- und Elektronikaltgeräte und deren Ressourcenpotenzial im folgenden Abschnitt klar herausgearbeitet werden, um anschließend den Verwertungspfad unter Einbeziehung innovativer Technologien beschreiben zu können.

7.2.2 Rechtlicher Rahmen

Mit dem Gesetz über die Inverkehrbringung, der Rücknahme und der umweltverträglichen Entsorgung von Elektro- und Elektronikgeräten (Elektro- und Elektronikgerätegesetz – ElektroG) wurde die „Waste of electrical and electronic equipment" (WEEE)–Directive 2002/96/EG unter Berücksichtigung der Richtlinie zur Beschränkung der Verwendung bestimmter gefährlicher Stoffe in elektrischen und elektronischen Geräten (Restriction of the Use of Certain Hazardous Substances, RoHS) (2002/95/EG) im Jahr 2005 in deutsches

Recht übersetzt und implementiert [52]. Am 13. August 2012 ist die Überarbeitung der WEEE-Richtlinie (Richtlinie 2012/19/EU des Europäischen Parlaments und des Rates vom 4. Juli 2012 über Elektro- und Elektronik-Altgeräte) in Kraft getreten. Im Zusammenhang mit der Umsetzung des EU-Rechts wurde auch das bestehende Elektro- und Elektronikgerätegesetz (ElektroG) aktualisiert.

Ziel der Richtlinie und damit das des deutschen Gesetzes ist die Vermeidung umweltschädlicher Substanzen in der Produktion von Elektro-und Elektronikgeräten und später deren Freisetzung während der Sammlung und Behandlung der EAG. Zusätzlich soll die Ressourcennutzung über die Steigerung einer Ressourceneffizienz gefördert werden. Elektro- und Elektronikgeräte werden zu Elektro- und Elektronikaltgeräten, wenn sie die Definition des Abfallbegriffs erfüllen. Die über das Geräte definierten Geräte sind alle Geräte, die mit elektromagnetischen Feldern oder elektrischem Strom betrieben werden bzw. der Erzeugung, Übertragung und Messung solcher Ströme und Felder dienen und die bis zu einer Gleichspannung von bis zu 1500 V oder

1000 V Wechselspannung betrieben werden können. Im Rahmen der nationalen Umsetzung der EU-Richtlinien wurde eine geteilte Produktverantwortung eingeführt. Dies bedeutet, dass wesentliche Pflichten zwischen den öffentlich-rechtlichen Entsorgungsträgern (örE) und den Herstellern von Elektro(nik)geräten verteilt wurden: Die örE sind somit verpflichtet, nutzungsfreundliche Sammelstellen für BürgerInnen zur kostenfreien Abgabe von EAG einzurichten. Aktuell wird dieser Rücknahmeservice an ca. 1500 kommunalen Sammelstellen wie Recycling-, Bau- oder Wertstoffhöfen angeboten. Die Hersteller, Händler und Inverkehrbringer konnten bisher freiwillig eine Rücknahme anbieten und sind zukünftig unter bestimmten Bedingungen verpflichtet eigene Rücknahmesysteme anzubieten. Die Bürgerinnen und Bürger sind gesetzlich verpflichtet EAG über die offiziellen Sammelpunkte zu entsorgen. Wie bei allen Abfällen wird auch den EAG im Sinne der fünfstufigen Abfallhierarchie der Wiederverwendung und nach der Vermeidung, der höchste Stellenwert zugesprochen, während das stoffliche und materielle Recycling mit zeitlicher Verschiebung folgen sollen.

Für die Sammlung und die Behandlung der EAG werden diese in Kategorien (siehe Tab. 7.12) zusammengefasst.

Für diese EAG ist eine getrennte Sammlung, Behandlung und Verwertung vorgeschrieben sowie die Einhaltung festgelegter Sammel- und Verwertungsquoten vorgeschrieben.

Die von der EU in 2002 festgelegten Sammelziele betrugen $4\frac{kg_{EAG}}{Einwohner \cdot Jahr}$ aus privaten Haushalten (Business-to-Consumer-, B2C-Geräte). Für nicht wiederverwendbare Geräte, wurden je nach Gerätekategorie Verwertungsquoten zwischen 70 und 80 % sowie Recyclingquoten zwischen 50 und 80 % vorgeschrieben. In 2012 wurde die WEEE-D überarbeitet und 2015 in nationales Recht umgesetzt. Zu den wesentlichen Neuerungen gehören ein höheres Sammelziel, welches ab dem Jahr 2016 45 % und ab 2019 65 % des Durchschnittsgewichts der in den drei Vorjahren in Verkehr gebrachten EAGs vorschreibt. In den

Tab. 7.12 Gerätekategorien und Recyclingquote nach WEEE [53]

	Gerätekategorie	Recyclingquote bis 2016 [%]	Verwertungsquote 2016 [%]
1	Haushaltgeräte	75	*80*
2	Haushaltskleingeräte	50	*70*
3	Informations- und Telekommunikationsgeräte	65	*75*
4	Geräte der Unterhaltungselektronik	50	*70*
5	Beleuchtungskörper	50	*70*
6	Elektrische und elektronische Werkzeuge	50	*70*
7	Spielzeug sowie Sport- und Freizeitgeräte	50	*70*
8	Medizinische Geräte	50	*70*
9	Überwachungs- und Kontrollinstrumente	75	*80*
10	Automatische Ausgabegeräte	75	*80*

Sammelmengen sind mit der Novellierung, zusätzlich zu den Geräten des B2C-Bereichs, auch Geräte aus der gewerblichen Nutzung (Business to Business-, B2B-Geräte) enthalten.

7.2.3 Sammlung und Erfassung von Elektro- und Elektronikaltgeräten

Das ElektroG verknüpft die Pflicht EAGs vom Siedlungsabfall getrennt zu sammeln mit einer kostenlosen Rückgabemöglichkeit für Endnutzer und Vertreiber an Sammelstellen der örE oder des Handels. In Richtung der Endnutzer besteht Informationspflicht seitens der Kommunen über die Art und den Ort der Abgabe.

Für Altgeräte aus dem B2B-Bereich muss die Finanzierung und sachliche Verantwortung der Logistik, der Behandlung (Sortierung, Demontage, Recycling) der Verwertung und der umweltgerechten Beseitigung der Prozessrückstände von den Herstellern bzw. Inverkehrbringern übernommen werden. Die Händler und örE ermöglichen und finanzieren die Rückgabe über geeignete Sammelstellen.

Zu den Verpflichtungen der Hersteller gehört zusätzlich die Registrierung bei der nationalen Registrierungsstelle, Stiftung Elektro-Altgeräteregister (ear), und der Nachweis über eine gesicherte Finanzierung der Entsorgung von Altgeräten (Garantiepflicht), wobei die Finanzierungsverantwortung der Hersteller erst ab der Übernahme der Altgeräte auf den Sammelstellen beginnt.

Abbildung 7.14 stellt in einem vereinfachten Fließbild den gesetzlich vorgesehenen Entsorgungsweg dar. Mit der Abgabe bei den Sammelstellen der öffentlich rechtlichen Entsorger (örE) übernimmt im Regelfall der Hersteller die Verantwortung für die Entsorgung, die in einem nach Abfallart zertifizierten Entsorgungsfachbetrieb erfolgen muss. Das Monitoring der Mengen beginnt mit dem Übergang in die Erstbehandlungsanlage,

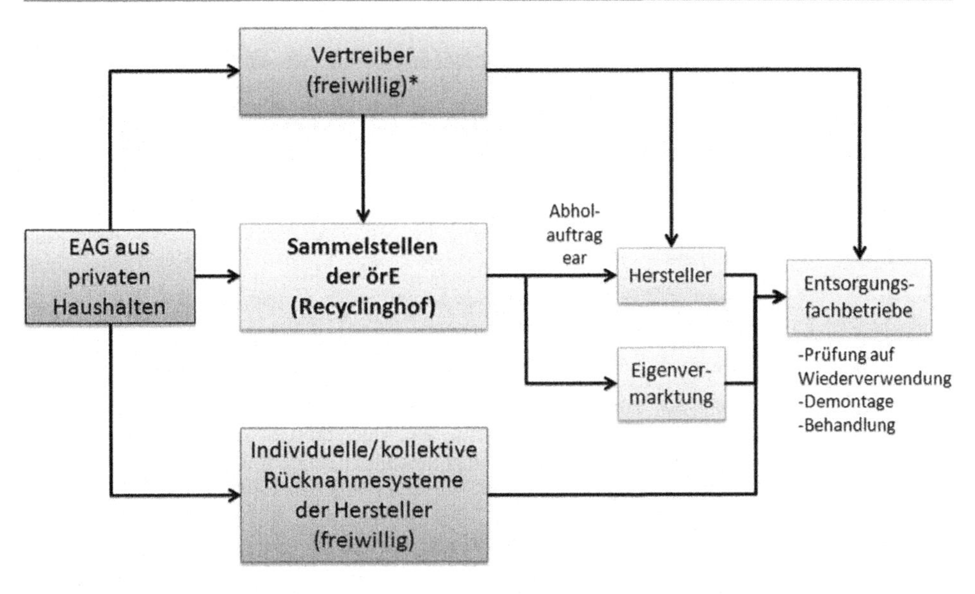

Abb. 7.14 Gesetzlicher vorgesehener Entsorgungsweg nach ElektroG [54]

an der Sammelstelle selbst wird nur die Anzahl der gefüllten Behälter erfasst. Eine Alternative ist die Eigenvermarktung mittels sogenannter Optierungen ganzer Sammelgruppen durch die Kommunen. Auch für den örE gilt es die Sammelgruppen in die entsprechend zertifizierte Erstbehandlungsanlage zu leiten.

Die Sammlung durch den Handel erfolgte bislang auf freiwilliger Basis. In Umsetzung der europarechtlichen Vorgaben wird das novellierte ElektroG die Verpflichtung des Handels zur Rücknahme von EAG durchsetzen. Von dieser Verpflichtung sind sowohl die Rücknahme von EAG beim Neukauf eines entsprechenden Gerätes (1:1-Rücknahme) als auch unter bestimmten Voraussetzungen ohne Neukauf (0:1-Rücknahme) umfasst. Die Novellierung des ElektroG sieht vor, den Versandhandel in die Rücknahmepflicht einzubeziehen. So sind Händler mit einer Verkaufs- bzw. Lagerfläche ab 400 m^2 verpflichtet Altgeräte mit einer Kantenlänge ab 25 cm unentgeltlich zurückzunehmen. Die Rücknahme hat entweder im Einzelhandelsgeschäft oder in unmittelbarer Nähe hierzu zu erfolgen. Sie darf nicht an den Kauf eines Elektro- oder Elektronikgerätes geknüpft werden. Beim Versandhandel gelten im Äquivalent zu der Verkaufsfläche, im stationären Handel alle Lager- und Versandflächen addiert. Die Rückgabe der EAG soll nach ElektroG durch geeignete Rückgabemöglichkeiten in zumutbarer Entfernung zum jeweiligen Endverbraucher liegen. Hierbei darf nicht auf die Sammelstellen der örE zurückgegriffen werden. Die vom Handel gesammelten Geräte können anschließend den Sammelstellen der örE zugeführt, den Herstellern übergeben oder durch eigene zertifizierte Behandlungsanlagen einer Verwertung zugeführt werden.

In Tabelle 7.13 sind die Sammelgruppen 1 bis 5 nach ElektroG1 mit den entsprechenden Gerätearten sowie den jeweiligen Kategorien nach der WEEE Direktive aufgeführt.

Tab. 7.13 Sammelgruppen (SG) 1 bis 5 nach ElektroG und Gerätearten mit den jeweiligen Kategorien der WEEE-D

Sammel-gruppe nach ElektroG	Gerätearten	Gerätekategorie nach WEEE-D
SG 1	Haushaltsgroßgeräte, automatische Ausgabegeräte	Kat. 1, 10
SG 2	Kühlgeräte	Kat. 1
SG 3	Informations- und Telekommunikationsgeräte, Geräte der Unterhaltungselektronik	Kat. 3, 4
SG 4	Gasentladungslampen	Kat. 5
SG 5	Haushaltskleingeräte, Beleuchtungskörper, Werkzeuge, Spielzeuge, Sport- und Freizeitgeräte, Medizinprodukte, Kontroll- und Überwachungsinstrumente	Kat. 2, 6, 7, 8, 9

Im Rahmen der Novellierung des ElektroGs in das ElektroG2 werden die Geräte den Sammelgruppen neu zugeordnet. So werden der Sammelgruppe 3 in Zukunft ausschließlich Monitore zugeordnet. Die restlichen Geräte der ursprünglichen Sammelgruppe 3 werden nun zusammen mit der Sammelgruppe 5 erfasst. Über die Sammelgruppe 4 werden zukünftig Leuchtdioden (engl. *Light-emitting diode* (LED)) mit Gasentladungslampen erfasst.

7.2.4 Mengenaufkommen und Ressourcenpotenzial

Die Art der nationalen Dokumentation der EAG Sammelmengen zur Weiterreichung an die EU ist einheitlich in der WEEE-Richtlinie vorgegeben. Das Reporting liegt bei den Mitgliedsstaaten. In Deutschland werden die Erfassungs- sowie die Behandlungsmengen von der Stiftung Elektro-Altgeräteregister (ear) und dem statistischen Bundesamt (Destatis) erhoben und dem Umweltbundesamt (UBA) angezeigt. Das UBA bereitet die Daten auf und übermittelt diese an das Bundes-Umweltministerium (BMUB), welches die jeweiligen Mengen an die EU-Kommission meldet. Abbildung 7.15 basiert auf den entsprechenden Daten für 2012. Von den gesammelten 621.155 Mg liegt der Anteil der Haushaltsgroßgeräte bei 34,1 Gew-% (SG1, SG2) und der Anteil der Geräte aus der Informations- und Telekommunikationstechnik und den Geräten aus der Unterhaltungselektronik zusammen bei 48 Gew-% (SG3).

Während die in Verkehr gebrachten Mengen an elektrischen und elektronischen Geräten der Jahre 2009 bis 2013 bei etwa 1,7 Mio. Mg pro Jahr lagen, ist das Aufkommen der EAG-Mengen, welche über Abholkoordination der ear erfasst wurden stetig gesunken. Die Abbildung 7.16 basiert auf Daten der EAR und umfassen Mengen aus der Eigenrücknahme (ER), aus der Abholkoordination (AHK) der Hersteller und aus optierten Mengen der örE.

Die tatsächliche Konzentration der verschiedenen Metalle in den Elektro(nik)geräten oder Bauteilen wird von den Produzenten nicht veröffentlicht. Da EAGs komplexe

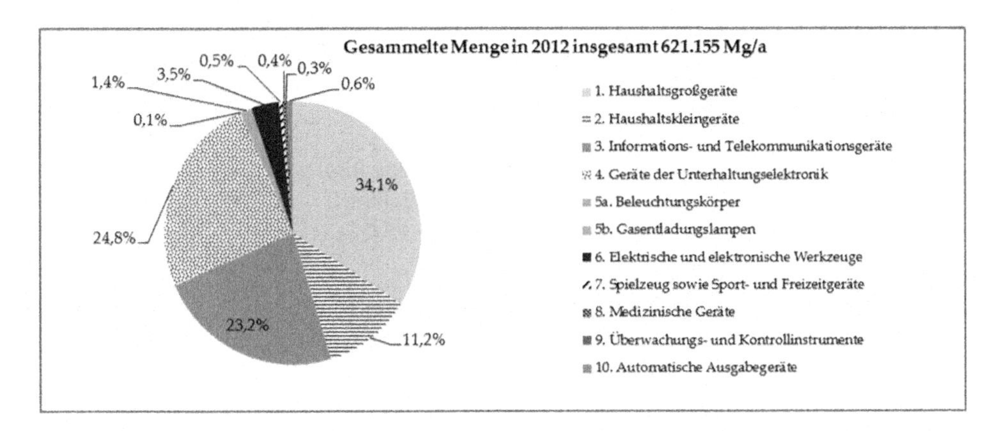

Abb. 7.15 Anteil der Gerätekategorien am EAG Gesamtaufkommen in 2012 in Gew-% (Darstellung: [55]; Daten: [56]

Materialverbunde sind, deren Zusammensetzung je Gerätetyp, Hersteller oder Baujahr variiert, kann nur auf der Basis der durchschnittlichen Materialzusammensetzung der Geräte ein Potenzial geschätzt werden. Orientierungswerte für die stofflichen Zusammensetzungen der Geräte nach Sammelgruppe finden sich zum Beispiel in der VDI Richtlinie 2343 2012. Sie sind in Tabelle. 7.14 zusammengefasst.

Neben den Basismetallen, wie Eisen, Kupfer oder Aluminium, begründen vor allem die Edelmetalle Gold und Silber den Wert der EAG. Während der Stahlanteil vor allem in Haushaltsgroßgeräten, wie Waschmaschinen, Herden oder Kühlgeräten hoch ist, finden sich Nichteisenmetalle und Edelmetalle vor allem in den elektrischen und elektronischen Komponenten wie Leiterplatten. Materialien wie Glas, Holz oder auch Kunststoffe, sind vor dem Hintergrund der geringen Werthaltigkeit, dem zum Teil hohen Verschmutzungsgrad

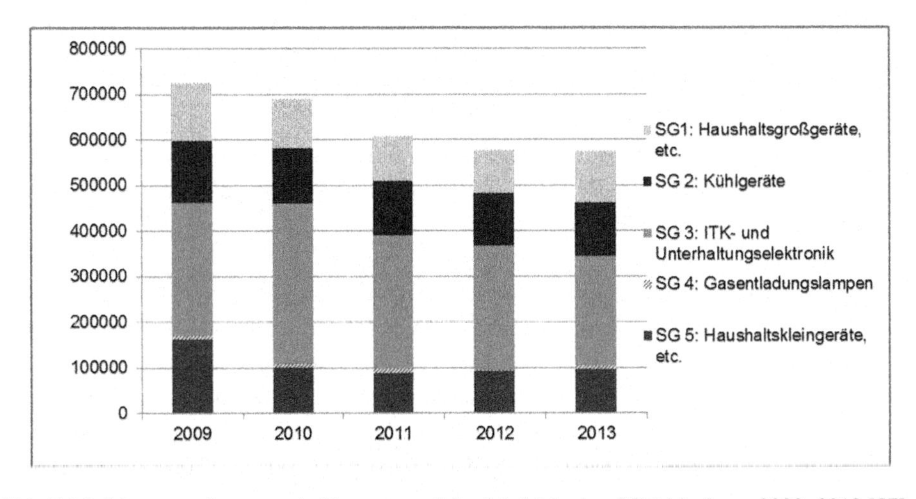

Abb. 7.16 Mengenaufkommen in Tonnen pro Jahr (Mg/a) in den SG 1 bis 5 von 2009–2013 [57]

Tab. 7.14 EAG-Zusammensetzung nach VDI 2343

Bestandteile	SG 1	SG 2	SG 3 [Gew-%]		SG 4	S 5
	[Gew-%]	[Gew-%]	Ohne Bildschirme	Nur Bildschirme	[Gew-%]	[Gew-%]
Eisen und Stahl	60 bis 75	60 bis 70	30 bis 40	5 bis 15	1	25 bis 40
NE-Metalle, NE-Verbunde, Edelstahl	10 bis 15	3 bis 5	10 bis 15	2 bis 5	1	5 bis 10
Kunststoffe	8 bis 12	15 bis 20	30 bis 50	20 bis 30	1 bis 5	30 bis 65
Bestückte Leiterplatten inkl. Edelmetalle	<1	<1	3 bis 8	1 bis 5	-	<5
Schadstoffe	5 bis 10	<1	<2	<1	<1	<1
Glas	5 bis 10	<1	<2	60	>90	>2
Sonstiges	1 bis 10	<5	10 bis 20	5		1 bis 4

mit anderen Stoffen oder dem fehlenden Markt für entsprechende Sekundärrohstoffe von nachgeordneter Bedeutung im Rahmen der Recyclingaktivitäten von EAGs.

7.2.4.1 Kritische Metalle in Elektro- und Elektronikaltgeräten

In den letzten Jahren wurde das Recycling von elektrischen und elektronischen Geräten vor allem aufgrund des relevanten Bedarfs an weiteren kritischen Metallen, wie z. B. Seltenen Erdmetallen, Tantal, Indium oder Lithium weiter fokussiert.

Die Kritikalität von Metallen wird anhand folgender Parameter abgeschätzt:

- Nicht oder nur schwer substituierbarer Einsatz in Schlüsseltechnologien
- Die Erzvorkommen sind in der Menge (Seltenheit) oder räumlich begrenzt und liegt in einem oder wenigen Ländern

Die Kritikalität wird zusätzlich erhöht, wenn die Vorkommen in instabilen Regionen der Welt liegen und eine nachhaltige Versorgung damit in Frage gestellt ist. Diese sogenannten kritischen Metalle werden in zahlreichen Elektro(nik)geräten oder bei deren Herstellung eigesetzt. Beispielhaft hierfür sind Katalysatoren, Magnete, Kondensatoren, Schalelementen, Legierungen als Zusatzstoff in Poliermitteln oder als Additive zur Färbung oder Polieren von Gläsern. Die folgende Tab. 7.15 zeigt exemplarisch den Gehalt ausgewählter kritischer Metalle in Laptops.

Tab. 7.15 Rohstoffpotenzial kritischer Metalle in Laptops [58, 59]

Bauteil	Metall	Durchschnittliches Potenzial [mg/Gerät]
Hintergrundbeleuchtung	Yttrium	1,8
	Europium	0,13
	Lanthan	0,11
Display	Indium	39
Festplatte	Neodym	1121
CD-ROM		621
Lautsprecher		626

Seltene Erdmetalle wie Neodym werden in Elektro(nik)geräten zum Zwecke der Miniaturisierung von Komponenten und Geräten verbaut, und liegen oftmals in Form von sehr kleinteiligen Verbunden, z. B. als Lautsprecher oder Kleinmotoren, vor. Das Recycling dieser kritischen Metalle ist bis heute technisch unmöglich. Auch die Gewinnung von Konzentraten aus der Materialmatrix der EAGs, also aus einem Gemisch aus Wert-, Schad- und Reststoffen, ist heute noch in vielen Fällen eine technische Herausforderung. Schwankende Rohstoffpreise sowie mechanisch und metallurgisch nicht trennbare Verbunde hemmen die Entwicklung eines angepassten Recyclingprozesses.

7.2.5 Aufbereitungsverfahren zur Ressourcenrückgewinnung

Elektronikaltgeräte sind typische Beispiele für komplexe Altprodukte, die sich durch eine Vielzahl von Bauteilen, Funktionsteilen und Werkstoffen auszeichnen und die einzelnen Komponenten durch Zusammenbau oder Fügetechnik zu einem Produkt komponiert werden. Nach europäischer und deutscher Gesetzgebung wird im Ergebnis die stoffliche Verwertung, je nach Gerätekategorie, von mindestens 50 bis 75 % gefordert (s.a. Kap. 2). Vor diesem Hintergrund erfüllt der aktuelle Stand der Technik sowohl rechtliche, als auch wirtschaftliche und technische Vorgaben.

Der Recyclingprozess der EAG beginnt mit der manuellen Demontage der schadstoffhaltigen (z. B. Batterien, Hintergrundbeleuchtung, Kondensatoren) oder werthaltigen (z. B. Platinen, Chips, Stecker) Bauteile in der sogenannten Erstbehandlung. Die Erstbehandlung darf in Deutschland ausschließlich nur von einem der 225 zertifizierten Fachbetriebe (Stand 2011) durchgeführt werden [52]. In den sogenannten Folgebehandlungsanlagen (ca. 20 Anlagen in 2012) werden anschließend die schadstofffreien bzw. schadstoffentfrachteten EAGs in der Regel getrennt nach Sammelgruppen aufgeschlossen und die so erzeugten Partikel in verschiedene Materialströme, mittels einer angepassten Prozesskette von Klassier- und Sortierverfahren separiert um Konzentrate bzw. Fraktionen zu erzeugen. Die Bearbeitungstiefe der Anlagen ist jeweils auf die nachfolgenden metallurgischen, thermischen oder kunststoffverarbeitenden Verfahren abgestimmt. Die

Rückgewinnung der einzelnen Metalle erfolgt anschließend in spezialisierten Hütten- oder Scheidewerken über pyrometallurgische oder hydrometallurgische Prozesse.

Dabei ist zu beachten, dass es kein Standardverfahren für die Aufbereitung von EAGs und die Rückgewinnung der enthaltenen Wertfraktionen gibt. Tatsächlich ist jede Anlage spezifisch konfiguriert und entsprechend der Zielsetzung ausgestattet. Vor diesem Hintergrund sind die im Folgenden beschriebenen Prozess als Beispiele zu verstehen, welche den aktuellen Stand der Technik repräsentieren sollen.

7.2.5.1 Mechanische Aufbereitung von Elektro(nik)altgeräten

Mechanische Aufbereitungsanlagen bereiten nach der Annahme von EAG diese in Abhängigkeit von deren Wert- und Gefährdungspotenzial sowie unter Berücksichtigung der nachgeschalteten Verwertungs- und Beseitigungsverfahren auf. Die eingesetzten Verfahren sind an die jeweiligen Gerätearten angepasst. Gesonderte Aufbereitungsprozesse bestehen für Kühlgeräte und Bildschirme. Entsprechend der großen Bandbreite der EAG kann ein allgemeiner Behandlungsablauf in die folgenden Punkte [60, 61] nur skizziert werden:

1. **Erstbehandlung**: Eingangswiegung zur Datenerfassung nach ElektroG, Entfernen externer Kabel sowie ggf. umweltgefährdender Stoffe, Separierung von funktionsfähigen Geräten und Bauteilen zur Wiederverwendung, Aussortieren von Fehlwürfen und freien Schadstoffen (Batterien, Akkumulatoren).
2. **Manuelle oder automatische Vorsortierung:** Gewinnung einheitlicher Materialgruppen für die nachfolgenden, angepassten Behandlungsstufen.
3. **Abtrennung von ggf. enthaltenen Gasen und Flüssigkeiten**
4. **Demontage der Geräte:** Gewinnung von wiederverwendbaren Bauteilen, vollständige Schadstoffentfrachtung, Erzeugung bestimmter Wertstofffraktionen (Metalle, Kunststoffe) bzw. spezifischer Bauteile.
5. **Aufschlusszerkleinerung und Klassierung**
6. **Sortierung der Werkstoffe:** z. B. Dichtesortierung, Magnetabscheidung, Wirbelstromsortierung, sensorgestützte Sortierung.
7. **Erfassung der Sortierfraktionen** zur Bestimmung der Verwertungsquoten nach ElektroG.
8. **Verwertung der Sortierfraktionen:** in Kunststoffverarbeitungsbetrieben, Metallschmelzen, oder durch energetische Verwertung.

Bei der Konzeption von Anlagen gilt es, den optimalen Kompromiss zwischen manuellem Aufwand und höherer Aufbereitungsqualität gegenüber ausgeprägter Mechanisierung, und damit verbunden höherer Wirtschaftlichkeit, zu finden.

Im Folgenden werden verschiedene Verfahren betrachtet, welche nebeneinander oder auch in Kombination miteinander zum Einsatz kommen.

Zur mechanische Aufbereitung von EAGs stehen drei Verfahrensprinzipien zur Verfügung: Zerkleinerung/Aufschluss, Klassierung und Siebung. Die Vorsortierung in die die

Sammelgruppen im Rahmen der Erfassung und die Vordemontage in den Erstbehandlungsanlagen dienen der Gewinnung möglichst homogener Stoffströme und sind den mechanischen Trenntechniken in jedem Fall vorgeschaltet. Die im Folgenden aufgeführten Verfahrensschritte sind prinzipiell für alle EAG-Recyclinganlagen ähnlich und lassen sich je nach Zielsetzung der Aufbereitung modular aufbauen.

Materialaufschluss im Zerkleinerungsvefahren

Materialaufschluss bezeichnet die Zerkleinerung und die damit verbundene Auftrennung unterschiedlicher Materialverbunde in einzelne Fraktionen sowie der Erzeugung geeigneter Korngrößen für die nachfolgenden Separationsprozesse. Die Auswahl des Zerkleinerungsaggregats ist auf die Zusammensetzung des Inputmaterials angepasst. Die Wahl des Aufschlussverfahrens ist dabei entscheidend für die Wirksamkeit der nachfolgenden Separationsstufen: Wird keine ausreichende Auftrennung der Verbunde erreicht, führt dies zu Verschleppung von Wertstoffen und in der Konsequenz zu Verlusten wertvoller Ressourcen. Während ein zu starker Aufschluss bei EAGs zu Verlusten von führen kann, z. B. Edelmetalle, welche sich an andere Materialien anlagern oder einbinden können [62].

Grundsätzlich wird in der Zerkleinerung von EAG zwischen vier mechanischen Hauptbeanspruchungen unterschieden: spröd-elastisch, elastisch, elastisch-plastisch, elastisch- viskos.

- Glas oder Keramik aber auch Seltene Erdenmetallhaltige Magnete reagieren spröde auf Schlagbeanspruchung und zerspringen zu feinen Körnern oder zu Staub
- Ein elastisches Verformungsverhalten weisen zum Beispiel thermoplastische Kunststoffe oder Elastomere auf, welche temporär verformt und deutlich weniger stark zerkleinert werden
- Im Gegensatz dazu, werden Metalle aufgrund ihres elastisch-plastisches (duktilen) Verformungsverhalten durch Schlagbeanspruchung dauerhaft verformt und kompaktiert (VDI 2343 2012).

Die manuelle Zerlegung von elektrischen oder elektronischen Altgeräten erfolgt auf Arbeitsbändern oder Schwenktischen im Inselverfahren. Separiert werden umweltschädliche Bestandteile und stoffgleiche Wertfraktionen. Die Vorzerlegung kann auch maschinell erfolgen, z. B. durch Querstromzerspaner. Eine weiterführende Zerkleinerung erfolgt über verschiedenartige Zerkleinerungsaggregate wie Hammermühlen, Rotorscheren oder Prallmühlen. Dabei ist die Zerkleinerung in EAG Aufbereitungsanlagen i. d. R. zwei- bis dreistufig (z. B. <60; <15, <5 mm) [60]. Die Zerkleinerung erfolgt mit dem Ziel, dass bereits nach der Grobzerkleinerung, auf eine Korngröße kleiner <60 mm, keine Verbunde mehr vorliegen und damit der direkte Zugriff auf den reinen Wertstoff möglich ist. In der technischen Umsetzung lassen sich die in EAGs eingesetzten Verbunde jedoch erst in den weiteren Zerkleinerungsstufen (<15 mm) aufschließen [55].

So werden zum Beispiel **Elektro(nik)altgeräte-Shredder** für die Zerkleinerung von EAG aus den Sammelgruppen 3 (Informations-, Telekommunikationsgeräte, etc.) und 5 (Haushaltskleingeräte, etc.) eingesetzt. Sie dienen der Aufschlusszerkleinerung und erzeugen eine Grob- bis Mittelkornfraktion der Materialverbunde (5–10 mm). Diese Shredder sind in der Regel kleiner und werden sequenziell modular geschaltet als Großshredder betrieben. Zur Behandlung der deutschlandweit jährlich anfallenden 600.000 Mg EAG (ear) werden in etwa 120 Folgebehandlungsanlagen aufbereitet.

In **Großshredderanlagen** werden metallhaltige Verbundmaterialien wie Haushaltsgroßgeräte (Sammelgruppe 1), Altfahrzeuge oder Mischschrotte durch den Einsatz von Rotormühlen zerkleinert und durch die nachfolgende Technik fraktioniert. Die verwendeten Shredder sind Hammermühlen, die sich im Aufbau der Rotoren und in der Anordnung der Ambosse sowie der Roste für den Materialaustrag unterscheiden. In Deutschland wurden 2013 rund 53 Großshredderanlagen betrieben [63]. Deutschlandweit werden jährlich rund 3,4 Mio. Mg Shredder-Vormaterial eingesetzt, mit einem Stahloutput von rund 2,2 Mio. Mg. Die in Großshredderanlagen verwerteten Haushaltsgroßgeräte stellen neben den Basismetallen eine Ressourcenquelle für Magnetwerkstoffe, welche Seltene Erdmetalle beinhalten, dar. Die in Haushaltsgroßgeräten heute zunehmend zum Einsatz kommenden Elektromotoren mit Permanentmagneten, ermöglichen die Erhöhung der Energieeffizienz und sind besonders geräuscharm (Vorgaben des Europäischen Parlaments 2010 Effizienzklasse $A^{+++)}$

Die Zerkleinerungsverfahren werden in der Regel in Kombination mit Siebstufen betrieben, so dass im Ergebnis optimale, enge Kornklassen für die nachfolgende automatische Sortierung vorliegen. Im Anschluss erfolgt eine manuelle oder automatisierte Sortierung des aufgeschlossenen Materials, z. B. mittels Klassieren, Magneten oder sensorgestützter Verfahren.

Fraktionsbildung mittels Klassierverfahren

Die nachgeschaltete Klassierung teilt die in der Zerkleinerung entstandenen Kornkollektive in gewünschte Korngrößen für die nachfolgenden Sortierprozesse auf. Für die Aufbereitung von EAG werden vor allem die Sieb- und die Stromklassierung eingesetzt. Die Stromklassierung wird unterhalb einer Korngröße von 1 mm eingesetzt und findet bisher ausschließlich in der Entstaubung Anwendung. Dabei werden Wurf- und Plansiebe bevorzugt, da die EAG-Fraktionen auf Trommelsiebe zu Verhakung oder Verstopfungen neigen können (vgl. Tab. 7.16). In der Aufbereitung der SG 3 und SG 5 werden insbesondere Linear- und Kreisschwingsiebe eingesetzt (VDI 2343 2012).

Sortierverfahren

In der Sortierung werden Partikel über Ausnutzung ihrer physikalischen oder chemischen Eigenschaften getrennt, so dass Fraktionen reiner Materialien oder Konzentrate aus einem Gemisch mit gleicher Korngröße abgetrennt werden. Die Abtrennung von Eisenmetall-(FE)-Fraktionen erfolgt zu Beginn der Sortierung und wird mittels Magnetabscheider durchgeführt. Die Separation von Nichteisen (NE)-Metallen erfolgt unter Anwendung der Wirbelstromscheidung oder verschiedener anderer Methoden der sensorgestützten Sortierung (z. B. NIR-Sensor, Elektromagnetischer Sensor, Röntgen- und Induktionsverfahren).

Tab. 7.16 Siebmaschinen zur Aufbereitung von EAGs (VDI 2343 2012)

Siebmaschinen	Anwendungsgebiete (Korngrößenbereich)	Vorteile/Nachteile
unbewegte Roste und Siebe	grobe Ausgangsmaterialien	(+) sehr robust (+) hoher Durchsatz (+) geringe Kosten (–) keine genaue Trennschärfe (–) Verstopfung und Verhaken
bewegte Roste z. B. Rollenroste, Stangenroste	grobe Ausgangsmaterialien (100–300 mm)	(–) ungeeignet für stabförmiges oder plattenförmiges Material
Trommelsiebe	grobe und mittlere Ausgangsmaterialien (40 bis 250 mm)	(+) einfache Konstruktion (+) erschütterungsfreier Lauf (+) geringer Höhenunterschied (–) hoher Energiebedarf (–) geringer Selbstreinigungseffekt (–) Verstopfungsgefahr (–) hohe Baulänge
Wurf- und Plansiebe z. B. Kreis- und Linearschwingsiebe	Feine bis mittlere Ausgangsmaterialien (1 mm bis 80 mm) – Erregter Siebkasten für nicht siebschwierige Materialien – Erregter Siebboden für siebschwierige Materialien	(+) geringe Investitionskosten (+) geringe Instandhaltungskosten (+) Kornformtrennung (–) hoher Verschleiß (–) häufige Reinigungsarbeiten

Die Magnetabscheidung zur Abtrennung der Eisenfraktion ist dem Wirbelstromscheider vorgeschaltet, da magnetische Partikel durch das Polrad eines Wirbelstromscheiders stärker angezogen werden, als sie durch die induzierten Wirbelströme abgestoßen werden. Dadurch können sie stark erhitzen und zu Beschädigungen der Maschinen führen [64]. Sensorgestützte Sortierverfahren können heute eine hohe Reinheit der Fraktionen gewährleisten, sind jedoch auch mit erhöhten Investitionen verbunden. In vielen Folgebehandlungsanlagen werden auch Sensoren mit Wirbelstrom- und Magnetscheidern kombiniert sowie auch sogenannte Kombi-Sensoren eingesetzt, z. B. Metallsensoren zur Identifikation von Leiterplatten, welche in Verbindung mit einer hochauflösenden Kamera die Erkennung der Partikelform z. B. Kabel, ermöglichen. Zur Erzielung eines guten Trennergebnisses ist eine gleichmäßige Partikelgröße bzw. gleichmäßige Abmessungen und Formen des zu sortierenden Gutes eine zwingende Voraussetzung, welche über vorgeschaltete Siebklassierung geschaffen werden.

In der nachgeschalteten Rückgewinnung der Metalle werden oftmals noch weitergehende Trenntechniken, wie z. B. Sink-Schwimm-Verfahren, Setztische oder Luftherde eingesetzt. Die damit erreichbare Qualität ermöglicht den direkten Einsatz der Output-Fraktionen in hochspezialisierte und effiziente Refiningprozesse.

Verfahrensbeispiel
Zur Illustration der verfahrenstechnischen Möglichkeiten zur Aufbereitung von EAG wird im Folgenden ein Verfahrensbeispiel für die Verwertung der Sammelgruppe 5 (ElektroG2), ITK- und Unterhaltungselektronik sowie Haushaltskleingeräte, elektrische Spielzeuge, Werkzeuge, Sport- und Freizeitgeräte, dargestellt und erläutert (Abb. 7.17). Die nach Geräte aus der ElektroG2-konformen Sammelgruppe 5 sind in Bezug auf Gewichte, Größen und Materialzusammensetzungen als heterogen zu beschreiben. Kennzeichnend ist der, im Vergleich zu anderen Sammelgruppen, hohe Kunststoffanteil und insbesondere bei Geräten ITK- und Unterhaltungselektronik ein relativ hoher Anteil an NE-Metallen. Typische Output-Fraktionen der Aufbereitungsanlagen für die Sammelgruppe 5 sind Ne-Fraktionen mit hohem Aluminium-, Messing-, Kupferanteil, FE-Metallfraktionen verschiedener Korngrößen und Kunststoffleicht- und Kunststoffschwer-Mischfraktionen.

Die folgende Abbildung zeigt das Beispielverfahren zur Aufbereitung der EAGs. Im ersten Schritt werden die Materialverbunde der EAGs durch eine Grobzerkleinerung in einem Langsamläufer (hier Rotorschere) aufgeschlossen. Durch die niedrige Werkzeuggeschwindigkeit wird eine Zerstörung der elektronischen Bauteile und Komponenten z. B. Batterien und Kondensatoren weitgehend verhindert. Die erforderliche Verbundzerkleinerung erfolgt im anschließenden zweiten Zerkleinerungsschritt, in dem sich kleinteilige Verbunde aufschließen lassen [62]. Es folgen die Separation der Eisenbestandteile durch Magnetscheidung und die Abtrennung der Nichteisenmetalle durch Wirbelstromscheidung.

Eine manuelle Sortierung kann nach der Aufschlusszerkleinerung zur Abtrennung großstückiger Wertstoffe oder Komponenten sowie von Stör- und Schadstoffen eingesetzt werden. In vielen Anlagen wird zudem eine manuelle Nachsortierung der Eisenfraktion zur Abtrennung von Kabeln, Kupfer- und Kunststoffverunreinigungen durchgeführt. Die Separierung der NE-Metalle, Leiterplatten und Kunststoffe aus dem zerkleinerten Aufgabematerial erfolgt durch Wirbelstromabscheider und sensorgestützte Sortierverfahren. Da diese jeweils auf einen bestimmten Korngrößenbereich angepasst wird, ist vor der Sortierung eine Klassierung vorzusehen (VDI 2343 2012). Eine Auftrennung erfolgt z. B. bei 35 bis 100 mm und 10 bis 35 mm.

Da kritische Metalle im Aufbereitungsprozess bisher nicht gezielt abgetrennt oder aufkonzentriert werden, gelangen diese über die Aufschlusszerkleinerung zum Teil dissipativ in die verschiedenen Fraktionen. Sie reichern sich aufgrund ihrer Charakteristik als spröder Magnetwerkstoff oder ihres Einsatzes als dünnschichtige Beschichtung von anderen Werkstoffen, überwiegend in den Feinfraktionen an, welche in der Regel nicht weiter aufgearbeitet werden. Dabei verlieren kleine Magnetpartikel unter Einwirkung von Feuchtigkeit, Sauerstoff und erhöhten Temperaturen während des Zerkleinerungsprozesses ihre magnetischen Eigenschaften und reichern sich ebenfalls in den Fein- und Staubfraktionen an.

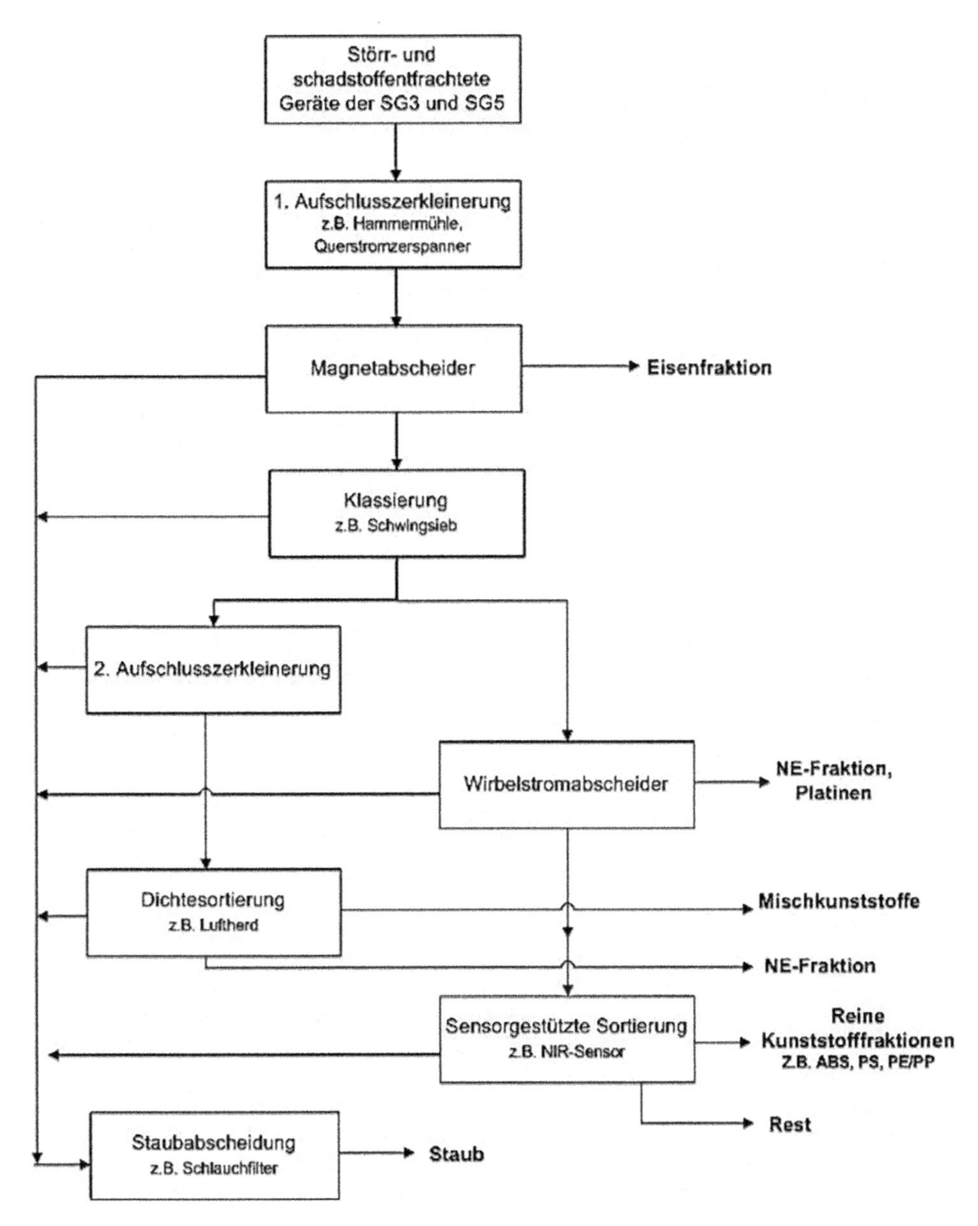

Abb. 7.17 Verfahrensbeispiel einer Recyclinganlage für EAGs der ElektroG2-konformen SG 5, Darstellung [55], Daten nach VDI 2343 (2012) [65, 66]

Fragen zu Kap. 7

Abschnitt 7.1

1. Welche Qualitätsanforderungen werden bei der Erfassung und Aufbereitung von Altglas gestellt?
2. Welche Glasfarbe ist gegenüber Fehlfarben am unempfindlichsten?
3. Welcher Gruppe nach DIN EN 643 wird gemischtes Altpapier zugeordnet?
4. Welche beiden Verfahren zur Verwertung von Eisenmetallen gibt es in Deutschland und was sind die wesentlichen Unterschiede?
5. Wie sind Nichteisenmetalle definiert und in welche drei Gruppen werden sie eingeteilt?
6. Welche Verwertungsmöglichkeiten für sortenreine Kunststoffarten gibt es?
7. Erläutern Sie die Begriffe „werkstoffliche" und„ rohstoffliche" Verwertung und nennen Sie jeweils Beispiele.
8. Welche Unterschiede gibt es laut Definition zwischen Sekundärbrennstoffen und heizwertreichen Fraktionen?

Abschnitt 7.2

9. Wer trägt die Pflichten zur Rücknahme und Verwertung gemäß ElektroG2?
10. Welche Materialen werden heute aus elektronischen und elektrischen Geräten rückgewonnen?
11. Gibt es zusätzlich gesellschaftlich relevante Rohstoffpotenziale?

Literatur

Literatur zu Kapitel 7.1

[1] Anonym: Kreislaufwirtschaftsgesetz. Gesetz zur Förderung der Kreislaufwirtschaft und Sicherung der umweltverträglichen Bewirtschaftung von Abfällen, Kreislaufwirtschaftsgesetz vom 24. Februar 2012 (BGBl. I S. 212), das zuletzt durch § 44 Absatz 4 des Gesetzes vom 22. Mai 2013 (BGBl. I S. 1324) geändert worden ist

[2] Lindner, C.: Produktion, Verarbeitung und Verwertung von Kunststoffen in Deutschland 2011, Kurzfassung, Consultic Marketing & Industrieberatung GmbH, Alzenau, 2013

[3] Statistisches Bundesamt: Einsammlung und Rücknahme von Verpackungen 2012, Wiesbaden, 2014 https://www.destatis.de/DE/Publikationen/Qualitaetsberichte/Umwelt/Einsammelverpackungen.html, Zugriff 09.03.2015

[4] Statistisches Bundesamt: Abfallbilanz 2012, Wiesbaden, 2014, URL: https://www.destatis.de/DE/ZahlenFakten/GesamtwirtschaftUmwelt/Umwelt/UmweltstatistischeErhebungen/Abfallwirtschaft/Tabellen/Abfallbilanz2012.pdf?__blob=publicationFile, Zugriff 09.03.2015

[5] Wagner, J.; Heidrich, K.; Baumann, J.; Kügler, T.; Reichenbach, J.: Ermittlung des Beitrages der Abfallwirtschaft zur Steigerung der Ressourcenproduktivität sowie des Anteils des Recyclings an der Wertschöpfung unter Darstellung der Verwertungs- und Beseitigungspfade des ressourcenrelevanten Abfallaufkommens, Umweltbundesamt (Hrsg.) Dessau-Roßlau, 2012

[6] URL: http://www.glasaktuell.de/zahlen-fakten/recycling-zahlen/, Zugriff 09.03.2015

[7] Glawitsch, G.: Glassortierung mit Röntgenfluoreszenz zur Ausscheidung von Bleiglas und Glaskeramik, in Sensorgestützte Sortierung 2010, Heft 122 der Schriftenreihe der Gesellschaft für Bergbau, Metallurgie, Rohstoff- und Umwelttechnik, Clausthal-Zellerfeld, 2010
[8] Umweltbundesamt: URL: http://www.umweltbundesamt.de/daten/abfall-kreislaufwirtschaft/entsorgung-verwertung-ausgewaehlter-abfallarten/glas-altglas, Zugriff 27.06.2014
[8a] www.gruener-punkt.de, Zugriff 12.03.2010
[9] Weller, B.; Härth, K.; Tasche, S.; Unnewehr, S.: Konstruktiver Glasbau, DETAIL Praxis, Edition Detail Regensburg, 2008
[10] Fraunhofer UMSICHT: Recycling für den Klimaschutz. Im Auftrag von ALBA Group, 2011
[11] Bundesverband Glasindustrie e. V. (Hrsg.): Jahresbericht 2012, Düsseldorf, 2013 http://www.bvglas.de/presse/publikationen/jahresberichte/, Zugriff 11.01.2017
[12] URL: http://www.bvglas.de/umwelt-energie/glasrecycling/, Zugriff 18.08.2014
[13] Ix, Ulrich: Persönliche Auskunft per Email am 05.03.2015
[14] Verband Deutscher Papierfabriken e. V.: Papier Kompass 2014
[15] Anonym: DIN EN 643:2014. Papier, Karton und Pappe, Europäische Liste der Altpapier-Standardsorten, Beuth Verlag, Berlin, 2014
[16] Hanke, A.: Die Zukunft des Altpapiers: Der Trend geht zum verstärkten Einsatz von hoch automatisierten Sortieranlagen, Entsorga-Magazin Ausgabe 6/2014, S. 25
[17] Verband Deutscher Papierfabriken e. V.: Papier machen, Informationen zu Rohstoffen und Papierherstellung, Faltblatt
[18] Fraunhofer UMSICHT: Recycling für den Klimaschutz. Im Auftrag von Interseroh, 2008
[19] Warnke, J.: Hochwertigkeit der energetischen Verwertung durch den Einsatz heizwert-reicher Fraktionen, Vortrag auf den 12. Münsteraner Abfallwirtschaftstagen, Münster, 2011
[20] Wirtschaftsvereinigung Stahl: URL: http://www.stahl-online.de/index.php/themen/wirtschaft/stahlindustrie-in-deutschland/, Zugriff 28.09.2014
[21] Schön, M.: BINE Informationsdienst, Fachinformationszentrum Karlsruhe, Themeninfo II: Energieintensive Grundstoffe, 2004 http://www.bine.info/publikationen/publikation/energieintensive-grundstoffe/, Zugriff 11.01.2017
[22] BVSE: URL: http://www.bvse.de/328/433/1__Schrott_der_aelteste_Sekundaerrohstoff_der_Welt, Zugriff: 24.09.2014
[23] Verein Deutscher Ingenieure e. V.: VDI 4085:2011-04, Planung, Errichtung und Betrieb von Schrottplätzen - Anlagen und Einrichtungen zum Umschlagen, Lagern und Behandeln von Schrotten und anderen Materialien, Beuth Verlag, Berlin, 2011
[24] Danloy, G.; Van de Stel, J.; Schmöle, P.: Heat and mass balances in the ULCOS Blast Furnace, in: Proceedings of the 4th Ulcos seminar, 1–2- October 2008
[25] Kosub, Peter: Qualitäten und Einsatz von MVA-Schrotten in der Stahlerzeugung, in Mineralische Nebenprodukte und Abfälle 2, Thomé-Kozmiensky (Hrsg.), TK Verlag Karl Thomé-Kozmiensky, ISBN 978-3-944310-21-3, Neuruppin, 2015
[26] Balhar, Michael: MBA – Ein Auslaufmodell mit Zukunft, Vortrag beim 27. Kasseler Abfall- und Bioenergieforum, Kassel, 2015
[27] Wirtschaftsvereinigung Metalle: URL: http://www.wvmetalle.de/die-ne-metalle/, Zugriff 27.09.2014
[28] Boin, U.; Linsmeyer, T.; Neubacher, F.; Winter, B.: Stand der Technik in der Sekundäraluminiumerzeugung im Hinblick auf die IPPC-Richtlinie, Umweltbundesamt Österreich (Hrsg.), Wien, 2000
[29] Bundesanstalt für Geowissenschaften und Rohstoffe: Deutschland – Rohstoffsituation 2013, Hannover, 2014 http://www.bgr.bund.de/DERA/DE/Downloads/Rohsit_13.html, Zugriff 11.01.2017
[30] Hilbrans, Hermann: Nichteisenmetalle, in Werkstoffkunde, Bargel, Hans-Jürgen (Hrsg.), 11. Auflage, Berlin, 2012

[31] Verein Deutscher Ingenieure e. V.: VDI 2343, Recycling elektrischer und elektronischer Geräte, Stoffliche und energetische Verwertung und Beseitigung, Beuth Verlag, Berlin, 2013
[32] URL: http://www.aluinfo.de/index.php/alu-lexikon.html?lid=81, Zugriff 28.09.2014
[33] Deutsches Kupferinstitut: Recycling von Kupferwerkstoffen. URL: http://admin.copperalliance.eu/docs/librariesprovider3/recycling-von-kupferwerkstoffen---final-pdf.pdf?sfvrsn=0&sfvrsn=0, Zugriff 13.10.2014
[34] Bertau, M.; Müller, A.; Fröhlich, P.; Katzberg, M.: Industrielle Anorganische Chemie, Wiley-VCH Verlag, Weinheim, 2013
[35] WEKA Praxis Handbuch: Richtiger Umgang mit Abfällen: Abfälle einstufen, bewerten, verwerten, Band 1, WEKA Media, Kissing, 2004
[36] URL: http://www.aurubis.com/de/geschaeftsfelder/rohstoffe/recycling/technik/, Zugriff 18.08.2014
[37] Rohs, E.; Maile, K.: Werkstoffkunde für Ingenieure – Grundlagen, Anwendung, Prüfung; 3., neu bearbeitete Auflage, Springer Verlag (Hrsg.), Berlin, 2008; S. 385–388
[38] Novak, E.: Verwertungsmöglichkeiten für ausgewählte Fraktionen aus der Demontage von Elektroaltgeraten – Kunststoffe; Österreichisches Forschungsinstitut für Chemie und Technik; im Auftrag von: Bundesministerium für Land und Fortwirtschaft, Umwelt und Wasserwirtschaft (Hrsg.), Wien, 2006
[39] Gütegemeinschaft Sekundärbrennstoffe und Recyclingholz (BGS e. V.): Allgemeine und Besondere Güte- und Prüfbestimmungen für Sekundärbrennstoffe, Beuth Verlag, Berlin, 2012
[40] Alwast, H.; Birnstengel, B.: Resource savings and CO_2 reduction potential in waste management in Europe and the possible contribution to the CO_2 reduction target in 2020, im Auftrag von BDSV e. V., BRB, BRBS, BVSE, CEWEP, ERFO, ERTMA, FIR, MRF, tecpol, VA, Berlin, Oktober 2008
[41] Bilitewski, B.; Hoffmann, M.; Jager, J.; Wünsch, C.: Energieeffizienzsteigerung und CO_2-Vermeidungspotenziale bei der Müllverbrennung - Technische und wirtschaftliche Bewertung. EdDE-Dokumentation Nr. 13, Köln, 2010
[42] Dehoust, G.; Schüler, D.; Vogt, R.; Giegrich, J.: Klimaschutzpotenziale der Abfallwirtschaft am Beispiel von Siedlungsabfällen und Altholz. FKZ 3708 31 302. Im Auftrag von: UBA, BDE, BMU, Darmstadt, Heidelberg, Berlin, Januar 2010
[43] Fehrenbach, H.; Griegrich, J.; Möhler, S.: Behandlungsalternativen für klimarelevante Stoffströme, Langfassung, Umweltbundesamt (Hrsg.), Fachgebiet III 3.3, Dessau-Roßlau, 2007
[44] Fehrenbach, H.; Griegrich, J.; Schmidt, R.: Ökobilanz thermischer Entsorgungssysteme für brennbare Abfälle in Nordrhein-Westfalen, Kurzfassung. MUNLV NRW (Hrsg.) Häfner & Jöst GmbH, Edingen- Neckarhausen, 2007
[45] Oerter, M.: Qualitäts- und Gütesicherung als wichtiges Instrument im Emissionshandel- aus Sicht eines Gutachters, Fachlicher Teil der Mitgliederversammlung des BGS e. V., 24.11.2011, VDZ Düsseldorf
[46] Gütegemeinschaft Sekundärbrennstoffe und Recyclingholz (BGS e. V.): Mitverbrennung von Sekundärbrennstoffen, Ergebnisse der Recherche der INFA GmbH und der neovis GmbH + Co. KG, unveröffentlicht, 2010
[47] Verein Deutscher Zementwerke e.V.: *Umweltdaten der deutschen Zementindustrie*. https://www.vdz-online.de/fileadmin/gruppen/vdz/3LiteraturRecherche/Umweltdaten/Umweltdaten_2012_DE_GB.pdf – Zugriff 12.01.2017

Literatur zu Kapitel 7.2

[48] ear. Jahres-Statistik Meldung. [Online] 2015. URL: https://www.stiftung-ear.de/service/kennzahlen/jahres-statistik-meldung/, Zugriff 30.09.2015

[49] Pant, Deepak ; Joshi, Deepika ; Upreti, Manoj K. ; Kotnala, Ravindra K.: *Chemical and biological extraction of metals present in E waste: A hybrid technology. In: Waste management (New York, N.Y.)* 32 (2012), Nr. 5, S. 979–990
[50] Tuncuk, A., et al.: Aqueous Metal Recovery Techniques from E-Scrap: Hydrometallurgy in Recycling. Minerals Engineering, Volume 25, Issue 1, 2012, S. 28–37
[51] step. Solving the e-waste problem Annual Report 2010. [Online] 2010. URL: http://www.step-initiative.org/tl_files/step/_documents/Annual_Report_2010.pdf, Zugriff 30.09.2015
[52] BMUB. Bundesministeriums für Umwelt, Naturschutz, Bau und Reaktorsicherheit. [Online] 16.03.2005. URL: http://www.bmub.bund.de/fileadmin/bmu-import/files/pdfs/allgemein/application/pdf/elektrog.pdf, Zugriff 30.09.2015
[53] recyclingpartner. Gerätekategorien und Verwertung nach Elektro-Gesetz. [Online] 2015. URL: http://www.recyclingpartner.de/fileadmin/template/Artikelanhaenge/geraetekategorien_elektrog.pdf, Zugriff 30.09.2015
[54] Hewelt, N.: Untersuchung der Sammelstrukturen von Elektroaltgeräten, s.n., Hamburg, 2012
[55] Westphal, L.: Entwicklung eines technischen Konzepts zum Recycling von Neodym-Eisen-Bor-Magneten am Beispiel von Elektro- und Elektronikaltgeräten, Abfall aktuell, Stuttgart, 2015
[56] BMUB: Elektro- und Elektronikaltgeräte. [Online] 2013. URL: http://www.umweltbundesamt.de/daten/abfall-kreislaufwirtschaft/entsorgung-verwertung-ausgewaehlter-abfallarten/elektro-elektronikaltgeraete, Zugriff 02.10.2015
[57] ear. Rücknahmemengen je Sammelgruppe. [Online] 2014. URL: https://www.stiftung-ear.de/service/kennzahlen/ruecknahmemengen-je-sammelgruppe/, Zugriff 02.10.2015
[58] Buchert, M., et al.: Recycling kritischer Rohstoffe aus Elektronik-Altgeräten. LANUV-Fachbericht 38. Hg. v. Umwelt und Verbraucherschutz Nordrhein-Westfalen (LANUV NRW), Landesamt f. Natur, Ökoinstitut, s.n., Recklinghausen, 2012
[59] Westphal, L., Kuchta K., 2013. Versorgungsengpässen vorbeugen: Seltene Erden in Permanentmagneten können nicht gleichwertig substituiert werden, in: Reiser, B. (Herausgeber), ReSource. Rhombos-Verlag, Berlin. Ausgabe 4 2013, Seiten 10–15.
[60] Martens, H.: Recyclingtechnik, Fachbuch für Lehre und Praxis, s.n., Heidelberg, 2011
[61] VDM: Best verfügbare Technik, HG. v. Verband Deutscher Metallhändler e.V., s.n., Berlin, 2012
[62] Recycling von Elektro- und Elektronikgeräten, Hersteller von Recyclingtechnologien nutzten Synergien eines Netzwerks. Hartleitner, B., Förster, A. und Gottlieb, A. 2013, Müll und Abfall
[63] BDSV: Bundesvereinigung Deutscher Stahlrecycling- und Entsorgungsunternehmen. [Online] 2015. URL: http://www.bdsv.org/downloads/fas_map.pdf, Zugriff 01.10.2015
[64] Bunge, R.: Mechanische Aufbereitung, Primär und Sekundärrohstoffe, s.n., Weinheim, 2012
[65] Schöps, D.: Bilanzierung von Spurenmetallen bei der Aufbereitung vorsortierter Elektroaltgeräte : Unveröffentlichte Untersuchung zur Zusammensetzung von EAG der Sammelgruppen 3 und 5 auf dem Gelände der ELPRO Elektronik-Produkt Recycling GmbH in Braunschweig. Unveröffentlicht, 2013
[66] Schunicht, J.; Preiß, S.: Produkte des E-Schrottrecyclings – Aufbereitungsverfahren, Produktzusammensetzung und verfügbare Mengen. TREND 2013 Titech. Stadtreinigung Hamburg (SRH), s.n., Hamburg, 2013

8 Biologische Verfahren

Generelles

Biogene Bestandteile in Abfällen können durch biologische Verfahren, bei denen mit Hilfe von Mikroorganismen organische Substanzen um- und abgebaut werden, behandelt werden.

Besteht das Ziel, organische Bodenverbesserer oder Dünger herzustellen, und damit die organische Substanz auf den Boden im Sinne der Kreislaufwirtschaft zurückzuführen, werden biologische Verwertungsverfahren eingesetzt. Diese werden in Abschn. 8.2 Kompostierung und 8.3 Vergärung beschrieben.

Hierzu ist eine getrennte Erfassung der biogenen Abfälle vor dem Hintergrund, ein vermarktbares stör- und schadstoffarmes Produkt mit hoher Qualität zu erzeugen, unumgänglich (Abschn. 8.4 Qualität von Komposten und Gärresten). Soll eine biologische Behandlung erfolgen mit dem Ziel ein Deponiegut zu erzeugen, das der Deponierichtlinie entspricht, oder ein Brennstoff für thermische Behandlungs- bzw. Verwertungsanlagen erzeugt werden, kommen mechanisch-biologische Abfallbehandlungsverfahren zum Einsatz (Abschn. 8.5 Mechanisch-biologische Abfallbehandlung). Die Thematik der Geruchsemissionen aus biologischen Behandlungsanlagen ist in Abschn. 8.6 dargestellt.

8.1 Stand der biologischen Verwertung in Deutschland

Bei Bioabfall handelt es sich gemäß § 2 Nr. 1 Bioabfallverordnung (BioAbfV) [1] um „Abfälle tierischer oder pflanzlicher Herkunft zur Verwertung, die durch Mikroorganismen, bodenbürtige Lebewesen oder Enzyme abgebaut werden können". Darunter fallen verschiedene Abfälle mit hohem organischem Anteil, wie bspw. aus Siedlungsabfällen, aus der Nahrungs- und Futtermittelherstellung und -verarbeitung, aus der Forstwirtschaft oder der Textilindustrie. Im Jahr 2012 wurden insgesamt knapp 15 Mio. Mg Bioabfall in

M. Kranert (Hrsg.), *Einführung in die Kreislaufwirtschaft*,
DOI 10.1007/978-3-8348-2257-4_8

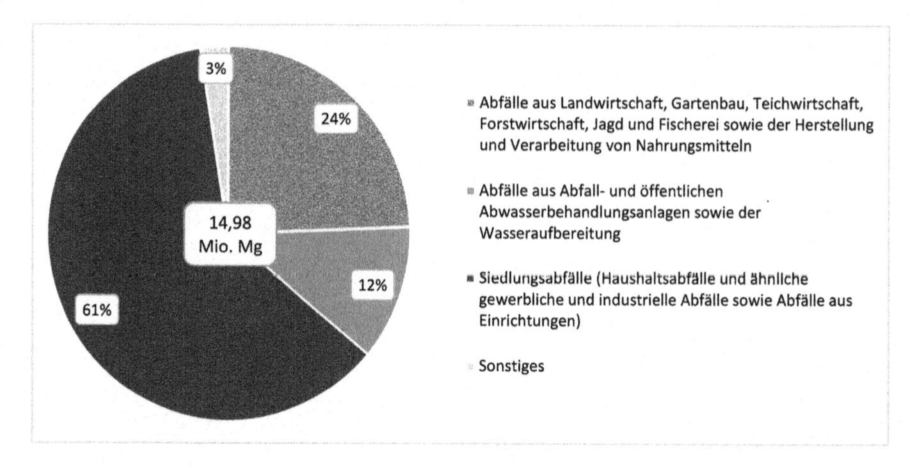

Abb. 8.1 Input in biologische Behandlungsanlagen (Bioabfall-, Grünabfall-, Klärschlammkompostierungsanlagen, Vergärungsanlagen und sonstige biologische Anlagen (Basis 2012)), [2]

Deutschland behandelt (s. Abb. 8.1). Zwei Drittel dieser Menge stammen aus Siedlungsabfällen, sind also Abfälle aus der Biotonne sowie Garten- und Parkabfälle.

Vor dem Hintergrund mangelnder Deponiekapazitäten, der Intentionen zur Schließung von Stoffkreisläufen und der Verwertung von Produkten mit geringen Stör- und Schadstoffanteilen wurde die getrennte Sammlung von Abfällen ausgebaut. Die separate Erfassung biogener Abfälle begann in Deutschland Anfang der 1980er Jahre [3]. In den Jahren 1990 bis 2000 vervierfachte sich die Menge an getrennt erfasstem Bioabfall von 2,1 Mio. Mg/a auf ca. 8,1 Mio. Mg/a (siehe Abb. 8.2). Der Sprung von 1993 auf 1995 und

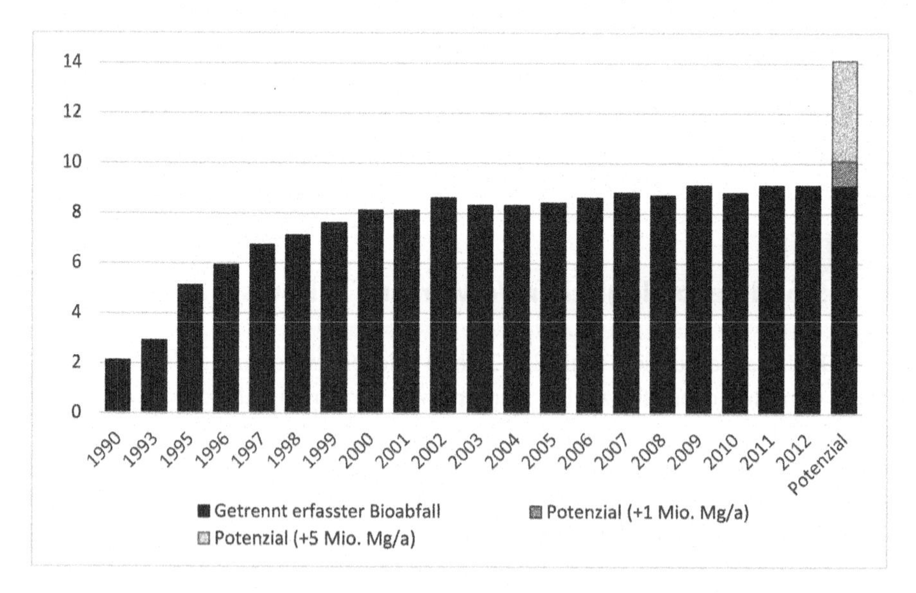

Abb. 8.2 Getrennt erfasster Bioabfall in Deutschland sowie Schätzungen des zusätzlichen Potenzials nach [3, 6, 7, 8, 9]

der weitere starke Anstieg kann durch die Einführung der TASi (Technische Anleitung Siedlungsabfall) im Jahr 1993 und das Inkrafttreten des KrW-/AbfG im Jahr 1994 zurückgeführt werden. In den Jahren von 2000 bis 2012 stieg die erfasste Menge an getrennt erfasstem Bioabfall um weitere ca. 10 % auf 9,1 Mio. Mg/a. Diese Menge entspricht etwa 25 % aller Haushaltsabfälle im Jahr 2012. Zum Vergleich: Im Jahr 1990 entsprachen die getrennt erfassten Mengen an Bioabfall etwa 5 % aller Haushaltsabfälle.

Die Sammlung der getrennt erfassten Bioabfälle ist in Deutschland allerdings bis dato noch nicht vollumfänglich flächendeckend eingeführt. § 11 KrWG beinhaltet eine Getrenntsammlungspflicht für Bioabfälle ab dem 1. Januar 2015. Da das Potenzial organischer Abfälle aus Siedlungsabfällen nicht voll ausgeschöpft ist (etwa 13 % der Einwohner haben kein, 14 % nur teilweise und 73 % ein flächendeckendes Biotonnenangebot), ist ab dem Jahr 2015 eine erhöhte Menge an getrennt erfasstem Bioabfall zu erwarten [4]. Das zusätzlich über die Biotonne abschöpfbare Potenzial wird auf 1 Mio. Mg [3] bis ca. 5 Mio. Mg [4] pro Jahr geschätzt. Einschließlich der Garten- und Grünabfälle wird eine erfassbare Menge von bis zu 16 Mio. Mg/a angegeben [5].

Die rechtliche Grundlage für den Umgang mit Abfällen in Deutschland und somit auch mit biogenen Abfällen bildet das Kreislaufwirtschaftsgesetz (KrWG). Spezielle untergesetzliche Regelungen werden in der BioAbfV [1] sowie thematisch angrenzenden Regelungen wie der Dünge- [10], der Düngemittelverordnung [11] oder der Verordnung zur Durchführung des Tierische Nebenprodukte-Beseitigungsgesetzes [12] behandelt. In diesen rechtlichen Regelungen werden Definitionen, Grenzwerte, Überwachungsmethoden und weitere Bestimmungen für den Umgang mit biogenen Abfällen festgelegt. Sie gelten für Abfallerzeuger, öffentlich-rechtliche Entsorgungsträger, Erzeuger, Einsammler, Bioabfallbehandler sowie Abnehmer/Anwender von Kompost oder Gärresten.

Biogene Abfälle lassen sich in strukturreiches und strukturarmes Material unterteilen (Abb. 8.3). Strukturreiches Material ist eher fest und trocken und enthält größere holzige

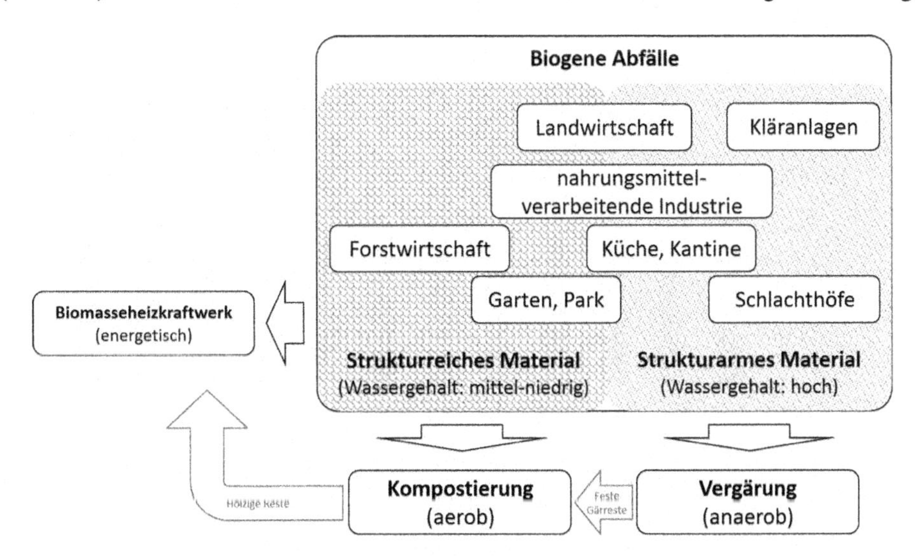

Abb. 8.3 Übersicht biogener Abfälle und Eignung für verschiedene Verwertungswege

Anteile (Lignozellulose), wie z. B. Baum- und Strauchschnitt. Dieses Material ist insbesondere zur aeroben Behandlung geeignet. Strukturarmes Material ist eher feucht oder nass, wie Speiseabfälle, krautige Gartenabfälle, Rasenschnitt oder Laub. Diese Bioabfälle eignen sich insbesondere zur anaeroben Behandlung. Besonders trockenes, holziges Material eignet sich auch zur direkten energetischen Verwertung in einem Biomasseheizkraftwerk, die mit der stofflichen Verwertung in Konkurrenz steht.

Im Jahresverlauf ist der Anfall an biogenen Abfällen nicht konstant (s. Abb. 8.4). Zur Beschreibung der jahreszeitlichen Schwankungen ist eine Einteilung der Abfälle in solche aus der Biotonne und solche aus Garten- und Parkanlagen sinnvoll. Bioabfälle aus der Bio-Tonne werden häufig als „Biogut" bezeichnet, separat erfasste Grünabfälle (z. B. über Bündelsammlung, Recyclinghöfe, Kompostplätze) als „Grüngut". Bei Abfällen aus der Biotonne ist in Küchen- und Gartenabfälle zu unterscheiden. Während Küchenabfälle über das Jahr gesehen annähernd in konstanter Menge anfallen, ist die Menge an Garten- und Parkabfällen stark von den natürlichen Vegetationsperioden abhängig. Im Winter fallen die geringsten Mengen an Garten- und Parkabfällen an. Im Frühjahr beginnen die Arbeiten in Gärten und Parks. Es fallen bspw. Baum-, Strauch- und Rasenschnitt, Restlaub sowie Wildkräuter in großen Mengen an. Nach diesem ersten Spitzenwert bleibt die Menge an Garten- und Parkabfällen im Sommer relativ konstant hoch. Im Herbst gibt es aufgrund von Laubfall sowie erneutem Baum- und Strauchschnitt einen zweiten Spitzenwert. Anschließend fällt die Menge an Garten- und Parkabfällen zum Winter hin wieder sehr stark ab.

Von den knapp 15 Mio. Mg/a in Deutschland behandelter biogener Abfälle wird etwa die Hälfte kompostiert und gut ein Drittel in Biogasanlagen vergoren (s. Abb. 8.5). In den letzten Jahren stieg der Anteil der Verwertung in Vergärungsanlagen stetig. Auf diesem Weg können sowohl das stoffliche (Gärprodukt, Kompost) als auch das energetische

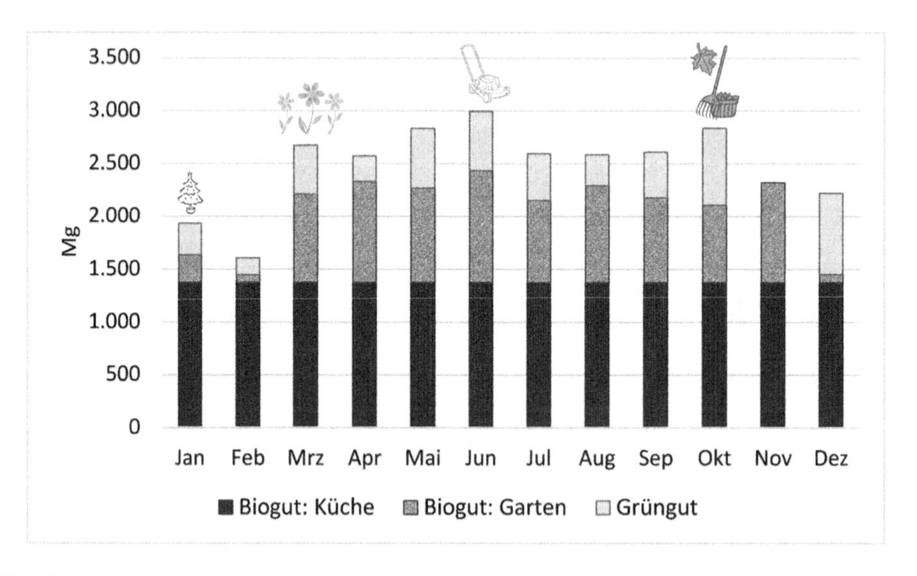

Abb. 8.4 Jahreszeitliche Schwankungen im Input einer Kompostierungsanlage

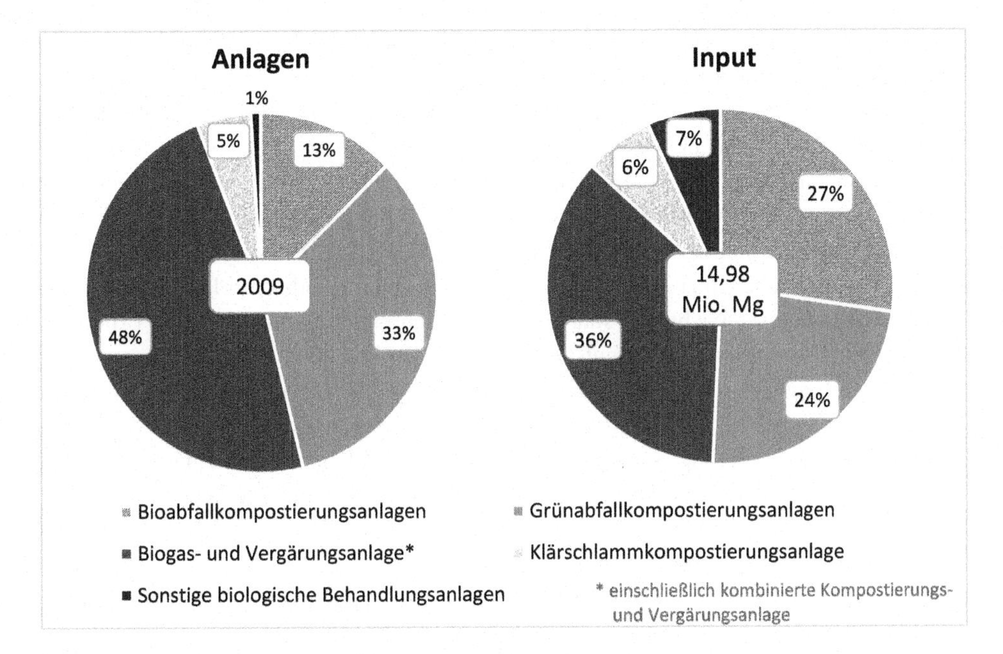

Abb. 8.5 Anteile der Anlagenarten bei der biologischen Behandlung nach Anzahl der Anlagen und Input (nach [13])

Potenzial (Biogas) der biogenen Abfälle genutzt werden. Neben den klassischen Verfahren der Kompostierung (aerob) und Vergärung mit Biogaserzeugung (anaerob) werden Bioabfälle in geringem Umfang auch bei der Herstellung von Biodiesel, Methanol oder Biokohle eingesetzt.

8.2 Kompostierung

8.2.1 Grundlagen

8.2.1.1 Einführung

Kompostierung ist ein Prozess, bei dem organische Abfälle mit Hilfe von (Luft-)Sauerstoff durch Mikroorganismen abgebaut werden (aerober Abbau). Die Kompostierung findet üblicherweise in Haufwerken statt, wodurch die hierbei freigesetzte Wärmeenergie als deutliche Temperaturerhöhung erkennbar ist. Als Produkt entsteht ein – abhängig vom Rottezustand – stabilisierter hygienisierter Kompost, der als Sekundärrohstoffdünger, Bodenverbesserer oder Komposterde verwertet wird. Hierdurch werden organische Substanz und Mineralstoffe in den natürlichen Kreislauf zurückgeführt; die Wasserhaltekapazität und Struktur von Böden wird verbessert und das Pflanzenwachstum gefördert sowie die Humusbildung in Böden nachhaltig unterstützt.

Die Kompostierung organischer Stoffe wurde schon vor mehreren tausend Jahren in China praktiziert. In der Landwirtschaft wird dieses Verfahren zur Verwertung landwirtschaftlicher Abfälle schon seit langer Zeit eingesetzt. Auch die Kompostierung im eigenen Garten wird schon lange angewandt.

In Deutschland wird die Kompostierung im technischen Maßstab als Maßnahme zur Abfallverwertung seit Mitte der fünfziger Jahre betrieben. Als Ausgangsmaterial wurde Hausmüll, teilweise unter Zumischung kommunaler Klärschlämme, eingesetzt. Die mit der Kompostierung vermischter Abfälle verbundene Stör- und Schadstoffbelastung der Komposte führte anfangs der achtziger Jahre des letzten Jahrhunderts zur getrennten Erfassung biogener Abfälle (Bioabfälle). Es entstand ein Boom im Bau von Kompostierungsanlagen mit dem Ziel, die biologische Verwertung von Abfällen weitgehend flächendeckend zu etablieren. Im Jahr 2013 wurden in 241 Bioabfallkompostierungsanlagen ca. 4 Mio. Mg/a Bioabfall behandelt; darüber hinaus wurden in 671 Grünabfallkompostierungsanlagen ca. 3,4 Mio. Mg/a Grünabfälle aufbereitet, heizwertreiche Anteile zur energetischen Verwertung abgetrennt bzw. kompostiert [14]. Davon unterliegen ca. 75 % der Kompostierungsanlagen (kapazitätsbezogen) der BGK-Gütesicherung [15]. In Verbindung mit der Gütesicherung von Komposten seit Anfang der neunziger Jahre stellt damit die Kompostierung organischer Abfälle ein wesentliches Standbein der Abfallwirtschaft dar.[1]

Auch europaweit betrachtet gewinnen besonders auch vor dem Hintergrund der EU-Deponierichtlinie [16] biologische Behandlungsverfahren, hierbei besonders auch die Kompostierung, zunehmend an Bedeutung.

Aerobe Behandlungsverfahren vor der Deponierung von gemischten Restabfällen (mechanisch-biologische Verfahren) haben sich in den vergangenen 20 Jahren etabliert. Sie sind prozess- und verfahrenstechnisch in großem Umfang mit denen der Kompostierung identisch. Sie haben jedoch nicht das Ziel ein verwertbares Endprodukt Kompost zu erzeugen, sondern ein weitgehend stabilisiertes Deponiegut und sind daher nicht als Kompostierung, sondern übergeordnet als Rotteverfahren zu bezeichnen.

8.2.1.2 Verfahrenstechnische Grundlagen

Die Kompostierung organischer Stoffe ist ein natürlicher Prozess, der in technischen Anlagen genutzt wird, um aus organischen Reststoffen ein verwertbares Produkt zu erzeugen. Der Kompost kann in der Regel in den Naturkreislauf als Bodenverbesserer und Sekundärrohstoffdünger zurückgeführt werden.

Der Kompostierungsprozess ist ein aerober Vorgang, d. h. er ist auf ausreichende Versorgung mit Luftsauerstoff angewiesen. Mit Hilfe des Sauerstoffes oxidieren Mikroorganismen die ihnen angebotenen Kohlenstoffquellen überwiegend zu Kohlenstoffdioxid und Wasser (siehe auch Abschn. 8.2.3).

---

[1]Typische Kenngrößen von Bioabfällen und Grünabfällen sind in den Tab. A 8.1 bis A 8.6 im Anhang aufgeführt.

Die einsetzende Kompostierung ist durch eine rasche Selbsterhitzung des organischen Materials gekennzeichnet. Die hohe Verfügbarkeit an leicht abbaubaren Kohlenstoffquellen bedingt eine intensive mikrobielle Aktivität mit hoher Wärmefreisetzung, die zu einer Erhitzung des Kompostmaterials führt. In der Anfangsphase dominieren die mesophilen Mikroorganismen (20 bis ca. 40 °C) wie z. B. säureproduzierende Bakterien. Mit weiterer Temperaturerhöhung reduziert sich das Artenspektrum hin zu thermophilen Mikroorganismen (Lebensoptimum bei 55 °C), mehrheitlich Bakterien, Aktinomyceten und einige Pilze. Bei Temperaturen über 65 °C entfalten Pilze und die überwiegende Zahl der Aktinomyceten keine mikrobielle Aktivität mehr. Bei Temperaturen über 75 °C findet eine Selbstlimitierung statt. In der Abkühlungsphase treten die Mikroorganismen, die durch Sporen und Konidienbildung überlebt haben, wieder in Erscheinung, zusätzlich finden sich auch von außen eingetragene Mikroorganismen. Im Anschluss an die Abkühlungsphase werden die schwerer verfügbaren Kohlenstoffquellen bei sinkender Temperatur im Rottegut umgesetzt. In der Nachrotte oder Reifephase werden die biogenen Makromoleküle (Biopolymere) durch Spezialisten, überwiegend Pilze und Actinomyceten, zersetzt. Sie veratmen die schwerer abbaubaren Substratkomponenten und sind an geringere Wassergehalte im Substrat angepasst. Diese Phase des Kompostierungsprozesses verläuft fast ausschließlich im mesophilen Temperaturbereich. Die mikrobiellen Prozesse in der Nachrotte verlaufen deshalb langsamer als die der Intensivrotte. Generell liegen die Umsatzraten bei der Kompostierung deutlich höher als in den aus der Natur bekannten Mineralisierungsprozessen organischer Substanz.

Die wesentlichen, den raschen Abbau organischer Substanz begrenzenden Faktoren sind:

- Zu hoch ansteigende Temperaturen (>70 °C), die zu einer Einengung des aktiven Artenspektrums führen, den Abbau beenden (Trocken-Stabilisierung) oder verändern (z. B. Autooxidation)
- Ein sinkender Wassergehalt im Kompostmaterial, der durch Verdunstungsverluste im Zusammenhang mit der Wärmeentwicklung entsteht
- Mangelnde Sauerstoffversorgung, die zu einem unvollständigen Abbau und damit zu einer Versauerung im Kompostmaterial führt

Wichtigste Voraussetzung für hohe Umsatzraten an leicht verfügbaren Kohlenstoffquellen und anderer organischer Substanz während der intensiven Rottephasen (Intensivrotte) zu Beginn des Kompostierungsprozesses ist demzufolge ein gleichmäßiges Milieu für die mikrobielle Flora bei gemäßigten Temperaturen (um 55 °C) und ausreichender Wasser- und Sauerstoffversorgung. Mechanische Umsetzvorgänge während der Hauptrotte können dabei den Abbau intensivieren. Die Nachrotte stellt grundsätzlich die gleichen Anforderungen an das Milieu, wenn auch die Wassergehalte niedriger liegen können. Aufgrund der Mycelbildung bei den Pilzen und Actinomyceten sind häufigere Umsetzvorgänge in der Reifephase nicht zu empfehlen.

8.2.1.3 Physikalisch-chemische Aspekte

Der Kompostierungsprozess läuft in einem Dreiphasensystem ab, das aus festen, flüssigen und gasförmigen Komponenten besteht. Je nach Zusammensetzung des Eingangsmaterials stehen diese Komponenten in unterschiedlichen Volumenverhältnissen zueinander. Für einen zuverlässigen Rotteprozess sind ausreichendes Luftporenvolumen und ausreichender Wassergehalt im Kompostmaterial Voraussetzung (siehe auch Abschn. 8.2.2).

Da Luft und Wasser um dieselben Porenvolumina konkurrieren, ist hier auf ein ausgewogenes Verhältnis zu achten. Ist dies im Eingangsmaterial nicht gegeben, wird durch Zugabe von Strukturmaterial, durch Zerkleinerung und/oder durch Mischen des Eingangsmaterials eine möglichst optimale Struktur sichergestellt. Bereiche im Kompostmaterial, die durch mangelndes Luftporenvolumen mit Luftsauerstoff unterversorgt sind, setzen geruchsintensive anaerobe Stoffwechselprodukte frei.

In seiner chemischen Zusammensetzung besteht der Rohkompost aus unterschiedlichen organischen Stoffgruppen, die durch ihre Bausteine charakterisiert sind, sich deshalb auch in ihrer Abbaubarkeit unterscheiden und daher den Verlauf des Rotteprozesses wesentlich mitbestimmen. Von Bedeutung sind ebenfalls die Gehalte an Nährstoffen im Substrat, wie Stickstoff- und Phosphorverbindungen sowie Kalium und andere Spurenelemente.

Der pH-Wert sinkt zunächst durch die Freisetzung organischer Säuren und steigt dann im weiteren Verlauf der Rotte durch den Abbau der organischen Säuren und durch die in der organischen Substanz gebundenen alkalisch wirkenden anorganischen Salze an. Im Fertigkompost liegt er in der Regel im neutralen bis leicht alkalischen Bereich.

Ein durchschnittlicher Bioabfall mit ausreichendem Strukturmaterial wird den physikalischen und chemischen Anforderungen an den Kompostierungsprozess im Wesentlichen gerecht. Zusätze an Nährstoffen, den pH-Wert regulierenden Chemikalien oder gar Mikroorganismen zur Animpfung sind nicht erforderlich.

Zur chemischen Zusammensetzung sei auf die relevanten Stoffgruppen im Eingangsmaterial hingewiesen. Dies sind:

- Fette
- Proteine
- Kohlenhydrate
- Lignin

Der überwiegende Anteil der Fette, die niedermolekularen Proteine und die löslichen und leicht verfügbaren Kohlenhydrate werden während der Intensivrotte mineralisiert. Die höhermolekularen Kohlenhydrate und das Lignin gelten als schwerer abbaubar und werden während der Nachrotte überwiegend von darauf spezialisierten Mikroorganismen umgesetzt.

Generell laufen während des Kompostierungsvorgangs nicht nur mikrobielle Vorgänge ab, sondern auch rein chemische Reaktionen. Insbesondere bilden sich während des gesamten Rotteprozesses Huminstoffe aus Bruchstücken des mikrobiellen Abbaus und geben dem Kompost neben der dunkelbraunen Farbe wesentliche Qualitätsmerkmale.

Die Huminstoffe haben ein großes Speichervermögen für Wasser und Pflanzennährstoffe in pflanzenverfügbarer Form. Außerdem tragen sie zu Lockerung und Krümelbildung im Boden bei und bleiben durch ihre Persistenz gegen einen weiteren mikrobiellen Abbau lange im Boden erhalten.

8.2.1.4 Mikrobielle Aspekte

Am mikrobiellen Abbau organischer Substanz ist eine breit gefächerte Mikroflora beteiligt. Fast das gesamte Artenspektrum verfügt über die enzymatische Ausstattung, den kompletten Abbauvorgang vom Eingangsmaterial zu Kohlendioxid, Wasser und Mineralstoffen vorzunehmen. Die Breite des Artenspektrums führt auch bei geringfügig schwankenden Milieubedingungen zu einem stabilen Kompostierungsprozess. Dennoch müssen bestimmte Kriterien während der Rotte eingehalten werden, um einen zügigen Abbau sicherzustellen (s. Tab. 8.1). Wenn z. B. die Sauerstoffversorgung unzureichend ist, führt dies zu einer unvollständigen Oxidation der Kohlenstoffquellen. Es werden in großen Mengen Fettsäuren und andere niedermolekulare organische Säuren gebildet, die zu einer pH-Wert-Verschiebung und damit zu einer generellen Milieuveränderung führen können. Dadurch entsteht ein hohes Geruchs- und Korrosionspotential in der Rotteabluft und im Sickerwasser. Darüber hinaus wird die Entstehung von Methan begünstigt.

Eine vergleichbare Wirkung in Bezug auf die Emissionen hat eine Überhitzung des Kompostmateriales. Sobald die Temperatur im Kompostmaterial zu hoch wird, bricht die Aktivität der meisten Mikroorganismen zusammen. Wegen der vorangegangenen hohen

Tab. 8.1 Vergleich der wichtigsten Funktionen und Milieubedingungen der Mikroorganismen während der Kompostierung (nach [17])

	Bakterien	Aktinomyceten	Pilze
Substrat		für schwer abbaubare Substrate geeignet	für schwer abbaubare Substrate geeignet
Feuchtigkeit		bevorzugen trockenere Bereiche	bevorzugen trockenere Bereiche
Sauerstoff	niedrigste Anforderungen an Sauerstoffgehalt	bevorzugen gut durchlüftete Bereiche	bevorzugen gut durchlüftete Bereiche
pH-Wert-Optimum	neutral bis schwach alkalisch	neutral bis schwach alkalisch	schwach sauer
pH-Wert-Bereich	6–7,5		5,5–8
mechan. Umsetzung	kein Einfluss	ungünstig	ungünstig
Bedeutung während der Rotte	80–90 % der Abbauleistung		
Temperatur	bis 75 °C, jedoch Reduzierung der Abbauleistung bei höheren Temperaturen	bei 65 °C vermutlich Temperaturgrenze	bei 60 °C Temperaturgrenze

Umsatzraten an organischer Substanz ist die wässrige Phase im Material angereichert mit leicht flüchtigen Metaboliten des extrazellulären Mikroorganismenstoffwechsels. Hinzu kommen die Zellinhaltstoffe der durch Hitze inaktivierten Mikroorganismenflora. Durch die gleichzeitige hohe Wasserverdunstungsrate werden die o. g. leichtflüchtigen organischen Verbindungen freigesetzt.

Die Wärmeentwicklung in der Intensivrotte ist andererseits ein gewünschter Effekt, der die seuchenhygienische Unbedenklichkeit der Komposte aus Abfall sicherstellt. Bei Temperaturen von 55 °C bis 60 °C werden human- und tierpathogene Organismen abgetötet und Unkrautsamen und viele Erreger von Pflanzenkrankheiten unschädlich gemacht.

Neben der Temperatur spielen auch konkurrierende Mikroorganismen und die Bildung von antibiotikaartigen Stoffwechselprodukten und anderen Hemmstoffen eine wesentliche Rolle bei der Hygienisierung.

8.2.2 Der Rotteprozess – Faktoren, Kenngrößen und Prozessparameter

8.2.2.1 Allgemeines

Die biochemischen Abbaumechanismen, die bei der Kompostierung von organischer Substanz ablaufen, sind von verschiedenen Faktoren abhängig. Diese bestimmen die mikrobielle Aktivität, die sich u. a. im Gasaustausch und in der thermischen Leistung widerspiegelt und beeinflussen damit ebenfalls den Abbau von organischer Substanz. Sie können auch als Steuerungsmechanismen der Rotte eingesetzt werden und treten in der Regel in Interaktion miteinander. Die Prozessparameter bei der Kompostierung zeigen eine deutliche Abhängigkeit vom Rotteverlauf und damit von der Rottezeit. Nachstehend sollen die wesentlichen Faktoren und der Verlauf einiger wesentlicher Parameter in Abhängigkeit von der Rottezeit dargestellt werden. Hierbei wird von einer Batch-Betrachtung ausgegangen.

8.2.2.2 Mikrobielle Aktivität

Die Kompostierung ist ein exothermer Prozess, bei dem ca. 60 bis 70 % der umgewandelten Energie als Wärme freigesetzt werden. Bezogen auf den Abbau von Glucose sind dies auf der Basis einer freien Bildungsenthalpie von 2870 kJ/mol ca. 1770 kJ/mol als Wärme, die durch eine teils starke Temperaturentwicklung messbar ist. Bezogen auf die abgebaute organische Substanz liegt dieser Wert im Bereich von 15 bis ca. 22,5 kJ/g [18]. Die durch die mikrobielle Aktivität frei gesetzte Wärmeenergie kann als regenerative Energie verwertet werden. Sie ist abhängig vom Abbau der organischen Substanz.

$$C_6H_{12}O_6 + 6\ O_2 \rightarrow 6\ CO_2 + 6\ H_2O\quad \Delta G = -2870\ \text{kJ/mol}$$

Die mikrobielle Aktivität ist unter Zugrundelegung der thermischen Leistung als Kenngröße in vier Phasen einzuteilen (s. Abb. 8.6).

Die erste Phase ist die Anlauf- (Lag-) Phase, die den Zeitraum vom Aufsetzen des Rottegutes bis zu dem Zeitpunkt umfasst, zu dem sich eine angepasste Mikroorganismenpopulation gebildet hat, was durch ein starkes Ansteigen der thermischen Leistung aufgrund

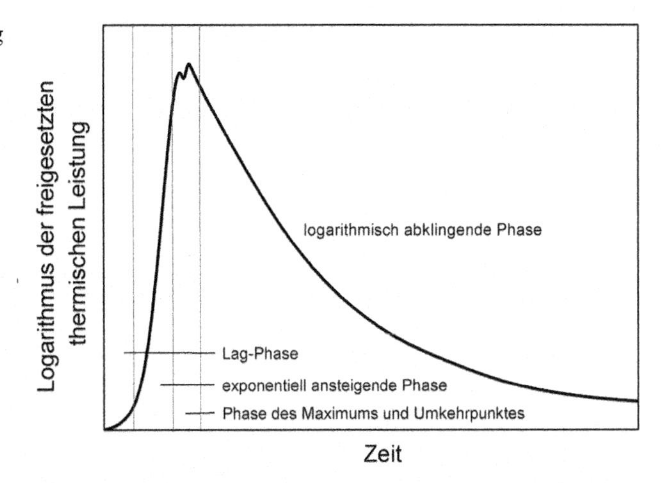

Abb. 8.6 Thermische Leistung in Abhängigkeit von der Zeit als Parameter für die mikrobielle Aktivität [18]

der mikrobiellen Aktivität angezeigt wird. Die zweite Phase verläuft exponentiell, hier ist eine starke Zunahme der thermischen Leistung aufgrund des mikrobiellen Wachstums zu vermerken. Die dritte Phase beinhaltet den Bereich der maximalen thermischen Leistung mit in der Regel zwei relativen Maxima. Hieran anschließend folgt die Ausklingphase, welche durch eine Reduzierung der mikrobiellen Aktivität infolge des verringerten Nährstoffangebotes und der Veratmung schwerer abbaubarer Substanzen gekennzeichnet ist.

8.2.2.3 Temperatur

Die Temperatur im Rottegut beeinflusst die mikrobielle Aktivität, gleichzeitig wird sie jedoch auch als Steuerungsparameter für den Prozess eingesetzt; die Temperaturentwicklung eines Rottegutes gibt darüber hinaus Aufschluss über den aktuellen Abbauzustand und dient beim Selbsterhitzungsversuch zur Bestimmung des Rottegrades.

In der Regel geht mit zunehmender Temperatur eine Steigerung der mikrobiellen Aktivität einher. Hierzu wurden kinetischen Modelle aus dem Wachstumsverhalten von Bakterienreinkulturen hergeleitet. Die in der Chemie oftmals angewendete RGT-Regel (Vant' Hoff-Arrhenius-Regel), nach der bei einer Temperaturerhöhung von 10 °C die Reaktionsgeschwindigkeit um das Doppelte zunimmt, ist jedoch aufgrund der bei der Kompostierung anzutreffenden heterogenen Populationen mit ihren unterschiedlichen Temperaturbereichen und -maxima der Lebenstätigkeit nur beschränkt gültig. Bei Temperaturen unter 5 °C wird die mikrobielle Aktivität stark verlangsamt, während bei Temperaturen über 75 °C bei den meisten Mikroorganismen infolge der Proteindenaturierung eine Inaktivierung stattfindet; einige Arten können jedoch auch noch bei höheren Temperaturen existieren [19, 20].

Generell beeinflusst die Temperatur neben der Art der Mikroorganismenpopulation den Sauerstoffübergang (Diffusionskoeffizient), die Löslichkeit des Sauerstoffs in der Flüssigphase sowie den Stickstoffabbau (Proteinzersetzung, Ammoniakaustrag, Nitrifikation).

Stickstoffverluste lassen sich verhindern, falls die Temperaturen 55 °C nicht wesentlich überschreiten [21], während gleichzeitig unter hygienischen Gesichtspunkten eine Materialtemperatur von mindestens 55 °C über einen möglichst zusammenhängenden Zeitraum

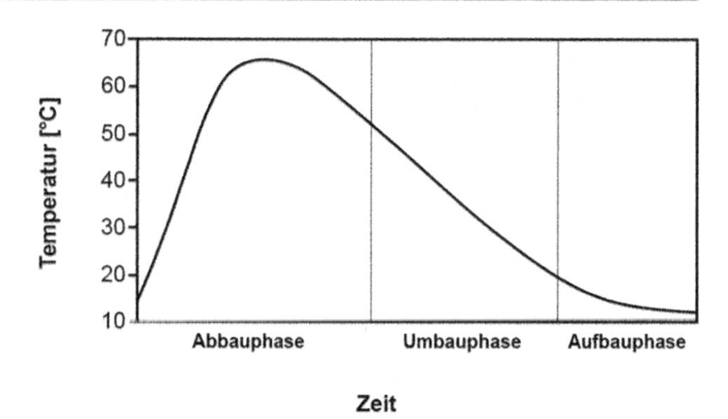

Abb. 8.7 Temperaturverlauf bei der Kompostierung (nach [22])

von zwei Wochen, von 60 °C über sechs Tage oder von 65 °C über drei Tage eingehalten werden muss [1].

Bezüglich der Temperaturentwicklung ist neben der Einteilung hinsichtlich der Mikroorganismenpopulation (siehe auch Abschn. 8.2.1.4) (mesophil/thermophil) der Rotteprozess in drei Phasen einzuteilen (siehe Abb. 8.7):

1. Anlauf- und Abbauphase.
2. Umbauphase.
3. Aufbauphase (Reifung).

Die Anlaufphase, welche stark vom pH-Wert beeinflusst wird (siehe Abschn. 8.2.2.7), ist bei optimalen Bedingungen nach spätestens 24 Stunden abgeschlossen und durch eine starke Entwicklung der mesophilen Mikroorganismen gekennzeichnet.

Verbunden mit hoher mikrobieller Aktivität ist ein exponentielles Ansteigen der thermischen Leistung zu verzeichnen, was sich in der deutlichen Temperaturentwicklung niederschlägt. Bei Temperaturen über 45 °C sterben die mesophilen Mikroorganismen ab oder bilden Dauerformen (Sporen). Es überwiegen nun die thermophilen Mikroorganismen. Bei einer weiteren durch die Aktivität der Mikroorganismen vermehrten Temperaturzunahme findet nun im Bereich von ca. 65 bis 70 °C eine weitgehende Inaktivierung statt, die Temperatur sinkt wieder ab.

Während der Umbauphase lässt sich häufig ein zweites, etwas niedriger liegendes Temperaturmaximum erkennen, woran sich ein deutliches Abfallen der Temperaturen anschließt. Dieses Absinken rührt daher, dass die leicht abbaubaren Substanzen veratmet sind und eine Umbildung der Mikroorganismenpopulation in Richtung der mesophilen Mikroorganismen stattfindet, welche in der nun anschließenden Umbauphase auch höhere molekulare Verbindungen veratmen. Während die Abbau- und Umbauphase der Bioabfallkompostierung i. d. R. im Intensivrottesystem stattfindet, wird die Aufbauphase im fortgeschrittenen Rottestadium in der Nachrotte realisiert.

Bei semidynamischen Systemen, bei welchen das Rottegut häufiger umgesetzt wird, findet bei jedem Umsetzvorgang eine Homogenisierung, evtl. Befeuchtung und intensive Versorgung mit Sauerstoff statt, welche sich als erneute Selbsterhitzung im Prozessverlauf widerspiegelt (s. Abb. 8.8).

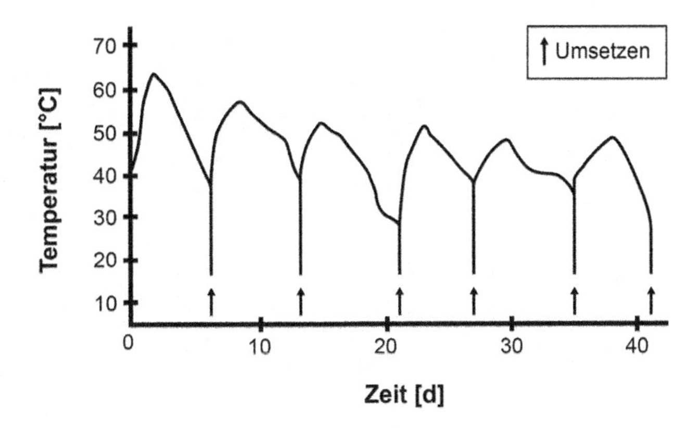

Abb. 8.8 Temperaturverlauf einer Miete bei mehrmaligem Umsetzen (nach [23])

Entsprechend der mikrobiellen Aktivität zeigen die Temperaturentwicklung, die thermische Leistung sowie der veratmete Sauerstoff bzw. der freigesetzte Kohlenstoff (Abschn. 8.2.2.4) eine deutliche Ähnlichkeit im Kurvenverlauf. Das Maximum der thermischen Leistung liegt im Bereich des maximalen Temperaturgradienten zwischen 40 °C und 50 °C. Dies korrespondiert mit dem veratmeten Sauerstoff bzw. freigesetzten Kohlenstoff. Das Temperaturmaximum wird mit einer Phasenverschiebung von ca. 6 bis 8 Stunden erreicht.

Da mit zunehmendem Abbau der organischen Substanz die chemisch gebundene Energie geringer wird, kann die Temperaturentwicklung eines Substrates beim Rotteprozess (Selbsterhitzung) für die Bestimmung des Abbaugrades herangezogen werden. Wie in Abb. 8.9 dargestellt, nimmt die Selbsterhitzung mit dem Rottefortschritt deutlich ab. Die

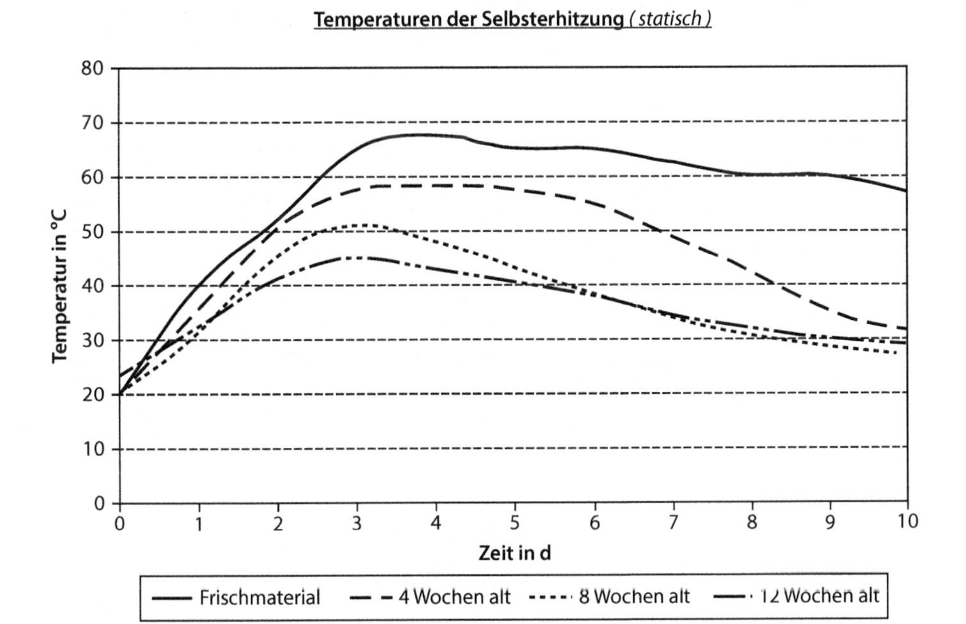

Abb. 8.9 Selbsterhitzungskurven von Kompost in verschiedenen Rottezuständen nach [23, 24]

Selbsterhitzung wird zur Darstellung des Rottegrades herangezogen, welcher den aktuellen Stand des Abbauprozesses kennzeichnet und eine Stufe auf einer allgemein gültigen Skala von Kennwerten darstellt, die den Rottefortschritt vergleichbar charakterisieren [25]. Als Kennwerte werden hierbei die Maximaltemperatur, teilweise auch die maximale Steigung bzw. die Fläche unter der Kurve innerhalb der ersten 72 Stunden herangezogen. Ein weiterer Parameter ist die Atmungsaktivität, auf welche im Abschn. 8.2.2.4 eingegangen wird.

8.2.2.4 Belüftung

Die Belüftung kann auf natürliche Weise (passiv) oder zwangsweise (aktiv) erfolgen. Sie hat bei der Kompostierung als aerobem Prozess verschiedene Funktionen zu erfüllen [20].

- Versorgung der Mikroorganismen mit Sauerstoff zur Aufrechterhaltung ihrer Lebenstätigkeit und gleichzeitig Abführen des CO_2, um eine hohe mikrobielle Aktivität aufrechtzuerhalten;
- Austreiben von Wasser zur Trocknung des Rottegutes;
- Verhinderung eines Wärmestaus, um (abhängig vom Substrat) eine Inaktivierung der Mikroorganismen zu vermeiden und den Stickstoffaustrag zu begrenzen;

Der Luftvolumenstrom, der dem Rottegut zugeführt werden muss, ist in erster Linie abhängig vom Sauerstoffbedarf der Mikroorganismen. Diese vermögen Sauerstoff nur in gelöster Form aufzunehmen. Darüber hinaus kann die Begrenzung der Temperatur oder die Zielgröße des Erreichens eines definierten Wassergehaltes diesen Faktor bestimmen.

Der gelöste Sauerstoff im Wasser, welches die Mikroorganismen umgibt, ist - abhängig von der Temperatur – so gering, dass er in der Regel innerhalb weniger Sekunden verbraucht ist. Deshalb muss ständig neuer Sauerstoff über das Porensystem bereitgestellt werden. Der theoretische Sauerstoffbedarf, der zum biochemischen Abbau der organischen Substanz benötigt wird, ist bei Kenntnis der fiktiven Strukturformel des Ausgangsmaterials stöchiometrisch zu errechnen. Unter dem Ansatz einer elementaren Zusammensetzung der organischen Substanz von $C_{10}H_{19}O_3N$ [20] bzw. $C_{64}H_{104}O_{37}N$ [17] kann der Sauerstoffbedarf sowie die gebildeten Mengen an Kohlenstoffdioxid und Wasser berechnet werden.

Hieraus ergibt sich auf Basis von [20] abhängig vom Rottegut ein Bedarf von ca. 2 g Sauerstoff/g abgebaute organische Substanz. Gleichzeitig werden ca. 2,2 g Kohlenstoffdioxid, 0,7 g Wasser und ca. 0,08 g Ammoniak gebildet.

In der Praxis schwankt der Sauerstoffbedarf abhängig von der organischen Trockenmasse (OTM) und dem Oxidationsgrad von 1,5 g O_2 bis 2,8 g O_2 pro g abgebauter organischer Trockenmasse.

Der spezifische Luftbedarf bezogen auf die Trockensubstanz errechnet sich hierbei zu

$$V_{Luft} = \frac{GV \cdot a_{OTM} \cdot b_{O2}}{\rho_L \cdot p_{O2}} \tag{8.1}$$

GV = Glühverlust des Rottegutes (–)
a_{OTM} = Abbau der organischen Trockenmasse (–)
b_{O2} = stöchiometrischer Sauerstoffbedarf in g O_2 pro g abgebauter organischer Trockenmasse
ρ_L = Dichte der Luft bei 20 °C = 1,2 g/l
P_{O2} = Massenanteil des Sauerstoffs in der Luft (0,231)

Als Respirationskoeffizient (RQ) wird das Verhältnis von Kohlendioxidentwicklung zum Sauerstoffverbrauch bezogen auf die Volumenanteile (in Prozent) bezeichnet.

$$RQ = \frac{CO_2}{O_2} \tag{8.2}$$

Dieser ist abhängig vom Ausgangssubstrat und dem aktuellen Rottezustand. Der Respirationskoeffizient (RQ) liegt für Kohlenhydrate bei 1,0, für Proteine bei 0,7 und für Fette bei 0,8. Hierbei gibt ein deutlicher Anstieg des Respirationskoeffizienten über 1,0 einen Hinweis auf das Eintreten anaerober, ein Abnehmen des Respirationskoeffizienten einen Hinweis auf eine Zunahme aerober Vorgänge während des Rotteprozesses [19].

Hierzu ist zu bemerken, dass der Sauerstoffbedarf in Abhängigkeit von äußeren Faktoren steht, welche die mikrobielle Aktivität beeinflussen, wie z. B. Nährstoffsituation, Temperatur und Wassergehalt. Zur Vermeidung anaerober Zustände und Aufrechterhaltung der aeroben mikrobiellen Aktivität muss die Versorgung mit Sauerstoff gewährleistet sein. Unterhalb einer Sauerstoffkonzentration von 10 % tritt eine Verlangsamung ausgeprägt zu Tage.

Atmungsaktivität

Die Atmungsaktivität, die über den in einer bestimmten Zeit verbrauchten Sauerstoff ermittelt wird und damit die pro Zeiteinheit oxidierte Masse angibt, ist abhängig von der Temperatur, dem Rottezustand sowie dem Substrat. Nach Überschreiten des Maximums der mikrobiellen Aktivität wird mit fortschreitender Rotte die Atmungsaktivität geringer. Sie kann ebenfalls (neben dem Temperaturmaximum bei der Selbsterhitzung) als Kenngröße für den Rottegrad herangezogen werden (Abb. 8.10).

Wird vorausgesetzt, die maximale Sauerstoffverbrauchsrate durch die Belüftung abzudecken, so ergibt sich ein Sauerstoffbedarf von 0,8 bis 2,0 g/(kg · h) (Basis OTM). Dies entspricht einem Luftvolumenstrom von 3,9 bis 7,2 l/(kg · h) (Basis OTM). Für das Austreiben von Wasser kann abhängig von der Temperatur im Luftporenraum eine Belüftungsrate erforderlich werden, die das Mehrfache dessen beträgt, was für die Deckung des Sauerstoffbedarfs erforderlich ist. Als Faustwert kann pro Kubikmeter Rottegut eine Belüftungsrate von 1 m³/h (Durchschnitt) bis zu 5 m³/h (Maximum) angesetzt werden. Entsprechend sollte die Belüftungsrate bei Intensivrotteprozessen an den aktuellen Sauerstoffbedarf angepasst werden können. Die CO_2- bzw. O_2-Konzentration in der Abluft stellt damit einen guten Steuerungsparameter dar (Abb. 8.11). Hierbei ist zu beachten, dass die Luft sowohl räumlich als auch zeitlich betrachtet gleichmäßig in das Rottegut eingetragen wird. Eine wesentliche Voraussetzung hierfür ist ein ausreichendes Luftporenvolumen und entsprechende Porenstruktur (siehe Abschn. 8.2.2.6).

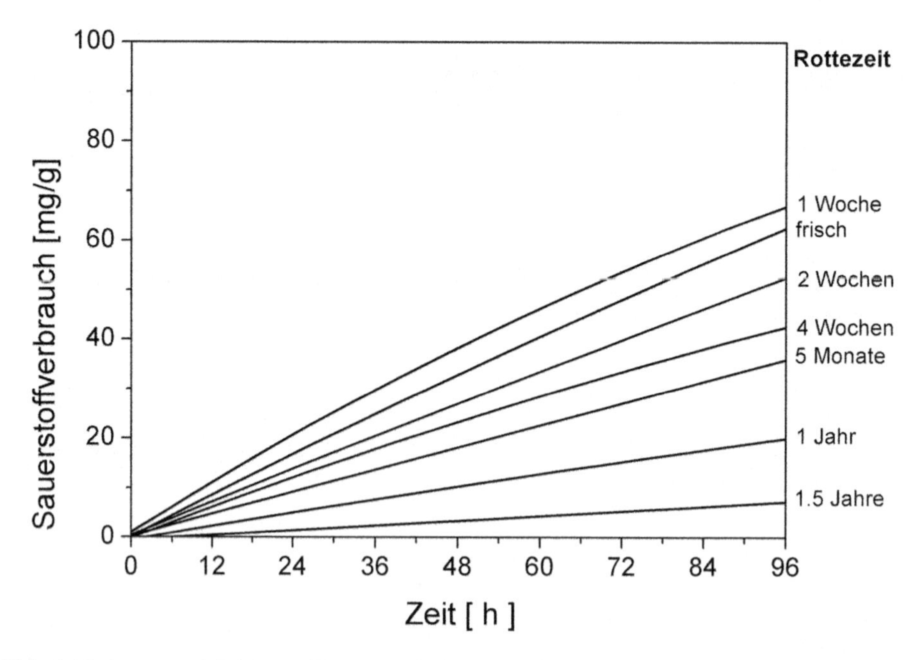

Abb. 8.10 Atmungsaktivität von Kompostproben (Basis OTM) in unterschiedlichen Rottezuständen (nach [24])

8.2.2.5 Wassergehalt

Die Versorgung der Mikroorganismen mit Nährstoffen und der Abtransport von Stoffwechselprodukten aus der Zelle können nur in wässriger Lösung erfolgen, da die Transportvorgänge über eine semipermeable Membran erfolgen. Daher muss bei der Kompostierung

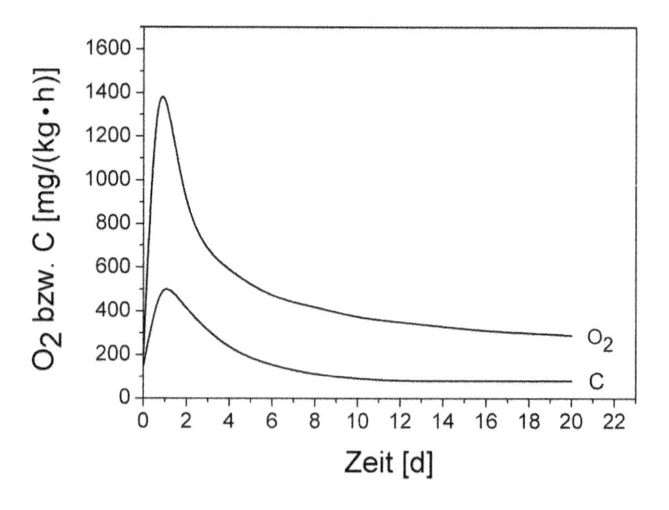

Abb. 8.11 Zeitlicher Verlauf von O_2 und CO_2-Konzentrationen, Basis OTM (nach [18])

Wasser in ausreichender Menge zur Verfügung gestellt sein. Demnach wäre für einen optimalen Prozess ein hoher Wassergehalt erstrebenswert [26]. Gegenläufig hierzu verhält sich jedoch die Versorgung der Mikroorganismen mit Sauerstoff (siehe Abschn. 8.2.2.6), der bei hohen Wassergehalten nicht mehr in der notwendigen Quantität herangeführt werden kann. Daher wird die obere Grenze des Wassergehaltes von der Porenstruktur, welche materialabhängig ist, bedingt.

Versuche, bei denen Wassergehalte mit der Sauerstoffverbrauchsrate korreliert worden sind, haben gezeigt, dass Stoffe mit einer hohen Saugfähigkeit (z. B. Rinde, Papier) sowie großer Festigkeit und großen Porenräumen (Stroh) bei gleichem Luftporenvolumen deutlich höhere Wassergehalte ermöglichen als Stoffe ohne ausreichendes Saugvermögen und entsprechende Strukturstabilität [20, 27, 28].

Das Optimum des Wassergehalts bei der Bioabfallkompostierung liegt abhängig von der Struktur des Rottegutes zwischen 45 % und 65 %. Bei Wassergehalten unter 25 % wird die mikrobielle Aktivität stark vermindert und unter 10 % zum Stillstand gebracht [26]. Damit ist die Einstellung eines optimalen Wassergehaltes ein entscheidendes Kriterium für einen ordnungsgemäßen Rotteprozess.

8.2.2.6 Luftporenvolumen

Sauerstoff für die mikrobielle Aktivität muss über das im Substrat vorgegebene Gasraumvolumen bereitgestellt werden. Wird das Rottegut als Dreiphasensystem betrachtet, welches aus Feststoffen, Wasser und Gas besteht, so teilen sich Wasser und Luft das von den Feststoffen freie Volumen, das als Porenvolumen bezeichnet wird (Abb. 8.12).

Die Porenvolumina lassen sich über die Trockendichte, Korndichte und den Wassergehalt bestimmen.

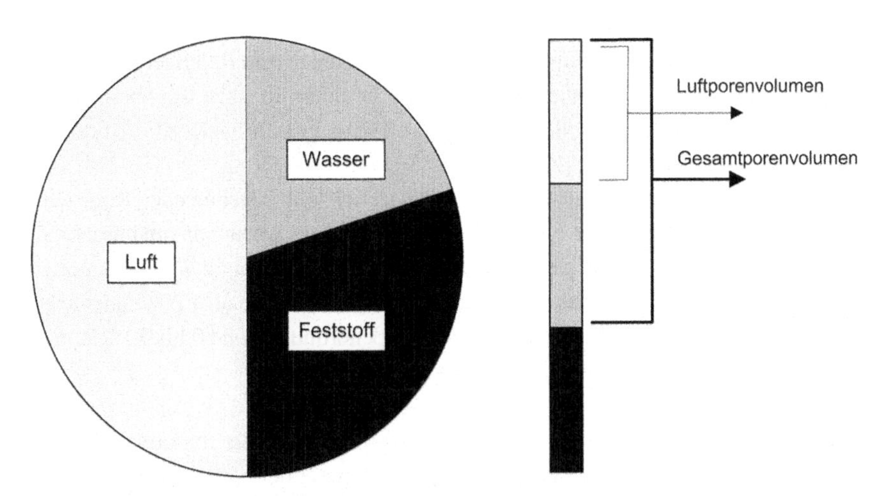

Abb. 8.12 Dreiphasensystem bei der Kompostierung

Anteil Gesamtporenvolumen

$$n_p = \frac{V_p}{V_{ges}} = \frac{V_{ges} - V_s}{V_{ges}} = 1 - \frac{m_s \cdot \rho_D}{m_s \cdot \rho_s} = 1 - \frac{\rho_D}{\rho_s} \tag{8.3}$$

Anteil Luftporenvolumen

$$n_L = \frac{V_L}{V_{ges}} = n_p - \frac{V_w}{V_{ges}} = n_p - \frac{m_w \cdot \rho_D}{m_s \cdot \rho_w} = n_p - \frac{\rho_D \cdot WG}{\rho_w (100 - WG)} \tag{8.4}$$

V_{Ges} = Gesamtvolumen = $V_L + V_w + V_s$ (cm^3)
V_p = Porenvolumen (cm^3)
V_w = Wasservolumen (cm^3)
V_s = Kornvolumen (cm^3)
V_L = Luftvolumen (cm^3)
ρ_D = Trockendichte (g/cm^3)
ρ_S = Korndichte (für Inertmaterialen ca. 2,5 bis 2,6 g/cm^3)
ρ_w = Dichte Wasser (1,0 g/cm^3 bei 4°C)
WG = Wassergehalt (%)
m_s = Masse Korn (g)
m_w = Masse Wasser (g)

Somit bewirkt bei konstantem Porenvolumen eine Vergrößerung des Luftporenvolumens im vorhandenen Porenraum eine Reduzierung der in diesen Poren befindlichen Wassermenge. Auch hier bestimmt die Art des Rottesystems (statisch oder dynamisch) bzw. die Struktur der Substrate das Optimum. So kann ein Luftporenvolumen – abhängig von eben genannten Faktoren – von 30 bis 50 % als für die Verrottung günstig bezeichnet werden. Deutlich über 70 % Luftporenvolumen bedeuten in der Regel eine Reduzierung der biologischen Aktivitäten infolge fehlenden Wasserangebots, unter 20 % ist die Versorgung der Mikroorganismen mit Sauerstoff nicht mehr ausreichend gewährleistet, die Bildung von anaeroben Zonen wird begünstigt [20, 29].

Wird eine statische Miete betrachtet, so verringert sich mit zunehmender Rottezeit das Gesamtporenvolumen aufgrund von Setzungsvorgängen und des Abbaus an organischer Substanz (Abb. 8.13). Hierbei nimmt die Korndichte des Materials, abhängig vom Abbauprozess, um über 20 % zu. Der Anteil des Wasservolumens verringert sich von über 20 % auf ca. 10 %, das Luftporenvolumen bleibt hierbei häufig in der Größenordnung von 60 bis 70 % konstant.

8.2.2.7 pH-Wert

Die Aktivität der Mikroorganismen und damit die Rotteintensität ist stark beeinflusst vom pH-Wert des Ausgangssubstrates, wobei weniger die potentielle, als die aktuelle Wasserstoffionenkonzentration entscheidend ist [19]. Positiv auf die Rotteintensität wirken sich pH-Werte im alkalischen Bereich bis maximal 11 aus, während Werte unter pH 7

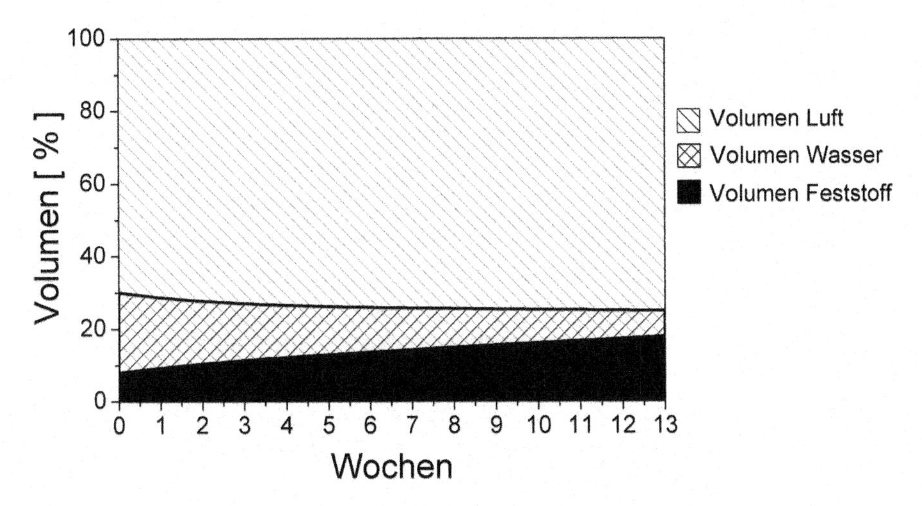

Abb. 8.13 Porenvolumina in Abhängigkeit von der Rottezeit (nach [23])

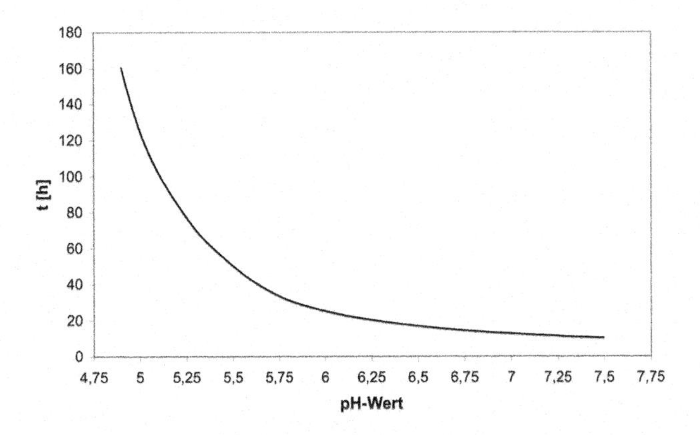

Abb. 8.14 Abhängigkeit der Lag-Phase vom pH-Wert (nach [23])

im Ausgangssubstrat eine Verlangsamung der mikrobiellen Aktivität bewirken. Dies zeigt sich deutlich zu Beginn des Rotteprozesses. Wie in Abb. 8.14 dargestellt, verlängert sich die Lag-Phase mit abnehmendem pH-Wert (hier dargestellt bis zum Zeitpunkt der maximalen Temperatursteigung) nahezu exponentiell. Über die Rottezeit betrachtet verändert sich der pH-Wert. Bei pH-Werten unter 5 ist eine starke Hemmwirkung festzustellen. Bioabfälle werden häufig aufgrund des praktizierten Sammelrhythmus von 14 Tagen mit pH-Werten im sauren Bereich in Kompostierungsanlagen angeliefert.

Der Verlauf des pH-Wertes wird zu Beginn des Rotteprozesses stark vom Zustand des Rottegutes beeinflusst.

Liegt ein neutrales bis leicht alkalisches Rottegut vor, findet während der ersten Rottephase ein Absinken des pH-Wertes in den sauren Bereich auf ca. pH 5,5 bis 6 statt. Dies wird verursacht durch die CO_2-Bildung, die Bildung von organischen Säuren als

Zwischenprodukt des mikrobiellen Abbaus und die Nitrifikation. Mit zunehmender Rottezeit steigt der pH-Wert aufgrund verstärkter mikrobieller Aktivität, verbunden mit der Bildung von Ammoniak, auf Werte von deutlich über pH 8 an.

Wird das Rottegut in saurem Zustand in die Kompostierung gebracht, was gerade bei langen Abfuhrrhythmen bei der Bioabfallsammlung aufgrund der Bildung organischer Säuren häufiger auftritt, ist dieses typische Absinken des pH-Wertes nicht zu erkennen. Hier findet innerhalb der ersten 1 bis 2 Wochen ein Ansteigen über den pH-Wert 7 statt; in den folgenden Wochen pendelt sich dieser ebenfalls auf ca. 8 bis 8,5 ein.

8.2.2.8 Art des Substrates, Substratkonzentration und -abbau

Kompostiert werden können nur organische Verbindungen, welche biologisch zu verwerten sind. Diese bestehen aus einem mineralischen, einem organischen Anteil und Wasser. Die organischen Substanzen werden von den aeroben Mikroorganismen als Energiequelle zur Aufrechterhaltung der Lebenstätigkeit verwendet, während die mineralischen Substanzen, die eine große Relevanz für die Anwendung des Kompostes besitzen, für den Rotteprozess von zweitrangiger Bedeutung sind.

Die Abbaurate eines Substrates bei einer enzymisch katalysierten Umwandlung - angegeben in umgesetzter Substratmenge pro Zeiteinheit - ist abhängig von der Substrat- bzw. Enzymkonzentration. Für enzymatische Prozesse wird diese Relation durch die Michaelis-Menten-Beziehung ausgedrückt, nach der die Reaktionsgeschwindigkeit in der Regel mit dem Ansteigen der Substratkonzentration hyperbolisch zunimmt [30].

Übertragen auf homogene Systeme, bei denen die Mikroorganismen in einer flüssigen Phase dispergiert sind, in welcher das Substrat in gelöster Form vorliegt, steigt die Substratausnutzung mit der Substratkonzentration hyperbolisch an (Monod-Gleichung). Hierbei ist der Massentransport des Substrates zur Zelle kein limitierender Faktor, so dass die Kinetik durch das limitierende Substrat gesteuert wird [20, 30].

Bei der Kompostierung liegt ein heterogenes System vor, mit festem Substrat und begrenztem Wassergehalt. Dieses in fester Form vorliegende Substrat muss durch Hydrolyse in niedermolekulare Stoffe umgewandelt werden, bevor es in die Zelle zur Nährstoffversorgung gelangen kann. Hieraus resultiert, dass nicht die Substratkonzentration selbst, sondern die Möglichkeit der enzymatischen hydrolytischen Aufspaltung über die Verfügbarkeit des Substrates und damit die Nährstoffversorgung entscheidet (z. B. Zellulosezersetzung) [20].

Der Abbau der organischen Trockenmasse ist unter Kenntnis der Trockenmasse und der Glühverluste vor und nach dem Rotteprozess zu berechnen.

$$a_{OTM} = \left(1 - \frac{(1 - GV_A)}{(1 - GV_E)}\right) \cdot \frac{1}{GV_A} [-] \tag{8.5}$$

mit

GV_A = Glühverlust am Anfang der Rotte [–]
GV_E = Glühverlust am Ende der Rotte [–]

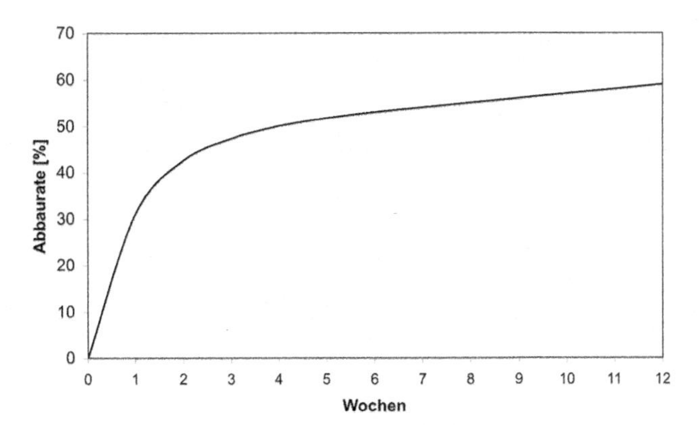

Abb. 8.15 Abbaurate der organischen Trockenmasse in Abhängigkeit von der Rottezeit (nach [23])

In den ersten Wochen des Rotteprozesses wird der größte Teil der organischen Trockenmasse abgebaut. Gegen Ende der Rottezeit verlangsamt sich der Abbauprozess, Umbauvorgänge gewinnen an Bedeutung (Abb. 8.15).

Bei der Bioabfallkompostierung kann innerhalb eines Zeitraumes von 12 Wochen abhängig von Kompostmaterial und Prozessführung mit einer Abbaurate von ca. 40 % bis zu 70 % gerechnet werden, während speziell bei stark lignozellulosehaltigen Grünabfällen die Abbaurate im gleichen Zeitraum unter 30 % liegen kann.

8.2.2.9 C/N-Verhältnis

Das Verhältnis von Kohlenstoff- zu Stickstoff-Atomen des Ausgangsmaterials zur Kompostierung hat einen Einfluss auf die Abbaurate des Rottegemisches. Die höchsten Abbauraten sind bei einem C/N-Verhältnis von ca. 1:20 bis 1:25 zu erzielen [27]. Bei einem zu engen C/N-Verhältnis (< 10) stellt Kohlenstoff, bei einem zu weiten C/N-Verhältnis Stickstoff, einen limitierenden Wachstumsfaktor dar (> 40). Demnach bewirkt ein vom Optimum abweichendes C/N-Verhältnis eine Verlängerung der Rottezeit, die Abbaugeschwindigkeit wird reduziert. Eine Hemmung der Mikroorganismentätigkeit findet jedoch nicht statt [27]. Das C/N-Verhältnis von Küchenabfällen liegt i. d. R. etwas unter 20:1, bei Grünabfällen deutlich darüber.

Ammonium-/Nitrat-Stickstoff

Beim Abbau stickstoffhaltiger organischer Verbindungen wird ein Teil des Stickstoffes als Ammoniumstickstoff umgewandelt. Dieser wird jedoch häufig direkt von den Mikroorganismen assimiliert oder über Nitrit zu Nitrat oxidiert. Hierbei ist festzustellen, dass in den ersten Wochen der Rotte eine Festlegung des organischen Stickstoffes erfolgt und erst danach eine Remineralisierung eintritt. Damit kann i. d. R. mit fortgeschrittenem Rottestadium eine Erhöhung des Nitratgehaltes festgestellt werden, während gleichzeitig der Ammoniumgehalt deutlich absinkt. Zu hohe Ammonium-Stickstoffgehalte geben einen Hinweis auf einen geringen Rottegrad. Dabei ist zu beachten, dass Ammonium- und Nitrat-Stickstoffgehalte nicht zur generellen Beurteilung des Rotteverlaufes herangezogen werden können; sie können nur im Zusammenhang mit anderen Parametern interpretiert werden.

8.2.2.10 Thermische Kenngrößen

Im Hinblick auf die thermodynamischen Prozesse bei der Kompostierung, speziell die Wärmeübertragung, aber auch bezogen auf die Nutzung der durch den aeroben Abbau freigesetzten Wärmeenergie, sind zwei materialspezifische Parameter von Bedeutung:

- die spezifische Wärmekapazität und
- die Wärmeleitfähigkeit des Rottegutes.

Spezifische Wärmekapazität des Rottegutes

Die spezifische Wärmekapazität ist ein Maß dafür, welche Wärmemenge in einem Material bei einem entsprechenden Temperaturniveau gespeichert ist bzw. welche Wärmemenge notwendig ist, den Stoff auf eine entsprechende Temperatur zu bringen.

Die spezifische Wärmekapazität von Bioabfall bzw. Kompost wird erheblich durch den Wassergehalt beeinflusst. Sie ist linear vom Wassergehalt abhängig, wie in Abb. 8.16 dargestellt. Der Wert bei 100 % Wassergehalt entspricht dabei genau dem von Wasser. Bei einem feuchten Rottegemisch mit einem Wassergehalt von 65 % erreicht die spezifische Wärmekapazität den Wert von 3,2 kJ/(kg · K).

Eine Änderung der Zuschlagstoffe des Rottegutes beeinflusst die spezifische Wärmekapazität bezogen auf die Trockensubstanz in geringem Umfang. Durch Mineralisierungsvorgänge infolge des Abbaus an organischer Substanz ist bezogen auf die Trockensubstanz eine Abnahme der spezifischen Wärmekapazität um bis zu 15 % vom Ausgangswert festzustellen.

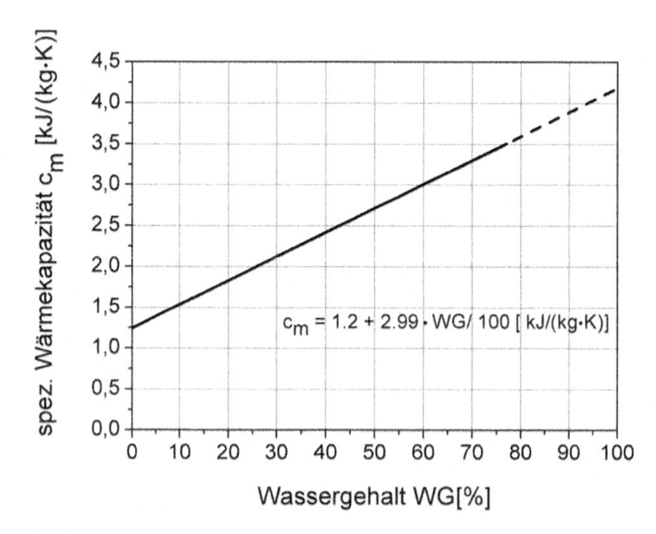

Abb. 8.16 Spezifische Wärmekapazität des Rottegutes in Abhängigkeit vom Wassergehalt [18]

Wärmeleitfähigkeit

Die Wärmeleitfähigkeit stellt eine Stoffkonstante dar, die bestimmt, in welchem Maß eine Wärmeübertragung im Material von statten geht. Sie hat somit direkte Auswirkungen auf die Wärmeverluste eines Haufwerkes und auf den Wärmeentzug z. B. mittels in den Kompost eingelegter Wärmetauscher.

Die effektive Wärmeleitung des Rottegutes, welches ein Dreiphasengemisch darstellt, wird jedoch nicht nur beeinflusst von der Wärmeleitfähigkeit des Strukturmittels selbst, sondern auch vom Zusammenwirken von Stoff- und Energietransport über das Porenwasser und die Porenluft. Hieraus resultiert, dass besonders das Luftporenvolumen und der Wassergehalt wesentliche Faktoren für die Wärmeleitfähigkeit darstellen.

Bei einem Dreiphasengemisch sind vier Arten der Wärmeübertragung möglich [31]:

- im Feststoff,
- in der Flüssigkeit,
- im Dampf-Luft-Gemisch, welches von benetzten Porenwänden umschlossen ist, so dass eine Wasserdiffusion stattfinden kann,
- im Dampf-Luft-Gemisch, welches von trockenen Porenwänden begrenzt ist, so dass nur Wärmestrahlung und die molekulare Wärmeleitung des Gases auftreten.

Mit zunehmendem Wassergehalt ist ein starkes Ansteigen der Wärmeleitfähigkeit verbunden, indem der Anteil des Wassers, welcher eine hohe Wärmeleitfähigkeit besitzt, gegenüber den Feststoffen und der Porenluft immer mehr zunimmt.

Mit zunehmender Temperatur steigt ebenfalls die Wärmeleitfähigkeit, vor allem verursacht durch die verstärkte Dampfdiffusion, welche den Energieaustausch fördert. Hieraus ist zu folgern, dass sich bei Komposten mit einem Wassergehalt von 50 bis 60 % und Temperaturen von 40 bis 60 °C, die Wärmeleitfähigkeit zwischen 0,20 W/(m · K) bis 0,35 W/(m · K) bewegt [18].

Im Vergleich zu anderen Stoffen liegt die Wärmeleitfähigkeit von Rottegut im Bereich zwischen mäßig leitendem und isolierendem Material. Für eine Wärmeentnahme mittels eingelegter Wärmetauscher ist die Leitfähigkeit als nur mäßig zu beurteilen.

8.2.3 Aufbau von Kompostierungsanlagen

8.2.3.1 Einleitung

Grundsätzlich ist bei der Kompostierung von Siedlungsabfällen zwischen der Eigenkompostierung, welche als Maßnahme zur Abfallvermeidung betrachtet werden kann (siehe auch Abschn. 4.1.2), und der Kompostierung in technischen Anlagen zu differenzieren. Hierbei sind die technischen Kompostierungsanlagen in der Regel in Anlagen zur Bioabfall- und Grünabfallkompostierung zu unterteilen, welche sich sowohl im Eintragsmaterial als auch in der Verfahrenstechnik und Betriebsweise bis hin zu den Kostenstrukturen deutlich unterscheiden.

8.2.3.2 Eigenkompostierung

Die Eigenkompostierung von häuslichen Bioabfällen hat besondere Bedeutung, da

- keine Genehmigung für Bau und Betrieb erforderlich ist,
- keine Emissionen durch externe Sammlung und Transport entstehen,
- die erzeugten Komposte selbst eingesetzt werden. Hierdurch wird von vornherein durch die Haushalte auf Störstofffreiheit geachtet und der Vermarktungsaufwand entfällt,
- das Umweltbewusstsein durch die mit der Eigenkompostierung verbundenen Aktivitäten geschärft wird,
- keine Kosten für Sammlung, Transport, Kompostherstellung und Vorortvermarktung entstehen,
- die zu entsorgende Abfallmenge reduziert wird.

Die Realisierung der Eigenkompostierung ist von einer Anzahl von Faktoren abhängig. Es ist zu beachten, dass unter abfallwirtschaftlichen Aspekten auf Ebene der Gebietskörperschaften die Eigenkompostierung nur für Teilströme angesetzt werden kann. Die Entscheidung auf Haushaltsebene, inwieweit eine Eigenkompostierung durchgeführt wird, hängt von den Rahmenbedingungen ab, deren wesentliche in Tab. 8.2 zusammengefasst dargestellt sind [4, 22, 32].

Als Sonderfall der Eigenkompostierung ist die Quartierkompostierung (Genossenschaftskompostierung) zu nennen (Beispiel Stadt Zürich) [33]. Hierbei wird die Eigenkompostierung im Geschoßwohnungsbau durch die Bewohner gemeinsam durchgeführt. Es ist zu beachten, dass die Quartierkompostierung an das Engagement Einzelner und an die Akzeptanz aller Bewohner gekoppelt ist. Inwieweit städtische Siedlungen mit starker Bevölkerungsfluktuation eine langfristige Funktionssicherheit der Quartierkompostierung ermöglichen, ist fraglich [34].

8.2.3.3 Technische Kompostierungsverfahren

Zur Kompostierung großer Mengen separat erfasster Bioabfälle sind technische Anlagen erforderlich. Dabei ist in dezentrale und zentrale Anlagen zu unterscheiden.

Eine objektive Abgrenzung in „dezentrale“ bzw. „zentrale“ Anlagen ist nicht generell möglich. Bezogen auf die Situation in Deutschland mit entsorgungspflichtigen Gebietskörperschaften auf Land- bzw. Stadtkreisebene kann in diesem Zusammenhang die Abgrenzung durch die angeschlossenen Einwohnerzahlen bzw. den Anlagendurchsatz erfolgen. Gleichzeitig beinhaltet diese Abgrenzung auch die Art des Betriebes.

Als Schnittstelle kann eine Einwohnerzahl von maximal 10.000 Einwohnern bzw. ein maximaler Durchsatz von kleiner 1 000 Mg/a angesetzt werden. Der Betrieb dieser Anlagen erfolgt durch Gartenbaubetriebe bzw. die Landwirtschaft, die durch eigenes Personal und einen im Maschinenring organisierten Maschinenpark bis hin zum Einsatz der Komposte durch Eigenverwertung die Anlage betreiben.

Tab. 8.2 Rahmenbedingungen für die Eigenkompostierung, nach [4, 22, 32]

Lokale Voraussetzungen	☐ Stellfläche für Komposter bzw. Kompostmiete ☐ Aufbringungsfläche mindestens 25 m²/E, besser 50 m²/E (sonst Überdüngung) ☐ schattiger Standort ☐ Belange der Nachbarschaft beachten
Kompostierungstechnik	☐ schichtenweises Aufsetzten auf Miete oder in Komposter ☐ keine verzinkten Konstruktionen ☐ gute Belüftung über Oberfläche ☐ Wärmedämmung vorteilhaft im Winter ☐ Verbindung zum Erdboden erforderlich (Wasserhaushalt, Regenwürmer etc.)
Rotteprozess	☐ gute Durchlüftung (Struktur) ☐ Verhindern von Austrocknen, ggf. Befeuchten ☐ gute Vermischung der Ausgangsmaterialien ☐ mindestens einmaliges Umsetzen ☐ Vermischung mit Fertigkompost bei Neuansatz vorteilhaft ☐ Rottezeit mindestens 6 Wochen (Mulch), 6 bis 12 Monate Fertigkompost
Ausgangsmaterial	☐ alle Gartenabfälle (ohne phytopathogene Bestandteile) ☐ Häcksel von Baum- und Strauchschnitt ☐ Angewelkter Grasschnitt ☐ Laubarten mit hohem Gerbsäureanteil schwer verrottbar (Eiche, Nussbaum, Kastanie) ☐ Küchenabfälle gut kompostierbar (keine Fleisch- und Wurstwaren, kein Fisch, kein Käse (Hygiene) ☐ keine Staubsaugerbeutelinhalte und Kohleasche ☐ Zeitungspapier (in geringen Anteilen) kann zugegeben werden
Abfallwirtschaft	☐ Wirklichkeitsmaßstab wirkt unterstützend ☐ ggf. finanzielle Unterstützung bei Investition des Komposters (mit Fachberatung) ☐ Gartenbesitzer mit Eigenkompostierung (65–85 %), ca. 6 Mio. Mg/a (geschätzt) abgeschöpft in Deutschland
Motivation und Kenntnisstand	☐ Arbeits- und Zeitaufwand erfordert Motivation (altruistische Gründe, Gebühreneinsparung, eigener Bodenverbesserer) ☐ hoher Informationsstand muss gewährleistet sein (Kompostfibel, Schulung durch Gartenbauberater)

Die Kompostierung von Grünabfällen wird in vielen Gebietskörperschaften schon seit vielen Jahren dezentral durchgeführt; bei der Bioabfallkompostierung sind dezentrale Systeme selten. In Tab. 8.3 sind die Vor- und Nachteile der dezentralen Verfahren dargestellt.

Tab. 8.3 Vor- und Nachteile dezentraler und zentraler Kompostierung (nach [35, 36])

Kriterium	Dezentrale Kompostierung	Zentrale Kompostierung
Anlagengröße	< 1000 Mg/a	$\gg$ 1000 Mg/a
Angeschlossene Einwohner	< 10.000 E/Anlage	$\gg$ 10.000 E/Anlage
Siedlungsstruktur	ländlich strukturiert	ländlich und städtisch strukturiert
Genehmigungsprocedere [36]	<10 Mg/d: baurechtl. Genehmigung	10–75 Mg/d → Vereinfachtes Verfahren gemäß § 19 BImSchG (ohne Öffentlichkeitsbeteiligung) >75 Mg/a → Genehmigungsverfahren gemäß § 10 BImSchG (mit Öffentlichkeitsbeteiligung), IED Anlage!
Aufbereitungstechnik der Bioabfälle	Manuelle Sortierung von groben Störstoffen aus der Miete. Zerkleinerung von Gartenabfällen durch Häcksler, Mischung beim Aufsetzen	Maschinelle Aufbereitungstechnik abh. von Verfahren: Dekompaktierung, Siebung, Fe-Abscheidung, Störstoffentnahme, Homogenisierung, Mischung
Rottetechnik	offene Mietenverfahren (ohne Zwangsbelüftung), teilweise mit Umsetzen. Mobile Aggregate	offene und gekapselte Verfahrenstechnik, Intensivrotteverfahren, häufig automatisch ggf. umsetzen, Steuerung der Rotte, Bewässerung, i. d. R. fest installierte Aggregate
Feinaufbereitungstechnik	Absieben durch mobile Aggregate	Absieben, Hartstoffabscheidung, Sichtung durch i. d. R. fest installierte Aggregate
Anlagenbetrieb	Verbundsystem, Austausch von Personal und Maschinen (z. B. Maschinenring) Landwirtschaft, GA-LA-BAU	Personal und Maschinen am Platz, Gebietskörperschaften, Entsorgungsunternehmen
Emissionen	Frachten rel. gering durch kleine Anlage, Konzentrationen rel. hoch, da keine Kapselung	relativ große Frachten, da große Anlagen, Konzentrationen rel. gering bei Anlagenkapselung
spezifischer Flächenbedarf	relativ hoch, da in Relation zu Rottefläche große Weg- und Arbeitsflächen	relativ gering, da günstige Flächenausnutzung u. a. durch kompakte Rottesysteme
Standortfindung	mehre Standorte erforderlich, häufig schwierig	nur ein Standort erforderlich, Akzeptanzproblematik

Tab. 8.3 (Fortsetzung)

Kriterium	Dezentrale Kompostierung	Zentrale Kompostierung
Lokale Identifikation	rel. hoch, da überschaubar und dicht am Einzugsgebiet	gering, dadurch häufig wenig Akzeptanz
Transportaufkommen	geringe Entfernungen zum Sammelgebiet und zum Komposteinsatz, geringes Transportaufkommen	z. T. lange Anfahrtswege aus Gebietskörperschaft, lange Verwertungswege, hohes Transportaufkommen
Kompostqualität	ungleichmäßig durch lokale und zeitliche Schwankungen, intensive Rottebetreuung aufwendig	relativ gleich bleibend, da lokale und zeitliche Kompensationen möglich, Rotteführung und Störstoffentnahme gezielter möglich
Fremdüberwachung	aufwendig, weniger überschaubar, da viele Einzelanlagen	gut überschaubar, da im Verhältnis wenige Anlagen
Organisationsaufwand	hoch, da Austausch von Personal und Maschinen	relativ gering, da Personal und Maschinen am Platz
Vermarktung	lokale Absatzmöglichkeit, hohe Identifikation mit Produkt	aufwendiger, überregionale Vermarktung häufig erforderlich
spezifische Kosten	stark abhängig von Anlagenbetrieb und Vermarktungskosten, infolge einfacher Technik vergleichsweise häufig geringer	relativ hoher Anteil an Kapitalkosten, besonders bei technisch aufwendigen Anlagen; starke Kostendegression bei steigendem Durchsatz

Resultierend aus den Entwicklungen der letzten Jahre mit einem hohen Anschlussgrad städtischer Gebiete, der Emissionsminimierung, dem erforderlichen organisatorischem Aufwand, der Qualitätskontrolle und der Kosten, verbunden mit zunehmender Übertragung der Planung, dem Bau und Betrieb von Kompostierungsanlagen an Entsorgungsunternehmen sind die in dezentralen Anlagen kompostierte Bioabfallmengen verhältnismäßig gering.

8.2.4 Technik der Kompostierung

8.2.4.1 Prinzipieller Aufbau von Kompostierungsanlagen

Der Verfahrensablauf bei Bioabfallkompostierungsanlagen ist grundsätzlich in die in Abb. 8.17 dargestellten Schritte zu unterteilen. Abbildung 8.18 zeigt ein Grundfließbild.

Wiegung und Registrierung

Sämtliche angelieferten Abfälle sowie die Stoffströme, welche die Anlage verlassen, wie z. B. Kompost, Fe-Metalle sowie Sortier-, Sieb- und Sichtreste werden im Eingangsbereich verwogen und registriert. Gleichzeitig werden Gebühreneinnahmen und Erlöse aufgenommen.

Diese Maßnahmen sind erforderlich, um eine komplette Mengenbilanz der Stoffströme zu ermöglichen, die interne und externe Abrechnung zu gewährleisten (Abfallgebühren, Komposterlöse) und eine Sichtkontrolle ein- und ausfahrender Fahrzeuge und deren Ladungen durchzuführen. Im Hinblick auf eine zügige Abfertigung und die Minimierung des Verwaltungsaufwandes ist es üblich, dass die Wiege- und Abrechnungsvorgänge durch den Einsatz von EDV-Systemen automatisiert sind.

Annahme und Zwischenspeicherung

Zwar ist es prinzipiell machbar, (z. B. bei Kompostierungsanlagen mit sehr geringem Durchsatz oder Anlagen mit gleichmäßigen Materialanlieferungen) auf eine Zwischenspeicherungsmöglichkeit zu verzichten, in der Regel ist es jedoch erforderlich, eine solche vorzusehen. Eine Zwischenspeicherung hat folgende Funktionen wahrzunehmen:

- definierter Anlieferungsbereich für die Fahrzeuge; kein externer Fahrzeugverkehr im Bereich des Aufbereitungs- und Rotteteils,
- Zwischenlagerungsmöglichkeit für Einzelchargen zwecks späterer Homogenisierung,
- Mischung verschiedener Chargen,
- Sichtkontrolle der angelieferten Chargen mit der Möglichkeit des Abtrennens von groben Fehlwürfen oder stark verunreinigten Anlieferungen,
- Schaffung der Möglichkeit zeitgleicher Anlieferung durch verschiedene Fahrzeuge,
- Puffer für Spitzenbelastungen und kurzfristige Betriebsunterbrechungen,
- Gewährleistung eines kontinuierlichen Durchsatzes für die nachfolgende Aufbereitung, (Entkoppelung von Anlieferung und Aufbereitung).

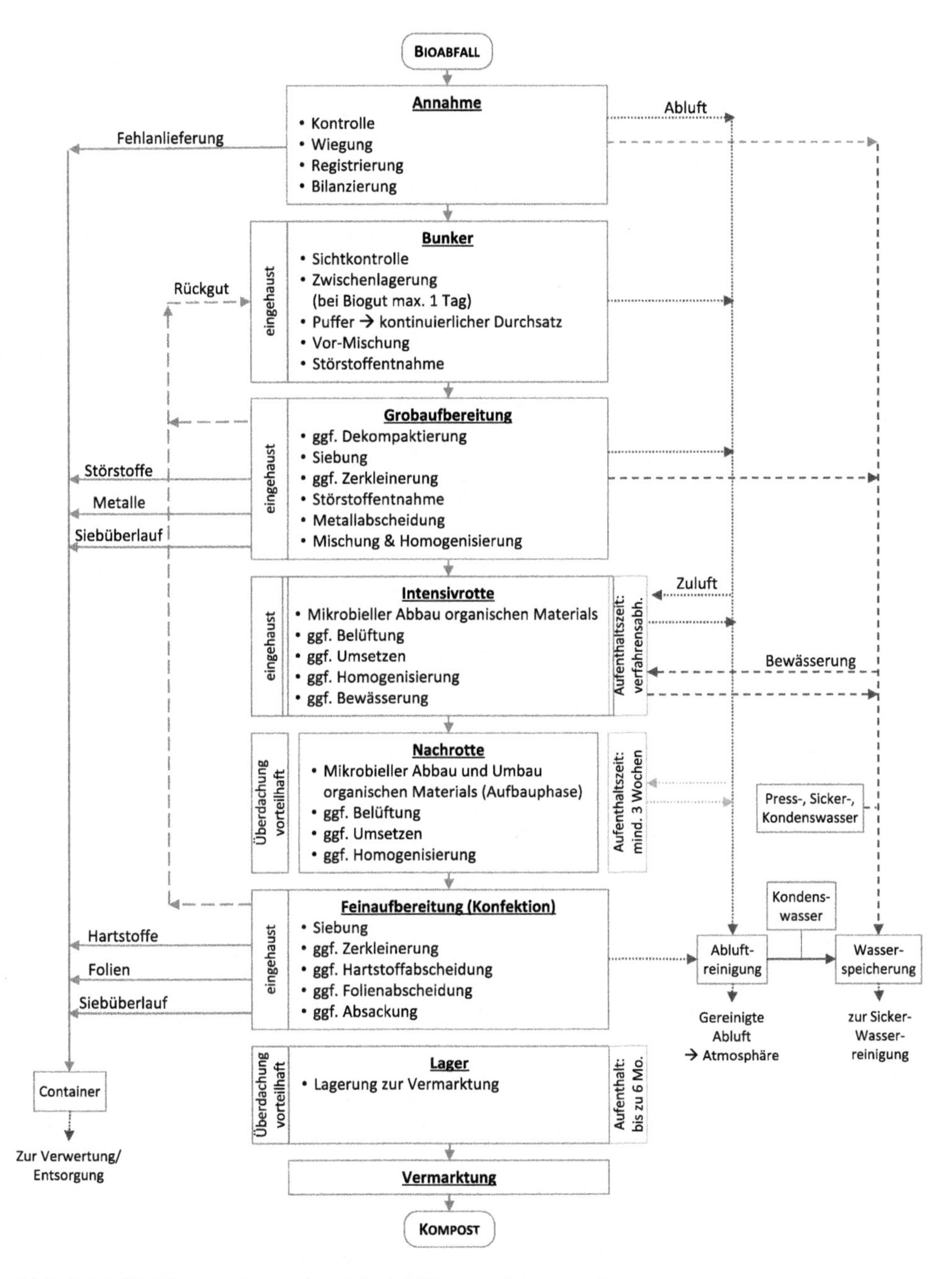

Abb. 8.17 Verfahrensschema einer Bioabfallkompostierungsanlage

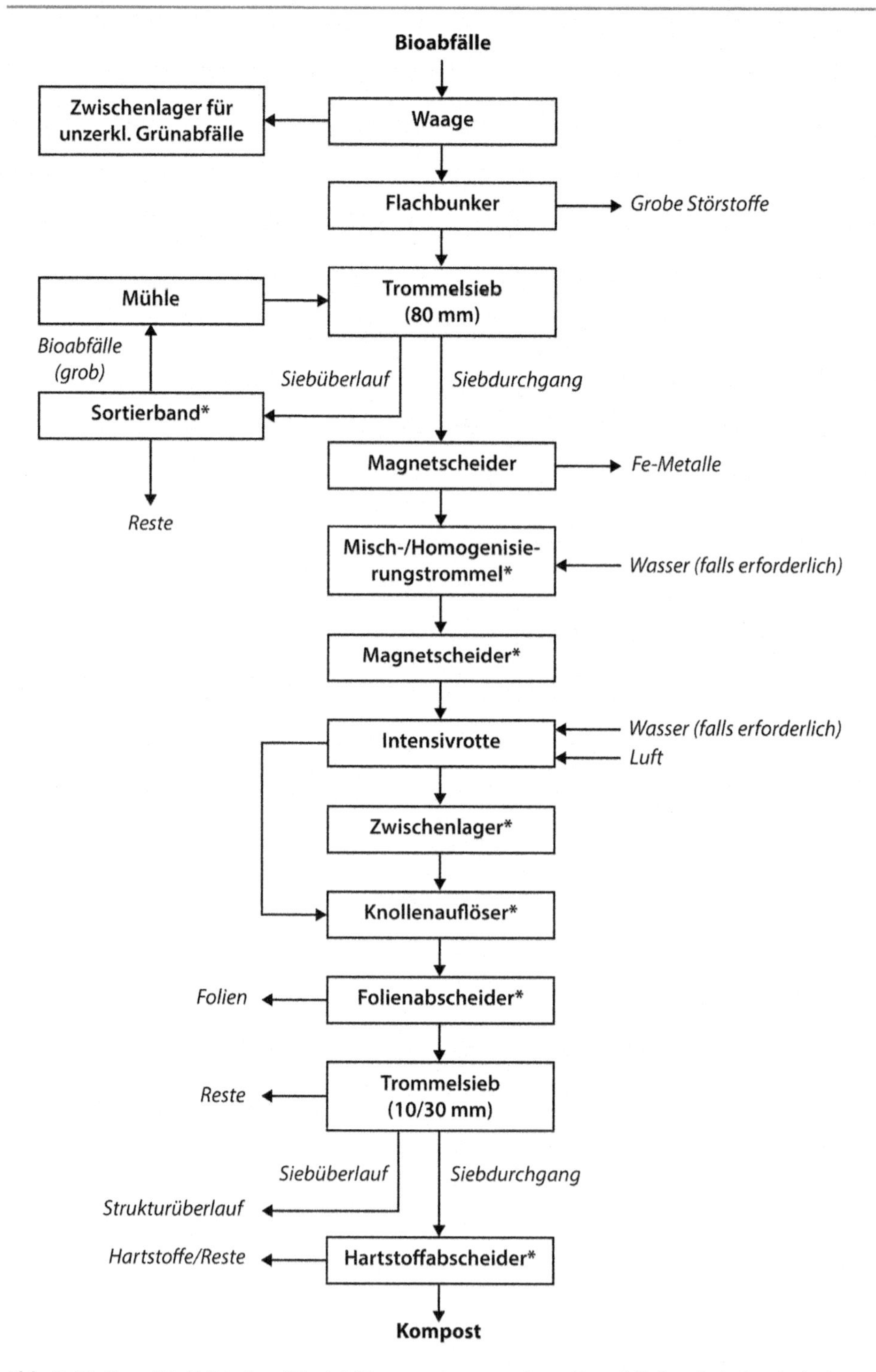

Abb. 8.18 Grundfließbild einer Bioabfallkompostierungsanlage (* entfällt häufig bei technisch einfachen Anlagen)

Diese Zwischenspeicherung wird für Bioabfälle in der Regel auf einen Tag begrenzt, um die Bildung von Gerüchen und Sickerwasser, verbunden mit durch eine eventuelle Selbsterhitzung oder Anaerobie einhergehenden Emissionen, zu vermeiden. Zur Minimierung von Emissionen ist der Anlieferungs- und Zwischenspeicherbereich üblicherweise eingehaust; eine gezielte Absaugung einzelner Bereiche ist sinnvoll.

Für pflanzliche Abfälle, welche als Strukturmaterial eingesetzt werden sollen (z. B. Baum- und Strauchschnitt), sind, abhängig vom Sammelsystem und -turnus, weitere Zwischenspeicherplätze erforderlich. Diese Strukturmaterialien können in einem Freilager i. d. R. auch über mehrere Wochen zwischengespeichert werden.

Grobaufbereitung

Mit der Aufbereitung der Abfälle vor der Kompostierung werden drei Ziele verfolgt:

- Herstellung eines schadstoff- und störstoffarmen Ausgangsproduktes zur Kompostierung,
- Einstellung optimierter physikalischer Eigenschaften des Rottegutes,
- Selektion von die nachfolgenden Prozessschritte störenden Materialien.

Diese Aufbereitung ist in der Regel erforderlich, da bei weitgehend flächendeckender Erfassung von Bioabfällen trotz hoher Trenneffektivität von einem Schad- und Störstoffgehalt größer 1 % auszugehen und durch das Behältersystem die Anlieferung von groben Abfallbestandteilen nicht auszuschließen ist. Hierfür sind die nachfolgend beschriebenen Verfahrensschritte geeignet, welche entweder in jeweils hierfür spezifisch vorgesehenen Aggregaten durchgeführt werden, oder durch einzelne Aggregate mehrere Funktionen übernommen werden. Generell ist für eine erfolgreiche und sinnvolle Aufbereitung nicht nur die Auswahl eines geeigneten Aggregats selbst, sondern ebenfalls die abgestimmte Anordnung der Aggregate untereinander von erheblicher Bedeutung.

Dekompaktierung

Häufig werden Bioabfälle im Haushalt, auch wenn dies von den entsorgungspflichtigen Gebietskörperschaften nicht empfohlen wird, in reißfesten Papier- oder Plastiktüten gesammelt, mancherorts ist auch das Einwegsammelsystem als Sacksystem eingeführt. In beiden Fällen ist für eine gezielte nachgeschaltete Aufbereitung bzw. einen geordneten Rotteprozess eine Öffnung der Säcke erforderlich. Dies wird in eigens hierfür eingesetzten Aggregaten oder z. B. innerhalb des Zerkleinerungs- oder Absiebvorganges durchgeführt

Zerkleinerung

Die Zerkleinerung hat die Aufgabe, die angelieferten Abfälle zu dekompaktieren (z. B. Öffnen von Säcken) und deren Stückgröße soweit zu reduzieren, dass in den nachfolgenden Prozessschritten keine Verstopfungen auftreten oder durch Überschreiten der Abmessungen von Förderaggregaten Stoffe nicht kontinuierlich durch die Anlage gefördert werden können (z. B. Querstellen oder Herunterfallen von Förderbändern, Verstopfungen bei Übergabestellen etc.). Übliche Zerkleinerungsverfahren sind beispielsweise Kammwalzenzerkleinerer, Rotorscheren oder Schneckenmühlen.

Im Hinblick auf die Kompostierung besteht die Hauptaufgabe darin, die spezifische Oberfläche der Abfälle zu vergrößern und damit besser mikrobiell angreifbar zu machen sowie die Aufnahmefähigkeit von Wasser oder von Zuschlagstoffen zu verbessern. Gleichzeitig kann eine gewisse Homogenisierung erreicht werden. Das Material sollte durch die Zerkleinerung zur Vergrößerung der Oberfläche aufgefasert werden (Schlagen, Reißen, Quetschen); Hacken oder Schneiden sind nur bedingt geeignete Methoden.

Die Zerkleinerung wird mehrheitlich nicht für alle Bioabfälle vorgenommen. Abhängig vom Zerkleinerungsverfahren (z. B. bei schlagender Beanspruchung einer Hammermühle) besteht sonst die Gefahr, dass Zellwasser aus dem Abfall freigesetzt wird und damit ein Verklumpen oder die Bildung von Sickerwässern auftreten kann. Außerdem ist der Verschleiß der Zerkleinerungsaggregate vor allem durch abrasive Bestandteile (Sand u. ä.) höher, als wenn nur bestimmte Fraktionen zerkleinert werden. Üblich ist, bei Grünschnitt nur grobe Stoffe (z. B. Baum- und Strauchschnitt) komplett zu zerkleinern, während bei Biogut aus der getrennten Sammlung nur das Überkorn zerkleinern wird. Die Zerkleinerung von Bioabfällen kann dazu führen, dass die Fremdstoffgehalte im Produkt ansteigen. Dies ist besonders der Fall, wenn die Fremdstoffe so zerkleinert werden, dass sie nicht im Prozess entfernt werden können.

Siebung

Die Siebung hat im Rahmen der Grobaufbereitung die Funktion, die Abfälle in gewünschte Korngrößen zu klassieren. Hierdurch kann Überkorn, welches den nachfolgenden Verfahrensablauf beeinträchtigt, separiert werden. Gleichzeitig können grobe und nicht verrottbare Störstoffe (z. B. Plastiktüten) für eine nachfolgende weitere Störstoffauslese und grobe Bioabfälle zur separaten Zerkleinerung aus dem Material abgetrennt werden. Der Siebschnitt liegt hier bei ca. 60 bis 100 mm. Die Siebung der Feinfraktion mit dem Ziel, die Schwermetallbelastung des Kompostes zu verringern, ist für Bioabfall nicht praktikabel, da aufgrund des hohen Wassergehaltes und der damit verbundenen Anhaftung an gröbere Bestandteile die Feinfraktion nicht effektiv abgetrennt werden kann (Verklumpen, Verstopfen der Siebbeläge).

Störstoffauslese

Neben der Auslese grober auffälliger Störstoffe (z. B. Grobeisenteile, Baumstümpfe etc.) im Annahmebereich, ist die Auslese von Störstoffen aus dem Bioabfall sinnvoll, um nicht kompostierbare Bestandteile oder Schadstoffe vom Rotteprozess fernzuhalten. Da diese Auslese nur manuell, in Ansätzen seit neuerer Zeit auch maschinell mit elektronischen Detektionssystemen und anschließendem mechanischen Austragen, durchgeführt werden kann, werden nur die Teilströme behandelt, an welchen die Entnahme sinnvoll möglich ist (ohne Feinkorn). In der Regel führen auch hygienische Gründe dazu, auf eine Sortierung des kompletten Stroms der Bioabfälle zu verzichten.

Magnetscheidung

Die Abtrennung der Eisenbestandteile erfolgt durch das magnetische Prinzip. Bei dieser Abtrennung steht nicht die eigentliche Eisenfraktion im Vordergrund, welche nach dem Rotteprozess bei kleinen Korngrößen nicht mehr auffindbar ist. Vielmehr ist hierdurch gleichzeitig eine Schadstoffentnahme realisierbar, da in Stahl enthaltene Schwermetalle bzw. im Verbund mit Eisenmetallen stehende Schwermetalle (z. B. Beschichtungen, Verbindungselemente u. ä.) selektiert werden können. Diese Abtrennung erfolgt im Verfahrensablauf an den Stellen, an denen diese Stoffe durch vorgeschaltete Aufbereitungsschritte gut zugänglich sind.

Mischung und Homogenisierung

Da die angelieferten Bioabfälle abhängig vom Einzugsgebiet, dem Sammelsystem, der Jahreszeit und der vorgegebenen Bioabfalldefinition häufig hinsichtlich ihrer Struktur und ihres Wassergehaltes für die Kompostierung keine optimale Zusammensetzung besitzen, ist es in solchen Fällen erforderlich, Wasser, Strukturmaterial oder auch sonstige Additive hinzugeben zu können. Insbesondere mit Zunahme der energetischen Nutzung biogener Abfälle werden immer mehr Bioabfälle vor der Kompostierung einer anaeroben Behandlung (Vergärung) zugeführt und erst in einem zweiten Schritt kompostiert. Die Gärreste sind nach der Vergärung feucht, ggf. auch komprimiert – hier ist die Mischung mit strukturreichem Material besonders wichtig. Eine gleichmäßige Verteilung kann durch Mischaggregate gewährleistet werden. In der Praxis ist, abhängig von den o. e. Randbedingungen, eine Zumischung von ca. 10 bis 30 Massenprozent an Strukturmaterial sinnvoll. Die Wassergehalte sollten beim Bioabfall in Hinblick auf eine geregelte Sauerstoffversorgung und gute Nährstoffangebote im Bereich von ca. 50 bis 65 % liegen.

Zur Verbesserung der Milieubedingungen für die Mikroorganismen und damit einer Intensivierung der Rotte ist eine Homogenisierung vorteilhaft, um lokal eine vielfältige Substratzusammensetzung zu gewährleisten. Diese Homogenisierung ist nicht zwangsläufig erforderlich, kann jedoch besonders bei statischen Rottesystemen eine Intensivierung des Rotteprozesses ermöglichen. Hierbei sind Aufenthaltszeiten von mindestens 20 bis 30 Minuten im Homogenisierungsaggregat erforderlich. Die Mischung kann zufriedenstellend bei kleineren Anlagen auch in Verbindung mit Zerkleinerungsaggregaten oder der Absiebung (Siebtrommeln) erfolgen, eine Homogenisierung erfordert in allen Fällen ein eigenes Aggregat bzw. einen eigenen Verfahrensschritt.

Intensivrotte

Die Intensivrotte bildet das Herzstück von Kompostierungsanlagen. Dort werden durch Mikroorganismen organische Substanzen abgebaut, indem sie in neue organische Verbindungen, teilweise in Mikroorganismenmasse, in Gase (besonders Kohlenstoffdioxid) und Wasser umgewandelt werden. Ziel ist die Erzeugung eines Bodenverbesserers bzw. Sekundärrohstoffdüngers oder Substrates mit definierten Charaktereigenschaften. Hierbei sind Wassergehalt und Rottegrad des Kompostes die wesentlichen Zielgrößen für den Prozess. Entsprechend sind die Rottesysteme so zu gestalten und zu steuern, dass die

Sauerstoffversorgung im gesamten Rottesystem sichergestellt ist und der Wassergehalt im optimalen Bereich liegt (Luftporenvolumen). Es muss eine Rotteführung mit hoher Betriebssicherheit gewährleistet werden. Emissionen sind standortabhängig zu minimieren, was vielerorts unter Beachtung der heutigen Genehmigungspraxis nur mit gekapselten Rottesystemen möglich ist. Hierbei ist aus Kostengründen eine Minimierung des Flächenbedarfes anzustreben.

Die Rottezeiten sind abhängig vom geforderten Rottegrad am Ende der Intensivrottephase. Frischkomposte mit Rottegrad II sind innerhalb einer Rottezeit von 8 bis 10 Tagen zu erzeugen, Fertigkomposte mit Rottegrad IV sind auch bei optimierter Betriebsführung nicht unter 8 bis 10 Wochen herzustellen.

Nachrotte

Zur Erzielung des Rottegrades V und der Gewährleistung der Pflanzenverträglichkeit des Kompostes wird in der Regel eine Nachrotte vorgesehen. Diese wird, abhängig von den o.e. Bedingungen, entweder direkt der Intensivrotte oder der Feinaufbereitung nachgeschaltet.

Bei Rottesystemen mit Rottezeiten unter 12 Wochen ist diese Nachrotte zur Erzielung der Pflanzenverträglichkeit von Fertigkomposten unumgänglich. Die Nachrotte ermöglicht, die im praktischen Betrieb von Anlagen auftretenden Schwankungen des Rottegrades bei Intensivrottesystemen auszugleichen und damit eine kontinuierliche Pflanzenverträglichkeit des abgegebenen Kompostes zu garantieren (Nachreifung). Im Gegensatz zu den Intensivrotteverfahren ist keine gezielte Steuerung der Nachrotte erforderlich. Die Rottezeiten sind abhängig von der Art der Intensivrotte und sollten in der Regel mindestens 3 bis 4 Wochen betragen.

Feinaufbereitung (Konfektionierung)

Die Feinaufbereitung, welche in der Regel der Intensivrotte nachgeschaltet ist, dient der Erzeugung definierter Kompostqualitäten (z. B. gemäß BGK) hinsichtlich Korngröße, Hart- und Fremdstoffgehalten. Bei stark abnehmerorientierten Anlagen mit wechselnden Qualitätsanforderungen wird die Feinaufbereitung sinnvollerweise erst kurz vor Kompostabgabe nach der Lagerung durchgeführt.

Zwischenlagerung

Besonders bei semidynamischen Rottesystemen mit sehr hohen stündlichen Austragungsleistungen ist vor der Feinaufbereitung eine Zwischenlagerung erforderlich, um eine kontinuierliche Auslastung und damit eine betriebswirtschaftlich sinnvolle Auslegung der Feinaufbereitung zu ermöglichen. Diese Zwischenlagerkapazitäten orientieren sich an der Austragsleistung der Rotte und der Durchsatzleistung der Feinaufbereitung.

Zerkleinerung

Abhängig vom Rottesystem, speziell auch von der Art des Austragsystems, kann der Kompost in größeren Agglomerationen vorliegen (z. B. Brocken). Zur Verbesserung des

Handlings und der Ausbeute aus der Feinaufbereitung, ist manchmal ein Zerkleinerungsaggregat (z. B. Knollenauflöser) installiert. Hierbei werden aggregatabhängig gleichzeitig auch größere Stücke des Strukturmaterials weiter zerkleinert, was abhängig vom geforderten Siebschnitt den Siebüberlauf reduziert. Die Zerkleinerungsleistung kann im Vergleich zur Grobaufbereitung relativ gering bemessen sein.

Folienabscheidung

Zur Entnahme von Kunststofffolien zur Begrenzung des Fremdstoffanteils kann ein Folienabscheider eingesetzt werden. Auch kann die Rückgutqualität (Überkorn) damit verbessert werden.

Absiebung

Zur Herstellung von Komposten definierter Korngrößen entsprechend ihrem Einsatzbereich ist eine Absiebung erforderlich. Die Siebschnitte liegen hier abnehmerabhängig bei 8 bis 12 mm (Feinkorn), 16 bis 25 mm (Mittelkorn), 30 bis 40 mm (Grobkorn). Überkorn kann als Strukturmaterial zurückgeführt oder als Mulchmaterial abgegeben werden. Häufig wird das Überkorn auch Biomassekraftwerken zugeführt.

Hartstoffabscheidung

Materialien mit hoher Dichte, wie Glas- und Tonscherben sowie Steine, sind zur Verbesserung der Kompostqualität aus dem Kompost abzuscheiden. Inwieweit eine Hartstoffabscheidung durchzuführen ist, hängt von der Reinheit des verarbeiteten Bioabfalls und den Ansprüchen der Abnehmer ab. Bei kleinen Anlagen wird in der Regel auf diesen Verfahrensschritt verzichtet.

Zumischen von Zuschlagstoffen

Zur Herstellung von Komposterden oder von Kultursubstraten bzw. Düngemitteln definierter Qualitäten werden in Einzelfällen Mischaggregate zur Zumischung von Zuschlagstoffen eingesetzt.

Pelletierung

In Sonderfällen werden Komposte zur Erzeugung von Substratdüngern pelletiert. Hierbei wird gegebenenfalls eine Trocknung dieser Pellets zur besseren Lagerfähigkeit vorgesehen.

Absackung

Bei Vermarktung des Kompostes über Handelsketten oder gezielte Abgabe an Kleinabnehmer bietet die Absackung des Kompostes den Vorteil, die Lagerung und den Transport des Kompostes zu vereinfachen. Gleichzeitig ist durch die Absackung ein Werbeeffekt gegeben: Der Sack kann als Informationsträger dienen, z. B. hinsichtlich der Inhaltsstoffe und der Kompostanwendung.

Lagerung
Ein gleichmäßiger Kompostabsatz ist in der Regel nicht gegeben. Die Hauptabsatzzeiten liegen in der Regel im Frühjahr und im Herbst, so dass eine Zwischenlagerkapazität von bis zu einem halben Jahr notwendig ist.

Innerbetrieblicher Transport
Im Hinblick auf einen kontinuierlichen Betrieb und aus arbeitsmedizinischen Gründen sollte der Transport innerhalb der Anlage weitgehend automatisch und in wenig störungsanfälligen Transporteinrichtungen erfolgen. In Lagerbereichen wird der Transport mit Radladern durchgeführt. Hierbei ist auf klimatisierte Kabinen mit Filtern zu achten, um pathogene Mikroorganismen von diesem Arbeitsplatz fernzuhalten.

Maßnahmen zur Emissionsminderung
Bei sämtlichen Behandlungsschritten ist auf eine den Erfordernissen angepasste Minderung der Emissionen zu achten. Dies hat sowohl für innerbetriebliche Belange (Arbeitsschutz, Reinigungsaufwand, Reparaturaufwand von Bauteilen und Maschinen), als auch für die Außenwirkung der Anlage, deren Genehmigungsfähigkeit und Akzeptanz, erhebliche Bedeutung.

Besonderheiten bei Kleinanlagen
Dezentrale Kleinanlagen sind mit den o. e. Verfahrensabläufen nicht in wirtschaftlich vertretbarem Rahmen zu betreiben und stellen im Bereich landwirtschaftlicher Betriebe häufig untergeordnete Emissionsquellen dar. Daher wird in der Praxis auf verschiedene Verfahrensschritte verzichtet. Die hieraus resultierenden Vor- und Nachteile sind in Abschn. 8.2.3.3 aufgeführt.

- Wiegung und Registrierung:
  - Nutzung der örtlichen Gemeindewaage, alternativ: Abschätzen nach Volumen.
- Annahme und Zwischenspeicherung:
  - direktes Anliefern zur Grobaufbereitung oder auf die Rottefläche.
- Grobaufbereitung:
  - Zerkleinerung von Baum- und Strauchschnitt extern oder mittels mobiler Anlagen,
  - Dekompaktierung mit Schlepper oder manuell (Hygiene!),
  - Siebung entfällt oder durch mobile Aggregate,
  - Störstoffauslese mit Schlepper oder manuell (Hygiene!).
- Mischung und Homogenisierung:
  - durch Schlepper oder Umsetzgerät,
  - Magnetscheidung entfällt in der Regel,
  - Intensivrotte und Nachrotte sind häufig nicht direkt zu trennen. Einsatz einfacher Mietenverfahren,
  - Feinaufbereitung durch Absieben mittels mobiler Siebaggregate. Eine weitere Konfektionierung entfällt,

- Lagerung entsprechend Erfordernis auf hierfür vorgesehenen Lagerflächen, evtl. extern,
- Innerbetrieblicher Transport durch Schlepper und/oder Umsetzgerät.

• Maßnahmen zur Emissionsminderung beschränken sich auf die Befestigung von Flächen mit Sicker- und Schmutzwassererfassung. Evtl. Abdeckung der Mieten mittels geeigneter Vliese. Ansonsten müssen durch betriebliche Maßnahmen wie Umsetzen etc. die Emissionen zu minimiert werden.

Grünabfallkompostierung

Im Vergleich zu Bioabfallkompostierungsanlagen sind die Anlagen zur Grünabfallkompostierung technisch einfacher gehalten. Das Eintragsmaterial sind Pflanzenabfälle aus Garten und Parkanlagen, die durch getrennte Sammlung oder Anlieferung erfasst werden. Die Ausgangsmaterialien schwanken sehr stark im Jahreszyklus. Strukturstabilität, Wassergehalt und Schadstoffgehalte sind abhängig von den Herkunftsbereichen und der Abfallart sehr unterschiedlich (Tab. A 8.1, A 8.2, A 8.5, A 8.6 und A 8.7 im Anhang).

Die üblichen Verfahrensschritte bei der Grünabfallkompostierung sind Abb. 8.19 dargestellt. In kleinen Anlagen wird häufig mit mobilen Aggregaten gearbeitet. In manchen Anlagen werden seit in Kraft treten des EEG [50] vor der Rotte bzw. nach der Rotte holziges Grobgut abgetrennt und zur energetischen Verwertung in Holzfeuerungsanlagen oder

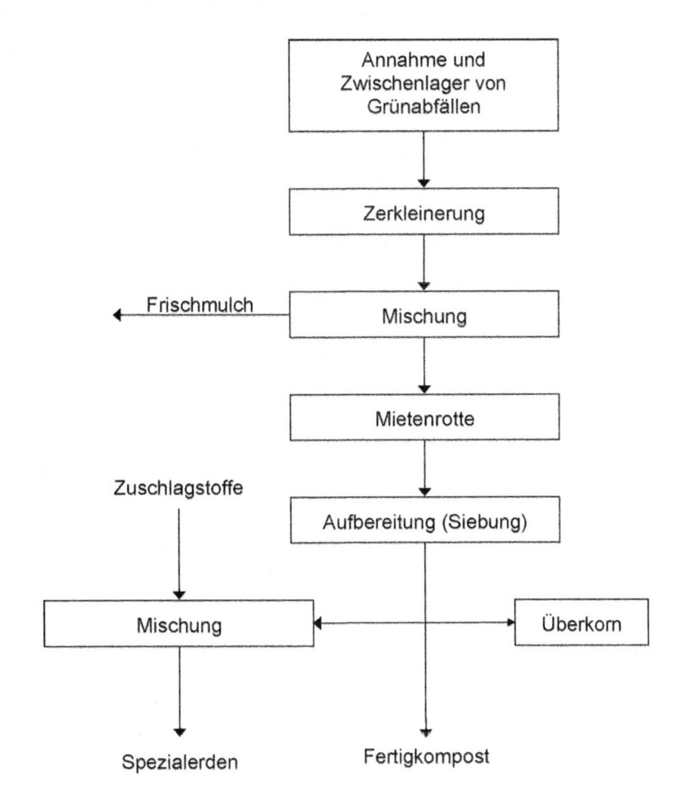

Abb. 8.19 Grundfließbild einer Grünabfallkompostierungsanlage

Biomasseheizkraftwerken verbracht, da dies deutlich wirtschaftliche Vorteile erbringt. Im Hinblick auf die Substitution fossiler Energieträger ist basierend auf neuen Forschungsergebnissen die energetische Verwertung der Grünabfälle im Gegensatz zur stofflichen Verwertung als Kompost bzw. Substrat mit Substitution vom Torf jedoch nicht zwangsläufig vorteilhafter [37]. Die baulichen Anforderungen an Grünabfallkompostierungsanlagen sind im Vergleich zu Bioabfallkompostierungsanlagen geringer. Lager und Betriebsflächen müssen abgedichtet und befestigt sein. Niederschlagswasser muss gezielt abgeleitet, erfasst und behandelt werden können.

Die Geruchsemissionen sind im Vergleich zur Bioabfallkompostierung deutlich geringer. Die Lärm- und Staubemissionen speziell beim Zerkleinern, Sieben bzw. Umsetzen (Wasserdampf) müssen beachtet werden.

8.2.4.2 Kompostierungsverfahren

Bei der Ausführung der Rotte gibt es statische und (quasi-)dynamische Systeme (Abb. 8.20). Dynamische Systeme werden eher selten und vorwiegend zur Intensivrotte eingesetzt. Zu den statischen Systemen gehören die Boxen-, die Container-, die Mieten-, die Tunnel- und die Presslingskompostierung. Für die Nachrotte wird meist die Mietenkompostierung eingesetzt. Die leicht abbaubaren organischen Bestandteile sind nach der Intensivrotte schon zu einem großen Teil abgebaut und das Material ist aufgrund der hohen Temperatur während der Intensivrotte hygienisiert. Daher ist die Emission von klimawirksamen Gasen, Keimen (bspw. Pilze, Bakterien) und Geruch so gering, dass die Mieten häufig zwar überdacht aber seitlich offen ausgeführt werden. Die anderen Systeme werden vorwiegend für die Intensivrotte eingesetzt. Sie sind in der Regel eingehaust und verfügen über eine aktive Belüftung sowie eine Ablufterfassung mit anschließender Ablufreinigung über einen Biofilter [38, 39].

Im Auftrag des Umweltbundesamtes wurde eine Erfassung des Bestands der in Deutschland existierenden Anlagen zur Bioabfallbehandlung sowie der eingesetzten

KOMPOSTIERUNGSVERFAHREN		
GESCHLOSSEN	EINGEHAUST	OFFEN/ÜBERDACHT
STATISCH	STATISCH	STATISCH
Tunnel	Miete	Miete
Boxen/Container	Tafelmiete	Tafelmiete
QUASI-/DYNAMISCH	Dreiecks-/Trapezmiete	Dreiecks-/Trapezmiete
Tunnel	Membranabdeckung	Presslingsrotte
Turm	Presslingsrotte	
Trommel	QUASIDYNAMISCH	QUASIDYNAMISCH
Boxen/Container	Miete (häufiges Umsetzen)	Miete (häufiges Umsetzen)

Abb. 8.20 Übersicht über Kompostierungsverfahren

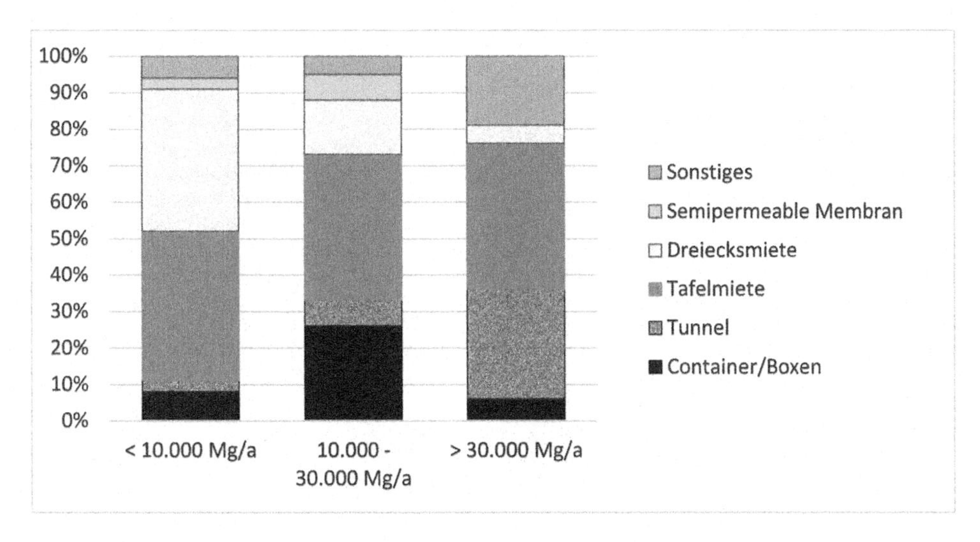

Abb. 8.21 Rotteverfahren der Intensivrotte abhängig von der Größe der Anlage nach [40]

Verfahrenstechnik durchgeführt [40]. Abbildung 8.21 zeigt die Häufigkeit verschiedener Rottesysteme abhängig von der Anlagengröße. Das häufigste Verfahren für die Intensivrotte ist, unabhängig von der Größe der Anlage, die Tafelmiete. Kleine Anlagen werden daneben vor allem als Dreieckmieten, mittlere als Boxen-/Container- und große Anlagen als Tunnelkompostierung ausgeführt.

Abbildung 8.22 zeigt, dass sowohl in der Intensiv-, als auch in der Nachrotte der Anteil an geschlossen und überdachten Ausführungen mit der Anlagengröße zunimmt. Außerdem ist der Anteil der geschossenen und überdachten Ausführungen bei der Intensivrotte sehr viel höher als bei der Nachrotte, was die oben beschriebene Erklärung bzgl. der Emissionen und des Geruchs anhand von Zahlen aus der Praxis bestätigt.

Bei kleinen Anlagen erfolgt sowohl die Intensiv- als auch die Nachrotte fast ausschließlich mit passiver Belüftung (ohne Zwangsbelüftung). Bei mittleren Anlagengröße wird bei der Intensivrotte zu etwa zwei Drittel der Anlagen und bei der Nachrotte zu etwa drei Viertel eine Zwangsbelüftung (aktive Belüftung) in Form von Druck-, Saug- oder einer kombinierten Saug-Druck-Belüftung durchgeführt. Bei großen Anlagen erfolgt die Belüftung in der Intensivrotte fast ausschließlich über Zwangsbelüftung, bei der Nachrotte in knapp 50 % der Anlagen. Somit nimmt der Einsatz einer aktiven Belüftung mit der Anlagengröße zu. Damit verbunden vermindert sich die Verweilzeit mit Zunahme der Größe und der Technisierung der Anlage.

Verfahren ohne Zwangsbelüftung

Offene Dreiecks- und Trapezmieten

Dreiecks-/Trapezmieten ohne aktive Belüftung sind die einfachste Form der Kompostierung. Sie werden häufig offen, ohne Überdachung ausgeführt (Abb. 8.23). In größeren

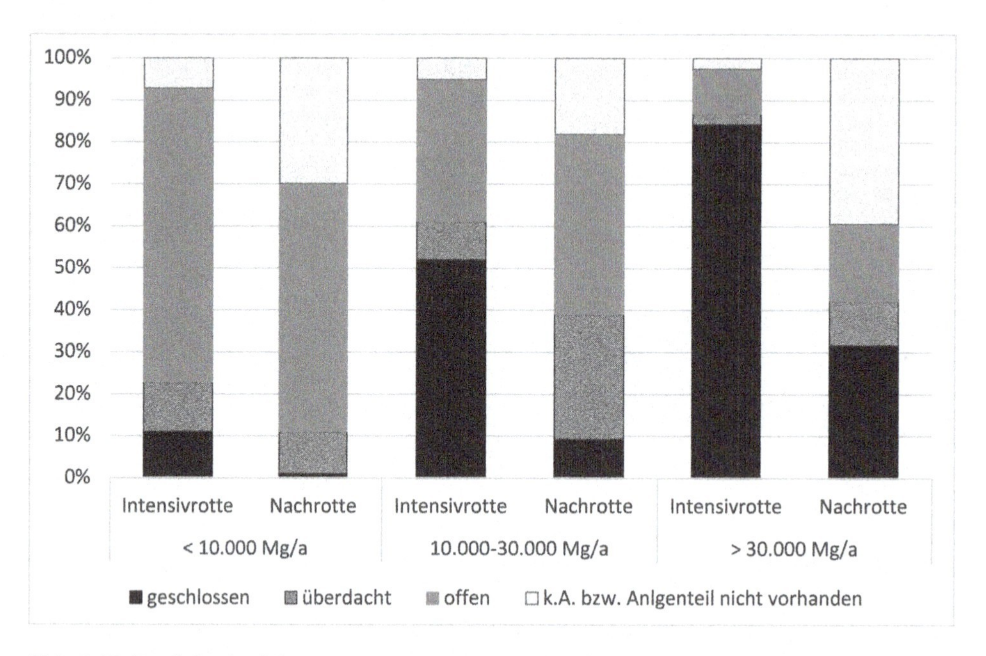

Abb. 8.22 Bauliche Ausführung der Intensiv- und Nachrotte abhängig von der Größe der Anlage nach [40]

Abb. 8.23 Beispiel für eine unbelüftete Miete

Anlagen dienen sie – hier meist überdacht – zur Nachrotte, also Stabilisierung des Kompostes nach der Intensivrotte. Durch das ungünstige Oberflächen- Volumen- Verhältnis kann bei Dreiecks- und Trapezmieten sauerstoffreiche Luft nur bei strukturreichem Material in tiefere Schichten vordringen. Bei der Kompostierung von Bioabfall in offenen Trapezmieten soll deshalb ein Volumenanteil von mindestens 30 % strukturreichen Materials im Rohkompost vorhanden sein. Bei großen Schütthöhen ist zusätzlich, vor allem in der ersten Rottephase, eine Verbesserung der Sauerstoffversorgung durch mehrfaches Umsetzen oder Zwangsbelüftung über die befestigte Bodenplatte sinnvoll.

Diese Mieten können mit Ladeschaufeln unterschiedlicher Größe oder speziellen selbstfahrenden Geräten umgesetzt werden. Die Mieten sollten während der ersten 4 bis 6 Wochen einmal pro Woche umgesetzt werden. Anschließend kann auf ein 14-tägiges oder längeres Umsetzintervall übergegangen werden.

Offene Tafelmieten

Der Übergang von Trapez- zu Tafelmieten ist fließend. Bei Tafelmieten ist das Oberflächen-Volumen- Verhältnis weiter verringert. Die Ausführung ohne Zwangsbelüftung wird nur bei sehr strukturreichen Grünabfällen angewandt, da ansonsten mit Sauerstoffmangel im Mietenkörper zu rechnen ist. Technisch einfache Tafelmieten werden mit einem Radlader mit angebauten Geräten umgesetzt.

Presslingsrotte

Die Presslingsstapel (Brikollare-Verfahren) werden in einer gekapselten Rottehalle oder in einem belüfteten Tunnel frei aufgestellt bzw. gelagert. Die Abluft der Halle bzw. des Tunnels muss über eine biologische Abluftreinigungsanlage geleitet werden (Abb. 8.24).

Der aufbereitete Kompostrohstoff wird durch eine spezielle Walkverdichtung zu Presslingen (z. B. 40 cm × 30 cm × 25 cm) geformt. Die Presslinge werden auf Paletten in je fünf bis sieben Lagen übereinander gestapelt. Während des Pressvorgangs werden Luftführungskanäle eingedrückt, um die Sauerstoffversorgung in allen Bereichen der Presslingstapel sicherzustellen. Nach Einbringen der Presslingstapel in die Intensivrottehalle setzen die Rottevorgänge mit Temperaturerhöhungen auf > 60 °C ein.

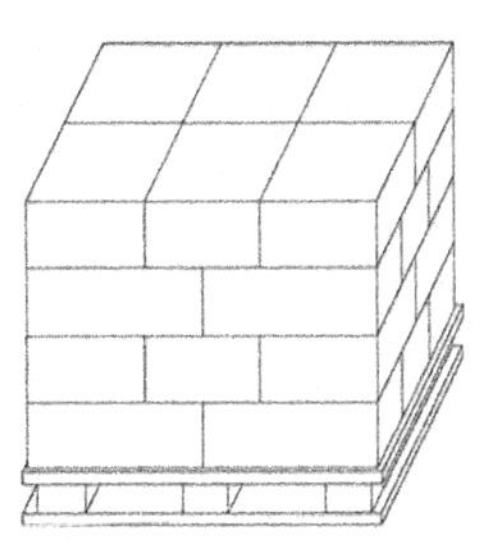

Abb. 8.24 Prinzipskizze für Presslingstapel

Je nach Flächenverfügbarkeit werden die Presslingstapel auf einer Fläche oder in mehreren Regaletagen eingelagert. Die Rottezeit beträgt etwa drei bis vier Wochen für Rottegrades bis III. Für Fertigkompostqualitäten ist eine zusätzliche Nachrotte erforderlich. Zur anschließenden Nachrotte oder Feinaufbereitung (bei Abgabe als Frischkompost) werden die Presslinge gemahlen. Die Presslingsrotte wird für Bioabfälle nur selten eingesetzt.

Verfahren mit Zwangsbelüftung

Ziel der Belüftung

Die Belüftung dient dazu, innerhalb möglichst kurzer Zeit den angestrebten Kompostreifegrad zu erreichen, die Prozessabluft ist in der Regel zu erfassen und über eine biologische Abluftreinigungsanlage (Biofilter, Biowäscher) zu reinigen.

Eine hohe Abbaugeschwindigkeit kann mittels folgender Verfahrensweisen erreicht werden:

a) Das Rottegut wird mit genügend Sauerstoff versorgt, um einen aeroben Rotteprozess zu gewährleisten.
b) Der Wasserhaushalt des Rottegutes wird während der Rotte gesteuert. In der Regel soll der Wassergehalt in der ersten Phase möglichst schnell auf den für die Rotte optimalen Wert gesenkt werden (von z. B. 65 % Wassergehalt auf ca. 50 % bis 55 %). Während der Rotte soll er in diesem Bereich gehalten und in der letzten Phase, meistens vor der Feinaufbereitung, auf 30 % bis 40 % gesenkt werden.
c) Der Temperaturverlauf des Rotteguts wird während der Intensivrotte im vorgesehenen Bereich eingeregelt oder zumindest günstig beeinflusst. Diese Zielsetzung dient u. a. dem Abtransport der freigesetzten Energie.

Für die verschiedenen Verfahrensweisen a bis c zur Erreichung einer hohen Abbaugeschwindigkeit werden folgende unterschiedlichen Luftmengen benötigt:

- Für a) werden je nach Abfallzusammensetzung und Rottestadium ca. 2 bis 6 m^3/h Frischluft pro Mg Rottegut (feucht) benötigt. Für b) ist eine – je nach Aufgabenstellung – etwa gleiche bzw. leicht erhöhte spezifische Luftmenge erforderlich. Die Verfahrensweisen a) und b) können also mit einem konstanten Volumenstrom gefahren werden.
- Um eine geregelte Temperatur in der Rotte zu erreichen (c)), muss eine temperaturgesteuerte Volumenstromregelung eingesetzt werden. Für c) werden jedoch weit höhere Belüftungsraten benötigt, d. h. je nach Art der Belüftung (Frischluft, Umluft, Kombinationen) sind die Volumenströme ca. 5- bis 10fach höher als bei a).
- Für alle 3 Wege ist eine Befeuchtung in den späteren Rotteabschnitten notwendig, da die Belüftung einen hohen Wasseraustrag mit sich bringt, der zu einer Austrocknung des Rottematerials unter den notwendigen Feuchtegehalt von minimal 50 % führt.

Varianten der Belüftung

Grundsätzlich kann das Rottegut mit einer Druck- oder Saugbelüftung oder in entsprechenden Kombinationen ausgeführt werden. Je nach Zielsetzung wird nur Frischluft oder werden Frischluft und Umluft verwendet (Mehrfachnutzung der Luft). Bereits in der Planungsphase ist darauf zu achten, dass möglichst kleine Abluftmengen entstehen, weil der Geruchsstoffstrom (in GE/s) der Rohluft ein wesentlicher Parameter für die Auslegung der Ablufteinigung ist.

Die Wahl des Lüftungskonzepts beeinflusst fast alle Kriterien des Rotteprozesses:

- Rottetechnik (Regelung der Sauerstoffversorgung, der Temperatur, des Wasserhaushalts)
- Emissionen (Sickerwasser, Kondenswasser, Abluftmenge, Geruchsstofffracht)
- Hallenklima in der Rottehalle bzw. in den Servicezonen (z. B. Temperatur, CO_2-Konzentration, NH_3-Konzentration, relative Feuchte, Keimbelastung)
- Betrieb und Wartung, Betriebssicherheit, Flexibilität der Rotteführung

Druckbelüftung

- Die Luft wird am Mietenfuß zugeführt; die Belüftungsventilatoren arbeiten im Druckbetrieb.
- Der Prozesswasseranfall ist minimal, da die Feuchte mit dem Belüftungsstrom aus der Miete ausgetragen wird. Der meist zu nasse Mietenfuß (das Gewicht des Rottematerials presst aus dem Material im Bereich des Mietenfußes Wasser aus) wird durch die dort einströmende Luft getrocknet. Die dadurch mit Wasserdampf gesättigte Luft kann in den trockneren Außenzonen kein zusätzliches Wasser mehr aufnehmen. Durch Kondensation können die Außenzonen sogar etwas rückbefeuchtet werden. Dies bedeutet, dass die Druckbelüftung zu einer Vergleichmäßigung der Feuchteverteilung führt.
- Die Temperaturverteilung im Mietenquerschnitt ist gleichmäßiger als im Saugbetrieb.
- Der große Nachteil der Druckbelüftung liegt im freien Ausblasen der aus der Miete ausgetragenen Wärme und Feuchtigkeit, der Gerüche, der Keime, des CO_2 und der korrosiven Verbindungen. In geschlossenen Hallen führt dies zu einem stark belasteten Hallenklima mit Nebel und Kondensatbildung an den Außenwänden. Beim Korrosionsschutz der Halle und der Aggregate muss dies besonders beachtet werden. Es ist eine Hallenentlüftung zu installieren, die die freigesetzten Luftmengen abtransportiert. Weiterhin sind Gaswarneinrichtungen und geeignete Arbeitsschutzmaßnahmen zu realisieren.

Saugbelüftung

- Luft wird von der Oberfläche zum Mietenfuß gesaugt.
- Die Prozessabluft wird erfasst und tritt mit relativ hoher Geruchsstoffbeladung am Mietenfuß aus, was hohe Temperaturen mit bis zu 100 % rel. Luftfeuchte zur Folge hat.
- Im Gegensatz zur Druckbelüftung können ungleichmäßige Feuchte und Temperatur in der Miete auftreten. Die Miete ist deshalb regelmäßig zu wenden (alle 7 bis 14 Tage).
- Die Saugbelüftung kann bei tiefen Außentemperaturen zum Auskühlen der Miete führen, wenn nicht mit einer temperaturabhängigen Volumenstromregelung gearbeitet wird. Außerdem können die Hallenbauteile vereisen. Die zugeführte Luft muss ggf. über einen Wärmetauscher auf >5 °C erwärmt werden.

- Für hohe Wassergehalte im Kompost (>55 %) ist die Saugbelüftung ungünstig, da der Presswasserstrom im Rottegut nach unten durch die Belüftung verstärkt wird, was eine Vernässung des Mietenfußes zur Folge haben kann (Funktionssicherheit gefährdet).
- Saugbelüftung erfordert eine aufwendige Bodenkonstruktion, da viel Sickerwasser und Schmutzteile im Leitungssystem anfallen (Kondensation) und die Reinigung (Spülung) des Systems vorgesehen werden muss. Die Leitungen und Belüftungsaggregate sind korrosionsfest auszuführen.

Gesamtsysteme Be- und Entlüftung einer Kompostierungsanlage

Das Gesamtsystem schließt auch jene Anlagenteile mit ein, die zusätzlich zur Rottehalle noch entlüftet bzw. abgesaugt werden müssen. Dies betrifft vor allem die Annahmehalle, die Aufbereitungs- und die Konfektionierungseinrichtungen.

Die Luftführung ist möglichst so zu wählen, dass die Luft mehrfach genutzt werden kann (z. B. Abluft aus der Annahmehalle wird zur Belüftung des Rottegutes benutzt), so dass der Abluftreinigungsanlage möglichst kleine Abluftmengen zugeführt werden müssen.

Verfahren mit Zwangsbelüftung

Mietenkompostierung:

Mieten werden, wie in Abb. 8.20 dargestellt, in verschiedenen Arten ausgeführt. Als unbelüftete Ausführungen der Mietenkompostierung wurden bereits die offenen Dreiecks-/ Trapez- und die offenen Tafelmieten vorgestellt. Diese Mietenformen können auch mit Zwangsbelüftung ausgeführt werden, darüber hinaus kann die Kompostierung unter einer semipermeablen Membran erfolgen.

Belüftete Tafelmiete

Das Rottesystem Tafelmiete wird überwiegend für zentrale Anlagen mit mittlerer bis großer Leistung eingesetzt. Der Durchsatz solcher Anlagen liegt bei ca. 10.000 bis 60.000 Mg Bioabfällen pro Jahr. Je nach Anlagengröße, Rottetechnik und angestrebtem Rottegrad weisen die Tafelmieten erhebliche Dimensionen auf. Bei Mietenhöhen von 2,0 m bis ca. 3,5 m (je nach Abfallzusammensetzung und mechanischen Einrichtungen) ergeben sich Mietenbreiten von ca. 20 m bis 40 m und Mietenlängen von ca. 50 bis 150 m. Bei der Berechnung des Platzbedarfs ist der Rotteschwund zu berücksichtigen. Der Belüftungsboden besteht abhängig vom Rottesystem aus einer befahrbaren Rotteplatte oder einem Kiesboden (z. B. bei schienengeführten Umsetzgeräten).

Die Rottezeit beträgt je nach Abfallzusammensetzung, Rotte- und Prozesssteuerung zur Erzeugung von Frischkompost ca. drei bis sechs Wochen, für Fertigkompost insgesamt ca. sechs bis zehn Wochen. Abbildung 8.25 zeigt den Verlauf von Temperatur und Rottegutmasse in Abhängigkeit von der Rottezeit.

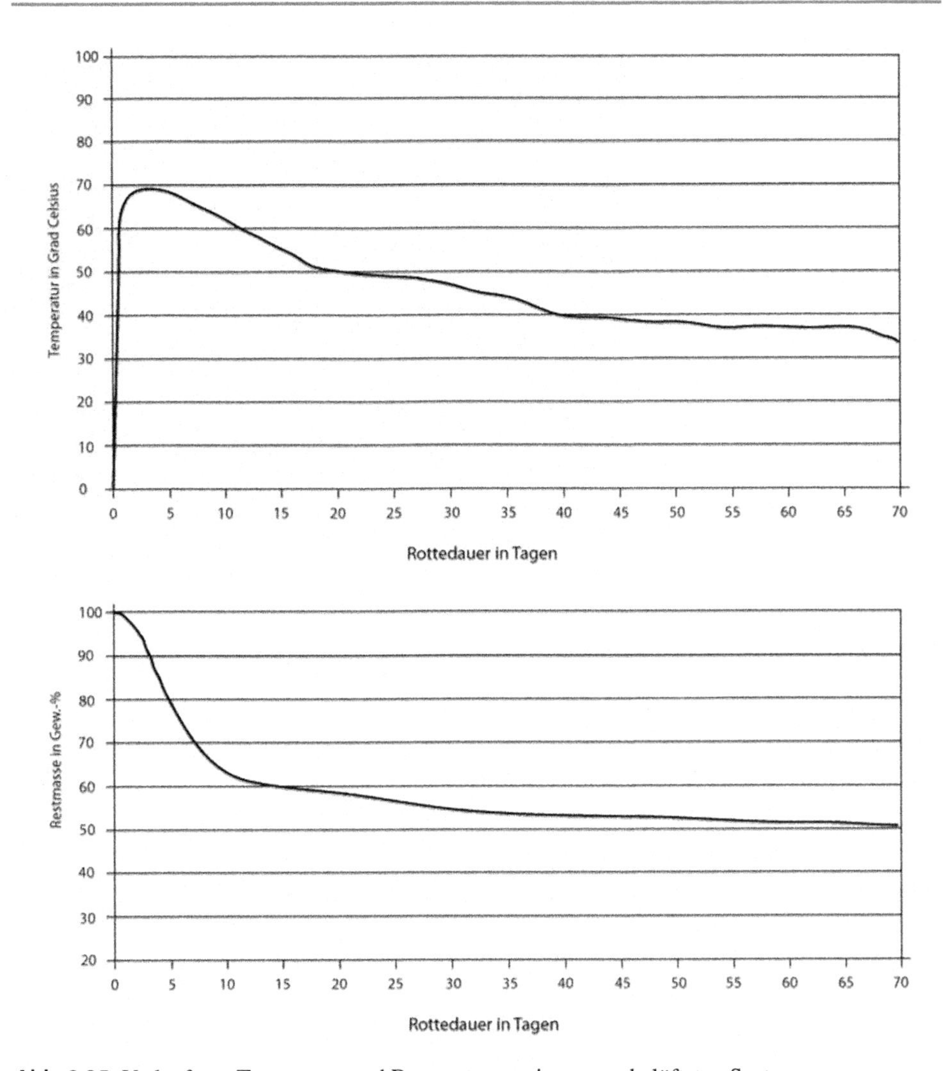

Abb. 8.25 Verlauf von Temperatur und Rottegutmasse in zwangsbelüfteten Systemen

Tafelmieten werden als stationäre (verändern ihre Lage durch das Umschichten nicht) und Wandertafelmieten (siehe Abb. 8.26) ausgeführt.

Dennoch haben die unterschiedlichen Arten der Tafelmieten Gemeinsamkeiten:

- Gekapselte Bauteile mit Abluftreinigung, meistens inklusive der Nachrotte sind vorhanden
- Steuerung oder Regelung der Rotte durch Belüften, Bewässern, Umschichten/Homogenisieren und Temperaturkontrolle gehören hier zum Stand der Technik
- Hoher Automatisierungsgrad des Prozesses ist erreicht
- In der Regel werden automatische Ein- und Austragsysteme für das Rottegut betrieben

Abb. 8.26 Automatischer Umsetzer für Tafelmieten

Kompostierung unter Membranen

Bei diesem statischen Rottesystem wird das im Freien in Mieten aufgesetzte Rottematerial mit einer atmungsaktiven semipermeablen Membran (Folie) abgedeckt (). Der Mietenfuß wird belüftet und besteht meistens aus gelochten Rohren, die in ein Kiesbett verlegt werden. Zwischen Rottegut und Kies befindet sich noch ca. 30 mm Holzhäcksel als Trennschicht.

In der Regel wird eine Druckbelüftung installiert. Die Belüftungsrate richtet sich nach dem Temperaturverlauf und dem Sauerstoffbedarf für die Rotte, so dass der Abluftvolumenstrom relativ gering ist.

Eine zusätzliche Befeuchtung des Rotteguts ist nicht notwendig.

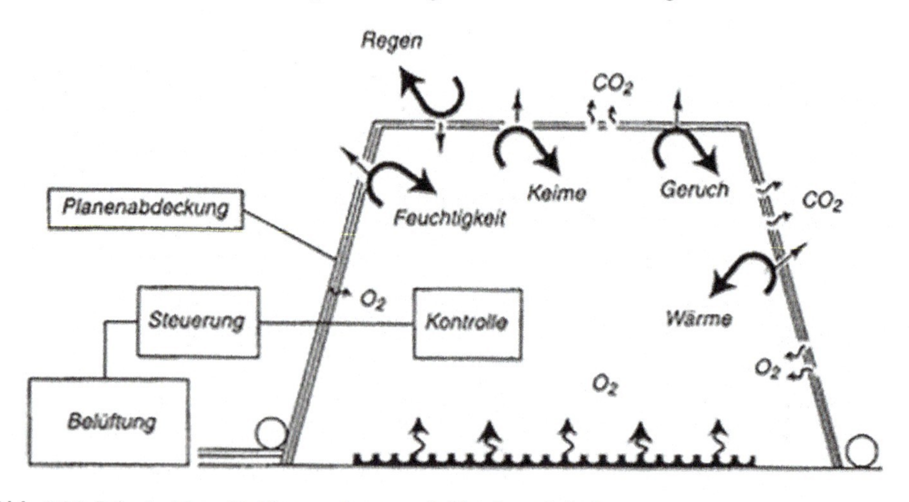

Abb. 8.27 Prinzipskizze für Kompostierung mit Membranabdeckung

Bei Druckbelüftung sind die Standortbedingungen zu beachten.

Die Handhabung der Membranabdeckung erfordert besondere Sorgfalt in Bezug auf:

- Vollständige Abdeckung der Mietenflächen
- Abdichtung an den Rändern
- Luftführung
- Reinigung und Sauberhaltung der Membran

Tunnelkompostierung

Die Tunnelkompostierung wird insbesondere bei großen Anlagen zur Intensivrotte eingesetzt (Abb. 8.28). Das Konzept basiert auf der Technik, die für die Champignonzucht entwickelt wurde und die schon einige Jahrzehnte angewendet wird. Die einzelnen Bahnen sind sowohl zu den Seiten als auch nach oben geschlossen bzw. gekapselt.

Die Tunnel haben in der Regel einen Querschnitt von ca. 3 m × 3 m bis 4 m × 4 m und eine Länge von ca. 30 m bis 40 m.

Hauptmerkmale:

- Betrieb in Chargen (gute Steuerung einzelner Rottephasen möglich) oder als quasikontinuierlicher Betrieb mit Ein- und Austrag auf gegenüberliegenden Enden des Tunnels
- Bei quasikontinuierlichem Betrieb kann zur Bewegung des Materials ein automatischer Umsetzer, ein Schubboden oder Radlader verwendet werden Vorrotte in gekapselten Tunneln in einer geschlossenen Halle
- prozessgesteuerte Belüftung, meistens im Druckbetrieb mit hohem Anteil an Umluft
- häufig mit Kreislaufführung des Prozesswassers zur Steuerung der Feuchtigkeit
- Anlagenkapazität je Halle ca. 10.000 Mg/a bis 30.000 Mg/a, häufig optimal bei ca. 20.000 Mg/a

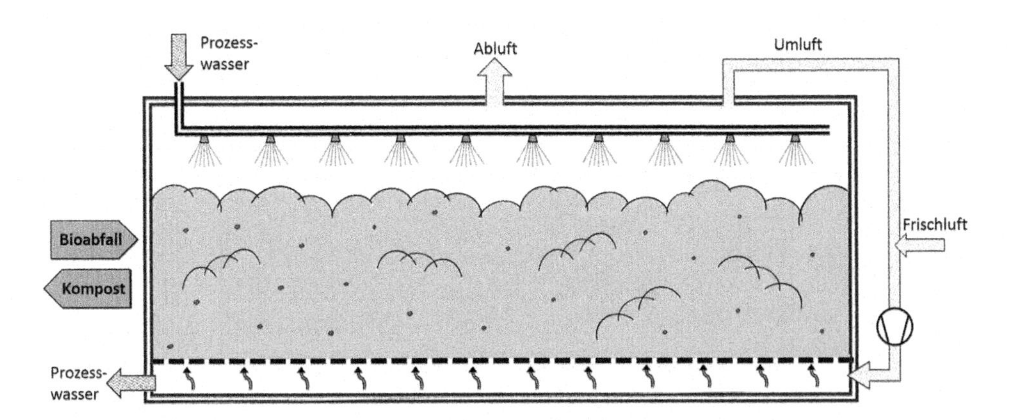

Abb. 8.28 Prinzipskizze für Tunnelkompostierung

Als relativ einfaches System haben Tunnel keine automatischen Eintrags- und Austragsvorrichtungen. Sie werden meistens mit Radladern be- und entladen. Es werden jedoch auch halbautomatische Beladevorrichtungen (z. B. Teleskopbänder) und Entladevorrichtungen eingesetzt wie z. B. ein Schubboden („walking floor") oder ein Netzboden.

Die Rottezeit beträgt je nach Abfallzusammensetzung und Prozesssteuerung 3 bis 6 Wochen zur Erzeugung von Frischkompost (Rottegrad II bis III). Eine separate Nachrotte von zusätzlichen 4 bis 6 Wochen ist zur Herstellung von Fertigkompost erforderlich.

Boxen/Container

Allgemeines

Die Boxen- bzw. Containerkompostierung ist mit der Tunnelkompostierung vergleichbar, nämlich ein gesteuertes Intensivrottesystem in geschlossenen Zellen mit ruhender Lagerung des Rotteguts (Abb. 8.29). Die Rottezellen werden in unterschiedlicher Anzahl eingesetzt, die unabhängig voneinander oder gruppenweise belüftet werden können. Das Nutzungsvolumen einer Rottezelle beträgt 20 m³ (Container) bis 60 m³ (Box).

Die Boxen sind ortsfeste Rottezellen, während die Container zwischen Befüll- und Rotteplatz hin- und hertransportiert werden. Der Einsatzbereich reicht bis ca. 25.000 Mg/a.

Die Rottezeit für Frischkompost beträgt je nach Abfallzusammensetzung zwei bis drei Wochen. Für Fertigkompost ist eine separate Nachrotte von ca. sechs bis acht Wochen erforderlich.

Zur Reduzierung des Abluftvolumenstromes durch Umluftbetrieb wird in Abhängigkeit vom O_2/CO_2-Gehalt nur so viel Frischluft wie nötig zugemischt.

Je nach Ausführung wird wie bei der Tunnelkompostierung Prozesswasser rückgeführt.

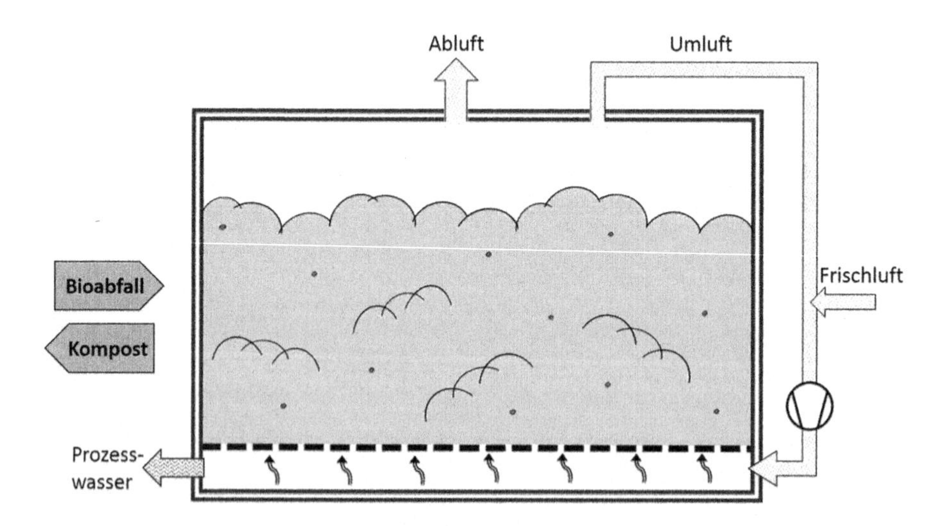

Abb. 8.29 Prinzipskizze für Boxenkompostierung

Sonstige Kompostierungsverfahren mit Zwangsbelüftung
Neben diesen häufig verwendeten Rotteverfahren gibt es noch weitere Bauarten:

Rottetrommeln werden zur vorgeschalteten Homogenisierung oder ggf. zur dynamischen Vorrotte eingesetzt. Die Trommeln werden mit frischen Bioabfällen beschickt, teilweise können auch flüssige oder pastöse Monoabfälle (z. B. Klärschlämme, Trester, Treber) zugemischt werden. Durch die Drehung der Trommeln wird das Kompostmaterial homogenisiert und gleichzeitig belüftet. Der Trommelaustrag wird anschließend in Mieten weiter kompostiert.

Die **Turmkompostierung** entstammt der Kompostierung von Klärschlamm. Bioabfallkompostierungsanlagen auf der Basis der Rottetürme sind selten. Rottetürme sind geschlossene Kompaktsysteme, in denen das Rottegut während der Hauptrotte (zwei bis vier Wochen) und evtl. auch während der Nachrotte behandelt werden kann. Das aufbereitete Rottegut fällt beim Eintritt in den Rotteturm von oben auf eine Verteileinrichtung, die das Rottegut gleichmäßig auf die Fläche verteilt. Mittels einer umlaufenden Förderschnecke wird das Rottegut zentrisch unten ausgetragen.

8.2.5 Dimensionierung von Rottesystemen und Massenbilanzen

Dimensionierung
Wesentliche Randparameter für die Dimensionierung von Rottesystemen sind:

- zu kompostierende Menge bzw. Durchsatzleistung
- die Rottezeit
- der Abbau an organischer Substanz und Wasseraustrag
- das Rottegut (speziell Raumgewicht)
- die Geometrie
- der Rotteschwundausgleich

Die maßgebliche Durchsatzleistung ist zu unterscheiden in die Jahresmenge und die in das Rottesystem eingetragene Tagesmenge. Während die Jahresmenge für eine Gesamtbilanz herangezogen werden kann, ist für die Auslegung des Rottesystems die Tagesmenge maßgeblich. Hierbei ist zu beachten, dass speziell bei größeren Anteilen an Gartenabfällen im Bioabfall starke jahreszeitliche Schwankungen auftreten können. Die Spitzenfaktoren liegen hierbei im Vergleich zum Tagesdurchschnitt bei ca. 1,1 bis hin zu 1,8.

Für die Auslegung von Systemen mit kurzen Rottezeiten (Herstellung von Frischkompost) bis zu ca. 2 Wochen ist die maximale Tagesmenge anzusetzen. Bei Systemen mit längeren Rottezeiten von deutlich über 2 bis hin zu 12 Wochen kann der Jahresdurchschnitt im Hinblick auf eine wirtschaftliche Betriebsweise angesetzt werden. Die Eintragsmiete muss jedoch ebenfalls ggf. auf den maximalen Tagesdurchsatz ausgelegt werden.

Es ist zu beachten, dass bei fehlendem Strukturmaterial im Bioabfall dieses ergänzt werden muss, wodurch das System für eine zusätzliche Masse von bis zu 30 % kalkuliert werden muss.

Die Masse an Kompost aus dem Rotteprozess (m_{Ef}) ergibt sich zu

$$m_{fE} = \frac{m_{fA} \cdot (1 - WG_A) \cdot (1 - GV_A \cdot \mathrm{a}_{\mathrm{OTM}})}{(1 - WG_E)} [Mg] \tag{8.6}$$

mit

m = Masse [Mg]
GV = Glühverlust [–]
WG = Wassergehalt [–]
a_{OTM} = Abbau an organischer Trockenmasse [–]
Indizes:
A = Anfang der Rotte
E = Ende der Rotte
f = feucht

Der Rotteverlust RV errechnet sich zu

$$R_V = \frac{m_{fA} - m_{fA}}{m_{fA}} [-] \tag{8.7}$$

Der Anteil an Rottegut R_R ist

$$R_R = 1 - R_V [-] \tag{8.8}$$

Für die Berechnung des Rottevolumens V_R kann folgende Formel angesetzt werden:

$$V_R = \frac{t_R \cdot d_{wo} \cdot Qd}{\rho_R} \cdot \frac{(1 + R_R)}{2} [m^3] \tag{8.9}$$

mit

t_R = Rottezeit [wo]
d_{wo} = Anzahl der wöchentlichen Beschickungstage der Rotte [d_{wo}]
Q_d = tägliche Beschickungsmenge [Mg/d]
ρ_R = Dichte des Rottegutes [Mg/m³]

In Tab. 8.4 sind Kenngrößen für Bioabfallkompostierungsanlagen aufgelistet. Die benötigte Grundfläche ist stark abhängig von der Mietengeometrie wie Dreiecks-, Trapez- und Tafelmieten, darüber hinaus sind die Fahrwege mit zu berücksichtigen. Abbildung 8.30 zeigt den Ansatz für die Mietenquerschnittsfläche für die Berechnung.

Hieraus ergibt sich die erforderliche Gesamt-Mietenlänge (ohne Verkehrsflächen) zu:

$$L_R = \frac{V_R}{A_q} [m] \tag{8.10}$$

V_R = Rottevolumen [m³]
A_q = Querschnittsfläche [m²]

Tab. 8.4 Kenngrößen bei der Bioabfallkompostierung

Parameter	Spannweite	Durchschnitt
Wassergehalt (Eintrag) (%)	50–75	65
Organische Trockenmasse (Eintrag) (%)	35–80	65
Wassergehalt (Austrag) (%) (Rottegrad IV)	30–45	35
Organische Trockenmasse (Austrag) (%) (Rottegrad IV)	25–45	35
Dichte (Mg/m³) (Eintrag – Austrag)	0,4–0,8	0,5–0,6
Abbau an organischer Trockenmasse (Rottegrad II) (%)	10–30	20
Abbau an organischer Trockenmasse (Rottegrad IV) (%)	30–70	50
Massenreduktion (Rottegrad II)	10–30	20
Massenreduktion (Rottegrad IV)	40–65	50

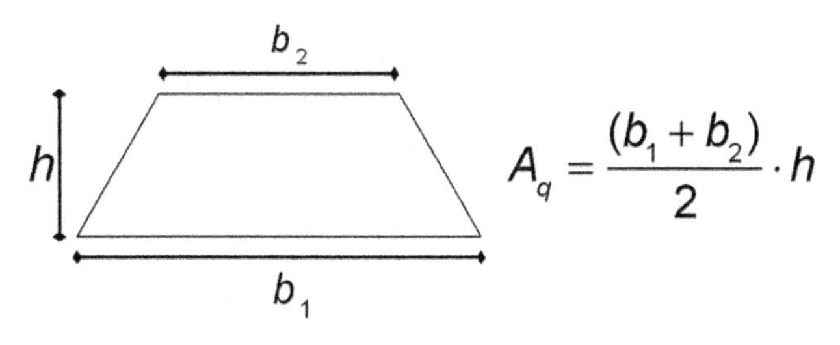

Abb. 8.30 Querschnittsflächen von Mieten

Erfolgt ein Rotteschwundausgleich, indem beim Umsetzen die ursprüngliche Mietengeometrie wieder hergestellt wird (z. B. mit Radlader, Umsetzgeräte mit variablen Aufsetzeinrichtungen bei Tafelmieten), kann dieser bei der Berechnung des erforderlichen Mietenvolumens bzw. der hieraus resultierenden Rottefläche berücksichtigt werden, wodurch eine deutliche Volumen- bzw. Flächeneinsparung erzielt werden kann. Die o. e. Formeln können sinngemäß auch für die Berechnung der Lagerflächen verwendet werden.

Hinsichtlich der Dimensionierung der Belüftungsaggregate sei auf Abschn. 8.2.2.4 verwiesen.

Massenbilanzen

Die Massenbilanz einer Kompostierungsanlage mit Grobaufbereitung, Intensivrotte und Feinaufbereitung ist in Abb. 8.31 beispielhaft dargestellt.

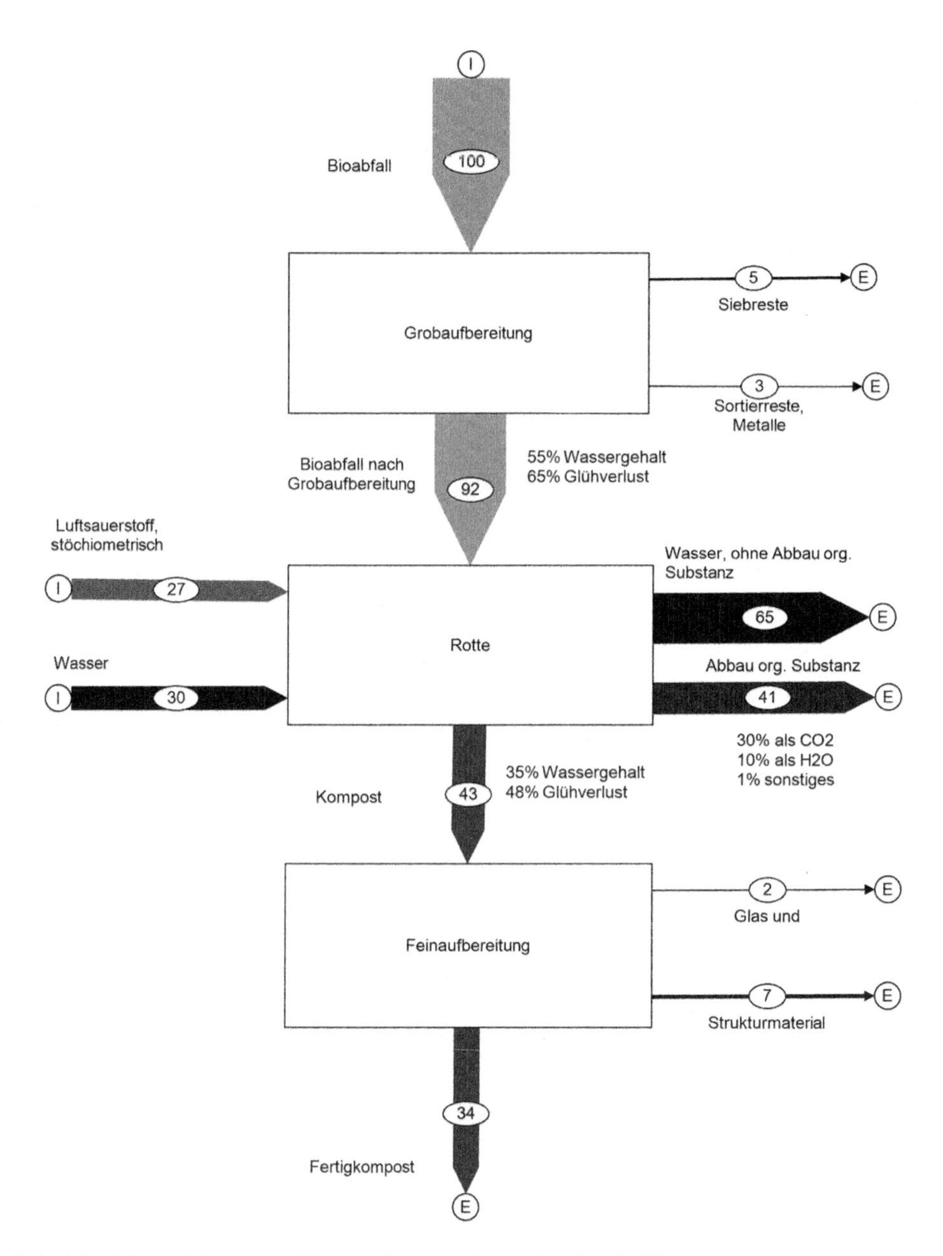

Abb. 8.31 Massenbilanz einer Kompostierungsanlage (Angaben in%)

In der Praxis wird die Massenbilanz einer Anlage beeinflusst von:

- Inputmaterial (Wassergehalt, Gehalt an organischer Trockenmasse, Störstoffgehalt),
- der Aufbereitungstechnik bei der Grob- und Feinaufbereitung (Zerkleinerung, Siebschnitte, Störstoffentnahme),
- der Rotteführung (Abbau an organischer Substanz, Wasserzufuhr und -austrag).

Die wesentliche Massenreduktion – bezogen auf den Eintrag – erfolgt durch die Rotteverluste, welche bei der Herstellung von Fertigkompost in der Größenordnung von bis zu 60 % liegen; hierbei hat das über die Abluft ausgetragene Wasser (aus dem Wassergehalt des Rottegutes) mit ca. 40 bis 45 % den größten Anteil. Der Abbau an organischer Trockenmasse, welcher auf 50 bis 60 % anzusetzen ist, verringert die Masse um ca. 15 %. Dieser Rotteverlust besteht vor allem aus Kohlenstoffdioxid und Wasser. Der Rotte zugeführtes Wasser wird im Rahmen des Prozesses bilanzmäßig wieder vollständig ausgetragen.

Als Reste aus der Sortierung, Sichtung und Fe-Abscheidung fallen ca. 5 % an; ca. 10 bis 15 % des eingetragenen Bioabfalls können als Strukturmaterial in das System zurückgeführt werden. Damit verbleiben ca. ein Viertel bis die Hälfte der Inputmenge als Fertigkompost zur Verwertung.

Energiebilanzen

Bei der Kompostierung wird im Gegensatz zu Anaerobverfahren nur Wärmeenergie freigesetzt, welche mit relativ hohem Wirkungsgrad z. B. über Wärmetauscher in der Abluft, mit geringem Wirkungsgrad auch durch eingelegte oder in den Wänden bzw. in dem Boden des Rottesystems eingelegte Wärmetauscherrohre entzogen werden kann. Diese Niedertemperaturwärme kann zur Aufheizung der Zuluft, für Heizzwecke oder zur Warmwasserbereitung genutzt werden. Beim Einsatz von Abluftwärmetauschern kann bis zu ca. 2/3 der freigesetzten Energie genutzt werden [18]. Bei Einsatz einer Wärmepumpe erhöht sich der Anteil über 100 %.

Der Energiebedarf ist maßgeblich von

- Art und Leistung der Belüftung und Entlüftung
- Grad der Mechanisierung (Aufbereitung, Rotte)
- Anlagendurchsatz

abhängig.

Bei stark mechanisierten Anlagen mit hoher Lüftungsleistung sind ca. 40–60 kWh/Mg, bei gering mechanisierten Anlagen ohne künstliche Belüftung ca. 10–30 kWh/Mg (Diesel und elektr. Energie) anzusetzen.

8.2.6 Bauliche Gestaltung und Flächenbedarf

Bauliche Gestaltung

Emissionsarme und technisch höherwertige Bioabfallkompostierungsanlagen beinhalten in der Regel folgende baulichen Einrichtungen:

- Waage (mit Wiegehaus)
- Bunkerhalle (Flachbunker, gekapselt)
- Grob-Aufbereitungshalle (gekapselt)
- Intensivrottebereich (Halle, Box, Container, Turm, Tunnel etc.)
- Fein-Aufbereitungshalle (häufig mit Zwischenlager)
- Nachrottebereich und Lager (häufig überdacht)
- Gebläsestation (Belüftungsaggregate)
- Biofilter/Biowäscher
- Warte, Betriebs- und Sozialgebäude mit Labor, ggf. Werkstatt, Lager
- Recyclinghof
- Löschwasserspeicher (standortabhängig)
- Modellgarten als Beispiel für Kompostanwendung (optional)

Teilweise sind die oben beschriebenen Hallen auch als ein Gebäude, getrennt durch Brandabschnitte, ausgeführt.

Durch die bauliche Gestaltung und Ausführung werden besonders die Emissionssituation, der Arbeitsschutz (Lärm, Staub, Mikroorganismen) und der betriebliche Ablauf beeinflusst. Die Konstruktion und architektonische Gestaltung haben Auswirkungen auf die Investitions- und Betriebskosten (Energieverbrauch, Reparaturanfälligkeit) und auf Anlagenakzeptanz und -image [41].

Ein Hauptproblem von gekapselten Rottesystemen sind hinsichtlich der Korrosion die dort herrschende hohe Luftfeuchtigkeit (wasserdampfgesättigt), hohe Lufttemperatur, die in der Regel höher als die Außentemperatur ist, und die aggressiven Luftinhaltsstoffe (organische Säuren, Ammoniak); Sickerwässer weisen häufig pH-Werte im sauren und alkalischen Bereich auf. Tragwerkskonstruktionen und Außenwandflächen erfordern daher spezielle konstruktive Lösungen. Es hat sich u. a. bewährt, das Tragwerk an die Außenseite des Gebäudes zu verlegen. Als Konstruktionsmaterialien werden Beton, (teilweise mit Epoxidharz beschichtet), Epoxidharzbeschichtete Stahlkonstruktionen, mit Aluminiumfolie kaschierte Holzleimbinder, Edelstahlblech, Folienbespannung und epoxidharzgetränktes Sperrholz eingesetzt. In Gegenden mit kalten Wintern sind wärmegedämmte Konstruktionen unabdingbar, um Eisbildung in den Hallen zu vermeiden. Bei offenen Rottehallen (z. B. für die Nachrotte) kann Tauwasser an den Dachunterseiten auftreten, dem durch konstruktive Maßnahmen begegnet werden kann.

In Bioabfallkompostierungsanlagen sind die befahrenen und mit Bioabfall bzw. Rottegut beschickten Flächen befestigt und wasserdicht auszuführen. Es werden sind sowohl

Systeme mit glatter Oberfläche und obenliegender Dichtungsschicht als auch mit Drainschicht eingesetzt [42].

Eine hohe Wasserundurchlässigkeit sowie ein hoher Abnutzungs- und Frostwiderstand wird bei Betonabdichtungen (obenliegende Dichtungsschicht) durch Betonzusätze und entsprechende Verarbeitung erreicht. Bitumen- und Asphaltdichtungen können ebenfalls prinzipiell eingesetzt werden, sie haben jedoch gegenüber Betondichtungen den Nachteil, dass sie sich bei Auflast stärker verformen und speziell Bitumen in Verbindung mit hohen Rottetemperaturen durch Mikroorganismen angegriffen wird. Gussasphalt bzw. Asphaltmatrixdeckschichten besitzen einen höheren Widerstand gegenüber Mikroorganismen. Als Systeme mit innenliegender Dichtungsschicht bzw. Drainschicht werden Dichtungsbahnen mit aufliegendem Verbundsteinpflaster, mineralische Dichtung mit aufliegendem Verbundsteinpflaster oder- Dichtungen mit aufliegender Drainschicht angewendet

Oberflächenwässer, die nicht betriebsspezifisch verunreinigt sind, können versickert, einem Vorfluter oder der Regenwasserkanalisation zugeleitet oder auch zur Bewässerung der Rotte verwendet werden. Betriebsspezifisch verunreinigte Oberflächenwässer und Sanitärabwässer sind an eine hierfür geeignete Kläranlage abzugeben. Die Behandlung der Sicker- und Kondenswässer ist von den lokalen Einleitbedingungen abhängig, diese Wässer können bei geschlossenen Systemen zur Befeuchtung der Rotte zurückgeführt werden.

Spezifischer Flächenbedarf

Der spezifische Flächenbedarf von Kompostierungsanlagen ist besonders abhängig vom Anlagendurchsatz, vom Technisierungsgrad und von der erforderlichen Rottezeit, welche durch den Rottegrad bestimmt wird.

Bei einfachen Mietenkompostierungsanlagen liegt der spezifische Flächenbedarf bei 1,2 bis 2,5 $m^2/(Mg \cdot a)$, abhängig von der Mietenführung (Umsetztechnik) und der Durchsatzmenge.

Bei Intensivrotteverfahren schwankt der spezifische Flächenbedarf zwischen 0,4 $m^2/(Mg \cdot a)$ bei großen Anlagen bis hin zu 2,0 $m^2/(Mg \cdot a)$ bei kleinen Durchsatzleistungen [43, 44] et al. (Tab. 8.5). Die Abnahme des spezifischen Flächenbedarfs mit zunehmender Durchsatzleistung ist darin begründet, dass Verkehrsflächen, Eingangs- und Waagebereich und auch teilweise die Flächen für die Aufbereitungsaggregate weitgehend von der Durchsatzleistung unabhängig sind.

Wird anstelle eines Fertigkompostes nur Frischkompost (Rottegrad II) erzeugt, reduziert sich der spezifische Flächenbedarf deutlich, da die Intensivrottebereiche kleiner gestaltet werden können und Nachrotte- und Lagerflächen entfallen.

Tab. 8.5 Spezifischer Flächenbedarf von Kompostierungsanlagen mit Intensivrotte (Fertigkompost)

Durchsatzleistung (Mg/a)	Spezifischer Flächenbedarf ($m^2/(Mg \cdot a)$)
<10.000	0,8–2,0
ca. 15.000–40.000	0,6–1,2
>50.000	0,4–0,8

8.2.7 Kosten

Eine allgemeine, projektunabhängige Angabe von Investitions- bzw. Betriebskosten ist nur innerhalb einer Spannbreite möglich, da neben den projektspezifischen Randbedingungen die technische Entwicklung, die Wettbewerbssituation, Firmenpolitik und die volkswirtschaftliche Situation die Kostenstrukturen erheblich beeinflussen. Unter Ansatz gleicher Randbedingungen ist es jedoch möglich, die Kosten als Vergleichsmaßstab unter Berücksichtigung der angesprochenen Unschärfen anzugeben [43–49].

Es ist zu unterscheiden in die Investitions- und Betriebskosten (ohne bzw. mit Kapitalkosten).

Die Investitionskosten sind hierbei besonders von folgenden Faktoren abhängig:

- Anlagendurchsatz,
- Anlagentechnik (Automatisierungsgrad, eingesetzte Aggregate, Aggregatstandard),
- Emissionsschutzmaßnahmen (Einhausung, Lüftungstechnik, Abluftreinigung und Ableitung (Kamin)),
- Baustandard (architektonische Gestaltung und Detailkonstruktion, Materialwahl, Wartungsfreundlichkeit und Unterhalt),
- Infrastruktur des Standortes (Versorgungsleitungen, Verkehrsanbindung, Nutzung evtl. vorh. Einrichtungen (z. B. Deponie mit Infrastruktureinrichtung),
- Baugrundsituation (Grundwasserstand, zulässige Bodenpressung, Topographie).

Die spezifischen Behandlungskosten (z. B. EUR/a, EUR/Mg) resultieren aus den

- investitionsabhängigen Kosten,
- betriebsabhängigen Kosten,
- Erlösen,
- verschiedenen sonstigen Kosten.

Auf Basis der Auswertung von Firmenangeboten, ausgeführten Anlagen und Literaturstellen lassen sich die Spannweiten der spezifischen Investitions- und Betriebskosten angeben (Tab. 8.6).

Der Anteil der Kapitalkosten an den spezifischen Betriebskosten liegt i. d. R. im Bereich von 50 bis 65 %, der Personalkostenanteil bei 10 bis 15 %.

8.3 Anaerobe Behandlung (Vergärung)

Die anaerobe Behandlung, auch Vergärung genannt, ist der biologische Abbau von organischem Material unter Ausschluss von freiem Sauerstoff. Dabei werden die flüssigen oder festen organischen Stoffe in einen teilweise stabilisierten Reststoff (Gärrest) und in eine Gasmischung aus Methan und Kohlenstoffdioxid (Biogas) umgewandelt. Die

Tab. 8.6 Spezifische Investitions- und Betriebskosten von Bioabfallkompostierungsanlagen

Anlage/Durchsatz [Mg/a]	Investitionskosten [EUR/(Mg · a)]	Betriebskosten [EUR/Mg]
Einfachanlagen		
kleiner 5.000	350–700	70–140
ca. 10.000	250–500	50–100
ca. 25.000	200–400	40–80
ca. 50.000	150–300	30–60
Eingehauste Anlagen		
kleiner 5.000	700–1200	110–220
ca. 10.000	600–1000	100–200
ca. 25.000	450–750	75–150
ca. 50.000	350–600	70–120

im organischen Material enthaltene Energie wird zum Teil auf das Biogas übertragen, welches verbrannt werden kann, um Strom und Wärme zu erzeugen. Die Gärreste enthalten verwertbare Nährstoffe und können direkt oder nach Kompostierung als Sekundärrohstoffdünger eingesetzt werden.

8.3.1 Vergärung in Deutschland: rechtlicher Rahmen, Sektorentwicklung

Die anaerobe Technologie ist im Rahmen der Behandlung kommunaler Schlämme (Schlammfaulung) sowie industrieller Abwässer weit verbreitet. Auch im landwirtschaftlichen Bereich wird Vergärung zur Behandlung von Gülle, pflanzlichen Reststoffen sowie nachwachsenden Rohstoffen (NaWaRo) eingesetzt. Im Zuge des Erneuerbaren-Energien-Gesetztes (EEG [50]) wurde in der Landwirtschaft verstärkt auf die Biogastechnologie gesetzt, denn die erzeugte „Bioenergie" wird finanziell gefördert. Das Förderungssystem hat allerdings zu einer Erhöhung der Preise von Lebensmitteln, die in Konkurrenz zu nachwachsenden Rohstoffen (NaWaRo) stehen, beigetragen. Als Konsequenz wurden in der letzten EEG-Novellierung (2012) die Förderungen im Allgemein und insbesondere von NaWaRo-Anlagen gekürzt und entsprechend die Zunahme der neuen Anlagen gebremst. In Abb. 8.32 wird die Verbindung zwischen Zubau von neuen Biogasanlagen und Änderungen im EEG ersichtlich.

Dagegen wird gesetzlich die Vergärung von Abfällen ausdrücklich unterstützt. Das Kreislaufwirtschaftsgesetz (KrWG [52]) sowie die anstehende Novellierung der Bioabfallverordnung setzen auf die getrennte Sammlung von Bioabfällen sowie auf deren hochwertige Verwertung: Die favorisierte Lösung für die Behandlung von Bioabfällen ist die vorgeschaltete Vergärung, zur Gewinnung von Energie durch Biogas, in Verbindung mit der Kompostierung, zur Rückgewinnung von Nährstoffen aus dem Kompost [53]. Es gibt

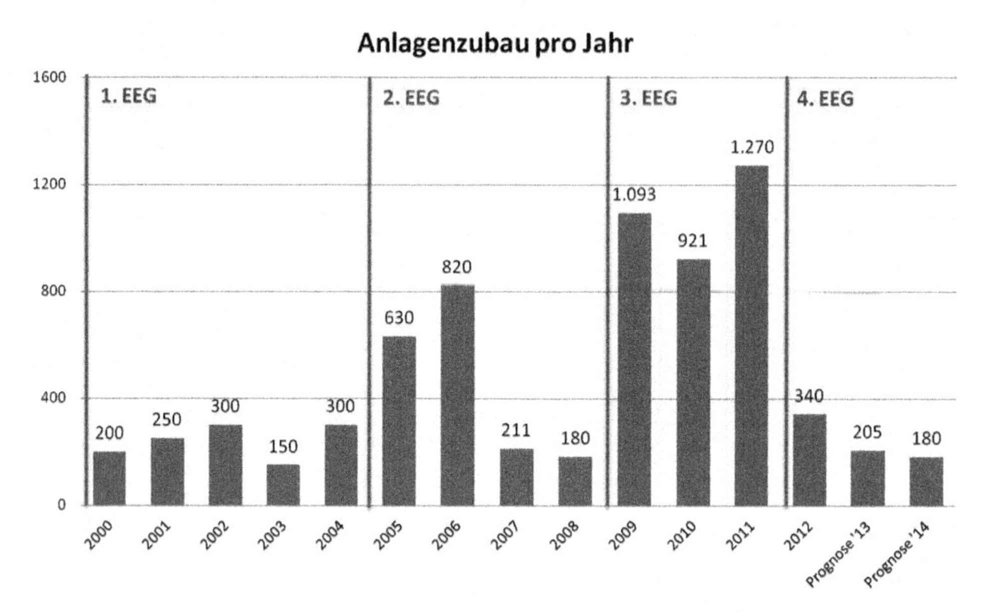

Abb. 8.32 Zubau an Biogasanlagen in Deutschland seit dem Inkrafttreten des EEGs. Die Änderungen in der Vergütung insbesondere bei NaWaRo-Anlagen beeinflusst maßgeblich die Investitionen in dem Sektor [51]

circa 120 Biogasanlagen in Deutschland, die Bioabfälle aus Haushalten und Gewerbe verarbeiten [54]. Durch die Pflicht zur getrennten Sammlung (§11 KrWG) wird sich zukünftig die Zahl der Anlagen bzw. deren Kapazität wahrscheinlich erhöhen.

8.3.2 Biochemie der Vergärung

8.3.2.1 Reaktionen im System

Unter anaerober Vergärung wird der biologische Abbau von organischem Material durch bestimmte Bakteriengruppen in Abwesenheit von Sauerstoff und die partielle Umsetzung des Materials in Biogas verstanden. Mit Hilfe der Bakterien werden im **aeroben** Milieu Elektronen vom organischen Material auf den freien Sauerstoff übertragen, wobei Sauerstoff als Elektronenakzeptor dient und zu Wasser und CO_2 reduziert wird.

Bei der **anaeroben** Oxidationskette sind hingegen Kohlenstoff, Stickstoff oder Schwefel die Elektronenakzeptoren. Sie werden von Wasserstoffatomen zu CH_4, NH_3 oder H_2S reduziert, während CO_2 aus dem im organischen Material enthaltenen Sauerstoff entsteht.

Der Kohlenstoff im Substrat liegt in unterschiedlich reduzierten Zuständen vor, normalerweise mit Oxidationsstufen zwischen 0 (z. B. Glucose) und circa –3 (z. B. Fette),[2] und wird in

[2]Diese Betrachtung der Oxidationsstufen von Kohlenstoff ist stark vereinfacht und dient nur der Erläuterung des Beispiels.

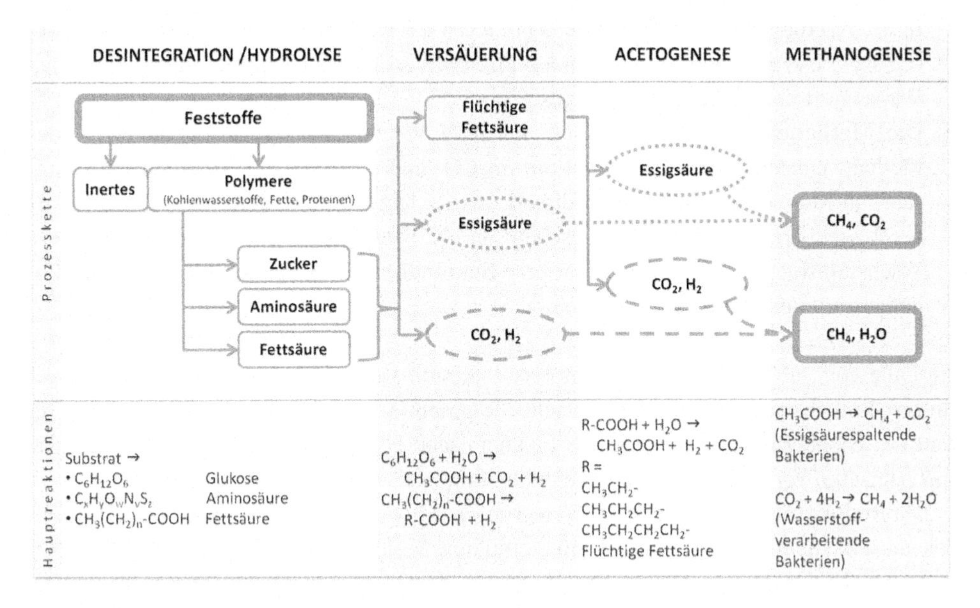

Abb. 8.33 Hauptreaktionen der Feststoffvergärung.

der biologischen Reaktionskette von den Bakterien teilweise reduziert (zu CH_4, Ox. Stufe von C ist –4) und teilweise oxidiert (zu CO_2, Ox. Stufe von C ist +4). Je reduzierter der Zustand des Substrates (d. h. je niedriger die durchschnittliche Oxidationszahl von C), desto höher wird der Methanertrag daraus: Biogas aus fett- oder eiweißhaltigen Substraten kann bis zu 75 % Methan enthalten. Dagegen entsteht aus Kohlenhydraten deutlich mehr CO_2, wie man anhand von diesen vereinfachten Beispielen von Glukose und Palmitinsäure erkennen kann:

$$\text{Kohlenhydrat (Glukose): } \overset{0}{C}_6 H_{12} O_6 \rightarrow 3\ \overset{-4}{C} H_4 + 3\ \overset{+4}{C} O_2$$

$$\text{Fett (Palmitinsäure): } \overset{-1,75}{C}_{16} H_{32} O_2 + 7\ H_2O \rightarrow 11{,}5\ \overset{-4}{C} H_4 + 4{,}5\ \overset{+4}{C} O_2$$

Der anaerobe Prozess findet in vier Schritten bzw. Phasen (Hydrolyse, Versäuerung, Acetogenese und Methanogenese) statt, an denen jeweils spezielle Bakteriengruppen beteiligt (Abb. 8.33).

- In der **Hydrolysephase** werden die komplexen organischen Substratstrukturen desintegriert und in Monomere zerlegt, z.B. Kohlenhydrate in Monosaccharide, Eiweiß in Aminosäure und Fette in langkettige Fettsäure.
- Die vorhandenen Monomere werden schnell von **Versäuerung**sbakterien als Substrat verwendet, wobei Alkohole und flüchtige Fettsäuren (darunter Essig-, Propion-, Valerian-, Buttersäure) entstehen.

- In der **Acetogenese** werden die Fettsäuren (ab C3-Kette) in Essig- oder Ameisensäure (C2 bzw. C1) umgewandelt. In beiden Phasen, Versäuerung und Acetogenese, werden Wasserstoff und Kohlenoxide freigesetzt.
- Die **Methanerzeugung** kann dann auf zwei Wegen erfolgen: ungefähr 30 % des Methans entsteht durch H_2-Oxidation mit CO_2 und ca. 70 % aus Spaltung der Essigsäure in Methan und Kohlenstoffdioxid. Dieser letzte Schritt wird normalerweise als geschwindigkeitslimitierend angesehen, da die beteiligten Bakterien eine niedrigere Wachstumsrate und folglich eine höhere Empfindlichkeit gegenüber den Milieubedingungen aufweisen.

Im Falle von Substraten mit höherem Feststoffanteil kann die Hydrolyse zum geschwindigkeitslimitierenden Schritt werden und die gesamte Reaktionskette verlangsamen. Im Fall der Bioabfallvergärung wird die biochemische Hydrolyse durch gezielte (meistens mechanische) Vorbehandlungsschritte unterstützt (siehe 8.3.4 Anlagentechnik).

Die Redox-Reaktionskette in der Vergärung produziert Energie für den Zellstoffwechsel, die als chemische Energie in intrazellularen Molekülen (ATP) gespeichert werden kann. Im Gegensatz zu aeroben Abbauprozessen ist diese durch den anaeroben Metabolismus freigesetzte Energie wesentlich geringer, da ein großer Teil der Energie in der Reaktionskette auf das Methan übertragen wird. Die verbleibende Energie steht den Bakterien für ihr Wachstum zur Verfügung (Baustoffwechsel). Da die hierfür zur Verfügung stehende Energie jedoch deutlich geringer ist als bei den aeroben Prozessen, ist der Biomasseaufbau bei den anaeroben Verfahren wesentlich geringer.

Beispielhaft für die Synergie und die Abhängigkeit zwischen den verschiedenen Bakteriengruppen ist die Rolle von Wasserstoff. Die essigsäurebildenden Bakterien benötigen einen niedrigen H_2-Partialdruck ($<10^{-3}$atm), da die Reaktionen ansonsten endergon[3] werden: diese Reaktionen sind daher thermodynamisch erst dann möglich, wenn das produzierte H_2 gleichzeitig von wasserstoffoxidierenden Bakterien entfernt wird. Demgegenüber können die Methanbildenden Reaktionen nur bei H_2-Konzentrazionen über 10^{-6}atm exergon[4] werden. Das somit enge energetische Fenster, in dem beide Reaktionen thermodynamisch möglich sind, liegt zwischen 10^{-6} und 10^{-3} bzw. 10^{-2} atm H_2-Partialdruck (Abb. 8.34).

Wasserstoffproduzierende und oxidierende Bakteriengruppen sind folglich voneinander abhängig: der Wasserstoffpartialdruck steigt, wenn die Methanbildung aus H_2 gehemmt wird und begrenzt die Umwandlung von Fettsäuren, die sich im Reaktor ansammeln und zur pH-Wert-Absenkung führen. Ein zu niedriger pH-Wert wiederum wirkt wegen der Substrathemmung, limitierend auf essigsäureverwertende Bakterien und kann zu Betriebsstörungen bis hin zum Betriebsausfall („Umkippen") führen.

[3]Endergon: thermodynamisch ungünstig, $\Delta G_R > 0$.

[4]Exergon: thermodynamisch günstig, $\Delta G_R < 0$.

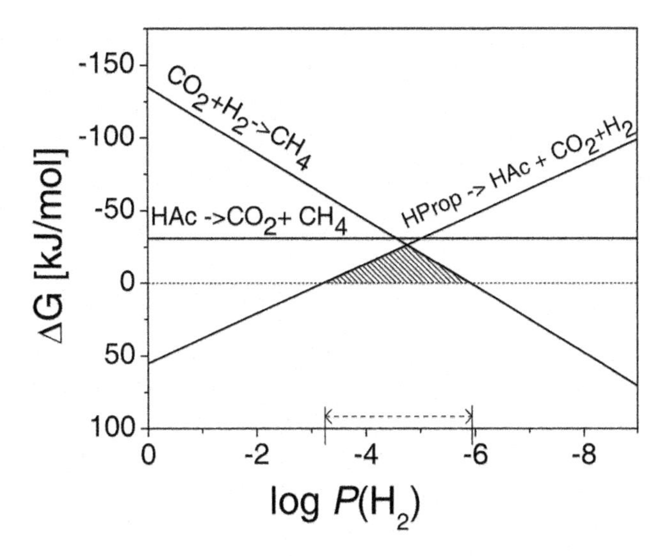

Abb. 8.34 Thermodynamische Effekte des Wasserstoffpartialdrucks P(H2) [atm] auf die Reaktionskette (pH = 7,25 °C, weitere Details in [55], S. 679). Die Methanbildung aus CO_2 und die Propionat-Oxidation sind in dem Bereich 10^{-6} bis ca. 10^{-3} atm gleichzeitig exergon. Die Methanbildung aus Essigsäure (HAc) wird im Gegensatz hierzu vom Wasserstoffpartialdruck nicht beeinflusst. Anmerkung: 1 atm = $1{,}013 \cdot 10^5$ Pa

8.3.2.2 Substratcharakterisierung

Die Substrate für die Vergärung stammen aus verschiedenen Quellen: Aus der Landwirtschaft und Tierzucht kommen Pflanzreste, Mist und Gülle sowie Energiepflanzen; vom Gewerbe, z. B. Lebensmittel-, Futtermittel-, Papier- und Pharmaindustrie fallen organisch belastete Abwässer und Schlämme sowie feste Abfälle an; aus kommunalen Einrichtungen (Gemeinden, Landkreise) stammen Klärschlämme und Bioabfälle. Die Charakterisierung insbesondere von festen Bioabfällen ist auf Grund von Inhomogenität und örtlichen Unterschieden sehr schwierig. Die wichtigsten Parameter, die u.a. die Auslegung der Anlage sowie die Prozessführung beeinflussen sind:

Der **Feststoffgehalt**: besonders wichtig für die Auslegung der Vorbehandlungsschritte, beeinflusst er die Gesamtgeschwindigkeit des Prozess durch die Hydrolyse. Er wird im Bereich der Bioabfallvergärung normalerweise als Prozent der Frischmasse (FM) angegeben (TM, Trockenmasse).

Der Anteil an **organischen Stoffen**: auch als Glühverlust bezeichnet, dieser Parameter gibt einen quantitativen Hinweis über den Inhalt an biologisch abbaubaren Stoffen im Substrat und den voraussichtlichen Biogasertrag. Er wird normalerweise als oTM bezeichnet und als Prozent von TM angegeben. Da dieser Summenparameter aber keine Informationen über den Energiegehalt der organischen Stoffe beinhaltet (d. h. über den Reduktionszustand), ist er nicht direkt mit dem Methangehalt korrelierbar. Vorsicht ist auch geboten im Falle von Lignin-haltigen Substraten: Lignin wird zwar als oTM erfasst, kann aber in der Vergärung nicht abgebaut werden und bringt daher keinen Biogasertrag.

Der Inhalt an **organischem Kohlenstoff** (TOC, Total Organic Carbon) kann einen Hinweis geben, wie viel Biogas maximal aus dem Substrat produziert werden kann [56]. Die TOC-Messung erfasst alle durch Verbrennung oxidierten Kohlenstoffverbindungen; aus der Molmasse von Kohlenstoff (12 g/mol) gilt: 1 g TOC = 1/12 mol C.

In der Annahme, dass der gesamte Kohlenstoff im Substrat (ausgedrückt als TOC) in Biogas umgewandelt wird ($CH_4 + CO_2$, als Idealgas), kann die Biogaserzeugung wie folgt berechnet werden:

$$1 \text{ g TOC} = 1/12 \text{ mol GAS} \times 22{,}414 \text{ l}_N/\text{mol}^5 = 1{,}868 \text{ l}_N \text{ GAS}$$

Der Inhalt an **chemisch oxidierbaren Stoffen**, ausgedrückt als CSB (Chemischer Sauerstoffbedarf, in Englisch *COD*): Wie schon erwähnt, liegt der Kohlenstoff in den Substraten in unterschiedlich reduziertem Zustand vor. Dieser Kohlenstoff wird teilweise reduziert (zu CH_4) und teilweise oxidiert (zu CO_2). Folglich kann die Erfassung des Oxidationspotentials des Substrats eine Aussage über den Methangehalt im Biogas ermöglichen. Der Summenparameter CSB drückt aus, wie viele reduzierte Stoffe in gelöster Form im Substrat sind, d. h. wie viele Elektronen für die Reduktion zu CH_4 vorhanden sind. Ähnlich wie beim TOC, ist eine Korrelation zur theoretischen Methanproduktion herzuleiten[6]:

$$1 \text{ g CSB} = 1/64 \text{ mol CH}_4 \times 22{,}414 \text{ l}_N/\text{mol} = 0{,}35 \text{ l}_N \text{ METHAN}$$

Folglich ist es möglich, die Konzentration von Methan im Biogas aus TOC und CSB zu ermitteln (Abb. 8.35):

Der CSB ist allerdings für feststoffhaltige Substrate nur schwer messbar. Ein Ansatz dazu sieht vor, dass die Standard-Messung in der sehr fein homogenisierten Probe erfolgt [57].

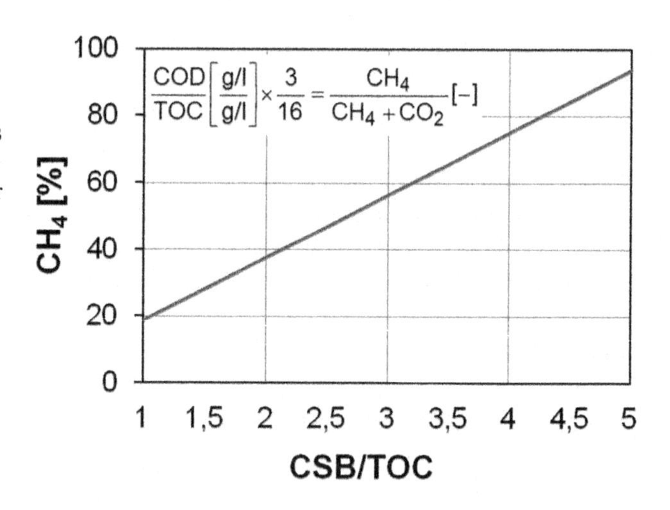

Abb. 8.35 Theoretischer Anteil an Methan im Biogas. Dieser hängt vom Verhältnis zwischen CSB und TOC ab. Es liegt typischerweise für Bioabfälle zwischen 2 und 3,5: daher ergibt sich ein Methangehalt zwischen 40 % und 65 %

---

[5]Molares Normvolumen von einem idealen Gas.

[6]Methan wird von 2 Mol Sauerstoff (äquivalent zu 64 g Sauerstoff bzw. 64 g CSB) vollständig oxidiert.

Tab. 8.7 Theoretische Biogasproduktion nach der Inputzusammensetzung

	CSB **[gCSB/g_{TS}]**	**Max Gasausbeute** **[m_N^3/kg]**	**Methangehalt** **[%]**
Kohlenhydrate	1–1,2	~0,8	~50
Fette	2,5–3	~1,4	~70
Eiweiß	1,4–1,7	~0,7	~70

Tab. 8.8 Eigenschaften einiger repräsentativen Substraten (aus eigener Datenerhebung [56, 58])

Substrat	**TS** **[%]**	**oTS** **[%TS]**	**CSB** **[g/l] oder [g/kg_{TS}]**	**Biogasertrag** **[m_N^3/$Mg_{SUBSTRAT}$]**
Kommunaler Klärschlamm	2–8	45–75	30–50	15–25
Grassilage	35–45	85–90	k.A.	180–220
Rindergülle	6–11	70–85	20–60	15–20
Bioabfall (Biotonne)	30–75	60–90	250–300	100–200

Die Konzentration an **Kohlenwasserstoffen, Fetten, Eiweiß**: diese Laborparameter lassen theoretisch sehr präzise Aussagen über Biogasmenge und -qualität zu, allerdings werden sie in der Praxis aufgrund des Laboraufwandes nur sehr selten gemessen (Tab. 8.7).

In der Literatur finden sich mehrere Daten zur Charakterisierung von Vergärungssubstraten. Eine Auswahl davon ist in der Tab. 8.8 dargestellt.

Da kommunale Abwässer eine sehr niedrige organische Belastung aufweisen und das notwendige Reaktorvolumen daher sehr groß werden würde, wird dieses Substrat selten anaerob behandelt. Im Gegensatz dazu können industrielle Abwässer, angesichts ihrer höheren organischen Belastungen, in geringem Reaktorvolumen rentabel anaerob behandelt werden; es fallen nur geringe Mengen an Gärresten an. Weit verbreitet ist auch die Faulung von Klär- und industriellen **Schlämmen**, die in aufkonzentrierter Form bei der Abwasserreinigung anfallen; hier werden normalerweise einstufige Faulbehälter betrieben.

Vergärung wird seit langem in der **Landwirtschaft** eingesetzt, wobei Tier- und Pflanzenabfälle, sowohl flüssig als auch fest, als relativ unproblematische Substrate fermentiert werden können. In der letzten Dekade sind neben Abfällen die so genannten Energiepflanzen (NaWaRo) als Substrat eingesetzt worden. Diese Pflanzen werden speziell zur Energieerzeugung angebaut und in Biogas umgewandelt.

Feste **Bioabfälle** aus der Bioabfallsammlung oder Industrie, aber auch pastöse und flüssige Abfälle aus dem Gastronomiegewerbe und der Industrie werden großenteils in eigenen Anlagen behandelt. Teilweise findet eine Co-Vergärung mit landwirtschaftlichen Abfällen oder Grünschnitt statt, selten mit kommunalen Klärschlämmen. **Restabfälle** werden in mechanisch-biologischen Behandlungsanlagen (MBA) in eigens hierfür errichteten Vergärungsanlagen behandelt.

8.3.2.3 Einflussfaktoren

Die Biologie des anaeroben Prozesses wird durch verschiedene chemisch-physikalische Parameter beeinflusst, die überwacht und kontrolliert werden sollten, um das System auf optimalen Betriebsbedingungen zu halten.

Nährstoffe

Zellen bestehen aus ungefähr 50 % Kohlenstoff, 20 % Sauerstoff, 10 % Stickstoff, 10 % Wasserstoff und 2 % Phosphor, des Weiteren aus Schwefel, Calcium, Kalium, Natrium und einigen essentiellen Schwermetallen (Fe, Zn, Co, Ni, Cu). Alle diese Elemente sollten in geeignetem Verhältnis in dem Reaktionsmilieu vorhanden sein und somit dem Zellstoffwechsel zur Verfügung stehen. Das gilt insbesondere für das Verhältnis C:N: ein N-Mangel begrenzt das bakterielle Wachstum, da Stickstoff ein wesentlicher Bestandteil von Amino- und Nukleinsäure ist. Anderseits wird Stickstoff im anaeroben Milieu in Ammoniak umgewandelt, welches einer übermäßigen Säurebildung im Reaktor entgegenwirken kann, jedoch bei höheren Konzentrationen stark toxisch wirkt. Das Verhältnis C:N kann abhängig von Substrat und Betriebsbedingungen schwanken, sollte jedoch durchschnittlich um 30:1 liegen. Für das Verhältnis N:P gelten Werte um 5:1 als vorteilhaft [58].

Flüchtige Fettsäuren und pH-Wert

Der pH-Wert ist ein Hauptparameter in der Vergärung und lässt die gegenseitige Abhängigkeit der Bakteriengruppen im Prozess erkennen. Die enzymatischen Systeme der verschiedenen Mikroorganismen können nur richtig funktionieren, wenn sich diese in überlappenden pH-Bereichen befinden: hydrolysierende und versäuernde Bakterien haben optimale Milieubedingungen in einer leicht sauren Umgebung (um pH 6 bis 7), während methanbildende Mikroorganismen den neutralen bis leicht basischen Bereich bevorzugen, was letztendlich dem typischen pH-Wert des Prozesses entspricht.

Der pH-Wert beeinflusst jedoch auch indirekt das System, indem er das Dissoziationsgleichgewicht der Säuren verschieben kann: flüchtige Fettsäuren müssen im undissoziierten Zustand vorliegen, um die Zellwand durchqueren und von Bakterien umgewandelt werden zu können. Dieser Zustand wird nur bei pH-Werten unterhalb von 8 erreicht, jedoch kann sich bei Übersäuerung ein Teufelskreis bilden: eine übermäßige Säurekonzentration, hervorgerufen zum Beispiel durch eine übermäßige Substratbefrachtung, führt zu niedrigen pH-Werten. Dabei liegen die Säuren überwiegend in undissoziiertem Zustand und sammeln sich innerhalb der Zellen. Eine zu hohe Säurekonzentration in der Zelle führt zu schwere Beschädigung des enzymatischen Systems bis sogar zum Zelltod. Das Phänomen wird als Substrathemmung bezeichnet.

Puffersysteme: Karbonat und Ammoniak

Wird die organische Belastung des Reaktors plötzlich erhöht, können die hydrolysierenden und versäuernden Bakterien ihren Umsatz beschleunigen und eine Ansammlung von flüchtigen Fettsäuren verursachen, die von den methanbildenden Bakterien nicht schnell genug verwertet werden können. Die daraus folgende schädliche pH-Wert Senkung kann vermieden werden, wenn das System eine ausreichende Pufferkapazität aufweist. Die Pufferung wird in den anaeroben Systemen durch das Hydrogenkarbonat und teilweise aus dem Ammonium hervorgerufen, die im Substrat vorhanden sind oder aus dem Abbau entstehen.

$$CO_2 + H_2O \leftrightarrow [H_2CO_3] \leftrightarrow HCO_3^- + H^+$$

$$NH_3 + H_2O \leftrightarrow NH_4^+ + OH^-$$

Nimmt der Säuregehalt zu, verschiebt sich das Reaktionsgleichgewicht nach links. Der pH-Wert bleibt solange unverändert, bis die Pufferkapazität erschöpft ist. Wird das Milieu jedoch zu basisch (pH > 8), kann die Ammoniak-Konzentration so stark zunehmen, dass sie eine toxische und hemmende Wirkung hat.

Temperatur

Anaerobe Prozesse sind bis ca. 75 °C möglich. Nach der Arrhenius-Gleichung steigt die enzymatische und mikrobielle Aktivität mit zunehmender Temperatur; jedoch ist diese Zunahme nicht stetig. Vielmehr erreicht die Aktivität unterschiedliche Maxima in unterschiedlichen Temperaturbereichen. Die verhältnismäßig hohe Wachstumsrate der Versäuerungs- und Acetogenese-Bakterien impliziert eine niedrigere Temperaturempfindlichkeit dieser Mikroorganismen, obwohl deren Aktivität zwei Maxima (bei 35 °C und 55 °C) aufzeigt. Im Gegensatz hierzu weisen die empfindlichen methanbildenden Bakterien drei eindeutige Optimalbereiche auf (Abb. 8.36).

Die Bakteriengruppen sind in den verschiedenen Bereichen (psychrophiler Bereich: 15–20 °C, mesophiler Bereich: 30–40 °C, thermophiler Bereich: 55–70 °C) unterschiedlich aktiv. Die Bereichsgrenzen sollen nicht überschritten werden und die Temperatur sollte insbesondere im thermophilen Bereich nicht um mehr als 5 °C schwanken, da sonst die adaptierten bakteriellen Gruppen schnell absterben und die Methanerträge sinken.

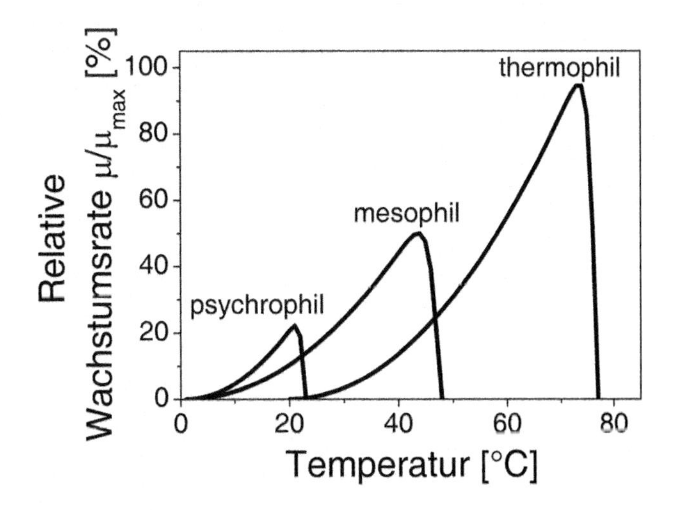

Abb. 8.36 Abhängigkeit der Wachstumsrate von der Temperatur, nach [59]. Die drei Temperaturbereiche weisen unterschiedliche Maxima auf

Schwefel

Schwefel kann ebenfalls wachstumshemmend wirken: die schwefelreduzierenden Bakterien konkurrieren mit den methanbildenden um das gleiche Substrat (H^+) und der undissoziierte Schwefelwasserstoff wirkt oberhalb einer Konzentration im Reaktionsmilieu von ca. 50 mg/l stark hemmend [56]. Darüber hinaus ist Schwefelwasserstoffgas korrosiv und giftig für den Menschen, deshalb ist es im Biogas unerwünscht. Um die Apparaturen zu schützen, wird normalerweise eine Entschwefelung des Gases schon ab ca. 200 ppm H_2S_{gas} durchgeführt (siehe 8.3.4 Anlagentechnik).

Schwermetalle und andere Hemmstoffe

Schwermetalle sind in jedem Gärsubstrat vorhanden und in geringen Konzentrationen für das Zellwachstum notwendig. Oberhalb bestimmter Grenzwerte und abhängig vom pH-Wert, sind sie jedoch giftig und hemmend. Andere Stoffe, die für die Vergärung schädlich sein können und auch in den Gärresten unerwünscht sind, z. B. Antibiotika (häufig in Gülle und Mist) oder aromatische Verbindungen wie Phenole.

Eine vereinfachte Illustration der möglichen Zusammenhänge zwischen Hemmungsfaktoren im anaeroben Milieu ist in Abb. 8.37 dargestellt.

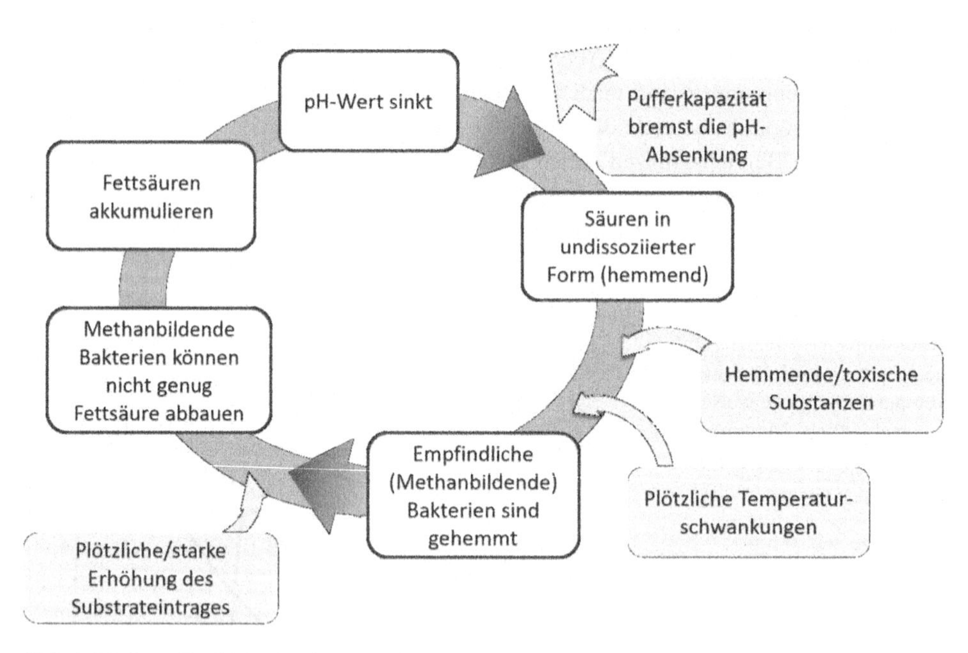

Abb. 8.37 Der „Teufelskreis" der Hemmung der Methanbildung: wenn gehemmt, verlangsamen die methanbildenden Bakterien den Abbau der Säuren, die sich daraufhin im System anreichern. Der nachfolgenden pH-Wert-Senkung kann zum Teil durch Erhöhung der Pufferkapazität entgegen gewirkt werden. Hierzu werden alkalische Substanzen wie NaOH in den Reaktor dosiert

Mechanische Faktoren: Partikelmaß und Reaktorrührung
Die Zerkleinerung und Homogenisierung des Substrats sind aus mehreren Gründen entscheidende Faktoren für eine effektive Vergärung:

- Die Kontaktfläche für die Bakterien wird erhöht;
- Die Zersetzung und Hydrolyse des Substrat werden beschleunigt: dies ist besonders wichtig bei der Feststoffvergärung, bei der die Hydrolyse geschwindigkeitslimitierend ist;
- Der TS-Gehalt des Zulaufs kann justiert werden, ggf. durch Vermischung mit Prozesswasser;
- Die Fließfähigkeit wird verbessert.

In vielen Reaktorkonfigurationen ist es auch möglich im Reaktor zu rühren. Das bringt Uniformität in Temperatur und Konzentration des Reaktionsmilieus, hilft beim Austrag von Biogas aus der Substratmasse und kann auch Schaumbildung unterbinden. Diese Vermischung erhält man durch mechanisches Rühren oder, bei Verfahren mit hohem Feststoffgehalt (Trockenverfahren), auch durch Teilrückführung des Biogases, des Substrats oder des Sickerwassers. Das Rühren darf nur schwach sein, um Scherspannungen an den Zellwänden zu vermeiden.

8.3.3 Verfahrenstechnik der Vergärung

8.3.3.1 Reaktoren

Abhängig von den Betriebsbedingungen, den Substrateigenschaften, den Investitionsmöglichkeiten und den Anforderungen an die Gärreste wurden unterschiedliche Reaktorbauformen entwickelt. Diese können gemäß Tab. 8.9 zugeordnet werden.

Bezüglich der **Temperatur** ist der mesophile Bereich der am meisten verwendete, insbesondere bei Rührkesseln oder diskontinuierlicher Vergärung, während

Tab. 8.9 Reaktorkonfigurationen

Temperatur	≈20 °C (psychrophil) ≈35 °C (mesophil) ≈55 °C (thermophil)
Stufen	Ein Reaktor für Versäuerung und Methanogenese (einstufig) Zwei Reaktoren für die zwei Phasen (zweistufig) Ein Hauptreaktor und eine Nachgärung
Beschickung	Kontinuierlich oder semi-kontinuierlich (Durchflussverfahren) Diskontinuierlich mit Perkolation (Rezirkulation des Prozesswassers)
Wassergehalt	Trockensubstanz > 15 % (trocken), hoher Feststoffgehalt Trockensubstanz < 15 % (semi-nass) Trockensubstanz < 8 % (nass), geringer Feststoffgehalt
Reaktoraufbau	Rührkesselreaktor (*Continuous stirred tank reactor CSTR*) Pfropfenstromreaktor (*Plug-Flow Reaktor PFR*) Schlammbett (UASB oder EGSB) – für Abwasserbehandlung

Pfropfenstromreaktoren fast ausschließlich thermophil betrieben werden. Die Vorteile der thermophilen Vergärung sind, dass der Biogasertrag deutlich höher ist als im mesophilen Bereich und dass die Hygienisierung schon im Reaktor stattfindet, allerdings muss der erhöhte Heizenergieaufwand in der Planung berücksichtigt werden.

Die zwei **Hauptphasen** der Vergärung, die Versäuerung und die Methanbildung, werden normalerweise in einem einzigen Reaktor durchgeführt; insbesondere im Abwasserbereich ist es allerdings auch möglich, die zwei Stufen zu trennen und zwei Kaskaden-Reaktoren zu betreiben. Jeder einzelne Reaktor kann dann unter optimalen Bedingungen bezüglich pH-Wert und Temperatur arbeiten. Die zwei- oder mehrstufigen Prozesse können die gesamte Leistung des Systems verbessern, setzen jedoch höhere Investitions- und Betriebskosten voraus. Typisch im landwirtschaftlichen Bereich ist die Kombination eines Hauptreaktors mit einer Nachgärung, die gleichzeitig auch als Gärrestelager dient.

Die **Substratzufuhr** kann auf zwei Arten erfolgen: kontinuierlich/semi-kontinuierlich oder diskontinuierlich. Bei den häufig verwendeten kontinuierlichen Prozessen (Durchflussprozessen) wird das Substrat ununterbrochen oder in regelmäßigen Zeitabständen zugeführt, während die Gärreste entsprechend regelmäßig ausgetragen werden. Zur besserer Durchmischung und Betriebsstabilisierung werden die Reaktoren in der Regel mit einer hohen Rückführrate der Gärreste betrieben. Der diskontinuierliche Reaktor, sogenannte Boxenfermenter, wird im Gegensatz dazu einmal mit dem Substrat beladen und dann für die notwendige Verweilzeit betrieben.

Der **Wassergehalt** der meisten Vergärungsprozesse liegt über 90 % (Nassverfahren); die typischen pumpfähigen Substrate sind Klärschlamm und Tiergülle, aber auch flüssige Produktionsabfälle und angemaischte Bioabfälle. Die trockene Fermentation (Wassergehalt unter 85 %) ist speziell für Bioabfälle, Pflanzenreste und Festmist entwickelt und kann diskontinuierlich oder auch kontinuierlich mit besonderen Pfropfenstromreaktoren erfolgen.

Zahlreiche **Bauformen,** die die verschiedenen Optionen kombinieren, wurden im Laufe der Jahre entwickelt. Insbesondere die Behandlung von feststoffhaltigen oder festen Abfällen erfolgt in Rührkesseln (Abb. 8.38), Pfropfenstromreaktoren oder Boxenfermentern.

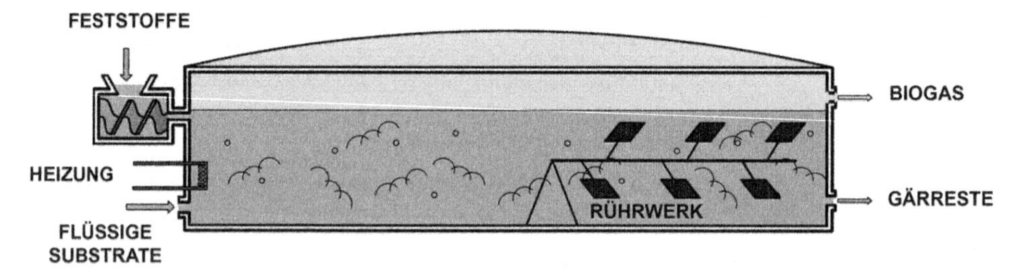

Abb. 8.38 Rührkessel. Diese einfache Reaktorbauart ist für flüssige pumpfähige Substrate geeignet, darunter kommunalen Schlamm und Gülle. Es ist möglich, feststoffhaltige Substrate durch eine separate Förderschnecke in den Reaktor einzubringen. Eine Optimierung des Prozesses kann durch ein zwei-stufiges Verfahren erreicht werden, das aber mit höheren Investitionskosten verbunden ist

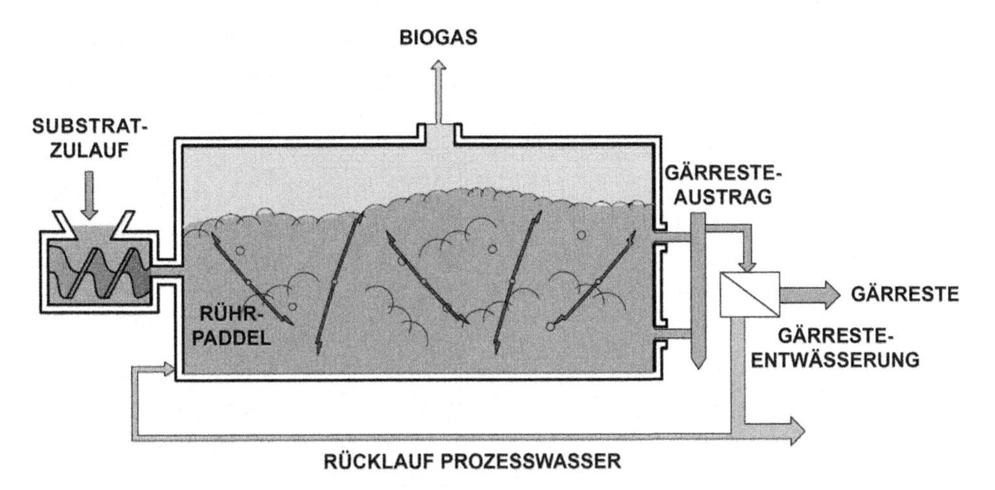

Abb. 8.39 Pfropfenstromreaktor liegender Bauart. Das vorzerkleinerte Substrat wird von Rührpaddeln durch den Reaktor geführt, mit einer typischen Verweilzeit von 3 Wochen. Das zurückgeführte Prozesswasser enthält nicht abgebautes Substrat und aktive Mikroorganismen

Der Pfropfenstromreaktor ist besonders für feste Bioabfälle geeignet, die sich nur schwer durch ein Rührwerk vermischen lassen würden. Eine Rückführung der Gärreste oder des Prozesswassers ist notwendig, um den Abbaugrad zu erreichen und um die Mikroorganismen im System zu halten. Normalerweise werden diese Systeme in thermophilen Bereich betrieben (Abb. 8.39 und 8.40).

Eine kostengünstige Lösung für trockene, nicht pumpfähige Substrate ist die diskontinuierliche Vergärung. Ursprünglich in der Landwirtschaft angewendet, wird sie in den letzten Jahren immer häufiger für Bioabfälle angewendet. Das Substrat wird in die Boxenfermenter eingebracht und innerhalb der vorgesehenen Verweilzeit vergoren. Normalerweise werden mehrere Boxenfermenter zeitversetzt befüllt und betrieben, um eine gewisse Kontinuität in der Biogasproduktion zu erreichen. Die Mischung und Verteilung der Bakterien werden durch die Rückführung des Perkolats erzielt (Abb. 8.41).

Alle Reaktoren müssen durch Vorerwärmung des Substrates oder des Perkolationswassers, effiziente Wärmedämmung und eventuell auch Heizmäntel auf der gewählten Betriebstemperatur gehalten werden.

8.3.3.2 Grundlagen der Reaktorbemessung für kontinuierliche Prozesse

Die Bemessung eines anaeroben Reaktors bezieht die Betrachtung der Prozesskinetik mit ein, die hauptsächlich durch die Bakterienwachstumsrate und die Substratumsatzrate beeinflusst wird. Insbesondere die Wachstumsgeschwindigkeit bestimmt die notwendige Zeit, in der die Bakterien im System gehalten werden müssen, damit sie sich vermehren können. Langsam wachsende Bakterien, wie die Methanogene, brauchen längere Verweilzeiten und sind daher maßgeblich für die Dimensionierung des Systems. Bei sehr hohen Substratfrachten ist auch die Substratumsatzrate wichtig, weil die Bakterien ausreichend Zeit haben müssen, das Substrat zu verarbeiten.

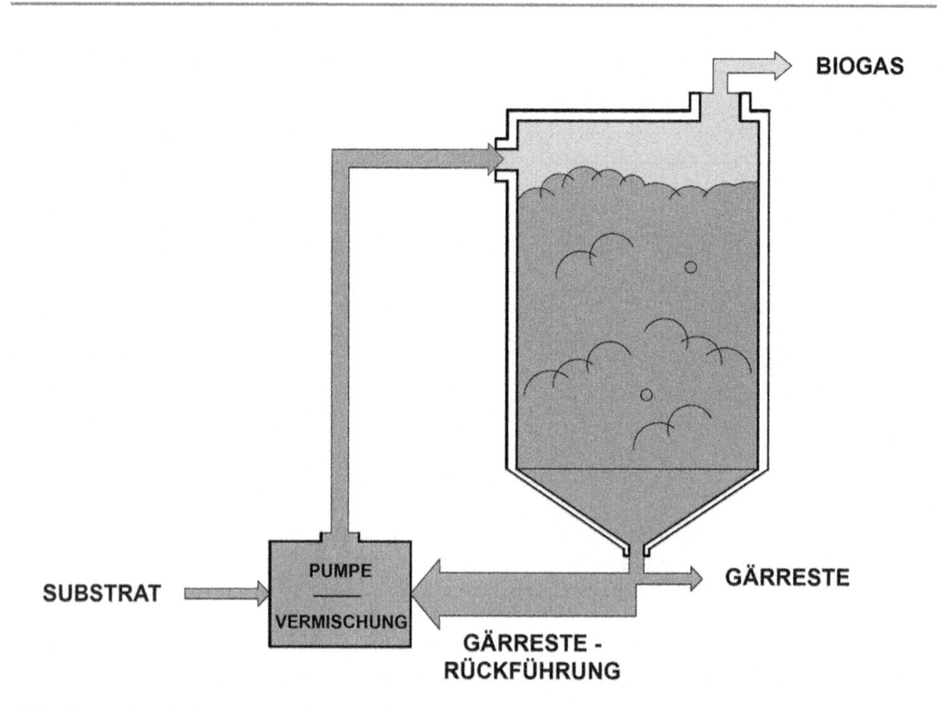

Abb. 8.40 Pfropfenstromreaktor vertikaler Bauart. In diesem vertikalen Reaktor werden hauptsächlich Bioabfälle mit hohem Feststoffgehalt im thermophilen Bereich vergoren. Das Substrat, im Verhältnis 1:5 bis 1:8 mit Gärresten vermischt, wird auf die Gärmasse verteilt. Diese sinkt aufgrund von Gravitation durch den Reaktor nach unten

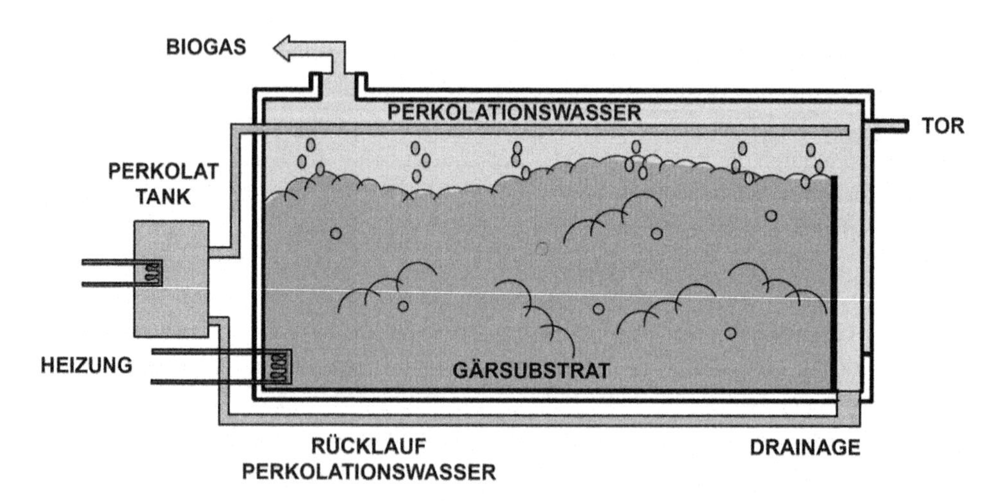

Abb. 8.41 Boxenfermenter. Dieser wird mit einem Radlader mit Substrat befüllt und nach der Vergärung entleert. Der Prozess kann mesophil oder thermophil betrieben werden

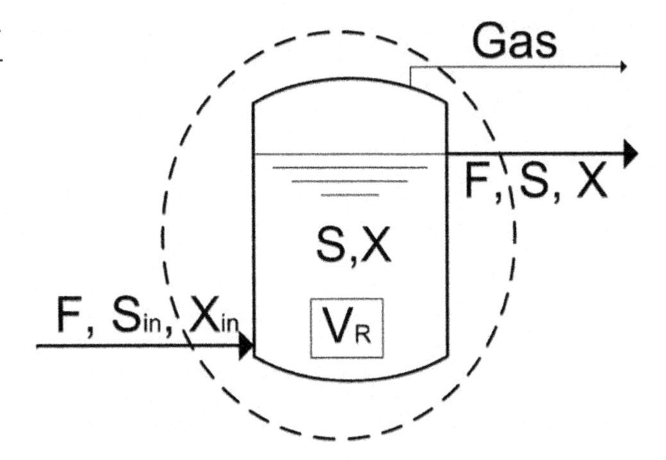

Abb. 8.42 Schematische Darstellung eines Rührkesselreaktors. Die gestrichelte Linie ist die Systemgrenze, innerhalb derer die Bilanzen berechnet werden

Diese zwei limitierenden –für die Dimensionierung maßgebenden– Bedingungen werden durch zwei Massenbilanzen ausgedrückt: die Bilanz für die Mikroorganismen und die Substratbilanz.

Die allgemeine Bilanz-Formel eines begrenzten Systems kann für Masse, Energie und Impuls verwendet werden:

$$\underbrace{\text{zeitliche Änderung}}_{\text{An- oder Abreicherung im System}} = \underbrace{\text{Eintrag} - \text{Austrag}}_{\text{Transport über Systemgrenzen}} + \underbrace{\text{Produktion - Verbrauch}}_{\text{Umwandlung innerhalb des Systems}}$$

Für die Mikroorganismen in einem idealen Rührkesselreaktor (Abb. 8.42) ohne Rücklauf lautet die Bilanz folglich:

$$\frac{dXV_R}{dt} = FX_{in} - FX + r_x V_R \tag{8.11}$$

wobei:

V_R: Reaktionsvolumen [m³]

X_{in}, X: Mikroorganismenkonzentration in Zu- und Ablauf [Masse/Volumen] z. B. [kg/m³]

F: Volumenstrom [Volumen/Zeit] z. B. [m³/d]

Mit den Annahmen $X_{in} \approx 0$ und $V_R \approx$ konstant gilt:

$$\frac{dXV_R}{dt} = -FX + r_x V_R \tag{8.12}$$

Die Reaktionsrate r_x ist die Wachstumsrate der Bakterien pro Volumeneinheit. Diese hängt von der Konzentration der Mikroorganismen (MO) ab sowie von einer spezienabhängigen Wachstumsrate μ:

$$r_x = \mu X \tag{8.13}$$

Mit:

$$\mu = \frac{\text{Masse neuer MO}}{\text{MO im System} \cdot \text{Zeit}} \quad \left[\frac{\text{kg}_{\text{MO}}}{\text{kg}_{\text{MO}} \cdot \text{d}} = \text{d}^{-1}\right]$$

$$r_x = \frac{\text{Masse neuer MO}}{\text{MO im System} \cdot \text{Zeit}} \cdot \frac{\text{MO im System}}{\text{Volumen}} \quad \left[\frac{\text{kg}_{\text{MO}}}{\text{kg}_{\text{MO}} \cdot \text{d}} \cdot \frac{\text{kg}_{\text{MO}}}{\text{m}^3} = \frac{\text{kg}_{\text{MO}}}{\text{m}^3 \cdot \text{d}}\right]$$

Die spezifische Wachstumsrate beschreibt die Fähigkeit der Bakterien, das Substrat abzubauen und für den Stoffwechsel zu nutzen. Diese Korrelation wird üblicherweise durch die Monod-Funktion beschrieben [60], siehe Abb. 8.43:

$$\mu = \mu_{\max} \cdot \frac{S}{S + K_S} \tag{8.14}$$

mit:

- μ_{max}: Bakterienspezifische Wachstumsrate, spezienabhängig [d^{-1}]
- S: Substratkonzentration [kg/m^3]
- K_S: Halb-Sättigungskonstante (Substratkonzentration wobei $\mu = \mu_{max}/2$) [kg/m^3]

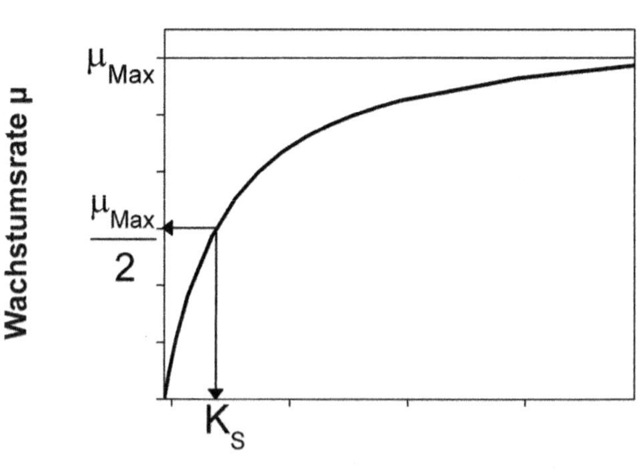

Abb. 8.43 Abhängigkeit der Wachstumsrate der Bakterien von der Substratkonzentration (Monod Funktion)

Tab. 8.10 Typische Werte spezifischer Wachstumsraten (aus [56, 60, 61])

Prozess (Bakteriengruppen)	μ_{max} @ T ≈ 35 °C [d^{-1}]	μ_{max} @ T ≈ 55 °C [d^{-1}]
Versäuerung	3 – 9	5 – 16
Acetogenese	0,1 – 2	0,5 – 3
Methanogenese aus Wasserstoff	1 – 2	8 – 12
Methanogenese aus Essigsäure	0,05 – 0,4	0,2 – 1,4

Im Vergärungsprozess sind in den vier Phasen verschiedene bakterielle Gruppen am Werk, die ungleiche Wachstumsraten vorweisen (Tab. 8.10). Insbesondere die acetogenen und die methanogenen Bakterien gelten als langsam wachsend und geschwindigkeitslimitierend. Daher ist ihre Wachstumsrate maßgeblich für die Dimensionierung des Reaktors. Wenn –wie bei der Vergärung der Fall– die Substratkonzentration deutlich höher als K_S ist, tendiert die Wachstumsrate zum maximalen Wert, d. h. es gilt $\mu \approx \mu_{max}$.

Die Bilanzierung kann auch auf das Substrat angewendet werden:

$$\frac{dSV_R}{dt} = FS_{in} - FS + r_S V_R \tag{8.15}$$

Die Substratumsatzrate r_S drückt aus, wie schnell welche Substratfracht in dem Reaktorvolumen von Bakterien verarbeitet werden kann. Sie kann aus der Wachstumsgeschwindigkeit abgeleitet werden:

$$r_S = -\frac{r_X}{Y_{X/S}} = -\frac{\mu}{Y} X \tag{8.16}$$

$$-r_S = \frac{\frac{\text{Masse neuer MO}}{\text{Volumen} \cdot \text{Zeit}}}{\frac{\text{Masse neuer MO}}{\text{Substrat verbraucht}}} \left[\frac{\frac{kg_{MO}}{m^3 \cdot d}}{\frac{kg_{MO}}{kg_S}} = \frac{kg_S}{m^3 \cdot d} \right] \tag{8.17}$$

Mit:

$Y_{X/S}$: Mikroorganismenertrag oder -ausbeute (*Yield* auf Englisch) aus dem Substrat [–]

Wichtig zu bemerken ist dass der Wert von r_S in der Bilanz (8.15) negativ ist (daher der Minuszeichen), denn das Substrat wird von den Mikroorganismen für ihr Wachstum verbraucht.

Ist ein stationärer Zustand erreicht, wird die Ableitung *d/dt* gleich null und aus den Bilanzen ergibt sich:

Stationäre Mikroorganismenbilanz aus (8.12):

$$0 = -FX + r_x V_R \tag{8.18}$$

Stationäre Substratbilanz aus (8.15):

$$0 = FS_{in} - FS + r_S V_R \tag{8.19}$$

Aus den zwei Bilanzen (8.18, 8.19) ergeben sich zwei Bedingungen für das Reaktorvolumen bzw. die Verweilzeit: es muss ausreichend sein, um erstens die Vermehrung der Bakterien und zweitens die Umsetzung des Substrates zu ermöglichen.

Volumen aus der Bilanz der Mikroorganismen (8.18):

$$V_R = \frac{F}{r_X} X = \frac{FX}{\mu X} = \frac{F}{\mu} \approx \frac{F}{\mu_{max}} \tag{8.20}$$

Diese Formel kann für den Rührkesselreaktor wie folgt umgeschrieben werden:

$$\frac{V_R}{F} = HRT = SRT = \frac{1}{\mu_{max}} \tag{8.21}$$

wobei *HRT* (Englisch: *Hydraulic Retention Time*) die hydraulische Verweilzeit im Reaktor ist. In einem Reaktor ohne Rückführung ist die hydraulische Verweilzeit identisch zu der Zeit, die die Bakterien in dem Reaktionssystem verbringen (*SRT, Sludge* oder *Solids Retention Time*, in der Abwasserbehandlung äquivalent zu dem Schlammalter). Diese Mikroorganismen-Verweilzeit *SRT* muss mindestens so hoch sein wie der Umkehrwert der limitierenden bakteriellen Wachstumsrate. Anders ausgedrückt: die Bakterien müssen ausreichend Zeit im System gehalten werden, um sich zu vermehren, bevor ein Teil davon (*FX* in der Bilanz) aus dem System ausgetragen wird.

Volumen aus der Substratbilanz (8.19):

$$V_R = \frac{F(S_{in} - S)}{-r_S} = \frac{F(S_{in} - S)}{\frac{\mu X}{Y}} \tag{8.22}$$

Die Substratumsatzrate r_s (<0) kann mit der sogenannten organischen Raumbelastung B_R (*auf Englisch: organic volumetric loading rate*) in Verbindung gebracht werden. Letztere ist die maximale den Bakterien „zumutbare" Substratzulauffracht, äquivalent zu r_s bei $S = 0$:

$$B_R = \frac{F \cdot S_{in}}{V_R} \quad \left[\frac{m^3}{d} \cdot \frac{kg_S}{m^3} \cdot \frac{1}{m^3} = \frac{kg_S}{m^3 \cdot d}\right] \tag{8.23}$$

Tab. 8.11 Typische Werte für die Auslegung nach Raumbelastung (aus eigener Datenerhebung und [62])

Reaktor	Beispiel Substrat	Raumbelastung B_R		
Rührkessel	Schlamm/Gülle	1,5	–	4,5 kg_{oTS}/m^3d
UASB	Hochbelastete Abwässer	4	–	8 kg_{CSB}/m^3d
Pfropfenstrom	Bioabfall	8	–	16 kg_{oTS}/m^3d

Es gibt zahlreiche Erfahrungswerte für die maximale Raumbelastung B_{Rmax}, die insbesondere von Reaktortyp und Abbaubarkeit des Substrates abhängen (Tab. 8.11).

Wenn die Raumbelastung zu hoch ist, werden insbesondere schnell abbaubare Substrate versäuert, wobei die methanbildende Bakterien überlastet werden. Es bildet sich der „Hemmungsteufelskreis" von Abb. 8.37.

Aus (8.21, 8.23) werden die Bedingungen für die Dimensionierung des anaeroben Prozesses in einem Rührkesselreaktor ermittelt. Das Mindestvolumen muss beide Bedingungen erfüllen:

$$V_R \geq SRT_{\min} \cdot F \tag{8.24}$$

und

$$V_R \geq \frac{F \cdot S_{in}}{B_{R_{\max}}} \tag{8.25}$$

Das Vorgehen in der Praxis unterscheidet sich in Abhängigkeit von den Substraten:

- Bei der Vergärung von Bioabfällen oder Gülle ist typischerweise die Bakterienverweilzeit SRT_{min} im System maßgeblich. Diese beträgt im mesophilen Bereich mindestens 25 Tage (Kehrwert der Wachstumsrate der langsam wachsenden Methanogenen, siehe Tab. 8.10), im thermophilen Bereich sind 20 Tage üblich. Wenn die Hydrolyse der Feststoffe geschwindigkeitslimitierend wird (wie oft in der Landwirtschaft aufgrund von unzureichender Vorbehandlung) sind viel höhere Verweilzeiten, bis 60 oder 80 Tagen, notwendig. Nach der Berechnung des Volumens nach (8.24), wird die Bedingung für die Raumbelastung (8.25) überprüft.
- Bei anaerober Behandlung von hochbelasteten Abwässern in UASB- oder EGSB-Reaktoren ist hingegen die Substratbilanz maßgebend für die Dimensionierung, da die ausreichende Aufenthaltszeit der Bakterien im System konstruktionsbedingt gesichert ist. Oft ist in solchen Anwendungen die Substratzulauffracht sehr hoch und daher die Bedingung (8.25) für die Raumbelastung ausschlaggebend für einen sicheren Betrieb des Reaktors. Hier wird das notwendige Volumen aus der maximalen organischen Raumbelastung ermittelt und die Verweilzeit (Bedingung 8.24) dagegen überprüft.

Beispiel:

Ein Bauernhof produziert im Durchschnitt 90 m³ Gülle pro Tag, mit einer Konzentration von ca. 50 kg_{oTS}/m³. Gesucht wird das Volumen eines Rührkesselreaktors für die mesophile Vergärung der Gülle. Gelegentlich sollen Pflanzenreste mitvergoren werden.

$F = 90$ m³/d, $S = 50$ kg_{oTS}/m³

Obwohl für die Methanogene 20–25 Tage Verweilzeit ausreichend wären, wird eine Verweilzeit von 30 Tage gewählt, um die notwendige Zeit für die Hydrolyse der Pflanzenreste zu berücksichtigen.

$$V_R = SRT_{\min} \cdot F = 30d \cdot 90 \frac{m^3}{d} = \underline{2700\ m^3}$$

Mit welcher Raumbelastung wird die Anlage gefahren? Aus (8.23) folgt:

$$B_R = \frac{F \cdot S_{in}}{V_R} = \frac{90 \cdot 50}{2700} = 1{,}7 \frac{kg_{oTS}}{m^3 d}$$

Dieser Wert ist deutlich niedriger als die empfohlene maximale Raumbelastung von 4 kg_{oTS}/m³d [58]. Die Anlage wird „niedertourig" betrieben und kann mit Pflanzenresten zusätzlich beschickt werden. Wenn die Raumbelastung zu hoch wäre, könnten die Bakterien nur einen Teil des Substrats abbauen und das Übersäuerungsrisiko würde steigen.

Was würde passieren, wenn der Reaktor deutlich kleiner als 2700 m³ bzw. die Verweilzeit deutlich kürzer als 30 Tage wäre? Diese Frage kann man beantworten, indem man die Bilanz (8.12) betrachtet. Ein $V_R < V_{Rmin}$ wirkt sich auf die Bilanz wie folgt:

$$FX = r_x V_{R\min} > r_x V_R$$
$$\frac{dX}{dt} = -FX + r_x V_R < 0$$

Die Bakterienkonzentration X im Reaktor würde zurückgehen bis auf null, weil mehr Bakterien aus dem System ausgetragen werden würden als sich vermehren können (*auf Englisch: wash-out*).

8.3.3.3 Bemessungsbeispiel: Vergärung im Pfropfenstromreaktor mit Rückführung der Gärreste

Die Vergärung von festen oder feststoffhaltigen Bioabfällen erfolgt selten im Rührkessel, sondern wird vorwiegend in Pfropfenstromreaktoren durchgeführt, die keine aufwendigen Rührwerke benötigen. Da der Zulauf zur Anlage praktisch keine anaeroben Mikroorganismen enthält, ist es notwendig, einen Teil der Mikroorganismen vom Ablauf zum Zulauf zurückzuführen. Daher ist bei der Dimensionierung die Einbeziehung dieser Gärresterückführung in die Massenbilanzen von entscheidender Bedeutung (Abb. 8.44).

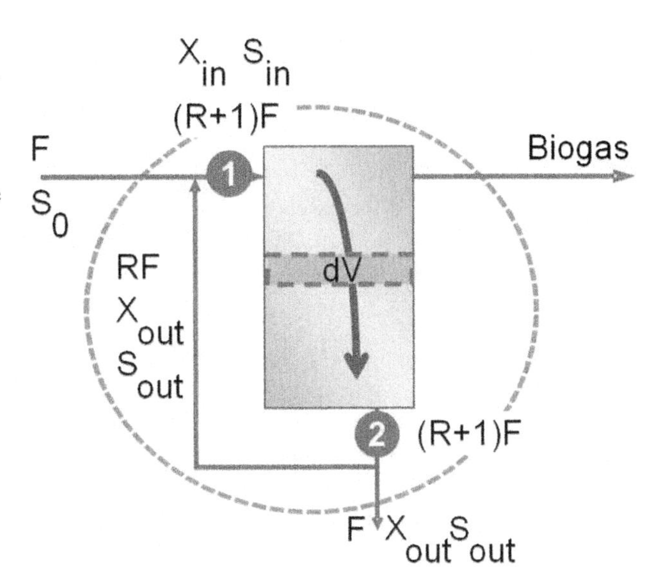

Abb. 8.44 Schematische Darstellung eines Pfropfenstromreaktors für Bioabfallvergärung mit Rückführung der Gärreste. R ist die Rückführungsrate, F der Volumenstrom, X und S die Konzentrationen von Mikroorganismen und Substrat

Die stationäre Mikroorganismenbilanz für den Pfropfenstromreaktor zwischen Reaktorzulauf (Punkt 1 in Abb. 8.44) und Reaktorablauf (Punkt 2 in Abb. 8.44) wird aus der Bilanz in einer infinitesimaler „Scheibe" *i* mit Volumen *dV* hergeleitet:

Mikroorganismen Input – Output in Scheibe *i* = Mikroorganismenproduktion in *dV*

$$F(R+1)(X_{in}^{i} - X_{out}^{i}) = r_x dV = \mu X dV \tag{8.26}$$

$$F(R+1)dX = \mu X dV \tag{8.27}$$

Die Rückführrate *R* ist definiert als Verhältnis zwischen zurückgeführtem und aus dem System ausgetragenem Volumenstrom (bzw. Fracht).

Bei Integration auf der gesamten Länge des Reaktors:

$$V_R = F(R+1)\int_{X_{in}}^{X_{out}} \frac{dX}{\mu X} \tag{8.28}$$

Die Zulaufkonzentration X_{in} wird durch eine Bilanz an der Zusammenführung des Anlagenzulaufs (wo $X_0 \approx 0$) und der Rückführung (mit Konzentration X_{out}) berechnet:

$$F(R+1)X_{in} = FX_0 + FRX_{out}$$

$$X_{in} = X_{out}\frac{R}{R+1} \tag{8.29}$$

Die Integration von (8.28) zwischen X_{in} und X_{out} ergibt:

$$V_R = F(R+1) \cdot \frac{1}{\mu} \cdot \ln \frac{R+1}{R} \tag{8.30}$$

Wie in dem Fall des Rührkessels (8.3.3.2 Grundlagen der Reaktorbemessung für kontinuierliche Prozesse), stellt die Verweilzeit der Bakterien SRT_{min} die Bedingung für die Bemessung des Reaktorvolumens:

$$V_R \geq F(R+1) \cdot SRT_{\min} \cdot \ln \frac{R+1}{R} \tag{8.31}$$

Auch für diese Reaktoren ist die Überprüfung der Raumbelastung B_R notwendig, um Überlastungen der Bakterien zu vermeiden. Ähnlich wie bei der Bedingung für den Rührkesselreaktor (8.25), muss auch hier das Volumen ausreichend groß sein, um Substratüberlastungen zu vermeiden:

$$V_R \geq \frac{F \cdot S_0}{B_{R_{\max}}} \tag{8.32}$$

Zu bemerken ist, dass auch für Reaktoren mit Rücklauf die Raumbelastung nur aus der tatsächlich neu zugeführten Substratfracht berechnet wird [62]. Werte für die maximale Raumbelastung finden sich in Tab. 8.11.

Die Formel (8.31) kann für hohe Rücklaufraten vereinfacht werden. In dem Fall $R \gg 2$, nähert sich der Pfropfenstromreaktor einem gemischten Reaktor an. Dank der Rückführung allerdings nähert sich die Mikroorganismenkonzentration X im Reaktor der Konzentration im Zulauf X_{in}. Im Gegensatz dazu würde X in einem idealen Rührkessel der Ablaufkonzentration X_{out} gleichen.

Die stationäre Mikroorganismenbilanz zwischen den Punkten 1 und 2 ist daher:

$$\frac{dXV_R}{dt} = 0 = R \cdot F \cdot X_{out} - (R+1) \cdot F \cdot X_{out} + \mu X_{in} \cdot V_R \tag{8.33}$$

Durch Kombination mit (8.29), Umstellung und Vereinfachung ergibt sich aus (8.33) das Volumen des Reaktors:

$$V_R = F \cdot \frac{1}{\mu} \cdot \frac{(R+1)}{R} \tag{8.34}$$

Analog zu (8.31) erfolgt die Bemessungsbedingung:

$$V_R \geq F(R+1) \cdot SRT_{\min} \cdot \frac{1}{R} \tag{8.35}$$

Die Auslegung mit der vereinfachten Formel bietet eine zusätzliche Sicherheit, weil *1/R* > *ln(1 + 1/R)*. Die Näherung von (8.35) an (8.31) ist gerechtfertigt für $R \gg 2$, da $1/R \rightarrow ln(1 + 1/R)$.

Ein Vergleich mit der Biomassenbilanz für Rührkessel (8.21) ermöglicht die Interpretation der Bemessungsformel (8.35):

$$\frac{V_R}{F(R+1)} = HRT = \frac{SRT}{R} \tag{8.36}$$

Dank der Rückführung bleiben die Mikroorganismen die notwendige Zeit SRT_{min} im gesamten System (von Anlagenzulauf bis Anlagenablauf); die hydraulische Verweilzeit im Reaktor (*HRT* von Punkt 1 zu Punkt 2) ist allerdings nur *SRT/R*. Diese Feststellung bekräftigt die Annahme von (8.33), dass die Konzentration *X* der Biomasse im Reaktor circa der Konzentration im Zulauf gleicht. Bei sehr hohen Rückführraten $R \gg 2$ verbleibt die Biomasse im Reaktor deutlich kürzer als die eigentlich notwendige Vermehrungszeit *SRT*.

Die Wirkung der Gärresterückführung auf den Substratabbau wird durch die Analyse der Substratbilanz klar. Die stationäre Substratbilanz ist:

$$0 = (FS_0 + RFS_{out}) - F(R+1)S_{out} - r_S V_R \tag{8.37}$$

Der Substratverbrauch $r_S V_R$ ist der Teil der Zulauffracht, der in einem Durchgang durch den Reaktor umgesetzt wird:

$$r_S V_R = \alpha \cdot S_{in} \cdot F(R+1) \tag{8.38}$$

Wobei α der Abbaugrad (auch Konversion genannt) von S_{in} zu S_{out} ist (auf Englisch: *Conversion per pass*):

$$\alpha = \frac{S_{in} - S_{out}}{S_{in}} \tag{8.39}$$

Die Konversion α hängt von vielen Faktoren ab: sie verschlechtert sich bei abnehmender hydraulischen Verweilzeit *HRT*, weil das Substrat weniger Zeit in Reaktor verbleibt. Die Reaktionsrate des Substratabbaus anderseits erhöht sich bei zunehmender Rückführrate *R*, weil dadurch die Mikroorganismen besser im Reaktor verteilt werden und schneller in Kontakt mit dem Substrat kommen. Darüber hinaus ist die Konversion bei leicht verfügbaren, gut abbaubaren Substraten höher. Ein beispielhafter Verlauf von α ist in Abb. 8.45 dargestellt.

Aus (8.37, 8.38) und der Gleichung $F(R + 1) \cdot S_{in} = F \cdot (S_0 + RS_{out})$ ergibt sich die Substratkonzentration am Reaktorablauf:

$$S_{out} = \frac{S_0(1-\alpha)}{1+R\alpha} \tag{8.40}$$

Der gesamte Abbaugrad η der Anlage, d. h. von S_0 zu S_{out}, wird definiert als:

$$\eta = \frac{S_0 - S_{out}}{S_0} \tag{8.41}$$

Durch Kombination von (8.40, 8.41) ergibt sich:

$$\eta = \frac{\alpha(R+1)}{1+R\alpha} \tag{8.42}$$

Schließlich stellt sich die Auslegung des Reaktors als ein Kompromiss zwischen gegenseitigen Anforderungen dar:

- Das notwendige Reaktorvolumen wird kleiner bei zunehmender Rückführrate. Dabei ist allerdings für $R > 8$ die Verkleinerung irrelevant.
- Für ein gegebenes Volumen V_R, erhöht sich η bei zunehmender Rückführrate, weil die Mikroorganismen und das Substrat besser vermischt –einem Rührkessel annähernd– sind. Allerdings ist diese Erhöhung ab einer Rückführrate von ca. 2–3 unwesentlich, weil die Verringerung von α einsetzt.
- Hohe Rückführrate bedeuten einen großen hydraulischen Aufwand und daher höhere Investitionen für Pumpen, Förderbände, Rohrleitungen.

Die Abhängigkeiten von α, η und V_R von der Rückführrate sind in Abb. 8.45 dargestellt.

Aus der Abb. 8.45 wird deutlich, dass eine Rückführrate zwischen circa 3 und 7 eine günstig kleine Reaktordimensionierung ermöglicht, bei möglichst hohen Abbaugraden.

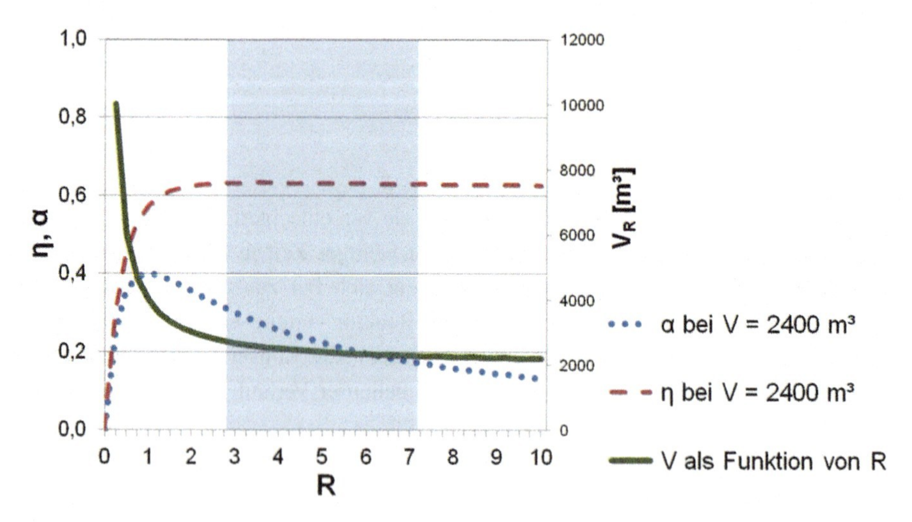

Abb. 8.45 Gesamter Substratabbau η, Substratabbau pro Durchgang im Reaktor α und Reaktorvolumen VR in Abhängigkeit von der Rückführrate R der Gärreste. Der Verlauf von η und α ist bei unterschiedlichen Volumen ähnlich

Beispiel:

Circa 100 m³/d Bioabfall mit einer durchschnittlichen Konzentration an Organik von 310 kg_{oTS}/m^3 müssen in einem thermophilen Pfropfenstromreaktor behandelt werden. Die Vorbehandlung des Bioabfalls verbessert die Hydrolyse. Gesucht werden das Reaktorvolumen und die Abbauleistung des Systems.

F = 100 m³/d

S_0 = 310 kg_{oTS}/m^3

Es wird eine Rückführrate von 500 % gewählt: $R = 5$.

Der thermophile Bereich sieht eine minimale Verweilzeit der Biomasse von mindestens 20 Tagen: SRT_{min} = 20 d.

Das Reaktorvolumen wird aus (8.35) berechnet:

$$V_R = F(R+1) \cdot SRT_{\min} \cdot \frac{1}{R} = 100 \cdot (5+1) \cdot 20 \cdot \frac{1}{5} = 2400\,m^3$$

Die tatsächliche Verweilzeit im Reaktor *HRT* ist nur *SRT/R* = 4 d.

Bei dieser Verweilzeit und bei gut abbaubarem Bioabfall wird die Substratkonversion α bei circa 20 % geschätzt (siehe Abb. 8.45). Daraus resultiert eine gesamte Abbauleistung von ca. 60 %:

$$\eta = \frac{\alpha(R+1)}{1+R\alpha} = \frac{0{,}20 \cdot (5+1)}{1+5 \cdot 0{,}20} = 0{,}60$$

Der organische Inhalt in den Gärresten ist entsprechend:

$$S_{out} = \frac{S_0(1-\alpha)}{1+R\alpha} = \frac{310 \cdot (1-0{,}20)}{1+5 \cdot 0{,}20} = 124 \frac{kg_{oTS}}{m^3}$$

Schließlich wird die Raumbelastung aus (8.32) berechnet und überprüft:

$$B_R = \frac{F \cdot S_0}{V_R} = \frac{100 \cdot 310}{2400} = 13 \frac{kg_{oTS}}{m^3 d}$$

Die Raumbelastung ist relativ hoch (siehe Tab. 8.11), weil das Substrat einen hohen organischen Gehalt aufweist, liegt allerdings noch im zulässigen Bereich.

Falls das System für Stoßbelastungen von energiereichen Substraten ausgelegt werden soll, ist es ratsam, eine höhere Systemverweilzeit *SRT* zu wählen. Dadurch vergrößert sich das Reaktorvolumen und die hydraulische Verweilzeit verlängert sich auf 5 Tage. Entsprechend wäre die Raumbelastung niedriger.

8.3.4 Anlagentechnik

8.3.4.1 Anlagenkomponenten und Bilanzen

Bei Bioabfallvergärungsanlagen sind viele Aufbereitungsschritte mit denen der Bioabfallkompostierung identisch (siehe auch Abschn. 8.2). Dies gilt sinngemäß auch für die mechanisch-biologische Vorbehandlung (siehe auch Abschn. 8.5). Ein schematisches Verfahrensfließbild für eine einstufige Anlage ist in Abb. 8.46 dargestellt.

Substrataufbereitung

Abfälle mit Feststoffanteilen zwischen 12–15 % sind üblicherweise noch pumpfähig. Bevor sie dem Reaktor zugeführt werden müssen sie jedoch, abhängig von ihrer Korngröße und Zusammensetzung, zusätzliche Aufbereitungsschritte durchlaufen. Bioabfälle und Restabfälle mit Wassergehalten unter 70 % sind in der Regel fest und werden erst nach der mechanischen Aufbereitung mit Prozesswasser oder mit angemaischten Gärresten vermischt. Häufig sind geschlossene Gebinde (Säcke) zu öffnen, grobkörnige Fraktionen abzusieben und bei Zuführung in den Prozess zu zerkleinern, ferromagnetische Metalle sind abzuscheiden, Störstoffe

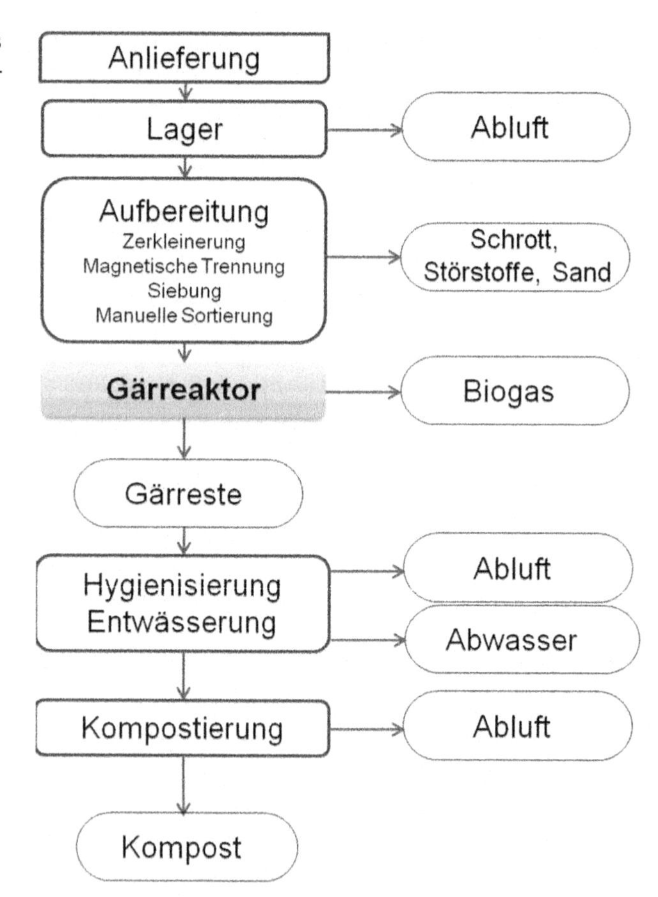

Abb. 8.46 Fließschema eines einstufigen Vergärungsverfahrens für Bioabfälle

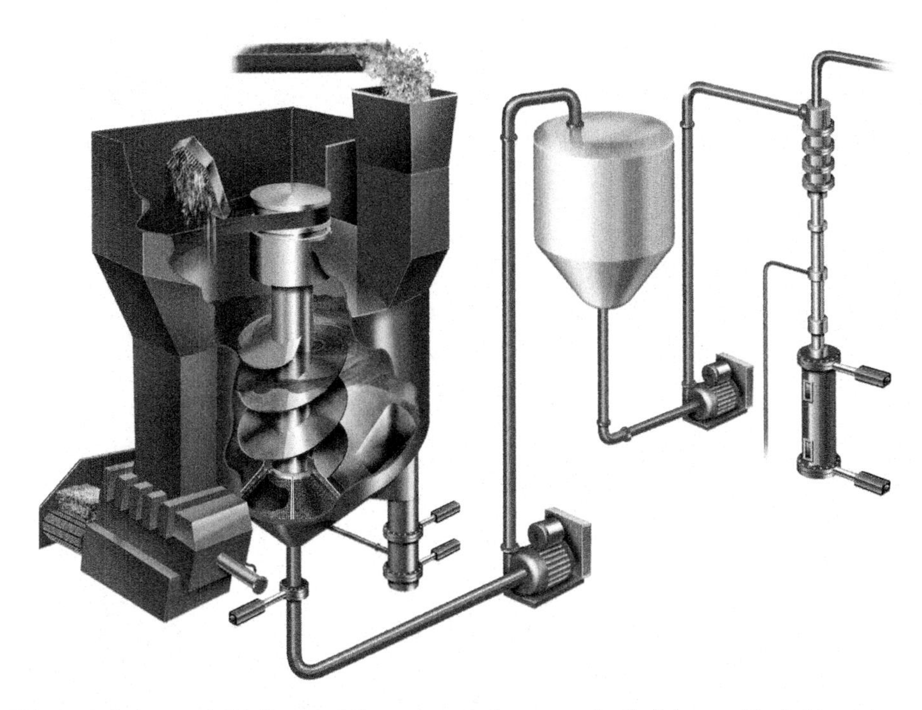

Abb. 8.47 Pulper und Grit Removal System zur Auftrennung der Fraktionen, Abscheidung des Sandes und Auflösung des Substrats [63]

sind ggf. manuell auszusortieren. Bei Nassverfahren können durch Schwimm-Sink-Trennung die mineralische Fraktion (Steine, Sand) und Kunststoffe sowie holziges Material abgeschieden werden. Besonders die Abtrennung der mineralischen Fraktion ist generell von großer Bedeutung, da sie starken Verschleiß an Pumpen, Rührwerken und Rohrleitungen verursacht und durch Sedimentation in relativ kurzer Zeit das verfügbare Reaktorvolumen drastisch reduzieren kann. Die Abfallaufbereitung kann auch hydrolytische Auflösung und Zerfaserung des Substrates einschließen, z. B. in einem Pulper (Abb. 8.47) oder einem Querstromzerspaner.

Abhängig von Anlageninput ist besonders bei mesophilen Anlagen ohne Nachrotte eine Hygienisierung erforderlich (z. B. wenn der Abfall tierische Nebenprodukte enthält). Diese ist in der Regel dem Anaerobreaktor vorgeschaltet. Die Aufenthaltszeit in der Hygienisierungsstufe beträgt üblicherweise eine Stunde bei 70°C.

Austragsströme der Vergärung

Die drei Ausstragsströme der Vergärung (Gärreste, Prozesswasser und Abluft) müssen in der Regel zusätzlich behandelt werden. Bei landwirtschaftlichen Biogasanlagen werden die Gärrückstände üblicherweise direkt landwirtschaftlich verwertet. Um ein stabilisiertes und hygienisiertes vermarktungsfähiges Produkt zu erzeugen, werden die festen Rückstände aus Bioabfallvergärungsanlagen zusammen mit Strukturmaterial kompostiert. Dafür müssen die Gärreste durch thermische oder mechanische Trocknung auf 30–40 % Trockensubstanzgehalt entwässert werden. Damit feste MBA-Rückstände aus Anaerobanlagen ablagerungsfähig

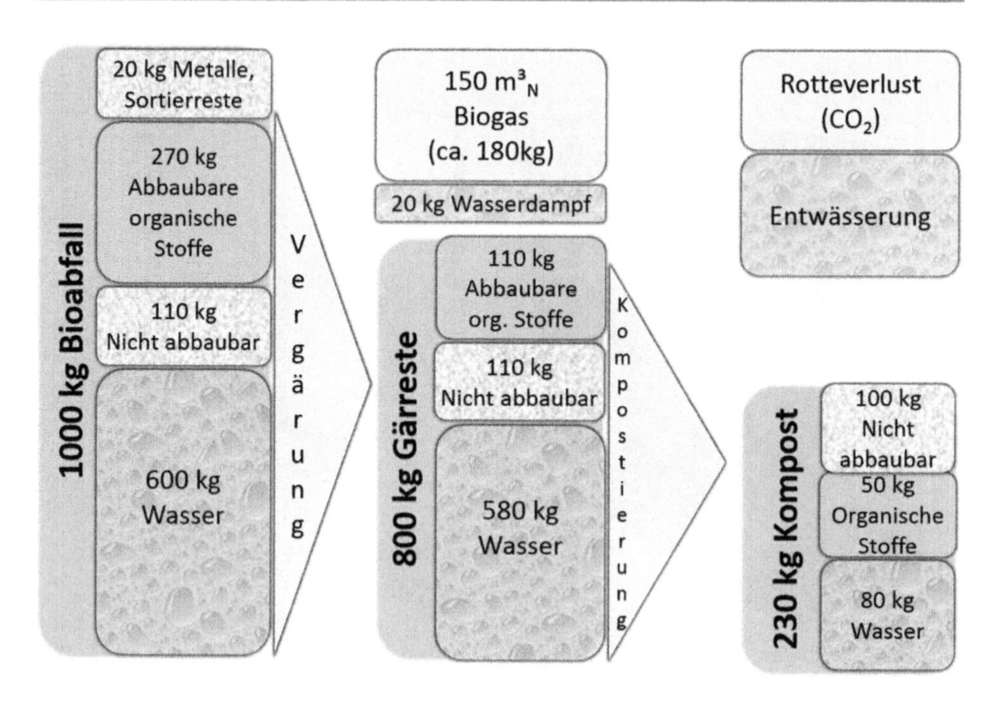

Abb. 8.48 Massenbilanz einer Vergärungsanlage von Bioabfall mit Kompostierung (eigene Datenerhebung). Ligninhaltige Stoffe (Holz) werden in der Vergärung nur schwer oder gar nicht abgebaut und werden dort als Inertstoffe bilanziert. In der Kompostierung hingegen werden sie zum Teil abgebaut und tragen zu dem organischen Gehalt im Kompost bei

werden, schließt sich auch hier üblicherweise ein aerober Behandlungsschritt (Rotte) an. Für die Kompostierung bzw. Rotte kommen alle am Markt befindliche Rotteverfahren in Betracht.

Das Abwasser aus der Gärrestetrocknung kann zum Teil zum Gärreaktor zurückgeführt werden. Der Rest kann eingeleitet werden, ggf. nach einer separaten aeroben oder anaeroben Behandlung. Abluft aus den Anlieferungs- und Aufbereitungshallen, aus dem Gärrestelager sowie aus der Trocknungsanlage werden üblicherweise in einem Biofilter behandelt (siehe Abschn. 8.6.4).

Die gesamte Massenbilanz einer Vergärungsanlage mit Kompostierung ist in Abb. 8.48 dargestellt.

Biogasverwertung

Das Biogas weist typischerweise einen Methangehalt von 55–70 Vol.-% auf, des Weiteren enthält es CO_2 (30–45 Vol.-%), Schwefelwasserstoff (0,001–1 Vol.-%) und Spuren anderer Gase. Die typischen Heizwerte pendeln abhängig von dem Methangehalt zwischen 18 und 24 MJ/m^3_N. Das Gas ist gewöhnlich wassergesättigt (Wassergehalt 5–15 % abhängig von der Prozesstemperatur), der Wasserdampf wird auskondensiert. In der Regel wird das Gas in einem separaten Verfahren von Schwefelwasserstoff auf bis zu 0,01–0,05 Vol.-% gereinigt, da dieser giftig und korrosiv ist. Zudem wird das Gas entstaubt, um mechanische Beschädigungen der Motoren zu vermeiden.

Abb. 8.49 Biogasbehandlung und -verwertung bei einer Bioabfallvergärungsanlage. Bei der Behandlung von industriellen Abwässern entsteht oft ein Biogas mit sehr hohen H_2S-Konzentrationen: in diesen Fällen wird vor der Trocknung eine biologische-chemische Entschwefelung vorgeschaltet

Wenn das Gas als Treibstoff genutzt oder dem Erdgasnetz zugeführt werden soll, ist eine weitergehende Aufbereitung notwendig: das CO_2 muss entfernt werden, um den Methangehalt in dem behandelten Gas bis 95–98 Vol.-% anzureichern (Abb. 8.49).

Biogas wird in vielen Fällen in einem Blockheizkraftwerk (BHKW) verbrannt: hier wird der thermische Wirkungsgrad der Verbrennung (50–55 %) mit dem elektrischen Wirkungsgrad (35–42 %) kombiniert, wobei ein hoher globaler Wirkungsgrad von 80–90 % erreicht wird (Tab. 8.12).

Ein BHKW besteht aus einem Gasmotor (Gas-Otto oder Gas-Diesel-Motor), einem elektrischen Generator und drei Wärmetauschern, die Wärme aus dem Motor, der Ölkühlung

Tab. 8.12 Beispielhafte Energiebilanz einer thermophilen Vergärungsanlage für 30.000 Mg Bioabfall pro Jahr: Biogasertrag 120 m^3_N/Mg Bioabfall, Heizwert 6,0 kWh/m^3_N, thermische Trocknung der Gärreste (eigene Datenerhebung)

	[kWh/Mg Bioabfall]	[MWh/a]
Energiegehalt des erzeugten Biogases	720	21.600
Leistung BHKW – elektrisch (~38 %)	275	8200
Leistung BHKW – Wärme (~55 %)	400	12.000
Strombedarf für Maschinen und Betriebsgebäude	25	600
Wärmebedarf für Reaktor- und Gebäudeheizung, Gärrestetrocknung	300	9000
Stromüberschuss	**250**	**7500**
Wärmeüberschuss	**100**	**3000**

und der Abgaskühlung ziehen. Die dadurch erzeugte Energie deckt normalerweise den Strom- und Wärmebedarf der Anlage. Der Überschuss kann vermarktet werden. Abhängig vom Substrat und Anlagentyp ist eine Förderung gemäß EEG möglich.

8.3.4.2 Bauliche Gestaltung und Flächenbedarf

Für die Errichtung von Vergärungsanlagen sind folgende bau- und anlagentechnische Investitionen erforderlich:

- geschlossene Annahmehalle
- Waage
- Aufbereitungshalle mit Maschinentechnik zur Aufbereitung der Substrate
- Reaktor und eventuell Rührwerk, Heizsystem, Zu- und Ablaufeinrichtungen
- Entwässerungseinheit für die Gärreste, ggf. Nachaufbereitung, ggf. Rotte (gekapselt während der Anfangsphase)
- Absauganlagen mit Biofilter
- Zwischenspeicher bzw. Lager für Substrat und Gärreste
- Betriebsgebäude
- Steuerungs- und Überwachungssystem
- Biogasspeicher
- Maschinentechnik zur Biogasverwertung (Trocknung, Entschwefelung, BHKW, …)
- Infrastruktur wie Zufahrtsstraße, Straßen- und Platzbefestigung, Versorgungsleitungen und Entwässerung, Umzäunung, Außenanlagen
- Fahrzeuge

Bei landwirtschaftlichen Biogasanlagen entfallen häufig einige dieser o.e. Einrichtungen, da bedingt durch das Substrat, Betriebsführung und landwirtschaftliche Infrastruktur mit

Nutzung vorhandener Baulichkeiten auch unter Berücksichtigung der Genehmigungsverfahren andere Anforderungen gestellt werden als bei Bioabfallvergärungsanlagen.

Der Flächenbedarf (ausschließlich Rottehalle) ist stark von der Einbindung der Anlage in die vorhandene Infrastruktur sowie von der gewählten Verfahrenstechnik und Durchsatzleistung abhängig. Er kann für die Bioabfallvergärung mit ca. 100–200 m^2 pro Mg/d Input angesetzt werden.

8.3.4.3 Inbetriebnahme

Abhängig von der Abbaubarkeit der Substrate, kann die Inbetriebnahme eines anaeroben Reaktors über mehrere Monate andauern. Die Bakterien müssen das Substrat angreifen und eine „synergische" Biozönose aufbauen. Um eine zu hohe Belastung zu vermeiden, sollte daher der kontinuierliche oder semi-kontinuierliche Reaktor langsam und schrittweise befüllt werden. Gleichzeitig sollte er bis zur Betriebstemperatur graduell erwärmt werden. Es bietet sich üblicherweise an, ein adaptiertes Inoculum aus Klärschlamm oder Rindgülle einzuimpfen, um den Anfahrprozess zu beschleunigen, da die Methanbakterien eine relativ lange Reproduktionszeit haben.

Um einen stabilen Betrieb sicherzustellen, müssen einige wichtige Prozessgrößen beobachtet und gesteuert werden: typische Größen, die eine Störung im System (z. B. eine Säurebildung) erkennen lassen, sind die Quantität und Qualität von Biogas und der pH-Wert. Gelegentlich ist es auch erforderlich, den organischen Inhalt des Zu- und Ablaufs zu untersuchen, um den Abbaugrad zu überprüfen. Die Gärreste sind zusätzlich regelmäßig nach organischen und anorganischen Schadstoffen zu untersuchen.

Sedimentation und Inkrustation, verursacht durch Mineralstoffe sowie Karbonate und Schwefelverbindungen, sind häufig vorkommende Probleme in Fermentern. Die Ablagerungen stören die mechanischen Einrichtungen des Fermenters und reduzieren das vorhandene Faulraumvolumen. Mögliche Lösungsansätze sind die Eisen- und Schwerstoffabtrennung vor dem Eintrag in den Fermenter, Vermeidung von Totzonen bei der Wahl der Fermentergeometrie und integrierte Rührwerken.

8.4 Qualität von Komposten und Gärprodukten

8.4.1 Bioabfall-Kompost

Als Kompost bezeichnet man das Endprodukt aerober Behandlungsverfahren zum Abbau organischer Substanz mit dem Ziel, ein verwertbares Produkt zu erzeugen. Dieses kann als Sekundärrohstoffdünger, Bodenverbesserungsmittel oder Mischkomponente zur Herstellung von Vegetationstragschichten oder Kultursubstraten eingesetzt werden. Je nach Rottegrad, Pflanzenverträglichkeit und Nährstoffgehalt werden Frischkomposte, Fertigkomposte und Substratkomposte unterschieden. Die rechtliche Grundlage für den Umgang mit Bioabfällen und damit auch für die Qualität von Komposten und Gärresten bilden verschiedene Verordnungen wie die Bioabfallverordnung (BioAbfV) und die Düngemittelverordnung (DüMV). In diesen Verordnungen werden Grenzwerte und Vorgaben zur

Analytik festgesetzt und Anforderungen an die Behandlung gestellt, wie bspw. an die Hygienisierung bei aerober (thermophile Kompostierung), anaerober (thermophile Vergärung) oder anderweitig hygienisierende Behandlung. Außerdem gibt es Hinweise auf die Anwendung in der Landwirtschaft und Vorgaben zur Dokumentation. Ziel ist es die seuchen- und phytohygiene Unbedenklichkeit zu gewährleisten sowie den Eintrag von Fremdstoffen, Schadstoffen und Nährstoffen auf Böden zu begrenzen.

Zusätzlich zu diesen rechtlichen Vorgaben gibt es in Deutschland freiwillige Zertifizierungssysteme für Komposte. Diese bieten dem Hersteller einige Vorteile in den zuvor genannten Regelwerken, wie bspw. Vereinfachungen bei der Dokumentation. In Deutschland hat sich die Gütesicherung über die Bundesgütegemeinschaft Kompost e.V. (BGK) etabliert. Darüber hinaus existieren einige regionale Gütezeichen für Komposte.

Die Qualitätsanforderungen der BGK einschließlich der Güte- und Prüfbestimmungen für Komposte sind im Rahmen der Gütesicherung RAL-GZ 251 [64] festgelegt. Die Gütesicherung in Deutschland erfolgt durch die Bundesgütegemeinschaft Kompost (siehe unten).

Frischkompost ist ein hygienisiertes, in intensiver Rotte befindliches oder zu intensiver Rotte fähiges fraktioniertes Rottegut zur Bodenverbesserung und Düngung. Er entspricht den Rottegraden II oder III. (RAL-GZ 251 [64]). Er ist damit noch nicht vollständig kompostiert und enthält noch einen höheren Anteil an leicht abbaubarer organischer Substanz. Frischkompost ist häufig relativ feucht (lose Ware maximal 45 Gew-% Wassergehalt) und wird vor allem in der Landwirtschaft eingesetzt.

Fertigkompost ist hygienisierter, biologisch stabilisierter und fraktionierter Kompost zur Bodenverbesserung und Düngung. Er entspricht Rottegrad IV oder V. (RAL-GZ 251 [64]). Er besitzt einen höheren Anteil von stabilen Huminstoffen und ist pflanzenverträglich. Fertigkompost wird als Dünger und Bodenverbesserungsmittel im Garten- und Landschaftsbau eingesetzt.

Substratkompost ist Fertigkompost mit begrenzten Gehalten an löslichen Pflanzennährstoffen und Salzen, geeignet als Mischkomponente für Kultursubstrate (RAL-GZ 251 [64]).

Für alle Komposttypen werden die Körnungen wie folgt definiert:

- feinkörnig: bis 12 mm
- mittelkörnig: bis 25 mm
- grobkörnig: bis 40 mm

Beim Einsatz von Komposten müssen schädliche Auswirkungen auf Menschen, Tiere, Pflanzen, Boden und generell auf die Umwelt auf das kleinstmögliche Maß beschränkt werden und gleichzeitig wertgebende Eigenschaften vorhanden sein. Daher werden an Komposte strenge Qualitätsanforderungen gestellt. Folgende allgemeine Kriterien sollte Kompost erfüllen:

- Hygienische Unbedenklichkeit
- Eignung im vorgesehenen Anwendungsbereich
- Weitgehende Freiheit von Verunreinigungen

- Niedriger Gehalt an potentiellen Schadstoffen
- Bekannter Gehalt an wertgebenden Inhaltsstoffen
- Ansprechender Gesamteindruck und
- Gleich bleibende Produktqualität und Lagerfähigkeit

Die qualitativen Anforderungen für Kompost beschränken vor allem den Gehalt an Fremdstoffen und Schwermetallen. Der Gesamtgehalt an Fremdstoffen über 2 mm Durchmesser wie Kunststoff, Glas und Metall darf maximal 0,5 Gew.-% der Trockenmasse (TM) betragen; bei Fremdstoffgehalten größer 0,1 Gew-% TM, darf die Flächensumme ausgelesener Fremdstoffe (z. B. Folien) 25 cm^2/l Frischmasse (FM) (ab 01.07.2018: 15 cm^2/l FM) nicht übersteigen. Die wichtigsten sieben Schwermetalle dürfen bestimmte Grenzwerte gemäß BioAbfV [1] nicht überschreiten (z. B. Blei 150 mg/kg TM, Cadmium 1,5 mg/kg TM, Chrom 100 mg/kg TM, Nickel 50 mg/kg TM, Quecksilber 1,0 mg/kg TM). Zink und Kupfer sind als Spurenelemente lebensnotwendig, werden jedoch ebenfalls limitiert auf 100 mg/kg TM (Kupfer) bzw. 400 mg/kg TM (Zink).

Die vollständigen Qualitätskriterien und Güterichtlinien für Frischkompost und Fertigkompost sind im Anhang zusammengefasst. In den Tab. A 8.8 bis A 8.12 im Anhang sind Analysenergebnisse von Komposten und Gärrückständen aufgeführt.

Die hohe Produktqualität und somit die hohen Umweltstandards können nur durch eine getrennte Sammlung der organischen Abfälle aus Haushalten und Gärten und Parkanlagen sowie durch technische Maßnahmen auf den Kompostierungsanlagen gewährleistet werden.

8.4.2 Bundesgütegemeinschaft Kompost e.V.

Um die Qualitätskontrolle von Kompost wahrzunehmen und Produkte hoher Qualität zu kennzeichnen, wurde die Bundesgütegemeinschaft Kompost e.V. gegründet. Die Bundesgütegemeinschaft Kompost e.V. ist ein vom RAL-Institut für Gütesicherung und Kennzeichnung e.V. anerkannte Organisation zur Durchführung der Gütesicherung für Kompost und Gärprodukte in Deutschland [65].

Aufgabe der Bundesgütegemeinschaft Kompost ist die wirksame, kontinuierliche und jederzeit nachvollziehbare Gütesicherung von Kompost und Gärprodukten sowie die Schaffung der dafür erforderlichen Voraussetzungen und Instrumente. Die Mitglieder der Gütegemeinschaft sind private und kommunale Komposthersteller sowie fördernde Mitglieder, z. B. Systemhersteller, Ingenieurbüros usw.

Zur Kennzeichnung der Qualität von hochwertigen Komposten hat die Bundesgütegemeinschaft Kompost e. V. beim RAL Deutschen Institut für Gütesicherung und Kennzeichnung e.V. ein RAL-Gütezeichen „Kompost" (Abb. 8.50) geschaffen. Das RAL-Gütezeichen Kompost findet sich auf Komposten (Frischkompost, Fertigkompost), die festgelegte Qualitätskriterien erfüllen.

Die RAL-Gütesicherung besteht aus dem Anerkennungsverfahren und dem Überwachungsverfahren. Die Anerkennungsverfahren erfolgt durch die Kontrolle der Komposte auf die Einhaltung der Qualitätsbestimmungen in unabhängigen Prüflaboren. Die

Abb. 8.50 Gütezeichen Kompost © RAL [64]

Überwachungsverfahren dienen der regelmäßigen und detaillierten Kontrolle der Güteanforderungen in laufender Produktion (vgl. Abb. 8.51).

Nach erfolgreicher Kontrolle wird das Gütezeichen Kompost verliehen. Die mit dem Gütezeichen gekennzeichneten Komposte garantieren, dass ein hoher und gleichbleibender Qualitätsstandard eingehalten wird und bei der Deklaration die wesentlichen Eigenschaften und Inhaltsstoffe sowie die Empfehlungen zur sachgerechten Anwendung gegeben werden.

Durch die Eigenüberwachung stellt der Antragsteller oder Gütezeichenbenutzer in Eigenverantwortung sicher, dass die Produktion und die gütegesicherten Produkte den Güte- und Prüfbestimmungen entsprechen. Mittels der Fremdüberwachung wird durch von der BGK e. V. anerkannte Probenehmer und Prüflabore eine unabhängige Überwachung gewährleistet.

Im Jahr 2015 unterlagen in Deutschland ca. 463 Kompostierungs- und 146 Vergärungsanlagen der RAL-Gütesicherung. Sie verarbeiten jährlich ca. 10 Mio. Mg Bioabfall und erzeugen ca. 6,9 Mio. Mg Kompost- und Gärprodukte [66]. Diese Produkte werden durch anerkannte und unabhängige Prüflabore regelmäßig überwacht.

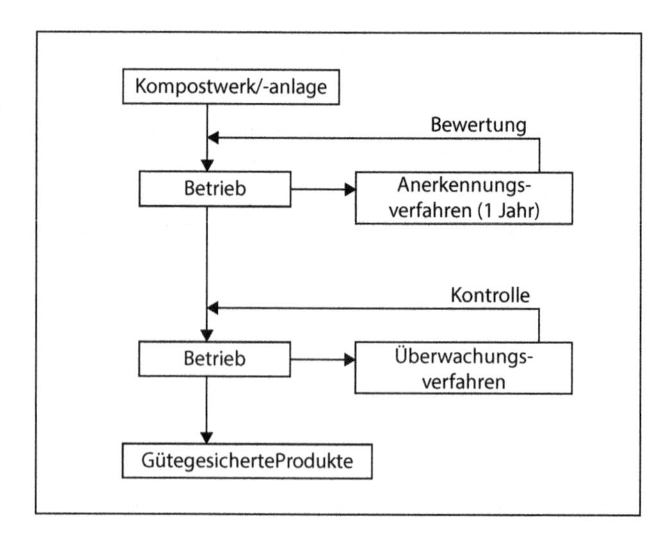

Abb. 8.51 Prüfverfahren der Gütesicherung nach [65] Bundesgütegemeinschaft Kompost

8.4.3 Gütesicherung für andere Produkte aus dem Bereich biologischer Verfahren der Abfallwirtschaft und Biogasanlagen

Gärprodukte (RAL GZ 245)
Gärprodukte sind die Dünge- und Bodenverbesserungsmittel aus den anaeroben Behandlungsanlagen von organischen Abfällen. Die Güte- und Prüfbestimmungen gemäß RAL GZ 245 [67] gelten für Gärprodukte, auf die abfallrechtliche Bestimmungen oder Hygienevorschriften für nicht für den menschlichen Verzehr bestimmte tierische Nebenprodukte Anwendung finden.

Bei den gütegesicherten Gärprodukten wird unterschieden in:

- Festes Gärprodukt: hygienisiertes, stichfestes und streufähiges Dünge- und Bodenverbesserungsmittel aus der anaeroben Behandlung (TS-Gehalt > 15 %)
- Flüssiges Gärprodukt: hygienisiertes, flüssiges und pumpfähiges Dünge- und Bodenverbesserungsmittel aus der anaeroben Behandlung (TS-Gehalt < 15 %)

Die konkreten Anforderungen an die Qualität von festen- und flüssigen Gärprodukten befinden sich im Anhang (Tab. A 8.11).

NaWaRo-Gärprodukte (RAL-GZ 246)
Für Produkte aus Biogasanlagen, in denen im Rahmen des EEG aus nachwachsenden Rohstoffen Energie erzeugt wird, gelten im Rahmen der Gütesicherung die Güte- und Prüfbestimmungen gemäß RAL-GZ 246. Auf eine detaillierte Betrachtung dieser Gärprodukte soll an dieser Stelle nicht weiter eingegangen werden [68].

AS-Humus (RAL-GZ 258)
Als Veredelungsprodukte im Sinne dieses Gütezeichens werden Klärschlämme mit einem Kohlenstoffträger (z. B. Sägespäne) kompostiert. Ausgangsmaterialien sind Abwasserschlämme im Sinne der Klärschlammverordnung. Die Produkte müssen hygienisch unbedenklich sein; die Gütebestimmungen von AS-Frischkompost bzw. AS-Fertigkompost sind in großen Umfang an die von Bioabfallkomposten angelehnt, tragen jedoch sowohl betreffend den Anforderungskriterien als auch betreffend den damit verbundenen Werte den spezifischen Randbedingungen der Schlämme Rechnung. Da AS-Humus einen hohen Nährstoffgehalt aufweist und wertvolle organische Substanz und basisch wirksame Bestandteile enthält, wird er zur Düngung und Bodenverbesserung in den verschiedensten Bereichen eingesetzt. Auf eine detaillierte Darstellung wird hier verzichtet [69].

AS-Düngung (RAL-GZ 247)
Die Gütesicherung AS-Düngung umfasst im Gegensatz zu den anderen RAL-Gütezeichen der BGK nicht nur die Herstellung eines qualitativ hochwertigen Produktes, sondern die gesamte Verwertungskette bis hin zur landwirtschaftlichen Verwertung. Ausgangsmaterial ist Abwasserschlamm aus Anlagen zur Behandlung von kommunalem Abwasser. An der Gütesicherung können sowohl Kläranlagenbetreiber (Erzeuger) als auch

Klärschlammverwerter teilnehmen. Sie dient der Gewährleistung der guten fachlichen Praxis der Düngung mit qualitativ hochwertigem Klärschlamm und unterliegt den Anforderungen der Klärschlammverordnung. Auf eine detaillierte Darstellung wird hier verzichtet [70].

8.5 Mechanisch-Biologische Abfallbehandlung

Zur Vorbehandlung der Siedlungsabfälle gemäß der Abfallablagerungsverordnung (AbfAblV, 2001) wurde die mechanisch-biologische Abfallbehandlung (MBA) zugelassen. Die MBA ist damit gleichberechtigt mit der Müllverbrennung zur Abfall-Vorbehandlung und Erzeugung eines Deponiegutes, das die Ablagerungskriterien erfüllt. In Deutschland werden ca. 50 MBA mit einer Verarbeitungskapazität von 5,6 Mio. Mg/a sowie zusätzlich mind. 21 MA (rein mechanische Anlagen) mit einer Kapazität von ca. 1,5 Mio. Mg/a in Deutschland betrieben [71].

Es bestehen Anlagenkapazitäten von ca. 3,3 Mio Mg/a als klassische MBA, die in eine Deponie integriert sind, davon ca. 2,2 Mio Mg/a als Rotteanlagen und ca. 1 Mio Mg/a als Vergärungsanlagen. Weitere ca. 1,7 Mio Mg/a sind als mechanisch-biologische (MBS) oder mechanisch-physikalische (MPS) Trocknungsanlagen ausgeführt. Da seit dem 01. Juni 2005 keine unvorbehandelten Siedlungsabfälle in Deutschland deponiert werden dürfen, hat die MBA-Technik eine zunehmend wichtige Rolle in der Abfallwirtschaft gewonnen.

Mechanisch-biologische Anlagen besitzen einen mechanischen Aufbereitungsteil und einem biologischen Anlagenteil zur Behandlung der organischen Fraktion. Die Behandlung hat folgende Ziele:

- höchstmögliche Reduzierung des Volumens und der Masse der zu deponierenden Abfälle
- Gewinnung von Wertstoffen
- Minderung der von der Deponie ausgehenden Umweltbelastungen
- Verminderung des Aufwands für die Nachsorge des Deponiekörpers
- Verringerung der aus Deponiekörpern austretenden Gase, insbesondere des klimarelevanten Treibhausgases Methan (CH_4)

Erste mechanische Restabfallbehandlungskonzepte wurden in den siebziger und achtziger Jahren des letzten Jahrhunderts im Zuge der Hausabfallverwertung und BRAM-Herstellung (heizwertreiche Abfälle) entwickelt. Diese Anlagen hatten das Ziel, wiederverwertbare Abfallstoffe von den Siedlungsabfällen abzutrennen und in den Wirtschaftskreislauf zurückzuführen. Die organischen Bestandteile des Hausmülls wurden bei diesen Anlagen meist aerob behandelt, also kompostiert. Allerdings waren Stör- und Schadstoffgehalte dieses „Komposts" relativ hoch, so dass seit Beginn der 80er Jahre in Deutschland nur noch Komposte aus getrennt gesammelten Bio- und Grünabfällen verwertet werden.

8.5.1 Grundkonzeption der MBA

Mechanisch-biologische Restabfallbehandlungsanlagen lassen sich in die Verfahren nach Abb. 8.52 untergliedern.

Durch die mechanische Behandlung können die Störstoffe, Wertstoffe und die heizwertreiche Fraktion entfernt, die Korngröße reduziert und das heterogene Abfallgemisch homogenisiert werden. Danach erfolgt eine biologische Behandlung, die aerob oder anaerob möglich ist. Eine weitere Variante ist die biologische Behandlung als erster Schritt. In diesem Fall wird die aerobe Behandlung zur Wärmeerzeugung genutzt und damit das Material biologisch getrocknet. Eine mechanische Behandlung wird durch die Trocknung wesentlich einfacher.

Vorteile der MBA-Technologie:

- Die Wertstoffe stehen durch die integrierte Aufbereitungstechnik für eine weitere Verwertung zur Verfügung.
- Die abgetrennten heizwertreichen Fraktionen können als Sekundärbrennstoffe in vielen Bereichen eingesetzt werden. Dies dient der Einsparung fossiler Energie.
- Die Anlagen werden mit geringen Abluftemissionen und weitgehend abwasserfrei betrieben.
- Die durch eine MBA vorbehandelten Abfälle erfordern ein geringeres Deponievolumen.
- Deponien können bei geringerer Umweltbelastung länger genutzt werden.
- Durch den Export der MBA-Technologie in andere Länder werden Arbeitsplätze geschaffen [72].

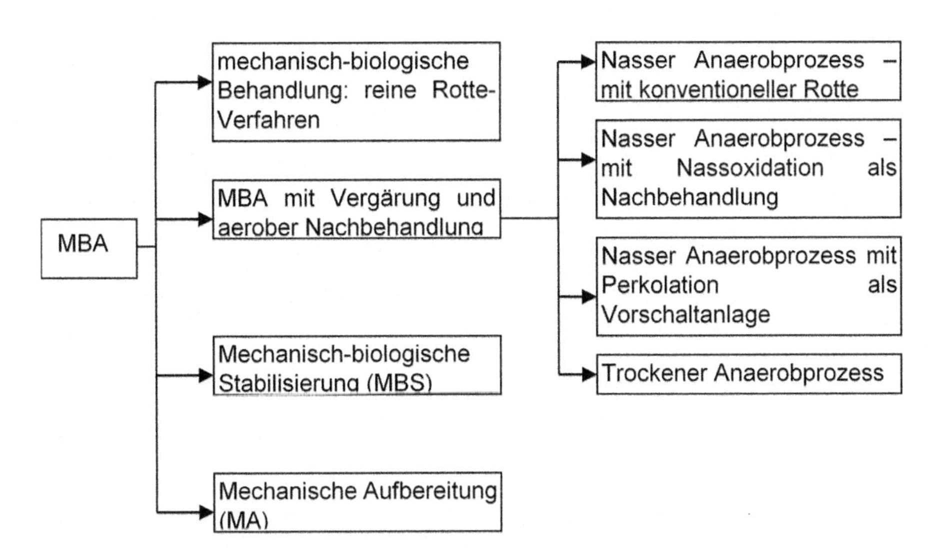

Abb. 8.52 Gliederung der derzeit angewendeten MBA-Techniken

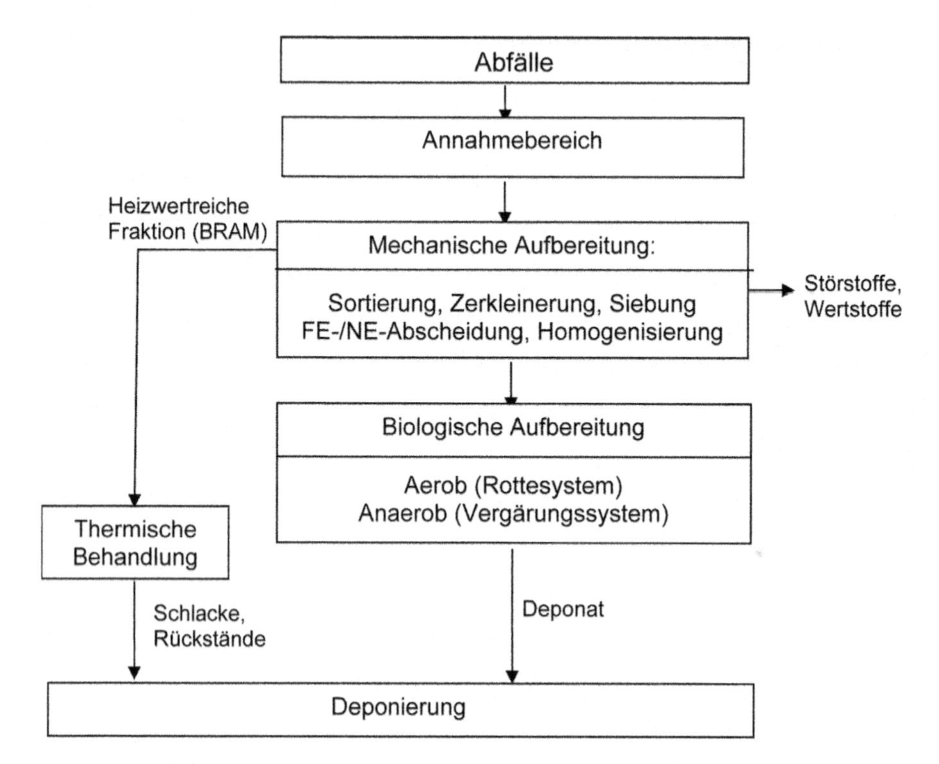

Abb. 8.53 Fließschema einer Mechanisch-Biologischen Abfallbehandlungsanlage (MBA) mit einer mechanischen Behandlung als erste Stufe. Bei Anaerobverfahren wird häufig eine Entwässerung der Gärrückstände und eine aerobe Stufe nachgeschaltet. Bei den Anlagen mit biologischer Stabilisierung (MBS) erfolgt die biologische Behandlung als erster Schritt, die mechanische Trennung als zweite Behandlungsstufe

Verfahrensschritte in Detail

Derzeit sind in Deutschland weitgehend High-Tech-Anlagen in Betrieb. Diese werden hier zunächst dargestellt (Abb. 8.53). Im Abschn. 8.5.8 werden einfache Anlagen beschrieben, wie sie zunehmend in Entwicklungs- und Schwellenländern Anwendung finden.

8.5.2 Mechanische Aufbereitung

Die mechanische Aufbereitung dient einerseits der Konditionierung für die nachgeschaltete biologische Behandlung und anderseits zur Stoffstromtrennung. Außerdem werden die Stör- und Schadstoffe vom Stoffstrom entfernt, um die Schadstoffeinträge sowie Störungen des Anlagenbetriebs zu vermeiden.

Die Verfahrensschritte der mechanische Aufbereitung beinhalten meist Vorsortierung, Zerkleinerung, Fe-/NE-Metallabtrennung, Siebung, Sichtung und Homogenisierung, wobei nicht alle Schritte zur Anwendung kommen müssen. Die Abstimmung des Konzepts und anzuwendende Aggregate der mechanischen Aufbereitung müssen die eingesetzten

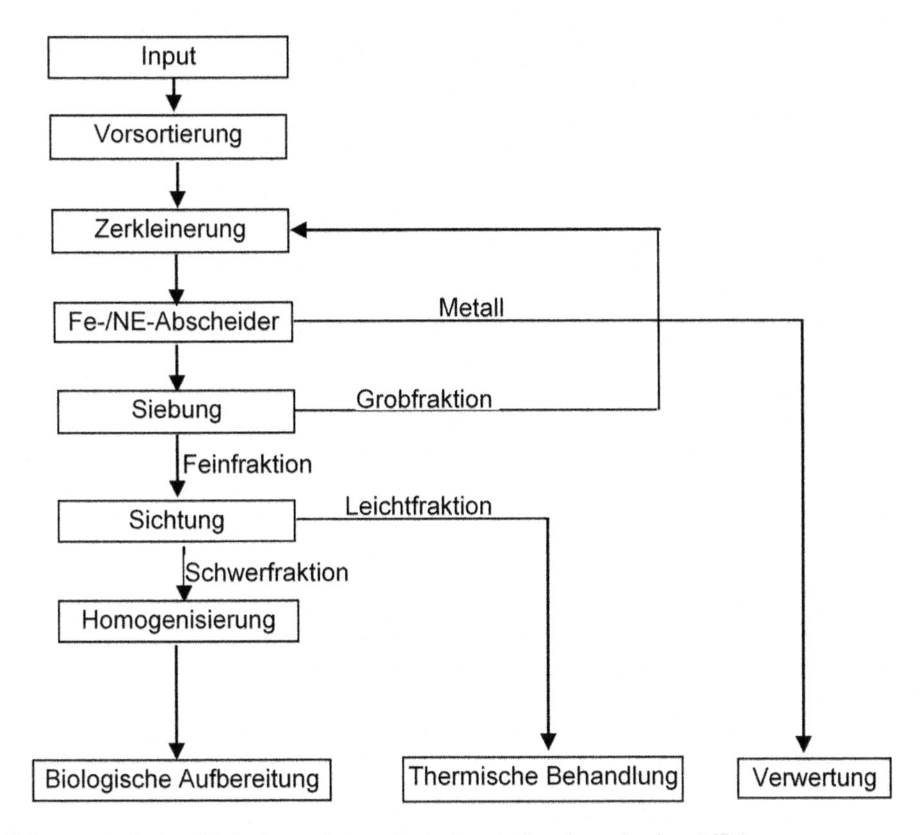

Abb. 8.54 Beispiel: Fließschema der mechanischen Aufbereitung in einer MBA

Abfallarten berücksichtigen. In der Abb. 8.54 wird als Beispiel das Fließschema der mechanischen Aufbereitung in einer MBA gezeigt.

Die mechanische Vorsortierung erfolgt entweder nach ihrer Dichte oder nach ihrem Gewicht durch ballistische Separierung, Schrägsortierung oder Windsichtung. Nach dem Abtrennen von Wert- und Störstoffen werden die Abfälle einer Zerkleinerungsanlage zugeführt. In Abhängigkeit von der stofflichen Zusammensetzung erfolgt die Zerkleinerung hauptsächlich durch Druck, Prall, Schlag, Schneiden oder Scheren. Anschließend erfolgt die Abtrennung des Fe - und NE-Metallschrotts. Als Fe- und NE-Metallabscheider werden Überband-, Trommel-, Rollen- und Walzenmagnete, sowie Wirbelstromabscheider verwendet. Die Siebung in MBA-Anlagen dient zur Trennung der Grob- und Feinfraktion. Neuerdings werden zur Verbesserung der Qualitäten der ausgeschleusten Ersatzbrennstoffe verstärkt NIR-Detektionssysteme mit Separationsaggregaten (Ausblasen) eingesetzt. Die zur biologischen Behandlung geeigneten Stoffe finden sich zum Großteil in der Feinfraktion, die heizwertreichen Stoffe zur thermischen Behandlung in der Grobfraktion. Je nach Platzbedarf und Behandlungsanforderungen stehen Siebaggregate zur Verfügung, wie z. B. Trommelsieb, Kreisschwingsieb, Vibrationssieb oder Spannwellensieb. Um die bereits abgesiebten Fraktionen weiter nach ihrem Gewicht abzutrennen, werden

Sichtungsverfahren eingesetzt. Für die Sichtung werden in der Regel Windsichter, ballistische Separatoren oder Schwimm-Sink-Sichter verwendet. Die Homogenisierung erfolgt durch Mischaggregate vor der biologischen Stufe. Durch die Homogenisierung werden die Materialströme gemischt, außerdem wird hierdurch der Feuchtegehalt eingestellt. Es kommen Schneckenwellenmischer, Rührwerke oder Mischtrommeln zum Einsatz. Beim Schneckenwellenmischer und bei den Rührwerken erfolgt die Befeuchtung direkt, bei den Mischtrommeln findet sie meist vorher statt. Die Befeuchtung erfolgt vorwiegend mit Brauchwasser und Regenwasser aus der MBA -Anlage.

8.5.3 Biologische Behandlung

Nach der mechanischen Aufbereitung werden die Abfälle den biologischen Aufbereitungsschritten zugeführt. In der biologischen Behandlungsstufe werden folgende Ziele angestrebt:

- Verringerung des Emissionspotentials für Sickerwasser und Gas durch weitgehende biologische Umsetzung bzw. Stabilisierung der Restabfälle.
- Deutliche Verringerung von Ablagerungen im Sickerwassererfassungssystem der Deponie.
- Verbesserung des Deponiebetriebes durch geringere Staubemissionen, weniger Papierflug und geringere Geruchsbelastung.
- Verringerung des Verdichtungsaufwandes infolge besserer Verdichtbarkeit.
- Geringere Setzungen (günstig z. B. für einen früheren Einbau einer Oberflächenabdichtung).

Die biologischen Behandlung kann im Prinzip entweder mit rein aeroben Rotteverfahren (Rottesystem) erfolgen oder mit anaerob-aeroben Verfahren, die eine Vergärung der Abfälle mit einer nachgeschalteten Nachrotte kombinieren (Vergärungssystem + Nachrotte).

Aerobe Behandlung

Unter aerober Behandlung versteht man alle Verfahren, die unter Zufuhr von Sauerstoff ablaufen. Die Kompostierung (Rotte) ist das wichtigste aerobe Verfahren. Während der Rotte wird die organische Substanz unter Luftzufuhr durch Mikroorganismen zu Kohlendioxid, Wasser, Biomasse und Huminstoffen umgewandelt. Bei den Rottetechniken werden mehrheitlich Mietenverfahren eingesetzt, aber auch Tunnel- und Zeilenverfahren sind verbreitet.

Die Geschwindigkeit des Abbaus der organischen Substanz und damit das Erreichen der Ablagerungskriterien (AT_4, GB_{21}) ist stark von der Intensität des Rotteverfahrens abhängig (siehe Abb. 8.55, 8.56 und 8.57). Bei intensiven Rotteverfahren ist eine Zwangsbelüftung sowie wöchentliches Umsetzen mit Bewässerung erforderlich. Hierbei ist von

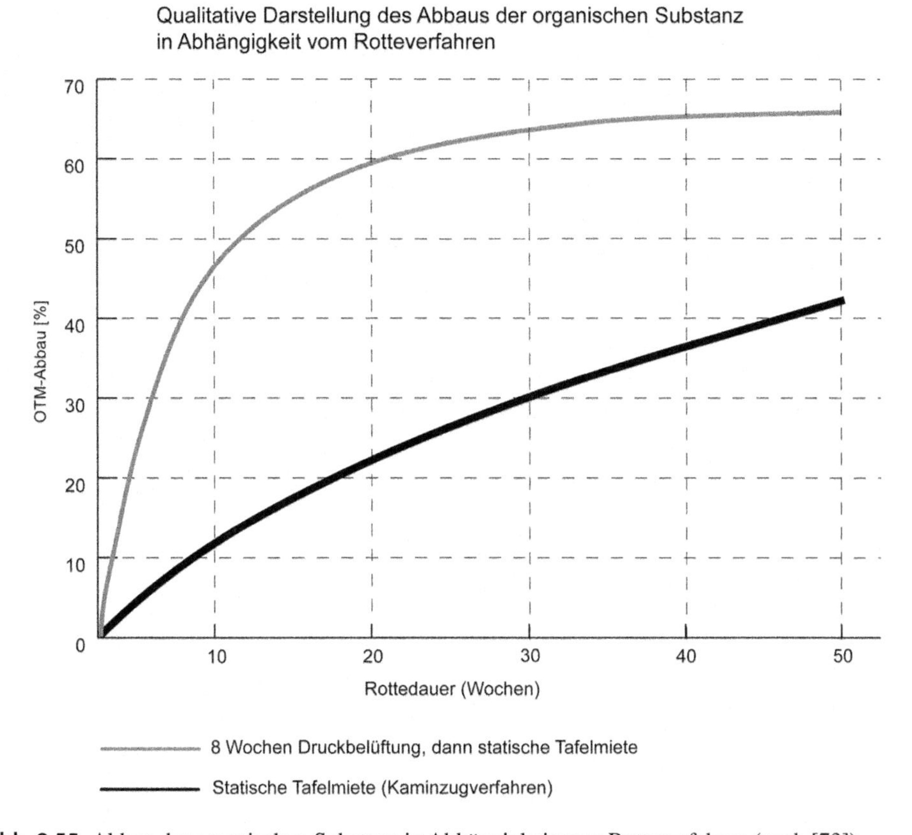

Abb. 8.55 Abbau der organischen Substanz in Abhängigkeit vom Rotteverfahren (nach [73])

Intensivrottezeiten von mindestens 4 bis 6 Wochen auszugehen, die Nachrottezeiten belaufen sich auf weitere 6 bis 10 Wochen. Während bei Intensivrotteverfahren innerhalb von ca. 16 Wochen das Erreichen der Ablagerungskriterien realisierbar ist, benötigen extensive Verfahren bis hin zu 12 Monaten.

Anaerobe/aerobe Behandlung

In Gegensatz zur aeroben Behandlung läuft das anaerobe Verfahren ohne Sauerstoff.

Bei der Vergärung werden die organischen Substanzen zu Biogas (ca. 60 % CH_4, 40 % CO_2) und einem anaerob nicht weiter abbaubaren Gärrückstand umgesetzt. Gas und Gärrest werden üblicherweise weiter aufbereitet. Das Biogas wird zur Energieerzeugung in Blockheizkraftwerken genutzt, die dabei anfallende Wärme wird teilweise zum Beheizen des Fermenters benötigt. Der Gärrückstand kann in einer Nachrotte nachkompostiert und dabei hygienisiert werden. Außerdem dient die Nachrotte noch zur Reduktion der Geruchsbelastung der Gärrückstände.

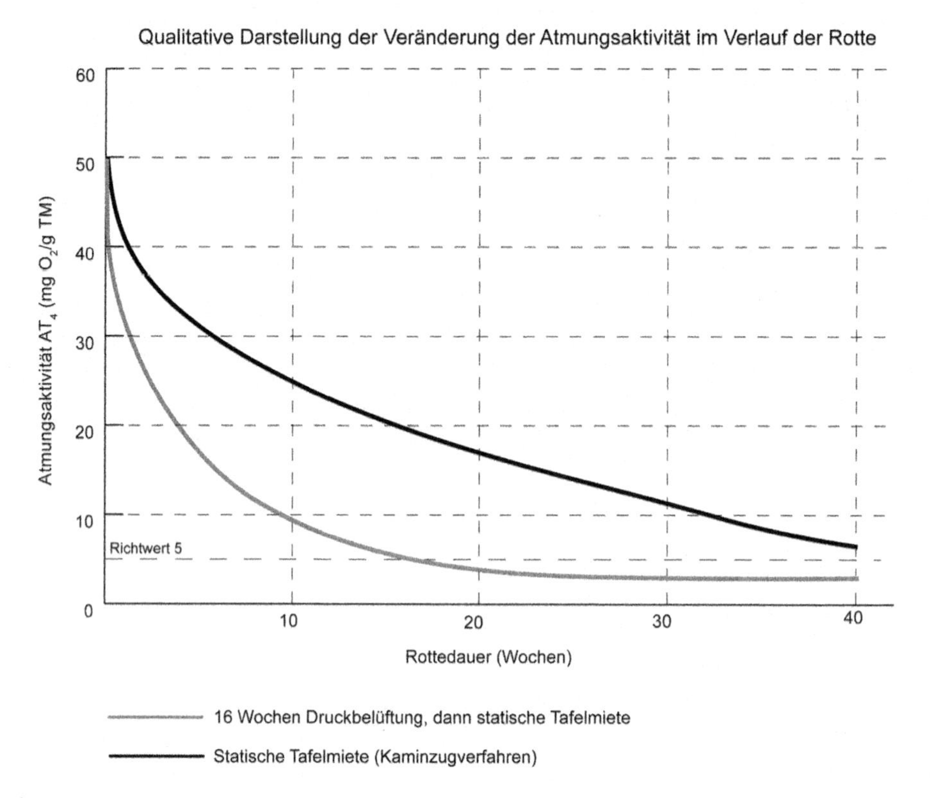

Abb. 8.56 Atmungsaktivität in Abhängigkeit vom Rotteverfahren und der Rottezeit (nach [73])

Vorteile der anaeroben Verfahren zur Restabfallbehandlung gegenüber dem aeroben Behandlungsverfahren:

- Möglichkeit einer vorgeschalteten Nasstrennung gestattet bessere Stoffstromtrennung
- bessere Steuerbarkeit der Prozessbedingungen
- Kürzere Behandlungsdauer
- geringerer Flächenbedarf
- Nutzbarkeit des entstehenden Biogases als hochwertiger Energieträger
- keine Belüftung, daher keine belüftungsbedingten Wärmeverluste und keine geruchsintensiven Gasemissionen.

Nachteile:

- hohe Störempfindlichkeit der Rühr- und Pumpwerke, so dass durch aufwendige mechanische Aufbereitung eine Störstoffabtrennung erfolgen kann.
- höherer verfahrens- und regelungstechnischer Aufwand.
- Lignine werden anaerob kaum abgebaut, so dass zur Gewährleistung eines weitgehenden Abbaus der organischen Fraktion eine aerobe Nachrotte erforderlich ist.

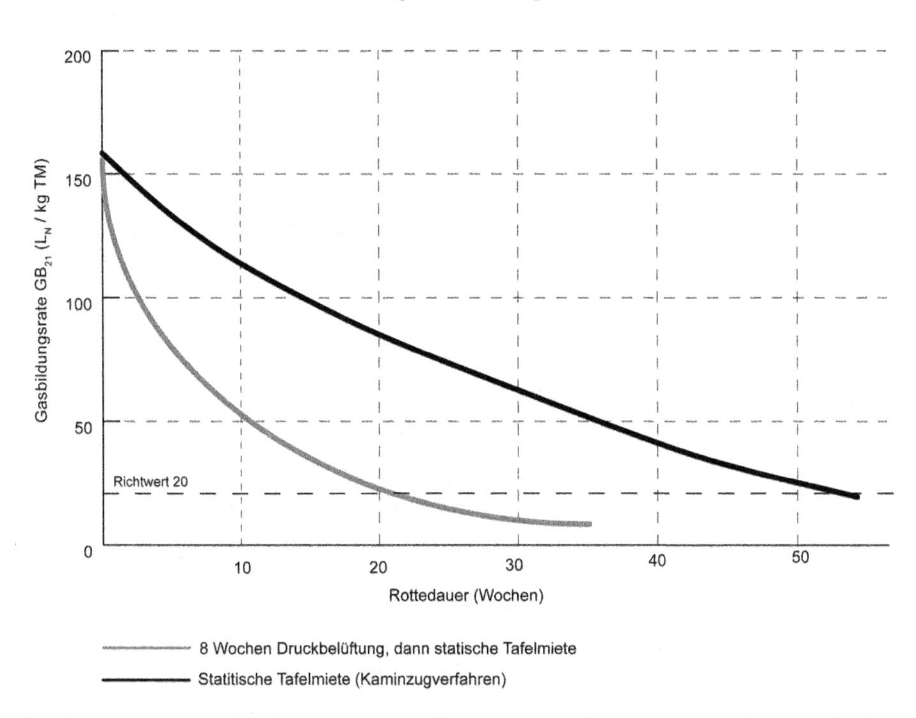

Abb. 8.57 Gasbildungsrate in Abhängigkeit vom Rotteverfahren und der Rottezeit (nach [74])

- Geruchsbelastung durch die Vergärungsrückstände.
- Überschusswasser mangels Verdunstung, so dass Abwasser anfällt, das gereinigt werden muss.

Bei den anaeroben Restabfallbehandlungsanlagen werden einstufige, zweistufige, mesophile sowie thermophile Verfahrenstechniken eingesetzt.

Die MBA mit Vergärung können unterschieden werden in

- MBA mit Teilstrom-Trockenvergärung
- MBA mit Vollstrom-Trockenvergärung. Hier ist eine Entwässerung der Gärrückstände und Prozesswasserausbereitung erforderlich
- MBA mit Vollstrom-Nassvergärung. Diese sind verfahrenstechnisch relativ aufwändig. Die Anforderungen hinsichtlich der Bewältigung von Korrosion, Abrasion, Geruch, Entwässerung der Gärrückstände und Prozesswasseraufbereitung sind relativ hoch.

Der Biogasertrag bei Anaerobverfahren liegt bei einem Mittelwert von 45 m³/Mg bei einer Spannweite von 9 bis 65 m³/Mg. Bei Teilstrom-Vergärungsanlagen liegt der Wert bei unter 30 m³/Mg, während bei Vollstrom-Vergärungsanlagen ca. 60 m³/Mg angesetzt werden kann. Bezogen auf die in die Vergärungsanlage eingebrachte Frischmasse liegt die Spannweite bei ca. 80 bis knapp 200 m³/Mg (angegeben als Normvolumen) [75].

8.5.4 Emissionen

Den Emissionen von MBA kommt im Hinblick auf die ökologische Bewertung, den genehmigungsrechtlichen Belangen sowie unter dem Aspekt der Umweltverträglichkeit eine wesentliche Bedeutung zu. Emissionsrelevante Verfahrensbereiche bei der MBA sind in einer Gesamtübersicht in Tab. 8.13 dargestellt.

Staubemissionen
Allgemein werden Schwermetallverbindungen und schwerflüchtige organische Stoffe im Staub nachgewiesen. Bei Annahme, Entladen, Zerkleinern der Abfälle, und Umsetzen der Mieten sowie generell bei allen Materialbewegungen wird Staub emittiert. Zur Behandlung der Staubemissionen, insbesondere bei gekapselten Aggregaten, werden auch Staubfilter eingesetzt.

Abluft
In den Bereichen Annahme, mechanische Aufbereitung sowie Intensivrotte treten Abluftemissionen auf. Dabei ist mit flüchtigen organischen Verbindungen (VOC), Staub, Geruchsstoffen, Methan, Ammoniak etc. zu rechnen.

Um die Emissionen an die Atmosphäre bzw. an die Umgebung möglichst gering zu halten, sollen alle emissionsrelevanten Verfahrensschritte gekapselt bzw. in geschlossenen Gebäuden ablaufen. Diese Anlagenteile werden abgesaugt und die Abluft einer Abluftbehandlungsanlage zugeführt. Der Luftdruck in den Hallen wird geringfügig unter dem Außendruck gehalten, so dass auch bei Undichtigkeiten keine Emissionen nach außen dringen können. Die biologische Abluftreinigung ist bei MBA nicht ausreichend, um die strengen Grenzwerte

Tab. 8.13 Emissionsrelevante Bereiche in der MBA

Verfahrensschritt	Aggregate	Abwasser	Abluft	Sonstiges
Annahme	Bunker	Press-/ Sickerwasser	Geruch, Staub, Mikroorganismen	Lärm
Mechanische Aufbereitung	Zerkleinerungsanlagen, Siebe, Magnetscheider, Mischer etc.	Press-/ Sickerwasser	Geruch, Staub, Mikroorganismen	Lärm
Rottesystem	Mieten, Trommel, Tunnel, Box	Press-/ Sickerwasser	Geruch, Staub, Mikroorganismen	Lärm
Vergärung	Reaktor, Entwässerung	Press-/ Sickerwasser	Biogas	–
Abtransport	Lager, LKW	–	Geruch, Staub	Lärm

Tab. 8.14 Emissionsgrenzwerte*für MBA nach 30. BImSchV

Parameter	Einheit	Grenzwert
Gesamtkohlenstoff (TOC)	mg/m^3_N	20/40****
Gesamtkohlenstoff (TOC)	g/Mg MBA-Input	55
Lachgas (N_2O)	g/Mg MBA-Input	100
Staub	mg/m^3_N	30/10****
Dioxine/Furane (PCDD/F)	ng TE**/m^3_N	0,1
Geruch	GE***/m^3_N	500

*m^3_N = Normkubikmeter;

**TE = Toxizitätsäquivalente;

***GE = Geruchseinheit,

****Tagesmittelwert/Halbstundenmittelwert.

der 30. BImSchV (Tab. 8.14) einzuhalten. Bei MBA werden vor allem thermische Abluftreinigungsverfahren wie z. B. die regenerative Nachverbrennung (RNV/RTO) eingesetzt. Weniger stark belastete Abluftströme werden mit Biofiltern oder Wäschern behandelt.

Die Limitierung der VOC-Fracht im Reingas mit 55 g/Mg MBA-Inputmaterial beeinflusst die Konzeption von MBA in erheblichem Umfang und führt zu aufwändiger Betriebsführung. Neben einer Minimierung der durchgesetzten Luftmengen, was zu vermindertem Wasseraustrag, verringertem Abbau der organischen Substanz sowie Überhitzung der Rotte und zu geringen Luftwechselzahlen in der Hallenluft führen kann, sind besonders Korrosion und Siloxan-Verblockungen an den RTO-Anlagen ein nicht zu unterschätzendes Problem. Durch verbessertes Luftmanagement muss diesen Problemen Rechnung getragen werden.

RTO-Anlagen führen zu hohen Betriebskosten und weisen im Vergleich zu Biofiltern ein hohes Treibhausgaspotential auf, da ein autothermer Betrieb aufgrund der geringen C-Konzentrationen nicht möglich ist und zusätzlich fossile Energieträger (z. B. Erdgas) eingesetzt werden müssen.

Abwasser

In fast allen Bereichen der mechanisch- biologischen Behandlungsanlagen treten Abwässer auf. Beim Rottesystem ist aufgrund des relativ trockenen Restabfalls die Abwassermenge sehr gering. Diese Abwässer können vollständig zur Bewässerung in die Behandlungsprozesse zurückgeführt werden. Auch die bei der Vergärung freiwerdenden Abwässer können als Prozesswasser zur Bewässerung der Nachrotte verwertet werden. Die Entwässerung der Gärrückstände und Prozesswasseraufbereitung erfordern jedoch eine ausgefeilte, an die jeweiligen Randbedingungen angepasste Verfahrenstechnik.

Lärmemissionen

Lärmemissionen werden an verschiedenen Stellen während der mechanischen Aufbereitung erzeugt. Die komplette Anlage der mechanischen Aufbereitung sollte möglichst automatisiert und gekapselt werden. Aggregate und Gebäude sind schalltechnisch zu isolieren.

8.5.5 Anforderungen an die Ablagerung von MBA-Material

Gemäß §6 DepV ist eine Ablagerung mechanisch-biologisch vorbehandelter Abfälle nur zugelassen, wenn folgende Randbedingungen erfüllt sind:

- Deponie bzw. Deponieabschnitt muss den Anforderungen der Klasse II genügen
- Zuordnungskriterien der DepV (Anhang 3) sind einzuhalten
- Vermischung der MBA-Abfälle mit anderen Stoffen ist verboten
- Abtrennung heizwertreicher und sonstiger verwertbarer sowie schadstoffhaltiger Abfallbestandteile vor der Ablagerung

Die gesamte Liste der Zuordnungskriterien für MBA-Abfälle sowie die wichtigsten Analysenmethoden werden im Anhang (Tab. A 10.1) dargestellt. Von besonderer Bedeutung sind hierbei Kriterien, welche die mikrobielle Aktivität und den Anteil organischer Stoffe umfassen. Dies sind insbesondere

- TOC im Feststoff < 18 % in der Trockenmasse
- DOC im Eluat < 300 mg/l
- Gasbildungsrate GB21< 20 l_N/kg
- Atmungsaktivität AT4 < 5 mg O_2/g Trockenmasse
- Oberer Heizwert < 6000 kJ/kg

Hierbei kann der obere Heizwert alternativ zum TOC des Feststoffes, die Gasbildungsrate alternativ zur Atmungsaktivität, angewandt werden. Seit 2007 ist es akzeptiert, den DOC im Eluat als gleichwertig zu AT_4 und GB_{21} anzusetzen.

8.5.6 Energiebilanz der MBA

Der Energieaufwand bzw. Ertrag (bei Anaerobverfahren) ist stark von der eingesetzten Verfahrenstechnik, der Art der Energieverwertung und dem Brennstoffausnutzungsgrad abhängig.

Der Stromverbrauch für Rotteverfahren liegt bei 50 bis 90 kWh/Mg Input, bei Anaerobverfahren bei 50 bis 150 kWh/Mg Input. Hierbei kann bei den Anaerobverfahren eigenerzeugte Bioenergie eingesetzt werden, die bei Vollstromverfahren zur Deckung des Eigenenergiebedarfes ausreicht [74].

In Tab. 8.15 sind Energieaufwand und -ertrag für verschiedene Anlagen beispielhaft zusammengestellt.

Tab. 8.15 Energieaufwand und -ertrag von MBA (Untersuchungsergebnisse). Angaben in kWh/Mg Anlageninput, Min- und Max-Werte in Klammern [75]

kWh je Mg Anlageninput (Mittelwert mit Min- und Max-Wert in Klammern)	Aufwand				Ertrag HWR-Verwertung[1]		Ertrag Biogasverwertung[2]	
	Strom	Gas (RTO)	Diesel	Wärme	Strom	Wärme	Strom	Wärme
					oder		und	
MBA ohne Vergärung	37 (25–59)	56 (25–98)	11 (5–21)	–	320 (200–480)	1200 (750–1800)	–	–
MBA mit Vergärung	45 (28–57)	52 (22–88)	11 (5–21)	20 (10–30)			99 (20–145)	115 (24–167)
MBS	81 (45–112)	82 (38–110)	4 (2–9)	–	400 (320–520)	1500 (1200–1950)	–	–

[1] Brennstoffausnutzungsgrad: 20 % elektrisch oder 75 % thermisch (alternativ zueinander).

[2] bei vollst. Biogasverwertung im BHKW; Wirkungsgrad: 37 % elektrisch und 43 % thermisch (additiv zueinander).

8.5.7 Massen- und Volumenbilanz

Durch die mechanisch-biologische Abfallbehandlung werden die zu deponierende Masse und das Volumen reduziert. Die Reduzierung der Masse im Deponat wird durch die Verringerung des Wassergehalts und den Abbau der organischen Substanz erreicht. Die Reduzierung des Volumens ist überwiegend auf die Erhöhung der Einbaudichte durch die Rotteprozesse sowie auf die Zerkleinerung zurückzuführen.

Je nach Stellung der mechanisch-biologischen Abfallbehandlung im Abfallwirtschaftskonzept und je nach Wahl der mechanisch-biologischen Behandlungsanlagen fällt die Massenbilanz unterschiedlich aus. Bei aeroben MBA liegt der Anteil (massenbezogen) an erzeugtem Deponat bei 10 % bis zu 50 %. Der Anteil der Stoffströme zur energetischen Verwertung liegt bei 20 % bis hin zu 70 %, der Anteil abgetrennter Wertstoffe, vor allem Metalle, bei 1 bis ca. 8 %, die Rotteverluste bei 10 bis 30 % (siehe auch Abb. 8.58). Bei anaeroben MBA werden ca. 10 bis 50 % als Deponat erzeugt, die kalorische Fraktion zur energetischen Verwertung liegt bei 25 bis 56 %. Der Anteil ausgeschleuster Wertstoffe beträgt 1 bis 3 %, der Verlust durch den Abbau organischer Substanz und ausgetragenem Wasser bei 2 bis zu 53 % (siehe auch Abb. 8.59). Die kalorische Fraktion liegt mehrheitlich bei ca. 14 bis 16 MJ/kg (Mittelkalorik).

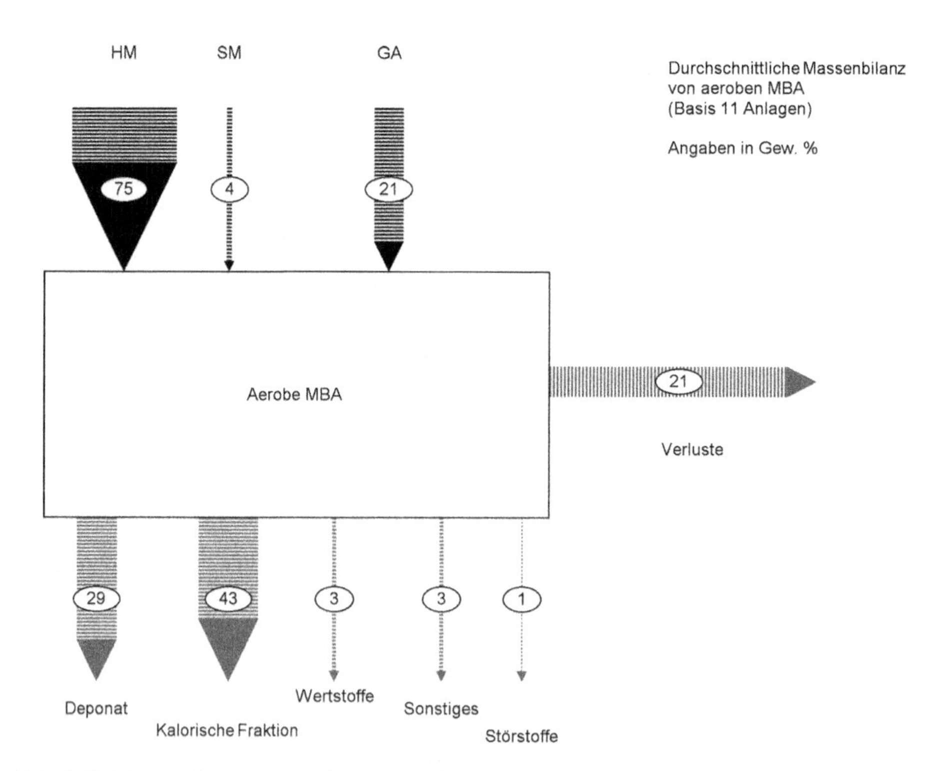

Abb. 8.58 Massenbilanz von aeroben MBA (Durchschnitt aus 11 Anlagen) (nach [76])

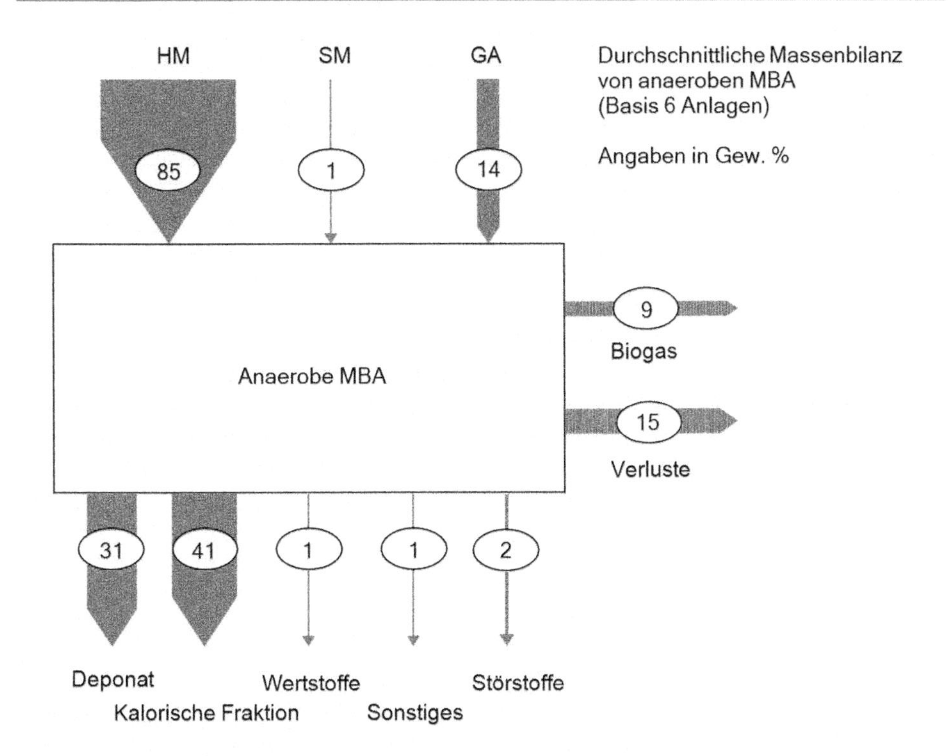

Abb. 8.59 Massenbilanz von anaeroben MBA (Durchschnitt aus 6 Anlagen) (nach [76])

Bezogen auf den Input wird das zu deponierende Volumen durch die mechanisch-biologische Abfallbehandlung um 30–60 Vol.-% reduziert. Die Einbaudichte wird von ca. 0,9 Mg/m³ auf ca. 1,4 Mg/m³ im Deponiegut gesteigert.

Bei den MBS bzw. MPS-Verfahren wird der größte Anteil des Inputmaterials (60 bis 80 %) in einen Brennstoff überführt, maximal 10 % werden deponiert, ca. 10 bis 15 % sind Verluste und bis zu 5 % ausgeschleuste Wertstoffe (Metalle).

8.5.8 Low-Tech-MBA-Verfahren in Entwicklungs- und Schwellenländern

Vor dem Hintergrund der im Verhältnis zu thermischen Anlagen geringen Investitionskosten und hohen Flexibilität hinsichtlich der Veränderung von Abfallmengen und -zusammensetzung gewinnen MBA-Verfahren zunehmend in Entwicklungs-und Schwellenländern an Bedeutung, um die bei der Rohmülldeponierung entstehenden Umweltbeeinträchtigungen zu vermeiden. Diese einfachen Verfahren werden zu einer Vorbehandlung der gesamten häuslichen Abfälle eingesetzt. In vielen Ländern wird derzeit eine getrennte Einsammlung der Wertstoffe nur durch den informellen Sektor (etwa durch private Wertstoffsammler) durchgeführt. Mit diesen einfachen MBA-Verfahren können die Belastungen, die von Deponien ausgehen, zumindest teilweise verringert werden.

Auch hier existieren einige Verfahrensvarianten, die Grundzüge der Verfahren lassen sich folgendermaßen beschreiben:

Die angelieferten Abfälle werden zunächst mechanisch behandelt. Als erster Schritt erfolgt die Vorsortierung per Hand, d. h. die Aussortierung der Störstoffe, die eine Beschädigung der nachgelagerten Misch- und Homogenisierungseinrichtungen verursachen können sowie eine Abtrennung der Wertstoffe. Nach der Vorsortierung werden die Abfälle in eine Homogenisierungstrommel gebracht, die auch mobil auf einem LKW installiert sein kann. Hier erfolgt die Zerkleinerung und Homogenisierung der Abfälle sowie die Einstellung des Wassergehalts. Hierzu wird häufig Deponiesickerwasser verwendet. Nach der mechanischen Behandlung werden die Abfälle biologisch umgesetzt. Die in den Abfällen enthaltenen organischen Substanzen werden durch Mikroorganismen unter Zufuhr von Luft abgebaut. Diese Rotteverfahren können durch natürliche Belüftung, z. B. durch das „Kaminzugverfahren“ oder einfache Mietenverfahren ohne weiteren Energieaufwand durchgeführt werden. Alternativ können die Abfälle auch kombiniert anaerob und aerob behandelt werden, was aber die Invest- und Betriebskosten deutlich erhöht.

8.5.9 Zukunft der MBA

In der Studie des Umweltbundesamts „Strategie für die Zukunft der Siedlungsabfallentsorgung (Ziel 2020)“ besteht für Deutschland das Ziel, bis spätestens zum Jahr 2020 eine hochwertige umweltfreundliche Verwertung der Siedlungsabfälle zu erreichen, womit eine direkte Ablagerung beendet werden kann [77]:

1. Beendigung der Deponierung von unbehandelten Siedlungsabfällen aus Klimaschutzgründen und unter Nachhaltigkeitsaspekten,
2. Vollständige und umweltfreundliche Verwertung der Siedlungsabfälle, insbesondere die Nutzung von hochwertigen Wertstoffen zur stofflichen und energetischen Verwertung.

Wenn auch dieses Ziel nicht vollumfänglich zu erreichen sein wird, so führt dies doch dazu, dass in Deutschland vermehrt MBS- und MPS- Anlagen an Bedeutung gewinnen werden, auch um die in den Abfällen enthaltene Energie zur Substitution fossiler Energieträger zu nutzen. Die MBA mit integrierter Deponierung wird nach 2020 nur noch von untergeordneter Bedeutung sein [78].

Im internationalen Raum, besonders in Entwicklungs- und Schwellenländern, wird die MBA-Technologie mittelfristig eine größere Relevanz bekommen.

In Deutschland sind folgende Entwicklungen bei den MBA aktuell:

1. Reduzierung der aus MBA freigesetzten Umweltbelastungen, besonders Minderung der Treibhausgase.
2. Erhöhung der Verfügbarkeit und Betriebssicherheit der MBA.
3. Steigerung der Energieeffizienz durch Verringerung des Eigenverbrauches und Nutzung der heizwertreichen Fraktion.

4. Weiterentwicklung der Sortiertechnologien und integrierter Gesamtkonzepte.
5. Verbesserung der Wirtschaftlichkeit und Bereitstellung angepasster MBA-Technologien für den internationalen Markt [76].

8.6 Geruchsemissionen aus biologischen Abfallbehandlungsanlagen

8.6.1 Betrachtung der Emissionen aus Aerobverfahren

Art und Menge der Emissionen bei der aeroben Abfallbehandlung werden im Wesentlichen von folgenden Faktoren beeinflusst:

In der Intensivrotte:

- Materialzusammensetzung
- Porenvolumen, Wassergehalt und Temperatur des Rotteguts, Art der Belüftung
- ggf. Schütthöhe und Umsetzhäufigkeit

In der Nachrotte:

- Reifestadium des Komposts
- Feinkornanteil, Wassergehalt und Temperatur des Komposts, Art des Behandlungsschrittes (Zerkleinerung, Bewegung des Materials)

Geruchstoffe

Geruchstoffe entstehen sowohl bei den gewünschten aeroben als auch bei den hier unerwünschten anaeroben Abbauvorgängen. Es handelt sich um leichtflüchtige Verbindungen sehr unterschiedlicher Zusammensetzung. In den ersten drei Wochen sind die Kompostierungsvorgänge am intensivsten, so dass in dieser Zeit zwangsläufig auch die Geruchsstoffemissionen mit den höchsten Konzentrationen bzw. Intensitäten zu erwarten sind.

Die Rohluft aus den Intensivrotteverfahren ist in der Regel in einer biologischen Abluftreinigungsanlage zu behandeln.

8.6.2 Emissionen und Abluftbehandlung

Geruchsstoffe

Mehrere tausend chemische Verbindungen sind als Geruchsstoffe bekannt. Allen gemeinsam ist, dass sie relativ niedrige Molekulargewichte aufweisen, die obere Grenze liegt etwa bei 350 g/mol. Hierdurch ist eine gewisse Flüchtigkeit gesichert, d. h. die Stoffe weisen einen höheren Dampfdruck auf. Außerdem müssen zur Geruchswahrnehmung weitere Bedingungen erfüllt sein, u. a. eine Wasser- und Fettlöslichkeit der Stoffe, so dass die Moleküle überhaupt die Rezeptoren der Riechorgane erreichen können. Neben

Tab. 8.16 Beispiele für häufigere anorganische Geruchsstoffe

Ammoniak	NH_3	Chlordioxid	$Cl\,O_2$
Schwefelwasserstoff	H_2S	Hydrazin	N_2H_4
Schwefeldioxid	SO_2	Ozon	O_3
Phosphorwasserstoff	PH_3	Distickstoffmonoxid	N_2O
Chlorwasserstoff	HCl		

wenigen anorganischen Verbindungen setzen sich die Gerüche meist aus organischen Stoffen zusammen [79].

Anorganische Geruchsstoffe
Hauptsächlich sehr flüchtige Wasserstoffverbindungen und Nichtmetalloxide sind die wenigen Vertreter der anorganischen Geruchsstoffe. Häufig handelt es sich zudem um toxische oder sogar um hochtoxische Verbindungen (s. Tab. 8.17).

Organische Geruchsstoffe
Einen Überblick über die organischen Geruchsstoffe wird in Abb. 8.60 gegeben. Zur Strukturierung dienen im Wesentlichen die funktionellen Gruppen entsprechend der Nomenklatur der organischen Chemie.

8.6.3 Geruchsmessung

Für die Messung von Gerüchen wird die menschliche Nase als Sensor verwendet. Dies ist auch deshalb naheliegend, da im Beschwerdefall Anwohner ebenfalls mit Ihrem Geruchssinn die Emissionen einer Anlage wahrnehmen. Es gibt derzeit auf dem Markt zwar „Geruchsmessgeräte", beispielsweise auf der Basis von Halbleitersensoren (sog. Elektronische Nasen), diese können jedoch nicht zur Bestimmung der Geruchsstoffkonzentration eingesetzt werden. Grund hierfür ist, dass sich die Wirkung eines Geruchstoffgemisches auf das Geruchsempfinden bisher nicht aus den Konzentrationen der Einzelkomponenten (bis zu 200!) ableiten lässt. Es ist jedoch anzunehmen, dass in einigen Jahren auch für diesen Zweck brauchbare Messgeräte zur Verfügung stehen.

Die olfaktometrische Geruchsmessung mit der menschlichen Nase als Sensor und dem Olfaktometer als Auswerteeinheit ist dagegen standardisiert und wird von Gerichten und Aufsichtsbehörden anerkannt. Durch diese Geruchsmessungen können:

- die Geruchsschwelle (Geruchskonzentration in Geruchseinheiten pro m^3 Luft [GE/m^3]),
- die Geruchsintensität (d. h. die Stärke der Geruchsempfindung, also z. B. schwacher oder deutlicher Geruch) und
- die hedonische Geruchswirkung (angenehm – unangenehm)

ermittelt werden.

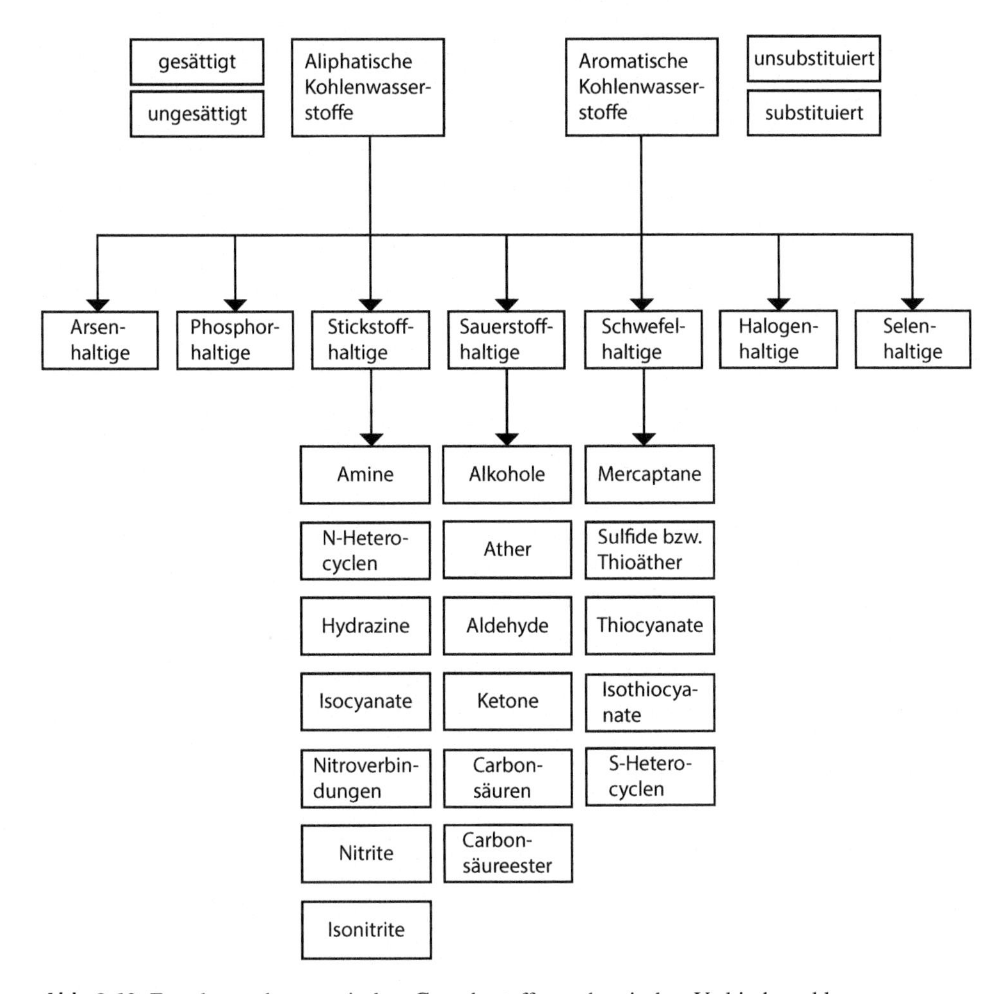

Abb. 8.60 Zuordnung der organischen Geruchsstoffe zu chemischen Verbindungsklassen

Geruchsmessungen lassen sich in zwei Gruppen von Messverfahren unterteilen.

Für Emissionsmessungen sind es die Verfahren bei denen praktisch immer ein Olfaktometer (Verdünnungsapparat) verwendet wird. Die Olfaktometrie beinhaltet dementsprechend die Messverfahren:

- Bestimmung der Geruchsstoffkonzentration nach DIN EN 13725 (Ausführungshinweise dazu siehe VDI 3884, Blatt 183 [80])
- Bestimmung der Geruchsintensität. VDI 3882, Blatt 1 [81]
- Bestimmung der hedonischen Geruchswirkung VDI 3882, Blatt 2 [81]

Im Immissionsbereich (Außenluft) werden Olfaktometer in der Regel nicht eingesetzt; es wird die Umgebungsluft unverdünnt durch Begehung beurteilt. Es werden dabei sowohl Raster- als auch Fahnenbegehungen eingesetzt:

- Bestimmung von Geruchsstoffimmissionen durch Begehungen DIN EN 16841, Teil 1 + 2 (nähere Beschreibung dazu in VDI 3940, Blatt 1 + 2 [82])

Im Konfliktfall bei Geruchsbelästigungen wird als weitere Technik die Fragebogentechnik zur Wirkung und Bewertung von Gerüchen eingesetzt (VDI 3883, Blatt 1–4 [83–86])

Olfaktometrie

Olfaktometrie ist die Messung der Reaktionen einer Gruppe von Prüfern auf Geruchsreize. Ein Olfaktometer ist ein Gerät, in dem eine Probe geruchsbehafteten Gases in einem definierten Verhältnis mit Neutralluft verdünnt und einer Gruppe von Prüfern dargeboten wird. Das Olfaktometer muss einen Verdünnungsbereich von weniger als 2^7 bis mindestens 2^{14} abdecken, wobei zwischen der größten und der kleinsten Verdünnung mindestens ein Verdünnungsbereich von 2^{13} liegen muss [87, 88]. Die Darbietung der Reize erfolgt in einer Verdünnungsreihe entweder in aufsteigender (bevorzugt) oder zufälliger Konzentrationsfolge. Als Darbietungs- und Auswahlverfahren wird in Deutschland die Ja/Nein - Methode bevorzugt, bei der die Prüfer gebeten werden, das aus einer Öffnung strömende Gas zu bewerten und dann zu entscheiden zwischen „Ja, es riecht" oder „Nein, es riecht nicht".

Als weiteres Verfahren kommt die „Forced-Choice-Methode" zur Anwendung, bei der die Prüfer jeweils mindestens zwei Gasaustrittsrohre gezeigt bekommen, von denen eines den Reiz darbietet und dem anderen Neutralluft entströmt. Die Position des Reizes ist bei aufeinander folgenden Darbietungen zufällig auf die Riechrohre verteilt. Der Prüfer muss sich bei jedem Durchgang entscheiden, welcher Gasstrom den Reiz enthält.

Als Ergebnis beider Methoden wird so für jeden Prüfer die persönliche Geruchsschwelle *ITE* (individual threshold estimate) bei der analysierten Probe ermittelt. Durch geometrische Mittelwertbildung der Verdünnungsfaktoren aller für gültig befundenen Prüferantworten einer Messung lässt sich der Verdünnungsfaktor an der 50 %-Wahrnehmungsschwelle (Z_{50}) berechnen. Die Geruchsstoffkonzentration an dieser Wahrnehmungsschwelle ist per Definition 1 GE_E/m^3 (1 europäische Geruchseinheit je Kubikmeter). Die Geruchsstoffkonzentration der untersuchten Probe wird dann als Vielfaches (entsprechend dem Verdünnungsfaktor bei Z_{50}) dieser Konzentration unter den Normbedingungen für Olfaktometrie dargestellt.

Wird für eine Abluftquelle z. B. eine Geruchsstoffkonzentration von 80 GE_E/m^3 ermittelt, so bedeutet dies, dass die Luft 80-fach verdünnt werden muss, um sie gerade noch wahrzunehmen. Wird sie noch stärker verdünnt, so wird die Geruchsschwelle unterschritten, d. h. für die menschliche „Durchschnittsnase" ist dieser Geruch damit verschwunden. Wie das Gehör überträgt auch der Geruchssinn Reize nicht linear, sondern logarithmisch. Dies bedeutet für die Praxis, dass sich bei einer Erhöhung der Geruchsstoffkonzentration von 100 GE_E/m^3 auf 1000 GE_E/m^3 der Geruchseindruck nicht verzehnfacht, sondern nur etwa verdoppelt. Die Geruchswirkung einer Abluft mit 1000 GE_E/m^3 wird also etwa doppelt so stark wahrgenommen wie die einer Luft mit 100 GE_E/m^3.

Als wirkungsbezogene Größe, die der Geruchsintensität näher kommt als die Geruchsstoffkonzentration, wird daher ein Ansatz analog zur Darstellung des Schalldruckpegels in Dezibel vorgeschlagen. Der „Geruchspegel" lässt sich in geruchsbezogenen Dezibel dB_{od} darstellen, was dem zehnfachen Zehner-Logarithmus der Geruchsstoffkonzentration entspricht.

Bei der hier beschriebenen dynamischen Olfaktometrie übernimmt eine Gruppe von Personen („Panel") als Prüfer die Funktion des Sensors. Da der Geruchssinn von Mensch zu Mensch sehr unterschiedlich entwickelt ist, kann eine Anzahl von 4 (üblich) bis 8 Prüfern nicht repräsentativ für die Grundgesamtheit der Bevölkerung stehen. Gemäß der Definitionen der europäischen Geruchseinheit bzw. des Verdünnungsfaktors an der 50 %-Wahrnehmungsschwelle Z_{50} ist die aus den gültigen Antworten der Prüfer ermittelte Geruchsschwelle jedoch genau diejenige Konzentration der Probe, an der 50 % der Grundgesamtheit der Bevölkerung einen Reiz wahrnehmen. Um eine bessere statistische Absicherung des Analysenergebnisses zu erhalten, erfolgt zum einen bei der Messung eine mehrfache Darbietung der Verdünnungsreihen an alle Prüfer (3 (üblich) bis sechs Durchgänge).

Zum anderen erfolgt eine Standardisierung der Prüfpersonen, die zur Bewertung der physiologischen Wirkung herangezogen werden, indem Prüfer mit bekannter sensorischer Empfindlichkeit gegenüber einem anerkannten Referenzmaterial (derzeit n-Butanol) ausgewählt werden. Der Sensor, also in diesem Fall das Panel, wird mit diesem Referenzgeruchsstoff kalibriert.

Obwohl bekannt ist, dass der Bereich der Empfindlichkeit gegenüber Einzelgerüchen deutlich breiter ist als bei Vielstoffgemischen, geschieht die Überprüfung der Empfindlichkeit derzeit ausschließlich mit Einzelsubstanzen, weil ein reproduzierbares Stoffgemisch nicht zur Verfügung steht. Als Bezugswert für die europäische Geruchseinheit wurde eine europäische Referenzgeruchsmasse (EROM) von 123 µg n-Butanol festgelegt [87, 88]. Verdampft in einen Kubikmeter Neutralluft entspricht dies 0,040 µmol/mol.

Für eine Zulassung als Prüfperson bei olfaktometrischen Messungen muss der geometrische Mittelwert der einzelnen Schwellenschätzung *ITE* für n-Butanol zwischen dem 0,5fachen und dem 2fachen Bezugswert des Referenzmaterials liegen, also hier zwischen 62 $\mu g/m^3$ und 246 $\mu g/m^3$. Die „Nachweisgrenze" eines Panels liegt somit im Konzentrationsbereich zwischen 20 und 80 ppb n-Butanol bzw. „Geruchsstoffgemisch".

Eine derartige Messung ist naturgemäß mit gewissen Fehlern und daher auch mit einer größeren Streubreite behaftet, als beispielsweise chemische Bestimmungsmethoden. Weitere potentielle Fehlerquellen stecken in der Probenahme und der Probenbehandlung bis zur eigentlichen Geruchsmessung. Da der Einfluss der Probenahme auf das Endergebnis erheblich sein kann, ist hier ein recht umfängliches Regelwerk zu beachten [89].

Emissionsmessungen

Für die sensorische Messung von Geruchsemissionen werden die Proben im allgemeinen diskontinuierlich entnommen, indem aus dem geruchsbeladenen Abgasstrom einer

Emissionsquelle eine bestimmte Luftmenge in einen geruchsneutralen Behälter gefüllt und danach untersucht wird. Meist wird ein Unterdrucksystem eingesetzt, mit dem eine Überführung der Probe direkt in einen Gasbeutel möglich ist, ohne dass die Probenluft mit Pumpen oder anderen Teilen in Berührung kommt.

Besondere Sorgfalt erfordert feuchte und warme Luft, wie z. B. Abluft aus Kompostmieten. Diese Luft neigt stark zur Kondensation an der Beutelwandung. Da sich im Kondensat viele Geruchsstoffe lösen, würde der Geruchswert damit stark verfälscht (erniedrigt). Eine Kondensation lässt sich jedoch leicht mit einer Vorverdünnung mit trockener Neutralluft verhindern. Geruchsproben dürfen nicht länger als 30 h in Beuteln aufbewahrt werden. Gemäß VDI 3880 soll bereits bei Lagerzeiten von mehr als sechs Stunden ein quellenspezifischer Nachweis geführt werden, dass sich die Geruchsstoffkonzentration in den Proben nicht verändert hat. Auch bei ordnungsgemäß behandelten Proben können durch Adsorption an der Beutelwandung (und durch Desorption von Stoffen aus dem Beutelmaterial) gewisse Veränderungen auftreten.

Generell muss bei der Emissionsmessung für die Durchführung der Probenahme zwischen aktiven und passiven Quellen unterschieden werden.

Aktive Quellen, auch geführte Quellen genannt, weisen einen definierten, messbaren Volumenstrom auf, der punkt- oder flächenförmig in die Atmosphäre gelangen kann. Man unterscheidet demzufolge zusätzlich zwischen Punkt- und Flächenquellen. Aktive Punktquellen können beispielsweise Kamine sein, aktive Flächenquellen z. B. offene Biofilter. Bei aktiven Flächenquellen erfolgt die Erfassung der Abluftmengen durch Abdeckung einer repräsentativen Oberfläche mittels Trichter, Folie oder Zelt, wobei eine freie Abströmung in die Atmosphäre ohne Verfälschung der Druckverhältnisse unter Vermeidung von Windeinflüssen gewährleistet werden muss.

Passive Quellen verfügen über keinen definierten Abluftstrom. Darunter fallen z. B. freie Deponieflächen, unbelüftete Mieten, Fahrwege sowie Absiebe- und Umsetzvorgänge. Für die Erfassung von Gasen aus diesen Quellen, die z. T. einen erheblichen Beitrag zur Gesamtemission einer Anlage beitragen können, existieren diverse Regelwerke wie die VDI-Richtlinien 3880 und 3790 Blatt 2 (Emissionen von Gasen, Gerüchen und Stäuben aus diffusen Quellen: Deponien). Uneinheitliche Probenahme führt z. T. zu großen Unterschieden bei der Ermittlung von repräsentativen Emissionswerten [90].

Immissionsmessungen

Als Immissionsmessungen gelten alle Verfahren zur Bestimmung von Geruchsbelästigungen. Olfaktometermessungen im Immissionsbereich führen zu keinen verwertbaren Ergebnissen, weil die Geruchsstoffkonzentrationen oft zu gering sind und auch kurzzeitig wegen der Windeinflüsse stark schwanken. Geruchsimmissionen werden daher durch Begehungen mit Probanden bewertet, die direkt mit der Nase beurteilen, wie häufig Gerüche an einem Standort auftreten und ggf. mit welcher Intensität sie wahrnehmbar sind. Unterschiden wird hier in: Messung der Fahnenreichweite (Fahnenbegehungen), Messung des Zeitanteils der Geruchsimmissionen (Rasterbegehungen) und in die Belästigungserhebungen durch Befragung. Die wesentliche Messgröße bei der Immissionsbestimmung ist der sogenannte „Geruchszeitanteil“. Hierbei handelt es sich um die Häufigkeit, mit der die Erkennungsschwelle in der Außenluft in einem bestimmten Messzeitintervall überschritten und die Gerüche eindeutig erkannt werden.

Darstellung der Messverfahren

An einem Probandenstandort wird 10 Minuten lang in 10-Sekunden-Intervallen (also insgesamt 60 mal) abgefragt, ob ein Geruch wahrnehmbar ist oder nicht. Sind mehr als 10 % der Antworten positiv; gilt die gesamte Stunde als mit Geruch belastet. Zur Zeit der Bearbeitung der Richtlinie wurden die Intervalle mit der Uhr bestimmt, und die Ja/Nein-Antworten wurden mit Bleistift und Papier registriert. Damit war der Proband ausgelastet, als Ergebnisse lieferte das Verfahren ausschließlich Häufigkeiten. Verwendet man jedoch Kleinrechner mit einem Programm, welches die Zeitintervalle durch einen Piepton vorgibt, so dass dann die Antwort über die Tastatur eingegeben werden kann, sind die Probanden soweit entlastet, dass auch eine zusätzliche Beurteilung der empfundenen Geruchsintensität auf einer Skala von 0 bis 6 möglich ist. Darüber hinaus können auch noch Informationen über die Art des Geruchs (es riecht nach) und über die hedonische Geruchswirkung erhoben werden. Das Verfahren liefert also zusätzliche Informationen und verbessert die Immissionsbeurteilung.

In Abhängigkeit von der jeweiligen Messaufgabe, wie z. B.

- Beurteilung von Einzelquellen,
- Erstellung eines Emissionskatasters in einem Vielquellengebiet,
- Kalibrierung von Rechenmodellen

werden Raster- oder Fahnenbegehungen durchgeführt. Bei Rasterbegehungen wird ein fiktives Netz von Rasterpunkten über das Beurteilungsgebiet gelegt, in dessen Zentrum sich die Emissionsquelle befindet. Auf diese Weise lassen sich flächenbezogene Aussagen treffen.

Bei Fahnenbegehungen hingegen werden nur im Bereich der möglichen „Geruchsfahne“, d. h. im Lee der Emissionsquelle, Untersuchungen durchgeführt. Demzufolge lassen sich, auch nur für den Bereich, der von der während der Untersuchung herrschenden Windrichtung abhängt, geruchsspezifische Aussagen ableiten. Bei der Fahnenmessung werden z. B. fünf Probanden quer zur Windrichtung in der Fahne verteilt, wobei die äußeren möglichst am Fahnenrand positioniert werden. Werden diese Messungen, z. B. in drei Entfernungen von der Quelle durchgeführt, lässt sich aus der Abnahme der Häufigkeiten und der Intensitäten sehr zuverlässig die aktuelle Geruchsschwellenentfernung ermitteln, die definitionsgemäß dort liegt, wo eine Häufigkeit von 10 % überschritten wird. Das ist im Allgemeinen auch die Entfernung, in der nahezu nur noch sehr schwache Gerüche wahrgenommen werden. Die Fahnenmessung kann für die von einer bestimmten Geruchsquelle verursachten Geruchsimmissionen sowohl Häufigkeiten als auch Intensitäten liefern.

8.6.4 Biologische Abluftreinigung

Die Anwendung der biologischen Abluftreinigung auf dem Gebiet der Abfallbehandlung hat eine lange Tradition. Vermutlich schon in prähistorischer Zeit schütteten die Menschen auf ihre Abfallgruben Erde, um damit unangenehme Gerüche der Abfälle zu vermeiden. Der Weg bis zu den heute bekannten Verfahren war jedoch noch weit. Es ist jedoch bezeichnend, dass auch die ersten technischen Anlagen im Bereich der Abfallbehandlung installiert und weiterentwickelt wurden. Das erste in der Literatur erwähnte Biofilter wurde nämlich auf einem Kompostwerk in der Schweiz eingesetzt [91]. Hier kam noch Erde als Filtermaterial zur Anwendung. Im Kompostwerk Duisburg-Huckingen wurden (1966) selbst erzeugte Komposte als Filtermaterial eingesetzt [92]. Das erste Patent zur absorptiven Abluftreinigung mit Hilfe von Biowäschern wurde schon 1934 angemeldet [93].

Anwendungen des Biowäscherverfahrens in der Abfalltechnik kamen jedoch erst einige Jahrzehnte später.

Grundlagen der biologischen Abluftreinigung

Die Einsatzmöglichkeiten der biologischen Verfahren sind vor allem dort zu sehen, wo Abluft mit kleineren Schadstoffkonzentrationen gereinigt werden muss. Dies können organische Verbindungen wie beispielsweise Lösungsmittel oder geruchsintensive Gemische sein. Auch anorganische Komponenten wie Ammoniak und Schwefelwasserstoff können entfernt werden.

Um ausreichende Abbaugeschwindigkeiten zu erhalten, müssen folgende Bedingungen erfüllt sein:

- die Abluftinhaltsstoffe sind wasserlöslich
- die Abluftinhaltsstoffe sind biologisch abbaubar
- die Ablufttemperaturen liegen zwischen 5 ° und 60 °C
- die Abluft enthält keine toxischen Substanzen

Wie bei der biologischen Abwasserreinigung erfolgt der Abbau durch Mikroorganismen. Je nach Abluftkomponenten sind daran mehr oder minder zahlreiche Bakterienarten sowie Aktinomyceten und Pilze beteiligt. Alle diese Mikroorganismen sind von einem Wasserfilm umgeben, der für ihre Abbau- und Stoffwechseltätigkeit notwendig ist. Die Abluftinhaltsstoffe müssen demnach zumindest eine gewisse Wasserlöslichkeit aufweisen, um überhaupt zu den abbauenden Mikroorganismen zu gelangen.

Der Abbau selbst führt im günstigen Fall zu einer vollständigen Mineralisation, d .h. zu Kohlendioxid und Wasser. Organische Verbindungen, die Heteroatome wie Stickstoff, Chlor oder Schwefel enthalten (z. B. Amine, chlorierte Kohlenwasserstoffe, Mercaptane) können je nach Wasserlöslichkeit und Abbaubarkeit ebenfalls entfernt werden. Allerdings entstehen dabei mineralische Endprodukte (beispielsweise Nitrat, Salzsäure, Schwefel und Schwefelsäure), die den pH- Wert des Filtermaterials oder Waschwassers verändern und bei höheren Konzentrationen toxisch wirken können. Derartige Produkte entstehen auch bei der biologischen Umsetzung der sehr geruchsintensiven anorganischen Gase Ammoniak und Schwefelwasserstoff. Abgesehen von den hier dargestellten Ausnahmen werden beim Abbau keine Abfallstoffe produziert, die Abluftinhaltsstoffe werden somit nicht in andere Umweltbereiche verlagert, sondern tatsächlich beseitigt.

Wie bei allen mikrobiellen Vorgängen müssen auch hier bestimmte Umweltbedingungen eingehalten werden, die eine Lebenstätigkeit der Mikroorganismen ermöglichen. Dazu gehören für die Mikroorganismen verträgliche Temperaturen (5 °C bis 60 °C) aber auch günstige pH-Bereiche (ca. pH 5 bis pH 8), niedrige Salzkonzentrationen sowie eine ausreichende Versorgung mit Nährstoffen und Spurenelementen (Stickstoff, Phosphor, Kalium, u. a.)

Steigende Temperaturen beschleunigen meist die mikrobielle Abbaugeschwindigkeit, allerdings wird gleichzeitig die Wasserlöslichkeit der Abluftbestandteile verringert. Eine Optimierung der Verfahren durch Temperatursteigerung ist daher nur sehr begrenzt möglich.

Von entscheidender Bedeutung ist weiter der Stoffübergang aus der Gasphase in den Flüssigkeitsfilm bis hin zu den Mikroorganismen. Möglichst große Kontaktflächen sind entscheidend für die Leistungsfähigkeit der Anlagen

Biofilter

Beim Biofilterverfahren sind die Mikroorganismen auf einem festen Filtermaterial angesiedelt. Die Abluft wird durch dieses Material gedrückt, dabei werden die Abluftinhaltsstoffe zunächst sorbiert und anschließend von den Organismen verwertet. Bei der Sorption spielen sowohl Absorptions- als auch Adsorptionsvorgänge eine Rolle. Als Filtermaterialien werden derzeit eingesetzt:

- verschiedene Komposte (Rindenkompost, Grünschnittkompost)
- gerissenes Wurzelholz
- gehäckseltes Holz und Rinde
- Fasertorf, Kokosfasern
- inerte Zuschlagstoffe mit Blähton, Lavabims, Polystyrol u. a.
- sowie Mischungen aus diesen Materialien.

Die zusätzlich notwendigen anorganischen Nährstoffe wie Stickstoff, Phosphor etc. finden sich z. T. in ausreichender Menge in den Filtermaterialien. Bei überwiegend inerten Materialkomponenten oder hohen Abluftkonzentrationen müssen diese Nährstoffe jedoch zusätzlich zugegeben werden.

Der Aufbau eines einfachen Biofilters geht aus Abb. 8.61 hervor. Die Filterschicht wird je nach Filtermaterial und Abluftkomponenten auf eine Höhe von 0,8 m bis maximal 3,0 m aufgeschüttet. Auch der Druckverlust ist vom Filtermaterial (und natürlich auch vom Volumenstrom) abhängig. Im Allgemeinen ist mit spezifischen Druckverlusten von ca. 500 bis 2000 Pa je Meter Filterhöhe zu rechnen. Die Verweilzeiten der Abluft in der

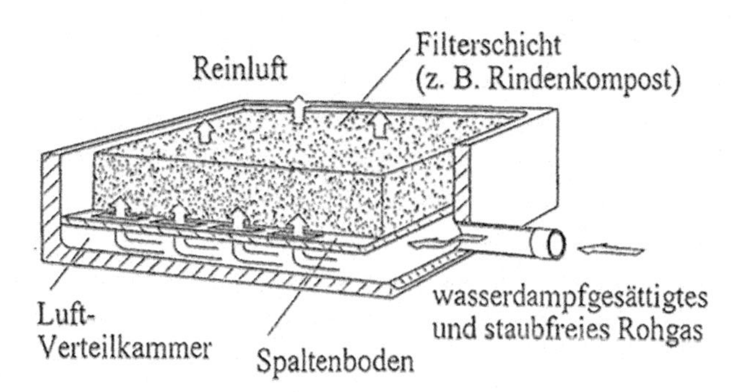

Abb. 8.61 Aufbau eines Biofilters nach [94]

Filterschicht liegen meist bei wenigen Sekunden bis zu ca. 30 s bei schlecht wasserlöslichen oder schlecht abbaubaren Stoffen. Durch den intensiven Kontakt der Abluft mit dem feuchten Filtermaterial ist die Luft wasserdampfgesättigt, wenn sie das Filter verlässt. Dadurch können im Filter sehr schnell Austrocknungserscheinungen auftreten, was zu Rissen und Spalten und damit zu einer inhomogenen Verteilung der Abluft führen kann. Die Wirkung des Biofilters wird demnach ganz wesentlich von einer sorgfältigen Überwachung und Regelung der Feuchtigkeit beeinflusst. Im Allgemeinen wird die zu behandelnde Rohluft mit Hilfe eines Wäschers schon vor Eintritt in das Biofilter befeuchtet.

Die Dimensionierung eines Biofilters wird hauptsächlich von der Abluftzusammensetzung bestimmt. Bei geruchsintensiver Abluft wird der Filter so ausgelegt, dass eine Raumbelastung von ca. 100 bis 250 m^3 Abluft je m^3 Filtermaterial und Stunde eingehalten wird. Aus diesen Zahlen wird ersichtlich, dass Biofilter beträchtliche Dimensionen annehmen können. Zur Reinigung von 100.000 m^3/h Abluft sind demnach Filtervolumina von ca. 1000 m^3 notwendig.

Um den erforderlichen Platz zu verringern, werden Biofilter auch als

- Hochfilter auf Flachdächern
- geschlossene Containerfilter (stapelbar)

ausgeführt.

Biowäscher und Rieselbettreaktoren

Der Biowäscher beruht auf dem seit vielen Jahrzehnten bewährten Verfahren der biologischen Abwasserreinigung. In einem vorausgehenden Schritt erfolgt die Absorption der Abluftinhaltsstoffe in der Wäscherflüssigkeit. Hierzu werden die aus der Verfahrenstechnik bekannten Wäschervarianten eingesetzt.

In den Abb. 8.62 und 8.63 werden die beiden Varianten des Biowäscher-Verfahrens dargestellt.

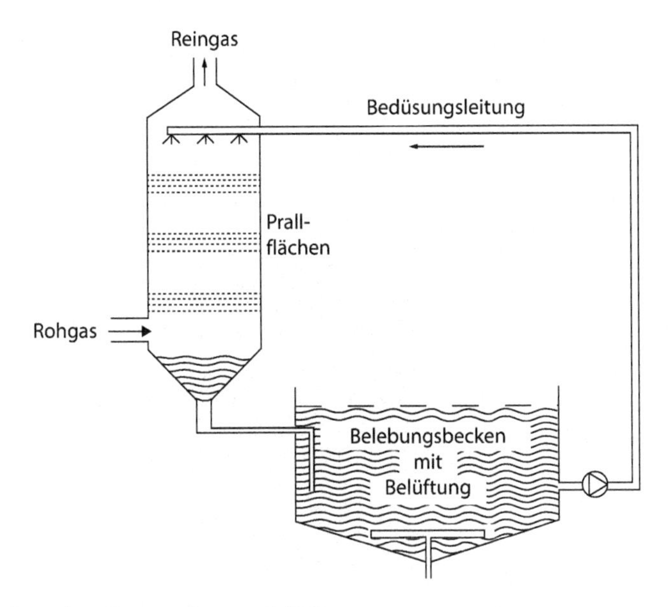

Abb. 8.62 Aufbau eines Biowäschers nach [95]

Beim Rieselbettreaktor besiedeln die Mikroorganismen die Füllkörper und werden gleichzeitig mit Kreislaufwasser berieselt. Absorption und Abbau der gelösten Stoffe findet hier also am selben Ort statt.

Diese beiden Vorgänge werden beim Biowäscher nach dem Belebungsverfahren getrennt. Das Waschwasser-Mikroorganismen-Gemisch wird bei dieser Variante mit Düsen fein versprüht. Zusätzliche Prallflächen sorgen für weitere Kontaktflächen mit der Abluft. Der Abbau der gelösten Stoffe findet hier in einem separaten Belebungsbecken statt, das entsprechend der Abbaugeschwindigkeit dimensioniert werden muss. Die Mikroorganismen im Belebungsbecken müssen mit Sauerstoff versorgt werden, durch die hierzu notwendige Belüftung können Abluftstoffe wieder desorbiert werden. Die Abluft aus dem Belebungsbecken wird deshalb meist ebenfalls dem Biowäscher zugeführt.

Die ausreichende Nährstoffversorgung des Biowäschers muss für einen ordnungsgemäßen Betrieb sichergestellt und regelmäßig kontrolliert werden. Bei gut wasserlöslichen und abbaubaren Substanzen sind die Dimensionen des Biowäschers erheblich geringer als die des Biofilters. Investitionskosten und vor allem Betriebskosten liegen jedoch deutlich höher, vor allem auf Grund der hohen Kreislauf-Wassermenge.

Die Gasgeschwindigkeiten in Biowäschern liegen meist bei 1 bis 3 m/s, die Berieselungsdichten betragen etwa 10 bis 30 $m^3/m^2.h$, bezogen auf die Querschnittsfläche des Wäschers. Je nach Wäscherausführung und Abluftzusammensetzung kann von einem Wasser-Luft-Verhältnis von 1 zu 1000 bis 1 zu 300 ausgegangen werden. Das bedeutet, dass zur Reinigung von 10.000 m^3/h Abluft beispielsweise eine Wassermenge von 10 bis 33 m^3/h umgepumpt werden muss.

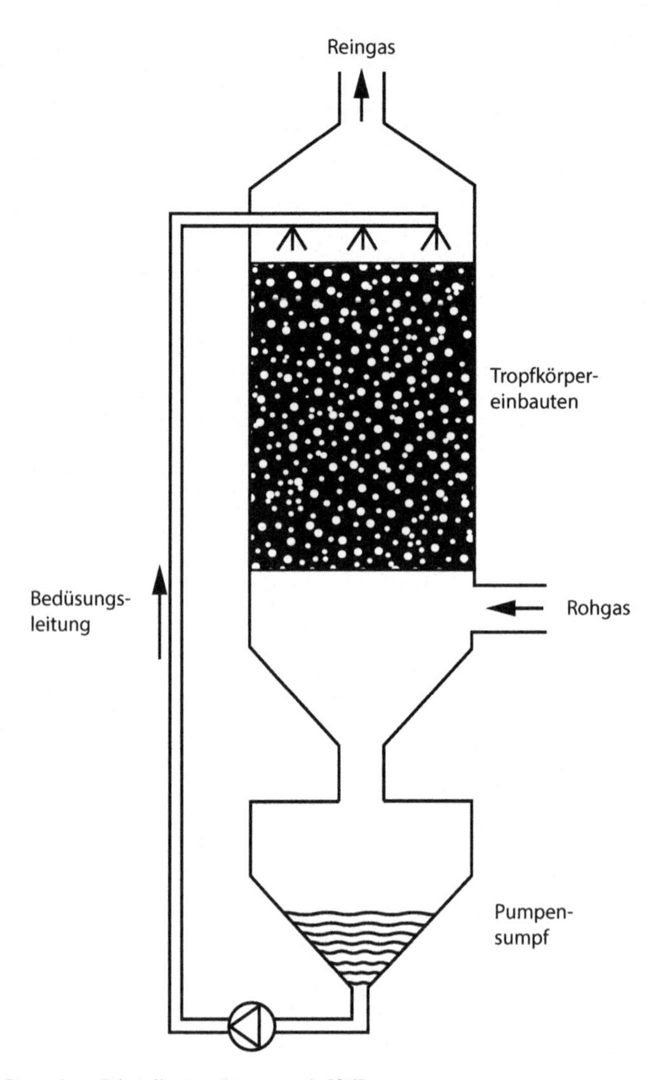

Abb. 8.63 Aufbau eines Rieselbettreaktors nach [96]

Anwendungsgebiete im Bereich der Abfallbehandlung

Entsprechend den Voraussetzungen für die biologische Abluftreinigung wie sie im vorangegangenen Kapitel geschildert wurden, gibt es bei der Abfallbehandlung einige Bereiche, die für die Anwendung dieser biologischen Verfahren gut geeignet sind. Vor allem können dies stark geruchsbeladene Abluftströme sein, wie sie z. B. bei Kompostierungs- und Vergärungsanlagen, bei Annahmebunkern und Zwischenlagern, bei Umschlagstationen und Sortieranlagen auftreten können. Auch zur Behandlung von Deponieemissionen können Biofilter eingesetzt werden. Anhand einiger Beispiele aus der Praxis soll dies verdeutlicht werden.

Tab. 8.17 Typische Geruchsstoffkonzentrationen bzw. Geruchspegel in verschiedenen Bereichen eines größeren Kompostwerks

	Geruchsstoffkonzentration in GE_E/m^3	**Geruchspegel in dB_{od}**
Bunkerhalle (Anlieferung)	100–500	20–27
Aufbereitung (Zerkleinern und Trennen)	100–500	20–27
Belüftete Kompostmieten (Hallenluft in eingehauster Kompostierung)	1000–10.000	30–40
Druckbelüftete Kompostmieten (Mietenoberfläche je nach Mietenalter)		
Frische Miete	1000–20.000	30–43
Alte Miete	300–1000	25–30
Mietenabsaugung	5000–50.000	37–47
Feinaufbereitung	100–500	20–27
Nachrotte/Kompostlager	20–200	13–23
Verkehrsflächen	20–200	13–23
Biofilter Reinluft	100–300	20–25

Biofilter bei der Kompostierung

Im Bereich eines Kompostwerks existieren zahlreiche potentielle Emissionsquellen (s. Tab. 8.17). Entlang des Weges des Abfalls von der Anlieferung bis zum fertigen Kompost, lassen sich folgende Geruchsquellen aufzählen:

- Anlieferung des Bioabfalls, Bunker
- Sortierung, Siebung, Zerkleinerung
- Mischtrommeln
- Haupt- bzw. Intensivrotte
- Umsetzvorgänge
- Austrag des reifen Komposts
- Nachrotte und Kompostlager

Weiter können Gerüche von den Kompostsickerwässern, aus Schachtdeckeln und von verschmutzten Verkehrsflächen ausgehen. Die stärksten Emissionen entstehen beim eigentlichen Kompostierungsvorgang, also hauptsächlich während der Haupt- bzw. Intensivrotte.

Beim Abbau der Abfallstoffe werden von den Mikroorganismen neben den üblichen Zwischenprodukten des Stoffwechsels auch Geruchsstoffe abgegeben. Sowohl beim aeroben Abbau, insbesondere aber beim anaeroben Abbau werden zahlreiche leichtflüchtige Stoffe freigesetzt, die in der Summe den charakteristischen Kompostgeruch ergeben.

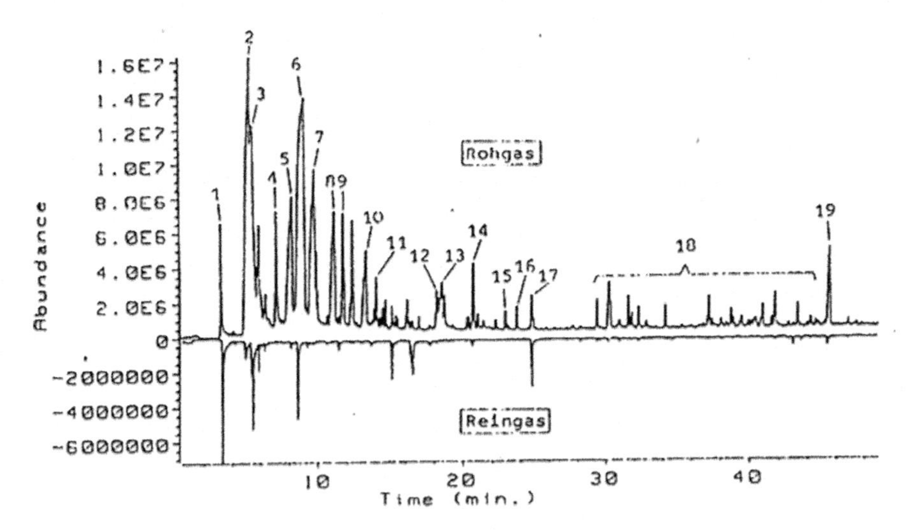

Abb. 8.64 Gaschromatographisch/massenspektrometrische Analyse von Kompostabluft (Mischmüllkompostierung) vor und nach Behandlung mit einem Biofilter

Die Zusammensetzung der Kompostierungsabluft ist von der Art des Abfalls und vom Zustand der Rotte abhängig. Folgende Verbindungen und Verbindungsklassen wurden u. a. bisher gefunden:

- Alkohole
- Ketone
- Ester
- organische Säuren
- aromatische Kohlenwasserstoffe
- organische Schwefelverbindungen
- Ammoniak und Amine
- Schwefelwasserstoff

Die Konzentrationen der Verbindungen liegen maximal bei einigen mg/m³, viele Stoffe kommen nur in wenigen µg/m³ vor. Die Gesamtkonzentration liegt meist im Bereich von 10 bis 100 mg/m³ organischer Kohlenstoff (FID-Messung). Lediglich Methan kann in höheren Konzentrationen auftreten und damit auch die Gesamt-C-Konzentration erhöhen, falls ungewollte anaerobe Vorgänge stattfinden.

Die Wirkung der biologischen Abluftreinigung mit Biofiltern zeigt Abb. 8.64, in der die Abluft eines Kompostwerks vor und nach der Behandlung mit Biofilter mittels Gaschromatographie genau untersucht wurde. Ein Großteil der Rohgaskomponenten ist nach dem Biofilter nicht mehr zu finden.

Die Einzelstoffe der Rohgasanalyse sind nach oben, die Werte nach der Behandlung im Biofilter (Reingas) sind nach unten aufgetragen. Die Reingaswerte sind sehr klein, sie wurden zusätzlich verstärkt (Faktor 4) um sie besser sichtbar zu machen.

Bei zentralen gekapselten Kompostanlagen wird der Großteil der Emissionen innerhalb der Anlage gefasst und dem Biofilter zugeführt. Bei richtig dimensionierten und gut gewarteten Biofiltern ist nach der Biofilteranlage kein Rohgasgeruch (d. h. keine Kompostabluft) mehr wahrnehmbar. Eingehende Untersuchungen der Landesanstalt für Immissionsschutz in Essen haben gezeigt, dass in diesem Fall die aus dem Biofilter austretende Abluft nur noch über kurze Distanzen wahrgenommen werden kann. Es wird deshalb vorgeschlagen, den Abluftstrom des Biofilters unter bestimmten Voraussetzungen nicht mehr bei Ausbreitungsrechnungen zu berücksichtigen. Unter diesen Gesichtspunkten ist davon auszugehen, dass große zentrale Kompostanlagen für die Umgebung sogar weniger belastend sein können, als kleinere dezentrale Anlagen.

Voraussetzung ist natürlich eine intelligent und wirksam gestaltete Ablufterfassung und eine sehr effektive Biofilteranlage.

Biofilter bei der Vergärung

Bei der anaeroben Behandlung von Bioabfällen findet der hauptsächliche Abbauvorgang in geschlossenen Reaktoren statt. Insofern entfallen gegenüber der Kompostierung alle Emissionsströme, die dort zur Belüftung der Intensivrotte dienen. Allerdings gibt es im Bereich

- der Annahme und Aufbereitung
- der Entwässerung
- und der aeroben Nachbehandlung

geruchsintensive Abluftströme, die ebenfalls mit Biofiltern oder Biowäscher behandelt werden. Insbesondere der Aerobisierungsschritt, d. h. die Belüftung und Nachbehandlung der Gärreste birgt ein beträchtliches Geruchspotential.

Inwieweit sich die verschiedenen anaeroben Verfahrensvarianten – mesophil/thermophil, Trocken- bzw. Nassfermentation, einstufig/mehrstufig – auf die gasförmigen Emissionen auswirken, ist derzeit nicht bekannt. Es steht jedoch fest, dass die Abluftmengen im Vergleich zu Kompostanlagen gleicher Durchsatzleistung kleiner sind und dass sie sich mit richtig dimensionierten Biofilteranlagen ohne weiteres behandeln lassen.

Kombination von Biowäscher und Biofilter

Biowäscher und Rieselbettreaktoren kommen zur Behandlung von Abluft aus Abfallanlagen praktisch nur in Kombination mit Biofiltern zur Anwendung. Eine ausschließliche Behandlung mit Biowäscher wird – soweit bekannt – nirgendwo praktiziert.

Durch die Kombination der beiden Verfahren können die Emissionswerte u. U. weiter gesenkt und eine größere Betriebssicherheit erreicht werden. Die zusätzlichen Investitionen für den (immer!) dem Biofilter vorgeschalteten Biowäscher halten sich insofern in Grenzen, als ein Wäscher zur Vorbefeuchtung der Abluft ohnehin benötigt wird. Tabelle 8.18 zeigt den Vergleich Biofilter/Biowäscher bei der Behandlung von Kompostabluft. Hierbei muss beachtet werden, dass beim Biowäscher-Rieselbettreaktor sehr niedrige Belastungen bzw. sehr hohe Verweilzeiten eingestellt wurden.

Tab. 8.18 Vergleich Biofilter/Biowäscher bei der Reinigung von Kompostabluft (beim Biowäscher wurde ein Rieselbettreaktor im Pilotmaßstab eingesetzt)

Biofilter-Flächenfilter	
Behandelte Abluftmenge	100.000 m^3/h
Belastung	100–150 $m^3/m^3 \cdot h$
Rohgaskonzentration	5000–50.000 GE_E/m^3
Reingaskonzentration	100–300 GE_E/m^3
Wirkungsgrad	96–99 %
Biowäscher-Rieselbettreaktor	
Behandelte Abluftmenge	1300 m^3/h
Flüssigkeits- Gas- Verhältnis	7,5 l/m^3
Verweilzeit der Gase im Wäscher	10–20 s
Rohgaskonzentration	5000–50.000 GE_E/m^3
Reingaskonzentration	500–1000 GE_E/m^3
Wirkungsgrad	90–98 %

Messungen in Kompostwerken mit Kombination Biowäscher/Biofilter zeigen, dass im realen Betrieb der Wirkungsgrad des Biowäschers deutlich niedriger liegt. Üblicherweise werden Wirkungsgrade von 50 bis 60 % erreicht.

Biowäscher und Rieselbettreaktoren benötigen deutlich weniger Fläche als Biofilter. Die Investitionskosten sind von der Ausführung der Anlagen abhängig, dürften sich aber nicht wesentlich von Biofiltern unterscheiden. Allerdings benötigen Biowäscher etwas mehr Wartung und verursachen, vor allem aufgrund des Waschwasserumlaufs, deutlich höhere Betriebskosten.

Erfahrungen mit Biowäschern/Rieselbettreaktoren zur Reinigung von Kompostabluft liegen bisher nur wenige vor. Im folgenden Abschnitt werden die Ergebnisse dargestellt, die mit Biofiltern bzw. Biowäschern erreicht werden konnten.

Es fällt auf, dass die beim Rieselbettreaktor erzielten Reingaskonzentrationen im Vergleich zum Biofilter relativ hoch waren, obwohl die Auslegung des Reaktors bezüglich Verweilzeit und Waschwassermenge überaus günstig war.

Biologische Abluftreinigungsverfahren sind zur Reinigung von Kompostabluft gut geeignet. Biofilter sind für diesen Zweck erprobt und weit verbreitet. Bei richtiger Auslegung, guter Rohluftverteilung und ausreichender Wartung lassen sich Reinluftkonzentrationen zwischen 200 bis 500 GE_E/m^3 erzielen.

Bei Biowäschern und Rieselbettreaktoren gibt es bisher nur wenige Erfahrungen. Die Ergebnisse der Pilotversuche deuten darauf hin, dass mit diesen Verfahren keine niedrigen Reingaswerte erreicht werden können. Das Biowäscher- Verfahren ist daher eher zur Vorbehandlung hoch belasteter Abluft geeignet. Als zweite Stufe sollte dann ein Biofilter folgen.

Grenzen der biologischen Abluftreinigung

Die Grenzen der verschiedenen Verfahren ergeben sich vor allem aus den begrenzten Möglichkeiten der Mikroorganismen und des physikalischen Stoffübergangs. Bei den bisher aufgeführten Beispielen handelt es sich hauptsächlich um Abluftkomponenten biogenen Ursprungs, die befriedigend bis sehr gut mikrobiell abbaubar sind und gleichzeitig eine gute Wasserlöslichkeit aufweisen (mit wenigen Ausnahmen). Diese Abluftarten sind damit geradezu prädestiniert für die Anwendung der biologischen Abluftreinigung.

Ein generelles Problem des Biofilterverfahrens ist der große Platzbedarf. Biowäscher sind erheblich kompakter, kommen aber aus den geschilderten Gründen nicht für eine alleinige Behandlung von z. B. Kompostabluft in Frage. Eine deutliche Verringerung der benötigten Flächen kann durch Containerfilter erreicht werden, die auf Dachflächen eingesetzt oder auch mehrfach gestapelt werden können.

Fragen zu Kap. 8

Fragen zu Kapitel 8.2

1. Was ist Kompostierung?
2. Welche Gruppen von Mikroorganismen, mit welchen Funktionen und unter welchen Milieubedingungen sind für die Kompostierung von Bedeutung?
3. Welche Faktoren sind besonders bedeutsam für den Rotteprozess? Welche hiervon sind üblicherweise die limitierenden?
4. Woher rührt die Selbsterhitzung bei der Kompostierung?
5. Wie sieht der typische Temperaturverlauf bei der Kompostierung aus?
6. Welches sind die wesentlichen Rahmenbedingungen bei der Eigenkompostierung?
7. Wie ist eine Bioabfallkompostierungsanlage üblicherweise aufgebaut? Welche Funktionen haben die einzelnen Verfahrensschritte?
8. Wie wird die Belüftungsrate für Rotteverfahren zur Dimensionierung berechnet?
9. Wie werden Rottesysteme dimensioniert?
10. Kann der Kompostierungsvorgang durch Zuschlagstoffe verkürzt werden?
11. Warum muss bei der Boxenkompostierung der Kompost während der Intensivrotte nicht gewendet werden?
12. Welche Störstoffe können mit einem Magnetscheider abgetrennt werden?
13. Welche Störstoffe können mit einem Windsichter abgetrennt werden?
14. Warum muss Bioabfall vor der Kompostierung zerkleinert werden?
15. Kann das Abwasser aus der Kompostierung auch zur Befeuchtung verwendet werden?

Fragen zu Kapitel 8.3

16. Welche Faktoren beeinflussen den Anaerobprozess und wie wirken sie sich auf die Auslegung des Prozesses?

17. Welche Massenbilanzen sind maßgeblich für die Bemessung der Vergärungsreaktoren? Welche Bedingungen müssen in der Bemessung erfüllt werden?
18. Die hochwertige Verwertung von Bioabfall sieht mehrere Behandlungsschritte vor: Welche?

Fragen zu Kapitel 8.4

19. Was wird unter Frischkompost, was unter Fertigkompost verstanden?
20. Welche Qualitätskriterien sollen Bioabfallkomposte erfüllen?
21. Wo sind die Qualitätskriterien für Bioabfallkomposte festgelegt?
22. Wie verläuft das Prüfverfahren der Gütesicherung?
23. Für welche anderen Produkte aus dem Bereich biologischer Abfälle und Schlämme existieren Gütersicherungssysteme?

Fragen zu Kapitel 8.5

24. Welche Aufgaben soll eine MBA erfüllen?
25. Welche grundsätzlichen Verfahren von MBA werden derzeit eingesetzt?
26. Wie verändern sich Atmungsaktivität und Gasbildungsrate in Abhängigkeit von Rotteverfahren und Rottezeit bei der aeroben Restabfallbehandlung?
27. Welche Stoffe können bei einer MBA gewonnen werden?
28. Welche Emissionen entstehen bei einer MBA?
29. Warum sind bei einer MBA andere Emissionen zu erwarten als bei einer Kompostierung von Bioabfällen?
30. Wie können die Emissionen einer MBA reduziert werden?
31. Welche Vorteile bringt die Behandlung durch eine MBA im Vergleich mit einer Deponierung von unbehandelten Abfällen?

Fragen zu Kapitel 8.6

32. Was wird unter einer europäischen Geruchseinheit verstanden?
33. Welche Emissionen sind bei der Kompostierung zu erwarten?
34. Wie können die gasförmigen Emissionen behandelt werden?
35. Mit welcher Kenngröße werden Biofilter dimensioniert?
36. Welche Materialien können als Filtermaterial verwenden werden?
37. Welcher Sensor wird für Geruchsmessungen eingesetzt?

Literatur

[1] BioAbfV (Bioabfallverordnung): Verordnung über die Verwertung von Bioabfällen auf landwirtschaftlich, forstwirtschaftlich und gärtnerisch genutzten Böden. 1998, zuletzt geändert am 05.12.2013
[2] Statistisches Bundesamt, Fachserie 19 Reihe 1, Abfallentsorgung 2012

[3] Henssen, D.: Einführung und Optimierung der getrennten Sammlung und Nutzbarmachung von Bioabfällen – Handbuch. 1. Aufl., Verband der Humus- und Erdenwirtschaft e. V. Aachen & Bundesgütegemeinschaft Kompost e. V. (Hrsg.), Köln, 2009
[4] Krause, P.; Oetjen-Dehne, R.; Dehne, I.: Verpflichtende Umsetzung der Getrenntsammlung von Bioabfällen. Umweltforschungsplan des Bundesministeriums für Umwelt, Naturschutz und Reaktorsicherheit, Forschungskennzahl 3712 33 328, 2014
[5] Seier, H.: 16 Mio. Tonnen bis zum Jahr 2020 erreichbar. EUWID 42, 2013
[6] Kern, M.; Siepenkothen, J.: Potenziale für die Erzeugung von Biogas in der deutschen Abfallwirtschaft, Energie aus Abfall. Band 5, Beckmann, M.; Thomé-Kozmiensky, K. J. TK Verlag, Neuruppin, 2008, S. 495–505
[7] Statistisches Bundesamt (Hrsg.): Erhebung über Haushaltsabfälle 2009. Fachserie 19 Reihe 1, Wiesbaden, 2011
[8] Bundesministerium für Umwelt, Naturschutz und Reaktorsicherheit (Hrsg.): Ökologische Industriepolitik – Nachhaltige Politik für Innovation, Wachstum und Beschäftigung. BMU, Berlin, 2008
[9] Schneider, M.: Steigende Bioabfallmengen und höhere Bioabfallqualitäten – Ein Widerspruch? VHE – Verband der Humus- und Erdenwirtschaft e. V., Vortrag auf der Hamburg T.R.E.N.D., 2011
[10] DÜV (Düngeverordnung): Verordnung über die Anwendung von Düngemitteln, Bodenhilfsstoffen, Kultursubstraten und Pflanzenhilfsmitteln nach den Grundsätzen der guten fachlichen Praxis beim Düngen (Fassung 27.02.2007)
[11] DümV (Düngemittelverordnung): Verordnung über das Inverkehrbringen von Düngemitteln, Bodenhilfsstoffen, Kultursubstraten und Pflanzenhilfsmitteln (Fassung 05.12.2012)
[12] TierNebG: Tierische Nebenprodukte-Beseitigungsgesetz (Fassung 25.01.2004)
[13] Statistisches Bundesamt (Hrsg.): Abfallentsorgung 2012, Fachserie 19 Reihe 1, Wiesbaden, 2014
[14] DESTATIS: Statistisches Bundesamt. https://www.destatis.de (Zugriff 14.12.2015)
[15] Bundesgütegemeinschaft Kompost e.V.: Statistik der Anlagen 2014, BGK, Köln, 2015
[16] EU-Deponierichtlinie: Richtlinie 1999/31/EG des Rates vom 26. April 1999 über Abfalldeponien
[17] Krogmann, U.: Kompostierung. Hamburger Berichte 7. Economica Verlag, Bonn, 1994
[18] Kranert, M.: Freisetzung und Nutzung von thermischer Energie bei der Schlammkompostierung. Stuttgarter Berichte zur Abfallwirtschaft, Band 33, E. Schmidt Verlag, Berlin, 1988
[19] Glathe, H. et al.: Biologie der Rotteprozesse bei der Kompostierung von Siedlungsabfällen. Müll und Abfallbeseitigung, Kennz, 1985, S. 5210–5290.
[20] Haug, R.-T.: The practical handbook of compost engineering. CRC Press LLC, Boca Raton (USA), 1993
[21] Gottschall, R.: Kompostierung. Müller-Verlag, Karlsruhe, 1984
[22] Pfirter, A. et al.: Kompostieren. Verlag Genossenschaft Migros Aargau/Solothurn, 1982
[23] Jahns, I.: Vergleichende Untersuchung der rottebestimmenden Faktoren bei statischer und semidynamischer Mietenkompostierung. Diplomarbeit, FH Braunschweig/Wolfenbüttel, 1995
[24] Jourdan, B.: Zur Kennzeichnung des Rottegrades von Müll und Müll-Klärschlamm-Komposten. Stuttgarter Berichte zur Abfallwirtschaft, Band 30. E. Schmidt Verlag, Berlin, 1988
[25] Anonym: LAGA M10, Merkblatt der Länderarbeitsgemeinschaft Abfall. Qualitätskriterien und Anwendungsempfehlungen für Kompost, 1995
[26] Golueke, D.-G.: Biological reclamation of solid waste. Rodale Press, Emmaus PA., 1977
[27] Bidlingmaier, W.: Faktoren zur Steuerung der gemeinsamen Kompostierung von Abwasserschlamm mit organischen Strukturmitteln. Stuttgarter Berichte zur Abfallwirtschaft 12, 1980
[28] Jeris, J.; Regan, R.: Controlling environmental parameters for optimum composting. Compost Science 14, 1973, S. 8–15

[29] Bidlingmaier, W.; Denecke, M.: Grundlagen der Kompostierung. Müll-Handbuch, Kennz. 5305, E. Schmidt Verlag, Berlin, Lfg. 11/98, 1998
[30] Schlegel, H.: Allgemeine Mikrobiologie. 5. Aufl., Thieme Verlag, Stuttgart, 1981
[31] Krischer, O.: Trocknungstechnik, Bd. 1. Springer-Verlag, Berlin, 1963
[32] Wiegel, U.: Eigenkompostierung in Kleinkompostern. Müllhandbuch Kennziffer 5640. E. Schmidt Verlag, Berlin, 1988
[33] Anonym: Abfallverwertung – Die Kompostierung organischer Abfälle. Amt für Gewässerschutz und Wasserbau des Kantons Zürich, Zürich, 1984
[34] von Hirschheydt, A.: Wie geht es mit der dezentralen Kompostierung weiter? ANS-Schriftenreihe 11, Wiesbaden, 1988; S. 133–138
[35] Anonym: Vom Grüngut zum Kompost (Leitfaden). Bayerisches Staatsministerium für Landes entwicklung und Umweltfragen, München, 1991
[36] 4. BIMSCHV: Vierte Verordnung zur Durchführung des Bundesimmisionsschutzgesetzes vom 02.05.2013.
[37] Kranert, M.; Gottschall, R.: Grünabfälle – besser kompostieren oder energetisch verwerten? – Vergleich unter den Aspekten der CO2-Bilanz und der Torfsubstitution. EdDE-Dokumentation 11, EdDE e.V., Köln, 2007
[38] Thomé-Kozmiensky, K. J. (Hrsg.): Biologische Abfallbehandlung. EF-Verlag, Berlin, 1995
[39] Kern, M. et al.: Aufwand und Nutzen einer optimierten Bioabfallverwertung hinsichtlich Energieeffizienz, Klima- und Ressourcenschutz. Witzenhausen-Institut für Abfall, Umwelt und Energie GmbH (Hrsg.), Dessau, 2010
[40] Rettenberger, G. et al.: Erfassung des Anlagenbestands Bioabfallbehandlung – „Handbuch Bioabfallbehandlung“. Umweltforschungsplan der Bundesministeriums für Umwelt, Naturschutz und Reaktorsicherheit, Forschungskennzahl 3709 33 343, UBA-FB 001671/1+2, 54/2012, Dessau-Roßlau, 2012. http://www.umweltbundesamt.de/sites/default/files/medien/461/publikationen/4324.pdf, Zugriff 15.01.2016
[41] Schnappinger, U.: Umwelttechnik und Industriebau. E. Schmidt Verlag, Berlin, 1994
[42] Anonym: Anforderungen an Bau und Betrieb von Kompostierungsanlagen. Landesamt für Wasser und Abfall Nordrhein-Westfalen, Düsseldorf, 1992
[43] Ingenieursozietät Abfall: Planungsunterlagen für die Kompostwerke Velsen, Heidenheim, Heidelberg, Augsburg (unveröffentlicht), 1984 bis 1993
[44] Kern, M.; Sprick, W.: Neuere Ergebnisse des Verfahrensvergleichs von Anlagen zur aeroben Abfallbehandlung. In: Wiemer, K.; Kern, M. (Hrsg.): Verwertung biologischer Abfälle. M.I.C. Baeza-Verlag, Witzenhausen, 1994
[45] Jager, J.: Grundlagen für die Kalkulation der Bau- und Betriebskosten von Kompostwerken. Müllhandbuch Kennziffer 5717. Schmidt Verlag, Berlin, 1988
[46] Kern, M.: Grundsätze und Systematik des Verfahrensvergleiches von Kompostierungssystemen. In: Wiemer, K.; Kern, M. (Hrsg.): Biologische Abfallbehandlung. M.I.C. Baeza-Verlag, Witzenhausen, 1993
[47] Meyer, U.: Vergleich der zentralen und dezentralen Kompostierung von Bioabfällen. Müllhandbuch Kennziffer 5740. E. Schmidt Verlag, Berlin, 1995
[48] Müsken, A.; Bidlingmaier, W.: Vergärung und Kompostierung von Bioabfällen. Landesanstalt für Umweltschutz Karlsruhe, 1994
[49] Oetjen-Dehne, R. et al.: Was kostet die biologische Abfallbehandlung? In: Thome-Kozmiensky (Hrsg): Biologische Abfallbehandlung. EF-Verlag, Berlin, 1995
[50] EEG: Gesetz zur grundlegenden Reform des Erneuerbare-Energien-Gesetzes und zur Änderung weiterer Bestimmungen des Energiewirtschaftsrechts. Bundesgesetzblatt Teil I 2014, Nr. 33, S. 1066
[51] Fachverband Biogas e.V.: 2013. [Online]. Available: www.biogas.org, Zugegriffen 21.09.2013

[52] Gesetz zur Neuordnung des Kreislaufwirtschafts- und Abfallrechts. Bundesgesetzblatt Teil I 2012, Nr. 10, 2012, S. 212
[53] Bergs, C.-G.: Weiterentwicklung der Bioabfallverwertung – BioAbfV 2015. In: Kranert, M.; Sihler, A. (Hrsg.): Bioabfallforum 2013, Stuttgart, 2013
[54] Kern, M.; Raussen, T.: Biogas-Atlas 2014/15, Witzenhausen-Institut für Abfall. Umwelt und Energie GmbH, Witzenhausen, 2014
[55] Madigan, M.; Martinko, J.; Parker, J.: Brock biology of microorganisms. 9. Aufl., Prentice Hall, Upper Saddle River, 2000
[56] Bischofsberger, W.; Dichtl, N.; Rosenwinkel, K.-H.; Seyfried, C.-F.; Böhnke, B.: Anaerobtechnik. 2. Aufl., Springer-Verlag, Berlin, 2005
[57] Bauer, P.: Versuche und Grundlagen zur diskontinuierlichen Beschickung von anaeroben Faulanlagen. Diplomarbeit, Universität Stuttgart, Stuttgart, 2012
[58] Eder, B.; Schulz, H.: Biogas Praxis. 3. Aufl., ökobuch Verlag, Freiburg, 2006
[59] Ratkowsky, D.; Lowry, R.; McMeekin, T.; Stokes, A.; Chandler, R.: Model for bacterial culture growth rate throughout the entire biokinetic temperature range. Journal of Bacteriology, 154, Nr. 3, 1983, S. 1222–1226
[60] Braun, R.: Biogas – Methangärung organischer Abfallstoffe: Grundlagen und Anwendungsbeispiele. Springer-Verlag, Wien, 1982
[61] Batstone, D.; Keller, J.; Angelidaki, I.; Kalyuzhnyi, S.; Pavlostathis, S.; Rozzi, A.; Sanders, W.; Siegrist, H.; Vavilin, V.: Anaerobic Digestion Model No. 1. IWA Publishing, London, 2002
[62] Tchobanoglous, G.; Burton, F.; Stensel, H.: Wastewater engineering: treatment and reuse. Metcalf & Eddy, McGraw-Hill, New York, 2003
[63] Fa. BTA: [Online]. Available: www.bta-international.de, Zugegriffen 21.09.2013
[64] RAL-GZ 251, Güte- und Prüfbestimmungen für Kompost. Beuth-Verlag Berlin, RAL, Sankt Augustin, 2007
[65] Bundesgütegemeinschaft Kompost e.V. Zusammenstellung BGK, unveröffentlicht, Köln, 2009
[66] Mitteilungen der Bundesgütegemeinschaft Kompost vom Dezember 2015
[67] RAL-GZ 245, Güte- und Prüfbestimmungen für Kompost. Beuth-Verlag Berlin, RAL, Sankt Augustin, 2007
[68] RAL-GZ 246, Güte- und Prüfbestimmungen für Gärprodukte. Beuth-Verlag Berlin, RAL, Sankt Augustin, 2007
[69] BGK e.V.: www.kompost.de à Gütesicherung à Gütesicherung AS-Humus. http://www.kompost.de/index.php?id=27&L=0a0002148Humuswirtschaft%252525202525253Es.jpgtails (Zugriff 05.11.2014)
[70] BGK e.V.: www.kompost.de à Gütesicherung à Gütesicherung AS-Dünung. http://www.kompost.de/index.php?id=907&L=0a0002148Humuswirtschaft%252525202525253Es.jpgtails (Zugriff 05.11.2014)
[71] Doedens, H.; Fricke, K.; Gallenkemper, B.; Ketelsen, K.; Radde, A.; Remde, B.: MBA und das Ziel 2020. Müll und Abfall, 03/2006, S. 120-132
[72] ASA: Stille Reserven - Abfall - Ressourcen für die Zukunft. http://www.asa-ev.de/fileadmin/asa.medien/imagebroschuere/Imagebroschuere_ASA_stille_Reserven_D.pdf. Zugriff 21.03.2016
[73] Fricke, K. et al.: Stabilisierung von Restmüll durch mechanisch-biologische Behandlung und Auswirkungen auf die Deponie. BMBF-Verbundvorhaben „Mechanisch-biologische Vorbehandlung von zu deponierenden Abfällen", Teilvorhaben 2/1, 1999
[74] Ketelsen, K. et al.: Vergleich von Konzepten für die biologische Stufe von MBA. In: LASU. 9. Münsteraner Abfallwirtschaftstage, Münsteraner Schriften zur Abfallwirtschaft, Münster, 2005

[75] Turk, T. et al.: Nachrüstung von MBA durch Vorschaltung von Vergärungsanlagen. In: Wiemer, K.; Kern, M. (Hrsg.): Bio- und Sekundärrohstoffverwertung III. Witzenhausen-Institut, 2008, S. 606–616
[76] Doedens, H. et al.: Status der MBA in Deutschland. In Kooperation mit Leichtweiß-Institut der TU Braunschweig, Institut für Siedlungswasserbau, Wassergüte- und Abfallwirtschaft, Univ. Stuttgart, iba Ingenieurbüro für Abfallwirtschaft und Energietechnik GmbH, INFA Institut für Abfall, Abwasser und Infrastruktur-Management GmbH, 2007
[77] Verbücheln, M. et. al: Strategie für die Zukunft der Siedlungsabfallentsorgung (Ziel 2020). Umweltbundesamt, UFOPLAN 2003, FuE-Vorhaben 201 32 324 (2003). Zugriff 28.09.2015
[78] SRU: Umweltgutachten des Sachverständigenrats für Umweltfragen, 2008
[79] Schön, M.; Hübner, R.: Geruch. Vogel-Verlag, Würzburg, 1996
[80] VDI 3884 Blatt 1 Olfaktometrie – Bestimmung der Geruchsstoffkonzentration mit dynamischer Olfaktometrie – Ausführungshinweise zur Norm DIN EN 13725, 2015
[81] Anonym: VDI -Richtlinie 3882 Blatt 1 Olfaktometrie – Bestimmung der Geruchsintensität, 1992
[82] Anonym: VDI-Richtlinie 3940, Bestimmung von Geruchsstoffimmissionen durch Begehungen – Bestimmung der Immissionshäufigkeit von erkennbaren Gerüchen – Rastermessung, 2006
[83] VDI 3883 Blatt 2 Wirkung und Bewertung von Gerüchen; Ermittlung von Belästigungsparametern durch Befragungen; Wiederholte Kurzbefragung von ortsansässigen Probanden, 1993
[84] VDI 3883 Blatt 2 Wirkung und Bewertung von Gerüchen; Ermittlung von Belästigungsparametern durch Befragungen; Wiederholte Kurzbefragung von ortsansässigen Probanden, 1993
[85] VDI 3883 Blatt 3 Wirkung und Bewertung von Gerüchen – Konfliktmanagement im Immissionsschutz – Grundlagen und Anwendung am Beispiel von Gerüchen, Beuth Verlag, Düsseldorf, 2014
[86] VDI 3883 Blatt 4 Wirkung und Bewertung von Gerüchen – Vorgehen bei der Bearbeitung von Nachbarschaftsbeschwerden wegen Geruch, 2015
[87] Luftbeschaffenheit – Bestimmung der Geruchsstoffkonzentration mit dynamischer Olfaktometrie; Deutsche Fassung EN 13725:2003
[88] Luftbeschaffenheit – Bestimmung der Geruchsstoffkonzentration mit dynamischer Olfaktometrie; Deutsche Fassung EN 13725:2003, Berichtigungen zu DIN EN 13725:2003-07; Deutsche Fassung EN 13725:2003/AC:2006
[89] VDI 3880 Olfaktometrie – Statische Probenahme, 2011
[90] Anonym: VDI-Richtlinie 3790, Umweltmeteorologie – Emissionen von Gasen, Gerüchen und Stäuben aus diffusen Quellen – Grundlagen, 2005
[91] Fischer, K.: Biofilter: Aufbau, Verfahrensvarianten, Dimensionierung. In: Biologische Abluftreinigung. Expert-Verlag, Ehningen, 1990
[92] Eitner, D.: Biofilter in der Praxis. In: Biologische Abluftreinigung. Expert-Verlag, Ehningen, 1990
[93] Anonym: Patent Biowäscher, 1934
[94] Anonym: VDI-Richtlinie 3477, Biologische Abgasreinigung, Biofilter, 2004
[95] Anonym: VDI-Richtlinie 3478, Blatt1 Biologische Abgasreinigung, Biowäscher, 2008
[96] Anonym: VDI-Richtlinie 3478, Blatt 2 Biologische Abgasreinigung, Rieselbettreaktoren, 2008

Thermische Verfahren 9

▶ **Definition** Bei allen thermischen Verfahren zur Abfallbehandlung wird der Abfall für eine bestimmte Zeit (Verweilzeit) einer erhöhten Temperatur (Reaktionstemperatur) ausgesetzt. Entsprechend der eingestellten Gasatmosphäre, in der der Prozess abläuft, können verschiedene physikalisch-chemische Grundprozesse (⇒ vgl. Abschn. 9.2) unterschieden werden. Bei den meisten Verfahren wird der Abfall in ausreichender überstoichiometrischer Luftatmosphäre oxidiert, d. h. verbrannt.

9.1 Zielsetzung der thermischen Abfallbehandlung

- Die Zielsetzung der thermischen Abfallbehandlung ist seit Einführung der Abfallverbrennung in Deutschland im Jahre 1894 (1. Anlage in Hamburg am Bullerdeich) der Schutz der Gesundheit des Menschen und der Umwelt [1]
  - durch Inertisierung der Abfälle bzw. der entstehenden Reststoffe
    Dies geschieht unter erheblicher Volumenreduktion bei der Hausmüllverbrennung bzw. mit starker Massenreduktion bei der Klärschlammverbrennung.
  - durch Schadstoffzerstörung
    Schadstoffe insbesondere auch toxische und hygienisch problematische Stoffe werden bei hoher Temperatur zerstört, z. B. bei der Sondermüll- und Klinikmüllverbrennung [2]
- Zum Zweiten kann mit der thermischen Abfallbehandlung eine wirksame Ressourcenschonung erreicht werden
  - durch Rückstandsverwertung
    Mit speziellen Verfahren z. B. der Pyrolyse [3] können wertvolle Inhaltsstoffe wie Edelmetalle aus Elektronikschrott oder Brom aus Flammschutzmitteln zurück

M. Kranert (Hrsg.), *Einführung in die Kreislaufwirtschaft*,
DOI 10.1007/978-3-8348-2257-4_9

gewonnen werden [4]. Aus Rostaschen der Abfallverbrennung werden Metalle, vor allem Eisenschrott und Aluminium zurück gewonnen, sie enthalten aber auch beachtliche Mengen an anderen Nichteisenmetallen, deren Verwertung mehr und mehr Bedeutung gewinnt [5]. Fallen die Schlacken im Verbrennungsprozess gut gesintert oder aufgeschmolzen an, können sie als Baumaterial eingesetzt werden [6].
  - durch Substitution fossiler Brennstoffe
    Durch energetische Nutzung der Abfälle zur Wärme- oder Stromerzeugung können nennenswerte Mengen fossiler Brennstoffe substituiert werden [7, 8].
- Zunehmend an Bedeutung gewinnt das dritte Ziel: die energetische Abfallverwertung leistet einen Beitrag zum Klimaschutz
  - durch Vermeidung organischer Emissionen
    Bei den thermischen Verfahren wird die Emission von Gasen mit hohem Treibhauspotential wie Methan und FCKW, die bei der Deponierung freiwerden, vermieden [9].
  - durch partiell CO_2-neutrale Energienutzung
    Da ein Großteil der Abfälle biogenen Ursprungs ist (z. B. beim Hausmüll meistens >50 Gew. %) und Abfälle somit einen weitgehend regenerativen Brennstoff darstellen, ist das emittierte CO_2 aus diesem Anteil als klimaneutral zu bewerten [10].

9.2 Grundprozesse der thermischen Abfallbehandlung

Bei der thermischen Abfallbehandlung können vier physikalisch-chemische Grundprozesse unterschieden werden. Dies sind in Abhängigkeit von der Temperatur und Umgebungs- bzw. Behandlungsgasatmosphäre:

- Trocknung
- Pyrolyse
- Vergasung
- Verbrennung

Der Trocknungsvorgang läuft allen anderen thermischen Prozessen voraus und ist ein physikalischer Prozess, bei dem das Wasser aus dem Abfall in das umgebende Gas (meist Luft) ausgetrieben wird. Dieser Vorgang, der in mehreren Stufen abläuft (Austreiben von Oberflächen gebundenem, dann hygroskopisch gebundenem und zuletzt in Mikroporen kapillar gebundenem Wasser), ist bei Atmosphärendruck unterhalb von 150 °C beendet. Die technisch umgesetzten thermischen Prozesse laufen bei höheren Temperaturen ab (Tab. 9.1).

Oberhalb etwa 200–250 °C setzt die Pyrolyse ein, die auch Entgasung oder bei hoher Temperatur Verkohlung genannt wird. Unter Pyrolyse versteht man die thermische Zersetzung von organischem Material unter Ausschluss eines Vergasungsmittels, d. h. der Prozess läuft unter inerter Atmosphäre ab. Pyrolyse-Verfahren erreichen maximale

Tab. 9.1 Thermische Grundprozesse, Reaktionsbedingungen und Hauptprodukte

	Pyrolyse	Vergasung	Verbrennung
Temperatur [°C]	250–700	800–1600	850–1300
Druck [bar]	1	1–45	1
Atmosphäre	Inert/N_2	Vergasungsmedium: O_2, H_2O, Luft	Luft, O_2
Stöchiometrie	0	<1	>1
Produkte:			
Gasphase (Hauptkomponenten)	H_2, CO, N_2, Kohlenwasserstoffe	H_2, CO, CH_4, CO_2, N_2	CO_2, H_2O, O_2, N_2
Feststoff	Asche, Koks	Schlacke	Asche/Schlacke

Temperaturen um 700 °C; Vergasungs- und Verbrennungsverfahren sind bei höheren Temperaturen angesiedelt.

Die Vergasung ist definiert als partielle Umsetzung von organischen Stoffen bei hohen Temperaturen zu gasförmigen Stoffen (Synthesegas) unter Zugabe eines gasförmigen Vergasungsmittels (i. d. R. Luft, Sauerstoff oder Wasserdampf). Die Vergasung kann autotherm ablaufen, dabei wird die erforderliche Temperatur durch Teiloxidation des organischen Stoffes, meist mit O_2 als Oxidationsmittel, erreicht. In diesem Fall stellt die Vergasung eine unterstöchiometrisch ablaufende Verbrennung dar. Wird die Reaktionstemperatur durch externe Wärmezufuhr erreicht, spricht man von allothermer Vergasung.

Bei der Verbrennung wird der organische Stoff vollständig unter Zugabe eines Oxidationsmittels oxidiert (i. d. R. mit Luft oder Sauerstoff).

Die vier Grundprozesse können in eine aufsteigende Prozesshierarchie, ausgehend von der Trocknung über die Pyrolyse gefolgt von der Vergasung bis zur Verbrennung, eingeordnet werden, wobei jeder Grundprozess als Teilprozess der nächst höheren Prozessstufe zu verstehen ist. So impliziert z. B. jedes Verbrennungsverfahren stets die Prozessstufen der Trocknung, Pyrolyse und Vergasung als Teilprozesse und bei jedem Vergasungsverfahren laufen zunächst Trocknungs- und Entgasungsschritte ab [11].

Bei den Hauptreaktionsprodukten unterscheiden sich die Grundprozesse wesentlich. So entsteht bei der Pyrolyse neben dem Permanentgas (vor allem aus H_2, CO und N_2 bestehend) auch eine kondensierbare Fraktion, die als so genanntes Pyrolyseöl auch Kohlenwasserstoffe mit höher siedenden Anteilen (Teere) enthält.

Im Unterschied dazu soll bei Vergasungsverfahren ein möglichst teerfreies Synthesegas erzeugt werden, das im Wesentlichen aus H_2, CO und N_2 besteht. Wird die Vergasung autotherm durchgeführt, ist im Synthesegas auch CO_2 enthalten. Bei der Verbrennung sollen im idealen Fall im Abgas nur Produkte vollständiger Oxidation, d. h. CO_2 und H_2O, sowie N_2 aus der Verbrennungsluft und bei überstöchiometrischer Verbrennung, d. h. mit Luftüberschuss, auch O_2 zu finden sein.

Bei den festen Produkten (Reststoffen) wird bei der Pyrolyse neben inerter Asche auch kohlenstoffhaltiger Koks gebildet, während die Reststoffe bei der Vergasung und Verbrennung idealerweise aus inerten Schlacken oder Aschen bestehen.

9.3 Standardverfahren zur Abfallverbrennung

Den überwiegenden Anteil der thermischen Verfahren stellen die Verbrennungsverfahren. Grundsätzlich besteht ein solches Verbrennungsverfahren aus einem thermischen Hauptverfahren, einer Wärmenutzung und einer meist mehrstufigen Rauchgasreinigung (Abb. 9.1).

Mit der Bilanzierung sowohl einzelner Stufen als auch des Gesamtverfahrens für Masse, Energie und Einzelspezies können gemäß [12] die energetischen Wirkungsgrade bestimmt werden.

Für die Hauptabfallgruppen Hausmüll, Sonderabfall („besonders behandlungsbedürftige Abfälle") und Klärschlamm hat das IPPC Büro (Integrated Pollution Prevention and Control) der EU in so genannten BREFs (Best Reference documents) technische Referenzverfahren zusammengestellt [13].

9.3.1 Hausmüllverbrennung

Nach Daten des Statistischen Bundesamtes [14] wurden in Deutschland im Jahr 2015 ca. 50 Mio. Mg Hausmüll erzeugt, entsprechend einer jährlichen Pro-Kopf-Quote von 610 kg/E·a (Abb. 9.2). Damit liegt Deutschland weit über dem Durchschnitt der 28 EU-Länder von 477 kg/E·a [15].

In Deutschland wurden ca. 24,6 Mio. Mg oder 47,8 % der stofflichen und 9,4 Mio. Mg oder 18,2 % der biologischen Verwertung (Kompostierung oder Vergärung) zugeführt, 16,1 Mio. Mg oder knapp 31,4 % wurden in 69 Müllverbrennungsanlagen mit Energierückgewinnung verbrannt und nur 0,08 Mio. Mg oder 0,2 % wurden deponiert

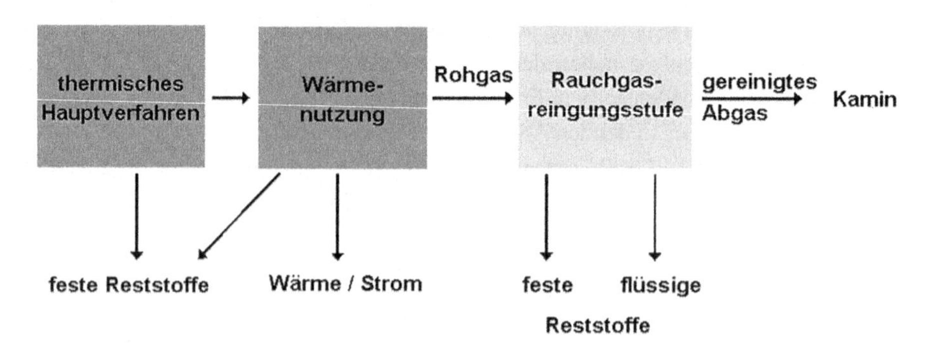

Abb. 9.1 Grundfließbild für Abfallverbrennungsanlagen

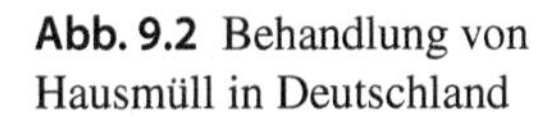

Abb. 9.2 Behandlung von Hausmüll in Deutschland

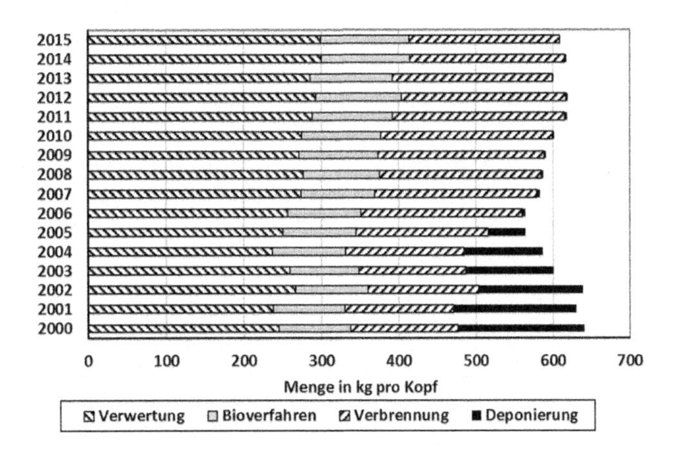

(Abb. 9.2). Seit Juni 2005 ist die Ablagerung unbehandelter Abfälle durch die Deponieverordnung untersagt und bei den deponierten Mengen handelt es sich daher um eine zeitlich begrenzte Zwischenlagerung.

Zum Vergleich: In den 28 EU-Staaten wurden 2015 von den jährlich anfallenden 243 Mio. Mg Siedlungsabfällen nur 28,5 % stofflich verwertet und 16,4 % biologisch behandelt; vom verbleibenden Rest wurden noch 49 % deponiert. In den einzelnen Staaten stellt sich die Situation sehr unterschiedlich dar (Abb. 9.3, linke Grafik) [15].

Während in einigen mitteleuropäischen Staaten und in Skandinavien die Siedlungsabfälle weitgehend verwertet werden und der Restabfall nahezu vollständig verbrannt wird, wird vor allem in den östlichen neuen Mitgliedstaaten der EU ein großer Teil weiterhin direkt deponiert; in einigen Ländern wird bisher keine Abfallverbrennung praktiziert (Abb. 9.3, rechte Grafik).

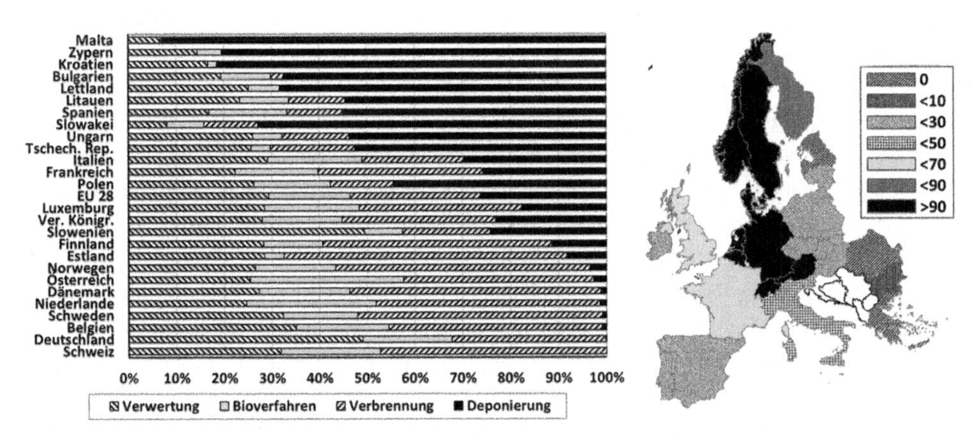

Abb. 9.3 Behandlung von Siedlungsabfällen (links) und prozentualer Anteil der Verbrennung des Restabfalls in Europa im Jahr 2015

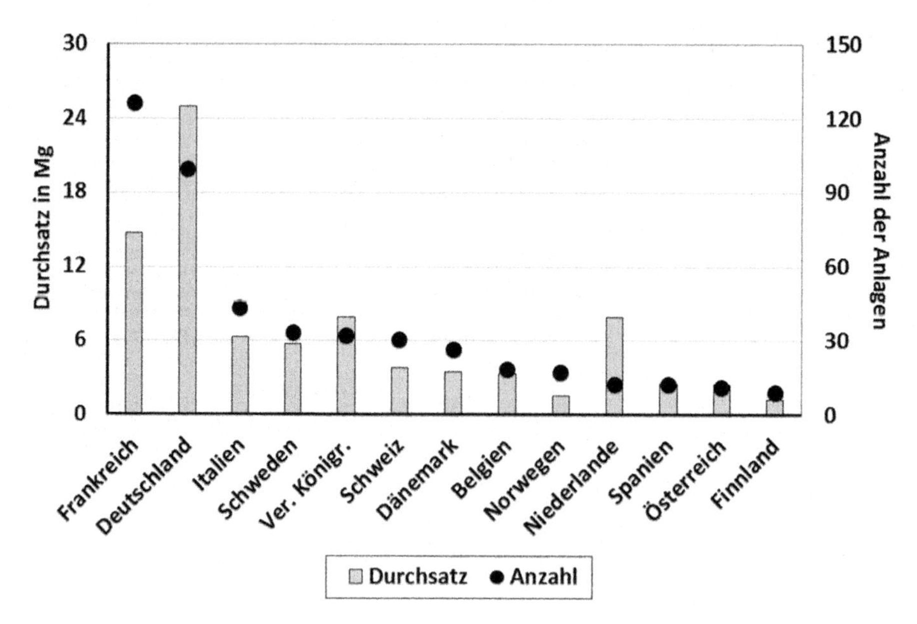

Abb. 9.4 Anzahl und Durchsatz der Hausmüll- und Ersatzbrennstoff-Verbrennungsanlagen in den 13 europäischen Ländern mit der größten Anwendung dieser Technik im Jahr 2014

Nach [16] existierten 2014 in 21 europäischen Ländern insgesamt 481 Anlagen zur Verbrennung von Siedlungsabfällen oder von Ersatzbrennstoffen mit einem Gesamtdurchsatz von 88,5 Mio. Mg/a. Abbildung 9.4 zeigt die Anzahl und den jährlichen Durchsatz dieser Anlagen für die 13 Länder mit der größten Verbrennungskapazität. In diesen Ländern waren insgesamt 468 Anlagen mit einem Durchsatz von 85,8 Mio. Mg in Betrieb.

9.3.1.1 Rostfeuerungskonzept

Hausmüll und hausmüllähnliche Gewerbeabfälle werden überwiegend in Rostfeuerungsanlagen verbrannt [17]. Moderne Anlagen sind auf Durchsätze von ca. 150.000 Mg/a ausgelegt, dies entspricht einer thermischen Leistung von 50–60 MW bei einem mittleren Heizwert von 8–11 MJ/kg. Den typischen Aufbau einer solchen Anlage zeigt Abb. 9.5.

Die Abfälle werden aus dem Müllbunker mit einem Kran über eine Schleuse in den Feuerraum aufgegeben. Der Rost kann aus unterschiedlichen Rostelementen (Stäbe, Walzen, Bänder) aufgebaut und als Balken- oder Walzenrost ausgeführt sein. Er wird von unten mit vorgewärmter Verbrennungsluft durchströmt.

Die Bewegung der Roststäbe bzw. Walzen des Rostes bewirkt den Transport des Abfalls von der Aufgabe (Zuteiler) zum Ascheaustrag. Dabei wird durch die Schürbewegung ein intensiver Kontakt von Brenngut und Verbrennungsluft geschaffen, so dass ein sehr guter Feststoffausbrand auf dem Rost erreicht wird.

Die teilausgebrannten Rauchgase strömen in die Nachbrennkammer, in der durch die Zugabe von Sekundär- und Tertiärluft eine gute Durchmischung von Gas und Verbrennungsluft erzielt wird, so dass bei Temperaturen von 850–950 °C ein vollständiger Ausbrand der Gase gewährleistet wird. Bei Unterschreiten der vom Gesetzgeber geforderten

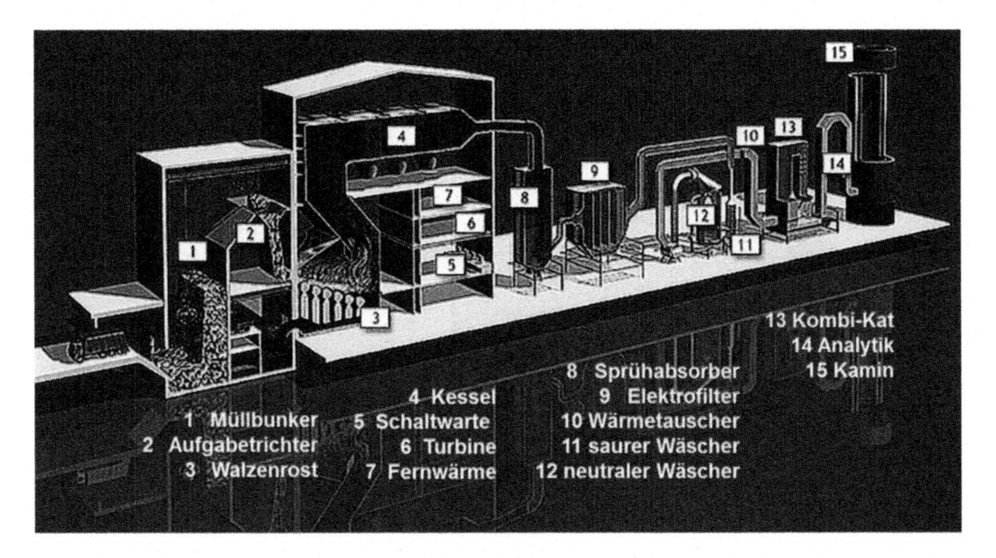

Abb. 9.5 Schema einer Abfallverbrennungsanlage mit Rostfeuerung

Mindesttemperatur (850 °C mit einer Verweilzeit von 2 sec nach der letzten Luftzufuhr) werden in der Nachbrennkammer angeordnete Ölbrenner automatisch zugeschaltet.

Im anschließenden Abhitzekessel wird das Rauchgas auf ca. 200 °C abgekühlt, der erzeugte Dampf wird als Prozess- oder Heizdampf bzw. für die Verstromung genutzt (typische Dampfparameter 40 bar, 350 °C). Nach der Wärmenutzung wird das Gas in einer mehrstufigen, häufig nassen Gasreinigung, jedoch meist mit Eindampfung des Abwassers („abwasserfrei"), gereinigt, bevor es über den Schornstein ins Freie abgeleitet wird.

9.3.1.2 Elemente und Aufbau von Rostfeuerungen

Die Elemente und Grundfunktionen einer Rostfeuerung können am Schnittbild einer solchen dargestellt werden (Abb. 9.6) [18]. Aus dem Müllbunker wird der Abfall in den Trichter der Abfallaufgabe (1) eingefüllt, von wo er über den Zufuhrschacht mittels einer Beschickungseinrichtung, z. B. einem Stößel (2), auf den Rost (4) im Feuerraum (3) transportiert wird. Der Rost wird von unten in mehreren Unterwindzonen (5) von Primärluft (6) durchströmt.

Unmittelbar nach dem Mülleintrag (A) wird der Müll getrocknet und gezündet (B). In der Hauptverbrennungszone (C) laufen nacheinander die Entgasung, Vergasung und Verbrennung ab. In der Nachbrennzone (D) wird ein vollständiger Feststoffausbrand der Rostasche sichergestellt, bevor diese über den Nassentschlacker (7) ausgetragen wird. Der Ausbrand der nach oben zum Kessel austretenden Rauchgase wird durch Zugabe von Sekundärluft (bedarfsweise auch Tertiärluft) (8) sichergestellt. Sowohl durch Aufteilung der Verbrennnungsluft in Primär- und Sekundärluft (häufig 80/20 %), als auch durch Aufteilung der Primärluft selbst auf die Unterwindzonen (bei 4 Zonen häufig im Verhältnis 1/2/2/1) lässt sich der Verbrennungsablauf abhängig von den Brennstoffeigenschaften des Abfalls optimieren.

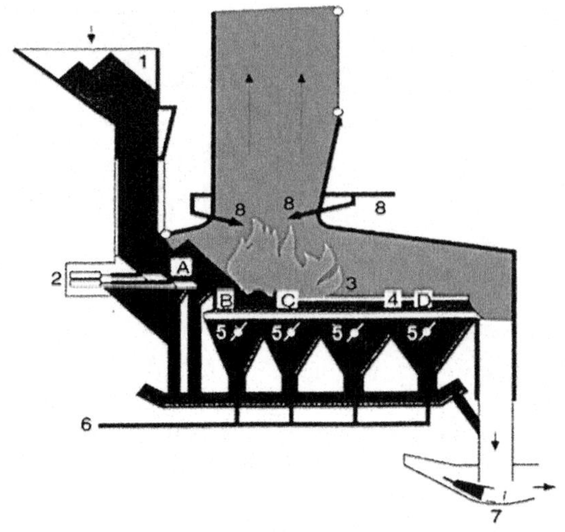

Abb. 9.6 Schnittdarstellung einer Rostfeuerung [18]

Der Verbrennungsrost hat folgende Anforderungen zu erfüllen:

1. Transport des Abfalls durch den Feuerraum
2. Gleichmäßige Verteilung des Abfalls
3. Zufuhr, Verteilung und Vermischung der Primärluft mit dem Abfall
4. Steuerung der zonenabhängigen Brennstoffverweilzeit mit Hilfe der Rostvorschubgeschwindigkeiten
5. Geringer Aschedurchfall
6. Geringe Wartung und Verschleiß

Ein Rost besteht aus einzelnen teilweise bewegten Elementen. Drei verschiedene Arten von Rostelementen werden technisch eingesetzt.

1. Platten und Bänder
   Roste aus solchen Elementen nennt man Wanderroste (Abb. 9.7). Heute werden Wanderroste meist nur noch als Zuteilerrost zum Abfalleintrag in den Feuerraum verwendet.
2. Walzen
   Mit in Transportrichtung des Abfalls drehenden Walzen werden Walzenroste aufgebaut (Abb. 9.8). Die Primärluft wird in Schlitzen über den Walzenumfang eingeblasen. Walzenroste werden bevorzugt für Anlagen größerer Durchsätze (bis >40 t/h) eingesetzt.
3. Geschürte Stäbe
   Geschürte Stäbe sind die am häufigsten eingesetzten Rostelemente. Die Funktion zeigt Abb. 9.9. Dabei wird jeder zweite Stab bewegt, d. h. zwischen zwei bewegten Stäben (A, B) ist jeweils ein fester Stab (F) angeordnet. Bewegen sich die Stäbe synchron miteinander in Richtung des Mülltransportes nennt man den Rost Vorschubrost (Abb. 9.9a).

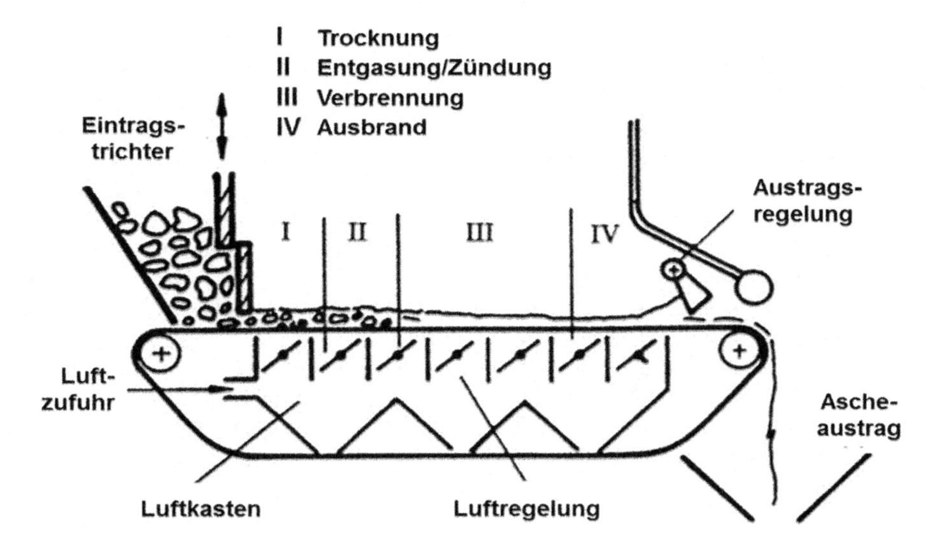

Abb. 9.7 Wanderrost

Abb. 9.8 Walzenrost

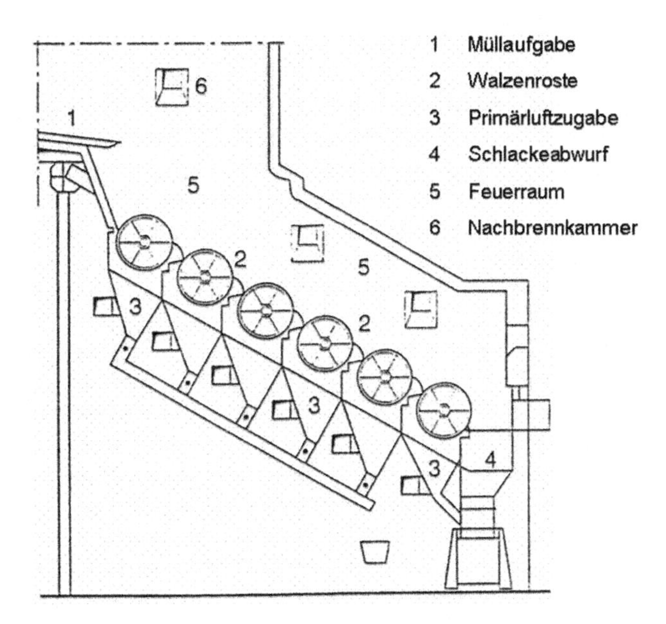

Laufen dabei jeweils 2 bewegte Stäbe (A und B) gegeneinander, liegt der Spezialfall des Gegenlaufrostes vor (Abb. 9.9b).

Da der Müll in beiden Fällen allein mit Hilfe der Rostbewegung durch den Feuerraum transportiert wird, können solche Roste horizontal oder mit nur geringer Neigung ausgelegt werden. Bewegen sich die Roststäbe (nur jeder zweite Roststab) entgegen der Abfalltransportrichtung, bezeichnet man diesen Rost als Rückschubrost (Abb. 9.10).

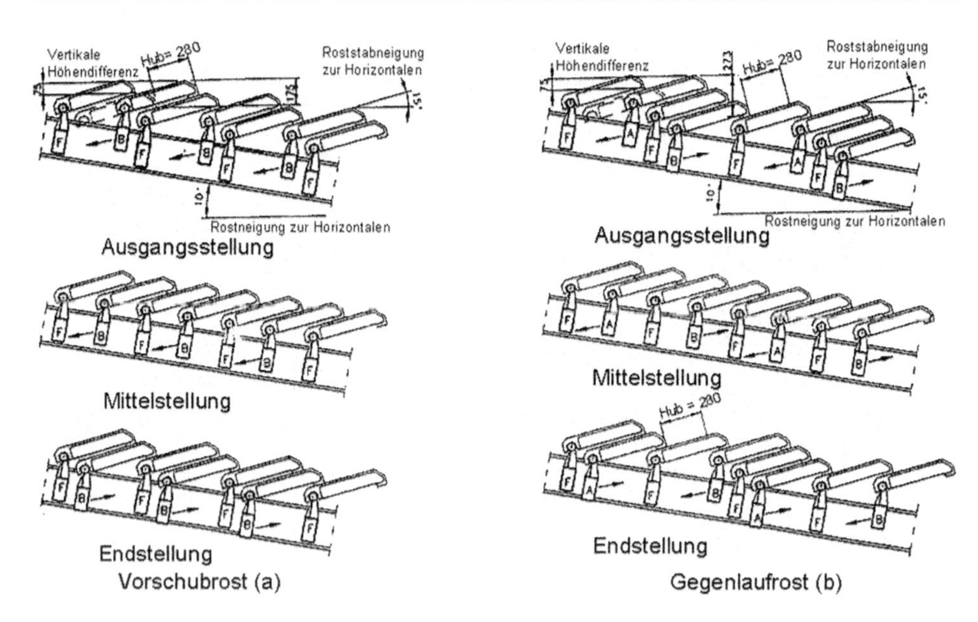

Abb. 9.9 Rostbewegung von Vorschub- und Gegenlaufrost

Abb. 9.10 Rückschubrost

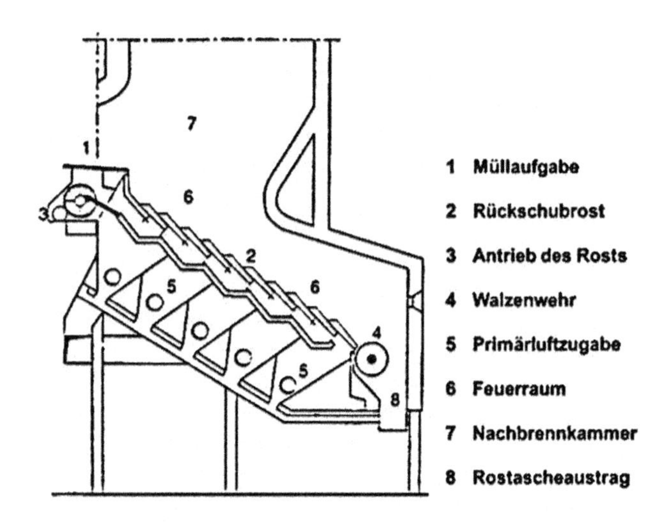

Die Rostbewegung dient beim Rückschubrost ausschließlich der intensiven Durchmischung des Abfalls im Gutbett auf dem Rost und trägt im Unterschied zum Vorschub- und Gegenlaufrost nicht zum Mülltransport durch den Feuerraum bei. Dieser wird nur durch die Schwerkraft bewirkt, weshalb Rückschubroste stets mit einem starken Neigungswinkel (ca. 40–50°) ausgelegt werden. Als Konsequenz ergibt sich für die beiden Typen ein völlig unterschiedliches Mischungs- und Verweilzeitverhalten des Abfalls im Feuerraum (Abb. 9.11).

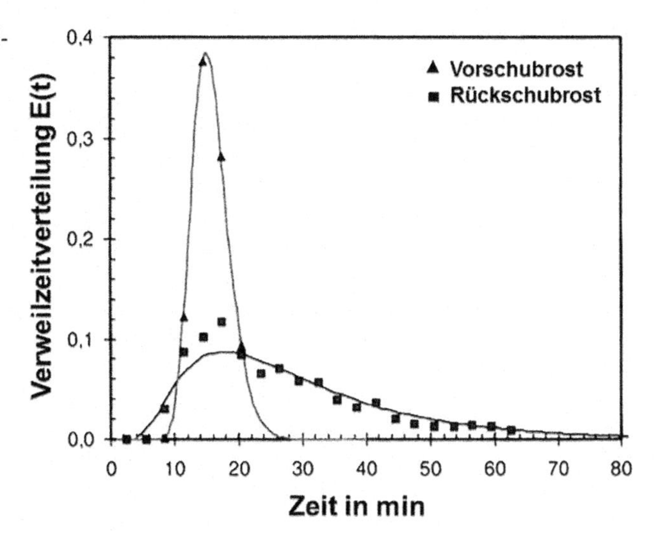

Abb. 9.11 Vergleich der Verteilung der Abfallverweilzeit bei Rück- und Vorschubrost [19]

Durch die intensive Mischwirkung des Rückschubrostes erhält man eine sehr breite Verweilzeitverteilung mit Anteilen sehr großer Verweilzeiten, was den Ausbrand begünstigt, allerdings auch Anteilen mit sehr kurzen Verweilzeiten, die beim Vorschubrost infolge der sehr engen Verweilzeitverteilung vermieden werden.

Zur Verbrennung von unbehandeltem Hausmüll mit maximalen Heizwerten von 12–13 MJ/kg werden die Roststäbe nur durch die von unten zugeführte Primärluft gekühlt. Bei höheren Heizwerten, z. B. bei zu Ersatzbrennstoff (EBS) aufbereitetem Abfall, können die Stäbe durch eingebaute, wasserführende Kühlschlangen gekühlt werden.

9.3.1.3 Feuerungstechnische Grundlagen

Zur Auslegung einer Abfallverbrennungsanlage werden zunächst die verbrennungstechnischen Charakterisierungsgrößen für den Abfall benötigt.

Abfallzusammensetzung und Heizwert

Abfall besteht wie jeder andere feste Brennstoff aus

- Brennbarer Substanz (B)
- Asche (A) und
- Wasser (W)

Die Analyse dieser Grundzusammensetzung wird Immediatanalyse oder Proximatanalyse genannt und wird in drei Stufen durchgeführt. Durch Trocknung in Luft (nach DIN 51518) wird der Wasseranteil und durch weitere Erhitzung auf 900 °C in inertem Medium der Gehalt an flüchtigen brennbaren Komponenten bestimmt (DIN 51720). Der verbleibende Koks besteht aus festem Kohlenstoff C_{fix} und Asche, die als Rückstand beim Abbrand des Kokses in Luft (DIN 51719) ermittelt wird.

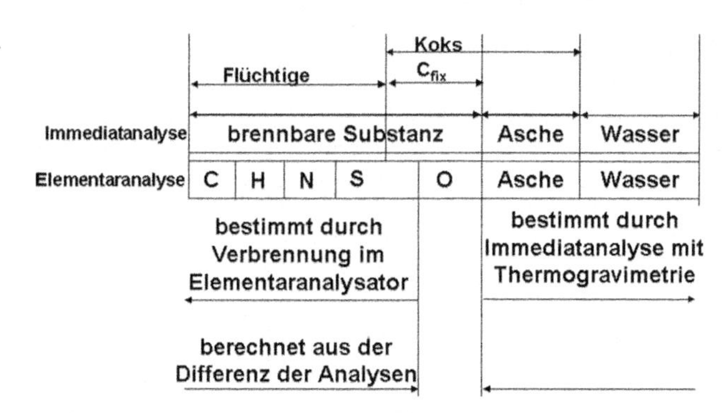

Abb. 9.12 Prinzipielle Zusammensetzung von festen Brennstoffen (Abfällen)

Die brennbare Substanz, die aus Flüchtigen und C_{fix} besteht, kann mittels der Elementaranalyse im Kalorimeter in ihrer elementaren Zusammensetzung (C, H, N, S) bestimmt werden. Der Sauerstoffgehalt im Abfall ergibt sich dann aus der Differenz beider Analysen (Abb. 9.12).

Aus der Zusammensetzung des Abfalles kann der chemisch gebundene Energieinhalt des Abfalls bestimmt werden. Dabei wird zwischen dem Brennwert (auch oberer Heizwert H_o genannt) und dem technisch relevanteren unteren Heizwert H_u unterschieden. Mit dem oberen Heizwert H_o wird die auf die Brennstoff- und Abfallmenge bezogene Energie definiert, die bei vollständiger Verbrennung unter konstantem Druck frei wird, wobei die Verbrennungsprodukte auf die Bezugstemperatur von 25 °C zurückgekühlt werden und der aus dem Brennstoff gebildete Wasserdampf seine Kondensationswärme wieder abgibt. Dieser Wert H_o kann mit dem Kalorimeter im Labor bestimmt werden.

Wird die Kondensationswärme des Wassers nicht berücksichtigt, d. h. wird das Wasser im Abgas dampfförmig angenommen, erhält man den unteren Heizwert H_u, der mit folgender Beziehung (9.1) aus dem oberen Heizwert H_o errechnet werden kann:

$$H_u = \frac{100 - W}{100}\left(H_o - 219{,}7 \bullet H\right) - 24{,}41W \tag{9.1}$$

mit W = Wassergehalt im Abfall [Gew. %]
H = Wasserstoffgehalt im trockenen Abfall [Gew. %]
H_o = oberer Heizwert [kJ/$kg_{Abfall\ trocken}$]
24,41 = Verdampfungsenthalpie des Wassers im Abfall [kJ/(kg_{Abfall} • % Wasser)]
219,7 = Verdampfungsenthalpie des Wassers aus der Verbrennung des im Abfall enthaltenen Wasserstoffs [kJ/($kg_{Abfall\ trocken}$ • % Wasserstoff)]
H_u = unterer Heizwert [kJ/$kg_{Abfall\ feucht}$]

Der untere Heizwert H_u kann auch mittels empirischer Gleichungen, z. B. nach Dubbel [20] oder nach Boie [20] für „jüngere" Brennstoffe wie Abfall und Biomasse aus der Elementarzusammensetzung nach Gl. 9.2 näherungsweise abgeschätzt werden:

$$H_U = 350 \cdot C + 943 \cdot H + 104 \cdot S + 63 \cdot N - 108 \cdot O - 24{,}4 \cdot W \left[\frac{kJ}{kg}\right] \quad (9.2)$$

mit C, H, S, O, N = Elementkonzentrationen des trockenen Abfalls [Gew. %]
W = Wassergehalt im Abfall [Gew. %]

Die Grenzen selbstgängiger Abfallverbrennung können mit Werten der Immediatanalyse im Abfalldreieck nach Tanner [21] dargestellt werden (Abb. 9.13). Nur im Bereich 3 (Wassergehalt W <50 %, Aschegehalt A <60 % und Brennbares B >25 %) ist eine Verbrennung ohne Stützfeuerung möglich. Für europäischen Hausmüll ist das in der Regel der Fall (Bereich 1), während Hausmüll aus Asien, z. B. aus Japan (Bereich 2) häufig auf Grund des hohen biogenen Anteils zu hohe Wassergehalte aufweist [22].

Mit dieser Forderung an die Abfallzusammensetzung korreliert ein Mindestheizwert von $H_u \geq 5000$ kJ/kg [21], der für eine selbstgängige Verbrennung erforderlich ist. In Europa liegen die unteren Heizwerte für Hausmüll trotz beträchtlicher Streuungen (vgl. Tab. 9.2) stets darüber, wobei im Mittel Werte zwischen 9000 und 10.000 kJ/kg erreicht werden. Damit lassen sich die häufig gesetzlich geforderten Mindestverbrennungstemperaturen (z. B. in Deutschland bei der Hausmüllverbrennung nach 17. BImSchV [23]: >850 °C mit 2 sec Verweilzeit nach der letzten Luftzugabe) problemlos erfüllen.

Wie in Tab. 9.2 gezeigt, ist ein beachtlicher Anteil (50–60 %) der Abfälle biogenen Ursprungs (z. B. in Form von organischen Abfällen oder Papier), sodass dieser Energieanteil bei der energetischen Verwertung als erneuerbare Energie und somit als klimaneutral zu bewerten ist.

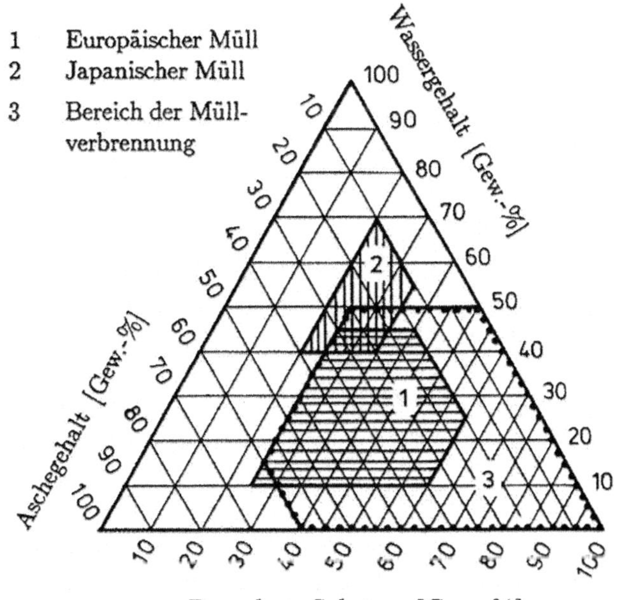

Abb. 9.13 Abfalldreieck nach Tanner

Tab. 9.2 Unterer Heizwert des Hausmülls und biogener Energieanteil in Europa [8]

Land	H_u [MJ/kg]	Biogener Energieanteil
Belgien	9,4	0,53
Bulgarien	7,2	0,48
Dänemark	8,5	0,65
Deutschland	10	0,67
Finnland	10,1	0,55
Frankreich	9,5	0,59
Griechenland	8,6	0,62
Irland	10,9	0,58
Italien	10,0	0,59
Luxemburg	8,7	0,58
Niederlande	9,2	0,70
Norwegen	11,0	0,64
Österreich	9,7	0,49
Polen	7,2	0,54
Portugal	10,4	0,50
Rumänien	7,1	0,52
Russland	8,0	0,78
Schweden	10,7	0,75
Schweiz	11,6	0,58
Slowakei	6,6	0,51
Spanien	8,7	0,62
Tschech. Republik	5,1	0,68
Ungarn	7,8	0,45
Ver. Königreich	10,5	0,63

Spezifische Verbrennungskenngrößen

Grundlage zur Auslegung einer Verbrennungsanlage ist die Kenntnis von spezifischen, d. h. auf die Brennstoffmenge bezogenen Werten für den Mindestluftbedarf l_{min} und die entstehende Mindestabgasmenge v_{min} bei stöchiometrischer Verbrennung. Diese Werte erhält man üblicherweise aus einer Verbrennungsrechnung. Dabei wird mit Kenntnis der Elementarzusammensetzung des Brennstoffs die stöchiometrische Oxidationsreaktion für jedes Element angesetzt. Zum Beispiel lautet die Reaktionsgleichung für Kohlenstoff C

$$C + O_2 \rightarrow CO_2 \tag{9.3}$$

Aus Gl. 9.3 leitet sich ab: 1 kmol C mit 12 kg (molare Masse von C = 12 g/mol) benötigt für die stöchiometrische Verbrennung 1 kmol O_2 mit 32 kg (molare Masse von O = 16 g/mol) und erzeugt dabei eine Abgasmenge von 1 kmol CO_2 mit 44 kg.

Mit dem konstanten Molvolumen von 22,41 m³/kmol erhält man

- den spezifischen stöchiometrischen Sauerstoffbedarf für C: 1,87 m³ O_2/kg C
- und die spezifische CO_2-Abgasproduktion für C: 1,87 m³ CO_2/kg C

Führt man diese Rechnung für die bei der Verbrennung wesentlichen Elemente C, H, S und O durch, erhält man für den minimalen Sauerstoffbedarf

$$\begin{aligned} O_{2\min}\left[m^3/kg_{Abfall}\right] &= 22{,}41 \bullet \left(\frac{C}{12}+\frac{H}{4}+\frac{S}{32}-\frac{O}{32}\right) \\ &= 1{,}87 \bullet \mathrm{C} + 5{,}6 \bullet \mathrm{H} + 0{,}7 \bullet \mathrm{S} - 0{,}7 \bullet \mathrm{O} \end{aligned} \tag{9.4}$$

mit C, H, S und O als Gewichtsanteile im Abfall $\left[\frac{kg}{kg}\right]$

und mit dem Sauerstoffgehalt der Luft von 21 % ergibt sich der Mindestluftbedarf (trockene Luft) für die stöchiometrische Verbrennung:

$$l_{\mathrm{min,trocken}}\left[\mathrm{m}^3/\mathrm{kg}_{\mathrm{Abfall}}\right] = \mathrm{O}_{2\min} \bullet \frac{100}{21} \tag{9.5}$$

Für die trockene Mindestabgasmenge $v_{min,tr}$ kann die obige Verbrennungsrechnung analog durchgeführt werden und man erhält

$$\begin{aligned} v_{\mathrm{min,trocken}}\left[\mathrm{m}^3/\mathrm{kg}_{\mathrm{Abfall}}\right] &= 22{,}44 \bullet \left(\frac{C}{12}+\frac{S}{32}+\frac{N}{28}\right)+\frac{79}{100} \bullet l_{\mathrm{min,trocken}} \\ &= 1{,}87 \bullet \mathrm{C} + 0{,}7 \bullet \mathrm{S} + 0{,}8 \bullet \mathrm{N} + 0{,}79 \bullet l_{\mathrm{min,trocken}} \end{aligned} \tag{9.6}$$

Für die feuchte Mindestabgasmenge erhält man unter Berücksichtigung sowohl des Wassers, das aus der Verbrennung von Wasserstoff H im Abfall gebildet wird, als auch der Feuchte W des Abfalls:

$$\begin{aligned} v_{\mathrm{min,feucht}}\left[\mathrm{m}^3/\mathrm{kg}_{\mathrm{Abfall}}\right] &= 22{,}41 \bullet \left(\frac{C}{12}+\frac{H}{2}+\frac{S}{32}+\frac{N}{28}+\frac{W}{18}\right)+\frac{79}{100} l_{\mathrm{min,trocken}} \\ &= 1{,}87 \bullet \mathrm{C} + 11{,}2 \bullet \mathrm{H} + 0{,}7 \bullet \mathrm{S} + 0{,}8 \bullet \mathrm{N} + 1{,}25 \bullet \mathrm{W} + 0{,}79 \bullet l_{\mathrm{min,trocken}} \end{aligned} \tag{9.6a}$$

mit C, H, S, N, W als Gewichtsanteile im Abfall [kg/kg]

Der Hauptanteil (ca. 2/3) des feuchten Abgases kommt bei üblichen Abfallzusammensetzungen aus dem Stickstoff der Verbrennungsluft (0,79 l_{min}). Neben der oben gezeigten detaillierten Verbrennungsrechnung werden für erste Abschätzungen auch häufig heizwertabhängige empirische Formeln zur Berechnung der Mindestmenge von Verbrennungsluft und Abgas benützt.

Die einfachste Faustformel für den Mindestluftbedarf lautet:

$$l_{min,tr}\left[m^3/kg_{Abfall,roh}\right] \approx 0,25 \bullet H_{u,roh}\left[MJ/kg\right] \tag{9.7}$$

Diese Beziehung, die sich auf Abfallrohdaten bezieht (d. h. nicht getrockneten Abfall), liefert jedoch meist zu niedrige Werte. Etwas besser angepasst erscheinen die statistischen Formeln nach Cerbe-Hoffmann für feste Brennstoffe [24]:

$$l_{min}\left[m^3/kg_{Abfall}\right] = 0,241 \bullet H_u + 0,5 \tag{9.8}$$

$$v_{min,feucht}\left[m^3/kg_{Abfall}\right] = 0,213 \bullet H_u + 1,65 \tag{9.9}$$

mit H_u in [MJ/kg]

In Tab. 9.3 sind für verschiedene Brennstoffe und Abfälle die spezifischen verbrennungstechnischen Kenngrößen verglichen. Dabei ergibt sich in erster Näherung für Hausmüll (feucht) ein Mindestluftbedarf von ca. 3 m^3/kg und eine feuchte Abgasmenge von ca. 3,7 m^3/kg.

Reale Feuerungen können aus Gründen ungenügender Mischungsgüte nicht mit der stöchiometrischen Mindestluftmenge betrieben werden. Vielmehr ist ein Luftüberschuss erforderlich, der durch die so genannte Luftzahl λ als Verhältnis von tatsächlich zugeführter Luftmenge l zur Mindestluftmenge l_{min} erfasst wird:

$$\lambda = \frac{l}{l_{min}} \tag{9.10}$$

Tab. 9.3 Vergleich der Verbrennungskenngrößen für verschiedene Brennstoffbeispiele

Beispiel Brennstoffe		Heizöl	Steinkohle Gb		Braunkohle Rb		Stroh		Holz		Klärschlamm		Kunststoff	Hausmüll	
Immediatanalyse															
Wassergehalt	%	0	0	10	0	50	0	10	0	25	0	70	0	0	25
Aschegehalt	%	0	8,3	7,5	5	2,5	6,5	5,9	1	0,8	46	13,8	0	35	26,3
Flüchtige Best.	%	100	34,7	31,2	49,4	24,7	79	71,1	80	60,0	51	15,3	100	55	41,3
Fixed C	%	0	57	51,3	45,9	23,0	15,5	14,0	19	14,3	3	0,9	0	10	7,5
Elementaranalyse															
C	%	86,3	72,5	65,3	67	33,5	47,4	42,7	52	39,0	25,5	7,7	86	38	28,5
H	%	13,1	5,6	5,0	4,9	2,5	5,7	5,1	5,6	4,2	5	1,5	14	5	3,8
N	%	0	1,3	1,2	0,7	0,4	0,6	0,5	0,5	0,4	3,3	1,0	0	0,8	0,6
S	%	0,2	0,9	0,8	0,4	0,2	0,1	0,1	0,1	0,1	1,1	0,3	0	0,4	0,3
Cl	%	0	0,16	0,1	0,1	0,1	0,5	0,5	0,1	0,1	0,1	0,0	0	0,8	0,6
O	%	0,4	11,2	10,1	21,9	11,0	39,2	35,3	40,7	30,5	19,0	5,7	0,0	20,0	15,0
Energiegehalt															
oberer Heizwert aus Kalorimeter	MJ/kg	45,5	31,4	28,3	26,7	13,4	18,8	16,9	19,7	14,8	12	3,6	46	13,3	10,0
unterer Heizwert mit Kal., El. U. Imm.	MJ/kg	42,6	30,2	26,9	25,6	11,6	17,6	15,6	18,5	13,2	10,9	1,6	42,9	12,2	8,5
unterer Heizwert nach Boie "jüng. Br."	MJ/kg	42,5	29,6	26,4	25,8	11,7	17,8	15,8	19,1	13,7	11,9	1,9	43,3	15,9	11,4
Sauerstoffbedarf															
elementar	kg/kg	3,35	2,28	2,05	1,97	0,98	1,33	1,20	1,43	1,07	0,90	0,27	3,42	1,22	0,91
elementar	Nm^3/kg	2,35	1,60	1,44	1,38	0,69	0,93	0,84	1,00	0,75	0,63	0,19	2,39	0,85	0,64
Mindestluftbedarf															
elementar	kg/kg	14,38	9,79	8,81	8,44	4,22	5,71	5,14	6,14	4,60	3,87	1,16	14,66	5,23	3,92
elementar	Nm^3/kg	11,16	7,59	6,84	6,55	3,27	4,43	3,99	4,76	3,57	3,00	0,90	11,38	4,06	3,04
"Faustformel" 0,25*Hu	Nm^3/kg	10,66	7,54	6,73	6,41	2,90	4,39	3,89	4,62	3,31	2,73	0,39	10,74	3,05	2,14
nach Cerbe-Hoffmann	Nm^3/kg	10,66	7,77	6,99	6,68	3,29	4,73	4,25	4,95	3,69	3,13	0,88	10,85	3,44	2,56
Mindestabgasmenge trocken															
elementar	kg/kg	14,20	10,20	9,18	8,95	4,47	6,13	5,52	6,62	4,97	3,96	1,19	14,40	5,42	4,07
elementar	Nm^3/kg	10,43	7,37	6,63	6,43	3,22	4,39	3,95	4,74	3,55	2,88	0,87	10,60	3,93	2,94
Mindestabgasmenge feucht															
elementar	kg/kg	15,38	10,70	9,73	9,39	5,19	6,64	6,08	7,13	5,60	4,41	2,02	15,66	5,87	4,65
elementar	Nm^3/kg	11,90	8,00	7,32	6,98	4,11	5,03	4,65	5,37	4,34	3,44	1,90	12,16	4,49	3,67
nach Cerbe-Hoffmann	Nm^3/kg	11,30	8,08	7,38	7,11	4,12	5,39	4,96	5,59	4,47	3,97	1,98	10,80	4,25	3,47

Die Überschussluft ergibt sich damit zu

$$1 - 1_{min} = (\lambda - 1) \bullet 1_{min} \qquad (9.10a)$$

Zur Berechnung der tatsächlichen spezifischen Abgasvolumina v bzw. v_{feucht} muss die Überschussluft zu den Mindestabgasvolumina v_{min} bzw. $v_{min,feucht}$ addiert werden.

In der Praxis werden Hausmüllfeuerungen meist mit einer Luftzahl von $\lambda = 1{,}6 - 2{,}0$ betrieben. Die Luftzahl kann mit folgender Näherungsformel aus dem O_2-Gehalt des trockenen Rauchgases abgeschätzt werden:

$$\lambda \approx \frac{21}{21 - O_{2tr}[Vol.\%]} \qquad (9.11)$$

Nach der 17. BImSchV [22] muss der O_2-Gehalt im trockenen Abgas bei Hausmüllverbrennungsanlagen über 6 Vol.% liegen, das entspricht einer Luftzahl von >1,4.

Bei einer angenommenen Luftzahl von 1,7 ergibt sich ein $O_{2,tr}$ = 8,6 Vol.% im Rauchgas und für das Beispiel in Tab. 9.3 ein Luftbedarf l = 4,8 m^3/kg_{Abfall} sowie eine trockene Abgasmenge $v_{trocken}$ = 5,1 m^3/kg_{Abfall} bzw. für das feuchte Abgas v_{feucht} = 5,8 m^3/kg_{Abfall}.

Zur Auslegung einer Verbrennungsanlage erhält man die tatsächlichen absoluten Luft- und Abgasströme durch Multiplikation der spezifischen Werte mit dem Durchsatz, d. h. dem zu verbrennenden Abfallstrom.

9.3.1.4 Auslegung einer Rostfeuerung

Mit Kenntnis der verbrennungstechnischen Charakterisierungsgrößen, insbesondere dem relevanten Bereich des Heizwertes, kann die Rostfeuerung ausgelegt werden. Dazu sind zwei Kenngrößen von Bedeutung:

- die mechanische Rostbelastung $\dot{Q}_r$

$$\dot{Q} \equiv \frac{\dot{B}_m}{F_R}\left[\frac{kg}{m^2 h}\right] \qquad (9.12)$$

- Die mechanische Rostbelastung $\dot{Q}_r$ ist definiert als der auf die Rostfläche F_R [m²] bezogene Brennstoff (Abfall)-Mengenstrom $\dot{B}_m[kg/h]$ und soll nach Herstellerangaben im Bereich von 230–300 kg/m²h (0,064 – 0,085 kg/m²s) liegen.
- Wird die mechanische Rostbelastung mit dem unteren Heizwert Hu multipliziert, erhält man die Rostwärmebelastung $\dot{q}_r$

$$\dot{q}_r \equiv \dot{Q}_r \bullet H_u = \frac{\dot{B}_m \bullet H_u}{F}\left[\frac{GJ}{m^2 \bullet h}\right] \qquad (9.13)$$

$\dot{q}_r$ gibt die thermische Belastung des Rostes wieder und wird von Hämmerli in [18] für die Praxis zwischen 1,8 und 2,5 GJ/m² h (0,5 – 0,7 MW/m²) empfohlen. Maximalwerte sollen 3 GJ/m² h (0,83 MW/m²) nicht übersteigen.

In einem Rostleistungsnomogramm (Abb. 9.14) [18] wird bei vorgegebenem Heizwert und angenommener Rostwärmebelastung die mechanische Rostbelastung ermittelt und damit unter Festlegung einer ausbrandsicheren Rostlänge die so genannte Breitenleistung [Mg/mh] im Nomogramm bestimmt. Mit diesem Wert kann bei vorgegebener Rostbreite die Rostleistung, d. h. der Durchsatz [Mg/h] ermittelt werden oder bei gegebenem Durchsatz die erforderliche Rostbreite festgelegt werden.

Bei üblichen maximalen Rostlängen von ca. 10 m können sich bei Durchsätzen von >30 Mg/h erforderliche Rostbreiten >15 m ergeben, die dann modular in mehrere Rostbahnen aufgeteilt werden können.

Als Arbeitsdiagramm für den auszulegenden Bereich des Heizwertes wird im so genannten Feuerungsleistungsdiagramm die Bruttowärmeleistung $\dot{Q}_w$ [MW] über dem Mülldurchsatz $\dot{B}_m[t/h]$ aufgetragen (Abb. 9.15) [18].

Als Parameter sind die Geraden konstanten Heizwertes mit dem schraffierten Arbeitsbereich eingetragen. Beim Basisauslegungsheizwert (10.500 kJ/kg in Abb. 9.15) wird die maximale Bruttowärmeleistung (MCR), die als obere Grenze durch die Kesselauslegung (im Beispiel 30 MW) festgeschrieben ist, bei maximalem Mülldurchsatz (bei 10,2 Mg/h) erreicht. Wird der Heizwert erhöht, reduziert sich der Durchsatz, der jedoch bei sinkendem Heizwert auf Grund der maximalen mechanischen Rostbelastung nicht über den max. Auslegungswert gesteigert werden kann.

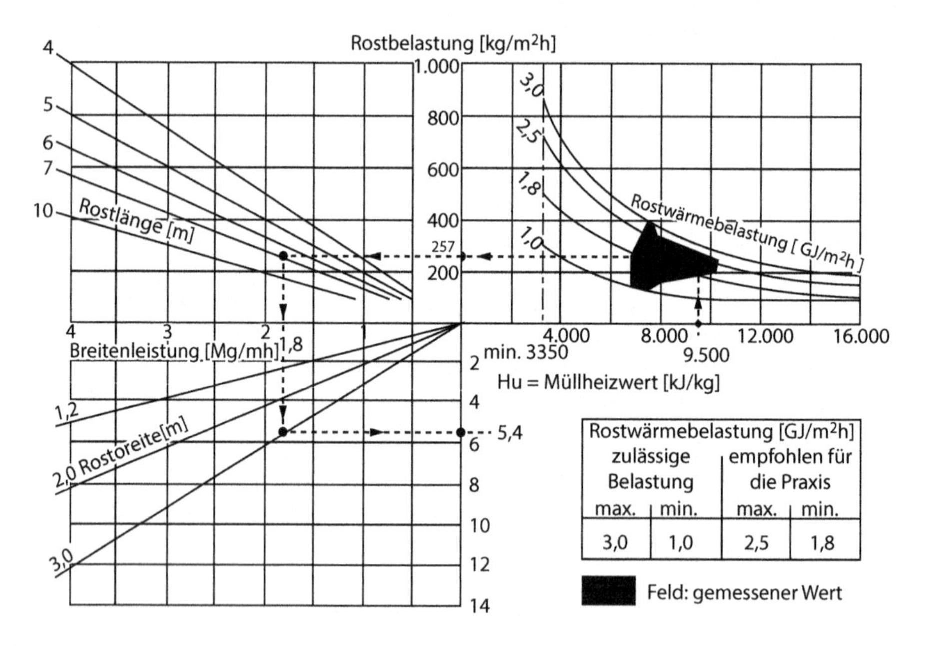

Rostwärmebelastung [GJ/m²h]			
zulässige Belastung		empfohlen für die Praxis	
max.	min.	max.	min.
3,0	1,0	2,5	1,8

Abb. 9.14 Rostleistungsnomogramm für Müllöfen

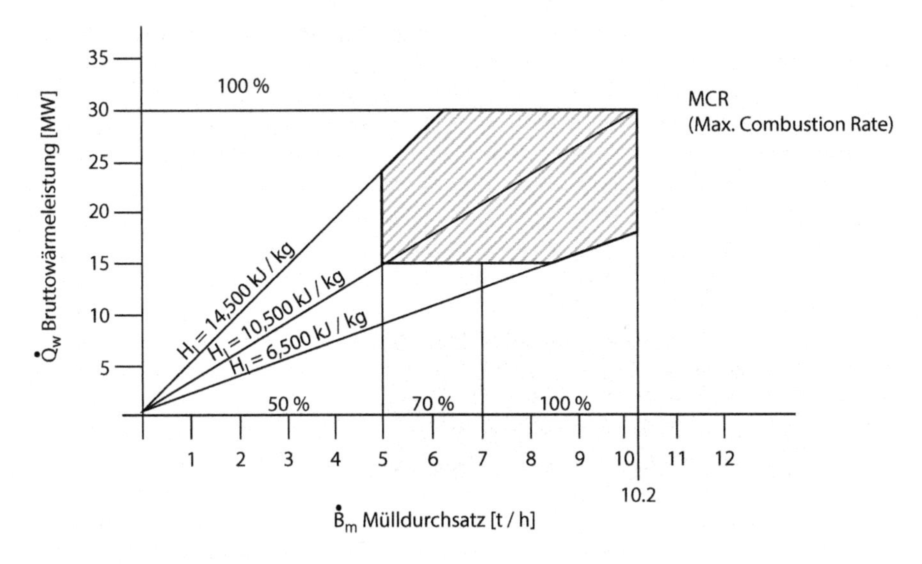

Abb. 9.15 Feuerungsleistungsdiagramm

Die horizontal eingetragene Untergrenze der Bruttowärmeleistung wird durch die Mindestfeuerraumtemperatur festgelegt und die vertikal eingetragene Grenze beim minimalen Mülldurchsatz resultiert aus einer minimalen Gutbetthöhe zum thermischen Schutz des Rostes.

9.3.1.5 Gasreinigung

Qualität des Rohgases

Die Hochtemperatur-Oxidation im Brennraum einer Abfallverbrennungsanlage bewirkt nach den obigen Ausführungen neben der oxidativen Stoffumwandlung eine Auftrennung der Inhaltsstoffe des Abfalls auf die beiden Ausgänge Rostasche und Rauchgas, im ungereinigten Zustand Rohgas genannt, gemäß dem in Abb. 9.16 dargestellten Schema.

Bereiche der im Rohgas zu erwartenden Konzentrationen einzelner Komponenten und typische bei der Verbrennung von 1 Mg Hausmüll über das Rohgas transportierte Massenströme sind in Tab. 9.4 zusammengefasst. Im Vergleich mit anderen thermischen Prozessen sind besonders HCl, SO_2 und die PCDD und PCDF (polychlorierte Dibenzo-p-Dioxine und Dibenzofurane) zu beachten, die im Folgenden als PCDD/F bezeichnet werden sollen.

Rechtliche Regelungen

Die Emissionen aus Abfallverbrennungsanlagen sind strengen Regelungen unterworfen. In der EU sind die entsprechenden Grenzwerte in der Abfallverbrennungsrichtlinie 2000/76/EEC niedergelegt. Diese Werte müssen in allen Mitgliedstaaten eingehalten werden, nur in wenigen Staaten haben die nationalen Behörden für vereinzelte Schadstoffe wie Hg oder NO_x niedrigere Grenzwerte festgelegt.

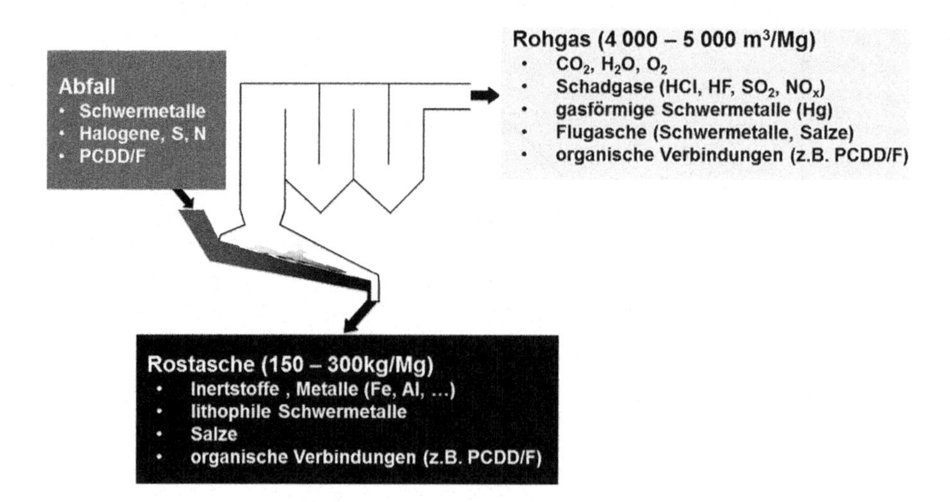

Abb. 9.16 Stofftrennung im Brennraum einer Abfallverbrennungsanlage (Mengen pro Mg Abfall)

In anderen Industriestaaten gelten ähnlich strenge Werte, wenn auch die nationalen Grenzwerte manchmal über denen der EU liegen. In den USA und vor allem in Japan werden von der Regierung nur Richtwerte vorgegeben, die von den lokalen Genehmigungsbehörden jedoch jeweils deutlich verschärft werden. Eine Zusammenstellung der Emissionsgrenzwerte ausgewählter Schadstoffe in der EU, den USA und Japan findet sich in Tab. 9.5.

Prinzipien der Gasreinigung

Es ist offensichtlich, dass eine einzelne Prozessstufe nicht ausreichend ist, um die Schadstoffe von den oben angegebenen Rohgasniveaus auf Konzentrationen unterhalb der Emissionsgrenzwerte

Tab. 9.4 Konzentrationsbereiche und Massenströme im Rohgas einer Abfallverbrennungsanlage ([1]: ng(I-TEQ)/m^3; [2]: mg(I-TEQ)/Mg; I-TEQ ≡ Internationales Toxizitätsäquivalent)

	Konzentration (mg/m^3)	Masse (kg/Mg)
O_2	60.000–120.000	500
CO_2	150.000–200.000	900
H_2O	110.000–150.000	600
Staub	1000–5000	20
HCl	500–2000	6,5
SO_2	150–400	2
NO	100–500	2
NH_3	5–30	0,1
CO	<10–30	0.1
TOC	1–10	0,02
Hg	0.1–0.5	0,002
PCDD/F	0.5–5[1]	<5[2]

Tab. 9.5 Emissionsgrenzwerte ausgewählter Schadstoffe in der EU, den USA und Japan (Tagesmittelwerte; [1] mg/m^3; 2 273 K, 101,3 KPa, 11 Vol.% O_2; [2] 273 K, 101,3 KPa, 7 Vol.% O_2; [3] 273 K, 101,3 KPa, 14 Vol.% CO_2; [4] Cd + Tl; [5] $ng(I\text{-}TEQ)/m^3$)

	EU[1] 2000/76/ EEC	USA[2]	Japan[3]
CO	50	100	50
TOC	10		
dust	10	24	10–50
HCl	10	25	15–50
HF	1		
SO_2	50	30	10–30
NO_x	200	150	30–125
Hg	0,05	0,08	0,03–0,05
Cd	0,05[4]	0,02	
PCDD/F[5]	0,1	0,3	0,1

abzureinigen. Entsprechend den Eigenschaften der Schadstoffe werden verschiedene Technologien zu einer Kette einzelner Verfahrensstufen zusammengefasst. Ein typischer Aufbau der Gasreinigung in modernen Großanlagen ist in Abb. 9.17 dargestellt.

Der erste Reinigungsschritt ist üblicherweise eine Entstaubung, der die chemische Abreinigung der sauren Gase folgt. In den meisten Anlagen findet dann die Reduktion der Stickoxide statt und häufig ist eine Adsorptionsstufe zur Feinreinigung nachgeschaltet, die auch als „Polizeifilter" bezeichnet wird. Entscheidungskriterium für die Auswahl der zu implementierenden Technologien ist nicht allein deren Effizienz, zu berücksichtigen sind auch die Möglichkeiten und Kosten der Reststoffentsorgung, behördliche Auflagen und lokale Besonderheiten.

Entstaubung

Für die Partikelabscheidung wird häufig ein Elektrofilter, kurz E-Filter genannt, eingesetzt. In E-Filtern passiert das staubbeladene Gas mit geringer Geschwindigkeit Gänge zwischen hintereinander gespannten und auf einem elektrischen Potential von 30–300 kV gehaltenen Metalldrähten, den Sprühelektroden, und geerdeten Metallplatten, den Kollektorplatten. Die Staubpartikel werden im elektrischen Feld abgelenkt und auf den Metallplatten abgeschieden (linke Grafik in Abb. 9.18). Die Platten werden durch regelmäßiges Klopfen gereinigt. Mit einem E-Filter lassen sich Reststaubgehalte von wenigen mg/m^3 erreichen.

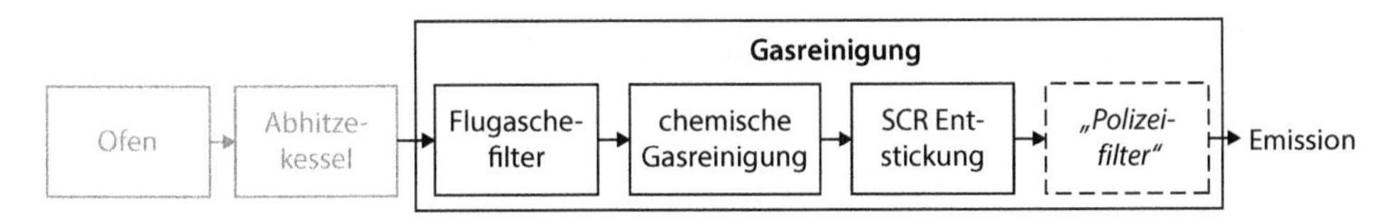

Abb. 9.17 Typische Verfahrenskette der Rauchgasreinigung in modernen Abfallverbrennungsanlagen

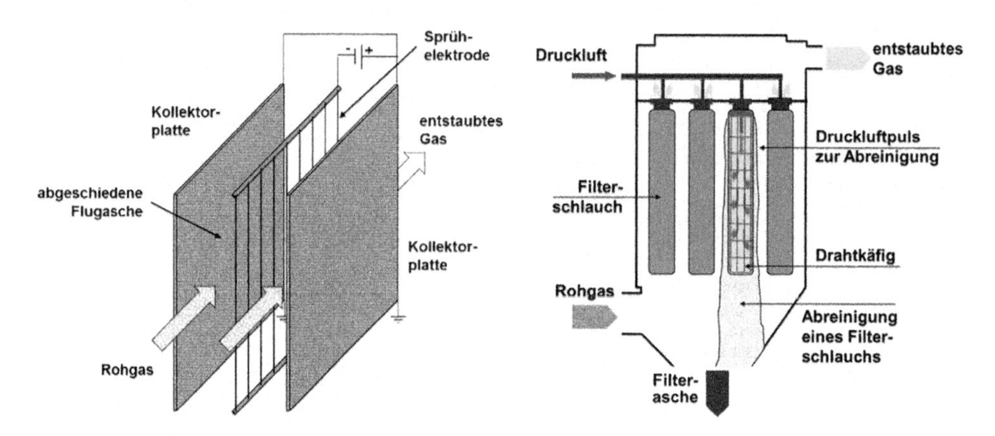

Abb. 9.18 Funktionsweise eines E-Filters (links) und eines Gewebefilters (rechts, ein Filterschlauch wird abgereinigt)

Niedrigere Werte garantiert ein Gewebefilter, das bevorzugt in trockenen Gasreinigungssystemen zu finden ist. In Gewebefiltern wird das staubbeladene Gas in eine Kammer mit auf Drahtkäfige aufgezogenen Gewebeschläuchen aus temperaturresistentem Material, z. B. PTFE, in wenigen Fällen auch mineralischen Geweben, geleitet. Das Gas durchströmt die Schläuche von außen, der abgeschiedene Staub wird durch Druckluftpulse von innen abgelöst und über Trichter ausgetragen. Das Schema eines Gewebefilters mit Abreinigung zeigt die rechte Grafik in Abb. 9.18.

Da im Temperaturbereich um oder unter 200°C, in dem Filter betrieben werden, praktisch alle Metalle außer Hg auf den Oberflächen der Staubpartikel kondensiert sind, garantiert eine exzellente Entstaubung im Allgemeinen – bis auf Hg – die Einhaltung der Schwermetall-Emissionsgrenzwerte. Partikelgebundene PCDD/F werden ebenfalls wirkungsvoll abgeschieden. In modernen Anlagen mit ihrem höheren Anteil an gasförmigen PCDD/F müssen aber weitergehende Schritte zur deren Abscheidung vorgesehen werden.

Abreinigung saurer Gase

Nach der Entstaubung folgt üblicherweise die Abreinigung saurer Gase, für die prinzipiell zwei verschiedene Verfahrenskonzepte zum Einsatz kommen können:

- nass (mit oder ohne Abwasser), und
- trocken unter Nutzung von Ca-Verbindungen, meistens $Ca(OH)_2$, oder $NaHCO_3$ als Neutralisationsmittel.

Beide Verfahrenstypen sind in der Lage, alle Emissionsgrenzwerte einzuhalten, unterscheiden sich aber in den Betriebstemperaturen und vor allem in ihrer Stöchiometrie. Während nasse Verfahren nahezu stöchiometrische Mengen an Neutralisationsmitteln benötigen, arbeiten trockene Verfahren wegen der weniger effizienten heterogenen Reaktion zwischen

Tab. 9.6 Typische Temperaturbereiche und Stöchiometriefaktoren für HCl und SO_2 in nassen und trockenen Gasreinigungsverfahren ([1] Wärmepumpen im sauren Wäscher)

	T in °C	Stöchiometriefaktor	
		HCl	SO_2
nasse Verfahreng	(<40[1]) 60–65	1,02–1,15	
trockene Verfahren			
$Ca(OH)_2$	140–180	1,1–1,5	1,3–3,5
$NaHCO_3$	140–250	1,04–1,2	

Gas und Feststoff mit einem gewissen Überschuss an Neutralisationsmittel. Die typischen Temperaturbereiche und Stöchiometriefaktoren der gebräuchlichen Verfahrensvarianten sind in Tab. 9.6 zusammengestellt.

Die nasse Gasreinigung ist in Mitteleuropa weit verbreitet und wird in mindestens zwei Stufen durchgeführt. In einer ersten sauren Stufe, die häufig als reiner Venturi-Wäscher oder zweistufig ausgelegt ist, werden HCl, HBr und HF abgeschieden. Diese Stufe wird bei sehr niedrigen pH-Werten (pH < 1) gefahren, um auch Hg effizient abzureinigen. Hg liegt im Rohgas als zweiwertige Verbindung vor und bildet in stark sauer chloridreicher Lösung einen Chlorkomplex nach der Reaktionsgleichung [25]

$$Hg^{2+} + 4Cl^- \rightleftharpoons [HgCl_4]^{2-} \qquad (9.14)$$

Dieses Tetrachloromercurat ist sehr stabil, solange keine Reduktionsmittel zugegen sind. Bei zu hohem pH-Wert kann SO_2 als Sulfit in die Waschlösung gelangen, wodurch das zweiwerige Hg zu einwertigem reduziert wird und der Komplex zerfällt. Einwertiges Hg disproportioniert spontan und bildet nach Gl. 9.15 metallisches Hg, das nur schwer abzureinigen ist.

$$2Hg^+ \rightarrow Hg^0 + Hg^{2+} \qquad (9.15)$$

Dem sauren Wäscher wird ein „neutraler" Wäscher zur SO_2-Abscheidung nachgeschaltet, häufig ein Füllkörper-Wäscher, dessen pH-Wert knapp unter dem Neutralpunkt gehalten wird, um die Mitabscheidung von CO_2 zu verhindern.

Die Absalzlösungen beider Wäscher werden gemeinsam oder getrennt mit NaOH oder $Ca(OH)_2$ neutralisiert, wobei häufig schwefelhaltige Verbindungen wie Na_2S oder organische Sulfide wie TMT 15, das Na-Salz des Trimercapto-triazins, zugesetzt werden, um Hg und andere Schwermetalle zu fällen. Die von ausgefallenen Metallhydroxiden (typisch sind 0,5–2 kg pro Mg Abfall) befreite Lösung kann an einen Vorfluter abgegeben werden. Das Schema einer nassen Gasreinigung mit Abwasserabgabe zeigt Abb. 9.19.

Solche Systeme sind sehr effizient und garantieren typische Emissionswerte von 1–5 mg/m^3 für HCl und <1 mg/m^3 für HF und HBr. Der zweite Wäscher reduziert SO_2 bis in die Größenordnung von 10 mg/m^3. Die Grafik enthält die Reststoffmengen, die sich bei einer Neutralisation der im Wasser gelösten Salze mit NaOH berechnen lassen. In jedem

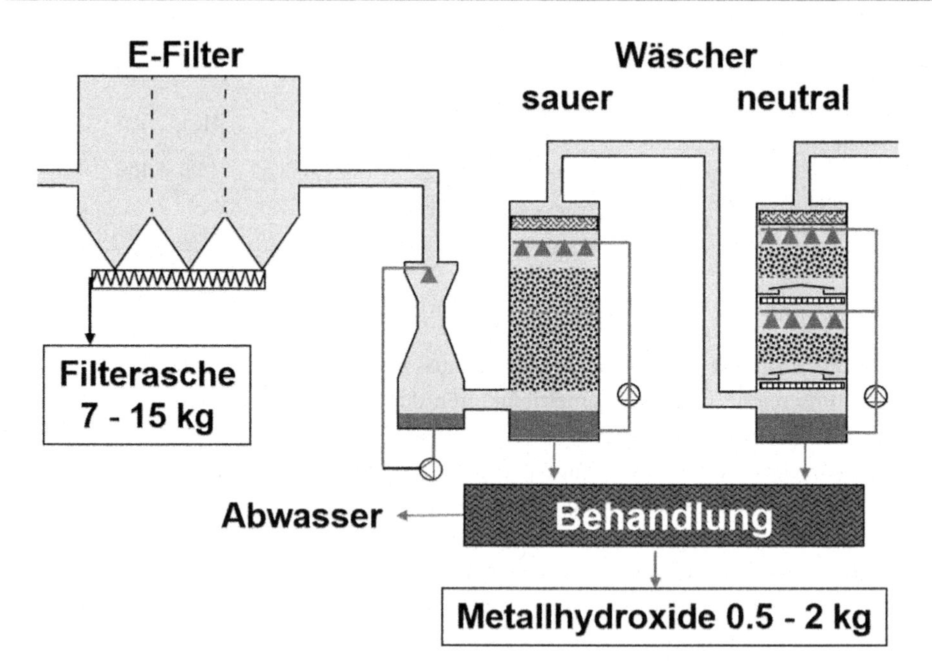

Abb. 9.19 Nasse Rauchgasreinigung mit Abwasserabgabe (Reststoffmengen je Mg verbrannten Abfalls)

Fall liegt der Stöchiometriefaktor bei nassen Verfahren nahe 1, so dass die nasse Gasreinigung ein Minimum an Reststoffen (Salzen) produziert.

In Deutschland, aber auch in anderen Ländern wird oft die Abgabe von Abwasser aus der Gasreinigung von den Behörden verboten und die Absalzlösungen müssen eingedampft werden. Die übliche Konfiguration einer nassen Gasreinigung ohne Abwasserabgabe ist in Abb. 9.20 dargestellt. Nach der Staubabtrennung in einem Elektrofilter wird ein

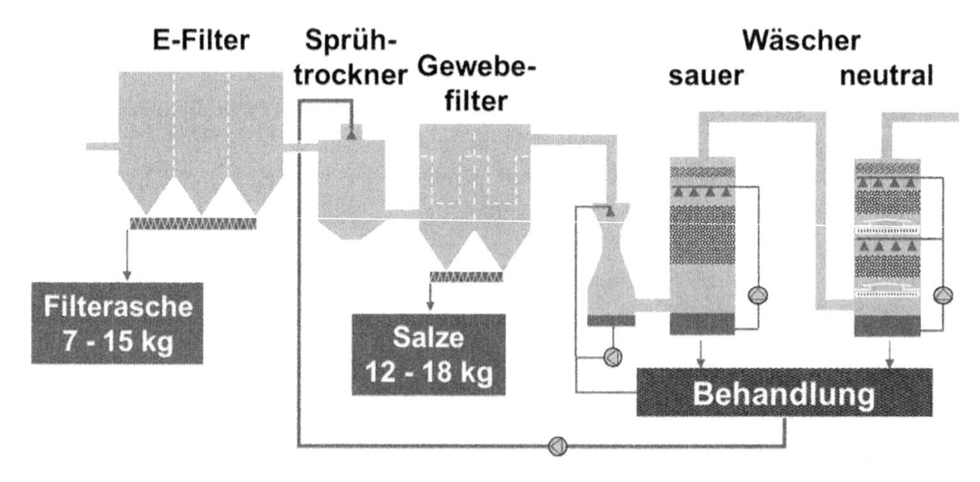

Abb. 9.20 Abwasserfreie nasse Rauchgasreinigung (Reststoffmengen je Mg verbrannten Abfalls)

Sprühtrockner geschaltet, in dem die neutralisierten Absalzlösungen der Wäscher in den heißen Gasstrom eingedüst werden. Es empfiehlt sich, Hg vor der Eindampfung gezielt auszuschleusen, was z. B. durch Ionenaustausch leicht realisierbar ist [25]. Die bei der Verdampfung entstehenden Salze werden in einem Gewebefilter abgeschieden. Die Reststoffmengen entsprechen den in Abb. 9.19 angegebenen Werten.

Diese Art der Gasreinigung beseitigt das Problem der Abwasserreinigung, hinterlässt aber einen Reststoff, der weitgehend aus löslichen Salzen besteht und damit ein Entsorgungsproblem verursacht.

Trockene Gasreinigungsverfahren haben als heterogene Feststoffreaktionen generell eine ungünstigere Stöchiometrie als nasse Verfahren. Konventionelle Verfahren nutzen die Reaktivität von gemahlenem Kalkstein, trockenem $Ca(OH)_2$ nach Befeuchtung des Rohgases, oder aber einer $Ca(OH)_2$-Lösung/Suspension zur Einbindung der sauren Gase in einem Sprühtrockner. Die letzte Variante wird allgemein bevorzugt, da sie verfahrenstechnisch am einfachsten zu realisieren und stöchiometrisch am günstigsten ist. Die üblichen Stöchiometriefaktoren liegen für HCl bei 1,1–1,5 und können für SO_2 Werte >3 erreichen. Dem Neutralisationsmittel wird immer ein Adsorber zur Einbindung von Hg und den PCDD/F zugegeben.

Das Prinzip einer trockenen Gasreinigung mit $Ca(OH)_2$ als Neutralisationsmittel ist in der linken Grafik der Abb. 9.21 dargestellt. Auch hier sind die typischen Reststoffmengen angegeben. Eine Vorabscheidung der Flugstäube ist optional, wird aber selten realisiert.

Seit den 1990er Jahren wird zunehmend frisch aufgemahlenes $NaHCO_3$ eingesetzt, das in Bezug auf seine Stöchiometrie den nassen Verfahren nahe kommt [26]. In allen Fällen wird nach der $NaHCO_3$-Eindüsung ein Adsorber, z. B. Aktivkohle, zur Abscheidung von Hg und Dioxinen zugegeben. Die Rückstände dieses Verfahrens werden in vielen Anlagen von dem Lizenzinhaber zurückgenommen und in einem chemischen Prozess verwertet. Das Verfahrensschema dieses NEUTREC® genannten Prozesses ist in der rechten Grafik der Abb. 9.21 dargestellt.

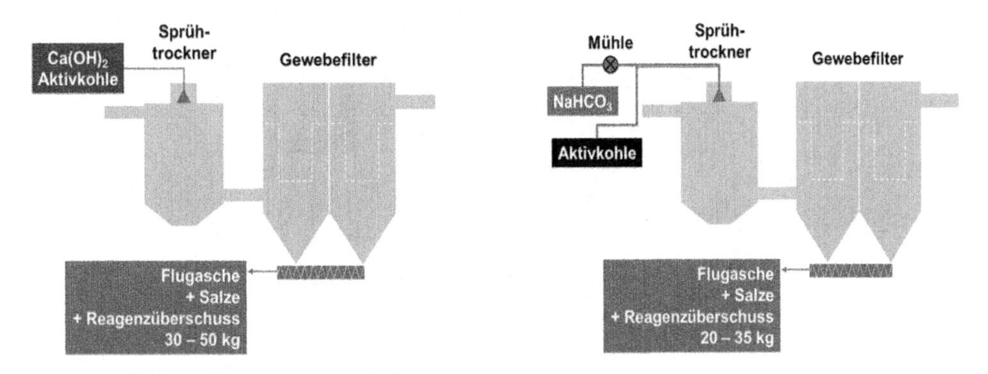

Abb. 9.21 Trockene Gasreinigungsverfahren mit $Ca(OH)_2$ (links) und $NaHCO_3$ (rechts; Reststoffmengen je Mg verbrannten Abfalls)

Entstickung

In allen Ländern ist auch die Emission von Stickoxiden reglementiert. Durch Primärmaßnahmen, z. B. gestufte Verbrennung, sind die Grenzwerte im allgemeinen nicht einzuhalten. Als Reduktionsmethoden bietet sich die nichtkatalytische Reduktion (SNCR, selective non-catalytic reduction) durch Eindüsung von NH_3 oder einem Amin bei Temperaturen um 900 °C im Bereich der Nachbrennkammer an. SNCR ist in der Lage, den gültigen Grenzwert für NO_x einzuhalten, könnte aber bei der zu erwartenden Absenkung dieses Wertes auf ≤ 100 mg/m³ Schwierigkeiten haben.

In der Mehrzahl der Anlagen wird daher das SCR-Verfahren (selective catalytic reduction), die katalytische Reduktion im Temperaturbereich 200–250 °C, bevorzugt. Die höhere Effizienz bezahlt man im Falle einer nassen Gasreinigung mit der Notwendigkeit der Aufheizung des Gases, bei trockenen Verfahren kann diese entfallen.

Entfernung der PCDD/F

Eine Gruppe von Schadstoffen, die besonders im Blickfeld der Öffentlichkeit steht, sind die polychlorierten Dioxine und Furane (PCDD/F). International ist ein Emissionsgrenzwert von 0,1 ng(I-TEQ)/m³ üblich, während im Rohgas moderner Verbrennungsanlagen Konzentrationen im Bereich 0,5–5 ng(I-TEQ)/m³ gemessen werden. Die Bildung der PCDD/F kann durch Primärmaßnahmen minimiert werden; deren einfachste ist ein guter Ausbrand in Verbindung mit geringem Staubaustrag und guter Kesselreinigung [27].

Wirksamer ist die Erhöhung des SO_2-Gehalts im Rohgas, was bei Anlagen mit nasser Rauchgasreinigung durch Extraktion des Schwefels aus den Ablaugungen des neutralen Wäschers und die Rückführung in die Nachbrennkammer realisiert werden kann [28]. Dieser Prozess, dessen Fließbild in Abb. 9.22 dargestellt ist, reduziert nicht nur die PCDD/F-Konzentration in die Nähe des Emissionsgrenzwerts, er reduziert durch die Sulfatierung der Flugstäube auch die Kesselkorrosion.

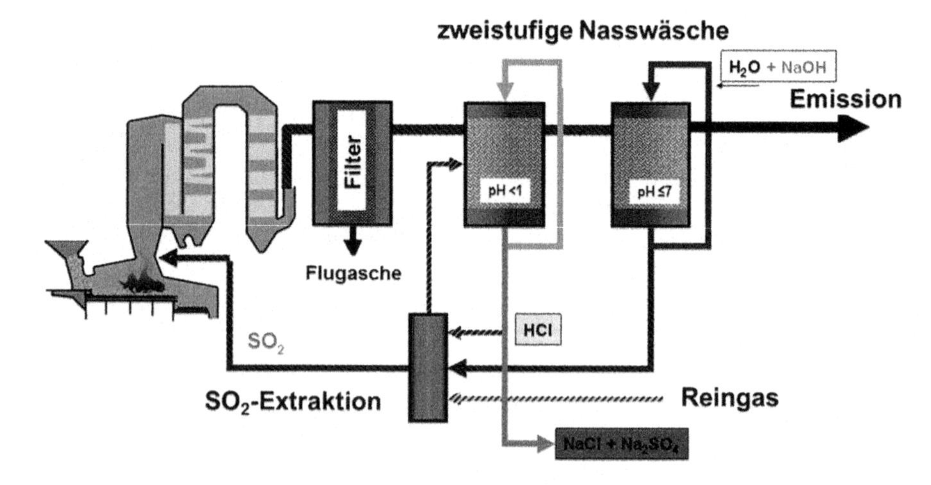

Abb. 9.22 Fließbild des Schwefel-Rückführprozesses zur Dioxinminimierung

Dioxine adsorbieren leicht an Kohlenstoff und können daher durch ein Festbettfilter mit Aktivkoks oder durch Zugabe geringer Mengen von Aktivkohle in den Gasstrom in einem Flugstromverfahren sicher entfernt werden. Im letzteren Falle ist ein Gewebefilter zu verwenden, in dessen Filterkuchen eine gute Adsorption stattfindet.

Die katalytische Oxidation im Temperaturbereich um 200–250 °C ist eine weitere wirkungsvolle Methode, gasförmige PCDD/F zu zerstören [29]. Wird ein SCR-Verfahren zur Entstickung angewendet, so kann der hintere Teil des Katalysators oxidierend gefahren werden. Der Vorteil der katalytischen Oxidation ist die vollständige Zerstörung der organischen Verbindungen; es fallen keine Reststoffe an, die behandelt oder abgelagert werden müssten.

Auch das REMEDIA®-Verfahren nutzt einen Katalysator zur PCDD/F-Zerstörung [30]; er ist in das PTFE-Gewebe eines Gewebefilters eingebaut, seine Betriebstemperatur liegt bei 180–240 °C. Das Verfahren ist für die trockene Gasreinigung entwickelt worden und kombiniert so die Abscheidung saurer Gase mit der Zerstörung der PCDD/F.

Für gasförmige PCDD/F lässt sich die Adsorptionswirkung von Kunststoffen im Temperaturbereich <100 °C zur Abreinigung ausnutzen [31]. Das ADIOX®-Verfahren verwendet einen mit Aktivkohle beladenen Kunststoff zur Herstellung von Füllkörpern und Tropfenabscheidern in Gaswäschern und ermöglicht so eine integrierte PCDD/F-Abscheidung auch in der nassen Gaswäsche.

9.3.1.6 Reststoffe der Abfallverbrennung

Massenströme bei der Verbrennung in Rostfeuerungsanlagen

Die typischen Reststoffströme bei der Verbrennung von 1000 kg Abfall in einer Abfallverbrennungsanlage sind in Abb. 9.23 dargestellt [6, 13]. Der Hauptmassenstrom, die Rostasche, auch Schlacke oder MV-Schlacke genannt, fällt in Mitteleuropa mit ungefähr 150–250 kg an. Aus ihm lassen sich ca. 15–30 kg Eisenschrott und bis zu 5 kg Nichteisenmetalle abtrennen.

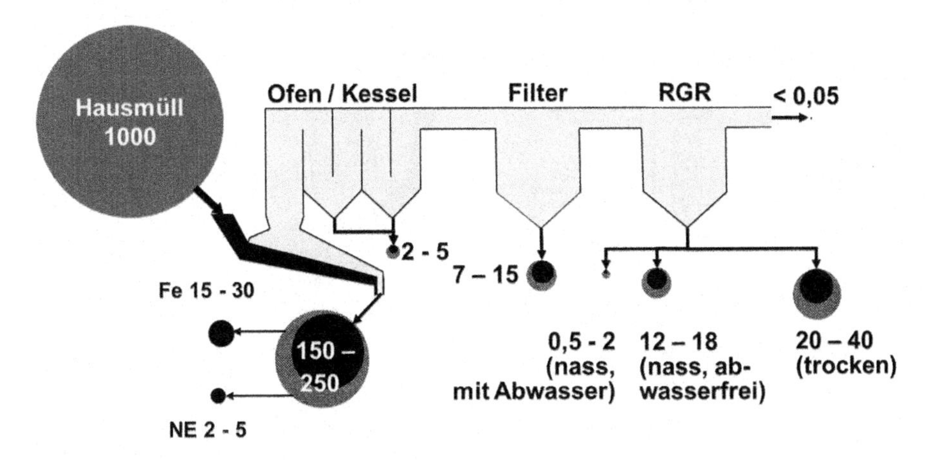

Abb. 9.23 Massenströme in einer Abfallverbrennungsanlage in kg (NE = Nichteisenmetalle)

Die Menge der im Abhitzekessel anfallenden Aschen wird von der Bauart des Kessels und von der aus dem Brennraum ausgetragenen Flugstaubmenge bestimmt. Kesselaschen sind in Deutschland wie auch in den meisten anderen Ländern wegen ihres höheren Schadstoffgehalts getrennt von den Rostaschen zu halten und werden im Allgemeinen gemeinsam mit den Filteraschen entsorgt.

Die Menge der Reststoffe aus der Rauchgasreinigung wird bestimmt durch das angewendete Reinigungsverfahren. Im Falle einer nassen Gaswäsche verbleiben nach Neutralisation der Absalzlösungen geringe Mengen an Metallhydroxiden. Die ca. 12–18 kg Salze, vornehmlich Chloride und Sulfate, liegen entweder gelöst im Abwasser vor oder sie fallen in einer Eindampfanlage in fester Form an. Trockene Rauchgasreinigungsverfahren auf Ca-Basis benötigen überstöchiometrische Mengen an Neutralisationsmittel und liefern damit erheblich höhere Reststoffmengen im Bereich 20 bis 40 kg.

Austrag und Zusammensetzung von Rostaschen

Die Rostaschen fallen in konventionellen Verbrennungsanlagen vom Ende des Verbrennungsrosts in einen Wassertank, den Quenchtank, in dem die Asche schockartig gekühlt wird und der gleichzeitig für die Absperrung des unter leichtem Unterdruck stehenden Ofens gegenüber der Atmosphäre sorgt. Wird der Quenchtank mit einem Überschuss an Wasser gefahren, so findet eine Wäsche der Rostasche statt, bei der ein erheblicher Teil des Chloridgehalts herausgelöst wird. Das Schema eines solchen Nassentschlackers zeigt die linke Grafik in Abb. 9.24 [32].

In letzter Zeit sind einige Abfallverbrennungsanlagen mit einer Trockenentschlackung ausgerüstet worden. Ein solches System ist in der rechten Grafik der Abb. 9.24 dargestellt [33]. Beim Trockenaustrag muss der Unterdruck im Brennraum durch eine Schleuse gesichert werden. Aus der Rostasche werden durch Windsichtung die Feinanteile ausgetragen, deren schwere Fraktion wird in einem Zyklon abgetrennt und die verbleibenden Feinstäube, im Wesentlichen Kohle- und Rußpartikel enthalten, werden der Sekundärluft zugegeben.

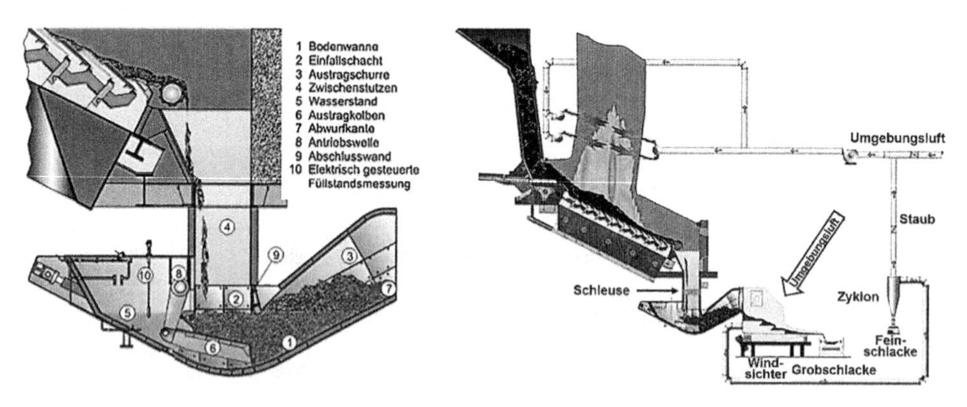

Abb. 9.24 Nassentschlacker (links; [32], modifiziert) und Trockenentschlackung (rechts; [33], modifiziert)

Der Trockenaustrag hat Vorteile, wenn eine optimale Rückgewinnung von NE-Metallen angestrebt wird, da diese besonders in der Feinfraktion der Rostaschen angereichert sind [5].

Rostaschen setzen sich aus oxidischen und silikatischen Phasen, geringen Mengen löslicher Salze und schwerflüchtiger organischer Verbindungen, sowie Resten an Unverbranntem und metallischen Komponenten zusammen [34]. Letztere umfassen bis über 10 % Eisenschrott und bis zu 3 % NE-Metalle, wobei Al den weitaus größten Anteil stellt [35].

Ein Schlüsselgröße für die Qualität der Rostaschen ist ihr Ausbrand, also der Gehalt an Kohlenstoffverbindungen, der, gemessen als TOC (total organic carbon), einen wesentlichen Parameter für den Zugang zu Deponien wie auch für die Verwertung darstellt. Eine optimierte Feuerungsregelung und der durchweg hohe Heizwert heutigen Hausmülls garantieren, dass in modernen Abfallverbrennungsanlagen TOC-Werte <1 Gew-% in den Rostaschen sicher erreicht werden.

Die Belastung mit niedrig flüchtigen organischen Schadstoffen wie PAK (polyaromatische Kohlenwasserstoffe) und organischen Chlorverbindungen, hier speziell den PCDD/F, hat in den letzten Jahrzehnten durch verbesserte Verbrennungsführung ständig abgenommen [36]. Letztere erreichen heute mit ca. 1–20 ng(I-TEQ)/kg nahezu den Bereich der Belastung natürlicher Böden in Deutschland (um 1 ng(I-TEQ)/kg) [37].

Die Rostaschen tragen unterschiedliche Anteile an löslichen Salzen und Schwermetallverbindungen. In Abb. 9.25 sind Konzentrationsbereiche ausgewählter Elemente in

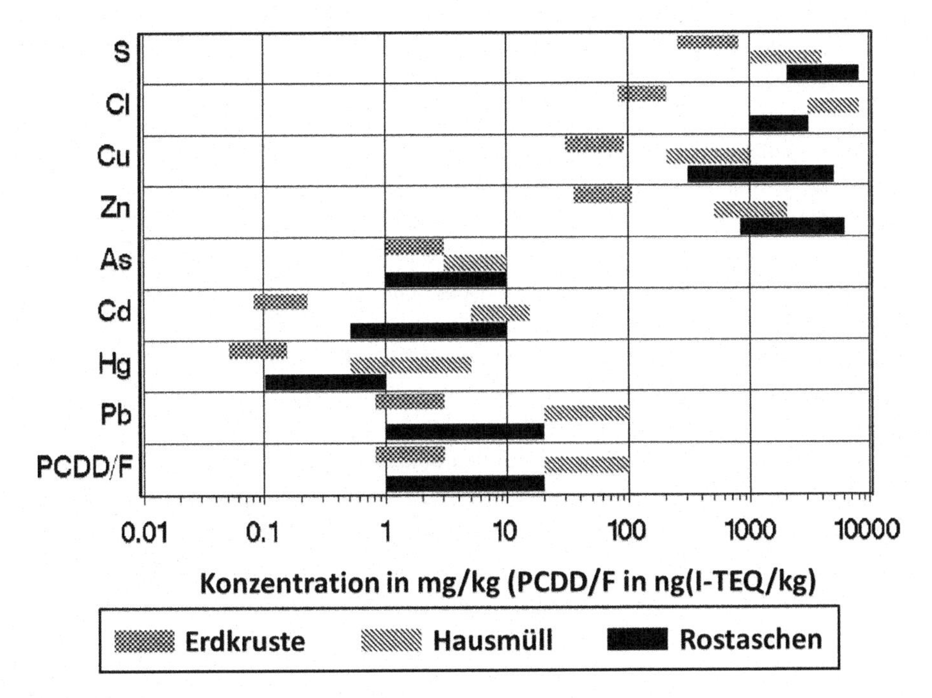

Abb. 9.25 Konzentrationsbereiche ausgewählter Elemente in der Erdkruste, im Hausmüll und in Rostaschen

Rostaschen zusammengestellt. Zum Vergleich enthält das Diagramm auch deren Gehalte in der Erdkruste und im Hausmüll [6, 38]. Die Darstellung zeigt, dass die meisten Elemente in den Rostaschen deutlich gegenüber ihrem Vorkommen in der Erdkruste angereichert sind und dass nur bei einigen thermisch flüchtigen Elementen, z. B. Cl, Cd, Hg oder Pb, niedrigere Konzentrationen als im Hausmüll gefunden werden. Die Schwermetalle liegen in den Rostaschen üblicherweise als Oxide oder in Silikate eingebunden vor und sind damit in Wasser schwer löslich.

Entsorgung und Verwertung der Rostaschen

Die Entsorgung von Rostaschen auf Deponien, mehr noch die Verwertung von Rostaschen, hängt entscheidend von deren Umweltverträglichkeit ab. Für die Bewertung der Umweltverträglichkeit ist die Löslichkeit von Schwermetallen aus den Aschen von größerer Bedeutung als ihre Konzentration in denselben. Für die meisten Schwermetallverbindungen liegt das Löslichkeitsminimum im schwach alkalischen Bereich bei pH-Werten um 9–10.

Die Löslichkeit wird durch standardisierte Elutionsverfahren ermittelt und ist ein entscheidendes Kriterium sowohl für die Ablagerung auf Deponien als auch für die Verwertung. Das Europäische Komitee für Standardisierung CEN (Comité Européen de Normalisation) hat vier verschiedene Elutionstests vorgelegt, die in den EU-Mitgliedstaaten als Standardverfahren anzuwenden sind. Für Deutschland bietet sich der zweistufige Elutionstest EN-12457-3 an. Er sieht in der ersten Stufe ein Flüssigkeits-Feststoffverhältnis (L/S = liquid-to-solid ratio) von 2 l/kg und eine Elutionszeit von 6 Stunden, in der zweiten Stufe ein L/S von 8 l/kg und eine Elutionszeit von 18 h vor, was addiert theoretisch den Bedingungen des bisherigen deutschen Standardtests DEV S4 (DIN 38 414 Teil 4) mit L/S = 10 l/kg und einer Elutionszeit von 24 Stunden entspricht.

Die beschriebenen Tests werden ohne pH-Kontrolle durchgeführt. Frische Rostaschen aus modernen Anlagen weisen eine hohe Alkalinität mit pH-Werten bis >12 auf. Unter diesen Bedingungen steigt die Löslichkeit von Verbindungen einiger amphoterer Schwermetalle, vor allem von denen des Pb, wieder an und gefährdet damit eventuell die Deponierung, vor allem aber die Verwertung der Rostaschen.

Für die Ablagerung auf Deponien sind die Qualitätsanforderungen auf EU-Ebene in der Richtlinie 1999/31/EC über Abfalldeponien, bekannt als 'Deponierichtlinie' niedergelegt, im deutschen Recht regelt die Deponieverordnung von 2011 diese Anforderungen. Für die Verwertung, die in Deutschland vor allem im Straßen- und Dammbau erfolgt, hat die LAGA, die interministerielle Länderarbeitsgemeinschaft Abfall, eine Reihe von Elutionsrichtwerten in einem Merkblatt festgeschrieben [39]. In dem Merkblatt ist auch vorgesehen, dass die Rostaschen vor einer Verwertung 12 Wochen lang zu lagern sind. Die Alterung, auch Alteration genannt, führt zu Mineralumwandlungen und durch CO_2-Aufnahme aus der Luft durch Karbonatbildung zu einer Absenkung des pH-Werts, was wiederum die Elution der Schwermetalle verringert [6].

Ein technisches Beispiel für eine Vorbehandlung mit intensiver Separierung von Eisen- und auch Nichteisenmetallen zeigt Abb. 9.26 [40]. Es zeigt sich, dass die Aufarbeitung einen erheblichen Aufwand bedeutet, der durch den Erlös des als sekundärer Baustoff

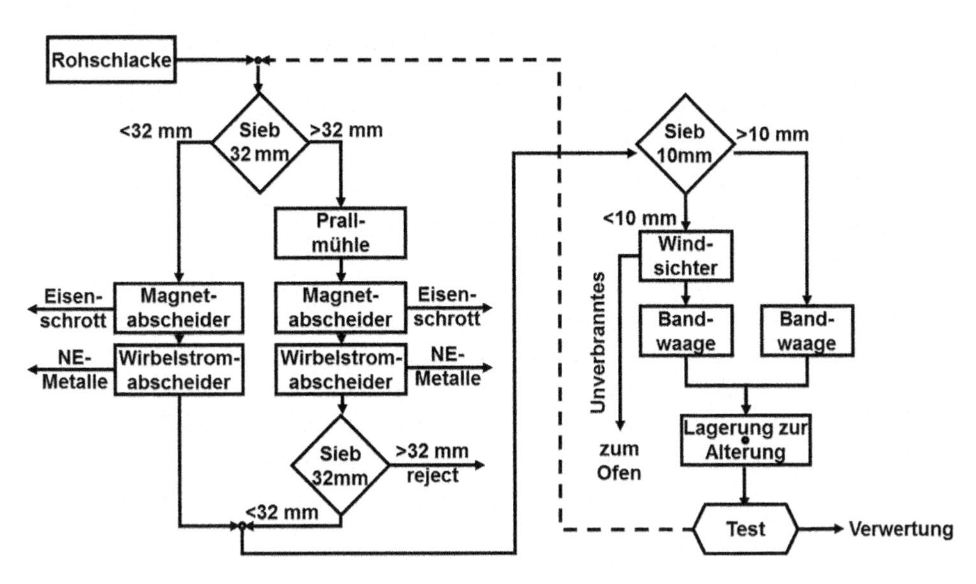

Abb. 9.26 Aufbereitung von Rostaschen in Hamburg ([40], modifiziert)

abgegebenen Mineralstoffs nicht gedeckt werden kann. Inzwischen lässt sich aber aus dem Verkauf der separierten Metalle ein Gewinn erzielen, der bei steigenden Rohstoffpreisen und dem wachsenden Bedarf der Industrie vor allem an NE-Metallen auch in Zukunft erwirtschaftbar erscheint [41].

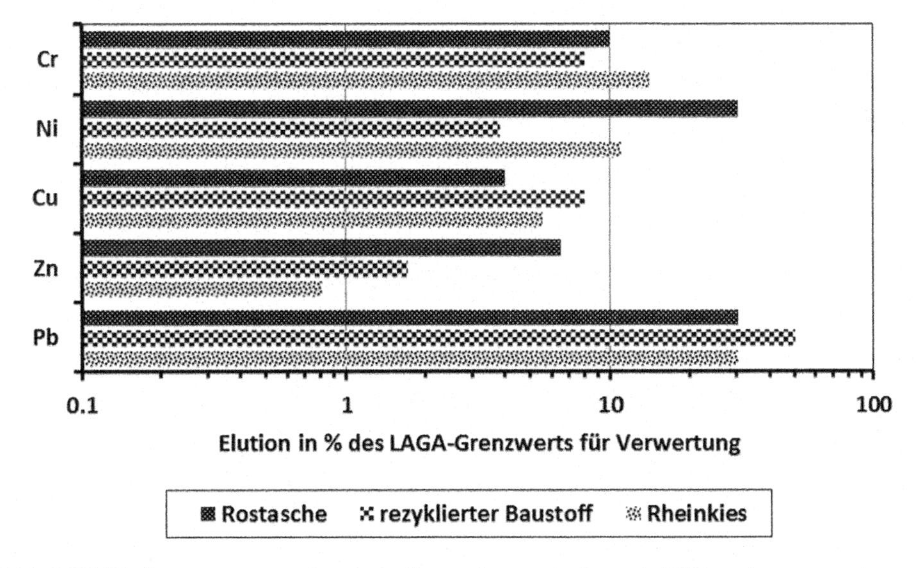

Abb. 9.27 Elutionswerte von aufbereiteter Rostasche, gemittelt aus je 52 Beprobungen zweier Anlagen [40, 42] sowie rezykliertem Baustoff und Rheinkies [43] (dargestellt in Prozent des LAGA-Grenzwerts für die Verwertung im Straßenbau)

Die Qualität aufbereiteter und gealterter Rostaschen erfüllt die Bedingungen für eine Verwertung leicht, wie die Elutionswerte ausgewählter Schwermetalle zeigen (Abb. 9.27), die den Durchschnitt von 52 Beprobungen über ein Jahr hinweg in zwei kommerziellen Schlackeaufbereitungsanlagen dokumentieren [40, 42]. In die Grafik sind ebenfalls Elutionswerte aufgenommen, die an rezykliertem Baustoff und Rheinkies gewonnen wurden [43].

Das Balkendiagramm dokumentiert, dass Rostaschen die LAGA-Grenzwerte für die Verwertung im Straßenbau weit unterschreiten und ihre Elutionsstabilität der von rezyklierten Baustoffen und sogar als Baustoffe eingesetzten natürlichen Materialien nahe kommt. Wegen dieser hohen Umweltverträglichkeit werden in Deutschland ca. 80 % aller Rostaschen (derzeit ca. 4 Mio. Mg/a) verwertet. In den Niederlanden wie auch in Dänemark beträgt dieser Anteil nahezu 100 %.

Gutes Sintern des Gutbetts auf dem Rost einer Verbrennungsanlage ist ein Garant zur Erzeugung von Rostaschen mit hoher Elutionsstabilität und niedrigem Restkohlenstoffgehalt. Eine thermische Nachbehandlung ist für die Verwertung im Straßenbau nicht notwendig. Besonders das in Japan in sehr vielen Anlagen durchgeführte Einschmelzen führt bei Rostaschen aus mitteleuropäischen Abfallverbrennungsanlagen nicht zu einer signifikanten Qualitätsverbesserung [44]. Berücksichtigt man den hohen Energieaufwand, so muss konstatiert werden, dass Schmelzverfahren für Rostaschen aus Gründen der Ökoeffizienz abzulehnen sind.

Qualität und Entsorgung der Filteraschen

Filteraschen und in vermindertem Maße auch Kesselaschen zeichnen sich durch einen deutlich höheren Gehalt an Salzen, Schwermetallen und organischen Schadstoffen aus. In Deutschland gehören sie zu den überwachungsbedürftigen Abfällen und sind auf Sonderdeponien, bevorzugt unter Tage, abzulagern. Da diese Entsorgung teuer ist, hat es nicht an Versuchen gefehlt, zumindest Teile dieser Reststoffe durch Behandlung zu inertisieren oder sogar einer Verwertung zuzuführen. Eine Zusammenstellung der wichtigsten Behandlungstechnologien für Filteraschen enthält Tab. 9.7 [6].

Tab. 9.7 Inertisierungsverfahren für Filteraschen

Verfahren	Additive/Prozess
Verfestigung/ Stabilisierung	Neutralisationsschlamm: „Bamberger Modell“
	pozzolanische Abfälle: Flugasche aus Kohlekraftwerken
	chemische Stabilisierung: Chelatbildner, Sulfide
	organische Zusätze: Asphalt, Bitumen
Thermische Behandlung	PCDD/F-Zerstörung: Hagenmaier-Trommel
	Sintern: Matrixmodifikation
	Schmelzen: ohne Additive
	Verglasung: mit Additiven
Kombinierte Prozesse	Wäsche/saure Extraktion-Verfestigung mit Zement: Schweizer TVA-Verfahren
	Saure Extraktion – thermische Behandlung: 3R-Verfahren Saure Extraktion – Metallabscheidung, Deponierung: FLUWA-Prozess

Generell ist festzustellen, dass Verfestigungs- und Stabilisierungsverfahren nur Diffusionsbarrieren aufbauen, dass sie die Toxizität der Reststoffe aber nicht beseitigen. Sie stellen somit keine echten Senken für toxische Komponenten dar und fanden daher nur geringe Verbreitung als Vorbehandlung für eine einfachere Deponierung. Zementverfestigung und der Einsatz von Chelatbildnern finden sich in einer Reihe von japanischen Anlagen.

Thermische Verfahren zerstören zumindest die organischen Schadstoffe wie z. B. die PCDD/F. Die Behandlung durch Schmelzen und Verglasung wandelt Filteraschen in sehr kompakte glasartige Produkte um, die sich durch hohe Elutionsstabilität auszeichnen. Diese Produkte lassen sich verwerten und die beim Schmelzen verdampften oder in einer Metallschmelze anfallenden Schwermetalle sind rückgewinnbar. Die hohen Investitionskosten und der hohe Energieeinsatz dürften aber eine Kostendeckung der Verfahren durch Verkauf der Produkte im Allgemeinen verhindern. Außerdem treten bei der Behandlung von Filteraschen durch den hohen Halogenid- und Alkaligehalt größere Probleme mit flüchtigen Spezies und damit höhere Mengen an Nebenprodukten auf, die wiederum als Sonderabfälle entsorgt werden müssen. Schmelz- und Verglasungsverfahren finden praktisch nur in Japan Anwendung. In Europa sind um 1990 mehrere derartige Verfahren bis in den Demonstrationsmaßstab entwickelt worden, keines dieser Verfahren hat Eingang in die Technik gefunden.

Das in der Schweiz in etliche Anlagen praktizierte TVA-Verfahren entfernt lösliche Salze und stabilisiert die Filteraschen dann mit Zement. Das Ziel ist ein besseres Verhalten auf der Deponie.

Das mehrstufige 3R-Verfahren wurde in den 1980er Jahren entwickelt [45]. In einem ersten Verfahrensschritt werden die eluierbaren Schwermetalle aus den Filter- und Kesselaschen mit den von Hg befreiten Absalzlösungen des sauren Wäschers extrahiert. Die abfiltrierten und mit Ton vermischten Reste werden pelletiert und zur thermischen Behandlung zurück in den Ofen der Abfallverbrennungsanlage verbracht. Das Verfahren stellt eine Senke für Hg und große Anteile der extrahierbaren Schwermetalle – z. B. Cd, Zn, Cu, Pb – dar. Organische Schadstoffe werden im Brennraum zerstört und die verbliebenen Metallverbindungen durch Sintern stabilisiert. Eine mit dem 3R-Verfahren ausgerüstete Verbrennungsanlage benötigt also keine Deponie für Filter- und Kesselaschen.

In der Schweiz wurde auf der Basis dieses Verfahrens das FLUWA-Verfahren entwickelt [46], das inzwischen in 50 % der Abfallverbrennungsanlagen eingesetzt wird. Die mineralischen Reststoffe werden zusammen mit den Rostaschen deponiert, aus den Extraktionslösungen werden Metallhydroxide ausgefällt und einer Zinkhütte zugeführt.

Bereits um 1990 wurden Verfahren entwickelt um aus den Lösungen des 3R-Verfahrens insbesondere Zn zurück zu gewinnen [47]. Eine technische Umsetzung ließ sich aber zur damaligen Zeit wegen mangelnder Wirtschaftlichkeit nicht realisieren. Inzwischen sind die Metallpreise erheblich angestiegen und so ist in der Schweiz Ende 2012 das FLUREC-Verfahren in Betrieb genommen worden, das aus den Lösungen des FLUWA-Verfahrens elektrolytisch hochreines Zn abscheidet [48].

Qualität und Entsorgung der Gasreinigungsrückstände
Wie oben dargestellt, produzieren die verschiedenen Rauchgasreinigungsverfahren unterschiedliche Arten und Mengen von Reststoffen. Im Falle der Abwasserabgabe aus einer nassen Rauchgasreinigung ist zu klären, ob die in den Abläufen enthaltene Salzfracht vom vorhandenen Vorfluter verkraftet wird und ob eine Herstellung von NaCl, HCl, elementarem Chlor bzw. von Gips aus diesen Lösungen sinnvoll ist. Gips wird inzwischen in vielen Anlagen aus den Absalzlösungen des neutralen Wäschers hergestellt und hat einen Markt gefunden. Seltener werden in Deutschland die chloridhaltigen Lösungen des saure Wäschers verwertet. Derartige Verfahren sind entwickelt worden [49], ihre Anwendung ist aber wegen der Kosten nur dort sinnvoll. wo die gereinigte Säure oder das Salz im Eigenbetrieb eingesetzt wird, oder wo ein stabiler Mark gefunden werden kann.

Im Allgemeinen werden bei Nassverfahren die Absalzlösungen neutralisiert und entweder in einem Sprühtrockner oder extern eingedampft. Die Reststoffe sind wasserlösliche Salze, insbesondere Chloride und Sulfate, deren Deponierung problematisch ist.

Eine trockene Gasreinigung produziert, wie oben bereits ausgeführt, erheblich größere Mengen an Salzen, da wegen der überstöchiometrischen Fahrweise unverbrauchtes Reagenz mit ausgetragen wird. In einigen Fällen werden bei der trockenen Gasreinigung die Filteraschen gemeinsam mit den Gasreinigungsreststoffen abgeschieden. Diese Rückstände sind in jedem Fall als Sonderabfall einzustufen und, wie die Salze aus der abwasserfreien nassen Gasreinigung, auf besonders gesicherten und damit teuren Sonderabfalldeponien abzulagern.

Die hohen Ablagerungskosten sollten also der nassen Gasreinigung mit Abwasserreinigung und Abwasserabgabe einen Vorteil einräumen, genauso wie sie eine Inertisierung der Filteraschen favorisieren sollte, was aber in den meisten Ländern und vor allem auch in Deutschland nicht der Fall ist. Ein Grund für diese Situation ist die ökonomische Attraktivität der Tieflagerung solcher Stoffe in Salzminen. Seit geraumer Zeit verlangen die Bergämter die Rückverfüllung der Kavernen in alten Steinsalz- und Kaligruben. Für diese als Verwertung anerkannte Verfüllung sind auch Reststoffe aus der Rauchgasreinigung zugelassen. Somit ist auf dem Verordnungswege eine Verwertung der problematischen Reststoffe aus der Gasreinigung ohne größere Vorbehandlung als eine geeignete Verpackung gefunden worden. Es ist offensichtlich, dass neben einer solchen Verwertung nur schwer ökonomische Wege für technische Behandlungs- und Verwertungsverfahren zu finden sein werden, selbst wenn diese die Option der Herstellung marktgängiger Produkte bieten sollten.

9.3.2 Sonderabfallverbrennung im Drehrohrofen

Besonders überwachungsbedürftige Abfälle (Sondermüll) aus Haushalten, Gewerbe und Industrie werden überwiegend in Drehrohranlagen verbrannt. Anlagen mit einem Durchsatz von ca. 40.000 Mg/a sind Stand der Technik, dies entspricht je nach Heizwert (–2.4 MJ/kg für Schmutzwasser und bis 40 MJ/kg für verunreinigte Lösemittel) einer thermischen Leistung von 35–40 MW.

Die Anlagen bestehen aus einem mit Feuerfestmaterial ausgekleideten Drehrohr (L = 10–12 m/D = 4,5–5 m), einer Nachbrennkammer und einem Abhitzekessel (Abb. 9.26).

Feste Abfälle werden in Gebinden (bis 200 l Rollreiffass) oder als bulk-Ware aus dem Bunker über eine Schurre in das Drehrohr aufgegeben. Pastöse und schlammförmige Abfälle werden über Lanzen, flüssige Abfälle über Brenner an der Stirnwand des Drehrohres zugeführt. Das leicht geneigte Drehrohr rotiert mit ca. 10 Umdrehungen pro Stunde, so dass die Feststoffanteile langsam zum Drehrohrauslauf transportiert werden (Verweilzeit 5–24 h) und dabei ein vollständiger Ausbrand des Feststoffes gewährleistet ist. Je nach Verbrennungstemperatur (900–1100 °C) wird trockene Asche oder schmelzflüssige Schlacke am Ende des Drehrohres in einen Nassentschlacker ausgetragen.

Im System Drehrohr/Nachbrennkammer gewährleistet das Drehrohr den Ausbrand der festen Abfälle. Vermischung und Verweilzeit der Rauchgase im Drehrohr sind nicht ausreichend für den Ausbrand der Gasphase, so dass insbesondere bei instationären Verbrennungszuständen (z. B. Gebindeverbrennung) nicht ausgebrannte Rauchgase in die Nachbrennkammer strömen. Moderne Anlagen sind mit einer runden, ausgemauerten Nachbrennkammer (H = 15 m, D = 5–6 m) mit Brennern für flüssige Abfälle oder Luftlanzen zur Vermischung der Rauchgase aus dem Drehrohr ausgestattet. Bei Temperaturen von 950–1050 °C und Sauerstoffkonzentrationen von ca. 10 Vol. % in der Nachbrennkammer ist der vollständige Ausbrand der Rauchgase gewährleistet. Im nachgeschalteten Abhitzekessel, der in der Regel als Schottenwandkessel ausgeführt ist, werden die Rauchgase auf ca. 200 °C abgekühlt; der erzeugte Dampf (typisch 40 bar, 350 °C) wird als Prozesswärme oder zur Verstromung eingesetzt. Zur Gasreinigung werden die in Abschn. 9.3.1.5 beschriebenen Verfahren eingesetzt. Abbildung 9.28 zeigt das Fließbild einer modernen Drehrohranlage mit Wärmenutzung und Rauchgasreinigung [50].

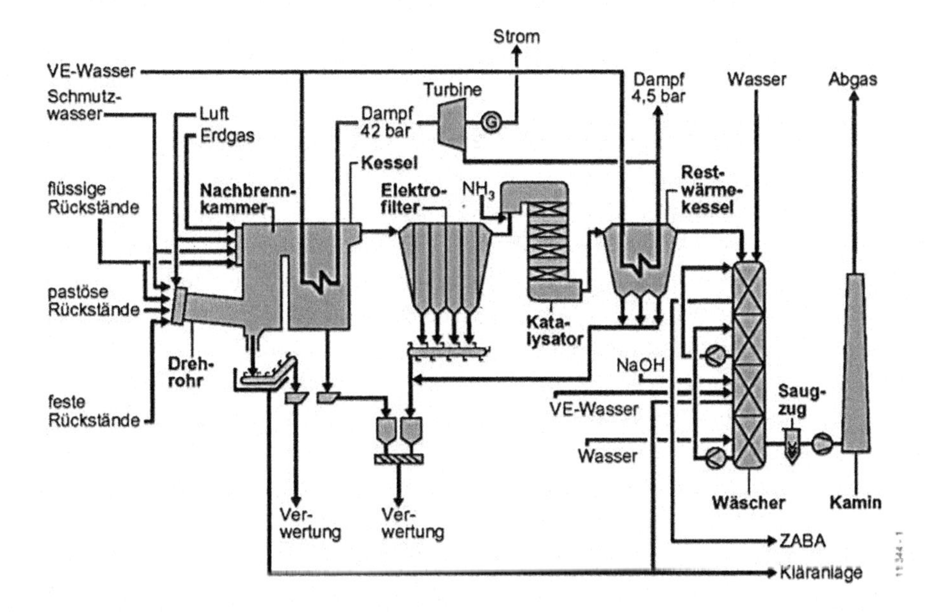

Abb. 9.28 Schema einer Drehrohranlage mit Wärmenutzung und Rauchgasreinigung [50]

9.3.3 Klärschlammverbrennung im Wirbelschichtofen

Klärschlämme, insbesondere aus der industriellen Produktion, werden überwiegend in Wirbelschichtöfen verbrannt. Man unterscheidet stationäre und zirkulierende Wirbelschichten. Der heizwertarme Klärschlamm muss zunächst entwässert und eventuell mit einem Heizwertträger (z. B. Ballastkohle) angereichert werden, bevor er in den Wirbelschichtofen eingetragen wird. Moderne stationäre Wirbelschichtanlagen werden heute für jährliche Durchsätze bis 50.000 Mg Schlammtrockensubstanz gebaut, dies entspricht einer Filterkuchenmenge von ca. 200.000 Mg/a bzw. einer thermischen Leistung von ca. 25 MW (unterer Heizwert ca. 3.5 MJ/kg).

Prinzipiell besteht der Wirbelschichtofen aus einem zylindrischen Schacht mit einem Düsenboden durch den vorgewärmte Verbrennungsluft eingetragen wird. Die Luft durchströmt das Wirbelbett gegen die Schwerkraft und hält es damit in Bewegung. Das Bettmaterial besteht zu ca. 90 % aus Sand oder Schlacke und nur zu ca. 10 % Brennstoff. Das Inertmaterial dient als Wärmeträger. Aufgrund der intensiven Durchmischung von Inertmaterial, Brennstoff und Verbrennungsluft stellen sich im Wirbelbett homogene Temperatur- und Konzentrationsverteilungen ein, so dass heizwertarme Brennstoffe sehr gut ausbrennen. Die Feuerraumtemperatur liegt bei 850–950 °C.

Beim stationären Wirbelbett wird nur die feinkörnige Asche mit dem Rauchgas aus dem Wirbelbett transportiert und über einen Staubabscheider ausgetragen, während bei der rotierenden Wirbelschicht das gesamte Bettmaterial im Kreislauf gefahren wird. Die Wärmeauskopplung zur Dampferzeugung erfolgt über Wärmetauscherflächen, die sowohl im Wirbelbett als auch im Rauchgas nach der Wirbelschicht angeordnet sind. Die Gasreinigung ist prinzipiell wie bei den im Abschn. 9.3.1.5 beschriebenen Rostofenanlagen aufgebaut. Abbildung 9.29 zeigt das Fließbild einer Wirbelschichtanlage für industrielle Klärschlämme mit Wärmenutzung und Rauchgasreinigung [51].

9.4 Mitverbrennung von Abfällen – Ersatzbrennstoffe

Neben der Verbrennung von Abfällen in speziellen Abfallverbrennungsanlagen werden zunehmend vor allem Hausmüll bzw. hausmüllähnliche Abfälle und Klärschlämme in nicht primär zur thermischen Abfallverwertung ausgelegten Anlagen mitverbrannt. Für die Mitverbrennung gelten die gleichen Zielsetzungen, wie sie in Abschn. 9.1. beschrieben werden, wobei zusätzlich die ökonomischen Vorteile (geringe spezifische Investitionskosten) und die höhere Energieeffizienz der angewandten Prozesse als Anreiz dienen.

Die Mitverbrennung von Abfällen kann sowohl in Kraftwerken unterschiedlicher Technologien als auch in Industriefeuerungen stattfinden (Abb. 9.30).

Häufig werden bei der Mitverbrennung von Abfällen so genannte Ersatzbrennstoffe (EBS), d. h. aus Abfällen gewonnene Brennstoffe, eingesetzt.

Die durch Trocknung, mechanische Aufbereitung und/oder mechanisch-biologische Aufbereitung (MBA) von nicht gefährlichen Abfällen erzeugten EBS erreichen höhere

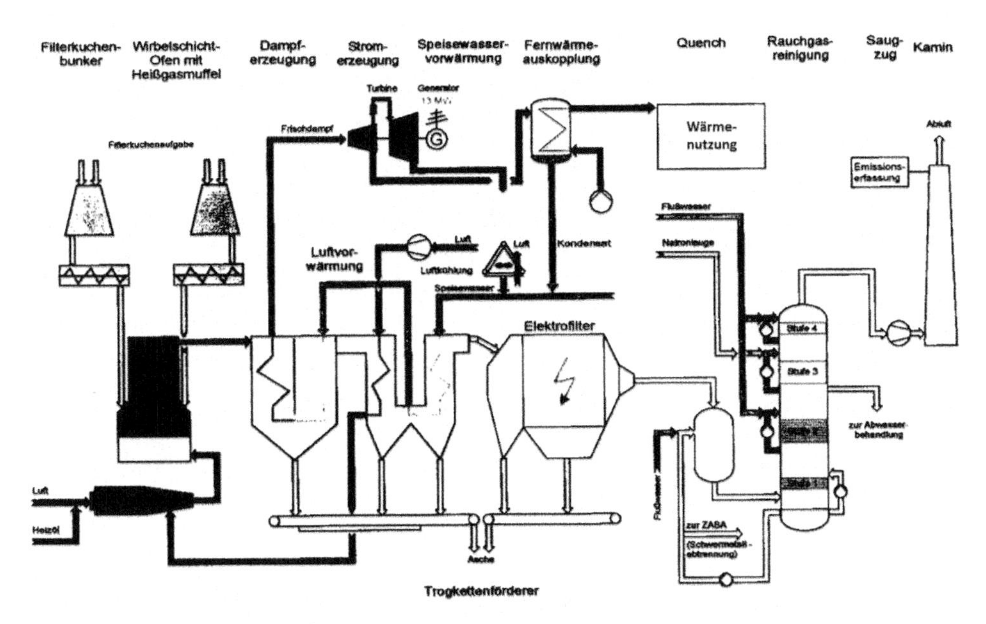

Abb. 9.29 Schema einer Klärschlamm-Wirbelschichtverbrennungsanlage mit Wärmenutzung und Rauchgasreinigung [51]

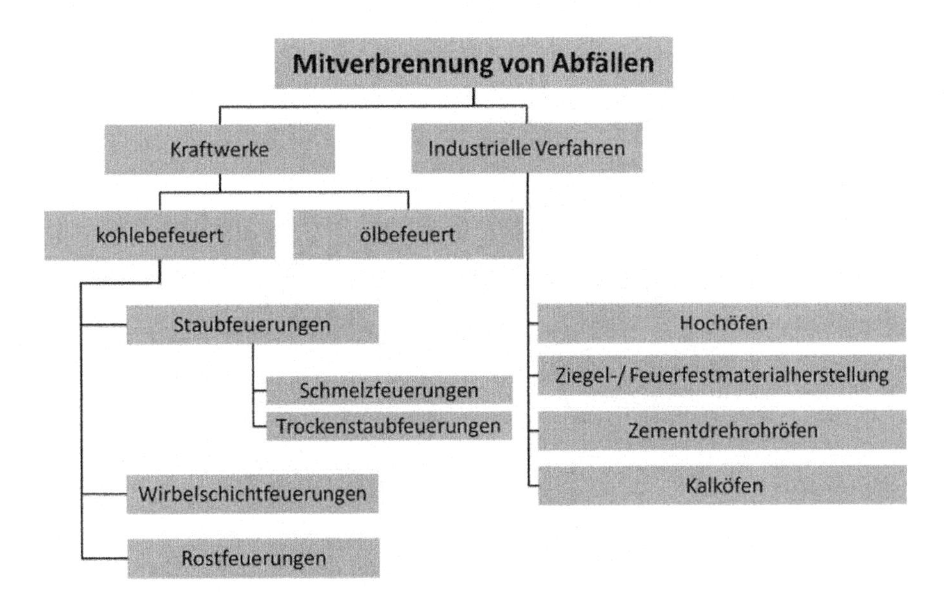

Abb. 9.30 Möglichkeiten der Mitverbrennung

Heizwerte und sind in ihren kalorischen und verbrennungstechnischen Eigenschaften den fossilen Regelbrennstoffen ähnlicher [52]. Bei den EBS wird nach Herkunft der Abfälle zwischen EBS-S (aus gemischten Siedlungsabfällen) und EBS-P (aus produktionsspezifischen Gewerbeabfällen) unterschieden.

Zur Spezifizierung hochkalorischer Ersatzbrennstoffe, so genannter SRF (Solid Recovered Fuels), wurde eine europäische Klassifizierung gemäß der europäischen Norm CEN/TS15359 festgelegt [53]. Danach erfolgt die vollständige Klassifizierung der SRF über 3 Zahlen (zwischen 1 und 5), die die Eingruppierung des SRF in die Kategorien Heizwert, Chlorgehalt und Quecksilbergehalt ausdrückt (Tab. 9.8).

Im Jahr 2010 wurden vom gesamten europäischen SRF-Aufkommen von annähernd 12 Mio. Mg mit ca. 6,15 Mio. Mg mehr als 50 % in Deutschland produziert (Abb. 9.31) [54].

Die zeitliche Entwicklung des Einsatzes von SRF in Deutschland zeigt Abb. 9.32.

Tab. 9.8 Klassifikation von SRF nach CEN/TS 15359

Kategorie	Einheit	Klasse				
		1	2	3	4	5
unterer Heizwert (H_u)	MJ/kg	≥25	≥20	≥15	≥10	≥3
Chlor	Gew.-% (tr.)	≤0,2	≤0,6	≤1,0	≤1,5	≤3
Quecksilber	Gew.-% (tr.)	≤0,02	≤0,03	≤0,08	≤0,15	≤0,5

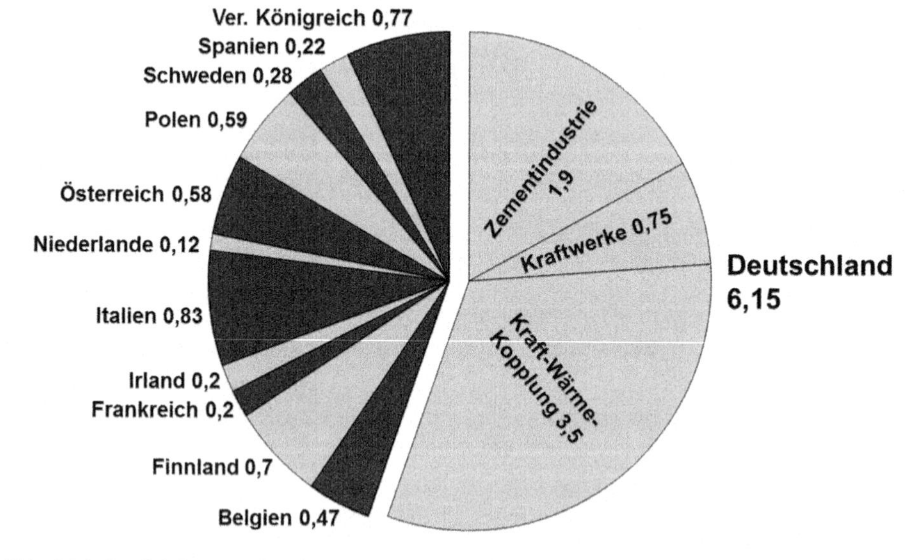

Abb. 9.31 Produktion von SRF in Europa im Jahr 2010 ([54]; Werte in Mg)

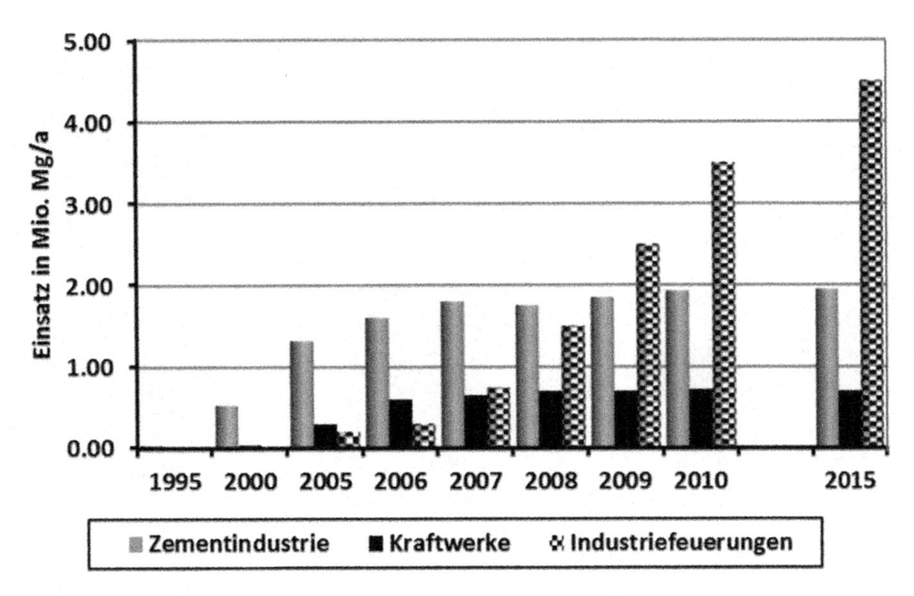

Abb. 9.32 Entwicklung der Einsatzmengen von Ersatzbrennstoffen in Deutschland (Angaben für Brennstoffe aus Gewerbeabfällen bzw. hochkalorischen Fraktionen [55, 56]; 2015 geschätzt)

Mit einer Einsatzmenge von ca. 1,9 Mio. Mg/a sind Sekundärbrennstoffe aus Gewerbeabfällen und hochkalorischen Fraktionen zu einer unverzichtbaren Energiequelle für die deutsche Zementindustrie geworden. Im Jahr 2010 erreichte die Substitutionsrate in deutschen Zementwerken durch Ersatzbrennstoffe über 60 % und scheint damit eine gewisse Sättigungsrate erreicht zu haben. Auch für etliche Kraftwerke ist die Mitverbrennung eine Option geworden.

In den letzten Jahren gewinnt der Einsatz in industriellen Kraftwerken, z. B. in der chemischen Industrie bzw. der Papierindustrie, an Bedeutung. Diese auch als EBS-Kraftwerke bezeichneten Anlagen werden häufig mit Kraft-Wärme-Kopplung betrieben und können so ganzjährig hohe Nutzungsgrade erreichen.

Die unterschiedlichen Stückigkeiten des EBS (von Staubfeuerung über Hackschnitzel bis zu Pellets) wie sie in Mitverbrennungsanlagen zum Einsatz kommen zeigt Abb. 9.33.

9.5 Alternative Verfahren der thermischen Abfallbehandlung

9.5.1 Verfahrensprinzipien

Derzeit werden zur thermischen Abfallbehandlung überwiegend die oben beschriebenen Verbrennungsverfahren eingesetzt. Weltweit sind ca. 2200 Anlagen mit einer Kapazität von 255 Mio. Mg/a in Betrieb [57]. Seit langer Zeit sind als Alternativen aber auch Pyrolyse- und Vergasungsverfahren entwickelt worden, die für unbehandelte Siedlungsabfälle in Deutschland mit einer Ausnahme keine Anwendung fanden, in Japan dagegen einen beachtlichen Marktanteil haben.

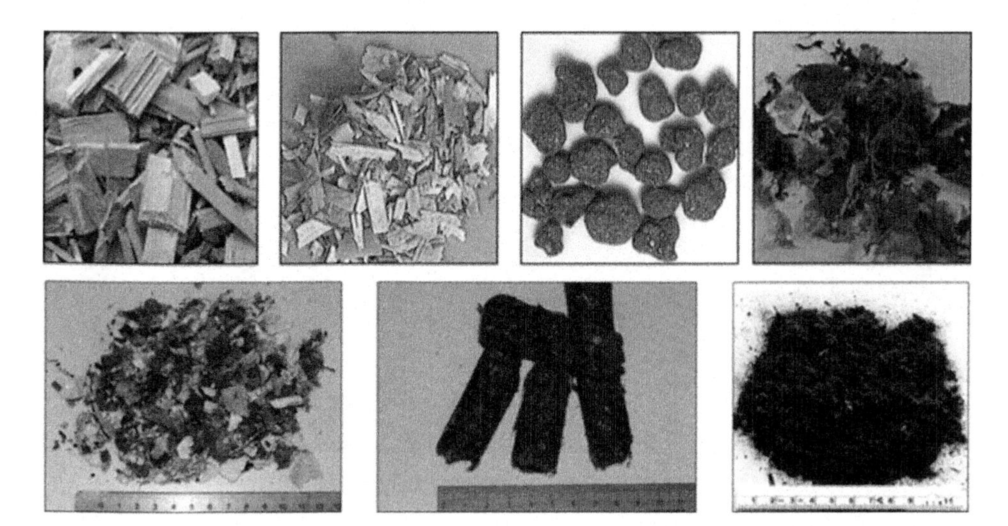

Abb. 9.33 Unterschiedliche Stückigkeiten von Ersatzbrennstoffen (Hackschnitzel, Pellets, Fluff, Staub)

Die proklamierten Vorteile derartiger Verfahren sollen eine höhere Energieausbeute, geringere Emissionen und qualitativ hochwertigere Reststoffe sein, die zum großen Teil als geschmolzene Schlacken anfallen. Außerdem werden geringere Prozesskosten versprochen.

Die beiden oben genannten Verfahrenstypen arbeiten unterstöchiometrisch, die Pyrolyse unter Ausschluss von Luft, die Vergasung mit Luftzahlen unter 1; beide sind zwei- oder mehrstufig ausgelegt, wobei die letzte thermische Verfahrensstufe im Allgemeinen eine Verbrennung ist. Die meisten Verfahren benötigen eine Vorbehandlung des Einsatzstoffs, in den meisten Fällen EBS oder SRF.

Als Pyrolysestufe dient vorwiegend ein beheiztes Drehrohr, zur Vergasung werden Schachtöfen oder Festbettreaktoren, Wirbelschichten, Roste sowie Flugstromreaktoren eingesetzt. Die Verbrennungsstufe ist üblicherweise eine Brennkammer. Bei einigen Verfahren wird das Synthese-/Produktgas zur Verstromung in Gasmotoren eingesetzt, direkt oder nach Zwischenreinigung einer Gasturbine zugeführt oder in einen industriellen thermischen Prozess, z. B. ein Zementdrehrohr oder einen Kalkofen eingespeist.

Zur Vergasung wird in praktisch allen Fällen Luft, sauerstoffangereicherte Luft oder reiner Sauerstoff eingesetzt. Die Prozessparameter von Pyrolyse und Vergasung finden sich in Tab. 9.1.

9.5.2 Pyrolyseverfahren

Pyrolyse zur Behandlung von Siedlungsabfällen wird nur in wenigen technischen Anlagen eingesetzt. Die erste kommerzielle Anlage ging 1984 in Burgau in Bayern mit einem Durchsatz von ca. 30 000 Mg/a in Betrieb [58]. Das Fließbild dieser Anlagen, die

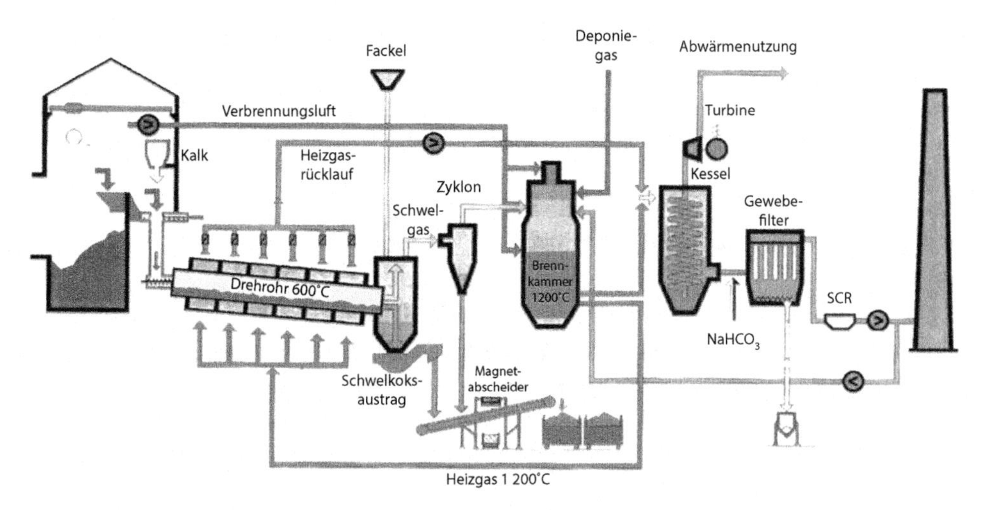

Abb. 9.34 Hausmüllpyrolyseanlage Burgau ([59], modifiziert)

zwischenzeitlich mehrfach aufgerüstet wurde, zeigt Abb. 9.34. Die Anlage wurde Ende 2015 stillgelegt.

Der per Rotorschere zerkleinerte Hausmüll wird in ein außenbeheiztes Drehrohr eingebracht und bei 600 °C pyrolysiert. Der Reststoff, Schwelkoks genannt, ein Gemisch aus Inertmaterial und hohen Organikanteilen, wird ausgetragen, von Eisenschrott befreit und untertage abgelagert. Das Schwelgas passiert einen Zyklon zur Abscheidung grober Flugstäube und wird bei 1200 °C in einer Brennkammer zusammen mit Deponiegas verbrannt. Ein Teil des Rauchgases wird zur Beheizung des Drehrohrs eingesetzt, die Hauptmenge passiert einen Abhitzekessel und eine mit $NaHCO_3$ betriebene trockene Gasreinigung.

In den 1990er Jahren baute die Firma Siemens in Fürth eine großtechnische Schwel-Brenn-Anlage [60], die der oben beschriebenen Anlage sehr ähnlich war. Das Drehrohr wurde über eingebaute Rohrbündel mit Heißluft beheizt, die Pyrolysetemperatur betrug 450 °C. Das Schwelgas wurde nicht entstaubt, der Koks wurde aus dem festen Reststoff abgetrennt und mit dem Schwelgas gemeinsam in einer Brennkammer bei 1350 °C verbrannt. Die Anlage wurde im Probebetrieb wegen Blockaden des Gaskanals und Problemen mit den Drehrohrdichtungen stillgelegt, das Verfahren vom Markt genommen.

Siemens hatte eine Lizenz an die Firma Mitsui Environmental Systems in Japan vergeben, wo etliche großtechnische Anlagen des jetzt MES R21 genannten Verfahrens in Betrieb genommen wurden [61]. Auch die japanische Firma Takuma nahm eine Lizenz und baute einige Anlagen mit geringerem Durchsatz. Beide Firmen bauten insgesamt 11 Anlagen mit einem Gesamtdurchsatz von annähernd 2400 Mg/d. Das Verfahren wird aber inzwischen in Japan wegen geringer Energieausbeute und hoher Investitions- und Betriebskosten nicht mehr angeboten.

Zwischen 2001 und 2009 wurde in Hamm eine ConTherm genannte Drehrohrpyrolyse, in der aufbereitete plastikreiche Abfallfraktionen eingesetzt wurden, als Vorschaltanlage für ein Kohlekraftwerk betrieben [62]. Die Anlage bestand aus zwei Linien mit einem

Gesamtdurchsatz von 100.000 Mg/a. Die Anlage hatte technische Probleme, z.B. Ablagerungen im Pyrolysegasrohr zum Kraftwerk. Die Ökonomie gestaltete sich schwierig, da die Preise des Einsatzmaterials ständig anstiegen. ConTherm wurde daher 2009 außer Betrieb genommen.

9.5.3 Vergasungsverfahren

Auch Vergasungsverfahren für Siedlungsabfälle wurden entwickelt. Es handelt sich meistens um zweistufige Verfahren mit einer Verbrennung des Synthesegases in einer Brennkammer. Daneben gibt es einige Verfahren, bei denen die Vergasungs- und die Verbrennungsstufe nahezu ohne räumliche Trennung ineinander übergehen, z. B. das Energos- [63] oder das Cleergas-Verfahren [64], die eigentlich als zweistufige Verbrennung zu bezeichnen sind, aus Gründen der Akzeptanz und teilweise günstigerer Stromtarife im Rahmen der Unterstützung alternativer Technologien als Vergasungsverfahren angeboten werden.

Zu den Verfahren, die eine deutliche Trennung der Stufen aufweisen, sollen einige Beispiele näher beschrieben werden. Ein Verfahren, das in den 1990er Jahren in Deutschland und der Schweiz auf den Markt drängte, ist das Thermoselect Verfahren [65]. Es handelt sich dabei um eine Verfahrenskette aus einer Entgasung des unbehandelten Abfalls in einem Kanal bei ca. 600 °C, der Vergasung bei 1200 °C in einer Kammer mit Einschmelzung des Reststoffs bei 2000 °C und einer sehr aufwendigen Synthesegasreinigung, wie Abb. 9.35 zeigt. Das Ziel des Verfahrens war eine hochwertige Nutzung aller Reststoffe, vor allem des Synthesegases.

Eine erste großtechnische Anlage wurde in Karlsruhe errichtet, hier wurde das Synthesegas allerdings in einer Brennkammer verbrannt. Die Anlage wurde nach Problemen im Probebetrieb 2000 und 2001 bereits 2004 wegen hoher Verluste stillgelegt. Damit

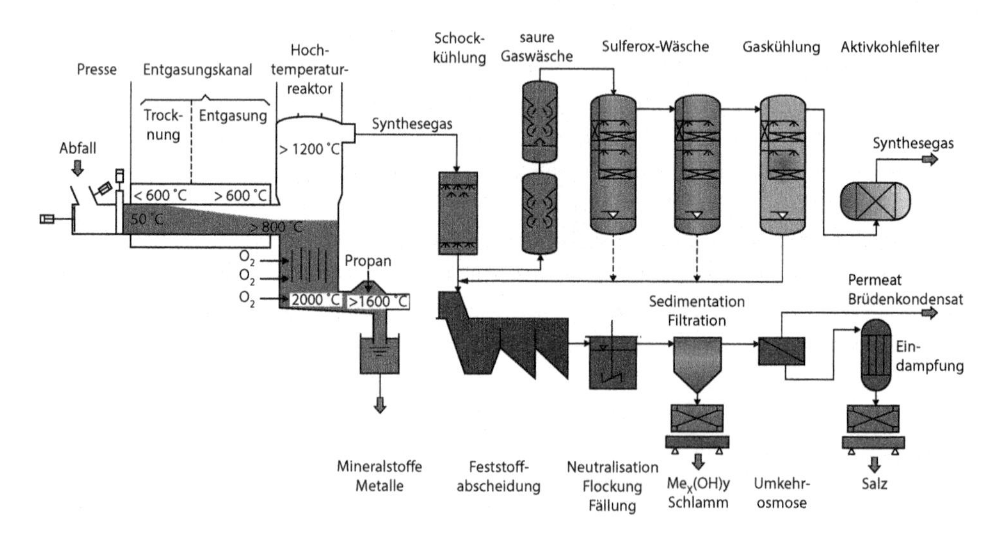

Abb. 9.35 Fließbild des Thermoselect-Verfahrens [18]

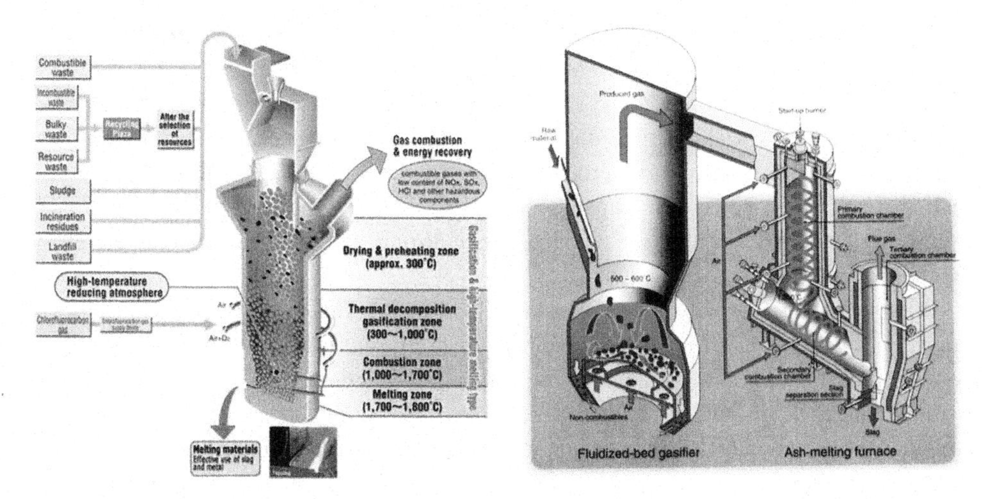

Abb. 9.36 Schema des Vergasungsteils des Nippon Steel DMS-Verfahrens (links) und des Vergasungs- und Verbrennungsteils des Ebara-TwinReg-Verfahrens (rechts)

scheiterten auch einige andere Projekte in Europa. In Japan hat die Firma JFE/Kawasaki Steel eine Lizenz des Verfahrens genommen und betreibt 5 Anlagen mit einer Gesamtkapazität von ca. 1,3 Mio. Mg/a. Das Verfahren wird inzwischen wegen zu geringer Energieausbeute und zu hoher Kosten in Japan nicht weiter angeboten.

Das am weitesten verbreitete Verfahren ist eine Schachtofen-Vergasung von unbehandelten Siedlungsabfällen unter Zugabe geringer Mengen an Koks [66]. Das bei bis zu 2000 °C erzeugte Synthesegas wird ohne Behandlung direkt in einer Brennkammer verbrannt. Den Vergasungsteil des Verfahrens zeigt die linke Grafik in Abb. 9.36. Das Verfahren wird seit 1979 von Nippon Steel unter dem Namen DMS (Direct Melting System) angeboten, zurzeit sind 28 Anlagen mit einer Gesamtkapazität von 6200 Mg/d in Betrieb. Die Firma JFE bietet ein sehr ähnliches Verfahren an.

Ein weiteres in Japan verbreitetes Verfahren ist eine Wirbelschichtvergasung mit nachfolgender Verbrennung in einer Drall-Brennkammer, das Ebara-TwinReg-Verfahren [67]. Der Abfall muss auf eine passende Stückigkeit durch Zerkleinerung vorbereitet werden. Auch hier wird das Synthesegas nach passieren eines Zyklons direkt verbrannt. Bis 2009 wurden in Japan 12 Anlagen mit 21 Linien und einer Gesamtkapazität von 3100 Mg/d gebaut. Das Schema des Vergasungs- und Verbrennungsteils des Verfahrens ist in der rechten Grafik der Abb. 9.36 zu sehen.

9.5.4 Marktsituation der Alternativ-Verfahren

Wie oben ausgeführt, haben die Pyrolyseverfahren zurzeit in Europa für Siedlungsabfälle keinen Markt und auch in Japan wird diese Verfahrensklasse nicht weiter verfolgt. Für andere Abfallströme wie z. B. Kunststoffe oder Elektronikschrott könnte sich die Situation in Zukunft ändern, denn ein Vorteil dieser Verfahren ist die hohe Qualität der aus den festen Reststoffen rückgewinnbaren Metalle.

Bei den Vergasungsverfahren und vor allem den eigentlich als Zweistufen-Verbrennung zu bezeichnenden Verfahren sieht die Situation in Europa, insbesondere im Vereinigten Königreich, positiver aus. Dort werden solche Verfahren mit 2 ROCs (Renewable Obligation Certificates) bewertet, doppelt so hoch wie konventionelle Verbrennungsverfahren, was eine höhere Vergütung des abgegebenen Stroms und damit einen kommerziellen Vorteil bedeutet.

In Japan haben alternative Verfahren Vorteile, da viele Anlagen geringere Kapazitäten als in Europa haben und damit der ökonomische Vorteil der Größe weniger stark zu Buche schlägt. Des Weiteren sind dort die Kosten der Abfallbehandlung höher, da in vielen Rostverbrennungen Rost- und z. T. auch Filteraschen eingeschmolzen werden. Außerdem spielte die Nutzung der Energie in Japan bisher nur eine nachgeordnete Rolle. Ein Nachteil der meisten Alternativverfahren ist ihre begrenzte Verfügbarkeit. So ist der Wartungsaufwand offensichtlich beachtlich und viele Vergasungsanlagen werden weniger als 300 Tage im Jahr betrieben.

Wurden in den 2000er Jahren zum Teil bis zu 70 % der Neuanlagen in Japan als Vergasungs- oder Pyrolyseanlagen ausgeführt [68], so änderte sich die Situation am Ende des Jahrzehnts, da die Ökonomie der Anlagen und vor allem die Energieausbeute eine immer größere Rolle bei der Vergabe neuer Anlagen spielten. Seit 2008 sind wieder mehr als 75 % der Neubauten in bewährter Rosttechnik ausgeführt.

In anderen Ländern wie USA und Kanada werden die alternativen Verfahren mit den oben angeführten Argumenten weiterhin am Markt angeboten. Es ist aber zu vermuten, dass für die absehbare Zukunft derartige Technologien nur Teilmärkte erobern werden und hier vor allen für gut definierte und hochenergetische Abfallfraktionen, bevorzugt aus dem gewerblichen und industriellen Bereich. Rechnet man alle Ausgaben für die Bereitstellung eines hochwertigen Einsatzstoffes in die Bilanzen ein, werden sich eventuelle höhere Energieausbeuten eines solchen Verfahrens nur schwer als echte ökonomische Gewinne herausstellen.

Fragen zu Kap. 9

1. Welche drei Hauptzielrichtungen verfolgt die thermische Abfallbehandlung und wodurch werden sie erreicht?
2. Wie definieren sich die drei Grundprozesse der thermischen Abfallbehandlung?
3. Wie ist eine Hausmüllverbrennungsanlage in der Regel aufgebaut? Welches sind die Hauptkomponenten der Verfahrenskette?
4. Aus welchen Elementen ist eine Rostfeuerung aufgebaut und welche Funktionen hat der Verbrennungsrost zu erfüllen?
5. Welches sind die gebräuchlichsten Rostarten, wie sind diese zu charakterisieren?
6. Welches sind die vier Grundbestandteile fester Brennstoffe und somit auch des Abfalls? Mit welcher Analyse werden sie bestimmt?

7. Auf welchen beiden Kenngrößen basiert die Auslegung einer Rostfeuerung, wie sind diese definiert?
8. Was beschreibt das Feuerungsleistungsdiagramm und wodurch sind die Grenzen in diesem Diagramm bestimmt?
9. Welches sind die Hauptaufgaben (5) einer Rauchgasreinigung (RGR)? Welche Arten von RGR unterscheidet man?
10. An welchen Stellen (Anlagenkomponenten) einer Hausmüllverbrennung entstehen feste oder flüssige Reststoffe, wie sind diese zu charakterisieren?
11. Nennen Sie einige „Alternative Verfahren" der thermischen Abfallbehandlung und geben Sie die im jeweiligen Verfahren benutzten Grundprozessstufen an!
12. Mit welchen Verbrennungsverfahren werden a) Sonderabfälle und b) Klärschlämme behandelt?

Literatur

[1] Zwahr, H.: 100 Jahre thermische Müllverwertung in Deutschland. VGB Kraftwerkstechnik, 76, H. 2, 126–133, 1996

[2] Christill, M., Kolb, T., Seifert, H., Leuckel, W.: Untersuchungen zum thermischen Abbauverhalten chlorierter Kohlenwasserstoffe, VDI-Berichte Nr. 1193, VDI-Verlag, Düsseldorf, 1995, S. 381

[3] Scheirs, J., Kaminsky, W.: Feedstock recycling and pyrolysis of waste plastics: converting waste plastics into diesel and other fuels, Wiley Series in Polymer Science, Hoboken, NJ, 2006

[4] Hornung, A., Koch, W., Schöner, J., Furrer, J., Seifert, H., Tumiatti, V.: Environmental engineering recycling of electronical and electrical equipment (EEE), 21st International Conference on Incineration and Thermal Treatment Technologies (IT3), New Orleans, LA, USA, May 2002

[5] Bunge, R.: Wertstoffgewinnung aus KVA-Rostasche. In: KVA-Rückstände in der Schweiz. Der Rohstoff mit Mehrwert (Schenk, K., Hrsg.), Bundesamt für Umwelt, Bern, 2010, S. 170

[6] Chandler, A. J., Eighmy, T. T., Hartlén, J., Hjelmar, O., Kosson, D. S., Sawell, S. E., van der Sloot, H. A., Vehlow, J.: Municipal solid waste incinerator residues, Elsevier Publishers, Amsterdam, 1997

[7] Seifert, H.: Energetische Nutzung von Abfall durch Schadstoffarme Verfahren – ein Beitrag zur regenerativen Energie, 4. Symposium der deutschen Akademie der Wissenschaften – Energie und Umwelt, Springer Verlag, Berlin, 2000

[8] Vehlow, J.: Waste-to-Energy initiatives in the European Union: mandated energy recovery from wastes, NAWTEC 14, Tampa, 1.–3. May 2006

[9] Rittmeyer, C., Kaese, P., Vehlow, J., Vilöhr, W.: Decomposition of organohalogen compounds in municipal solid waste incineration plants. Part II: Co-combustion of CFC containing polyurethane foams. Chemosphere, 28, 1455, 1994

[10] Seifert, H.: Energy recovery from waste – a contribution to climate protection, 7th European Conference on Industrial Furnaces and Boilers (INFUB), Porto, April 2006

[11] Bilitewski, B., Härdtle, M.: Grundlagen der Pyrolyse von Rohstoffen. In: Pyrolyse von Abfällen (Thomé-Kozmiensky, K.J., Hrsg.), EF-Verlag für Energie und Umwelttechnik, Berlin, 1985

[12] Kommission Reinhaltung der Luft im VDI und DIN – Normenausschuss KRdL, Fachbereich Umwelttechnik: VDI-Richtlinie 3460, Blatt 2 (Weißdruck), Juni 2014

[13] European Commission: Integrated Pollution Prevention and Control – reference document on the best available techniques of waste incineration, Joint Research Centre, IPTS C, Seville, 2006: http://eippcb.jrc.ec.europa.eu/reference/BREF/wi_bref_0806.pdf
[14] Deutsches Statistisches Bundesamt, 2017: www.destatis.de
[15] Eurostat: Aufkommen und Behandlung von Siedlungsabfällen, 2014: http://epp.eurostat.ec.europa.eu/tgm/table.do?tab=table&init=1&language=de&pcode=tsdpc240&plugin=1
[16] CEWEP, Waste-to-Energy in Europe 2014, 2017: http://www.cewep.eu/information/data/studies/m_1224
[17] Albert, F. W.: Die Niederungen des Alltags: Über den erfolgreichen Betrieb einer Müllverbrennungsanlage. VGB-Kraftwerkstechnik, 77, 39–47, 1997
[18] Thomé-Kozmiensky, K. J.: Thermische Abfallbehandlung, EF-Verlag für Energie und Umwelttechnik, Berlin,1994
[19] Scholz, R., Beckmann, M., Schulenburg, F.: Abfallbehandlung in thermischen Verfahren. In: Verbrennung, Vergasung, Pyrolyse – Verfahrens- und Anlagenkonzepte (Bahadir, M., Collins, H.-J., Hock, B., Hrsg.), B. G. Teubner Verlag, Stuttgart, 1, 2001
[20] Dubbel: Taschenbuch für den Maschinenbau (Grote, K.-H., Feldhusen, J., Hrsg.), Springer-Verlag, Berlin
[21] Reimann, D. O., Hämmerli, H.: Verbrennungstechnik für Abfälle in Theorie und Praxis, Schriftenreihe Umweltschutz, Bamberg, 1995
[22] Görner, K.: Technische Verbrennungssysteme, Springer-Verlag, Berlin, 1991
[23] Bundesministerium für Verkehr, Bau und Stadtentwicklung, 17. Verordnung zur Durchführung des Bundes-Immissionsschutzgesetzes (Verordnung über die Verbrennung und Mitverbrennung von Abfällen vom 2. Mai 2013), Bundesgesetzblatt Teil I, 1021, 1044, 3754
[24] Cerbe Wilhelms, G.: Technische Thermodynamik: Theoretische Grundlagen und technische Anwendungen, Carl Hanser Verlag, München, 2013
[25] Braun, H., Metzger, H., Vogg, H.: Zur Problematik der Quecksilber-Abscheidung aus Rauchgasen von Müllverbrennungsanlagen, 1. Teil. Müll und Abfall, 18, 62, 1986; 2. Teil, Müll und Abfall, 18, 89, 1986
[26] Fellows, K. T., Pilat, M. J.: HCl sorption by dry $NaHCO_3$ for incinerator emission control, Journal of the Air & Waste Management Association, 40, 887, 1990
[27] Vogg, H., Merz, A., Stieglitz, L., Vehlow, J.: Chemisch-verfahrenstechnische Aspekte zur Dioxinreduzierung bei Abfallverbrennungsprozessen. VGB Kraftwerkstechnik, 69, 795, 1989
[28] Hunsinger, H., Seifert, H., Jay, K.: Reduction of PCDD/F formation in MSWI by a process-integrated SO_2 cycle. Environmental Engineering Science, 24, 1145, 2007
[29] Hiraoka, M., Takeda, N., Okajima, S., Kasakura, T., Imoto, Y.: Catalytic destruction of PCDDs in flue gas. Chemosphere, 19, 361, 1989
[30] Pranghofer, G. G., Fritzky, K. J.: Destruction of polychlorinated dibenzo-p-dioxins and Dibenzofurans in Fabric Filters. 3rd International Symposium on Incineration and Flue Gas Treatment Technologies, Brussels, July 2–4, 2001
[31] Andersson, S., Kreisz, S., Hunsinger, H.: Innovative material technology removes dioxins from flue gases. Filtration and Separation, 40, 22, 2003
[32] Martin GmbH: Entschlacker, 2017: http://www.martingmbh.de/de/entschlacker.html
[33] Koralewska, R., Langhein, E.-C., Horn, J.: Verfahren zur Verbesserung der Qualität von Verbrennungsückständen mit innovativer Martin-Technologie. In: KVA-Rückstände in der Schweiz. Der Rohstoff mit Mehrwert (Schenk, K., Hrsg.), Bundesamt für Umwelt, Bern, S. 205, 2010
[34] Pfrang-Stotz, G., Reichelt, J.: Mineralogische, bautechnische und umweltrelevante Eigenschaften von frischen Rohschlacken und aufbereiteten/abgelagerten Müllverbrennungsschlacken unterschiedlicher Rost- und Feuerungssysteme. Berichte der Deutschen Mineralogischen Gesellschaft, 1, 185, 1995

[35] Ammann, P.: Dry extraction of bottom ashes in WtE plants. CEWEP-EAA Seminar, Copenhagen, September 2011
[36] Vehlow, J., Bergfeldt, B., Hunsinger, H.: PCDD/F and related compounds in solid residues from municipal solid waste incineration – a literature review. Waste Management & Research, 24, 404, 2006
[37] Fiedler, H.: Sources of PCDD/PCDF and impact on the environment. Chemosphere, 32, 55, 1996
[38] Vehlow, J.: Bottom ash and APC residue management. In: Power Production from Waste and Biomass – IV (Sipilä, K., Rossi, M., Hrsg.), VTT Information Service, VTT, Espoo, 151, 2002
[39] LAGA: Merkblatt Entsorgung von Abfällen aus Verbrennungsanlagen für Siedlungsabfälle, verabschiedet durch die Länderarbeitsgemeinschaft Abfall (LAGA) am 1. März 1994. In: Müll-Handbuch (Hösel, G., Schenkel, W., Schnurer, H., Hrsg.). Berlin: Erich Schmidt Verlag, Kennzahl 7055, Lfg. 4/94, 1994
[40] Zwahr, H.: MV-Schlacke – mehr als nur ein ungeliebter Baustoff? Müll und Abfall, 37, 114, 2005
[41] Vehlow, J., Seifert, H.: Management of residues from energy recovery by thermal waste-to-energy systems and quality standards. Report for IEA Bioenergy Task 36 Topic 5, 2017: http://task36.ieabioenergy.com/wp-content/uploads/2016/06/Report_Topic5_Final-5.pdf
[42] Pfrang-Stotz, G., Schneider J.: Comparative studies of waste incineration bottom ashes from various grate and firing systems, conducted with respect to mineralogical and geochemical methods of examination. Waste Management & Research, 13, 273, 1995
[43] Sauter, J.: Vergleichende Bewertung der Umweltverträglichkeit von natürlichen Mineratlstoffen, Bauschutt-Recyclingmaterial und industriellen Nebenprodukten. Diplomarbeit am Institut für Straßen- und Eisenbahnwesen der Universität Karlsruhe (TH), 2000
[44] Schneider, J., Vehlow, J., Vogg, H.: Improving the MSWI bottom ash quality by simple in-plant measures. In: Environmental Aspects of Construction with Waste Materials (Goumans, J. J. J. M., van der Sloot, H. A., Aalbers, Th. G., Hrsg.), Elsevier Publishers, Amsterdam, S. 605, 1994
[45] Vehlow, J., Braun, H., Horch, K., Merz, A., Schneider, J., Stieglitz, L., Vogg, H.: Semi-technical demonstration of the 3R process. Waste Management & Research, 8, 461, 1990
[46] Frey, R., Brunner, M.: Rückgewinnung von Schwermetallen aus Flugaschen. In: Optimierung der Abfallverbrennung (Thomé-Kozmiensky K. J., Hrsg.), TK-Verlag, Neuruppin, S. 443, 2004
[47] Volkman, Y., Vehlow, J., Vogg, H.: Improvement of flue gas cleaning concepts in MSWI and utilization of by-products. In: Waste Materials in Construction (Goumans, J. J. J., van der Sloot, H. A., Albers, T. G., Hrsg.), Elsevier Publishers, Amsterdam, S. 145, 1991
[48] Schlumberger, S.: Neue Technologien und Möglichkeiten der Behandlung von Rauchgasreinigungsrückständen im Sinne eines nachhaltigen Ressourcenmanagements. In: KVA-Rückstände in der Schweiz – Der Rohstoff mit Mehrwert (Schenk K., Hrsg.), Bundesamt für Umwelt, Bern, S. 194, 2010
[49] MVR, Salzsäureherstellung, 2017: http://www.mvr-hh.de/Salzsaeureherstellung.45.0.html
[50] Joschek, H.-I., Dorn, I.-H., Kolb, T.: The rotary kiln/the chronicle of a modern technology taking BASF waste incineration as an example. VGB Kraftwerkstechnik, 75, 370, 1995
[51] Thomé-Kozmiensky, K. J.: Klärschlammentsorgung, TK-Verlag, Thomé-Kozmiensky Neuruppin, 1998
[52] Bleckwehl, S., Riegel, M., Kolb, T., Seifert, H.: Charakterisierung der verbrennungstechnischen Eigenschaften fester Brennstoffe. Verbrennung und Feuerungen. 22. Deutscher Flammentag, Braunschweig, 21.–22.09.05, VDI-Berichte 1888, Seiten 93 – 100, VDI-Verlag Düsseldorf, ISBN: 3-18-091888-8
[53] Frankenhäuser, M.: SRF – CEN standards, definitions and biogenic content. Production and utilisation options for Solid Recovered Fuels. IEA Bioenergy Wokshop Task 32 and 36,

Dublin, 2011: http://task36.ieabioenergy.com/wp-content/uploads/2016/06/European_standardization_of_Solid_Recovered_Fuels-2011-10-20.pdf
[54] ERFO: SRF: achieving environmental and energy-related goals markets, Facts and Figures, 2014: http://erfo.info/Facts-and-figures.15.0.html
[55] Gehrmann, H.-J., Seifert, H., Beckmann, M., Glorius, T.: Ersatzbrennstoffe in der Kraftwerkstechnik. Chemie Ingenieur Technik, 84, 15, 2012
[56] Glorius, T.: Produktion und Einsatz von gütegesicherten Sekundärbrennstoffen – Entwicklungen und Perspektiven. Energie aus Abfall (Thomé-Kozmiensky, K.J., Beckmann, M., Hrsg.), Band 9, TK Verlag Karl Thomé-Kozmiensky, Neuruppin, 2012
[57] Döring, M.: Der Weltmarkt für Abfallverbrennungsanlagen. In: Strategie – Planung – Umweltrecht, Band 8 (Thomé-Kozmiensky, K. J., Hrsg.), TK Verlag Karl Thomé-Kozmiensky, Neuruppin, S. 141, 2014
[58] Fichtel, K.: Bericht über die Müllpyrolyse-Anlage Burgau. In: Müllverbrennung und Umwelt 2 (Thomé-Kozmiensky, K. J., Hrsg.), EF-Verlag, Berlin, S. 662, 1987
[59] Anonym: Hausmüllpyrolyse Burgau, 2017: http://techtrade.de/backup/de/references.html
[60] Berwein, H. J.: Weiterentwickelt: Schwelbrennverfahren. Entsorgungspraxis 6, 242, 1988
[61] Ayukawa, A., Uno, S.: Utilization of Pyrolysis Char from MSW. 2. i-CIPEC, Jeju, Korea, 5.–7- September 2002
[62] Schulz, W., Hauk, R.: Kombination einer Pyrolyseanlage mit einer Steinkohlekraftwerksfeuerung. 11. DVV-Kolloquium Stoffliche und thermische Verwertung von Abfällen in industriellen Hochtemperaturprozessen, TU Braunschweig, Braunschweig, September 1998
[63] del Alamo, G., Hart, A., Grimshaw, A., Lundstrøm, A.: Characterization of syngas produced from MSW gasification at commercial-scale ENERGOS plants. Waste Management, 32, 1835, 2012
[64] Goff, S.: Covanta R&D developments in MSW gasification technology. WTERT 2012 BI-Annual Conference, Columbia University, New York, 18.–19. Oktober 2012: http://www.seas.columbia.edu/earth/wtert/sofos/WTERT2012/proceedings/wtert2012/presentations/Steve%20Goff.pdf
[65] Stahlberg, R., Feuerriegel, U.: Das Thermoselect-Verfahren zur Energie- und Rohstoffgewinnung – Konzept, Verfahren, Kosten -. VDI-Berichte Nr. 1192, 319, 1995
[66] Tanigaki, N., Manako, K., Osada, M.: Co-gasification of municipal solid waste and material recovery in a large-scale gasification and melting system. Waste Management, 32, 667, 2012
[67] Suzuki, S.: The Ebara Advanced Fluidization Process for energy recovery and ash vitrification. 15th North American Waste to Energy Conference, 21.–23. May 2007, Miami, Proceedings 11, 2007
[68] Vehlow,J., Seifert, H., Eyssen, R.: Japans Abfallmanagement im Strukturwandel. Müll und Abfall, 47, 254, 2015

10 Deponie

10.1 Einleitung – Von der wilden Müllablagerung (Kippe) zur geordneten Deponie

Weltweit wird der überwiegende Teil der anfallenden Abfälle deponiert, aber auch in Europa spielt die Ablagerung von Abfällen nach wie vor eine bedeutende Rolle, allerdings mit einer deutlich rückläufigen Tendenz. So wurden im Jahre 2014 in Bulgarien noch 74 % der kommunalen Abfälle deponiert, in Österreich dagegen nur 4 % [1]. In Deutschland hat die Bedeutung der Deponie, mit noch 1 % deponierter kommunaler Abfälle ebenfalls deutlich abgenommen. Dies entspricht dem Willen der Bevölkerung und somit auch dem politischen Willen. Tabelle 10.1 verdeutlicht diesen Rückgang.

Gab es in den sechziger Jahren in beiden deutschen Staaten noch ca. 85.000 Ablagerungen (Kippen), so nahm die Zahl in den neunziger Jahren auf ca. 8.273 ab. Danach ging die Zahl der Deponien für kommunale Abfälle ständig zurück und wies im Jahr 2005, dem Jahr der weiteren Wirksamwerdung der bereits damals bestehenden gesetzlichen Vorgaben (Deponieverordnung), noch eine Zahl von 162 [4] auf. In der Zukunft ist mit einem weiteren Rückgang aktiv betriebener Siedlungsabfalldeponien zu rechnen, was aber bis 2013 nur geringfügig eingetreten ist. (Anmerkung: Insgesamt gab es in Deutschland im Jahre 2014 1131 Deponien, davon DK 0: 803, DK I: 141, DK III und IV: 31 [1]). Jedoch zeichnet sich derzeit auch in Deutschland ein Bedarf für neue Deponien, insbesondere für inerte Abfälle, ab.

Damit stellen sich weltweit völlig unterschiedliche Aufgaben im Rahmen der Deponietechnik. Geht es in Deutschland überwiegend darum, Deponien für weitgehendst inerte Abfälle zu errichten und zu betreiben bzw. bestehende und noch vor kurzem betriebene Deponien stillzulegen und abzuschließen sowie zu überwachen und nachzusorgen und bereits stillgelegte Deponien zu überwachen und ggf. zu sanieren, so müssen weltweit

M. Kranert (Hrsg.), *Einführung in die Kreislaufwirtschaft*,
DOI 10.1007/978-3-8348-2257-4_10

Tab. 10.1 Anzahl der Deponien in Deutschland zwischen 1970 und 2013*

	im Jahre				
	vor 1970	1990	1993	2005	2014
Anzahl der (Hausmüll) Deponien	85.000	8273	562	162	156
Anzahl in den neuen Bundesländern	3500	7893	292	27	20

* Quelle: nach [1–3] vom Verfasser zusammengestellt.

Deponien betrieblich weiterentwickelt, bestehende Deponien bautechnisch verbessert und teilweise saniert sowie neue Deponien nach modernen Gesichtspunkten gebaut werden.

Als Beispiele mögen die neuen Beitrittsländer zur EU herangezogen werden. Derzeit werden dort die kommunalen Abfälle noch überwiegend deponiert, wobei der technische Standard überwiegend nicht den europarechtlichen Vorgaben entspricht. Im Rahmen des EU-Anpassungsprozesses und der allgemeinen Modernisierung der Aufgaben im Umweltbereich, müssen dort in der nahen Zukunft in jedem Fall auch eine große Zahl dörfliche Müllkippen geschlossen und saniert werden. Eine flächendeckende sofortige Umstellung auf hochwertige Abfallbehandlungsverfahren wäre allerdings praktisch unbezahlbar, so dass zunächst noch weitere Deponien, nunmehr nach den neuesten Bestimmungen, eingerichtet werden müssen. Die EU Kommission hat den betroffenen Ländern einen längeren Zeitraum zur Einführung hoher Recyclingquoten bzw. Abfallvorbehandlungsverfahren eingeräumt. Trotzdem erfordert auch diese Vorgehensweise in den nächsten Jahren hohe Investitionsvolumina. Parallel dazu beziehungsweise erst danach, können dann auf einer gesicherten Grundlage der Entsorgung von Abfällen in Deponien, hochwertige andere Entsorgungsverfahren mit dem Schwerpunkt auf einer Abfallverwertung eingerichtet werden. Somit werden in diesen Ländern zumindest in der nahen Zukunft neue Deponien benötigt.

Auch in Deutschland hat sich seit etwa Mitte der sechziger Jahre eine kontinuierliche Entwicklung vollzogen, die bis zum 1.7.2005 eine neue wesentliche Stufe erreichte. Die Entwicklung wird weiter, wohl auch über das Jahr 2020 hinaus (s. u.) anhalten. Die einzelnen Phasen der Entwicklung sind in Tab. 10.2 nochmals zusammengestellt.

International gesehen sind Deponien bzw. deren technologischer Entwicklungsstand höchst unterschiedlich und folgen teilweise völlig unterschiedlichen Deponiekonzepten. Nachfolgend sind einige Beispiele dafür genannt, in welchen Formen Deponien anzutreffen sind:

- Das Deponievolumen kann zwischen < 50.000 m^3 und > 20 Mio. m^3 liegen.
- Die Deponiefläche kann < 1 ha sein, aber auch über 100 ha betragen.
- Die Deponie kann als Halde geschüttet sein (Haldendeponie), sie kann aber auch innerhalb einer von Mineralstoffen oder Kohle ausgebeuteten Grube angelegt sein (Grubendeponie).

Tab. 10.2 Entwicklungsstufen der Deponietechnik in Deutschland

Zeitraum/ Bezeichnung	Merkmal	Erläuterungen
vor ca. 1970 Kippe	Deponien werden überwiegend als kleine Kippen betrieben (überwiegende Größe bis 50.000 m^3).	Es existiert noch kein Abfallgesetz. Deponierung lag in den Händen der Gemeinden.
1969 Merkblatt Deponie	Zukünftige Deponien sollen nach technischen Kriterien gebaut und betrieben warden.	Das Merkblatt M3 der Zentralstelle für Abfallbeseitigung legt die wesentlichen Merkmale einer geordneten Deponie fest. Das Merkblatt benennt die technischen Voraussetzungen der Übergangsdeponie.
um 1970–1972 Übergangsdeponie	Die meisten Kippen werden aufgegeben, einige ausgewählte werden als zentrale Deponien mit verbesserter Technik weitergeführt. Müllkompaktoren werden eingeführt, Größe bis ca. 1 Mio m^3.	Inkrafttreten des 1. Abfallgesetzes in Deutschland. Zuständigkeit bei Deponien wechselte überwiegend zu großen Städten, Landkreisen oder Zweckverbänden.
1975–1979 Geordnete Deponie	Nach Verfüllung der Übergangsdeponie werden neue Deponien nach den Gesichtspunkten des LAGA-Merkblattes „Die geordnete Ablagerung von Abfällen" (1979) neu eingerichtet. Sie verfügen über Basisabdichtung und Sickerwassererfassung. Der Einbaubetrieb findet mit dem Kompaktor statt.	Die Abfallbeseitigung steht im Vordergrund. Daher werden zur Deponie auch Bauschutt, Gewerbeabfall, Klärschlamm, Krankenhausabfall, Industriemüll (z. B. Gießereisand) angeliefert.
ab ca. 1980 Reststoffdeponie	Durch Einführung verschiedener Recyclingstrategien verändert sich das zur Deponie angelieferte Abfallspektrum. Die Deponietechnik bleibt weitestgehend unverändert, bis auf Verbreitung der Entgasungstechnik.	Durch Einführung des Vermeidungs- und Verwertungsgebotes in das Abfallrecht verändert sich die Funktion der Deponie.
ab ca. 1990 modifizierte Reststoffdeponie	Sprunghafte Weiterentwicklung der Deponietechnik im Vorfeld des Erlasses der TASi. Einführung der Kombinationsabdichtung	Durch zahlreiche (Bürger-) Proteste sind Deponien kaum mehr genehmigungsfähig. Ermächtigung zum Erlass einer TASi im Abfallgesetz.

Tab. 10.2 (Fortsetzung)

Zeitraum/ Bezeichnung	Merkmal	Erläuterungen
ab 1993 TASi-Deponie	Einführung des Multibarrierenkonzeptes, intensive Überwachung und Dokumentation sowie erhöhte Anforderung an die Organisation; zukünftig (ab 1.7.2005) müssen Abfälle bestimmte Eigenschaften besitzen, sofern diese deponiert werden sollen.	Damit gesetzliche Festlegung des Standes der Technik. Führt zu einer Erleichterung der Genehmigungsfähigkeit.
ab 20.2.2001 MBA Deponie	Es wird eine Deponie zugelassen, in der mechanisch-biologisch vorbehandelte Abfälle deponiert werden können.	Veränderung der Anforderungen an die Abfalleigenschaften zur Ablagerung durch neuere wissenschaftliche Erkenntnisse und poltischen Willen.
ab 24.7.2002 Infiltrationsdeponie	Es wird u. a. die Beeinflussung des Deponiekörpers durch eine Wasserinfiltration zugelassen.	Erlass der Deponieverordnung zur Umsetzung der EU Deponierichtlinie in nationales Recht.
ab 1.7.2005 Inert-Deponie	Deponie ist dadurch gekennzeichnet, dass sie nur organikarme oder biologisch stabilisierte Abfälle aufnimmt.	Nach Ablauf der Übergangsvorschrift der TASi von 1993 für Vorgaben zur Abfallbeschaffenheit vor der Ablagerung.
ab 16.7.2009 Stabilisierungs-deponie	In der völlig überarbeiteten Deponieverordnung wird nunmehr das Multibarrierensystem dahingehend modifiziert, dass der Deponiekörper gezielt beeinflusst und stabilisiert werden darf, um eine verbesserte Nachsorge zu erreichen. Dies erfolgt z. B. durch eine Wasserinfiltration bzw. eine Belüftung.	Zusätzliches Deponiekonzept für bestehende Deponien von vor 2005, war bislang so nicht vorgesehen und kann zu einfacheren (billigeren) Barrieren führen.
ab 2020? Mineralstoffdeponie	Keine Deponie mehr erforderlich? Tendenz zur überwiegenden Deponierung nicht verwertbarer Mineralstoffe, z. B. Asbest, Aschen, Schlacken.	Politisches Ziel der Bundesregierung vor 2006, mittlerweile zurückgenommen. Verstärkter Bau von DK I Deponien.

- Viele Deponien sind an den Außenböschungen teilweise mit einem Gefälle von 1:1,5 geschüttet, andere sind eher flach.
- Die Deponie kann eine Höhe von über 100 Metern erreichen, sie kann aber auch nur 1–2 Meter hoch sein.
- Die Deponie kann über dem natürlichen Wasserspiegel des Grundwassers angelegt sein, aber auch darunter, sie kann auch untertage in ehemaligen Bergwerken betrieben werden.
- Die Deponie kann verschiedenste Abfallarten incl. Industrie- und Krankenhausabfällen aufnehmen, sie kann aber auch nur ausgewählte und ggf. vorbehandelte Abfälle z. B. zerkleinerte oder biologisch behandelte Abfälle akzeptieren.
- Die Deponie kann mit oder ohne Anlagen zur Erfassung von Sickerwasser und Deponiegas ausgestattet sein.
- Die Deponie kann über Abdichtungs-(Barrieren-)Systeme verfügen, muss aber nicht.
- An einigen Deponien wird der Abfall lose deponiert, an einigen zuvor zu Ballen gepresst und aufgestapelt (Ballendeponie). Auf vielen Deponien wird der Abfall nach der Anlieferung sofort mit speziellen Maschinen möglichst hoch verdichtet und aufgeschichtet (Verdichtungsdeponie), an anderen Deponien wird er zunächst in Mieten gerottet und erst dann deponiert (Rottedeponie).
- An vielen Deponien, insbesondere in wirtschaftlich noch wenig entwickelten Ländern, wird der Abfall vor dem Einbau aussortiert (z. B. durch sogenannte Müllpicker oder Müllsammler, teilweise als Scavanger oder Reclaimer bezeichnet oder in technischen Anlagen), an europäischen Deponien wird dies überwiegend nicht durchgeführt.
- Einige Deponien werden auch während des Betriebs immer wieder abgedeckt, bei anderen wird hierauf verzichtet.
- Deponiekonzepte insbesondere bei der Annahme von Industrieabfällen sehen vor, den Abfall vor der Deponierung z. B. mit Zement zu verfestigen oder mit Beton zu umhüllen.

Schon aus dieser Aufstellung mag zu erkennen sein, dass Bauformen und Betriebsweisen von Deponien in der Praxis höchst unterschiedlich sind können. Einheitliche Deponieformen existieren selbst in Europa nicht. Daher wird wohl die allgemeine Definition des Begriffs Deponie vergleichsweise einfach gehalten. Aus der deutschen Deponieverordnung [4] lässt sich die Definition ableiten, dass es sich bei Deponien um Einrichtungen handelt, die über einen Ablagerungsbereich verfügen, in dem Abfälle auf unbegrenzte Zeit abgelagert werden. Nach der Richtlinie des Rates 1999/31/EG vom 26.4.1999 über Abfalldeponien, zwischenzeitlich mehrfach novelliert, ist die Deponie definiert als Abfallbeseitigungsanlage für die Ablagerung oberhalb und unterhalb der Erdoberfläche für länger als einem Jahr vor der Beseitigung [5]. Die technische, betriebliche und organisatorische Ausprägung einer Deponie wird letztendlich durch weitere internationale (z. B. die Richtlinie des Rates) und nationale rechtliche Vorgaben festgelegt, die von Land zu Land teilweise sehr unterschiedlich sind, in Europa aber auf der EU-Deponierichtlinie aufbauen, in der eine Vielzahl von detaillierten Anforderungen an Deponien festgelegt sind und zwar insbesondere an folgende Bereiche:

- die technische Ausstattung
- die Annahme der Abfälle
- den Betrieb
- die Überwachung
- die Organisation und die Anforderungen an das Betriebspersonal

Die Abmachungen der Mitgliedstaaten untereinander in der EU sehen vor, dass Richtlinien in nationales Recht zu übertragen sind, was in Deutschland mit der Deponieverordnung zum 16.7.2009 vollzogen wurde. Die deutsche Bundesregierung hat dabei mit der Verordnung zur Vereinfachung des Deponierechtes neues Deponierecht erlassen und die unterschiedlichen bislang existierenden Rechtsnormen zu einer zusammengefasst [4]. Dabei handelt es sich nicht nur um ein redaktionelles Zusammenfassen der einzelnen Rechtsnormen, vielmehr wurden gleichzeitig eine Vereinfachung und eine stärkere Anpassung an die EU-Deponierichtlinie angestrebt. Damit wird sich in naher Zukunft auch für Deponien in Deutschland ein neues Anforderungsprofil ergeben. Da die deutsche Deponieverordnung jedoch teilweise erheblich über die Vorgaben der EU-Richtlinie hinausgeht, existiert derzeit in Europa faktisch ein unterschiedliches Deponierecht, was zwangsläufig zu unterschiedlichen Deponieformen führt.

Damit lässt sich Deponietechnik nur verstehen, wenn man die regionalen und zeitlichen sowie die politischen Bezüge mit berücksichtigt. Obige Tabelle zur Entwicklung der Deponietechnik in Deutschland mag dies verdeutlichen.

International gesehen wird zukünftig insbesondere die EU-Deponierichtlinie eine große Rolle spielen, weil sich daran nicht nur die Länder der Europäischen Gemeinschaft zu richten haben, sondern weil diese Richtlinie auch außerhalb Europas sehr häufig als Maßstab herangezogen wird. Daher wird sie sich im folgenden Text wie ein roter Faden hindurch ziehen. Daneben wird aber insbesondere auch die Deponietechnik nach deutschem Recht vor allem für bestehende Deponien, also Altdeponien, dargestellt werden.

Hierbei ist allerdings zu beachten, dass durch das Wirksamwerden der Anforderungen an die Abfallbeschaffenheit vor der Ablagerung durch sogenannte Zuordnungswerte [6] mit der früheren „Technischen Anleitung Siedlungsabfall“, einer Verwaltungsvorschrift aus dem Jahre 1993, im Jahr 2005 die Deponietechnik in Deutschland eine starke Veränderung erfahren hat. Dadurch werden in Deponien zukünftig praktisch ausschließlich nur noch mineralische Abfällen abgelagert werden, wodurch sich ein völlig anderes Deponieverhalten ergibt. So wird z. B. die Sickerwasserzusammensetzung nicht mehr mit der früherer Deponien vergleichbar sein, eine nennenswerte Deponiegasentwicklung wird nicht mehr eintreten und der weitgehend inerte Abfall wird komplett anders in der Deponie eingebaut werden müssen. Damit wird sich die betriebliche Deponietechnik stark verändern. Viele Techniken, die in Deutschland entwickelt wurden, werden somit zukünftig nur noch im Ausland eingesetzt werden. Bei Deponiegas und Sickerwasser werden die entwickelten Techniken in Deutschland nur noch bei alten Deponien bzw. im Rahmen der Deponiestilllegung benötigt werden. Insoweit werden in diesem Buch Techniken dargestellt, die in Deutschland bei neuen Deponien nicht mehr benötigt werden, bei der Deponiestilllegung aber nach wie vor eine große Rolle spielen. Im Ausland werden diese Technologien aber weiterhin zur Anwendung kommen, weshalb sie hier auch entsprechend erläutert werden.

10.2 Warum Deponietechnik? – Verschiedene Deponiekonzepte, ihre Merkmale und ihr Verhalten, verschiedene Deponieklassen für unterschiedliche Abfälle

10.2.1 Anlass für Deponiekonzepte

Würden Abfälle einfach auf den Boden gekippt werden, wäre mit einer Vielzahl von Umweltbeeinträchtigungen zu rechnen:

- Die Abfälle sind attraktive Futter- und Nistplätze für Tiere, die von dort aus in die Nachbarschaft auswandern können, Möwen, Krähen, Ratten, Mäuse, Schaben, Kakerlaken treten gehäuft auf. Sie können Krankheiten übertragen.
- Die Abfallablagerung enthält pathogene Keime. Diese können in die Nachbarschaft gelangen und Krankheiten verursachen.
- Die Abfälle und ihre Bestandteile können leicht verweht werden. Es kommt zu Staubemissionen sowie Papier- und Plastikverwehungen, auch Papier- und Plastikflug genannt.
- Die lockeren Abfälle können, da Luft leicht hinzutreten kann, in Brand geraten. Gefahren für Leib und Leben durch toxische Gase und Hitze sowie Geruchsbelästigungen durch Brandgase sind damit verbunden.
- Durch Zersetzungsvorgänge im Abfall entstehen Gase, die zu unangenehmen Geruchswahrnehmungen bis zu mehreren Kilometern Entfernung führen können. Die Zersetzungsgase enthalten Methan und Kohlenstoffdioxid, so dass Gefahren durch Explosionen, Brand, toxische Gase oder Erstickung gegeben sind. Außerdem tragen die Gase in erheblichem Maße zum Treibhausgaseffekt bei, beeinflussen die Ozonschicht und können die oberflächennahe Ozonbildung bei Sonneneinstrahlung fördern.
- Niederschläge können auf den Abfall ungehindert auftreffen. Damit kommt es zur Pfützenbildung und unkontrollierten, übel riechenden Wasseraustritten, insbesondere aber zu einer Durchsickerung der Deponie mit Sickerwasserbildung und –austritt in den Untergrund mit folgender Grundwasserverschmutzung.
- Die Abfallaufschüttung ist nicht sehr stabil. Rutschungen können entstehen und die Nachbarschaft gefährden.
- Die Deponie hat einen beträchtlichen Flächenverbrauch, da die Dichte der abgelagerten Abfälle relativ gering und die Schütthöhe nur sehr niedrig ist, da die Anliefer- und Abfalleinbaufahrzeuge die Abfallaufschüttung nicht befahren können.

- Durch die zumeist fehlende Kontrolle und Deponieumzäunung wurden teilweise in den Deponien ungeeignete Abfälle (Industrieabfälle) abgelagert, die zu erheblichen Umweltauswirkungen führten.

Damit diese beschriebenen Effekte nicht oder nur eingeschränkt auftreten können, müssen Abfallaufschüttungen systematisch und einem Konzept folgend gebaut, betrieben und überwacht werden.

10.2.2 Deponiekonzepte

Deponien unterscheiden sich weltweit erheblich, obwohl sie alle das gemeinsame Ziel haben, die im vorhergehenden Abschnitt genannten Umweltbeeinträchtigungen zu minimieren. Gleichwohl lassen sich einige gemeinsame Merkmale feststellen, die auf bestimmte Grundkonzepte zurückgehen. Diese können wie folgt unterschieden werden:

a) Verdichtungsdeponie
Dieses Deponiekonzept ist das am weitest verbreitete. Es liegt sowohl der EU-Deponierichtlinie zugrunde, als auch der deutschen Deponieverordnung. Bei dieser Deponieform wird der Abfall mit möglichst hoher Dichte schichtweise aufgeschüttet. Um dies zu erreichen, sind spezielle Maschinen zum Einbau erforderlich. Der Vorteil dieser Vorgehensweise ist, dass solche Deponien deutlich geringere Geruchs- und Staubemissionen zeigen, nur selten brennen, Tieren praktisch keine Nistplätze bieten und nur wenig Papier-/Plastik- bzw. Staubverwehungen auftreten. Ein ganz entscheidender Vorteil ist, dass die Halde selbst von schweren Lastwagen befahren werden kann. Da in ihrem Innern jedoch kein Sauerstoff auftritt (dieser wird in wenigen Stunden mikrobiell verbraucht und kann nicht mehr nachströmen), bilden sich Zersetzungsgase, die den Deponiekörper füllen und in die Umgebung emittieren sowie Gerüche verursachen können. Durch den Abbau entstehenden oft Setzungen von mehreren Metern Höhe. Aus der Abb. 10.1 wird deutlich, dass der Abfall befahrbar ist, Klärschlamm mit deponiert werden kann (Vordergrund) und der Abfalleinbau mittels spezieller Maschinen (Abfallkompaktor) erfolgt. Angemerkt sei, dass diese Art der Ablagerung in Deutschland spätestens seit 2005 nicht mehr erlaubt ist, international ist sie die Standarddeponie.

b) Reaktordeponie
Bei der Reaktordeponie handelt es sich um eine Verdichtungsdeponie, bei der der Deponiekörper gezielt durch technische Maßnahmen beeinflusst wird. Hierbei geht es insbesondere um die Beeinflussung des Wasser- (durch Infiltration von Wasser) und des Gashaushaltes (durch zunächst kontrollierte Erfassung der Zersetzungsgase und Verhinderung der Emissionen sowie dem späteren Einblasen/Einsaugen von Luft) mit dem Ziel einer

Abb. 10.1 Verdichtungsdeponie – Anlieferung und Einbau der Abfälle (Quelle: Autor)

Stabilisierung bzw. Inertisierung (weitestgehende Zersetzung abbaubarer organischer Substanz) der deponierten Abfälle. Die Techniken sind relativ neu und erfordern zusätzliche Investitionen. Teilweise werden diese zeitlich nacheinander betrieben. Als Deponiekonzept wird diese Deponieform bislang selten realisiert, jedoch kommen einzelne technische Elemente, insbesondere in der Nachsorgephase einer Verdichtungsdeponie immer mehr zur Anwendung. In Abb. 10.2 wird das Prinzip verdeutlicht.

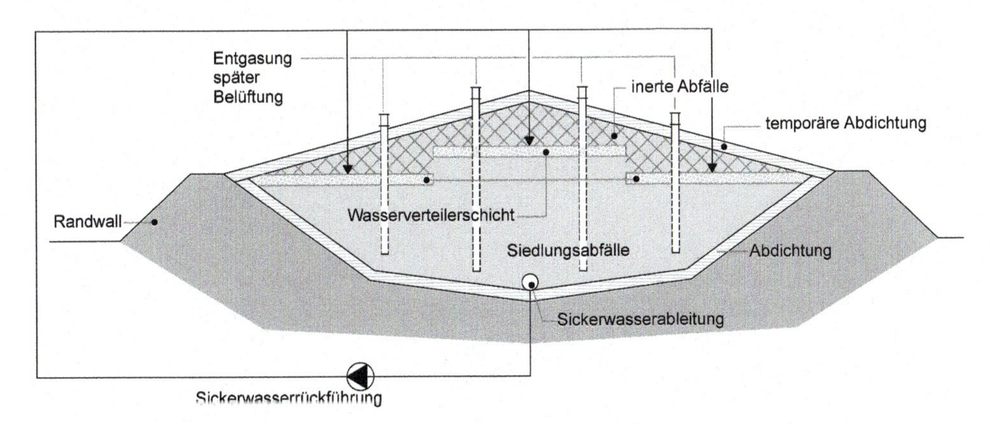

Abb. 10.2 Prinzipskizze einer Reaktordeponie (Quelle: Autor)

c) Rottedeponie

Grundgedanke dieser Deponieform ist, dass der Abfall vor dem Einbau in einer (Einfach-) Miete auf dem Deponiekörper gerottet/aerob abgebaut wird. Anschließend wird der Abfall wie bei einer Verdichtungsdeponie eingebaut.

Vorteil dieses Deponiekonzeptes ist es, dass der Abfall, da er biologisch stabilisiert wurde, nur noch zu geringer Deponiegasbildung führt, das Sickerwasser, zumindest anfänglich, deutlich weniger belastet ist und der Abfall nach dem Einbau eine hohe Dichte aufweist. In Deutschland wurde das Verfahren insbesondere als Kaminzugverfahren weiterentwickelt, bei dem die Mietenbelüftung u. a. durch in die Miete eingelegte Schläuche begünstigt wird. In Abb. 10.3 ist eine Kaminzugrotte als Vorstufe des nachfolgenden verdichteten Einbaus auf einer Rottedeponie zu sehen.

Nachteilig bei Rottedeponien sind oftmals vorhandene Geruchsemissionen sowie der schwer zu kontrollierende Besatz mit Ungeziefer (Schaben, Kakerlaken), was sich aber bei entsprechendem Betrieb beherrschen lässt. Gleichwohl war die Rottedeponie das Vorbild für die Entwicklung der Technik der mechanisch-biologischen Abfallvorbehandlung, da hier ebenfalls ein Teilstrom der biologisch vorbehandelten Abfälle deponiert wird, die Rotte aber unter kontrollierten Bedingungen in Gebäuden mit Erfassung und Reinigung der Abluft erfolgt. Dieses Deponiekonzept kommt vereinzelt in der Praxis vor, wird aber immer wieder gerade für Entwicklungsländer oder Schwellenländer diskutiert und auch angewandt.

Abb. 10.3 Rottedeponie mit Kaminzugrotten (Quelle: Autor)

d) Deponie mit vorbehandelten oder inerten Abfällen

Hierunter lassen sich im Wesentlichen vier Deponiekonzepte unterscheiden:

Ballendeponie

Dabei werden vorgepresste Ballen (ca. 1 × 1 × 2 m) zur Deponie transportiert und dort gestapelt abgelagert. (siehe Abb. 10.4). Dem Vorteil eines vergleichsweise organisierten geordneten Betriebs steht der Nachteil gegenüber, dass zwischen den aufgesetzten Ballen Klüfte verbleiben. Dadurch kann Niederschlagswasser rasch versickern, so dass hohe Mengen mäig belastetes Wasser resultieren. Ebenso kann Luft tief in den Deponiekörper eindringen, was Brände begünstigt und eine Entgasung der Deponie erschwert. Ballendeponien wurden in der Praxis vereinzelt großtechnisch realisiert.

Deponie mit mechanisch-biologisch vorbehandelten Abfällen (MBA-Deponie)

Bei diesem Deponiekonzept wird nur mechanisch-biologisch vorbehandelter Abfall verdichtet eingebaut. Durch die besonderen Eigenschaften der so vorbehandelten Abfälle unterscheidet sich dieses Deponiekonzept von üblichen Verdichtungsdeponien mit unvorbehandelten Siedlungsabfällen erheblich. Der Abfall, der Eigenschaften wie ein Kompost hat, lässt sich bei diesem Deponiekonzept deutlich höher verdichten (bis ca. 1,3/1,6 Mg/m³ bezogen auf FM), zersetzt sich nur geringfügig, was insgesamt zu nur noch kleinen Setzungen bzw. Gasbildungsraten führt und weist nach dem Einbau meist eine geringe Wasserdurchlässigkeit auf. Aus Abb. 10.5 ist der Einbaubetrieb bei einer großtechnischen Anwendung zu ersehen. (siehe auch Abschn. 10.7). Durch die Realisierung von

Abb. 10.4 Ballendeponie, gestapelte Ballen im Hintergrund (Quelle: Autor)

Abb. 10.5 Einbau der vorbehandelten Abfälle in einer MBA-Deponie (Quelle: Autor)

MBA-Anlagen in Deutschland wurden MBA-Deponien entsprechend an mehreren Stellen betrieben. Ihre Anzahl ist rückläufig, da sich der Anteil der Abfälle zur Verwertung zwischenzeitlich vergrößerte.

Deponien mit verfestigten Abfällen

Bei diesem Deponiekonzept wird dem Abfall ein Bindemittel zugegeben, so dass er bessere Festigkeitseigenschaften bekommt. Damit kann ein stabilisierter, wenig wasserdurchlässiger und sich nur noch wenig zersetzender Deponiekörper aufgebaut werden. Durch die bislang gesetzlich vorgegebenen Anforderungen an die Abfälle vor der Deponierung ist dieses Deponiekonzept in Deutschland nicht realisiert worden. Die zwischenzeitlich geänderte Rechtslage eröffnet allerdings neue Ansätze. Für Industrieabfälle ist diese Deponieform insbesondere im Ausland häufiger vertreten. Abbildung 10.6 zeigt eine Deponie, bei der die verfestigten Abfälle zunächst in Big-Bags verfüllt und dann abgelagert werden.

Inertdeponien

Dieses Deponiekonzept ist durch die Art der Abfälle charakterisiert. Diese sollen weitestgehend inert sein, was u. a. auf Bodenaushub und Bauschutt, Aschen, Schlacken (z. B. auch von Müllverbrennungsanlagen), Asbest und sonstige Mineralstoffe oder kontaminierte Böden aus der Altlastensanierung zutrifft (siehe Abb. 10.7). In der Regel treten an solchen Deponien nur noch geringe Emissionen auf. Deponiegase entstehen praktisch

Abb. 10.6 Deponie mit verfestigten Abfällen in Big-Bags (Quelle: Autor)

nicht. Die Sickerwässer sind nur wenig verunreinigt. Die Abfälle können vergleichbar wie bei einer Bodendeponie mit üblichen Erdbaumaschinen verarbeitet werden. Inertstoffdeponien werden zukünftig als DK 0 bzw. DK I Deponien in Deutschland in größerer Zahl zur Anwendung kommen.

Untertagedeponie

Beim Bergwerksbetrieb verbleiben große Hohlräume, die alleine schon aus Stabilitätsgründen verfüllt oder gesichert werden müssen. Dies kann auch mit geeigneten Abfällen erfolgen. Aus Brand-, Arbeitsschutz- und Sicherheitsgründen eignen sich hierzu nur weitestgehend inerte Abfälle, die aber durchaus toxisch sein können (z. B. Filterstäube). Nach Deponierecht kommen in Deutschland praktisch nur Verfüllungen im Salzgestein in Frage. In Deutschland sind mehrere in Betrieb. Insbesondere für Abfälle aus der Rauchgasreinigung von Abfallverbrennungsanlagen spielen sie aber eine bedeutende Rolle. Andere untertägige Bergwerke dürfen nur mit solchen Abfällen, die der Versatzverordnung genügen und damit weitestgehend inert sind, verfüllt werden, da sich diese mit der Zeit mit Wasser füllen können. Abbildung 10.8 zeigt den Einbaubetrieb in einer Untertagedeponie.

Monodeponie

Hierbei handelt es sich um Deponien oder Deponieabschnitte, in denen ausschließlich spezifische Massenabfälle, die nach Art, Schadstoffgehalt und Reaktionsverhalten ähnlich

Abb. 10.7 Inertstoffdeponie (Quelle: Autor)

Abb. 10.8 Untertagedeponie [7]

und untereinander verträglich abgelagert werden können. Diese Deponieform kommt zumeist in privater Anwendung für Industrieabfälle vor.

e) Sonderformen

Neben den genannten Deponiekonzepten existieren weltweit noch eine Vielzahl von Sonderformen, die in der Regel durch die lokalen Ressourcen bedingt sind. Besonders hervorzuheben ist das in den USA verbreitete Deponiekonzept „fill-and-trench". Dabei werden zunächst Gräben ausgehoben, die danach mit Abfall verfüllt werden. Anschließend wird die Erde aus dem Bau eines weiteren Grabens darüber abgelagert Diese Methode erfordert den Einsatz vieler Erdbaumaschinen, so dass dieses Deponiekonzept wohl auf die baumaschinenherstellende Industrie zurückzuführen ist.

Von den beschriebenen Deponiekonzepten lassen sich zwei Punkte ableiten, die sich, auch weltweit betrachtet, überwiegend durchgesetzt haben:

1. Deponien werden nur für bestimmte Abfälle konzipiert, wobei überwiegend wie folgt unterschieden wird:
   - Deponien für inerte Abfälle
   - Deponien für Abfälle mit organischen Bestandteilen
   - Deponien für Abfälle mit organischen und toxischen Bestandteilen.

   Die Unterscheidung wurde u. a. in das EU-Deponierecht aufgenommen und führte zur Unterscheidung von Deponieklassen.
2. Deponien werden überwiegend als Verdichtungsdeponie betrieben. Die Verdichtung hat verschiedene Vorteile, u. a. die Befahrbarkeit. Dies ist daher weltweit das am häufigsten anzutreffende Deponiekonzept für Abfälle mit organischen Anteilen. Dies war auch in Deutschland der Fall, was sich allerdings ab 1.7.2005 geändert hat. Aber die alten Deponien, die bereits abgeschlossen sind oder derzeit abgeschlossen werden, entsprechen dem genannten Deponiekonzept. Daher haben die Kenntnisse über deren Verhalten als Voraussetzung zur Planung und Realisierung einer technisch einwandfreien Stilllegung und Nachsorge sowie ggf. Stabilisierung in der Praxis zur Zeit und auch in den nächsten Jahren eine große Bedeutung.

10.3 Das Verhalten von Verdichtungsdeponien mit Abfällen mit organischen Bestandteilen, Konsequenzen für die Technik einer Deponie

10.3.1 Die Randbedingungen

Die Deponierung findet in der Regel nicht unter einem Dach statt, so dass die Abfälle den meteorologischen Gegebenheiten ausgesetzt sind. So haben insbesondere Niederschläge während des Betriebes ungehinderten Zugang zum Deponiekörper. Die Gasphase im Deponiekörper steht in unmittelbarem Kontakt zur Atmosphäre. Luftdruckveränderungen teilen sich unmittelbar mit. An der Oberfläche findet ein unmittelbarer Gasaustausch statt, der durch Konvektion (Wind) und Diffusion (Konzentrationsgefälle) hervorgerufen wird. Die Wärme der Umgebung kann sich unmittelbar auf den Deponiekörper übertragen.

Daher müssen im Wesentlichen drei Effekte beachtet werden:

1. Bildung von Sickerwasser
   Durch den ungehinderten Zutritt von Niederschlag in den Deponiekörper wird ein Teil des Wassers durch die Deponie hindurch sickern und an der Deponiebasis austreten. Dieses Wasser wird als Sickerwasser bezeichnet. Es ist dadurch gekennzeichnet, dass es einen Teil der Inhaltsstoffe aus dem Deponiekörper ausgelaugt hat und somit den Untergrund bzw. das Grundwasser belastet. Es lässt sich in etwa mit Jauche vergleichen.
2. Bildung von Deponiegas
   Aufgrund der vorhandenen Feuchtigkeit im Deponiekörper, die Wassergehalte liegen oft zwischen 30 und 50 %, was nicht nur auf den Zutritt von Niederschlagswasser sondern auch auf eine vorhandene Eigenfeuchte des Abfalls zurückzuführen ist, entsteht durch mikrobielle Zersetzung der Abfälle Gas, das überwiegend aus Methan und Kohlenstoffdioxid sowie einer Vielzahl von Spurengasen (z. B. Schwefelwasserstoff und Ammoniak) zusammengesetzt ist. Dieses Gas wird als Deponiegas bezeichnet. Es gehört in die Gruppe der Biogase und ist mit Klärgas und Gas aus landwirtschaftlichen Biogasanlagen vergleichbar.

   Bis eine Deponiegasentwicklung im Deponiekörper einsetzt, ist ein Zeitraum von 1–2 Jahren erforderlich [8]. Aus Abb. 10.9 wird anhand des Konzentrationsverhältnisses σ (CH_4) zu σ (CO_2) deutlich, dass ein Wert von 1,3–1,5, der typisch für Deponiegas ist, erst nach einem Zeitraum von 1,5 bis 2 Jahren erreicht wird. Danach ändert sich das Konzentrationsverhältnis über einen längeren Zeitraum nur noch wenig.

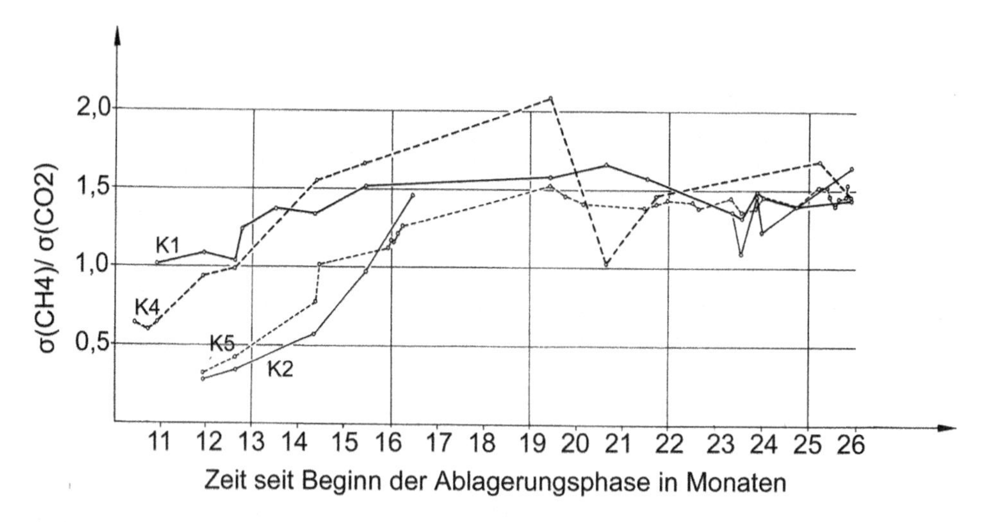

Abb. 10.9 Entwicklung des Verhältnisses von $\sigma(CH_4)$ zu $\sigma(CO_2)$ im Deponiekörper nach Ablagerungsbeginn, gemessen an vier Gasbrunnen [8]

3. Auftreten von Setzungen
   Durch die Deponiegasbildung findet eine Umwandlung fester Substanz in gasförmige statt, was zwangsläufig zu Sackungen des Deponiekörpers führt. Ebenso enthält der Deponiekörper auch nach intensiver Verdichtung noch ein gas- und wassererfülltes Porenvolumen von > 40–50 %. Dies wird daraus deutlich, dass die Dichte des Deponiekörpers ca. 0,9–1,0 Mg/m^3, die Materialdichte zwischen 1,6 Mg/m^3 und 2,3 Mg/m^3 beträgt. Damit können noch auflastbedingte Konsolidationsvorgänge ablaufen.

10.3.2 Deponiegas

Wird Abfall zur Deponie angeliefert, so ist er zunächst noch mit Luftgasen durchsetzt. Nach Deponierung und Verdichtung wird der Sauerstoff in wenigen Stunden durch spontan ablaufende aerobe mikrobielle Vorgänge verbraucht. Fakultative Mikroorgansimen, die sowohl mit als auch ohne Sauerstoff leben können, setzen dann den Abbau anaerob fort, so dass bei Verdichtungsdeponien bereits wenige Stunden nach Einbau der anaerobe Abbau beginnt, da die dazu erforderlichen Mikroorganismen bereits im Abfall vorhanden sind. Im Gegensatz zum aeroben Abbau entwickelt sich der anaerobe Abbau mit der damit verbundenen Methanbildung jedoch erst langsam, da die daran beteiligten Bakterien lange Vermehrungszeiten und spezielle Milieuanforderungen haben.

Beim anaeroben Abbau erfolgt in einem ersten Schritt, der Hydrolyse, durch Wasseranlagerung eine Aufspaltung der vorhandenen Substrate in kleinere, wasserlösliche Moleküle mit Hilfe von Exoenzymen. Anschließend werden diese Verbindungen durch fermentative, fakultativ anaerobe Bakterien aufgenommen und umgesetzt (Acidogenese). Wie die hydrolysierenden Bakterien bilden sie eine sehr heterogene Bakteriengruppe. Als fakultative Bakterien können sie bei einem Wechsel der Milieubedingungen von aerob zu anaerob ihre Stoffwechselprozesse entsprechend umstellen. Die Zusammensetzung der Abbauprodukte wird durch die Konzentration des gebildeten Wasserstoffs und den pH-Wert bestimmt. Bei hoher Wasserstoffkonzentration werden vorwiegend organische Säuren und Alkohole, bei niedrigen pH-Werten vorwiegend Essigsäure, Kohlenstoffdioxid und Wasserstoff gebildet. Diese Zwischenprodukte werden in einem dritten Schritt durch autogene Bakterien, fakultative und obligate Anaerobier zu Wasserstoff, Kohlenstoffdioxid und Essigsäure weiter abgebaut. Dieser Abbauschritt ist allerdings an geringe Wasserstoffkonzentrationen gebunden, so dass die Mikroorganismen dieses Abbauschrittes in einer engen Symbiose mit den wasserstoffverwertenden Mikroorganismen, Methanbakterien und Desulfurikanten leben. Der letzte Abbauschritt (Methanogenese) erfolgt durch obligat anaerobe Methanbildner. Diese können neben Essigsäure, Wasserstoff und Kohlenstoffdioxid lediglich noch Kohlenstoffmonoxid, Aminosäuren, Methanol und Methylamin als Substrat nutzen [9].

Vereinfacht kann der anaerobe Abbau am Beispiel der Glucose mit folgender Gleichung beschrieben werden [10]:

$$C_6H_{12}O_6 \rightarrow 3CH_4 + 3CO_2 + 405\frac{kJ}{mol} \quad (10.1)$$

Somit werden bei der Bildung von einem Kubikmeter Biogas 3,025 MJ/m³ oder 0,84 kWh an Wärmemenge freigesetzt. Dies ist deutlich weniger als beim aeroben Abbau, bei dem ca. das 7,1-fache an Wärmemenge gebildet wird.

Die Entwicklung des Deponiegases führt im Deponiekörper zu charakteristischen Zuständen, wie sie in Abb. 10.10 zusammenfassend dargestellt sind. Danach lassen sich unterscheiden:

a) eine zeitliche Phase, in der sich der Deponiekörper mit Deponiegas auffüllt und die noch vorhandenen Luftgase verdrängt werden (kürzeste Phase ca. 1–2 Jahre)
b) eine zeitliche Phase, in der der Deponiekörper praktisch vollständig mit Deponiegas aufgefüllt ist und es aufgrund der Deponiegasbildung zu Emissionen über die Oberfläche kommt (längste Phase 1–3 Jahrzehnte)

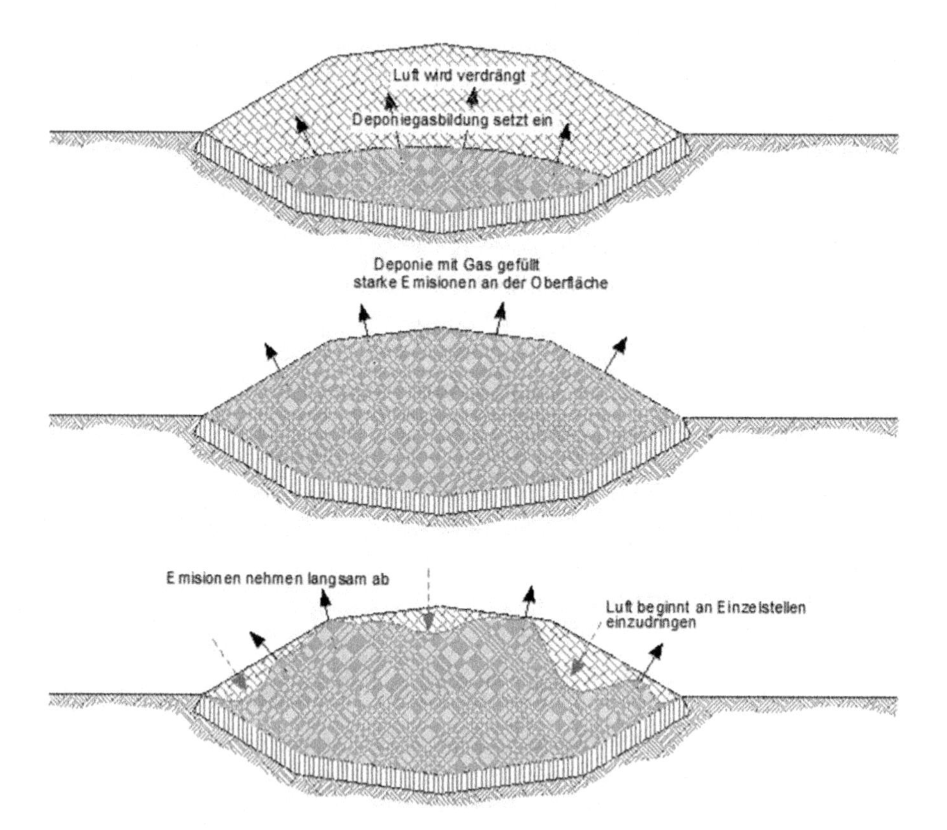

Abb. 10.10 Unterschiedliche Zustände der Gasphase in einer Abfallablagerung infolge der Deponiegasentwicklung (schematisch) (Quelle: Autor)

c) eine zeitliche Phase, in der sich der Deponiekörper mit Luftgasen auffüllt, Deponiegas verdrängt wird und keine nennenswerten Emissionen über die Oberfläche stattfinden (Dauer ca. 1–2 Jahrzehnte, auch Schwachgasphase genannt)

Die einzelnen Phasen lassen sich an der Zusammensetzung der Gasphase eindeutig kennzeichnen. Dabei können 9 Phasen gegeneinander abgegrenzt beschrieben werden:

Phase I-III:	Der Abfall ist nach dem Einbau von Luft durchsetzt. Durch aerobe mikrobielle Vorgänge wird Sauerstoff in kurzer Zeit verbraucht und Kohlenstoffdioxid gebildet. Nach kurzer Zeit enthält der Abfall keinen Sauerstoff mehr. Die Hydrolyse bzw. die Acidogenese ist feststellbar. Nach einer gewissen Zeit tritt Methan auf.
Phase IV:	In der Abfallablagerung hat sich eine gleichmäßige Deponiegasbildung entwickelt, die zu einem völligen Auffüllen des Porenraumes mit Deponiegas geführt hat. An der Oberfläche sind erhöhte Emissionen messbar.
Phase V:	In der Abfallablagerung setzt im Laufe der Zeit ein Rückgang der Gasentwicklung ein. Die Deponiegasbildung ist weiter relativ gleichmäßig, leicht abbaubare Abfälle sind weitestgehend abgebaut. Der Porenraum ist mit Deponiegas komplett erfüllt. Die Emissionen sind merklich zurückgegangen. Die Zusammensetzung des Deponiegases, d. h. das Verhältnis der Methan- zur Kohlenstoffdioxidvolumenkonzentration wurde größer.
Phase VI:	Da die Deponiegasentwicklung weiter zurückgegangen ist, können die in die Ablagerung eindringenden Luftgase durch ausströmendes Deponiegas nicht mehr vollständig verdrängt werden, so dass in der Abfallablagerung Luftgase auftreten. Dieser Vorgang wird von außen nach innen verlaufen und mit der Zeit die gesamte Ablagerung umfassen. Dabei setzen aerobe Abbauvorgänge ein. Die Emissionen gehen weiter zurück und sind bereichsweise nicht mehr messbar.
Phase VII:	In der Abfallablagerung kommt es zu einer fortschreitenden Aerobisierung. Dabei entsteht Kohlenstoffdioxid. Methan kann durch mikrobielle Methanoxidation abgebaut werden, so dass sich das Methan- zu Kohlenstoffdioxidvolumenkonzentrations-Vehältnis ändert. Emissionen finden praktisch nicht mehr statt.
Phase VIII:	Die Milieubedingungen in der Ablagerung sind weitestgehend aerob. Methan tritt somit nur noch in geringen Konzentrationen auf. Da noch abbaubarer Abfall in der Ablagerung enthalten ist, kommt es noch zu geringfügig erhöhten Kohlenstoffdioxidkonzentrationen im Porenraum der Ablagerung.
Phase IX:	Die abbaubaren Abfallbestandteile der Ablagerung sind weitestgehend abgebaut (inertisiert). Die Gasphase im Porenraum der Ablagerung entspricht der im natürlichen Gestein bzw. Boden.

Damit wird deutlich, dass es im Laufe der Zeit in einem Deponiekörper unterschiedliche Zustände gibt, was sich an einer unterschiedlichen Zusammensetzung der Gasphase im Deponiekörper bemerkbar machen. Der Verlauf der Gaszusammensetzung im Deponiekörper über die Zeit ist in der nachstehenden Abb. 10.11 schematisch dargestellt (weitere Details zur Gasbildung siehe Abschnitt Anaerobverfahren).

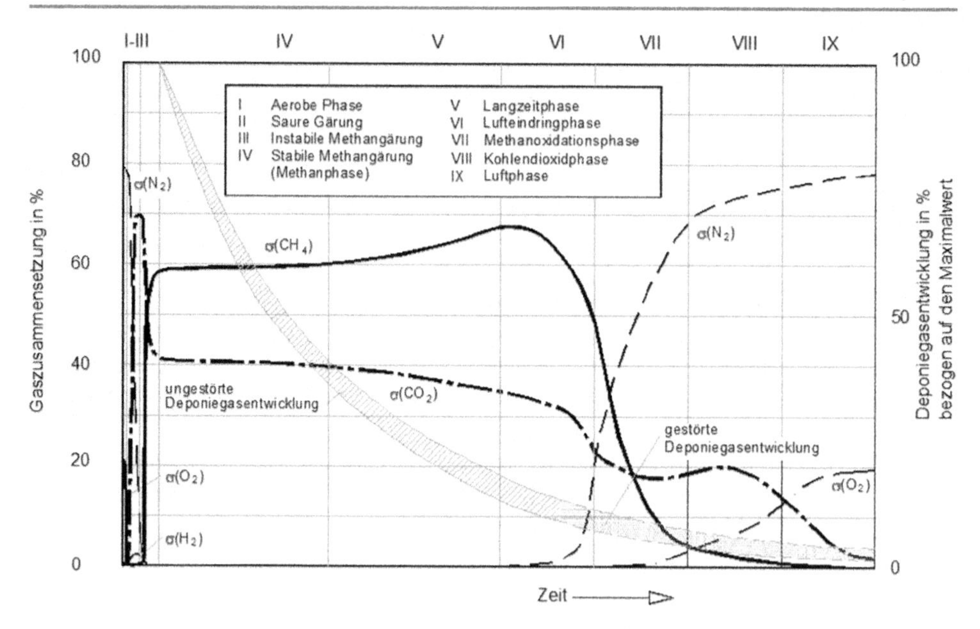

Abb. 10.11 Verlauf der Deponiegaskonzentration im Deponiekörper über die Zeit, qualitativ [11]

Ist also die Deponiegaszusammensetzung dadurch geprägt, dass das Verhältnis Methan- zu Kohlenstoffdioxidkonzentration etwa bei 1,5 liegt, so verändert sich dieses über die Zeit. Es verändert sich aber auch in Abhängigkeit der Tiefe, da sich dort das Eindringen von Luft bemerkbar macht. Hier kann man sogar die Oxidation von Methan feststellen, da sich methanoxidierende Bakterien ansiedeln. Auch durch die Absaugung von Deponiegas wird Deponiegas verändert, da durch das Einbringen von Unterdruck auch Luft mit in die Deponie eingesaugt wird, was zu einer Verdünnung mit Luftgasen führt.

Neben den Hauptgasen Methan und Kohlenstoffdioxid treten im Deponiegas eine Vielzahl von organischen und anorganischen Spurengasen auf, die entweder aus den Abfallbestandteilen in die Gasphase übergehen, oder beim Abbauprozess entstehen. Neben aliphatischen und aromatischen, teilweise auch halogenierten Kohlenwasserstoffen, findet sich vor allem Wasserstoff, Ammoniak, Wassrdampf sowie Schwefelwasserstoff. Letzterer ist äußerst geruchsintensiv, hat aber wegen seiner extremen Giftigkeit eine hohe Relevanz unter dem Aspekt des Arbeitsschutzes.

10.3.3 Sickerwasser

Deponiesickerwasser entsteht durch das Eindringen von Niederschlagswasser in den Deponiekörper. Weiterhin trägt das durch Auflast ausgepresste Wasser zum Sickerwasseranfall bei. Dies ist insbesondere bei Deponien der Fall, in denen überwiegend Bioabfälle aus Haushaltungen deponiert werden.

Der Sickerwasserabfluss aus einer Deponie lässt sich aus der nachstehenden Wasserhaushaltsgleichung ableiten, wobei die einzelnen Bilanzglieder in nachstehender Abb. 10.12 schematisch veranschaulicht sind:

$$N - ET_a - S +/- R - A_B - A_0 +/- W_B + W_K = 0 \qquad (10.2)$$

N: Niederschlag
ET_a: aktuelle (tatsächliche) Evapotranspiration
S: Speicherung
R: Rückhalt
A_B: Sickerwasser-Abfluss an der Deponiebasis
A_0: Oberflächenabfluss
W_B: Wasserneubildung/-verbrauch durch biochemische Prozesse
W_K: Wasserabgabe infolge von Konsolidationsprozessen

Im Wesentlichen ergibt sich somit der Sickerwasserabfluss aus den positiven Bilanzgliedern Niederschlag und Wasserabgabe durch Konsolidation sowie aus den negativen Bilanzgliedern Verdunstung (Evapotranspiration) und Oberflächenabfluss sowie aus den Bilanzgliedern Wasserbildung/-verbrauch, Speicherung und Rückhalt, die sowohl negativ als auch positiv sein können. Dabei werden die einzelne Bilanzglieder üblicherweise in mm/m² angegeben.

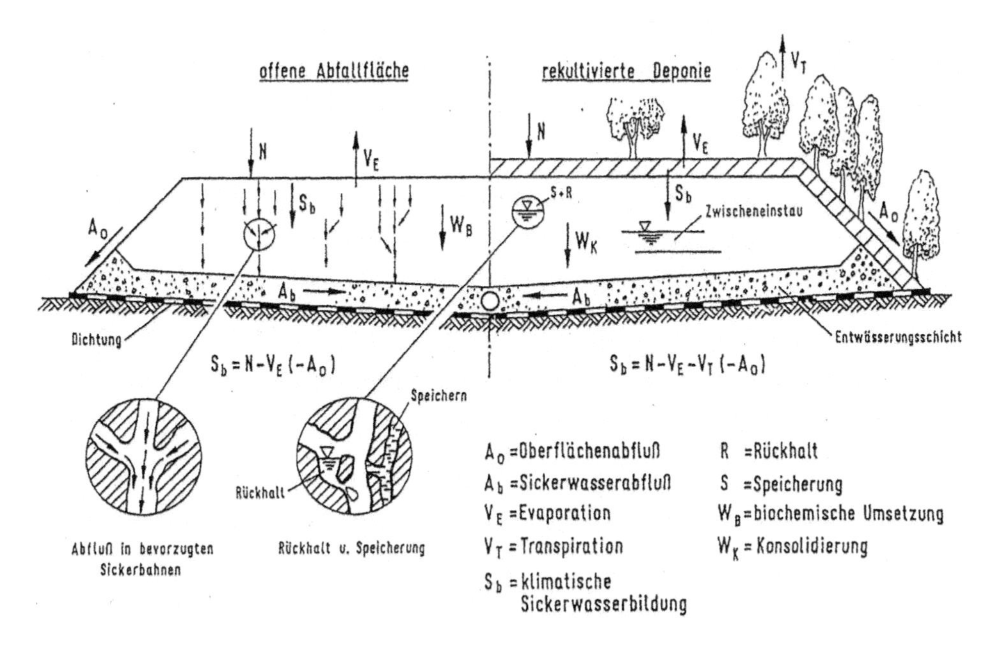

Abb. 10.12 Schematische Darstellung des Wasserhaushalts einer Deponie [12]

Die mittlere jährliche Sickerwassermenge beträgt in Deutschland bei nicht abgedeckten/-gedichteten Deponien etwa 25 % des jährlichen Niederschlags bei hochverdichtet betriebenen Deponien und ca. 45 % bei schlecht verdichteten Deponien. Nach Sättigung des Deponiekörpers werden Werte um 50–60% beobachtet. Die Sickerwassermengen zeigen deutliche Schwankungen, die im Tageswert bis zum 3–5-fachen des durchschnittlichen Wertes betragen können. Bei einer Niederschlagshöhe von 860 mm im Jahr (entsprechend 860 $l/m^2 \cdot a$) ergibt sich eine tägliche Sickerwasserspende bei einem Prozentsatz von 25 % von 5,9 $m^3/d \cdot ha$ oder 0,068 $l/s \cdot ha$. Als täglicher Spitzenwert müsste mit 17,7–29,5 $m^3/ha \cdot d$ gerechnet werden. Bei Inertdeponien nimmt die Sickerwassermenge deutlich zu, da diese praktisch keine Speicherung bzw. keinen Rückhalt haben. Deponien mit Oberflächenabdichtungen hingegen haben einen rasch zurückgehenden Sickerwasseranfall, der in wenigen Jahren auf nahezu Null zurückgehen kann. Der Verlauf hängt überwiegend davon ab, wieviel Wasser aus der Betriebsphase im Deponiekörper noch gespeichert ist.

Die Berechnung der Sickerwasserspende kann mit nachstehender Gleichung (10.3) durchgeführt werden:

$$S_w = f \cdot N\left(10.000 / \left(365 \cdot 86.400\right)\right) 0,25 \; in \; l/s.\, ha \qquad (10.3)$$

S_w: spezifischer Volumenstrom des Sickerwassers in l/s.ha
f: Faktor für Tagesschwankungen, ca. 3 bis 5
N: jährliche Niederschlagshöhe in $e/m^2 \cdot a$10.000/(365 · 86.400) = Umrechnungsfaktor von 1 m^2 auf 1 ha sowie von 1 Jahr auf 1 Sekunde

Die Simulation des Wasserhaushaltes kann mit dem Modell HELP durchgeführt werden. Es arbeitet als Schichtmodell in eintägigen Zeitschritten. Das Modell BOWAHALD bildet insbesondere Abdichtungssysteme mit verschiedenen Bepflanzungsarten verlässlich mit ab [12].

Die Zusammensetzung der Sickerwässer, wie sie an vielen Deponien festgestellt wurde, kann aus Tab. 10.3 entnommen werden.

Hinsichtlich der Beschaffenheit des Sickerwassers lassen sich bezogen auf den Sickerwasseranfall zwei typische Phasen mit deutlich unterschiedlicher Zusammensetzung des Sickerwassers gegeneinander abgrenzen (s. o.). Dies hängt davon ab, ob sich im Deponiekörper bereits eine Methanentstehung ausgebildet hat (Methanphase) oder ob sich die Deponie noch überwiegend in der sauren Phase (Vorphase der Methanphase) befindet.

Dies wird aus Tab. 10.3 ersichtlich. Die Sickerwasserkonzentrationen in der (anfänglichen) sauren Phase unterscheiden sich deutlich von denen der (späteren) Methanphase. Der Verlauf der Konzentrationen über die Zeit ist in Abb. 10.13 schematisch dargestellt.

Hieraus lässt sich Folgendes ableiten:

- In der sauren Phase werden mit dem Sickerwasser organische Säuren ausgetragen, wodurch sich ein niedriger pH-Wert, hohe BSB_5- und CSB-Werte sowie erhöhte Metallkonzentrationen einstellen.

Tab. 10.3 Zusammensetzung von Sickerwasser aus Siedlungsabfalldeponien [13]

Parameter	Saure Phase		Methanphase	
	Mittel	Bereich	Mittel	Bereich
pH [–]	6.1	4.5–7.5	8	7,5–9
BSB_5 [mg/l]	13.000	4000–40.000	180	20–250
CSB [mg/l]	22.000	6000–60.000	3000	500–4500
BSB_5/CSB [–]	0.59		0.06	
SO_4^{2-} [mg/l]	1200	70–1750	80	10–420
Ca [mg/l]	470	10–2500	60	20–600
Mg [mg/l]	780	50–1150	180	40–350
Fe [mg/l]	25	20–2100	15	3–280
Mn [mg/l]	5	0.3–65	0.7	0.03–45
Zn [mg/l]	7	0.1–120	0.6	0.03–4
Sr [mg/l]		0.5–15	1	0.3–7

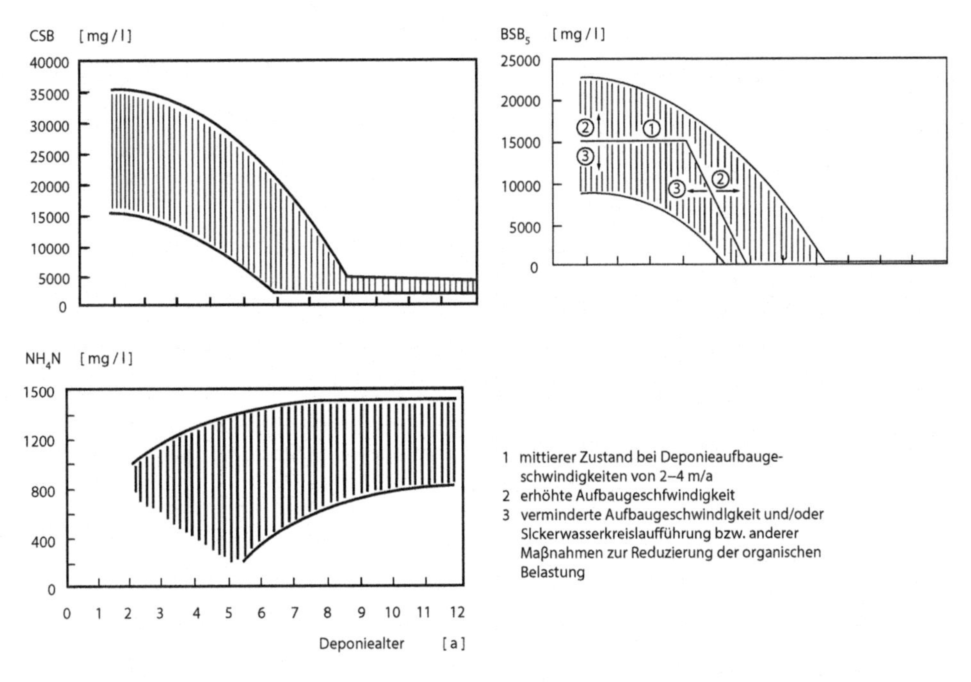

Abb. 10.13 Zeitliche Entwicklung der Sickerwasserzusammensetzung in Siedlungsabfalldeponien am Beispiel CSB, BSB_5 und NH_4^+ nach Ehrig, zitiert aus [16]

- In der Methanphase enthält das Sickerwasser schwer abbaubare Stoffe (schwer abbaubarer Rest-CSB, organische Stickstoffverbindungen) sowie hohe Konzentrationen an Ammonium-Stickstoff, aber Metalle in nur noch geringen Konzentrationen.

Bei älteren Deponien sind nur noch die Bedingungen der Methanphase gegeben. Im Deponiebetrieb besteht ein Interesse daran, möglichst rasch in die Methanphase zu kommen, da die Sickerwasserreinigung dann deutlich kostengünstiger ist. Ein beschleunigter Übergang von der sauren Phase in die Methanphase bei Deponien mit nicht vorbehandelten Abfällen lässt sich erzielen, wenn die unterste 2-m-Schicht einer Deponie bei der Inbetriebnahme nach einer Vorrotte in lockerer Lagerung eingebaut wird. Die Vorgehensweise gehört zum Stand der Technik bei jeder Deponie mit organischem Anteil im Abfall.

Die weitere Abnahme der Sickerwasserinhaltsstoffe in der Methanphase folgt einer Exponentialfunktion und beschreibt Abbau- und Auswaschprozesse gemäß folgendem Ansatz:

$$c(t) = c_0 e^{-kt} \tag{10.4}$$

c (t): Konzentration zur Zeit t
c_0: Ausgangskonzentration
k: Abbaukonstante
t: Ablagerungsdauer seit Einsetzen der Methanphase in Jahren

Die Halbwertszeiten ($t_{½} = -\ln(0{,}5)/k$) an Deponien liegen ca. zwischen 13 und 18 Jahre [14], teilweise aber auch über 90 Jahren [15].

Die Beschaffenheit der Sickerwässer für verschieden alte Deponien kann beispielhaft nachstehender Tab. 10.4 entnommen werden.

Sofern in einer Deponie überwiegend nur inerte Abfälle deponiert werden, wie dies z. B. bei einer Deponie der Klasse DK I oder DK 0 der Fall ist, liegen sowohl hinsichtlich der Sickerwassermenge als auch hinsichtlich der Beschaffenheit völlig andere Verhältnisse vor. Da der Deponiekörper über nahezu kein Speichervermögen verfügt, ist der Sickerwasseranfall deutlich erhöht und wird nahezu in der Größenordnung der Regenspende liegen. Außerdem wird die Verweildauer im Deponiekörper kürzer sein. Die Sickerwässer haben nahezu keine organische Belastung und sind überwiegend durch anorganische Stoffe wie Sulfat geprägt.

10.3.4 Setzungen

Setzungen treten auf durch:

- Masseschwund durch die Deponiegasbildung
- Auspressen des im Deponiekörper gespeicherten Wassers
- Zusammendrücken der im Wasser vorhandenen gaserfüllten Poren

Tab. 10.4 Zusammensetzung von Sickerwässern aus Siedlungsabfalldeponien mit unterschiedlichem Alter [14]

Parameter		Mittelwert	Min.	Max.	Mittelwert 1–5 J.	Mittelwert 6–10 J.	Mittelwert 11–20 J.	Mittelwert 21–30 J.	Min.	Max.
pH		7,6	7	8,3	7,3	7,5	7,6	7,7	5,4	9
BSB_5	mg/l	230	20	700	2285	800	275	185	6	16.000
CSB	mg/l	2500	460	8300	3810	2485	1585	1160	22	22.700
NH_4	mgN/l	740	17	1650	405	600	555	445	0,4	7000
NO_3	mgN/l				3,6	7,6	12	9		200
NO_2	mgN/l				0,06	0,63	0,5	0,8		11,7
Ges. P	mg/l	6,8	0,3	54						
AOX	µg/l	1725	195	6200	2765	1930	1505	1130	20	7500

Damit überlagern sich mehre Prozesse, so dass die Setzungen schwer zu prognostizieren sind. Letztendlich verlaufen sie aber weitgehend parallel zur Deponiegasbildung, nachdem die Setzungen durch Konsolidation abgeschlossen sind. Sofern keine neuen Auflasten aufgebracht werden, sind Konsolidationssetzungen nach ca. drei Jahren abgeschlossen [17]. Bei Deponien können Setzungen aus den laufenden Messungen prognostiziert werden, wobei nachstehende Gleichung zugrunde gelegt wird [18].

$$s = s_K \cdot (1 - c_k{}^t) + s_L \cdot (1 - c_L{}^t) \quad (10.5)$$

mit s: Setzung zum Zeitpunkt t
(Setzungsbeginn $s_0 = 0$, $t_0 = 0$)
s_K: Endbetrag der Kurzzeitsetzung
c_k: Zeitkonstante der Kurzzeitsetzung
s_L: Endbetrag der Langzeitsetzung
c_L: Zeitkonstante der Langzeitsetzung
t: Zeit in Jahren

Diese Gleichung aus zwei Exponentialfunktionen dient zur Kurvenanpassung an bestehende Messwerte. An einem konkreten Beispiel einer 38,8 m hohen Deponie wurden Werte in folgender Größenordnung ermittelt: s_k ca. 0.79 m, c_k ca. 0,042 m, s_L ca. 3,70 m, c_L ca. 0,75 m [19].

Eine andere Methode besteht darin, den Setzungsverlauf aus der Gasprognose sowie der Konsolidation zu ermitteln.

Bezogen auf die Schütthöhe können Setzungen bei Deponien mit unvorbehandelten Siedlungsabfällen bis ca. 30–40 % der Schütthöhe betragen. In der Praxis treten diese Werte selten auf, da ein Teil der Setzungen während der Betriebsphase abläuft.

10.3.5 Langzeitverhalten

Die Deponiegasbildung sowie die Auslaugung durch die Sickerwasserbildung führen zu einem Stoffaustrag aus dem Deponiekörper. Die Frage ist, bis zu welchen Zeiträumen nennenswerte Stoffausträge auftreten bzw. die Deponie dann so inert ist, dass sie zu keinen Umweltgefährdungen mehr führt. In nachfolgender Abb. 10.14 ist der Stoffaustrag über die Zeit als Ergebnis einer Modellrechnung dargestellt [12]. Danach ist nach 30 Jahren 85,3 % des CSB, 99,1 % bzw. 94,7 % des Gases, aber nur 38,1 % des NH_4^+-N ausgetragen. Somit wird deutlich, dass der Stoffaustrag deutlich über 100 Jahren liegen kann, teilweise noch deutlich darüber.

10.3.6 Konsequenzen für die Technik einer Deponie

Angesichts des dargestellten Emissions-Szenario, das teilweise zu erheblichen Beeinträchtigungen der Deponienachbarschaft führen kann, sind technische Maßnahmen erforderlich, um

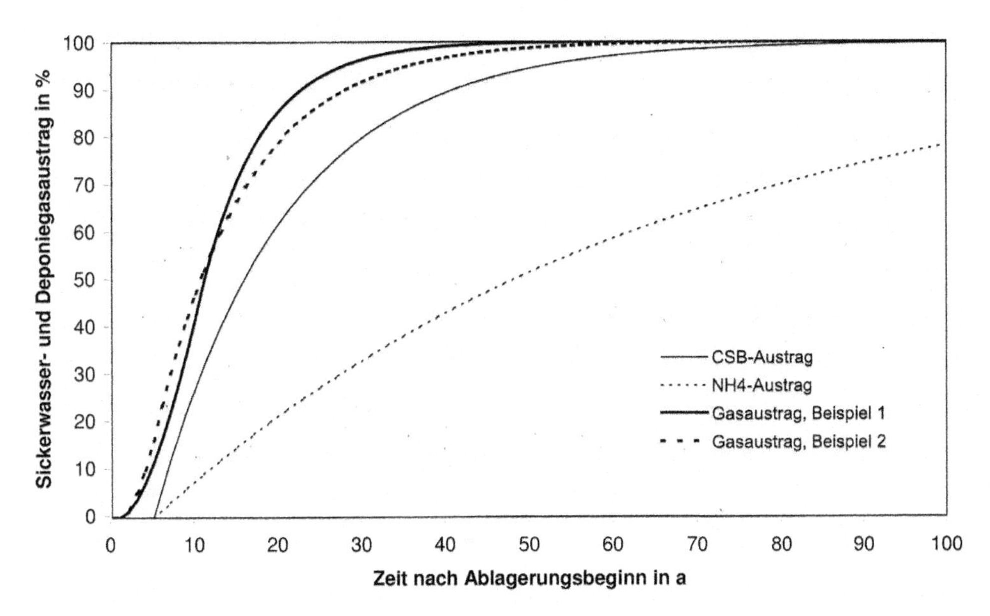

Abb. 10.14 Stoffaustrag über das Sickerwasser und Deponiegas im Laufe der Zeit [12]

die Emissionen zu unterdrücken. Diese Maßnahmen werden nach der Strategie des Multibarrierenkonzeptes konzipiert, das derzeit um die Barriere Stabilisierung weiter entwickelt wird.

In Anlehnung an die Anforderungen an eine Endlagerung radioaktiver Abfälle werden Deponien mit einem mehrfachen in sich unabhängigen (redundanten) Barrierensystem zur Abschottung der Deponieinhaltsstoffe gegenüber der Umwelt ausgestattet. Dieses ist so aufgebaut, dass an der Basis einer Deponie eine Dichtung eingebracht wird, auf der sich Sickerwasser anstauen kann, so dass es von dort aus abgeleitet und gereinigt werden kann. Dadurch aber, dass diese Barriere nur sehr aufwändig kontrollierbar ist, wird eine zweite Barriere nach Abschluss der Verfüllung an der Oberfläche als kontrollierbares Barrierensystem aufgebracht. Um jedoch ein hochwertiges Barrierensystem aufzubauen, haben sich weitere Barrieren als erforderlich erwiesen. Dazu gehört insbesondere der Untergrund unter einer Deponie, der möglichst undurchlässig und schadstoffadsorbierend sein muss. Diese Barriere wird als geologische Barriere bezeichnet. Aber auch der Abfall selbst und der Deponiekörper sollen so beschaffen sein, dass möglichst nur noch geringe Emissionen entstehen. Daher werden an den Abfall als Voraussetzung zur Deponierung folgende drei grundsätzliche Anforderungen gestellt:

- In den Abfällen dürfen die organischen Bestandteile, gemessen als Glühverlust bzw. TOC (gesamter organischer Kohlenstoff) ein bestimmtes Maß nicht überschreiten (indirekte oder direkte Begrenzung des Kohlenstoffs)
- Die Abfälle dürfen nicht zu viele Kohlenwasserstoffe und wasserlösliche Stoffe (überwiegend Salze) enthalten (Begrenzung der petrolätherextrahierbaren Stoffe bzw. des Abdampfrückstandes)

- Aus den Abfällen dürfen nicht zu viele Stoffe insbesondere auch nicht zu viele organische Stoffe ausgelaugt werden können (Begrenzung der Eluatbeschaffenheit).

Diese Anforderungen, insbesondere die Begrenzung der organischen Stoffe, führen dazu, dass die meisten Abfälle nicht mehr deponiert werden können, es sei denn, sie wären zuvor einer Behandlung unterzogen worden. In Deutschland gibt es hierzu im Wesentlichen zwei Möglichkeiten. Die eine besteht in der thermischen Behandlung der Abfälle und die andere in einer mechanisch-biologischen Vorbehandlung. Künftig werden somit überwiegend nur noch folgende Abfälle in Deutschland zur Deponierung angenommen werden können:

- Inerte Abfälle aus unterschiedlicher Herkunft, u. a. Schlacken und Aschen, verunreinigte Böden etc., Bau- und Abbruchabfälle, Bodenaushub, Asbest
- Schlacken und Aschen nach thermischer Behandlung von Abfällen
- Abfälle nach mechanisch-biologischer Behandlung.

International werden weiterhin, auch unter EU-Deponierecht, unbehandelte Siedlungsabfälle sowie Industrieabfälle deponiert werden.

Somit besteht das Multibarrieren-System einer Deponie aus den folgenden 5 Barrieren (vgl. Abb. 10.15):

1. Barriere Abfallbeschaffenheit
2. Barriere Geologie und Hydrologie des Standortes
3. Barriere Deponiebasisabdichtung mit Sickerwassererfassung und –behandlung
4. Barriere Deponiekörper mit prognostizierbarem Verhalten
5. Barriere Oberflächenabdichtung und getrennte Erfassung des Niederschlagswassers

Dabei sind die Barrieren 2,3 und 5 technische Barrieren.

Die Frage, die derzeit in der Praxis zu beantworten ist, ist nun, ob die fünf Barrieren ausreichend sind oder ob sie hinsichtlich des Langzeitverhaltens der Deponie noch ergänzt werden sollen. Grundsätzlich werden folgende Positionen vertreten [20]:

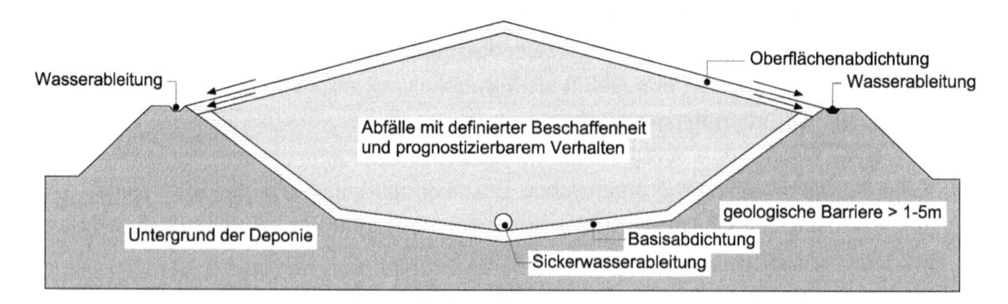

Abb. 10.15 Prinzipskizze des Multibarrierenkonzeptes (Quelle: Autor)

a) Es ist ausreichend, wenn der Deponiekörper auf Dauer abgekapselt gehalten wird.
b) Der abgelagerte Abfall wird zusätzlich zu den Barrieren so stabilisiert, dass ein weiterer biologischer Abbau bzw. ein Stoffaustrag nur noch geringfügig erfolgen kann (In-situ-Stabilisierung).

Die Position b) setzt voraus, dass der Deponiekörper, dies trifft überwiegend auf Altdeponien zu, die noch mit unbehandelten Abfällen verfüllt wurden, stabilisiert wird. Technisch kann dies durch die Infiltration von Wasser sowie das anschließende Einblasen bzw. Eintragen von Luft in die Deponie durchgeführt werden. Damit wird der Deponiekörper weiter stabilisiert und so das Gefährdungspotenzial der Deponie abgesenkt. Ein Versagen einer Barriere wird dann eher tolerabel sein bzw. wären die Anforderungen an die Qualität der Barriere von vornherein geringer anzusetzen. Demgegenüber muss bei Position a) das Barrierensystem dauerhaft aufrechterhalten werden, was eine ständige Kontrollier- und Reparierbarkeit erforderlich macht. Dafür könnte auf die Stabilisierung verzichtet werden und die Emissionen (Deponiegas, Sickerwasser) wären gleichwohl minimal. Eine Tendenz in der Praxis, welche Position favorisiert wird, ist derzeit noch nicht absehbar. Das Deponierecht (DepV) ermöglicht beide Strategien.

Die In-situ-Stabilisierung hätte insgesamt den Vorteil, dass bei einem Versagen der Barrieren, was für die Zukunft nie vollständig auszuschließen ist, der Deponiekörper sich gleichwohl in einem Zustand befindet, dass er nur noch geringe Emissionen abgibt. Damit hätte man insbesondere für die Zukunft eine nachhaltige Lösung gefunden, was bei dem aktuellen Barrierensystem ohne eine ständige Aufrechterhaltung dieser Barrieren eher nicht möglich wäre.

10.3.7 Deponieklassen

Die nähere Befassung mit der technischen Ausgestaltung des Barrierensystems hat gezeigt, dass dieses mit vergleichsweise großen Aufwendungen verbunden ist, so dass es zweckmäßig erscheint, dieses nicht für alle Abfallarten, die hinsichtlich ihrer Deponierfähigkeit sehr unterschiedlich sein können, in gleicher Weise zu realisieren. Dafür wurden letztendlich unterschiedliche Deponieklassen definiert und für unterschiedliche Abfälle mit unterschiedlichen Anforderungen ausgestattet. Nach dem Deponierecht in Deutschland werden folgende Klassen unterschieden (verkürzt dargestellt):

- Deponieklasse der Klasse 0 (DK 0): Oberirdische Deponie für Inertabfälle
- Deponieklasse der Klasse I (DK I): Oberirdische Deponie
- Deponieklasse der Klasse II (DK II): Oberirdische Deponie
- Deponieklasse der Klasse III (DK III): Oberirdische Deponie für nicht gefährliche Abfälle und gefährliche Abfälle
- Deponieklasse der Klasse IV (DK IV): Untertagedeponie in einem Bergwerk mit eigenständigem Ablagerungsbereich oder einer Kaverne, die völlig im Gestein eingeschlossen ist

Dabei müssen von den zu der entsprechenden Deponie mit der spezifischen Klasse verbrachten Abfällen die jeweiligen Zuordnungswerte eingehalten werden, die für die einzelnen Deponieklassen unterschiedlich sind (siehe unten).

10.4 Das Deponierecht und die verschiedenen Deponieklassen

Grundsätzlich sieht das Gesetz vor, dass die Entsorgung in wesentlichen Bereichen nach dem Stand der Technik zu erfolgen hat. Relativ spät entwickelten sich jedoch einheitliche technische Standards. Zwar hatte die LAGA (Länderarbeitsgemeinschaft Abfall der Bundesländer) bereits im Jahre 1979 das Merkblatt „Die geordnete Ablagerung von Abfällen" erarbeitet, welches das Merkblatt M3 der Zentralstelle für Abfallbeseitigung aus dem Jahre 1969 ersetzte, jedoch war mit einem Merkblatt ohne gesetzliche Grundlage der Stand der Technik nicht eindeutig zu definieren, was in vielen Genehmigungsverfahren zu beträchtlichen Problemen führte. Unter anderem wurden auch daher zwischen 1990 und 1993 drei Verwaltungsvorschriften zum Abfallgesetz erlassen, die die Abfallwirtschaft grundlegend veränderten:

- Erste allgemeine Verwaltungsvorschrift über Anforderungen zum Schutz des Grundwassers bei der Lagerung und Ablagerung von Abfällen vom 31.1.1990.
- Zweite allgemeine Verwaltungsvorschrift zum Abfallgesetz (TA Abfall); Technische Anleitung zur Lagerung, chemisch/physikalischen, biologischen Behandlung, Verbrennung und Ablagerung von besonders überwachungsbedürftigen Abfällen vom 12.3.1991. Sie enthielt Anforderungen an die Verwertung und sonstige Entsorgung von gefährlichen Abfällen nach dem Stand der Technik sowie damit zusammenhängende Regelungen, die erforderlich sind, damit das Wohl der Allgemeinheit nicht beeinträchtigt wird.
- Dritte allgemeine Verwaltungsvorschrift zum Abfallgesetz (TA Siedlungsabfall); Technische Anleitung zur Verwertung, Behandlung und sonstigen Entsorgung von Siedlungsabfällen vom 14.5.1993. Sie enthielt Anforderungen an die Verwertung, Behandlung und sonstige Entsorgung von Siedlungsabfällen nach dem Stand der Technik sowie damit zusammenhängende Regelungen, die erforderlich sind, damit das Wohl der Allgemeinheit nicht beeinträchtigt wird.

Grundlegendes Ziel der TA Siedlungsabfall war es, nicht verwertbare Abfälle zukünftig so abzulagern, dass

- auch langfristig keine schädlichen Sickerwässer das Grund- und Trinkwasser gefährden und
- die Bildung von Deponiegas verhindert wird.

Dies sollte dadurch erreicht werden, dass insbesondere die

- biologisch abbaubaren organischen Bestandteile im Restabfall
  und
- die Eluatbeschaffenheit der Abfälle begrenzt werden.

Hierzu wurden Zuordnungswerten, also Anforderungen an die chemische (früher auch mechanische) Beschaffenheit der Abfälle, festgelegt. Nur unter der Voraussetzung, dass Abfälle diese Zuordnungswerte einhalten, können sie deponiert werden. Die Zuordnungswerte in aktuell gültigen Fassung, die zwischenzeitlich in die Deponieverordnung (DpV) übergegangen sind, sind in Anhang zu Kapitel 10 angegeben.

Mit dem Erlassen der TA Siedlungsabfall und TA Abfall (Anmerkung: der TASi zeitlich vorausgehende Verwaltungsvorschrift für Industrieabfälle) konnten somit nur noch zur Deponierung geeignete Abfälle abgelagert werden. Allerdings wurden darüber hinaus noch zusätzliche Anforderungen an die Deponietechnik, Überwachung und den Betrieb hohe Anforderungen gestellt.

Deutlich später hat dann der Rat der Europäischen Union am 26.4.1999 eine eigene Deponierichtlinie (Richtlinie 1999/31/EG des Rates über Abfalldeponien) beschlossen, die am 16.7.1999 in Kraft trat. Die Mitgliedstaaten hatten zwei Jahre Zeit für die Umsetzung in nationales Recht. International gesehen stellt die EU-Deponierichtlinie nicht nur den Standard für die Staaten der EU dar, sondern wird auch von vielen Schwellen- und Entwicklungsländern beachtet und angestrebt. Sie hat daher gerade international eine große Bedeutung.

Die EU-Deponierichtlinie enthält 20 Artikel und 3 Anhänge:

- Anhang I: Allgemeine Anforderungen für alle Deponiekategorien (Standort, Sickerwasser, Gas, Standsicherheit)
- Anhang II: Abfallannahmekriterien und -verfahren
- Anhang III: Mess- und Überwachungsverfahren während des Betriebs und der Nachsorgephase

Ziel ist, durch Festlegung strenger betriebsbezogener und technischer Anforderungen für Abfalldeponien und Abfälle, Maßnahmen, Verfahren und Leitlinien vorzusehen, mit denen während des gesamten Bestehens der Deponie negative Auswirkungen auf die Umwelt, insbesondere die Verschmutzung von Oberflächenwasser, Grundwasser, Boden und Luft weitest möglich vermieden oder vermindert werden.

Die Richtlinie unterscheidet drei Deponieklassen:

- Deponie für gefährliche Abfälle,
- Deponie für nicht gefährliche Abfälle und
- Deponie für Inertabfälle.

Abfälle dürfen nur unter Beachtung eines dreistufigen Verfahrens – grundlegende Charakterisierung, Übereinstimmungsuntersuchung, Untersuchung auf der Deponie –

angenommen werden. Biologisch abbaubare Abfälle sind in drei Stufen (Stichtag 16. Juli 1999) wie folgt zu reduzieren (Bezugsjahr ist im Regelfall das Jahr 1995):

- nach 5 Jahren auf 75 Gew.-% der Gesamtmenge
- nach 8 Jahren auf 50 Gew.-% der Gesamtmenge
- nach 15 Jahren auf 35 Gew.-% der Gesamtmenge

Diese Anforderungen bleiben deutlich hinter den Vorgaben der Verwaltungsvorschriften TA Siedlungsabfall/TA Abfall zurück, nach denen die Ablagerung biologisch abbaubarer Abfälle ab 2005 nicht mehr möglich war, sofern die Abfälle einen Glühverlust von 3 % (DK I) bzw. 5 % (DK II) oder 10 % (DK III) überschreiten.

Darüber hinaus ist die Ablagerung von flüssigen Abfällen, von explosiven, korrosiven, brandfördernden oder entzündbaren Abfällen verboten. Das gilt auch für Krankenhausabfälle und ganze Altreifen.

Es werden nur behandelte Abfälle zur Deponierung zugelassen. Unter bestimmten Voraussetzungen kann jedoch auf eine Behandlung verzichtet werden. Auf Deponien für nicht gefährliche Abfälle können Siedlungsabfälle, nicht gefährliche Abfälle sonstiger Herkunft und stabile, nicht reaktive gefährliche Abfälle abgelagert werden.

Weiter werden insbesondere geregelt:

- Voraussetzungen für die Genehmigung sowie den Inhalt der Genehmigung: So sind u. a. Mindestanforderungen an die Angaben in der Genehmigungsakte vorgegeben. Diese muss u. a. Angaben zu Abfallarten, Kapazität der Deponie, Deponieklasse, Standortbeschreibung, Plan für Stilllegung und Nachsorge sowie Jahresberichten enthalten.
- Aufbringung der Kosten: Alle Kosten für Errichtung und Betrieb sowie die Kosten für Stilllegung und Nachsorge müssen durch ein zu erbringendes Entgelt abgedeckt werden.
- Die Anforderungen an den Bau und den Betrieb der Deponie: Hier werden im Wesentlichen die geologische Barriere, Abdichtungssysteme, Sickerwasser- und Gasfassung, Umgang mit Belästigungen und Gefährdungen sowie Anforderungen an die Standsicherheit und Absperrung beregelt.
- Das Annahmeverfahren der Abfälle auf der Deponie: Mit dem Annahmeverfahren soll sichergestellt werden, dass bestimmte Abfälle der richtigen Deponieklasse zugeordnet werden. Hierzu zählen: Prüfung der Abfalldokumente, Sichtkontrolle des Abfalls im Eingangsbereich und an der Ablagerungsstelle, Führung eines Registers über Menge und Beschaffenheit des Abfalls.
- Die Überwachung des Betriebes der Deponie: Der Betreiber hat während des Betriebs ein Mess- und Überwachungsverfahren durchzuführen, um umweltschädigende Auswirkungen der Deponie rechtzeitig feststellen zu können. Hierzu zählen meteorologische Daten, Emissionsdaten, Daten zu Sickerwasser und Deponiegas, Grundwasserüberprüfungsmaßnahmen.

In der Verordnung zur Festlegung von Kriterien und Verfahren für die Annahme von Abfällen auf Abfalldeponien, die in Deutschland zum 1.2.2007 in Kraft getreten ist, wurden die Beprobung der Abfälle sowie die Analytik geregelt. Die Zuordnungswerte für Deponien wurden mit dieser Verordnung an die EU-Vorgaben sowie die deutsche Abfallablagerungsverordnung angepasst. Letztere regelte insbesondere die Ablagerung mechanisch-biologisch vorbehandelter Abfälle.

Zur Umsetzung der Europäischen Deponierichtlinie in Deutsches Recht wurde die „Verordnung über Deponien und Langzeitlager" (DepV) am 24.7.2002 erlassen, wobei zunächst die bereits existierenden Rechtsnormen erhalten blieben. Nach einer Novellierung der Deponieverordnung wurden diese dann aber zum 15.7.2009 aufgehoben und deren Inhalte in die Deponieverordnung integriert.

Da das Deponierecht, wie aufgeführt, stark zersplittert war und sich zudem auf Verordnungen und Verwaltungsvorschriften verteilte, war eine solche Zusammenfassung angezeigt. Diese „Verordnung zur Vereinfachung des Deponierechts" trat am 16.7.2009 in Kraft und wurde zuletzt am 4.3.2016 geändert. Es handelt sich um eine Artikelverordnung, deren 1. Artikel die Verordnung über Deponie und Langzeitlager (Deponieverordnung – DepV) enthält. Dabei wurden die tangierten existierenden Rechtsnormen aufgehoben.

Die Deponieverordnung enthält detaillierte technische, betriebliche und organisatorische Anforderungen an die Errichtung, Beschaffenheit, Betrieb und Stilllegung von Deponien und Langzeitlagern sowie deren Nachsorge. Ziel war es, die abzulagernde Menge an Abfällen und deren Schadstoffgehalt auf ein für die Umwelt vertretbares Maß abzusenken. Ökologisch unzulängliche Deponien dürfen ab 2009 nicht mehr betrieben werden.

Die DepV enthält in 6 Teilen 28 Paragraphen und 6 Anhänge. Im Einzelnen sind das:

- Teil 1: Allgemeine Bestimmungen
- Teil 2: Errichtung, Betrieb, Stilllegung und Nachsorge von Deponien
- Teil 3: Verwertung von Deponieersatzstoffen
- Teil 4: Sonstige Vorschriften (u. a. Sicherheitsleistungen, Antrag, Anzeige)
- Teil 5: Langzeitlager
- Teil 6: Schlussvorschriften (u. a. Altdeponien in der Ablagerungs- und Stilllegungsphase, Ordnungswidrigkeiten und Übergangsvorschriften)
- Anhang 1: Anforderungen an den Standort, die geologische Barriere, Basis- und Oberflächenabdichtungssysteme von Deponien der Klasse 0 bis III.
- Anhang 2: Anforderungen an den Standort, geologische Barriere, Langzeitsicherheitsnachweis und Stilllegungsmaßnahmen von Deponien der Klasse IV im Salzgestein
- Anhang 3: Zulässigkeits- und Zuordnungskriterien (siehe Anhang 13.3.1)
- Anhang 4: Vorgaben zur Beprobung (Probenahme, Probevorbereitung und Untersuchung von Abfällen und Deponieersatzbaustoffen)
- Anhang 5: Information, Dokumentation, Kontrollen, Betrieb
- Anhang 6: Besondere Anforderungen an die zeitweilige Lagerung von metallischen Quecksilberabfällen bei einer Lagerdauer von mehr als einem Jahr in Langzeitlagern

Die zunächst in der am 25.7.2005 erlassenen Deponieverwertungsverordnung geregelte Verwendung von Abfällen als Deponieersatzbaustoffen wurde nunmehr in die Deponieverordnung in die Anlage 3 integriert. Dabei wird die Verwendung

a) bei der Vervollständigung oder Verbesserung der geologischen Barriere,
b) bei der Errichtung des Basisabdichtungssystems,
c) im Deponiekörper,
d) bei der Errichtung des Oberflächenabdichtungssystems

geregelt. Insbesondere bei der Stilllegung von Deponien werden in der Praxis große Mengen an Deponieersatzbaustoffen genutzt.

10.5 Anforderungen an die technischen Barrieren

Entsprechend des oben dargestellten Multibarrierenkonzeptes werden in den genannten Rechtsnormen verschiedene Anforderungen an die einzelnen Barrieren genannt.. In Tab. 10.5 sind diese entsprechend der EU-Richtlinie für die geologische Barriere und das Basisabdichtungssystem als Vorgabe sowie in Tab. 10.6 für das Oberflächenabdichtungssystem als Empfehlung zusammengestellt. Danach sind Oberflächenabdichtungssysteme von der Behörde vorzuschreiben, sofern der Bildung von Sickerwasser vorzubeugen ist.

Tab. 10.5 Anforderungen an die Basisabdichtung nach EU-Deponie-Richtlinie [5]

Deponieklasse	nicht gefährlich	gefährlich	inert
mineralische Schicht	$K \leq 1{,}0 \times 10^{-7}$ m/s Mächtigkeit > 5 m	$K \leq 1{,}0 \times 10^{-7}$ m/s Mächtigkeit > 5 m	$K \leq 1{,}0 \times 10^{-7}$ m/s Mächtigkeit > 1 m
künstliche Abdichtungsschicht	erforderlich	erforderlich	
Drainageschicht	erforderlich	erforderlich	

Anmerkung: die mineralische Schicht muss den genannten Werten gleichwertig sein.

Tab. 10.6 Empfehlungen für die Oberflächenabdichtung nach EU-Deponie-Richtlinie [5]

Deponieklasse	nicht gefährlich	gefährlich
Drainageschicht	erforderlich	nicht erforderlich
künstliche Abdichtungsschicht	nicht erforderlich	erforderlich
undurchlässige mineralische Abdichtungsschicht	erforderlich	erforderlich
Drainageschicht > 0,5 m	erforderlich	erforderlich
Oberbodenabdeckung > 1 m	erforderlich	erforderlich

Ein Verzicht auf eine Oberflächenabdichtung wäre eigentlich nur bei extrem trockenen oder kalten Standorten möglich.

Zur Ausbildung der geologischen Barriere regelt die EU-Deponierichtlinie Folgendes (Zitatauszug): „Die geologische Barriere wird durch geologische und hydrogeologische Bedingungen in dem Gebiet unterhalb und in der Umgebung eines Deponiestandorts bestimmt .... Erfüllt die geologische Barriere aufgrund ihrer natürlichen Beschaffenheit nicht die Anforderungen, so kann sie mit anderen Mitteln künstlich vervollständigt und verstärkt warden .... Eine künstlich geschaffene geologische Berriere sollte mindestens 0,5 m dick sein".

Die bisherigen Anforderungen nach deutschem Recht (TA Siedlungsabfall, TA Abfall) waren in der Vergangenheit im Wesentlichen durch die Vorgabe von Regelabdichtungen geprägt, deren Aufbau aus nachfolgender Abb. 10.16 zu entnehmen ist. Dieser Aufbau hat daher seine aktuelle Bedeutung, da solche Regelabdichtungen bei zahlreichen Deponien realisiert wurden, die sich teilweise bereits in der Nachsorgephase befinden.

Deponieklasse I:

Abfall
Entwässerungsschicht
Sickerrohr
Mineralische Dichtungsschicht
Deponieplanum
Deponieauflager
≯ 50 CM ≯ 30 CM
Mind. 2-lagig

Deponieklasse II:

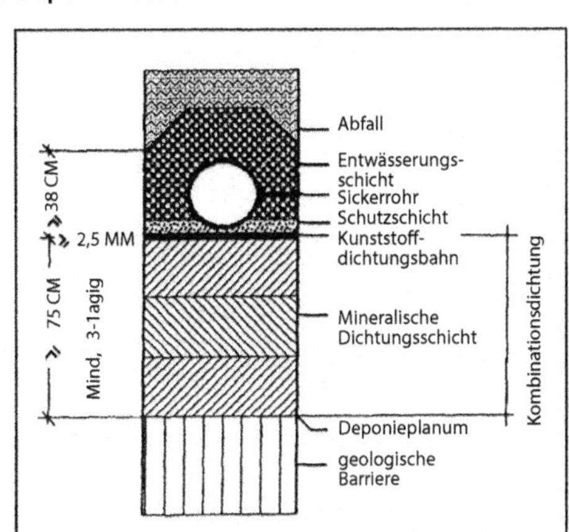

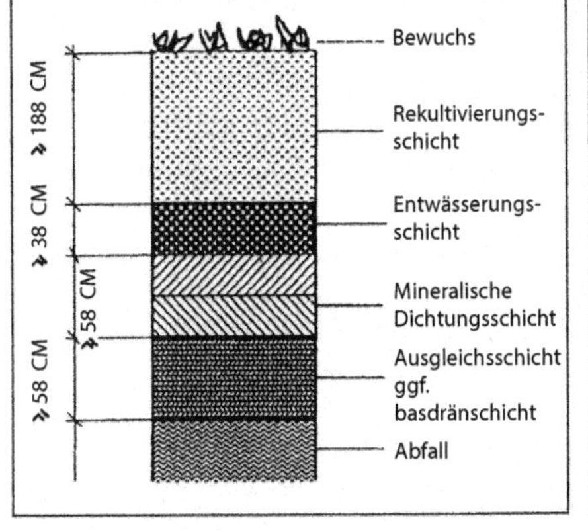

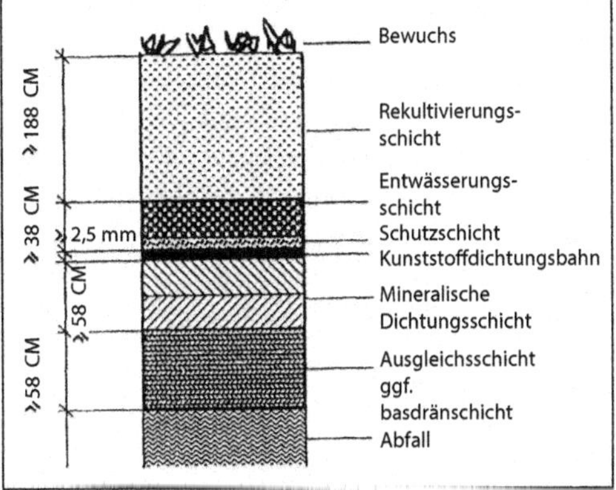

Abb. 10.16 Deponiebasis- und Oberflächenabdichtungssysteme für DK I und DK II nach TASi [6]

Die deutsche Deponieverordnung sieht jetzt keine Regelabdichtungssysteme mehr vor (wie z. B. Kombinationsabdichtung für DK II bestehend aus Kunststoffabdichtungsbahn und mineralischer Dichtungsschicht). Vielmehr werden die einzelnen Systemkomponenten in einem allgemeinen Aufbau benannt (vgl. Tab. 10.7). An die Qualität der einzelnen Komponenten werden spezifische Anforderungen gestellt. Die Art der gewählten Abdichtungskomponente sowie der eingesetzten Baustoffe ist in die Verantwortung des Bauherrn gelegt. Die zuständige Behörde entscheidet letztendlich über deren Zulassung.

Wie aus Tab. 10.7 ersichtlich, kommt der geologischen Barriere eine besondere Bedeutung zu. Sie ist bei allen Deponieklassen erforderlich, insbesondere auch der DK 0, da diese über keine Basisabdichtung verfügt. Die geologische Barriere wird dabei im Wesentlichen durch geologische und hydrogeologische Bedingungen in dem Gebiet unterhalb und in der Umgebung eines Deponiestandortes bestimmt, wobei ein ausreichendes Rückhaltevermögen für Schadstoffe gegeben sein muss.

Tab. 10.7 Regelaufbau der geologischen Barriere und des Basisabdichtungssystems [4]

Nr.	System-Komponente	DK 0	DK I	DK II	DK III
1	geologische Barriere[1)]	$k \leq 1 \cdot 10^{-7}$ m/s $d \geq 1{,}00$ m	$k \leq 1 \cdot 10^{-9}$ m/s $d \geq 1{,}00$ m	$k \leq 1 \cdot 10^{-9}$ m/s $d \geq 1{,}00$ m	$k \leq 1 \cdot 10^{-9}$ m/s $d \geq 5{,}00$ m
2	Erste Abdichtungs-Komponente[2)]	nicht erforderlich	erforderlich	erforderlich	erforderlich
3	Zweite Abdichtungs-Komponente[2)]	nicht erforderlich	nicht erforderlich	erforderlich	erforderlich
4	Mineralische Entwässerungsschicht,[3)] Körnung gemäß DIN 19667	$d \geq 0{,}30$ m	$d \geq 0{,}50$ m	$d \geq 0{,}50$ m	$d \geq 0{,}50$ m

Legende:

[1)]Der Durchlässigkeitsbeiwert k ist bei einem Druckgradienten i = 30 (Laborwert nach DIN 18130-1, Ausgabe Mai 1998, Baugrund-Untersuchung von Bodenproben; Bestimmung des Wasserdurchlässigkeitsbeiwerts – Teil 1: Laborversuche) einzuhalten.

[2)]Werden Abdichtungskomponenten aus mineralischen Bestandteilen hergestellt, müssen diese eine Mindestdicke von 0,50 m und einen Durchlässigkeitsbeiwert von $k \leq 5 \times 10^{-10}$ m/s bei einem Druckgradienten von i = 30 (Laborwert nach DIN 18130-1, Ausgabe Mai 1998, Baugrund-Untersuchung von Bodenproben; Bestimmung des Wasserdurchlässigkeitsbeiwerts – Teil 1: Laborversuche) einhalten.

Werden Kunststoffdichtungsbahnen als Abdichtungskomponente eingesetzt, darf ihre Dicke 2,5 mm nicht unterschreiten.

[3)]Wenn nachgewiesen wird, dass es langfristig zu keinem Wasseranstau im Deponiekörper kommt, kann mit Zustimmung der zuständigen Behörde bei Deponien der Klasse I, II und III die Entwässerungsschicht mit einer geringeren Schichtstärke oder anderer Körnung hergestellt werden.

Eine Basisabdichtung für Deponien nach DK II besteht entsprechend obiger Tab. 10.7 also aus der oberen Schicht der geologischen Barriere mit dem Deponieplanum, einer ersten Abdichtungskomponente (sofern mineralisch mit einer Mindestdicke von 0,5 m), einer zweiten Abdichtungskomponente (sofern diese aus einer Kunststoffdichtungsbahn besteht, ist die Mindestdicke 2,5 mm) sowie der darauf angeordneten mineralischen Entwässerungsschicht, in die dann Sickerleitungen verlegt werden, aufgebaut. Darüber wird dann der Abfall aufgeschüttet. Sofern Kunststoffdichtungsbahnen verwendet werden, sind Schutzschichten (z. B. Geotextilien) erforderlich.Weitere geotechnisch wirksame Elemente sollten nicht eingebaut werden, da diese zu Verstopfungen führen.

Ein Oberflächenabdichtungssystem für Deponien entsprechend DK II hat nach Tab. 10.8 folgenden Aufbau: Zunächst wird auf den verfüllten Deponiebereich dadurch, dass die Dichtungsschicht nicht unmittelbar auf den unebenen Abfall aufgebracht werden kann, eine Ausgleichsschicht aufgebracht, darüber, falls erforderlich, die Gasdränschicht. Hierauf kommen die erste und zweite Abdichtungskomponente sowie die Entwässerungsschicht. Dann wird die Rekultivierungsschicht mit einer Dicke von > 1 m angeordnet. Die Oberflächenneigung soll ein Mindestgefälle von 5 % auch nach Abschluss der Setzungen

Tab. 10.8 Regelaufbau des Oberflächenabdichtungssystems [4]

Nr.	Systemkomponente	DK 0	DK I[5)]	DK II[6)]	DK III
1	Ausgleichsschicht[1)]	nicht erforderlich	ggf.[7)] erforderlich	ggf.[7)] erforderlich	ggf.[7)] erforderlich
2	Gasdränschicht[1)]	nicht erforderlich	nicht erforderlich	ggf.[8)] erforderlich	ggf.[8)] erforderlich
3	Erste Abdichtungskomponente	nicht erforderlich	erforderlich[2)]	erforderlich[2)]	erforderlich[3)]
4	Zweite Abdichtungskomponente	nicht erforderlich	nicht erforderlich	erforderlich[2)]	erforderlich[3)]
5	Dichtungskontrollsystem	nicht erforderlich	nicht erforderlich	nicht erforderlich	erforderlich
6	Entwässerungsschicht[4)] $d \geq 0{,}30$ m, $k \geq 1 \cdot 10^{-3}$ m/s Gefälle > 5 %	nicht erforderlich	erforderlich	erforderlich	erforderlich
7	Rekultivierungsschicht/ technische Funktionsschicht	erforderlich	erforderlich	erforderlich	erforderlich

[1)]Die Ausgleichsschicht kann bei ausreichender Gasdurchlässigkeit und Dicke die Funktion der Gasdränschicht nach Nummer 2 mit erfüllen.

[2)]Werden Abdichtungskomponenten aus mineralischen Materialien verwendet, darf deren rechnerische Permeationsrate bei einem permanenten Wassereinstau von 0,30 m nicht größer sein als die einer 50 cm dicken mineralischen Dichtung mit einem Durchlässigkeitsbeiwert von $k \leq 5 \cdot 10^{-9}$ m/s bei einem Druckgradienten von $i = 30$ (Laborwert nach DIN 18130-1, Ausgabe Mai 1998,

Tab. 10.8 (Fortsetzung)

Baugrund – Untersuchung von Bodenproben; Bestimmung des Wasserdurchlässigkeitsbeiwerts – Teil 1: Laborversuche) und einen permanenten Wasserüberstau von 0,30 m einhalten. Abweichend von Satz 1 können mineralische Abdichtungskomponenten, deren Wirksamkeit nicht mit Durchlässigkeitsbeiwerten beschrieben werden kann, eingesetzt werden, wenn sie im fünfjährigen Mittel nicht mehr als 20 mm/Jahr Durchsickerung aufweisen. Werden Kunststoffdichtungsbahnen als Abdichtungskomponente eingesetzt, darf ihre Dicke 2,5 mm nicht unterschreiten.

[3)]Werden Abdichtungskomponenten aus mineralischen Materialien verwendet, darf deren rechnerische Permeationsrate bei einem Wassereinstau von 0,30 m nicht größer sein als die einer 50 cm dicken mineralischen Dichtung mit einem Durchlässigkeitsbeiwert von $k \leq 5 \times 10^{-10}$ m/s bei einem Druckgradienten von $i = 30$ (Laborwert nach DIN 18130-1, Ausgabe Mai 1998, Baugrund – Untersuchung von Bodenproben; Bestimmung des Wasserdurchlässigkeitsbeiwerts – Teil 1: Laborversuche) und einen permanenten Wasserüberstau von 0,30 m einhalten. Abweichend von Satz 1 können mineralische Abdichtungskomponenten, deren Wirksamkeit nicht mit Durchlässigkeitsbeiwerten beschrieben werden kann, eingesetzt werden, wenn sie im fünfjährigen Mittel nicht mehr als 10 mm/Jahr Durchsickerung aufweisen. Werden Kunststoffdichtungsbahnen als Abdichtungskomponente eingesetzt, darf ihre Dicke 2,5 mm nicht unterschreiten.

[4)]Die zuständige Behörde kann auf Antrag des Deponiebetreibers Abweichungen von Mindestdicke, Durchlässigkeitsbeiwert und Gefälle der Entwässerungsschicht zulassen, wenn nachgewiesen wird, dass die hydraulische Leistungsfähigkeit der Entwässerungsschicht und die Standsicherheit der Rekultivierungsschicht dauerhaft gewährleistet sind.

[5)]An Stelle der Abdichtungskomponente, der Entwässerungsschicht und der Rekultivierungsschicht kann eine als Wasserhaushaltsschicht ausgeführte Rekultivierungsschicht zugelassen werden, wenn abweichend von den Anforderungen nach 2.3.1.1 Ziffer 3 der Durchfluss durch die Wasserhaushaltsschicht im fünfjährigen Mittel nicht mehr als 20 mm/Jahr spätestens fünf Jahre nach Herstellung beträgt.

[6)]An Stelle der zweiten Abdichtungskomponente und der Rekultivierungsschicht kann eine als Wasserhaushaltsschicht nach Nummer 2.3.1.1 bemessene Rekultivierungsschicht eingebaut werden. Wird die erste Abdichtungskomponente als Konvektionssperre ausgeführt, kann an Stelle der zweiten Abdichtungskomponente auch ein Kontrollsystem für die Konvektionssperre eingebaut werden. In diesem Fall ist im Bereich von Stellen, an denen das Dränwasser gesammelt und abgeleitet wird, unmittelbar unter der Konvektionssperre eine zweite Abdichtungskomponente einzubauen oder gleichwertige Systeme vorzusehen. Sätze 1 bis 3 gelten bei Deponien oder Deponieabschnitten, auf denen Hausmüll, hausmüllähnliche Gewerbeabfälle, Klärschlämme und andere Abfälle mit hohen organischen Anteilen abgelagert worden sind, mit der Maßgabe, dass der Deponiebetreiber Maßnahmen nach § 25 Absatz 4 zur Beschleunigung biologischer Abbauprozesse und zur Verbesserung des Langzeitverhaltens nachweislich erfolgreich durchführt oder durchgeführt hat.

[7)]Das Erfordernis richtet sich nach Nummer 2.3 Satz 2.

[8)]Das Erfordernis richtet sich nach Anhang 5 Nummer 7.

(Anmerkung: Bezüge nach Deponieverordnung)

nicht unterschreiten. In der Praxis wurden verschiedene alternative Abdichtungskonzepte realisiert. Einige Beispiele für deren Aufbau zeigt Abb. 10.17.

Für Abdichtungskomponenten haben sich verschiedene Materialien und Systeme bewährt:

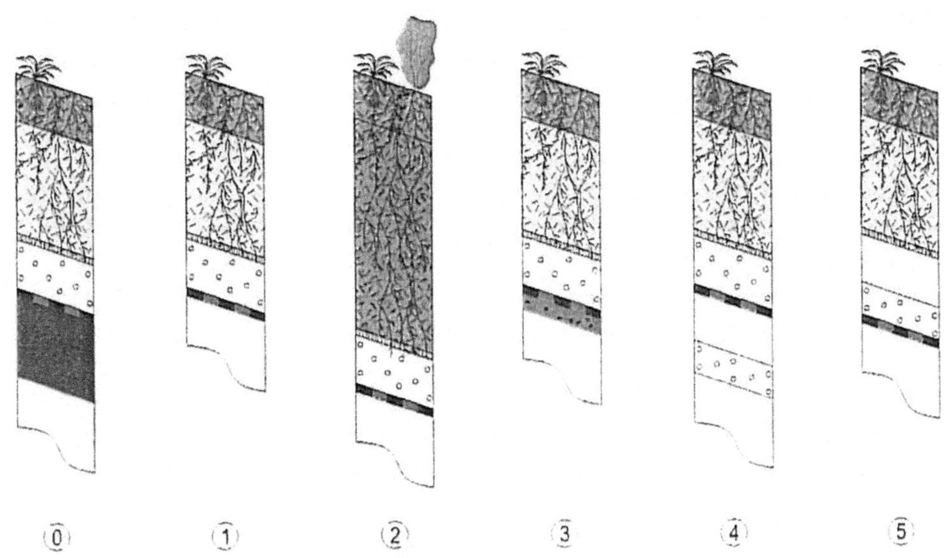

Variante 0: Kombinationsabdichtung nach TASi
Variante 1: KDB als Einzelabdichtung,
Variante 2: wie 1 nur mit optimiertem Bewuchs und stark wasserspeichernder Rekultivie-rungsschicht,
Variante 3: Verbunddichtung KDB über Trisoplast,
Variante 4 und 5 mit Verbunddichtungen aus KDB über Kapillarsperre und umgekehrt.

Abb. 10.17 Aufbau von Oberflächenabdichtungen als Alternative zu dem bisherigen Regelaufbau [21]

- Kunststoffdichtungsbahnen. Hierbei handelt es sich um flächig ausgebreitete und übereinander verschweißte Dichtungsbahnen aus rußstabilisiertem Polyethylen mit einer Dichte von 0,932–0,942 kg/m^3. Die Permeation von anorganischen Stoffen ist dabei vernachlässigbar. Um Fehlstellen zu vermeiden, ist die Verlegung zu überwachen.
- Asphalt. Hierzu können ortsnah verfügbare Baustoffe zum Einsatz kommen, die zum Erreichen der Funktionserfüllung mit einem Bindemittel (Straßenbaubitumen, polymermodifiziertem Bitumen) gemischt werden. Die Zusammensetzung des Asphaltmischgutes muss über die Masseanteile der Komponenten dokumentiert sein.
- Natürliche mineralische tonmineral-(silikat-)haltige Materialien, die sich in Schichten so ausbreiten und verdichten lassen, dass diese nur noch eine geringe Durchlässigkeit besitzen. Durch Inhomogenitäten bedingt, müssen die Dichtungskomponenten in mehreren Schichten und mit einer gewissen Mindestdicke aufgebaut werden.
- Vergütete mineralische Materialien, wobei mineralischen Materialien Zusatzstoffe (z. B. Polymere) hinzugegeben werden, die dazu führen, dass die verdichteten Schichten nur noch gering durchlässig sind. Durch den erforderlichen Mischprozess bedingt, sowie durch die Wahl geeigneter Materialien lassen sich geringe Schichtdicken realisieren (8 cm). Auch können Ersatzbaustoffe Verwendung finden. Dabei sind die Anforderungen nach Deponieverordnung zu beachten.
- Kapillarsperre, die ihre Dichtwirkung aus den Kapillareffekten innerhalb einer porösen, mineralischen Schicht entfaltet. Der Dichtungseffekt entsteht dadurch, dass

die Kapillaren in einem groben Material enden und dass das Wasser in den Kapillaren vor deren Erschöpfung über dem groben Material jederzeit ablaufen kann. Kapillarsperren sind also dadurch gekennzeichnet, dass über einem groben Material feines Material angeordnet wird, dass die Schicht mit einem Gefälle verlegt wird und dass das Wasser aus der Schicht in gewissen Abständen abgeführt wird.

- Wasserhaushaltsschicht. Die Wasserhaushaltsschicht ist eine besondere Form der Rekultivierungsschicht. Sie soll aufgrund des Zusammenwirkens des Wasserspeichervermögens des Bodens und der Verdunstungsleistung des Bewuchses die Durchsickerung in hohem Maße mindern. Sie sollte ein hohes Wasserspeichervermögen (nutzbare Feldkapazität > 220 mm) und eine Dicke von wenigstens 1,5 m und damit eine hohe Evapotranspirationsrate besitzen.
- Methanoxidationsschicht. Nach Deponieverordnung kann eine Rekultivierungsschicht zugleich Aufgaben einer Oxidation von Restgasen übernehmen. Eine Methanoxidationsschicht ist somit eine besondere Form der Rekultivierungsschicht. Die Schicht sollte Wasser gut speichern können (nutzbare Feldkapazität von wenigstens 140 mm) sowie genügend freie Poren besitzen, um eine Versorgung der Mikroorganismen mit Luftsauerstoff gewährleisten zu können (Luftkapazität langfristig über 10 %, möglichst über 14 %) [22, 23].

Eine besondere Funktion kommt der Rekultivierungsschicht zu. Diese soll neben der Schutzfunktion für die Dichtungselemente den Wasserhaushalt ausgleichen. Daher soll sie eine nutzbare Feldkapazität von wenigstens 140 mm aufweisen. Durch einen geeigneten Bewuchs soll eine möglichst hohe Evapotranspiration erreicht werden. Der Gesetzgeber hat eine Reihe von Modifikationen vorgesehen. So kann z. B. bei einer Deponie der DK I an Stelle einer Abdichtungskomponente die Rekultivierungsschicht als Wasserhaushaltsschicht aufgebaut werden. Im Falle einer Deponie entsprechend DK II kann auf eine zweite Dichtungskomponente verzichtet werden, sofern die Deponie zur Beschleunigung biologischer Abbauprozesse durch einen Eintrag von Wasser und/oder Luft stabilisiert wird. Bei einem Aufbau mit einer Kunststoffabdichtungsbahn könnte auch an Stelle einer zweiten Dichtungskomponente ein Kontrollsystem (Leckageüberwachung) eingebaut werden.

Von besonderer Bedeutung beim Bau von technischen Barrieren ist die Gewährleistung eines Qualitätsstandards. Daher müssen Anforderungen an die Materialien und ihre Verarbeitung festgelegt und überwacht werden. Nur bei Dokumentation der erreichten Qualität kann von einer funktionierenden Abdichtung gesprochen werden. Dabei spielen auch die Anforderung an die Funktionstüchtigkeit, die nach dem Stand der Technik bei Deponien über 100 Jahre gesichert gegeben sein muss, eine wesentliche Rolle. In der Deponieverordnung wurde daher festgelegt, dass sonstige Baustoffe, Abdichtungskomponenten und Abdichtungssysteme nur eingesetzt werden können, wenn sie einem bundeseinheitlichen Qulitätsstandard entsprechen. Bislang wurden über die LAGA 24 bundeseinheitliche Qualitätsstandards publiziert, die von den Bauherrn entsprechend zu berücksichtigen und von der Genehmigungsbehörde umzusetzen sind [24, 25].

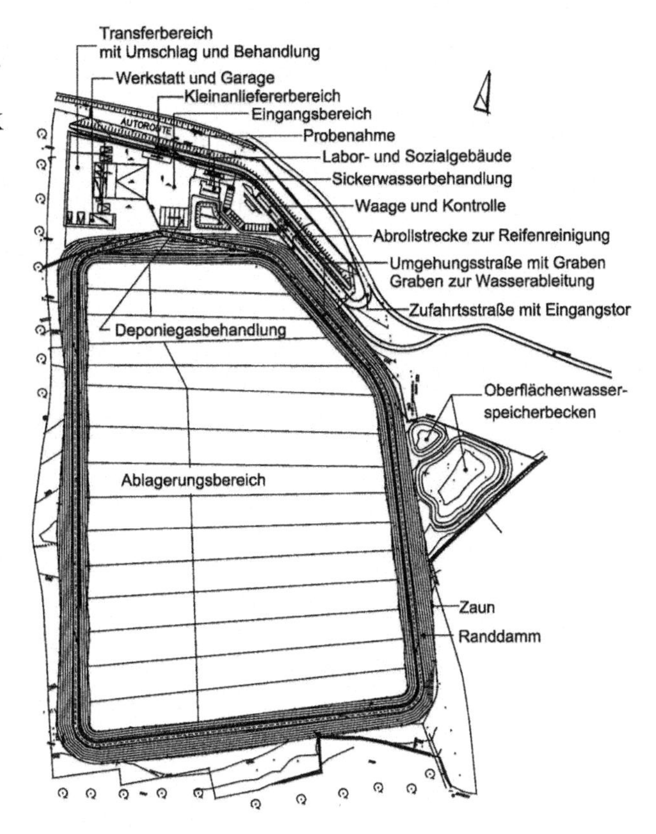

Abb. 10.18 Lageplan einer Abfalldeponie mit den wesentlichen Ausstattungselementen (Quelle: Ingenieurgruppe RUK GmbH)

10.6 Technische Ausstattung

10.6.1 Übersicht über die technische Ausstattung einer Deponie

Aus Abb. 10.18 können die wesentlichen Elemente, die zur Ausstattung einer Deponie gehören, ersehen werden. Diese sind:

- Zufahrtsbereich mit Eingangstor und Anbindung an das öffentliche Verkehrsnetz
- Eingangskontrolle sowie Wägebereich
- Interne Verkehrsführung einschließlich Parkplätze im befestigten Bereich sowie dem Deponiekörper (max. Steigung 8–10 %)
- Bereich für Kleinanlieferer
- Ggf. Müllumschlag- und Behandlungsanlagen
- Betriebsgebäude mit Einrichtungen für das Betriebspersonal, Büroräume, Labor für Abfall-, Wasser- und Gasanalytik sowie Geräte für die Überwachung im Betrieb
- Werkstatt und Garagen mit Wartungsgrube für die Arbeitsmaschinen

- Reifenreinigungsanlagen
- Einrichtungen zur Deponieüberwachung (GW-Brunnen, Gasmigrationspegel) sowie zur Erfassung meteorologischer Daten
- Einrichtungen zur Ableitung des Oberflächenwassers bestehend aus Gräben und Speicherbecken sowie Übergabebauwerke
- Einrichtungen zur Erfassung, Speicherung und Behandlung von Sickerwasser
- Einrichtungen zur Erfassung, Behandlung und Verwertung von Deponiegas
- Umzäunung

Zur Gestaltung der einzelnen Elemente sei auch auf die Empfehlungen der Deutschen Gesellschaft für Geotechnik e.V. DGGT, AK 6.1 – Geotechnik der Deponiebauwerke verwiesen[26].

Zwei Beispiele für Regelquerschnitte der Straßen in der Zufahrt bzw. im Deponiegelände zeigt Abb. 10.19.

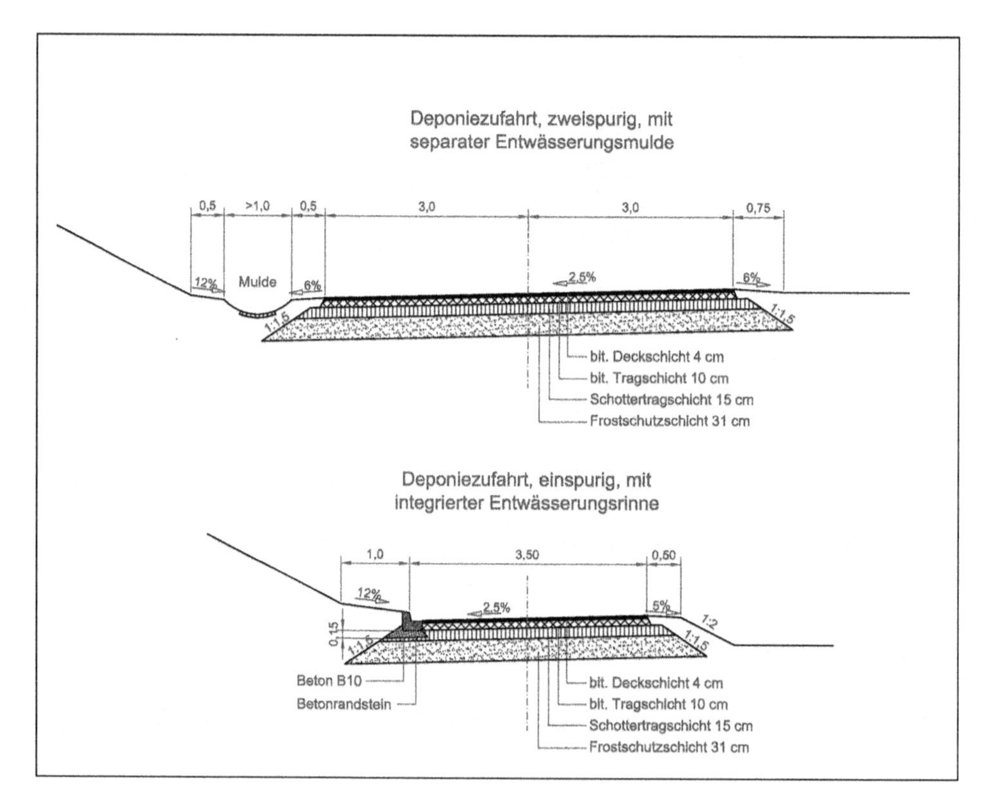

Abb. 10.19 Regelquerschnitte für Straßen im Deponiebereich (Quelle: Ingenieurgruppe RUK GmbH)

10.6.2 Oberflächenwasserableitung

Bei nicht abgedeckten Abfallflächen, selbst bei größeren Gefällen, entsteht in der Regel kaum Oberflächenabfluss. Vom mit Boden abgedeckten Deponiekörper fließt bei größeren Gefällen jedoch Oberflächenwasser ab. Dieser Oberflächenabfluss kann zu Erosionen bzw. Überflutungen führen und muss daher kontrolliert abgeführt werden. Hierzu sind am Fuße der Deponie bzw. bei Böschungslängen über 50 m auf dem Deponiekörper in der Regel an Bermen wasseraufnehmende Gräben anzuordnen. Die Dimensionierung erfolgt auf der Basis einer Regenspende für einen Regen, der bei einer Regendauer von 10 min alle 10 Jahre gerade einmal überschritten wird ($r_{10,\, n=0,1}$). Der Abflussbeiwert liegt in Abhängigkeit des Gefälles zwischen 0,2 und 0,4. Die wasserableitenden Gräben werden als Freispiegelleitungen ausgebildet. Damit ist ein einheitliches Gefälle in eine Richtung (keine Tiefpunkte) erforderlich. Die Gräben werden in der Regel mit einem Trapezquerschnitt ausgebildet und können z. B. mit der Formel von Manning-Strickler (10.6) dimensioniert werden [27, 28]:

$$v = k_{MS} \cdot r_h^{2/3} \cdot I^{1/2} \tag{10.6}$$

mit

v: Fließgeschwindigkeit in m/s
k_{MS}: Beiwert z. B. bei Beton glatt 60, verputzter Beton 90
r_h: hydraulischer Radius = A/U
U: benetzter Umfang in m
A: Fläche des durchströmten Querschnitts in m^2
I: Gefälle

Das Sohlgefälle liegt in der Regel zwischen 0,1 ‰ und 2 ‰. Die Fließgeschwindigkeit v sollte aus Gründen einer Beschädigung des Gerinnes 6 m/s nicht überschreiten.

10.6.3 Erfassung, Speicherung und Behandlung von Sickerwasser

Die Erfassung der Sickerwässer erfolgt über eine flache Sohldränage, in die zur beschleunigten Wasserableitung Rohrleitungen eingelegt werden.

Die Anforderungen an die Sohldränage bestehen in einer langen Funktionsdauer und einer Beständigkeit gegen chemische Angriffe. Daher werden praktisch ausschließlich statisch dimensionierte gelochte Rohre aus Polyethylen hoher Dichte (PE-HD) eingesetzt.

Ein wichtiger Punkt ist auch die Vermeidung von Verblockungen der Rohröffnungen, was durch Abscheidungen aus dem Sickerwasser, Ausfällungen und biologische Schlämme eintreten kann. Um die Funktionsdauer zu gewährleisten, müssen die Dränleitungen innerhalb der Deponie kontrollierbar (kamerabefahrbar) und spülbar sein. Damit können die Leitungen eine gewisse Länge nicht überschreiten (ca. 100 500 m bei beidseitiger Befahrungsmöglichkeit), da die Distanz bei der Kamerabefahrung begrenzt ist.

Die Sohldränage besteht daher ausschließlich aus Sammlern ohne jegliche Abzweige, da diese sowohl für die Kamerabefahrung als auch die Spülung störend wären. Diese haben ein Gefälle von mindestens 1 %. Der Sammler sollte einen Durchmesser von mindestens 250 mm haben und an 2/3 des Umfangs mit Öffnungen versehen sein. Bei größeren Deponien ist eine hydrulische Dimensionierung erforderlich [29]

Die Abdeckung über dem Rohrscheitel richtet sich nach den statischen Erfordernissen und sollte eine Höhe von 30 cm nicht unterschreiten. Die Dränrohre müssen auf eine Rohrbettung (Abb. 8.20) aufgelegt werden.

Die prinzipielle Gestaltung der Deponiebasis mit Sickerwassersammlern (Abstand 30 m) sowie dem erforderlichen Gefälle (1 % längs und 3 % quer) zeigt Abb. 8.21. Die

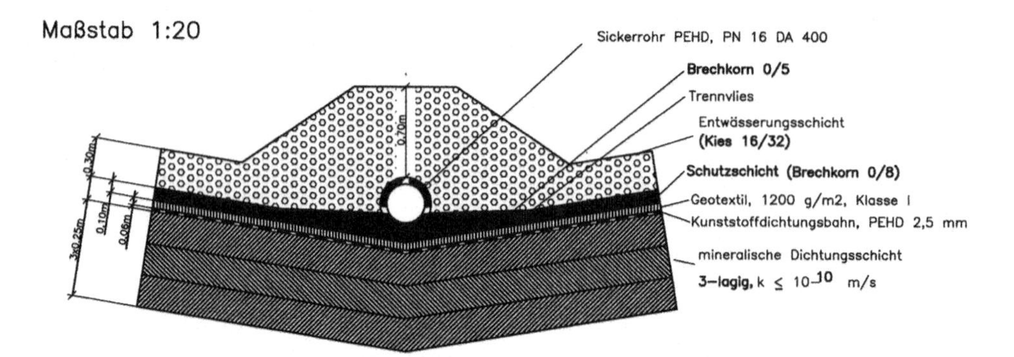

Abb. 10.20 Dränagerohrverlegung an der Deponiebasis (Beispiel) (Quelle: Ingenieurgruppe RUK GmbH

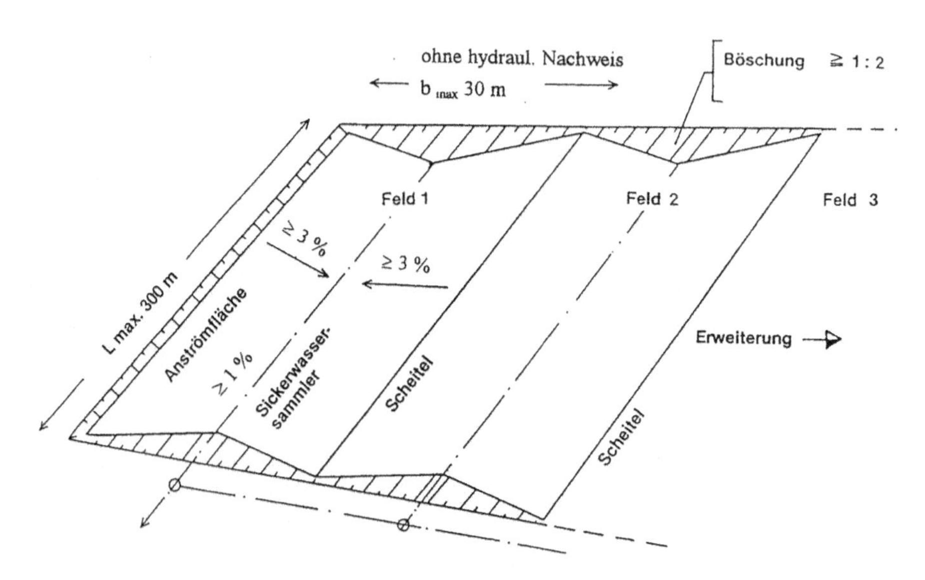

Abb. 10.21 Gefälle, Deponiefeldbreite und -länge nach DIN 19667 [30]

Feldlänge, hier mit 300 m Länge angegeben, kann zwischenzeitlich auf Grund des technischen Fortschritts bei der Kamerabefahrung deutlich höher gewählt werden.

Über die Dränleitungen gelangt das Sickerwasser in die außerhalb des Deponiekörpers liegenden Randschächte. Von dort wird das Sickerwasser über eine Sammelleitung einem Speicherbecken zugeführt. Damit kein Deponiegas über die Dränagen austritt, müssen diese mit Syphons verschlossen werden (vgl. Abb. 10.22).

Schächte innerhalb des Deponiekörpers sind wegen der zu erwarteten Verformungen des Deponiekörpers nicht zulässig.

Bei der Behandlung von Deponiesickerwasser kommen im Allgemeinen folgende Verfahren zum Einsatz, die auch aus dem Bereich der kommunalen und industriellen Abwassertechnik bekannt sind:

- Biologische Verfahren
- Adsorptive Verfahren
- Chemische Verfahren mit Flockung/Fällung
- Nasschemische Oxidationsverfahren
- Membranverfahren
- Eindampfungsverfahren

In der Praxis kommt mittlerweile überwiegend eine Kombination aus biologischer Behandlung mit nachfolgender Aktivkohleadsorption zur Anwendung. Deutlich geringer vertreten ist die Umkehrosmose mit Rückführung des Konzentrats auf die Deponie [15]. Bei älteren Deponie, die nur noch schwer abbaubare organische Stoffe im Sickerwasser beeinhalten, wird bereits häufig auf die biologische Behandlung verzichtet und nur noch eine Aktivkohlebehandlung eingesetzt.

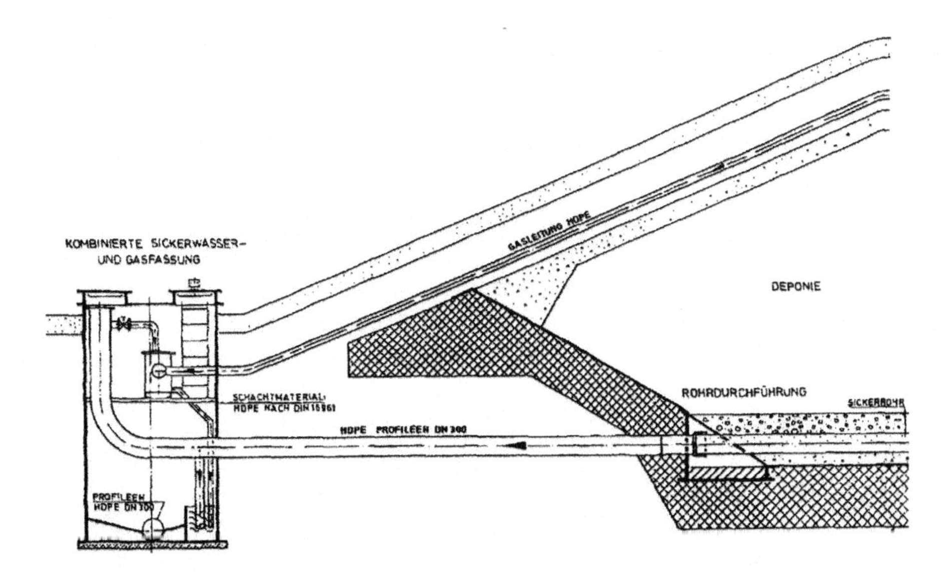

Abb. 10.22 Syphon am Ende eines Sickerwasserdränagestranges

Biologische Verfahren

Bei den biologischen Verfahren werden im Sickerwasser vorhandene Kohlenstoff- und Ammoniumstickstoffverbindungen durch Mikroorganismen in körpereigene Substanz umgewandelt und zur Energiegewinnung zur Aufrechterhaltung ihres Betriebsstoffwechsels verwendet. Der Verfahrensprozess ist dem einer kommunalen Kläranlage vergleichbar. Dabei wird das Abwasser belüftet, so dass sich die Mikroorganismen vermehren können, die aus dem abgeleiteten Abwasserstrom abgeschieden und in den Prozess zurückgeführt werden müssen.

Als Endwerte lassen sich Konzentrationen von ca. 100 mg/l BSB_5 bzw. ca. 1000 mg/l CSB erreichen. Der im Sickerwasser in reduzierter Form vorliegende Stickstoff (als NH_4^+-N) wird in einer Nitrifikationsstufe zu Nitrat umgewandelt. Durch eine entsprechende Betriebsweise (z. B. Schaffung luftfreier Zonen im Reaktor) kann durch Denitrifikation das gebildete Nitrat reduziert werden. Als Reaktionsprodukte entstehen somit neben einem Zuwachs an Biomasse (Klärschlamm) gasförmige Reststoffe in Form von CO_2 und N_2 sowie Wasser. Da ein solches nur biologisch gereinigtes Wasser weder in eine Kanalisation noch in einen Vorfluter eingeleitet werden kann, muss es mit anderen Verfahren noch weiter nachgereinigt werden. Hier hat sich das Adsorptionsverfahren bewährt.

Adsorptionsverfahren

Bei der Adsorption lagern sich Abwasserinhaltsstoffe an der Oberfläche der Adsorptionsmittel auf Grund physikalischer Wechselwirkungen an. Als Adsorptionsmittel wird im Wesentlichen Aktivkohle eingesetzt. Entscheidend für die Eignung als Adsorptionsmittel ist eine möglichst große spezifische Oberfläche, die z. B. bei Aktivkohle zwischen 600 und 1600 m^2/g betragen kann. Zur verfahrenstechnischen Anwendung wird die Kohle meist granuliert als Schüttgut in einen Stahltank eingebracht und als nass aufgestellter Filter durchströmt. Nach erfolgter Beladung wird die Aktivkohle ausgetauscht. Die Aktivkohle kann auch einem Schlammreaktor zugegeben werden, muss aber in diesem Fall wieder abgetrennt werden.

Fällung/Flockung

Bei der Fällung werden gelöste Substanzen bei Zugabe entsprechender Chemikalien zu unlöslichen Produkten umgewandelt. Diese Produkte können entweder direkt oder nach einer anschließenden Flockung z. B. durch Sedimentation aus dem Sickerwasser entfernt werden.

Mit Hilfe von Flockung/Fällung lassen sich biologisch nicht abbaubare CSB-erzeugende Verbindungen, AOX-Verbindungen und organische Stickstoffverbindungen aus dem Sickerwasser entfernen. Bei diesem Verfahren ist eine einhergehende zusätzliche Schlammbildung und eine Aufsalzung des Wassers zu beachten.

Membranverfahren

Membranverfahren sind Filtrationsverfahren, bei denen das zu behandelnde Sickerwasser unter einem hydrostatischen Druckgefälle, das größer ist als der osmotische Druck, durch eine semipermeable Membran gedrückt wird (Abb. 10.23), die unterschiedlich verschaltet (Hintereinanderschaltung) sein können. Hierbei wird das Sickerwasser in zwei

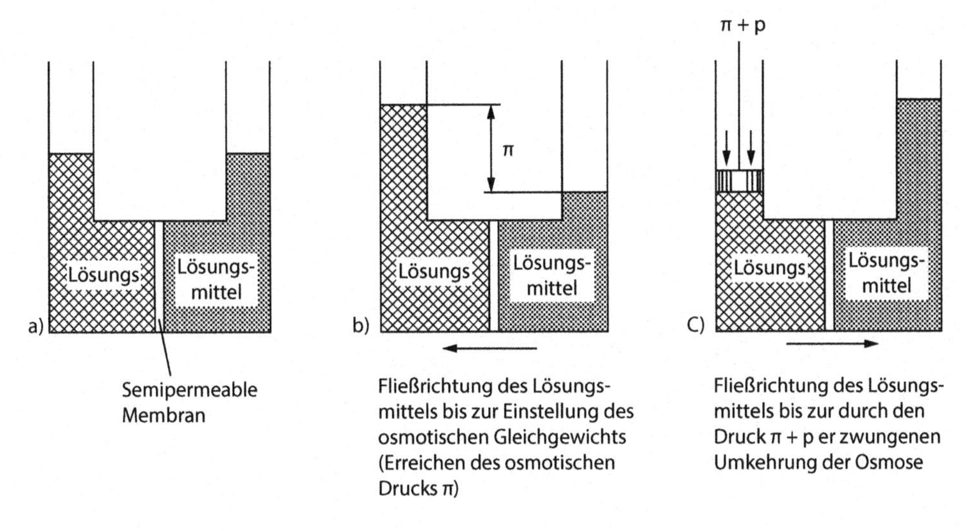

Abb. 10.23 Prinzipieller Ablauf des Umkehrosmoseprozesses [31]

Ströme etwa im Verhältnis 1:4 aufgeteilt: ein gereinigtes Permeat und ein Konzentrat, das weiter zu entsorgen ist.

Bei den Membranverfahren können im Gegensatz zu anderen Verfahren organische und anorganische Stoffe gleichzeitig abgetrennt werden, vorausgesetzt, die Moleküle sind groß genug. So lassen sich z. B. Ammoniumionen nur schlecht abscheiden, während Schwermetalle gut abtrennbar sind.

Die Membranen werden je nach Hersteller in Tubular-, Wickel- oder Rohrscheibenmodulen installiert (Abb. 10.24). Da die Membranen sehr feinporig sind, ist ihre Empfindlichkeit gegenüber Verstopfung bzw. Verblockung ziemlich groß. Eine Verblockung kann zum einen durch Fouling (Verblockungen durch im Wasser befindliche Schwebstoffe) und zum anderen durch Scaling (Ausfallen von gelösten Stoffen infolge der Aufkonzentrierung) auftreten. Üblicherweise werden bei der Umkehrosmose Drücke bis 15 bar eingesetzt, bei den Hochdruckverfahren bis 120 bar, letztere konzentrieren bis zu 1:10 auf.

Das Konzentrat, das bei den Membrantrennverfahren anfällt, wird in der Regel zur Deponie verbracht ggf. nach einer Verfestigung durch Zugabe von Bindemittel (Zement o. Ä.).

Das Sickerwasser kann je nach Reinigungsgrad direkt (Vorfluter) oder indirekt (Kanalisation) abgeleitet werden kann. Die Vorgaben an den dabei erforderlichen Reinigungsgrad ergeben sich aus dem Anhang 51 zur Abwasserverordnung [33].

10.6.4 Erfassung, Behandlung und Verwertung von Deponiegas

a) Gasprognose:

Für die Auslegung der Gaserfassungs- und ggf. auch Verwertungsanlagen ist eine Vorhersage der Gasentwicklung einer Deponie elementare Voraussetzung. Auf Grund der

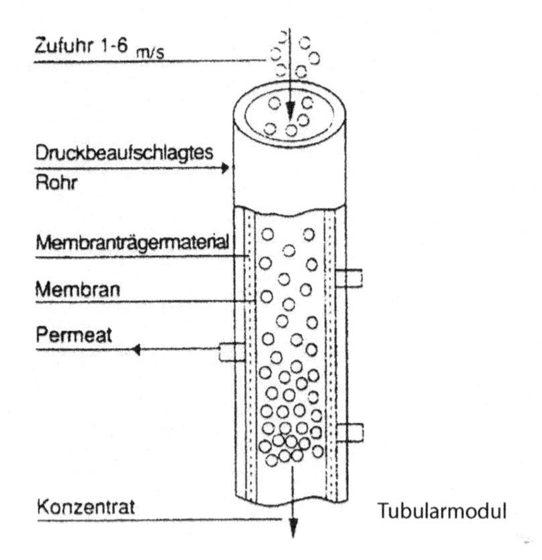

Tubularmodul

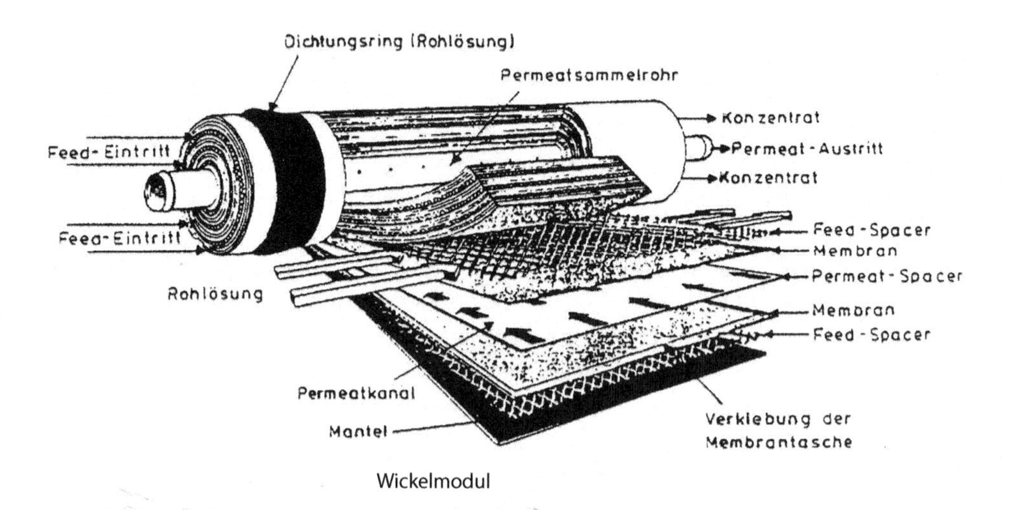

Wickelmodul

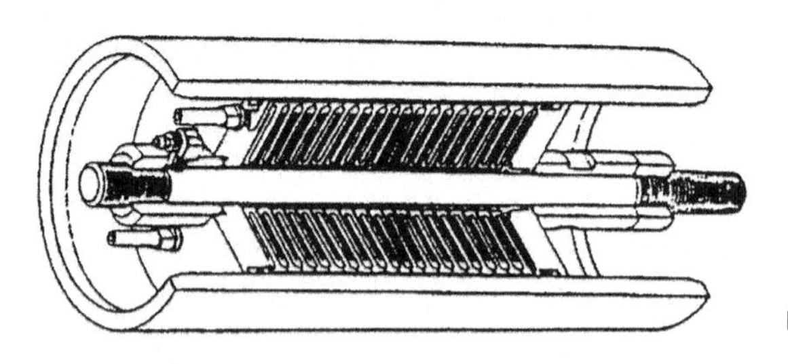

Rohrscheibenmodul

Abb. 10.24 Darstellung verschiedener Modultypen [32]

Unsicherheiten bei der Erstellung einer solchen Prognose wird bei den Planungen immer mit einem Sicherheitszuschlag kalkuliert.

Die Prognose der Gasproduktion wird in der Praxis mit Hilfe eines kausalistischen und eines mathematischen Models durchgeführt. Das kausalistische Modell beschreibt dabei das Gaspotenzial, d. h. das gesamte Gasvolumen, das pro Mg Abfall gebildet werden kann. Mit Hilfe des mathematischen Modells wird eine Aussage über den Zeitraum bzw. die Geschwindigkeit getroffen, mit der das Gaspotenzial freigesetzt werden kann und als Volumenstrom (zumeist mit den Einheiten m^3/h) gemessen werden kann.

Das insgesamt (über lange Zeiträume) bildbare Deponiegas leitet sich unmittelbar aus dem abbaubaren Kohlenstoff ab. Es wird in der Regel als m^3/Mg FM angegeben. Da zwar der organische Kohlenstoff durch eine chemische Analyse gemessen werden kann (TOC), daraus aber nicht auf den abbaubaren Anteil geschlossen werden kann, muss dieser durch entsprechende biologische Tests bestimmt werden. Dies kann mittels Faulversuchen (z. B. nach VDI 4630 [34]) beziehungsweise GB_{21} (Gasbildung in 21 Tagen, siehe DepV, Anhang 4 [4]) durch Umrechnung mit einem Faktor, der den Kurzzeiteffekt kompensiert, durchgeführt werden. Der Literatur können Angaben zum abbaubaren Kohlenstoff für unterschiedliche Abfälle entnommen werden. In den meisten Fällen der Erarbeitung von Gasprognosen wird hierauf Bezug genommen [35].

Auch besteht ein Zusammenhang zum AT_4 (Atmungsaktivität in 4 Tagen siehe DepV, Anhang 4), der bei AT_4-Werten > 10 g/kg mit nachstehender Gleichung ausgedrückt werden kann [36]:

$$C_{ab} = 3,75 \bullet AT_4 - c \qquad (10.7)$$

Bei AT_4-Werten < 10 g/kg kann folgender empirischer Zusammenhang angegeben werden:

$$C_{ab} = 3 \bullet AT_4 \qquad (10.8)$$

Dabei ist:

C_{ab}: abbaubarer Kohlenstoff, in kg/Mg TM
AT_4: Atmungsaktivität in 4 Tagen, in kg/Mg TM
c: Konstante mit dem empirischen Wert 7,5 kg/Mg TM

Das Deponiegaspotenzial in m^3/Mg FM ergibt sich durch folgende Umrechnung:

$$C_{ab,f} = C_{ab} \bullet 1,868 \bullet (100 - WG)/100 \qquad (10.9)$$

Dabei ist:

$C_{ab,f}$: abbaubarer Kohlenstoff auf Feuchtmasse bezogen
WG : Wassergehalt in %

Bei typischen Werten für unbehandelten Hausabfall von 50 kg/Mg für den AT_4 und 35 % für den Wassergehalt ergibt sich somit ein Wert für das Deponiegaspotenzial von 219 m^3/Mg FM.

Die tatsächliche Gasbildung in Deponien ist in der Regel geringer, da nur ein Teil des bioverfügbaren Kohlenstoffs zu Deponiegas umgesetzt wird, was durch unterschiedliche Abminderungsfaktoren in den Prognosemodellen berücksichtigt wird. So wurde z. B. für kommunalen Klärschlamm im Labor ein Zusammenhang zwischen der Gasbildung, dem abbaubaren Kohlenstoff und der durch Assimilation gespeicherten Bakterienmasse nach folgender Gleichung gefunden, der auch auf Siedlungsabfall übertragbar ist und bei 30 °C zu einem Abminderung von 0,7 führt:

$$G_c = 1{,}868 \cdot C_{\mathrm{ab,t}} \cdot (0{,}014 \cdot \partial + 0{,}28) \tag{10.10}$$

G_c : die in langen Zeiträumen gebildete Gasmenge in m^3

∂ : Temperatur in °C

$C_{ab,t}$: abbaubarer organischer Kohlenstoff in kg/Mg FM

Grundlage von Deponiegasprognosemodellen ist die Berechnung der Gasbildung. Hierzu sind verschiedene Ansätze gebräuchlich. Eine Auswahl wird im Folgenden vorgestellt.

Abbau- und Zerfallsprozesse gehorchen bei ansonsten konstanten Randbedingungen meist einem Abbau 1. Ordnung, da die Zersetzungsgeschwindigkeit proportional zu der zu einem beliebigen Zeitpunkt des Zerfalls vorhandenen Konzentration des Ausgangsproduktes (hier C_{ab}) ist. Dieser Prozess lässt sich damit mit nachstehenden Exponentialgleichungen ausdrücken:

$$G_{s,t} = G_e \cdot \left(1 - e^{-kt}\right) \tag{10.11}$$

Dabei ist:

$G_{s,t}$: bis zur Zeit t gebildete spezifische Deponiegasmenge in m^3 je Mg FM

G_e : Das in langen Zeiträumen bildbare Gasvolumen, in m^3 je Mg FM

k : Abbaukonstante in 1/a

t : Zeit in Jahren, in a

oder

$$G_t = G_e \cdot k \cdot e^{-kt} \tag{10.12}$$

Dabei ist:

G_t : das im Jahr *t* insgesamt pro Tonne FM durchschnittlich gebildete spezifische Gasvolumen in m^3 je Tonne FM.

Die Abbaukonstante lässt sich aus der Halbwertszeit mit $k = -\ln(0,5)/t_{1/2}$ unmittelbar berechnen. Einflüsse von Temperatur und Feuchte werden nicht berücksichtigt. Dieses

Modell muss noch an die Erfordernisse einer Deponiegasprognoseberechnung angepasst werden. Dazu wurden verschiedene Ansätze publiziert. Eine Übersicht international verwendeter Modelle findet sich in [36]. Für Grund (Default)-Werte bezüglich Halbwertszeiten und dem Anteil abbaubarer organischer Substanz wird auf die Literatur [35] verwiesen.

Von Tabasaran/Rettenberger wurde folgender Modellansatz vorgeschlagen [36–38]:

$$G_{s,t} = 1{,}868 C_{\mathrm{ab,t}} \cdot f_1 \cdot f_2 \cdot f_3 \cdot m_n \cdot \left(1 - e^{-kt}\right) \text{in m}^3 \qquad (10.13)$$

Dabei ist:

f_1: Korrekturfaktor für den Kohlenstoffverlust durch aeroben Abbau oder Brand, muss deponiespezifisch bestimmt werden

f_2: Korrekturfaktor für eine verminderte Gasausbeute, ca. 0,4 bis 0,6

f_3: Faktor zur Berücksichtigung der Assimilation mit f_3 = (0,014.∂ + 0,28), mit ∂ = durchschnittliche Temperatur im Deponiekörper in Grad Celsius

m_n: Abfallmasse des Betrachtungsjahres *n* in Mg

Die zeitliche Skalierung von angelieferter Abfallmenge und Gasbildung erfolgt in jährlichen Intervallen. Üblicherweise wird die jährliche Gasbildung auf eine (durchschnittlich) stündliche umgerechnet. Zur Gesamtbetrachtung werden die Jahresbeiträge entsprechend synchron aufaddiert. Als erstes Jahr einer Gasentwicklung wird das Jahr nach dem Jahr der Abfallablagerung angenommen. Üblicherweise werden durchschnittliche Werte für die gesamte Deponie oder bei größeren Deponien für einzelne Deponieabschnitte gewählt. Das Modell könnte auch auf einzelne Abfallfraktionen angewandt werden. Vergleichbare Modelle können der Literatur entnommen werden [39]. Dieses Modell wird überwiegend zur Auslegung von Deponiegaserfassungsanlagen genutzt und hat sich hierbei in der Praxis vielfach bewährt. Erfahrungen mit diesem Modell liegen bislang nur für den mesophilen/thermophilen Bereich bei Wassergehalten über 30 % vor.

Wesentliche Voraussetzung für die Erstellung einer Prognose ist die Abschätzung der Werte der Parameter:

$c_{\mathrm{ab,t}}$: Für Hausmüll liegt der Wert in der Regel zwischen 170 und 220 kg/Mg

∂: Die einzusetzenden Temperaturen sollten zwischen 27 und 33 °C gewählt werden. In Deponien wurden zwar auch schon bis zu 70–80 °C gemessen. Der Korrekturfaktor bezieht sich jedoch auf den mesophilen Bereich.

k: Beobachtungen an Deponien haben k-Werte von 0,116 bis 0,173 ergeben. Die k-Werte können aus den Halbwertszeiten $t_{0,5}$ ermittelt werden. Nach Erfahrungen von ausgeführten Deponiegasanlagen liegen diese zwischen 4 und 6 Jahren (k = −ln (0,5)/$t_{0,5}$)

Die oben genannten Gleichungen (10.11, 10.13) stellen eine Summenkurve dar. Sie beschreiben die bis zum betrachteten Jahr t insgesamt gebildete Gasmenge (vgl. Abb. 10.25)

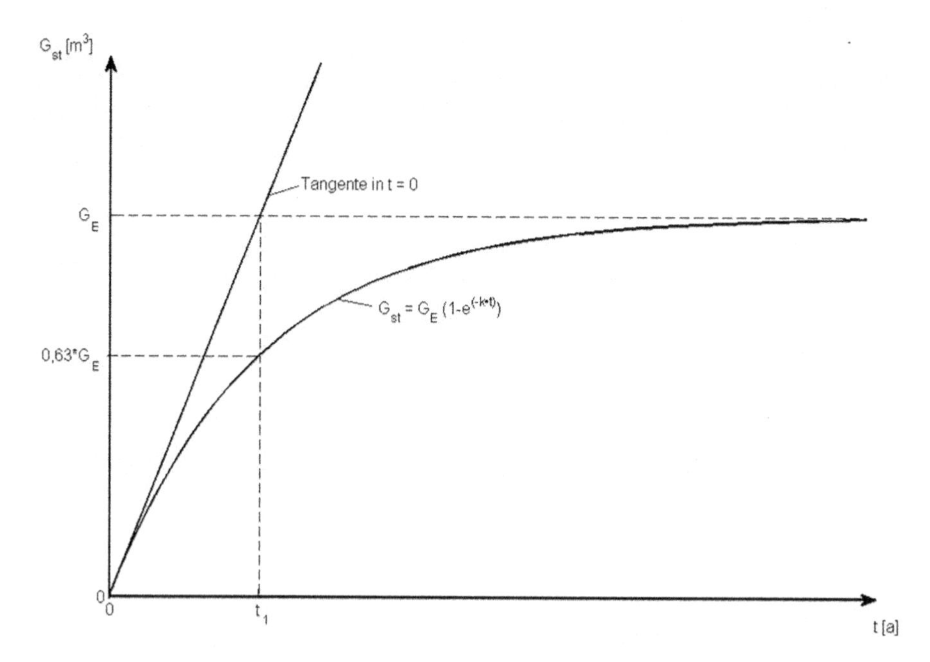

Abb. 10.25 Kurvenverlauf der Gasmengenentwicklung nach Gleichung (10.11, 10.13)

Um den Gasvolumenstrom in einem Jahr (m^3/a) bzw. in einer Stunde (m^3/h) zu ermitteln, muss entweder die Differenz zweier folgender Jahre nach den Gleichungen (10.11) bzw. (10.13) gebildet oder die 1. Ableitung berechnet werden:

$$G_t = 1{,}868 \cdot C_{ab,t}\, f \cdot f_1 \cdot f_2 \cdot f_3 \cdot m_n \cdot k \cdot e^{-k \cdot t}) \text{in m}^3/\text{a} \qquad (10.14)$$

mit:

G_t: Gasbildung im Jahr t der Abfallmasse aus dem Jahre n in m³/Jahr.

Üblicherweise wird dieser Wert auf den stündlichen Volumenstrom umgerechnet (m^3/h). Die Gleichung (10.14) zeigt folgenden prinzipiellen Kurvenverlauf (Abb. 10.26). Aus dieser Abbildung lässt sich die Bedeutung der Halbwertszeit ablesen. Danach ist der Zeitraum bis zum Erreichen von 0,5 G_{max} ausgehend von G_{max} gleich lang wie der Zeitraum bis zum Erreichen von 0,25 G_{max} ausgehend von 0,5 G_{max}.

Eine typische Prognose ist in Abb. 10.27 angegeben. Durch die Verfüllung der Deponie kommt es zunächst zu einem Anstieg des Gasvolumenstroms. Nach einem Jahr nach Ende der Verfüllung nimmt die Gasmenge mit der gewählten Halbwertszeit ab. Wichtig ist die Feststellung, dass in der Regel nicht alles gebildete Deponiegas auch tatsächlich erfasst wird. Durch deponietechnische Manahmen allerdings, z. B. eine Oberflächenabdeckung lässt sich die Gaserfassung verbessern.

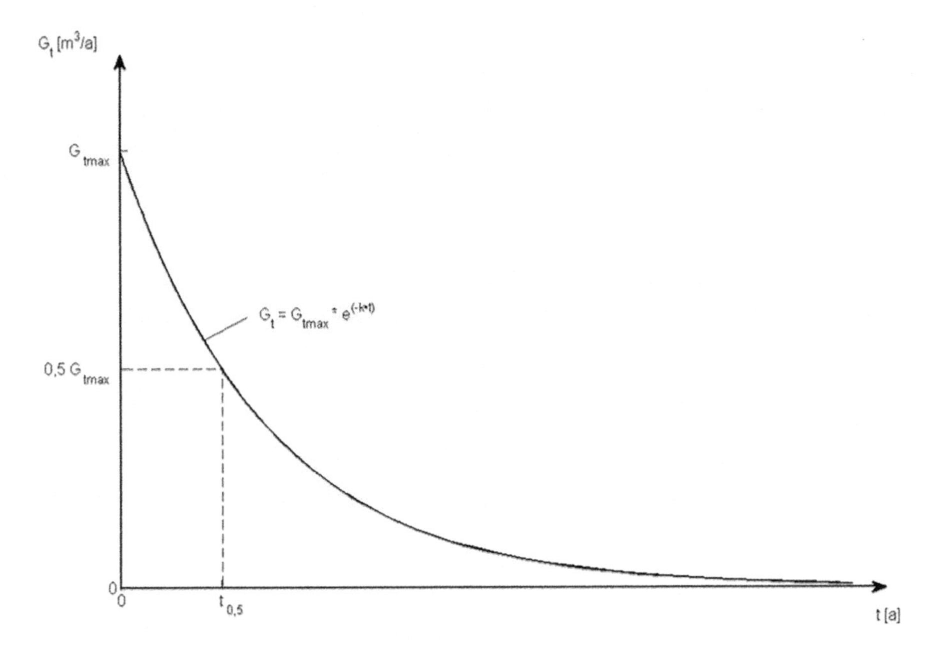

Abb. 10.26 Prinzipieller Kurvenverlauf der (10.14)

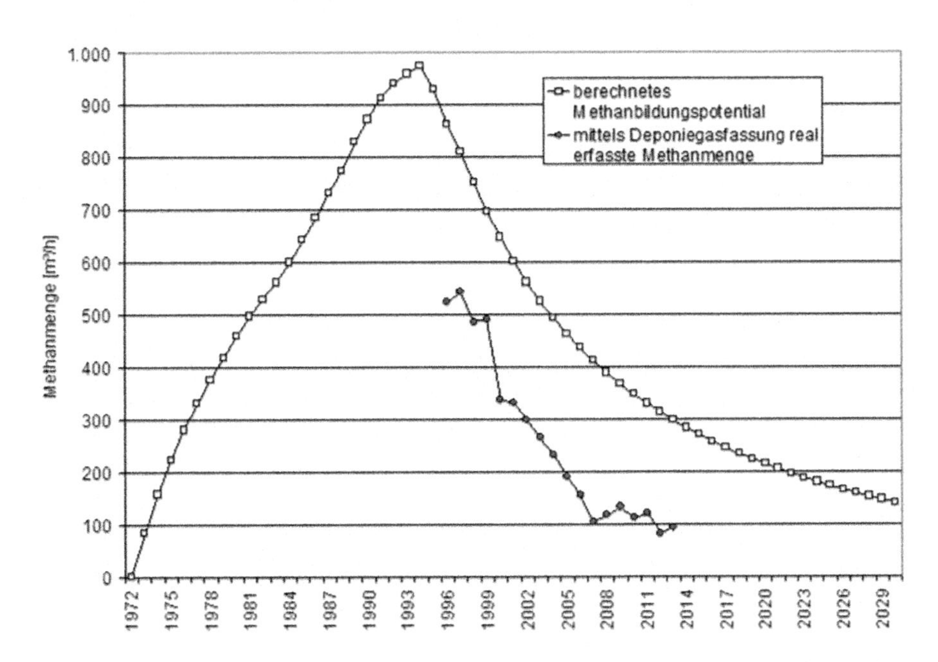

Abb. 10.27 Gasentwicklung in einer Deponie nach einer Gasprognoseberechnung (Quelle: Autor)

Ein Faustwert für die erfassbare Gasmenge aus einer Deponie mit einer bestimmten deponierten Abfallmasse (FM) liegt bei 2–4 m³/Mg · a zum Zeitpunkt des Endes der Betriebsphase. Dies führt bei einer Deponie mit 1 Mio. Mg FM deponierter Abfallmasse zu 228–456 m³/h erfassbarem Deponiegas. In den letzten Jahren wurde offenkundig, dass die Halbwertszeiten nicht konstant sind. Bei älteren Deponien werden die Halbwertszeiten deutlich länger. Dies muss bei Prognosen, insbesondere bei älteren Deponien berücksichtigt werden.

Die international gebräuchliche FOD-Methode (first order decay) zur Bestimmung der Methanerzeugung in Deponien und die verwendeten Parameter sei im Folgenden näher erläutert [40]. Die FOD-Methode wird nach den folgenden Gleichungen berechnet [36]:

$$CH_{4,erz,T} = DDOC_{m,decomp} \cdot T \cdot F \cdot 16 / 12 \qquad (10.15)$$

Dabei ist:

$CH_{4,erz,T}$: Masse an Methan, welche durch die biologisch abbaubaren Abfälle erzeugt wird in Gg/a

$DDOC_{m,\,decomp}$: Masse des im Jahr *T* abgebauten abbaubaren *DOC* in Gg/a

F: Anteil des Methans am Deponiegas

T: Jahr, für das die Emission ermittelt wird, häufig bezeichnet als Inventarjahr

Weiterhin gilt:

$$DDOC_m = W \cdot DOC \cdot DOC_f \cdot MCF \qquad (10.16)$$

Dabei ist:

$DDOC_m$: Masse des abbaubaren und abgelagerten *DOC* in Gg

W: Masse des abgelagerten Abfalls in Gg

DOC: Anteil des theoretisch abbaubaren organischen Kohlenstoffs im Jahr der Ablagerung in Gg/Gg Abfall

DOC_f: Anteil des *DOC*, der unter realen Deponiebedingungen biologisch abbaubar ist

MCF: Methankorrekturfaktor für den Kohlenstoffverlust durch aeroben Abbau für das Jahr der Ablagerung

Es wird für jedes einzelne Jahr die Gesamtmenge an abbaubarem DOC in der Deponie berechnet, um dann die Menge an DOC zu berechnen, die in jedem Jahr zu Methan und Kohlenstoffdioxid abgebaut wird:

$$DDOC_{ma,T} = DDOC_{md,T} + \left(DDOC_{ma,T-1} - e^{-k}\right) \qquad (10.17)$$

Dabei ist:

$DDOC_{ma,T}$: in der Deponie akkumulierte $DDOC_m$ am Ende des JahresT in Gg

$DDOC_{ma,T-1}$: in der Deponie akkumulierte $DDOC_m$ am Ende des JahresT−1 in Gg

$DDOC_{md,T}$: in der Deponie abgelagerte $DDOC_m$ im Jahr T in Gg

k: Abbaukonstante (1/Jahr)

$$DDOC_{\mathrm{m,decomp},T} = DDOC_{\mathrm{ma},T-1} - 1 \cdot \left(1 - \mathrm{e}^{-k}\right) \qquad (10.18)$$

Dabei ist:

$DDOC_{md,T}$: Masse des im Jahr T abgebauten abbaubaren $DDOC_m$ in Gg/a.

Für die Berechnung der Methanbildung wird ein Multi-Phasen-Modell verwendet, das die abgelagerten Abfälle in unterschiedlich schnell biologisch abbaubare Abfallfraktionen differenziert. Die Methanbildung jeder Abfallfraktion wird separat mit einer der jeweiligen Abbaugeschwindigkeit entsprechenden Halbwertszeit berechnet. Anschließend werden die Beiträge der einzelnen Fraktionen zur Gesamtmethanbildung summiert.

Dieses Modell eigent sich auch zur Ermittlung der Emissionen aus einer Deponie. Dazu wird das mit der Deponiegasfassung erfasste Methan abgezogen und über einen Korrekturfaktor die biologische Oxidation des Methans in den Deckschichten der Deponien berücksichtigt, wie die folgende Gleichung widerspiegelt:

$$CH_{4,em,T} = (CH_{4,erz,T} - R(T)) \cdot (1 - OX) \quad (10.19)$$

Dabei ist:

$CH_{4,em,T}$: Masse an CH_4, welche durch die biologisch abbaubaren Abfälle emittiert wird in Gg/a

R(T): CH_4-Erfassung im Jahr T in Gg/a

OX: Oxidationsfaktor (Anteil)

Eine ausführliche Beschreibung der FOD-Methode und ihrer Parameter ist in [35] sowie in [41] zu finden.

b) Entgasung

Grundsätzlich können zwei Arten der Entgasung unterschieden werden:

- passive Entgasung
- aktive Entgasung

Bei der passiven Entgasung wird der Eigendruck der Gasphase im Deponiekörper ausgenutzt. Das Deponiegas wird hierdurch aus dem Deponiekörper herausgedrückt und kann so gezielt abgeleitet werden. Bei der aktiven Entgasung wird mit Hilfe von Gasfördereinrichtungen in der Deponie ein Unterdruck aufgebaut und so das Gas aus der Deponie abgesaugt.

Passive Entgasungsmaßnahmen sind auf Grund des sehr geringen Gaserfassungsgrades nur in Sonderfällen, z. B. bei älteren Deponien, mit sehr geringem Gasaufkommen oder bei vollständig abgedichteten Deponien, ausreichend. In der letzten Zeit haben sie aber in Verbindung mit einer Methanoxidation in der Deponieabdeckung wieder an Bedeutung gewonnen.

Um eine aktive Entgasung effektiv betreiben zu können, müssen folgende Punkte umgesetzt werden:

- der Unterdruck muss wirksam in den Deponiekörper eingebracht werden,
- das Ansaugen von Luft muss minimiert werden,

- die Entgasungssysteme müssen langzeitbeständig sein,
- eine Absaugung muss auch während des Deponiebetriebes möglich sein,
- die Entgasungskapazitäten müssen an die Gasbildung angepasst sein.

Daraus ergeben sich folgende Konsequenzen:

- Zur Entgasung eignen sich großvolumige Systeme mit einem freien Durchgang in möglichst kurzer Längenausdehnung.
- Die Rohre zur Gasableitung sollten nicht über den offenen Deponiekörper geführt werden (Unfallgefahr). Eine Trassierung im Deponiekörper ist wegen der Setzungen nicht langzeitbeständig.

Abbildung 10.28 zeigt eine Übersicht eines kompletten Gaserfassungssystems.

Wie aus der Abbildung ersichtlich, besteht dieses System aus folgenden Elementen:

- Gaskollektor
- Gassammelleitung
- Gassammelstelle
- Entwässerungseinrichtung (Kondensatabscheidung): Hierbei handelt es sich um Einbauten zur Sammlung und Ableitung von Kondensat aus den Tiefpunkten des Leitungssystems (vgl. Abb. 10.29)
- Gasansaugleitung zwischen Gassammelstelle und Gasfördereinrichtung

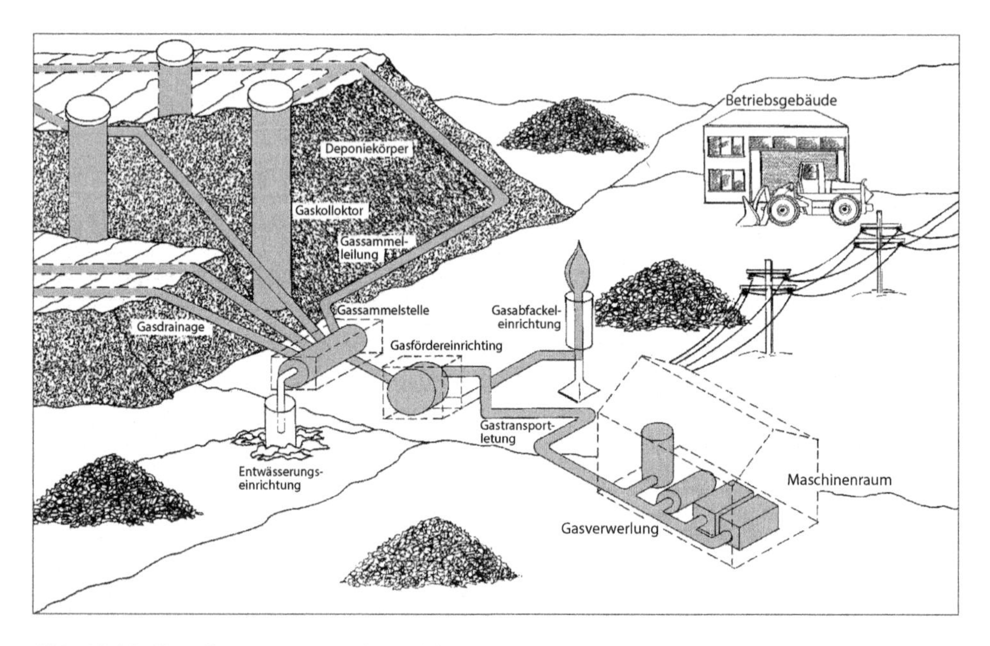

Abb. 10.28 Gaserfassungssystem einer aktiven Entgasung [43]

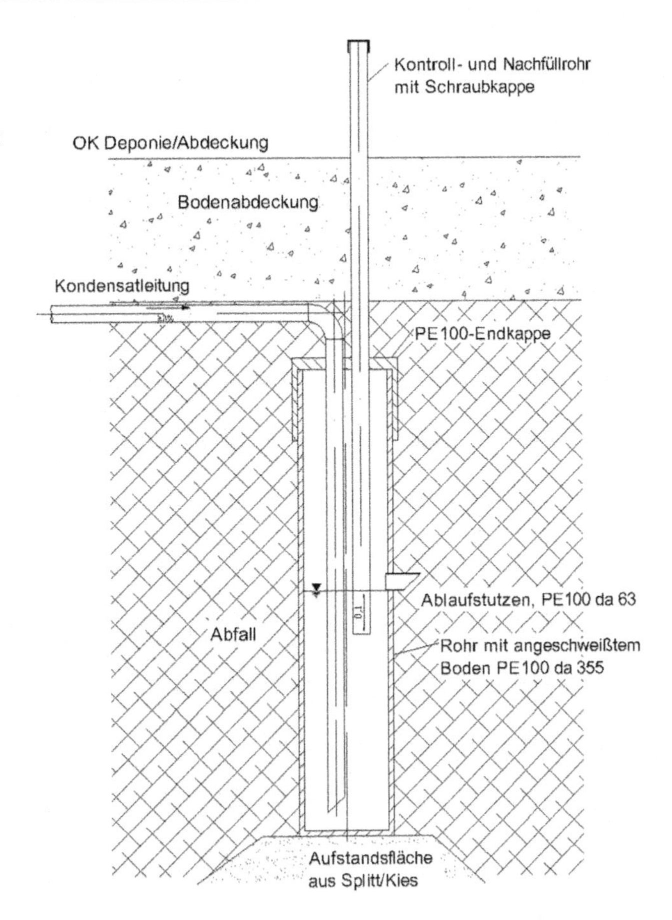

Abb. 10.29 Kondensatentnahme im Tiefpunkt einer Gassammel- oder –transportleitung, als Syphon ausgebildet (Quelle: Ingenieurgruppe RUK GmbH)

- Gasfördereinrichtung: Als Gasfördereinrichtung werden z. B. Radialgebläse, Drehkolben oder Seitenkanalverdichter eingesetzt
- Aggregathaus zur Aufnahme der Gasfördereinrichtung
- Gastransportleitung
- Gasabfackeleinrichtung
- Maschinenhaus: Im Maschinenhaus sind die Gasverwertungs- und Gasreinigungsanlagen sowie die Schaltwarte und ähnliche Einrichtungen untergebracht

Die Gaskollektoren werden im Wesentlichen als linienförmige vertikale oder horizontale Bauwerke ausgeführt. Linienförmige vertikale Gaskollektoren (Gasbrunnen), können sowohl während des Betriebes der Deponie als auch nach der Betriebsphase mittels Bohrungen oder im Rammverfahren hergestellt werden [42]. Sie sollten einen Durchmesser von 0,6 bis 1,2 m besitzen und mit kalkfreiem bzw. kalkarmem (<10 % Calciumcarbonat) Kies oder Schotter verfüllt werden. Das zentral eingelegte Gasdränrohr sollte mindestens der Druckstufe SDR 17,6 entsprechen. Das Rohrmaterial muss gegenüber den aggressiven

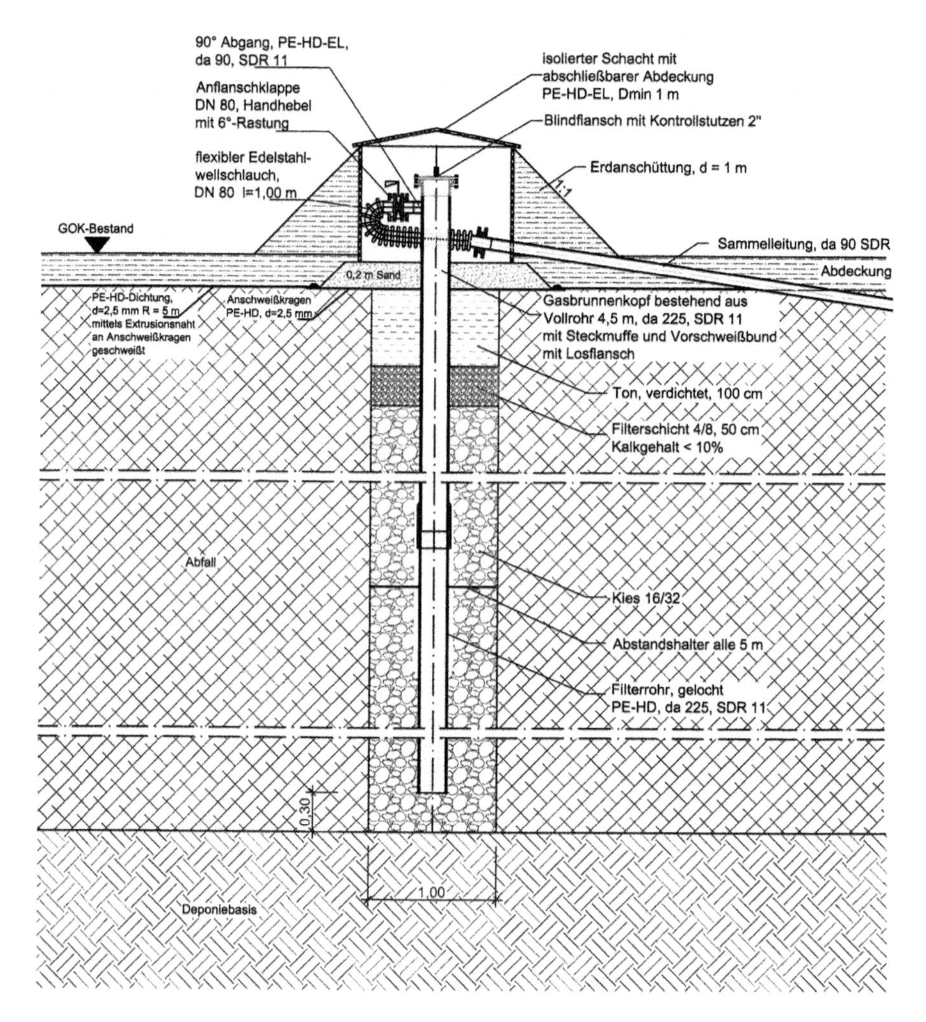

Abb. 10.30 Gasbrunnen bei temporärer Anwendung (Quelle: Ingenieurgruppe RUK GmbH)

Gasen und Kondenswässern resistent sein. Bewährt haben sich insbesondere PE-HD-Rohre. Die Perforation der Rohre sollte ca. 3,5 bis 5 % der Rohrmantelfläche betragen. Ein Beispiel eines Gasbrunnens zeigt Abb. 10.30. Ein Beispiel eines ziehbaren Gasbrunnens ist Abb. 10.31 zu entnehmen. Ein Beispiel für eine Horizontalentgasung ist in Abb. 10.32 dargestellt.

Bei der Ausführung der Gasbrunnen muss berücksichtigt werden, dass die Brunnen auf Grund der Setzungsvorgänge in der Deponie aus dem Deponiekörper herauswachsen. Es hat sich daher bewährt, die Brunnenköpfe auf der Geländeoberfläche zu installieren und mit einem flexiblen Anschluss zu versehen, der die Bewegungen des Deponiekörpers zumindest teilweise ausgleichen kann. Durch das Anbringen einer Abdeckhaube wird der Brunnenkopf gegen die Witterung geschützt. Der Abstand der Gasbrunnen untereinander sollte in der Regel etwa 50–80 m betragen.

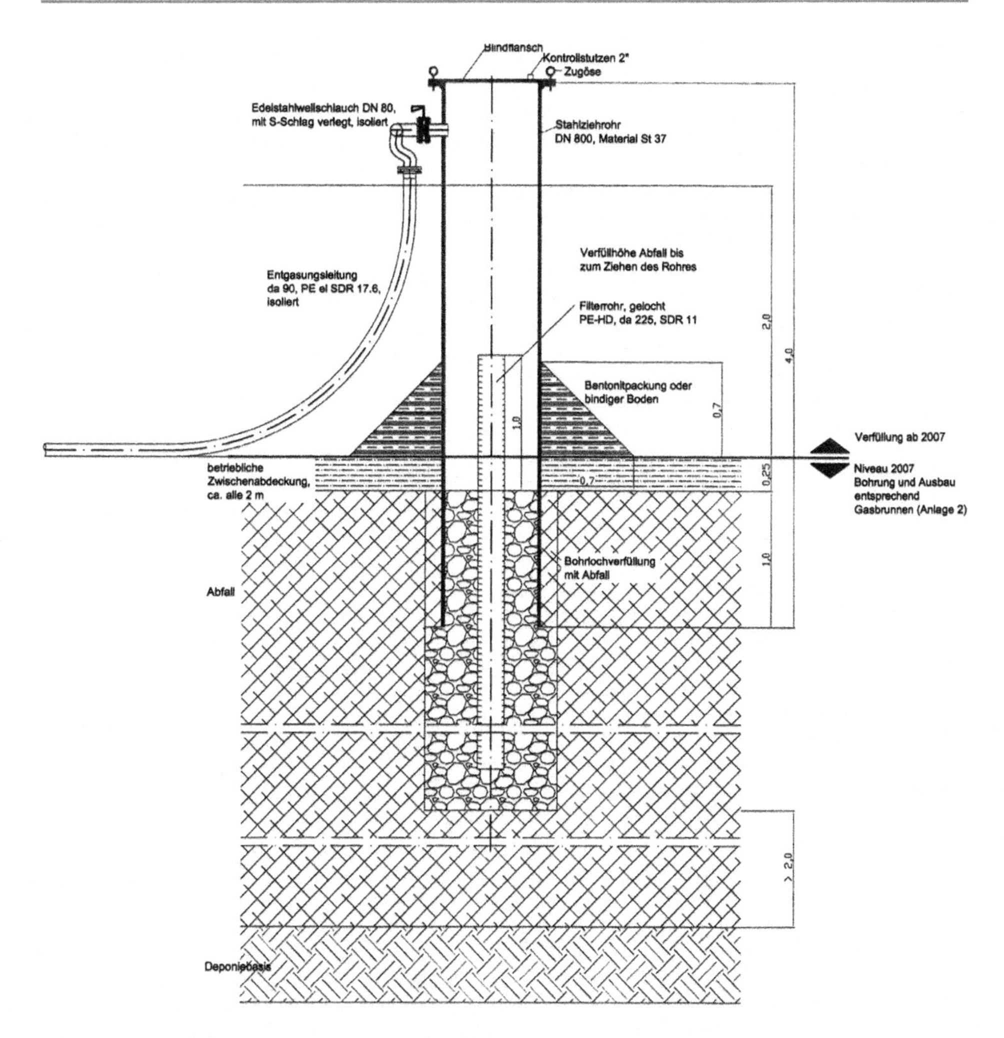

Abb. 10.31 Ziehbarer Gasbrunnen (Quelle: Ingenieurgruppe RUK GmbH)

Linienförmige horizontale Gaskollektoren (Gasdränstränge) werden während des Deponiebetriebes eingebaut. Sie haben den Vorteil, dass sie den Verfüllungsbetrieb nicht stören, da auf der Abfalleinbaufläche keine Brunnenköpfe erstellt werden müssen. Lediglich während des Einbaus der Gasdränagestränge wird der Deponiebetrieb evtl. kurzzeitig beeinträchtigt. Der Nachteil gegenüber den Gasbrunnen besteht in einem geringeren spezifischen Ausbeutegrad auf Grund der Schichtenanisotropie des Müllkörpers, dessen horizontale Durchlässigkeit wesentlich höher ist, als die vertikale und einer oft geringen Standzeit, die sich aus den unterschiedlichen Setzungen von benachbarten Abschnitten der Deponie oder durch Wassereinstau im Deponiekörper ergibt.

Als Dränagerohre werden ebenfalls PE-HD-Rohre ≥DN 250 (SDR 17.6) verlegt, die mit kalkfreier bzw. -armer Kiesumhüllung zur Entwässerung umgeben sind. Nach bisherigen

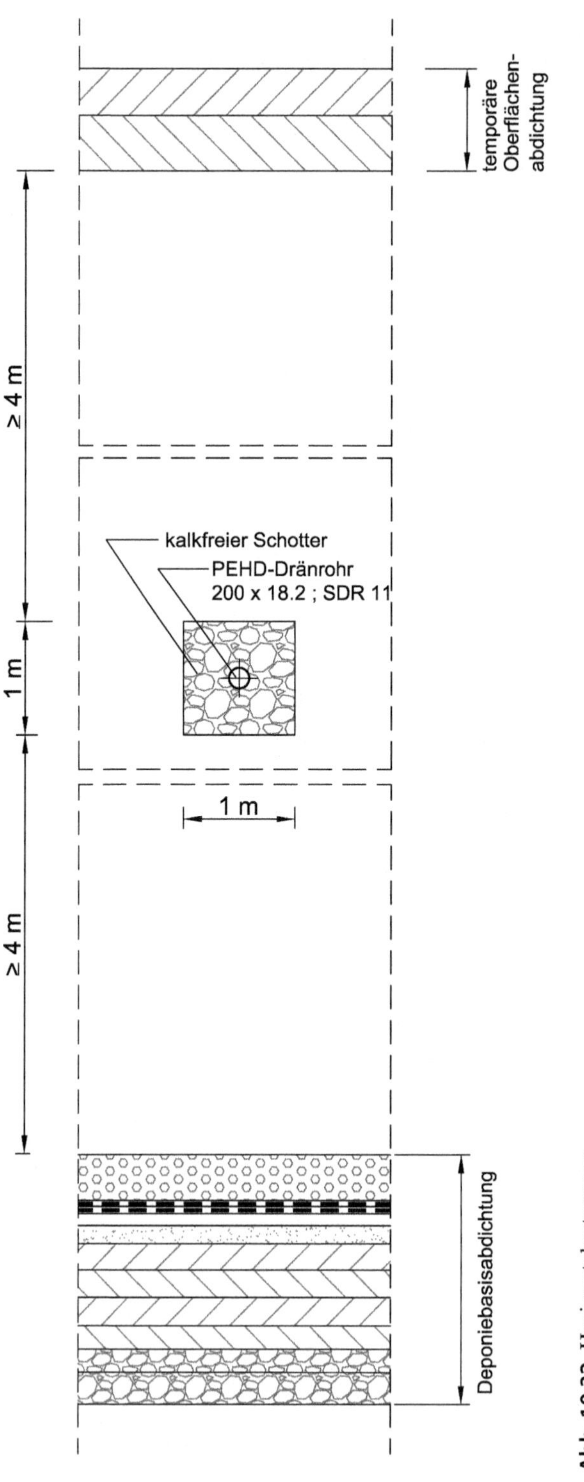

Abb. 10.32 Horizontalentgasung

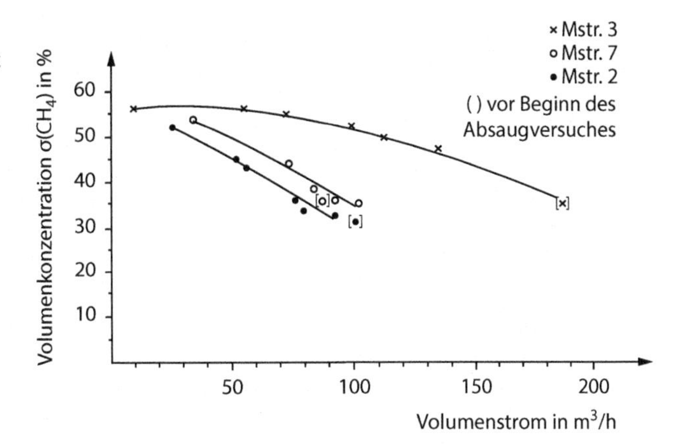

Abb. 10.33 Methanvolumenkonzentration in Abhängigkeit des abgesaugten Volumenstroms [9]

Erfahrungen hat sich ein Abstand der Gasdränagestränge von vertikal etwa 6 bis 8 m und horizontal etwa 20 bis 40 m bewährt.

Infolge der Absaugung der Deponiegase aus der Deponie wird Luft aus der Atmosphäre mit angesaugt, was sich an Deponien praktisch nicht völlig vermeiden lässt. Dabei kommt es zu typischen, aber von Kollektor zu Kollektor unterschiedlichen Konzentrationsverläufen in Abhängigkeit des abgesaugten Volumenstroms (Abb. 10.33).

Es ist daher erforderlich, durch Einregulierung an jedem Kollektor den Volumenstrom so zu beeinflussen, dass eine bestimmt Konzentration eingehalten wird. Je nach Größe der Deponie, deren flächenhafter Ausdehnung, der anfallenden Gasmenge und der gewählten Gasbehandlung können dazu unterschiedliche Gasableitungssystem unter betriebstechnischen Gesichtpunkten sinnvoll sein. Grundsätzlich lassen sich hierbei drei Formen des Anschlusses der Brunnen an die Gasfördereinrichtung unterscheiden:

- Dezentrale Gaserfassung: Gase werden an mehreren Stellen abgesaugt und abgefackelt. Jeder Brunnen wird einzeln abgesaugt.
- Zentrale Gaserfassung mit Verästelungsnetz: Mehrere Gasbrunnen werden über eine Gasregelstation an eine Sammelleitung angeschlossen.
- Zentrale Gaserfassung mit Gasringleitung: Jeder Brunnen wird einzeln abgesaugt. Die Gase werden über Gassammelstellen (Gasregelstation) einer Ringleitung zugeführt und von einer Gasfördereinrichtung abgesaugt.

Die prinzipielle Anordnung kann Abb. 10.34 entnommen werden. Abbildung 10.35 und 10.36 zeigen Fotos bzw. Planzeichnungen von Gassammelstellen (Gasregelstationen).

Die zentrale Gaserfassung mit Verästelungsnetz ist sehr aufwändig in Bezug auf Betrieb und Überwachung und daher wenig vorteilhaft. Die zentrale Gaserfassung mit nur einer Gaserfassungsstation bietet hier Vorteile, insbesondere in Bezug auf die geforderten sicherheits-, steuerungs- und messtechnischen Einrichtungen. Die Kollektoren können hierbei über eine Gasregelstation an einer bzw. zwei Ringleitungen angeschlossen werden,

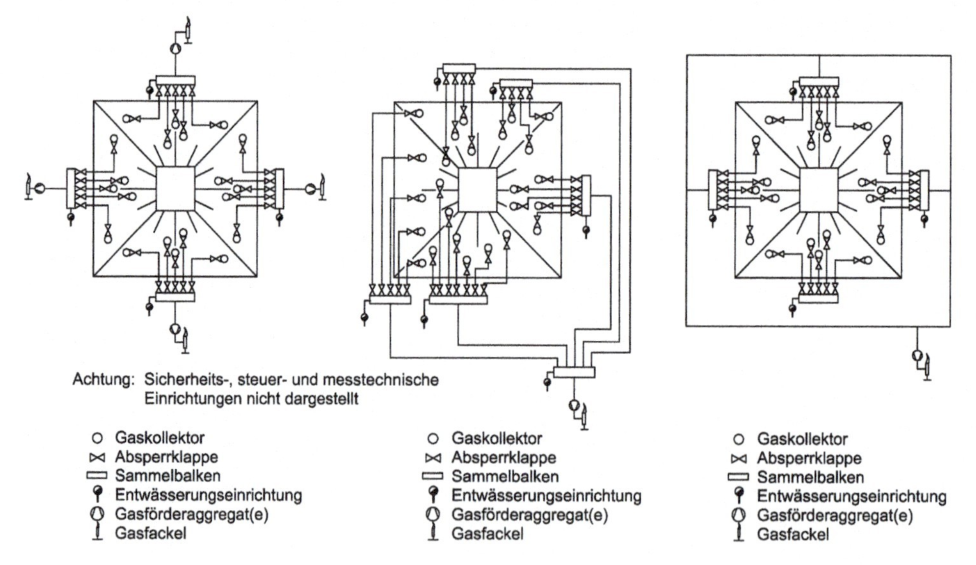

Abb. 10.34 Prinzipielle Anordnung der Gasableitung (Quelle: Autor)

Abb. 10.35 Gassammelstelle (Gasregelstation) mit Übergang von Gassammelleitungen zu Gasansaugleitungen (Quelle: Autor)

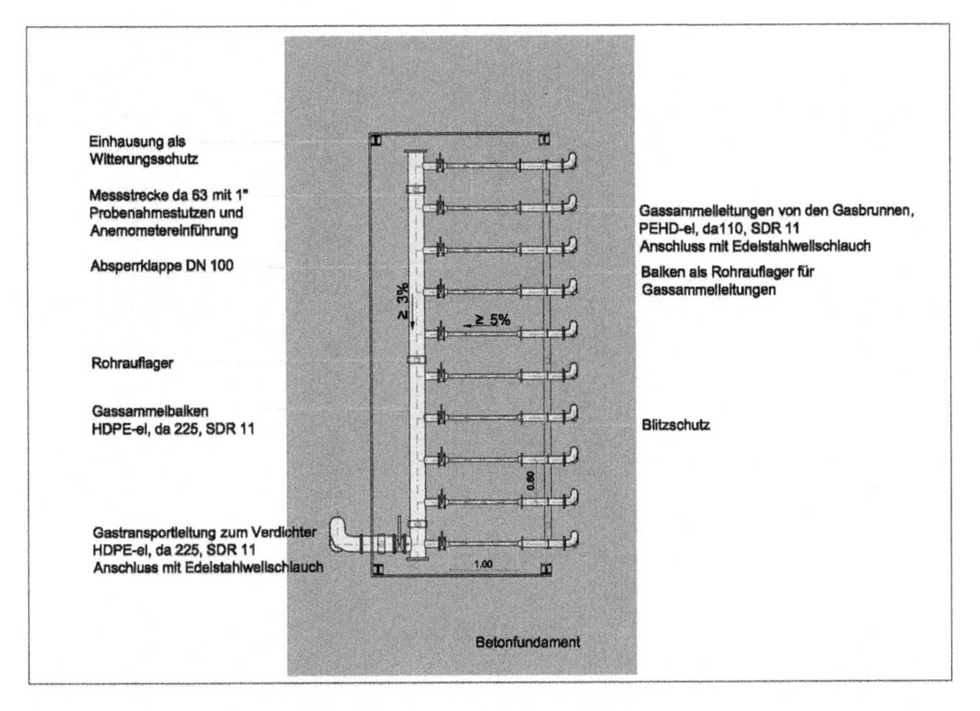

Abb. 10.36 Planzeichnung einer Gassammelstelle (Gasregelstation) (Quelle: Ingenieurgruppe RUK GmbK)

sofern die Gase unterschiedlich zusammengesetzt sind (z. B. hohe CH_4-Konzentrationen bzw. niedrige CH_4-Konzentrationen (Schwachgas) siehe weiter unten).

c) Behandlung des Deponiegases

Die Behandlung der Deponiegase hat die Aufgabe, die gesammelten Gase möglichst umweltverträglich zu beseitigen, was wirtschaftlich nur durch eine Verbrennung erreicht werden kann, oder zu verwerten.

Da die Erfassung der Gase Priorität besitzt, muss an jeder Deponie, die mit einem Gaserfassungssystem auch ausgerüstet ist, auch eine Fackel oder Muffel installiert werden, unabhängig davon, ob die Gase verwertet werden oder nicht. Da zudem der Gasanfall nicht konstant ist (siehe oben) und Gasverwertungsanlagen nur dann wirtschaftlich zu betreiben sind, wenn sie eine Laufzeit über 8–10 Jahre besitzen, müssen Deponiegase während des Spitzenanfalls abgefackelt werden, ansonsten würde es zu erheblich umweltbelastenden Emissionen kommen.

Ein Beispiel einer ausgeführten Deponiegasfackel zeigt Abb. 10.37.

Eine schadstoffarme Verbrennung in Fackeln lässt sich nur erreichen, wenn der Brennraum abgeschirmt und isoliert ist, so dass die Verbrennungstemperaturen ab Flammenspitze über 1000 °C bei einer ausreichenden Verweilzeit des Gases im Verbrennungsraum ab Flammenspitze über 0.3 Sekunden liegen (Vorgaben nach TA Luft). Die Temperaturverteilung in der Brennzone ist dann gleichmäßig, der Ausbrand nahezu vollständig. Dieser

Abb. 10.37 Beispiel einer Deponiegasfackel [44]

Fackeltyp wird als Hochtemperaturfackel bezeichnet. Derzeit wird auf gesetzgeberischer Seite diskutiert, die Anforderungen an die Verbrennung herabzusetzen, da auch bei vereinfachter Technik ein hoher Ausbrand erreicht werden könne.

d) Schwachgasentsorgung

Bei älter werdenden Deponien ist zu beobachten (siehe oben), dass neben zurückgehenden Gasmengen auch die Deponiegaskonzentrationen (Schwachgas) kleiner werden. In diesen Fällen ist die Entgasung hieran anzupassen. Dabei sind folgende Schritte sinnvollerweise abzuarbeiten:

a) Prüfung, ob der Konzentrationsrückgang möglicherweise andere Ursachen hat (Übersaugung, Undichtigkeit)
b) Rückbau der Anlage so, dass die geringeren Volumenströme einregelbar sind.

c) Austausch der bestehenden Techniken gegen modifizierte bzw. an kleinere Volumenströme angepasste Systeme.

Sollten diese Maßnahmen nicht zu einem Anstieg der Methankonzentrationen führen oder ist ein Schwachgasbetrieb mit Übersaugung gewünscht, so ist die Entsorgung der Gase auf Techniken mit niedrigen Methankonzentrationen (Schwachgas) umzustellen. Am Markt werden u. a. folgende Techniken dazu angeboten:

- Modifizierte Fackel (modifizierter Brennertyp und geänderte Luftzumischung) bis $\sigma(CH_4) > 25$ %, als Schwachgasfackel bis >12 %
- Verbrennungsanlagen mit vorgewärmter Luft (z. B. E-Flox, Fackel mit Luftvorwärmung), $\sigma(CH_4) > 8$ %, neuere Entwicklungen > 1%
- Regenerative thermische Oxydation (flammenlose Oxydation an heißen Oberflächen), $\sigma(CH_4) < 1$ %
- Oberflächenbrenner (Verbrennung an einem Gitter), bis $\sigma(CH_4) > 12$ %
- Biofilter- oder Rekultivierungsschicht-Durchströmung (Filtermaterialien und Nutzung einer mikrobiellen Methanoxidation), $\boldsymbol{\sigma}(CH_4)$ in der Mischung < 12 %

Damit lässt sich ein komplettes Methan-Konzentrationsspektrum im Schwachgasbereich abdecken.

e) Deponiebelüftung

Mit der Deponiebelüftung wird der Deponiekörper in einen aeroben Zustand gebracht, so dass die Deponiegasentwicklung unterbleibt und die noch abbaubaren Abfallstoffe aerob zersetzt werden. Dies verläuft nicht nur deutlich schneller (etwa um den Faktor 6), sondern auch umfassender, da einige Abfälle (Holz, Papier) anaerob praktisch nicht oder nur sehr langsam abbaubar sind.

Eine Deponiebelüftung kann entweder durch ein Übersaugen der Deponie mittels aktiver Deponieentgasung mit einer Erhöhung des Volumenstroms etwa um den Faktor 6 gegenüber der konventionellen Entgasung erreicht werden oder durch ein Einblasen von Luft (vgl. Abb. 10.38).

Dabei wird kontinuierlich Luft mit geringen Drücken (10 bis 30 mbar) bei gleichzeitiger Absaugung eines etwas größeren Volumenstroms etwa im Verhältnis 12–15:1 im Vergleich zur bestehenden Deponiegasbildung eingebracht. Die Verteilung der Luft erfolgt durch Konvektion und Diffusion. Die abgesaugte Luft enthält noch geringe Konzentrationen von Methan sowie weitere teilweise geruchsintensive Spurengase. Daher ist eine Abluftbehandlung in Biofiltern oder mit thermischer Oxidation (z. B. RTO) erforderlich. Weitere Verfahrensvarianten wurden vorgeschlagen, z. B. das Einbringen der Luft mit Druckstößen oder das Ableiten der Abluft über Biofilterschichten an der Deponieoberfläche [46].

Da durch die Belüftung keine Deponiegasverwertung mehr möglich ist und zudem die Gefahr einer Überhitzung des Deponiekörpers besteht, wird diese Technik erst angewandt, wenn der restliche abbaubare Kohlenstoff in der Deponie unter ca. 12 g/kg TM liegt.

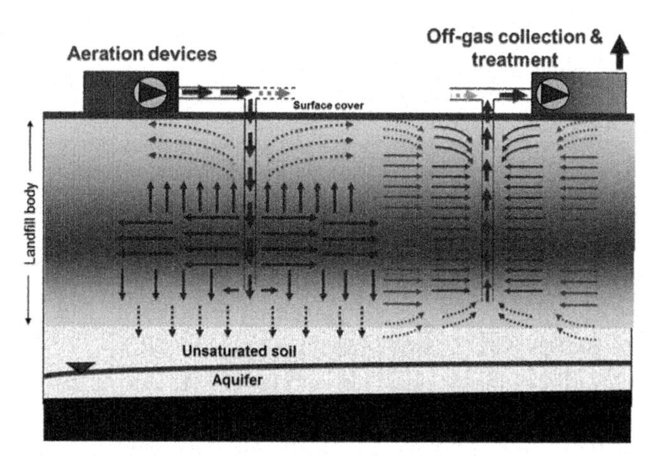

Abb. 10.38 Prinzipdarstellung der Deponiebelüftung [45]

f) Passive Entgasung

Ist die emittierende Gasmenge weit zurückgegangen, so kann die aktive Entgasung auf ein passives System umgestellt werden. Dabei wird das Gas unter Ausnutzung des im Deponiekörper entstehenden Überdrucks gezielt abgeführt. In der Regel ist hierzu Voraussetzung, dass die Deponie abgedichtet ist. Zur Anwendung kommen dann zwei grundsätzliche Vorgehensweisen:

- Punktuelle Ableitung des Gases und Zuführung zu technischen Filtern
- Flächige Abführung des Gases und Eintrag des Gases in die Rekultivierungsschicht.

Insbesondere die zweite Variante wurde bereits häufig realisiert. Wichtig ist dabei, dass die Gase zur Vermeidung lokaler Überlastungen möglichst flächig in die Rekultivierungsschicht eingebracht werden. Fehlstellen an Setzungsrissen, Schachtanschlüssen, Deponierändern sind zu vermeiden. Wurden an einer Deponie bereits Gasbrunnen betrieben, kann das Gas über Rohrleitungen unter die Rekultivierungsschicht geführt werden (siehe Abb. 10.39), wird eine Kunststoffdichtungsbahn verlegt, so kann diese überlappend ausgeführt werden (Abb. 10.40), ansonsten sind Durchdringungen erforderlich. Auf die bundeseinheitlichen Qualitätsstandards für Methanoxidationsschichten wurde bereits oben verwiesen.

Bei geringen Restemissionen kann der Deponiebetreiber darauf verzichten, das Deponiegas zu fassen. In diesem Fall wäre eine passive Entgasung mit Methanoxidation möglich. Der Deponiebetreiber muss dann allerdings gegenüber der zuständigen Behörde nachweisen, dass das im Deponiegas enthaltene Methan vor Austritt in die Atmosphäre weitestgehend oxidiert wird. Ein solcher Nachweis ist z. B. auch bei der Ablagerung von mechanisch-biologisch vorbehandelten Abfällen erforderlich.

g) Verwertung von Deponiegas:

Grundsätzlich stehen folgende Möglichkeiten zur Verwertung des Deponiegases zur Verfügung:

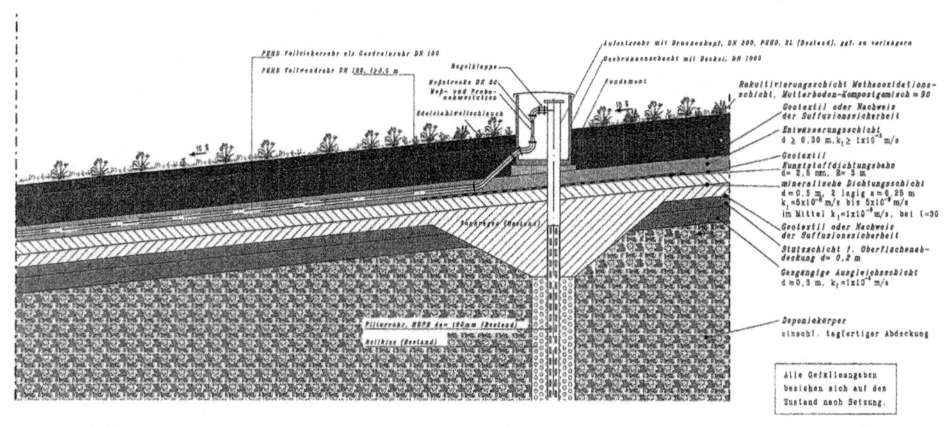

Abb. 10.39 Aufbau einer passiven Entgasung mit Methanoxidation in der Rekultivierungsschicht (Quelle: Ingenieurgruppe RUK GmbH)

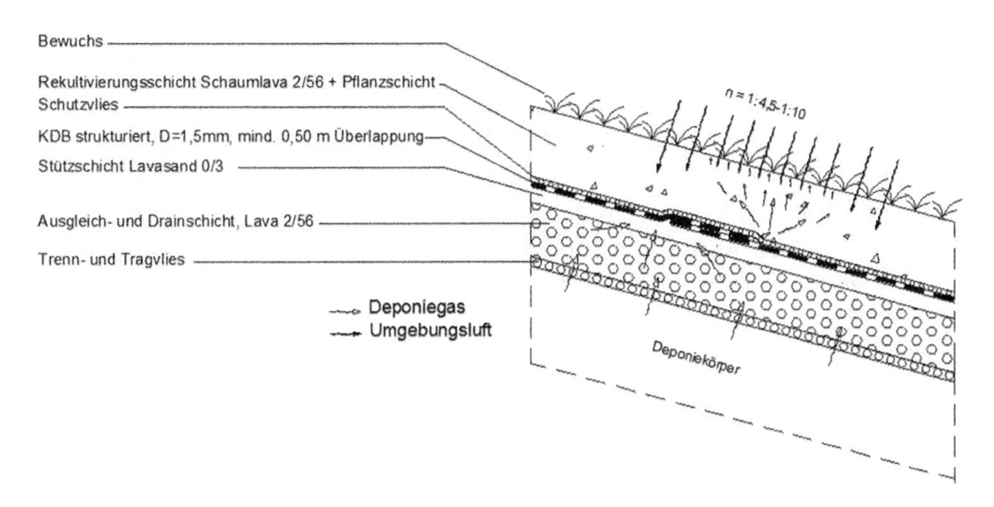

Abb. 10.40 Passive Entgasung mit Methanoxidation in der Rekultivierungsschicht mit überlappenden Kunststoffdichtungsbahnen (Quelle: Ingenieurgruppe RUK GmbH)

- Strom- und Wärmeerzeugung mittels von Verbrennungsmotoranlagen angetriebenen Generatoren und Wärmetauschern
- Wärme-/Dampferzeugung nachVerbrennung in Feuerungsanlagen
- Strom- und Wärmeerzeugung mittels von Gasturbinen angetriebenen Generatoren und Wärmetauschern
- Methananreicherung bzw. Abtrennung von Kohlenstoffdioxid und Einspeisung in ein Erdgasnetz
- Nutzung als Treibstoff

Die Verwendung mit Verbrennungsmotoren zur Stromerzeugung stellt die am häufigsten angewandte Methode der Deponiegasnutzung dar. Dies liegt vor allem daran, dass mit dem Strom eine veredelte Energieform erzeugt wird, die sowohl für den Eigenbedarf an der Deponie verbraucht, als auch problemlos in das öffentliche Netz eingespeist werden kann. Zumeist werden Anlagen komplett installiert in Containern eingesetzt. Der elektrische Wirkungsgrad bei der Gasverstromung durch Gasmotoren liegt heute > 40 % bezogen auf den Energiegehalt des Deponiegases. Durch die Nutzung der Abwärme der Motoren bzw. der Abgase in Blockheizkraftwerken (BHKW) können maximal etwa 75 % der Energie genutzt werden. Problematisch beim Einsatz von BHKW ist jedoch, dass die Abwärme nicht immer vollständig genutzt werden kann, da eventuelle Verbraucher auf Grund des Standorts oft weit entfernt sind. Die Nutzung der Abwärme für den Eigenbedarf ist i. A. nur während der Heizperiode möglich. Der Einsatz eines BHKW ist daher nicht immer sinnvoll.

Die Motorenanlagen müssen die Grenzwerte der TA Luft einhalten. Dies ist ohne eine Gasreinigung bzw. Abgasreinigung in den meisten Fällen durch die Verwendung aufgeladener Motoren im Magerbetrieb möglich.

In den letzten Jahren haben sich im Deponiegas siliziumorganische Verbindungen bemerkbar gemacht, die bei der Verbrennung in Siliziumoxid umgewandelt werden und teilweise zu weißlichen Krusten in Motoren (Kolben, Ventile) führen. Dabei kann der Verschleiß zunehmen.

Ebenso hat sich in letzter Zeit Formaldehyd im Abgas häufig als Problem gezeigt. An Lösungen wird derzeit gearbeitet. Dies gilt auch für unverbranntes Methan im Abgasstrom.

Die Wärmenutzung des Deponiegases kann entweder durch die Kombination einer Muffel mit einem Abhitzekessel oder durch Ersatz als Brennstoff (z. B. Erdgas, Heizöl) in Feuerungsanlagen erfolgen. Voraussetzung hierfür ist jedoch wie bei den BHKW, dass entsprechende Verbraucher in unmittelbarer Nähe der Deponie angesiedelt sind.

h) Sicherheitstechnik

Da Deponiegas mit dem brennbaren Gas zwischen der unteren Explosionsgrenze (UEG, etwa bei 4,4 % CH_4 in Luft) und der oberen Explosionsgrenze (OEG, etwa 16,5 % CH4 in Luft) ein explosionsfähiges Gemisch bildet, sind Gefährdungen für die Arbeitskräfte bzw. die Umgebung nicht auszuschließen, da bei einer Zündung Drücke bis über 7 bar bei einer Deflagration und weit darüber bei einer Detonation entstehen können. Daher hat der Betreiber der Deponie (genauer: Genehmigungsinhaber) eine Gefährdungsbeurteilung nach Gefahrstoffrecht durchzuführen. Sollten sich hierbei Gefährdungen zeigen, sind entsprechende Maßnahmen zu ergreifen. Dabei sind die Bereiche mit Explosionsgefahren (sogenannte Zonen) zu kennzeichnen und in einem Explosionsschutzdokument zusammen mit den vorausgehenden Untersuchungen und ausgewählten Maßnahmen darzustellen. Wichtig in diesem Zusammenhang ist insbesondere die Erstellung von Betriebsanweisungen, ein Prüfplan sowie ein Konzept zur Wartung und Instandhaltung und die Unterweisung der Arbeitskräfte einschließlich der von Fremdfirmen ggf. kombiniert mit einer Arbeitsfreigaberegelung. Die Anlagen sind vor Inbetriebnahme und danach wiederkehrend einer Prüfung zu unterziehen.

10.7 Betrieb von Deponien

Folgende Betriebsbereiche können an einer Deponie unterschieden werden:

- Eingangsbereich mit Abfallregistrierung (Abfallart, Herkunft, Masse) und Abfallkontrolle
- Interner Abfalltransport und Abfalleinbau
- Erdbau, insbesondere zum Herstellen von betrieblichen Abdeckungen, Außenböschungen, Wegen, temporäre Rekultivierungsschichten
- Deponiegas- und Sickerwasseranlagen
- Deponieüberwachung und Labor
- Deponieleitung

Die Organisationsstruktur einer Deponie kann beispielhaft nachfolgender Abb. 10.41 entnommen werden [47].

Grundsätzlich werden die Benutzungsbedingungen für die Anlieferer in einer Benutzerordnung festgelegt. Die gesamten betrieblichen Angelegenheiten werden in einem Betriebshandbuch beschrieben, das laufend anzupassen und zu aktualisieren ist. Es enthält im Wesentlichen:

- Deponie- und Anlagenbeschreibung
- Beschreibung des Betriebsablaufs, Prüfpläne, Wartungs- und Instandhaltetätigkeiten
- Organisationsstruktur mit Betriebseinheiten
- Arbeitsplatzbeschreibung, Betriebsanweisungen
- Arbeitsanweisungen für sämtliche betrieblichen Arbeitsabläufe
- Dokumentation

Grundsätzlich können an der Deponie nur solche Abfälle angenommen werden, die die Zuordnungswerte einhalten (s. Anhang 13.3.1). Das dazu erforderliche Annahmeverfahren ist in DpV § 8 ausführlich geregelt. Danach erfolgt die Kontrolle der angelieferten Abfälle im Eingangsbereich im Wesentlichen durch die Registrierung, Verwiegung und visuelle Kontrolle sowie Entnahme von Proben bei einem Teil der Anlieferungen. Insbesondere sind die Abfälle bei Erreichen entsprechender Mengengrenzen zu beproben (Identitätsprüfung), um diese mit der angekündigten Beschaffenheit (Deklarationsprüfung) vergleichen zu können.

Die befestigten Straßen im Deponiebereich müssen regelmäßig gereinigt werden, die nicht befestigten Straßen bis zum Einbaubereich müssen laufend in Stand gesetzt und erweitert werden.

Die Anlieferung des Abfalls zur Einbaustelle erfolgt in der Praxis in zwei Varianten:

- Direkte Anlieferung durch die Müllfahrzeuge bis zur Einbaustelle
- Umladung des Abfalls an einer Umschlagsstation im Deponiebereich und Transport des Abfalls zur Einbaustelle mit deponieeigenen Geräten

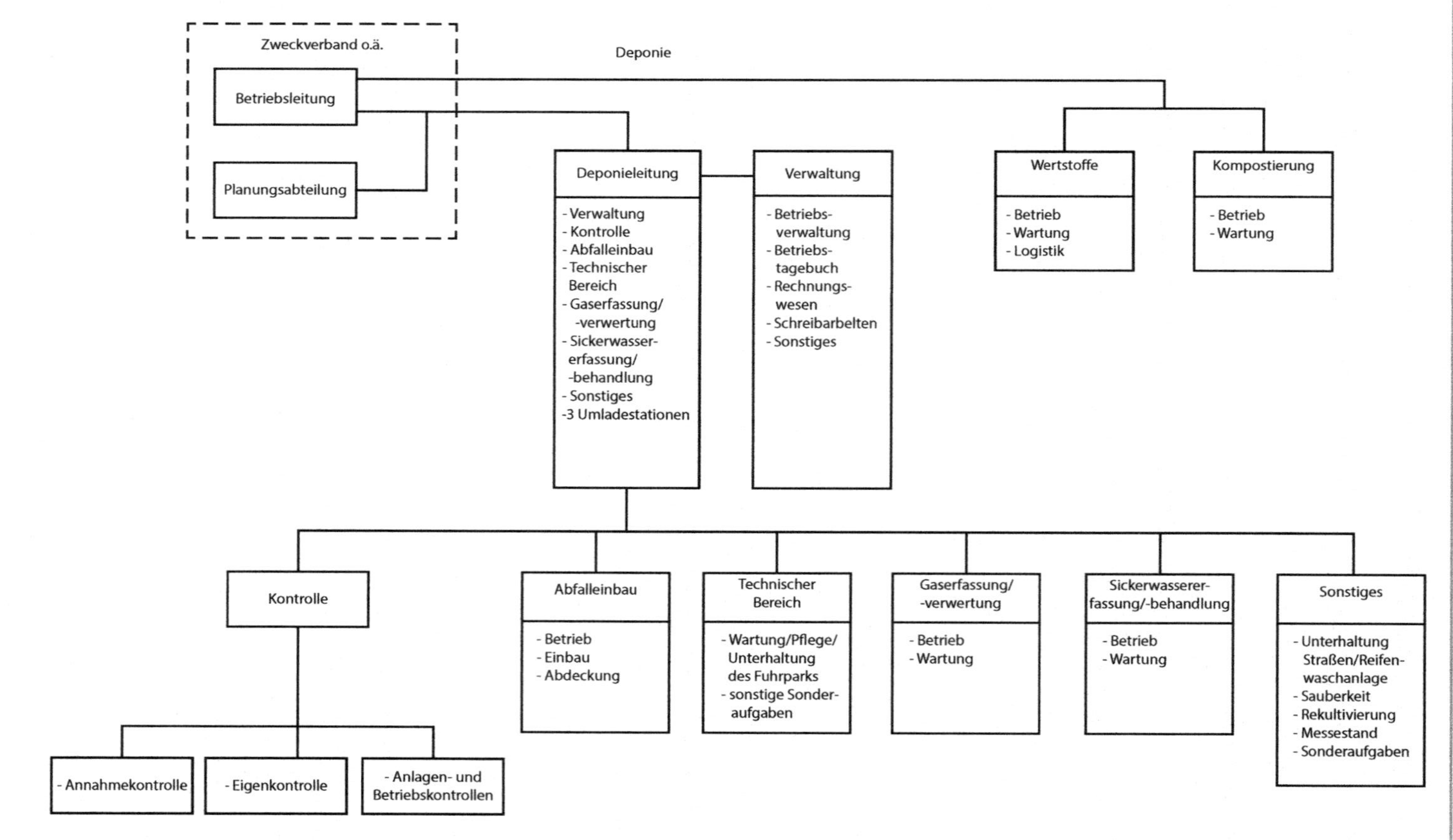

Abb. 10.41 Organisationseinheiten einer Deponie (Quelle: Ingenieurgruppe RUK GmbH)

Der Einbau der Abfälle unterscheidet sich in Abhängigkeit der Deponiebetriebsform (Verdichtungsdeponie, Rottedeponie, Inertdeponie) und der Art der Abfälle wie:

- unvorbehandelte organikreiche Siedlungsabfälle (in Deutschland nicht mehr zugelassen)
- MBA-Abfälle
- Inert-Abfälle
- verfestigte Abfälle oder zu Ballen gepresste Abfälle

Beim Einbau unvorbehandelter Siedlungsabfälle wird eine möglichst große Verdichtung angestrebt. Mit zerkleinernd und verdichtend wirkenden Maschinen (Müllkompaktor) lassen sich Dichten zwischen 0,9 und 1,0 Mg/m^3 FM erreichen. Dazu sind Müllkompaktoren mit speziell gestalteten Laufrädern (Stampffüßen) und einem hohen Eigengewicht erforderlich (siehe Abb. 10.42). Diese besitzen ein Gewicht von bis zu 36 Mg. Da Siedlungsabfälle in Deutschland nicht mehr unbehandelt deponiert werden, sind solche Geräte auf deutschen Deponien im Gegensatz zu ausländischen Deponien nicht mehr im Einsatz. Durch den Einbau mit hoher Dichte wird nicht nur das Deponievolumen optimal ausgenutzt, sondern auch die Brandgefahr wesentlich herabgesetzt, Staubemissionen und Papierflug werden vermindert sowie Tiere (Ratten, Hasen, Vögel, etc.) von der Deponie ferngehalten.

Einen großen Einfluss auf die Verdichtung des Mülls besitzt die Überfahrhäufigkeit, die in der Regel bis zu 5 betragen soll. Je nach Abfallanlieferungsmasse pro Tag sollte eine Deponie über mehrere Kompaktoren verfügen. Ein Kompaktor kann bis max. 1000 Mg/d FM verarbeiten, besser aber nur 600–700 Mg/d FM.

Abb. 10.42 Abfallkompaktor (Quelle: Autor)

Der Einbau der Abfälle muss als Flächeneinbau in der Ebene oder der Schräge erfolgen. Im Ausnahmefalle, wenn z. B. Klärschlamm oder Krankenhausabfall (in Deutschland zuletzt nicht mehr erlaubt) mit deponiert wird, muss auf Kippkantenbetrieb (unterstes Bild in Abb. 10.43) umgestellt werden. Dadurch sinkt die Dichte beträchtlich bis auf ca. 0,4–0,6 Mg/m^3 FM ab.

Die erste Abfallschicht über der Deponiesohle und dem Dränsystem bei der Deponierung unvorbehandelter Siedlungsabfälle besteht aus gering verdichtetem und vorgerottetem Hausmüll, der von grobstückigen Inhaltsstoffen befreit wurde (Feinmüll). Darüber folgen die in der beschriebenen Weise aufgebrachten Müllschichten. Das Aufbringen einer arbeitstäglichen Abdeckung hängt von den Standortgegebenheiten ab. Prinzipiell kann darauf verzichtet werden. In der Praxis sind beide Varianten vertreten. Vögel (Möwen, Krähen, Störche etc.) lassen sich nur mit einer arbeitstäglichen Abdeckung ausreichender Dicke abhalten.

Auf Grund der Struktur und der mechanischen Eigenschaften von mechanisch-biologisch behandelten Abfällen sind solche Abfälle mit einer modifizierten Technik einzubauen. Insbesondere ist darauf zu achten, dass die Abfälle einen bestimmten Wassergehalt haben, der sich aus der Ermittlung der Proctor-Dichte ergibt. Bewährt hat sich ein Einbau mit Schaffußwalzen sowie eine nachträgliche Glättung mit einer Glattmantelwalze, um Oberflächenwasser ableiten zu können. Am Markt werden spezielle Maschinen für den Einbau solcher Abfälle angeboten (Abb. 10.44).

Inerte Abfälle bzw. verfestigte Abfälle können mit üblichen Erdbaugeräten (Laderaupen) eingebaut werden. Diese Geräte sind i. d. R. auf Deponien für Profilierungsarbeiten vorhanden.

Einen besonderen Schwerpunkt des Deponiebetriebs stellt Betrieb, Unterhalt und Wartung von Sickerwasser- und Deponiegasanlagen dar. Geht es bei den Sickerwasserreinigungsanlagen überwiegend darum, den Betrieb durch Wartungs-, Einstellungs- und Kontrollmaßnahmen so aufrechtzuerhalten, dass die Einleitwerte im Ablauf der Anlage eingehalten werden, so ist bei Deponiegasanlagen zusätzlich von größter Wichtigkeit, den abgesaugten Volumenstrom wenigstens wöchentlich so einzustellen, dass die Methankonzentration in der stabilen Methanphase möglichst Werte von 50 % nicht unterschreitet. Nach Beendigung der Deponiegasverwertung kann die Methankonzentration auch deutlich geringer abgesenkt werden.

Die Deponieüberwachung erfordert nach den Vorgaben der Deponieverordnung die Durchführung eines Mess- und Kontrollprogramms. Dies ist aus Anlage 13.3.2 zu entnehmen.

Die Daten sind jährlich in einem Jahresbericht zusammenzustellen und in einer Erklärung zum Deponieverhalten auszuwerten.

Nach den gesetzlichen Vorgaben hat der Deponiebetrieber für seine Arbeitskräfte entsprechende Maßnahmen zur Arbeitssicherheit zu ergreifen. Hierbei sei insbesondere auf die DGUV-Regel 114-004 Deponie [48] verwiesen, aber auch auf die Gefahrstoffverordnung [49] (wegen Explosionsschutz und dem Umgang mit Gefahrstoffen) sowie die Betriebssicherheitsverordnung [50].

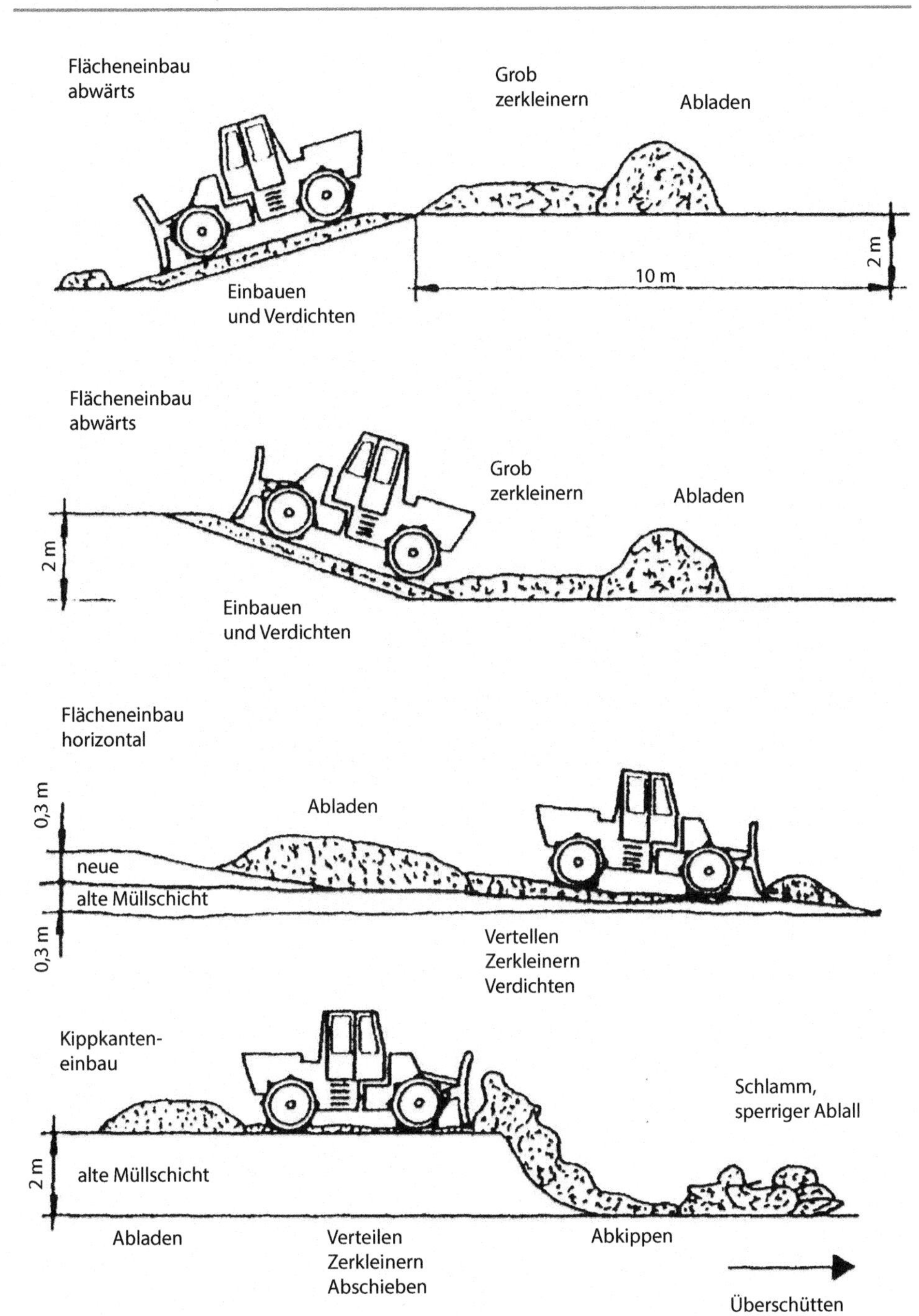

Abb. 10.43 Methoden des Abfalleinbaus mit Müllkompaktoren (aus Deponiemerkblatt M3)

Abb. 10.44 Einbaugerät für MBA-Abfälle im Einsatz (Quelle: Autor)

10.8 Stilllegung, Nachsorge und Nachnutzung

Nach Deponierecht lässt sich der zeitliche Ablauf einer Deponie in folgende Phasen aufgliedern:

Aus Abb. 10.45 wird erkennbar, dass es bei den Deponiephasen Zeitpunkte und Zeitabläufe gibt. Nach der Bauphase folgt die Ablagerungsphase. Die Ablagerungsphase endet bei Einstellung der Ablagerung, die Stilllegungsphase durch die Feststellung, dass die erforderlichen Maßnahmen (u. a. Oberflächenabdichtung) abgeschlossen sind. Danach schließt sich die Nachsorgephase an. Nachdem in der Stilllegungsphase die bautechnischen Elemente komplett fertig gestellt worden sind und lediglich noch die technischen Einrichtungen weitergeführt werden, dient die Nachsorgephase überwiegend dazu, die Deponie weiterhin zu überwachen und zu kontrollieren sowie die betrieblichen Einrichtungen weiter zu betreiben. Wenn diese nicht mehr erforderlich sind, sowie die Deponie weitestgehend in einen stabilen Zustand übergegangen ist, kann die Behörde den Abschluss der Nachsorge feststellen. Hierzu ist ein entsprechender Antrag bei der Behörde zu stellen. Die abzuprüfenden Kriterien sind in der Deponieverordnung genannt (s. Anhang) und sind in der nachstehenden Tab. 10.9 enthalten.

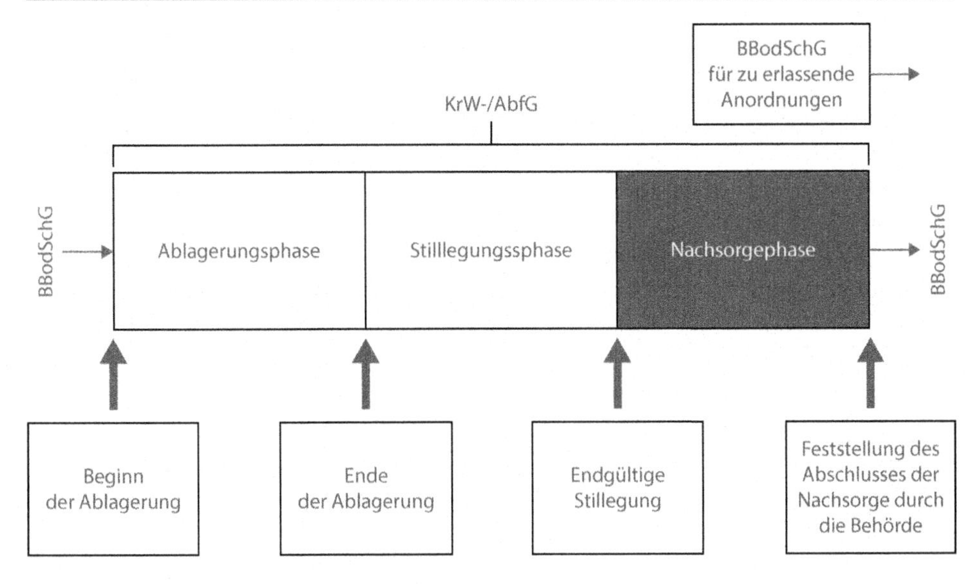

Abb. 10.45 Zeitlicher Ablauf einer Deponie [51]

Tab. 10.9 Kriterien zur Feststellung des Abschlusses der Nachsorge

Umsetzungs- oder Reaktionsvorgänge sowie biologische Abbauprozesse sind weitgehend abgeklungen.
Eine Gasbildung findet nicht statt oder ist soweit zum Erliegen gekommen, dass keine aktive Entgasung erforderlich ist, austretende Restgase ausreichend oxidiert werden und schädliche Auswirkungen auf die Umgebung durch Gasmigration ausgeschlossen werden können. Eine ausreichende Methanoxidation des Restgases ist nachzuweisen.
Setzungen sind soweit abgeklungen, dass setzungsbedingte Beschädigungen des Oberflächenabdichtungssystems für die Zukunft ausgeschlossen werden können. Hierzu ist die Setzungsentwicklung der letzten 10 Jahre zu bewerten.
Das Oberflächenabdichtungssystem ist in einem funktionstüchtigen und stabilen Zustand, der durch die derzeitige und geplante Nutzung nicht beeinträchtigt werden kann; es ist sicherzustellen, dass dies auch bei Nutzungsänderungen gewährleistet ist.
Die Deponie ist insgesamt dauerhaft standsicher.
Die Unterhaltung baulicher und technischer Einrichtungen ist nicht mehr erforderlich; ein Rückbau ist gegebenenfalls erfolgt.
Das in ein oberirdisches Gewässer eingeleitete Sicherwasser hält ohne Behandlung die Konzentrationswerte des Anhangs 51, Abschnitt C, Absatz 1 und Abschnitt D, Absatz 1 der Abwasserverordnung ein.
Das Sickerwasser, das in den Untergrund versickert, verursacht keine Überschreitung der Auslöseschwellen in den nach § 12 Absatz 1 festgelegten Grundwasser-Messstellen, und eine Überschreitung ist auch für die Zukunft nicht zu besorgen.
Wurden auf der Deponie asbesthaltige Abfälle und Abfälle, die gefährliche Mineralfasern enthalten, abgelagert, müssen geeignete Maßnahmen getroffen werden, um zu vermeiden, dass Menschen in Kontakt mit diesem Abfall geraten können.

Da dadurch die Deponie relativ lange ungenutzt ist, das heißt nur Kosten verursacht, aber keine Gebühren mehr erbringt, ist der Gedanke einer Nachnutzung naheliegend. Eine solche Nachnutzung kann in unterschiedlicher Art und Weise erfolgen:

- Integration in die Umgebung z. B. mit Wald
- Nutzung als Naturschutzgebiet
- Nutzung zu landwirtschaftlichen Zwecken
- Nutzung als Park, Gelände zur Naherholung, Integration in übergeordnete Freizeitnutzungen wie Nutzung für Wanderwege, Golfplätze und Ähnliches
- Nutzung als Gelände für stadtnahe Zwecke wie Ansiedlung von Kleingartensiedlungen, Spielplätzen und Ähnliches
- Nutzung als Gewerbegelände u. a. Anlagen der Abfallwirtschaft
- Nutzung als Standorte für Energieerzeugungsanlagen wie Photovoltaikanlagen, Windkraftanlagen
- Nutzung für den Anbau von Energiepflanzen
- Nutzung der bestehenden Anlagen wie Sickerwasserreinigungsanlagen für Fremdsickerwässer, Deponiegasverwertungsanlage zur Nutzung von Biogasen, etc.

10.9 Standortfindung und Umweltverträglichkeit

Bei der Neuanlage von Deponien ist das Auffinden eines geeigneten Standortes einer der Hauptaufgabenschwerpunkte. Hierbei steht als oberste Priorität der Schutz des Grundwassers im Vordergrund. Daneben sind insbesondere Fragen der Zuordnung zum Entsorgungsgebiet, zur Reduzierung der Transportentfernungen, als auch des Nachbarschaftschutzes u. a. durch Einhaltung eines gewissen Abstandes zur unmittelbaren Nachbarschaft zu beachten. Hierbei spielen überwiegend Geruchsemissionen sowie Gas- und Staubemissionen eine große Rolle, die mit Hilfe der Kenntnisse über die lokalen meteorologischen Verhältnisse mit Hilfe von Ausbreitungsmodellen ermittelt werden müssen. Generell sind die Fragen Teil einer Umweltverträglichkeitsprüfung, die für die Deponie durchzuführen ist.

Die Prüfung der Umweltverträglichkeit freilich geht über die obigen Gesichtspunkte weit hinaus. Hierbei wird zu prüfen sein, in welcher umfassenden Art und Weise sich der Standort mit und ohne Deponie entwickelt. Hierbei sind insbesondere die Belange des Nachbarschaftsschutzes, des Grundwasserschutzes und des Naturschutzes in seinen kompletten Ausprägungen des Schutzes der Artenvielfalt zu prüfen, aber auch sämtliche Fragen zur Sozialverträglichkeit sowie zu Veränderungen des Standortes. Der Prüfumfang einer UVP kann Tab. 10.10 entnommen werden.

Das Auffinden eines Standortes wird üblicherweise flächenbezogen für ein bestimmtes Planungsgebiet durch eine Negativauslese begonnen (ungeeignete geologische Voraussetzungen, Schutzgebiete, Abstände, konkurrierende Nutzungen, etc.). Die noch verbleibenden Flächen werden dann hinsichtlich ihrer Eignung als Deponiestandort verglichen und bewertet. Meist wird hieraus eine Rangfolge abgeleitet.

Tab. 10.10 Prüfumfang einer UVP für Deponien

Wirkfaktoren in der Bauphase: Raum (z. B. Flächenverbrauch), Luft (z. B. Staub), Wasser (z. B. Eingriff in das Grundwasser), Feststoff (z. B. Rückstände), Sonstiges (z. B. Erschütterungen)
Wirkfaktoren in der Betriebsphase: Raum (s. o.), Luft (z. B. Deponiegas), Wasser (z. B. Sickerwasser), Feststoff (z. B. Staub), Sonstiges (z. B. Erschütterungen)
Wirkfaktoren im nicht bestimmungsgemäßen Betrieb: Luft (z. B. Geruch), Wasser (z. B. Schäden an der Basisabdichtung), Sonstiges (z. B. Unfälle)

10.10 Planung und Herstellung von Deponien – Beispiele und Kosten

Folgende wesentliche Kriterien sind bei der Planung einer Deponie zu berücksichtigen:

- Einhaltung eines gewissen Gefälles zur Ableitung von Sickerwasser und Oberflächenwasser
- Freie Vorflut
- Volumenoptimierung zur Minimierung der Kosten für die Barrieren
- Geometrische Gestalt der Basis
- Kostenoptimierung der eingesetzten Barrieren, insbesondere unter dem Gesichtspunkt eines Massenausgleichs bei der Gestaltung der Sohle
- verfügbare Baumaterialien
- Standsicherheit und Oberflächenwasserabfluss
- Einpassung des Deponiekörpers in das bestehende Gelände
- Einhaltung der Vorgaben durch die gesetzlichen Normen wie z. B. die Deponieverordnung
- Erschließung und wirtschaftliche Gestaltung des Betriebes und der Überwachung
- Einhaltung der Vorgaben durch den Arbeitsschutz bzw. die Unfallverhütung
- Betriebsoptimierte Anordnung und Ausgestaltung der Infrastruktur

Resultierend aus diesen Bedingungen hat sich in Deutschland eine gewisse Deponieform als zweckmäßig herausgestellt (vgl. Abb. 10.46). Diese ist geprägt durch einen Randdamm, der seitlich umgeben ist durch eine Randstraße bzw. einen Graben zur Oberflächenwasserabführung und dem Deponiezaun. Von dem Randgraben ausgehend steigt dann der Deponiekörper mit einem Gefälle von zumeist 1:3 bis 1:2.5 an und flacht dann hin zum Zentrum der Deponie bis auf 1:20 (5 %) im Endzustand (nach Abklingen der Setzungen) ab, sofern dies das Landschaftsbild erforderlich macht. In der Regel sind in den Deponiekörper alle ca. 50 m Bermen einzufügen. Diese sind erforderlich, um die Deponie einerseits besser erschließen und überwachen zu können, andererseits das abfließende Oberflächenwasser rechtzeitig abzufangen, um einer Erosionsgefahr zu begegnen.

Die Ausdehnung der Deponie selbst ist dadurch vorgegeben, dass die Sickerleitungen kontrollierbar und reparierbar sein sollen. Dies erfordert, wie oben bereits dargestellt nicht verzweigte, geradlinig verlaufende schachtfreie Leitungen. Damit hängen die Leitungslängen von der Verfügbarkeit entsprechender Überwachungs- und Wartungs-Einrichtungen ab. Derzeit kann davon ausgegangen werden, dass Leitungslängen bis ca. 450 m mit

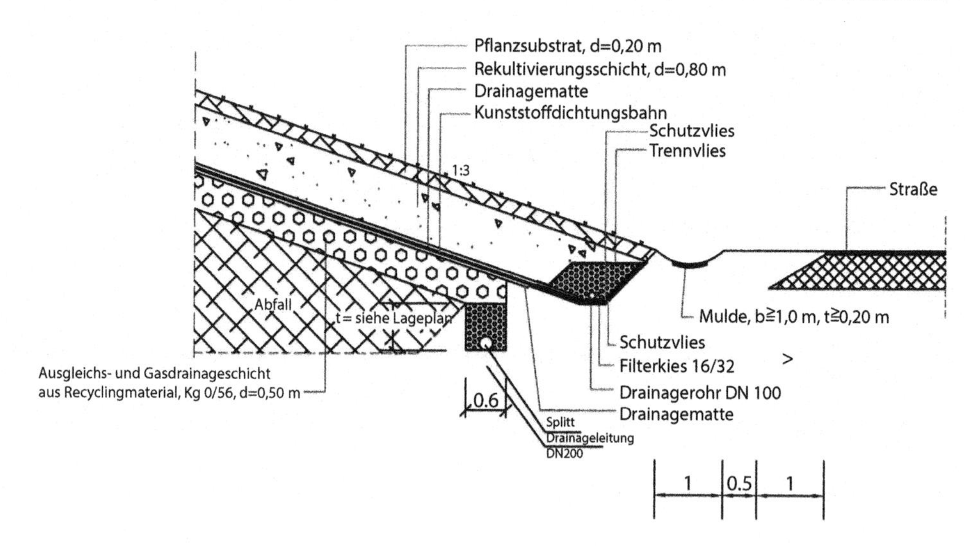

Abb. 10.46 Randgestaltung einer Abfalldeponie (Quelle: Ingenieurgruppe RUK GmbH)

Kameras befahren und mit Robotern instand gesetzt werden können, sofern die Leitungen von beiden Seiten zugänglich sind. Ebenso soll das Wasser stets in freiem Gefälle ableitbar sein, um langfristig ein Pumpen von Wasser ebenfalls vermeiden zu können. Beispielhaft ist in Abb. 10.18 der Lageplan einer Deponie vor der Verfüllung und in Abb. 10.47 nach Verfüllung angegeben.

Die Kosten für eine Deponie setzen sich im Wesentlichen aus:

- den Baukosten für Barrieren-Systeme sowie die technischen Anlagen und die Infrastruktur
- den Betriebskosten (zusammengesetzt aus Verbrauchskosten und Personal sowie Kosten für Erneuerungen sowie Unterhalt und Wartung)
- den Kosten für die Stilllegung und Nachsorge

zusammen.

Faustwerte können etwa wie folgt genannte werden:
Baukosten: 30–40 €/Mg FM Abfall
Betriebskosten: 15–30 €/Mg FM Abfall
Nachsorgekosten: 10–15 €/Mg FMAbfall, in Ausnahmefällen 25 €/Mg FM

In Summe ist damit mit ca. € 70/Mg FM für die Deponierung zu rechnen. International können die Kosten bis auf 10–30 €/Mg FM zurückgehen. Dies sind nur grobe Anhaltswerte. Sie können eine genaue Kostenermittlung selbstverständlich nicht ersetzen. Bermerkenswert sind jedoch die trotz langer Nachsorgezeiträume von in der Regel 30 bis 40 Jahren relativ niedrigen Nachsorgekosten.

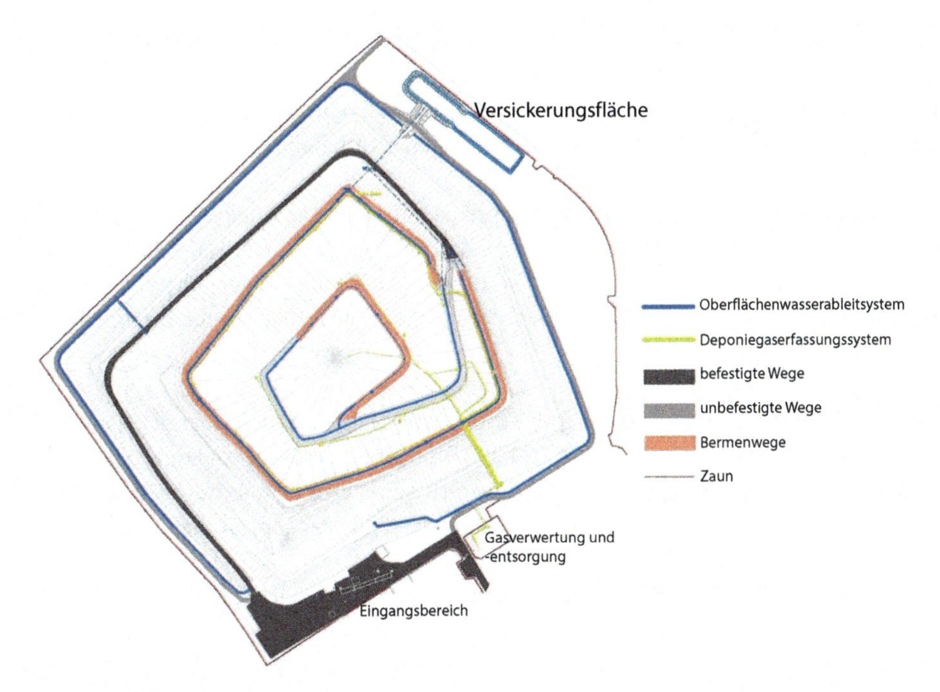

Abb. 10.47 Gestalt einer Haldendeponie nach Abschluss der Rekultivierung (Quelle: Ingenieurgruppe RUK GmbH)

10.11 Deponierückbau

Insgesamt stellt sich der Deponierückbau derzeit als nicht wirtschaftlich dar (Kosten etwa € 35/Mg FM unter Berücksichtigung der Erlöse bei Nachsorgekosten von etwa € 10–15/ Mg FM). Kommen aber weitere Nutzungsmöglichkeiten für die Deponie hinzu, und dies sind zum jetzigen Zeitpunkt vor allem die Nachnutzungsmöglichenkeiten für Immoblien, so können sich bereits heute interessante Projekte ergeben, wie dies im Ausland bereits aufgezeigt wurde. Die enorm wachsenden Städte, z. B. in China oder in den arabischen Ländern werden einen ersten systematischen Deponierückbau erzwingen. In Deutschland ist dies heute eine Frage des spezifischen Projektes und in der Zukunft eine Frage des Erlöses für rückgewonnene Abfallfraktionen. Dazuhin wird die eine oder andere Deponie saniert, so dass bei einem Deponierückbau diese Kosten eingespart werden können. Auf dieses Argument setzt derzeit vor allem die EU.

Im Rahmen neuerer Forschungen wurden Erkenntnisse zu erzielbaren Produktqualitäten und geeigneten Aufbereitungstechniken von Deponat erarbeitet [52]. Dabei haben sich zusammengefasst folgende Erkenntnisse ergeben:

- Mit der nassmechanischen Aufbereitung kann die Feinfraktion, aber auch die gröbere Fraktion, gut getrennt werden.

- Die verbliebenen verschmutzenden Anhaftungen benötigen noch eine ergänzende vorauslaufende Behandlung.
- Das gewonnene Schwergut kann als Ersatz- oder Deponiebaustoff verwendet werden, ebenso der abgeschiedene Sand. Eine weitere Aufbereitung des Feinmaterials ist empfehlenswert.
- Die Leichtfraktion eigent sich als Eratzbrennstoff in entspechenden Kraftwerken.
- Die Fraktion < 10 mm kann auf einer Deponie der Klasse DK I abgelagert werden. Wird nur diese Franktion deponiert, so ergeben sich Volumengewinne von 70–80 %. Damit können durch einen Deponierückbau insbesondere auch neue Deponiekapazitäten geschaffen werden.

Das Wertstoffpotenzial von Abfällen wird überwiegend durch den Energiegehalt (Heizwert) sowie die Metalle repräsentiert. In Tab. 10.11 ist die Zusammensetzung einer Mittel- und Grobfraktion eines zurückgebauten 7 bzw.18 Jahre alten Abfalls angegeben [53]. Die abgetrennte Fraktion <50 mm zeigte, dass deren Anteile bezogen auf die Ausgangsmasse zwischen 25,3 % und 72,6 sowie 73,6 % lag.

Nach den Ergebnissen aus Tab. 10.11 ist zu ersehen, dass sich die Kunststoffe überwiegend in der Grobfraktion anreichern, während sich die Metalle in beiden Fraktionen mit schwankenden Wertebereichen bis zu 8,6 % finden. Auch Holz ist in beiden Fraktionen gleichermaßen festgestellt worden, ebenso Papier mit teilweise großen Schwankungen. Auch die inerten Anteile, insbesondere die Steine, finden sich sowohl in der Grob- als auch in der Mittelfraktion, in der sich eher die lehmigen Anteile finden lassen. Der teilweise

Tab. 10.11 Ergebnisse der Sortieranalyse von Grob- und Mittelfraktion aus dem Deponierück bau

	Probe 1		Probe 2		Probe 3	
	Grobfraktion	Mittelfraktion	Grobfraktion	Mittelfraktion	Grobfraktion	Mittelfraktion
Material	Massenanteil [%]					
Kunststoff	38,2%	5,3%	26,4%	5,1%	21,3%	9,9%
Fe-Metalle	0,9%	1,4%	6,1%	1,7%	1,8%	8,6%
NE-Metalle		0,1%		0,0%		0,5%
Holz	13,2%	2,3%	15,7%	9,9%	14,2%	20,8%
Textilien	5,7%	0,6%	2,5%	1,4%	22,7%	1,8%
Papier	1,1%	0,6%	6,5%	1,2%	31,1%	23,7%
Steine	20,0%	26,5%	29,4%	18,7%	4,4%	30,1%
Lehm	20,0%	60,9%	12,6%	60,3%	0,0%	0,0%
Glas	0,9%	2,3%	0,8%	1,6%	0,4%	4,6%
Elektro	0,0%	0,0%	0,0%	0,0%	4,0%	0,0%
Summe	100,00%	100,00%	100,00%	100,0%	100,00%	100,0%
Wassergehalt	51,30%	25,20%	54,70%	32,50%	55,80%	40,70%

hohe Anteil der Mittelfraktion an der gesamten Probe zeigt deutlich, dass die Grobfraktion mit ihren eher heizwertreichen Stoffen teilweise nur ca. ein Viertel der gesamten Probe ausmachen kann. Hoch erscheinen auch die festgestellten Wassergehalte. Der Energieinhalt findet sich, wie bereits mehrfach in der Literatur dargestellt, überwiegend in der Grobfraktion. Allerdings ist auf die hohe Abhängigkeit vom Wassergehalt hinzuweisen.

Grabarbeiten im Deponiekörper sind vergleichbare Bautätigkeiten wie auf Erdbaustellen. Natürlich müssen die dabei auftretenden Emissionen berücksichtigt werden. Solche sind insbesondere Deponiegas, Staub, Sickerwasser, Keime und Gerüche. Interessanterweise wurden bislang an Siedlungsabfalldeponien keine Probleme mit Asbestemissionen beobachtet. Die wesentlichen Emissionen, dies haben die bisherigen Erfahrungen mit dem Rückbauen von Deponien gezeigt, sind die Staubemissionen. Dabei hat es sich gezeigt, daß beim Abkippen und Transportieren des Abfalls mit die höchsten Staubemissionen auftreten. Aus diesem Grund ist es entscheidend, bei den Arbeiten entsprechende Schutzmaßnahmen zu treffen. Neben der Verwendung von persönlichen und technischen Arbeitsschutzmaßnahmen ist es sinnvoll, die Staub- und Deponiegasemissionen direkt an der Emissionsquelle durch geeignete Maßnahmen zu reduzieren. Zu diesem Zweck bietet sich bezüglich einer Reduzierung der Staubemission die regelmäßige Bewässerung der Verkehrsflächen und bezüglich der Reduzierung der Deponiegasemissionen eine Zwischenabdeckung der Grabungsstelle, die beispielsweise über Nacht und über die Wochenenden aufgebracht werden kann, an. Durch die Reduzierung der Deponiegasemissionen ergibt sich auch eine Reduzierung der Geruchsbelästigung in der näheren und weiteren Umgebung der Grabungsstelle [54].

Fragen zu Kap. 10

1. Welche Rechtsnorm ist in Deutschland für die Deponie maßgebend?
2. Welche Gefährdungen können von ungeordneten Deponien ausgehen?
3. Welche unterschiedlichen Deponiekonzepte kommen in der Praxis vor?
4. Nach welchem Zeitraum setzt die Deponiegasbildung ein?
5. In wie viele (in welche) Phasen lässt sich die Deponiegasentwicklung einteilen?
6. Welche Phasen sind bei der Bewertung der Sickerwasserbeschaffenheit zu unterscheiden?
7. Mit wie viel Sickerwasser/mit wie viel Deponiegas ist im jährlichen Durchschnitt zu rechnen?
8. In welcher Größenordnung treten an Deponien mit unvorbehandelten Abfällen Setzungen auf?
9. Welche Deponieklassen unterscheidet das deutsche Deponierecht? Welche kennt das EU-Deponierecht?
10. Unter welchen Voraussetzungen können Abfälle deponiert werden?
11. Aus welchen Materialien können Abdichtungskomponenten bestehen?
12. Welches Gefälle soll eine Deponiebasis zur Ableitung des Sickerwassers aufweisen?

13. Wie ist die prinzipielle Anordnung zur Gasableitung?
14. Wie ist der technische Aufbau einer passiven Entgasung mit Methanoxidation?
15. Unter welchen Voraussetzungen kann die Feststellung des Abschlusses der Nachsorgephase einer Deponie erfolgen? Welche Phasen hat sie bis dahin durchlaufen?

Literaturverzeichnis

[1] Statista: das Statistik Portal, de.statista.com, 2016
[2] Anonym: Umweltbundesamt, Daten zur Umwelt 2005, Erich Schmidt Verlag, Berlin, 2006
[3] Anonym: Umweltbundesamt, www.umweltbundesamt.de
[4] Anonym: Verordnung über Deponien und Langzeitlager (Deponieverordnung – DepV), Ausfertigungsdatum 27.4.2009, in Kraft getreten am 16.7.2009, zuletzt geändert am 3.4.2016
[5] Anonym: Richtlinie 1999/31/EG des Rates vom 26.4.1999 über Abfalldeponien, Amtsblatt der Europäischen Gemeinschaften vom 16.7.1999, L 182/1–L 182/19
[6] Anonym: Dritte Allgemeine Verwaltungsvorschrift zum Abfallgesetz, Technische Anleitung zur Verwertung, Behandlung und sonstigen Entsorgung von Siedlungsabfällen (TA Siedlungsabfall) vom 14. Mai 1993, BAnz. S. 4967 und Beilage
[7] Anonym: Internetauftritt Umweltministerium Baden-Württemberg, Angaben zur Untertagedeponie Heilbronn
[8] Rettenberger, G.: Untersuchungen zur Charakterisierung der Gasphase in Abfallablagerungen, Stuttgarter Berichte zur Abfallwirtschaft, Band 82, Kommissionsverlag Oldenbourg Industrieverlag GmbH, München, 2004
[9] Heyer, K.-U.: Emissionsreduzierung in der Deponienachsorge. Hamburger Berichte, Band 21, Verlag Abfall aktuell, Stuttgart, 2003
[10] Maurer, M., Winkler, J.P.: Biogas – Theoretische Grundlagen, Bau und Betrieb von Anlagen, 2. Auflage, C. F. Müller, Karlsruhe, 1982
[11] Rettenberger, G.: Erkenntnisse aus dem Deponierückbau bezüglich Langzeitverhalten der Deponiegasentwicklung – Empfehlungen für die Entgasung älterer Deponien in Rettenberger (Hrsg.): Deponiegas 1995 – Nutzung und Erfassung, Trierer Berichte zur Abfallwirtschaft, Band 9, Economica Verlag, Bonn, 1996
[12] Ramke, H. G., u. a.: Modellierung des Wasserhaushalts, in Leitfaden zur Deponiestilllegung, hrsg. von DWA und VKS im VKU, Juni 2003
[13] Tabasaran, O.: Zeitgemäße Deponietechnik, Erich Schmidt Verlag, Berlin, 1999
[14] Krümpelbeck, I. u. a.: Sickerwasser – Menge, Zusammensetzung und Behandlung, Müllhandbuch, Erich Schmidt Verlag, Berlin, Lfg. 3/01, KZ 4670
[15] Trapp, M.: Entwicklung der Sickerwasserbeschaffenheit von Siedlungsabfalldeponien in Deponietechnik 2016, herausgegeben von Stegmann, R. und Rettenberger, G. u.a., Hamburger Berichte 44, Verlag Abfall aktuell, Stuttgart, 2016
[16] Bilitewski, B., Härdtle, G., Marek, K.: Abfallwirtschaft, Springer Verlag, Berlin, 2000
[17] Wiemer, K. Qualitative und quantitative Kriterien zur Bestimmung der Dichte von Abfällen in geordneten Deponien, Abfallwirtschaft an der Technischen Universität, Berlin, 1982
[18] Anonym: GDA, GDA-Empfehlungen E 2-24: Hinweise zur Ermittlung der Setzungen des Abfallkörpers, Bautechnik 9/1997
[19] Gerloff, K. H.: Das Setzungsverhalten einer Deponie: Messung, Analyse und Prognose, in: Müllhandbuch, Lfg. 4/96, Erich Schmidt Verlag, Berlin
[20] Cossu, R.: Proposals of a methodology for assessing the Final Storage Quality of a Landfill in Sardinia 2007, Proceedings of Eleventh International Waste Management and Landfill Symposium. Hrsg.: Cossu, Diaz, Stegmann, CISA, Euro Waste Srl, Padua 2007

[21] Melchior, S.: Innovative Oberflächenabdichtungssysteme und Empfehlungen zum Einbau von Rekultivierungsschichten auf Deponien, in: 4. Deponieseminar Oberflächenabdichtung und Rekultivierung von Deponien, Mainz, 2001, Eigenverlag Geologishes Landesamt Rheinland-Pfalz

[22] Gerigh, Ch.: Anforderungen an die Realisierung einer technischen Methanoxidation in Trierer Berichte zur Abfallwirtschaft, Band 22, herausgegeben von Rettenberger, G., Stegmann, R., Verlag Abfall aktuell, Stuttgart, 2015

[23] Rettenberger, G.: Gestaltung von Deponieoberflächen als Methanfilter in Trierer Berichte zur Abfallwirtschaft, Band 12, herausgegeben von Rettenberger, G., Stegmann, R., Verlag Abfall aktuell, Stuttgart, 1999

[24] Bräcker, W.: Aktueller Stand der BQS und Eignungsbeurteilung der LAGA Ad-hoc-AG „Deponietechnik", wie [16]

[25] Burghardt, G., Egloffstein, Th.: Planung von Oberflächenabdichtungssystemen auf der Grundlage von DepV und BGS, in Zeitgemäße Deponietechnik 2014: Die Deponie zwischen Stilllegung und Nachsorge, herausgegeben von Kranert, M., Stuttgarter Berichte zur Abfallwirtschaft, Band 112, DIV Deutscher Industrieverlag GmbH, München, 2014

[26] Anonym: Empfehlungen der Fachsektion 6 – AK6.1 der Deutschen Gesellschaft für Geotechnik e.V. DGGT, www.gdaonline.de

[27] Lechner, K. u.a.: Taschenbuch der Wasserwirtschaft, Springer Vieweg, Wiesbaden, 2015

[28] Bohl, W., Elmendorf, W.: Technische Strömungslehre, 13. Auflage, Vogel Fachbuch, Würzburg, 2005

[29] Ramke, H. G.: Hydraulische Beurteilung und Dimensionierung der Basisentwässerung von Deponien fester Siedlungsabfälle – Wasserhaushalt, hydraulische Kennwerte, Berechnungsverfahren – Dissertation, Mitteilungen aus dem Leichtweißinstitut für Wasserbau, Heft 114, TU Braunschweig, 1991

[30] Anonym: DIN 19667, Dränung von Deponien, Technische Regeln für Bemessung, Bauausführung und Betrieb, Ausgabe: 1991–05

[31] Hartinger, L.: Handbuch der Abwasser- und Recyclingtechnik, Carl Hanser Verlag, München, 1991

[32] Dahm, W., Kollbach, J. St., Gebel, J.: Sickerwasserreinigung, EF-Verlag für Energie und Umwelt, 1994

[33] Anonym: Verordnung über Anforderungen an das Einleiten von Abwasser in Gewässer (Abwasserverordnung – AbwV) vom 21.3.1997 zuletzt geändert am 1.6.2016

[34] VDI: Richtlinie VDI 4630 „Vergärung organischer Stoffe; Substratcharakterisierung, Probenahme, Stoffdatenerhebung, Gärversuche", April 2006

[35] Rettenberger, G., Haubrich, E., Schneider, R.: Überprüfung der Emissionsfaktoren für die Berechnung der Methanemissionen aus Deponien, Studie im Auftag des Umweltbundesamtes, Berlin, 2014, www.Umweltbundesamt.de

[36] VDI: Richtlinie VDI 3790, Blatt 2, „Emissionen von Gasen, Gerüchen und Stäuben aus diffusen Quellen – Deponien", 2015

[37] Rettenberger, G.: Untersuchungen zur Entstehung, Ausbreitung und Ableitung von Zersetzungsgasen in Abfallablagerungen, Bericht im Auftrag des Umweltbundesamtes, Texte 12/82, Umweltbundesamt, Dessau-Roßlau

[38] Tabasaran, O.: „Überlegungen zum Problem Deponiegas", Müll und Abfall, Heft 7, Erich Schmidt Verlag, Berlin, 1976

[39] Ehrig, H.-J.: Gasprognose bei Restmülldeponien in Trierer Berichte zur Abfallwirtschaft, Band 2, Deponiegasnutzung, herausgegeben von Rettenberger, G., Stegmann, R., Economica Verlag, Bonn, 1991

[40] Rettenberger, G.: Stand der Arbeiten zur VDI Richtlinie 3790 Blatt 2 „Emissionen von Gasen, Gerüchen und Stäuben aus diffusen Quellen – Deponien, in Zeitgemäße Deponietechnik 2014,

herausgegeben von Kranert, M., Stuttgarter Berichte zur Abfallwirtschaft, Band 112, DIV Deutscher Industrieverlag GmbH, München, 2014
[41] Rettenberger, G., Haubrich, E., Schneider, R.: Methode zur Berücksichtigung der Methanemissionen bei einer Deponiestabilisierung an Siedlungsabfalldeponien im nationalen Treibhausgasinventar, im Auftag des Umweltbundesamtes, Berlin, 2016, www.Umweltbundesamt.de
[42] Christoph, H.: Vergleich der horizontalen mit der vertikalen Entgasung am praktischen Beispiel der Deponie Außernzell in Rettenberger/Stegmann (Hrsg.): Deponiegas 99: Trierer Berichte zur Abfallwirtschaft, Band 12, Verlag Abfall aktuell, Stuttgart, 1999
[43] Deutsche Gesetzliche Unvallversicherung e.V. (DGUV): DGUV Regel 114-004 Deponien, Berlin, Ausgabe 2001
[44] Heyer, K.-U., Hupe, K., Ritzkowski, M., Stegmann, R.: Stabilisierung durch Belüftung, Erfahrungen mit der großtechnischen Anwebdung in Trierer Berichte zur Abfallwirtschaft, Band 13, herausgegeben von Rettenberger, G. und Stegmann, R., Verlag Abfall aktuell, Stuttgart, 2001
[45] Reiser, M., Laux, D., Kranert, M., Lohotzky, K.: In-situ-Aerobisierung auf der Deponie Dorfweiher – Ergebnisse aus und nach 3 Jahren, Zeitgemäße Deponietechnik 2013: Technisch hochwertige Deponiestilllegung, herausgegeben von Kranert, M., Stuttgarter Berichte zur Abfallwirtschaft, Band 109, DIV Deutscher Industrieverlag GmbH, München, 2013
[46] Rettenberger, G., Urban-Kiss, St., Stöhr, R.: Betriebshandbuch und Betriebstagebuch für Siedlungsabfalldeponien in Müllhandbuch, Erich Schmidt Verlag, Berlin, Lfg. 3/96, Kennziffer 4581
[47] Anonym: Verordnung zum Schutz vor Gefahrstoffen (Gefahrstoffverordnung – GefStoffV) vom 26.11.2010, zuletzt geändert am 3.2.2015
[48] Anonym: Firmenunterlagen der Firma LAMBDA Gesellschaft für Gastechnik mbH, Herten
[49] Anonym: Verordnung über Sicherheit und Gesundheitsschutz bei der Verwendungvon Arbeitsmitteln (Betriebssicherheitsverordnung – BetrSichV) vom 27.9.2002, zuletzt geändert am 13.7.2015
[50] ATV-DVWK, VKS e. V. Leitfaden zur Deponiestilllegung, Autoren: Palm, A., Schmitt-Tegge, J., Sondermann, W.-D., Köln, Hennef, 2003
[51] ATV-DVWK, VKS e.V. Leitfaden zur Deponiestilllegung, Autoren: Palm, A., Schmitt-Tegge, J., Sondermann, W.-D., Köln, Hennef, 2003
[52] Wanka, S., Münnich, K., Zeiner, K., Fricke, K.: Landfill mining, Nasschemische Aufbereitung von Feinmaterial in Müll und Abfall, Heft 1, Januar 2016, Erich Schmidt Verlag, Berlin
[53] Rettenberger, G., Rückbau von Deponien in Mineralische Nebenprodukte und Abfälle 3, herausgegeben von Thome-Kozmiensky, K.J., TK Verlag, Neuruppin, 2016
[54] Rettenberger, G., Rückbauen und Abgraben von Deponien und Altablagerungen, Verlag Abfall aktuell, Stuttgart, 1998

11 Gefährliche Abfälle und Altlasten

11.1 Allgemeines

11.1.1 Definition

Gefährliche Abfälle (engl. hazardous waste) werden landläufig mit dem populären Synonym „Sonderabfall". Im KrWG (Juni 2012) findet sich der Begriff Sonderabfall nicht – vielmehr wird dort zwischen gefährlichen und nicht gefährlichen Abfällen unterschieden.

Gefährlich sind Abfälle dann, wenn sie nach Art, Beschaffenheit oder Menge in besonderem Maße gesundheits-, luft- oder wassergefährdend, explosibel oder brennbar sind oder Erreger übertragbarer Krankheiten enthalten oder hervorbringen können.

Derartige gefährlichen Merkmale sind in Anhang III der EU-Richtlinie 91/689/EWG aufgelistet. In der Abfallverzeichnis-Verordnung (AVV) [1] sind solche Abfälle mit einem * gekennzeichnet. Insgesamt sind derzeit 839 Abfälle gelistet – davon 405 *Abfälle. Die Gefährlichkeitskriterien sind dabei angelehnt an die Gefahrstoffkriterien für Güter (siehe hierzu auch Richtlinie 67/548/EWG) [2].

Gemäß § 3 Abs. 5 KrWG wird die Gefährlichkeit eines Abfalls durch Rechtsverordnung nach § 48 Satz 2 definiert. An solche Abfälle sind betr. Entsorgung und Überwachung besondere Anforderungen zu stellen.

Besonders bedeutsame Regulierungen sind hier:

- das Vermischungsverbot gemäß § 9 Abs.2 KrWG,
- die Pflicht zur Führung von Entsorgungsnachweisen und Registern gemäß den §§ 49 ff KrWG i.V.m der NachwV (in Kraft seit Februar 2007 bzw. 1. Juni 2012) [3]
- die Pflicht zur Einholung der behördlichen Entsorgungserlaubnis für Sammler, Beförderer, Händler und Makler gemäß §§ 53 und 54 KrWG i.V.m der Abfall Anzeige- und Erlaubnisverordnung AbfAEV, in Kraft seit 1. Juni 2014 [4]

M. Kranert (Hrsg.), *Einführung in die Kreislaufwirtschaft*,
DOI 10.1007/978-3-8348-2257-4_11

In der Öffentlichkeit wird vielfach pauschal der Begriff Giftmüll für industrielle Abfälle gebraucht – seien sie nun tatsächlich giftig und gefährlich oder nicht. Dies leitet sich aus einer Zeit her, in der immer wieder skandalösen Praktiken bei der Entsorgung von Industrieabfällen aufgedeckt wurden und die behördliche Überwachung mangelhaft war.

Es sei angemerkt, dass sich die Gefährlichkeit eines Abfalls in der Praxis nur in verhältnismäßig seltenen Fällen unmittelbar auf den Menschen auswirkt – vielmehr sind überwiegend Umweltschäden die Folge, wodurch der Mensch dann allerdings mittelbar betroffen sein kann – meist durch Kontaminationen von Grund- und Oberflächenwasser.

11.1.2 Statistik – Mengen und Wege gefährlicher Abfälle

Die Datenquelle in Deutschland für Statistiken betreffend Mengen, Wege und Verbleib gefährlicher Abfälle, war das bis April 2010 auf Papierformularen beruhende Begleitscheinverfahren – und bei grenzüberschreitender Verbringung gefährlicher Abfälle – das nach wie vor mit Papierformularen abzuwickelnde Notifizierungsverfahren.

Seit April 2010 wurden in Deutschland die Papierformulare des Begleitscheinverfahrens durch das elektronische Abfallnachweisverfahren (eANV) abgelöst, welches gemäß § 53 und § 54 KrWG bundesweit einheitlich über die Zentrale Koordinierungsstelle (ZKS-Abfall) abgewickelt wird. Zukünftig soll auch das Notifizierungsverfahren gemäß EG Abfallverbringungsverordnung elektronisch durchgeführt werden [5].

Die Daten aus der ZKS-Abfall werden im Rahmen des Umweltstatistikgesetzes (UStatG) aufbereitet und veröffentlicht. Abfallstatistiken der Bundesländer sowie für Gesamtdeutschland sind im Internet in Veröffentlichungen des Umweltbundesamtes (UBA) zu finden sowie als Broschüren erhältlich (Abb. 11.1).

Anzumerken ist, dass dabei nur diejenigen Abfälle in der Statistik auftauchen, welche das Werkstor eines Industriebetriebs verlassen. Innerbetrieblich behandelte gefährliche Abfälle werden von der Statistik nicht erfasst. Lediglich die bei der innerbetrieblichen (primären) Abfallbehandlung angefallenen und nach außen abgegebenen Abfälle (Sekundärabfälle) gehen – sofern diese noch gefährlich sind – in die Statistik ein.

Auf Grund der aufwändigen Auswertungen datieren die Statistiken meist 1,5 Jahre zurück.

11.1.3 Gefährlicher Abfall – Überwachungsinstrumente

Auf Grund früherer schlechter Erfahrungen bei der Entsorgung unterliegen heute alle gefährlichen Abfälle einer behördlichen Überwachung in elektronischer Form, gemäß Verordnung über die Nachweisführung bei der Entsorgung von Abfällen vom 1. April 2010, (eANV).

Im Hinblick auf Erleichterungen für kleinere Firmen wird hierbei nach der Menge der erzeugten gefährlichen Abfälle differenziert:

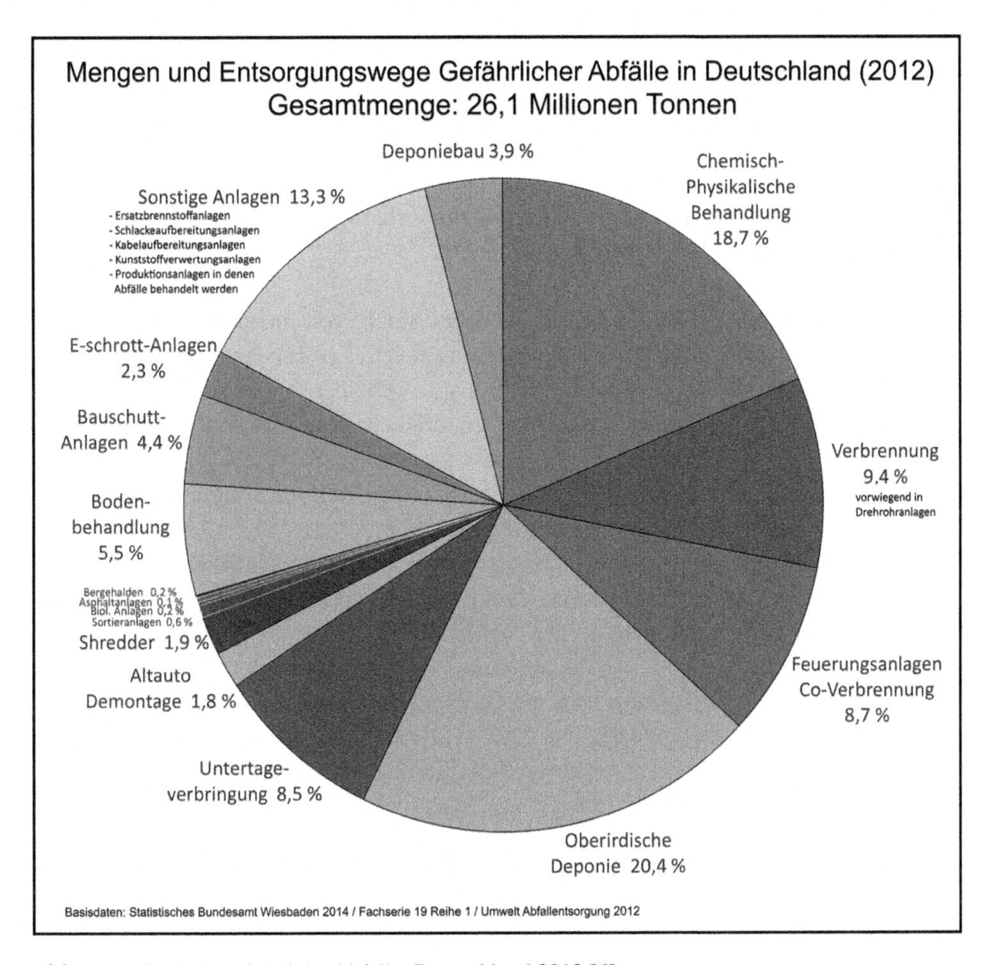

Abb. 11.1 Statistik gefährliche Abfälle, Deutschland 2012 [6]

- Bis 2 Tonnen gefährliche Abfälle (insgesamt) pro Jahr (= Kleinmenge): keine Nachweispflicht aber Registerpflicht, d. h. Führung des elektronischen Nachweisbuchs
- Bis 20 Tonnen je gefährlichem Abfall pro Jahr: Der Erzeuger kann auf den elektronischen Nachweis verzichten, wenn er die Abfälle über einen Sammler entsorgt, der in vielen Fällen auch der Beförderer ist. Der Sammler ist ein Unternehmen, das gefährliche Abfälle einsammelt und mit Übernahme der Abfälle die Nachweispflichten des Abfallerzeugers übernimmt. In diesem Fall weisen die Beteiligten die Übernahme der Abfälle mit einem Übernahmeschein in Papierform nach. Der Sammler benötigt einen elektronischen (Sammel)entsorgungsnachweis auf dessen Grundlage er elektronische Begleitscheine erstellen muss. Die Dokumente sind in die Register aufzunehmen, welche, im Falle des Erzeugers, in Papierform geführt werden darf.
- Mehr als 20 Tonnen je gefährlichem Abfall pro Jahr: Der Abfallerzeuger benötigt für jeden Abfall eigene Entsorgungsnachweise, auf deren Basis dann die

Begleitscheine für stattgefundene Entsorgungen erstellt werden. Nachweispflicht plus Registerpflicht für Erzeuger, Beförderer und Entsorger. (Nachweis bedeutet: Verantwortliche Erklärung VE + Annahmeerklärung AE + ggf. Behördenbestätigung BB).

Die besonders relevanten Überwachungsinstrumente für gefährliche Abfälle im Einzelnen:

- Durchführung der Deklarationsanalyse (DA) des Abfalls von einem zertifizierten Labor
- Vorabkontrolle: Erstellung eines Entsorgungsnachweises (= genehmigter Entsorgungsweg). Der elektronische Entsorgungsnachweis des Abfallerzeugers (EN) welcher dem früheren Entsorgungsnachweis in Papierform ähnlich ist und VOR der Abfallentsorgung erfolgen muss. Voraussetzung ist, dass sämtliche Beteiligte registriert sind und über Identifikationsnummern (z. B. Erzeugernummer, Beförderernummer, Entsorgernummer) verfügen. Diese werden einmalig beantragt.
- Die Erstellung eines Entsorgungsnachweises. Dies umfasst folgende Schritte:
  - Erstellung der elektronischen Verantwortlichen Erklärung (VE) durch den Abfallerzeuger und deren Sendung an den Abfallentsorger (über das ZKS).
  - Abfallentsorger erstellt eine elektronische Annahmeerklärung (AE) und leitet Sie über das ZKS den Behörden und dem Erzeuger zu.
  - die Behördenbestätigung (BB) via ZKS, dass der Abfall auf dem beantragten Weg entsorgt werden darf. Zu beachten sind hierbei Erleichterungen nach dem sog. Privilegierten Verfahren für Entsorgungsfachbetriebe. (Siehe NachweisV, § 7.)
- Verbleibskontrolle
  - Durchführung des Begleitscheinverfahrens in elektronischer Form und elektronisch signiert für jeden einzelnen Abfalltransportvorgang – in der Reihenfolge der Verantwortlichen:
    - Abfallerzeuger (Angaben über Abfallherkunft und übergebene Menge)
    - Abfallbeförderer (Angaben über den Beförderer, Termin der Übergabe)
    - Abfallentsorger (Angaben zur Art und Weise der Entsorgung)
- die elektronische Führung von Abfall-Registern (= Nachweisbücher der entsorgten Abfälle) seitens des Erzeugers, des Beförderers und des Entsorgers, je nach jährlich erzeugter Abfallmenge, s. o.
- Mitführung von Papierkopien der elektronischen Begleitscheine oder eines elektronischen Lesegeräts für die Begleitscheine durch den LKW-Fahrer beim Abfalltransport.
- Im Hinblick auf eine ordnungsgemäße Entsorgung, ist in Betrieben, bei welchen gefährliche Abfälle anfallen, gemäß §§ 59 und 60 KrWG. i.V.m. der Betriebsbeauftragtenverordnung [7] (AbfBeauftrV), mindestens ein Betriebsbeauftragter für Abfall zu bestellen, der sich – nebenbei oder hauptamtlich – um die Einhaltung der abfallrechtlichen Bestimmungen durch seine Firma kümmert. Ihm obliegt es auch, den Weg der Abfälle von ihrer Entstehung bis zur endgültigen Entsorgung zu überwachen. Dazu führen die Betriebsbeauftragten großer Firmen in der Regel Audits bei den zu beauftragenden

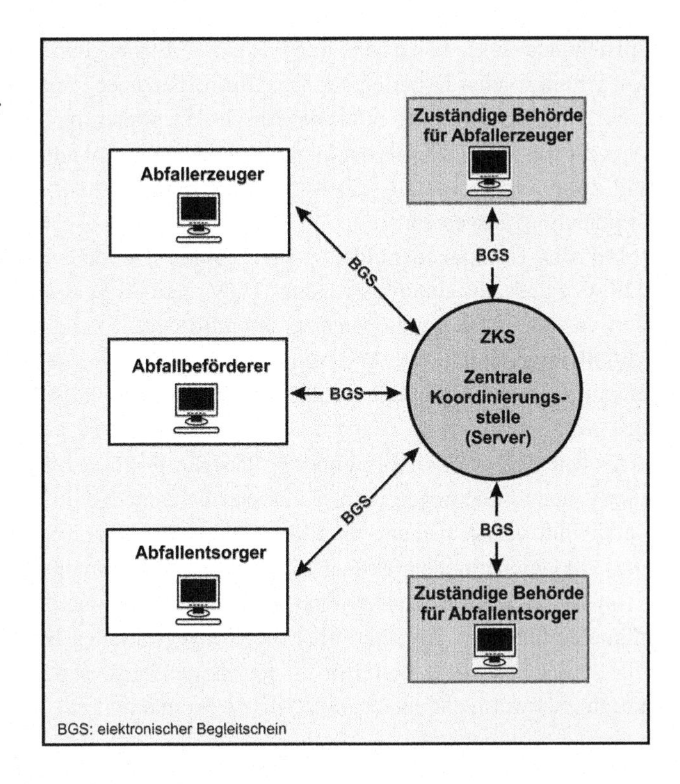

Abb. 11.2 Elektronisches Begleitscheinverfahren (eANV), gemäß NachwV, für gefährliche Abfälle, obligatorisch für jeden einzelnen Abfalltransport

Entsorgungsunternehmen durch. Die Verantwortlichkeiten verbleiben allerdings bei der Firmenleitung.

Die für online-Anwendung in Deutschland weiterentwickelte Begleitscheinprozedur als wirkungsvolles Überwachungsinstrument betr. Wege und Verbleib gefährlicher Abfälle wird im Folgenden schematisch dargestellt (Abb. 11.2).

Es sei angemerkt, dass der Abfallerzeuger, der Abfalltransporteur und der Abfallentsorger Gebühren für den Service und die Genehmigungen der Behörden entrichten.

Auch für das Erstellen von Begleitscheinen werden ggf. Kosten fällig, die im einstelligen Eurobereich liegen. Dies hängt davon ab, ob die Beteiligten die kostenfrei zur Verfügung gestellte Software des Bundes (sog. Länder-eANV) nutzen oder über Provider arbeiten, welche ein komfortableres Arbeiten mit dem ZKS ermöglichen, dafür aber Kosten in Rechnung stellen.

11.1.4 Analytik gefährlicher Abfälle – Möglichkeiten und Grenzen

Um einen gefährlichen Abfall zu entsorgen, ist den zuständigen Behörden der Entsorgungsnachweis mit Deklarationsanalyse vorzulegen, aus welchen sich Herkunft,

Entstehungsweise, Konsistenz und besondere Eigenschaften des Abfalls erkennen lassen. Auf Grund solcher Kriterien kann der Entsorgungsweg festgelegt werden.

So sind im Hinblick auf oberirdische Deponierung die Zuordnungswerte für die Deponieklasse III (DK III) der Deponieverordnung Anhang 3 Punkt 2 Tabelle 2, relevant – und zwar für den Abfall selbst sowie für dessen Eluat. Flüssige Abfälle sind von der Deponierung ausgeschlossen.

Für die Untertagedeponie (UTD) gemäß Deponieverordnung, Deponieklasse IV (DK IV) und den Untertageversatz (UTV) gemäß Versatzverordnung (VersatzV, 2007) sind vor allem Informationen über brandfördernde, geruchsintensive oder gasbildende Abfallkomponenten und Angaben zur Reaktivität mit Wasser bedeutsam. Beim UTV spielen noch der Glühverlust bzw. der TOC eine Rolle. Flüssige Abfälle sind untertage ausgeschlossen.

Im Hinblick auf die Verbrennung flüssiger, pastöser oder fester Abfälle sind verbrennungs- und emissionsrelevante Parameter bedeutungsvoll, wie z. B. Wassergehalt, Heizwert, Glühverlust, Gehalte an Chlor, Brom, Schwefel, Stickstoff und Schwermetallen. Dies gilt gleichermaßen für die Co-Verbrennung in Zementwerken oder Großkraftwerken.

Im Hinblick auf Chemisch-Physikalische Behandlung der meist flüssigen und schlammigen Abfälle sind Angaben über die Konzentrationen behandlungsrelevanter Bestandteile zu machen – z. B. betreffend den Gehalten an suspendierte Stoffen, Mineralöl, Lösemitteln, Schwermetallen, Cyanid, Nitrit, Chromat und ggf. anderen umweltrelevanten und toxischen Komponenten.

Die – i. A. fünf Jahre gültige – Deklarationsanalyse eines Abfalls erfolgt i. d. R. an Hand von Stichproben gemäß LAGA Vorschrift PN 98 [8].

Nach der Probenahme folgen Analysen nach DIN-Methoden, welche von zertifizierten Laboratorien durchzuführen sind (Abb. 11.3).

Trotzdem kann der Abfall hierdurch nur grob orientierend charakterisiert werden, da der Fehler, der bei der Probenahme von inhomogenem Material unbekannter Inhomogenität gemacht wird, letztlich unbekannt ist und sehr groß sein kann. Auch kann der Abfall von Charge zu Charge und von Zeit zu Zeit stofflichen Änderungen unterworfen sein.

Der Gesetzgeber hat diesen Fehlermöglichkeiten und Unsicherheiten dadurch Rechnung getragen, dass die Grenzwerte auch dann noch als eingehalten gelten, wenn bei der Identitätskontrolle des Abfalls, diese deutlich überschritten werden. Siehe hierzu auch die früher gültige TA-Abfall, Anhang B, Punkt 3.2 [9], sowie das Gesetz und die Verordnung zur Vereinfachung der abfallrechtlichen Überwachung. Anhang 3, Punkt 2 [10].

Es sei angemerkt, dass sich die vorgeschriebenen analytischen Kontrollen – trotz ihrer Schwäche betr. Probenahme – als ein wirksames Disziplinierungsinstrument bei der ordnungsgemäßen Entsorgung gefährlicher Abfälle erwiesen haben, mit der Folge, dass „Giftmüllskandale“ heute aus den Schlagzeilen verschwunden sind.

In diesem Zusammenhang sei auch auf das mittlerweile verschärfte Umweltstrafrecht hingewiesen, welches bei fahrlässigem oder vorsätzlichem Verstoß gegen geltende Bestimmungen mit empfindlichen Geld- oder Haftstrafen droht (StGB § 326).

Abb. 11.3 Problem Probenahme aus Haufwerken fester Stoffe, hier: Schwarz aus Weiß [11]

11.2 Altlasten

11.2.1 Altlasten – Ursachen, Historie

Altlasten sind ehemalige gewerbliche, industrielle, bergbautechnische sowie auch militärische Standorte sowie Abfall-Altablagerungen – verursacht in einer Zeit, in der generell mit Stoffen und damit auch mit Abfällen, unachtsam umgegangen wurde. In Deutschland ist dies ein Zeitraum ab der Industrie-Gründerzeit, der fallweise noch bis in die Gegenwart reicht. Das stoffliche Inventar jener Stätten kann zu schädlichen Auswirkungen auf die Biosphäre führen oder hat bereits zu Schäden geführt, so vor allem zu Grundwasser- und Bodenverunreinigungen.

Als besonders umweltrelevant erwiesen sich hierbei vorrangig flüssige organische Stoffe, die im Wirtschaftsleben in großen Mengen eingesetzt werden, wie Mineralöle, Kraftstoffe, chlorierte und nicht chlorierte Lösemittel, Teere oder Pestizide. So ist die Wahrscheinlichkeit hoch, dass ehemalige (aber auch bestehende) Firmengelände, auf denen mit solchen Flüssigkeiten umgegangen wurde, heute mehr oder weniger starke Boden- und Grundwasserkontaminationen in ihrem Umfeld aufweisen. Dies gilt auch für Tankfarmen, für Tankstellen, für ehemalige Anlagen zur Stadtgaserzeugung bzw. Kokereien aber auch für Standorte von Chemisch-Reinigungen (CKW). Eine herausragende Rolle spielen auch Grundwasserverunreinigungen durch ehemalige co-disposal Abfallkippen – dort wo Siedlungsabfälle mit Industrieabfällen gemeinsam abgelagert wurden. Aber auch modernere, sog. „geordnete" Deponien, welche in Gruben angelegt wurden, sind potentiell grundwassergefährdend, da deren Sickerwässer früher oder später unkontrollierbar in den Untergrund gelangen können – spätestens dann, wenn das Sickerwasser nicht mehr abgepumpt wird.

Auch landwirtschaftlich intensiv genutzte Flächen, auf denen großflächig Pestizide ausgebracht wurden (und z. T. noch werden), gehören hierzu, ebenso wie die geteerten und seit Jahrzehnten pestizidbehandelten Gleiskörper der Eisenbahn. Die Altlastenproblematik existiert weltweit.

11.2.2 Altlasten – Statistiken

Forciert durch Umweltskandale und Erkenntnisse aus den USA, begann die Altlastendiskussion in Deutschland in breiten Kreisen der Bevölkerung und im politischen Raum zu Beginn der 1970-iger Jahre. Unterstützt durch das Umweltbundesamt (UBA) wurden in der Folge in allen Bundesländern die Altlasten erfasst und umfangreiche Altlastenkataster angelegt. Detaillierte Zahlen für die einzelnen Bundesländer sind u. a. in den Jahresberichten „Daten zur Umwelt" des UBA veröffentlicht [12].

Insgesamt sind bis 2014 in Deutschland 317.036 Flächen als altlastverdächtig erfasst, von denen die als besonders umweltschädlich eingeschätzten - bislang 29.679 Stätten – zwischenzeitlich gesichert oder saniert wurden. 4668 Stätten befinden sich derzeit in Sanierung und 3966 werden überwacht (UBA, Altlasten und ihre Sanierung, Dezember 2014).

11.2.3 Altlasten – Gesetzgebung

Die Grundlage aller Maßnahmen zur Bearbeitung von Altlasten in Deutschland ist das 1999 in Kraft getretene Bundes-Bodenschutzgesetz (BBodSchG, letzte Änderung August 2015) mit der Bodenschutz- und Altlastenverordnung, in welchen bundesweit einheitliche Vorgaben für den Bereich der Altlastenbewertung und -sanierung gegeben werden. Grundstückseigentümer und Investoren erhalten dadurch mehr Rechts- und Investitionssicherheit. Daneben existieren zahlreiche gesetzliche Regelungen und Leitfäden auf Länderebene [13].

In der EU wird das Thema Altlasten mit den Richtlinien zu Nitrat (91/676/EWG) und Klärschlamm (91/271/EWG) sowie mit der Wasser-Rahmenrichtlinie (2000/60/EG) bisher nur indirekt angesprochen. Erste Vorschläge betreffend einer Boden-Rahmenrichtlinie (BRRL) liegen seit 2006 auf dem Tisch [14].

Die Erfahrungen mit den Altlasten hat die Umweltgesetzgebung in Deutschland und der EU, maßgeblich beeinflusst. So wird der Umgang mit Abfällen und Chemikalien heute durch eine Vielzahl Gesetze, Verordnungen und Richtlinien zunehmend restriktiv geregelt, um die Fehler der Vergangenheit nicht zu wiederholen. Diesbezüglich sei auf das Deutsche Kreislaufwirtschaftsgesetz (KrWG) mit seinem umfangreichen untergesetzlichen Regelwerk sowie auf die EU REACH-Verordnung (Juni 2007, letzte Änderung 20. August 2014) und die EU-CLP Verordnung (16. Dezember 2008, letzte Änderung 7. August 2013) betreffend Umgang mit Chemikalien, hingewiesen [15].

11.2.4 Altlasten – Relevante Sachverhalte betreffend Boden und Grundwasser

Boden und Grundwasser sind die Domänen von Geologen und Hydrogeologen, von Bodenmechanikern, Bodenkundlern und spezialisierten Bau-, Umwelt- und Agraringenieuren. Aus diesem Grunde sind solche Disziplinen bei Altlastenfällen fachlich meist eingebunden. Da Altlasten i. A. keine allzu große Ausdehnung haben, fand im Laufe der letzten Jahrzehnte eine Hinwendung der genannten Fachrichtungen von der großräumigen geologischen und hydrogeologischen Sicht auf die nunmehr erforderlichen kleinräumigen und lokalen Betrachtungen statt.

Erkundungen von Boden und Grundwasser erfolgen dabei durch Baggerschürfen, Sondierungen, Bohrungen und Grundwassermess- und Gütepegeln, flankiert von geophysikalischen Verfahren bis hin zu Isotopenuntersuchungen, wobei sich zwischenzeitlich zahlreiche Bohrfirmen und Ingenieurbüros auf diese Aufgaben einrichteten.

Auch wurden Trockenbohrtechniken, wie Rammkernbohrverfahren und Schlauchkernbohr-verfahren weiterentwickelt, mit denen sich ungestörte Bohrkerne für die tiefenrichtige Beurteilung von Geologie und Kontamination gewinnen lassen. So steht heute ein spezialisierter Gerätepark zur Verfügung, mit dem sich Areale von einigen 100 Quadratmetern bis vielen Hektaren Grundfläche in Tiefen von vielen Dekametern dreidimensional erkunden lassen. Je mehr Bohrungen vorhanden sind, desto deutlicher wird das Bild des Untergrunds. So wurden beispielsweise Mitte der 1980-iger Jahre, auf dem ca. 8 Hektar großen Gelände einer ehemaligen Pestizidfabrik in Hamburg, insgesamt 164 Rammkernbohrungen – insgesamt rund 4000 Bohrmeter – abgeteuft und die Bohrkerne untereinander korreliert. Diese etwa 1,5 Jahre dauernde Erkundungsmaßnahme vermittelte ein sehr gutes dreidimensionales Bild der geologischen und hydrogeologischen Untergrundverhältnisse sowie der Kontaminationen. (Möglich war diese aufwendige Erkundung allerdings nur durch die Bereitschaft des Verursachers alle Kosten zu übernehmen.)

In Fällen, in denen es vornehmlich um die Ausbreitung von Schadstofffahnen im Grundwasser und mögliche Gefährdungen von Trinkwassergewinnungsgebieten geht, kann auf hochentwickelte rechnerbasierte Grundwasser-Strömungsmodelle zurückgegriffen werden, in welche möglichst viele geologische, hydrogeologische und bodenmechanische Messwerte Eingang finden sollten. Auch hier gilt: je mehr Bohrungen bzw. Grundwasserpegel vorhanden sind, desto zutreffender sind Strömungsbild und Prognosen.

Eine zentrale Rolle für das Verständnis der Grundwasserbewegung spielt das Darcy'sche Gesetz: $Q/A = v_f = kf \cdot i$, wobei Q (in m^3/s) die durch einen Querschnitt A (in m^2) durchtretende Wassermenge ist. v_f ist die sog. Filtergeschwindigkeit, hier eine rein formale Größe. Die treibende Kraft für die Grundwasserbewegung wird durch den hydraulischen Gradienten i (in m pro m) angegeben. Der kf Wert (in m/s) ist der Proportionalitätsfaktor und wird als Durchlässigkeitsbeiwert, oder auch als hydraulische Leitfähigkeit bezeichnet.

So wird heute allgemein die Wasserdurchlässigkeit von Böden mit dem kf-Wert beziffert, welcher formal die Einheit einer Geschwindigkeit besitzt und nicht mit der

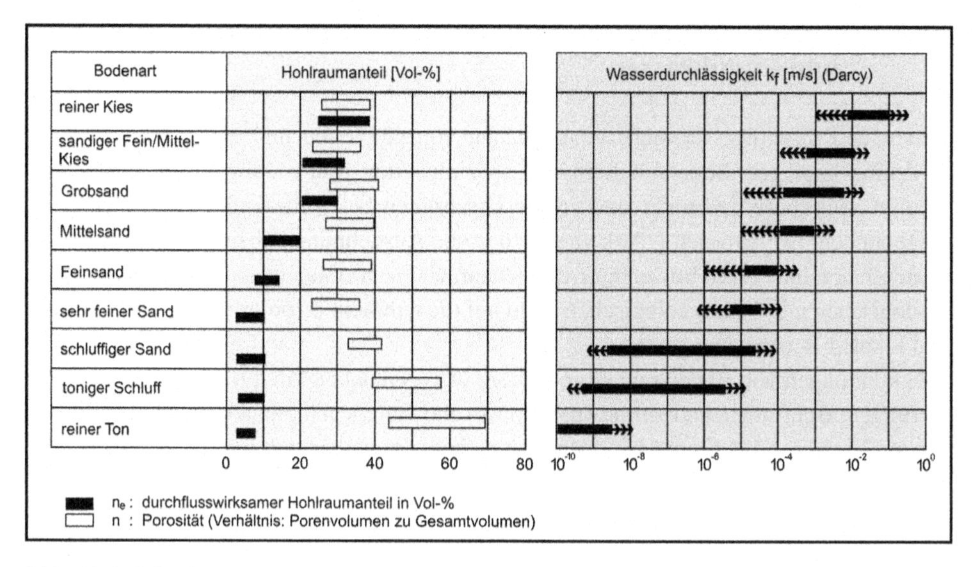

Abb. 11.4 Orientierende geologisch/hydrogeologische Charakterisierung von Böden [11]

Grundwasserfließgeschwindigkeit zu verwechseln ist. Die (mittlere) Grundwasserfließgeschwindigkeit v_{am} ergibt sich vielmehr als Quotient der Filtergeschwindigkeit v_f und n_e, dem durchflusswirksamen Hohlraumanteil: $v_{am} = v_f/n_e$

Diese empirische Beziehung wurde vom französischen Wasserbauingenieur Darcy Mitte des 19-ten Jahrhunderts entwickelt. Sie gilt für nur Porengrundwasserleiter bei laminarem Wasserfluss. Solche Bedingungen sind in der Praxis häufig gegeben.

Zu unterscheiden ist hierbei der im Labor anhand von ungestörten Material- bzw. Bodenproben mit sog. Permeametern zu ermittelnde kf-Wert und der im Gelände mittels Pumpversuchen ermittelte kf-Wert (Gebirgs-Durchlässigkeit), bei welchem die Inhomogenitäten und Störungen eines größeren Bodenbereichs mit einbezogen sind. Letzter Wert ist zwar aufwendiger zu ermitteln – für die Beurteilung eines Standorts jedoch unerlässlich. Mittels empirischer Formeln kann der kf-Wert fallweise auch aus Siebkornanalysen des Bodens grob abgeschätzt werden (Abb. 11.4).

Folgende Grafik gibt einen Überblick über die Bereiche der kf-Werte sowie des durchflusswirksamen Hohlraumanteils (n_e) und der Porositäten (n) verschiedener Böden.

11.2.5 Altlasten – Toxikologische Aspekte

Von vorrangiger Wichtigkeit betreffend Altlasten sind Fragen nach der Giftwirkung: Werden gefährliche Stoffe bereits heute oder in absehbarer Zeit freigesetzt und was bedeutet dies für die Ökosphäre und den Menschen ? Hierzu äußern sich i. d. R. Toxikologen, welche auf Grund von Stoffdaten und Stoffmengen, auf Grund der akuten und chronischen Toxizität der Stoffe (falls bekannt), sowie auf Grund von Mobilitätsparametern, wie

Wasserlöslichkeit, Adsorptionsvermögen, Dampfdruck und Flüchtigkeit gutachterliche Aussagen treffen, z. B. im Rahmen von:

- Schadstoff-Freisetzungsanalysen
- Schadstoff-Transportanalysen
- Schadstoff-Expositionsanalysen, in welchen Art und Intensität des Kontakts der Schadstoffe mit Menschen, Tieren oder Pflanzen dargestellt werden.
- Unsicherheitsanalysen (um überzogenen Forderungen oder unbegründete Maßnahmen abzuwehren).

11.2.6 Altlasten – Sanierungsstrategie

Das folgende Schema dient zur Orientierung bei einer kostenoptimierten Strategie der Altlastenbearbeitung, die sich zwischenzeitlich bewährt hat Abb. 11.5.

11.2.7 Altlasten – Grenzwerte, Sanierungsziele

Altlasten-Sanierungsziele wurden auf nationalen und internationalen Konferenzen (mit z. T. bezeichnenden Titeln, wie: „How clean is clean?") diskutiert. Eine quasi abschließende Stellungnahme für Deutschland findet sich im „Sondergutachten Altlasten" des Rats von Sachverständigen für Umweltfragen der Deutschen Bundesregierung vom Dezember 1989, unter Punkt 70 [16]:

> In den meisten Fällen wird es durch Sanierungsmaßnahmen nicht mehr möglich sein, die Kontamination so zu vermindern, dass an Standorten von nachgewiesenen Altlasten künftig jede Art von Nutzung ermöglicht würde. Die vielfach geäußerte Forderung nach Wiederherstellung des Status quo ante oder der Multifunktionalität von Standorten stößt auf naturgegebene, technische und wirtschaftliche Grenzen. Der Begriff Sanierung kann nicht im Sinne von vollständiger „Genesung", „Gesundung" verstanden werden.

Letztlich bedeutet dies, dass eine – zu definierende – mehr oder weniger hohe Restbelastung, auch nach erfolgter Sanierung, hingenommen werden muss. Dieser Befund fand auch im BBodSchG Berücksichtigung.

Orientierungswerte für tolerierbare und nicht tolerierbare Schadstoffbelastungen für Boden und Grundwasser wurden 1983 zum ersten Mal in der international stark beachteten, sog. Niederländischen Liste (Hollandliste) formuliert. Derartige Werte basieren letztlich auf ökotoxikologischen und humantoxikologischen Abschätzungen und beziehen Sicherheitsfaktoren mit ein.

In der 1994 fortgeschriebenen Hollandliste (Streef- en Interveniewaarden Bodemsanering, Staatscourant Nr. 95) wird zwischen Zielwerten und Eingreifwerten unterschieden – einmal für Boden und einmal für Grundwasser, wobei die Zielwerte natürliche bzw.

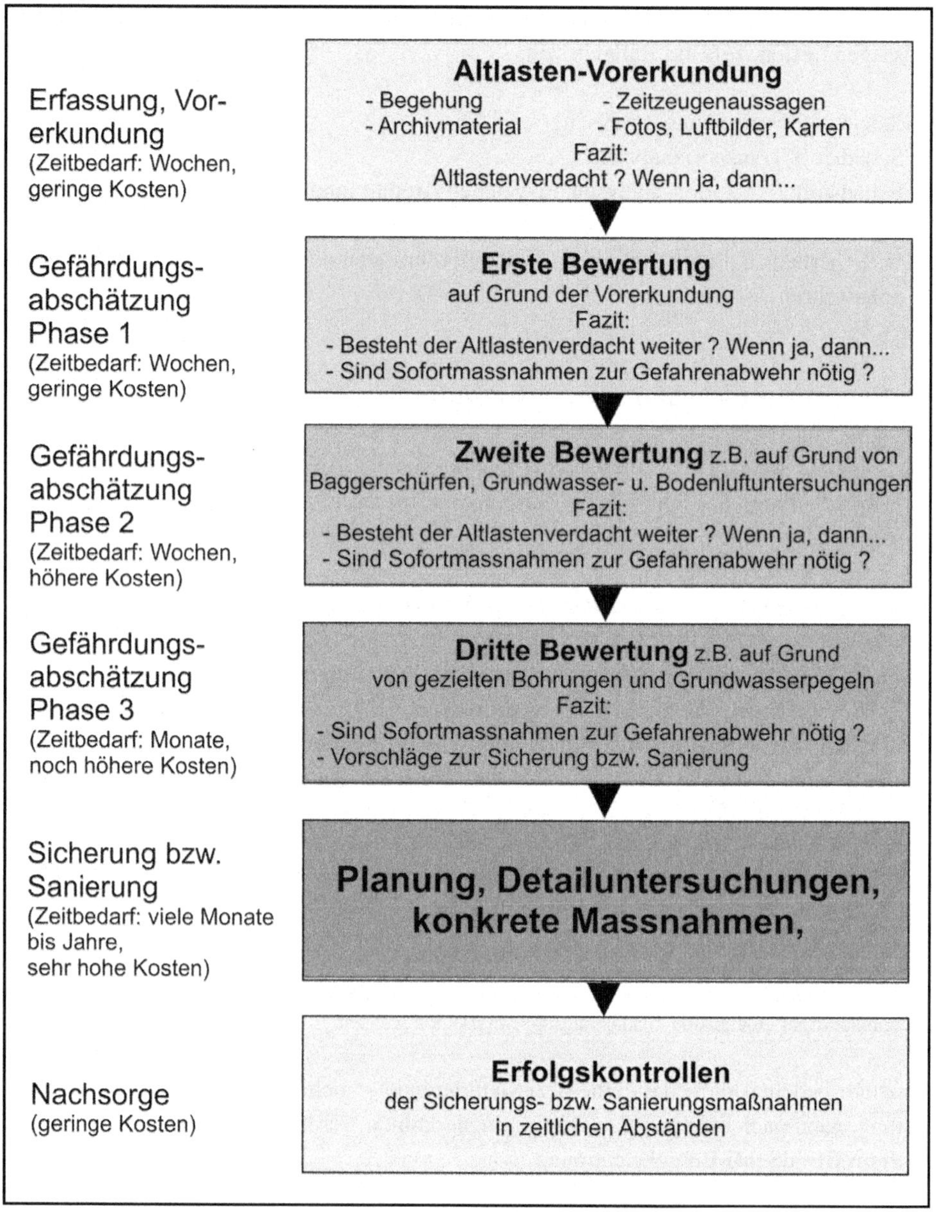

Erfassung, Vorerkundung (Zeitbedarf: Wochen, geringe Kosten)	**Altlasten-Vorerkundung** - Begehung - Zeitzeugenaussagen - Archivmaterial - Fotos, Luftbilder, Karten Fazit: Altlastenverdacht ? Wenn ja, dann...
Gefährdungsabschätzung Phase 1 (Zeitbedarf: Wochen, geringe Kosten)	**Erste Bewertung** auf Grund der Vorerkundung Fazit: - Besteht der Altlastenverdacht weiter ? Wenn ja, dann... - Sind Sofortmassnahmen zur Gefahrenabwehr nötig ?
Gefährdungsabschätzung Phase 2 (Zeitbedarf: Wochen, höhere Kosten)	**Zweite Bewertung** z.B. auf Grund von Baggerschürfen, Grundwasser- u. Bodenluftuntersuchungen Fazit: - Besteht der Altlastenverdacht weiter ? Wenn ja, dann... - Sind Sofortmassnahmen zur Gefahrenabwehr nötig ?
Gefährdungsabschätzung Phase 3 (Zeitbedarf: Monate, noch höhere Kosten)	**Dritte Bewertung** z.B. auf Grund von gezielten Bohrungen und Grundwasserpegeln Fazit: - Sind Sofortmassnahmen zur Gefahrenabwehr nötig ? - Vorschläge zur Sicherung bzw. Sanierung
Sicherung bzw. Sanierung (Zeitbedarf: viele Monate bis Jahre, sehr hohe Kosten)	**Planung, Detailuntersuchungen, konkrete Massnahmen,**
Nachsorge (geringe Kosten)	**Erfolgskontrollen** der Sicherungs- bzw. Sanierungsmaßnahmen in zeitlichen Abständen

Abb. 11.5 Altlastenerkundung- und Sanierung – generelle Vorgehensweise [11]

anthropogene Hintergrundkonzentrationen darstellen, welche als unschädlich einzuschätzen sind [17].

Werden Eingreifwerte festgestellt, sollte fallweise eine Sanierung in Betracht gezogen werden.

Fallweise bedeutet:

- abhängig von der örtlichen Geologie und Hydrogeologie
- abhängig von der vom Schadensherd freigesetzten Schadstofffracht
- von der aktuellen und künftigen Boden- und Grundwassernutzung
- von aktuellen oder zu erwartenden Beeinträchtigungen des Wohls der Allgemeinheit,
- von Eigentumsverhältnissen
- von den zur Verfügung stehenden finanziellen Mitteln.

Das einfache Prinzip der Hollandliste wurde in der Folge oft aufgegriffen und modifiziert, so dass in Deutschland zahlreiche länderspezifische Grenzwertlisten entstanden, einschließlich der – z. T. recht lückenhaften – Richtwerte in der BBodSchV.

Obwohl in Deutschland offiziell nicht autorisiert, wird die Hollandliste auf Grund ihrer Knappheit und ihrer guten Verständlichkeit – stellvertretend für alle ähnlichen Listen – in ihrer fortgeschriebenen Fassung in Tab. A11.1 im Anhang wiedergegeben.

Gemäß holländischen Vorgaben käme eine Sanierung dann in Betracht, wenn ein Eingreifwert in mehr als 25 m^3 Boden und/oder in mehr als 100 m^3 Grundwasser erreicht bzw. überschritten ist.

11.2.8 Altlasten – Sicherungs- und Sanierungsverfahren

In den letzten Jahrzehnten sind international zahlreiche Verfahren zur Altlastenbehandlung entwickelt worden, wobei z. T. auf gängige Verfahren aus anderen technischen Bereichen (z. B. Talsperrenbau) zurückgegriffen wurde – z. B. Dichtwandtechniken und hydraulische Maßnahmen.

Daneben fanden auch echte Neuentwicklungen, wie z. B. reaktive Wände, Bodenwäsche, Bodenluft-Strippung oder biologische Behandlungsverfahren statt, sowie auch verschiedene, in Nischen einsetzbare, Spezialverfahren.

Die Verfahren können sprachlich wie folgt unterschieden werden:

- Sicherungsverfahren: die Altlast verbleibt zwar an Ort und Stelle, wird jedoch aus ihrer Umgebung und dem Grundwassergeschehen durch Dichtwände im Untergrund plus Oberflächenabdichtung abgekapselt. Auf Grund der beschränkten Haltbarkeit müssen diese Maßnahmen allerdings ggf. nach einigen Jahrzehnten erneuert werden.
- Sanierungsverfahren: die Altlast wird durch Ausgrabung entfernt oder durch stoffzerstörende Dekontaminationsmaßnahmen unschädlich gemacht.

In der Praxis wird oftmals weniger scharf unterschieden und generell von Sanierung gesprochen.

Sanierungsmaßnahmen werden meist noch wie folgt charakterisiert:

- In-situ: die Dekontaminationsmaßnahme erfolgt im Untergrund der Altlast, ohne dass Altlastenmaterial bewegt wird, z. B. mikrobiologisch oder elektrisch.
- On-site: die Dekontaminationsmaßnahme erfolgt auf der Altlast bzw. in ihrem Nahbereich, z. B. Ausgrabung – thermische oder mikrobiologische Dekontamination – Wiedereinbau des behandelten Materials
- Ex-situ (= off-site): die Dekontaminationsmaßnahme erfolgt anderswo, z. B. Ausgrabung – Transport – thermische oder mikrobiologische Dekontamination – Rücktransport und Wiedereinbau des behandelten Materials oder Deponierung anderswo.

Abbildung 11.6 lässt für Nordrhein-Westfalen erkennen, welche Sicherungs- und Sanierungsverfahren in der Praxis besonders häufig zum Einsatz kamen:

11.2.9 Altlasten – Natural Attenuation (NA)

Seit den 90iger Jahren macht sich in den USA vermehrt die Erkenntnis breit, dass auch durch noch so große finanzielle Aufwendungen das Altlastenproblem flächendeckend nicht zu lösen ist. Als eine in vielen Fällen geeignet erscheinende und vor allem kostendämpfende Problemlösung wurde in der Folge das sog. „Natural Attenuation" (NA) propagiert – von Kritikern als „Qualifiziertes Nichtstun" oder „Aktives Abwarten" bezeichnet.

Dem NA liegen, neben adsorptiven Prozessen, vor allem die natürlicherweise im Untergrund ablaufenden mikrobiellen und hydrolytischen Abbauprozesse zu Grunde, welche die Ausbreitung von organischen Schadstoffen im Boden und Grundwasser verlangsamen, ggf. stoppen und langfristig (Jahre, Jahrzehnte, Jahrhunderte) zu deren gänzlicher Elimination führen. Es sei angemerkt, dass der Gedanke des NA so neu nicht ist. Noch bis in die 1980iger Jahre wurde in Kreisen der Wasserwirtschaft fallweise der Begriff der „Opferstrecke" gebraucht – womit u. a. die bewusst tolerierten, kontaminierten Bereiche im Grundwasserabstrom einer Deponie gemeint waren, welche sich, nach damaliger Meinung, im Laufe der Zeit regenerieren würden.

Die in-situ Strategie des NA wird – derzeit unterstützt von F + E-Vorhaben – als Ergänzung zu den klassischen Altlasten-Sanierungsstrategien, aus Kostengründen, mehr und mehr, auch in Deutschland propagiert, wobei Varianten des NA – so das Monitored NA und das Enhanced NA – besondere Beachtung finden. Beim Monitored NA wird im wesentlichen beobachtet und dokumentiert – beim Enhanced NA sollen zusätzlich die Selbstreinigungsprozesse durch Infiltration oder Injektion geeigneter Hilfsstoffe (z. B. Luft, Wasserstoffperoxyd, Melasse, Methan, Nitrat u. a.) in den Untergrund verstärkt werden. Der rechtliche Status von NA in Deutschland ist noch nicht abschließend geklärt [18].

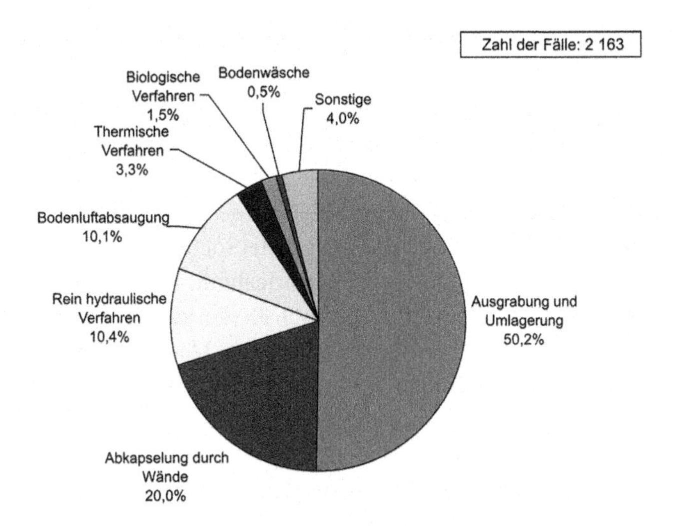

Abb. 11.6 Häufigkeit angewandter Verfahren bei den 2001 abgeschlossenen und laufenden Sicherungs- und Sanierungsmaßnahmen für Altlasten in Nordrhein-Westfalen (Quelle: Hochtief GmbH, periodische Information)

11.2.10 Altlasten – Finanzierung

Die Altlastenproblematik wurde erstmalig in den USA, Mitte der 1970-iger Jahre, von der Politik erkannt und mit der Gründung des auf dem Verursacherprinzip beruhenden „Superfund“ der EPA (Environmental Protection Agency) ab dem Jahr 1980 als nationales Problem zu lösen versucht. Insbesondere Chemiefirmen und Energieversorger zahlten bis 1995 rund eine Milliarde Dollar jährlich in den Superfund ein, aus welchem Sanierungen in großem Maßstab vorgenommen wurden. Die Bedeutung des Superfund-Programms nimmt sukzessive ab, zumal die Mittel seit 1995 deutlich knapper flossen.

Ein dem Superfund ähnliches Programm existiert in Deutschland nicht – vielmehr wurden die meisten Altlastensanierungen von den Bundesländern, oft mit Unterstützung des Bundes, finanziert. Fallweise musste sich auch der Verursacher (= Handlungsstörer) bzw. der Grundstückseigentümer (= Zustandsstörer) an der Sanierung beteiligen oder kam ganz für sie auf. Schätzungen zufolge sollen bislang mindestens 120 Milliarden Euro für Altlastensanierungen in Deutschland aufgewendet worden sein. Aus finanziellen Gründen ist in den letzten Jahren allerdings ein allmählicher Wechsel festzustellen: weg vom Besorgnisgrundsatz – hin zum Handlungserfordernis. Teure Maßnahmen werden also erst dann eingeleitet, wenn nachweislich Schäden eingetreten sind.

Im Europäischen Raum wurde das Thema Altlasten in den letzten drei Jahrzehnten, insbesondere in Deutschland, in den Niederlanden, sowie in Österreich und der Schweiz intensiv bearbeitet, während es in den übrigen Europäischen Ländern eine deutlich geringere Rolle spielt. So liegen aus den meisten Europäischen Ländern nur vergleichsweise wenige statistische Daten vor und aufwendige Sanierungen sind eher selten.

Über die Altlastensituation in den Industrieregionen der Länder des ehemaligen Ostblocks sowie auch in Indien, China und Lateinamerika sind wenige oder gar keine belastbaren Zahlen verfügbar. Die Situation wird jedoch mancherorts als prekär eingeschätzt. Rasche Lösungen sind nicht in Sicht, zumal hierfür bislang nur wenig finanziellen Mittel bereitgestellt werden.

Eine der spektakulärsten Altlastensanierungen wurde im August 2007 in der Schweiz in Angriff genommen: Hier wird die ehemals größte Sonderabfalldeponie der Schweiz, die Deponie Kölliken – Inhalt: 270.000 m³ Industrieabfall – vollständig abgegraben und das Material ex-situ – z. T. thermisch, z. T. durch Bodenwäsche – dekontaminiert. Um Emissionen zu vermeiden findet die Abgrabung unter Unterdruck in einer, über dem Deponiekörper erstellten stützenfreien Halle statt. Die Betondecke dieser Halle wird dabei von einer extra hierfür konzipierten, bis 170 Meter breiten, freitragenden Stahlkonstruktion – ähnlich einer Hängebrücke – getragen. Die Sanierungsarbeiten sollen bis Ende 2012 abgeschlossen sein. Die Kosten für das Sanierungsprojekt werden auf rund 310 Millionen Euro geschätzt – sie werden zu 90 % von der Öffentlichen Hand und zu 10 % von der Chemieindustrie übernommen. Pro Tonne abgelagerten Abfall sind dies formal 1150 Euro – also mindestens etwa das 10-fache des früher bezahlten Ablagerungspreises [19].

11.3 Deponierung gefährlicher Abfälle

11.3.1 Deponierung von gefährlichen Abfällen – Suche nach umweltverträglichen Konzepten

Auf Grund skandalöser Praktiken bei der Entsorgung gefährlicher Abfälle wurde seit den 1970iger Jahren über Verbesserungen nachgedacht und die Antwort der Politik war die Verabschiedung des ersten Abfallgesetzes in Deutschland – des Abfallbeseitigungsgesetzes, AbfG, im Juni 1972.

Zwischenzeitlich hatte sich die Erkenntnis durchgesetzt, dass das Hauptproblem der oberirdischen Deponierung das Niederschlagswasser ist, welches den Deponiekörper durchsickert, Stoffe löst und als Sickerwasser im Deponieumfeld zu Grundwasserschäden führt und daher unter allen Umständen vom Eindringen in den Deponiekörper abzuhalten ist.

Ebenfalls im Jahre 1972 wurde von Seiten der Chemischen Industrie (BASF) für besonders giftige Abfälle die erste Untertagedeponie (UTD) in ausgebeuteten Bereichen des 750 Meter tiefen (und „salztrockenen") Salzbergwerks Herfa-Neurode (Hessen) eröffnet – zu Beginn vorwiegend für cyanidische Härtesalzabfälle. Diese Maßnahme zeigt auch den Beginn des Gedankens der Produktverantwortlichkeit.

Die UTD Herfa-Neurode stellt bis heute eine zentrale Ablagerungsstätte für zahlreiche hochtoxische, obligatorisch zu verpackende, feste Abfälle dar, sowie für (entleerte) PCB-Großtransformatoren und Großkondensatoren, welche zwischenzeitlich auch von

Nachbarstaaten genutzt wird. Hierdurch entspannte sich die prekäre Entsorgungssituation für besonders gefährliche Abfälle merklich – wenn dies auch nur eine verhältnismäßig kleine Menge an gefährlichen Abfällen betraf – anfänglich 15.000 Mg/a dann sukzessive bis zu 150.000 Mg/a.

Betreffend die oberirdische Deponierung (SAD) der Hauptmasse an gefährlichen Abfällen konnte keine so rasche Lösung gefunden werden. So gab es fallweise innovative Lösungen betreffend die Fernhaltung von Niederschlagswasser – z. B. bei der seit 1980 bis dato betriebenen SAD Rondeshagen (Schleswig-Holstein) mit ihrer versetzbaren Dachkonstruktion über dem Abfall-Einbaubereich.

In die 1980iger Jahre fällt auch die in Hessen, unter Mitwirkung namhafter Deutscher Baufirmen, mit großem Aufwand durchgeführte Studie einer Hochsicherheitsdeponie, nach der die gefährlichen Abfälle in eine Vielzahl unterkellerter Beton-Großbehälter eingebracht werden sollten („Deponie auf Stelzen", „Flaschendeponie", „Parkhausdeponie"). Allerdings wurde dieses Konzept nicht realisiert – nicht nur aus Kostengründen, sondern auch, weil der Werkstoff Beton als nicht langzeitsicher einzustufen ist und zudem strittig war, welche gefährlichen Abfälle überhaupt in geschlossene Großbehälter gefahrlos eingebracht werden dürfen, ohne gegen Bestimmungen des Ex-Schutzes und des Personenschutzes zu verstoßen.

In diese Zeit fällt auch ein Versuch der Chemischen Industrie (Bayer AG), zur Realisierung einer hochsicheren oberirdischen Deponie für gefährliche Abfälle. Hierbei wurden geeignete gefährliche Abfälle miteinander in Mischmaschinen vermengt und der Mix in Hochdruckpressen zu stapelbaren Platten verfestigt. Die Plattenstapel wurden in PE-Folie eingeschweißt und dienten als quaderförmige wasserdichte Elemente für den Aufbau des Deponiekörpers. Das Projekt erwies sich bald als zu teuer – auch deshalb, weil der Maschinenpark den korrosiven und abrasiven Eigenschaften der Abfälle nicht standhielt.

Parallel hierzu förderten Bund und Länder, mit erheblichen finanziellen Mitteln, zahlreiche F + E-Projekte an Hochschulen und in der privaten Wirtschaft, um die wissenschaftlich-technischen Grundlagen für eine hochsichere oberirdische Deponierung für gefährliche Abfälle zu entwickeln. Die Themenpalette war breit und umfasste geologische, hydrogeologische und geochemische Aspekte, vor allem jedoch die Entwicklung von langzeitsicheren Dicht-Dränsystemen für die Deponiebasis und für die Deponieoberfläche.

Um die Menge der abzulagernden gefährlichen Abfälle zu vermindern, wurden zahlreiche Projekte zur Vermeidung und Verwertung von gefährlichen Abfälle gefördert, welche in manchen Bundesländern über das (rechtlich umstrittene) Mittel einer Abfallabgabe finanziert wurden.

Während dieses, von der Suche nach der hochsicheren Deponie für gefährliche Abfäle gekennzeichneten Zeitraums von ca. 20 Jahren, gelangten in Deutschland noch bis in die 1990iger Jahre gefährliche Abfälle, oft in Mischung mit Siedlungsabfällen, auf hierfür wenig geeignete Deponien.

In diesem Zusammenhang sei auch die ca. 200 ha große Deponie Schönberg in der ehemaligen DDR (unweit Lübeck) genannt, in welche große Mengen gefährlicher Abfälle aus der Bundesrepublik – gegen Devisen – Eingang fanden.

Erst mit der Veröffentlichung der TA-Abfall („TA-Sonderabfall") im April 1991, in welcher sich die gesammelten Erkenntnisse der zwischenzeitlich geleisteten F + E-Arbeiten konzentrierten, gelten in Deutschland einheitliche Standards für die Deponierung gefährlicher Abfälle [9].

Diese Standards wurden im April 2009 durch die Deponievereinfachungsverordnung (DepVereinfV) modifiziert [20].

Betreffend Verursachung von Umweltschäden durch Deponien sei auf das Umwelthaftungsgesetz vom 1. Januar 1991 hingewiesen. Tritt ein Schadensereignis ein, muss ein Deponiebetreiber hiernach ggf. bis zu einer Haftungshöchstgrenze von 160 Mio Euro (Personenschaden + Sachschaden jeweils 80 Mio Euro) Schadensersatz leisten, wobei Deponien nicht versicherbar sind. Bedeutsam ist in diesem Zusammenhang die Umkehr der Beweislast, wonach der Deponiebetreiber bei begründetem Verdacht auf einen Umweltschaden nachweisen muss, dass seine Deponie nicht die Ursache ist.

11.3.2 Oberirdische Deponierung von gefährlichen Abfällen gemäß TA-Abfall

Wie bei kaum einer anderen abfalltechnischen Maßnahme wurden bei der oberirdischen Deponierung von Abfällen in der Vergangenheit bis zur Gegenwart, weltweit, wohl die folgenreichsten abfalltechnischen Fehler gemacht.

Ein Hauptfehler bestand (und besteht) darin, dass Abfälle in Gruben eingebracht wurden, deren Sohlentwässerung nicht in freiem Gefälle erfolgen kann, sondern Pumparbeit auf unabsehbare Zeit notwendig macht. Hinzu kommen i. d. R. noch weitere Fehler betreffend unzureichenden geologisch-hydrogeologischen Standortvoraussetzungen sowie betreffend die Ablagerung ungeeigneter Abfälle.

Es kann davon ausgegangen werden, dass alle derartigen Grubendeponien mehr oder weniger problematische Altlasten darstellen.

Überschlägige Rechnungen lassen erkennen, dass der Deponiekörper von Siedlungsabfalldeponien aufgrund von mikrobiologischen und chemischen Vorgängen nach einiger Zeit ein gewisses Endstadium erreicht haben wird, bei welchem die Emissionen via Deponiegas (Jahrzehnte) und Sickerwasser (Jahrhunderte) auf wenig umweltrelevante Konzentrationswerte abgeklungen sind (= „Vererdung" der Deponie).

Im Gegensatz hierzu finden in Deponien für Sonderabfälle mit vorwiegend industriespezifischem Abfallinventar mikrobiologisch stabilisierende Prozesse nur in vergleichsweise geringem Umfange statt und die Abfälle verbleiben für unabsehbar lange Zeit in der Deponie. Stofftransporte und Stoffausträge erfolgen dabei hauptsächlich durch Diffusion und dampfdruckbedingter Verflüchtigung von Stoffen oder – je nach Güte der Einkapselung der Deponie – mehr oder weniger durch allmähliche Auswaschung mittels Niederschlagswasser oder Grundwasser.

Die Konsequenzen aus diesen Versäumnissen wurden vor allem in der 2. Allgemeinen Verwaltungsvorschrift (VwV) zum AbfG, der TA-Abfall, Teil 1, vom 12. März 1991 („TA-Sonderabfall") gezogen.. Eine VwV besitzt zwar keine unmittelbare Gesetzeskraft –

vielmehr richtete sie sich an die Behörden, um dort einheitliches Vorgehen zu gewährleisten [9]. Als sog. antizipiertes Sachverständigengutachten schrieb diese VwV u. a. auch den Stand der Technik bei der Deponierung für gefährliche Abfälle vor, so insbesondere betreffend folgender Anforderungen:

- Die Deponiesickerwasserableitung muss in freiem Gefälle erfolgen. (Anhang E, Punkt 1.3 e). Hieraus folgt, dass Deponien in rundum geschlossenen Gruben nicht mehr zulässig sind.
- Die Eignung des Deponiestandorts ist durch ein umfangreiches Procedere nachzuweisen (Punkte: 9.3.1 bis 9.3.3)
- Es sind technisch aufwendige Dicht-Dränsysteme an der Deponiebasis und an der Deponieoberfäche zu installieren; Stichworte: Multibarrierenkonzept und Kombinationsdichtungen (Punkt 9.4, sowie Anhang E)
- Es werden drastische Einschränkung bei der abzulagernden Abfallpalette auf der Grundlage eines Abfallkatalogs (Anhang C) sowie chemisch-physikalischer Zuordnungskriterien für den Abfall und das Abfall-Eluat (Anhang D) gemacht.
- Die Deponie-Nachsorge erhält hohen Stellenwert (Punkt 9.7 und Anhang G)

Im Zuge der Fortschreibung des Abfallrechts wurde die VwV „TA Sonderabfall" durch Rechtsakt 2009 außer Kraft gesetzt und die Inhalte durch die Deponieverordnung (DepV) vom 27. April 2009 z. T. neu geregelt [21]. Die meisten Anforderungen der TA Abfall blieben jedoch unverändert – mit Ausnahme der Anforderungen an die Mächtigkeit der geologische Barriere sowie an die Dicke der künstlichen mineralischen Barriere. Diese stehen jetzt in Beziehung zueinander: Beträgt die Mächtigkeit der geologischen Barriere 5 Meter und mehr, so reicht eine Mindestdicke der künstlichen mineralischen Barriere von 0,5 Meter aus. Fehlte dagegen die geologische Barriere gänzlich, so müsste eine künstliche mineralische Barriere von mindestens fünf Metern Mächtigkeit geschaffen werden. Bei vorhandener, aber unzureichender geologischen Barriere ist die Dicke der künstliche mineralische Barriere durch eine spezielle Rechnung zu ermitteln, in welche u. a. auch der Tongehalt der mineralischen Barriere mit eingeht (Abb. 11.7).

Wie, gemäß der DepV eine neu einzurichtende oberirdische Deponie für gefährliche Abfälle in Deutschland beschaffen sein müsste, zeigt die nachfolgende, in etwa maßstäbliche, Skizze.

Bei einer solchen Deponie gilt nach wie vor das in der TA-Abfall beschriebene:

Multibarrierenkonzept: Dies bedeutet die Installation möglichst vieler Sicherheitsbarrieren beim Bau der Deponie – physische Barrieren, wie z. B. Abichtungsschichten, aber auch Barrieren im übertragenen Sinn, wie z. B. die Standortwahl oder die Einschränkung der Palette der abzulagernden Abfälle durch Grenzwerte.

Bei den Sicherheitsbarrieren ist nach wie vor bedeutungsvoll:

die **Kombinationsdichtung:** Dies ist ein Dichtungssystem, bestehend aus einem, lagenweise aufgebrachten, mineralischen Schichtpaket auf Tonbasis, mit einer aufgelegten HDPE-Folie.

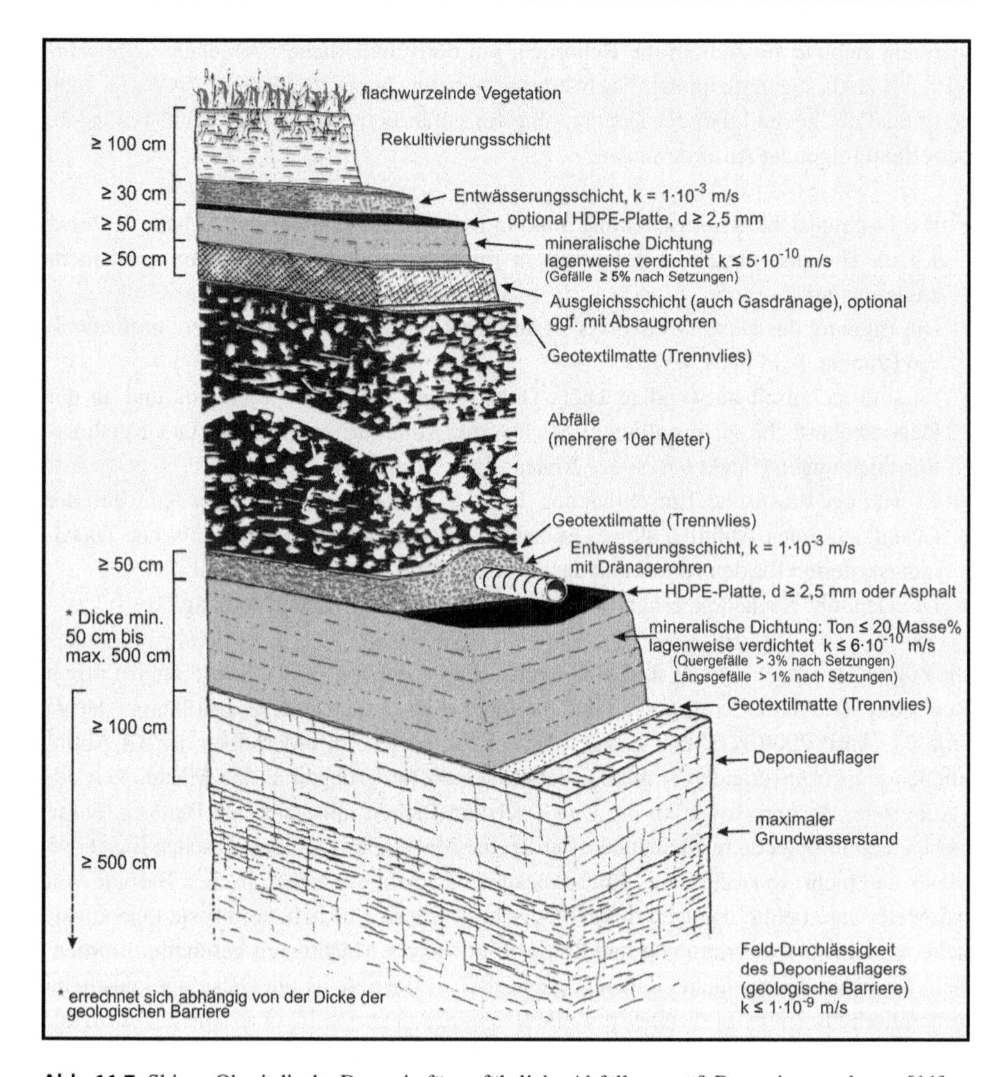

Abb. 11.7 Skizze Oberirdische Deponie für gefährliche Abfälle gemäß Deponieverordnung [11]

Zahlreiche Untersuchungen ließen darauf schließen, dass das ursprüngliche TA-Abfall-System (jetzt DepV-System) betreffend Langzeitdichtigkeit optimal ist.

So fällt die beträchtliche Mächtigkeit der künstlichen mineralischen Deponiebasisabdichtung auf, welche eine wichtige Sicherheitsbarriere darstellt, zumal hierin sowohl Metallionen als auch organische Schadstoffe adsorptiv erheblich retardiert werden können.

Die im Pressverbund auf der mineralischen Dichtung aufliegenden Kunststoff-Dichtungsbahnen können als hydraulisch dicht gelten, solange keine Leckagen durch Risse oder undichte Schweißnähte vorhanden sind.

Allerdings sei angemerkt, dass unpolare niedermolekulare organische Substanzen auch auf diffusivem Wege in nennenswerten Mengen durch die HDPE-Folie dringen können. Hierfür sind für verdünnte wässrige Lösungen entsprechender Substanzen – allen voran Trichlorethylen - Permeationsraten bis zu einigen Gramm pro m2 und Tag durchaus realistisch.

Aus diesem Grunde wurden in der ursprünglichen TA-Abfall (Anhang D) – und heute gemäß DepV – Stoffbeschränkungen betreffend die abzulagernden Abfälle verlangt, wobei zwei chemisch analytische Parameter hierbei von herausragender Bedeutung sind:

Der **Glühverlust der Abfall-Trockenmasse**, mit welchem – von bestimmten Ausnahmen abgesehen – der organische bzw. verbrennbare Anteil des Abfalls charakterisiert werden kann. Der hohe organische Anteil in früher abgelagerten gefährlichen Abfällen bereitet heute besondere Altlastenprobleme, zumal früher eine Vielzahl von gefährlichen Abfällen Glühverlust-Werte von mehreren 10-er Massen-%, fallweise bis nahe 100 Massen% aufwiesen. Um „Altlasten von morgen" zu vermeiden war es erklärtes Ziel der TA-Abfall, künftig alle überwiegend organischen Abfälle der Verbrennung zuzuführen und es wurde für den Glühverlust ein Zuordnungswert von kleiner/gleich 10 Massen-% vorgeschrieben. Dadurch wird die Palette der oberirdisch ablagerbaren gefährlichen Abfälle drastisch eingeschränkt.

Der **DOC im Abfall-Eluat**, welcher den Parameter Glühverlust flankiert. Der DOC charakterisiert den durch Wasser mobilisierbaren organischen Anteil des Abfalls. Hierfür ist ein Zuordnungswert von kleiner/gleich 100 mg/L genannt. (Früher wiesen zahlreiche gefährlichen Abfälle Eluat-DOC-Werte von vielen 1000 mg/L auf.) Auch hierdurch wird die Palette der künftig oberirdisch abzulagernden gefährlichen Abfälle drastisch eingeschränkt. Gegenüber diesen beiden Kenngrößen treten die übrigen in Tabelle 2 DepV genannten Parameter in ihrer Bedeutung zurück und bereiten auch in der Praxis, betreffend Richtwert-Überschreitungen, nicht vorrangig Probleme. Dagegen zeigt sich in der Praxis, dass die Grenzwerte für die beiden genannten Parameter Glühverlust und Eluat-DOC verhältnismäßig schwer einzuhalten sind.

In diesem Zusammenhang sei die aus Kostengründen immer wieder in die Diskussion gebrachte Asphaltdichtung erwähnt, welche naturgemäß keine nennenswerte Schadstoffrückhaltung aufweist. Auch ist Asphalt ein problematischer Baustoff betreffend die Langzeitdichtigkeit von Schächten und Rohrdurchdringungen. Aus diesen Gründen ist es nicht einfach, die in der DepV geforderte Gleichwertigkeit zur Kombinationsdichtung nachzuweisen.

11.3.3 Oberirdische Deponierung für gefährliche Abfälle – Ausblick

Bereits mit Verabschiedung der TA-Abfall im Jahre 1991 und dann 2009 der DepV, welche bautechnische, organisatorische und abfallwirtschaftliche Maßnahmen vorschreibt, wurde die oberirdische Deponierung für gefährliche Abfälle in Deutschland zukünftig wesentlich langzeitsicherer – und teurer – gemacht.

Neue oberirdische Deponien für gefährliche Abfälle sind in Deutschland derzeit allerdings nicht geplant, zumal noch ein erhebliches zu verfüllendes Deponie-Restvolumen von knapp 50 Mio Tonnen abgeschätzt wird.

In den letzten Jahren hat das hohe Preisniveau bei der Abfalldeponierung auch zu einer Umorientierung bei den Abfallerzeugern geführt, welche verstärkt versuchen, Abfälle zu vermeiden oder legale Verwertungswege einzuschlagen, z. B. im benachbarten Ausland oder die Abfälle als Versatzmaterial in geeigneten Salzbergwerken als Bergversatz zu verwerten.

Ohnehin wird heute zunehmend die Ansicht vertreten, dass der Weg der untertägigen Abfallverbringung in als langzeitsicher eingestuften Salzbergwerken, ökologisch vorteilhafter sei, was dazu geführt hat, dass der abfallwirtschaftliche Stellenwert oberirdischer Deponien für gefährliche Abfälle im Sinken begriffen ist.

11.3.4 Untertägige Verbringung für gefährliche Abfälle in Deutschland

Um den nachteiligen Aspekten betreffend die Beherrschung des Niederschlagswassers bei oberirdischer Deponierung zu begegnen, wurden vor allem ab den 80iger Jahren in Deutschland unterirdische Hohlräume von tiefliegenden ausgebeuteten Salzlagerstätten für die Entsorgung industrieller Abfälle erschlossen (Abb. 11.8).

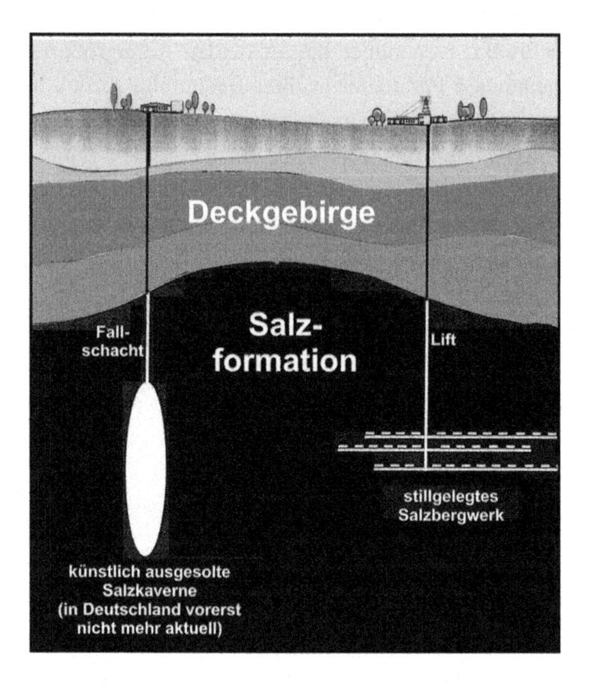

Abb. 11.8 Prinzipskizze Untertage-Verbringung von Abfällen in Salzformationen [11]

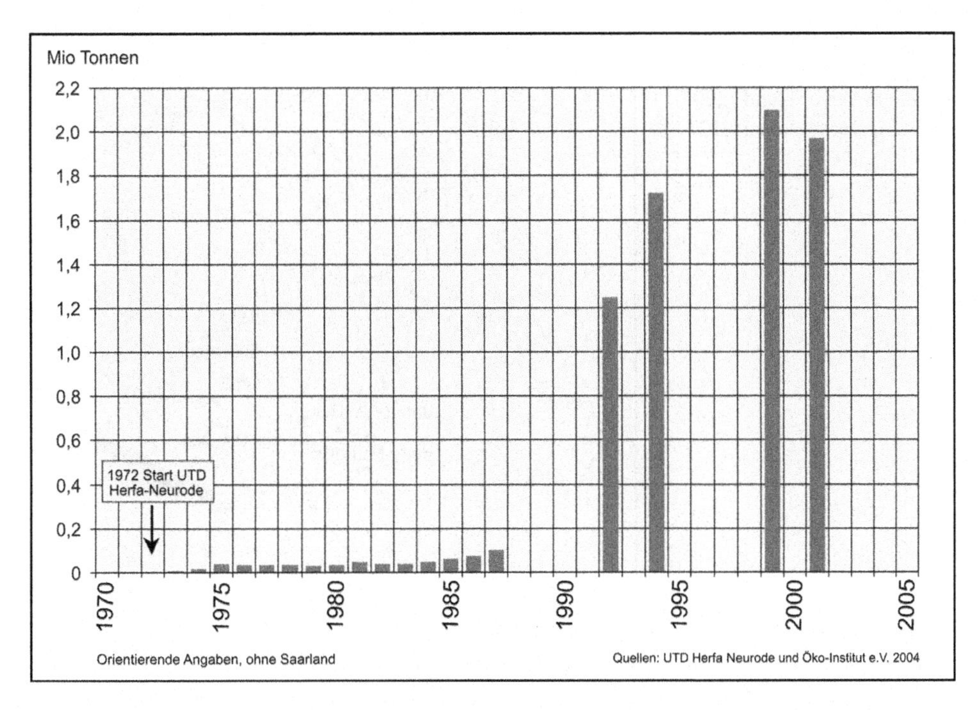

Abb. 11.9 Statistik: Mengen untertage verbrachter Abfälle in Deutschland (orientierende Angaben, ohne Saarland). Quellen: UTD Herfa-Neurode und Öko-Institut e. V. 2004

Solche Lagerstätten sind vor Millionen von Jahren entstanden und es wird angenommen, dass sie auch zukünftig für unabsehbar lange Zeiträume bestehen bleiben. In solchen Räumen sollen die Abfälle – vollständig abgekapselt von der Biosphäre – „für immer" abgelagert verbleiben.

Bei der Untertageverbringung von Abfällen wird rechtlich zwischen Untertagedeponierung und Bergversatz (VersatzV) [22] unterschieden. Untertagedeponierung ist Abfallbeseitigung – Bergversatz ist Abfallverwertung.

Der Versatz von Abfällen erfreut sich zunehmender Akzeptanz in der Industrie, zumal diese Methoden vergleichsweise kostengünstig sind und zudem als besonders umweltschonende Verfahren gelten (Abb. 11.9).

Das zukünftig noch zu nutzende Hohlraum-Restvolumen für die Untertageverbringung von Abfällen wird sehr groß geschätzt und lässt eine längerfristige Entsorgungsperspektive zu [22].

Bemerkenswert ist der starke Anstieg nach der Deutschen Wiedervereinigung 1989.

Im Gegensatz zu anderen europäischen Ländern, besitzt Deutschland besonders reichliche Salzvorkommen und viele Salzbergwerke und damit auch entsprechende Möglichkeiten zur untertägigen Abfallverbringung (siehe Abb. 11.10).

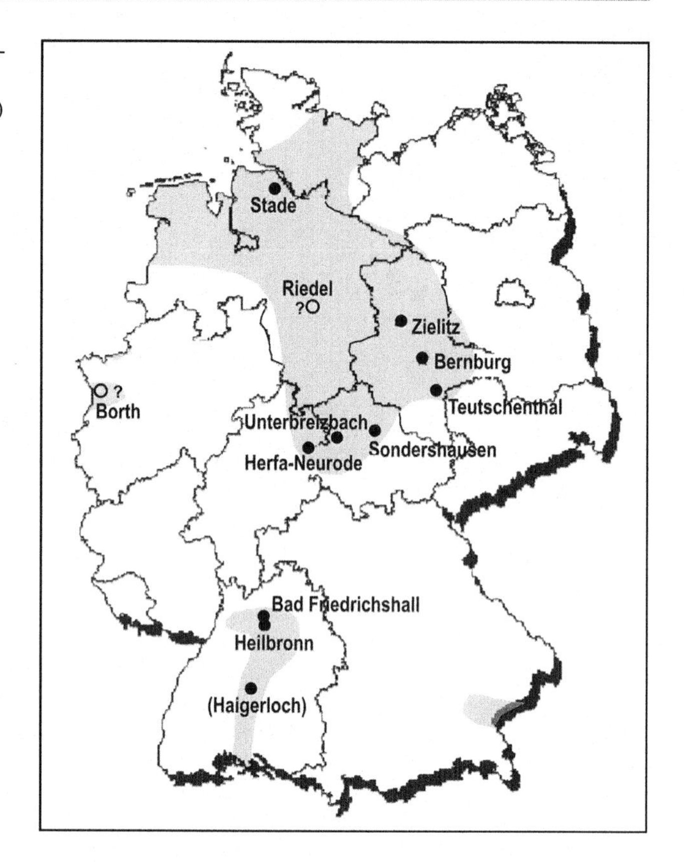

Abb. 11.10 Untertägige Ablagerungsstätten für gefährliche Abfälle in Deutschland (2007) (grau: Salzformationen) [22]

Auch in Frankreich wurde untertägige Abfallverbringung in den elsässischen Salzminen betrieben (Stocamine). Allerdings ist diese Stätte durch unterirdische Brandereignisse zwischenzeitlich geschlossen. Seit 2006 ist auch in Großbritannien eine Untertagedeponie im ca. 800 m tiefen Salzbergwerk Cheshire in Betrieb.

Anzumerken ist, dass auch in anderen Ländern mit Salzvorkommen und Salzminen die Möglichkeiten zur Einrichtung von Untertagedeponien zu prüfen wären – so z. B. in Polen (Wieliczka), in Bosnien-Herzegowina (Tuzla), in Kolumbien (Zapaquira) oder auch in der Türkei (Cankiri).

11.3.5 Genehmigungsrechliche Belange untertägiger Abfallablagerungsstätten

Für die Genehmigung von Deponien, so auch für Untertagedeponien, sind Planfeststellungs- bzw. Raumordnungsverfahren mit Umweltverträglichkeitsprüfung und Öffentlichkeitsbeteiligung obligatorisch.

Für den Bergversatz ist dagegen ein bergbaurechtliches Betriebsplanverfahren (ohne Umweltverträglichkeitsprüfung und Öffentlichkeitsbeteiligung) erforderlich.

Allerdings ist in beiden Fällen eine sog. Langzeitsicherheitsbeurteilung gefordert, mit folgenden Einzelnachweisen:

- Geotechnischer Standsicherheitsnachweis
- Sicherheitsnachweis für die Betriebsphase
- Langzeitsicherheitsnachweis

Beim Langzeitsicherheitsnachweis geht es letztlich um die Frage, welche wahrscheinlichen Folgen das Versagen von Sicherheitsbarrieren auf die Biosphäre haben würden (Zeithorizont: 10.000 Jahre).

Nach heutigem Verständnis kann der Langzeitsicherheitsnachweis nur von Hohlräumen in geeigneten Salzformationen erbracht werden.

Für Hohlräume in anderen geologischen Formationen z. B. von Bergbaubetrieben für Kohle, Erze und Mineralien, kann der Langzeitsicherheitsnachweis i. d. R. nicht erbracht werden, da diese immer Grundwasserkontakt haben [22].

11.3.6 Untertage-Deponierung (UTD) und Untertageversatz (UTV)

Bei der Untertage-Deponierung werden hierfür genehmigte feste Abfälle, je nach Abfalleigenschaften, entweder mit oder ohne Vorbehandlung, verpackt oder unverpackt, untertage verbracht. Der alleinige Zweck der Untertage-Deponierung ist die Abfallbeseitigung.

Als Verpackung dienen z. B. Fässer, Container oder BigBags. Fallweise ist eine Konditionierung der Abfälle erforderlich z. B. durch Zumischung von Verfestigungsadditiven wie Zement, Gips oder auch Überschichtung mit Aktivkohle.

Die wohl bekannteste Untertagedeponie in Deutschland liegt ca. 700 Meter tief in Herfa-Neurode (Hessen), welche bereits im Jahre 1972 von der BASF Tochterfirma Kali und Salz AG für besonders gefährliche Abfälle eingerichtet wurde (Abb. 11.11).

Eine Besonderheit der Untertage-Deponierung in Salzformationen stellt die Abfallablagerung in extra hierfür ausgesolten **Kavernen** dar. Um diese, vor allem in Niedersachsen in den 80iger Jahren entwickelte Technik, ist es jedoch aus wirtschaftlichen und verfahrenstechnischen Gründen, vorerst still geworden.

Auch beim **Bergversatz** werden die Abfälle, je nach Abfalleigenschaften, entweder mit oder ohne Vorbehandlung, verpackt oder unverpackt untertage verbracht. Der Hauptzweck beim Bergversatz ist die Abfallverwertung. Hierbei dienen die Abfälle als Verfüllmaterial (= Versatzmaterial) für die zu verfüllenden (= zu versetzenden) bergbaulichen Hohlräume, um diese zu stabilisieren und damit Bergschäden (z. B. Gebirgsschläge) zu vermeiden.

Abb. 11.11 Beispiele für Verpackung gefährlicher Abfälle in der UTD Herfa-Neurode

Abhängig von den geologischen und technischen Gegebenheiten des Salzbergwerks wird der Versatz in unterschiedlicher Weise durchgeführt [22, 23]:

- **Schüttversatz**, je nach Art des Abladens als Kippversatz, Sturzversatz oder Schiebeversatz bezeichnet: Lose Abfälle werden untertage verbracht und damit Hohlräume verfüllt.
- **Stapelversatz**, Gebindeversatz (z. B. Kochendorf): Mit Abfall gefüllte BigBags werden untertage verbracht und Hohlräume damit zugestellt. Fallweise wird der Abfall vorher, z. B. mit Gips, verfestigt. Verbleibende Hohlräume werden fallweise mit Salz zugeschleudert (Abb. 11.12).
- Hydraulischer Versatz als **Spülversatz** (z. B. Bleicherode): Mix aus Abfall plus hochkonzentrierte Grubenlauge wird ins Bergwerk eingespült. Der Abfall sedimentiert, die Grubenlauge wird gesammelt und im Kreislauf gefahren.
- Hydraulischer Versatz als **Pumpversatz** (z. B. Sondershausen): Vermörtelungsfähiger Mix aus mehreren Abfällen plus Wasser oder Salzlösung wird ins Bergwerk eingespült und verfestigt sich dort. Das Wasser verbleibt als Komponente im Versatzmörtel.
- Pneumatischer Versatz (spielt derzeit keine Rolle mehr).

11.3.7 Grenzwerte für die oberirdische Deponierung und für die Untertageverbringung von gefährlichen Abfällen

Wie bereits oben erwähnt, besteht die wichtigste Barriere des Multibarrierensystems einer oberirdischen Deponie für gefährliche Abfälle in der Beschränkung des stofflichen Inventars. Der Grund hierfür liegt in der Überzeugung des Gesetzgebers, dass die Wirksamkeit der Barrieren zeitlich begrenzt anzunehmen ist und wasserlösliche Deponieinhaltsstoffe letztlich auf dem Wasserpfad die Deponie verlassen werden.

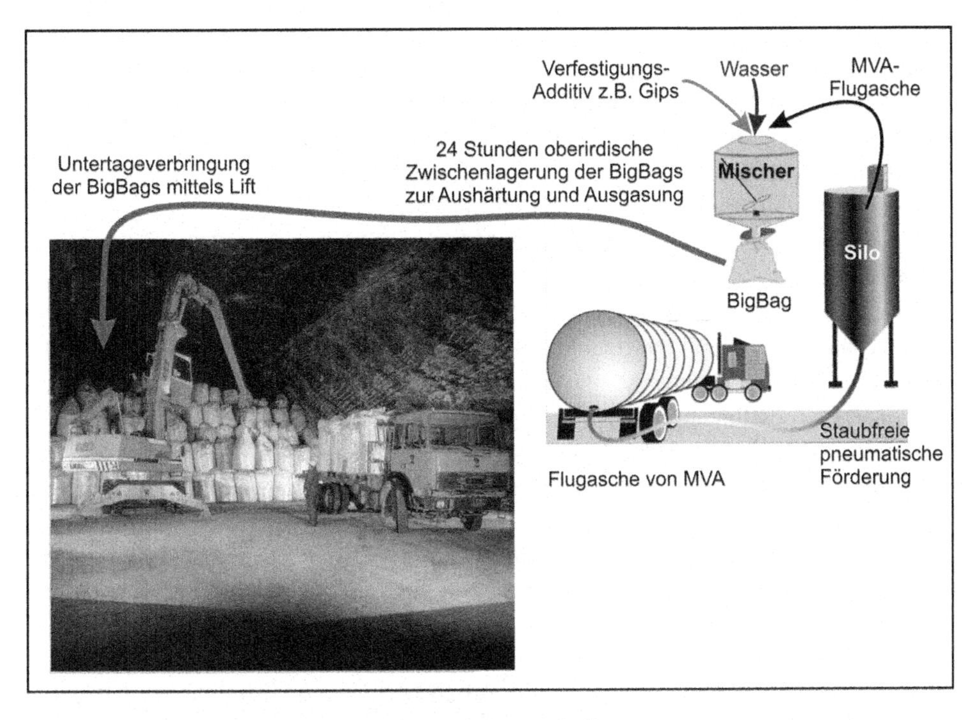

Abb. 11.12 Beispiel für Stapelversatz (hier: Heilbronn) [11]

Anders stellen sich die Grenzwerte für die untertage zu verbringenden Abfälle dar. Hier finden sich in der Tabelle für die Deponieklasse IV (Untertagedeponie) und für Bergversatz praktisch keine stofflichen Grenzwerte (s. Tab. 11.1).

Der Grund hierfür liegt darin, dass die Abfälle ihre Ablagerungsstätte auf unabsehbare Zeit nicht verlassen können und damit Grenzwerte, welche den Wasserpfad betreffen, keinen Sinn haben.

Das Augenmerk ist vielmehr auf die spezifischen Probleme der untertägigen Abfallablagerung zu richten, welche anderer Art sind als die der oberirdischen Deponierung.

So ist eines der Hauptprobleme bei der heute praktizierten Untertage-Verbringung von Abfällen die Gasfreisetzung aus den eingebrachten Abfällen, wie sie bei gasbildenden chemischen Reaktionen eintreten kann. Hier spielt die allmähliche Entwicklung von Wasserstoff aus Aluminium enthaltenden konditionierten Stäuben eine Rolle, was – in geschlossenen Räumen – ein Explosionsrisiko darstellt.

Aber auch bei der aeroben oder der anaeroben bakteriellen Umsetzung von zersetzungsfähigen organischen Abfallbestandteilen werden Gase und Gerüche frei.

So bildet sich das erstickend wirkende Gas Kohlendioxid und – beim anaeroben Abbau – zusätzlich das brennbare, und in Mischung mit Luft explosive Gas Methan, aber auch geruchsintensive und giftige Stoffwechselprodukte, wie z. B. niedere Fettsäuren, Schwefelwasserstoff und andere Schwefelverbindungen sowie Ammoniak oder Amine.

Oberirdisch sind derartige Effekte allenfalls belästigend – unter Tage stellen sie gravierende Sicherheitsrisiken dar und sind unter allen Umständen zu vermeiden.

Um solche Gefahren untertage zu minimieren, hat der Gesetzgeber den – mikrobiell zersetzungsfähigen – organischen Anteil im Abfall durch Grenzwertsetzung der Parameter Glühverlust mit 12 Masse-% (Bezug: Trockenmasse) und TOC (total organic carbon) mit 6 Masse-% (Bezug: Trockenmasse) deutlich eingeschränkt.

In manchen Fällen ist allerdings eine Überschreitung der Parameter TOC und Glühverlust möglich. Hiermit wird die Zulassung von grundsätzlich versatzgeeigneten Abfällen (z. B. Koks oder Kunststoffe enthaltende Stäube) ermöglicht, die nur analytisch bedingt einen Gehalt an mikrobiell zersetzungsfähiger Organik vorspiegeln. Dieser Fall kann z. B. durch den AT_4-Test (Atmungsaktivität nach 4 Tagen) oder den GB_{21}-Test (Gasbildungsrate unter anaeroben Bedingungen, nach 21 Tagen) festgestellt werden.

Allerdings darf durch solche TOC-reicheren Abfälle die Brandlast im Grubengebäude nicht erhöht werden. Üblicherweise ist eine Brennbarkeit jedoch erst ab TOC-Gehalten um 30 Masse-% gegeben.

In Tab. 11.1 sind die derzeit gültigen Grenzwerte für abzulagernde Abfälle, betreffend alle Deponieklassen, vergleichend gegenübergestellt.

11.4 Chemisch-Physikalische Behandlung von gefährlichem Abfall (CPB)

11.4.1 CPB – Allgemeines

Bei der chemisch-physikalischen Behandlung (CPB) von gefährlichen Abfällen, handelt es sich in der Regel um die Behandlung von flüssigen gefährlichen Abfällen aus der Industrie – also z. B. um Altöle, um verbrauchte Schneidölemulsionen, um verunreinigte Säuren und Laugen, um schwermetallhaltige, nitrithaltige oder cyanidhaltige Konzentrate sowie auch um Lösemittel-Wassergemische und um Dünnschlämme, aber z. B. auch um Deponiesickerwasser [11, 28–30].

In der Entsorgungspraxis überschneiden sich hierfür oftmals die Begriffe: So rangieren derartige Abfallflüssigkeiten fallweise auch unter der Bezeichnung Industrieabwasser. Meist sind die Volumenströme im Einzelfall klein und die Konzentrationen der betreffenden umweltrelevanten organischen und/oder anorganischen Inhaltsstoffe hoch.

In der Abfallverzeichnisverordnung (AVV) (mit welcher der Europäische Abfallkatalog (EAK) in Deutsches Recht überführt wurde) sind daher zahlreiche flüssige gefährliche Abfälle zu finden, welche ebenso als Abwässer angesehen werden können – zumal der vorherrschende Abfallbestandteil aus Wasser besteht.

Typisch für diese Zwitterstellung sind z. B. Säuren (06 01.. *) und Laugen (06 02.. *) schwermetallhaltige Konzentrate (06 03 13 *) sowie Wässrige Spülflüssigkeiten (11 01 11 *), Wässrige Waschflüssigkeiten und Mutterlaugen (07 05 01 *) oder Deponiesickerwasser (19 07 02 *).

Tab. 11.1 Physikalisch-chemische Abfall-Zuordnungskriterien für Deponien bzw. Deponieklassen (DK) gemäß DepVereinfV und VersatzV (Stand: 2015)

Abfallkriterien

Parameter	Einheit	DK 0	DK I	DK II	DK III	DK IV	Bergversatz
		Erddeponie	Bauschutt-deponie	"Siedlungs-abfall"	Sonderabfall Deponie	Untertage-deponie	(Abfall-verwertung)
Glühverlust	Masse% (TM)	≤ 3	≤ 3	≤ 5	≤ 10	-	≤ 12 *
TOC	Masse% (TM)	≤ 1	≤ 1	≤ 3	≤ 6	-	≤ 6 *
BTEX (Summe)	mg/kg (TM)	≤ 6	-	-	-	-	-
PCB (Summe)	mg/kg (TM)	≤ 1	-	-	-	-	-
Mineralöl KW	mg/kg (TM)	≤ 500	-	-	-	-	-
PAK (Summe EPA)	mg/kg (TM)	≤ 30	-	-	-	-	-
Extr. lipophile Stoffe	Masse% (OS)	≤ 0,1	≤ 0,4	≤ 0,8	≤ 4	-	-

TM: Trockenmasse, OS: Originalsubstanz
* Werte können überschritten werden, wenn sie für gefährliche Gasbildung oder Brandlast nicht relevant sind
- : kein Grenzwert

Eluatkriterien

Parameter	Einheit	DK 0	DK I	DK II	DK III	DK IV	Bergversatz
		Erddeponie	Bauschutt-deponie	"Siedlungs-abfall"	Sonderabfall Deponie	Untertage-deponie	(Abfall-verwertung)
pH-Wert	-	5,5 - 13	5,5 - 13	5,5 – 13	4 – 13	-	-
DOC	mg/L	≤ 50	≤ 50	≤ 80	≤ 100	-	-
Phenole	mg/L	≤ 0,1	≤ 0,2	≤ 50	≤ 100	-	-
Antimon	mg/L	≤ 0,006	≤ 0,03	≤ 0,07	≤ 0,5		
Arsen	mg/L	≤ 0,04	≤ 0,2	≤ 0,2	≤ 2,5	-	-
Barium	mg/L	≤ 2	≤ 5	≤ 10	≤ 30		
Blei	mg/L	≤ 0,05	≤ 0,2	≤ 1	≤ 5	-	-
Cadmium	mg/L	≤ 0,004	≤ 0,05	≤ 0,1	≤ 0,5	-	-
Chrom, gesamt	mg/L	≤ 0,05	≤ 0,3	≤ 1	≤ 7		
Kupfer	mg/L	≤ 0,2	≤ 1	≤ 5	≤ 10	-	-
Nickel	mg/L	≤ 0,04	≤ 0,2	≤ 1	≤ 4	-	-
Molybdän	mg/L	≤ 0,05	≤ 0,3	≤ 1	≤ 3		
Quecksilber	mg/L	≤ 0,001	≤ 0,005	≤ 0,02	≤ 0,2	-	-
Selen	mg/L	≤ 0,01	≤ 0,03	≤ 0,05	≤ 0,7		
Zink	mg/L	≤ 0,4	≤ 2	≤ 5	≤ 20	-	-
Chlorid	mg/L	≤ 80	≤ 1500	≤ 1500	≤ 2500		
Fluorid	mg/L	≤ 1	≤ 5	≤ 15	≤ 50	-	-
Sulfat	mg/L	≤ 100	≤ 2000	≤ 2000	≤ 5000	-	-
Cyanide, leicht freis.	mg/L	≤ 0,01	≤ 0,1	≤ 0,5	≤ 1	-	-
Abdampfrückstand	Masse% (TM)	≤ 0,4	≤ 3	≤ 6	≤ 10	-	-

Umgekehrt können zahlreiche Abwässer, welche aus Produktionsanlagen der chemischen oder pharmazeutischen Industrie stammen, auch als flüssige gefährliche Abfälle angesehen werden.

Eine klare Definition existiert nicht und in der Praxis wird vielfach – allerdings höchst unzulänglich – wie folgt unterschieden:

- Flüssigabfälle sind dadurch charakterisiert, dass sie mit Tankfahrzeugen entsorgt werden.
- Abwasser ist dadurch gekennzeichnet, dass es durch Rohre bzw. Kanäle abgeleitet wird.

Für den Gewässerschutz bedeutsam ist jedoch, dass entsprechende Direkt- bzw. Indirekteinleiter-Grenzwerte einzuhalten sind – gleichgültig ob es sich um Kläranlagenablauf oder um Flüssigabfall nach der CP-Behandlung handelt.

Praxisrelevante CPB-Verfahren für Flüssigabfälle, bzw. Industrieabwässer sind im Folgenden aufgelistet:

11.4.1.1 Physikalische Verfahren zur Durchführung von Stoff-Trennungen

- Sedimentation zur Abtrennung von Feststoffen in Absetzbehältern
- Flockung durch Zugabe geeigneter Additive zur Erhöhung der Sinkgeschwindigkeit feindisperser Stoffe
- Filtration zur Entwässerung von Dünnschlämmen in Filterpressen
- Zentrifugation zur Öl- und Feststoffabtrennung in Dekantern
- Schwerkraftabscheidung zur Öl-Wasser-Separierung in Absetzbehältern
- Skimmen zur Abschöpfung von Ölschichten auf Wasseroberflächen
- Flotation zur Abtrennung von Öl- und Feststofflocken durch Anlagerung an aufsteigende Luftbläschen
- Ultrafiltration zur Öl-Wasser-Trennung von Emulsionen an Membranen
- Koaleszenz zur Trennung emulgatorfreier Emulsionen an oleophilen Oberflächen
- Elektrokoagulation zur Spaltung von Abfallemulsionen durch elektrische Effekte
- Umkehrosmose zur Trennung von Wasser und Wasserinhaltsstoffen an Membranen
- Verdampfung zur Aufkonzentrierung von Abwasserinhaltsstoffen
- Eindampfung zur Aufkonzentrierung von Abwasserinhaltsstoffen bis zur Trockene
- Destillation zur Abtrennung leichtflüchtiger Stoffe aus Abwasser
- Aktivkohle-Adsorption zur Entfernung organischer, vorwiegend unpolarer Abwasserinhaltsstoffe
- Strippung mit Luft oder Wasserdampf zur Austreibung leichtflüchtiger Abwasserinhaltsstoffe

11.4.1.2 Chemische Verfahren zur Stoffumwandlung bzw. Stoffzerstörung

- Neutralisation saurer oder alkalischer wässriger Lösungen
- Anwendung von Fällungsprozessen zur Schwermetall-Entfrachtung wässriger Lösungen durch hydoxidische, carbonatische oder sulfidische Fällung
- Anwendung von Redoxprozessen zur Entgiftung wässriger Lösungen (Cyanid, Nitrit, Chromat)
- lonenaustausch zur Entfernung unerwünschter Ionen aus wässrigen Lösungen

- Salzspaltung/Säurespaltung zur Spaltung emulgatorhaltiger hochverschmutzter Emulsionen
- Einsatz organische Spalter-Polymere zur Spaltung emulgatorhaltiger hochverschmutzter Emulsionen
- Druck-Nassoxidation mit (Luft) Sauerstoff zur Umwandlung oder Zerstörung organischer Stoffe in Abwässern
- Nasschemische Oxidation, drucklos, durch Anwendung von APO (Advanced Oxidation Processes) zur Oxidation bzw. Zerstörung von CSB-verursachenden Stoffen in Abwässern
- Thermische Oxidation in Verbrennungsanlagen zur Totalzerstörung aller organischen Inhaltsstoffe in Abwässern

11.4.1.3 Mikrobiologische Verfahren zur Stoffumwandlung bzw. Stoffzerstörung

- Aerobe Behandlung in Bioreaktoren, drucklos oder unter Druck, zur Umwandlung oder Zerstörung von organischen Inhaltsstoffen in Abwässern durch Bakterien und/oder Pilze
- Anaerobe Behandlung in Bioreaktoren, drucklos oder unter Druck zur Umwandlung oder Zerstörung von organischen Inhaltsstoffen in Abwässern durch Archaea und/oder Bakterien

Die CPB von gefährlichen Abfällen erfolgt in manchen Fällen innerhalb der Betriebe, unweit des Anfallorts der Abfälle.

So verfügen größere Galvanikbetriebe über CPB-Anlagen zur Entgiftung von Cyanid und Chromat und in zunehmendem Maße über Einrichtungen zur Rückgewinnung von Metallen, z. B. Ionenaustauscher, was den Anfall von Galvanikschlämmen deutlich vermindert hat.

Abfall-Schneidölemulsionen werden in größeren Betrieben der Metallbranche vielfach in eigenen Ultrafiltrations-Emulsions-Trennanlagen behandelt. Dort finden sich oftmals auch Anlagen zur oxidativen Nitritentgiftung.

Häufig sind auch betriebseigene CPB-Anlagen zur Abwasserneutralisation und Schwermetallfällung, meist mit nachgeschalteter Filteranlage.

Betriebe, die über keine eigenen CPB-Anlagen verfügen – meist kleinere oder mittlere Betriebe – machen von den Entsorgungsangeboten der Sonderabfallentsorger Gebrauch. Solche in jedem Bundesland in Deutschland ansässigen und vielfach auch überregional operierenden Entsorgungsfirmen, welche im Bundesverband Sekundärrohstoffe und Entsorgung e.V. organisiert sind, verfügen über Behältnisse und Spezialfahrzeuge für Flüssigabfälle, über Sammelstellen für gefährliche Abfälle, über Zwischenlager und über zentrale CPB-Anlagen, in welchen Anlagen zur Feststoffabtrennung und Schlammentwässerung, Ölabschöpfung, Emulsionstrennung, Entgiftung, Neutralisation und Adsorption vorhanden sind.

In der Regel gelangen die Abläufe von CPB-Anlagen in eine firmeneigene oder kommunale mechanisch-biologische Kläranlage – sozusagen als abschließende Behandlung. Dies ist in jedem Falle aus Gründen des Gewässerschutzes sinnvoll: Einerseits werden in den großen Volumina einer Kläranlage störfallbedingte Konzentrationsspitzen umweltrelevanter oder toxischer Komponenten in Abwasserströmen vergleichmäßigt – andererseits ist der aerobe mikrobielle Abbau der effektivste Zerstörungsmechanismus für die allermeisten organischen Stoffe schlechthin.

Es sei an dieser Stelle darauf hingewiesen, dass CPB-Anlagen für gefährliche Abfälle Maßgaben genügen müssen, wie sie in der bis Mitte Juli 2009 gültigen TA Abfall vermerkt waren. Aus Ermangelung einer derzeit verfügbaren ähnlichen Anweisung sei, trotz Außerkraftsetzung der TA-Abfall, auf dieses Regelwerk verwiesen [9]:

Punkt 6	*Übergreifende Anforderungen an Zwischenlager, Behandlungsanlagen ... insbesondere die folgenden Unterpunkte:*
Punkt 6.1.4	*Rohrleitungen*
Punkt 6.1.5	*Abdichtung*
Punkt 6.1.6	*Überdachung*
Punkt 6.1.7	*Abwassererfassung und Entsorgung*
Punkt 6.3.1	*Eingangsbereich*
Punkt 6.3.2	*Arbeitsbereich*
Punkt 6.3.3	*Lagerbereich*
Punkt 6.3.3.1.2	*CPB-Anlagen*
Punkt 6.3.3.3.1	*Lagerung in Behältern*
Punkt 7	*Besondere Anforderungen an Zwischenlager mit allen Unterpunkten*
Punkt 8	*Besondere Anforderungen an Behandlungsanlagen mit allen Unterpunkten.*

Zu den genannten Punkten werden hier keine Ausführungen gemacht, da sie ausführlich in der (bis Juli 2009 gültigen) TA-Abfall beschrieben sind.

In Abb. 11.13 wird die prinzipielle Anordnung einer hypothetischen Chemisch-Physikalischen Behandlungsanlage für flüssige gefährliche Abfälle, einschließlich Verkehrsflächen und Peripherie wiedergegeben.

Als zusätzliche Orientierung betreffend Input und Output einer solchen Anlage dient die folgende Massenbilanz in Abb. 11.14.

Anhand der Massenbilanz wird die Aufgabe einer CPB-Anlage als Anlage zur Wasserabtrennung aus Flüssigabfällen und Reinigung des abgetrennten Wassers besonders augenfällig.

Neben den genannten „klassischen“ CPB-Verfahren ist die Vielzahl hochspezialisierter CPB-Verfahren, wie Pervaporation, Extraktivdestillation, Strippung oder Flüssig-flüssig-Extraktion – vornehmlich in der Chemischen Industrie – kaum zu überblicken.

Meist sind solche Anlagen innerhalb der Produktionsanlage integriert und stellen effektive Prozesse zur Abfallvermeidung und Abfallverminderung dar, in denen Produkte und andere Wertstoffe oder Wasser abgetrennt und in den Prozess zurückgeführt werden.

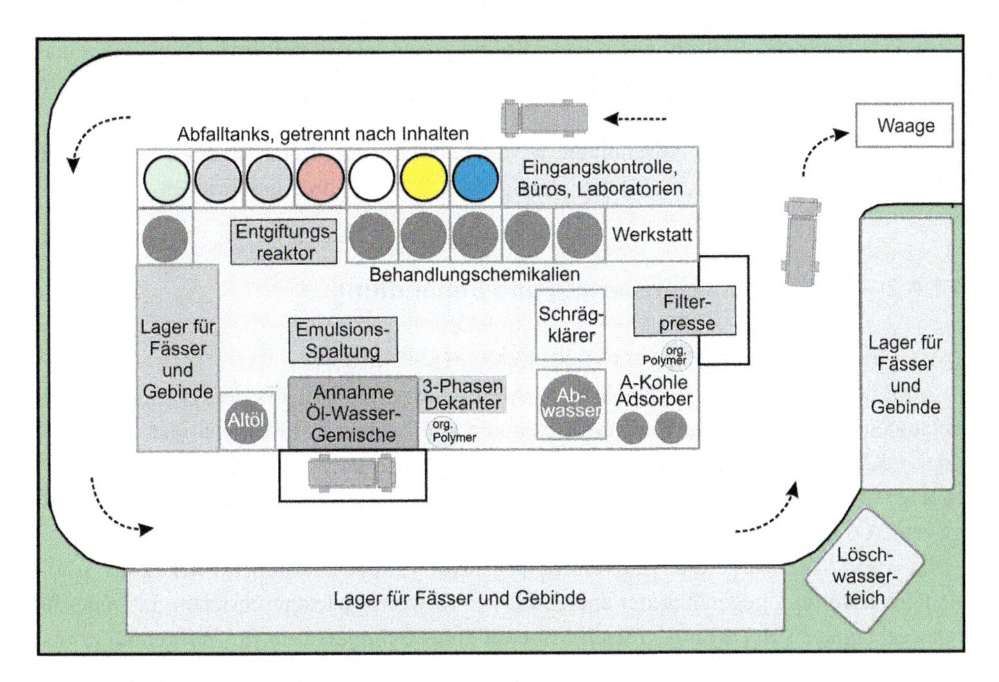

Abb. 11.13 Prinzipskizze einer CPB-Anlage für flüssige gefährliche Abfälle [11]

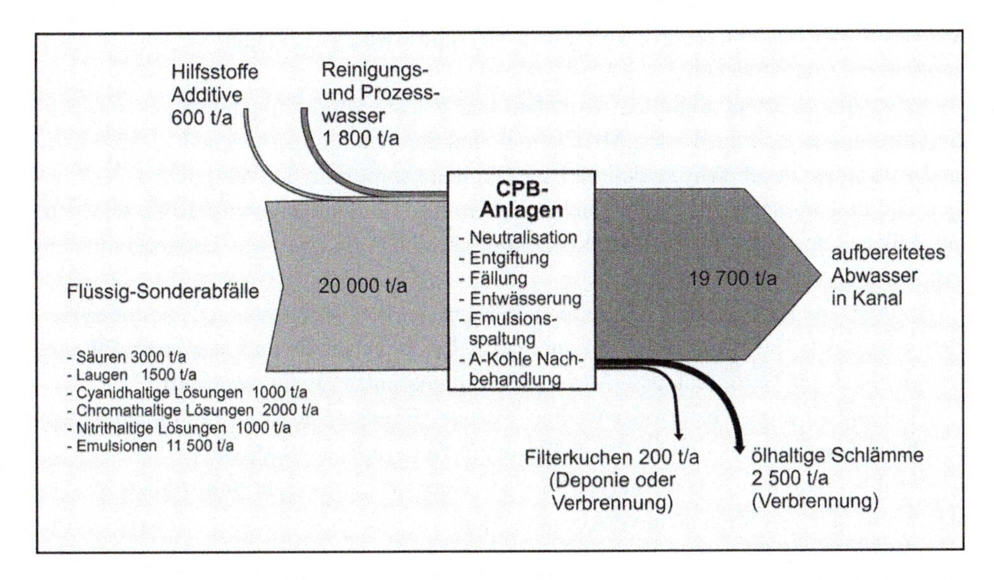

Abb. 11.14 Massenbilanz einer hypothetischen CPB-Anlage für flüssige gefährliche Abfälle [11]

In Anbetracht der Vielzahl chemischer Produktionsprozesse mit ihren Eigenheiten und ihren individuellen, maßgeschneiderten CPB-Einrichtungen, wird an dieser Stelle nicht näher hierauf eingegangen.

In den nachfolgenden Abschnitten werden einige bedeutsame flüssige gefährliche Abfälle näher charakterisiert und die wichtigsten CPB-Verfahren beschrieben.

11.4.2 Altöl, Charakterisierung und Behandlung

(AVV-Gruppen: 12 01*, 13 01*, 13 02*, 13 03*, 13 05*, 13 07*)

Altöl ist heute generell als gefährlicher Abfall eingestuft. Noch in den 1990iger Jahren gelangten aufgrund unerlaubter Vermischungen von Altölen mit PCB-haltigen Trafoölen oder CKW-haltigen Kaltreinigern verunreinigte Altöle unerkannt in Regenerationsbetriebe, von wo aus in der Folge kontaminierte Regeneratöle in den Handel kamen und die gesamte Öl-Recyclingbranche in Misskredit geriet.

Im April 2002 wurde die Altölverordnung novelliert und hierin der Vorrang der stofflichen Verwertung gegenüber der energetischen Verwertung festgeschrieben. In Deutschland gelangen ca. 1,1 Mio t/a Frisch-Mineralöle als Schmierstoffe für Verbrennungsmotoren, Getriebe und Maschinen sowie als Komponenten in Schneidölemulsionen auf den Markt (2002). Knapp 0,5 Mio t/a werden von ca. 100 Unternehmen als Altöl gesammelt. (Die Differenzmenge geht anwendungsbedingt verloren.)

Im Jahre 2006 wurden in Deutschland etwa 77 % der gesammelten Altölmenge stofflich verwertet – vorwiegend durch Zweitraffination – und etwa 23 % energetisch genutzt – vorwiegend in Zementwerken.

Altöle sind durch emulgierte, partikuläre und gelöste Verunreinigungen gekennzeichnet, insbesondere durch Wasser, Metallabrieb und Sand, durch thermische Crackprodukte und Ruß sowie durch schwer definierbare Oxidationsprodukte der zahlreichen Öl-Additive und des Öls selbst. Dazuhin spielen altölfremde Komponenten eine Rolle wie z. B. pflanzliche Öle oder leichtflüchtige Lösemittel, welche – trotz Verbot – fallweise mit dem Altöl vermischt werden [24, 25]

Solange eine Flammpunktanalyse nicht vorliegt, wird daher Altöl aus Sicherheitsgründen gemäß den Vorschriften der VbF und der TRbF grundsätzlich als brennbare Flüssigkeit der höchsten Gefahrenklasse A/(mit Flammpunkt unter 21 °C) eingestuft.

Altöl enthält immer mehr oder weniger Wasser (Emulsionswasser, Verbrennungswasser, Reinigungswässer) – in der Praxis liegen die Werte um ca. 10 Masse%.

Wenn bei der chemischen Analyse folgende Grenzwerte überschritten werden, so darf das Altöl i. d. R. stofflich nicht verwertet werden:

PCB (gesamt): 20 mg/kg

Gesamt-Halogen: 2000 mg/kg

In der Praxis liegen die Werte im Schnitt deutlich niedriger.

Altöle, welche einen der genannten Grenzwerte überschreiten, müssen in einer Verbrennungsanlage für gefährliche Abfälle beseitigt werden.

Betreffend Altöl-Sammlung und –Transport ist eine Nachweisführung in Form einer speziellen Erklärung gemäß Vordruck in Anlage 2 der AltölV obligatorisch.

11.4.3 Abfall-Emulsionen

11.4.3.1 Allgemeines zu Emulsionen

Emulsionen bestehen i. d. R. aus zwei nur wenig ineinander löslichen Flüssigkeiten – z. B. Öl und Wasser – welche bei intensiver Vermischung eine Dispersion bilden. (Dispersion = feine Verteilung einer Komponente in einer anderen) Der Tröpfchendurchmesser von Emulsionen liegt i. A. zwischen ca. 0,5 µm und 50 µm.

Große Bedeutung haben Mineralöl-Wasser-Emulsionen in der metallverarbeitenden Industrie als Kühl-Schmierstoffe („Bohrmilch", Schneidölemulsionen, Mineralölgehalt: 5 bis 10 %) [24, 25]

Grundsätzlich sind alle Emulsionen thermodynamisch instabile Systeme, welche das Bestreben haben, die Grenzflächenenergie der künstlich erzeugten großen Phasengrenzflächen der vielen kleinen Emulsionströpfchen zu verkleinern. Diese Oberflächenverkleinerung geschieht durch sog. Koaleszenzvorgänge – dem Zusammenfließen von kleinen Tröpfchen zu immer größeren – so lange, bis die Ausdehnung der Grenzfläche ein Minimum erreicht hat (Abb. 11.15).

Zu unterscheiden sind instabile Emulsionen, welche sich rasch entmischen und stabile Emulsionen, welche längere Zeit (Wochen, Monate) unverändert bleiben. Stabile Emulsionen können durch Zugabe von Emulgatoren hergestellt werden. Alle

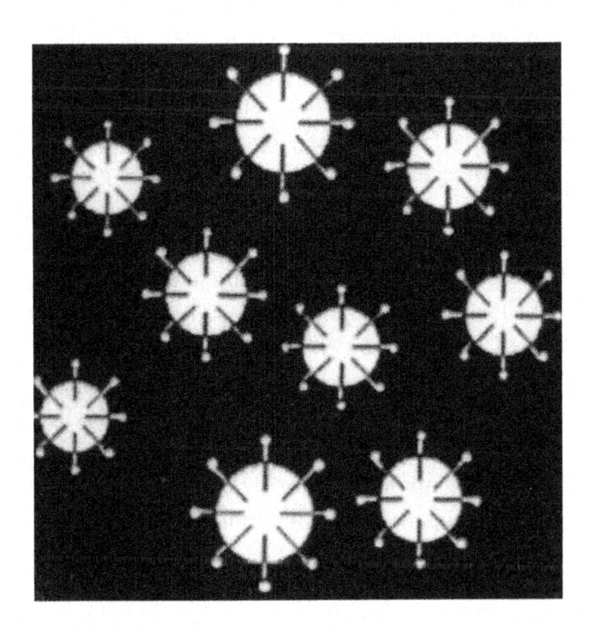

Abb. 11.15 Prinzip der Stabilisierung von Emulsionen durch Emulgatoren [11]

Emulsionen entmischen sich jedoch früher oder später, i. d. R. verursacht durch mikrobielle Zersetzungsvorgänge.

Die Stabilität von Emulsionen beruht auf elektrostatischen Abstoßungskräften zwischen den gleichsinnig geladenen (i. A. partiell negativen) Emulsionströpfchen. Die elektrischen Ladungen resultieren aufgrund von Ladungstrennungsvorgängen, welche bei der Vermischung der Flüssigkeiten bei der Emulsionszubereitung eintritt. Durch die Anwesenheit von Emulgatoren werden die elektrostatischen Effekte wesentlich ausgeprägter und die Emulsionen in der Folge stabiler.

Die Wirkungsweise der Emulgatoren beruht auf ihrer molekularen Struktur; es sind i. A. ten-sidartige Moleküle, welche Kopf-Schwanz-Polarisation aufweisen.

Die in die wässrige Phase (schwarz) ragenden negativ geladenen Köpfe der Tensidmoleküle bewirken die elektrostatische Abstoßung der Öltröpfchen (weiß), so dass diese nicht koalisieren. Die positiven, lipophilen Schwänze befinden sich in den negativ geladenen Öltröpfchen.

Emulsionen besitzen die Eigenschaften ihrer Komponenten in Kombination, was für bestimmte Anwendungen vorteilhaft ist, z. B. bei Schneidölemulsionen: Wasser kühlt und spült, Mineralöl schmiert (= Kühl-Schmierstoffe, KSS).

11.4.3.2 Entsorgung von Abfall-Emulsionen

Die Öl-in-Wasser Emulsionen spielen mengenmäßig in Deutschland die wichtigste Rolle. So fallen hiervon ca. 700.000 Tonnen pro Jahr als gefährliche Abfälle an, welche sowohl betriebsintern als auch betriebsextern entsorgt werden (AVV-Abfallschlüssel z. B.: 12 01 09 *, 13 01 05 *).

Neben den Hauptbestandteilen Öl und Wasser enthalten solche Emulsionen eine Reihe von Additiven, wie Emulgatoren, Korrosionsinhibitoren, Mikrobiozide, Komplexbildner, Antischaummittel und Hochdruckzusätze.

Das Ziel der Behandlung ist die Spaltung der Emulsion, also die Trennung der Emulsion in eine Öl- und Wasserphase.

Die Mechanismen der Emulsionstrennung beruhen dabei entweder auf einer Kompensation der auf den Öltröpfchen befindlichen gleichsinnigen elektrischen Ladungen durch Zufuhr gegensinniger Ladungen oder auf einer Überwindung der durch diese Ladungen hervorgerufenen Abstoßungskräfte durch Druck oder Temperatur.

In Tab. 11.2 sind die wichtigsten Behandlungsverfahren für Abfallemulsionen aufgelistet und stichwortartig charakterisiert.

Zu erwähnen wären auch noch folgende innovative und abfallarme Verfahren, welche jedoch in Deutschland bislang nicht sehr verbreitet sind:

- Spaltung mit Kohlendioxid bei ca. 80 °C und erhöhtem Druck
- elektrochemische Spaltung durch gezielte Auflösung von Eisen- oder Aluminiumanoden
- Spaltung mittels Elektrokoagulation

Tab. 11.2 Verbreitete Verfahren zur Trennung von Abfall-Emulsionen [11]

Verfahren	Techn. Spezifikationen	Vorteihafte Aspekte	Nachteilige Aspekte
Salzspaltung	batch Prozess, Ladungskompensation durch Salzionen (Fe^{3+}, Al^{3+}, Mg^{2+})	einfach, kostengünstig, für alle Emulsionen, auch stark verschmutzte Emulsionsgemische	starker Schlammanfall, Ablauf mit hoher Salzfracht
Säurespaltung	batch Prozess, Ladungskompensation durch Oxonium	einfach, kostengünstig, für alle Emulsionen, auch stark verschmutzte Emulsionsgemische	Ablauf mit hoher Salzfracht
Spaltung mit organischen Spaltern	batch Prozess, Ladungskompensation durch kationische Polymere	einfach, kostengünstig, für alle Emulsionen, auch stark verschmutzte Emulsionsgemische	Prozesssteuerung erfordert Erfahrung, Überdosierung verschlechtert Spaltergebnis
Koaleszenzapparate	Konti Prozess, Spaltung durch Adhäsion von Öltröpfchen an geeigneten Oberflächen (PE, PP, PU u. a.)	einfach, kostengünstig	nur für emulgatorfreie Emulsionen (z. B. Kompressorkondensate)
2-Phasen Dekanter 3-Phasen Dekanter	Konti Prozess, Spaltung durch Zentrifugalkräfte (bis 4000 g)	hoher Durchsatz, für alle Emulsionen, auch stark verschmutzte Emulsionsgemische	hoher Invest, Additive nötig
Flotation: Entspannungsflotation Elektroflotation	Konti Prozess, Spaltung durch Adhäsion von Öltröpfchen an aufsteigende Gasbläschen	hoher Durchsatz, für alle Emulsionen, auch stark verschmutzte Emulsionsgemische	hoher Invest, Additive nötig
Verdampfung mit oder ohne Vakuum und Wärmerückgewinnung	Konti Prozess, Spaltung durch Verdampfung des Wassers	additiv-freies Verfahren, für alle Emulsionen, auch stark verschmutzte Emulsionsgemische	hoher Invest, energieintensiv (Abwärmenutzung z. B. aus benachbarter SAV ist anzustreben)
Ultrafiltration	Konti Prozess, Spaltung durch Abtrennung des Wassers mittels Membran	additiv-freies, elegantes Verfahren	hoher Invest, Vorfiltration erforderlich, hoher Wassergehalt im Öl, fouling-Probleme
Adsorption	batch Prozess, Spaltung durch Anlagerung des Öls an hydrophobierte Kieselsäure	einfach, hohe Aufnahmekapazität des Adsorbens	teures Adsorbens, Rückstände sind Sonderabfall, nur für kleine Mengen Emulsionen mit geringem Ölgehalt (1 %)

Bei der Behandlung von Abfallemulsionen in Deutschland können derzeit grob zwei Verfahrensweisen unterschieden werden, welche insbesondere von der Größe des Betriebs abhängen:

Abfallemulsionen, die bei großen metallbearbeitenden Firmen anfallen, werden oftmals innerbetrieblich, nach Vorfiltration, mittels Ultrafiltration (UF) behandelt. Dieses Membranverfahren ist deshalb meist unproblematisch anzuwenden, weil die Art und Eigenschaften der zu spaltenden Emulsionen gut bekannt sind und Vermischungen mit membranschädigenden anderen Flüssigabfällen (z. B. Lösemitteln) ausgeschlossen werden können. Betriebsinterne Anlagen sind i. A. erst ab einem Emulsionsaufkommen von 50 bis 100 m^3/a rentabel.

Für Abfallemulsionen aus der Klein- und Mittelständischen Industrie erfolgt der erste Entsorgungsschritt durch Sammlung in speziellen Tankfahrzeugen, welche bei zentralen Entsorgungsunternehmen für gefährliche Abfälle anliefern. Es handelt sich um Mischungen unterschiedlicher Emulsionstypen meist unbekannter Vorgeschichte. Solche Emulsionsgemische enthalten auch erhebliche Anteile an sedimentierbaren Stoffen (TS bis ca. 5 %). Solche Emulsionsgemische werden i. d. R. in ein überdachtes oder eingehaustes Sedimentations- und Speicherbecken überführt, in welchem freies Öl aufrahmen kann und von wo aus sie zur Spaltung unter Einsatz organischer Spalter gelangen. Alternativ werden oft auch 3-Phasen Dekanter eingesetzt. Vereinzelt ist hier noch die einfache und robuste Salz- oder Säurespaltung zu finden, welche auf Grund der erheblichen Aufsalzung der Wasserphase nicht mehr dem Stand der Technik entspricht.

Nach erfolgter Emulsionsspaltung besitzt die Wasserphase i. d. R. noch einen hohen CSB von fallweise mehreren 1000 mg/l und auch noch Restölgehalte von mehreren 100 mg/l aber ggf. auch höhere Gehalte an Nitrit.

Eine Nachbehandlung der Wasserphase ist daher obligatorisch, insbesondere ist Nitrit zu entgiften (siehe späteres Kapitel Nitritentgiftung). Zur CSB Reduzierung wird oftmals Flockung/Fällung durch Zugabe von Eisen-II-sulfat und Caiciumhydroxid angewandt, fallweise gefolgt von einer Feinreinigung mit Aktivkohle.

Letztlich kann so der CSB erheblich gesenkt und die Grenzwerte für Nitrit (wenn gefordert) und für Mineralölkohlenwasserstoffe (20 mg/l) eingehalten werden.

11.4.4 Cyanide

11.4.4.1 Allgemeines zu Cyanid und zu cyanidischen Abfällen

Das Cyanid-Ion (CN^-) bzw. der im Sauren aus dem Cyanid-Ion sich bildende gasförmige Cyanwasserstoff (= Blausäure (HCN)) gehören zu den giftigsten chemischen Verbindungen, welche sehr schnell tödlich wirken – fallweise in Sekunden.

Die letale Dosis für den Menschen liegt um 1 mg pro kg Körpergewicht (oral). Zu beachten ist, dass Cyanwasserstoff auch leicht über die Haut in den Körper eindringen kann.Für Fische können bereits Cyanidkonzentrationen im Wasser ab 0,03 mg/l tödlich sein. Fischsterben in Gewässern wurde vielfach durch fahrlässige Einleitung von Cyanid verursacht [23, 24, 25, 26].

Cyanid in Abwässern bzw. flüssigen gefährlichen Abfällen muss daher mit chemischen Methoden wirkungsvoll entgiftet werden – und zwar aus Sicherheitsgründen – im kontrollierten Chargenbetrieb.

Die gesetzlichen Grenzwerte für Direkt- und Indirekteinleiter von Abwässern für Cyanid, leicht freisetzbar (= Cyanid-Ion, CN^-), liegen je nach Branche bei 0,2 mg/l (Galvanik, Leiterplattenherstellung, mechanische Werkstätten) bzw. bei 1 mg/l (Härtereien).

Für den Parameter Gesamtcyanid, welcher die Summe des leicht freisetzbaren und des komplex gebundenen Cyanids darstellt, können örtlich Grenzwerte festgeschrieben sein. Die komplexen Cyanide der Schwermetalle Zink, Kupfer, Nickel, Kobalt und Eisen sind im Galvanikbereich von großer praktischer Bedeutung, da sie sich positiv auf die Qualität der abgeschiedenen Metallschichten (Glanz, Porenarmut, Haftung) auswirken.

Vor Ableitung in den Kanal oder in ein Gewässer sind daher die Cyanokomplexe ebenfalls zu behandeln – und zwar nicht nur wegen des Cyanids sondern vor allem auch wegen der Schwermetalle, für welche strenge Grenzwerte einzuhalten sind. Folgende Komplexionen sind hier beispielhaft zu nennen:

Tetracyanozinkat: $[Zn(CN)_4]^{2-}$, Tetracyanocuprat: $[Cu(CN)_4]^{2-}$, Tetracyanoniccolat: $[Ni(CN)_4]^{2-}$, Hexacyanocobaltat (III): $[Co(CN)_6]^{3-}$, Hexacyanoferrat (III): $[Fe(CN)_6]^{3-}$, Hexacyanoferrat (II): $[Fe(CN)_6]^{4-}$

Feste cyanidische Abfälle – insbesondere Härtesalze – werden i. d. R. nicht entgiftet, sondern – gemäß TA-Sonderabfall – verpackt, in einem stillgelegten Salzbergwerk zum Beispiel der Kali- und Salz AG in Herfa-Neurode (Hessen, bei Kassel) untertage abgelagert (siehe Kapitel Untertagedeponie)

In Härtereibetrieben fallen jedoch nicht nur die verbrauchten Härtesalze an, sondern auch cyanidische Spülwässer, welche vornehmlich freies Cyanid enthalten und welche der nasschemischen Entgiftung bedürfen.

Bedeutende industrielle Cyanid-Emittenten sind die chemische und die metallschaffende Industrie. Cyanidische Abfälle fallen vornehmlich in folgenden Bereichen an:

- Blausäurefabrikation
- Kokereien und andere Pyrolyseprozesse
- Mineralölraffinerien
- Herstellung von Cyanurchlorid für Reaktivfarbstoffe, EDTA, NTA, Lacke
- Herstellung von Kalkstickstoffdünger (Caiciumcyanamid, Ca[NCNj)
- Herstellung von Polyurethan
- Herstellung von Acrylglas
- Galvanotechnische Betriebe
- Stahl-Härtereien, insb. Betriebe für das Einsatznitrieren
- Hochöfen

11.4.4.2 Cyanidentgiftung mit Hypochlorit (Chlorbleichlauge)

Die Zerstörung von Cyaniden in Abwässern bzw. flüssigen gefährlichen Abfällen geschieht in der Praxis i. d. R. nasschemisch durch Oxidation des Cyanids zu weniger giftigen oder ungiftigen Folgeprodukten.

Bei dem nach wie vor mit Abstand am weitesten verbreiteten Cyanid-Entgiftungsverfahren wird Chlorbleichlauge (ca. 13 %-ige wässrige Lösung von Natriumhypochlorit, NaOCI) eingesetzt.

Das Hypochlorit wirkt – wie alle starken Oxidationsmittel – unspezifisch auf alle im Abwasser enthaltenen oxidierbaren Stoffe. Daher ist die tatsächlich benötigte Menge Hypochlorit mittels Voruntersuchungen im Labor zu ermitteln.

Die chemischen Reaktionen der Entgiftung verlaufen simultan in mehreren Stufen, wobei der Kontrolle des pH-Werts aus Gründen des Personenschutzes besondere Bedeutung zukommt, da giftige Gase freigesetzt werden können. Aus diesen Gründen ist auch die Absaugung des Behandlungsreaktors obligatorisch (Abb. 11.16).

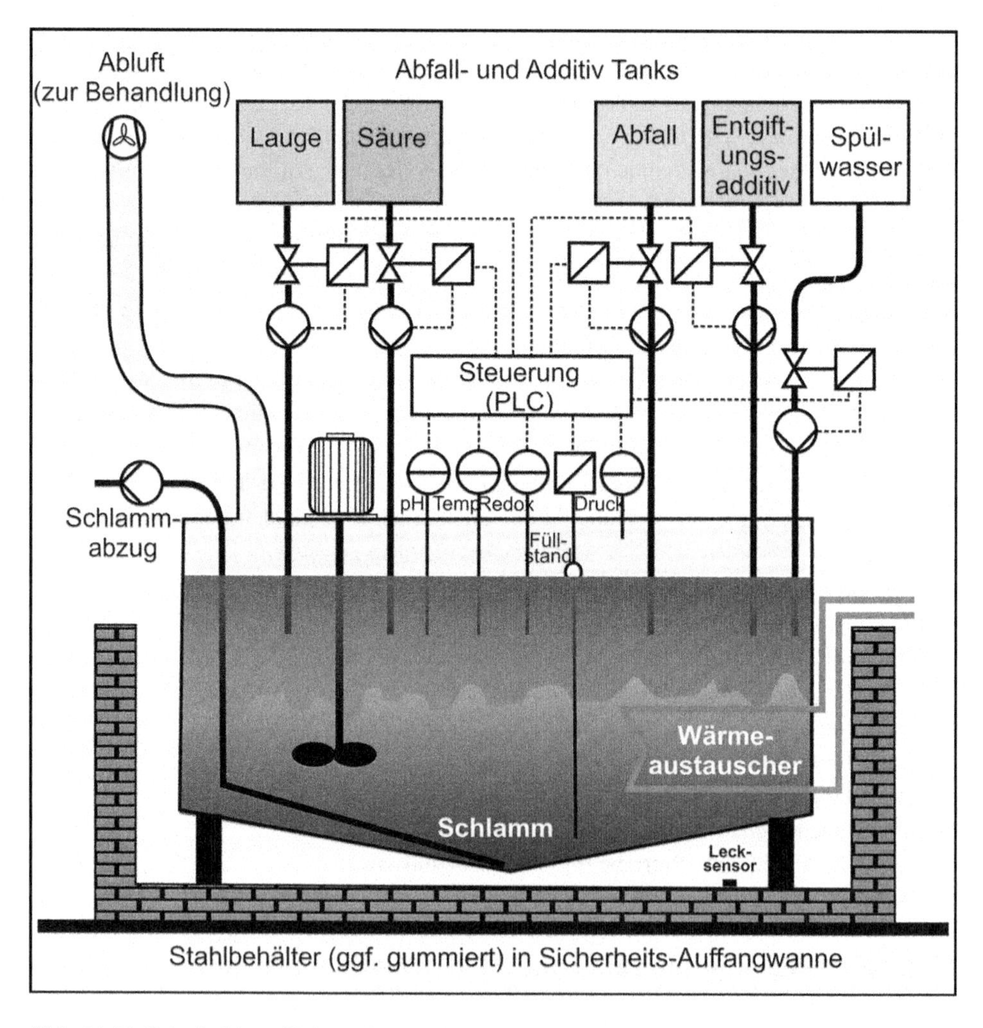

Abb. 11.16 Prinzipskizze, Universalreaktor zur Entgiftung von Cyanid, Nitrit und Chromat [11]

Die Entgiftungsreaktion ist durch Messung der Redoxspannung messtechnisch einfach zu verfolgen, wobei ein deutlicher Potentialsprung überschüssiges Hypochlorit anzeigt

Der Chemismus der Cyanidbehandlung mit Hypochlorit ist im folgenden wiedergegeben:

Obwohl der erste Reaktionsschritt der Cyanidentgiftung kaum vom pH-Wert abhängig ist, muss die zu entgiftende Lösung – falls sie nicht ohnehin bereits stark alkalisch ist – als erstes mit Lauge auf einen pH-Wert von mindestens 10 eingestellt werden, um die Freisetzung des gasförmigen hochgiftigen Cyanwasserstoffs (Blausäure) sicher zu vermeiden. Das Cyanid wird dann durch Hypochlorit rasch oxidiert. Dabei entsteht primär das giftige Gas Chlorcyan.

$$\underset{\text{Cyanid}}{CN^-} + \underset{\text{Hypochlorit}}{ClO^-} \rightarrow \underset{\text{Chlorcyan}}{ClCN} + \underset{\text{Hydroxylionen}}{2\,OH^-}$$

Das Chlorcyan reagiert im zweiten Reaktionsschritt wie folgt weiter („Verseifung").

$$\underset{\text{Chlorcyan}}{ClCN^-} + \underset{\text{Hydroxylionen}}{2\,OH^-} \rightarrow \underset{\text{Cyanat}}{CNO^-} + \underset{\text{Chlorid}}{Cl^-} + \underset{\text{Wasser}}{H_2O}$$

Die Chlorcyan-Verseifung ist der geschwindigkeitsbestimmende Schritt bei der Cyanidentgiftung und ist bei pH 10 nach ca. 4 Stunden und bei pH-Werten um 11 in weniger als einer Stunde abgeschlossen.

Ist das leicht freisetzbare Cyanid bis zum zulässigen Grenzwert in das um den Faktor von etwa 1/1000 geringer toxische Cyanat umgewandelt, so ist das Ziel der Cyanidentgiftung grundsätzlich erreicht.

Die Cyanidkonzentrationen von zu entgiftenden Lösungen liegen in der Praxis in einem weiten Bereich zwischen einigen 10-er mg/L, z. B. bei galvanischen Fließspülen und bis zu mehreren 1000 mg/L, z. B. bei galvanischen Standspülbädern.

Es sei angemerkt, dass durch Hypochlorit auch die meisten o.g. Metall-Cyanokomplexe oxidiert werden können. Als besonders oxidationsresistent erweisen sich jedoch die Kobalt-Cyanokomplexe und vor allem der Nickel-Cyanokomplex. Zur Zerstörung dieser Komplexe müssen entweder längere Reaktionszeiten eingehalten werden – fallweise mehr als 10 Stunden – oder es wird versucht mit großem Hypochlorit-Überschuß und kürzeren Zeiten zu arbeiten – fallweise mit der doppelten Menge.

Für die Oxidation des Cyanid zum Cyanat müssen im praktischen Betrieb pro 1 kg Cyanid um 20 kg Natriumhypochloritlösung (13 %-ig) eingesetzt werden – dies ist die ca. 1,3-fach stöchiometrisch erforderliche Menge.

Falls zusätzlich noch die Oxidation des Cyanats angestrebt wird, ist weiteres Hypochlorit zuzugeben. Es läuft dann folgende Reaktion ab, welche im alkalischen sehr langsam ist und ggf. über 20 Stunden dauert:

$$\underset{\text{Cyanat}}{2\,CNO^-} + \underset{\text{Hypochlorit}}{3\,ClO^-} + \underset{\text{Wasser}}{H_2O} \rightarrow \underset{\text{Kohlendioxid}}{2\,CO_2} + \underset{\text{Stickstoff}}{N_2} + \underset{\text{Chlorid}}{3\,Cl^-} + \underset{\text{Wasser}}{H_2O}$$

Hierbei entstehen letztlich nur Reaktionsprodukte ohne toxische Eigenschaften. Da die Wasserphase dabei erheblich aufgesalzen wird (7 kg NaCl pro 1 kg CN^-), hat die Totaloxidation des Cyanids an Bedeutung verloren.

Im Anschluß an die Entgiftungsreaktionen ist es erforderlich, das zwangsläufig in der Charge enthaltene überschüssige Hypochlorit, als Aktivchlorverbindung, vor Ableitung der Wasserphase in den Kanal zu zerstören.

Hierfür kann die rasch ablaufende Reaktion mit Wasserstoffperoxid herangezogen werden, welche – um die Bildung von Chlorgas zu vermeiden – im neutralen bis alkalischen pH-Bereich durchzuführen ist und welche mittels Redox-Sonde gut verfolgt werden kann.

Das Wasserstoffperoxid fungiert hierbei als Reduktionsmittel, welches das Hypochlorit (+1-wertiges Chlor) zu Chlorid (minus 1-wertiges Chlor) reduziert.

$$\underset{\text{Hypochlorit}}{ClO^-} + \underset{\text{Wasserstoffperoxid}}{H_2O_2} \longrightarrow \underset{\text{Chlorid}}{Cl^-} + \underset{\text{Wasser}}{H_2O} + \underset{\text{Sauerstoff}}{O_2}$$

Auf eine Besonderheit ist aufmerksam zu machen:

So kann in manchen Fällen beobachtet werden, dass der Gehalt an leicht freisetzbarem Cyanid in der bereits behandelten Charge langsam wieder auf Werte oberhalb des Grenzwerts ansteigt – eine Folge der allmählichen Zersetzung bestimmter komplexer Cyanide wie z. B. der Prussiate (= Hexacyanoferrat, bei welchen der CN-Ligand durch NO oder NH_3 u. a. ersetzt ist). In solchen Fällen ist auf eine vollkommenere Zerstörung der Komplexe hinzuwirken – z. B. durch eine Verlängerung der Verweilzeit des Abwassers im Behandlungsreaktor.

Von behördlicher Seite wird der Einsatz von Hypochlorit als Aktivchlor-Verbindung zunehmend kritisch betrachtet, da sich während der Entgiftungsreaktion AOX-verursachende Substanzen – z. B. Chloroform und chlorierte Phenole bilden. Dabei können hohe, weit über den gesetzlichen Grenzwerten liegende AOX-Werte – z. T. mehrere 10-er Milligramm pro Liter – auftreten. Aus diesen Gründen haben neu zu installierende Cyanid-Entgiftungsanlagen nach dem Hypochlorit-Verfahren oftmals Schwierigkeiten bei der behördlichen Genehmigung.

11.4.4.3 Cyanidentgiftung mit Wasserstoffperoxid

Eine für die Cyanidentgiftung als umweltfreundlicher einzuschätzende Alternative zur Hypochloritanwendung besteht im Einsatz von Wasserstoffperoxid (H_2O_2), in Form von 35 %-iger oder 50 %-iger wässriger Lösung. Insbesondere Härtereiabwässer sind aufgrund der meist fehlenden Schwermetall-Cyanidkomplexe hierdurch gut zu behandeln.

Das Endprodukt der Oxidation des Cyanids durch Wasserstoffperoxid ist Cyanat. Eine Weiterreaktion zu Kohlendioxid, Stickstoff und Wasser findet nicht statt. Vorteilhaft ist, dass das bei der Hypochloritanwendung entstehende giftige Chlorcyan, nicht entsteht.

Obwohl das Optimum der Reaktionsgeschwindigkeit bei pH-Werten um 4 liegt, muss die Reaktion aus Sicherheitsgründen (Blausäureentwicklung) im stark alkalischen durchgeführt werden:

CN^-	+	H_2O_2	$\rightarrow$	CNO^-	+	H_2O	$pH > 10$
Cyanid		Wasserstoffperoxid		Cyanat		Wasser	

Die Reaktionszeiten liegen i. A. bei mehreren Stunden, da die Reaktionsgeschwindigkeit im alkalischen, trotz Wasserstoffperoxidüberschuss, klein ist.

Katalytisch beschleunigt werden kann die Reaktion z. B. durch Kupferionen oder durch spezielle (teure) Jodoargentate; hiermit sollen Reaktionszeiten von rund einer Stunde erzielbar sein.

Anzumerken ist, dass das Cyanat im alkalischen mit Wasserstoffperoxid in gewissem Umfange unter Bildung von Ammoniak reagiert:

CNO^-	+	$2\,H_2O_2$	$\rightarrow$	NH_3	+	CO_2	+	OH^-
Cyanat		Wasserstoffperoxid		Ammoniak		Kohlendioxid		Hydroxylionen

Die messtechnische Kontrolle der Entgiftungsreaktion mit Wasserstoffperoxid erweist sich in der Praxis als schwierig, da Wasserstoffperoxid – im Gegensatz zur Hypochlorit – kein definiertes konzentrationsabhängiges Redoxpotential besitzt.

Als weiterer nachteiliger Aspekt der Cyanidentgiftung mit Wasserstoffperoxid erweist sich der Sachverhalt, dass Metall-Cyanokomplexe im Abwasser nur ungenügend oder nicht oxidiert werden.

Es muss dann mit anderen Per-Verbindungen, wie Kaliummonoperoxosulfat ($KHSO_5$ = HO-O-SO_3K = Salz der Peroxomonoschwefelsäure = Salz der Caro'schen Säure, „Caroat“, „Curox“) bzw. mit Natriumperoxodisulfat ($Na_2S_2O_8$ = $NaSO_3$-O-O-SO_3Na, Salz der Peroxodischwefelsäure) nachbehandelt werden.

In der Praxis wird z. B. häufig das Tripelsalz: $2\,KHSO_5 \cdot KHSO_4 \cdot K_2SO_4$ in frischbereiteter ca. 15 %-iger Lösung angewandt (Dosierung: ca. 10 L/(h·m³)).

CN^-	+	HSO_5^-	$\rightarrow$	CNO^-	+	HSO_4
Cyanid		Hydrogenperoxosulfat		Cyanat		Hydrogensulfat

Die Reaktion mit Caro'schem Salz kann bei pH-Werten um 10 bis zu den angestrebten Grenzwerten durchgeführt werden und es sind dann i. d. R. auch die meisten Cyanokomplexe weitgehend zerstört, obwohl auch hier die Nickelkomplexe oftmals Schwierigkeiten machen.

Aufgrund des hohen Preises solcher Per-Verbindungen sowie aufgrund der hierdurch verursachten beträchtlichen Aufsalzung der Wasserphase mit dem (betonschädigenden) Sulfat empfiehlt sich deren Einsatz jedoch nur zur Restentgiftung von bereits mit Wasserstoffperoxid vorbehandelten Reaktionsansätzen.

Von Interesse ist, dass auch bei Durchführung der Cyanidentgiftung mit Wasserstoffperoxid bzw. Peroxi-Verbindungen fallweise AOX-verursachende Stoffe im Abwasser nachzuweisen sind. Hierbei spielen Radikalreaktionen eine Rolle, bei welchen Chlorid durch OH-Radikale zu Chlor oxidiert wird. Das Ausmaß der AOX-Entstehung ist allerdings deutlich geringer als bei der Entgiftung mit Hypochlorit.

Propagiert wurde in den letzten Jahren der Einsatz von UV-Strahlung bei der Cyanidoxidation mit Wasserstoffperoxid, insbesondere zur Zerstörung des Organikanteils der komplexen Cyanide sowie auch zur Oxidation anderer CSB-verursachender organischer Substanzen.

Hierbei werden die zu behandelnden cyanidhaltigen Lösungen an UV Strahlern mit hohem UV-C-Strahlungsanteil vorbeigeführt, wobei sich photochemisch aus dem Wasserstoffperoxid hochreaktive Hydroxyl-Radikale (OH*) bilden, welche zu den stärksten Oxidationsmitteln schlechthin gehören.

$$\underset{\text{Wasserstoffperoxid}}{H_2O_2} \longrightarrow \underset{\text{Hydroxyl-Radikale}}{2\,OH^*}$$

Solche modernen „Advanced Oxidation Processes“ (AOP) sind in der Praxis allerdings nicht häufig anzutreffen – wohl auch deshalb, weil der Markt in Deutschland für Cyanidentgiftungs-verfahren weitgehend gesättigt ist.

11.4.4.4 Weitere Cyanid-Entgiftungsverfahren – Cyanidentgiftung durch Fällung als Berliner Weiß

Die Fällung von Cyanid mit Eisen-II-Ionen ist eines der ältesten Entgiftungsverfahren für cyanidhaltige wässrige Lösungen und Konzentrate und wird auch heute noch fallweise in den Bereichen Hochofen und Kokerei angewandt.

Mit diesem Verfahren sind insbesondere auch die sonst kaum auf andere Weise zerstörbaren komplexen Eisencyanide eliminierbar.

Die Reaktion wird im Chargenbetrieb im alkalischen durchgeführt:

$$\underset{\text{Cyanid}}{6\,CN^-} + \underset{\text{Eisen-II}}{Fe^{2+}} \longrightarrow \underset{\text{Hexacyanoferrat-II}}{[Fe(CN)_6]^{4-}}$$

Diese Stufe kann potentiometrisch gut kontrolliert werden.

Hiernach wird der pH-Wert auf ca. 3,5 abgesenkt und Eisen-II-sulfat in konzentrierter wässriger Lösung zugegeben.

$$\underset{\text{Cyanid}}{[Fe(CN)_6]^{4-}} + \underset{\text{Eisen-II}}{Fe^{2+}} \longrightarrow \underset{\text{Eisen-II-Hexacyanoferrat-II „Berliner Weiß“}}{Fe_2[Fe(CN)_6]}$$

Der Niederschlag wird mittels Filterpresse entwässert.

Der Filterkuchen ist immer durch Eisen-III-Hexacyanoferrat-II (= $Fe_4[Fe(CN)_6]_3$ = „Berliner Blau“) blau gefärbt, welches sich durch Oxidation von Eisen-II zu Eisen-III mittels Luftsauerstoff bildet.

Dem technisch wenig aufwendigen und betreffend des eingesetzten Additivs billigen Verfahren haften jedoch einige Nachteile an:

- erheblicher Anfall von Abfall-Filterkuchen, oftmals belastet mit eingeschlossenem freien Cyanid (= Widerspruch zur Maxime der Abfallvermeidung)
- erhebliche Cyanid-Restkonzentrationen im entfrachteten Abwasser (z. T. mehr als 10 mg pro Liter) machen dessen oxidative Nachbehandlung nötig
- komplexe Cyanide werden nur unvollkommen umgesetzt

Aufgrund dieser Nachteile wird das Verfahren heute nur noch bei Altanlagen geduldet.

Cyanidentgiftung mit Formaldehyd

Für größere Abwasservolumenströme und bei verhältnismäßig geringen Cyanidkonzentrationen von einigen 10-er mg/l (Gichtgas-Waschwässer, Abwässer aus Hochtemperaturprozessen und bestimmten chemischen Synthesen) können freies Cyanid und einige Metall-Cyanidkomplexe (z. B. des Zink) kostengünstig, pH-unabhängig und messtechnisch gut kontrollierbar, mit Formaldehyd entgiftet werden, wobei Formaldehydcyanhydrin (Glykonitril) entsteht, das mit Wasserstoffperoxid zu Glycolsäureamid oxidiert wird, welches letztlich zur biologisch gut abbaubaren Glycolsäure hydrolysiert.

Cyanidentgiftung mit Ozon

Das außerordentlich lungengiftige Gas Ozon (O_3) gehört zu den stärksten technisch verfügbaren Oxidationsmitteln, und findet seit Jahrzehnten zur Aufbereitung und Desinfektion von Trinkwasser Verwendung. Der MAK-Wert ist ausgesetzt, zumal Verdacht auf krebserzeugendes Potential besteht. Da Ozon aufgrund seiner Eigenschaft des Selbstzerfalls nicht lagerfähig ist, kann es nur am Ort seines Einsatzes durch das Siemens Verfahren der stillen elektrischen Entladung hergestellt werden.

Cyanid wird im pH-Bereich von 7 bis 10, in Ozon-Begasungsreaktoren, wie folgt oxidiert:

$$\underset{\text{Cyanid}}{CN^-} + \underset{\text{Ozon}}{O_3} \longrightarrow \underset{\text{Cyanat}}{CNO^-} + \underset{\text{Sauerstoff}}{O_2}$$

Je nach Art und Konzentration anderer anwesender, ggf. katalytisch wirkender Abwasserinhaltsstoffe, werden hierfür Reaktionszeiten zwischen 15 Minuten und 4 Stunden genannt.

Das Reaktorkonzept erfordert eine Ozon-Rückhalteeinrichtung für Abluft, z. B. einen Thermoreaktor, in welchem sich das Ozon bei Temperaturen um 200 °C spontan zersetzt.

Es sei angemerkt, dass aufgrund der beträchtlichen Investitionskosten die Cyanidentgiftung mittels Ozon in der Praxis bislang nur wenig Eingang gefunden hat. Auch ist die Akzeptanz bezüglich des Umgangs mit dem giftigen Ozon innerhalb eines Betriebs nicht allzu hoch.

Cyanidentgiftung mit Schwefelverbindungen

Bemerkenswert ist, dass die Entgiftung von Cyanid im Warmblütlerorganismus vorwiegend durch oxidativ-enzymatische Umsetzung zum wesentlich weniger giftigen Thiocyanat (Rhodanid, SCN^-) erfolgt.

Grundsätzlich kann eine oxidative Umsetzung von Cyanid zu Rhodanid auch für technische Cyanidentgiftungen zum Einsatz kommen. Als Oxidationsmittel eingesetzt werden Polysulfide in spezieller Formulierung.

Die Cyanidentgiftung durch Umsetzung mit Polysulfiden zu Rhodanid wird in größerem technischen Maßstab vereinzelt in den USA realisiert.. Die Reaktion ist auf einfache Weise im volldurchmischten Reaktor bei pH 10 durchzuführen und zeichnet sich durch günstige Betriebskosten aus.

$$\underset{\text{Cyanid}}{CN^-} + \underset{\text{Polysulfid}}{S_xS^{2-}} \rightarrow \underset{\text{Rhodanid}}{SCN^-} + \underset{\text{Polysulfid}}{S_{x\text{-}1}S^2} \qquad (x = 2 \text{ bis } 5)$$

Betreffend nachteiliger Aspekte der Cyanidoxidation mit Polysulfiden sei angemerkt, dass höhere Rhodanid-Konzentrationen im Zulauf von kommunalen Kläranlagen auf die biologischen Prozesse hemmend wirken können. Auch sei auf die korrosive Wirkung von Rhodanid gegenüber metallischen Werkstoffen hingewiesen.

Erwähnenswert ist noch ein in den USA für die Gold-Cyanidlaugerei entwickelter Prozess (INCO-process) zur oxidativen Cyanidentgiftung mittels Schwefeldioxid und Luftsauerstoff bei Umgebungstemperatur, welcher durch Kupferionen (um 50 mg/l) katalysiert wird. Die Konzentrationen des zu entgiftenden Cyanids sind hoch und liegen fallweise bei mehreren 100 bis mehreren 1000 mg/l. Bei der Oxidation des Cyanids bildet sich Cyanat.

$$\underset{\text{Cyanid}}{CN^-} + \underset{\text{Schwefeldioxid}}{SO_2} + \underset{\text{Sauerstoff}}{O_2} + \underset{\text{Wasser}}{H_2O} \rightarrow \underset{\text{Cyanat}}{CNO^-} + \underset{\text{Protonen}}{2\,H^+} + \underset{\text{Sulfat}}{2\,SO_4^{2-}}$$

Bei pH-Werten zwischen 9 und 10 und Behandlungszeiten um 30 Minuten lassen sich damit i. A. Rest-Cyanidgehalte von unter 0,5 mg/l erreichen. Komplexe Schwermetallcyanide werden ebenfalls zerstört, wobei die Metallhydroxide ausfallen.

Cyanidentgiftung durch Elektrolyse

Grundsätzlich können alle Redoxreaktionen auch elektrochemisch durchgeführt werden, wobei die Oxidation an der Anode (Elektronenableitung) und die Reduktion an der Kathode (Elek-tronenzuleitung) – räumlich getrennt voneinander – ablaufen.

Umwelttechnisch vorteilhaft ist dabei, dass die entsprechenden Redoxreaktionen ohne Zugabe des Redox-Reaktionspartners ablaufen.

Auch Cyanid kann anodisch zu Cyanat oxidiert und damit entgiftet werden. Vereinfacht ist die erste Teilreaktion wie folgt zu formulieren:

CN^-	+	$2\,OH^-$	→	CNO^-	+	H_2O	+	$2e^-$
Cyanid		Hydroxylionen		Cyanat		Wasser		Elektronen

In einem zweiten Reaktionsschritt erfolgt die anodische Oxidation des Cyanat zu Kohlendioxid und Stickstoff:

$2\,CNO^-$	+	$4\,OH^-$	→	$2\,CO_2$	+	N_2	+	$2\,H_2O$	+	$6e^-$
Cyanat		Hydroxylionen		Kohlendioxid		Stickstoff		Wasser		Elektronen

Im Falle der Entgiftung monometallischer Galvanikbäder (insb. Kupfer oder Zink) findet simultan mit der Cyanidentgiftung eine erwünschte kathodenseitige Abscheidung der Metalle statt.

Neben dem freien Cyanid werden auch Metall-Cyanokomplexe zerstört, wobei jedoch manche oxidationsresistenten Cyanokomplexe (Kupfer, Nickel, Kobalt) auch hier z. T. praktische Schwierigkeiten bereiten.

Die elektrochemische Cyanidentgiftung eignet sich vor allem für Cyanidkonzentrationen unterhalb von etwa 100 mg/l. Die Betriebskosten sind dann fallweise recht günstig. Vorteilhaft ist, dass die kathodisch abgeschiedenen Metalle rückgewonnen werden und der Anfall von Metallhydroxid-Abfallschlämmen erheblich vermindert ist.

Gegenüber den „klassischen" Cyanid-Entgiftungsverfahren sind die Investitionskosten für die elektrochemische Cyanidentgiftung jedoch vergleichsweise hoch.

11.4.5 Nitrit

11.4.5.1 Allgemeines zu Nitrit und nitrithaltigen Abfällen

Das Nitrit (NO_2–) steht in ökologischem Zusammenhang mit den Stickstoffverbindungen Nitrat (NO_3–), den Gasen Distickstoffoxid (N_2O), Stickstoffmonoxid und Stickstoffdioxid ($NO + NO_2 = NO_x$) sowie den Nitrosaminen. Die genannten Verbindungen können sich – insbesondere unter Beteiligung von Mikroorganismen – ineinander umwandeln [24, 25, 26].

(Betreffend Quantitäten spielen hierbei die Bereiche Industrie sowie gefährlicher Abfall eine vergleichsweise geringe Rolle, vielmehr ist hier vorrangig die Landwirtschaft zu nennen.)

In der Industrie fallen nitrithaltige Prozessabwässer vor allem in der Metallbranche beim Härten, Brünieren und Beizen metallischer Werkstücke an. Auch Schneidölemulsionen sind häufig mit Nitrit additiviert. Nitrit fungiert dabei als Korrosionsinhibitor.

Vor Einleitung solcher Abwässer in ein Gewässer ist das Nitrit soweit zu eliminieren, dass der Grenzwert der im Anhang 40 der Allgemeinen Rahmen-Abwasser-Verwaltungsvorschrift für Nitrit-Stickstoff mit 5 mg/l eingehalten wird. Betreffend Einleitung in die Kanalisation sind die örtlichen Bestimmungen maßgeblich, welche für Nitrit u. U. keinen Grenzwert beinhalten.

Betreffend die Giftigkeit von Nitrit sind generell folgende Sachverhalte anzumerken:

Für den erwachsenen Menschen ist oral eingenommenes Nitrit minder giftig. Immerhin enthalten nahezu sämtliche Wurst- und Räucherwaren – lebensmittelrechtlich zugelassen – erhebliche Zusätze an Nitrit – bis 200 mg Natriumnitrit pro kg Frischgewicht.

Umwelttoxikologisch wesentlich bedeutsamer als die akute Giftigkeit von Nitrit sind jedoch dessen Folgeprodukte in aquatischen Systemen, nämlich die Nitrosamine, welche sich, mikrobiell, bei gleichzeitiger Anwesenheit von Nitrit und Aminen bilden. Nitrosamine gehören zu den potentesten heute bekannten Kanzerogenen.

Nitrit kann sowohl oxidativ als auch reduktiv nasschemisch entgiftet werden. Bei der Oxidation entstehen Nitrat und in Nebenreaktionen Stickoxide (= nitrose Gase) – bei der Reduktion entstehen Stickstoff und ebenfalls Stickoxide.

11.4.5.2 Nitritentgiftung mit Hypochlorit (Chlorbleichlauge) oder Wasserstoffperoxid

Eine kostengünstige Nitritentgiftung besteht in der Oxidation des Nitrit zu Nitrat mittels Chlorbleichlauge (ca. 13,5 %-ige wässrige Lösung von Natriumhypochlorit, NaOCl).

Die Reaktion wird im Hinblick auf die Kontrolle des Behandlungserfolgs chargenweise in einem Rührkesselreaktor (Universal-Entgiftungsreaktor, siehe Kapitel Cyanidentgiftung) durchgeführt. Auch hier ist die Entgiftungsreaktion durch Messung des Redoxpotentials messtechnisch einfach zu verfolgen.

Die Entgiftung der Hauptmenge Nitrit erfolgt dabei zuerst im alkalischen bei pH 8 bis 9, um die Stickoxidbildung zu minimieren. Die weitergehende Entgiftung erfolgt dann durch Absenkung des pH-Werts auf 4.

Die Nitritoxidation mit Hypochlorit verläuft im alkalischen nur langsam, in schwach saurem Milieu bei pH-Werten um 4 dagegen mit hoher Reaktionsgeschwindigkeit:

$$\underset{\text{Nitrit}}{NO_2^-} + \underset{\text{Hypochlorit}}{OCl^-} \rightarrow \underset{\text{Nitrat}}{NO_3^-} + \underset{\text{Chlorid}}{Cl^-}$$

Alternativ kann das als umweltfreundlicher einzustufende, wenn auch teurere Wasserstoff-peroxid angewandt werden.

Allerdings bereitet dann die messtechnische Erfassung des Reaktionsverlaufs Schwierigkeiten, da Wasserstoffperoxid kein praktisch verwertbares Redoxpotential liefert. Es müssen dann Proben entnommen und der Entgiftungsverlauf verfolgt werden.

$$\underset{\text{Nitrit}}{NO_2^-} + \underset{\text{Wasserstoffperoxid}}{H_2O_2} \rightarrow \underset{\text{Nitrat}}{NO_3^-} + \underset{\text{Wasser}}{H_2O}$$

Zu beachten ist die massive Freisetzung von Stickoxiden im stark sauren bei pH-Werten unter 2.

$$\underset{\text{Nitrit}}{2\,NO_2^-} + \underset{\text{Oxonium}}{2\,H_3O^+} \rightarrow \underbrace{NO + NO_2}_{\text{Stickoxide}} + \underset{\text{Wasser}}{2H_2O}$$

Beim Ansäuern von Nitrit-Lösungen im Reaktionsbehälter können – trotz Rühren – örtliche Säure-Konzentrationsspitzen auftreten, so dass sich Stickoxide entwickeln. Aus diesem Grunde muss, aus Gründen des Personenschutzes, bei der Nitritentgiftung vorsichtig angesäuert werden.

11.4.5.3 Nitritentgiftung mit Säureamiden

Eine elegante, wenn auch teurere Methode ist die reduktive Nitritentgiftung im Chargenreaktor mit Säureamiden, insbesondere mit Amidosulfonsäure, welche als Festsubstanz eingesetzt wird.

Die Reaktion verläuft rasch im schwach sauren bei pH-Werten um 4, wobei der gebildete Stickstoff aus der Lösung ausgast:

$$\underset{\text{Nitrit}}{NO_2^-} + \underset{\text{Amidosulfonsäure}}{NH_2SO_3} \rightarrow \underset{\text{Stickstoff}}{N_2} + \underset{\text{Sulfat}}{SO_4^{2-}} + \underset{\text{Oxonium}}{H_3O^+}$$

Als gewisser Nachteil ist die Bildung des (betonschädigenden) Sulfat einzuschätzen, sowie der Sachverhalt, dass das freiwerdende Oxonium neutralisiert werden muss, was eine unerwünschte Aufsalzung des Wasserphase verursacht.

Das Ende der Reaktionen wird bei den reduktiven Verfahren i. d. R. mittels einer Nitrit-Schnellanalyse (Teststäbchen) festgestellt.

11.4.5.4 Nitritentgiftung durch mikrobielle Nitritreduktion (Denitritation)

Falls keine bakterientoxischen Substanzen bzw. Schwermetallionen in störenden Konzentrationen im Abwasser enthalten sind, kann das Nitrit auch mikrobiell reduziert werden (= Deni-tritation). Bei Mangel an gelöstem Sauerstoff können bestimmte Bakterien den im Nitrit gebundenen Sauerstoff zur Oxidation organischer Substanz nutzen. Letztlich wird gasförmiger molekularer Stickstoff (N_2) freigesetzt, wobei intermediär verschiedene Oxidationsstufen des Stickstoffs durchlaufen werden:

Oxidationsstufen des Stickstoffs

$$\underset{\text{Nitrit}}{\overset{+4}{NO_2^-}} \rightarrow \underset{\text{Stickstoffmonoxid}}{\overset{+2}{NO}} \rightarrow \underset{\text{Distickstoffoxid}}{\overset{-1}{N_2O}} \rightarrow \underset{\text{Stickstoff}}{\overset{+/-0}{N_2}}$$

Summarisch stellt sich die Denitritationsreaktion wie folgt dar, wobei hier als organisches Substrat beispielhaft Methanol gewählt wurde, welches als leicht oxidierbarer

Wasserstoffdonator (Elektronenacceptor) dient. Grundsätzlich reagieren jedoch andere organische Substrate in analoger Weise.

$2\,NO_2^-$	+	CH_3OH	→	N_2	+	CO_2	+	H_2O	+	$2\,OH^-$
Nitrit		Methanol		Stickstoff		Kohlendioxid		Wasser		Hydroxyl-ionen

Sind anoxische Bedingungen gegeben – z. B. durch Verweilen der nitrithaltigen Wasserphase in einem langsam gerührten Tank, so verläuft die Denitritation i. A. als recht stabiler Prozess.

Auf diese Weise sind kleinere Chargen, auch höherkonzentrierter nitrithaltiger Lösungen, ohne weiteres Zutun kostengünstig zu eliminieren [12, 22].

11.4.6 Chromatentgiftung

11.4.6.1 Allgemeines zu Chromat und chromathaltigen Abfällen

Chromat (CrO_4^{2-}), Dichromate ($Cr_2O_7^{2-}$) und Chrom-Vl-oxid = Chromsäureanhydrid (CrO_3), sind Verbindungen, in denen das Element Chrom in seiner höchsten Oxidationsstufe, also + 6-wertig vorliegt [24, 25, 26].

Bedeutende industrielle Verwendung finden Chrom-VI-Verbindungen vor allem in der Galvanik (Verchromung), in der Oberflächenbehandlung von Aluminium (Chromatierung), in der Druckindustrie (lichtempfindliche Beschichtungen), bei der Holzbehandlung (Imprägnation gegen Pilze und Insekten) sowie zur Herstellung spezieller Farbpigmente. In der Ledergerberei werden – zumindest in Deutschland – Chrom-VI-Verbindungen nicht mehr eingesetzt. Das sog. Chromleder enthält heute nur noch Chrom-III.

Chrom-VI-Verbindungen sind akut und chronisch toxisch (insb. sind Haut und Schleimhäute betroffen) und – falls staubförmig inhaliert – dazuhin Lungenkrebs erzeugend. (TRK-Wert, TRGS 905)

Für Chrom-VI-Verbindungen in Abwässern gelten strenge Grenzwerte – je nach Branche zwischen 0,005 mg/l und 0,5 mg/l. Chrom-VI-haltige flüssige gefährliche Abfälle sind daher vor Einleitung ins Kanalnetz oder in den Vorfluter zu entgiften.

Die bedeutsamste Behandlungsmethode besteht dabei in der Reduktion des Chroms der Oxidationsstufe +6 (Chromat bzw. Dichromat) zum wesentlich weniger toxischen und hydroxidisch fällbaren Chrom der Oxidationsstufe +3.

11.4.6.2 Chromatentgiftung mit Hydrogensulfit bzw. Schwefeldioxid

Für die Reduktion des Chrom-VI zu Chrom-III wird i. d. R. das kostengünstige Hydrogensulfit (= „Bisulfit“, + 4-wertiger Schwefel) eingesetzt.

Die Reaktion wird im Hinblick auf die Kontrolle des Behandlungserfolgs chargenweise in einem Rührkesselreaktor (Universal-Entgiftungsreaktor, siehe Kapitel Cyanidentgiftung) durchgeführt. Auch hier ist die Entgiftungsreaktion durch Messung des Redoxpotentials messtechnisch einfach zu verfolgen.

Die Geschwindigkeit der Reaktion ist vom pH-Wert abhängig. Es wird üblicherweise mit Schwefelsäure auf pH-Werte um 2 bis 3 eingestellt, wobei in einer Nebenreaktion Schwefeldioxid gebildet wird.

Die Reaktion ist nach ca. 20 Minuten beendet und die Einleitungsgrenzwerte sind erreicht.

$Cr_2O_7^{2-}$	+	$3\ HSO_3^-$	+	$5\ H_3O^+$	→	$2\ Cr^{3+}$	+	$3\ SO_4^{2-}$	+	$9\ H_2O$
Dichromat		Hydrogensulfit		Oxonium		Chrom-III-Ionen		Sulfat		Wasser

Bei pH-Werten zwischen 4 und 5 dauert die Reaktion allerdings wesentlich länger und ist ggf. erst nach über einer Stunde zu Ende, dafür wird kaum Schwefeldioxid gebildet.

Statt Hydrogensulfit kann auch **gasförmiges Schwefeldioxid** (+ 4-wertiger Schwefel) als Reduktionsmittel Verwendung finden. Vorteilhaft hierbei ist die wesentlich geringere Aufsalzung. Dieses Verfahren ist vornehmlich in den USA verbreitet.

$Cr_2O_7^{2-}$	+	$3\ SO_2$	+	$5\ H_3O^+$	→	$2\ Cr^{3+}$	+	$3\ SO_4^{2-}$	+	$9\ H_2O$
Dichromat		Schwefeldioxid		Oxonium		Chrom-III-Ionen		Sulfat		Wasser

Fallweise werden auch folgende Schwefelverbindungen als Reduktionsmittel eingesetzt, deren Trivialbezeichnungen in der Praxis variieren.

11.4.6.3 Chromatentgiftung mit Disulfit

(i. A. das Na-salz) = „Metabisulfit" = „Pyrosulfit". Salz der hypothetischen Dischwefligen Säure = „Pyroschweflige Säure" = $H_2S_2O_5$ = HO-SO_2-SO-OH. Der Schwefel ist hier + 4-wertig.

Es kommt eine 20 bis 40 %-ige wässrige Lösung von Na-disulfit zur Anwendung. Die Reaktion findet im sauren bei pH-Werten um 2 statt:

$Cr_2O_7^{2-}$	+	$3\ S_2O_5^{2-}$	+	$10\ H_3O^+$	→	$4\ Cr^{3+}$	+	$6\ SO_4^{2-}$	+	$15\ H_2O$
Dichromat		Disulfit		Oxonium		Chrom-III-Ionen		Sulfat		Wasser

11.4.6.4 Chromatentgiftung mit Dithionit

(i. A. das Na-salz). Salz der hypothetischen Dithionigen Säure = $H_2S_2O_4$ = HO-SO-SO-OH. Der Schwefel ist hier + 3-wertig.

Das Verfahren wird vor allem dann eingesetzt, wenn die Chromatkonzentrationen gering sind und die Entgiftung aufsalzungsarm stattfinden soll. Die Reaktion wird dann im neutralen bis alkalischen Bereich, bei pH Werten von 7 bis 9, durchgeführt. Hierbei wird das Dithionit auch als kristalline Festsubstanz eingesetzt.

Die Reaktionszeiten sind kurz und betragen 10 bis 15 Minuten:

$2\,CrO_4^{2-}$	+	$3\,S_2O_4^{2}$	+	$4\,H_3O^+$	$\rightarrow$	$2\,Cr^{3+}$	+	$3\,SO_4^{2-}$	+	$6\,H_2O$
Chromat		Dithionit		Oxonium		Chrom-III-Ionen		Sulfat		Wasser

Zu beachten ist, dass beim Einsatz von Disulfit oder Dithionit i. A. mit unangenehmen Gerüchen durch Schwefelverbindungen zu rechnen ist.

11.4.6.5 Weitere Verfahren zur Chromatentgiftung – Chromatentgiftung mit Eisen-II-Salzen

Die Chromatreduktion kann auch mit Eisen-II-Ionen im sauren bei pH 2 bis 3 aber auch im alkalischen durchgeführt werden. Im Allgemeinen wird Eisen-II-sulfat-Heptahydrat, $FeS0_4 \cdot 7\,H_2O$ eingesetzt.

Die Entgiftungsreaktion ist durch Messung der Redoxspannung messtechnisch einfach zu verfolgen, wobei ein Potentialsprung überschüssiges Eisen-II anzeigt.

$Cr_2O_7^{2-}$	+	$6\,Fe^{2+}$	+	$14\,H_3O^+$	$\rightarrow$	$2\,Cr^{3+}$	+	$6\,Fe^{3+}$	+	$21\,H_2O$
Dichromat		Eisen-II		Oxonium		Chrom-III-Ionen		Eisen-II		Wasser

Nachteilig ist hierbei der hohe, durch das Eisen verursachte Schlammanfall bei der sich anschließenden hydroxidischen Fällung, welcher um das doppelte höher ist als bei der Chromatreduktion mittels Sulfit. Auch die Salzfracht ist etwa um den Faktor 4 höher.

Die Bedeutung dieser abfallintensiven Chromat-Entgiftungsmethode mit Eisen-II-Ionen geht daher zurück. Von Interesse ist fallweise die Durchführung der Reaktion im alkalischen, vor allem dann, wenn z. B. durch Chlorüberschuss im Abwasser reoxidiertes Chrom erneut reduziert werden muss, um den Chromat-Grenzwert einhalten zu können.

Im alkalischen entsteht zunächst das stark reduzierend wirkende Eisen-II-Hydroxid, welches wie folgt weiterreagiert:

CrO_4^{2-}	+	$3\,Fe(OH)_2$	+	$4\,H_2O$	$\rightarrow$	$Cr(OH)_3$	+	$3\,Fe(OH)_3$	+	$2\,OH^-$
Chromat		Eisen-II-Hydroxid		Wasser		Chrom-III-Hydroxid		Eisen-III Hydroxid		Hydroxyl-ionen

Auch hierbei ist der spezifische Schlammanfall erheblich.

Chromatentgiftung mit Wasserstoffperoxid

Im Hinblick auf eine abfallarme Entgiftungsmethode ist der Einsatz von Wasserstoffperoxid von Interesse. Zwar fungiert Wasserstoffperoxid üblicherweise als Oxidationsmittel, - gegenüber Chromat wirkt es im stark sauren (um pH 1) jedoch als Reduktionsmittel.

Die Chromatreduktion mit Wasserstoffperoxid läuft wie folgt ab:

$Cr_2O_7^{2-}$	+	$3\ H_2O_2$	+	$8\ H_3O^+$	→	$2\ Cr^{2+}$	+	$3\ O_2$	+	$15\ H_2O$
Dihromat		Wasserstoff-peroxid		Oxonium		Chrom-III-Ionen		Sauerstoff		Wasser

Zu beachten ist, dass überschüssiges Wasserstoffperoxid vor der sich anschließenden hydroxidischen Fällung noch im sauren Milieu zerstört werden muss, da es im alkalischen als Oxidationsmittel wirkt und eine langsame aber stetige Rückreaktion des Chrom-III zu Chromat stattfinden würde.

Die Wasserstoffperoxid-Zersetzung kann z. B. katalytisch an Edelmetallkontakten erfolgen oder durch Einrühren von Aktivkohlepulver oder Braunstein (MnO_2).

Chromatentgiftung durch Elektrolyse

Im Galvanikbereich werden elektrolytische Verfahren zunehmend zur Regeneration und Säuberung von Chromsäureelektrolyten sowie von chromsäurehaltigen Eluaten aus Ionenaustauschern eingesetzt. Zu nennen sind hierbei Kombinationsverfahren von Elektrolyse und Elektrodialyse, welche als wirkungsvolle Abfallvermeidungsmaßnahmen anzusehen sind

11.4.6.6 Weiterbehandlung des bei der Chromatentgiftung entstandenen Chrom-III

Das Ziel der Chromatentgiftung ist grundsätzlich durch die Umwandlung des Chrom-VI zu Chrom-III erreicht, wenn der Grenzwert für Chrom-VI eingehalten wird.

Allerdings gilt auch für Chrom-III im abzuleitenden Abwasser ein Grenzwert – derzeit von 0,5 mg/L. Daher müssen auch die entstandenen Chrom-III-Ionen aus dem wässrigen System entfernt werden.

Üblicherweise kommt hier die hydroxidische Fällung zum Einsatz.

Der dabei entstehende Dünnschlamm muss effektiv entwässert werden, um als Filterkuchen (z. B. chromhaltiger Galvanikschlamm) deponiefähig zu sein (siehe hierzu nachfolgendes Kapitel: Schwermetallfällung).

Anmerkung: Die Bezeichnung „Chromhaltige Schlämme" bedeutet nicht, dass es sich um einen Mono-Schlamm handelt. Ein solcher würde nicht als Abfall entsorgt, sondern metallurgisch aufbereitet werden. Die Bezeichnung „chromhaltig" gibt allenfalls die Hauptkomponente an. Meist sind noch andere Metallhydroxide und sonstigen Verunreinigungen enthalten, so dass eine wirtschaftliche metallurgische Aufarbeitung schwierig oder unmöglich wird. In modernen Galvanikbetrieben wird daher durch entsprechende Prozessführung versucht überwiegend Metallhydroxid-Monoschlämme anfallen zu lassen.

11.4.7 Schwermetalle

11.4.7.1 Allgemeines zu Schwermetallen

Schwermetalle [24, 25, 26] in metallischer Form, z. B. Kupfer, Zink, Nickel, Chrom oder Cadmium, sind auf Grund ihrer sehr geringen Wasserlöslichkeit ungiftig. Giftig sind vielmehr die in Wasser gelösten Schwermetallionen, welche bei zahlreichen industriellen Prozessen, insbesondere aus den Bereichen Metall-Oberflächenbehandlung (Beizen, Brünieren, Phosphatieren), aus der Galvanik oder bei der Leiterplattenproduktion anfallen.

(Umgangssprachlich wird i. A. nicht differenziert: der Begriff Schwermetall im Umweltbereich meint jedoch immer die Schwermetallionen.)

11.4.7.2 Schwermetallentgiftung durch Hydroxidische Fällung

Bei der hydroxidischen Fällung wird der pH-Wert des Abwassers mittels Hydroxylionen (OH-Ionen) – also durch Zugabe von Lauge – so verschoben, dass die schwerlöslichen Schwermetallhydroxide ausfallen und die wässrige Lösung an gelösten Metallionen verarmt.

Beispielhaft für 2-wertige Metalle:

$$\underset{\text{gut löslich}}{\text{Metall-Ion}^{2+}} + 2\,OH^- \rightarrow \underset{\text{schwer löslich}}{Me(OH)_2}$$

Als Fällungsmittel wird häufig Natronlauge (bis 35 %-ig) eingesetzt.

Ziel ist die Erreichung der gesetzlichen Schwermetall-Grenzwerte im Ablauf der Behandlungsanlage, welche – je nach Metall und Branche und je nach den ortsspezifischen Gegebenheiten – im Konzentrationsbereich zwischen 0,1 mg/l und 2 mg/l liegen.

In manchen Fällen ist es jedoch – trotz deutlich erhöhtem Schlammanfall – vorteilhaft, Calciumhydroxid-Suspension (bis 12 %-ig) zu verwenden, da die Schwermetallfällung durch Bildung schwerlöslicher Calciumverbindungen zu besserem Entwässerungsverhalten des Fällungsschlamms führt. Dies ist z. B. der Fall bei Zink und Chrom. Zusätzlich werden ggf. vorhandene, unerwünschte Anionen, wie Fluorid und Sulfat mitgefällt.

Bei der hydroxidischen Metallfällung generell zu beachten ist der Effekt, dass die Hydroxide der amphoteren Schwermetalle Zink und Chrom schon bei geringem Laugenüberschuss über dem Fällungsoptimum als Hydroxokomplexe wieder in Lösung gehen. Das gleiche gilt für das Leichtmetall Aluminium:

$$\underset{\substack{\text{Zinkhydroxid}\\ \text{(gut löslich in Lauge)}}}{Zn(OH)_2} + 2\,OH^- \rightarrow \underset{\substack{\text{Zinkat}\\ \text{schwer löslich}}}{[Zn(OH)4]^{2-}}$$

$$\underset{\substack{\text{Chromhydroxid}\\ \text{(gut löslich in Lauge)}}}{Cr(OH)_3} + OH^- \rightarrow \underset{\substack{\text{Chromit}\\ \text{schwer löslich}}}{[Cr(OH)_4]^-}$$

$$\underset{\substack{\text{Aluminiumhydroxid}\\ \text{(gut löslich in Lauge)}}}{Al(OH)_3} + OH^- \rightarrow \underset{\substack{\text{Aluminat}\\ \text{schwer löslich}}}{[Al(OH)_4]^-}$$

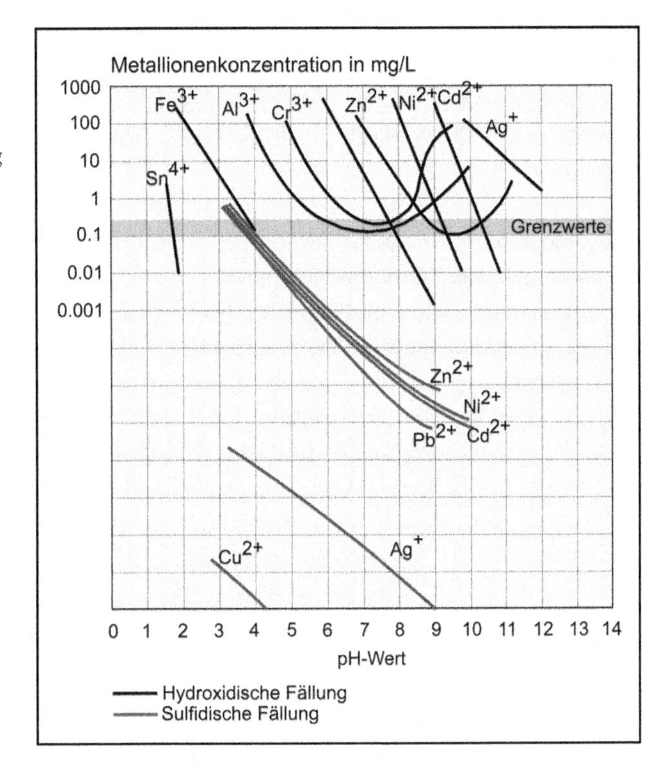

Abb. 11.17 Theoretischer Zusammenhang zwischen Metallionenkonzentration und pH-Wert bei der hydroxidischen und sulfidischen Fällung [11]

Die theoretisch erreichbare Metallionen-Restkonzentration bei der hydroxidischen Fällung ist in Abb. 11.17 ersichtlich. In der Praxis sind diese Werte jedoch meist nicht ohne weiteres realisierbar.

Praktische Probleme bei der Hydroxidischen Schwermetallfällung

Vielfach verlaufen hydroxidische Fällungen nicht so zufriedenstellend, wie dies theoretisch möglich erscheint und die gesetzlichen Grenzwerte für Schwermetallionen im Ablauf der Behandlungsanlage können nach erfolgter Fällung nicht immer eingehalten werden.

Für solche nachteiligen Effekte sind vielfach Neutralsalz-Ionen wie Sulfat und Chlorid verantwortlich, sowie anorganische und organische Komplexierungsmittel und Tenside, aber auch andere prozesstechnische Hilfsstoffe.

So verursacht die Anwesenheit von Neutralsalz-Ionen eine Verschlechterung der hydroxidischen Fällung.

Besonders erschwert und z. T. sogar gänzlich verhindert wird die hydroxidische Metallfällung durch Komplexbildner. Solche Substanzen werden vor allem im Galvanikbereich eingesetzt, um Metallionen in Lösung zu halten.

In das zu behandelnde Abwasser gelangen die Komplexbildner und die Metallkomplexe dadurch, dass die zu galvanisierenden Gegenstände Ausschleppungen aus den galvanischen Prozessbädern bewirken, sowie dadurch, dass die galvanisierte Ware abgespült werden muss. Ins-besondere bei schöpfenden Gegenständen können die Austragungen aus den Spülbädern erheblich sein. Die beim Galvanikprozess erwünschten Eigenschaften der Komplexbildner erweisen sich jedoch im Abwasser als problematisch, da die Metallionen – jetzt allerdings unerwünscht – in Lösung gehalten werden.

In der folgenden Auflistung werden einige wichtige Vertreter von Komplexbildnern genannt:

- Cyanid, CN^-
- Ammoniak, NH_3, (Ammin-Komplexe)
- Polyphosphate, wie z. B. $Na_4[P_2O_7]$, $Na_5[P_3O_{10}]$
- TEA, Triethanolamin, $N\text{-}(CH_2\text{-}CH_2\text{-}OH)_3$ und andere organische Amine, (Amin Komplexe)
- NTA, Nitrilotriessigsäure-Natrium-Salz, $N\text{-}(CH_2COONa)_3$ sowie EDTA, Ethylendiamintetraessigsäure-Na $(CH_2COONa)_2\text{-}N\text{-}CH_2\text{-}CH_2\text{-}N\text{-}(CH_2COONa)_2$
- Quadrol: $(CH_3\text{-}CHOH\text{-}CH_2)_2\text{-}N\text{-}CH_2\text{-}CH_2\text{-}N\text{-}(CH_3\text{-}CHOH\text{-}CH_2)_2$. N,N,N',N'-Tetrakis-2-hydroxipropylethylendiamin
- Zitronensäure, $HOOC\text{-}CH_2\text{-}C(OH)(COOH)\text{-}CH_2\text{-}COOH$
- Weinsäure, HOOC-CHOH-CHOH-COOH
- Gluconsäure, $HOOC\text{-}CHOH\text{-}CHOH\text{-}CHOH\text{-}CHOH\text{-}CH_2OH$

Keine Probleme bereiten i. A. die wenig stabilen Komplexe mit anorganischen Liganden, wie CN und NH_3, ebenso die Polyphosphat-Komplexe, da diese sowohl im sauren als auch im alkalischen leicht in Orthophosphat zerfallen, welches kein Komplexbildner ist.

Als besonderes fällungsresistent erweisen sich jedoch die sog. Schwermetall-Chelate, bei denen die organischen Komplexbildner das Metallion zangenartig umschließen und damit effektiv vom Fällungsmittel abschirmen.

In manchen Fällen können derartige Schwermetall-Chelatkomplexe, wie z. B. der EDTA- oder der NTA-Komplex des Kupfers durch sog. Umkomplexieren ausgefällt werden. Hierbei wird dem Abwasser Calciumhydroxidsuspension im Überschuss zugegeben, wobei sich der Calcium-EDTA bzw. NTA-Komplex bildet und Kupferhydroxid ausfällt:

$$\text{Cu EDTA} + Ca^{2+} + 2\,OH^- \rightarrow \text{Ca EDTA} + Cu(OH)_2$$

In analoger Weise kann auch durch Zugabe von Eisen-II von Kupfer auf Eisen umkomplexiert werden:

$$\text{Cu EDTA} + Fe^{2+} + 2\,OH^- \rightarrow \text{Fe EDTA} + Cu(OH)_2$$

Auch hierbei fällt Kupferhydroxid aus und Eisen geht komplexiert in Lösung.

Eine vielfach angewandte Problemlösung besteht auch darin, die organischen Komplexbildner oxidativ zu zerstören, um die Metalle aus ihrer Maskierung zu befreien.

So werden bei der Cyanidentgiftung mit Hypochlorit, bei den hierbei üblichen Aufenthaltszeiten bis zu ca. einer Stunde, z. T. auch die meisten cyanidischen Metallkomplexe zerstört.

Zur Komplexzerstörung können ggf. auch Advanced Oxidation Processes (AOP) – also z. B. das System H_2O_2/UV – vorteilhaft angewandt werden.

Eine weitere Beeinträchtigung der hydroxidischen Fällung kann durch organische Polymere und Tenside auftreten, durch welche der Absetzvorgang der gebildeten Hydroxidflocken gestört wird. Durch solche Substanzen bilden sich stabile Schutzkolloide aus, welche die Wirkung von Flockungshilfsmitteln beeinträchtigen oder ganz aufheben.

Eine der praktikabelsten Möglichkeiten, Schwermetalle aus Ihren Komplexen zu fällen, besteht in der sulfidischen Fällung.

11.4.7.3 Schwermetallentgiftung durch Sulfidische Fällung

Wesentlich wirksamer als die hydroxidische Fällung ist die sulfidische Fällung, bei welcher als Fällungsmittel vielfach Natriumsulfid eingesetzt wird. Seltener findet sich die Fällung mittels gasförmigem Schwefelwasserstoff, dessen Einsatz betreffend Arbeitsschutz und Geruch problematisch ist.

Zahlreiche Schwermetallsulfide weisen so geringe Löslichkeiten auf, dass auch Fällungen aus Abwässern mit Komplexbildnern möglich sind. Bei der Fällung wird im wesentlichen das Hydrogensulfid wirksam:

$$Me^{2+} + HS^- + OH^- \rightarrow MeS + H_2O$$

Anzumerken ist, dass die sulfidische Fällung i. A. über einen weiten pH-Bereich angewandt werden kann. Allerdings lassen sich die Metalle Aluminium, Zinn und Chrom nicht sulfidisch fällen, da sie keine schwerlöslichen bzw. hydrolysestabilen Sulfide bilden können.

Die sulfidische Fällung mit Natriumsulfid ist in der Praxis aus folgenden Gründen nicht allzu beliebt:

- das Fällmittel Natriumsulfid entwickelt – insbesondere im sauren – den toxischen und geruchsintensiven Schwefelwasserstoff
- sulfidische Niederschläge fallen oftmals feindispers bzw. kolloidal an und sind dann schwer filtrierbar
- um die Sulfidgrenzwerte im Abwasser einzuhalten, ist der Ablauf nachzubehandeln z. B. mit Eisen-II-ionen, wodurch zusätzlich Eisensulfidschlamm entsteht

In der Wirkung wesentlich effektiver und in der Handhabung einfacher, allerdings auch teurer, sind organische Sulfide, welche anstelle der anorganischen sulfidischen Fällungsmittel propagiert werden:

- Dithiocarbamat
- Trimercapto-s-triazin (TMT 15®)
- Mercaptobenzothiazol
- Xanthogenate

Hierdurch werden sehr schwerlösliche Niederschläge erzeugt – allerdings auch verhältnismäßig viel Schlamm [12, 25].

11.4.8 Entwässerung von Abfall-Dünnschlämmen im Hinblick auf Deponierung

11.4.8.1 Allgemeines zur Schlammentwässerung

Die Abtrennung von Wasser aus Dünnschlämmen zur Erzeugung möglichst feststoffreicher Filterkuchen ist eine der am häufigsten angewandten Prozeduren bei der Chemisch-Physikalischen Behandlung von flüssigen gefährlichen Abfällen [24, 25, 26].

Die Wasserabtrennung dient zur Minimierung der Abfallmenge und vermindert die Transportkosten sowie die Kosten nachgeschalteter Behandlungsschritte.

Eine effektive Entwässerung von flüssigen gefährlichen Abfällen ist jedoch heute vor allem notwendig, um die Deponiefähigkeit des Entwässerungsrückstands zu gewährleisten.

Während die Dünnschlammentwässerung früher noch vielfach mit Durchlaufzentrifugen oder mit kontinuierlich arbeitenden Siebbandpressen erfolgte, reichen diese Entwässerungstechniken im Hinblick auf oberirdische Deponierung meist nicht mehr aus.

Die früher von der TA-Abfall vorgegebenen Richtwerte für Flügelscherfestigkeit, axiale Verformung und Bruchfestigkeit der Abfälle, konnten nur durch Anwendung von Kammerfilterpressen oder Membran-Kammerfilterpressen erreicht werden. Der gängige Begriff der „Stichfestigkeit“ (= Spaten bleibt im Abfall stecken, ohne umzufallen) als Ablagerungskriterium für Schlämme, hat heute an Bedeutung verloren.

11.4.8.2 Schlammentwässerung mit der Kammerfilterpresse

Eine moderne Filterpresse für industrielle Anwendungen ist ein Apparat, mit welchem eine bevorratete Dünnschlamm-Suspension chargenweise entwässert wird – üblicherweise unter Zugabe von Filterhilfsmitteln.

Dabei folgen jeweils die Schritte: Beschickung/Filtration – ggf. Nachbeschickung – Öffnen der Filterpresse – Kuchenaustrag – Filtertuch-Reinigung – erneute Beschickung – usw.

Trotz weitgehender Automatisierung ist meist noch ein gewisser manueller Aufwand nötig, insbesondere betreffend Filterkuchenaustrag, Filtertuch-Wäsche zur Reinigung und Filtertuchwechsel.

Die mit der Beschickungspumpe angewandten Filtrationsdrucke liegen i. A. zwischen 8 und 20 bar. (Nicht zu verwechseln hiermit ist der mittels Hydraulik aufgebrachte wesentlich höhere Schließdruck der Filterpresse).

Seit Beginn der 60er Jahre werden Kammerfilterpressen in zunehmendem Umfange im Bereich Umweltschutztechnik eingesetzt – insbesondere betreffend die Entwässerung von Abwasserschlämmen. Derartige Filterpressen bestehen aus zahlreichen (z. T. bis ca. 150) meist quadratischen, entsprechend profilierten und mit Filtertuch ausgekleideten Filterplatten. Diese werden

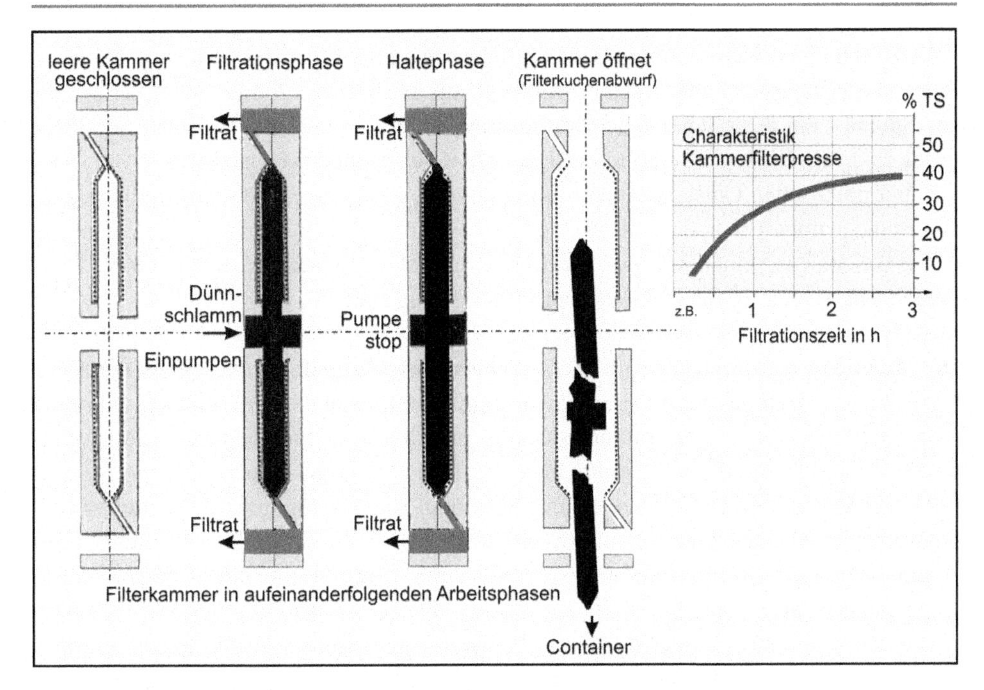

Abb. 11.18 Funktionsweise einer Kammerfilterpresse, dargestellt an einer Kammer [11]

nach Verschluss der Presse innerhalb des stabilen Rahmengestells so eingespannt, dass sich zwischen den Filterplatten schmale Kammern bilden, in welchen die Filtration stattfindet.

Innerhalb der Filterplatten sind Kanäle und Bohrungen, durch welche das Filtrat abfließen kann Abb. 11.18.

Die Beschickung der Filterpresse mit der zu filtrierenden Suspension erfolgt über den sich ausbildenden zylindrischen Kanal im Zentrum des Plattenpakets.

Als Material für die Filterplatten kommt Grauguss, Polyamid (PA) oder Polypropylen (PP) zum Einsatz. Die Konfektionsgrößen solcher Filterplatten liegen i. A. zwischen Kantenlängen von 250 mm und 1500 mm. Die Kammertiefe (= Kuchendicke) liegt i. A. zwischen 15 mm und 60 mm.

Als Filtertücher werden Gewebe aus Polyamid oder Polypropylen definierter Feinheit (DIN 53801) eingesetzt, welche auf der Kuchenseite, zur leichteren Kuchenablösung, durch Kalandrieren geglättet sind. Anzumerken ist, dass das Filtertuch nur in der Anfangsphase der Filtration filterwirksam ist. Hiernach übernimmt der sich ausbildende Filterkuchen selbst die Filtrationsaufgabe und das Filtergewebe hat nurmehr stützende Funktion.

Die Leistung einer Filterpresse hängt vor allem von deren Filterfläche ab. Darüberhinaus ist das Kammervolumen (= Anzahl der Kammern und Kammertiefe) für die Aufnahmekapazität

der Filterpresse maßgeblich. Für praktische Aufgabenstellungen gilt: Je schlechter die Filtrierbarkeit der Suspension und je geringer deren Feststoffgehalt, um so geringer sollte die Kuchendicke – und damit die Kammertiefe – sein.

Bedingt durch die diskontinuierliche Betriebsweise einer Filterpresse ist die spezifische Filtrationsleistung am Anfang des Prozesses relativ hoch, meist 200 bis 300 Liter pro m^2 und Stunde – um mit zunehmender Beschickung und bei maximalem Beschickungsdruck gegen Ende des Prozesses auf 5 bis 15 Liter pro m^2 und Stunde abzusinken.

Unter praktischen Umständen sind Filtrationszeiten zwischen einer halben Stunde und drei Stunden üblich.

Die Beschickung einer Filterpresse erfolgt i. A. mit homogener Suspension, wobei Feststoffgehalte von ca. 30 bis 60 Gramm pro Liter gängig sind.

Die Membran-Kammerfilterpresse als Weiterentwicklung der Kammerfilterpresse
Die Forderung nach immer höheren Feststoffkonzentrationen des Filterkuchens führte zu weiteren Entwicklungen der Filterpresstechnik. Die effektivste Möglichkeit bei der mechanischen Dünnschlamm-Entwässerung bietet heute die Membran-Kammerfilterpresse.

Es sei angemerkt, dass die Bezeichnung Membran-Kammerfilterpresse irreführend ist – sie hat nichts mit den Membranfiltern auf der Basis synthetischer Polymermembranen zu tun, wie sie für die Mikrofiltration, Nanofiltration, Ultrafiltration oder Umkehrosmose eingesetzt werden.

Bei der Membran-Kammerfilterpresse befindet sich zwischen dem Filtertuch und der Trägerplatte eine aufpumpbare Gummimatte (= Membran), welche – nach erfolgter Filtration – mit Luft oder Wasser unter Druck (bis 15 bar) – hinterfüllt wird, wodurch der Filterkuchen eine zusätzliche Nachpressung erfährt. Hierdurch sind Feststoffgehalte um 50 Masse% (und höher) zu erzielen. Auch werden die Filtrationszeiten deutlich verkürzt und damit die Wirtschaftlichkeit verbessert. Allerdings sind die Investitionskosten beträchtlich.

11.4.8.3 Schlammkonditionierung als Voraussetzung für die Schlammentwässerung

Von besonderer Bedeutung für optimale Filtrationsergebnisse mit einer Filterpresse ist die vorherige Konditionierung des zu filtrierenden Dünnschlamms, wobei i. d. R. Eisen-III-Sulfat und Calciumhydroxid-Suspension (Kalkmilch) zugegeben werden, mit welchen die für eine gute Filtration wichtigen Parameter: Flockengröße – günstig sind große Flocken – und Flockenstabilität – günstig sind scherfeste, „harte" Flocken – positiv beeinflusst werden können.

Da mit dieser Art der anorganischen Konditionierung erhebliche Mengen Konditionierungsadditive, also Nicht-Abfälle, mit dem Filterkuchen auf die Deponie gelangen, werden in Anbetracht der Maxime Abfallvermeidung sowie angesichts hoher Deponierungskosten, zunehmend organische Konditionierungsmittel in Form von synthetischen Polymeren eingesetzt. Diese werden üblicherweise als (begrenzt haltbare) wässrige Lösungen in Konzentrationen um 0,2 Masse% angewandt.

Trotz der höheren Preise der organischen Polymere lässt sich die Schlammentwässerung insgesamt deutlich kostengünstiger darstellen als mit der klassischen anorganischen Eisen/Kalk-milch-Konditionierung (Abb. 11.19, Abb. 11.20).

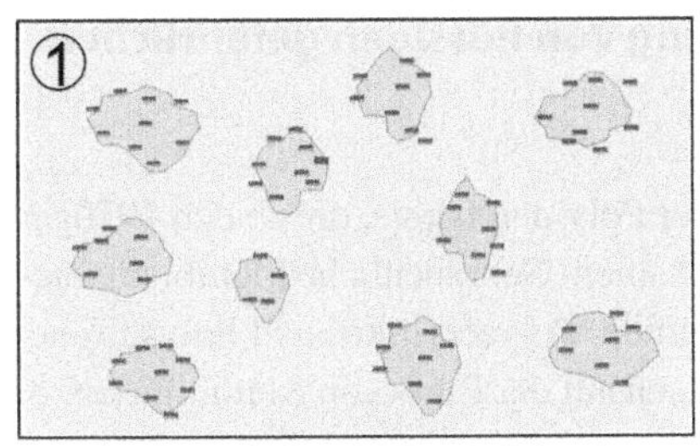

Suspension: Teilchen bleiben in Schwebe, da sie gleichsinnig elektrisch geladen sind (meist negativ) und sich abstoßen

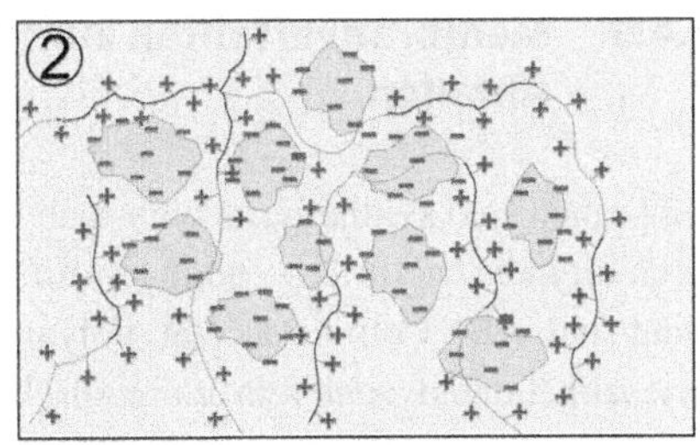

Zugabe von kationischen PAA: Die Ladungen der Teilchen werden zunehmend kompensiert und sie nähern sich (Koagulation)

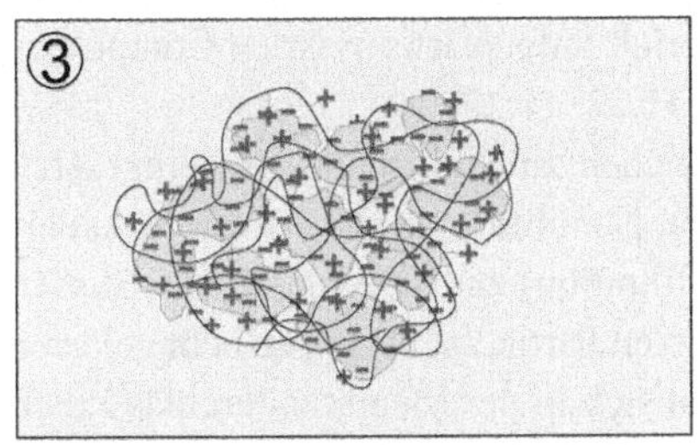

Flokkulation: Die Teilchen werden durch die Wirkung der PAA zu gut absetzbaren Flocken-Aggregaten vergröbert

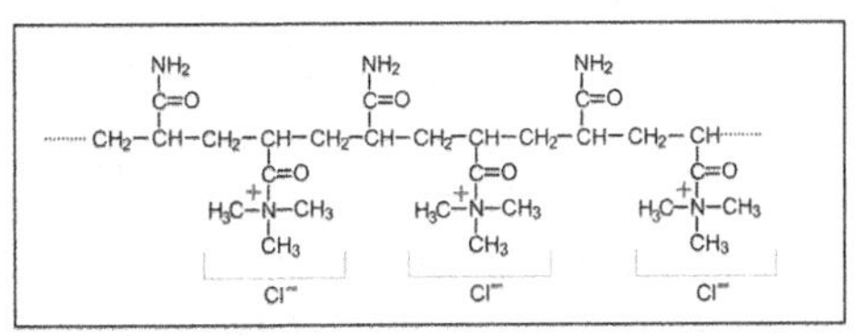

Ausschnitt aus der Molekülkette eines kationischen PAA (Relative Molekularmasse: um 9 Mio)

Abb. 11.19 Wirkprinzip von organischen Polymeren als Flockungshilfsmittel [11] (hier: PAA: Polyacrylamide)

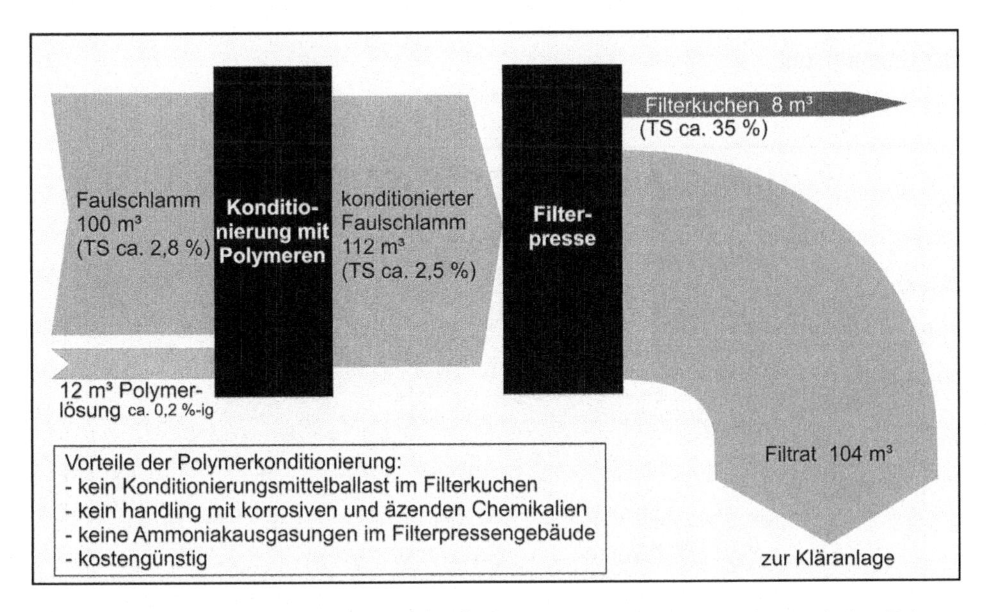

Abb. 11.20 Orientierende Massenbilanz für die Schlammkonditionierung mit organischen Polymeren (hier Beispiel Faulschlamm aus Kläranlage) [11]

11.4.9 Membranverfahren zur Behandlung von flüssigen gefährlichen Abfällen

Membranen sind synthetische high-tech Produkte der Polymerchemie, die ab den 1970ger Jahren für industrielle Anwendungen auf den Markt kamen. Gebräuchliche Membranmaterialien sind z. B.: Celluloseacetat, Polyamide, Polyimide, Polyacrylnitril und Polysulfone, sowie, zunehmend, auch rein anorganische Membranen auf der Basis von Aluminiumoxid.

Die organischen Membranen sind folienartige Materialien, welche ihre Gebrauchstauglichkeit erst durch Einbau in sog. Module erhalten. Die eigentliche, zur Stofftrennung befähigte Membran stellt dabei eine sehr dünne Schicht dar, welche auf einer wesentlich dickeren Trägerschicht, meist aus demselben Material, aufgewachsen ist (= Composite-Membran, siehe nachfolgende Abbildungen 11.21, 11.22, 11.23).

Membranverfahren werden heute in vielen Bereichen zu Stofftrennungen eingesetzt: So dienen Mikrofiltration (MF), Ultrafiltration (UF), Nanofiltration (NF) sowie Umkehrosmose (UO) (= Reversosmose, RO, früher: Hyperfiltration) zur Abtrennung von Stoffen aus wässrigen Lösungen – und zwar von feinstdispersen Partikeln, bis hin zu echt gelösten Substanzen. Die genannten Verfahren unterscheiden sich in der Membrandurchlässigkeit bzw. in der Größe der abtrennbaren Partikel sowie in den angewandten Drucken.

Sie werden als technisch elegante und additivfreie Verfahren zunehmend auch zur Behandlung von Industrieabwässern bzw. flüssigen gefährlichen Abfällen eingesetzt.

Die Ultrafiltration stellt eine echte Filtration dar, bei welcher durch feinste Poren im Nanometer-Bereich sehr kleine Teilchen, wie z. B. Mineralöl-Emulsionströpfchen oder Lackpartikelchen abgetrennt werden können. Der Stofftransport basiert auf dem Hagen-Poiseuilleschen Gesetz. Prinzipiell ähnlich funktionieren die Verfahren der Mikro- und der Nanofiltration.

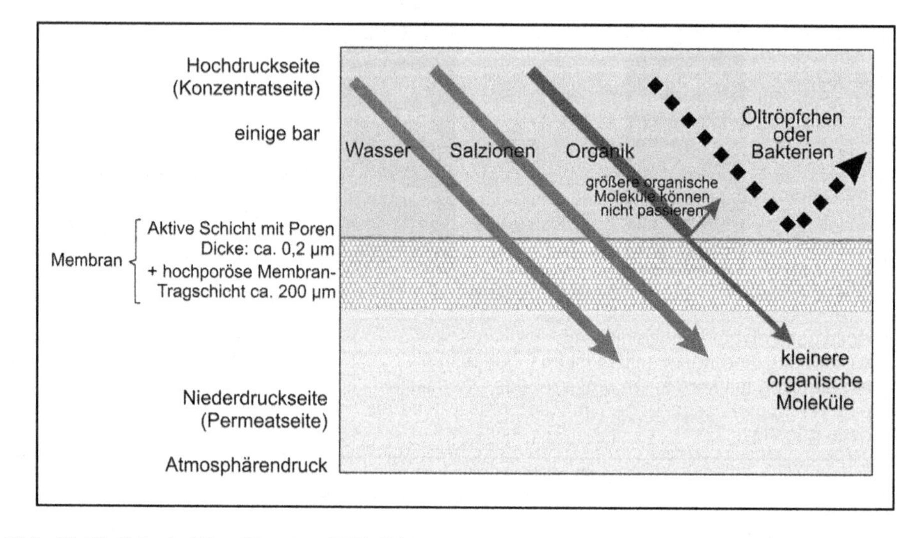

Abb. 11.21 Prinzip Ultrafiltration (UF) [11]

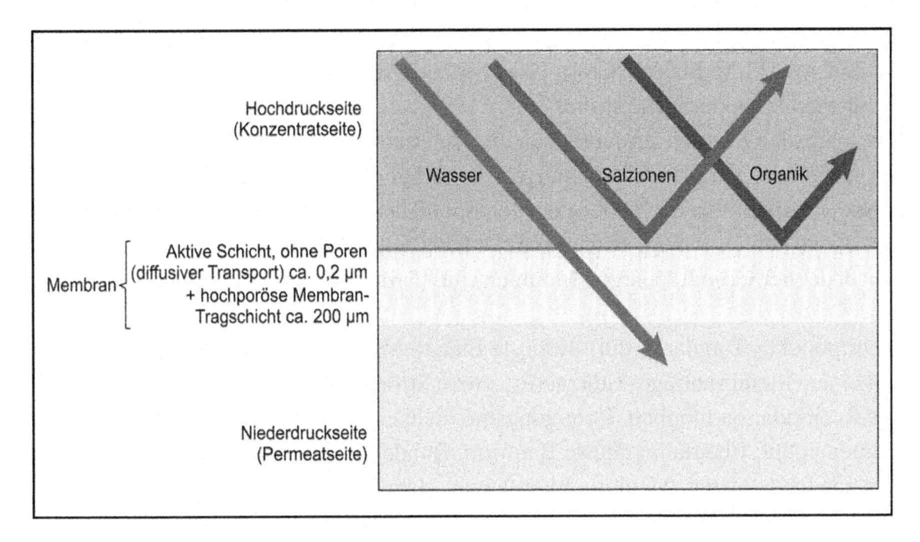

Abb. 11.22 Prinzip Umkehrosmose (UO) [11]

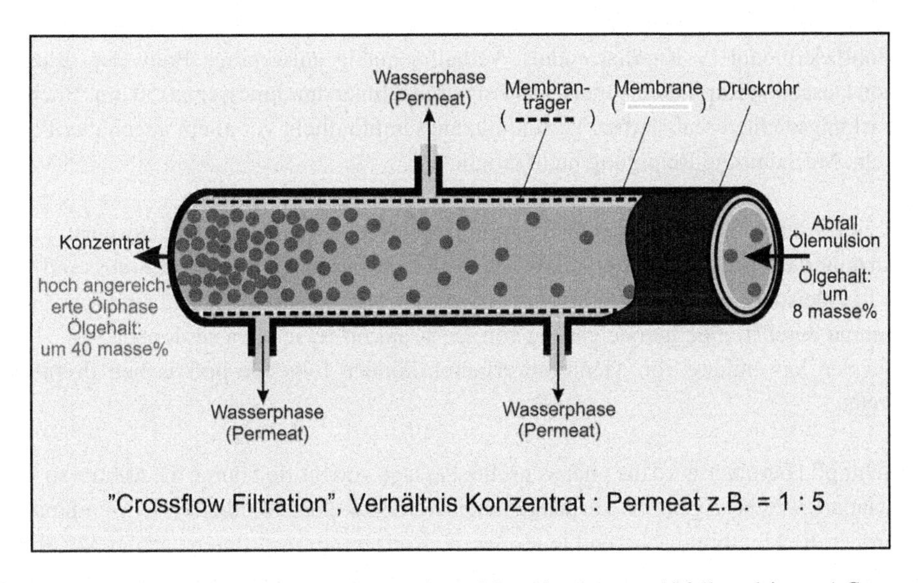

Abb. 11.23 Funktionsweise eines Rohrmoduls zur Ultrafiltration von Abfallemulsionen („Crossflow Filtration", Verhältnis Konzentrat : Permeat z. B. 1:5 [11]

Die Umkehrosmose dagegen ist keine Porenfiltration – sie wird mit porenlosen Membranen durchgeführt, bei welchen der Stofftransport auf diffusivem Wege erfolgt. Hiermit können echt gelöste Substanzen, wie organische und anorganische Moleküle und Ionen abgetrennt werden, z. B. bei der Meerwasserentsalzung.

Im Sonderabfallbereich werden UO-Anlagen zunehmend bei der Behandlung von Deponiesickerwässern eingesetzt. Der Stofftransport basiert auf den Fickschen Diffusionsgesetzen.

Die Anwendung von Membrantrennverfahren erfolgt technisch als Druckfiltration – meist im Cross-Flow-Betrieb. Cross-Flow bedeutet, dass das zu filtrierende Abwasser parallel zur Membranoberfläche strömt.

Die folgenden Skizzen verdeutlichen die Funktionsweise der Membranverfahren.

Für technische Membrananwendungen sind möglichst hohe Filtrationsleistungen nötig. Da diese vor allem von der Größe der Membranfläche abhängig sind, werden Membranen entsprechend konfektioniert, so dass auf kleinem Raum große Flächen unterzubringen sind.

Folgende vier Grundtypen von Modulen sind hierbei von praktischer Bedeutung:

- Rohrmodul (= Tubularmodul): Robuste Bauart. Membran, in einem Rohr innenliegend auf einem Membranträger-Stützgerüst. Hohe Strömungsgeschwindigkeiten durch Wasser-Rezirkulation möglich. Reinigungsmöglichkeit mittels Schwammbällchen.
- Plattenmodul: Ebenfalls robuste Bauform. Runde, ovale oder rechteckige Ausführung der randgedichteten Membranfilterplatten, dazwischen Permeatableitung. Einfache Austauschbarkeit der Platten. Mechanische Reinigung nur bedingt möglich.
- Wickelmodul: Zwei spiralig aufgewickelte randgedichtete Membranflächen mit dazwischenliegendem Filtervlies und Distanzmatte. Hohe Packungsdichte realisierbar. Mechanische Reinigung nicht möglich.
- Hohlfasermodul (= Kapillarmodul): Verhältnismäßig aufwendige Bauweise. Bündel von tausenden Kapillaren – meist aus Polyamid – Innendurchmesser ca. 50 μm. Höchste Packungsdichten realisierbar. Verschmutzungsempfindlich, vor allem gegenüber Partikeln. Mechanische Reinigung nicht möglich.

Je nach Einsatzgebiet haben sich dabei bestimmte Modultypen besonders bewährt.

Anzumerken ist, dass Temperaturerhöhung einen beschleunigenden Einfluss auf die Durchsatzleistung einer Membran hat: So wird z. B. der spezifische Durchsatz einer Membran durch Temperatursteigerung von 25 °C auf 60 °C in etwa verdoppelt.

Bei der Anwendung von Membranverfahren können folgende praktischen Probleme auftreten:

- Schlupf: Hierunter wird die unerwünschte Passage von Stoffen durch die Membran verstanden, welche eigentlich zurückgehalten werden sollen. Je dünner die Membran, je größer die Membranfläche und je größer die Konzentrationsdifferenz an der Membran ist, desto höher ist zwar die Durchsatzleistung der Membran, desto größer ist jedoch auch der Schlupf. Für eine wirtschaftliche Anwendung der Membrantechnik werden daher Kompromisslösungen mit vertretbarem Schlupf angestrebt. Vielfach betragen Schlupf-Werte nur ca. 1 %, in manchen Fällen sind jedoch Werte von 10 % und mehr hinzunehmen.
- Konzentrationspolarisation: Zwar ist bei Membranverfahren grundsätzlich der osmotische Druck der zu behandelnden Lösung zu überwinden – dieser wird jedoch unter Betriebsbedingungen noch durch einen Effekt erhöht, welcher als Konzentrationspolarisation bezeichnet wird. Bedingt durch den Wasserdurchtritt durch die Membran erhöht sich hierbei die Konzentration der Abwasserinhaltsstoffe in der laminaren

Flüssigkeits-Grenzschicht an der Membranoberfläche, was größere Transmembrandrücke erforderlich macht. Hierdurch wird auch der Schlupf vergrößert. Zur Verringerung der Konzentrationspolarisation wird die Strömungsgeschwindigkeit des Wassers in den Membranmodulen erhöht, um die laminare Grenzschicht zu minimieren.
- Scaling: Die im Zuge der Aufkonzentrierung von Abwasserinhaltsstoffen oftmals stattfindenden Löslichkeitsüberschreitungen mit Ausfällungen an Calciumsulfat oder Eisenoxidhydraten führen zu Verstopfungen an der Membranoberfläche. Gegenmaßnahmen sind: Säurezugabe zur pH-Wert-Erniedrigung im zu behandelnden Abwasser, Ausfällung von Calcium vor Durchführung der Membranfiltration oder regelmäßige Säurespülungen in kürzeren Zeitabständen (Woche).
- Fouling: Hierunter wird der mikrobielle Bewuchs auf Membranen verstanden, durch welchen der Filtrationsvorgang stark eingeschränkt werden kann. Gegen diesen grundsätzlich nicht verhinderbaren Effekt werden periodisch Desinfektionsmittel eingesetzt und es können – allerdings nur bei Tubularmembranen – regelmäßige Spülungen mit Schwammbällchen durchgeführt werden. Der Einsatz solcher Bällchen ist jedoch umstritten, da die empfindlichen Oberflächen organischer Membranen fallweise durch auf den Bällchen aufwachsende Kristalle beschädigt werden können. Anorganische Membranen bieten hier Vorteile.

In Tab. 11.3 und Abb. 11.24 finden sich einige relevante technische Spezifikationen von Membranverfahren:

11.4.10 Aktivkohle zur Aufbereitung der CPB-Wasserphase

Aktivkohlen sind die wirksamsten bekannten Adsorptionsmittel und dienen in zahlreichen produktionstechnischen und umwelttechnischen Prozessen zur Reinigung von Flüssigkeiten und Gasen. Andere in der Technik eingesetzte Adsorptionsmittel sind z. B. Zeolithe, Adsorberharze und Kieselgur [24, 25, 26].

Tab. 11.3 Relevante technische Spezifikationen von Membrananlagen: [11]

Kenngröße	Ultrafiltration (UF)	Umkehrosmose (UO)
Arbeitsdrucke	einige bar, bis ca. 12 bar	Bis über 100 bar, Druck muss höher sein als der osmotische Druck der Lösung
Fluxe (reale (Ab)Wässer)	bis ca. 100 L/(m² · h) Üblich: 30 bis 50 L/(m² · h)	bis ca. 700 L/(m² · d)
Retentat: Permeat Verhältnis	bis 1: 10 (z. B. Emulsionen im closed loop)	1: 4 bis 1: 10 (je nach Mehrstufigkeit)
Anwendungsgebiete	Emulsionsspaltung, Konzentrierung von Tauchlacken	Meerwasserentsalzung, Behandlung von Abwässern, Deponiesickerwässer

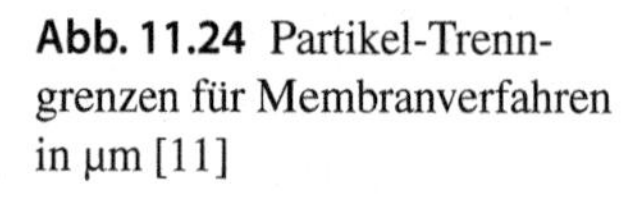

Abb. 11.24 Partikel-Trenngrenzen für Membranverfahren in µm [11]

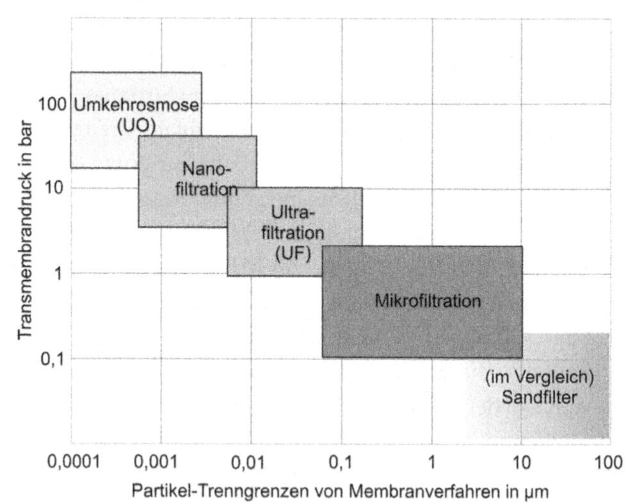

Das Verfahren zur Aktivkohleherstellung basiert auf einem um 1900 erteilten Patent. Seit etwa 1920 werden Aktivkohlen aus Materialien, wie Holz, Sägemehl, Torf, Kohlen oder Nussschalen industriell hergestellt.

Als Aktivierungsprozess wird meist die Gasaktivierung angewandt: Das vorbehandelte Ausgangsmaterial wird dabei in Spezialöfen (Mehretagenöfen, Drehrohröfen, Schachtöfen, Wirbelschichtöfen) bei Temperaturen um 800 °C in einer Atmosphäre von Wasserdampf und Kohlendioxid in Aktivkohle umgewandelt (= aktiviert).

Durch die Aktivierung entsteht eine hochporöse Struktur mit außerordentlich großer innerer Oberfläche zwischen 600 und 1500 Quadratmeter pro Gramm.

Aktivkohlen kommen in Form von Bruchkohlen oder Formkohlen (Presslinge), mit Korngrößen zwischen 3 und 10 mm, in den Handel, sowie auch als Pulverkohlen.

Verbrauchte (beladene) Aktivkohle wird i. d. R. beim Hersteller regeneriert. Der Prozess entspricht in etwa dem Herstellungsverfahren.

In bestimmten Anwendungsfällen – z. B. bei der Adsorption von leichtflüchtigen Lösemitteln aus Prozessabwässern oder belasteten Grundwässern – kann die Regeneration der Aktivkohle auch an Ort und Stelle durch periodisches Rückblasen der Adsorbersäulen mit Wasserdampf erfolgen [12].

11.4.10.1 Grundlegende Sachverhalte betreffend Adsorptionsvorgängen

Mit Adsorption wird das Festgehaltenwerden gasförmiger oder in einer Flüssigkeit gelöster Stoffe an der Oberfläche eines Festkörpers durch dort wirkende Kräfte, insbesondere Van-der-Vaals-Kräfte bezeichnet, die an jeder Festkörperoberfläche auftreten. Technisch nutzbar ist der Effekt jedoch nur bei Festkörpern mit großer Oberfläche auf kleinem Raum, also bei porenreichen Strukturen.

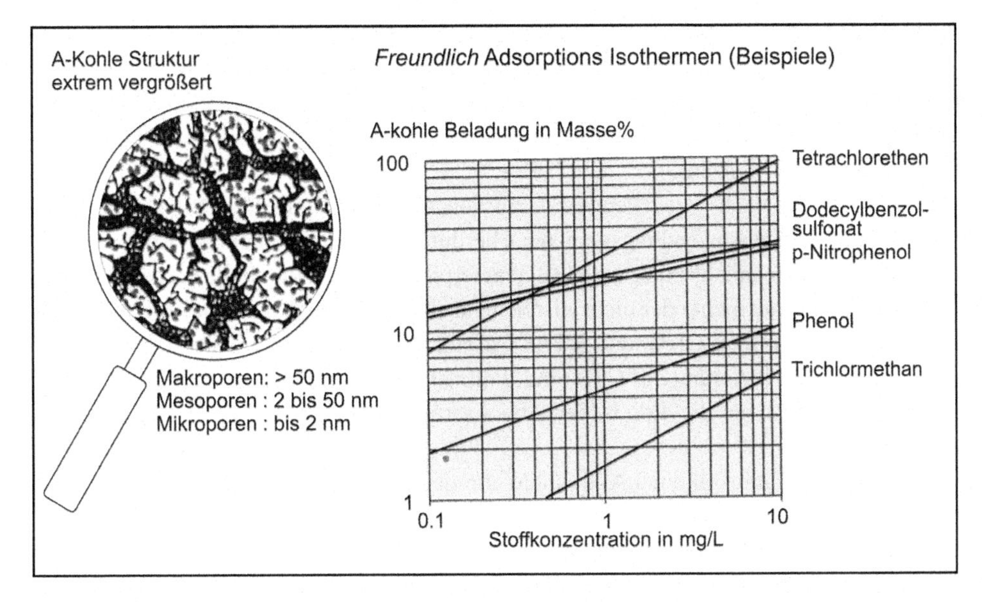

Abb. 11.25 Beispielhafte Freundlich-Isothermen zur Charakterisierung der Beladbarkeit von Aktivkohle durch umweltrelevante Abwasserinhaltsstoffe (Im Abluft-Bereich werden vorzugsweise Langmuir-Isothermen verwendet)

Adsorption ist immer vom gegenteiligen Vorgang – der Desorption – begleitet, also von der Ablösung der adsorbierten Stoffe von der Festkörperoberfläche, und es stellen sich von der Temperatur abhängige Adsorptions-Desorptions-Gleichgewichte ein (Abb.11.25).

Zwischen der Konzentration einer Substanz in Abluft oder Abwasser und der Konzentration der an A-Kohle adsorbierten Substanz, besteht eine Beziehung, die von zahlreichen stofflichen Parametern sowie von der Temperatur beeinflusst wird.

Für wässrige Systeme können die Verhältnisse in übersichtlicher Weise durch sog. Freundlich-Adsorptions-lsothermen beschrieben werden. Für den Fall des thermodynamischen Gleichgewichts wird dabei die Beladung der Aktivkohle mit einer definierten Substanz in Abhängigkeit von der verbleibenden Restkonzentration jener Substanz in der wässrigen Lösung dargestellt – meist im doppelt logarithmischen Achsenkreuz.

An den Isothermen wird ersichtlich, dass eine Substanz – je nach Art und Eigenschaften – erwartungsgemäß mehr oder weniger gut von Aktivkohle adsorptiv festgehalten wird.

Als Orientierungsgröße für die Abwasserbehandlung kann gelten, dass eine geeignete Aktivkohle etwa 20 bis 50 Prozent ihrer eigenen Masse an DOC adsorptiv binden kann.

Zu beachten ist: Adsorptionsisothermen sind prinzipiell nur für Einzelsubstanzen definiert. Substanzgemische, wie sie in Abwässern immer vorkommen, können so nicht befriedigend beschrieben werden, da schwer zu prognostizierende, konkurrierende Adsorptionen auftreten.

11.4.10.2 Aktivkohleanwendung bei CPB-Anlagen

Zu den klassischen Anwendungsgebieten für Aktivkohle gehört die Aufbereitung von Grund- bzw. Trinkwässern, aus welchen geschmacklich beeinträchtigende und toxikologisch bedenkliche Inhaltsstoffe eliminiert werden sollen (Chlor sowie AOX- und DOC-verursachende Substanzen).

Aber auch die Nach- bzw. Feinreinigung von Abwässern aus der CPB gehört heute obligatorisch zu den Anwendungsgebieten. Hierdurch werden vor allem die Konzentrationen unerwünschter Inhaltsstoffe der CPB-Wasserphase, welche durch die vorhergehenden Behandlungsschritte nicht oder nicht ausreichend eliminiert werden konnten, vermindert – insbesondere betreffend CKW und BTEX-Aromaten, aber es tritt auch eine erwünschte weitergehende Reduzierung des CSB ein („Polizeifilter"-Funktion).

So gelten z. B. für die Praxis der Abwasserbehandlung mittels A-Kohle folgende Regeln:

Die Beladungsfähigkeit einer Aktivkohle nimmt zu:

- bei abnehmender Wassertemperatur
- bei zunehmender Konzentration der Wasserinhaltsstoffe
- mit abnehmender Wasserlöslichkeit (Polarität) der Wasserinhaltsstoffe (Polare Substanzen, wie z. B. Ionen oder das Wasser selbst, werden nur schwach adsorbiert).

Für verschiedene abwassertechnische Problemlösungen, z. B. zur Spurenstoffelimination betreffend Pharmaka und sonstiger Industriechemikalien, wird oftmals auch Pulver-Aktivkohle eingesetzt, welche z. B. ins Belebungsbecken oder in ein separates Kontaktbecken eingemischt wird. Nach ausreichender Kontaktzeit wird die beladene Pulver-Aktivkohle z. B. mit dem Überschussschlamm abgetrennt und als Abfall entsorgt.

Zusätzlich zur Aufbereitung der Wasserphase wird Aktivkohle in CPB-Anlagen auch zur Abluftreinigung eingesetzt – sowohl für die Behandlung der abgesaugten Abluft aus den Entgiftungsreaktoren, als auch zur Behandlung der Hallenatmosphäre der CPB-Anlage.

Da Art und Konzentration der Inhaltsstoffe in Abluft oder Abwasser, sowie deren Schwankungen, überwiegend unbekannt sind, erfolgt die Auslegung von A-Kohle-Anlagen (Durchbruchverhalten) i. d. R. aufgrund von Erfahrungswerten.

Zur Kontrolle des Durchbruchs der Aktivkohleadsorber unter Betriebsbedingungen reicht dann meist die Analyse von Leitsubstanzen im Input und Output der Aktivkohleanlage als Kontrollmaßnahme aus.

Aus Sicherheitsgründen wird jedoch immer ein mit frischer Aktivkohle gefüllter Adsorber nachgeschaltet.

In Tab. 11.4 finden sich einige relevante technische Spezifikationen von Aktivkohleanlagen.

Tab. 11.4 Relevante technische Spezifikationen von Aktivkohleanlagen [11]

Kenngröße	A-Kohle für Abluftreinigung	A-Kohle für Abwasserreinigung
Optimaler A-Kohle Typ	gemäß Herstellerempfehlungen	gemäß Herstellerempfehlungen
A-Kohle Korngröße	4 bis 5 mm, meist Formkohlen Sondergrößen bis 10 mm	0,5 bis 2,5 mm meist Bruchkohlen
A-Kohle Betthöhe	0,5 bis 1,5 m	2 bis 15 m
Filtergeschwindigkeiten (bezogen auf Leerrohr)	10 bis 50 cm/s	1 bis 15 m/h
Kontaktzeiten	2 bis 3 Sekunden	0,5 bis 1 Stunde

11.5 Vermeidung/Verminderung/Verwertung von gefährlichem Abfall

11.5.1 Abfall V V V, Allgemeines

In § 6 des Kreislaufwirtschaftsgesetzes (KrWG) vom Juni 2012 (zuletzt geändert Mai 2013), wurde in Deutschland erstmals eine 5-stufige Hierarchie bei abfallwirtschaftlichen Maßnahmen festgeschrieben:

1. prioritär ist Abfallvermeidung
2. Maßnahmen zur Wiederverwendung, bevor die Sache zu Abfall wird
3. Stoffliches Recycling
4. Energiegewinnung aus Abfällen durch Verbrennung
5. Abfallbeseitigung („End oft he Pipe“-Maßnahmen, wie z. B. Deponierung)

Die Umsetzung dieser Forderung für industrielle Produktionsprozesse ist nicht trivial – erfordert sie doch eine detaillierte Analyse des Produktionsprozesses – insbesondere betreffend die abfallerzeugenden Prozessschritte, ggf. gefolgt von risikobehafteten technischen Veränderungen am Produktionsprozess mit entsprechenden Investitionen.

Die Triebfeder für einen Industriebetrieb, solche Prozessänderungen durchzuführen, ist dabei nicht allein nur die gesetzliche Forderung, sondern auch die Aussicht auf eine letztlich kostengünstigere Produktion und auf verbesserte Marktchancen. So finden heute umweltfreundliche, abfallarme Technologien aus Deutschland, weltweit, zunehmend einen guten Absatz [11, 26, 27].

Daneben hat der Gesetzgeber noch von seiner stärksten Möglichkeit zur Durchsetzung von Abfallvermeidung Gebrauch gemacht, nämlich durch Stoffverbote. So ist die Herstellung, das In-Verkehrbringen und die Verwendung zahlreicher Stoffe in Deutschland und der EU zwischenzeitlich teilweise oder gänzlich verboten: z. B. Asbest, Polychlorierte

Biphenyle (PCB), Pentachlorphenol (PCP), Hexachlorbenzol (HCB), Leichtflüchtige Chlorierte Kohlenwasserstoffe (CKW Lösemittel), Polybromierte Diphenylether (PBDE), Polyfluorierte Tenside (PFT) oder Quecksilber. Durch Stoffverbote werden gefährliche Stoffe bzw. Abfälle besonders effektiv vermieden.

Hilfreich bei der Einführung von Abfall VVV-Maßnahmen in der Industrie waren und sind private und staatliche Abfallberatungsstellen, sowie einschlägige Förderprojekte. Nicht zuletzt deshalb gehören heute zahlreiche Abfall VVV-Maßnahmen in allen Industriebereichen bereits zum Stand der Technik.

Im Folgenden werden drei Beispiele aus der umfangreichen Palette des Abfall VVV gegeben, und zwar für Abfälle, deren Anfallmengen erheblich sind.

11.5.2 Beispiel: Abfallvermeidung/Abfallverminderung von Schneidöl-Emulsionen

Alleine durch betriebstechnische Pflegemaßnahmen kann eine erhebliche kostensparende Verlängerung der Nutzungsdauer von Schneidöl-Emulsionen erzielt werden (Monate, Jahre).

Pflege bedeutet hierbei, darauf hinzuwirken, Fremdstoffeinträge in die Emulsion zu vermeiden, so z. B. der Eintrag von Hydraulikflüssigkeit, Ölen, Fetten, Kühlwasser, Urin, Metallspänen, Schleifmitteln und Schmutz aller Art. Erreichbar ist dies durch folgende Maßnahmen [26]:

- Schulung und Motivation des an den Maschinen tätigen Personals
- Vorreinigung der zu bearbeitenden Werkstücke
- Umstellung der Maschinen-Einzelversorgung auf Emulsions-Zentralversorgung und Zentralisierung der analytischen Überwachung sowie der Pflegemaßnahmen (realisierbar nur bei entsprechender Betriebsgröße)
- Installation von Abkühlbecken für die Emulsion
- Einrichtungen zur Schlammabtrennung und zur Abschöpfung von aufgerahmter Ölphase (z. B. mittels Separatoren)
- Automatisch erfolgende Umwälzung der Emulsion bei längerem Anlagenstillstand (z. B. an Wochenenden und Feiertagen), um mikrobiell anoxische bzw. anaerobe Zustände zu vermeiden
- Nachadditivieren von verbrauchten oder unwirksam gewordenen Komponenten (sog. „Nachschärfen“ der Emulsion).

Trotz Pflege werden ansteigende Konzentrationen an mikrobiellen Abbauprodukten und thermischen Crackprodukten die Gebrauchseigenschaften der Kühlschmier-Emulsionen so verschlechtern, dass sie früher oder später als Abfall entsorgt werden müssen.

Die weitestgehende Maßnahme betr. Abfallvermeidung bzw. Abfallverminderung von Kühl-Schmierstoffen besteht in der Umstellung des Betriebs auf

Minimalmengen-Kühlschmierung (MMKS) oder auf Trockenbearbeitung. Solche, letztlich kostensparenden Maßnahmen sind allerdings tiefgreifend und erfordern eine motivierte Firmenleitung.

11.5.3 Beispiel: Abfallvermeidung/Abfallverminderung von Lackschlämmen (ehemaliges ABAG-Projekt, Baden-Württemberg)

Bei der Lackierung von Kunststoffteilen im Automobilzulieferbereich wird vielfach die Druckluftzerstäubung im Hochdruckverfahren eingesetzt. Der erreichbare Auftragswirkungsgrad dieser Applikationstechnik liegt im Mittel bei 20–25 %. Um den Auftragswirkungsgrad bei der Kunststoffteilebeschichtung zu steigern wurde die elektrostatische Beschichtung bei allen drei Lackschichten (d. h. im Grundier-, Basislack- und Klarlackbereich) eingeführt.

Durch Umstellung auf elektrostatische Beschichtung und durch eine verbesserte Koagulierung mit kontinuierlichem Koagulataustrag konnte der Auftragswirkungsgrad deutlich erhöht sowie der Gesamtverbrauch an Lack gegenüber dem Ausgangszustand um 46 % und das Aufkommen der Lackschlammabfälle um nahezu 50 % gesenkt werden. Die Investitions-, Wartungs- und Finanzierungskosten für den Umbau der Lackieranlage amortisieren sich in wenigen Monaten.

In Abb. 11.26 sind die allgemeinen Zusammenhänge von Lackabfall und Lackierverfahren dargestellt.

11.5.4 Beispiel: Abfallvermeidung/Abfallverwertung von Dünnsäure

Bei der Produktion von Titandioxid (TiO_2), das als Weißpigment bei der Herstellung von u. a. Farben und Lacken, Kunststoffen und Chemiefasern sowie in der Pharma- und Kosmetikindustrie eine wichtige Rolle spielt, fällt als gefährlicher Flüssigabfall in großer Menge Dünnsäure an.

Bei der Produktion von einer Tonne Titandioxid nach dem Sulfat-Verfahren sind dies etwa acht Tonnen Dünnsäure. Dünnsäure besteht im wesentlichen aus ca. 23 %iger Schwefelsäure, in welcher Metallionen, insbesondere Eisen sowie andere Metalle in geringerer Konzentration (Mg, Ti, V, Cr, Zn, As, Cu, Pb) gelöst sind.

Bis Ende 1989 wurde dieser Abfall in der Nordsee verklappt. Auf der Suche nach einer neuen Entsorgungsmöglichkeit und unter dem Druck der Öffentlichkeit wurde ein 6-stufiges Abfallvermeidungs- und Verwertungsverfahren entwickelt, mit dem die Dünnsäure firmenintern aufbereitet und die daraus gewonnene hochprozentige Schwefelsäure wieder in den Produktionsprozess zurückgeführt werden kann.

Dabei müssen erhebliche Mengen Wasser verdampft werden, um die angestrebte Säurekonzentration von 70–80 % zu erreichen. Der zur Verdampfung benötigte hohe

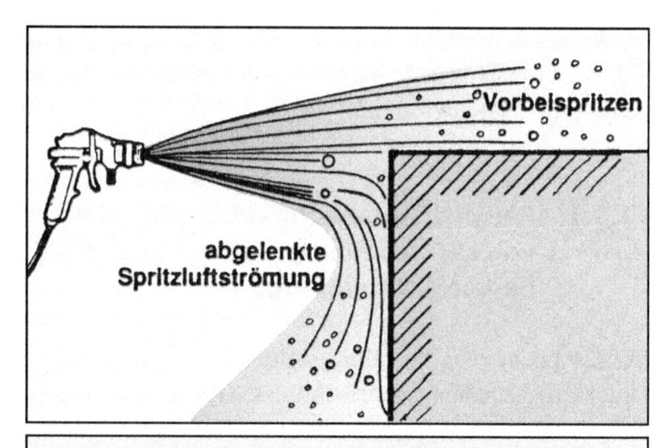

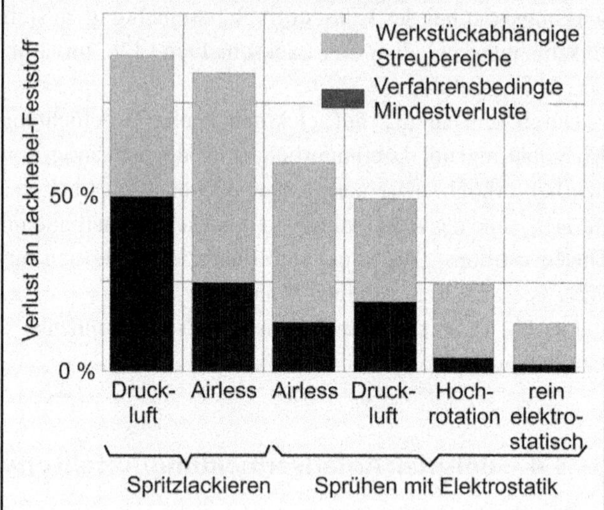

Abb. 11.26 Entstehung von Lackabfall in Abhängigkeit vom Lackierverfahren [11]

Energiebedarf war ein wesentliches Problem bei der Entwicklung eines auch wirtschaftlich realisierbaren Verfahrens.

In der ersten Stufe wird die 22 %ige Schwefelsäure mit heißen Abgasen aus der Titandioxid-Produktion auf etwa 28 % aufkonzentriert. Das in der Säure gelöste Eisen-II-Sulfat kristallisiert durch Kühlung als sog. Grünsalz aus, welches als Produkt vermarktet wird. Während des Kristallisationsprozesses erhöht sich die Schwefelsäurekonzentration weiter.

In weiteren Schritten wird diese in einem mehrstufigen Verdampfungsprozess bis auf etwa 80 % aufkonzentriert, wobei die Metallionen als Metallsulfate ausfallen und von der Säure abgetrennt werden. Die so aufgereinigte Schwefelsäure wird als Wertstoff unmittelbar in den Titandioxid-Produktionsprozess eingespeist.

In einem letzten Verfahrensschritt werden die Salzrückstände in einem Ofen thermisch behandelt. Dabei entsteht wieder verwertbare Schwefelsäure und ein oxidischer deponiefähiger Rückstand (Abbrand).

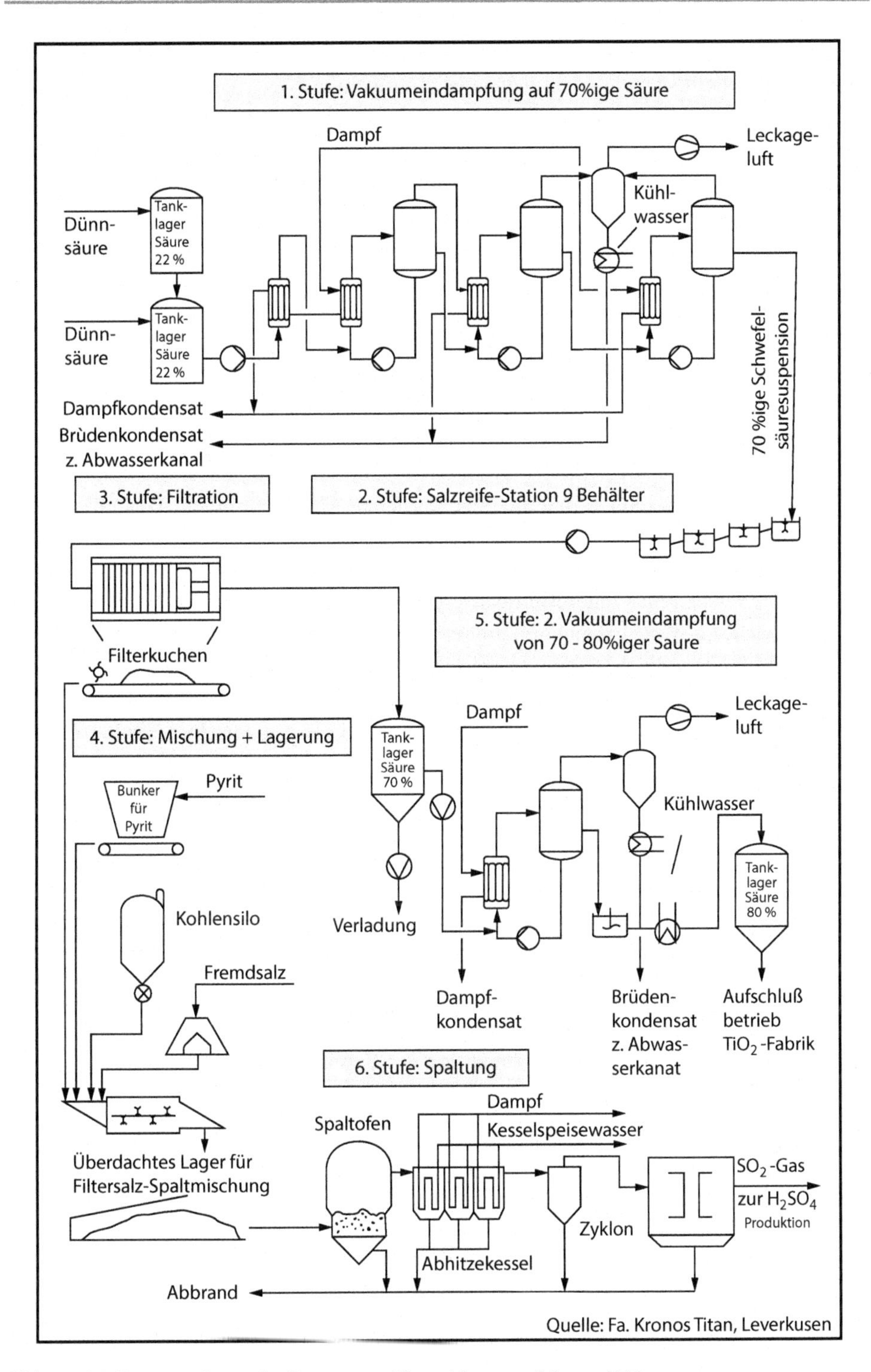

Abb. 11.27 Prozessschema des Dünnsäure-Vermeidungsverfahrens [11]

Von den ursprünglich 8 Tonnen zu entsorgender Dünnsäure pro produzierter Tonne Titandioxid beläuft sich die Abfallmenge jetzt nurmehr auf 0,9 Tonnen Abbrand.

In Abb. 11.27 wird der Dünnsäure-Vermeidungsprozess schematisch wiedergegeben [12]. Anhand des Prozessschemas wird augenfällig, dass Abfall VVV hochkomplexe Verfahren darstellen können, welche jahrelange Entwicklung erfordern. Der Prozess gilt heute als Stand der Technik bei der Titandioxid-Produktion.

Fragen zu Kap. 11

1. Sie haben die Aufgabe eine Altlast zu erkunden. Wie gehen Sie vor?
2. Welche Informationen enthält die Niederländische Liste?
3. Welche Verfahren stehen bei der Sanierung von kontaminierten Böden zur Verfügung?
4. Was beinhaltet die Basler Konvention?
5. Sie wollen in Ihrer Firma einen gefährlichen Abfall entsorgen. Was müssen Sie tun?
6. Was ist eine Abfalleluat-Analyse? Welche Information beinhaltet sie?
7. Was versteht man unter Multibarrierensystem und Kombinationsdichtung?
8. Welche kf-Werte haben Formationen aus Grobkies, Feinsand und Ton? (ca. Werte)
9. Beschreiben Sie die Funktionsweise einer Kammerfilterpresse.
10. Wie kann man cyanidische Konzentrate entgiften?
11. Können alle Schwermetall-Grenzwerte mittels hydroxidischer Fällung erreicht werden?
12. Welche Abwasserinhaltsstoffe werden bevorzugt durch Aktivkohle eliminiert?

Literaturverzeichnis

[1] Verordnung über das Europäische Abfallverzeichnis. Abfallverzeichnisverordnung AVV, Dez. 2001. Letzte Änderung Feb. 2012

[2] EU 67/548. Richtlinie des Rates vom 27. Juni 1967 zur Angleichung der Rechts- und Verwaltungsvorschriften für die Einstufung, Verpackung und Kennzeichnung gefährlicher Stoffe

[3] Verordnung über die Nachweisführung bei der Entsorgung von Abfällen (NachwV) 20. Oktober 2006. Letzte Änderung Aug. 2015

[4] Verordnung über das Anzeige- und Erlaubnisverfahren für Sammler, Beförderer, Händler und Makler von Abfällen, (Anzeige- und Erlaubnisverordnung AbfAEV) vom 01. Juni 2014

[5] EG-Abfallverbringungsverordnung 1013/2006, vom 14. Juni 2006

[6] Statistisches Bundesamt Wiesbaden 2014/Fachserie 19 Reihe 1/Umwelt Abfallentsorgung 2012

[7] Verordnung über Betriebsbeauftragte für Abfall von 1977, Bezug: KrWG § 60 (Novellierung 2015)

[8] Länderarbeitsgemeinschaft Abfall (LAGA): LAGA PN 98 – Grundregeln für die Entnahme von Proben aus festen und stichfesten Abfällen sowie abgelagerten Materialien (2002)

[9] Technische Anleitung (TA) Abfall – TASo. 2.Allg.Verwaltungsvorschrift zum AbfG: Technische Anleitung zur Lagerung, chemisch/physikalischen, biologischen Behandlung, Verbrennung und Ablagerung von besonders überwachungsbedürftigen Abfällen vom 12. März 1991 (GMBl. Nr. 8, S. 139)

[10] Gesetz und Verordnung zur Vereinfachung der Abfallrechtlichen Überwachung/Okt. 2006

[11] Thomanetz, E.: Vorlesungsmanuskript Sonderabfall/Altlasten. Universität Stuttgart, Institut für Siedlungswasserbau, Wassergüte- und Abfallwirtschaft, wird laufend aktualisiert

[12] Daten zur Umwelt. Hrsg. UBA, jährlich ab 1984 bis 2005, Erich Schmidt Verlag, Berlin

[13] Gesetz zum Schutz vor schädlichen Bodenveränderungen und zur Sanierung von Altlasten (Bundes-Bodenschutzgesetz – BBodSchG) vom 17. März 1998. Letzte Änderung Aug. 2015

[14] Entwurf EU Bodenrahmenrichtlinie (BRRL). Letzte Änderung 11. Aug. 2009

[15] EU-REACH-Verordnung Nr. 1907/2006: EU-Chemikalienverordnung, seit 1. Juni 2007 in Kraft. (REACH steht für Registration, Evaluation, Authorisation and Restriction of Chemicals.) Letzte Änderung März 2014

[16] Sondergutachten „Altlasten" des Rates von Sachverständigen für Umweltfragen. Bundestagsdrucksache 11/6191 (1989)

[17] Niederländische Liste (Hollandliste). Leitraad Bodembescherming, Streef- en Interventiewaarden Bodemsanering, Staatscourant Nr. 95. The Netherlands (1994)

[18] Universität Tübingen, Zentrum für Angewandte Geowissenschaften. Hydrogeologie/Hydrogeochemie, Arbeitsgruppe Natural Attenuation

[19] Universität Basel, Departement Geowissenschaften/Bodensanierung: Die Sondermülldeponie Kölliken (2005)

[20] Verordnung zur Vereinfachung des Deponierechts (DepVereinfV) BGBl 22, Teil 1 (29. Apr. 2009)

[21] Verordnung über Deponien und Langzeitlager DepV. Apr. 2009

[22] Öko Institut e.V.: Methodenentwicklung für die Ökologische Bewertung der Entsorgung gefährlicher Abfälle unter und über Tage und Anwendung auf ausgewählte Abfälle (30. Nov. 2007)

[23] Verordnung über den Versatz von Abfällen unter Tage (Versatzverordnung – VersatzV) vom 24. Juli 2002 (BGBl. I S. 2833), zuletzt geändert am 15. Juli 2006 (BGBl. I S. 1619)

[24] Thomanetz, „Chemisch-physikalische Behandlung von Sonderabfällen". In: Sonderabfall. Hrsg. O. Tabasaran. Ernst u. Sohn Verlag, Berlin (1997)

[25] Hartinger, L.: Handbuch der Abwasser- und Recyclingtechnik. Carl Hanser Verlag, München/ Wien (1991)

[26] Martinez, D.: Immobilisation, Entgiftung und Zerstörung von Chemikalien. Verlag Harri Deutsch, Thun/Frankfurt/Main (1986)

[27] Palmer et al.: Metal/Cyanide Containing Wastes, Treatment Technologies. Noyes Data Corporation, Park Ridge, NJ (1988)

[28] Thomanetz, E.: Chemisch-Physikalische Behandlung von Sondermüll. In: VDI Berichte 664 Sondermüll – Thermische Behandlung und Alternativen. VDI Verlag, Düsseldorf (1987)

[29] ABAG Abfallberatungsagentur Baden-Württemberg (heute: ABAG-itm GmbH, Pforzheim): Berichte zu ca. 60 Abfallvermeidungs-Pilotprojekten (gefördert mittels der Abfallabgabe im Zeitraum: 1991 bis 1998)

[30] Brauer, H.: Handbuch des Umweltschutzes und der Umweltschutztechnik. Springer-Verlag, Berlin, Heidelberg, New York (1996)

12 Abfallwirtschaftliche Planung und Abfallwirtschaftskonzepte auf Ebene der öffentlich-rechtlichen Entsorgungsträger

12.1 Allgemeines

Die Erstellung von Abfallwirtschaftsplänen ist Sache der Bundesländer. Während diese Pläne in der Regel nur einen Rahmen vorgeben, liegt die konzeptionelle Planung auf der Ebene der öffentlich-rechtlichen Entsorgungsträger (ÖRE). Basis hierfür sind das KrWG [1] und die Landesabfallgesetze. Daneben sind Abfallwirtschaftskonzepte erforderlich, um durch vorsorgende Planung auch langfristig eine zukunftsfähige Abfallwirtschaft, welche ökonomische, ökologische und soziale Aspekte abdecken muss, zu gewährleisten.

Durch die Einbeziehung des präventiv wirkenden Instruments der Abfallvermeidung kann hier auf die Abfallentstehung selbst eingewirkt werden. Der Kompetenzbereich der ÖRE ist hierbei jedoch beschränkt (siehe Kap. 4). Konzeptionelle Ansätze auf Ebene der Industrie liegen außerhalb des Aufgabenbereiches der ÖRE, ebenso wie der direkte Einfluss auf die Produktionsverfahren. Gleichwohl sind die Interaktionen hierbei zu berücksichtigen.

Generell sind abfallwirtschaftliche Maßnahmen als Teil des gesamten Stoffstrommanagement zu betrachten (siehe Kap. 14 und Abb. 12.1).

Integrierte Abfallwirtschaftskonzepte zeichnen sich dadurch aus, dass die abfallwirtschaftliche Entsorgungsstruktur, basierend auf den generellen gesetzlich, wissenschaftlich, gesellschaftlich und politisch formulierten Zielvorgaben, den jeweiligen lokalen Verhältnissen angepasst wird. Sie baut auf mehreren optimierten vernetzten, den Abfallströmen adäquaten differenzierten Entsorgungspfaden auf (interne Integration). Hierbei muss die Entsorgungsstruktur an die regionale Wirtschaftsstruktur angepasst werden (externe Integration). Abfallwirtschaftskonzepte beinhalten den künftigen Soll-Zustand der Abfallwirtschaft in einem Planungsgebiet und die Darstellung von Schritten auf dem

M. Kranert (Hrsg.), *Einführung in die Kreislaufwirtschaft*,
DOI 10.1007/978-3-8348-2257-4_12

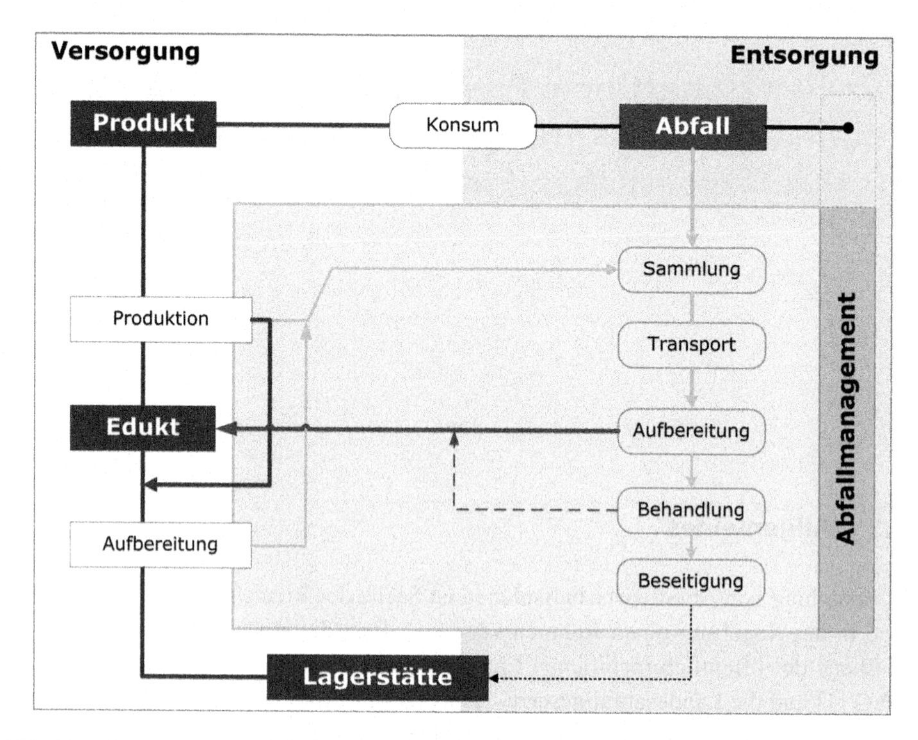

Abb. 12.1 Abfallwirtschaft im Rahmen des Stoffstrom-Management

Weg dorthin. Die auf diesem Weg häufig entstehenden neuen Anforderungen implizieren, dass das Konzept stets fortgeschrieben und den jeweiligen Verhältnissen angepasst wird.

Die bei der Erstellung von Abfallwirtschaftskonzepten einzubeziehenden wesentlichen Faktoren und die Vorgehensweise sind in Abb. 12.2 dargestellt.

12.2 Zielvorgaben bei der Erstellung von Abfallwirtschaftskonzepten

Für die Erstellung von integrierten Abfallwirtschaftskonzepten ist die Formulierung von Randbedingungen und Zielvorgaben eine unabdingbare Voraussetzung, um eine zielorientierte Vorgehensweise mit vergleichbaren Varianten zu ermöglichen. Wesentliche festzulegende Randbedingungen sind beispielsweise

- Festlegung des Konzeptgebietes (ÖRE – allein oder Kooperationen, Zweckverband etc.)
- Autarkie der Städte und Gemeinden
- Interne und externe Entsorgungswege und -anlagen
- Kostenrahmen

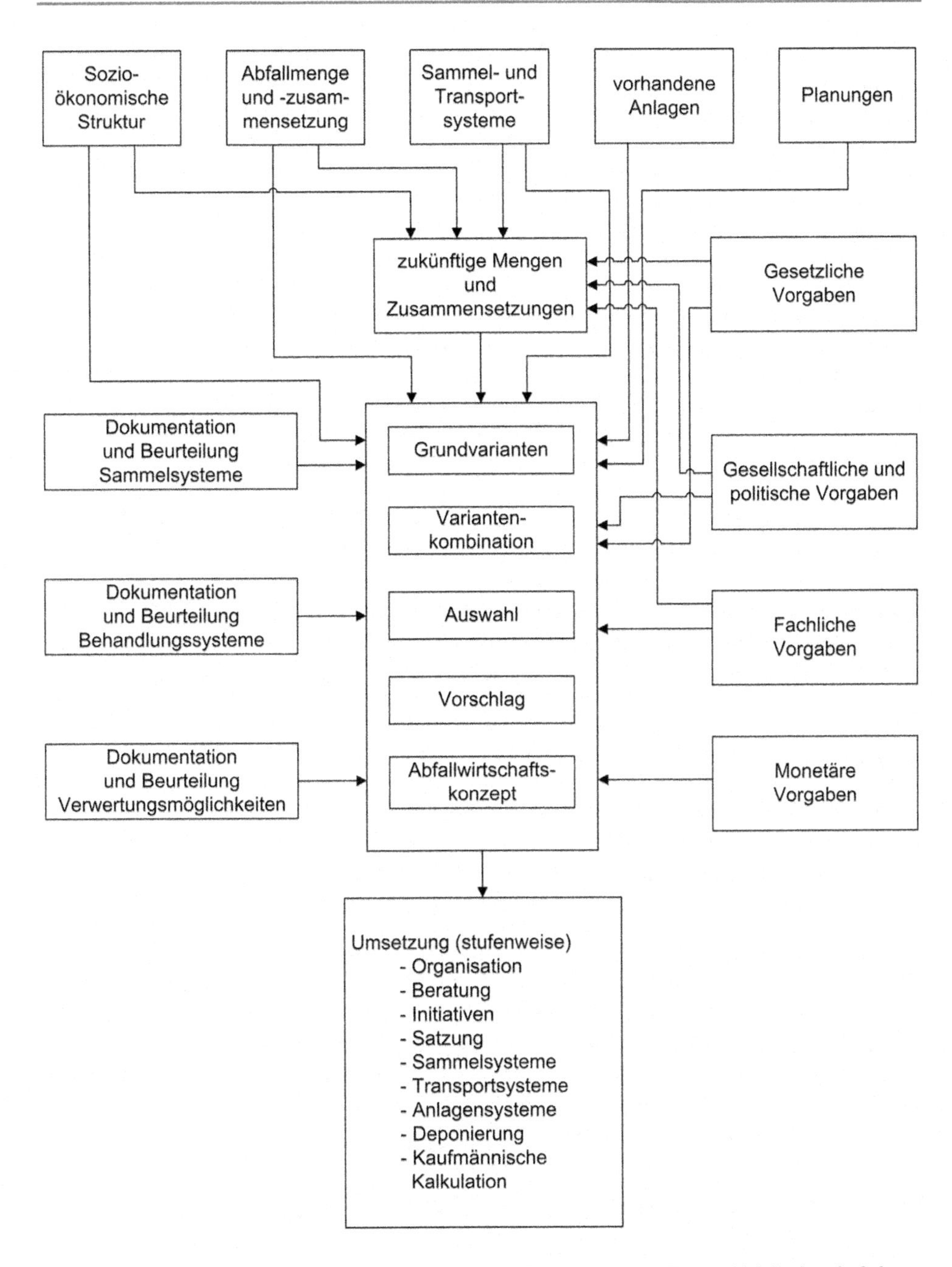

Abb. 12.2 Vorgehensweise und Faktoren bei der Erstellung von integrierten Abfallwirtschaftskonzepten (nach [2])

Folgende Zielvorgaben sind anzustreben:

- Entsorgungssicherheit
- Langzeitsicherheit
- Minimierung der Emissionen
- Einhaltung hygienischer Anforderungen
- Kostenverträglichkeit
- Sozialverträglichkeit
- Integrationsfähigkeit in bestehende Systeme
- Akzeptanz

Vor dem Hintergrund der politischen und gesellschaftlichen Rahmenbedingungen sind zusätzlich besonders Aspekte der

- Ressourceneffizienz und des
- Klimaschutzes zu beachten.

Generell sollten die durch die Abfallentsorgung entstehenden Probleme durch die Generation gelöst werden, die sie verursacht hat (Rückkoppelungseffekte). Als Ergebnis einer langfristig umwelt- und sozialverträglichen Abfallwirtschaft sind zwei Stoffströme zu erzeugen:

- wiederverwertbare Stoffe
- naturverträglich endlagerfähige Stoffe

Schadstoffe sind zu zerstören oder konzentriert außerhalb der Biosphäre abzulagern. Unter den Aspekten der EU-Deponierichtlinie sind organische Stoffe weitestgehend von der Deponie fernzuhalten. Gemäß der Deponieverordnung [3] ist eine Ablagerung von Siedlungsabfällen in der Regel zur Einhaltung der Ablagerungskriterien nur nach entsprechender Vorbehandlung möglich (s. Kap. 10).

Unter Ansatz des Ziels 2020 der Bundesregierung [4], das eine weitestgehende Vermeidung und Verwertung der Abfälle formuliert, wird angestrebt, auf die Deponierung von Abfällen weitestgehend zu verzichten.

12.3 Vorgehensweise bei der Erstellung von integrierten Abfallwirtschaftskonzepten

12.3.1 Hierarchische Struktur in der Abfallentsorgung

Der Erstellung von Abfallwirtschaftskonzepten ist die hierarchische Struktur in der Abfallentsorgung zugrunde zu legen (siehe Abb. 12.3).

Abb. 12.3 Hierarchische Struktur in der Abfallentsorgung

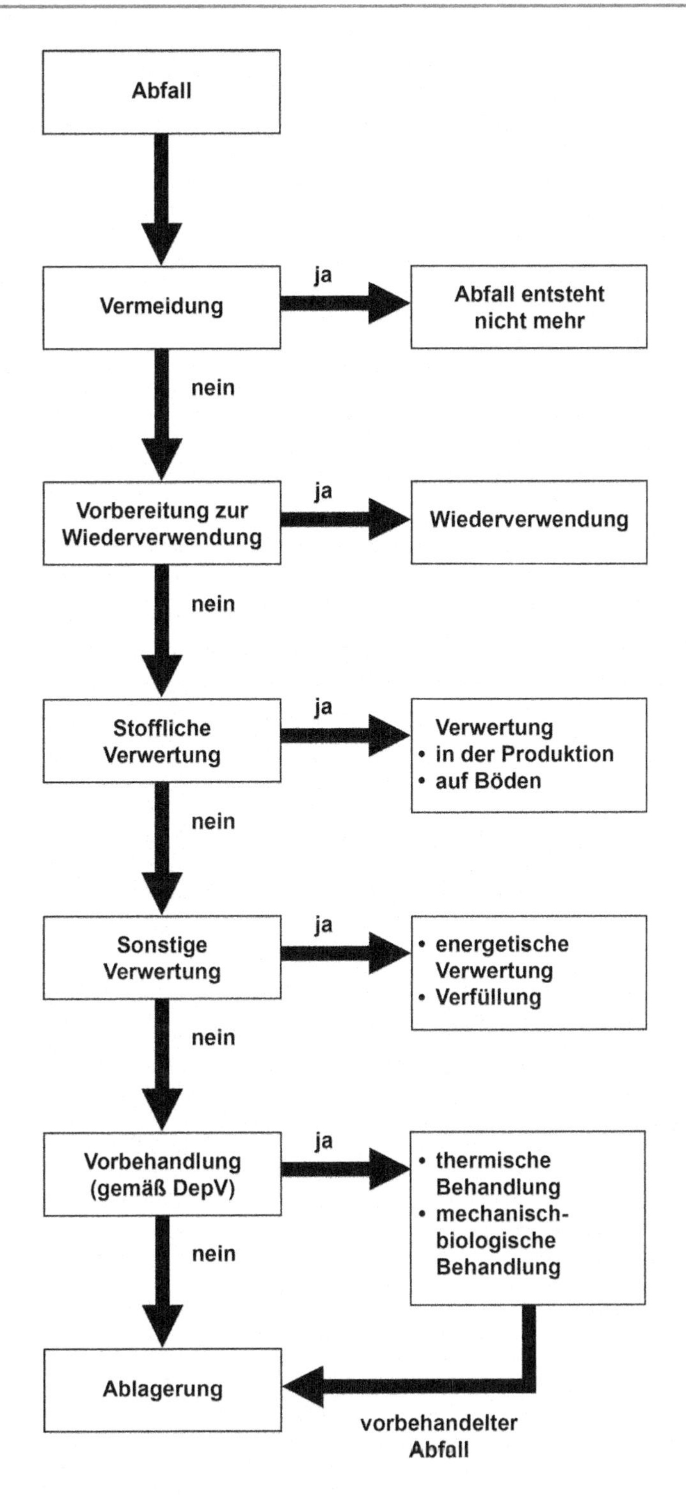

Basierend auf den Ansätzen der EU-Strategie für die Vermeidung und Verwertung von Abfällen [5] und der Abfallrahmenrichtlinie der Europäischen Union [6], die im KrWG [1] Niederschlag gefunden hat, wird die Abfallhierarchie strukturiert in

- Abfallvermeidung (Prevention)
- Vorbereitung zur Wiederverwendung (Re-use, Recovery)
- Stoffliche Verwertung (Recycling)
- sonstige Verwertung z. B. energetische Verwertung (other recovery)
- Beseitigung (Disposal)

Zunächst muss die Frage daher gestellt werden, inwieweit Abfälle zu vermeiden sind (siehe Kap. 4).

Gemäß Abfallrahmenrichtlinie folgt als zweite Stufe der Hierarchie die Klärung der Frage, ob eine Wiederverwendung möglich ist. Hierbei beinhaltet die Vorbereitung zur Wiederverwendung jedes Verwertungsverfahren der Prüfung, Reinigung oder Reparatur, bei dem Erzeugnisse oder Bestandteile von Erzeugnissen so vorbereitet werden, dass sie ohne weitere Vorbehandlung wieder verwendet werden können, d. h. für den selben Zweck eingesetzt werden, für den sie ursprünglich bestimmt waren.

An dritter Stelle steht die stoffliche Verwertung der Abfälle, d. h. das Recycling. Dies beinhaltet Verwertungsverfahren, durch die Abfälle zu Erzeugnissen, Materialien oder Stoffen entweder für den ursprünglichen Zweck oder für andere Zwecke aufbereitet werden. Dies umfasst auch die Aufbereitung organischer Materialien z. B. durch Kompostierung oder Vergärung.

Als Kriterien für die Verwertbarkeit sind gemäß KrWG das Vorhandensein oder die Möglichkeit der Schaffung eines Marktes, die technische Machbarkeit und die Zumutbarkeit hinsichtlich entstehender Mehrkosten im Vergleich zu anderen gleichwertigen Verfahren zu nennen.

An vierter Stelle steht die sonstige Verwertung. Dies beinhaltet die energetische Verwertung und die Aufbereitung von Materialien, die für die Verwendung als Brennstoff vorgesehen sind sowie die Verfüllung (z. B. Bergversatz).

In einem nachfolgenden Schritt ist in Deutschland zu prüfen, inwieweit entsprechend den Zielvorgaben gemäß Abschn. 12.2 und den Anforderungen des Deponierechts die Abfälle vor einer Ablagerung zu behandeln sind (z. B. thermische oder mechanisch-biologische Behandlung).

An letzter Stelle steht die Ablagerung der nicht verwerteten bzw. der vorbehandelten Abfälle.

Basierend auf dem KrWG soll „diejenige Maßnahme Vorrang haben, die den Schutz von Mensch und Umwelt bei der Erzeugung und Bewirtschaftung von Abfällen unter Berücksichtigung des Vorsorge- und Nachhaltigkeitsprinzips am besten gewährleistet" (§ 6 KrWG). Hierbei ist der gesamte Lebenszyklus des Abfalls zu betrachten (Emissionen, Schutz natürlicher Ressourcen, Energie, Schadstoffanreicherung).

12.3.2 Bestandsaufnahme der Ist-Situation der Abfallentsorgung

Jede Planung erfordert die Aufnahme des Ist-Zustandes, welcher als Basis für die hieraus resultierenden durchzuführenden Arbeiten zu betrachten ist.

Hierbei sind für die Aufnahme der Ist-Situation nicht nur Abfallmengen zu erfassen, sondern alle wesentlichen Parameter, welche die Abfallwirtschaft in einem Entsorgungsgebiet charakterisieren. Gleichzeitig sollte die Erhebung alle Daten beinhalten, welche für die abfallwirtschaftlichen Schlussfolgerungen notwendig sind (Tab. 12.1).

Daten bezüglich der sozioökonomischen Struktur werden benötigt, um die abfallwirtschaftlichen Daten mit diesen zu korrelieren und interpretieren zu können. Gleichzeitig bieten sie die Grundlage für eine an die vorhandenen sozialen und räumlichen Bedingungen angepasste Abfallwirtschaftskonzeption.

Tab. 12.1 Datenerhebung zur Erstellung von Abfallwirtschaftskonzepten (nach [2])

1. Sozioökonomische Struktur
1.1 Einwohnerzahlen auf Gemeindeebene aktueller Stand – Entwicklung in der Vergangenheit – Prognosen
1.2 Bebauungs- und Siedlungsstruktur (mit Angabe der Anzahl der Wohnungen und Wohngebäude und Gartenanteilen)
- Hohe verdichte städtische Bebauung
- Mehrfamilienhausbebauung (Stadtrandbereiche)
- (Dörfliche) Stadtrand-/Wohngebiete mit überwiegend Ein- und Zwei-Familienhäusern mit relativ großen Gartenanteilen
- Aufgelockerte ländliche Bebauung

1.3 Gewerblich/industrielle Situation:
- Gewerbestruktur mit Schwerpunkten (Groß-/Kleinbetriebe, Handwerksbetriebe, mittelständisch geprägt etc.)
- Beschäftigtenzahlen (Primär-, Sekundär-, Tertiärsektor bzw. Land/Forstwirtschaft, Verarbeit. Gewerbe, Baugewerbe, Handel, Dienstleistungen etc.)
- Infrastrukturelle Besonderheiten Fremdenverkehr (Übernachtungen pro Jahr)
  Studenten
  Militär
  Besondere Baumaßnahmen

1.4 Kläranlagen
- Einwohnerwerte
- Schlammmengen
- Chem.-physikalische Schlammparameter

2. Abfallwirtschaftliche Struktur
2.1 Aktuelles Abfallaufkommen, Mengenentwicklung und Zusammensetzung Die Abfallarten sind soweit als möglich den Abfallschlüsseln (EAK-Katalog) zuzuordnen
- Hausmüll
- Sperrmüll
- Hausmüllähnliche Gewerbeabfälle
- Baustellenabfälle
- Bauschutt
- Bodenaushub
- Straßenaufbruch
- Straßenkehricht
- Marktabfälle
- Garten- und Parkabfälle
- Klärschlämme
- Rückstände aus der Kanalisation
- Fäkalien und Fäkalschlamm
- Wasserreinigungsschlämme
- Produktionsspezifische Abfälle (soweit sie gemeinsam mit Siedlungsabfällen entsorgt werden)

2.2 Separat erfasste Wertstoffe und biogene Abfälle
- Aktuelles Aufkommen und Mengenentwicklung

Tab. 12.1 (Fortsetzung)

2.3 Sammlung und Transport – Organisation Hausmüllabfuhr – Behältergrößen und -anzahl, Bemessungsgrundlage – Leerungshäufigkeit – System und Häufigkeit der Sperrmüllabfuhr – Gewerbliche und industrielle Abfallentsorgung – Sammelstruktur für verwertbare Stoffe 2.4 Bestehende Abfallentsorgungsanlagen – Standort – Betreiber – Betriebsbeginn/Laufzeit – Verfüllvolumen (bei Deponien) – Durchsatz (stündlich und jährlich) – Einzugsbereiche – Besonderheiten 2.5 Kostenstruktur der Abfallentsorgung – Sammelkosten – Umschlag-/Transportkosten – Kosten der Beseitigungsanlagen	– Sonstige Entsorgungskosten (getrennte Sammlung, Erfassung von Sonderabfällen in Kleinmengen etc.) – Verwaltungskosten 2.6 Durchgeführte Versuche, Untersuchungen und Studien 2.7 Planungen – Versuche – Erweiterungen oder Neubau von Abfallentsorgungsanlagen – Sonstiges 3. Vermarktungssituation 3.1 Wertstoffe 3.2 Biogene Stoffe 3.3 Sekundärbrennstoffe, Ersatzbrennstoffe 3.4 Thermische Energie und Strom 4. Sonstige Unterlagen 4.1 Abfallwirtschaftliche Unterlagen – Abfallsatzung(en) – Müllfibeln – vorhandenes Informationsmaterial – Studien etc. 4.2 Karten und sonstige Unterlagen

Besonders relevante Daten betreffen vor allem die Abfallmenge und -zusammensetzung. Sind die Abfallmengen der vergangenen Jahre in gewogener Form vorhanden, so bieten diese Zahlen eine gute Basis für weitere Berechnungen. Es ist jedoch zu kontrollieren, ob die Klassifizierung der Abfälle konsequent und eindeutig durchgeführt wurde.

Gerade im Gewerbe- und Bauabfallbereich ist oftmals eine Veränderung der Klassifizierung festzustellen (z. B. weitere Unterteilung bzw. Neuzuordnung), so dass hier eine sorgfältige Interpretation notwendig ist.

Probleme bei der Mengenbeurteilung ergeben sich, wenn die Abfallmengen nur volumenmäßig erfasst werden. Oftmals ist nicht eindeutig definiert, welches Volumen gemeint ist (im Fahrzeug, in der Deponie, verdichtet, unverdichtet). Deshalb sind hier Abschätzungen dringend durch Analogieschlüsse (Einwohnerzahlen, bereitgestelltes Behältervolumen, ähnlich strukturierte Gebietskörperschaften etc.) zu untermauern.

Bei großen Diskrepanzen ist eine Versuchswiegung über einen längeren Zeitraum zur Ermittlung der Dichte bzw. Gesamtgewichte unumgänglich. Hierbei sind die jahreszeitlichen Schwankungen zu beachten.

Neben der Abfallmenge ist deren Zusammensetzung von erheblicher Bedeutung für die weitere Planung. Bei Hausabfall ist die Frage zu stellen, welche Genauigkeit der Angaben erforderlich ist. Gegebenenfalls ist ein Vergleich mit ähnlich strukturierten Gebietskörperschaften als ausreichend anzusehen. Falls erforderlich, sind Abfallanalysen durchzuführen.

Im Gewerbeabfall- und Bauabfallbereich hingegen wird es häufig notwendig sein, die Zusammensetzung, vor allem im Hinblick auf die Verwertbarkeit der Abfälle, Hinweise auf Monoladungen etc. zu untersuchen. Dies besonders, da einzelne Gewerbebetriebe die Abfallzusammensetzung erheblich beeinflussen können. Über eine visuelle Klassifizierung, welche die Erstellung eines Gewerbeabfallkatasters nicht ersetzen kann, wohl aber in kurzem Zeitraum verwertbare Ergebnisse liefern kann, sind relevante Tendenzen abzulesen.

Die noch so genaue Ermittlung der Ist-Situation darf jedoch nicht darüber hinwegtäuschen, dass sich bis zum Zeitpunkt der Inbetriebnahme einer Entsorgungsanlage die Abfallzusammensetzung schon wieder erheblich aufgrund wirtschaftlicher oder gesetzlicher Randbedingungen (z. B. Verpackungsverordnung) geändert haben kann, was durch eine flexible Konzept- und Anlagengestaltung wettgemacht werden muss.

Bei der Erhebung der Eigenkompostierung und der getrennt gesammelten Wertstoffe ist es notwendig, möglichst alle Stoffströme zu erfassen. Hierzu gehören beim Hausabfall auch karitative und gewerbliche Sammlungen, welche einen erheblichen Anteil abschöpfen können. Gleichzeitig ist jedoch gerade dieser Strom in der Praxis oftmals aufgrund nicht vergleichbarer Angaben bzw. wegen fehlender Daten nur vollkommen ermittelbar.

Aus Abfallmenge, -zusammensetzung und erfassten Wertstoffen, einschließlich der separat erfassten Verpackungen, lässt sich das gesamte Wertstoffpotential abschätzen. Die Erfassung der Siedlungs- und Gewerbestruktur erlaubt neben der Deutung auffallender abfallwirtschaftlicher Parameter auch die Abschätzung möglicher zusätzlicher Verwertungssysteme und Entwicklungen.

Die vorhandene Struktur der Abfallsammlung und des Transports kann Rückschlüsse bezüglich des installierten Systems im Hinblick auf die einwohnerspezifische Parameter ermöglichen. Notwendig hierfür ist jedoch sehr detailliertes Datenmaterial, welches z. B. tatsächliches, spezifisches Behältervolumen, Erfassungsquoten etc. umfasst. Aus der Kenntnis dieser Daten sind Extrapolationen für die Installierung neuer bzw. erweiterter Sammelsysteme möglich.

Die momentane Kostenstruktur für Sammlung, Transport und Behandlung erlaubt neben der Deutung auffallender Mengenströme Schlussfolgerungen für die monetäre Zusatzbelastung bei der Installierung weitergehender Maßnahmen zu treffen.

Im Planungsgebiet durchgeführte Versuche zur Abfallverringerung und -verwertung können oftmals Hinweise darauf geben, welche Verfahren sich in diesem Gebiet als sinnvoll und realisierbar herausgestellt haben und weiterverfolgt werden sollten.

Die Kapazität vorhandener und in der Realisierung begriffener Abfallentsorgungsanlagen ist von entscheidender Bedeutung für zusätzlich kurz- und mittelfristig zu installierende Maßnahmen, um die Entsorgungssicherheit zu gewährleisten. Hierbei sind vor allem die Abfallströme herauszugreifen, welche einen herausragenden Einfluss (z. B. auf Volumen, Heizwerte etc.) auf diese Anlagen haben.

Neben den o. e. Daten werden für eine Abschätzung der Vermarktungssituation von Wertstoffen, Kompost, Brennstoffen sowie thermischer und elektrischer Energie die Angaben der hierfür zuständigen Behörden, Betriebe, Institutionen und Verbände benötigt.

Unterlagen bezüglich der Abfallentsorgung sowie Kartenmaterial helfen, die örtlichen Situation bei der Erstellung des Konzepts vollumfänglich einbeziehen zu können.

12.3.3 Szenarien und Prognosen

Ohne auf die Problematik von Prognosen an dieser Stelle einzugehen, darf die Schwierigkeit, die Entwicklung genau vorauszusagen, nicht dazu führen, keine Maßnahmen zu ergreifen. Vielmehr können durch Szenarienbetrachtungen wahrscheinliche Entwicklungen dargestellt und beurteilt werden. Die Abfallentwicklung und -zusammensetzung ist auf der Basis der Ist-Situation, der Entwicklung in der Vergangenheit und der Gebietsstruktur und deren Entwicklung zu extrapolieren. Als wesentliche mittel- bis langfristige abfallmengenrelevante Entwicklungen sind zu beachten:

- wirtschaftliche Entwicklung (lokal, deutschland-, europa- und weltweit)
- Bevölkerungsentwicklung mit Wanderungsbewegungen und demografischer Veränderung
- industrielle und gewerbliche Förderungs- und Entwicklungsmaßnahmen (Wirtschaftsförderung)
- industrielle Produktionstechniken
- Änderung der Sozial- und Erwerbsstruktur
- erwartete gesetzliche Rahmenbedingungen.

Es ist sinnvoll, verschiedene begründbare Szenarien hinsichtlich der Abfallmengenentwicklung darzustellen und das wahrscheinliche Spektrum auszuwählen (Beispiel Abb. 12.4). Hierbei ist auf die Diskrepanz zwischen Entsorgungssicherheit und restriktiver Handhabung der Entsorgungskapazität hinzuweisen. Während es im Hinblick auf die Entsorgungssicherheit notwendig ist, die im oberen Bereich liegenden (ungünstigen) Mengenentwicklungen zugrunde zu legen, kann die Annahme von geringen zukünftigen Abfallmengen unter Inkaufnahme von Entsorgungsengpässen Abfallvermeidungsmaßnahmen forcieren.

Es ist zu beachten, dass in industrialisierten Ländern mit hohem Lebensstandard die Abfallmenge derzeit nur unwesentlich ansteigt, während in sich entwickelnden Ländern und Schwellenländern ein mit dem Bruttoinlandsprodukt (BIP) korrelierbarer Anstieg besteht.

Generell ist zu beachten, dass Abfallwirtschaft aufgrund der gesellschaftlichen, politischen, wirtschaftlichen und sozialen Zusammenhänge und Rückkopplungseffekte nie vollkommen planbar ist und neben aktiven Elementen ebenso reaktive Elemente beinhaltet.

12.3.4 Abfallvermeidungsmöglichkeiten

Es sind die Möglichkeiten zur Abfallvermeidung bei den einzelnen Akteuren darzustellen und die hieraus resultierende Beeinflussung der Abfallmenge im betrachteten Entsorgungsraum abzuschätzen. Diese Abschätzung ist auf der Ebene der entsorgungspflichtigen

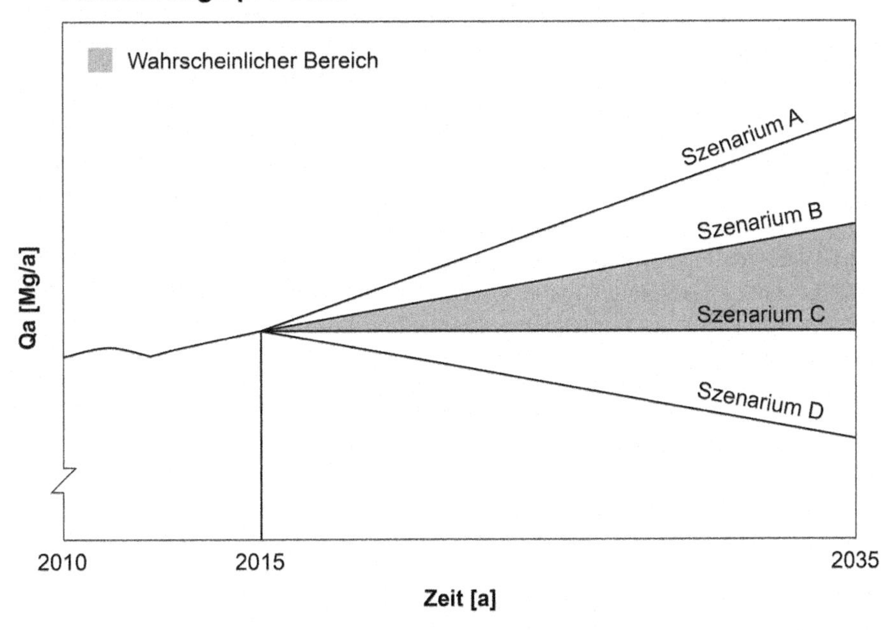

Abb. 12.4 Szenarien für die Abfallmengenentwicklung einer Gebietskörperschaft (Beispiel)

Gebietskörperschaften als schwierig anzusehen und kann in der Regel nur in Größenordnungen angesetzt werden, da im Hinblick auf die Abfallvermeidung nicht vorhersehbare gesetzliche und gesellschaftspolitische Randbedingungen einen hohen Stellenwert einnehmen. Deutlich sind lokale und generelle Vermeidungsmöglichkeiten zu trennen. Die als vermieden angesetzten Abfälle sind in den weiteren Berechnungen nicht mehr aufzunehmen, da diese als Abfälle nicht mehr anfallen (siehe auch Abschn. 12.3.3).

In die Berechnungen mit aufzunehmen, sind auch die biogenen Abfälle (Küchen- und Gartenabfälle), welche über die Eigenkompostierung behandelt werden können. Als Grund ist anzugeben, dass der Umfang der Eigenkompostierung u. a. von der Gebührenstruktur und vom installierten Sammelsystem (z. B. Bio-Tonne) abhängt.

12.3.5 Verwertungswege

Ein wesentliches Element aller Verfahren der Abfallverwertung liegt in der Rückführung der gewonnenen Produkte in den Stoffkreislauf, was den Absatz dieser erfassten Stoffe bedingt. Hierbei können sowohl bei Wertstoffen als auch bei Kompost die Marktforderungen bezüglich der Reinheit der Produkte einen erheblichen Einfluss auf die Sammellogistik und das Behandlungssystem haben.

Besonders die mit der Produktverantwortung zusammenhängenden Rücknahmeverpflichtungen (z. B. Verpackungen, Batterien, Elektro- und Elektronikaltgeräte) beeinflussen die Stoffströme zur Verwertung erheblich. Hier sind überregionale Verwertungswege existent, während speziell bei biogenen Abfällen auch lokale Anlagen (Vergärungsanlagen, Kompostwerke) und lokale Absatzgebiete von Bedeutung sind.

Die thermische Behandlung ist in diesem Zusammenhang sowohl unter den Gesichtspunkten der Zerstörung bzw. Aufkonzentrierung von Schadstoffen als auch der Energieerzeugung zu betrachten. Unter dem Aspekt eines hohen Wirkungsgrades ist es erforderlich, die freigesetzten Energie zur Substitution fossiler Energieträger und deren Emissionen einzusetzen.

Es ist an dieser Stelle festzuhalten, dass bis auf wenige Ausnahmen (z. B. Metalle, Textilien) die Abfallverwertung die Gestehungskosten häufig aufgrund der Marktsituation nicht deckt. Abfallentsorgung – und das betrifft auch die Verwertung – steht am Ende der wirtschaftlichen Kette und kann daher in der Summe nicht „wirtschaftlich" im herkömmlichen Sinne betrieben werden. Hierbei ist unter der Maßgabe des KrWG des Bundes auch bei zumutbaren Mehrkosten diese Verwertung durch entsprechende Maßnahmen zu forcieren.

12.3.6 Abfallbehandlungstechnologien

Die Abfallbehandlungstechnologien sind zu beurteilen nach:

- Verfahrenstechnik
- Entwicklungsstand
- Produktverwertung
- Umweltrelevanz
- Kosten

Die hieraus folgernde Beurteilung bietet die Basis für die Auswahl der im Planungsgebiet favorisierten Technologien, welche einer detaillierten Betrachtung zu unterziehen sind.

12.3.7 Sammelsysteme zur getrennten Erfassung verwertbarer bzw. nicht verwertbarer Bestandteile

Die Sammelsysteme sind zu bewerten nach:

- Erfassungsquoten/Verwertungsquoten
- Stoffqualität
- Einbindungsmöglichkeit in existierende Systeme
- regionalen und lokalen Gelegenheiten (auch Standplatzproblematik)
- Akzeptanz in der Bevölkerung
- Schadstoffseparierung
- Organisationsaufwand

- technischen Randbedingungen
- Umweltrelevanz
- Kosten

12.4 Berechnung, Bilanzierung und Bewertung von Modellvarianten

12.4.1 Allgemeines

Zum qualitativen und quantitativen Vergleich verschiedener auf Basis gemäß Abschn. 12.3 ausgewählter Sammelsysteme und Technologien sind diese einer detaillierten Betrachtung zu unterziehen.

Sammelsysteme und Behandlungstechnologien sind gemeinsam zu betrachten, da diese sich gegenseitig beeinflussen. Dies gilt für die Abfall- und Schadstoffströme ebenso wie für die Kosten. In Form von Variantenbetrachtungen sind verschiedene Entsorgungssysteme miteinander zu vergleichen.

Wesentliche bei der Variantenrechnung einzubeziehende Abfallarten sind Haushalts-, Sperr- und Gewerbeabfälle incl. Bauabfälle, da hier die Schwerpunkte der differenzierten Entsorgung liegen. Abhängig vom Planungsgebiet sind ebenfalls Klärschlämme bei gemeinsamer Behandlung bei den o. e. Abfallarten mit aufzunehmen. Andere Abfallarten, welche ebenfalls der öffentlichen Abfallentsorgung unterliegen, wie gefährliche Abfälle in Kleinmengen, Bauschutt, Erdaushub und sonstige Abfälle, sind aufgrund ihrer Menge bzw. ihres Schadstoffgehaltes so unterschiedlich, dass eine gemeinsame Behandlung mit den o. e. Abfällen (bis auf die Deponierung selbst) in der Regel nicht möglich ist und diese Abfallarten nicht zuletzt im Hinblick auf die Übersichtlichkeit und Nachvollziehbarkeit der Ergebnisse separat zu betrachten sind.

Bei der Variantenrechnung sind zu behandeln:

- Grundvarianten, welche jeweils eine Stoffgruppe zw. ein Sammelsystem beinhalten
- Variantenkombination, welche aus einer sinnvollen Kombination von Grundvarianten bestehen und komplette Verwertungs- und Behandlungssysteme für die o. e. Abfallarten zum Ziel haben.

12.4.2 Bewertungsparameter

Varianten zur Abfallentsorgung sind anhand numerisch vergleichbarer und nicht numerisch erfassbarer Kriterien vergleichend darzustellen und zu bewerten.

Numerisch erfassbare Kriterien sind:

- Abfallwirtschaftliche Parameter
  - z. B. Mengenströme zur Verwertung und Beseitigung

- Monetäre Parameter
  - Investitionskosten
  - Betriebskosten
  - Jährliche Kosten
- Umweltrelevante Parameter
  - CO_2-Emissionen (absolut, eingespart)
  - Deponievolumina (absolut, eingespart)
  - Primärenergie (absolut, eingespart)
  - Schadstoffströme
  - Schutz natürlicher Ressourcen

ggf. ergänzt durch Parameter aus Ökobilanzen.

Hierbei sind alle Vorgänge innerhalb der Abfallwirtschaft zu betrachten wie:

- Sammlung
- Transport
- Aufbereitung, Sortierung
- Behandlung bzw. Verwertung
- Beseitigung
- ggf. Nachlauftransporte
- Substitutionseffekte durch stoffliche und energetische Verwertung

12.4.3 Berechnungs- und Bewertungsmethoden im Rahmen der Erstellung von Abfallwirtschaftskonzepten

12.4.3.1 Quantitative Methoden

Massenbilanzen

Die Massenbilanz der Stoffströme erfolgt auf Basis der Siebfraktionen und Stoffgruppen unter Berücksichtigung der relevanten physikalischen Parameter wie

- Wassergehalt
- Glühverlust
- Heizwert.

Hierbei ist zu beachten, dass besonders die Wassergehalte, aber auch der Anteil anhaftender mineralischer und organischer Bestandteile vom Erfassungssystem abhängig sind.

Sollen darüber hinaus einzelne chemische Elemente (z. B. Schwermetalle) bilanziert werden, so sind deren Konzentrationen ebenfalls mit einzubeziehen.

Bezogen auf die Sammelsysteme sind hierbei zu berücksichtigen:

- die Erfassungsquote (für Wertstoffe)
- die Fehlwurfquote (für Störstoffe bei der Wertstofferfassung)

Bezogen auf die Behandlungssysteme fließen ein:

- die Sortierquote/Trenneffektivität (bei mechanischen Verfahren)
- der Verunreinigungsgrad (bei Trennverfahren)
- der Abbaugrad (bei biochemischen Prozessen)
- der Inertisierungsgrad (bei thermischen Prozessen)

Bei den biologischen und thermischen Verfahren sind darüber hinaus die chemischen Reaktionsprodukte (z. B. Wasser, Kohlenstoffdioxid) mit aufzunehmen.

Ein Prinzip des Massenstromflusses von Entsorgungsketten ist in Abb. 12.5 dargestellt. Hierbei sind im Bereich der Sammlung und der Behandlungsanlagen in der Praxis häufig mehrere Stufen existent.

Hierbei gilt:

Masse der erfassten Abfallfraktion $m_{ei} = m_i \cdot E_{qi}$ (12.1)

Masse der transportierten und behandelten Abfallfraktion $m_{bi} = m_{ei} + m_{si}$ (12.2)

Masse der abgebauten bzw. inertisierten Abfallfraktion $m_{abi} = m_{bi} \cdot Ab_{qi}$ (12.3)

Masse der zur Verwertung gelangenden Fraktion $m_{vi} = m_{ei} \cdot S_{qi}$ (12.4)

Masse der zur Ablagerung (Deponierung) gelangenden Fraktion $m_{di} = m_{bi} - m_{vi} - m_{abi}$ (12.5)

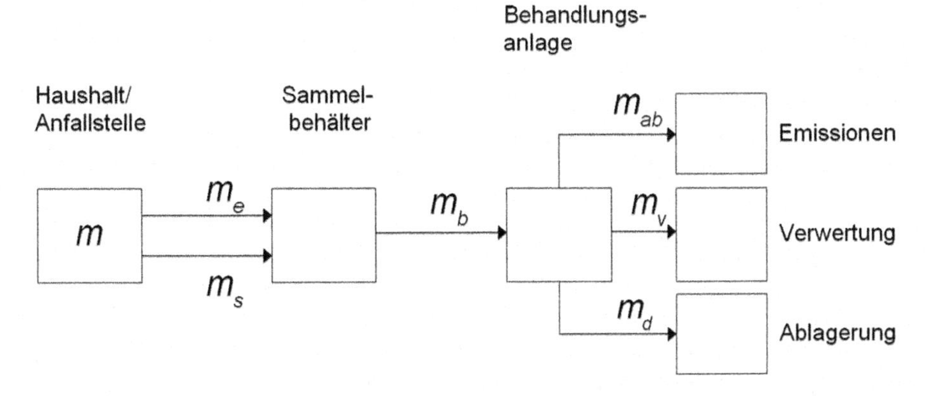

Abb. 12.5 Prinzip der Massenstrombetrachtung im Rahmen abfallwirtschaftlicher Prozessketten

mit
m_i Masse der anfallenden Stoffgruppe, Siebfraktion oder Produktgruppe (Abfallfraktion)
m_{si} Masse der Störstoffe in der zu erfassenden Abfallfraktion
E_{qi} Erfassungsquote der Abfallfraktion
Ab_{qi} Abbauquote der Abfallfraktion (biologischer Abbau, thermische Umwandlung/Oxidation)
S_{qi} Sortierquote
Für die Massenströme gilt:

$$\text{Masse der gesamten Abfallmenge } m_a = \sum_{i=1}^{n} m_i \tag{12.6}$$

Für die Wassergehalte, Glühverluste und Heizwerte in den jeweiligen Stufen der Entsorgungskette gilt:

$$\text{Wassergehalt } W = \sum_{i=1}^{n} m_a \cdot x_i \cdot W_i \tag{12.7}$$

$$\text{Glühverlust GV} = \sum_{i=1}^{n} m_a \cdot x_i \cdot GV_i \tag{12.8}$$

$$\text{Oberer Heizwert } H_o = \sum_{i=1}^{n} m_a \cdot x_i \cdot H_{oi} \tag{12.9}$$

mit x_i Massenanteil der Siebfraktion, Stoffgruppe oder Produktgruppe

Kostenberechnung

Für die vergleichende Kostenberechnung sind für die Sammel- bzw. Behandlungssysteme folgende Kostenarten anzusetzen:

a) Investitionskosten
Investitionskosten entstehen durch Investitionen von Geldern in
- Bauteile (z. B. Gebäude)
- Maschinen (Aufbereitungsaggregate)
- Fahrzeuge (z. B. Müllfahrzeuge, Deponiefahrzeuge)
- Behälter (Depotcontainer, Abfallbehälter).

Diese Investitionen werden in der Praxis teils durch die öffentliche Hand, teils durch Privatunternehmen bzw. Einzelhaushalte (z. B. Behälter) getätigt.
Die Festlegung der Investitionskosten hat hierbei für jeden konkreten Einzelfall zu erfolgen. Hilfreich ist hier die Zugrundelegung aktueller Angebote der entsprechenden Fachfirmen unter Einbeziehung eigener Erfahrungswerte.
Grundstücks- und Erschließungskosten sind stark von den örtlichen Gegebenheiten beeinflusst und sind abhängig vom jeweiligen Informations- und Planungsstand einzusetzen.

b) Jährliche Kosten durch den Betrieb der Anlage
- Kapitalkosten (K_K) (Abschreibung, Verzinsung und Reparatur (pauschaliert) der Investitionen)
- Sachkosten (K_S) (Betriebsmittel z. B. Wasser, Öl, Chemikalien, Energiekosten (z. B. Strom, Gas, Wärme, Kraftstoff))
- Personalkosten incl. der hierfür erforderlichen Verwaltung (Löhne, Gehälter, Sozialabgaben) (K_P)
- Sammel- und Transportkosten (K_T)
- Kosten für Dienstleistungen Dritter (K_D) (z. B. Rechtsberatung, Öffentlichkeitsarbeit, Qualitätsüberwachung etc.)
- Steuern, Gebühren, Beiträge (K_G)
- Verwaltungskosten (K_V)
- Wagnis und Gewinn (K_W)
- Erlöse (E). Diese tragen zu einer Reduzierung der jährlichen Kosten bei. Es ist zu beachten, dass diese teilweise schwer für die Zukunft abschätzbar sind, da sie durch den Markt bestimmt werden.

Die jährlichen Kosten errechnen sich zu:

$$K_a = K_K + K_S + K_P + K_T + K_D + K_G + K_V + K_W - E$$

Energie- und CO_2-Bilanzen (Umweltparameter)

Die Bilanzierung von Energie und Kohlenstoffdioxid-Emissionen ermöglicht, die Umweltrelevanz abfallwirtschaftlicher Konzeptionen aufzuzeigen und ist als zusätzliche Bewertungsgröße einsetzbar.

Hierbei sind die Bereichsgrenzen auf die Vorketten der abfallwirtschaftlichen Maßnahmen auszudehnen. Besonders bei der Verwertung von Stoffen wie Papier, Glas, Metallen, Kunststoffen, Bioabfällen sind die Substitutionseffekte im Bereich der Produktion und Anwendung (z. B. Düngung) mit einzubeziehen. Ebenso ist die Substitution fossiler Energieträger durch die Nutzung des Energieinhalts der Abfälle (organ. Bestandteile, Biogas) mit einzubeziehen. Die Daten speziell für die Vorketten sind über Verfahren der Ökobilanzen [7] unter Einsatz von Datenbanken und Programmen ([8–10]) verfügbar.

Die Bilanz ergibt sich zu

$$E_{ges} = E_S + E_T + E_A + E_B + E_V + E_U$$

E = Energie bzw. Emission (z. B. CO_2) Indices:
S = Sammlung
T = Transport
A = Aufbereitung und Behandlung
B = Beseitigung, Deponierung
V = Vorketten
U = Substitution

Bei der Substitution sind die Anteile zu berücksichtigen, die Neumaterialien bzw. Primärenergie ersetzen. Hierbei sind die Gewinnung, Aufbereitung, Produktion und damit verbundenen Transportketten einzuschließen.

Effizienzparameter
Die Effizienzparameter, welche die Leistungsfähigkeit abfallwirtschaftlicher Maßnahmen darstellen, erlauben, das Verhältnis von Aufwand und Nutzen vergleichend gegenüber zu stellen. Als Kenngrößen im Bereich der Abfallwirtschaft können z. B. herangezogen werden:

Für die Ressourceneffizienz

- Abschöpfungsquote (Verhältnis stofflicher bzw. energetischer Verwertung zur Gesamtabfallmenge)
- Kosten pro Masse verwerteter Stoffe (Euro/Mg)
- Eingesparte Primärenergie bzw. Einsparung bei (fossilem) CO_2 gegenüber Referenzszenario (z. B. Deponierung)
- Kosten im Verhältnis zur eingesparten Primärenergie bzw. (fossilem) CO_2.

12.4.3.2 Qualitative Kriterien

Neben den quantitativen Kriterien sind auch verbal zu beschreibende Bewertungskriterien aufzunehmen, über eine Bewertungsmatrix mit positiven, negativen und indifferenten Auswirkungen der jeweiligen Varianten bzw. Szenarien sind diese Kriterien zu ergänzen

Als wesentliche Kriterien sind zu nennen:

- Umweltrelevanz (in Ergänzung zu quantitativen Parametern)
- Entsorgungssicherheit
- Flexibilität
- Akzeptanz
- Verträglichkeit mit sozioökonomischen und strukturellen Randbedingungen
- Technologie
- Vermarktungsaspekte bei der Verwertung
- Organisationsaufwand und Abfallberatung

12.5 Abfallwirtschaftskonzept

Gemäß der Vorgehensweise in Abschn 12.3 sind basierend auf der Darstellung der Ist-Situation, der Dokumentation der Systeme und der Szenarien unter Berücksichtigung der Vorgaben unter Zugrundelegung der Variantenuntersuchungen und deren quantitativen und qualitativen Bewertung die empfohlenen Maßnahmen darzustellen.

Um ein tragfähiges Konzept zu erzielen, ist ein interaktives Vorgehen mit den Entscheidungsträgern sinnvoll. Die im Rahmen der Produktverantwortung zu etablierenden bzw.

vorhandenen Systeme (z. B. für Verpackungen, Elektro-Altgeräte, Batterien etc.) sind einzubeziehen.

Abhängig von der Aufgabenstellung sind nicht nur Lösungsansätze für die häuslichen und hausmüllähnlichen Abfälle, sondern ebenfalls für gefährliche Abfälle in Kleinmengen, Klärschlämme, Bauschutt, Erdaushub und sonstige im Planungsgebiet relevante Abfälle herauszuarbeiten.

Bei besonders überwachungsbedürftigen Abfällen aus Industrie und Gewerbe (gefährliche Abfälle) sind Branchenkonzepte und die überregionalen, ländereigenen Konzepte zu beachten.

Darzustellen sind für die Abfallvermeidung die von den Gebietskörperschaften direkt und indirekt einzuleitenden Maßnahmen.

Für die Abfallverwertung sind die notwendigen Sammelsysteme festzulegen und die erforderlichen Behandlungsanlagen in der Größenordnung zu dimensionieren. Ausführungen zur Behandlung der verbleibenden Abfälle ergänzen die Konzeption.

In Tab. 12.2 sind beispielhaft Varianten zur Restabfall- und Wertstofferfassung zur Hausmüllentsorgung dargestellt.

Abbildung 12.6 zeigt beispielhaft die Abschöpfungs- und Verwertungsquoten von Varianten.

Ein Beispiel für die Einsparung von CO_2-Äquivalenten durch abfallwirtschaftliche Maßnahmen (Bezugsgröße Deponie mit Deponiegaserfassung und -verwertung) ist in Abb. 12.7 aufgeführt.

Ein wesentliches Gerüst für das Abfallwirtschaftskonzept ist das erwartete Massenstromdiagramm (siehe Abb. 12.8), aus dem alle wesentlichen Sammelsysteme, Behandlungssysteme und die dort behandelten Massenströme hervorgehen. Hierbei ist zu beachten, dass aufgrund der o. e. Unsicherheiten Variationsbreiten in den Massenströmen einzukalkulieren sind.

12.6 Umsetzung von Abfallwirtschaftskonzepten

Im Hinblick auf eine effiziente und erfolgreiche Umsetzung, ist eine schrittweise Vorgehensweise empfehlenswert. Generell ist darauf zu achten, dass zuvorderst Maßnahmen ergriffen werden, welche im Hinblick auf Mengen- und Schadstoffreduzierung eine durchgreifende Wirkung besitzen. Erst wenn hier alle Möglichkeiten ausgeschöpft sind, sind Maßnahmen in Detailbereichen intensiv anzugehen.

Die Realisierung hat in Stufen zu erfolgen. Kurzfristig mögliche Maßnahmen sollten sofort ergriffen werden, während parallel hierzu die mittel- und langfristigen Maßnahmen eingeleitet werden müssen. Es sind die langen Realisierungszeiten von Abfallentsorgungsanlagen zu beachten.

Als wesentlich ist hervorzuheben, alle Maßnahmen zur Abfallvermeidung und -verwertung als gemeinsam funktionierendes System zu betrachten. Die Einzelaktionen sollten sich sinnvoll ergänzen und im Hinblick auf das gesamte Entsorgungskonzept ausgebaut werden.

Tab. 12.2 Varianten der Abfall- und Wertstofferfassung (nach [11])

Varianten		Restabfall	Glas	Bioabfall		LVP (DSD)				sortengleiche NV				Papier			
		RA-Tonne	DC	RA-Tonne	Bio-Tonne	RA-Tonne	gelber Sack	DC	WS-Tonne	RA-Tonne	gelber Sack	DC	WS-Tonne	Papier-Tonne	DC	SoSa	WS-Tonne
Hol- / Bringsystem	V1	X	X		X		X			X				X		X	
	V2	X	X		X	X (Sortierung, stoffl. Verw.)				X				X		X	
	V3	X	X		X	X (Sortierung, Zementw.)				X				X		X	
	V4	X	X	X (MVA/MBA)			X					X		X		X	
	V5	X	X		X	X (MVA/MBA)				X				X		X	
	V6	X	X	X (MVA/MBA)		X (MVA/MBA)				X				X		X	
Bringsystem (Depotcont.), z.T. Biotonne	V7	X	X		X			X				X			X	X	
	V8	X	X		X	X (Sortierung, stoffl. Verw.)				X					X	X	
	V9	X	X		X	X (Sortierung, Zementw.)				X					X	X	
	V10	X	X	X (MVA/MBA)				X				X			X	X	
	V11	X	X		X	X (MVA/MBA)				X					X	X	
	V12	X	X	X (MVA/MBA)		X (MVA/MBA)				X					X	X	
Holsystem (trockene Wertstoff-tonne), z.T. Biotonne	V13	X	X		X				X				X			X	X
	V14	X	X		X	X (Sortierung, stoffl. Verw.)				X						X	X
	V15	X	X		X	X (Sortierung, Zementw.)				X						X	X
	V16	X	X	X (MVA/MBA)					X				X			X	X
	V17	X	X		X	X (MVA/MBA)				X						X	X
	V18	X	X	X (MVA/MBA)		X (MVA/MBA)				X						X	X

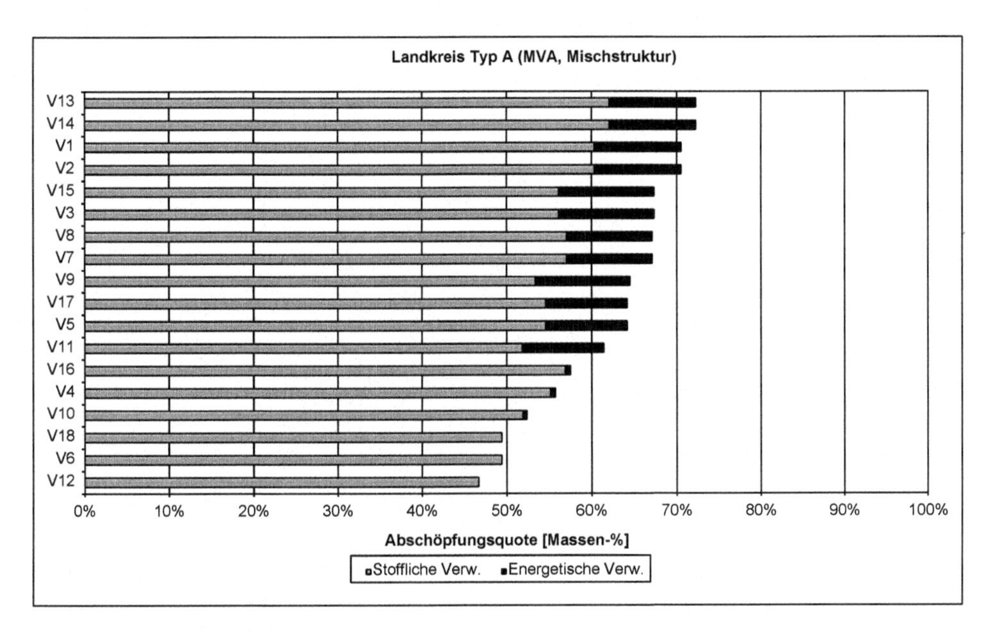

Abb. 12.6 Abschöpfungsquote (in Massen%) zur stofflichen und energetischen Verwertung verschiedener Konzeptvarianten (Beispiel) (nach [11])

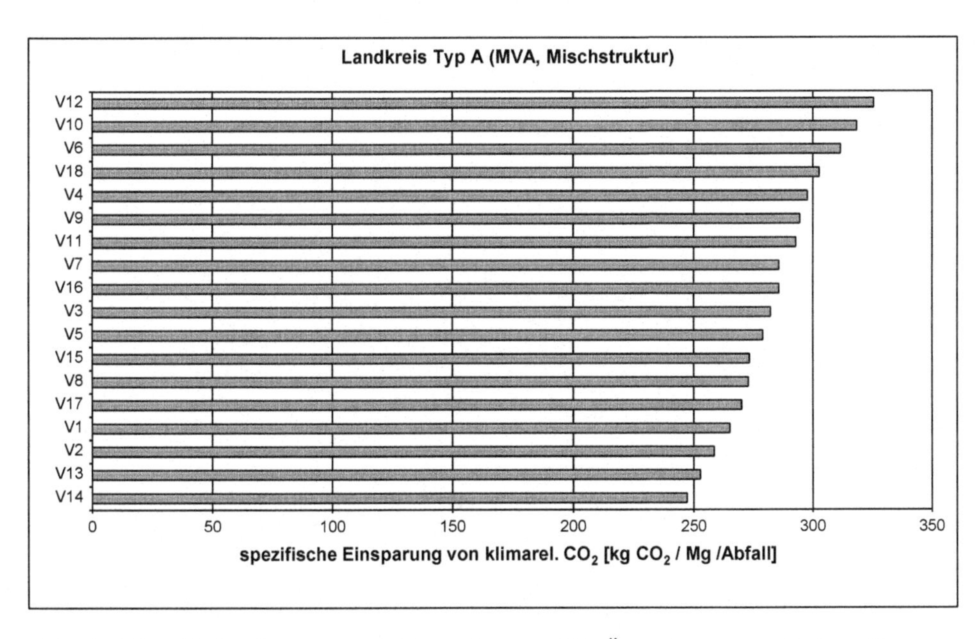

Abb. 12.7 Spezifische Einsparung von klimarelevanten CO_2-Äquivalenten verschiedener Konzeptvarianten (Beispiel), (nach [11])

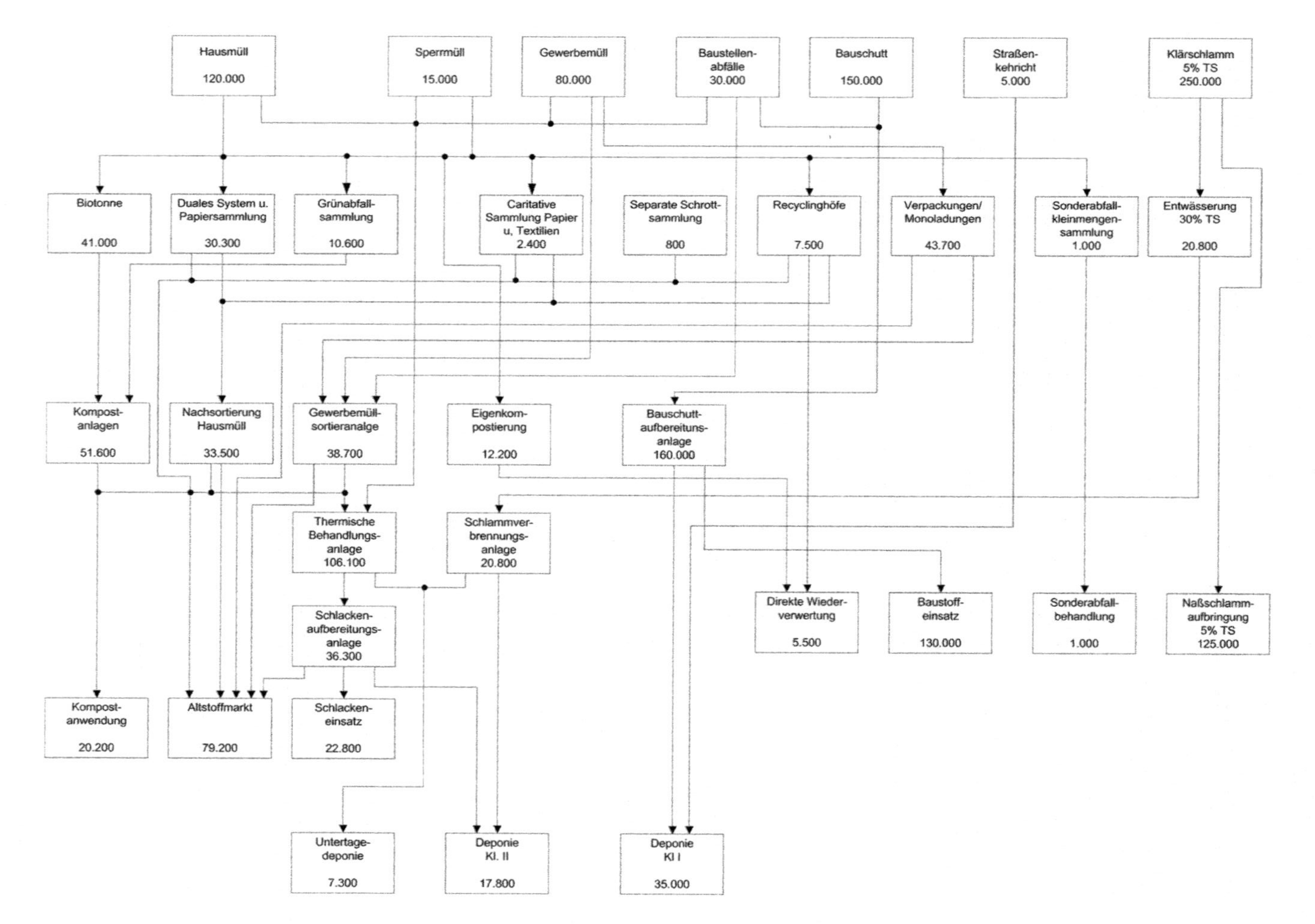

Abb. 12.8 Massenstromdiagramm für ein Abfallwirtschaftskonzept (Angaben in Mg/a)

Organisationsstruktur
Aufbau einer durchsetzungsfähigen abfallwirtschaftlichen Organisationsstruktur, um die erforderlichen Maßnahmen zu initiieren, zu betreuen und zu überwachen. Hierbei ist im Einzelfall zu untersuchen, inwieweit diese Struktur auf Ebene der öffentlich-rechtlichen Entsorgungsträger anzusiedeln ist, oder aufgrund der Anforderungen und der Komplexität der durchzuführenden Arbeiten (z. B. Bau von Anlagen) eine privatwirtschaftliche Organisationsstruktur sinnvoll ist.

Abfallberatung
Bei der Umsetzung eines Abfallwirtschaftskonzeptes kommt der Öffentlichkeitsarbeit und Abfallberatung sowohl im Hinblick auf die Abfallvermeidung als auch auf die Abfallverwertung eine entscheidende Bedeutung zu.

Die Abfallberatung ist auf die Zielgruppen Haushalte bzw. Gewerbe hin angepasst auszurichten.

Während bei den Haushalten eine direkte und indirekte Beratung (z. B. Informationsmaterialien, Werbung) und Fördermaßnahmen (z. B. zur Eigenkompostierung, Sperrmüllbörsen) möglich sind, ist beim Gewerbe nur eine direkte Beratung möglich. Diese sollte in Zusammenarbeit mit den jeweiligen Verbänden und Kammern erfolgen. Eine Beratung im Hinblick auf die Produktionsprozesse durch die öffentlich-rechtlichen Entsorgungsträger ist aufgrund der Komplexität und der fehlenden Verfügbarkeit von innerbetrieblichen Informationen nicht möglich.

Öffentlichkeitsarbeit
Im Hinblick auf eine wirkungsvolle, von einer breiten Öffentlichkeit im Konsens getragenen Umsetzung des Konzeptes ist dieses öffentlichkeitswirksam in Verbindung mit den erforderlichen Maßnahmen darzustellen. Wesentliche Elemente der Öffentlichkeitsarbeit sind der Einsatz von Abfallberatern, Medien und Multiplikatoren sowie die Durchführung von Aktionen. Es bietet sich an, bei allen diesbezüglichen Aktivitäten einheitliche Symbole zu verwenden (Schaffung von Logos, „corporate design"), um eine „corporate identity" zu gewährleisten.

Die Öffentlichkeitsarbeit kann sich nicht auf die Anfangsphase beschränken, sondern ist permanent über die Jahre durchzuführen.

Abfallsatzung
Die Abfallsatzung ist an die Empfehlung des Abfallwirtschaftskonzeptes anzupassen. Dies reicht von der Festlegung abfallvermeidender Randbedingungen über die Festlegung getrennter Sammelsysteme bis hin zur Gebührensatzung.

- Maßnahmen zur Abfallvermeidung
  Unter Maßgabe des Abfallwirtschaftskonzeptes sind die dort formulierten Maßnahmen einschließlich der Schaffung der entsprechenden Randbedingungen zur

Abfallvermeidung auf regionaler und überregionaler Ebene einzuleiten. Dies reicht von konkreten Einzelforderungen vor Ort bis hin zu legislativen Initiativen.

- Maßnahmen zur Abfallverwertung
  Die vorgeschlagenen Maßnahmen zur Abfallverwertung sind sowohl auf satzungsrechtlicher als auch auf organisatorischer und logistischer Ebene einzuleiten. Hierbei ist im Einzelfall zu untersuchen, inwieweit vor allem im Bereich Vermarktung, aber auch Sammlung und Transport bis zum Betrieb von Anlagen, beauftragte Dritte die Aufgaben wirtschaftlicher und wirkungsvoller wahrnehmen können.

Standortuntersuchungen
Da im Rahmen von Abfallwirtschaftskonzepten aufgrund fehlender Entsorgungsmöglichkeiten häufig der Bau neuer Abfallentsorgungsanlagen einschließlich von Deponien erforderlich ist, sind in solchen Fällen umgehend die Standortuntersuchungen für die erforderlichen Anlagen einzuleiten. Dies ist besonders wichtig für alle Anlagen, welche gemäß UVP-Gesetz dieses Procedere durchlaufen müssen, um deren Genehmigungsfähigkeit nicht zu gefährden.

Planungsarbeiten
Bei erfolgter Standortuntersuchung (falls notwendig) sind unverzüglich die Planungsarbeiten für die erforderlichen Abfallentsorgungsanlagen einzuleiten. Die frühzeitige Planung ist umso wichtiger, je länger die Planungszeiträume für die jeweiligen Anlagen werden. So sind Planungszeiträume von bis zu 10 Jahren bei Anlagen, welche ein Raumordnungsverfahren und Planfeststellungsverfahren durchlaufen müssen, nicht selten.

Bereitstellung der erforderlichen Gelder
Zur Durchführung der o. e. Maßnahmen sind die erforderlichen Gelder bereitzustellen. Da die öffentliche Abfallentsorgung nicht über Steuern, sondern verursacherbezogen nach dem Kostendeckungsprinzip zu erfolgen hat, sind die kurz-, mittel- und langfristigen Maßnahmen bei der Gebührenkalkulation entsprechend zu berücksichtigen.

12.7 Planung und Realisierung abfallwirtschaftlicher Anlagen

12.7.1 Allgemeines

Bei abfallwirtschaftlichen Anlagen handelt es sich in der Regel um relativ große und komplexe Projekte. Um solche Projekte wirtschaftlich abwickeln zu können bedarf es einer gezielten Vorgehensweise. Diese wird nicht nur in Zusammenhang mit der Errichtung von Gebäuden und Anlagen als Planung bezeichnet.

Die allgemeine praktische Erfahrung zeigt, dass Aufwendungen, die in eine präzise Planung investiert werden, sich überproportional im Erfolg eines Projektes widerspiegeln. Das gilt selbstverständlich auch für die Planung abfallwirtschaftlicher Anlagen, insbesondere da es sich hierbei nahezu ausschließlich um individuelle, nicht standardisierte Anlagen mit spezifischen Randbedingungen handelt.

Hinsichtlich der Wirtschaftlichkeit eines Projektes kommt gerade den ersten Phasen der Planung ganz besondere Bedeutung zu. Nicht nur die Festlegung der Projektziele sondern auch die konzeptionelle Planung, in der die Verfahren zur Abfallbehandlung festgelegt werden, hat einen ausgesprochen hohen Einfluss auf die Projektkosten. Das gilt nicht nur im Hinblick auf die Investitionskosten, sondern vor allem auf die letztendlich relevanten Behandlungs- bzw. Entsorgungskosten.

12.7.2 Grundlagen der Planungsabwicklung

Die grundsätzliche Vorgehensweise bei der Planung von Gebäuden, Anlagen, Infrastruktureinrichtungen etc. ist, z. B. in der in Deutschland gültigen Verordnung über die Honorare für Architekten- und Ingenieurleistungen (HOAI) [12] dargestellt. Dort sind die üblicherweise zu erbringenden Leistungen beschrieben und Regelungen zu derer Honorierung festgelegt. Im Gegensatz zu früheren Versionen sind in der aktuellen Fassung der HOAI (Stand 2013) die projektbegleitenden Tätigkeiten, welche unter dem Begriff Projektsteuerung zusammengefasst waren, nicht mehr enthalten.

Der in der HOAI beschriebene Planungsablauf basiert auf einer soliden Ermittlung der Planungsgrundlagen und Randbedingungen und impliziert eine stufenweise Planung vom Groben zum Feinen. Diese prinzipielle Vorgehensweise hat sich als sinnvoll erwiesen und entspricht der gängigen Praxis. Für die tatsächliche Umsetzung werden auch in der HOAI teilweise unterschiedliche Wege beschrieben, die nachfolgend dargestellt werden. Die HOAI unterteilt die vom Planer zu erbringenden Leistungen grundsätzlich in folgende Planungsphasen:

1. Grundlagenermittlung
2. Vorplanung
3. Entwurfsplanung
4. Genehmigungsplanung
5. Ausführungsplanung
6. Vorbereitung der Vergabe
7. Mitwirkung bei der Vergabe
8. Objektüberwachung (Bauüberwachung/Bauleitung)
9. Objektbetreuung und Dokumentation

Bevor jedoch die eigentliche Planung beginnt sind in der Regel beim späteren Bauherrn schon eine Reihe von Untersuchungen und Entscheidungen erforderlich, die der Bauherr entweder alleine oder unter Einbeziehung einer Projektsteuerung vorbereitet bzw. durchführt. In dieser auch als Projektentwicklung bezeichneten Phase werden die Projektziele festgelegt und es wird ein Projektprogramm entwickelt. Hierbei wird auch die prinzipielle Projektstruktur erarbeitet, um festzustellen, welche Planungsleistungen und Gutachten benötigt werden bzw. welche sonstigen fachlich Beteiligten zu involvieren sind. In einer ersten Stufe erfolgt dann die Beauftragung der Planungsleistungen.

Gutachter und sonstige Projektbeteiligte werden in der Regel unter Mitwirkung des Planers nach Bedarf mit einbezogen. Diese Zuarbeit des Planers gehört zu den Leistungen der Grundlagenermittlung. Weitere wichtige Leistungen dieser Phase sind die Klärung der Aufgabenstellung und die Ermittlung bzw. Zusammenstellung von vorgegebenen Randbedingungen, von die Aufgabe beeinflussenden Planungsabsichten, von vorhandenen Unterlagen sowie das Bewerten dieser Unterlagen. Daraus abgeleitet sind die notwendigen Vorarbeiten wie Baugrunduntersuchungen, Vermessungsleistungen oder Vorbelastungsmessungen im Zusammenhang mit dem Immissionsschutz darzulegen. Die Leistungen und Ergebnisse der Grundlagenermittlung werden sinnvoller Weise in einem Bericht zusammengefasst und dokumentiert.

Da es sich bei der Planung von abfallwirtschaftlichen Anlagen wie vorstehend beschrieben normalerweise um komplexe Projekte handelt, kommt nicht nur der Planung als solcher sondern zur Sicherung der Projektqualität auch der Planung der Planung große Bedeutung zu. So sollte bereits in dieser Phase der Planungsablauf sorgfältig geplant werden.

Als Instrument der Qualitätssicherung sollte frühzeitig ein projektbezogenes Qualitätsmanagementsystem entwickelt und in einem Projekthandbuch dokumentiert werden. Hierzu gehören insbesondere die Definition der Projektziele, die Projektbeschreibung, die Projektorganisation, die Regelung von Arbeitsabläufen, die Kosten- und Terminüberwachung, die technische Qualitätsüberwachung, die Überwachung der Arbeitssicherheit sowie die Regelungen zur Kommunikation und Dokumentation.

12.7.3 Spezifische Vorgehensweisen bei der Planung von Abfallentsorgungsanlagen

In der Regel wird bei der Planung und Ausschreibung der meisten Bauwerke eine Abwicklung gewählt, wie sie den Grundleistungsbildern der HOAI zugrunde liegt. Dabei wird nach der Grundlagenermittlung in der Vorplanungsphase zunächst eine Variantenuntersuchung durchgeführt, um die insgesamt wirtschaftlichste Lösung für das Bauvorhaben zu finden. In der anschließenden Entwurfsplanungsphase erfolgt die vertiefte planerische Ausarbeitung der gewählten Variante, welche die Grundlage für die einzureichenden Genehmigungsunterlagen bildet.

Nach Einreichung der Genehmigungsunterlagen findet dann die Ausführungsplanungs- und die Ausschreibungsphase statt.

Die Ausschreibung von Bauwerken wird im Regelfall als Ausschreibung mit Leistungsbeschreibungen in Form von Leistungsverzeichnissen auf der Basis der detaillierten Ausführungsplanung, häufig aufgeteilt in zahlreiche Einzelgewerke, durchgeführt. Die Ausschreibung kann alternativ hierzu aber auch als Leistungsbeschreibung mit Leistungsprogramm (funktionale Ausschreibung) erfolgen. Eine funktionale Ausschreibung kann ihrerseits sowohl insgesamt als Generalunternehmerausschreibung oder aber aufgeteilt in mehrere Lose durchgeführt werden. Der Hauptvorteil einer Generalunternehmerabwicklung liegt im deutlich geringeren Kostenrisiko des Bauherrn, insbesondere aus dem

Schnittstellenrisiko sowie in den geringeren Projektvorlaufkosten bis zur Vergabe. Vorteilhaft ist auch der geringe Koordinationsaufwand auf Seiten des Bauherrn. Nachteilig sind die deutlich höheren Kosten insgesamt sowie der relativ geringe Einfluss auf die Ausführung im Detail, insbesondere in Verbindung mit funktionaler Ausschreibung.

Die Planung von Deponien erfolgt in der Regel nach dem klassischen Planungsablauf, wobei die Ausschreibung der Bauleistungen mit Leistungsbeschreibungen in Form von Leistungsverzeichnissen erfolgt. Funktionale Ausschreibung erfolgt i. d. R. allenfalls in Teilbereichen wie bei der Deponiegasnutzung oder Sickerwasserbehandlung.

Für Abfallbehandlungsanlagen können prinzipiell alle beschriebenen Vorgehensweisen in Frage kommen (siehe auch Abb. 12.9). Komplexere Anlagen mit aufwendiger

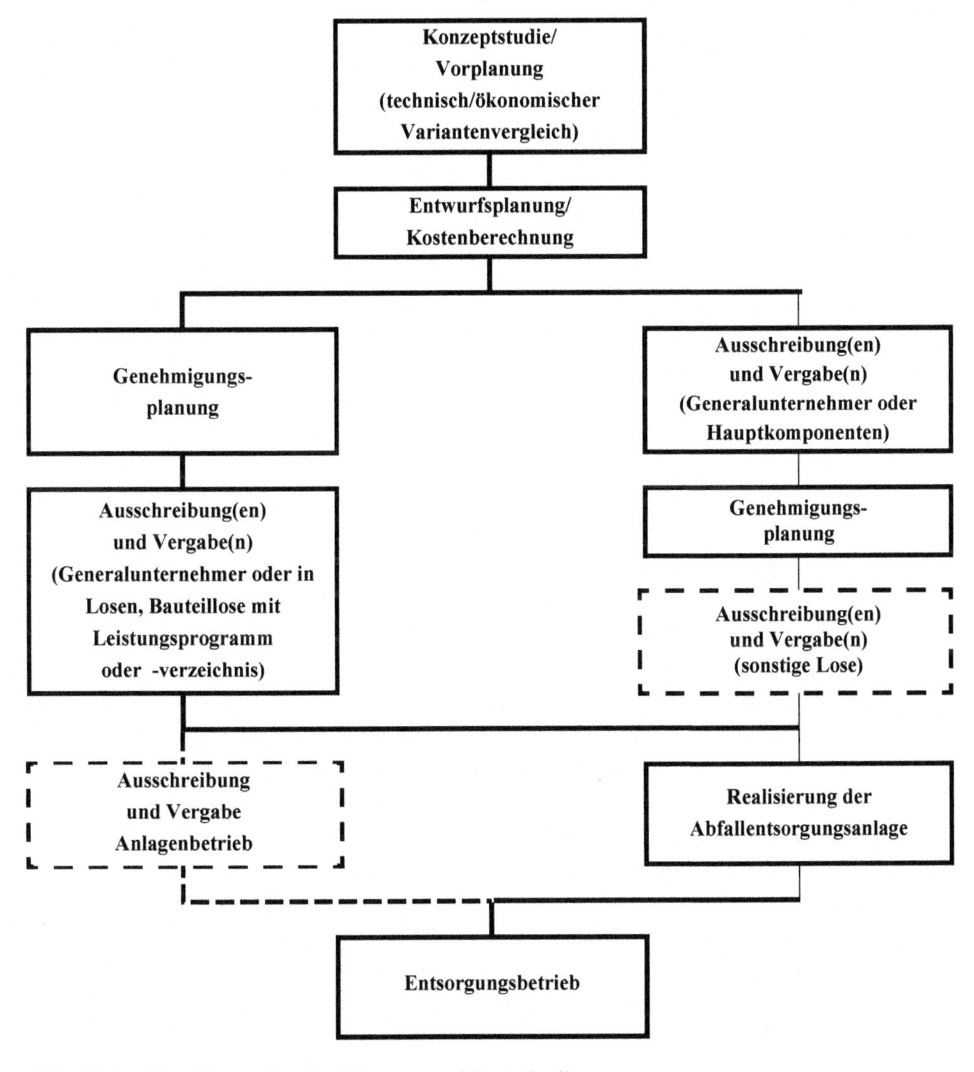

Abb. 12.9 Ablaufalternativen bei Planung und Ausschreibung

Verfahrenstechnik führen aber häufig zu der Variante, zumindest die Verfahrenstechnik in einem oder in wenigen Losen funktional auszuschreiben, um anbieterspezifische technische Lösungen zu ermöglichen. In diesem Fall kann die Genehmigungsplanung auch erst nach Festlegung des verfahrenstechnischen Konzeptes durchgeführt werden, um Tekturen zu vermeiden.

Wird nicht die Gesamtanlage als ein Los ausgeschrieben sollten die anderen Gewerke sinnvoller Weise erst nach definitiver Festlegung der Verfahrenstechnik ausgeschrieben werden, um Nachträge bei den anderen Gewerken auf Grund von lieferantenspezifischen Besonderheiten zu vermeiden. Diese anderen Gewerke können dann entweder nach durchgeführter Ausführungsplanung mit Leistungsbeschreibung als Leistungsverzeichnis oder als Leistungsbeschreibung mit Leistungsprogramm (funktional) in einem oder mehreren Losen bzw. Gewerken ausgeschrieben werden.

Normalerweise entscheidet sich der Bauherr vor der Ausschreibung, welche prinzipielle technische Lösung angeboten werden soll, also z. B. mechanisch-biologische Behandlung oder thermische Behandlung. Es besteht aber auch die Möglichkeit, die generelle Konzeption einem Wettbewerb zu unterziehen. In diesem Fall kann eine komplett technikoffene Ausschreibung durchgeführt werden, wobei die Auswahl des technischen Abfallbehandlungsverfahrens dann überwiegend vom Markt bestimmt wird.

12.8 Konzeptionelle Planung

12.8.1 Allgemeines

Die Abwicklung der konzeptionellen Planung ist in den Leistungsphasen 2. Vorplanung sowie 3. Entwurfsplanung der HOAI für die jeweiligen Fachplanungen, wie zum Beispiel zu den Ingenieurbauwerken in Teil 2 Abschnitt 3 HOAI, im Wesentlichen beschrieben.

12.8.2 Vorplanung

In der Vorplanungsphase wird auf der Basis der Ergebnisse der Grundlagenermittlung zunächst eine Analyse der Grundlagen durchgeführt. Weiter werden die Zielvorstellungen des Bauherrn auf die vorhandenen Randbedingungen abgestimmt, amtliche Karten ausgewertet und fachliche Zusammenhänge geklärt. Vorteilhaft ist auch bereits in dieser Phase eine erste Einbeziehung von Behörden, die bei der Genehmigung und Beurteilung des Vorhabens später mitwirken werden. In dieser Phase kann es auch bereits sinnvoll sein, betroffene Bürger fachgerecht über das geplante Vorhaben zu informieren.

Für das Projekt werden im Zuge der Vorplanung insbesondere die verschiedenen Lösungsmöglichkeiten der Planungsaufgabe untersucht. Ziel ist hierbei vor Allem, die insgesamt wirtschaftlichste Lösung des Bauvorhabens zu finden. Bei der Planung von

Abfallbehandlungsanlagen wird hierbei häufig ein technisch/wirtschaftlicher Vergleich, ggf. unter Einbeziehung anderer wichtiger Entscheidungsmerkmale wie z. B. ökologischer Auswirkungen, durchgeführt. Für die Beurteilung der Varianten sind nicht nur die Investitionskosten maßgeblich, sondern insbesondere die Jahres- bzw. spezifischen Kosten. Diese werden unter Berücksichtigung von Kapitalkosten, Personalkosten, Betriebskosten für Wartung, Reparatur und Verschleiß sowie Betriebsmitteln und Entsorgungskosten für Reststoffe ermittelt. Soweit zusätzliche nicht monetär bewertbare Entscheidungsmerkmale mit einfließen, können diese in Form einer Nutzwertanalyse oder aber einer verbal-argumentativen Bewertung einbezogen werden.

Im Rahmen der Vorplanung wird die Bestvariante zeichnerisch in Plänen im Maßstab 1:200 dargestellt. Hinzu kommen Blockschaltbilder sowie einfache Verfahrensschemata. Die Planunterlagen werden ergänzt durch einen Erläuterungsbericht. Sollte ein Raumordungsverfahren für den geplanten Standort erforderlich werden haben die Vorplanungsunterlagen normalerweise die hierfür erforderliche Bearbeitungstiefe.

Bestandteil der Vorplanung ist auch eine Kostenschätzung, die einen Genauigkeitsgrad von mindestens +/–30 % aufweisen sollte.

12.8.3 Entwurfsplanung

Die Entwurfsplanung umfasst die weitergehende System- und Integrationsplanung unter Erarbeitung der endgültigen Lösung der Planungsaufgabe auf Basis der in der Vorplanung ermittelten Lösung. Hierbei enthalten ist auch die Ermittlung der wesentlichen Bauphasen insbesondere im Hinblick auf die Aufrechterhaltung des Betriebs bei bestehenden Anlagen.

Spätestens in dieser Phase müssen die Behörden in die Planungen mit einbezogen werden.

Das bisherige Planungskonzept wird durchgearbeitet und weiter konkretisiert, die notwendigen fachspezifischen Berechnungen werden durchgeführt. Die zeichnerische Darstellung erfolgt normalerweise der Maßstab 1:100, bei größeren Gebäuden wird aus Gründen der Praktikabilität teilweise auch im Maßstab 1:200 verwendet, jedoch mit entsprechender Bearbeitungstiefe. Grundfließbilder mit Massenströmen sowie vertieft ausgearbeitete Verfahrensschemata ergänzen die Planunterlagen. Beschreibungen und Berechnungen werden in einem Erläuterungsbericht zusammengefasst.

In dieser Leistungsphase werden darüber hinaus Termin- sowie Kosten- und Finanzierungspläne für das Projekt erarbeitet.

Wesentlicher Bestandteil ist auch die Kostenberechnung mit einer Genauigkeit von mindestens +/–15 %. Auf Basis der Kostenberechnung muss der Bauherr die Entscheidung treffen, ob ein Genehmigungsantrag gestellt wird bzw. ob ein Ausschreibungsverfahren begonnen wird. Zur Kostenkontrolle wird ein Vergleich mit der Kostenschätzung aus der Vorplanungsphase durchgeführt.

12.9 Genehmigungsplanung und Genehmigungsverfahren

12.9.1 Grundlagen des Genehmigungsverfahrens

Bei der Genehmigung von Abfallentsorgungsanlagen ist zu unterscheiden in Anlagen zur Ablagerung (Deponien) und Anlagen zur Behandlung und Lagerung. Während nach dem Kreislaufwirtschaftsgesetz (KrWG) [1] für Deponien in der Regel ein Planfeststellungsverfahren durchzuführen ist, werden thermische, biologische, mechanische Abfallbehandlungsanlagen in einem Genehmigungsverfahren nach Bundes-Immissionsschutzgesetz (BImSchG) [13] genehmigt. Ein wesentlicher Unterschied zwischen beiden Verfahren ist hierbei, dass bei einem Genehmigungsverfahren nach Bundesimmissionsschutzgesetz ein Anspruch des Antragstellers auf Genehmigung besteht, beim Planfeststellungsverfahren nach KrWG jedoch nicht.

Das Bundesimmissionsschutzgesetz regelt die Rahmenbedingungen für den Immissionsschutz. Art, Ablauf und Inhalt des Genehmigungsverfahrens sind in Verordnungen zum Bundesimmissionsschutzgesetz geregelt, der Verordnung über genehmigungsbedürftige Anlagen (4. BImSchV) [14] sowie der Verordnung über das Genehmigungsverfahren (9. BImSchV) [15]. Im Genehmigungsverfahren nach Bundesimmissionsschutzgesetz werden mit Ausnahme der wasserrechtlichen Verfahren sämtliche erforderlichen Genehmigungen gebündelt behandelt, also zum Beispiel auch die baurechtliche Genehmigung. Genehmigungen zur Wasserentnahme, Wassereinleitung oder auch Wasserhaltung während der Bauzeit sind in getrennten Genehmigungsverfahren nach dem Wasserhaushaltsgesetz (WHG) [16] zu beantragen.

Bei der Genehmigung von Abfallentsorgungsanlagen ist auch das Gesetz über die Umweltverträglichkeitsprüfung (UVPG) [17] zu beachten. Dort sind die Erfordernis, die Art, der Umfang sowie der Inhalt der Umweltverträglichkeitsprüfung in Abhängigkeit insbesondere von Art und Größe der Abfallentsorgungsanlage festgelegt.

Weitere wichtige Grundlagen sind darüber hinaus Regelwerke, die sich mit den zulässigen Emissionen bzw. Immissionen sowie der Art deren Bestimmung etc. befassen. Für thermische Abfallbehandlungsanlagen ist hier insbesondere die Verordnung über die Verbrennung und Mitverbrennung von Abfällen (17. BImSchV) [18] relevant, für biologische bzw. biologisch-mechanische Anlagen die Verordnung über Anlagen zur biologischen Behandlung von Abfällen (30. BImSchV) [19]. Für Abfallentsorgungsanlagen weitere sehr wichtige Regelwerke in diesem Zusammenhang sind die europäische Richtlinie über die integrierte Vermeidung und Verminderung der Umweltverschmutzung (IVU-Richtlinie) [20] mit den daraus resultierenden BVT-Merkblättern (Beste-Verfügbare-Technik) [21], die Verwaltungsvorschriften zum Bundes-Immissionsschutzgesetz Technische Anleitung zur Reinhaltung der Luft (TA Luft) [22] sowie Technische Anleitung zum Schutz gegen Lärm (TA Lärm) [23], außerdem gegebenenfalls die Deponieverordnung (DepV) [3].

Relativ neu sind die VDI-Richtlinien 7000 Frühe Öffentlichkeitsbeteiligung bei Industrie- und Infrastrukturprojekten [24] sowie 7001 Kommunikation und Öffentlichkeitsbeteiligung bei Planung und Bau von Infrastrukturprojekten [25].

Selbstverständlich sind neben den oben genannten noch eine Vielzahl weiterer gesetzlicher Regelungen zu beachten, deren Aufzählung den Rahmen an dieser Stelle sprengen würde.

12.9.2 Genehmigungsunterlagen

Die Genehmigungsunterlagen bestehen in der Regel aus Antragsformularen, einem Erläuterungsbericht, einer Vielzahl von Formblättern, Übersichtsplänen, Emissionsquellenplänen, einer Kurzbeschreibung, einer Umweltverträglichkeitsuntersuchung, zahlreichen Gutachten sowie den in der Phase Entwurfsplanung erarbeiteten Unterlagen wie Lagepläne, Aufstellungspläne (Grundrisse und Schnitte), Ansichten, Entwässerungspläne, Fließbilder, Schemata und dergleichen.

Im Wesentlichen lässt sich der Inhalt und Aufbau eines Genehmigungsantrags am nachfolgenden Beispiel für eine thermische Abfallbehandlungsanlage aufzeigen:

1. Allgemeines
2. Antrag
3. Kurzbeschreibung
4. Standort und Umgebung
5. Bauvorlagen/Grundstücksentwässerung
6. Natur- und Landschaftsschutz
7. Betriebsbeschreibung
8. Stoffe/Zubereitungen
9. Abfallvermeidung, -verwertung, -beseitigung
10. Umgang mit wassergefährdenden Stoffen
11. Luftreinhaltung
12. Sparsame und effiziente Energieverwertung
13. Schutz vor Lärm und Erschütterungen
14. Anlagensicherheit
15. Brandschutz
16. Arbeitsschutz
17. Umweltverträglichkeitsuntersuchung
18. Maßnahmen im Fall der Betriebseinstellung

Ergänzt werden die Genehmigungsunterlagen durch Gutachten zum Beispiel zu den Themen:

- Vorbelastungen (Luftinhaltsstoffe, Staubniederschlag, meteorologische Daten, Bodenbelastung, Schadstoffaufnahme durch Pflanzen, Lärm, Geruch, Grundwasser)
- Kaminhöhenbestimmung
- Immissionsprognosen (Luftinhaltsstoffe, Staubniederschlag, Lärm, Geruch)
- Ermittlung der Gesamtbelastung

- Sicherheitstechnische Betrachtung
- Baugrunduntersuchung
- evtl. Altlastenerkundung
- evtl. Humantoxikologisches Gutachten

12.9.3 Ablauf des Genehmigungsverfahrens

Wie vorstehend ausgeführt sollten die von der Planung Betroffenen, zumindest aber die relevanten Behörden bereits frühzeitig in die Planung eingebunden werden. Häufig wird bereits in der Vorplanungsphase ein so genannter Scoping-Termin abgehalten, an dem nicht nur die Genehmigungsbehörde und die relevanten Fachbehörden teilnehmen, sondern zu dem auch betroffene Bürger, Firmen, Verbände etc. eingeladen werden. Die Durchführung eines Scoping-Termins ist jedoch nicht vorgeschrieben und kann auch durch ein oder mehrere Behördengespräche ersetzt werden.

Nach Fertigstellung der Genehmigungsunterlagen wird der Genehmigungsantrag eingereicht. Hierbei kann es sinnvoll sein, der Behörde zunächst einen Entwurf zur Vorabstimmung zu übermitteln.

Im ersten Schritt erfolgt die Vollständigkeitsprüfung durch die Genehmigungsbehörde. Sind die Unterlagen vollständig, macht die Genehmigungsbehörde das Vorhaben, soweit gesetzlich vorgeschrieben bzw. von der Behörde als notwendig erachtet, öffentlich bekannt und legt die Unterlagen unter Einhaltung der erforderlichen Fristen öffentlich aus. Die eventuell Betroffenen können die ausgelegten Unterlagen einsehen und schriftlich Einwendungen bei der Behörde vorbringen. Nach Auswertung der fristgerecht eingegangenen Einwendungen beraumt die Genehmigungsbehörde einen Erörterungstermin an, an dem das Vorhaben sowie die Einwendungen unter Teilnahme von Antragsteller, Behörden und Einwendern erörtert werden. Dieser Termin ist in der Regel öffentlich. Normalerweise werden dem Antragsteller mit dem Genehmigungsbescheid zahlreiche Nebenbestimmungen auferlegt, wobei neben fachlichen Beurteilungen durch Fachbehörden oder neutrale Gutachter auch die Erkenntnisse aus dem Erörterungstermin mit einfließen.

Um die Realisierung des Vorhabens zu beschleunigen, besteht die Möglichkeit, Teilerrichtungsgenehmigungen zu beantragen. Die Genehmigungsbehörde kann diese erteilen, wenn die Erteilung der Genehmigung zu erwarten ist und sofern sich der Antragsteller verpflichtet, die vorab errichteten Teile zurück zu bauen, falls die Genehmigung insgesamt doch nicht erteilt wird.

Bei komplexeren Anlagen werden häufig Teilbereiche der Genehmigung nachgereicht wie zum Beispiel die prüffähige statische Berechnung oder bei thermischen Anlagen die Unterlagen gemäß Betriebssicherheitsverordnung (BetrSichV) [26] zum Dampfkessel etc.

Bei größeren Projekten ist außerdem damit zu rechnen, dass Klagen gegen Genehmigungen erhoben werden.

12.10 Ausschreibung und Vergabe

12.10.1 Ausschreibungsverfahren

Während private Betreiber bzw. Bauherren von Abfallentsorgungsanlagen bei der Angebotseinholung und Vergabe frei agieren können, unterliegen kommunale Bauherren dem strengen EU-Vergaberecht. Das gilt in der Regel auch für gemischtwirtschaftliche Bauherren mit PPP-Modellen (Public-Private-Partnership) insbesondere soweit die kommunalen Partner mit über 50 % beteiligt sind.

Das EU-Vergaberecht ist in Deutschland in der Vergabeverordnung (VgV) [27] sowie in Bezug auf Bauvorhaben in der Vergabe- und Vertragsordnung für Bauleistungen Teil A (VOB/A) [28] geregelt. Liegen Bauvorhaben in ihrem Gesamtinvestitionsvolumen über dem Schwellenwert müssen zumindest ihre wesentlichsten Lose europaweit ausgeschrieben werden. Die Schwellenwerte werden von der Europäischen Kommission jeweils angepasst (zuletzt 5.186.000 €) [29].

Generell möglich sind als Vergabeverfahren:

- Offenes Verfahren
- Nichtoffenes Verfahren mit öffentlicher Vergabebekanntmachung
- Verhandlungsverfahren mit oder ohne öffentlicher Vergabebekanntmachung
- Wettbewerblicher Dialog mit oder ohne öffentlicher Vergabebekanntmachung

Das offene Verfahren stellt den Regelfall dar, die anderen Verfahren dürfen nur in definierten Ausnahmefällen zur Anwendung kommen. Als eine dieser Ausnahmen wird häufig die funktionale Ausschreibung eingestuft, da der planerische Aufwand, der bei der Angebotserstellung entsteht, nicht zu vielen Bietern zugemutet werden sollte.

Während das offene Verfahren in einem Schritt abläuft, bei dem die Eignungsprüfung der Bieter nach Angebotsabgabe im Rahmen der Angebotsprüfung erfolgt, laufen die anderen Verfahren teilweise in mehreren Stufen ab. Auf der Basis der Vergabebekanntmachung bewerben sich in diesem Fall potentielle Bieter um die Teilnahme am Wettbewerb. Nach Feststellung der Eignung werden die geeigneten Bieter zur Abgabe von Angeboten aufgefordert, es sei denn, dass sich zu viele Bewerber als geeignet erwiesen haben. In diesem Fall wird der Bieterkreis nach vorab festgelegten Kriterien eingeschränkt.

Bei komplexeren verfahrenstechnischen Losen von Abfallbehandlungsanlagen war bisher das Nichtoffene Verfahren mit öffentlicher Vergabebekanntmachung (Teilnahmewettbewerb) der Regelfall. Bei diesem Verfahren sind Verhandlungen mit den Bietern stark eingeschränkt. Aktuell kommen bei komplexen Anlagen bzw. Losen jedoch immer häufiger das Verhandlungsverfahren bzw. der relativ neue Wettbewerbliche Dialog, jeweils mit öffentlicher Vergabebekanntmachung zum Tragen. Diese Verfahren lassen mehr gestalterischen Spielraum, ihre Anwendung ist vergaberechtlich jedoch nicht unumstritten.

Abweichungen von den Regelfällen sind zu begründen und in der Vergabeakte zu dokumentieren. Hierzu gehört auch der Verzicht auf eine Vergabe unterteilt nach Gewerken bzw. Losen sowie die Durchführung als funktionale Ausschreibung(en).

12.10.2 Aufbau und Inhalt der Verdingungsunterlagen

Die Verdingungs- oder auch Ausschreibungsunterlagen bestehen aus den Ausschreibungsbedingungen, den Vertragsbedingungen, der Leistungsbeschreibung sowie ggf. Beilagen.

In den Ausschreibungsbedingungen werden Ablauf und Bedingungen des Vergabeverfahrens geregelt wie Termin und Ort der Angebotsabgabe, Kriterien zur Teilnahme sowie zur Angebotswertung, Auflistung der mit dem Angebot abzugebenden Unterlagen etc.

Die Vertragsbedingungen enthalten die werkvertraglichen Regelungen zur späteren Abwicklung zum Beispiel bezüglich Terminen, Haftung, Versicherung, Kündigung, Garantien und Gewährleistungen bzw. vereinbarte Beschaffenheiten, Leistungsänderungen inklusive Preisanpassung, Verjährungsfristen, Rechnungsstellung und Zahlungsverkehr, ggf. Preisgleitungsformeln.

Die Leistungsbeschreibung kann wie vorstehend ausgeführt in Form eines Leistungsverzeichnisses oder aber bei funktionaler Ausschreibung in Form eines Leistungsprogramms erstellt werden. Ein Leistungsverzeichnis beinhaltet konkrete Beschreibungen jeder einzelnen auszuführenden Lieferung und Leistung mit Massenangaben wie z. B. m^3 Beton einer bestimmten Qualität oder m Rohrleitung eines bestimmten Durchmessers aus einem bestimmten Material. Hierbei wird auch der Einzelpreis pro Einheit abgefragt, da die spätere Abrechnung der Baumaßnahme normalerweise nach tatsächlich verbrauchten Materialien bzw. Leistungen auf der Basis von Aufmaß, Wiegescheinen und dergleichen erfolgt. Bei funktionaler Ausschreibung werden Ziele formuliert, wobei zusätzlich aber auch Qualitäten und Mengen für bestimmte Teile vorgegeben werden können, wie z. B. die definierte Anzahl an Steckdosen eines bestimmten Standards im Raum X. Das Angebot enthält bei dieser Vorgehensweise Pauschalpreise für größere Leistungspakete, nach denen auch die spätere Abrechnung erfolgt.

12.10.3 Angebotsauswertung

Im Zuge der Angebotsauswertung sind die Angebote sowie gegebenenfalls Nebenangebote oder Änderungsvorschläge zu prüfen. Am Anfang steht die formelle Prüfung, d.h. ob die Angebote überhaupt gewertet werden können oder dürfen. Dann erfolgt die rechnerische Prüfung um festzustellen, ob die Einzelpreise zum angegebenen Gesamtergebnis führen.

Bei funktionalen Ausschreibungen sowie bei Nebenangeboten oder Änderungsvorschlägen kann eine teilweise sehr aufwendige technische Prüfung erforderlich werden. In besonderen Fällen kann auch eine Prüfung von Abweichungen zum Vertragsteil notwendig sein. Je nach Vergabeverfahren werden Bietergespräche zur Aufklärung über den Angebotsinhalt bzw. Verhandlungen durchgeführt.

Das komplette Vergabeverfahren ist in einer Vergabeakte zu dokumentieren, wozu auch der in der Regel vom Planer erstellte Auswertungsbericht gehört. Dieser beinhaltet insbesondere Angaben und Informationen zum Ablauf des Wettbewerbs sowie ggf. zum Teilnahmewettbewerb, zu den Anforderungen und zum Versand der Verdingungsunterlagen, zur Angebotseröffnung (Submission), zur Nichtabgabe von Angeboten sowie zu den Bieteranhörungen. Wichtig sind auch die Angaben zur Wertung der Angebote, Nebenangebote sowie Änderungsvorschläge. In die Wertung von Angeboten über die Errichtung von Abfallbehandlungsanlagen fließen zum Beispiel ein:

- Lieferumfang/Schnittstellen
- Technik/Verfahren/Referenzen
- Subunternehmer/Fabrikate/Hersteller
- Termine/Fristen
- Preise/Betriebs- bzw. Jahreskosten
- Beschaffenheitsvereinbarungen und -werte (früher: Garantien und Gewährleistungen)

Teil der Planerleistungen dieser Phase ist aber auch die Kostenkontrolle, wobei die Angebotspreise mit den vorangehenden Kostenermittlungen verglichen werden. Der Auswertungsbericht beinhaltet darüber hinaus auch die Benennung des Bestbieters und damit den Vergabevorschlag für den Bauherrn.

12.11 Ausführungsplanung

Die Ausführungsplanung stellt bei normalen Gebäuden die detaillierteste Stufe der Planung dar, die die Ausführenden auf der Baustelle in die Lage versetzt, das Bauwerk zu errichten. Die Pläne werden in der Regel im Maßstab 1:50 erstellt, für einzelne Details sind größere Maßstäbe bis 1:5 keine Ausnahme. Neben den so genannten Werkplänen der Architekten oder planenden Ingenieure werden vom Tragwerksplaner ergänzend spezielle Pläne erstellt, z. B. Schal- und Bewehrungspläne für Betonbauteile oder auch Stahlbaupläne. Teilweise können Detailpläne insbesondere für Fertigteile auch von den Herstellern erstellt werden.

Auch für die Gebäudeausrüstung und verfahrenstechnische Anlagen wird eine entsprechende Ausführungsplanung, häufig auch als Detail-Engineering bezeichnet, durchgeführt. Neben den Plänen, die das Zusammenwirken mit dem Bauteil sowie die die Zusammenführung von vorgefertigten Teilen vor Ort beschreiben, gehören auch die Werkstattpläne sowie Montagepläne zum Detail-Engineering. Werkstatt- und Montagepläne sind in der Regel Sache des Herstellers. Bei verfahrenstechnischen Anlagen erfolgt die Errichtung teilweise in Form von Fertigung oder Vorfertigung in den Werkstätten der Hersteller einzelner Teile und Aggregate.

Wird die Ausführungsplanung von einem Lieferanten der Verfahrenstechnik oder nach funktionalen Ausschreibung des Bauteils von der Baufirma durchgeführt, ist dem Bauherrn dringend anzuraten, die von diesen erstellten Pläne durch fachlich geeignete Architekten bzw. Ingenieure im Hinblick auf die Übereinstimmung mit der Genehmigung, dem Bauvertrag, den gesetzlichen Vorschriften sowie dem Stand der Technik überprüfen zu lassen. Dies gilt auch für Werkstatt- und Montagepläne. Aller Erfahrung nach ist es äußerst schwierig, falsch gefertigte Teile tatsächlich durch vertragsgemäß ausgeführte Teile zu ersetzen, wenn sie erst einmal gefertigt und auf der Baustelle angeliefert oder gar eingebaut sind. Um noch größeren Schaden, z. B. aus Terminverzug zu vermeiden ist der Bauherr in diesem Fall häufig gezwungen, Kompromisse einzugehen und die minderwertigen Teile zu akzeptieren. Durch rechtzeitige Prüfung der Ausführungspläne lassen sich diese Probleme deutlich vermindern und die Qualität des Projektes verbessern.

12.12 Überwachung der Realisierung

12.12.1 Allgemeines

Die grundlegenden Aufgaben der Bauüberwachung und Bauleitung durch Architekten bzw. Ingenieure sind ebenfalls in der HOAI beschrieben. Für Bauvorhaben mit wesentlichen verfahrenstechnischen Teilen wie Abfallbehandlungsanlagen sind zusätzliche Maßnahmen empfehlenswert. Die wichtigsten Tätigkeiten in den einzelnen Phasen der Realisierung sowie der ersten Betriebsjahre sind nachfolgend beschrieben.

12.12.2 Bau- und Montageabwicklung

In dieser Phase sind insbesondere die üblichen HOAI-Leistungen wie die Koordination der Beteiligten, die Planprüfung, das Aufstellen und Überwachen des Terminplans inklusive der Inverzugsetzung ausführender Firmen (bei Bedarf), das Führen eines Bautagebuchs, das Aufmaß von Leistungen, welche nach Einheitspreisen abgerechnet werden, sowie die Rechnungsprüfung. Sehr wichtig ist auch die Ausführungsüberwachung auf Übereinstimmung mit den freigegebenen Unterlagen, dem Bauvertrag sowie den Regeln der Technik und Vorschriften. Soweit die Prüfung der letztgenannten Punkte nach funktionaler Ausschreibung bereits im Zuge der Planprüfung durchgeführt, reduziert sich der Leistungsumfang an dieser Stelle deutlich.

Weiterhin finden in dieser Phase auch die Bestellungen der verfahrenstechnischen Lieferanten bei ihren Nachunternehmern statt. Hierbei sollten die Bestellungen analog der Planungen im Hinblick auf vertragskonforme Ausführung sowie daraufhin überprüft werden, ob der Nachunternehmer geeignet ist und z. B. in der freigegeben Nachunternehmerliste aufgeführt wurde. Erst dann sollte bei positivem Prüfergebnis die Bestellfreigabe durch den Bauherrn erfolgen.

Für wichtige verfahrenstechnische Anlagenkomponenten empfiehlt es sich, stichprobenartige Fertigungskontrollen durchzuführen, um die terminliche Abwicklung und Qualität bereits während der Herstellung zu kontrollieren. Ebenso empfehlenswert ist eine Endkontrolle im Werk vor dem Versand, um fehlerhafte Aggregate noch zurückweisen zu können, bevor sie auf der Baustelle eintreffen.

In der praktischen Abwicklung von Bauvorhaben ergeben sich immer wieder Leistungsänderungen, sei es durch Nebenbestimmungen aus dem Genehmigungsverfahren, aus geänderten Rahmenbedingungen wie zum Beispiel Abweichungen zwischen den stichprobenartigen Baugrunduntersuchungen und den tatsächlichen Verhältnissen oder aus Änderungswünschen des Bauherrn. In diesen Fällen reichen die ausführenden Firmen so genannte Nachtragsangebote ein. Diese sind zunächst darauf hin zu überprüfen, ob überhaupt eine Vertragsänderung vorliegt. Liegt eine Vertragsänderung vor, sind die Nachtragsangebote weiter hinsichtlich der technischen Ausführung sowie der Angemessenheit der Preise zu überprüfen. Um eine Preisprüfung mit der erforderlichen Genauigkeit durchführen zu können, sollten bei der Ausschreibung bzw. beim Vertragsschluss schon präzise Vorgehensweisen zur Preisaufschlüsselung und Prüffähigkeit von Nachtragsangeboten festgelegt werden.

12.12.3 Inbetriebnahme und Probebetrieb

Eine sehr wichtige Phase stellen bei Abfallbehandlungsanlagen die Inbetriebnahme sowie der anschließende Probebetrieb dar. Auch diese Phase ist vom Ingenieur zu überwachen. Die Inbetriebnahme sollte gegenüber dem Bau und der Montage der Anlagenteile klar abgegrenzt sein. Deshalb empfiehlt es sich, vor Beginn der Inbetriebnahme einzelner Anlagenkomponenten für diese Bereiche so genannte Montageendkontrollen durchzuführen, nach deren erfolgreicher Durchführung die Freigabe zur Inbetriebnahme erfolgt.

Die Inbetriebnahme teilt sich auf in eine Kalt-Inbetriebnahme, in der die wichtigsten Funktionen getestet und Einstellungen vorgenommen werden, ohne dass bereits Abfälle mit behandelt werden. Erst wenn am Ende der Kalt-Inbetriebnahme die prinzipielle Funktion der Anlage nachgewiesen ist, sollte die Freigabe zur Warm-Inbetriebnahme erfolgen. In dieser Phase werden die Aggregate sukzessive mit dem bestimmungsgemäßen Inputmaterial beaufschlagt. Bei thermischen Abfallbehandlungsanlagen beginnt die Warm-Inbetriebnahme-Phase in der Regel nicht mit der ersten Einbringungen von Abfällen sondern bereits vorher mit der ersten Zündung der Zünd- und Stützfeuerung, welche mit Öl oder Gas betrieben wird.

Erst wenn alle wichtigen Einstellungen durchgeführt sind und die Gesamtanlage unter Praxisbedingungen ihre prinzipielle Tauglichkeit nachgewiesen hat, sollte die Freigabe zum Probebetrieb erfolgen. Der Probebetrieb dient dem Nachweis, dass die Anlage dauerhaft funktionsfähig ist und findet noch unter der Verantwortung des verfahrenstechnischen Lieferanten jedoch mit Personal des Bauherrn bzw. Betreibers statt. Er dauert in der Regel mehrere Wochen, bei Anlagen mit biologischen Prozessen kann er auch mehrere Monate dauern. Soweit möglich und sinnvoll sind während des Probebetriebs auch die Leistungsnachweise insbesondere hinsichtlich der vereinbarten Beschaffenheiten der Anlage zu überprüfen. Verschiedene Leistungsnachweise können jedoch erst bei einem längerfristigen Betrieb nachgewiesen werden und müssen später erfolgen.

Für Abfallbehandlungsanlagen ist auch sehr wichtig, dass rechtzeitig vor dieser Phase eine ausreichende Schulung des späteren Betriebspersonals erfolgt und dass die Betriebsanleitung und Dokumentation der Anlage soweit fertig gestellt sind, dass das Personal des Betreibers in der Lage ist, die Anlage bestimmungsgemäß zu betreiben,

12.12.4 Abnahme und Übergabe des Objektes

Die Abnahme eines Bauwerks oder einer Anlage stellen einen sehr entscheidenden Schritt bei der Realisierung eines Bauvorhabens dar. Mit der Abnahme geht das Bauwerk in die Gefahr des Bauherrn über. Juristisch ergibt sich hiermit eine Umkehr der Beweislast. Das bedeutet, dass Fehler vom Bauherrn nachzuweisen sind, was in der Regel ziemlich schwierig ist. Somit trägt auch der Architekt oder Ingenieur bei der Abnahme eine große Verantwortung.

Die Abnahme erfolgt nach Fertigstellung des Bauwerkes, bei Abfallbehandlungsanlagen zusätzlich nach erfolgreichem Probebetrieb sowie dem Nachweis der bis zur Abnahme zu erbringenden Leistungsnachweise. Die Abnahme wird in einer Abnahmeniederschrift dokumentiert, die in der Regel vom Lieferanten bzw. der Baufirma, dem Bauherrn und dem überwachenden Architekten oder Ingenieur unterzeichnet wird. Die Abnahme kann nur verweigert werden, wenn wesentliche Mängel vorliegen. Sämtliche sonstigen bekannten Mängel werden ebenso wie eventuell noch zu erbringende Leistungsnachweise in der Abnahmeniederschrift dokumentiert und mit Terminen zur Erledigung versehen. Somit sind Abnahmemängel de facto aus der Abnahme zunächst ausgenommen. Die dokumentierten Mängel müssen vom jeweils Verantwortlichen (Lieferant bzw. Baufirma) auf seine Kosten innerhalb der vereinbarten Termine beseitigt werden.

Die Überwachung der Beseitigung der Abnahmemängel sowie deren Dokumentation liegt ebenso beim Architekten bzw. Ingenieur wie die Beantragung und Teilnahme an behördlichen Abnahmen, die Zusammenstellung der Wartungsvorschriften, das Auflisten der Verjährungsfristen sowie die Kostenfeststellung mit Kostenkontrolle.

12.12.5 Begleitung des Anlagenbetriebs

Neben der Überwachung der Beseitigung der Abnahmemängel sowie deren Dokumentation sind auch die während der Vertragsfristen auftretenden Mängel zu erfassen und deren Beseitigung entsprechend zu überwachen.

Sehr wichtig ist in dieser Phase auch dafür Sorge zu tragen, dass von den Lieferanten und Planern die endgültige Dokumentation über die gebaute bzw. gelieferte Anlage mit der erforderlichen Qualität erstellt und zusammengestellt wird.

Da verfahrenstechnische Anlagen wie speziell auch Abfallbehandlungsanlagen ein permanentes Optimierungspotential aufweisen, sollten Ingenieure immer bestrebt sein, bei solchen Optimierungen aktiv mitzuwirken um das daraus erlernte Wissen bei zukünftigen Planungen einbringen zu können.

Fragen zu Kap. 12

Fragen zu Abschn. 12.1 bis 12.6

1. Durch was zeichnen sich integrierte Abfallwirtschaftskonzepte aus?
2. Wie ist die grundsätzliche Vorgehensweise bei der Erstellung von integrierten Abfallwirtschaftskonzepten?
3. Welche Zielvorgaben werden im Allgemeinen bei der Erstellung von Abfallwirtschaftskonzepten angesetzt?
4. Wie sieht die Abfallhierarchie gemäß Abfallrahmenrichtlinie der EU aus?
5. Welche Vorgehensweise zur Abschätzung zukünftiger Abfallmengen und Abfallzusammensetzung bietet sich an?
6. Welche quantitativen und qualitativen Kriterien werden zur Bewertung abfallwirtschaftlicher Varianten herangezogen?
7. Wie wird eine Massenstrombetrachtung von Entsorgungsketten durchgeführt?
8. Welche wesentlichen Kosten fließen in die Kostenberechnung von Abfallentsorgungsvarianten ein?
9. Welche Bewertungsgrößen können zur Beurteilung der Umweltrelevanz von Abfallwirtschaftskonzepten herangezogen werden?
10. Auf welche Punkte muss bei der Umsetzung integrierter Abfallwirtschaftskonzepte geachtet werden?

Fragen zu Abschn. 12.7 bis 12.12

11. Wie wird bei der Planung üblicherweise vorgegangen und was sind die wichtigsten Planungs- und Realisierungsphasen?
12. Welche besonderen Vorgehensweisen gibt es bei der Planung technisch komplexer Abfallbehandlungsanlagen?
13. In welche Planungsphase werden Varianten untersucht und mit welchen Instrumenten und nach welchen Kriterien können sie bewertet werden?
14. Welches sind die wichtigsten gesetzlichen Regelungen bei der Genehmigung von Abfallbehandlungsanlagen?
15. Welche wesentlichen Schritte beinhaltet ein Genehmigungsverfahren für eine größere Abfallbehandlungsanlage?
16. Welche Vor- und Nachteile haben Ausschreibungsverfahren mit funktionaler Ausschreibung bzw. Ausschreibung mit Leistungsverzeichnis?

17. Was unterscheidet kommunale Bauherren von Privatunternehmern im Ausschreibungsverfahren?
18. Welche Kriterien können in die Angebotsbewertung bei technisch komplexen Abfallbehandlungsanlagen einfließen?
19. Was sind die wichtigsten Stufen bei der Realisierung komplexer Abfallbehandlungsanlagen und was beinhalten sie jeweils?

Literatur

[1] Gesetz zur Förderung der Kreislaufwirtschaft und Sicherung der umweltverträglichen Bewirtschaftung von Abfällen (Kreislaufwirtschaftsgesetz – KrWG), Artikel 1 des Gesetzes vom 24. Februar 2012 (BGBl. I S. 212), in Kraft getreten am 01.03.2012 bzw. 01.06.2012, zuletzt geändert durch Gesetz vom 22. Mai 2013 (BGBl. I S. 1324) m.W.v. 01.05.2014
[2] Kranert, M.: Erstellung von integrierten Abfallwirtschaftskonzepten (Kap. 10.2). In: Tabasaran (Hrsg.): Abfallwirtschaft, Abfalltechnik, Verlag Ernst und Sohn, Berlin, 1994
[3] Verordnung über Deponien und Langzeitlager (Deponieverordnung – DepV) vom 27. April 2009 (BGBl. I S. 900). Zuletzt geändert durch Artikel 7 der Verordnung vom 2. Mai 2013 (BGBl. I S. 973)
[4] Verbücheln et al.: Strategie für die Zukunft der Siedlungsabfallentsorgung (Ziel 2020). UFOPLAN 2003, FuE-Vorhaben 20132324, Umweltbundesamt, Berlin, 2003
[5] EU-Kommission: Weiterentwicklung der nachhaltigen Ressourcennutzung: Eine thematische Strategie für Abfallvermeidung und Recycling, 2006
[6] EU-Abfallrahmenrichtlinie: Richtlinie 2008/98/EG des Europäischen Parlaments und des Rates vom 19. November 2008
[7] DIN EN ISO14040 ff: Umweltmanagement – Ökobilanz – Grundsätze und Rahmenbedingungen, 2006
[8] GABI: Ganzheitliche Bilanzierung, Software. http://www.gabi-software.com, Zugriff 28. September 2015
[9] GEMIS: Globales Emissions-Modell integrierter Systeme. http://www.oeko.iinas.org/gemis-de, 2015
[10] UMBERTO: Software für Lebenszyklusanalysen. http://www.umberto.de, Zugriff 28. September 2015
[11] Kranert, M. et al.: Abfallentsorgung mit geringeren Kosten für Haushalte, weitgehender Abfallverwertung und dauerhaft umweltverträglicher Abfallbeseitigung – Konzepte zur langfristigen Umgestaltung der heutigen Hausmüllentsorgung. Forschungsbericht, Umweltministerium Baden-Württemberg, Stuttgart, 2006
[12] Verordnung über die Honorare für Architekten- und Ingenieurleistungen (HOAI) vom 10. Juli 2013 (BGBl. I S. 2276)
[13] Gesetz zum Schutz vor schädlichen Umwelteinwirkungen durch Luftverunreinigungen, Geräusche, Erschütterungen und ähnliche Vorgänge (Bundes-Immissionsschutzgesetz – BImSchG) in der Fassung der Bekanntmachung vom 26. September 2002 (BGBl. I S. 3830), zuletzt geändert durch Gesetz vom 02. Juli 2013 (BGBl. I S. 1943) m.W.v. 06.07.2013
[14] Vierte Verordnung zur Durchführung des Bundes-Immissionsschutzgesetzes (Verordnung über genehmigungsbedürftige Anlagen – 4. BImSchV) vom 2. Mai 2013 (BGBl. I S. 973, 3756)
[15] Neunte Verordnung zur Durchführung des Bundes-Immissionsschutzgesetzes (Verordnung über das Genehmigungsverfahren – 9. BImSchV) in der Fassung der Bekanntmachung vom

29. Mai 1992 (BGBl. I S. 1001), zuletzt durch Artikel 3 der Verordnung vom 2. Mai 2013 (BGBl. I S. 973)

[16] Gesetz zur Ordnung des Wasserhaushalts (Wasserhaushaltsgesetz – WHG), Artikel 1 des Gesetzes vom 31. Juli 2009 (BGBl. I S. 2585), in Kraft getreten am 07.08.2009 bzw. 01.03.2010, zuletzt geändert durch Gesetz vom 07. August 2013 (BGBl. I S. 3154) m.W.v. 15.08.2013

[17] Gesetz über die Umweltverträglichkeitsprüfung (UVPG) in der Fassung der Bekanntmachung vom 24. Februar 2010 (BGBl. I S. 94), zuletzt geändert durch Artikel 10 des Gesetzes vom 25. Juli 2013 (BGBl. I S. 2749)

[18] Siebzehnte Verordnung zur Durchführung des Bundes-Immissionsschutzgesetzes (Verordnung über die Verbrennung und die Mitverbrennung von Abfällen – 17. BImSchV) vom 2. Mai 2013 (BGBl. I S. 1021, 1044, 3754)

[19] Dreißigste Verordnung zur Durchführung des Bundes-Immissionsschutzgesetzes (Verordnung über Anlagen zur biologischen Behandlung von Abfällen – 30. BImSchV) vom 20. Februar 2001 (BGBl. I S. 317), zuletzt geändert durch Artikel 3 der Verordnung vom 27. April 2009 (BGBl. I S. 900)

[20] Richtlinie 96/61/EG des Rates vom 24. September 1996 über die integrierte Vermeidung und Verminderung der Umweltverschmutzung (IVU-Richtlinie), Amtsblatt Nr. L 257 vom 10. Oktober 1996, S. 0026–0040

[21] BVT-Merkblättern (Beste-Verfügbare-Technik). http://www.umweltbundesamt.de/sites/default/files/medien/419/dokumente/bvt_abfallbehandlung_vv.pdf [Stand 10. November 2014]

[22] Erste Allgemeine Verwaltungsvorschrift zum Bundes-Immissionsschutzgesetz (Technische Anleitung zur Reinhaltung der Luft – TA Luft) vom 24. Juli 2002, GMBl. S. 511

[23] Sechste Allgemeine Verwaltungsvorschrift zum Bundes-Immissionsschutzgesetz (Technische Anleitung zum Schutz gegen Lärm – TA Lärm) vom 26. August 1998, GMBl. S. 503

[24] VDI-Richtlinie: VDI 7000 Frühe Öffentlichkeitsbeteiligung bei Industrie- und Infrastrukturprojekten. http://www.vdi.de/karriere/vdi-7000/ [Stand 10. November 2014]

[25] VDI-Richtlinie: VDI 7001 Kommunikation und Öffentlichkeitsbeteiligung bei Planung und Bau von Infrastrukturprojekten; http://www.vdi.de/technik/fachthemen/bauen-und-gebaeudetechnik/fachbereiche/bautechnik/richtlinien/richtlinienreihe-vdi-7001-kommunikation-und-oeffentlichkeitsbeteiligung-bei-planung-und-bau-von-infrastrukturprojekten [Stand 10. November 2014]

[26] Verordnung über Sicherheit und Gesundheitsschutz bei der Bereitstellung von Arbeitsmitteln und deren Benutzung bei der Arbeit, über Sicherheit beim Betrieb überwachungsbedürftiger Anlagen und über die Organisation des betrieblichen Arbeitsschutzes (Betriebssicherheitsverordnung – BetrSichV). Betriebssicherheitsverordnung vom 27. September 2002 (BGBl. I S. 3777), zuletzt geändert durch Artikel 5 des Gesetzes vom 8. November 2011 (BGBl. I S. 2178)

[27] Verordnung über die Vergabe öffentlicher Aufträge (Vergabeverordnung – VgV), in der Fassung der Bekanntmachung vom 11. Februar 2003 (BGBl. I S. 169), zuletzt geändert durch Verordnung vom 15. Oktober 2013 (BGBl. I S. 3854) m.W.v. 25.10.2013

[28] Vergabe- und Vertragsordnung für Bauleistungen Teil A (Allgemeine Bestimmungen für die Vergabe von Bauleistungen,VOB/A). Fassung 2012 (Bekanntmachung vom 24. Oktober 2011 (BAnz. Nr. 182a vom 2. Dezember 2011; BAnz AT 07.05.2012 B1)), in Anwendung seit dem 19.07.2012 gem. § 6 Vergabeverordnung in der Fassung aufgrund der Änderungsverordnung vom 12. Juli 2012) (BGBl. I S. 1508), berichtigt durch Bekanntmachung vom 24. April 2012 (BAnz AT 07.05.2012 B1) und geändert durch Bekanntmachung vom 26. Juni 2012 (BAnz AT 13.07.2012 B3)

[29] EU-Schwellenwerte; http://www.eu-schwellenwerte.de/ [Stand 10. November 2014]

Managementsysteme und innerbetriebliche Abfallwirtschaft

13

13.1 Einleitung

Im Rahmen der **strategischen Organisationsführung** (**Management**) nehmen die Umweltwirkungen einer Organisation (Unternehmen, Verband, Institution, Kommune, Behörde etc.) eine wichtige Rolle ein, da sie die Qualität von Lebensräumen und die wirtschaftliche Leistungsfähigkeit von Systemen nachhaltig beeinflussen können und somit eine wesentliche Wirkung auf Mensch und Gesellschaft haben. Dies führt vermehrt zu einem Bedarf an Instrumenten zur zielgerichteten Beeinflussung und Optimierung der Umweltwirkung von Organisationen.

Managementsysteme sind ein Teil der strategischen Organisationsführung, betrachtet hier mit Schwerpunkt auf der Aufnahme, Bewertung und Beeinflussung der Umweltwirkungen einer Organisation.

Besonders in Betrieben, deren Prozesse eine wesentliche Umweltwirkung haben, die in besonderer Weise gesetzliche Umweltauflagen erfüllen müssen und die einem erhöhten Wettbewerbsdruck ausgesetzt sind, wird eine systematische Einbeziehung von produktions- und prozessbedingten Umweltwirkungen in die Unternehmensstrategie verstärkt umgesetzt.

Ein Teil der hier betrachteten Umwelt- und Energiemanagementsysteme ist die **innerbetriebliche Abfallwirtschaft**, die sich mit der Entstehung, der Erfassung, der Vermeidung, der Verwertung und der Beseitigung von Abfällen im Unternehmen beschäftigt.

Kernfragen

- Welche Funktion haben Umwelt- und Energiemanagementsysteme in Bezug auf betriebliche Abfallwirtschaft?
- Welches sind die wesentlichen Elemente von EMAS und ISO 14001?
- Welche Zielsetzungen verfolgt die innerbetriebliche Abfallwirtschaft als Teil des betrieblichen Umweltmanagements?

M. Kranert (Hrsg.), *Einführung in die Kreislaufwirtschaft*,
DOI 10.1007/978-3-8348-2257-4_13

- Woraus setzen sich die Abprodukt Kosten zusammen?
- Welche Rolle spielen Mitarbeiter in innerbetrieblichen Veränderungsprozessen?

13.2 Managementsysteme

13.2.1 Einleitung

Die strategische Organisationsführung und das gezielte Steuern von Prozessen in Organisationen werden als **Management** bezeichnet. Das Umwelt- und Energiemanagement ist ein Teil des Managements einer Organisation.

Unter Umweltmanagement versteht man die Erfassung, Bewertung und zielgerichtete Beeinflussung der Umweltwirkungen einer Organisation. **Umweltmanagementsysteme** definieren Abläufe, Strategien und Instrumente, die im Rahmen des Umweltmanagements zur Anwendung kommen und die Umsetzung des Umweltmanagements unterstützen.

Energiemanagementsysteme betrachten die Energieströme einer Organisation, mit der Zielsetzung die Energieeffizienz zu verbessern, durch eine systematische Beschreibung des Energieflusses und der Identifizierung von Energieeinsparpotenzialen durch die Definition geeigneter Energiekennzahlen (EnPI).

Die genannten Systeme stellen somit ein Steuerungsinstrument zur Ausrichtung der Organisationsaktivitäten an den ökologischen Organisationszielen (Ressourcenschutz, Emissions-, Abfall- und Risikobegrenzung) dar. Eine Festlegung von Umweltzielen und eine zielgerichtete Steuerung im Rahmen eines **kontinuierlichen Verbesserungsprozesses (KVP)** dienen der Sicherung einer nachhaltigen Umweltverträglichkeit von Produkten und Prozessen.

Energie- und Umweltmanagementsysteme sind häufig Bestandteil eines übergeordneten Managementsystems (meist ist dies ein Qualitätsmanagementsystem) und sollen sicherstellen, dass die Aktivitäten der Organisation zu möglichst geringen Umweltbelastungen und Emissionen führen. Die negativen Auswirkungen auf die natürliche Umwelt sollen so weit wie möglich vorbeugend analysiert und vermieden werden (**proaktiver Umweltschutz**). Dazu müssen die Organisationsstrukturen (Aufbau- und Ablauforganisation), die Zuständigkeiten (Verantwortlichkeiten), die Verfahren, Instrumente und Ressourcen festgelegt werden, damit eine Organisation ihre **Umwelt- und Energieleistung** kontinuierlich verbessern kann [1].

13.3 Umweltmanagementsysteme (EMAS und ISO 14001)

13.3.1 „Eco-Management and Audit Scheme" (EMAS)

EMAS ist die Abkürzung der englischen Bezeichnung „**Eco-Management and Audit Scheme**". Basierend auf der Verordnung aus dem Jahr 1993 (EWG) Nr. 1836/93 des Rates vom 29. Juni 1993 [2] wurde im Dezember 1995 das europäische Gemeinschaftssystem für das Umweltmanagement und die **Umweltbetriebsprüfung** in Deutschland gesetzlich eingeführt. Heute sind die Verordnung (EG) Nr. 761/2001 (EMAS II) [3] und das deutsche **Umweltauditgesetz** Rechtsgrundlagen [4].

Eine Teilnahme an EMAS ist freiwillig. Es ist gültig in der Europäischen Union und den assoziierten Staaten.

Nachdem zunächst nur Unternehmen aus Industrie und dem verarbeitenden Gewerbe zugelassen waren, dürfen seit 1998 weitere Wirtschaftsbereiche teilnehmen. Dazu gehören Banken, Handel und Versicherungen, Kommunalbehörden und Bildungseinrichtungen sowie Dienstleister und Verbände oder Behörden, die zusammen mit den Unternehmen von der Verordnung (EG) Nr. 761/2001 des Europäischen Parlaments und des Rates vom 19. März 2001 [3], einheitlich als „Organisation" bezeichnet werden [4].

Eine Organisation kann das Umweltmanagementsystem an einem oder mehreren Standorten einführen, an einem Teilstandort jedoch nur unter bestimmten Voraussetzungen. Teilstandorte sind grundsätzlich nicht validierbar.

Ein Umweltmanagementsystem nach EMAS wird von staatlich zugelassenen und beaufsichtigten Umweltgutachtern bzw. Umweltgutachterorganisationen geprüft. Diese überprüfen sowohl die Einhaltung aller gesetzlicher Regelungen als auch der selbst gesteckten Ziele. Es erfolgt ein Eintrag in ein nationales EMAS-Register bzw. das EU-Register. Der Teilnehmer ist berechtigt, das EMAS-Logo zu benutzen. Die geforderte Umwelterklärung kann in das EU-Verzeichnis „EMAS Environmental Statement Library" aufgenommen werden [5]. Die Qualität von EMAS wird von den EU-Mitgliedstaaten überwacht. In Deutschland ist der Umweltgutachterausschuss (UGA) für die Sicherung der Qualität zuständig.

Mit der Einführung eines Umweltmanagementsystems nach EMAS erfassen die Teilnehmer ihre **Umweltleistungen**, um sie zu bewerten und kontinuierlich zu verbessern. Durch die Notwendigkeit alle Umweltauflagen zu erfüllen und die Zielsetzung einer kontinuierlichen Verbesserung, übertreffen die Umweltleistungen der Unternehmen häufig die gesetzlichen Anforderungen. Die Einführung eines Umweltmanagementsystems erfordert eine systematische Vorgehensweise [1].

13.3.1.1 Umsetzung von EMAS in der Organisation

Nach der ersten Umweltprüfung, in der alle direkten (z. B. Emissionen in die Atmosphäre, Nutzung und Verunreinigung von Böden) und indirekten Umweltaspekte (z. B. produktbezogene Auswirkungen wie Verpackung, Transport etc.) berücksichtigt werden, wird ein Umweltmanagementsystem aufgebaut.

Der Umweltschutz wird durch die Einführung des Umweltmanagementsystems fest in der Unternehmenspolitik (**Umweltpolitik** der Organisation) verankert. Durch eine interne **Umweltbetriebsprüfung** wird das Umweltmanagementsystem bezüglich seiner Umsetzung und Funktionsfähigkeit bewertet. Die **Umwelterklärung**, die nach EMAS gefordert wird, informiert die Öffentlichkeit über die Umweltleistung der Organisation.

Schließlich wird das Umweltmanagementsystem durch einen externen, staatlich zugelassenen und beaufsichtigten Umweltgutachter oder eine Umweltgutachterorganisation validiert. Nach erfolgreicher Prüfung können sich die Unternehmen in das EMAS-Register eintragen lassen [6].

Nach der Umweltprüfung, die als Grundlage für die Einführung des Umweltmanagementsystems dient, erfolgen regelmäßige Umweltbetriebsprüfungen, sogenannte Audits. Die Umweltbetriebsprüfung oder der Betriebsprüfungszyklus (s. Abb. 13.1) ist in regelmäßigen Abständen, die nicht mehr als drei Jahre betragen dürfen, abzuschließen. Die Häufigkeit, mit der eine Tätigkeit geprüft wird, hängt von folgenden Faktoren ab:

- Art, Umfang und Komplexität der Tätigkeiten;
- Wesentlichkeit der damit verbundenen Umweltauswirkungen;
- Bedeutung und Dringlichkeit der bei früheren Umweltbetriebsprüfungen festgestellten Probleme;
- Vorgeschichte der Umweltprobleme.

Komplexere Tätigkeiten mit wesentlicheren Umweltauswirkungen werden häufiger geprüft.

Die Organisationen erstellen ihr eigenes Umweltbetriebsprüfungsprogramm und legen die Häufigkeit der Umweltbetriebsprüfungen fest [3].

Die teilnehmenden Organisationen setzen sich Ziele, um ihre Umweltleistung kontinuierlich zu verbessern. **Umweltkennzahlen** helfen bei der Beurteilung der Umweltleistungsfähigkeit eines Unternehmens. Hinweise zur Bildung und Berechnung der Kennzahlen gibt die Empfehlung über Leitlinien zur Durchführung der EMAS-VO 2003/532/EG [7].

Die Verbesserung zielt dabei nicht nur auf **direkte**, sondern auch auf **indirekte Umweltaspekte** hin. Die Umwelterklärung informiert die Öffentlichkeit unter anderem über die **Umweltziele** und die Umweltleistung. In ihr wird also über umweltrelevante Tätigkeiten und Daten bzgl. ihrer Energie- und Ressourcenverbräuche, Emissionen usw. berichtet.

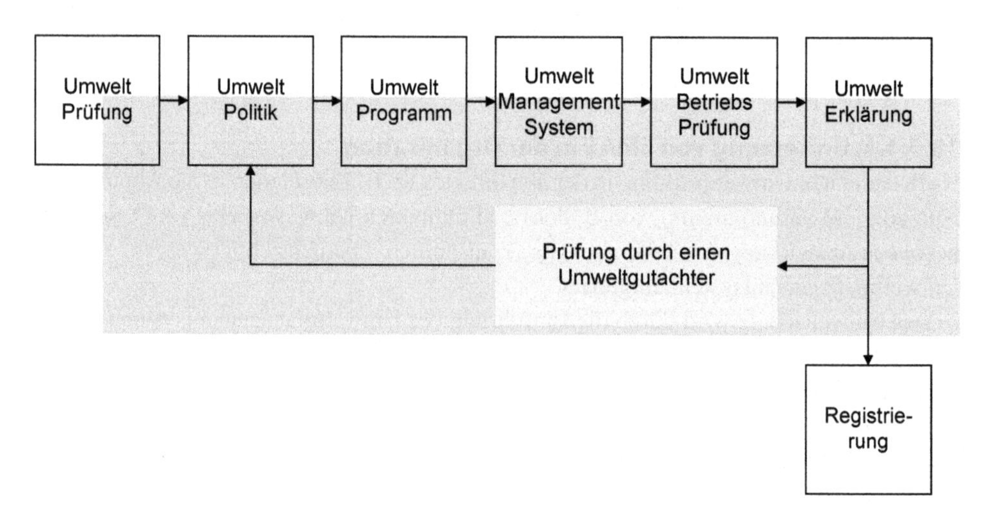

Abb. 13.1 Ablauf der Umsetzung, Prüfung und Registrierung von EMAS. Quelle: Umweltgutachterausschuss [4]

13.3.1.2 Wirkungen von EMAS

Die Teilnahme an EMAS bringt zum Teil erhebliche Vorteile für die Organisationen. So sind große Einsparungen möglich. Durch die Optimierung des Einsatzes von Ressourcen und Energie sowie Veränderungen im Abfall- und Abwasseraufkommen und bei der Entstehung weiterer Emissionen erreichen die Teilnehmer ein positives Kosten/Nutzen-Verhältnis.

Ein weiterer Vorteil liegt in der erhöhten Rechts- und Nachweissicherheit. So fordern z.B. Großunternehmen häufig Nachweise von ihren Zulieferern über ein funktionierendes Umweltmanagementsystem [4]. Kunden und Endverbraucher achten vermehrt auf umweltrelevante Aspekte und beziehen diese in ihre Konsumentscheidung ein.

Die Einhaltung der geltenden Rechtsvorschriften ist bei EMAS vorgeschrieben. Die Motivation für die Teilnahme an EMAS ist weitreichend. Die Betriebe sind sehr im Umweltschutz engagiert und beabsichtigen diesen fest im Unternehmen zu verankern. Für die Unternehmen ist die Teilnahme an EMAS ein Weg, zusätzliche Aufmerksamkeit am Markt zu erlangen und sich dadurch Vorteile zu verschaffen [8].

In Deutschland sind die Teilnehmer an EMAS mit den höchsten Beschäftigtenzahlen die Standorte der Automobilindustrie [4].

13.3.2 Umweltmanagementsystem ISO 14001

Die ISO 14001 ist eine internationale Norm zum Umweltmanagement, die weltweit gilt. Die Teilnahme ist freiwillig. Sie bietet damit Organisationen einen Rahmen für die Überprüfung der Umweltverträglichkeit ihrer Aktivitäten, Produkte und Dienstleistungen und hilft ihnen dabei, ihre **Umweltbilanz** stetig zu verbessern.

Ein Schwerpunkt liegt dabei auf dem kontinuierlichen Verbesserungsprozess, durch den definierte Ziele bezüglich der Umweltleistung des Unternehmens erreicht werden sollen. Der kontinuierliche Verbesserungsprozess (KVP) beruht dabei auf der Methode „Planen – Ausführen – Kontrollieren – Optimieren“ (Plan – Do – Check – Act) (s. Abb. 13.2). Hierzu ist es notwendig, eine Umweltpolitik, Umweltziele und ein Umweltprogramm festzulegen und ein entsprechendes Managementsystem zur Erreichung der Ziele aufzubauen [9].

Durch die regelmäßige Überprüfung der Umweltziele und des Umweltmanagementsystems soll eine kontinuierliche Verbesserung erreicht werden [9].

Die ISO 14001 legt jedoch keine absoluten Anforderungen für die Umweltleistung fest. Sie fordert lediglich die Einhaltung der Verpflichtungen, die sich die Organisation in ihrer Umweltpolitik selbst auferlegt hat. Die Umweltpolitik muss die Einhaltung der geltenden rechtlichen Verpflichtungen und Anforderungen beinhalten [9].

Die **ISO 14001** besteht seit 1996. In 2013 hatten weltweit mehr als 285.000 Organisationen ein Umweltmanagementsystem eingeführt und ein ISO-Zertifikat erworben, in Deutschland wurden 6000 Zertifikate erteilt [11, 13]. Im September 2015 wurde die neue internationale Fassung der ISO 14001 (ISO 14001:2015) veröffentlicht. Die Struktur der Norm hat sich nicht geändert. Sie wurde in einigen Bereichen neu formuliert und ermöglicht seitdem eine verbesserte Kompatibilität mit anderen ISO-Managementsystemen [5].

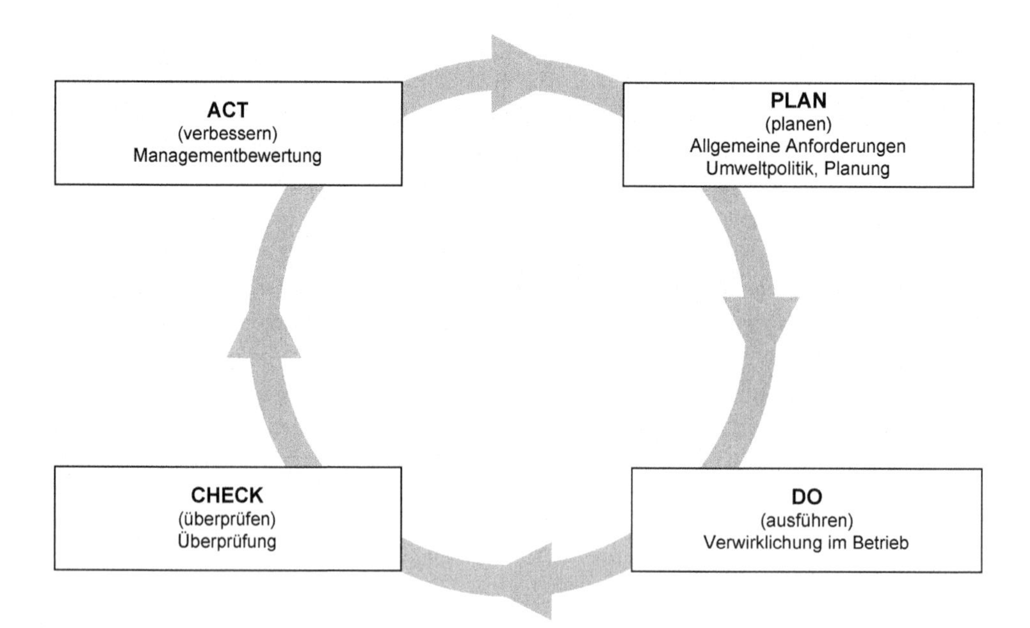

Abb. 13.2 Plan – Do – Check – Act (PDCA) cycle. Quelle: Steinbeis-Transferzentrum Managementsysteme [10]

Der erste Schritt zur Einführung eines Umweltmanagementsystems nach ISO 14001, beinhaltet die **Festlegung einer Umweltpolitik** durch das oberste Führungsgremium der Organisation. Sie enthält u.a. Verpflichtungen zur ständigen Verbesserung und Vermeidung von Umweltbelastungen sowie die Einhaltung der geltenden rechtlichen Vorgaben.

Der zweite Schritt ist die **Planung**. Hier muss die Organisation Verfahren einführen, verwirklichen und aufrechterhalten,

- um jene Umweltaspekte ihrer Tätigkeit, Produkte und Dienstleistungen innerhalb des festgelegten Anwendungsbereiches des Umweltmanagementsystems, die sie überwachen und auf die sie Einfluss nehmen kann, unter Berücksichtigung geplanter oder neuer Entwicklungen oder neuer oder modifizierter Tätigkeiten, Produkte und Dienstleistungen zu ermitteln; und
- um jene Umweltaspekte, die bedeutende Auswirkung(en) auf die Umwelt haben oder haben können, zu bestimmen (d.h. bedeutende Umweltaspekte) [7].

Die Organisation muss alle geltenden rechtlichen Verpflichtungen und andere Anforderungen, zu denen sie sich bekannt hat, ermitteln und bestimmen. Sie sind auf die Umweltaspekte anzuwenden und im Umweltmanagementsystem zu berücksichtigen. Sie muss dokumentierte, umweltbezogene Zielsetzungen und Einzelziele für relevante Funktionen und Ebenen innerhalb der Organisation einführen, verwirklichen und aufrechterhalten. Die Ziele müssen praktikabel und messbar sein.

Zum Erreichen der Ziele benötigt die Organisation ein oder mehrere Programme, die sowohl die Verantwortlichkeiten als auch die Mittel und den Zeitrahmen enthalten müssen. Das dritte Element der ISO 14001 heißt **Verwirklichung und Betrieb**. Es behandelt die Ressourcen, Aufgaben, Verantwortlichkeiten und Befugnisse sowie die Schulung von Mitarbeitern und die Kommunikation. Eine externe Kommunikation ist dabei nicht obligatorisch. Dieser Abschnitt beinhaltet außerdem die Dokumentation des Umweltmanagementsystems, die Lenkung von Dokumenten, die Ablauflenkung sowie die Notfallvorsorge und die Gefahrenabwehr.

Der Schritt vier, die **Überprüfung**, beinhaltet die Überwachung und Messung sowie die Bewertung der Einhaltung von Rechtsvorschriften. Als Nachweis wird eine Dokumentation durch entsprechende Aufzeichnungen verlangt. Ergänzend wird in diesem Schritt gefordert, dass die Organisation interne Audits des Umweltmanagementsystems in festgelegten Abständen durchführt.

Abschließend muss das oberste Führungsgremium der Organisation das Umweltmanagementsystem bewerten (Managementbewertung). So soll dessen fortdauernde Eignung, Angemessenheit und Wirksamkeit festgestellt werden [12].

Ein Unternehmen kann sein Umweltmanagementsystem auf der Grundlage von ISO 14001 durch einen unabhängigen Zertifizierer überprüfen lassen, der dann die Konformität des Systems mit den Anforderungen der Norm durch Ausstellung eines Zertifikats nach ISO 14001 bestätigt. Eine Zertifizierung ist nach dieser Norm nicht zwingend erforderlich, aber viele Unternehmen entscheiden sich dafür, da sie als unabhängig gilt und der Erhöhung der Glaubwürdigkeit dient. ISO-Zertifikate werden von privaten Zertifizierungsgesellschaften mit Akkreditierung bei der Trägergemeinschaft für Akkreditierung (TGA) ausgestellt.

13.4 Energiemanagementsystem ISO 50001

Die ISO 50001 wurde im Dezember 2011 veröffentlicht und hat in Deutschland, im April 2012 die bis dahin gültige 16001 abgelöst. Die Norm wird als eigenständiges System zertifiziert, kann im Rahmen eines integrierten Managementsystems in enger Anlehnung an das QM-System nach ISO 9001 eingeführt werden. Wie in allen zertifizierten Normen sind wesentliche Bestandteil der Norm eine enge Anbindung an das Topmanagement, von dort müssen die wesentlichen Signale ausgehen und dokumentiert werden, die zur Ein- und Fortführung des Energiemanagementsystems (EMS) führen. Weiterhin ist eine verantwortliche Person (Energiemanagementbeauftragter) zu benennen.

Eine Organisation, die die ISO 50001 einführt verpflichtet sich der Zielsetzung der Verbesserung der energiebezogenen Leistung. Daraus folgt, dass vor der Einführung eine Ist-Aufnahme der augenblicklichen Energiesituation zu erfolgen hat. Dabei sind Energieträger, Energieverbrauch, Energieströme und Verantwortlichkeiten zu benennen. Aus der Analyse soll erkannt werden, wo die energiekritischen Bereiche liegen und welche energierelevanten Größen zu erfassen sind, um die energiebezogene Leistung (s. Abb. 13.3) quantifizieren und Veränderungen dokumentieren zu können [13].

Aufbauend auf der energetischen Ausgangsbasis wird die Energieeffizienz des Unternehmens mithilfe von Energiekennzahlen abgebildet. Diese EnPI (energy performance

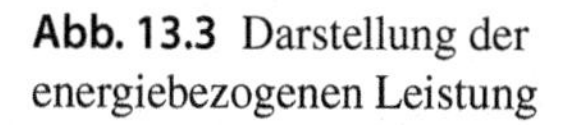

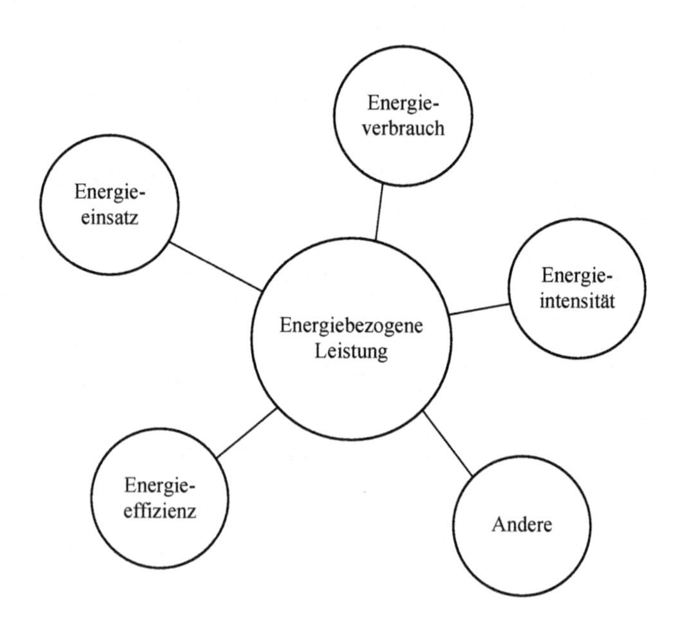

Abb. 13.3 Darstellung der energiebezogenen Leistung

indicator) werden vom Topmanagement benannt und Energieziele formuliert, die sich auf die formulierte Energiepolitik beziehen und Verantwortlichkeiten und Handlungsfelder benennen. Ausgehend von einer Potenzialanalyse kann im Rahmen des bereits benannten PDCA-Zyklus (s. Abb. 13.4) ein Abgleich zwischen angestrebten und erreichten Zielen stattfinden, der im Management-Review benannt wird, erneut in die Planung einfließt und somit ein kontinuierlicher Verbesserungsprozess aufrechterhalten wird.

Je nach identifizierter energierelevanter Größe ist es erforderlich eine neue Infrastruktur in der Organisation aufzubauen, die es ermöglicht, die Energiedaten zu messen und zu analysieren. Dies kann mit Investitionen verbunden sein die deutlich über das übliche Maß der erforderlichen Anpassung bei der Einführung eines Managementsystems hinausgehen.

Die Einführung von Energiemanagementsystemen in Deutschland wird maßgeblich beschleunigt durch finanzielle Anreize. Hierzu zählen die Verknüpfungen mit der Reduzierung der EEG-Umlage für energieintensive Unternehme und mit dem Spitzenausgleich im Rahmen der Energie- und Stromsteuer.

13.5 Verbreitung der beschriebenen Managementsysteme

In Europa sind 3400 Organisationen nach EMAS akkreditiert, dabei sind mit einer Anzahle von 1800 mehr als die Hälfte dieser Organisationen in Deutschland angesiedelt. Im Vergleich zur Verbreitung des weltweit anerkannten Systems ISO 14001 sind diese Zahlen sehr gering, wobei in Deutschland rund 6000 Unternehmen nach diesem System zertifiziert sind, weltweit sind es knapp 290.000 Organisationen [14].

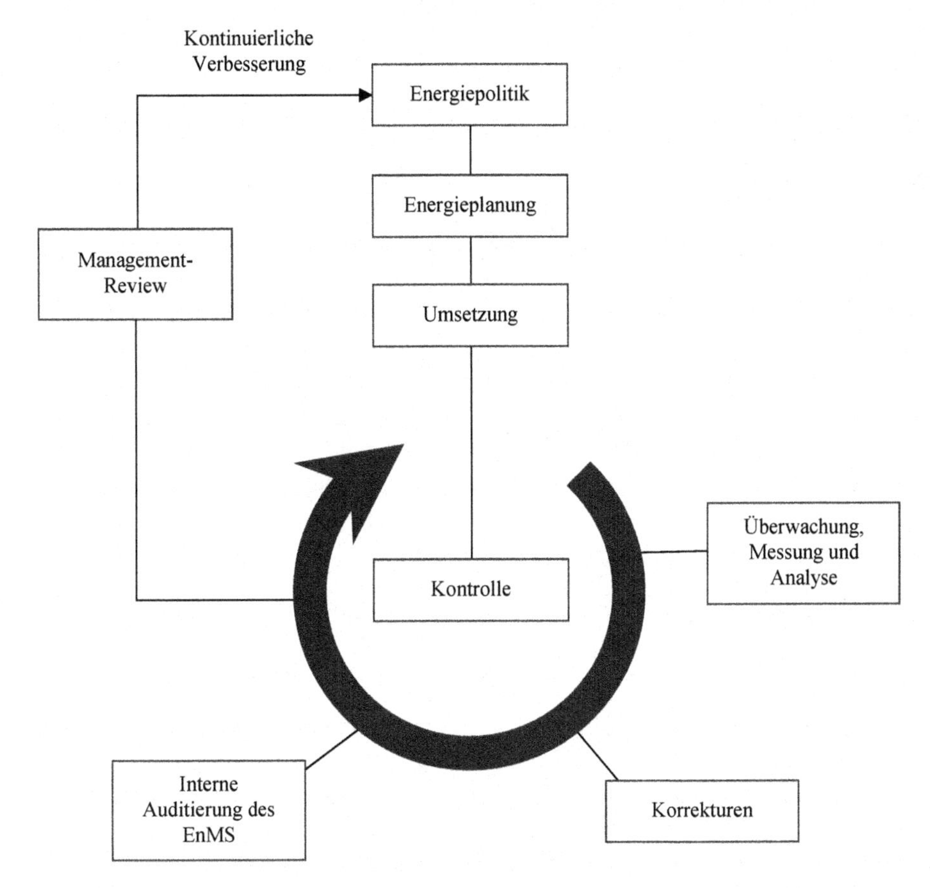

Abb. 13.4 Modell eines Energiemanagementsystems wie es für die ISO 50001 verwendet wird

Eine Auswertung der Peglau-Liste zeigt, dass das Energiemanagementsystem nach ISO 50001 weltweit rund 2900 zertifizierte Standorte aufweist, wobei 1500 davon in Deutschland angesiedelt sind [15].

Es zeigt sich, dass die Verknüpfung eines Managementsystems mit steuerlichen und anderen finanziellen Anreizen insbesondere beim Energiemanagementsystem in Deutschland zu einer raschen Verbreitung geführt hat. EMAS ist auch in diese Anreizsysteme integriert, allerdings sind immer alternativ dazu einfacher einzuführende Systeme (ISO 14001 und 50001) verfügbar, die zudem weltweit anerkannt sind [16, 17].

13.5.1 Verbindung zur innerbetrieblichen Abfallwirtschaft

Wesentlicher Bestandteil eines Umweltmanagementsystems in einem Unternehmen ist die innerbetriebliche Abfallwirtschaft. Die betrieblichen Umweltwirkungen gehen wesentlich von dem Ressourcenverbrauch und den verursachten Emissionen des Unternehmens aus.

Eine zielgerichtete innerbetriebliche Abfallbewirtschaftung, ist dabei Teil eines systematisch aufgebauten Umweltmanagementsystems.

Bei der Produktion und anderen Aktivitäten in Betrieben entstehen als Emissionen u.a. Abfälle. Die innerbetriebliche Bewirtschaftung dieser Abfälle bezeichnet man als innerbetriebliche Abfallwirtschaft.

Die innerbetriebliche Abfallwirtschaft hat die Aufgabe entstehende Abfälle im Unternehmen unter Einhaltung aller rechtlichen Rahmenbedingungen zu vermeiden, zu verwerten oder umweltverträglich zu entsorgen. Dabei ist wiederum die in der Abfallgesetzgebung festgeschriebene Hierarchie –Vermeidung vor Verwertung vor Beseitigung – einzuhalten.

Das betriebliche Umweltmanagement ist dagegen Teil der gesamten strategischen Organisationsführung des Unternehmens, mit Schwerpunkt auf der Aufnahme, Bewertung und Beeinflussung der Umweltwirkungen des Unternehmens.

Die innerbetriebliche Abfallwirtschaft ist als ein Aspekt der strategischen Organisationsführung in das betriebliche Umwelt- und Energiemanagement zu integrieren.

13.6 Innerbetriebliche Abfallwirtschaft

13.6.1 Einleitung

Die wichtigsten Grundsätze der innerbetrieblichen Abfallwirtschaft sind, Abfälle in ihrer Menge so gering wie möglich zu halten, die Schädlichkeit von Abfällen zu vermindern, nicht vermiedene Abfälle einer ordnungsgemäßen und schadlosen Verwertung zuzuführen und nicht verwertbare Abfälle gemeinwohlverträglich zu beseitigen. Im Kreislaufwirtschaftsgesetz werden darüber hinaus Regelungen zur Produktverantwortung, über Grundsätze und -pflichten von Abfallerzeugern sowie zur Überwachung der Abfallentsorgung getroffen [18].

Aus betriebswirtschaftlicher Sicht betrachtet die betriebliche Abfallwirtschaft den Stoffstrom im Unternehmen, der bereits zu Abfall geworden ist. Ihre Maßnahmen betreffen einen Teilbereich des Unternehmens und sind innerhalb des Unternehmens meist technisch oder außerhalb des Unternehmens auf der Entsorgungsseite angesiedelt. Dies sind u.a. die Einführung eines Systems zur Getrenntsammlung von Abfall, das Wechseln des Entsorgers/Verwerters um kostengünstigere und umweltschonendere Lösungen zu finden oder die möglichst lange Kreislaufführung von Stoffströmen, um Abfall zu minimieren.

Eine Weiterführung des Begriffs der innerbetrieblichen Abfallwirtschaft führt zum stofflichen Ressourcenmanagement, dieses betrachtet alle Stoffströme die zu Abfall werden könnten. Daraus folgt eine übergreifende Betrachtung des Unternehmens, womit umfassende Maßnahmen mögliche werden, um das stoffliche Ressourcenmanagement umsetzen zu können. Diese Maßnahmen beinhalten Aspekte des Abfallmanagements ebenso wie Organisationsentwicklung, Mitarbeiterschulung, Personalentwicklung oder Optimierung im Einkauf.

13.6.2 Gesetzliche Vorgaben als Rahmen der innerbetrieblichen Abfallwirtschaft

Der Rahmen, die Anforderungen und die Zielsetzungen der innerbetrieblichen Abfallwirtschaft werden durch die europäische und nationale Abfallgesetzgebung festgelegt (s.a. Kap. 1 – rechtliche Grundlagen der Abfallwirtschaft). Die Festlegung von Standards und Grenzwerten garantiert einen abfallwirtschaftlichen Mindeststandard in Unternehmen und ist in die europäische und nationale Umweltgesetzgebung integriert.

Gestaltungsspielraum für die Unternehmen besteht im Rahmen der innerbetrieblichen Abfallwirtschaft ausschließlich ergänzend zu der geltenden Rechtsgrundlage, d.h. im Rahmen der innerbetrieblichen Abfallwirtschaft hat ein Unternehmen immer zunächst die geltenden rechtlichen Vorgaben zu erfüllen. Maßnahmen die über die gesetzlichen Anforderungen hinaus gehen, werden häufig nur dann umgesetzt, wenn das Unternehmen dadurch einen Benefit auf einer weiteren betrieblichen Ebene erwartet (z. B. Verbesserung des Image, Erfüllung von Kundenanforderungen, vorrausschauende Erfüllung rechtlicher Anforderungen, Verbesserung der Arbeitsplatzbedingungen, Erzielung betriebswirtschaftlicher Profite etc.).

13.6.3 Betriebswirtschaftliche Aspekte der innerbetrieblichen Abfallwirtschaft

Kosten, die durch Abfall entstehen finden in der herkömmlichen Buchhaltung nur eine untergeordnete Berücksichtigung. Einzig die Entsorgungskosten können separat ausgewiesen sein, wobei dies in der Regel nicht geschieht. Somit sind die Kosten für die Entsorgung des Abfalls meist kein ausgewiesener Bestandteil der BWA (Betriebswirtschaftliche Auswertung).

Um die tatsächlich entstehenden **Abproduktkosten** abzubilden sind zusätzliche Rechenmodule notwendig, die bislang nur in wenigen Unternehmen angewendet werden.

13.6.3.1 Abproduktkosten

Als Abprodukt werden feste, flüssige und gasförmige Stoffe bezeichnet, die im gesellschaftlichen Reproduktionsprozess sowie im gesellschaftlichen Konsum als Abfall entstehen. Sie belasten die Umwelt und erzeugen in produzierenden Unternehmen 10–30 % der gesamten Produktionskosten [19].

Abprodukt Kosten entstehen schon im Einkauf, da Roh-, Betriebs- und Hilfsstoffe, sowie die Energie zunächst eingekauft werden müssen. Der Bestandteil dieser Eingänge im letztendlichen Abprodukt muss bei der Berechnung der Abprodukt Kosten berücksichtigt werden.

Im Verlauf des Produktionsprozess werden Maschinen, Lagerraum und Arbeitskraft genutzt, um das letztendlich gewünschte Produkt herzustellen. Auch hier ist zu berücksichtigen, dass ein Teil der genannten Produktionsmittel ausschließlich genutzt wird,

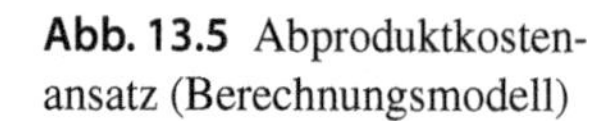

Abb. 13.5 Abproduktkostenansatz (Berechnungsmodell)

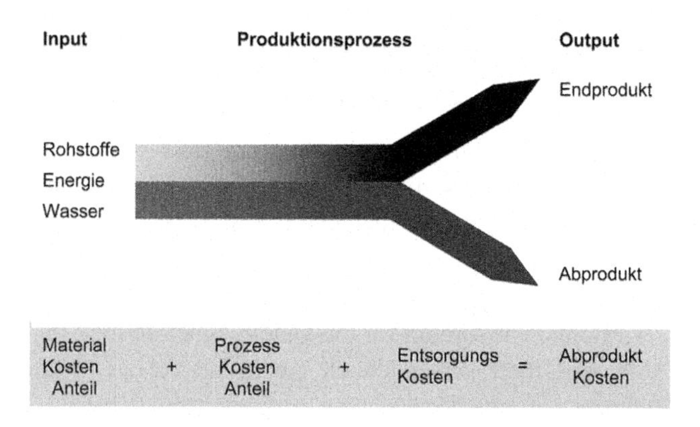

um Abprodukte zu produzieren. Diese Kosten wiederum müssen in die Kalkulation der Abprodukt Kosten einfließen.

Am Ende des Produktionsprozesses ist die Verwertung oder Beseitigung der Abprodukte erforderlich. Die hier entstehenden Kosten, durch eine interne oder externe Kreislaufführung, den Einsatz von End-of-Pipe-Technologien, zur Einhaltung von gesetzlichen Grenzwerten oder die Andienung an Entsorger und Verwerter fließen in die Abprodukt Kosten ein (s. Abb. 13.5).

Schon bei der Vorbereitung und Entwicklung von Produktionsprozessen ist eine möglichst Abprodukt arme Technologie für die Durchführung zugrunde zu legen. Darunter wird die praktische Anwendung von Kenntnissen, Produktionsmethoden und -mitteln verstanden, die im Rahmen der gesellschaftlichen Bedürfnisse eine möglichst rationelle Nutzung von Ressourcen und gleichzeitig den Schutz der Umwelt zu gewährleisten.

13.6.4 Von der innerbetrieblichen Abfallwirtschaft zum stofflichen Ressourcenmanagement

Der Begriff „innerbetriebliche Abfallwirtschaft" ist entstanden, als es nötig wurde, Abfällen im betrieblichen Alltag eine besondere Beachtung zu schenken. Dies schien insbesondere aus Sicht des Umweltschutzes gegeben, wodurch sich Umwelt- und Abfallberater außerhalb und Abfallbeauftragte innerhalb der produzierenden Unternehmen herausbildeten und etablierten.

Das stoffliche Ressourcenmanagement erfordert einen umfassenden Blick auf das Unternehmen, da alle Stoffströme (inkl. Flüssigkeiten und Gase) und deren Wirkungen aufeinander betrachtet werden, vom Eingang in das Unternehmen (Einkauf) bis zum Verlassen desselbigen (Verkauf, Entsorgung). Die Regelung der Stoffströme im Wertschöpfungsprozess wird durch Teilaspekte des Produktionsmanagements hinsichtlich Planung, Organisation, Personalleitung, Kontrolle und Informationsversorgung gesichert [20, 21]. Die Betrachtung der Stoffströme außerhalb der Wertschöpfung wird

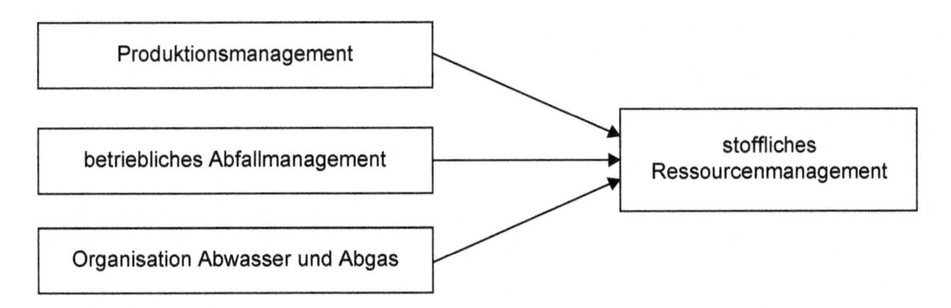

Abb. 13.6 Bestandteile des stofflichen Ressourcenmanagements

hinsichtlich des Abfalls vom betrieblichen Abfallmanagement, für gasförmige und flüssige Medien durch die Organisation der Entsorgung bzw. Verwertung von Abwasser und Abluft organisiert (s. Abb. 13.6).

Im Ressourcenmanagement werden die Bestandteile aller Stoff- und Energieflüsse, die das Unternehmen verlassen, ohne Teil des Produktes zu sein (Abwasser, Abluft und Abfall) unter dem Begriff Abprodukt zusammengefasst, die Bestandteile aller weiteren Stoffströme die das Unternehmen verlassen sind die Produkte.

13.6.4.1 Innerbetriebliche Veränderungsprozesse und soziale Wirkungen der innerbetrieblichen Abfallwirtschaft

Veränderungsprozesse in Unternehmen sind dadurch gekennzeichnet, dass sich innerhalb der Unternehmensführung und innerhalb der Mitarbeiter verschiedene Strömungen herausbilden.

Diese führen zu Gruppierungen die bei der Betrachtung von Veränderungsprozessen immer Berücksichtigung finden müssen. Die Ergänzung einer reinen Fachberatung durch eine Prozessberatung, wie bspw. im Rahmen einer Komplementärberatung vorgesehen [22], ist in jedem Fall in Betracht zu ziehen. Die in einem Veränderungsprozess entstehenden und über die Hierarchieebenen zu integrierenden Gruppierungen sind:

- Die Bewahrer
  Die Bewahrer achten darauf, dass in der Vergangenheit erfolgreiche Strategien erhalten bleiben oder in den Veränderungen Berücksichtigung finden. Die Bewahrer können innerhalb eines Veränderungsprozesses große Energien aufbieten, um die Veränderung zu verlangsamen oder gar zu blockieren.
  Es gilt diese Energien zum Wohle der Organisation zu nutzen, so kann aus einem Bewahrer ein engagierter Änderer werden.
- Die Änderer
  Die Änderer legen meist einen großen Enthusiasmus an den Tag, mit dem Ziel, alte Strukturen aufzubrechen um neuen, Erfolg versprechenden und spannenden Ideen einen Weg ins Unternehmen zu ebnen. Die Änderer müssen über eine hohe Frustrationstoleranz verfügen, da sie mit großen Widerständen zu kämpfen haben.

Änderer, die zu häufig mit Ihren Ideen gescheitert sind, können zu den Passiven oder zu Bewahrern werden.

- Die Passiven
  Die Passiven fühlen sich von dem Veränderungsprozess nicht tangiert und sehen keine Veranlassung zur aktiven Gestaltung. Sie lassen ihr Umfeld verändern und nehmen diese Veränderungen hin, wenn ihre Arbeitsabläufe dadurch nicht zu stark betroffen ist. Sollte von ihnen zu viel abverlangt werden, und ihr Arbeitsbereich sehr stark betroffen sein, können die Passiven aktiviert werden und gestalten den Veränderungsprozess als Änderer oder Bewahrer.

Fragen zu Kap. 13

1. Energie- und Qualitätsmanagement haben den PDCA Zyclus gemein, was bedeutet dieser und was sind die Bestandteile?
2. Welche Bedeutung haben die EnPI in einem Energiemanagementsystem und wie werden sie erhoben?
3. Welche Zielsetzungen verfolgt die innerbetriebliche Abfallwirtschaft als Teil des betrieblichen Umweltmanagements?
4. Was sind die Bestandteile der Abproduktkosten?
5. Inwiefern stellt die Berechnung der Abproduktkosten eine Ergänzung zu den betriebswirtschaftlich erfassten Kosten dar?
6. Was sind die Bestandteile des stofflichen Ressourcenmanagements und wie wirken diese zusammen?
7. Welche Rolle spielen Mitarbeiter in innerbetrieblichen Veränderungsprozessen?

Literatur

[1] Baumann, Werner; Kössler, Werner; Promberger, Kurt: Betriebliche Umweltmanagementsysteme; Linde Verlag, 2., überarbeitete Auflage, Wien, 2005, ISBN 3-7073-0795-6
[2] Europäische Kommission: (EWG) Nr. 1836/93 des Rates vom 29. Juni 1993
[3] Europäische Kommission: (EG) Nr. 761/2001 (EMAS II)
[4] Umweltgutachterausschuss (UGA): 10 Jahre EMAS – Nachhaltig und umweltbewusst wirtschaften in Deutschland, UGA – Umweltgutachterausschuss beim Bundesministerium für Umwelt, Naturschutz und Reaktorsicherheit, Berlin, November 2005
[5] http://www.tuv.com/media/germany/60_systeme/energie_umwelt/iso14001/IB_Revision_ISO_14001_Aenderungen_und_Auswirkungen.pdf, Köln, 2015
[6] Umweltgutachterausschuss: 10 Jahre UGA, Arbeitsschwerpunkte und Ergebnisse 1.–4. Berufungsperiode, 20. Dezember 1995 bis 19. Dezember 2005
[7] Europäische Kommission: Empfehlung 2003/532/EG der Kommission vom 10. Juli 2003
[8] Kahlenborn, Walter; Braun, Sabine; Frings, Ellen: 2004; Schritt für Schritt ins Umweltmanagementsystem; Der Umwelt Beauftragte; 12. Jahrgang, Heft 7
[9] Anhang der VERORDNUNG (EG) Nr. 196/2006 DER KOMMISSION vom 3. Februar 2006 zur Änderung des Anhangs I der Verordnung (EG) Nr. 761/2001 des Europäischen Parlaments

und des Rates aufgrund der Europäischen Norm EN ISO 14001:2004 sowie zur Aufhebung der Entscheidung 97/265/EG der Kommission aus: L 32/6 DE Amtsblatt der Europäischen Union 4.2.2006
[10] Steinbeis-Transferzentrum Managementsysteme, Ulm, http://www.tms-ulm.de/tms.11a/mod_media_db/media_show.php?sid=tms11a0g05b6681754e60525314d50ffa8fbd447e&object_id=8cd41d2d1f8cd3551ed99646615c3b31&action=download, 2007, Zugriff: 16.11.2014
[11] https://www.umweltbundesamt.de/themen/wirtschaft-konsum/wirtschaft-umwelt/umwelt-energiemanagement/iso-14001-umweltmanagementsystemnorm, UBA, 26.07.2013
[12] Glatzner Dr., Ludwig: 14001 – UMS, www.14001news.de, Münster, 2006
[13] Energiemanagementsysteme – Anforderungen mit Anleitung zur Anwendung (ISO 50001: 2011); Deutsche Fassung EN ISO 50001:2011, Dezember 2011
[14] EMAS Europa Organisationen in Europa; http://ec.europa.eu/environment/emas/pictures/Stats/2014-06_Overview_of_the_take-up_of_EMAS_across_the_years.jpg, Zugriff: 16.11.2014
[15] EMAS in Deutschland 1; http://www.umweltbundesamt.de/themen/wirtschaft-konsum/wirtschaft-umwelt/umwelt-energiemanagement, Zugriff: 16.11.2014
[16] ISO 14001 in Deutschland und weltweit; http://www.umweltbundesamt.de/themen/wirtschaft-konsum/wirtschaft-umwelt/umwelt-energiemanagement, http://www.umweltbundesamt.de/sites/default/files/medien/384/bilder/_abb_iso-14001-zertifizierungen_2013-10-09_neu.png, Zugriff: 16.11.2014
[17] Peglau Liste; ISO 50001 in Deutschland und weltweit Zertifizierte Standorte nach ISO 50001 – EU 27 (Stand 11.05.2013)
[18] http://www.gesetze-im-internet.de/bundesrecht/krwg/gesamt.pdf, 2016
[19] Thurm, R.: Kostentransparenz für das betriebliche Umweltmanagement. Krp-Kostenrechnungspraxis, 41. Jg., H. 6, S. 328–334, 1997
[20] Dyckhoff, H.: Grundzüge der Produktionswirtschaft, Springer Verlag, Berlin, 2000
[21] Varenkamp, R.: Produktionsmanagement, Oldenbourg Verlag, München, 1998
[22] Köningswieser et al.: Komplementärberatung – Das Zusammenspiel von Fach- und Prozeß-Know-how; Clett-Kotta Verlag, Stuttgart, 2006, ISBN-13: 978-3-608-94142-5

Stoffstrommanagement und Ökobilanzen 14

14.1 Einleitung

Stoffstrommanagement ist das zielorientierte, verantwortliche, ganzheitliche und effiziente Beeinflussen von Stoffströmen oder Stoffsystemen [1].

In modernen Volkswirtschaften sind umfangreiche Rohstoff-, Material- und Energieflüsse systemimmanent. Diese führen u. a. neben einer Beeinträchtigung der Umwelt insbesondere auch zur Verknappung von Rohstoffen und Ressourcen. Produktion und wirtschaftliche Prozesse sind stets mit Stoff- und Energieströmen verbunden.

Ein nachhaltiges Stoffstrom- und Ressourcenmanagement optimiert den anthropogenen Materialumsatz. Für die Optimierung abfallwirtschaftlicher Systeme stellt das Stoffstrom- und Ressourcenmanagement ein wichtiges Werkzeug zur Verbesserung der Umweltsituation sowie zur Ressourcenschonung dar.

Das Stoffstrommanagement kann vor diesem Hintergrund auf alle wirtschaftlichen und abfallwirtschaftlichen Bereiche einer Region angewandt werden. Hierbei ist die Erweiterung der Betrachtungsweise über die reine Siedlungsabfallwirtschaft hinaus sinnvoll – insbesondere vor dem Hintergrund erheblicher Ressourceneinsparungspotenziale bei Einbeziehung von den in anthropogenen Lagern gespeicherten Ressourcen.

Von der Definition her ist Stoffstrommanagement das zielorientierte, verantwortliche, ganzheitliche und effiziente Beeinflussen von Stoffströmen oder Stoffsystemen, wobei die Zielvorgaben aus dem ökologischen und ökonomischen Bereich kommen, ggf. auch unter Berücksichtigung von sozialen Aspekten. Die Ziele werden auf betrieblicher Ebene, in der Kette der an einem Stoffstrom beteiligten Akteure oder auf der staatlichen Ebene entwickelt.

Der Stoffstrommanagementansatz ist gekennzeichnet von dem Übergang von der strikten emissionsquellenbezogenen Analyse (end of the pipe-Prinzip) zur stoffflussbezogenen Analyse, von der getrennten Betrachtung einzelner Umweltmedien (Luft, Wasser, Boden)

M. Kranert (Hrsg.), *Einführung in die Kreislaufwirtschaft*,
DOI 10.1007/978-3-8348-2257-4_14

zur umweltmedienübergreifenden Sichtweise, von der eindimensionalen Bewertung von Maßnahmen (z. B. ozonzerstörend) zur mehrdimensionalen Analyse und Bewertung (ökologisch, ökonomisch, sozial) und von der Orientierung an Einzelmaßnahmen zur Ableitung aufeinander abgestimmter Maßnahmenbündel [1].

Das nachfolgende Kapitel behandelt das Stoffstrom- und Ressourcenmanagement innerhalb siedlungsabfallwirtschaftlicher Systeme. Bei Betrachtung wichtiger Materialströme in der Siedlungsabfallwirtschaft kommt insbesondere auch der „Ressource Lebensmittel" eine besondere Bedeutung zu. Die organischen Materialien repräsentieren einen wichtigen Anteil am Siedlungsabfall (vgl. Kap. 3 und Abschn. 14.2.3.4) und werden überwiegend repräsentiert durch Lebensmittelabfälle. In der Wertschöpfungskette von Lebensmitteln (Lebensmittelkette) d.h. während der Erzeugung, Verarbeitung, Lagerung, Transport und Handel treten ebenso wie auf Konsumebene beträchtliche Verluste an Lebensmitteln auf (vgl. [17] und [18]). Aufgrund der Bedeutung von Lebensmitteln als wichtige Ressource erfolgt eine ergänzende Betrachtung des Stoffstrommanagements von Lebensmitteln in Abschn. 14.3. Eine ressourceneffiziente und nachhaltige Produktion gesunder und sicherer Lebensmittel bedeutet einerseits den nachhaltigen Einsatz von Ressourcen und Rohstoffen im Agrar- und Ernährungssektor, andererseits sollten Reststoffströme bestmöglichen Verwendungsprozessen zugeführt werden. Die Universität Stuttgart entwickelte im Rahmen zahlreicher Forschungsarbeiten eine Methode zur „Analyse, Bewertung und Optimierung" von Systemen zur Lebensmittelbewirtschaftung, die sogenannte „Stuttgarter Methode", veröffentlicht in der Fachzeitschrift „Müll und Abfall" ([20] und [38]). Im Abschn. 14.3 wird deshalb das Stoffstrommanagement von Lebensmitteln in einem eigenen Kapitel vorgestellt und die wichtigsten Aspekte der „Stuttgarter Methode" beschrieben.

Im nachfolgenden Abschn. 14.2 wird Das Stoffstrommanagement von Siedlungsabfällen beschrieben, im Abschn. 14.3 dann das Stoffstrommanagement von Lebensmitteln. Erläuterungen zur Ökobilanz als Bewertungsinstrument und Umweltmanagementwerkzeug erfolgen im Abschn. 14.4.

14.2 Stoffstrommanagement für Siedlungsabfälle

Methodisch gliedert sich das Stoffstrommanagement in die Phasen Erfassen, Bewerten und Steuern des Güter-, Stoff-, Flächen- und Energiehaushaltes von Materialien, Betrieben oder Regionen.

Die Bewirtschaftung von Siedlungsabfällen mit einem stoffstromorientierten Ansatz als Teilsystem der Stofffluss- und Ressourcenwirtschaft einer Volkswirtschaft veranschaulicht die nachfolgende Abb. 14.1.

Dieses Kapitel behandelt das Stoffstrom- und Ressourcenmanagement innerhalb siedlungsabfallwirtschaftlicher Systeme.

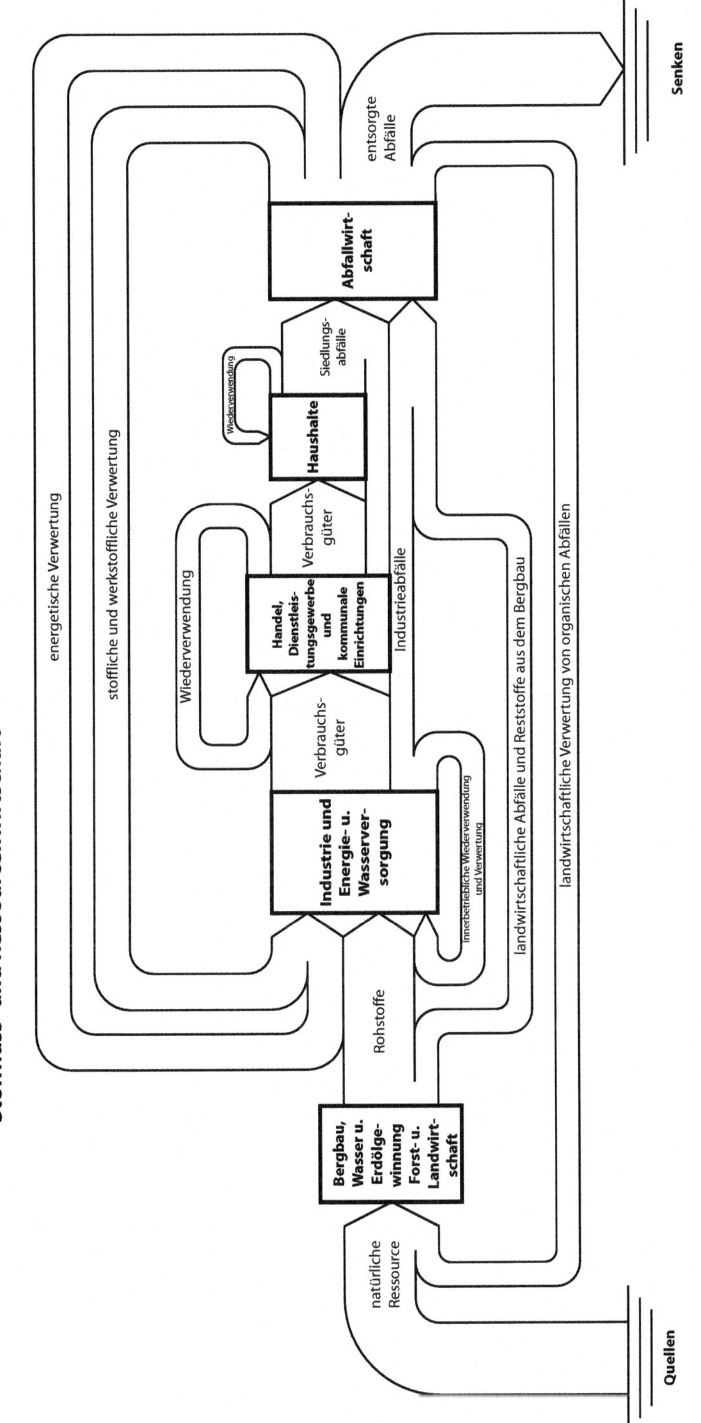

Abb. 14.1 Stoffstrommanagement und Abfallwirtschaft, modifiziert aus [2]

14.2.1 Hintergrund und Zielsetzung

Die Anfänge modernen Stoffstrommanagements in der deutschen Abfallwirtschaft liegen in den 80iger Jahren.

Damals bestand im Wesentlichen das Problem, die anfallenden Abfallmengen zu bewältigen und eine Entlastung der verfügbaren Deponievolumina zu erreichen. Hierzu wurde sowohl der Versuch unternommen, Haushaltsabfälle in Sortieranlagen in mehrere Stoffströme aufzutrennen (insbesondere zur Abtrennung von verwertbarem heizwertreichem Material) als auch Wertstoffe mittels Wertstofftonnen (meist für organische Abfälle) getrennt zu erfassen.

Ziel des Stoffstrom- und Ressourcenmanagements in der heutigen Abfallwirtschaft ist die Optimierung abfallwirtschaftlicher Systeme unter unterschiedlichen Aspekten und Randbedingungen. Neben einer Verbesserung von mit der Abfallbewirtschaftung einhergehenden ökologischen und ökonomischen Auswirkungen sind je nach Zielsetzung auch weitergehende Aspekte von Bedeutung. Hierzu gehören u. a. auch soziale Aspekte (z. B. Arbeitsplätze, Bürgerverhalten, logistischer Aufwand für den Bürger etc.) oder auch die Flexibilität eines abfallwirtschaftlichen Systems gegenüber Veränderungen wesentlicher Randparameter – insbesondere im Hinblick auf Veränderungen der Abfallzusammensetzung oder eine geänderte Marktsituation für Sekundärmaterialen, Energie oder die Abfallbehandlung.

Ein weiteres wichtiges Ziel des Stoffstrommanagements in der Abfallwirtschaft ist, basierend auf der Kenntnis chemisch-physikalischer Eigenschaften einzelner Materialströme, die stoffstromspezifische Behandlung und/oder Verwertung der jeweiligen Materialströme. Hierzu gehört auch die bewusste Beeinflussung von Materialströmen hinsichtlich ihrer chemisch-physikalischen Charakterisierung – um z. B. geforderte Qualitätsstandards für einen speziellen Verwertungsweg zu erreichen, Schadstoffe in einem Teilstrom anzureichern o. ä. .

14.2.2 Einordnung in die Siedlungsabfallwirtschaft

In abfallwirtschaftlichen Systemen sind eine Vielzahl von technischen Prozessen und damit verknüpften Stoffströmen anzutreffen, die wesentlichen sind nachfolgend aufgeführt (vgl. Kap. 12):

- Sammlung und Transport
- Umladung und Weitertransport
- Nachgelagerte Transporte nach Aufbereitung und/oder Recycling
- Mechanische Abfallaufbereitung und Trennung von Stoffströmen (z. B. in Sortieranlagen)
- Herstellung von Sekundärrohstoffen
- Abfallbehandlung (u. a. mechanisch-biologisch, thermisch)
- Abfalldeponierung (Senke)

Abfall ist eine Mischung aus unterschiedlichsten Materialen (Materialmix). Bei den innerhalb eines abfallwirtschaftlichen Systems anfallenden Transporten und technischen Prozessen erfährt dieser Materialmix häufig eine Veränderung seiner grobstofflichen Zusammensetzung und/oder seiner chemisch-physikalischen Eigenschaften. Alle Prozesse, denen der Materialmix Abfall zugeführt wird, gilt es zu untersuchen und die damit einhergehenden Stoffströme unter unterschiedlichen Aspekten zu optimieren. Hierbei liegt der Focus nicht ausschließlich auf der grobstofflichen Zusammensetzung des Abfalls (Abfallfraktionen) – vielmehr müssen auch chemische Inhaltsstoffe (Schadstoffe, Kohlenstoff etc.), Energieflüsse sowie monetäre und ggf. auch soziale Aspekte Berücksichtigung finden.

14.2.2.1 Ziele für die Siedlungsabfallwirtschaft

Die Aufgaben des Stoffstrom- und Ressourcenmanagement können nach der jeweiligen Zielsetzung sowie nach dem untersuchten Bilanzraum unterschieden werden.

Als wesentliche Ziele des Stoffstrommanagements innerhalb der Siedlungsabfallwirtschaft sind zu nennen:

- Ökologische Ziele
- Ökonomische Ziele
- Soziale Ziele
- Regional bedingte Ziele

Zu den ökologischen Zielen gehören vorrangig die Wiederverwendung von Produkten und Materialien, die umweltverträgliche Beseitigung von Schadstoffen, die weitgehende Vermeidung von klimarelevanten Emissionen und die Schonung von Ressourcen (u. a. Primärenergieträger, Rohstoffe, Landverbrauch etc.).

Bei den ökonomischen Zielen stehen monetäre Aspekte im Vordergrund, so dass es hier die Aufgabe ist, ein abfallwirtschaftliches System zu etablieren, welches einerseits mit möglichst niedrigen Kosten einhergeht, gleichzeitig aber auch die übrigen Ziele in ausreichendem Maße berücksichtigt.

Unter sozialen Zielen sind Aspekte anzuführen, die soziale Vorteile generieren bzw. soziale Nachteile minimieren. Hier sind u. a. Arbeitsplätze – ggf. im öffentlichen Dienst – und auch pädagogische Aspekte, wie z. B. die Akzeptanz der Bevölkerung gegenüber einem neuen abfallwirtschaftlichen System oder auch der logistische Aufwand für die einzelnen Haushalte zu nennen. Soziale Ziele können ggf. insbesondere aufgrund regionaler Randbedingungen von besonderer Bedeutung sein.

In aller Regel sind innerhalb eines Untersuchungsgebietes die dort anzutreffenden regionalen Randbedingungen, aus denen die entsprechenden regional bedingten Ziele resultieren, zu berücksichtigen. Hierzu gehören vorrangig die bereits etablierten Systeme zur Abfallerfassung, -sammlung und -behandlung sowie die Siedlungs- und Wirtschaftsstruktur. Weiterhin von Bedeutung sind bestehende Verträge (z. B. mit Entsorgungsunternehmen), in der Vergangenheit getätigte Investitionen und deren Abschreibungsstatus, vorhandene Anlagentechnik, spezifische Abfallzusammensetzungen, Gebührenstrukturen etc.

14.2.2.2 Akteure

Die wichtigsten zu berücksichtigenden Akteure sind dieselben, die auch bei der Erstellung von Abfallwirtschaftskonzepten relevant sind (vgl. Kap. 12):

- Land- und Stadtkreise: Abfallwirtschaftsämter und abfallwirtschaftliche Eigenbetriebe
- Kommunen und Gemeinden
- Umweltministerien und Regierungspräsidien
- Wissenschaft
- Planungsbüros
- Kommunale und private Entsorgungsunternehmen
- Interessensgruppen: Bürgerinitiativen, Vereine, politisch aktive Gruppen etc.

Ein optimiertes abfallwirtschaftliches Stoffstrommanagement beeinflusst bestehende oder neue abfallwirtschaftliche Systeme und Strukturen. Daher sind spätestens bei der Umsetzung von Maßnahmen zur Stoffstromoptimierung die entsprechenden Entscheidungsträger und Akteure einzubeziehen. Auf Ebene der Entscheidungsträger sind hier die Land- und Stadtkreise sowie die jeweils betroffenen Kommunen/Gemeinden zu nennen. Knowhow und Vorarbeiten von Wissenschaft und Beratungsunternehmen (z. B. Ingenieurbüros) sowie die Interessen von Entsorgungsunternehmen müssen berücksichtigt werden. Relevanten Einfluss üben ggf. auch Interessensgruppen, wie Bürgerinitiativen, Vereine und politische Gruppierungen aus.

14.2.2.3 Randbedingungen

Bei der Erstellung von Stoffstrommanagementkonzepten sind unterschiedliche Randbedingungen zu berücksichtigen. Diese beinhalten insbesondere die folgenden Themenbereiche (vgl. Kap. 12):

- Umwelt
- Kosten
- Politik
- Interessensgruppen und Akteure
- Wirtschaftsstruktur
- Siedlungsstruktur
- Bestehende Strukturen in untersuchter Region
- Zielsetzungen

Hierbei sind neben tendenziell übergeordneten Randbedingungen, die heute allgemein akzeptierte Vorgaben im Hinblick auf Umweltschutz und Ressourcenschonung beinhalten, insbesondere auch die lokalen Randbedingungen von Bedeutung. Grundsätzlich sind die Randbedingungen vergleichbar mit denen, die bei der Einführung von Abfallwirtschaftskonzepten von Bedeutung sind.

Zu den umwelttechnischen Aspekten gehören heute allgemein akzeptierte Ziele die i. d. R. auch in Gesetzgebung, Verordnungen und Richtlinien berücksichtigt sind. Hierzu gehören z. B. Emissionsgrenzwerte, Ablagerungskriterien oder auch Qualitätskriterien für Recyclingprodukte. Darüber hinaus wird eine möglichst geringe Umweltbelastung z. B. durch Ressourcen-, Energie- und Flächenverbrauch angestrebt wobei auch Substitutionseffekte, z. B. durch Einsparung von Primärressourcen von Relevanz sind.

Vor dem Hintergrund knapper öffentlicher Kassen und einer möglichst geringen Belastung der Bürger stehen Kostenbetrachtungen naturgemäß im Vordergrund.

Vorgaben seitens der Politik sind durch die zu berücksichtigende Gesetzgebung gegeben. Weitere wichtige Planungsparameter sind ggf. Fördermittel, die je nach politischer Zielsetzung unterschiedlich ausgerichtet sein können – ebenso, wie die Genehmigungsfähigkeit z. B. zu erstellender Anlagen.

In diesem Zusammenhang sind auch die Bürger als Interessensgruppe zu berücksichtigen. Ggf. drückt sich der Bürgerwille auch in entsprechenden Interessensgruppen (Bürgerinitiativen, Gemeinderat etc.) aus und kann insbesondere regional von hoher Bedeutung sein. Daneben können noch weitere Akteure von Relevanz sein.

Desweiteren sind als Randbedingungen die Wirtschafts- und Siedlungsstruktur zu nennen – ebenso wie bereits vorhandene Strukturen einschließlich noch abzuschreibende Investitionen, z. B. bestehende Infrastruktur (Fuhrpark, Abfallbehandlungs- und -verwertungsanlagen).

Wesentliche Randbedingung ist insbesondere die jeweilige Zielsetzung und die damit einhergehenden Prioritäten der durch ein Stoffstrommanagement angestrebten Effekte. Solche Ziele können neben einer Minimierung von Umweltbeeinträchtigungen bei gleichzeitiger Kostensenkung auch regional bedeutsame Effekte sein (Auslastung bestehender Anlagen, Arbeitsplätze, Vereinfachungen für den Bürger etc.).

14.2.3 Methodik des Stoffstrommanagements

Das Ressourcen- und Stoffstrommanagement wird in die nachfolgend aufgeführten übergeordneten Bearbeitungsschritte untergliedert:

1. Zieldefinition
2. Erfassung von Randbedingungen
3. Systemdefinition und Festlegung von Bilanzgrenzen
4. Material- und Stoffflussanalyse
5. Bewertung der Material- und Stoffströme
6. Maßnahmen zur Steuerung von Material- und Stoffströmen
7. Verifizierung/Monitoring der Ergebnisse
8. ggf. Modifizierung der Steuerungsmaßnahmen

Im ersten Bearbeitungsschritt werden die angestrebten Ziele festgelegt und definiert. Dann werden vor der Definition des zu untersuchenden Systems die relevanten Randbedingungen erfasst. Hierzu gehören regionale und überregionale Aspekte. Im Rahmen der Systemdefinition werden die Bilanzgrenzen festgelegt und die innerhalb des abfallwirtschaftlichen

Systems zu berücksichtigenden Prozesse und Lager bestimmt sowie die damit verknüpften Massen- und Stoffströme.

Basis für alle weiteren Bearbeitungsschritte ist die Material- und Stoffflussanalyse. Alle im Rahmen der Systemdefinition festgelegten Material- und Stoffströme werden quantitativ erfasst und bilanziert. Ggf. ergibt sich hier die Notwendigkeit, aufgrund neu gewonnener Erkenntnisse, die Systemdefinition zu modifizieren. Im Anschluss müssen die Ergebnisse der Material- und Stoffflussanalyse bewertet werden. Hierzu existieren unterschiedliche Ansätze und Werkzeuge (vgl. Abschn. 14.2.3.5).

Schließlich werden geeignete Steuerungsmaßnahmen erarbeitet, um die gewünschte Steuerung der Material- und Stoffströme zu erreichen. Nach deren Umsetzung müssen die erzielten Ergebnisse überprüft und verifiziert werden – eventuell ist eine Anpassung der Steuerungsmaßnahmen notwendig.

14.2.3.1 Zieldefinition

Die Abfallwirtschaft als Teil der Kreislaufwirtschaft soll u. a. auf Nachhaltigkeit ausgelegt sein. Die Ausrichtung auf Ressourcenschonung tritt vermehrt in den Vordergrund. Dies wird neben Maßnahmen zur Abfallvermeidung insbesondere durch Recycling, die Erzeugung von qualitätsgesicherten Sekundärrohstoffen und die Substitution primärer Energieträger erreicht.

Typischerweise angestrebte Ziele sind u. a.:

- monetäre Einsparungen
- Ressourcenschonung und Umweltentlastung
- Einhaltung politischer Vorgaben
- Anpassungen an die Marktsituation (u. a. für Sekundärrohstoffe und Energieträger)

Neben diesen allgemeinen Zielen kommen weitere – auch regional unterschiedliche – in Betracht. Typische, in der Fachwelt diskutierte, Ansätze sind u.a.:

- Entlastungen für die Haushalte (logistisch und monetär)
- Beseitigung vorhandener Probleme (Akzeptanz der Bürger, Gerüche, Lärmbelästigung, Ineffizienz etc.)
- Vereinfachung des Systems

14.2.3.2 Erfassung von Randbedingungen

Die wesentlichen, das System beeinflussenden Randbedingungen werden erfasst und – soweit möglich – auch quantifiziert. Hierzu gehören bei Betrachtung abfallwirtschaftlicher Systeme u. a.:

- Strukturdaten, u. a. Siedlungs- und Wirtschaftsstruktur
- Abfallcharakterisierung
- Vorhandene abfallwirtschaftliche Systeme
  - Art der Abfallerfassung: Sammelsysteme, Umfang der getrennten Erfassung von Wertstoffen
  - Behandlungs- und Verwertungssysteme

- Technische Einrichtungen und Anlagen
- Bestehende Verträge und finanzielle Bindungen (z. B. Abschreibungszeiträume Restlaufzeiten von Anlagen etc.)

14.2.3.3 Systemdefinition und Festlegung der Bilanzgrenzen

In diesem Bearbeitungsschritt wird das zu untersuchende System definiert. Hierbei müssen Einschränkungen in Kauf genommen werden, da es nicht möglich ist, die Realität vollständig abzubilden. Es erfolgt eine Beschränkung auf die relevanten Prozesse und Flüsse.

Die Bilanzierung von Stoffen und Materialien (ggf. weitere, z. B. Energieströme) kann auf Basis unterschiedlicher Bilanzräume erfolgen. Im Hinblick auf abfallwirtschaftliche Systeme werden die entsprechenden abfalltechnischen Prozesse und Lager berücksichtigt ggf. aber auch weitere Wirtschaftsbereiche wie z. B. die Sekundärrohstoff-, Land-, Forst- und Energiewirtschaft.

Die Systemdefinition umfasst die Festlegung des Bilanzraumes sowie der darin enthaltenen relevanten Prozesse und Lager. Ziel der Systemdefinition ist, ein möglichst einfaches Modell zu erhalten, mit dessen Hilfe die relevanten Parameter untersucht werden können. Interaktionen mit außerhalb des Systems liegenden Prozessen können – sofern relevant – durch Vor- und Nachketten in die bilanzierende Betrachtung aufgenommen werden. Beispiele für Systeme in der Abfallwirtschaft sind u. a. eine entsorgungspflichtige Gebietskörperschaft, eine Abfallbehandlungsanlage, die Haushalte einer Stadt, ein Stadtviertel etc.

Während nachfolgender Bearbeitungsschritte kann sich die Notwendigkeit ergeben, das ursprünglich definierte System zu modifizieren.

Neben der Bestandsaufnahme des Ist-Zustandes werden häufig auch hypothetische Szenarien und Systeme definiert. Dabei werden unterschiedliche Systemvarianten für das Erreichen der zuvor definierten Ziele entwickelt und parallel untersucht. Im Rahmen der nachfolgenden Bewertung kann dann eine vergleichende Gegenüberstellung erfolgen.

Abbildung 14.2 zeigt schematisch die Darstellung eines einfachen Systems. Es wird abgegrenzt durch die Systemgrenze und enthält 2 Prozesse mit den jeweils zugehörigen Lagern. Flüsse in das System hinein bzw. aus dem System heraus werden als Input- bzw. Outputströme bezeichnet. Für eine Bilanzierung des Systems müssen die Inputströme den Outputströmen unter Berücksichtigung der Lagerveränderungen entsprechen (Input = Output – Δ Lager).

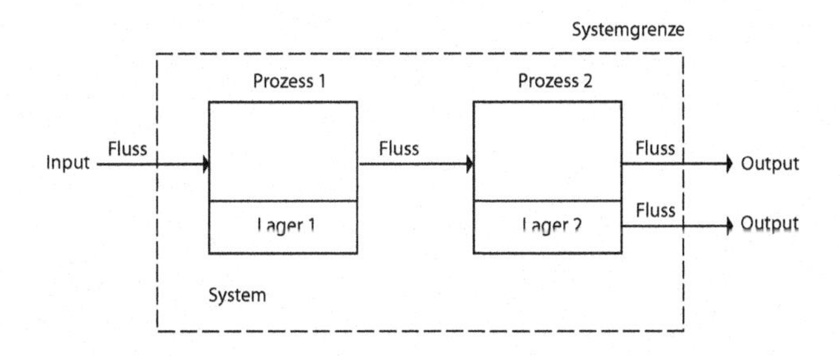

Abb. 14.2 Schematische Darstellung eines Systems mit Systemgrenze, Prozessen undFlüssen (Input, Output sowie innerhalb des Systems)

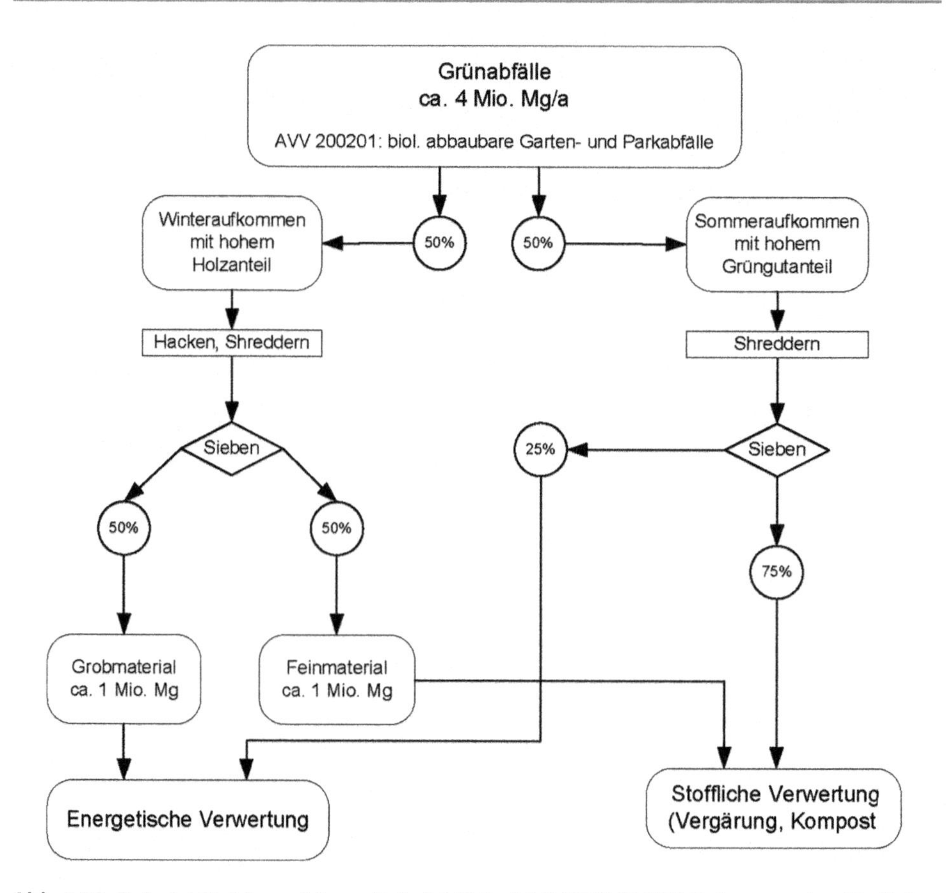

Abb. 14.3 Beispiel für Massenbilanz; Beispiel Grünabfall BRD (EdDE-Dokumentation 11: Grünabfälle – besser kompostieren oder energetisch verwerten? – Vergleich unter den Aspekten der CO_2-Bilanz und der Torfsubstitution [3])

14.2.3.4 Material und Stoffflussanalyse

Basis für die Material- und Stoffflussanalyse ist stets die Erfassung und Bilanzierung der relevanten Massenströme (vgl. z. B. Massenbilanz in Abb. 14.3). Für die erfassten Massenströme werden im nächsten Bearbeitungsschritt die in den betrachteten Materialien enthaltenen Stoffe (vgl. z. B. Stoffbilanz in Abb. 14.4) analysiert.

Massenbilanz

Basierend auf dem festgelegten System werden die relevanten Massenflüsse ermittelt. Hierzu gehören zunächst die wichtigsten Input- und Outputströme in das System hinein und aus dem System heraus. Von besonderer Bedeutung sind insbesondere aber auch die Massenflüsse innerhalb des Systems.

Material- und Stoffbilanz

Für die Erstellung von Materialbilanzen sind Informationen zu den relevanten Materialien und den darin enthaltenen Stoffen notwendig. Im Rahmen von abfallwirtschaftlichen

Untersuchungen handelt es sich in aller Regel um Materialgemische (Materialmix). Abfall besteht i. d. R. aus unterschiedlichen Abfallfraktionen – dies gilt meist auch für sortenrein erfasste Materialien/Wertstoffe (z. B. aufgrund von Fehlwürfen und Verunreinigungen). Abbildung 14.5 zeigt beispielhaft die Zusammensetzung von Restabfall.

Für die Stoffbilanzen werden Informationen zu den chemisch-physikalischen Eigenschaften der einzelnen Abfallfraktionen (bzw. Materialgruppen) benötigt. Abbildung 14.6 zeigt beispielhaft die chemisch-physikalische Charakterisierung der Fraktion „Papier/Pappe/Karton".

Basierend auf der grobstofflichen Zusammensetzung nach Fraktionen und den Informationen zur chemisch-physikalischen Charakterisierung der einzelnen Abfallfraktionen kann die chemisch-physikalische Charakterisierung des Materialgemisches „Abfall" vorgenommen werden. Abbildung 14.7 zeigt das Ergebnis exemplarisch für den in Abb. 14.5 gezeigten Restabfall. Hierzu werden die prozentualen Anteile der jeweiligen Abfallfraktionen mit den zugehörigen Stoffkonzentrationen verrechnet.

Bei Kenntnis der chemisch-physikalischen Charakterisierung der relevanten Abfallfraktionen kann eine Bilanzierung innerhalb abfallwirtschaftlicher System vorgenommen werden. Die Abbildung 14.4 zeigt beispielhaft die Bleibilanz einer Müllverbrennungsanlage.

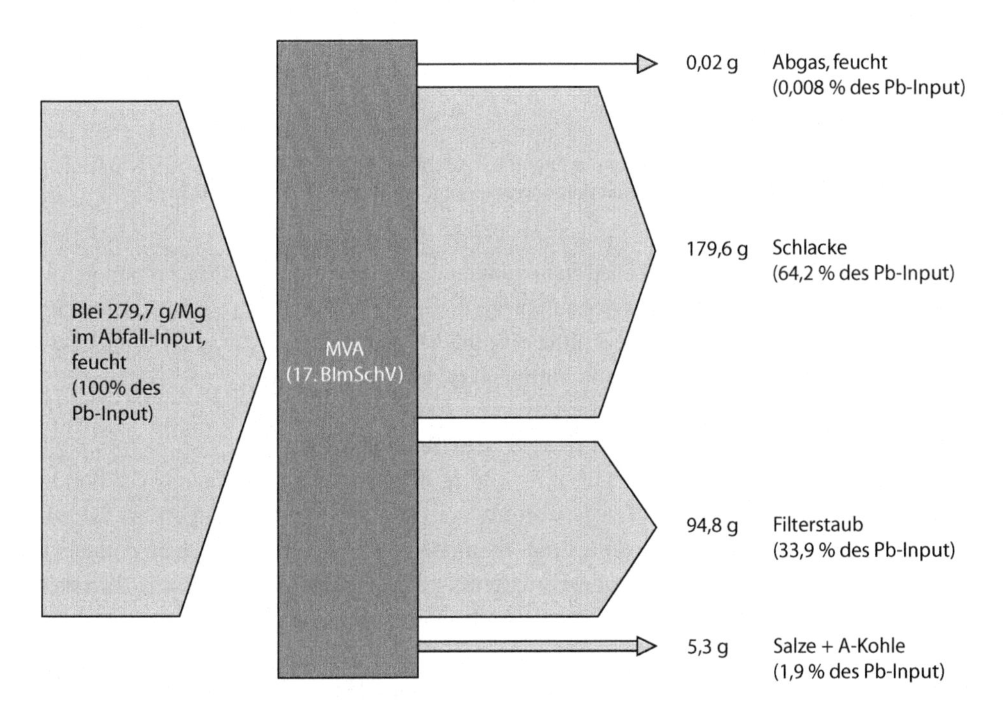

Abb. 14.4 Beispiel für eine Stoffbilanz – hier Bleiflüsse bei der Abfallbehandlung in einer Müllverbrennungsanlage

Bayerische Landkreise, Mittelwerte
Quelle: Abfallzusammensetzung, LfU Bayern, 2003; Heizwert und Brennwert berechnet

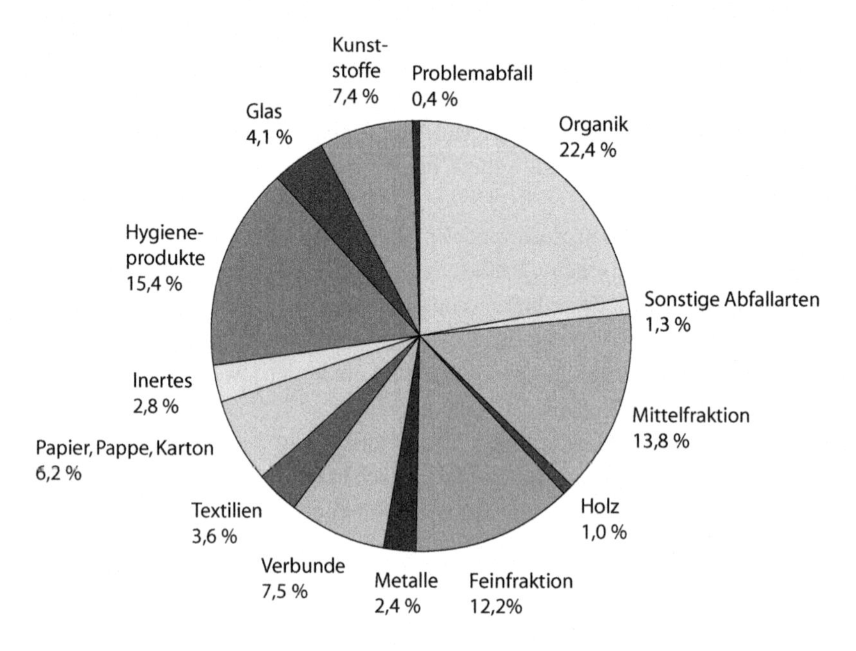

Heizwert Hu in kJ/kg FS: 7.949

Brennwert: Ho in kJ/kg FS: 9.717

Abb. 14.5 Beispiel für die Zusammensetzung von Restabfall, Angaben in Massen-% (Heizwert Hu und Brennwert Ho berechnet; FS = Feuchtsubstanz), Quelle: LfU Bayern 2003 [4]

Für den Verbleib z. B. eines im Abfall enthaltenen Stoffes in den einzelnen Outputströmen der Anlage können hier entweder Transferkoeffizienten in Ansatz gebracht werden (prozentuale Aufteilung des Input auf die einzelnen Outputströme) oder auch komplexere Zusammenhänge über entsprechende Formeln beschrieben werden.

14.2.3.5 Bewertung der Material- und Stoffflussanalyse

Nach erfolgter Bilanzierung der Material- und Stoffflüsse auf Basis einer zuvor durchgeführten Massenbilanz, wird eine Bewertung der erfassten Daten durchgeführt. Hierzu stehen unterschiedliche Instrumente und Methoden zur Verfügung. Neben einfachen Bewertungskennziffern und Effizienzparameter – z. B. EUR/Mg Abfall, eingespartes CO_2/Mg Abfall etc. – werden in der Praxis auch sehr umfangreiche Bewertungsverfahren umgesetzt.

Neben unterschiedlichen ökonomischen Bewertungsansätzen gibt es heute eine Vielzahl von Bewertungsmethoden für den Bereich Ökologie. Diese Methoden beinhalten jeweils

Papier, Pappe, Karton

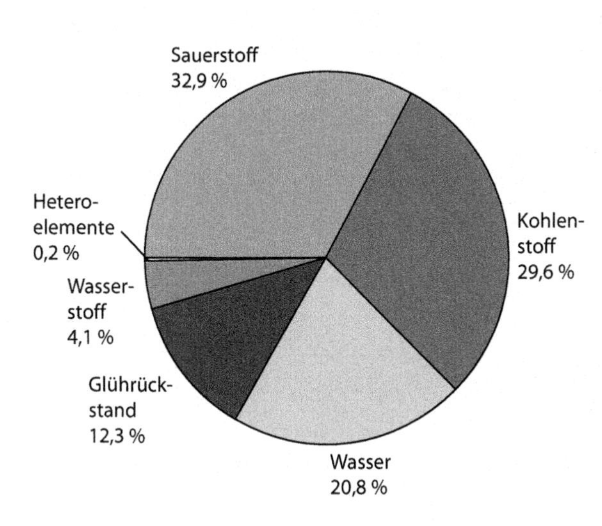

enthaltene umweltrelevante Elemente:
0,6 Massen%- in der Originalsubstanz

Umweltrelevante Elemente in mg/kg	Bezug FS	Bezug TS
Stickstoff		
Schwefel		
Chlor	2.244	2.831
Fluor	68	86
Kupfer	2.615	3.298
Zink	1.420	1.791
Blei	48	61
Cadmium	0,8	1
Chrom	21	27
Nickel	12	15
Quecksilber		
Arsen	3	4
Heizwert Hu in kJ/kg	10.460	13.851
Brennwert Ho in kJ/kg	11.859	14.977

Abb. 14.6 Chemisch-physikalische Charakterisierung der Abfallfraktion „Papier/Pappe/Karton" (Mittelwerte aus Literaturangaben) [5]

bayerische Landkreise, Mittelwerte
Quelle: Werte berechnet aus Abfallzusammensetzung, LfU Bayern, 2003

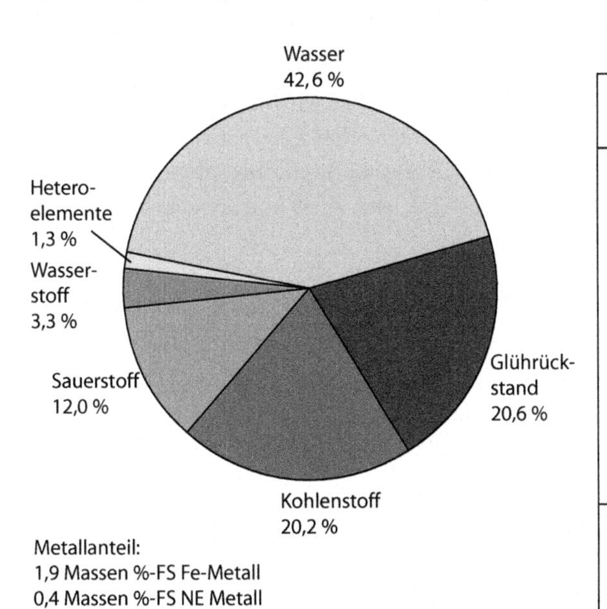

enthaltene umweltrelevante Elemente:
1,5 Massen%- in der Originalsubstanz

Umweltrelevante Elemente in mg/kg	Bezug FS	Bezug TS
Stickstoff	6.989	12.147
Schwefel	0,0	0,0
Chlor	5.707	9.919
Fluor	6	10
Kupfer	685	1.190
Zink	701	1.219
Blei	296	515
Cadmium	5	8
Chrom	110	191
Nickel	207	360
Quecksilber	0,3	0,5
Arsen	12	21
Beryllium	0,5	0,9
Heizwert Hu in kJ/kg	7.965	15.697
Brennwert Ho in kJ/kg	9.713	16.933

Abb. 14.7 Chemisch-physikalische Charakterisierung des Abfallgemisches (Restabfall aus Abb. 14.5, Zahlen errechnet aus Mittelwerten – Literaturangaben) [5]

ein oder mehrere Bewertungskriterien. Daneben gibt es noch verbal argumentative Ansätze (ggf. ergänzend zu Bewertungskennziffern, z. B. KEA). Hier herrscht eine gewisse Konkurrenzsituation. Multikriterielle Bewertungen können zu unterschiedlichen Ergebnissen bei den einzelnen Kriterien führen. Wenn die jeweiligen Einzelergebnisse aggregiert werden sollen, besteht hier die Problematik der Gewichtung der einzelnen Bewertungskennziffern untereinander. Diese hängt u. a. auch von der Zielsetzung der Untersuchung ab.

Die wichtigsten in der Fachwelt diskutierten Bewertungsansätze werden nachfolgend auszugsweise kurz zusammengefasst:

- Toxizitätsäquivalente
- Grenzwertansatz
- Geogener/Anthropogener Referenzansatz
- Ansatz der kritischen Volumina
- Stoffkonzentrierungseffizienz
- Materialinput per Serviceeinheit – MIPS
- Ökobilanz
- Kumulierter Energieaufwand – KEA
- Ökologischer Fußabdruck
- Ökologische Knappheit
- Umweltbelastungspunkte – UBP
- Kosten-Nutzen Analyse – KNA
- Ganzheitliche Bilanzierung – GABI

Toxizitätsäquivalente

Die Toxizitätsäquivalente wird ausgedrückt in Toxizitätseinheiten – TE. Ein Toxizitätsäquivalent entspricht dem Verhältnis geschädigter Biomasse zur Masse des Schadstoffes ($T_e = m_{geschädigte\,Biomasse} / m_{Schadstoffe}$). Die Bewertung erfolgt anhand der potenziell geschädigten Biomasse. Das Verfahren ist mit einem hohen Aufwand für die Datenbeschaffung verbunden und berücksichtigt nicht alle Umwelteffekte, wie z. B. klimarelevante Faktoren (vgl. [6]).

Grenzwertansatz

Bei dieser Bewertungsmethode werden für einzelne Stoffe Grenzwerte festgelegt. Untersucht werden dann die zugehörigen Stoffkonzentrationen im Hinblick auf den Abstand zum festgelegten Grenzwert. Problematisch hierbei ist, dass Verdünnungseffekte nicht berücksichtigt werden. Die Frachten relevanter (Schad-) Stoffe werden nicht betrachtet.

Referenzansatz: anthropogen/geogen

Beim Ansatz der geogenen Referenzwerte, z. B. für die Konzentration von Stoffen in der Hydrosphäre oder im Boden, werden die anthropogenen Einträge ins Verhältnis zur geogenen „Hintergrundkonzentration" gesetzt. Hierbei wird angestrebt, dass der anthropogene Beitrag zur Stoffaufkonzentrierung sehr viel niedriger als der geogen vorhandene Wert ist (z. B. Verdopplung der Cadmiumkonzentration im Boden durch anthropogene

Einflüsse innerhalb mehrerer tausend Jahre). Ein Problem dieses Ansatzes besteht häufig in der Unkenntnis der geogenen Referenzwerte.

Ansatz der kritischen Volumina

Der Ansatz der kritischen Volumina als Verfahren für die Bewertung u. a. innerhalb von Ökobilanzen ist eine Methode bei der für jeden in ein Medium abgegebenen Schadstoff berechnet wird, welches Volumen jeweils mit dem gesetzlichen Grenzwert belastet wird. Diese theoretisch ermittelten Ergebnisse als kritische Volumina für Boden, Luft und Wasser beinhalten allerdings jeweils nur einen einzigen Schadstoff.

Stoffkonzentrierungseffizienz

Die „Stoffkonzentrierungseffizienz" SKE ist ein auf der statistischen Entropie basierendes Maß für die Quantifizierung der Konzentrierung respektive Verdünnung von Stoffen in beliebigen Prozessen. Hier ist insbesondere auch eine Bewertung möglich, welche die Aufkonzentrierung von Schadstoffen sowie deren Verteilung in der Umwelt berücksichtigt. Als Nachteil sind der hohe Aufwand sowie die Intransparenz zu nennen (vgl. [7]).

Materialinput per Serviceeinheit – MIPS

MIPS bilanziert die Gesamtmasse aller Materialien, die für die Bereitstellung einer Serviceeinheit benötigt werden. Serviceeinheiten sind Produkte (z. B. Auto, PC) oder Dienstleistungen (z. B. Haarschnitt). Eingerechnet werden alle relevanten Materialien (u. a. Abraum bei der Rohstoffgewinnung, Kühlwasser, Luft etc.). Eine Gewichtung erfolgt nicht. Es wird das Ausmaß von Eingriffen in die Umwelt quantifiziert. Umstritten ist, inwieweit dies die ökologischen Auswirkungen korrekt widerspiegelt (vgl. [8]).

Ökobilanz/Life Cycle Assessment (LCA)

Die Ökobilanz ist eine der am weitesten verbreiteten Methoden zur Analyse der Umweltauswirkungen von Produkten und Systemen. Nach der Norm ISO 14040 ist der Begriff „Ökobilanz" auf produktbezogenen Untersuchungen beschränkt. Produkt wird hierbei allerdings auf „any goods and services" definiert, weshalb sie auch auf abfallwirtschaftliche Systeme anwendbar ist. Im Rahmen einer Ökobilanz werden systematisch die Umweltauswirkungen von Produkten/Systemen während des gesamten Lebensweges („Von der Wiege bis zur Bahre") analysiert.

Wichtige Faktoren für Ökobilanzen sind z. B.: Energie-und Rohstoffaufwand; umweltproblematische Emissionen wie z. B. Treibhausgase; Schadstoffausstoß wie z. B. gesundheitsschädliche chemische Substanzen; Naturverbrauch z. B. Flächenverbrauch; Wirkungen in Natur und Umwelt.

Neben der klassischen produktbezogenen Ökobilanz werden in jüngerer Zeit zunehmend die sog. Input-Output Ökobilanzen verwendet. Die Produktökobilanz verfolgt einen „bottom-up" Ansatz, bei dem spezifische miteinander verknüpfte Prozesse abgebildet und untersucht werden. Die Input-Output Ökobilanz hat einen „top-down" Ansatz – ausgehend von volkswirtschaftlichen Gesamtrechnungen.

Die wesentlichen Unterschiede liegen in den zugrunde liegenden Datenbanken. Input-Output Datenbanken (IO-Datenbank) basieren auf nationalen ökonomischen und ökologischen Statistiken (z. B. umweltökonomische und volkswirtschaftliche Gesamtrechnung des Statistischen Bundesamtes). Sie haben gegenüber den Prozessdatenbanken den Vorteil, dass sie die gesamt Volkswirtschaft abdecken. Daraus resultiert u. a. eine verbesserte Datenkonsistenz, da alle Daten nach der gleichen Systematik für alle wirtschaftlichen Aktivitäten erfasst werden – auch wird vermieden, dass relevante Prozesse übersehen werden. Nachteile bei den IO-Datenbanken sind in ihrem vergleichsweise hohen Aggregierungsgrad zu sehen, insbesondere Produkte und wirtschaftliche Aktivitäten sind zu Gruppen zusammengefasst – einzelne individuelle Produkte und Prozesse sind nicht separat ausgewiesen.

Diesem Nachteil kann durch Hybridanalysen begegnet werden. Dabei wird die ökobilanzielle Untersuchung und Bewertung zunächst ausgehend von IO-Daten durchgeführt, um die Zusammenhänge und Relevanz einzelnen Produktgruppen innerhalb der Volkswirtschaft zu erkennen (Input-Output Analyse). Im nächsten Bearbeitungsschritt werden die umweltrelevanten Daten mit den IO-Tabellen verknüpft (ökologische Input-Output Analyse). Ergänzt werden diese Daten schließlich mit detaillierteren Zahlen zu einzelnen Prozessen und Aktivitäten, die aus Prozessdatenbanken stammen.

Ökobilanzielle Betrachtungen und Bewertungsverfahren haben heute einen wichtigen Stellenwert und sind ein wichtiger Bestandteil des Stoffstrommanagements. Aus diesem Grund wurde diesem Themenbereich ein separates Kapitel zugeordnet. Ergänzende und detaillierte Ausführungen zur Ökobilanz finden sich in Abschnitt 14.4.

Kumulierter Energieaufwand – KEA

Der Ansatz des kumulierten Energieaufwandes ist eine ausschließlich energetische Betrachtung des untersuchten Systems. Alle Energieaufwendungen werden erfasst und – unterteilt nach nichterneuerbaren, regenerativen und sonstigen Energien – aufsummiert.

KEA-Bewertungen sind mit vergleichsweise geringem Aufwand verbunden. Eine KEA-Untersuchung, kombiniert mit einem geeigneten qualitativen Fragenkatalog, führt oftmals zu denselben Entscheidungen, wie der sehr viel aufwändigere ökobilanzielle Ansatz.

Ökologischer Fußabdruck/Sustainable Process Index – SPI

Bei diesem Bewertungsansatz – entwickelt 1995 von Nardoslwasky und Krotsche – ist das Bewertungsmaß die Fläche für den Konsum von Rohstoffen, Energie, Infrastruktur, Umwandlung von Produkten, Abfälle, Emissionen, Arbeitnehmer etc. Die umweltrelevanten Faktoren werden als Fläche ausgedrückt. Hintergrund ist eine nachhaltige Wirtschaft, wobei der Nutzung von Ressourcen ein Flächenbedarf zugeordnet wird. Eingang in die Berechnung finden u. a. die Fläche für eine erneuerbare Ressource, der Ressourcenfluss, Faktoren für ökologische Rucksäcke und die Erneuerungsraten der Ressourcen.

Ökologische Knappheit

Die Grundlagen für diese Bewertungsmethode wurden 1978 von A. Braunschweig und R. Müller-Wenk erarbeitet und seitdem von unterschiedlichen Autoren weiterentwickelt. Der Grad der Umweltbelastung ergibt sich, indem die Menge relevanter Stoffe mit einem

Gewichtungsfaktor multipliziert wird. Dieser Äquivalenzfaktor misst die ökologische Knappheit für das von ihm beeinflusste Umweltgut. Er beschreibt das kritische Ausmaß von Umwelteinwirkungen die das jeweilige Umweltgut in einen unakzeptablen Zustand überführen.

Umweltbelastungspunkte – UBP

Dieser am BUWAL (Bundesamt für Umwelt, Schweiz) entwickelte Ansatz folgt dem Ansatz der ökologischen Knappheit und wurde aus der Methode der kritischen Volumina entwickelt. Als stoffflussorientierter Ansatz werden Umweltauswirkungen in Umweltbelastungspunkte (UBP) – unter Bezugnahme auf den „kritischen Fluss" – umgerechnet. Eingang in die Berechnung finden Emissionen, Energieverbrauch und die Abfallmenge, die mit entsprechenden Ökofaktoren multipliziert werden. Dieses Verfahren ermöglicht einen übersichtlichen Variantenvergleich, insbesondere bei der Untersuchung vieler Szenarien (für jedes Szenario werden die UBP addiert). Sofern die entsprechenden Ökofaktoren vorhanden sind beinhaltet diese Methode eine hohe Praktikabilität und vielseitige Anwendbarkeit.

Kosten-Nutzen Analyse – KNA/Cost Benefit Analysis – CBA

Kosten-Nutzen-Analysen werden in zahlreichen Bereichen der öffentlichen Daseinsvorsorge zur Entscheidungsunterstützung eingesetzt (z. B. Wirtschaftlichkeitsbetrachtungen vor Tätigung einer Ausgabe seitens der öffentlichen Hand).

In der klassischen Kosten-Nutzen Analyse werden Kosten und Nutzen in abgezinsten monetären Einheiten einander Gegenübergestellt. Positive Ergebnisse zeigen sinnvolle Projektszenarien auf. Die Entscheidung zugunsten eines Szenarios basiert auf der höchsten erwarteten Rentabilität der einzusetzenden finanziellen Mittel.

Ganzheitliche Bilanzierung – GABI

Die Methode der ganzheitlichen Bilanzierung wurde Ende der 80er Jahre an der Universität Stuttgart entwickelt – parallel erfolgte die Entwicklung und Vermarktung der gleichnamigen Software. Hierbei werden Umweltauswirkungen gleichberechtigt neben technischen und wirtschaftlichen Anforderungen bei der Produktentwicklung bewertet. Nach der IST-Analyse erfolgt eine technische und ökonomische Nutzwertanalyse sowie eine umweltbezogene Wirkungsanalyse. Es werden Einzelbewertungen für die Technik, die Ökonomie und die Umwelt durchgeführt und im Anschluss einer zu einer Gesamtbewertung zusammengefasst.

Dieser umfassende Ansatz ist mit hohem Zeit- und Kostenaufwand verbunden und findet überwiegend Anwendung in der Industrie (u. a. Bauindustrie, Kunststoffindustrie, Maschinenbau, Luftfahrtindustrie, Elektrotechnik). In jüngerer Zeit wurde mit der Implementierung abfallwirtschaftlicher Prozesse begonnen (vgl. [9]).

14.2.3.6 Maßnahmen und Instrumente zur Steuerung von Material- und Stoffströmen

Im Anschluss an die Bewertung derzeitiger und künftiger (hypothetischer) Massen- und Stoffströme müssen geeignete Maßnahmen für die Steuerung dieser Ströme umgesetzt werden. Einflussnahme auf die Massen- und Stoffströme kann erreicht werden u. a. durch die Art der Abfallerfassung und -sammlung, pädagogische Maßnahmen und Öffentlichkeitsarbeit, Finanzielle Steuerungsinstrumente sowie technische Anlagen.

Die wichtigsten Instrumente zur Beeinflussung von Stoffströmen sind nachfolgend stichwortartig zusammengefasst.

Art der Sammlung
- Hol-/Bringsysteme
- Art Umfang der getrennten Sammlung

Pädagogische Maßnahmen und Öffentlichkeitsarbeit
- Broschüren/Faltblätter
- Medien
- Aufklärung auf Marktplätzen, in Schulen etc.

Finanzielle Steuerungsinstrumente
- Gebühren
- Subventionen etc.

Technische Anlagen
- Sortieranlagen
- Stoffstromtrennanlagen (Splittinganlagen)
- Mechanisch-Biologische Anlagen
- Thermische Behandlungsanlagen
  - Müllverbrennungsanlagen
  - Müllpyrolyseanlagen
- Kompost- und Erdenwerke
- Recyclinganlagen

14.2.3.7 Verifizierung der erzielten Resultate aus den Steuerungsmaßnahmen

Nach der Umsetzung von Stoffstromsteuerungmaßnahmen sollten die damit erreichten Veränderungen und Auswirkungen verifiziert werden. Hierzu werden erneut Massen- und ggf. auch Stoffbilanzen erstellt. Sofern notwendig können ergänzende bewertende Untersuchungen durchgeführt werden.

Sofern die Resultate signifikant vom erwarteten Ergebnis abweichen kann eine Modifizierung der Maßnahmen zur Steuerung von Material- und Stoffströmen notwendig werden. Hierzu sind die im vorstehenden Abschn. 14.2.3.6 gewählten Mittel zu überprüfen und ggf. anzupassen.

14.2.4 Zusammenfassung

Das Stoffstrommanagement ist ein wichtiges Instrument zur Bewirtschaftung und Planung abfallwirtschaftlicher Systeme. Es kann einen signifikanten Beitrag zur Optimierung unter ökologischen und ökonomischen Aspekten – insbesondere auch im Hinblick auf den Klima- und Ressourcenschutz leisten. Für ein effizientes Stoffstrommanagement müssen die relevanten Massen- und Stoffströme untersucht und bewertet werden. Bei der Bewertung steht eine Vielzahl von methodischen Ansätzen zur Verfügung. Die Auswahl der Bewertungsmethode richtet sich nach den jeweiligen Zielen, die durch das Stoffstrommanagement erreicht werden sollen. Häufig werden mehrere Ziele gleichzeitig verfolgt, wie z. B. eine ökologische Optimierung bei gleichzeitiger Kostenminimierung unter Berücksichtigung sozialer Effekte. Es gelingt häufig nicht mit den zur Auswahl stehenden Stoffstromsteuerungsmaßnahmen alle angestrebten Ziele gleichermaßen zu optimieren, weshalb in diesen Fällen dann ein sinnvoller Kompromiss anzustreben ist. Somit existiert kein allgemein gültiges System für ein optimales Stoffstrommanagementkonzept in der Abfallwirtschaft. Vielmehr muss stets der Einzelfall untersucht werden – hier sind insbesondere die jeweiligen regionalen Randbedingungen von Bedeutung. Nach der Umsetzung eines Stoffstrommanagementkonzeptes sollte ein kontinuierliches Monitoring erfolgen. Abfallwirtschaftliche Systeme sind einem kontinuierlichen Wandel unterzogen. Siedlungs- und Wirtschaftstruktur- ebenso wie die die Marktsituation (z. B. für Sekundärrohstoffe oder abfallwirtschaftliche Dienstleistung) ist Veränderungen unterworfen. Ziele von Politik und Umweltschutz werden weiterentwickelt. Daher ist das Stoffstrommanagement in der Siedlungsabfallwirtschaft als kontinuierlicher Anpassungs- und Steuerungsprozess zu sehen.

14.3 Stoffstrommanagement für Lebensmittel

14.3.1 Einleitung und Hintergrund

Das Stoffstrommanagement von Lebensmitteln wird in Deutschland und auch europaweit seit einigen Jahren mit zunehmender Intensität in der Öffentlichkeit diskutiert. Neben ökonomischen und umweltrelevanten Aspekten haben Lebensmittelverluste auch eine soziale und ethische Komponente. Signifikante Mengen von Lebensmitteln gelangen in den Siedlungsabfall.

Das Stoffstrommanagement von Lebensmitteln beschränkt sich hierbei nicht allein auf Strategien zur Abfallvermeidung sondern umfasst die gesamte Wertschöpfungskette für Lebensmittel (Lebensmittelkette), um bei der Bewirtschaftung der „Ressource Lebensmittel“ mit allen korrelierenden Material,- Stoff- und Energieströmen möglichst nachhaltig und effizient umzugehen.

Die Ressourcenrelevanz von Lebensmitteln ist vergleichsweise hoch, da je nach Lebensmittelkategorie, Herkunftsort und Art der Produktion z.T. signifikante Rucksäcke in eine Bewertung einfließen. Dies gilt insbesondere, für verarbeitete und bereits zubereitete Lebensmittel.

Für ein adäquate und ganzheitliche Analyse und Optimierung des Stoffstrommanagements von Lebensmitteln sind deshalb auch die der Abfallwirtschaft vorgelagerten Glieder der Wertschöpfungskette einzubeziehen. Die Wertschöpfungskette für Lebensmittel wird im Folgenden vereinfacht als Lebensmittelkette bezeichnet.

Lebensmittel, welche für die menschliche Ernährung produziert aber nicht dafür genutzt werden, sind eine Verschwendung von Ressourcen und stehen den globalen Herausforderungen entgegen. Rund ein Drittel der weltweit produzierten Lebensmittel gehen auf dem Weg vom Acker bis zum Teller verloren [10]. Gleichzeitig müssen Nahrungsmittel für eine ansteigende Weltbevölkerung, bis zum Jahr 2050 schätzungsweise 9,8 Mrd. Menschen [11], bereitgestellt werden. In Regionen mit wachsendem Wohlstand wünschen die Menschen zudem eine veränderte und ressourcenintensivere Ernährung.

Die Konkurrenz um Ressourcen, wie Land, Wasser und Energie, erhöht die Brisanz dieser Thematik zusätzlich. So wird u.a. die Deckung des weltweiten Bedarfs an Lebensmittelrohstoffen zunehmend erschwert und die Auswirkungen anthropogen verursachter Umweltschäden gewinnen an Relevanz. In diesem Zusammenhang ist auch der Anbau von Pflanzen für die Energieerzeugung zu nennen.

Die Wertschöpfungskette für Lebensmittel und Getränke (Lebensmittelkette) korreliert in der EU mit ca. 17 % der direkten Treibhausgasemissionen sowie ca. 28 % des Verbrauchs an materiellen Ressourcen [12].

Die Europäische Kommission hat in ihrem „Fahrplan für ein ressourcenschonendes Europa“ das Etappenziel formuliert, den Ressourceneinsatz in der Lebensmittelkette um 20% zu reduzieren – bei gleichzeitiger Halbierung der Entsorgung genusstauglicher Lebensmittelabfälle [12].

Ausgangsbasis für eine Optimierung der Lebensmittelbewirtschaftung ist zunächst die Bestandsaufnahme und Analyse des Status Quo. Hierzu gehört die Untersuchung möglichst der gesamten Lebensmittelkette. Dies umfasst primär die Lebensmittelströme aber auch die Ressourcenverbräuche sowie Auswirkungen auf die Umwelt. Bei der Analyse von Teilsystemen – wie z. B. einzelne Wertschöpfungsstufen, Lebensmittelkategorien o.ä. – sind die Schnittstellen zum Gesamtsystem von Bedeutung. Auch bei der Betrachtung von Teilsystemen sind Herkunft, Wege und Verbleib von Lebensmitteln, Rohstoffen und weiteren Ressourcen von Relevanz – sowohl innerhalb des untersuchten Teilsystems als auch darüber hinaus.

Voraussetzung für die Analyse von Systemen zur Lebensmittelbewirtschaftung, ebenso wie für die Untersuchung der Lebensmittelkette insgesamt, ist eine transparente und wissenschaftlich abgesicherte Vorgehensweise. Hier ist eine stringente und nachvollziehbare Methode anzustreben, die standardisiert werden kann. Dies gilt für die Definition von Fachbegriffen ebenso, wie für die Festlegung der methodischen und praktischen Vorgehensweise insgesamt.

Für die Analyse, Bewertung und Optimierung von Systemen zur Lebensmittelbewirtschaftung wurde an der Universität Stuttgart eine solche Methode entwickelt. Diese wurde im Rahmen mehrerer Forschungsprojekte erarbeitet (vgl. [13–19]) und lehnt sich an die im vorhergehenden Abschn. 14.2 beschriebene Vorgehensweise an.

International existiert bis dato noch keine einheitliche Herangehensweise – gleiches gilt für wichtige Definitionen von Begriffen und Systemmodellierungen. Die hier vorgestellte „Stuttgarter Methode" versteht sich deshalb zugleich als Vorschlag für eine künftige einheitliche Vorgehensweise. An der systematischen Weiterentwicklung wird unter Einbindung aktueller wissenschaftlicher Erkenntnisse kontinuierlich gearbeitet [20, 38].

Ziel ist eine abgestimmte ganzheitliche Methode, die eine hohe Akzeptanz erreicht. Hierzu wird der Dialog mit Fachkollegen und Akteuren sowohl in der Wissenschaft als auch entlang der Lebensmittelkette sowie mit damit verknüpften Organisationen kontinuierlich gepflegt.

14.3.2 Methodischer Ansatz und Arbeitsschritte

Die Methode der Universität Stuttgart (Stuttgarter Methode) für das Stoffstrommanagement von Lebensmitteln besteht aus folgenden Teilen [20]:

- Teil I: Begriffe und Definitionen
- Teil II: Systemmodellierung
  - Modellierung der Lebensmittelkette einschließlich Ihrer Teilbereiche oder Modellierung des/der zu untersuchenden Teilsysteme der Lebensmittelkette
  - Festlegung von Systemgrenzen, wesentlichen Prozessen, Vor- und Nachketten sowie relevanten Material-, Stoff- und Energieströmen
- Teil III: Datenerfassung und Bilanzierung
- Teil IV: Methodische Ansätze für die Einordnung und Bewertung der Ergebnisse
  - Festlegung geeigneter Bewertungskriterien in Abhängigkeit von Fragestellung und Randbedingungen
  - Methode zur Durchführung der Bewertung
  - Identifizierung von „Hot Spots" bzw. Prozessen mit hohem Optimierungspotential
- Teil V: Bewertungskennziffern und Benchmarks
  - Systematische Erarbeitung von Bewertungskennziffern und Benchmarks bzw. Referenzwerten
  - Referenzwerte und Korrelationskennziffern für die Auswertung vorhandener Untersuchungen mit abweichender methodischer Vorgehensweise
- Teil VI: Optimierungsmaßnahmen
  - Identifizierung und Entwicklung geeigneter Optimierungsmaßnahmen
  - Implementierung von Optimierungsmaßnahmen
- Teil VII: Monitoring und Erfolgskontrolle

Basis für systemanalytische Betrachtungen und Potentialanalysen ist zunächst die Festlegung von Fachbegriffen und Definitionen. Hier können die Autoren auf eigene umfangreiche Recherchen und Analysen der internationalen Fachliteratur zurückgreifen. Außerdem wurde während der vergangenen Jahre intensiv an der Festlegung von sinnvollen und praxisgerechten Begrifflichkeiten und Definitionen gearbeitet (vgl. [13–21], [38]).

Für das Stoffstrommanagement von Lebensmitteln sind zwei Fachbegriffe von besonderer Bedeutung „Lebensmittelverluste und Lebensmittelabfälle". Die Definitionen dieser Fachbegriffe haben einen signifikanten Einfluss sowohl auf die Vorgehensweise bei der Untersuchung von Systemen zur Lebensmittelbewirtschaftung als auch auf die daraus abgeleiteten Ergebnisse und Optimierungsstrategien.

Lebensmittelverluste bzw. -abfälle entstehen auf allen Wertschöpfungsstufen: in der Landwirtschaft, bei der Verarbeitung, im Handel sowie beim Konsum (vgl. Abb. 14.8). Hinzu kommen Verluste bei Transport und Lagerung (Logistik). Abbildung 14.8 zeigt eine schematische Darstellung der Lebensmittelkette.

Basis für die Systemanalyse ist zunächst die Erfassung und Quantifizierung von relevanten Lebensmittelströmen sowie deren Bilanzierung in einer Massenbilanz.

Für die Bilanzierung sowohl der Lebensmittelkette insgesamt als auch von Teilbereichen muss eine einheitliche Begriffsdefinition mit inhaltlicher Zuordnung vorhanden sein. Die einzelnen Teilbereiche sind mittels geeigneter Schnittstellendefinitionen abzugrenzen und gleichzeitig zu verknüpfen. Unter Teilbereichen sind beliebige Teilsysteme der gesamten Lebensmittelkette zu verstehen. Dies können z. B. einzelne Wertschöpfungsstufen, Lebensmittelkategorien, räumlich und zeitlich abgegrenzte Teilsysteme, o. ä. sein.

Für die Definition von „Lebensmittelverlusten" und „Lebensmittelabfällen" ist außerdem die Definition des Begriffes „Lebensmittel" erforderlich.

Neben den vier dargestellten Wertschöpfungsstufen repräsentiert die Logistik in Form von Transport und Lagerung einen relevanten Prozess, der einerseits Bestandteil der einzelnen Wertschöpfungsstufen ist, diese andererseits aber auch miteinander verbindet und somit auch als ein oder auch mehrere separate(r) Prozess(e) innerhalb des Gesamtsystems betrachtet werden kann.

Die erarbeiteten Begriffe und Definitionen müssen sowohl für das Gesamtsystem als auch für dessen Teilsysteme anwendbar sein. Stringenz kann über geeignete Schnittstellendefinitionen erreicht werden.

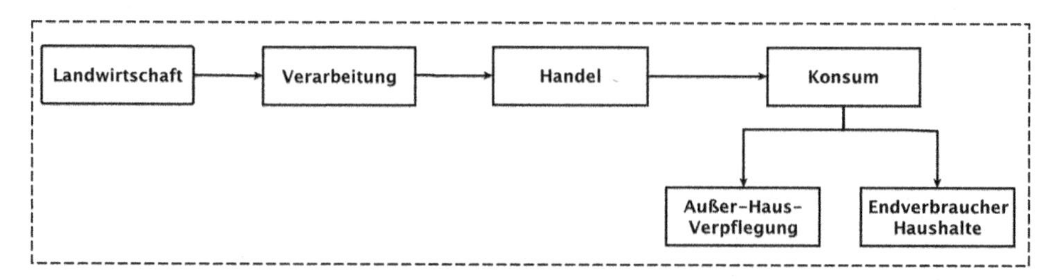

Abb. 14.8 Schematische Darstellung der Lebensmittelkette mit Ausweisung der einzelnen Wertschöpfungsstufen, eigene Darstellung nach [17]

14.3.3 Begriffe und Definitionen

14.3.3.1 Definitionen in der Literatur

In der Literatur sind eine Vielzahl von Termini zur Beschreibung von Lebensmittelverlusten und -abfällen anzutreffen. Die häufigsten sind: „Lebensmittelverluste" (engl. food losses), „Lebensmittelverschwendung" (engl. food wastage) und „Lebensmittelabfälle" (engl. food waste). Für diese Begriffe existieren außerdem jeweils unterschiedliche Definitionen.

Auf europäischer Ebene wird in der Verordnung (EG) Nr. 178/2002 per Definition festgelegt, wann ein Rohstoff zum Lebensmittel wird. Demnach werden pflanzliche Rohstoffe erst ab dem Zeitpunkt der Ernte zu Lebensmitteln, sofern diese für den menschlichen Konsum geerntet und nicht als Futtermittel, Energiepflanze oder anderweitig verwendet werden. Lebende Tiere werden definitionsgemäß erst dann zu Lebensmitteln, wenn sie für den menschlichen Verzehr hergerichtet werden [22]. Vereinfacht formuliert ist ein Lebensmittel demnach alles, was nach vernünftigem Ermessen für den menschlichen Verzehr vorgesehen und auch dafür geeignet ist.

Die gesetzliche Definition biologischer Abfälle bezieht sich – mit Ausnahme der Landwirtschaft – auf die gesamte Wertschöpfungskette von Lebensmitteln. Nach Artikel 3 Punkt 4 der Richtlinie 2008/98/EG (Abfallrahmenrichtlinie – AbfRRL) sind Bioabfälle *„biologisch abbaubare Garten- und Parkabfälle, Nahrungs- und Küchenabfälle aus Haushalten, aus dem Gaststätten- und Cateringgewerbe und aus dem Einzelhandel sowie vergleichbare Abfälle aus Nahrungsmittelverarbeitungsbetrieben"* [22]. In Nahrungsmittelverarbeitungsbetrieben fallen darüber hinaus Nebenprodukte an, die per Definition nicht als Abfälle zu deklarieren sind. Artikel 5 dieser Richtlinie definiert die Voraussetzungen, damit ein Nebenprodukt nicht als Bioabfall anzusehen ist [2].

Im nachfolgenden Abschn. 14.3.3.2 werden für die einzelnen Wertschöpfungsstufen der Lebensmittelkette die entsprechenden Definitionen und Zuordnungen erläutert.

14.3.3.2 Lebensmittelverluste und Lebensmittelabfälle in der Lebensmittelkette

Für die Analyse, Bewertung und Optimierung von Systemen zur Lebensmittelbewirtschaftung wird als Basis eine einheitliche und stringent auf die gesamte Lebensmittelkette anwendbare Begriffsdefinition benötigt. Neben der abgestimmten Festlegung der zu verwendenden Termini gehört hierzu zwingend auch die methodische Einordnung der zu verwendenden Begriffe.

In diesem Kapitel werden für die Lebensmittelkette insgesamt sowie separat für jede Wertschöpfungsstufe und die Logistik die Begriffe „Lebensmittelverluste" und „Lebensmittelabfälle" erläutert und methodisch eingeordnet. Die Schnittstellen zu vor- und nachgelagerten Wertschöpfungsstufen werden definiert.

In Landwirtschaft, Verarbeitung und Handel wird von „Lebensmittelverlusten" gesprochen und damit die in Literatur und Fachwelt vorhandene Sprachregelung übernommen. Verluste können ggf. durch Systemoptimierung minimiert werden, woraus ein entsprechendes Optimierungspotential abgeleitet werden kann.

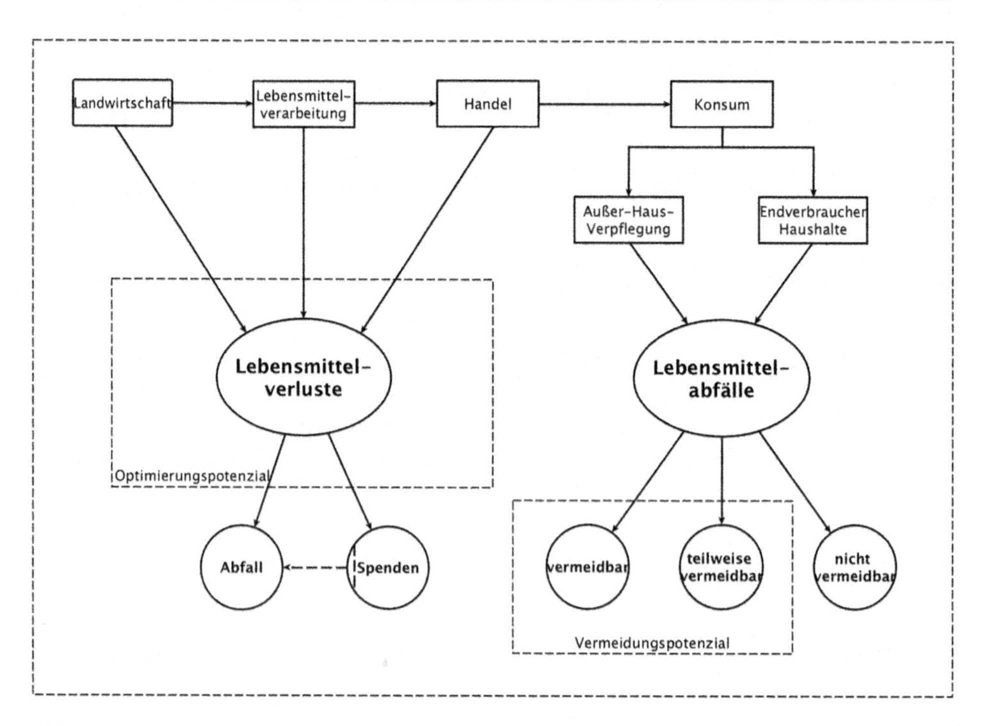

Abb. 14.9 Lebensmittelverluste und Lebensmittelabfälle in der Lebensmittelkette [20]

Auf Konsumebene (Außer-Haus-Verpflegung und Endverbraucher in den Haushalten) entstehen „Lebensmittelabfälle". Diese können teilweise oder ganz vermieden werden, woraus ein Vermeidungspotenzial abgeleitet werden kann (S. Abb. 14.9). Die Definition des Abfallbegriffes ist in den einschlägigen Regelwerken und Gesetzen festgelegt (vgl. auch Abschn. 14.3.3.6).

Die Verwendung bestehender und bereits in der Praxis verwendeter Begriffe bietet zunächst den Vorteil einer einheitlichen und bereits etablierten Sprachregelung. Nach inhaltlicher und methodischer Einordnung dieser Begriffe kann dann außerdem bei Analysen und Untersuchungen auf vorhandenes Datenmaterial (Statistiken, Mengenbilanzen, etc.) zurückgegriffen werden.

14.3.3.3 Lebensmittelverluste in der Landwirtschaft [20]

Die Urproduktion in der Landwirtschaft repräsentiert die erste Stufe der Wertschöpfungskette für Lebensmittel. Auf dieser Stufe dienen Lebensmittel dem Zweck, für den menschlichen Verzehr erzeugt sowie geerntet oder hergerichtet zu werden, um so direkt oder indirekt (über einen oder mehrere Verarbeitungsprozesse) dem Handel und letztlich dem Konsumenten zugänglich gemacht zu werden. Die Heterogenität der landwirtschaftlichen Produktion erfordert eine Unterscheidung zwischen pflanzlicher und tierischer Produktion.

Anbau, Ernte, Bündelung und ggf. Lagerung der pflanzlichen Rohstoffe sowie Nutztierhaltung bzw. Aufzucht und Herrichtung von Tieren einschließlich der zugehörigen Transporte sind Bestandteil dieser Wertschöpfungsstufe.

Die Landwirtschaft ist mit zwei nachgelagerten Stufen der Lebensmittelkette direkt verknüpft: Lebensmittelverarbeitung und Lebensmittelhandel.[1] Schnittstelle zwischen der Landwirtschaft und den nachgelagerten Wertschöpfungsstufen ist die Logistik in Form von Transporten und ggf. Lagerung. Bei der Ausweisung von Lebensmittelverlusten wird formal dieser Teil der Logistik der Landwirtschaft zugerechnet. Sofern bei der Datenerhebung und Bilanzierung von Lebensmittelströmen von diesem Ansatz abgewichen wird, ist dies entsprechend deutlich zu machen.

Verluste in der pflanzlichen Produktion (s. Abb. 14.10):

Pflanzen werden zu Lebensmitteln, sobald sie erntereif sind und die Rohstoffe für die Produktion von Lebensmitteln vorgesehen sind [22].

Zu den Lebensmittelverlusten in der pflanzlichen Produktion gehören Ernteverluste, Nachernteverluste und Verluste in der Logistik.

Ernteverluste fallen direkt am Feld an, etwa durch mechanische Beschädigung bei der Ernte oder durch Aussortieren, soweit dieses aufgrund von Qualitätsanforderungen durch nachgelagerte Stufen oder marktbedingt erfolgt.

Nachernteverluste entstehen bei der weiteren Aufbereitung, wie z. B. Sortierung, Waschung, Lagerung und ggf. Verpackung.

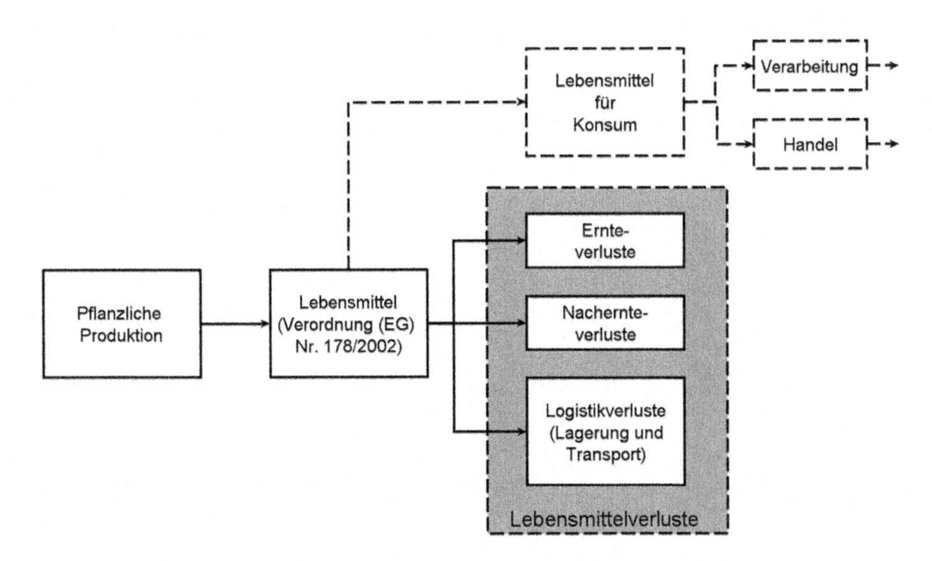

Abb. 14.10 Lebensmittelverluste in der Landwirtschaft (pflanzliche Produktion) [20]

[1]Anmerkung zu Schnittstellen der Landwirtschaft: Die Direktvermarktung in der Landwirtschaft wird als Handel betrachtet.

Verluste in der (landwirtschaftlichen) Logistik entstehen beim Transport zu einem Akteur der nächsthöheren Wertschöpfungsstufe – ggf. sind zusätzliche Lagerungsverluste enthalten.

Verluste in der tierischen Produktion (s. Abb. 14.11):

Lebende Tiere werden zu Lebensmitteln durch das „Herrichten für das Inverkehrbringen zum menschlichen Verzehr" [22].

Das Herrichten beinhaltet nach Auffassung der Autoren bereits die (Auf-)Zucht von Tieren, welche für den menschlichen Konsum geschlachtet bzw. bereitgestellt werden sollen. Somit werden diese Tiere schon lebend als Lebensmittel verstanden. Weiter gehören zur tierischen Produktion auch Aquakulturen und Fischfang sowie die Erzeugung von tierischen Produkten, wie die Eier- und Milcherzeugung.

In der tierischen Produktion treten vorwiegend haltungs- und krankheitsbedingte Verluste sowie Transportverluste auf. Für Nutztiere sind hier Tierverluste bei der Aufzucht gemeint. Haltungsbedingte Verluste treten beispielsweise bei der intensiven Tierhaltung auf (z. B. durch Kannibalismus, Verendung etc.). Verluste von Fischen und Meerestieren beziehen sich auf den Ausschuss bzw. Beifang in der Fischerei. Verluste durch Prädatoren sind hier ebenfalls enthalten (meist in der Aquakultur vorzufinden). Unter Verluste von tierischen Produkten fallen etwa nicht vermarktungsfähige Eier oder Milchmengenverluste durch Euterentzündungen, Verschüttung oder Ausschuss.

Lebensmittelverluste bei der tierischen Produktion auf der Wertschöpfungsstufe Landwirtschaft sind demnach die Verluste bei Aufzucht, Fang und Transport, und Gewinnung von tierischen Produkten.

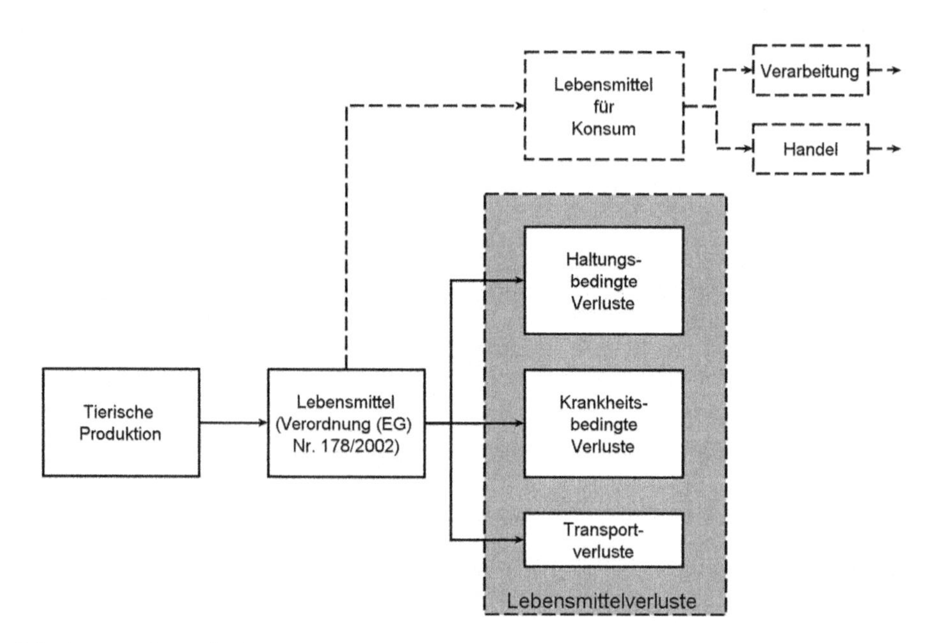

Abb. 14.11 Lebensmittelverluste in der Landwirtschaft (tierische Produktion) [20]

Kommentar zur methodischen Einordnung von Lebensmittelverlusten in der Landwirtschaft

Lebensmittel repräsentieren nur einen Teil der landwirtschaftlichen Produktion. Landwirtschaftliche Rohstoffe werden auch als Futtermittel, als Rohstoff zur Herstellung von Biokraftstoffen, zur energetischen Nutzung, als nachwachsender Rohstoff für Verpackungen, Textilien, etc. erzeugt. Diese unterschiedlichen Nutzungswege der Rohstoffe machen eine präzise Abgrenzung von Lebensmittelverlusten auf dieser Stufe erforderlich. Eine Definition von Lebensmittelverlusten in der Landwirtschaft ist unter Einbeziehung der europäischen Definition von Lebensmitteln sinnvoll. Erst mit der Ernte werden Pflanzenteile zu Lebensmitteln, insofern diese als Lebensmittel für den menschlichen Konsum vorgesehen sind.

Solange die Pflanzen z. B. über Sortenwahl und Planung eindeutig nicht für den menschlichen Verzehr vorgesehen sind, ist eine Abgrenzung eindeutig: Rohstoffverluste, stellen hier keine Lebensmittelverluste dar.

Hinzu kommen Produktionsmengen, die zunächst – z. B. bei der Aussaat – einer zukünftigen Nutzung noch nicht eindeutig zugeordnet werden können, weil der Erzeuger, dies erst bei der Ernte in Abhängigkeit von der jeweiligen Marktlage entscheidet.

Die pflanzliche Produktion ist vielfältigen äußeren Einflüssen ausgesetzt (z. B. Wetter, Schädlinge, Krankheiten, Keimfähigkeit, etc.), die eine Planung des erforderlichen Erntebedarfs erschweren. Für das sichere Erreichen einer angestrebten Erntemenge muss daher bei Aussaat bzw. Produktion mit entsprechenden Verlustraten kalkuliert werden. Treten dann die eingeplanten Verluste nicht auf, so stehen u. U. Mehrmengen zur Verfügung, die ggf. als systemimmanent zu betrachten sind.

Hier muss in Abstimmung mit relevanten Akteuren noch eine einheitliche Herangehensweise erarbeitet werden.[2]

14.3.3.4 Lebensmittelverluste in der Lebensmittelverarbeitung

Zu der Wertschöpfungsstufe „Verarbeitung" gehört das produzierende Ernährungsgewerbe, das aus Ernährungsindustrie und Ernährungshandwerk besteht. Die vorgelagerte Stufe der Wertschöpfungskette für Lebensmittel ist die Landwirtschaft. An die Lebensmittelverarbeitung schließt als direkte nachgelagerte Stufe der Handel an. Schnittstelle zur Landwirtschaft ist die Anlieferung beim Lebensmittelverarbeiter. Schnittstelle zum Handel ist die Anlieferung der verarbeiteten Produkte beim Handelsunternehmen. Werden landwirtschaftliche Produkte nicht weiter verarbeitet, wird diese Stufe der Wertschöpfungskette übersprungen. Die Schnittstelle ist dann die Anlieferung von Produkten der Landwirtshaft direkt beim Handel.

Während der Verarbeitung werden Lebensmitteln aus der Landwirtschaft weiterverarbeitet, umgewandelt und veredelt. Neben Lebensmitteln in unterschiedlichen Verarbeitungsstufen (Produkte) fallen auch Produktionsrückstände an. Ein Produkt ist jedes Material, welches durch einen Produktionsprozess absichtlich hergestellt wird. Ein

[2]Im Hinblick auf die mögliche Ausweisung von systemimmanenten „Verlusten" in der Landwirtschaft und der differenzierten Einbeziehung von Ernteverlusten ist die Fachdiskussion noch nicht abgeschlossen.

Produktionsrückstand ist ein Material, welches durch einen Produktionsprozess nicht absichtlich hergestellt wird. Dabei handelt es sich entweder um ein Neben- oder Abfallprodukt. In der Lebensmittelindustrie ist die Unterscheidung zwischen einem Abfall- und Nebenprodukt für die wirtschaftliche Verwertung und somit für den weiteren Nutzungspfad entscheidend. Zur Unterscheidung von Produktionsrückständen aus der Lebensmittelverarbeitung kann der Entscheidungsbaum aus der *Mitteilung der Kommission an den Rat und das europäische Parlament zur Mitteilung zu Auslegungsfragen betreffend Abfall und Nebenprodukte* herangezogen werden [23].

Das Gesetz zur Neuordnung des Kreislaufwirtschaft- und Abfallrechts (Kreislaufwirtschaftsgesetz – KrWG [24]) setzt die EU-Abfallrahmenrichtlinie in deutsches Recht um. Eine wichtige Änderung des Gesetzes betrifft die Unterscheidung zwischen Nebenprodukten und Abfällen (§ 4 – KrWG [23]) und entspricht weitestgehend dem o.g. Entscheidungsbaum aus [23]. Demnach gilt ein Stoff oder Gegenstand nur dann als Nebenprodukt und nicht als Abfall, wenn folgende Voraussetzungen erfüllt sind:

a. *Es ist sicher, dass der Stoff oder Gegenstand weiter verwendet wird,*
b. *Der Stoff oder Gegenstand kann direkt ohne weitere Verarbeitung, die über die normalen industriellen Verfahren hinausgeht, verwendet werden,*
c. *Der Stoff oder Gegenstand wird als integraler Bestandteil eines Herstellungsprozesses erzeugt und*
d. *Die weitere Verwendung ist rechtmäßig, d.h. der Stoff oder Gegenstand erfüllt alle einschlägigen Produkt-, Umwelt- und Gesundheitsschutzanforderungen für die jeweilige Verwendung und führt insgesamt nicht zu Umwelt- oder Gesundheitsfolgen.*

In der Lebensmittelverarbeitung fallen neben Produktionsrückständen noch weitere Lebensmittelverluste an.

Die Nachfrage nach verarbeiteten Lebensmitteln ist von einer Vielzahl äußerer Faktoren abhängig und in der Regel nicht konstant. So kann es beispielsweise aufgrund von Wetterverhältnissen zu einer schwankenden Nachfrage von bestimmten Produkten kommen – mit der Folge einer Überproduktion auf Stufe der Lebensmittelverarbeitung. Zu viel produzierte Lebensmittel, welche nicht an den Handel abgesetzt werden können, müssen dann einer Alternativverwertung zugeführt werden. Neben den gängigen Verwertungs- und Entsorgungswegen (Bioabfall) gibt es ggf. auch die Möglichkeit, Lebensmittel caritativen Einrichtungen als Spenden zu überlassen.

Darüber hinaus fallen systembedingt Verluste bei der Lagerung und beim Transport von Lebensmitteln an.

Lebensmittelverluste in der Lebensmittelverarbeitung entsprechen – in Einklang mit den vorgenannten Regelwerken – Bioabfällen aus dem produzierenden Ernährungsgewerbes gemäß [2] (vgl. Abb. 14.12).

Nach Auffassung der Autoren ist es notwendig, Lebensmittelspenden, die von der Lebensmittelindustrie an gemeinnützige Organisationen weitergegeben wurden, ebenfalls als Lebensmittelverluste (für die Wertschöpfungsstufe der Lebensmittelindustrie, nicht für die Lebensmittelkette insgesamt) zu deklarieren. Lebensmittelspenden sind Lebensmittel,

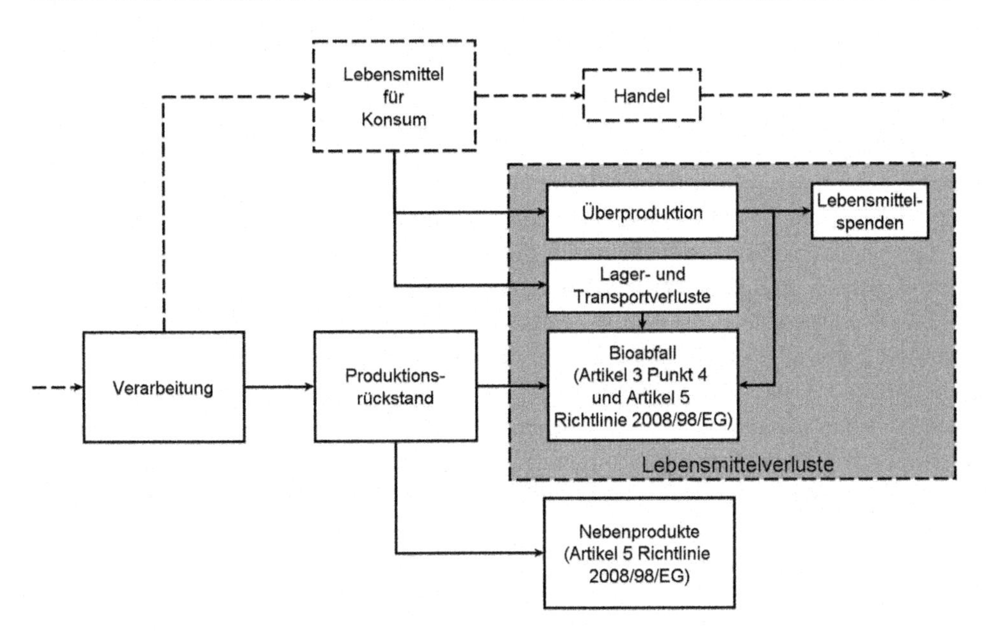

Abb. 14.12 Lebensmittelverluste in der Lebensmittelverarbeitung (Retouren zur vorgelagerten Wertschöpfungsstufe sind nicht dargestellt)

die nicht für ihren ursprünglich vorgesehenen Zweck[3] verwendet werden. Hierbei handelt es sich also um Lebensmittelverluste, die gemäß dem Verursacherprinzip ihrem Entstehungsort zuzuschreiben sind.

Produkte, die nicht ihrem ursprünglichen Verwendungszweck entsprechend genutzt werden, können einer alternativen Nutzung oder der Entsorgung zugeführt werden. Die Verwertung als Spende wird hier als Alternativ- bzw. Sekundärverwertung – ebenso wie andere alternative Verwertungswege, z.B. als Futtermittel oder Energieträger – betrachtet.

14.3.3.5 Lebensmittelverluste im Lebensmittelhandel

Ziel des Handels ist die Bereitstellung und der Absatz von Lebensmitteln an den Konsum in Form von Groß- und Endverbrauchern. Lebensmittel, die diesem Zweck nicht zugeführt werden, sind als Verluste zu betrachten. Die Ursachen hierfür sind z. B. Qualitätsverluste durch Lagerung, Mindesthaltbarkeitsdatum o. ä..

Die Schnittstelle zu den vorgelagerten Wertschöpfungsstufen (Landwirtschaft und Verarbeitung) werden durch die Logistik repräsentiert, die bei der Datenerhebung jeweils der vorgelagerten Stufe zuzurechnen ist. Die nachgelagerte Stufe ist der Konsum. Je nach Konsument wird die Logistik hier entweder durch den Handel oder den Konsumenten übernommen (Großverbraucher werden z. B. häufig beliefert). Dies ist bei der Zuordnung im Rahmen der Datenerhebung und –auswertung jeweils entsprechend zu berücksichtigen.

[3]Lebensmittel dieser Wertschöpfungsstufe haben den Zweck, die nächste Stufe der Wertschöpfungskette zu erreichen, d.h. an den Lebensmittelhandel abgesetzt zu werden.

Lebensmittel, die vom Handel nicht abgesetzt werden, können unterschiedlichen Alternativverwertungen zugeführt werden. Entspricht ein nicht abgesetztes Lebensmittel noch den Mindestanforderungen an Qualität und Genusstauglichkeit, so wird es ggf. caritativen Einrichtungen zur Verfügung gestellt – ansonsten wird es den übrigen Verwertungs- und Entsorgungswegen zugeführt. Hierzu gehören auch Retouren, die z. T. wieder einen Inputstrom in die Lebensmittelverarbeitung repräsentieren.

Lebensmittelverluste des Lebensmittelhandels entsprechen, im Einklang mit bestehenden Regelwerken, Bioabfällen aus dem Handel (vgl. Abb. 14.13).

Lebensmittelspenden, die vom Handel an gemeinnützige Organisationen weitergegeben wurden, sind als Lebensmittelverluste auf der Stufe des Lebensmittelhandels zu deklarieren (analog Lebensmittelspenden aus der Lebensmittelindustrie). Bei Lebensmittelspenden handelt es sich um Lebensmittel, die aus Sicht des Handels nicht für ihren ursprünglich vorgesehenen Zweck[4] verwendet werden. Hierbei handelt es sich also um Lebensmittelverluste, die gemäß dem Verursacherprinzip ihrem Entstehungsort zuzuschreiben sind.

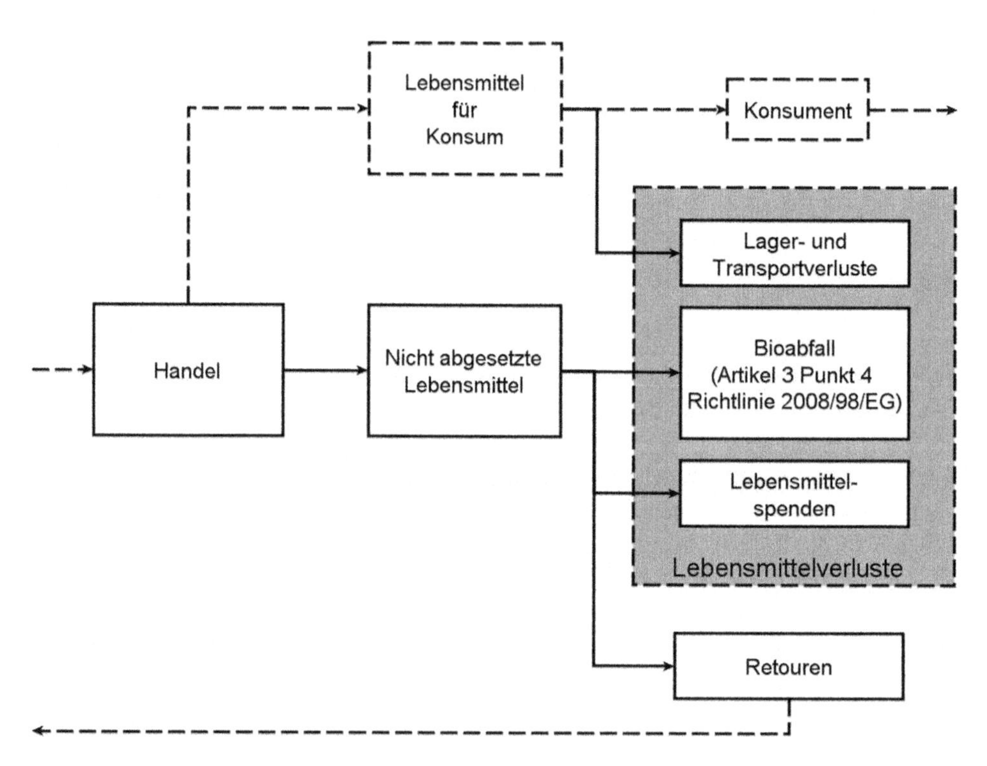

Abb. 14.13 Lebensmittelverluste im Lebensmittelhandel (Retouren zur vorgelagerten Wertschöpfungsstufe sind nicht dargestellt)

[4]Der Zweck, den ein Lebensmittel im Lebensmittelhandel erfüllen soll, ist der Absatz an den Konsumenten.

Kommentar zur Verlustabgrenzung im Handel
Betrachtet man die Lebensmittelkette insgesamt – und nicht nur die Stufe des Handels, kann der Zweck von erzeugten Lebensmitteln auch durch den menschlichen Verzehr definiert werden. In diesem Fall wird ein Teil der gespendeten Lebensmittel diesem Zweck zugeführt. Die Verluste auf Stufe des Handels sind also unterschiedlich hoch, je nachdem, wie der Verwendungszweck der Lebensmittel definiert wird.

14.3.3.6 Lebensmittelabfälle im Konsum [20]

Auf der letzten Wertschöpfungsstufe der Lebensmittelkette erfolgen die Zubereitung und der Verzehr von Lebensmitteln. Hierzu gehören sowohl die Außer-Haus-Verpflegung als auch der Konsum in Privathaushalten.

Die vorgelagerte Stufe dieser Wertschöpfungskette ist der Lebensmittelhandel. Der nachgelagerte Prozess ist die Abfallverwertung – diese ist nicht Bestandteil des Lebensmittelsystems. Die Schnittstelle wird durch die Logistik repräsentiert. Bei Teilen der Außer-Haus-Verpflegung – insbesondere bei Großverbrauchern – erfolgt häufig die Anlieferung durch den Handel, bei den übrigen wird die Logistik von den Konsumenten übernommen. Hier muss bei der Datenerhebung und –auswertung jeweils auf entsprechende Transparenz geachtet werden.

Wenn ein Lebensmittel auf dieser Stufe der Wertschöpfungskette nicht zum Verzehr genutzt wird, gibt es für dieses Lebensmittel im Allgemeinen nur einen weiteren möglichen Nutzungspfad: die Verwertung als Bioabfall. Dieser Bioabfall wird entweder separat erfasst um einer spezifischen Behandlung/Verwertung zugeführt zu werden oder er wird gemeinsam mit dem Restabfall entsorgt.

Lebensmittelabfall entsteht auf dieser Wertschöpfungsstufe aus Lebensmitteln, die nicht als Nahrung verzehrt werden. Lebensmittelabfall umfasst in dieser Definition nicht verzehrte Lebensmittelreste, welche in Küchen von Großverbrauchern und in Privathaushalten anfallen sowie rohe und verarbeitete Lebensmittel, welche genusstauglich sind (bzw. waren), aber nicht verzehrt werden (bzw. wurden).

Um Vermeidungspozentiale von Lebensmittelabfällen ausweisen zu können werden Lebensmittelabfälle nach vermeidbaren, teilweise vermeidbaren und nicht vermeidbaren Lebensmittelabfällen differenziert.

Vermeidbare Lebensmittelabfälle sind beispielsweise angebrochene Lebensmittel aber auch original verpackte Lebensmittel, welche zum Zeitpunkt ihrer Entsorgung noch uneingeschränkt genießbare sind oder bei rechtzeitiger Verwendung genießbar gewesen wären. In diese Kategorie fallen z. B. Lebensmittel, die entsorgt werden, weil sie am Folgetag nicht mehr in Großküchen verwendet werden dürfen oder Lebensmittel, welche verdorben sind, bei rechtzeitiger Verwendung aber essbar gewesen wären.

Die Kategorie der teilweise vermeidbaren Lebensmittelabfälle resultiert zunächst aus der Praktikabilität bei der Erfassung von Abfällen auf Konsumebene.

Eine als Abfall entsorgte Banane enthält bei einer gravimetrischen Erfassung wegen der Schale einen nicht vermeidbaren Anteil, der systembedingt miterfasst wird. Gleiches gilt für verpackte Lebensmittel, die z. B. im Rahmen einer Sortieranalyse erfasst werden. Hier werden die Verpackungen i. d. R. nicht separat geöffnet, um die Masse der weggeworfenen Lebensmittel exakt zu bestimmen.

In diese Kategorie fallen auch solche Lebensmittelabfälle, die aufgrund von persönlichen Gewohnheiten der Konsumenten nicht gegessen werden und deshalb entsorgt werden. Hierzu zählen z. B. Brotrinden und Apfelschalen. Diese Lebensmittelabfälle können bei Untersuchungen als Unterkategorie „teilweise vermeidbare Lebensmittelabfälle" betrachtet werden, um den persönlichen Gewohnheiten der Verbraucher gerecht zu werden.

Nicht vermeidbare bzw. nicht essbare Lebensmittel sind solche, die üblicherweise im Zuge der Speisenzubereitung entfernt werden. Diese Kategorie beinhaltet vorwiegend Knochen, nicht genusstaugliche Bestandteile von Lebensmitteln sowie Schalen von Früchten und Gemüse.

Abbildung 14.14 stellt die zuvor definierten Lebensmittelabfällen im Konsum sowie die Aufgliederung nach deren Vermeidbarkeit dar.

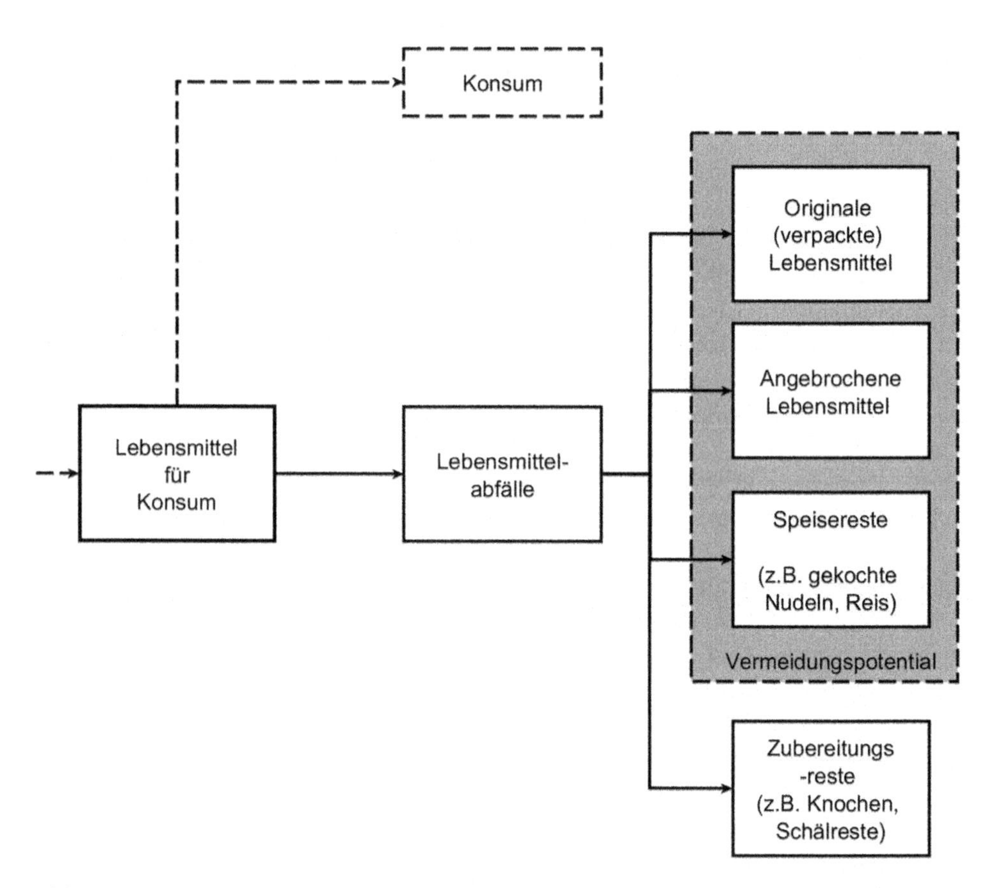

Abb. 14.14 Lebensmittelabfälle im Konsum und Vermeidungspotentiale

14.3.3.7 Logistik

In der Literatur werden Verluste aus der Logistik in der Regel nicht explizit ausgewiesen. Verluste in der Logistik werden hier als Teil der jeweils betrachteten Wertschöpfungsstufe mitbetrachtet. Im Hinblick auf die Systemanalyse und –optimierung ist eine entsprechende Differenzierung wünschenswert, um Lebensmittelverluste und Lebensmittelabfälle einer Anfallstelle und Ursache zuordnen zu können.

Bei der Datenerhebung ist eine Abgrenzung zwischen Logistik und den einzelnen Gliedern der Wertschöpfungskette häufig schwierig. In der Wertschöpfungskette insgesamt aber auch zwischen den einzelnen Stufen werden Lager- und Transportlogistik sehr unterschiedlich organisiert.

Lebensmittelverluste in der Logistik umfassen sämtliche Lebensmittel, die während der Kommissionierung, dem Transport, einer Zwischenlagerung oder Umladung unbrauchbar für die Verwendung in der jeweils nachgelagerten Stufe der Lebensmittelwertschöpfungskette werden.

14.3.4 Systemmodellierung

Die Systemmodellierung beinhaltet die Modellierung des untersuchten (Teil-) Systems der Lebensmittelkette. Analog zur Systemmodellierung bei der Stoffstromanalyse von abfallwirtschaftlichen Systemen, werden hier die folgenden Komponenten des zu untersuchenden Systems der Lebensmittelbewirtschaftung (Lebensmittelsystem) festgelegt:

- Systemgrenzen (räumlich und zeitlich)
- Wesentliche Prozesse und Lager
- Vor- und Nachketten
- Relevante Lebensmittelströme sowie ggf. weitere Flüsse (u. a. Material-, Stoff- und Energieflüsse)

In Abhängigkeit von der jeweiligen Aufgabenstellung werden i. d. R. Teilbereiche des gesamten Lebensmittelsystems modelliert. Beispiele hierfür sind Untersuchungen ausgewählter Lebensmittelkategorien, einzelner Glieder der Lebensmittelkette oder auch einzelner Betriebe und/oder Strukturen in der Produktion, im Handel oder auf der Konsumebene.

Ziel der Systemmodellierung ist auch hier, eine möglichst einfache Abbildung des zu untersuchenden Systems, die zugleich alle für die spätere Bewertung relevanten Informationen liefert. Neben den Lebensmittelströmen selbst sind ggf. weitere Flüsse/Ströme von Interesse – z. B. für die Bewertung von Material-, Stoff- und Energieflüssen, ökobilanzielle und monetäre Betrachtungen o.ä.

Die nachfolgende Abbildung 14.15 zeigt beispielhaft eine vereinfachte und aggregierte Darstellung der Lebensmittelströme der Lebensmittelkette.

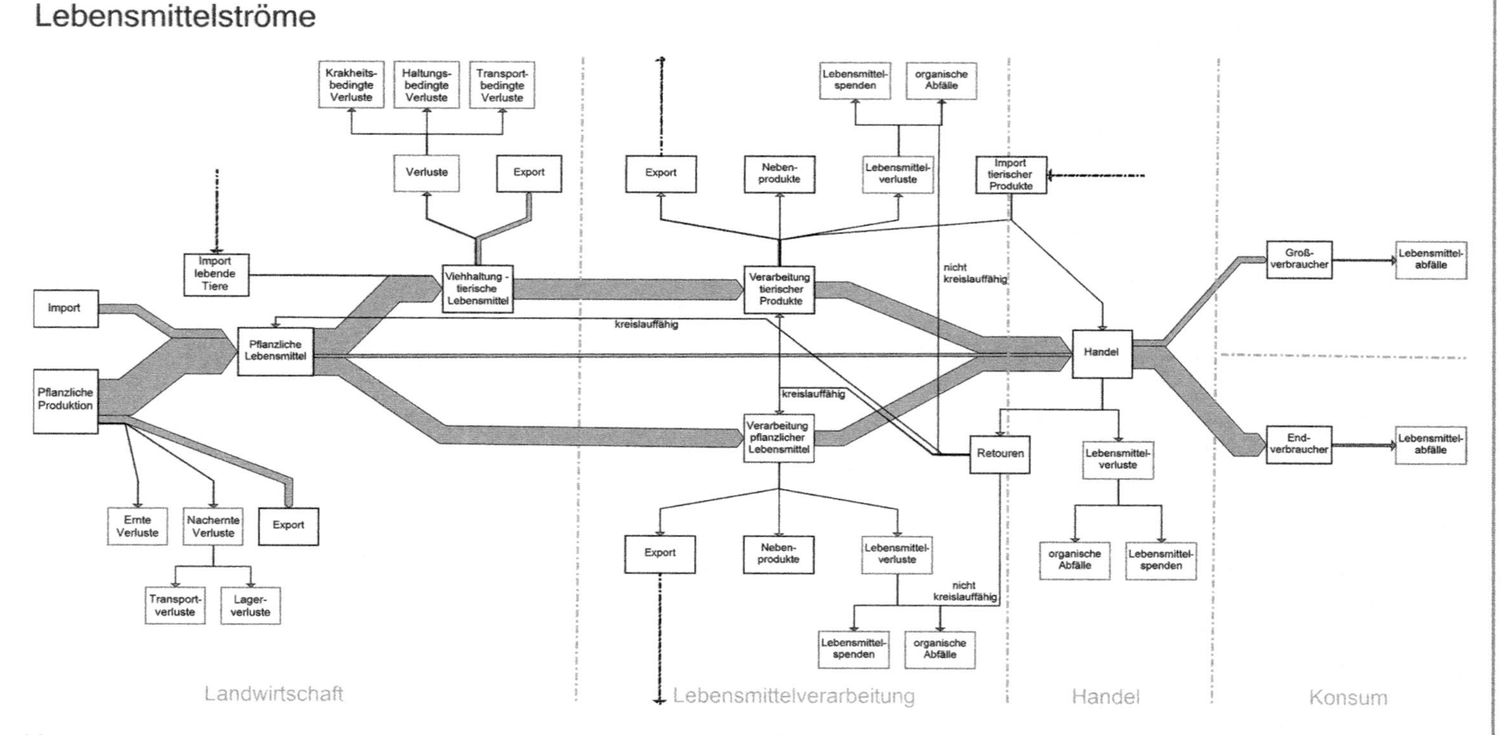

Abb 14.15 Beispielgrafik – Modellierung Lebensmittelströme der Lebensmittelkette [18]

14.3.5 Datenerfassung und Bilanzierung

Das Stoffstrommanagement für Lebensmittel orientiert sich an der in Abschn. 14.2.3 beschriebenen Methodik. Die Datenerfassung und Bilanzierung entspricht methodisch der Material und Stoffflussanalyse aus Abschn. 14.2.3.4.

Die Datenerfassung betrifft hierbei zunächst die durch die Systemmodellierung festgelegten Lebensmittel- und sonstigen Flüsse. Dies gilt sowohl für die Flüsse innerhalb des Systems als auch für die Input- und Output-Flüsse. Fallweise müssen zusätzlich Flüsse außerhalb des Systems in vor- und/oder nachgelagerten Prozessen mit berücksichtigt werden (Vor- und Nachketten). Alle erfassten Flüsse werden im Rahmen einer Input-Output-Betrachtung bilanziert.

An dieser Stelle muss in Abhängigkeit von der Zielsetzung der Untersuchung zusätzlich festgelegt werden, welche Randbedingungen, Kennziffern und Parameter ergänzend erfasst werden müssen. Sollen beispielsweise die Lebensmittel- und Energieströme bei gastronomischen Veranstaltungen analysiert und optimiert werden, können Informationen zur Art der Veranstaltung, angemeldeten und tatsächlichen Gästezahlen, Wetter etc. von Interesse sein. Die Verluste an Lebensmitteln sind sowohl unter Mengenaspekten als auch im Hinblick auf den ökologischen Rucksack auf Ebene des Konsums von besonderer Relevanz. Große Einsparpotenziale bietet die Vermeidung von Lebensmittelabfällen in gastronomischen Einrichtungen.

14.3.6 Einordung und Bewertung der Ergebnisse anhand von Bewertungskennziffern und Benchmarks

In Abhängigkeit vom Ziel der Stoffstromoptimierung für Lebensmittel stehen unterschiedliche Ansätze zur Einordnung und Bewertung der Ergebnisse zur Verfügung. Je nach Lebensmittelkategorie sind Lebensmittelverluste unterschiedlich einzuordnen. Jede Lebensmittelkategorie und auch die unterschiedlichen Lebensmittel selbst sind mittels geeigneter Kennziffern zu bewerten. Dies hängt u. a. ab von:

- Art der Produktion
- Herkunft
- Logistik – Art und Umfang von Transport und Lagerung
- Grad der Verarbeitung
- Position in der Lebensmittelkette
- Weitere Kriterien

Typische Bewertungskennziffern sind:

- Verlustmenge
- Monetäre Parameter

- Energetischer Rucksack
- Klimarelevante Emissionen
- Ökologischer Rucksack

Daneben sind weitere Bewertungskennziffern in der Diskussion – hierzu gehören insbesondere auch soziale Parameter.

Für die Einordnung der Ergebnisse anhand von Bewertungskennziffern sind vergleichende Betrachtungen nötig. Neben der Unterscheidung nach vermeidbaren und nicht vermeidbaren Verlusten eignet sich hierfür der Vergleich mit Benchmarks. Diese Benchmarks beziehen sich sowohl auf Massenströme von Lebensmitteln (z. B. spezifische Lebensmittelabfälle je Gast und Tag in der Außer-Haus-Verpflegung) als auch auf damit korrelierte Bewertungskennziffern – wie z. B. typischer Energierucksack eines spezifischen Speiseplans in Großküchen. Für die Einordnung anhand von Vergleichsparametern werden für sämtliche Glieder der Lebensmittelkette entsprechende Benchmarks benötigt. An der Universität Stuttgart wird hierzu eine entsprechende Datenbank gepflegt.

Die hier beschriebene Einordnung der Ergebnisse ermöglicht eine einfache Detektion von „Hot Spots" und Optimierungspotenzialen. I. d. R. ist jedoch immer auch eine detaillierte Betrachtung des jeweils untersuchten Teilsystems der Lebensmittelkette anzuraten und notwendig.

14.3.7 Optimierungsmaßnahmen, Monitoring und Erfolgskontrolle

Nach der Erfassung und Bilanzierung der jeweils relevanten Lebensmittelströme sowie weiterer Material, Stoff-, Energieströme und auch sonstiger Parameter sowie der darauf aufbauenden Einordnung und Bewertung können die Stellen im untersuchten System identifiziert werden, an denen Optimierungsmaßnahmen ausreichend hohe Verbesserungspotenziale erwarten lassen. Nach der Implementierung dieser Optimierungsmaßnahmen sollte eine Erfolgskontrolle im Rahmen eines Monitorings erfolgen. Für die langfristige Sicherstellung eines effizienten Systems ist ein außerdem ein Langzeitmonitoring anzustreben.

Maßnahmen und Monitoring sind insbesondere auf Konsumeben von Bedeutung, da dort die höchsten Verluste innerhalb der Lebensmittelkette zu verzeichnen sind [17, 18, 25–29].

Das kontinuierliche Erfassen von Lebensmittelverlusten – ebenso wie das Monitoring von weiteren Effizienzparametern, wie z. B. Energie- und Ressourcenverbrauch sollte dabei möglichst wenig Aufwand und Kosten verursachen. Hierzu kann ggf. auf ohnehin vorhandene Parameter und Daten zurückgegriffen werden – (z. B. Energieverbräuche in einer Großküche). Spezifischere Daten können meist durch technische Einrichtungen erhoben werden (z. B. Energiemessungen an einzelnen technischen

Geräten). Für das exakte und detaillierte Monitoring von Lebensmittelabfällen – einschließlich der Dokumentation von Anfallstellen und Ursachen der Abfallentstehung wurde an der Universität Stuttgart der RESOURCEMANAGER FOOD entwickelt. Dieser besteht aus einer Waage, die mittels einer speziellen Software alle relevanten Daten sehr einfach und schnell erfasst. Die Ergebnisse können sowohl für ein Dauermonitoring als auch für ein direktes Feedback vor Ort mittels leicht verständlicher Grafiken verwendet werden.

Die Erfolgskontrolle sowie die Bewertung von Daten eines Monitorings erfolgen i. d. R. durch Soll-Ist Abgleiche mit Referenzdaten oder Benchmarks. Hierbei ist – insbesondere auch im Rahmen eines Langzeitmonitoring – auf die kontinuierliche Anpassung dieser Bezugswerte von Bedeutung.

14.4 Ökobilanz – Life Cycle Assessment

14.4.1 Einleitung

Die Ökobilanz, in Englisch Life Cycle Assessment (LCA), ist ein Umweltmanagementwerkzeug, das die Ermittlung und den Vergleich der potentiellen Umweltauswirkungen im Verlauf des ganzen Lebenszyklus von Waren, Dienstleistungen und Prozessen ermöglicht. Die Ökobilanz umfasst die Emissionen und den Ressourcenverbrauch „von der Wiege bis zur Bahre" eines Produktsystems. Dies bedeutet, dass die Umweltbelastungen, die über alle Lebensphasen des Produktes – von der Rohstoffgewinnung, über die Produktion und Nutzung bis hin dessen Entsorgung – entstehen, berücksichtigt werden, um die Wirkung auf Menschen und Natur zu untersuchen. Durch diese mehrdimensionale Betrachtung kann die Verlagerung von Umweltproblemen von einem Umweltmedium in ein anderes oder von einer Phase des Produktlebenszyklus in eine spätere erkannt und durch entsprechende Maßnahmen vermieden werden [30].

Die Idee der Ökobilanz entstand in den 70er Jahren des 20. Jahrhunderts, als die Umweltverträglichkeit von Getränkeverpackungen in Europa und in den USA im Fokus stand. Trotz des aus der Ölkrise der 70er Jahre entstandenen Impulses wurden erst in den 90en Jahren von der SETAC (Society of Environmental Toxicology and Chemistry) die methodischen Richtlinien der Ökobilanz festgelegt. Inzwischen ist die Vorgehensweise der Ökobilanz von der International Standards Organization (ISO) sowie vom Europäischen Komitee für Normung (CEN) auf europäischer Ebene und vom Deutschen Institut für Normung (DIN) in Normen erarbeitet worden. Der ISO Norm 14040 [30] stellt die Grundsätze und Rahmenbedingungen der Ökobilanz dar. Die ISO Norm 14044 [31] befasst sich mit der Anforderungen an die Erstellung einer Ökobilanz. In Abb. 14.16 wird der Aufbau der Ökobilanz in ihren unterschiedlichen Phasen und iterativen Vorgehensweise dargestellt [30].

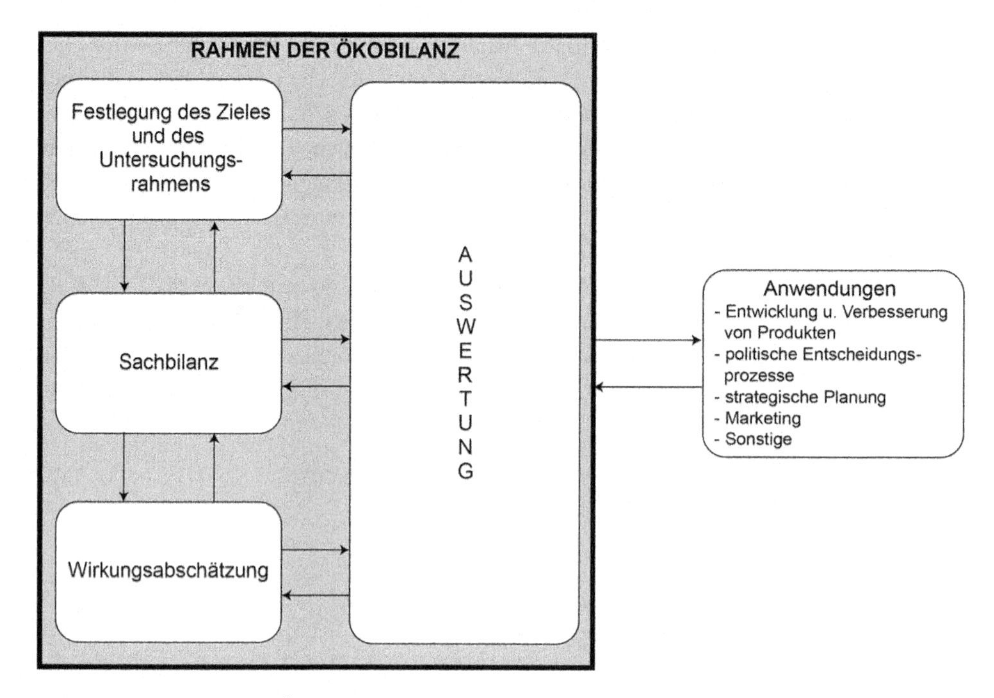

Abb. 14.16 Phasen einer Ökobilanz nach ISO 14040 [30]

14.4.2 Allgemeines

Grundsätzlich werden das Ziel und der Untersuchungsrahmen zu Beginn der Ökobilanz festgelegt, damit die beabsichtigte Anwendung eindeutig definiert werden kann. Zu diesem Zweck werden die Gründe für die Durchführung der Studie sowie die Zielgruppe definiert. Das Ziel muss vor allem klar und transparent definiert sein, um die Ergebnisse nachvollziehbar und interpretierbar zu machen.

Die Rahmenfestlegung beinhaltet eine vollständige Beschreibung der Tiefe und Breite der Studie und spricht die folgenden Punkten an [30]:

- das zu untersuchende Produktsystem,
- die Funktion des Produktsystems, oder im Fall vergleichender Studien, der Systeme,
- die funktionelle Einheit,
- die Systemgrenze,
- die Allokationsverfahren,
- die Wirkungskategorien und die Methode der Wirkungsabschätzung,
- die Anforderung an die Daten,
- die Annahmen,
- die Einschränkungen,

- die Anforderung an die Datenqualität,
- die Art der kritischen Prüfung,
- die Art und den Aufbau des für die Studie des vorgesehenen Berichtes.

14.4.3 Ziel und Untersuchungsrahmen der Ökobilanz

14.4.3.1 Funktion und funktionelle Einheit

Für die Ökobilanz muss eine geeignete funktionelle Einheit, welche die untersuchte Funktion des Systems widerspiegelt, festgelegt werden. Die funktionelle Einheit stellt die Quantifizierung des Produktsystems fest und ist die Bezugsgröße, auf welche sich alle Input- und Outputflüsse beziehen. Wenn beispielsweise die ökologischen Auswirkungen des Recyclings von Altpapier (Produktsystem) untersucht werden sollen, kann eine Tonne Altpapier als funktionelle Einheit gewählt werden. Die funktionelle Einheit gilt als Vergleichseinheit und ermöglicht die Vergleichbarkeit von Ökobilanzergebnissen [30, 31].

14.4.3.2 Systemgrenze

Durch die Festlegung der Systemgrenze wird der Bilanzraum definiert. Sie bildet die Schnittstelle zwischen dem zu untersuchenden Produktsystem und seiner Umwelt bzw. anderen Systemen. Innerhalb der Systemgrenze werden auch alle Prozesse, die entlang des Lebensweges (z. B. Gewinnung von Rohstoffen, Herstellung von Vorprodukten, Recycling oder Beseitigung etc.) mit dem untersuchten Produkt zusammenhängen, betrachtet. Der Lebensweg wird dabei in sogenannte Module unterteilt, die das physische Produktsystem widerspiegeln. In Abb. 14.17 besteht das Produktsystem aus den folgenden Modulen: Rohstoffgewinnung, Produktion, Anwendung, Recycling/Wiederverwendung, Abfallbehandlung, Energieversorgung und Transport. Das Produktsystem sollte so modelliert werden, dass die Inputs und Outputs an den Systemgrenzen Elementarflüsse sind. Ein Elementarfluss ist ein Stoff- oder Energiefluss, der ohne vorherige Aufbereitung durch menschliche Aktivitäten aus der Umwelt entnommen wird oder ohne Vorbehandlung an die Umwelt abgegeben wird [30, 31].

14.4.4 Sachbilanz

Unter einer Sachbilanz versteht man die Datensammlung und Berechnung von Input- und Outputflüssen zur Bestimmung der mit dem gesamten Lebensweg des Produktes verbundenen Umweltbelastungen. Dies umfasst die Luft-, Wasser- und Bodenbelastungen durch Schadstoffe, den Verbrauch an Rohstoffen, Energie, Wasser und Fläche, Lärm und Abfallströme. Dabei werden, ausgehend von der vorher festgelegten Systemgrenze, alle Größen, die in das System ein- oder austreten bilanziert. Abbildung 14.18 stellt die Vorgehensweise der Sachbilanz dar [30, 31].

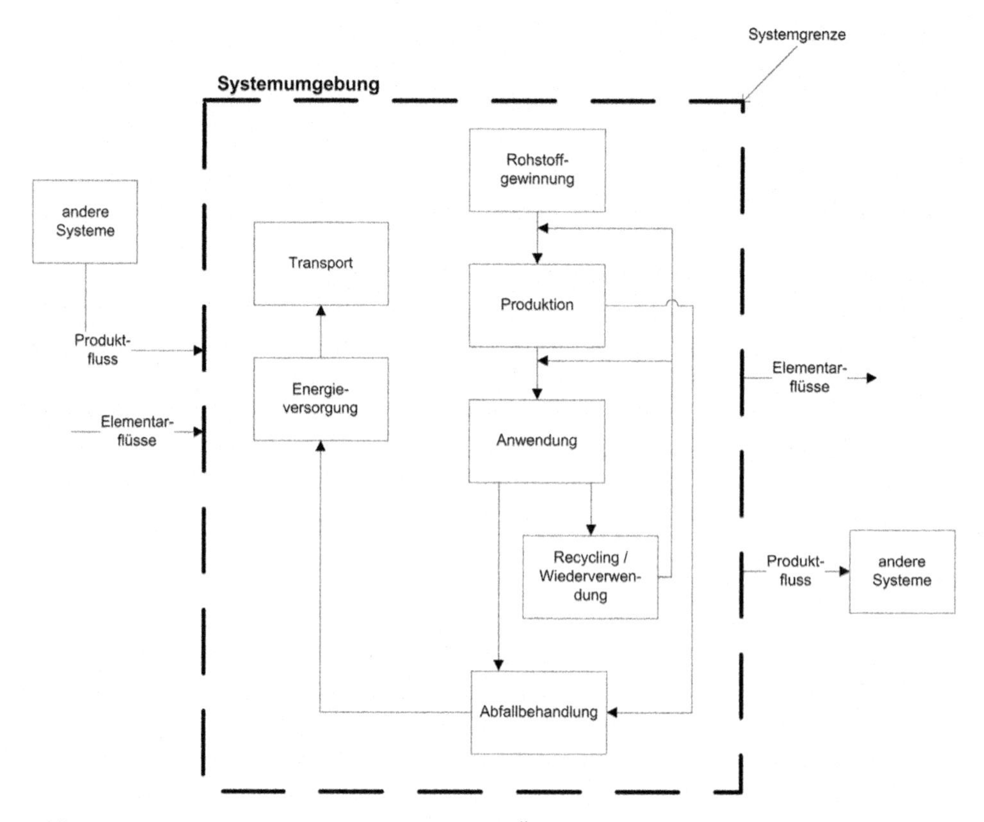

Abb. 14.17 Beispiel eines Produktsystems für eine Ökobilanz [30]

Im ersten Schritt werden zunächst alle Module, die im Untersuchungsrahmen definiert wurden, durch Stoff- und Energieflüsse miteinander verknüpft. Dabei wird unterschieden zwischen Flüssen, welche die Module innerhalb des betrachteten Systems verbinden und Flüsse, die über den vorher festgelegten Bilanzierungsraum hinausgehen. In einem zweiten Schritt werden alle Flüsse, die die Module inputseitig (z. B. Ressourcenverbrauch.) und outputseitig (z. B. Emissionen in die Luft.) mit der Umwelt verbinden, über den ganzen Lebenszyklus addiert (14.1) [30, 31]. Voraussetzung für die Erstellung der Sachbilanz eines Produktsystems ist, über eine vollständige Bilanz der einzelnen Prozessmodule zu verfügen. In Tab. 14.1 wird die Bilanz für eine Müllverbrennungsanlage exemplarisch aufgeführt.

$$E_i = \sum e_{ij} \tag{14.1}$$

E_i = Gesamtfluss des Stoffes $\boldsymbol{i}$ über den gesamten Lebenszyklus des Produktsystems
e_{ij} = Fluss des Stoffes $\boldsymbol{i}$ in die Module oder aus den Modulen $\boldsymbol{j}$ von 1 bis m

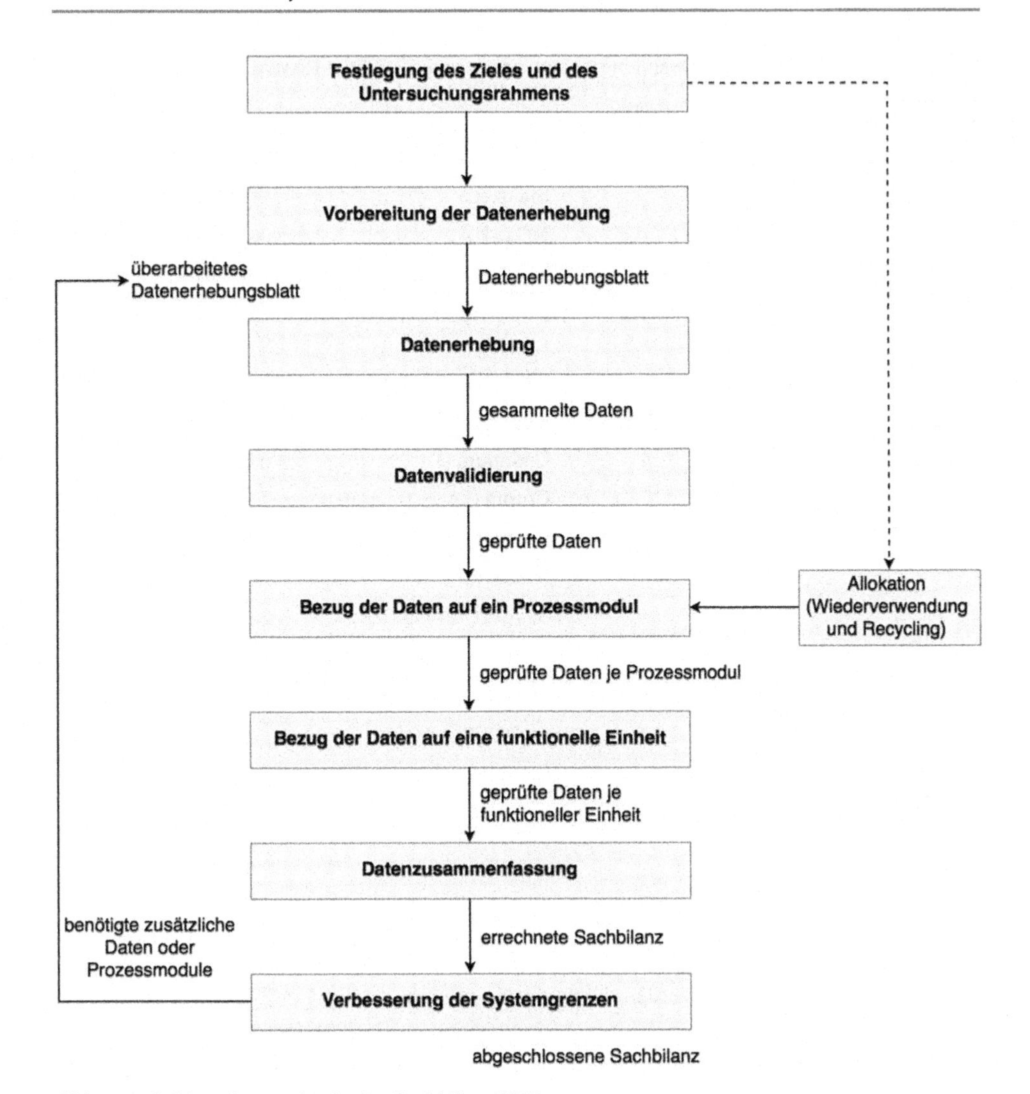

Abb. 14.18 Vorgehensweise in der Sachbilanz [31]

14.4.5 Wirkungsabschätzung

In der Wirkungsabschätzung werden die potentiellen Auswirkungen auf die Umwelt aus der Sachbilanz resultierenden Stoff- und Energieflüsse ermittelt. In der Wirkungsabschätzung geht es also um Umweltwirkungen, die theoretisch auftreten können [30, 31].

Die Durchführung der Wirkungsabschätzung wird in drei obligatorischen Schritten vorgenommen (Abb. 14.19). Zunächst werden die Wirkungskategorien sowie die Wirkungsindikatoren gewählt. Eine Auswahl der von SETAC in ökobilanziellen Studien betrachteten Wirkungskategorien und Wirkungsindikatoren befindet ist in Tab. 14.2 dargestellt.

Tab. 14.1 Bilanz einer Müllverbrennungsanlage bezogen auf 1000 kg Restabfall aus Haushalten (Beispiel)

Inputflüsse			Outputflüsse		
Restabfall	1.00E+03	kg	Staub (L)	9.57E–03	kg
Erdgas	6.50E+00	kg	NOx (L)	1.55E+00	kg
Steinkohle	2.00E–01	kg	Fluorwasserstoff (L)	3.49E–04	kg
Wasser (Prozess)	9.60E+02	kg	Chlorwasserstoff (L)	6.38E–02	kg
			Kohlendioxid, fossil (L)	2.67E+02	kg
			Blei (L)	1.90E–05	kg
			Cadmium (L)	6.01E–06	kg
			Chrom (L)	7.94E–05	kg
			Arsen (L)	1.46E–04	kg
			Nickel (L)	3.38E–05	kg
			Schwefeldioxid (L)	2.35E–01	kg
			PAK, unspezifiziert (L)	2.67E–08	kg
			PCB (L)	1.91E–08	kg
			PCDD, PCDF (L)	1.91E–10	kg
			Energie, elektrisch	8.95E+08	kJ
			Energie, Dampf	2,69E+09	kJ

(L) = Luftemission.

In einem zweiten Schritt werden die in der Sachbilanz ermittelten Daten (z. B. Tonnen Kohlendioxid) den jeweiligen Wirkungskategorien (z. B. Klimaänderung) zugeordnet (sog. *Klassifizierung*). Im dritten Schritt, der *Charakterisierung*, werden die erhobenen Daten anhand von der Höhe des verursachten Umweltschadens mit Charakterisierungsfaktoren bzw. Äquivalenzfaktoren in eine äquivalente Menge der Leitsubstanz (Wirkungsindikator) umgerechnet. In der Tab. 14.3 werden beispielhaft die Äquivalenzfaktoren von einigen Substanzen der Wirkungskategorien Klimaveränderung, Versauerung und Eutrophierung aufgeführt. Im Falle der Wirkungskategorie Klimaveränderung, ist der Charakterisierungsfaktor von Methan um den Faktor 21 größer als die Leitsubstanz Kohlendioxid. Nachdem jede Substanz in den entsprechenden Wirkungsindikator umgerechnet wird, werden die Wirkungsfaktoren summiert, um eine einzelne Größe pro Wirkungskategorie zu erhalten (14.2).

$$\boldsymbol{W_k = \sum E_i \cdot \ddot{A}F_{ik}} \tag{14.2}$$

$\boldsymbol{W_k}$ = Wirkungsfaktor der Wirkungskategorie $\boldsymbol{k}$

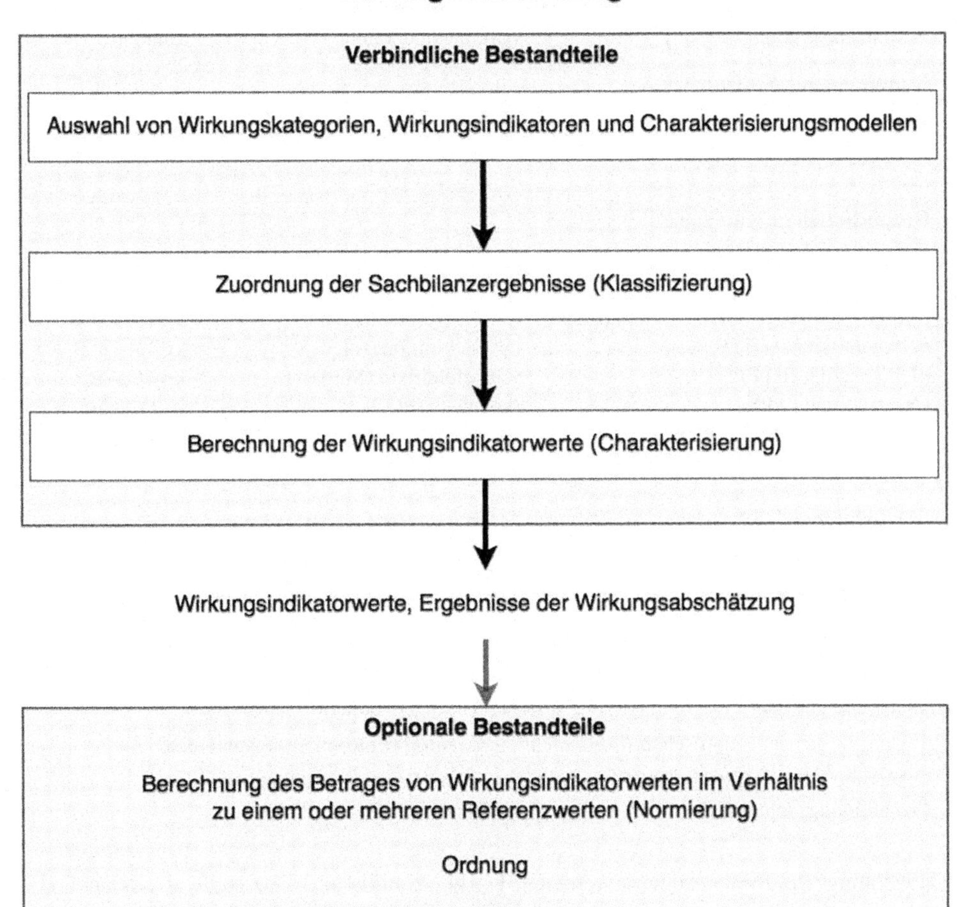

Abb. 14.19 Bestandteile der Wirkungsabschätzung [30]

$\boldsymbol{E_i}$ = Gesamtfluss des Stoffes ***i*** über den gesamten Lebenszyklus des Produktsystems

$\boldsymbol{ÄF_{ik}}$ = Äquivalenzfaktor des Stoffes ***i*** bezogen auf den Wirkungsindikator der Wirkungskategorie ***k***

z. B.

$$\text{z.B. } GWP\left[kg\,CO_2 - \text{Äq}\right] = \sum \text{E}_i\left[kg\,stoff\,i\right] \bullet GWP_i\left[{kg\,CO_2 - \text{Äq}}\big/{kg\,stoff\,i}\right]$$

Wenn nur eine Bewertungsgröße gewünscht ist, können die Ergebnisse der einzelnen Wirkungskategorien bezogen auf einen Referenzwert normiert und nach entsprechender

Tab. 14.2 Auswahl von Wirkungskategorien nach SETAC [34]

Wirkungskategorie	Wirkungsindikator	Einheit
Inputbezogene Kategorien		
• Abiotische Ressourcen • Landnutzung	Antimon (Sb)	kg Sb-Äq m^2 und Jahr
Outputbezogene Kategorie		
• Klimaänderung/ Treibhauspotential (GWP)[1)] • Stratosphärischer (ODP)[2)] Ozonabbau • Humantoxizität (HTP)[3)] • Ökotoxizität (ETP)[4)] • Versauerung (AP)[5)] • Eutrophierung (EP)[6)] • Photooxidantienbildung (POCP)[7)]	Kohlendioxid (CO_2) CFC-11 1,4-Dichlorobenzol 1,4-Dichlorobenzol Schwefeldioxid (SO_2) Phosphate (PO_4) Ethen (C_2H_4)	kg CO_2-Äq kg CFC-11-Äq kg 1,4-DCB-Äq kg 1,4-DCB-Äq kg SO_2-Äq kg PO_4-Äq kg C_2H_4-Äq

Aq = Äquivalente.

[1)]Abkürzung aus dem Englischen *Global Warming Potential* (Treibhauspotential)

[2)]Abkürzung aus dem Englischen *Ozone Depletion Potential* (Ozonabbaupotential)

[3)]Abkürzung aus dem Englischen *Human Toxicity Potential* (Humantoxizitätspotential)

[4)]Abkürzung aus dem Englischen *Ecotoxicity Potential* (Ökotoxizitätspotential)

[5)]Abkürzung aus dem Englischen *Acidification Potential* (Versauerungsspotential)

[6)]Abkürzung aus dem Englischen *Eutrophication Potential* (Eutrophierungspotential)

[7)]Abkürzung aus dem Englischen *Photochemical Ozone Creation Potential* (Ozonbildungspotential)

Gewichtung zusammen addiert werden [31–33]. Abbildung 14.20 stellt als Beispiel die Ergebnisse der ökobilanziellen Bewertung von drei Restabfallentsorgungssystemen, nach Wirkungskategorien gegliedert, dar. Die Ergebnisse beziehen sich auf eine Tonne Restabfall und werden in Einwohnerdurchschnittswerten, welche die relative Umweltbelastung des Produktsystems in Bezug auf die von allen Bundesbürgern verursachten Umweltauswirkungen gemessen, ausgedrückt. Positive Werte bedeuten eine Verschlechterung der Umwelt durch das Produktsystem, während negative Werte eine Verbesserung der Umweltsituation anzeigen.

14.4.6 Auswertung

Bei der Auswertung werden die Ergebnisse der Sachbilanz und der Wirkungsabschätzung gemeinsam betrachtet, um die in der Zielfestlegung zu Beginn der Untersuchung gestellten Fragen zu klären. Die zusammenfassende Bewertung der Umweltbelastungen und ihrer Auswirkungen dient der ökologischen Optimierung des produktbezogenen Gesamtprozesses und ermöglicht Entscheidungen über Alternativen [30, 31].

Tab. 14.3 Auszug von Äquivalenzfaktoren für ausgewählten Wirkungskategorien [32]

Wirkungskategorie	Aquivalenzfaktor
Treibhauspotential (GWP)	
Substanz	**GWP** (in kg CO_2-Äq/kg)
Kohlendioxid (CO_2)	1
Methan (CH_4)	21
Distickstoffmonoxid (N_2O)	310
Schwefelhexaflourid (SF_6)	23,900
Versauerungspotential (AP)	
Substanz	**AP** (in kg SO_2-Äq/kg)
Salpetersäure (HNO_3)	0,51
Salzsäure (HCl)	0,88
Stickstoffoxide (NO_x)	0,70
Schwefeldioxid SO_2	1,00
Fluorwasserstoff (HF)	1,60
Ammoniak (NH_3)	1,88
Schwefelwasserstoff (H_2S)	1,88
Eutrophierungspotential (EP)	
Substanz	**EP** (in kg PO_4-Äq/kg)
Salpetersäure (HNO_3)	0,10
Nitrat (NO_3^-)	0,10
Stickstoffoxide (NO_x)	0,13
Ammoniak (NH_3)	0,35
Ammonium (NH_4^+)	0,33
Phoshphorsäure (H_3PO_4)	0,97
Phoshphat (PO_4^{3-})	1,00

Fragen zu Kap.14

1. Was ist Stoffstrommanagement und welchem Zweck dient es?
2. Welche Bearbeitungsschritte sind für ein erfolgreiches Stoffstrommanagement in der Abfallwirtschaft notwendig?
3. Was ist eine Stoffstromanalyse?
4. Welches sind typische und wichtige Randbedingungen bei der Erarbeitung eines Stoffstrommanagementkonzeptes?

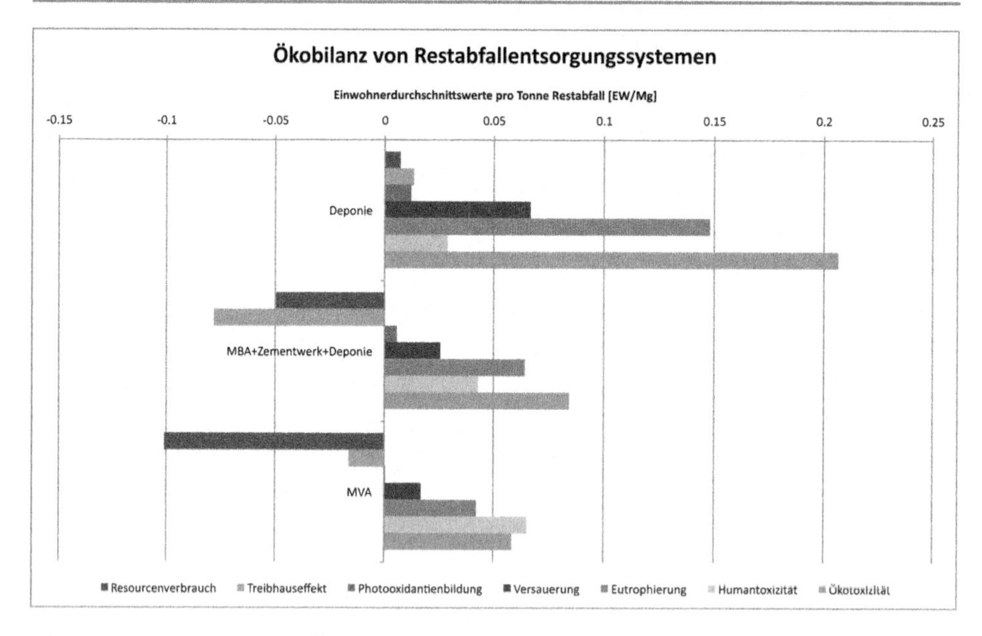

Abb. 14.20 Ergebnisse einer Ökobilanz von Restabfallentsorgungssystemen (Beispiel)

5. Nennen Sie typische Maßnahmen um Stoffströme in der Abfallwirtschaft zu lenken bzw. zu verändern.
6. Welches sind die einzelnen Glieder der Lebensmittelkette?
7. Definieren Sie für jede Stufe der Wertschöpfungskette für Lebensmittel jeweils die Lebensmittelverluste und die Lebensmittelabfälle.
8. Welche Daten werden für die Systemanalyse benötigt, um das Stoffstrommanagement für Lebensmittel zu optimieren?
9. Welches sind typische und wichtige Randbedingungen für die Optimierung von Systemen innerhalb der Lebensmittelkette?
10. Wie kann eine Erfolgskontrolle nach der Implementierung von Optimierungsmaßnahmen realisiert werden?
11. Was ist eine Ökobilanz?
12. Aus welchen Teilschritten besteht eine Ökobilanz?
13. Was wird mit der funktionellen Einheit im Rahmen der Ökobilanz gemeint?
14. Was ist notwendig um eine Sachbilanz erstellen zu können?
15. Nennen Sie drei Wirkungskategorien, die bei der Wirkungsabschätzung angewendet werden.
16. Was ist der Äquivalenzfaktor bzw. Charakterisierungsfaktor von Methan, Distickstoffmonoxid und Kohlenstoffdioxid für die Wirkungskategorie *Klimaveränderung*?

Literatur

[1] Enquete-Kommission, 1994; Plinke, Kämpf, Tamtschnig in Enquete-Kommission Schutz des Menschen und der Umwelt, 1995
[2] Worrell, W.; Vesilind, P. (2011): Solid Waste Engineering, SI Version, 2. Hrsg. Cengage Learning, Stamford, CT
[3] Kranert, M. (2007): Grünabfälle – besser kompostieren oder energetisch verwerten? Vergleich unter den Aspekten der CO2-Bilanz und der Torfsubstitution (EdDE-Dokumentation 11)
[4] Marb, C.; Przybilla, I.; Neumayer, F.; et al. (2003): Zusammensetzung und Schadstoffgehalt von Siedlungsabfällen (Bayer. Landesamt fuür Umweltschutz (Hrsg.)).
[5] Hafner, Gerold (2016): Abfallwirtschaftliche Stoffdatenbank der Universität Stuttgart (unveröffentlicht)
[6] Gebler, W. (1992): Ökobilanzen in der Abfallwirtschaft, Erich Schmidt Verlag
[7] Rechberger, H. (1999): Entwicklung einer Methode zur Bewertung von Stoffbilanzen in der Abfallwirtschaft. Wiener Mitteilungen, Institut für Wassergüte und Abfallwirtschaft, Wien
[8] Schmidt-Bleek, F. (1994): Wieviel Umwelt braucht der Mensch? Birkhäuser Verlag
[9] Anonym: http://www.lbp-gabi.de
[10] Gustavsson, Jenny; Cederberg, Christel; Sonesson, Ulf; van Otterdijk, Robert; Meybeck, Alexandre (2011): Global Food Losses and Food Waste: Extent, Causes and Prevention, Food and Agriculture Organization of the United Nations – FAO, Rome, 2011
[11] Behrends, Christoph; Stallmeister, Ute (2015): Datenreport 2015 der Stiftung Weltbevölkerung, Deutsche Stiftung Weltbevölkerung [Hrsg.], Hannover
[12] Europäische Kommission (2011): Mitteilung der Komission an das Europäische Parlament, den Rat, den Europäischen Wirtschafts- und Sozialausschuss und den Ausschuss der Regionen – Fahrplan für ein ressourcenschonendes Europa, Europäische Kommission, Brüssel, 2011
[13] Hafner, Gerold; Maurer, Claudia; Barabosz, Jakob (2010–2013): „GreenCook – transnational strategy for global sustainable food management"; EU-Forschungsprojekt: INTERREG IVB North West Europe, 5th Call, wissenschaftliche Leitung
[14] Hafner, Gerold; Taupinart, Elisabeth; Georget, Marie (2012): „Sustainable Restaurants & Canteens – Waste Monitoring"; Präsentation, Steering Committee EU-Forschungsprojekt „GreenCook", 11.05. 2012, Lille
[15] Hafner, Gerold (2012): Monitoring and Evaluation of Food Waste – Terms, Definitions, Evaluating Parameters and Coefficients; Präsentation, Workshop Community of Praxis EU-Forschungsprojekt „GreenCook", 22.05. 2012,Brüssel
[16] Hafner, Gerold; Yun Chin; Wong (2012): Pilot Project „Canteen" – Uni Mensa Stuttgart Vaihingen, Monitoring of Food Wastage and Optimization; Präsentation, Workshop Community of Praxis EU-Forschungsprojekt „GreenCook", 22.05. 2012,Brüssel
[17] Hafner, Gerold; Barabosz, Jakob; Leverenz, Dominik; Schuller, Heiko; Schneider, Felicitas; Scherhaufer, Sandra; Kölbig, Adrian; Kranert, Martin (2012): Ermittlung der weggeworfenen Lebensmittelmengen und Vorschläge zur Verminderung der Wegwerfrate bei Lebensmitteln in Deutschland; 27.04.2012
[18] Hafner, G.; Leverenz, D.; Barabosz, J. (2014): Lebensmittelverluste und Wegwerfraten im Freistaat Bayern – Studie im Auftrag des KErn – Kompetenzzentrum für Ernährung und des Bayerischen Staatsministerium für Ernährung, Landwirtschaft und Forsten
[19] Hafner, Gerold; Leverenz, Dominik; Pilsl, Philipp (2015): Potenziale zur Energieeinsparung durch Vermeidung von Lebensmittelverschwendung – Bilanzierung des energetischen

Fußabdrucks ausgewählter Lebensmittel (Studie im Auftrag des Bayerischen Staatsministeriums für Ernährung, Landwirtschaft und Forsten, Projektleitung: Kompetenzzentrum für Ernährung (KErn))

[20] Hafner, Gerold et al. (2013): Analyse, Bewertung und Optimierung von Systemen zur Lebensmittelbewirtschaftung – Teil I: Definition der Begriffe „Lebensmittelverluste" und „Lebensmittelabfälle", Müll und Abfall 11/13, S. 601–609, Erich Schmidt Verlag, Berlin, 2013

[21] Göbel, Christine; Teitscheid, Petra; Ritter, Guido; Blumenthal, Antonia; Friedrich, Silke; Frick, Tanja; Grotstollen, Lisa; Möllenbeck, Carolin; Rottstegge, Lena; Pfeiffer, Cynthia; Baumkötter, Daniel; Wetter, Christof; Uekötter, Britta; Burdick, Bernhard; Langen, Nina; Lettenmeier, Michael; Rohn, Holger (2012): Verringerung von Lebensmittelabfällen – Identifikation von Ursachen und Handlungsoptionen in Nordrhein-Westfalen – Studie für den Runden Tisch „Neue Wertschätzung von Lebensmitteln" des Ministeriums für Klimaschutz, Umwelt, Landwirtschaft, Natur- und Verbraucherschutz des Landes Nordrhein-Westfalen

[22] Europäisches Parlament (2002): Verordnung (EG) Nr. 178/2002 des Europäischen Parlaments und des Rates vom 28. Januar 2002 zur Festlegung der allgemeinen Grundsätze und Anforderungen des Lebensmittelrechts, zur Errichtung der Europäischen Behörde für Lebensmittelsicherheit und zur Festlegung von Verfahren zur Lebensmittelsicherheit

[23] Kommission der Europäischen Gemeinschaften (2007): Mitteilung der Kommission an den Rat und das europäische Parlament zur Mitteilung zu Auslegungsfragen betreffend Abfall und Nebenprodukte

[24] Gesetz zur Förderung der Kreislaufwirtschaft und Sicherung der umweltverträglichen Bewirtschaftung von Abfällen (2012)

[25] Barabosz, Jakob (2011): Konsumverhalten und Entstehung von Lebensmittelabfällen in Musterhaushalten. Diplomarbeit. Universität Stuttgart

[26] Schuller, Heiko (2012): Abschätzung der Lebensmittelabfälle in Deutschland, deren Vermeidungspotentiale und sich daraus ergebende positive Umwelteinflüsse. Diplomarbeit. Universität Stuttgart

[27] Leverenz, Dominik (2012): Handlungsempfehlungen zur Reduzierung von Lebensmittelabfall. Diplomarbeit. Universität Stuttgart

[28] Gusia, Dominika (2012): Lebensmittelabfälle in Musterhaushalten im Landkreis Ludwigsburg. Ursachen – Einflussfaktoren – Vermeidungsstrategien. Diplomarbeit. Universität Stuttgart

[29] Riestenpatt genannt Richter, Daniel (2012): Ermittlung weggeworfener Lebensmittelabfallmengen bei Großverbrauchern und Haushalten in Bayern. Diplomarbeit. Universität Stuttgart

[30] Anonym (2006): International Organization for Standardization (ISO), Umweltmanagement – Ökobilanz – Grundsätze und Rahmenbedingungen (ISO 14040:2006), Europäisches Komitee für Normung (CEN)

[31] Anonym (2006): International Organization for Standardization (ISO), Umweltmanagement – Ökobilanzen – Anforderung und Anleitungen – (EN ISO 14044:2006). Europäisches Komitee für Normung (CEN)

[32] Guineé, J. B. et al. (2001): Life Cycle Assessment, An Operational Guide to the ISO Standards, Ministry of Housing, Spatial Planning, and the Environment, The Hague

[33] Udo de Haes, H. A., Jolliet, O., Finnveden, G., Hausschild, M., Krewitt, W., Müller-Renk, R. (1999): Best Available Practice Regarding Impact Categories and Indicators in Life Cycle Impact Assessment, International Journal of Life Cycle Assessment, Vol. 4, No. 3, S. 167–174

[34] Udo de Haes, H. A. (Hrsg.) (1996): Towards a Methodology for Life Cycle Impact Assessment, SETAC, Brussels

[35] Hafner, Gerold; Leverenz, Dominik; Pilsl, Philipp (2016): Analyse, Bewertung und Optimierung von Systemen zur Lebensmittelbewirtschaftung – Teil II: Systemmodellierung – Teil III: Vorgehensweise bei Datenerfassung und Bilanzierung

Ergänzende Literatur

Food and Agriculture Organization of the United Nation (1981): Food loss prevention in perishable crops

Grolleaud, Michel (2002): Post-Harvest Losses: Discovering the Full Story Overview of the Phenomenon of Losses During the Post-harvest System, FAO – Food and Agriculture Organization of the United Nations, Agro Industries and Post-Harvest Management Service (AGSI), Rome

Lundqvist, J.; de Fraiture, C.; Molden, D. (2008): Saving Water: From Field to Fork – Curbing Losses and Wastage in the Food Chain. SIWI Policy Brief. SIWI, Stockholm, 2008

Parfitt, J.; Barthel, M.; Macnaughton, S. (2010): Food Waste Within Food Supply Chains: Quantification and Potential for Change to 2050 Philosophical Transactions of the RoyalSociety B: Biological Sciences 365(1554): 3065–3081.

Quested, Tom; Johnson, Hannah (2009): Household Food and Drink Waste in the UK, Report prepared by WRAP, Banbury

Anhang

A.1 Anhang zu Kap. 3

Tab. A 3.1 Anteil der Abfallfraktionen im Hausmüll in kg/(E · a) in der Hansestadt Rostock [1]

Einzelfraktion	1996	1997	1998	2002
Papier	30,60	25,59	24,08	10,20
Glas	30,50	30,42	30,55	15,20
Kunststoffe/Verbunde	18,10	17,40	13,71	11,90
Metallschrott	15,20	12,82	10,89	5,10
Elektronik-Schrott	2,30	3,88	1,41	1,70
Textilien	10,40	8,65	9,70	2,90
Organische Abfälle	70,5*	85,29*	66,71*	57,6**
Renovierabfälle	12,40	16,71	11,91	5,80
Hygieneabfälle	4,00	7,06	6,86	7,30
Problemabfälle	1,10	4,90	3,55	0,00
Fein-/Mittelmüll	31,00	26,78	24,72	15,50
Sonstiges	6,20	4,38	5,05	15,40
Gesamt	**232,30**	**243,88**	**209,14**	**148,60**

*incl. Organikanteil aus der Fein- und Mittelmüllfraktion (70 %).

**incl. Organikanteil aus der Fein- und Mittelmüllfraktion (50 %).

M. Kranert (Hrsg.), *Einführung in die Kreislaufwirtschaft*,
DOI 10.1007/978-3-8348-2257-4

Tab. A 3.2 Restabfallzusammensetzung 1998/1999 und 2003/2004 [2]

Fraktion	1998/1999		2003/2004	
	%	kg/(E · a)	%	kg/(E · a)
Fe-Metalle	3,8	7,9	2,1	3,2
NE-Metalle	0,8	1,7	0,7	1,1
Glas	8,6	17,9	6,6	10,1
PPK	14,5	30,1	13,0	19,8
Kunststoffe, Verbunde	12,8	26,6	13,9	21,2
Organik	31,4	65,2	35,3	53,8
Holz	2,6	5,4	1,3	2,0
Textilien, Leder, Gummi	4,2	8,7	2,9	4,4
Mineralischer Bauschutt	2,5	5,2	4,9	7,5
Asche, inerte Stoffe	9,2	19,1	4,3	6,5
Schadstoffe	1,0	2,1	1,5	2,3
Sonstiger Abfall	8,6	17,9	13,5	20,6
Summe	100,0	207,8	100,0	152,5

[1] Rostock: Abfallwirtschaftskonzept für die Hansestadt Rostock, Dez. 2002, Tabelle 8 (Quelle im Internet nicht mehr verfügbar)

[2] Dresden: Vierte Fortschreibung Abfallwirtschaftskonzept Landeshauptstadt Dresden (Tabelle 11, S. 32) (www.dresden.de/media/pdf/infoblaetter/abfallwirtschaftskonzept.pdf)

[3] Panning, R.: Hausmüllanalyse Magdeburg. In: Müll und Abfall 1-02

[4] Rolland, C. & Scheibengraf, M.: Biologisch abbaubare Kohlenstoff im Restmüll. Umweltbundesamt Wien, 2003 (www.umweltbundesamt.at)

[5] Sidaine, J. M. et al.: Auswirkungen von Wertstoffabschöpfung und Bioabfallsammlung auf die Zusammensetzung des Resthausmülls.- Im Auftrag des Umweltministeriums Baden-Württemberg. 1994 (unveröffentlicht)

[6] Anonym: KrW-/AbfG – Kreislaufwirtschafts- und Abfallgesetz. Gesetz zur Förderung der Kreislaufwirtschaft und Sicherung der umweltverträglichen Beseitigung von Abfällen. Datum: 27. September 1994

Tab. A 3.3 Prozentuale Zusammensetzung vom Hausmüll in Deutschland [3]

Landkreis/Stadt	Jahr	Metall	Verpackungs-kunststoffe	andere Kuststoffe	Verpackungs-verbunde	Papier	Glas	Bioabfälle, Holz, Leder, Hygenepapier	Windeln	schadstoff-belastete Stoffe	sonstiges	Feinmüll
Deutschland	1985	6		9[A]		24	8	32[B]			13[C]	
LK Calw	1998/1999	5		12		12	3	34	13	0,1		9[D]
LK Hohenlohe	1998/1999	2		12[E]		13	2	19		0,1	14[F]	8[D]
LK Ludwigsburg	1998/1999	5		12		9	3	40	11	0,1		9[D]
Pforzheim	1998/1999	2		10		7	2	51	8	0,1		6[D]
LK Ravensburg	1998/1999	4		16		7	3	42	10	0,1		7[D]
LK Rottweil	1998/1999	6		9		6	5	25	15	0,1		15[D]
6 LK's in BWL	1998/1999	3		11		10	3	38	10	15		10[D]
LK Düren	1997			8		16	8	25	43			
Berlin	1999	8,2				11,9	12,3	37,5	6,6			
Bayern	1997–2000							19	14			
LK Kassel	2000	2,9	5,7		7,9	11,3	7,2	35,5	0,2	29,3		

Tab. A 3.3 (Fortsetzung)

Landkreis/Stadt	Jahr	Metall	Verpackungs-kunststoffe	andere Kuststoffe	Verpackungs-verbunde	Papier	Glas	Bioabfälle, Holz, Leder, Hygenepapier	Windeln	schadstoff-belastete Stoffe	sonstiges	Feinmüll
Erfurt	1996/1997	15				13	10	19	2			
Magdeburg	1995	4,9	6,2		2,6	13,8	10,5	37,3				8,6
Magdeburg	2000	4,2	8,2	1,4	1,4	14,4	12,0	35,0	2,5	1,0		7,6

[A] Kunststoffe einschließlich Textilien.

[B] ohne Holz und ohne Leder.

[C] Mineralische Fraktion.

[D] Siebschnitt bei 8 mm.

[E] DSD-LVP und technische Kunststoffe.

[F] Sortierrest, einschließlich Windeln usw.

Tab. A 3.4 Durchschnittliche Restmüllzusammensetzung bei vier Sortieranalysen [4]

Sortierfraktion	Mittelwert [M- %]	Sortierfraktion	Mittelwert [M- %]
Pappe, Papier	2,5	Organik-Küche	14,8
Druckerzeugnisse	1,4	Organik-Garten	2,4
Metallverpackungen	1,9	Textilien/Bekleidung	5,6
Glasverpackungen	2,2	Mineralien	6,9
Kunststoffverpackungen	3,8	Holz/Gummi/Leder	3,5
Verbundverpackungen	2,6	Windeln/Hygieneartikel	13,5
Sonstige Metalle	1,7	Problemstoffe	0,5
Flachglas	0,7	Feinmüll	27
Sonstige Kunststoffe	1,9	Restfraktion	4,3
Materialverbunde	2,7		

Tab. A 3.5 Restmüllzusammensetzung, Wasser- und mittlerer Kohlenstoffgehalt der Restmüllfraktionen [4]

	Restmüll-Zusammensetzung (feucht)*1	Zusammensetzung nach Aufteilung der Restfraktion und der Verbundstoffe	Wassergehalt der Fraktionen	Gesamtwassergehalt	C-Gehalt der Fraktionen (TS)	C-Gehalt der Fraktionen (FS)	C-Gehalt pro kg Restmüll (feucht)
	(%)	(%)	(%)	(%)	(mg/kg TS)	(mg/kg FS)	(mg/kg FS)
Papier, Pappe, Karton	13,5	23,6	22	5,2	440.000	343.200	81.033
Glas	4,4	5,1	4	0,2	0	0	0
Metall	4,5	7,2	5	0,4	0	0	0
Kunststoffe	10,6	18,3	14	2,6	800.000	688.000	125.616
Verbundstoffe	13,8	0	–	–	–	–	0
Textilien	4,1	4,7	25	1,2	550.000	412.500	19.575
Biogene Abfälle	29,7	34,4	50	17,2	180.000	90.000	30.938
Problemstoffe	0,9	1	0	0		0	0
Mineral. Bestandteile	3,8	4,4	6	0,3		0	0
Holz	1,1	1,3	16	0,2	507.000	425.880	5422
Restfraktion	13,6	0	–	–	–	–	–
Summe	100	100		27,2			262.583

*1 Datenbasis Bundesabfallwirtschaftsplan 1998.

Tab. A 3.6 Wassergehalte und Glühverluste von Stoffgruppen aus dem Resthausmüll [5]

	Wassergehalte		Glühverlust	
	Restmüll mit Biotonne	Restmüll ohne Biotonne	Restmüll mit Biotonne	Restmüll ohne Biotonne
	Mittel	Mittel	Mittel	Mittel
0–8 mm	33	33	37	41
8–40 mm	47	56	63	65
Küchenabfälle	60	60	70	70
Gartenabfälle	50	50	60	60
Papier	25	25	90	90
Pappe	20	20	90	90
Glas	1	1	0	0
Verpackungs-kunststoffe	10	10	93	93
Verpackungsver-bund	15	15	90	90
Sonstige Kunststoffe	10	10	92	92
Metall	2	2	0	0
Inert	3	3	0	0
Holz	10	10	90	90
Textilien	15	15	94	94
Windeln	52	52	94	94
Materialverbund	10	10	80	80
Hygienepapier	30	30	88	88
Rest	20	20	80	80

Tab. A 3.7 Heizwerte von Stoffgruppen aus dem Resthausmüll [6]

	Wassergehalt	Ho Stuttgart	Hu Stuttgart	Ho Literatur	Hu Literatur
	%	kJ/kg	kJ/kg	kJ/kg	kJ/kg
Küchenabfälle	60	17.000	5335	13.500	3935
Gartenabfälle	50	17.000	7280	13.500	5530
Papier	25	16.800	11.990	16.800	11.990
Pappe	20	16.800	12.952	16.800	12.952

Tab. A 3.7 (Fortsetzung)

	Wassergehalt	Ho Stuttgart	Hu Stuttgart	Ho Literatur	Hu Literatur
	%	kJ/kg	kJ/kg	kJ/kg	kJ/kg
Glas	1	0	–24	0	–24
Verpackungs-kunststoffe	10	39.000	34.856	36.500	32.606
Verpackungsver-bund	15	20.000	16.634	16.800	13.914
Sonstige Kunststoffe	10	39.000	34.856	36.500	32.606
Metall	2	0	–49	0	–49
Inert	3	0	–73	0	–73
Holz	10	17.000	15.065	17.000	15.056
Textilien	15	36.000	30.234	36.000	30.234
Windeln	52	16.200	6507	22.000	9291
Materialverbund	10	10.000	8756	10.000	8756
Hygienepapier	30	15.900	10.398	16.800	11.028
Rest	20	17.950	13.872	10.000	7512
8–40 mm	47	12.300	5372	8100	3146
0–8 mm	33	7400	4152	5400	2812

A.2 Tabellen zu Kap. 5

Berechnung des spezifischen Behältervolumens

$$VB(1) = \frac{G_E \cdot E}{\rho \cdot 52 \cdot L_W} * \qquad S = \frac{G_E \cdot E}{RG \cdot 52 \cdot L_W}$$

VB (l) = rechnerisches Mindestbehältervolumen

GE (kg/Ea) = Abfallgewicht pro Einwohner und Jahr

E (–) = an Sammelbehälter angeschlossene Einwohner

(kg/l) = Schüttgewicht Abfall (Inhaltsgewicht/gefülltes Behältervolumen)

52 (–) = Wochen pro Jahr

LW (1/W) = Leerungen pro Woche

S (–) = Spitzenfaktor (zu berücksichtigende Relation zwischen Spitzenanfall zu durchschnittlichem Anfall) oder = 1/mittleren Füllgrad

Tab. A 5.1 Differenzierung der Gebietsstrukturen [1]

Gebietsstruktur [GS]	Wohneinheiten je Eingang	Beschreibung
1	–	Citygebiete (innerstädtische Bebauung mit hohem Gewerbeanteil)
2	>6	geschlossene Mehrfamilienhausbebauung (innerstädtisch)
3a	>6	offene Mehrfamilienhausbebauung (größer fünfgeschossig)
3b	>6	offene Mehrfamilienhausbebauung (drei- bis fünfgeschossig)
4a	3–6	Drei- bis Sechsfamilienhausbebauung
4b	1–2	Ein- und Zweifamilienhausbebauung
5a	1–2	aufgelockerte Ein- und Zweifamilienhausbebauung (Streusiedlungen)
5b	1–2	aufgelockerte Ein- und Zweifamilienhausbebauung (Einzelgehöfte)

Tab. A 5.2 Schütt- und Raumgewichte von Restmüll in Sammelbehältern [1]

Schüttgewichte und Raumgewichte[1)] von Restmüll in Abhängigkeit vom Behältersystem				
Behältersystem	ohne Bioabfallerfassung		mit Bioabfallerfassung	
	Schüttgewicht[2)] [kg/m^3]	Raumgewicht[3)] [kg/m^3]	Schüttgewicht [kg/m^3]	Raumgewicht [kg/m^3]
MGB[4)] 40/60	200–250	160–200	170–220	140–180
MGB 80/120	160–200	130–160	130–170	105–140
MGB 240	150–180	120–145	120–150	95–120
MGB 1100	120–140	100–115	100–120	80–100

1) Annahme eines Füllgrades von 80 %.

2) Schüttgewicht = (Inhaltsgewicht/verfülltes Behältervolumen).

3) Schüttgewicht = (Inhaltsgewicht/Behältervolumen).

4) Müllgroßbehälter.

Tab. A 5.3 Raumgewichte von Wertstoffen in Sammelbehältern [1]

Raumgewichte von Wertstoffen in Sammelbehältern in kg/m^3		
Altpapier (Mischpapier)		80–150
Altglas		250–300
DSD-Leichtstoffe		30–60
Bioabfälle	**Küchenabfall**	200–400
	Gartenabfall	125–250

bei Restmüll = ca. 1,2–1,3
bei Bioabfall (saisonbedingt) = bis zu ca. 1,5
RG = Raumgewicht des Abfalls (Inhaltsgewicht/ Behältervolumen)
= Schüttgewicht * Füllgrad

nach [1]

Auszug aus den Ergebnissen der VKS-Betriebsdatenauswertung 2012
Bereich Restabfall

Tab. A 5.4 Welches Leerungsintervall bieten Sie an?

2012 Abfuhrrhythmus	Nennungen [Anz.]	Anteil [%]
mehrmals wöchentlich	65	17,8
Wöchentlich	106	29,0
2-wöchentlich	143	39,1
4-wöchentlich	52	14,2
Summe	**366**	**100,0**

*Mehrfachnennungen möglich.

Tab. A 5.5 Wie sind Ihre Sammelfahrzeuge durchschnittlich besetzt (im Vollservice)?

2012	Verhältnis Fahrer zu Lader (1:__)			Anzahl der Nennungen
(Vollservice)	min.	max.	mittel	
Behälter bis 360 l	2,0	5,0	**3,0**	17
Behälter ab 550 l	1,0	2,0	**1,5**	39
gemischte Abfuhr	0,8	5,0	**2,5**	42

Tab. A 5.6 Wie sind Ihre Sammelfahrzeuge durchschnittlich besetzt (im Teilservice)?

2012	Verhältnis Fahrer zu Lader (1:__)			Anzahl der Nennungen
(Teilservice)	min.	max.	mittel	
Behälter bis 360 l	0,0	2,0	**1,2**	33
gemischte Abfuhr	0,0	3,0	**1,6**	54

Tab. A 5.7 Wie oft muss die Entsorgungsanlage durchschnittlich von einem Fahrzeug angefahren werden (x mal/Tag)?

2012	min.	max.	mittel	Anzahl der Nennungen
Anfahrten [x mal/Tag]	1,0	3,0	**1,9***	126

*Wert gerundet auf eine Nachkommastelle.

Tab. A 5.8 Welche Menge liefert ein Sammelfahrzeug durchschnittlich täglich an der Entsorgungsanlage an?

2012	min.	max.	mittel	Anzahl der Nennungen
Ø Menge in [MG/(FZG.*d)]	6	27	**15,3***	114

*das heißt bei 1,88 Fahrten zur Entsorgungsanlage/Tag = 8,12 Mg/(Fahrzeug × Entsorgungsfahrt).

Bereich Bioabfall

Tab. A 5.9 Welches Leerungsintervall bieten Sie an?

2012 Abfuhrrhythmus	Nennungen* [Anz.]	Anteil [%]
mehrmals wöchentlich	5	2,9
wöchentlich	50	29,2
2-wöchentlich	109	63,7
4-wöchentlich	7	4,1
Summe	**171**	**100,0**

*Mehrfachnennungen möglich.

Tab. A 5.10 Wie sind Ihre Sammelfahrzeuge durchschnittlich besetzt (im Vollservice)?

2012	Verhältnis Fahrer zu Lader (1:__)			Anzahl der Nennungen
(Vollservice)	min.	max.	mittel	
Behälter bis 360 l	1,0	4,0	2,2	16
gemischte Abfuhr	1,0	5,0	2,3	25

Tab. A 5.11 Wie sind Ihre Sammelfahrzeuge durchschnittlich besetzt (im Teilservice)?

2012	Verhältnis Fahrer zu Lader (1:__)			Anzahl der Nennungen
(Teilservice)	min.	max.	mittel	
Behälter bis 360 l	0,0	2,0	**1,1**	39
gemischte Abfuhr	0,0	3,0	**1,5**	42

Tab. A 5.12 Wie oft muss die Entsorgungsanlage durchschnittlich von einem Fahrzeug angefahren werden (x mal/Tag)?

2012	min.	max.	mittel	Anzahl der Nennungen
Anfahrten [x mal/Tag]	0,5	3,0	**1,7***	105

*Wert gerundet auf eine Nachkommastelle.

Tab. A 5.13 Welche Menge liefert ein Sammelfahrzeug durchschnittlich täglich an der Entsorgungsanlage an?

2012	min.	max.	mittel	Anzahl der Nennungen
Ø Menge in [Mg/(Fzg.*d)]	4	23	**11,6***	97

*das heißt bei 1,65 Fahrten zur Entsorgungsanlage/Tag

= 7,00 Mg/(Fahrzeug × Entsorgungsfahrt).

Bereich LVP

Tab. A 5.14 Welches Leerungsintervall bieten Sie an (Holsystem)?

2012 Abfuhrrhythmus	Nennungen* [Anzahl]	Anteil [%]
mehrmals wöchentlich	3	2,4
wöchentlich	18	14,6
2-wöchentlich	78	63,4
4-wöchentlich	24	19,5
Summe	**123**	**100**

*)Mehrfachnennungen möglich.

Tab. A 5.15 Wie sind Ihre Sammelfahrzeuge durchschnittlich besetzt (im Vollservice)?

2012	Verhältnis Fahrer zu Lader (1:__)			Anzahl der Nennungen
(Vollservice)	min.	max.	mittel	
Behälter ab 550 l	0,0	2,0	**1,0**	6
gemischte Abfuhr	1,0	3,5	**1,9**	16
Sacksammlung	1,0	2,0	**1,5**	6

Tab. A 5.16 Wie sind Ihre Sammelfahrzeuge durchschnittlich besetzt (im Teilservice)?

2012	Verhältnis Fahrer zu Lader (1:__)			Anzahl der Nennungen
(Teilservice)	min.	max.	mittel	
Behälter bis 360 l	0,0	2,0	**0,7**	3
gemischte Abfuhr	0,0	3,0	**1,6**	19
Sack-, Bündelsammlung	1,0	2,0	**1,3**	22

Tab. A 5.17 Wie oft muss die Entsorgungsanlage durchschnittlich von einem Fahrzeug angefahren werden (x mal/Tag)?

2012	min.	max.	mittel	Anzahl der Nennungen
Anfahrten [x mal/Tag]	0,5	2,2	**1,5***	53

*Wert gerundet auf eine Nachkommastelle.

Tab. A 5.18 Welche Menge liefert ein Sammelfahrzeug durchschnittlich täglich an der Entsorgungsanlage an?

2012	min.	max.	mittel	Anzahl der Nennungen
Ø Menge in [Mg/(Fzg.*d)]	3	13	**5,9***	43

*das heißt bei 1,47 Fahrten zur Entsorgungsanlage/Tag

= 3,98 Mg/(Fahrzeug × Entsorgungsfahrt).

Bereich Altpapier

Tab. A 5.19 Welches Leerungsintervall bieten Sie an (Holsystem)?

2012 Abfuhrrhythmus	Nennungen* [Anz.]	Anteil [%]
mehrmals wöchentlich	19	8,2
wöchentlich	43	18,5
2-wöchentlich	63	27,0
4-wöchentlich	108	46,4
Summe	**233**	**100,0**

*Mehrfachnennungen möglich.

Tab. A 5.20 Wie sind Ihre Sammelfahrzeuge durchschnittlich besetzt (im Vollservice)?

2012	Verhältnis Fahrer zu Lader (1:__)			Anzahl der Nennungen
(Vollservice)	min.	max.	mittel	
Behälter bis 360 l	2,0	5,0	**3,0**	4
Behälter ab 550 l	0,0	2,0	**1,1**	15
gemischte Abfuhr	0,8	4,0	**2,2**	33

Tab. A 5.21 Wie sind Ihre Sammelfahrzeuge durchschnittlich besetzt (im Teilservice)?

2012	Verhältnis Fahrer zu Lader (1:__)			Anzahl der Nennungen
(Teilservice)	min.	max.	mittel	
Behälter bis 360 l	0,0	2,0	**1,3**	19
gemischte Abfuhr	0,0	3,0	**1,6**	60
Sack-, Bündelsammlung	1,0	2,0	**1,6**	15

Tab. A 5.22 Wie oft muss die Entsorgungsanlage durchschnittlich von einem Fahrzeug angefahren werden (x mal/Tag)?

2012	min.	max.	mittel	Anzahl der Nennungen
Anfahrten [x mal/Tag]	0,5	3,0	**1,8***	104

*Wert gerundet auf eine Nachkommastelle

Tab. A 5.23 Welche Menge liefert ein Sammelfahrzeug durchschnittlich täglich an der Entsorgungsanlage an?

2012	min.	max.	mittel	Anzahl der Nennungen
Ø Menge in [Mg/(Fzg.*d)]	6	25	**12,6***	88

*das heißt bei 1,80 Fahrten zur Entsorgungsanlage/Tag = 7,03 Mg/(Fahrzeug × Entsorgungsfahrt).

nach [2]

[1] Anonym: Labor für Abfallwirtschaft, Siedlungswasserwirtschaft und Umweltchemie (LASU): Leitfaden für die Durchführung von Abfallanalysen zur Bestimmung von Mengen und Zusammensetzung, Münster, 1998

[2] Anonym: Verband Kommunale Abfallwirtschaft und Stadtreinigung (VKS) e. V.: VKS-Betriebsdatenauswertung 2006, Ergebnisse der VKS-Umfrage zu Sammlung und Transport von Abfällen zur Beseitigung und zur Verwertung bei öffentlich-rechtlichen Entsorgungsunternehmen, Köln, 2007

A.3 Tabellen zu Kap. 7

Tab. A 7.1 Teil 1 Europäische Stahlschrottsortenliste (Auszug) [1]

Kategorie	Sorten-Nr.	Sortenbeschreibung	Abmessungen	Schüttgewicht [t/m³]	Schutt-anteil[1)]
Altschrott	E 3	Schwerer Stahlaltschrott, überwiegend stärker als 6 mm, in Abmessungen nicht über 1,5 × 0,5 × 0,5 m, aufbereitet für einen direkten Einsatz als Rohstoff. Rohre und Hohlprofile können enthalten sein. Karosserieschrott und Räder von Pkw sind ausgeschlossen. Muss frei sein von Betonstahl und leichtem Stabstahl soweit von sichtbarem Kupfer, Zinn, Blei (und Legierungen), Maschinenteilen und Schutt, um die angestrebten Analysenwerte zu erreichen. vgl. B) und C) der allgemeinen Bedingungen	Stärke ≧ 6 mm Abmessung ≦ 1,5 × 0,5 × 0,5 m	≧0,6	≦1 %
	E 1	Leichter Stahlaltschrott, überwiegend unter 6 mm Stärke, in Abmessungen nicht über1,5 × 0,5 × 0,5 m, aufbereitet für einen direkten Einsatz als Rohstoff. Wenn ein größeres Schüttgewicht gewünscht wird, empfiehlt sich, eine Höchstabmessung von 1 m zu vereinbaren. Kann Räder von Pkw enthalten, aber unter Ausschluss von Karosserieschrott von Pkw und Haushaltsgeräteschrott. Muss frei sein von Betonstahl und leichtem Stabstahl, frei von sichtbarem Kupfer, Zinn, Blei und (Legierungen), Maschinenteilen und Schutt, um die angestrebten Analysenwerte zu erreichen. vgl. B) und C) der allgemeinen Bedingungen	Stärke < 6 mm Abmessung ≦ 1,5 × 0,5 × 0,5 m	≧0,5	<1,5 %

Tab. A 7.1 (Fortsetzung)

Kategorie	Sorten-Nr.	Sortenbeschreibung	Abmessungen	Schüttgewicht [t/m³]	Schutt-anteil[1)]
Neuschrott Niedriger Gehalt an Begleitelementen (Reststoffen) frei von Beschichtungen[2)]	E 2	Schwerer Stahlneuschrott, überwiegend stärker als 3 mm, aufbereitet für einen direkten Einsatz als Rohstoff. Der Stahlschrott muss frei sein von Beschichtungen, wenn nicht anders vereinbart, und er muss frei sein von Betonstahl und leichtem Stabstahl, auch aus Neuproduktion. Muss frei sein von sichtbarem Kupfer, Zinn, Blei (und Legierungen), Maschinenteilen und Schutt, um die angestrebten Analysenwerte zu erreichen. vgl. B) und C) der allgemeinen Bedingungen	Stärke≧3 mm Abmessung ≦ 1,5 × 0,5 × 0,5 m	≧0,6	<0,3 %
	E 8	Leichter Stahlneuschrott, überwiegend unter 3 mm Stärke, aufbereitet für einen direkten Einsatz als Rohstoff. Der Stahlschrott muss frei sein von Beschichtungen, wenn nicht anders vereinbart, und muss frei sein von losen Bändern zur Vermeidung von Problemen beim Chargieren. Muss frei sein von sichtbarem Kupfer, Zinn, Blei (und Legierungen), Maschinenteilen und Schutt, um die angestrebten Analysenwerte zu erreichen. vgl. B) und C) der allgemeinen Bedingungen	Stärke < 3 mm Abmessung ≦ 1,5 × 0,5 × 0,5 m (ausgenommen aufgerollte/gebundene Bänder)	≧0,4	<0,3 %
	E 6	Leichter Stahlneuschrott (unter 3 mm Stärke), verdichtet oder in Form von festen Paketen, aufbereitet für einen direkten Einsatz als Rohstoff. Der Stahlschrott muss frei von Beschichtungen sein, wenn nicht anderes vereinbart. Muss frei sein von sichtbarem Kupfer, Zinn, Blei (und Legierungen), Maschinenteilen und Schutt, um die angestrebten Analysenwerte zu erreichen. vgl. B) und C) der allgemeinen Bedingungen		>1	<0,3 %

Tab. A 7.1 (Fortsetzung)

Kategorie	Sorten-Nr.	Sortenbeschreibung	Abmessungen	Schüttgewicht [t/m³]	Schuttanteil[1)]
Shredderschrott	E 40	Shredderstahlschrott, Stahlaltschrott in Stücke zerkleinert, die in keinem Fall größer als 200 mm für 95 % der Ladung sein dürfen. In den verbleibenden 5 % darf kein Stück größer als 1000 mm sein, aufbereitet für einen direkten Einsatz als Rohstoff. Der Schrott soll frei sein von überhöhter Nässe, von losen Gusseisenstücken und von Müllverbrennungsschrott (insbesondere Weißblechdosen). Muss frei sein von sichtbarem Kupfer, Zinn, Blei (und Legierungen) sowie Schutt, um die angestrebten Analysenwerte zu erreichen. vgl. B) und C) der allgemeinen Bedingungen		>0,9	<0,4 %
Stahlspäne[3)]	E 5 H	Homogene Lose von Kohlenstoffstahlspänen bekannten Ursprungs, frei von zu hohem Anteil wolliger Späne, aufbereitet für einen direkten Einsatz als Rohstoff, Späne von Automatenstahl müssen klar benannt werden. Die Späne müssen frei sein von jeglichen Verunreinigungen, wie NE-Metalle, Zunder, Schleifstaub und stark oxydierten Spänen oder Stoffen der chemischen Industrie. Eine vorherige chemische Analyse kann gefordert werden			(*)

Tab. A 7.1 (Fortsetzung)

Kategorie	Sorten-Nr.	Sortenbeschreibung	Abmessungen	Schüttgewicht [t/m³]	Schutt-anteil[1)]
	E 5 M	Gemischte Lose von Kohlenstoffstahlspänen, frei von zu hohem Anteil wolliger Späne, losem Material und frei von Automatenstahlspänen, aufbereitet für einen direkten Einsatz als Rohstoff. Die Späne müssen frei sein von jeglicher Verunreinigung, wie NE-Metalle, Zunder, Schleifstaub und stark oxydierten Spänen oder Stoffen der chemischen Industrie			(*)
Leicht legierter Schrott mit hohem Gehalt an Begleit-elementen	EHRB[4)]	Alter und neuer Stahlschrott, der vor allem aus Betonstahl und leichtem Stabstahl besteht, aufbereitet für einen direkten Einsatz als Rohstoff. Kann geschnitten, geschert oder paketiert werden und muss frei sein von zu hohen Mengen an Beton oder anderen Baustoffen. Muss frei sein von sichtbarem Kupfer, Zinn, Blei (und Legierungen), Maschinenteilen und Schutt, um die angestrebten Analysenwerte zu erreichen. vgl. B) und C) der allgemeinen Bedingungen	max. 1,5 × 0,5 × 0,5 m	>0,5	<1,5 %
Schrott mit hohem Reststoffanteil	EHRM[5)]	Alte und neue Maschinenteile und Komponenten, die in den anderen Sorten nicht angenommen werden, aufbereitet für einen direkten Einsatz als Rohstoff. Kann Gusseisenstücke enthalten (vor allem Gehäuse von mechanischen Komponenten). Muss frei sein von sichtbarem Kupfer, Zinn, Blei (und Legierungen) und Teilen wie Kugellagergehäuse, Bronzeringe und anderen Sorten, auch von Schutt, um die angestrebten Analysenwerte zu erreichen. vgl. B) und C) der allgemeinen Bedingungen	max. 1,5 × 0,5 × 0,5 m	>0,6	<0,7 %

Tab. A 7.1 (Fortsetzung)

Kategorie	Sorten-Nr.	Sortenbeschreibung	Abmessungen	Schüttgewicht [t/m³]	Schutt-anteil[1)]
Geshredderter Schrott aus der Müll-verbrennung	E 46	Geshredderter Schrott aus der Müllverbrennung. Loser Stahlschrott aus der Müllverbrennungsanlage für Haushaltsabfälle, der anschließend durch die magnetische Trennungsanlage ging, geshreddert, in Stücke, die keinesfalls größer als 200 mm sein dürfen und die einen Teil zinnbeschichteter Stahldosen enthalten, aufbereitet für einen direkten Einsatz als Rohstoff. Der Schrott soll frei sein von zu starker Nässe und Rost. Er muss frei sein von zu hohen Mengen an sichtbarem Kupfer, Zinn, Blei (und Legierungen) sowie von Schutt, um die angestrebten Analysenwerte zu erreichen. vgl. B) und C) der allgemeinen Bedingungen		>0,8	Fe-Gehalt >92 %

[1)]Entspricht dem Gewicht des Schuttes, der nicht am Schrott haftet, und der nach dem Entladen mit Magnet auf dem Bodes des Fahrzeugs verbleibt.

[2)]Beschichtetes Material muss angegeben werden.

[3)]Frei von jeglichen Verunreinigungen (NE-Metalle, Zunder, Schleifstaub, chem. Material, zu hohe Ölgehalte).

[4)]Betonstahl und leichter Stabstahl müssen getrennt klassifiziert werden, vor allem wegen des Kupfergehaltes, um sie von den Stahlaltschrott- und den Stahlneuschrottsorten mit niedrigem Gehalt an Begleitelementen (Reststoffen) unterscheiden zu können.

[5)]Maschinenteile und Motorteile müssen, vor allem wegen ihres Gehaltes an Ni, Cr, Mo getrennt klassifiziert werden, um sie von schwerem Stahlaltschrott und schwerem Stahlneuschrott mit niedrigem Gehalt an Begleitelementen (Reststoffen) unterscheiden zu können.

*Bis heute gibt es keine klare Methode zur Festlegung dieser Werte.

Tab. A 7.2 Teil 2 Europäische Stahlschrottsortenliste: Angestrebte Analysenwerte [1]

Angestrebte Analysenwerte
Die für die Analysen festgelegten Werte entsprechen den praktischen Erfahrungswerten der verschiedenen Länder der Europäischen Union. Sie lassen sich durch heute gebräuchliche Sortier- und Aufbereitungsverfahren erreichen.

Kategorie	Spezifikation	Angestrebte Analysenwerte (Reststoffe) in%				
Altschrott	E 3	Cu	Sn	Cr,Ni,Mo	S	P
		≤0,250	≤0,010	Σ ≤ 0,250		
	E 1	≤0,400	≤0,020	Σ ≤ 0,300		
Neuschrott mit niedrigem Gehalt an Begleitelementen (Reststoffe), frei von Beschichtungen[1)]	E 2	Σ ≤ 0,300				
	E 8	Σ ≤ 0,300				
	E 6	Σ ≤ 0,300				
Shredderschrott	E 40	≤0,250	≤0,020			
Stahlspäne[2)]	E 5H	Eine vorherige chemische Analyse kann gefordert werden.				
	E 5 M	≤0,400	≤0,030	Σ ≤ 1,0	≤0,100	
Schrott mit hohem Gehalt an Begleitelementen (Reststoffen)	EHRB	<0,450	≤0,030	Σ ≤ 0,350		
	EHRM	≤0,400	≤0,030	Σ ≤ 1,0		
Geshredderter Schrott aus der Müllverbrennung	E 46	≤0,500	≤0,070			

[1)]Beschichtetes Material muss angegeben werden.

[2)]Frei von jeglichen Verunreinigungen (NE-Metalle, Zunder, Schleifstaub, chem. Material, zu hohe Ölgehalte).

Tab. A 7.3 Usancen und Klassifizierungen des Metallhandels“ für NE-Metalle (Auszug) [2]

Nr.	Bezeichnung	Beschreibung
Aluminium		
Nr. 1	Abweg	**Neuer Drahtschrott aus Reinaluminium** Neuer unbeschichteter Drahtschrott aus unlegiertem Aluminium, nicht abgebrannt oder korrodiert. Frei von Siebdraht, Eisen und anderen Fremdbestandteilen Toleranz: 1 % Öl, Fett, Staub.
Nr. 2	Achse	**Drahtschrott aus Reinaluminium** Unbeschichteter Drahtschrott aus unlegiertem Aluminium einschließlich Freileitungsdraht. Frei von Siebdraht, Eisen und anderen Fremdbestandteilen Toleranz: 2 % Öl, Fett und Oxide.
Nr. 3	Adler	**Drahtschrott aus legiertem und unlegiertem Aluminium** Aluminiumfreileitungsdraht Frei von Eisen, Kabelschuhen und -klemmen und sonstigen Fremdbestandteilen. Toleranz: 2 % Schmutz und Oxide.
Nr. 3a	Alter	**Aluminiumprofilschrott** Aluminiumprofilschrott Al Mg Si 0,5, frei von jeglichen Fremdbestandteilen, jedoch ein schließlich eloxiertem Material.
Nr. 4	Ahorn	**Aluminiumgranulat** Kauf erfolgt nach Analyse, Muster oder Vereinbarung.
Nr. 5	Album	**Neuer Reinaluminiumblechschrott** Neuer Schrott aus unlegiertem Aluminium mit mind. 99,5 % Al. Mindeststärke 0,3 mm. Mitlieferung kleinstückigen Materials bedarf vorheriger Vereinbarung unter Festlegung des Prozentsatzes. Frei von beschichtetem Material sowie anderen Fremdbestandteilen. Toleranz:1 % Öl, Fett und Staub.

Tab. A 7.3 (Fortsetzung)

Nr.	Bezeich-nung	Beschreibung
Nr. 6	Ampel	**Neuer Aluminiumblechschrott** Neuer Aluminiumblechschrott mit mindestens 99,0 % Al. Mindeststärke 0,3 mm. Mitlieferung kleinstückigen Materials bedarf vorheriger Vereinbarung unter Festlegung des Prozentsatzes. Frei von beschichtetem Material sowie anderen Fremdbestandteilen. Toleranz: 1 %Öl, Fett und Staub.
Nr. 7	Amsel	**Neuer Blechschrott einer bestimmten Aluminiumlegierung** Neuer Blechschrott einer spezifizierten Aluminiumlegierung. Mindeststärke 0,3 mm. Mitlieferung von 5 % kleinstückigem Material ist statthaft; höhere Anteile bedürfen der vorher gen Vereinbarung unter Festlegung des Prozentsatzes. Frei von beschichtetem und gegossenem Material sowie anderen Fremdbestandteilen. Toleranz:1 % Öl, Fett und Staub.
Nr. 8	Angel	**Neuer Aluminiumlegierungsblechschrott mit niedrigem Kupfergehalt** Neuer Blechschrott aus nicht legiertem und legiertem Aluminium. In der Legierung max. 0,2 % Cu, max. 0,2 % Zn. Mitlieferung von 5 % kleinstückigem Material ist statthaft; höhere Anteile bedürfen der vorherigen Vereinbarung unter Festlegung des Prozentsatzes. Frei von beschichtetem Material sowie anderen Fremdbestandteilen. Toleranz: 1 % Öl, Fett und Staub.
Nr. 9	Anton	**Neuer gemischter Aluminiumlegierungsblechschrott** Neuer Blechschrott aus mehreren Aluminiumlegierungen, Mindeststärke 0,3 mm. Frei von beschichtetem Material sowie anderen Fremdbestandteilen. Toleranz: 1 % Öl, Fett und Staub.
Nr. 10	April	**Altschrott von Walzaluminium I** Altschrott, Haushaltsgeschirr sowie anderes gewalztes Material aus unlegiertem und legiertem Aluminium. Frei von AICu- und AIZn-Legierungen. Max. 20 % lackiertes Material, hiervon Dosenanteil höchstens die Hälfte. Frei von losen Gussstücken, Jalousieschrott, Flaschenkapseln, Tuben und anderen metallischen und nichtmetallischen Bestandteilen. Frei von Brecher- und Schredderschrott. Toleranz: 2 % nichtmetallische Fremdbestandteile.

Tab. A 7.3 (Fortsetzung)

Nr.	Bezeichnung	Beschreibung
Nr. 10 a	Armee	**Altschrott von Walzaluminium II** Altschrott, Haushaltsgeschirr sowie anderes gewalztes Material aus unlegiertem und legiertem Aluminium. Frei von AlCu- und AlZn-Legierungen. Darf max. 30 % lackiertes Material enthalten, hiervon Dosenanteil höchstens die Hälfte. Der Lackanteil für diese 30 % wird mit 5 % toleriert. Frei von losen Gussstücken, Jalousieschrott, Flaschenkapseln, Tuben und anderen metallischen und nichtmetallischen Bestandteilen. Frei von Brecher- und Schredderschrott Toleranz: 1 % Eisen, 2 % nichtmetallische Fremdbestandteile.
Nr. 11	Apsis	**Aluminium Schredderschrott** Kauf erfolgt nach Analyse, Muster oder Vereinbarung
Nr. 12	Arche	**Neuer Folienschrott aus Reinaluminium** Neuer unbeschichteter Folienschrott aus unlegiertem Aluminium. Frei von Papier und anderen Fremdbestandteilen.
Nr. 13	Armin	**Aluminiumkolbenschrott I** Ganze oder gebrochene Kolben aus Aluminiumlegierungen. Frei von Bolzen und Kolbenringen, Dehnungsstegen und Sperrringen. Max. 10 % Material, das durch eine Öffnung von 5 cm Lichtweite geht.
Nr 14	Artur	**Aluminiumkolbenschrott II** Ganze oder gebrochene Kolben aus Aluminiumlegierungen. Max. 10 % Material, das durch eine Öffnung von 5 cm Lichtweite geht. Toleranz: 2 % nichtmetallische Fremdbestandteile sowie 10 % anhaftendes Eisen.
Nr. 15	Assel	**Gemischter Aluminiumgussschrott eisenfrei** Ganzer oder gebrochener Gussschrott aller Art aus Aluminiumlegierungen mit Ausnahme von Stiefel-, Hutformen und Formkästen. Max. 5 % Material, das durch eine Öffnung von 5 cm Lichtweite geht. Frei von Shredder- und Brecherschrott, frei von Eisen und anderen Fremdbestandteilen. Toleranz: 2 % Öl, Fett und Staub.

Tab. A 7.3 (Fortsetzung)

Nr.	Bezeichnung	Beschreibung
Nr. 16	Aster	**Gemischter Aluminiumgussschrott mit Eisen** Ganzer oder gebrochener Gussschrott aller Art aus Aluminiumlegierungen mit Ausnahme von Stiefel-, Hutformen und Formkästen. Max. 5 % Material, das durch eine Öffnung von 5 cm Lichtweite geht. Frei von Schredder- und Brecherschrott und anderen nichtmetallischen Fremdbestandteilen. Toleranz: 2 % Öl, Fett und Staub sowie 2 % Eisen und metallische Fremdbestandteile, davon max. 1 %metallische Fremdbestandteile.
Nr. 17	Atoll	**Einheitliche Aluminiumspäne** Aluminiumspäne einer spezifizierten Legierung. Nicht korrodiert. Frei von Schleifspänen, legierten Stahlspänen und anderen freien Metallen. Toleranz: 3 % Feines. Darüber hinaus erfolgt einfacher Gewichtsabzug. 5 % Öl, Fett, Nässe, freies Eisen und andere nichtmetallische Fremdbestandteile. Von 5 % bis 20 % Gesamtverunreinigung erfolgt einfacher Abzug; über 20 % Gesamtvereinbarung Sondervereinbarung.
Nr. 18	Atlas	**Gemischte Aluminiumspäne I** Späne aus mehreren Aluminiumlegierungen, von denen keine mehr als 2 % Zn, 0,3 % Pb und 0,1 % Sn enthalten darf. Nicht korrodiert. Frei von Schleifspänen, legierten Stahlspänen und anderen freien Metallen. Basis: Trocken, eisenfrei.
Nr. 18 a	Autor	**Gemischte Aluminiumspäne II** Späne aus mehreren Aluminiumlegierungen, von denen keine mehr als 2 % Zn, 0,3 % Pb und 0,1 % Sn enthalten darf. Nicht korrodiert. Frei von Schleifspänen, legierten Stahlspänen und anderen freien Metallen. Toleranz: 3 % Feines. Darüber hinaus erfolgt einfacher Gewichtsabzug. 5 % Öl, Fett, Nässe, freies Eisen und andere nichtmetallische Fremdbestandteile. Von 5 bis 20 % Gesamtverunreinigung erfolgt einfacher Abzug; über 20 % Gesamtverunreinigung Sondervereinbarung.
Nr. 19	Azur	**Aluminiumkrätzen und -rückstände** Kauf erfolgt nach Analyse.

Tab. A 7.3 (Fortsetzung)

Nr.	Bezeichnung	Beschreibung
Kupfer und Kupferlegierungen		
Nr. 25	Kabul	**Blanker Kupferdrahtschrott** Sauberer, nicht abgebrannter, blanker, nicht legierter Kupferdrahtschrott mit einem Mindestdurchmesser von 1 mm. Frei von beschichtetem Material und anderen Fremdbestandteilen.
Nr. 25 a	Kajak	**Kupferoberleitungsdraht** Kupferoberleitungsdraht unlegiert in Ringen bzw. ofengerecht
Nr. 26	Kader	**Nicht legierter Kupferdrahtschrott I** Nicht legierter Kupferdrahtschrott mit einem Mindestdurchmesser von 1 mm. Frei von beschichtetem Material und anderen Fremdbestandteilen sowie brüchigem Draht.
Nr. 27	Kanal	**Nicht legierter Kupferdrahtschrott II** Nicht legierter Kupferdrahtschrott mit einem Mindestdurchmesser von 0,15 mm. Mindestgehalt an Cu 94 %. Frei von verbranntem Draht und beschichtetem Material sowie anderen Fremdbestandteilen.
Nr. 28	Karat	**Gemischter Kupferschrott** Nicht legierter Kupferschrott. Mindeststärke 0,15 mm. Max. 15 % verzinntes, mischverzinntes, mit Lot behaftetes Material, mit einem Mindestgehalt von 96 % Cu.
Nr. 29	Kasus	**Kupferdrahtschrott gehäckselt 1 a** Nicht legierter, blanker Kupferdrahtschrott gehäckselt. Mindestdurchmesser 0,5 mm. Frei von Fremdbestandteilen.
Nr. 29 a	Kater	**Kupferdrahtschrott gehäckselt 1 b** Nicht legierter Kupferdrahtschrott gehäckselt. Mindestgehalt von 99,5 % Cu. Max. 0,02 % Pb, 0,02 % Sn, 0,02 % Al. Sonstige max. 0,05 %.
Nr. 30	Katze	**Kupferdrahtschrott gehäckselt II** Nicht legierter Kupferdrahtschrott gehäckselt mit einem Mindestgehalt von 98,5 % Cu, max. 0,8 % Pb, 0,4 % Sn und 0,05 % Al.

Tab. A 7.3 (Fortsetzung)

Nr.	Bezeichnung	Beschreibung
Nr. 31	Kerze	**Neuer Kupferblech- und -rohrschrott** Neuer, nicht legierter Kupferblech- und -rohrschrott mit einer Mindeststärke von 0,5 mm, max. 10 % saubere Kupferdurchstöße. Frei von beschichtetem Material und anderen Fremdbestandteilen.
Nr. 32	Keule	**Schwerkupferschrott** Kupferschrott mit einer Mindeststärke von 1 mm. Frei von beschichtetem Material und anderen Fremdbestandteilen. Tiegelrecht.
Nr. 33	Klima	**Leichtkupferschrott** Rohr- und Blechstücke aus Kupfer, gemischter Kupferdraht einschließlich Haardraht, Kupferspäne, Kupfergeräte aller Art, mit einem Mindestgehalt von 88 % Cu. Frei von Klischee-Kupfer, Kühlern und Galvanos. Ofenrecht.
Nr. 34	Komma	**Sonstiger Kupferschrott** Kupfer-Raffiniermaterial: Ist nach Art und Kupfergehalt zu definieren. Mindestgehalt 80 % Cu.
Nr. 35	Kopie	**Kupferrückstände** Kauf erfolgt nach Analyse, Muster oder Vereinbarung.

BVSE: http://www.bvse.de/328/228/6__Schrottsortenliste, Zugriff: 24.09.2014
Verband Deutscher Metallhändler e. V.: Usancen und Klassifizierungen des Metallhandels, Berlin, UKM 2002/1988 – Neudruck 2012

A.4 Tabellen zu Kap. 8

Tab. A 8.1 Kenngrößen von Bio- und Grünabfällen (Spannweiten) nach [1]

	Bioabfälle	Grünabfälle
Schüttgewicht (Mg/m³)	0,4–0,75	0,15–0,5
Wassergehalt (%)	52–80	35–62
Glühverlust (% OTM)	34–81	32–70
C/N (–)	14–36	15–76
N_{ges}. (% OTM)	0,6–2,1	0,3–1,9
P_2O_5 (% OTM)	0,3–1,5	0,4–1,4
K_2O (% OTM)	0,6–2,1	0,4–1,6
CaO (% OTM)	2,2–6,8	0,7–7,4
Mg (% OTM)	0,2–1,7	0,3–1,2

Tab. A 8.2 Wassergehalte und Glühverluste von Bioabfällen (Spannweiten) nach [2]

Jahreszeit	Wassergehalt (%)	Glühverlust (%)
Frühjahr	52–64	72–81
Sommer	55–70	54–84
Herbst	32–60	48–80
Winter	49–61	74–80

Tab. A 8.3 Mineralanteile in Bioabfall (Basis TM) in % nach [3]

	Frühling	Sommer	Herbst	Winter	mittel	von	bis
Ton/Schluff	19	9	10	5	11	4	30
Sand	17	16	13	9	14	4	27
Kies	3	2	4	5	3,5	1	13

Tab. A 8.4 Schwermetallkonzentrationen von Bioabfällen (Spannweiten) in mg/kg (Basis TM) nach [1]

Schwermetall	Cd	Cr	Cu	Hg	Ni	Pb	Zn
Bioabfall	0,1–1	5–130	8–81	0,01–0,8	6–59	10–183	50–470

Tab. A 8.5 Physikalisch-chemische Kenngrößen von Grünabfällen (Spannweiten) nach [4]

PROBE		Wassergehalt (% FM)	Organ. Anteil (% TM)	Unterer Heizwert Hu (kJ/kg)
Frühjahr	baum-/ strauch-schnittartig	33–65	56–88	2370–10.950
	krautig/strauchig	23–43	42–84	4540–12.840
Sommer	baum-strauch-schnittartig	39–60	69–94	4770–9800
	krautig/strauchig	39–51	42–56	3000–6060
Herbst	baum-/ strauch-schnittartig	61–82	54–89	770–5300
	krautig/strauchig	45–50	40–75	3260–6430
Winter	baum-/ strauch-schnittartig	50–64	71–96	4340–6600
	krautig/strauchig	n.b.	n.b.	n.b.

Tab. A 8.6 Schwermetallkonzentrationen von Grünabfällen in mg/kg TM nach [5]

Schwer-metall	Cd	Cr	Cu	Hg	Ni	Pb	Zn
Mittelwert	0,31	19,7	27,6	0,13	13,5	24,4	83,4
Spannweite (von-bis)	0,07–0,65	14,3–24,6	15,5–68,8	0,05–0,18	11,3–17	13,8–30,3	63,5–100

Tab. A 8.7 Schwermetallkonzentrationen von Grünabfallkomposten in mg/kg TM nach [6]

Schwermetall	Cd	Cr	Cu	Hg	Ni	Pb	Zn
Median	0,56	32	48	0,19	18	51	177
Spannweite (von-bis) 95-Perzentil	0,01–2,00	9–67	18–82	0,01–0,60	7–33	23–133	51–350

Tab. A 8.8 Organische Schadstoffgehalte von Komposten und Gärsubstraten nach [7]

Schadstoff	Bioabfallkomposte (N = 19)			Grüngutkomposte (N = 5)			Vergärungsrückstände (N = 5)		
	von	Med.	bis	von	Med.	bis	von	Med.	bis
PCB_6 (µg/kg TM)	19,7	33,4	57,3	14,5	20,8	29,9	29,9	31,9	170,3
PAK_{16} (µg/kg TM)	1132	2659	3230	1111	2026	4046	1903	3498	3985
PBDE (µg/kg TM)	9,9	13,0	22,1	4,9	5,4	13,9	9,8	13,7	93,3
DEHP (mg/kg TM)	0,9	1,4	2,1	1,4	1,5	1,7	2,7	3,5	3,9
4-Nonyl-phenole (µg/kg TM)	106	560	1926	113	129	173	3743	1250	6102

Tab. A 8.9 RAL-gütegesicherte Frischkomposte im Jahr 2014 [8]

Kenngrößen	Einheit	Median	10 % Percentil	90 % Percentil
Wassergehalt	[%FM]	38	24,1	49,1
Glühverlust* * (neue Methode seit 2013)	[%TM]	41,5	30,9	55,6
C/N Verhältnis		16,2	12,7	24,7
Rohdichte	[g/l]	600	425	757,3
pH-Wert * * (neue Methode seit 2013)		8,4	7	9
Salzgehalt* * (neue Methode seit 2013)	[g/l]	4,8	1,8	8,8
Fremdstoffe gesamt	[%TM]	0,067	0	0,31
Glas	[%TM]	0,03	0	0,23
Flächensumme (nur bei >0,1 % Fremdstoffgehalt ermittelt)	[cm2/l]	8	2	19
Rel. Pflanzenverträglichkeit 25 %	[%]	–	–	–
Rel. Pflanzenverträglichkeit 50 %	[%]	–	–	–

Tab. A 8.9 (Fortsetzung)

Kenngrößen	Einheit	Median	10 % Percentil	90 % Percentil
Rottegrad		4	2	5
Nährstoffe gesamt				
Stickstoff (N)	[%TM]	1,45	0,97	1,92
Phosphat (P_2O_5)	[%TM]	0,69	0,42	1,04
Kaliumoxid (K_2O)	[%TM]	1,2	0,73	1,75
Magnesiumoxid (MgO)	[%TM]	0,71	0,42	1,14
Bas. wirksame Stoffe (CaO)	[%TM]	4,3	2,2	7,4
Nährstoffe (löslich)	[mg/l]			
Ammonium (NH^4-N)	[mg/l]	261	5,3	694
Nitrat (NO_3-N)	[mg/l]	5	1	116
Phosphat (P_2O_5)	[mg/l]	–	–	–
Kaliumoxid (K_2O)	[mg/l]	–	–	–
Schwermetalle				
Blei (Pb)	[mg/kg TM]	29,7	16,9	53,3
Cadmium (Cd)	[mg/kg TM]	0,38	0,24	0,62
Chrom (Cr)	[mg/kg TM]	21,2	13,1	33,9
Kupfer (Cu)	[mg/kg TM]	38,1	23,5	60
Nickel (Ni)	[mg/kg TM]	13,2	6,8	25
Quecksilber (Hg)	[mg/kg TM]	0,08	0,04	0,15
Zink (Zn)	[mg/kg TM]	164	110	233
Probenanzahl n = 1028				

Tab. A 8.10 RAL-gütegesicherte Fertigkomposte im Jahr 2014 [7]

Kenngrößen	Einheit	Median	10 % Percentil	90 % Percentil
Wassergehalt	[%FM]	38,5	26,1	48,7
Glühverlust* * (neue Methode seit 2013)	[%TM]	35,5	24,6	48,2
C/N Verhältnis		15,5	12	21,7
Rohdichte	[g/l]	690	530	842
pH-Wert* * (neue Methode seit 2013)		8,4	7,5	9
Salzgehalt* * (neue Methode seit 2013)	[g/l]	3,4	1,6	8
Fremdstoffe gesamt	[%TM]	0,04	0	0,23
Glas	[%TM]	0,016	0	0,16
Flächensumme (nur bei >0,1 % Fremdstoff-gehalt ermittelt)	[cm2/l]	5	0	17
Rel. Pflanzenverträglichkeit 25 %	[%]	110	97	125
Rel. Pflanzenverträglichkeit 50 %	[%]	101	81	120
Rottegrad		5	4	5
Nährstoffe gesamt				
Stickstoff (N)	[%TM]	1,32	0,85	1,81
Phosphat (P_2O_5)	[%TM]	0,63	0,36	1,0
Kaliumoxid (K_2O)	[%TM]	1,12	0,63	1,7
Magnesiumoxid (MgO)	[%TM]	0,73	0,34	1,33
Bas. wirksame Stoffe (CaO)	[%TM]	4,4	2,2	9,1
Nährstoffe (löslich)	[mg/l]			
Ammonium (NH^4-N)	[mg/l]	110	2	491
Nitrat (NO_3-N)	[mg/l]	30	1	241
Phosphat (P_2O_5)	[mg/l]	1106	546	1838
Kaliumoxid (K_2O)	[mg/l]	3490	1863	5761
Schwermetalle				
Blei (Pb)	[mg/kg TM]	28,9	17,5	48,9
Cadmium (Cd)	[mg/kg TM]	0,36	0,23	0,61
Chrom (Cr)	[mg/kg TM]	19,9	12,8	30,8
Kupfer (Cu)	[mg/kg TM]	36,3	24,4	59,3
Nickel (Ni)	[mg/kg TM]	12,1	6	21,5
Quecksilber (Hg)	[mg/kg TM]	0,1	0,06	0,17
Zink (Zn)	[mg/kg TM]	156	112	230
Probenanzahl n = 1976				

Tab. A 8.11 RAL-gütegesicherte Gärprodukte flüssig im Jahr 2014 [8]

Kenngrößen	Einheit	Median	10 % Percentil	90 % Percentil
Trockenmasse	[%FM]	4,9	2,6	15,3
Glühverlust* * (neue Methode seit 2013)	[%TM]	57,3	40,6	72
C/N Verhältnis		3,3	1,7	8,7
Rohdichte	[g/l]	1002	990	1050
pH-Wert* * (neue Methode seit 2013)		8,3	8	8,6
Salzgehalt* * (neue Methode seit 2013)	[g/l]	15,8	9	24,6
Fremdstoffe gesamt	[%TM]	0	0	0,04
Flächensumme (nur bei >0,1 % Fremdstoff-gehalt ermittelt)	[cm2/l]	0	0	14
Organische Säuren	[mg/l FM]	599	181	1656
Nährstoffe gesamt				
Stickstoff (N)	[%TM]	10,1	3,2	19,1
Phosphat (P_2O_5)	[%TM]	3,5	1,1	5,6
Kaliumoxid (K_2O)	[%TM]	4,3	2,2	8,4
Magnesiumoxid (MgO)	[%TM]	0,7	0,3	1,5
Schwefel (S)	[%TM]	0,7	0,4	1,6
Kupfer (Cu)	[mg/kg TM]	60,1	31	110
Zink (Zn)	[mg/kg TM]	268	151	457
Bas. wirksame Stoffe (CaO)	[%TM]	5,1	2,4	9,1
Nährstoffe (löslich)				
Ammonium (NH^4-N)	[mg/l]	2985	1500	4970
Nitrat (NO_3-N)	[mg/l]	2,2	0,35	7
Schwermetalle				
Blei (Pb)	[mg/kg TM]	5,1	2,2	38,4
Cadmium (Cd)	[mg/kg TM]	0,35	0,17	0,67
Chrom (Cr)	[mg/kg TM]	17	7,5	32,2
Nickel (Ni)	[mg/kg TM]	13,8	7,2	24
Quecksilber (Hg)	[mg/kg TM]	0,06	0,02	0,17
Probenanzahl n = 937				

Tab. A 8.12 RAL-gütegesicherte Gärprodukte fest im Jahr 2014 [8]

Kenngrößen	Einheit	Median	10 % Percentil	90 % Percentil
Trockenmasse	[%FM]	34,1	26,4	80,4
Glühverlust* * (neue Methode seit 2013)	[%TM]	55,3	40,3	86,8
C/N Verhältnis		14,9	5,1	22,8
Rohdichte	[g/l]	746	381	973
pH-Wert* * (neue Methode seit 2013)		8,5	7,9	9
Salzgehalt* * (neue Methode seit 2013)	[g/l]	7,6	2,9	17,6
Fremdstoffe gesamt	[%TM]	0,02	0	0,18
Flächensumme (nur bei >0,1 % Fremdstoffgehalt ermittelt)	[cm2/l]	0	0	22,8
Organische Säuren	[mg/l FM]	418	90	1200
Nährstoffe gesamt				
Stickstoff (N)	[%TM]	2,4	1,37	4,8
Phosphat (P_2O_5)	[%TM]	1,45	0,72	2,64
Kaliumoxid (K_2O)	[%TM]	1,23	0,8	3,3
Magnesiumoxid (MgO)	[%TM]	0,82	0,5	1,5
Schwefel (S)	[%TM]	0,43	0,21	0,64
Kupfer (Cu)	[mg/kg TM]	38	18,1	70
Zink (Zn)	[mg/kg TM]	152	79	288
Bas. wirksame Stoffe (CaO)	[%TM]	6,69	1,9	10,3
Nährstoffe (löslich)				
Ammonium (NH^4-N)	[mg/l]	405	21	2654
Nitrat (NO_3-N)	[mg/l]	1,8	0,67	484
Schwermetalle				
Blei (Pb)	[mg/kg TM]	17,2	3	45
Cadmium (Cd)	[mg/kg TM]	0,28	0,13	0,87
Chrom (Cr)	[mg/kg TM]	15,8	7,0	41,9
Nickel (Ni)	[mg/kg TM]	13,4	5,6	28,2
Quecksilber (Hg)	[mg/kg TM]	0,065	0,02	0,11
Probenanzahl n = 72				

[1] Fricke, K. et al.: Abfallmengen und -qualitäten für biologische Verwertungs- und Behandlungsverfahren in: Loll (Hrsg.) Mechanische und biologische Verfahren der Abfallbehandlung, Ernst u. Sohn, Berlin, 2002
[2] Kranert, M. et al.: Biomüllversuch im Landkreis Bodenseekreis, Ingenieursozietät Abfall, Stuttgart, erstellt im Auftrag des Landkreises Bodenseekreis, 1992
[3] Kranert, M. et al.: Entwicklung eines Verfahrens zur Sandgehaltsbestimmung in Bioabfällen und Restmüll. Forschungsbericht, AGIP beim MWK des Landes Niedersachsen, Institut für Abfalltechnik und Umweltüberwachung, FH Braunschweig, Wolfenbüttel, 2002
[4] Kranert, M., Gottschall, R.: Grünabfälle- besser kompostieren oder energetisch verwerten? – Vergleich unter den Aspekten der CO_2-Bilanz und der Torfsubstitution, EdDE-Dokumentation 11, EdDE e.V., Köln, 2007
[5] Fischer, P. et al.: Kompostierung von Grünrückständen. Bayerisches Staatsministerium für Landesentwicklung und Umweltfragen (Hrsg)., Materialienband 49, München, 1988
[6] Krauß, P. et al.: Bioabfallkompostierung VI. Ministerium für Umwelt- und Verkehr Baden-Württemberg (Hrsg.), Heft 48, Stuttgart, 1997
[7] Kuch, B. et al.: Untersuchungen von Komposten und Gärsubstraten auf organische Schadstoffe in Baden-Württemberg. Forschungsbericht Förderkennzeichen BWR 24026, Stuttgart, 2007
[8] Anonym: Bundesgütegemeinschaft Kompost e.V., Auswertung der gütegesicherten Komposte und Gärrückstände des Jahres 2014. Zusammenstellung BGK, unveröffentlicht, Köln, 2015

A.5 Anhang zu Kap. 10 [1]

A.5.1 Anhang 3 DepV

Zulässigkeits- und Zuordnungskriterien (zu § 2 Nummer 6 bis 10, 21 bis 24, 34, § 6 Absatz 2 bis 5, § 8 Absatz 1, 3, 5 und 7, § 14 Absatz 3, § 15, § 23, § Absatz 1)

1. Verwendung von Abfällen zur Herstellung von Deponieersatzbaustoff sowie für den unmittelbaren Einsatz als Deponieersatzbaustoff bei Deponien der Klasse 0, I, II oder III

Bei der Verwendung von Abfällen zur Herstellung von Deponieersatzbaustoff sowie für die unmittelbare Verwendung als Deponieersatzbaustoff für die in Tabelle 1 Nummer 2.2, 2.3 und 3 beschriebenen Einsatzbereiche sind die Zuordnungskriterien nach Nummer 2, für die Einsatzbereiche nach Tabelle 1 Nummer 1.1, 2.1 sowie 4.1 bis 4.3 die Zuordnungswerte nach Tabelle 2 einzuhalten. Die Zahlen 4 bis 9, die in den Spalten 3 bis 6 zu den Einsatzbereichen der Nummern 1 bis 4 der Tabelle 1 stehen, stehen für die jeweiligen Zuordnungswerte, die in den Spalten 4 bis 9 der Tabelle 2 aufgenommen sind.

2. Zuordnungskriterien für Deponien der Klasse 0, I, II oder III

Bei der Zuordnung von Abfällen und von Deponieersatzbaustoffen zu Deponien oder Deponieabschnitten der Klasse 0, I, II oder III sind die Zuordnungswerte der Tabelle 2 einzuhalten.

Abweichend von Satz 1 dürfen Abfälle und Deponieersatzbaustoffe im Einzelfall mit Zustimmung der zuständigen Behörde auch bei Überschreitung einzelner Zuordnungswerte abgelagert oder eingesetzt werden, wenn der Deponiebetreiber nachweist, dass das

Tab. A 10.1 Zulässigkeitskriterien für den Einsatz von Deponieersatzbaustoffen

1 Nr.	2 Einsatzbereich	3 DK 0	4 DK I	5 DK II	6 DK III
1	**Geologische Barriere**				
1.1	Technische Maßnahmen zur Schaffung, Vervollständigung oder Verbesserung der geologischen Barriere	4	4	4	4
2	**Basisabdichtungssystem**				
2.1	Mineralische Abdichtungskomponente		5	5	5
2.2	Schutzlage/Schutzschicht		6	7	8
2.3	Mineralische Entwässerungsschicht	5	6	7	8
3	**Deponietechnisch notwendige Baumaßnahmen im Deponiekörper (z. B. Trenndämme, Fahrstraßen, Gaskollektoren), Profilierung des Deponiekörpers sowie Ausgleichsschicht und Gasdränschicht des Oberflächenabdichtungssystems bei Deponien oder Deponieabschnitten, die**[1)]				
3.1	Alle Anforderungen an die geologische Barriere und das Basisabdichtungssystem nach Anhang 1 einhalten	5	6	7	8
3.2	Mindestens alle Anforderungen an die geologische Barriere oder an das Basisabdichtungssystem nach Anhang 1 einhalten	5	5[2)]	6	7
3.3	Weder die Anforderungen an die geologische Barriere noch die Anforderungen an das Basisabdichtungssystem nach Anhang 1 vollständig einhalten	[3)]	5[2)]	5[2)]	5[2)]
4	**Oberflächenabdichtungssystem**				
4.1	Mineralische Abdichtungskomponente		5[2)]	5[2)]	5[2)]

Tab. A 10.1 (Fortsetzung)

1 Nr.	2 Einsatzbereich	3 DK 0	4 DK I	5 DK II	6 DK III
4.2	Schutzlage/Schutzschicht			[4]	[4]
4.3	Entwässerungsschicht		[4]	[4]	[4]
4.4.1	Rekultivierungsschicht	9	9	9	9
4.4.2	Technische Funktionsschicht	Anhang 1 Nr. 2.3.2	Anhang 1 Nr. 2.3.2	Anhang 1 Nr. 2.3.2	Anhang 1 Nr. 2.3.2

[1]Bei erhöhten Gehalten des natürlich anstehenden Bodens im Umfeld von Deponien kann die zuständige Behörde zulassen, dass Bodenmaterial aus diesem Umfeld für die genannten Einsatzbereiche verwendet wird, auch wenn einzelne Zuordnungswerte nach Nummer 2 Tabelle 2 überschritten werden. Dabei dürfen keine nachteiligen Auswirkungen auf das Deponieverhalten zu erwarten sein.

[2]Kann der Deponiebetreiber gegenüber der zuständigen Behörde auf Grund einer Bewertung der Risiken für die Umwelt den Nachweis erbringen, dass die Verwendung von Deponieersatzbaustoffen, die einzelne Zuordnungswerte nach Nummer 2 Tabelle 2 Spalte 5 nicht einhalten, keine Gefährdung für Boden oder Grundwasser darstellt, kann sie auch höher belastete Deponieersatzbaustoffe zulassen. Im Fall von Satz 1 müssen die Deponieersatzbaustoffe aber mindestens die Anforderungen einhalten, unter denen eine Verwertung entsprechender Abfälle außerhalb des Deponiekörpers in technischen Bauwerken mit definierten technischen Sicherungsmaßnahmen zulässig wäre. Im Fall von Satz 1 müssen Deponieersatzbaustoffe bei einem Einsatz in der ersten Abdichtungskomponente unter einer zweiten Abdichtungskomponente aber mindestens die Zuordnungswerte nach Tabelle 2 Spalte 6 einhalten. Unberührt von der Begrenzung nach Satz 2 bleibt der Einsatz in Bereichen nach Nummer 3, wenn im Fall von Satz 1 bei einer Deponie der Klasse II mindestens die Zuordnungswerte nach Tabelle 2 Spalte 6 und bei einer Deponie der Klasse III mindestens die Zuordnungswerte nach Tabelle 2 Spalte 7 eingehalten werden.

[3]Deponieersatzbaustoffe müssen bei einem Einsatz auf einer Deponie der Klasse 0, die über keine vollständige geologische Barriere nach Anhang 1 Tabelle 1 verfügt, mindestens die Anforderungen einhalten, unter denen eine Verwertung entsprechender Abfälle außerhalb des Deponiekörpers zulässig wäre.

[4]In diesen Einsatzbereichen müssen die Deponieersatzbaustoffe mindestens die Anforderungen für ein vergleichbares Einsatzgebiet außerhalb von Deponien in technischen Bauwerken ohne besondere Anforderungen an den Standort und ohne technische Sicherungsmaßnahmen einhalten.

Wohl der Allgemeinheit – gemessen an den Anforderungen dieser Verordnung – nicht beeinträchtigt wird.

Bei einer Überschreitung nach Satz 2 darf der den Zuordnungswert überschreitende Messwert maximal das Dreifache des jeweiligen Zuordnungswertes betragen, soweit nicht durch die Fußnoten der Tabelle höhere Überschreitungen zugelassen werden.

Abweichend von Satz 3 gilt Satz 2 für spezifische Massenabfälle, die auf einer Monodeponie oder einem Monodeponieabschnitt der Klasse I beseitigt werden, Satz 2 mit der Maßgabe, dass die Überschreitung maximal das Dreifache des jeweiligen Zuordnungswertes für die Klasse II (Tabelle 2 Spalte 7) betragen darf, soweit nicht durch die Fußnoten der Tabelle höhere Überschreitungen zugelassen werden.

Abweichend von Satz 3 dürfen die Zuordnungswerte der Parameter Gesamtgehalt an gelösten Feststoffen, Chlorid oder Sulfat bei den Deponieklassen I, II und III jeweils um maximal 100 % überschritten werden, soweit Satz 4 nicht zur Anwendung kommt.

Bei erhöhten Gehalten des natürlich anstehenden Bodens im Umfeld von Deponien kann die zuständige Behörde zulassen, dass Bodenmaterial aus diesem Umfeld abgelagert wird. Dabei dürfen keine nachteiligen Auswirkungen auf das Deponieverhalten zu erwarten sein.

Eine Überschreitung nach den Sätzen 2 bis 4 ist nicht zulässig bei den Parametern Glühverlust, TOC, BTEX, PGB, Mineralölkohlenwasserstoffe, PAK, pH-Wert und DOC, soweit nicht durch die Fußnoten der Tabelle Überschreitungen zugelassen werden.

Eine Überschreitung nach den Sätzen 2 bis 4 ist nicht zulässig bei mechanisch-biologisch behandelten Abfällen. Satz 9 gilt für mechanisch-biologisch behandelte Abfälle mit folgenden Maßgaben:

a) der organische Anteil des Trockenrückstandes der Originalsubstanz gilt als eingehalten, wenn ein TOC von 18 Masseprozent oder ein Brennwert (H_0) von 6000 kJ/kg TM nicht überschritten wird,
b) es gilt ein DOC von max. 300 mg/l und
c) die biologische Abbaubarkeit des Trockenrückstandes der Originalsubstanz von 5 mg/g (bestimmt als Atmungsaktivität-AT_4) oder von 20 l/kg (bestimmt als Gasbildungsrate im Gärtest- GB_{21}) wird nicht überschritten.

Abweichend von den Sätzen 3 und 8 sind Überschreitungen bei den Parametern Glühverlust oder TOC mit Zustimmung der zuständigen Behörde zulässig, wenn die Überschreitungen durch elementaren Kohlenstoff verursacht werden oder wenn

a) der jeweilige Zuordnungswert für den DOC, jeweils unter Berücksichtigung der Fußnoten 9, 10 oder 11 zur Tabelle 2, eingehalten wird,
b) die biologische Abbaubarkeit des Trockenrückstandes der Originalsubstanz von 5 mg/g (bestimmt als Atmungsaktivität – AT_4) oder von 20 l/kg (bestimmt als Gasbildungsrate – GB_{21}) unterschritten wird,

c) der Brennwert (H_0) von 6000 kJ/kg TM nicht überschritten wird, es sei denn, es handelt sich um schwermetallbelastete Ionentauscherharze aus der Trinkwasserbehandlung,
d) es sich bei Ablagerung auf Deponien der Klasse 0 um Boden und Baggergut handelt und ein TOC von 6 Masseprozent nicht überschritten wird und
e) der Abfall nicht für den Bau der geologischen Barriere verwendet wird.

Abweichend von Satz 8 ist mit Zustimmung der zuständigen Behörde bei einer Deponie der Klasse III eine Überschreitung des DOC im Eluat bis 200 mg/l zulässig, wenn das Wohl der Allgemeinheit nicht beeinträchtigt wird.

Weitere Parameter sowie die Feststoff-Gesamtgehalte ausgewählter Parameter können von der zuständigen Behörde im Einzelfall im Hinblick auf die Abfallart, auf Vorbehandlungsschritte und auf besondere Ablagerungs- oder Einsatzbedingungen festgelegt werden.

Für Probenahme, Probenvorbereitung und Untersuchung ist Anhang 4 und bei vollständig stabilisierten Abfällen § 6 Absatz 2 zu beachten.

Soweit nicht anders vorgegeben, ist das Eluat nach Anhang 4 Nummer 3.2.1.1 herzustellen. Die zuständige Behörde führt ein Register über die nach Satz 2 getroffenen Entscheidungen.

A.5.2 Mess- und Kontrollprogramm nach Anhang 5 DepV

Der Betreiber einer Deponie der Klasse 0, I, II oder III hat die in der Tabelle Nummer 1 bis 5, der Betreiber einer Deponie der Klasse IV hat die in der Tabelle Nummer 3 und 6 genannten Kontrollen und Messungen in der dort genannten Häufigkeit durchzuführen oder durchführen zu lassen, soweit diese Messungen und Kontrollen nach dieser Verordnung vorgeschrieben werden. Die mit den Kontrollen und Messungen beauftragten Personen müssen über die erforderliche Sach- und Fachkunde verfügen. Mit Zustimmung der zuständigen Behörde können bei Deponien oder Deponieabschnitten Abweichungen von Umfang und Häufigkeit der nach Satz 1 durchzuführenden Kontrollen und Messungen festgelegt werden.

[1] „Deponieverordnung vom 27. April 2009 (BGBI. I S. 900), die zuletzt durch Artikel 2 der Verordnung vom 4. März 2016 (BGBI. I S. 382) geändert worden ist“

Tab. A 10.2 Zuordnungswerte

1 Nr.	2 Parameter	3 Maßeinheit	4 Geologische Barriere	5 DK 0	6 DK I	7 DK II	8 DK III	9 Rekultivierungsschicht [1)]
1	**organischer Anteil des Trockenrückstandes der Originalsubstanz**[2)]							
1.01	bestimmt als Glühverlust	Masse %	≤3	≤ 3	≤3[3)4)5)]	≤5[3)4)5)]	≤ 0[4)5)]	
1.02	bestimmt als TOC	Masse %	≤1	≤1	≤1[3)4)5)]	≤3[3)4)5)]	≤6[4)5)]	
2	**Feststoffkriterien**							
2.01	Summe BTEX (Benzol, Toluol, Ethylbenzol, o-,m-,p-Xylol, Styrol, Cumol)	mg/kg TM	≤1	≤6				
2.02	PCB (Summe der 7 PCB-Kongenere, PCB -28, -52, -101, -118, -138, -153, -180)	mg/kg TM	≤0,02	≤1				≤0,1
2.03	Mineralölkohlenwasserstoffe (C 10 bis C 40)	mg/kg TM	≤100	≤500				
2.04	Summe PAK nach EPA	mg/kg TM	≤1	≤30				≤5[6)]
2.05	Benzol(a)pyren	mg/kg TM						≤0,6
2.06	Säureneutralisationskapazität	mmol/kg			muss bei gefährlichen Abfällen ermittelt werden[7)]			

Tab. A 10.2 (Fortsetzung)

1 Nr.	2 Parameter	3 Maßeinheit	4 Geologische Barriere	5 DK 0	6 DK I	7 DK II	8 DK III	9 Rekultivierungsschicht [1]
2.07	extrahierbare lipophile Stoffe in der Originalsubstanz	Masse %		≤0,1	≤0,4[5]	≤0,8[5]	≤4[5]	
2.08	Blei	mg/kg TM						≤140
2.09	Cadmium	mg/kg TM						≤1,0
2.10	Chrom	mg/kg TM						≤120
2.11	Kupfer	mg/kg TM						≤80
2.12	Nickel	mg/kg TM						≤100
2.13	Quecksilber	mg/kg TM						≤1,0
2.14	Zink	mg/kg TM						≤300
3	**Eluatkriterien**							
3.01	pH-Wert[8]		6,5–9	5,5–13	5,5–13	5,5–13	4–13	6,5–9
3.02	DOC[9]	mg/l		≤50	≤50[3][10]	≤80[3][10][11]	≤100	
3.03	Phenole	mg/l	≤0,05	≤0,1	≤0,2	≤50	≤100	
3.04	Arsen	mg/l	≤0,01	≤0,05	≤0,2	≤0,2	≤2,5	≤0,01
3.05	Blei	mg/l	≤0,02	≤0,05	≤0,2	≤1	≤5	≤0,04
3.06	Cadmium	mg/l	≤0,002	≤0,004	≤0,05	≤0,1	≤0,5	≤0,002
3.07	Kupfer	mg/l	≤0,05	≤0,2	≤1	≤5	≤10	≤0,05
3.08	Nickel	mg/l	≤0,04	≤0,04	≤0,2	≤1	≤4	≤0,05
3.09	Quecksilber	mg/l	≤0,0002	≤0,001	≤0,005	≤0,02	≤0,2	≤0,0002
3.10	Zink	mg/l	≤0,1	≤0,4	≤2	≤5	≤20	≤0,1
3.11	Chlorid[12]	mg/l	≤10	≤80	≤1500[13]	≤1500[13]	≤2500	≤10[14]

Tab. A 10.2 (Fortsetzung)

1 Nr.	2 Parameter	3 Maßeinheit	4 Geologische Barriere	5 DK 0	6 DK I	7 DK II	8 DK III	9 Rekultivierungsschicht [1]
3.12	Sulfat[12]	mg/l	≤50	≤100[15]	≤2000[13]	≤2000[13]	≤5000	≤50[14]
3.13	Cyanid, leicht freisetzbar	mg/l	≤0,01	≤0,01	≤0,1	≤0,5	≤1	
3.14	Fluorid	mg/l		≤1	≤5	≤15	≤50	
3.15	Barium	mg/l		≤2	≤5[13]	≤10[13]	≤30	
3.16	Chrom, gesamt	mg/l		≤0,05	≤0,3	≤1	≤7	≤0,03
3.17	Molybdän	mg/l		≤0,05	≤0,3[13]	≤1[13]	≤3	
3.18a	Antimon[16]	mg/l		≤0,006	≤0,03[13]	≤0,07[13]	≤0,5	
3.18b	Antimon – C_o-Wert[16]	mg/l		≤0,1	≤0,12[13]	≤0,15[13]	≤1,0	
3.19	Selen	mg/l		≤0,01	≤0,03[13]	≤0,05[13]	≤0,7	
3.20	Gesamtgehalt an gelösten Feststoffen[12]	mg/l	≤400	≤400	≤3000	≤6000	≤10.000	
3.21	elektrische Leitfähigkeit	µS/cm						≤500

[1]In Gebieten mit naturbedingt oder großflächig siedlungsbedingt erhöhten Schadstoffgehalten in Böden ist eine Verwendung von Bodenmaterial aus diesen Gebieten zulässig, welches die Hintergrundgehalte des Gebietes nicht überschreitet, sofern die Funktion der Rekultivierungsschicht nicht beeinträchtigt wird.

[2]Nummer 1.01 kann gleichwertig zu Nummer 1.02 angewandt werden.

[3]Eine Überschreitung des Zuordnungswertes ist mit Zustimmung der zuständigen Behörde bei Bodenaushub (Abfallschlüssel 17 05 04 und 20 02 02 nach der Anlage zur Abfallverzeichnis-Verordnung) und bei Baggergut (Abfallschlüssel 17 05 06 nach der Anlage zur Abfallverzeichnis-Verordnung) zulässig, wenn

a) die Überschreitung ausschließlich auf natürliche Bestandteile des Bodenaushubes oder des Baggergutes zurückgeht,
b) sonstige Fremdbestandteile nicht mehr als 5 Volumenprozent ausmachen,
c) bei der gemeinsamen Ablagerung mit gipshaltigen Abfällen der DOC-Wert maximal 80 mg/l beträgt,

Tab. A 10.2 (Fortsetzung)

d) auf der Deponie, dem Deponieabschnitt oder dem gesonderten Teilabschnitt eines Deponieabschnitts ausschließlich nicht gefährliche Abfälle abgelagert werden und
e) das Wohl der Allgemeinheit – gemessen an den Anforderungen dieser Verordnung – nicht beeinträchtigt wird.

[4)]Der Zuordnungswert gilt nicht für Aschen aus der Braunkohlefeuerung sowie für Abfälle oder Deponieersatzbaustoffe aus Hochtemperaturprozessen; zu Letzteren gehören insbesondere Abfälle aus der Verarbeitung von Schlacke, unbearbeitete Schlacke, Stäube und Schlämme aus der Abgasreinigung von Sinteranlagen, Hochöfen, Schachtöfen und Stahlwerken der Eisen- und Stahlindustrie. Bei gemeinsamer Ablagerung mit gipshaltigen Abfällen darf der TOC-Wert der in Satz 1 genannten Abfälle oder Deponieersatzbaustoffe maximal 5 Masseprozent betragen. Eine Überschreitung dieses TOC-Wertes ist zulässig, wenn der DOC-Wert maximal 80 mg/l beträgt.

[5)]Gilt nicht für Asphalt auf Bitumen- oder auf Teerbasis.

[6)]Bei PAK-Gehalten von mehr als 3 mg/kg ist mit Hilfe eines Säulenversuches nach Anhang 4 Nummer 3.2.2 nachzuweisen, dass in dem Säuleneluat bei einem Flüssigkeits-Feststoffverhältnis von 2:1 ein Wert von 0,20 g/l nicht überschritten wird.

[7)]Nicht erforderlich bei asbesthaltigen Abfällen und Abfällen, die andere gefährliche Mineralfasern enthalten.

[8)]Abweichende pH-Werte stellen allein kein Ausschlusskriterium dar. Bei Über- oder Unterschreitungen ist die Ursache zu prüfen. Werden jedoch auf Deponien der Klassen I und II gefährliche Abfälle abgelagert, muss deren pH-Wert mindestens 6,0 betragen.

[9)]Der Zuordnungswert für DOC ist auch eingehalten, wenn der Abfall oder der Deponieersatzbaustoff den Zuordnungswert nicht bei seinem eigenen pH-Wert, aber bei einem pH-Wert zwischen 7,5 und 8,0 einhält.

[10)]Auf Abfälle oder Deponieersatzbaustoffe auf Gipsbasis nur anzuwenden, wenn sie gemeinsam mit gefährlichen Abfällen abgelagert oder eingesetzt werden.

[11)]Überschreitungen des DOC-Wertes bis max. 100 mg/l sind zulässig, wenn auf der Deponie oder dem Deponieabschnitt keine gipshaltigen Abfälle und seit dem 16. Juli 2005 ausschließlich nicht gefährliche Abfälle oder Deponieersatzbaustoffe abgelagert oder eingesetzt werden.

[12)]Nummer 3.20 kann, außer in den Fällen gemäß Spalte 9 (Rekultivierungsschicht), gleichwertig zu den Nummern 3.11 und 3.12 angewandt werden.

[13)]Der Zuordnungswert gilt nicht, wenn auf der Deponie oder dem Deponieabschnitt seit dem 16. Juli 2005 ausschließlich nicht gefährliche Abfälle oder Deponieersatzbaustoffe abgelagert oder eingesetzt werden.

[14)]Untersuchung entfällt bei Bodenmaterial ohne mineralische Fremdbestandteile.

[15)]Überschreitungen des Sulfatwertes bis zu einem Wert von 600 mg/l sind zulässig, wenn der Co-Wert der Perkolationsprüfung den Wert von 1500 mg/l bei L/S = 0,1 l/kg nicht überschreitet.

[16)]Überschreitungen des Antimonwertes nach Nummer 3.18a sind zulässig, wenn der Co-Wert der Perkolationsprüfung bei L/S = 0,1 l/kg nach Nummer 3.18b nicht überschritten wird.

Tab. A 10.3 Mess- und Kontrollprogramm

Nr.	Messung/Kontrolle	Häufigkeit/Darstellung	
		Ablagerungs- und Stilllegungsphase	Nachsorgephase
1	**Meteorologische Daten**		
1.1	Niederschlagsmenge	täglich, als Tagessummenwert	täglich, summiert zu Monatswerten
1.2	Temperatur (min., max., um 14.00 Uhr MEZ/15.00 Uhr MESZ)	täglich	Monatsdurchschnitts-wert
1.3	Windrichtung und -geschwindigkeit des vorherrschenden Windes	täglich	nicht erforderlich
1.4	Verdunstung	täglich	täglich, summiert zu Monatswerten
2	**Emissionsdaten**		
2.1	Sickerwassermenge	täglich, als Tagessummenwert	Halbjährlich
2.2	Zusammensetzung des Sickerwassers[1)]	vierteljährlich	Halbjährlich
2.3	Menge und Zusammensetzung des Oberflächenwassers[1)]	vierteljährlich	Halbjährlich
2.4	Aktiv gefasste Gasmenge und Zusammensetzung (CH_4, CO_2, O_2, N_2, ausgewählte Spurengase)	Gasmenge täglich, als Tagessummenwert; Zusammensetzung einmal monatlich; ausgewählte Spurengase einmal halbjährlich	Gasmenge wöchentlich, als Halbjahressummenwert; Zusammensetzung einmal halbjährlich
2.5	Wirksamkeitskontrollen der Entgasung[2)]	wöchentlich bzw. halbjährlich	halbjährlich
2.6	Geruchsemissionen	bei Geruchsproblemen	bei Geruchsproblemen
3	**Grundwasserdaten**		
3.1	Grundwasserstände	halbjährlich[3)]	halbjährlich[3)]
3.2	Grundwasserbeschaffenheit/ Kontrolle der Auslöseschwellen[4)]	vierteljährlich	halbjährlich
4	**Daten zum Deponiekörper**		
4.1	Setzungsmessungen und Stabilitätsuntersuchungen[5)6)]	jährlich	jährlich
4.2	Struktur und Zusammensetzung des Deponiekörpers[7)]	jährlich	

Tab. A 10.3 (Fortsetzung)

Nr.	Messung/Kontrolle	Häufigkeit/Darstellung	
5	**Abdichtungssysteme**		
5.1	Verformung des Basisabdichtungssystems[6)8)]	jährlich	jährlich
5.2	Prüfung der Entwässerungsleitungen und der zugehörigen Schächte durch Kamerabefahrung	jährlich	jährlich
5.3	Temperaturen im Deponiebasisabdichtungssystem[9)]	standortspezifische Häufigkeit	standortspezifische Häufigkeit
5.4	Funktionsfähigkeit und Verformung des Oberflächenabdichtungs-systems[5)6)]	jährlich[2)]	jährlich
5.5	Dichtungskontrollsystem	vierteljährlich	vierteljährlich
6	**Untertagedeponie**		
6.1	Höhenlage der Oberkante der Verfüllsäule nach Anhang 2 Nr. 3.2	nicht relevant	jährlich[10)]

1)Die zu messenden Parameter sind In der Deponiezulassung festzulegen. Mit Ausnahme der Häufigkeit der Kontrollen ist die LAGA-Mitteilung 28 „Technische Regeln für die Überwachung von Grund-, Sicker- und Oberflächenwasser sowie oberirdischer Gewässer bei Abfallentsorgungsanlagen - WÜ 98 Teil 1: Deponien" (Stand 1999 – mit. redaktionellen Änderungen vom Februar 2008), Erich Schmidt Verlag, 10785 Berlin, ISBN 978-3-503-05094-9, zu beachten.

2)Organoleptische Kontrollen sind an noch offenen Deponieabschnitten wöchentlich vom Deponiebetreiber durchzuführen. An temporär oder endgültig abgedeckten oder abgedichteten Deponieabschnitten oder Deponien hat der Deponiebetreiber die Wirksamkeit einer eventuellen Entgasung oder der Restgasoxidation halbjährlich mittels Messungen mit Flammenionisationsdetektor, Laser- Absorptionsspektrometrie oder mittels anderer gleichwertiger Verfahren auf der Deponieoberfläche und an Gaspegeln im näheren Deponieumfeld zu kontrollieren.

3)Die Grundwasserstände sind mindestens bei jeder Probennahme für die Bestimmung der Grundwasserbeschaffenheit zu messen. Bei stark schwankendem Grundwasserspiegel sind die Messungen häufiger vorzunehmen.

4)Es ist eine Nullmessung vor dem Beginn der Ablagerungsphase durchzuführen, die mindestens die Parameter des zu erwartenden Sickerwassers umfasst. Danach ergeben sich die zu messenden Parameter aufgrund der Zusammensetzung des Sickerwassers und der Grundwasserqualität. Die von der Länderarbeitsgemeinschaft Abfall herausgegebenen Technischen Regeln für die Überwachung von Grund-, Sicker- und Oberflächenwasser sowie oberirdischer Gewässer bei Abfallentsorgungsanlagen (LAGA-Richtlinie WÜ 98,Teil 1: Deponien) Stand 1999 – mit redaktionellen Änderungen vom Februar 2008, ISBN 978-3-50305094-9, sind zu beachten.

5)Setzungsmessungen sind an repräsentativen Schnitten der Deponie durchzuführen.

Tab. A 10.3 (Fortsetzung)

[6])Die Messergebnisse müssen auch bei einem Wechsel des Messverfahrens miteinander verglichen werden können und als Zeitreihen der Höhenlinien darstellbar sein. Bei größeren Abweichungen von den Setzungsprognosen sind die Ursachen zu klären und die Prognosen zu korrigieren.

[7])Daten für den Bestandsplan der betreffenden Deponie: Fläche, die mit Abfällen bedeckt ist, Volumen und Zusammensetzung der Abfälle, Arten der Ablagerung, Zeitpunkt und Dauer der Ablagerung, Berechnung der noch verfügbaren Restkapazität der Deponie.

[8])Höhenvermessungen der Sickerrohre im Entwässerungssystem oder in speziell für diesen Zweck verlegten Rohren.

[9])Durchgehende Temperaturprofile des Rohrmaterials gemessen am Scheitel der Sickerrohre; bis zu 5 m Überdeckung alle sechs Monate, danach nur noch bei Vorkommnissen, durch die es zu einer wesentlichen Erwärmung des Deponiekörpers kommt wie Deponiebränden, Deponiebelüftung.

[10])Nach 20 Jahren ohne auffälligen Befund genügt eine fünfjährliche Kontrolle.

A.6 Tabellen zu Kap. 11

Tab. A 11.1 Niederländische Liste (1994) zur orientierenden Einschätzung von Boden- und Grundwasserbelastungen (redaktionell modifiziert) [1]

Parameter	Boden (10 % Organik, 25 % Feinton) in mg/kg TS		Grundwasser (bis 10 m Tiefe) in µg/l	
	Zielwert	Eingreifwert	Zielwert	Eingreifwert
I Metallionen				
Antimon (Sb)	3	15	0,15	10
Arsen (As)	29	55	10	60
Barium (Ba)	160	625	50	625
Beryllium (Be)	1,1	30	0,05	15
Blei (Pb)	85	530	15	75
Cadmium (Cd)	0,8	12	0,4	6
Chrom (Cr)	100	380	1	30
Kobalt (Co)	9	240	20	100
Kupfer (Cu)	36	190	15	75
Molybdän (Mo)	3	200	5	300
Nickel (Ni)	35	210	15	75
Quecksilber (Hg)	0,3	10	0,05	0,3
Selen (Se)	0,7	100	0,07	160

Tab. A 11.1 (Fortsetzung)

Parameter	Boden (10 % Organik, 25 % Feinton) in mg/kg TS		Grundwasser (bis 10 m Tiefe) in µg/l	
	Zielwert	Eingreifwert	Zielwert	Eingreifwert
Silber (Ag)	–	15	–	40
Tellur (Te)	–	600	–	70
Thallium (Tl)	1	15	2	7
Vanadium (V)	42	250	1,2	70
Zink (Zn)	140	720	65	800
Zinn (Sn)	–	900	2,2	50
II Sonstige Anorganik				
Cyanid, leicht freisetzbar	1	20	5	1500
Cyanokomplexe (pH < 5)	5	650	10	1500
Cyanokomplexe (pH >= 5)	5	50	10	1500
Thiocyanat	1	20	–	1500
Bromid	20	–	300	–
Chlorid	–	–	100.000	–
Fluorid	500	–	500	–
III Einkernige Aromaten				
Benzol	0,01	1	0,2	30
Toluol	0,01	130	7	1000
Ethylbenzol	0,03	50	4	150
Xylole	0,1	25	0,2	70
Phenol	0,05	40	0,2	2000
Cresol	0,05	5	0,2	200
Catechol	0,05	20	0,2	1250
Resorcin	0,05	10	0,2	600
Hydrochinon	0,05	10	0,2	800
Dodecylbenzol	–	1000	–	0,02
Styrol (Vinylbenzol)	0,3	100	6	300
IV Polycyclische Aromaten				
PAK (Summe von 10)	1	40	–	–
Naphthlin	–	–	0,01*	70
Phenanthren	–	–	0,003*	5
Anthracen	–	–	0,0007*	5

Tab. A 11.1 (Fortsetzung)

Parameter	Boden (10 % Organik, 25 % Feinton) in mg/kg TS		Grundwasser (bis 10 m Tiefe) in µg/l	
	Zielwert	Eingreifwert	Zielwert	Eingreifwert
Fluoranthen	–	–	0,003*	1
Benzo(a)anthracen	–	–	0,0001*	0,5
Chrysen	–	–	0,003*	0,2
Benzo(k)fluoroanthen	–	–	0,0004*	0,05
Benzo(a)pyren	–	–	0,0005*	0,05
Benzo(ghi)perylen	–	–	0,0003*	0,05
Indeno(1,2,3-cd)pyren	–	–	0,0004*	0,05
V Chlokohlenwasserstoffe				
Dichlormethan	0,4*	10	0,01*	1000
Trichlormethan (Chloroform)	0,02*	10	6	400
Tetrachlormethan	0,4*	1	0,01*	10
Trichlorethen	0,1*	60	24	500
Tetrachlorethen	0,002*	4	0,01*	40
1,1-dichlorethan	0,02*	15	7*	900
1,2-dichlorethan	0,02*	4	7*	400
1,2-dichlorethen (cis, trans) *	0,2*	1	0,01*	20
1,1-dichlorethen	0,1	0,3	0,01*	10
Vinylchlorid	0,01*	0,1	0,01*	5
1,1,1-trichlorethan	0,07*	15	0,01*	300
1,1,2-trichlorethan	0,4*	10	0,01*	130
Chlorbenzole (Summe)	0,03	30	–	–
Monochlorbenzol	–	–	7*	180
Dichlorbenzol (Summe)	–	–	3*	50
Trichlorbenzol (Summe)	–	–	0,01*	10
Tetrachlorbenzol (Summe)	–	–	0,01*	2,5
Pentachlorbenzol	–	–	0,003*	1
Hexachlorbenzol	–	–	0,00009*	0,5
Chlorphenole (Summe)	0,01	10	–	–
Monochlorphenol	–	–	0,3*	100
Dichlorphenol (Summe)	–	–	0,2	30
Trichlorphenol (Summe)	–	–	0,03	10

Tab. A 11.1 (Fortsetzung)

Parameter	Boden (10 % Organik, 25 % Feinton) in mg/kg TS		Grundwasser (bis 10 m Tiefe) in µg/l	
	Zielwert	Eingreifwert	Zielwert	Eingreifwert
Tetrachlorphenol (Summe)	0,01	10	–	–
Pentachlorphenol	–	–	0,04*	3
Chlornaphthaline (Summe)	–	–	–	6
Polychlorbiphenyle (PCB)	0,02*	1	0,01*	0,01
EOX	0,3*	–	–	–
Dioxine (Summe)	–	0,001	–	0,001 ng/L
Monochloranilin	0,005*	50	–	30
Dichloranilin	0,005*	50	–	100
Trichloranilin	–	10	–	10
Tetrachloranilin	–	30	–	10
Pentachloranilin	–	10	–	1
4-chlormethylphenol	–	15	–	350
Dichlorpropan	0,002*	2	0,8*	80
VI Insektizide				
DDT/DDD/DDE	0,01*	4	0,004 ng/L*1	0,01
„Drine" (Summe)	0,005*	4	–	0,1
Aldrin	0,00006*	–	0,009 ng/L*	–
Dieldrin	0,0005*	–	0,1 ng/L*	–
Endrin	0,00004*	–	0,04 ng/L*	–
HCH (Summe)	–	2	0,05*	1
α-HCH	0,003*	–	33 ng/L*	–
β-HCH	0,009*	–	8 ng/L*	–
γ-HCH	0,00005*	–	9 ng/L*	–
Carbaryl	–	5	2 ng/L*	50
Carbofuran	–	2	9 ng/L*	100
Maneb	–	35	0,05 ng/L*	0,1
Atrazin	0,0002*	6	29 ng/L*	150
Chlordan	–	4	0,02 ng/L*	0,2
Heptachlor	–	4	0,005 ng/L*	0,3
Heptachlorepoxid	–	4	0,005 ng/L*	3

Tab. A 11.1 (Fortsetzung)

Parameter	Boden (10 % Organik, 25 % Feinton) in mg/kg TS		Grundwasser (bis 10 m Tiefe) in µg/l	
	Zielwert	Eingreifwert	Zielwert	Eingreifwert
Endosulfan	–	4	0,2 ng/L*	5
Organozinnderivate (Summe)	–	2,5	0,05–16 ng/L*	0,7
Azinfosmethyl	0,000005*	2	0,1 ng/L*	2
MCPA	–	–	0,02*	50
VII Sonstige				
Cyclohexanon	0,1*	45	0,5*	15.000
Phthalate (Summe)	0,1*	60	0,5*	5
Mineralöl	50*	5000	50	600
Pyridin	0,1*	0,5	0,5*	30
Tetrahydrofuran	0,1*	2	0,5*	300
Tetrahydrothiophen	0,1*	90	0,5*	5000
Monoethylenglycol	–	100	–	5500
Diethylenglycol	–	270	–	13.000
Acrylnitril	0,007 µg/kg*	0,1	0,08*	5
Formaldehyd	–	0,1	–	50
Methanol	–	30	–	24.000
Butanol	–	30	–	5600
1,2-butylacetat	–	200	–	6300
Methyl-tert-butylether (MTBE)	–	100	–	9200
Methylethylketon (MEK)	–	35	–	6000
Tribromomethan	–	75	–	630
Ethylacetat	–	75	–	15.000
Isopropanol	–	220	–	31.000

*der Wert entspricht etwa der mit der heutigen Analytik erreichbaren Bestimmungsgrenze.

– kein Wert genannt bzw. kein Wert anzugeben.

[1] Niederländische Liste (Hollandliste). Leitraad Bodembescherming, Streef- en Interventiewaarden Bodemsanering, Staatscourant Nr. 95. The Netherlands (1994)

Glossar

Abbau Umwandlung von Verbindungen zu einfachen Molekülen. Der A. wird in abiotischen und biotischen A. unterteilt. Beim abiotischen A. werden chemische Verbindungen durch physikalische (Licht, Wärme u. a.) und chemische (Oxidation, Hydrolyse u. a.) Prozesse zu einfacheren Molekülen abgebaut. Beim biotischen A. findet die Zersetzung durch biologische Prozesse (Mikroorganismen u. a.) statt. Die Geschwindigkeit des Abbaus wird durch die Halbwertzeit charakterisiert. Bei geringer und fehlender Abbaubarkeit einer Verbindung spricht man von Persistenz, (Umweltchem.)

Abfall bewegliche Sache, die den Abfallgruppen und Abfallarten gemäß den Rechtsvorschriften des Kreislaufwirtschafts- und Abfallgesetzes und der Abfallverzeichnisverordnung zuzuordnen ist und deren sich ihr Besitzer entledigt, entledigen will oder entledigen muss.

Abfall, besonders überwachungsbedürftiger (Sonderabfall) Abfall, von dem akute Umweltgefahr ausgehen kann und der im Europäischen Abfallverzeichnis besonders gekennzeichnet ist.

Abfall, notifizierungspflichtiger Abfälle, deren Import und Export nach den Vorschriften des Baseler Übereinkommens überwacht werden.

Abfallablagerungsverordnung (AbfAblV) Verordnung über die umweltverträgliche Ablagerung von Siedlungsabfällen.

Abfall-Deklarationsanalyse Die, vor der Entsorgung gefährlicher Abfälle durchzuführende Deklarationsanalyse dient der chemisch-physikalischen Abfallcharakterisierung. Sie lässt Art und Konzentration gefährlicher Abfallinhaltsstoffe erkennen, wodurch der adäquate bzw. zulässige Entsorgungsweg festgestellt werden kann.

Abfall-Eluat Wässriger Extrakt eines Abfalls, hergestellt nach in der AbfVereinfV vorgeschriebenen DIN Methode 38414 S4, zur Quantifizierung der durch Wasser aus dem Abfall mobilisierbaren Inhaltsstoffe (24 h-Überkopfschüttel-Methode).

Es existieren noch andere, z. T. apparativ wesentlich aufwendigere Abfall-Extraktions-verfahren (Säulenelutionen, Elution unter CO_2-Begasung, pH-stat-Elution, Elution mit Salzlösungen), deren Ergebnisse jedoch untereinander, sowie mit der o. g. Methode nicht vergleichbar sind. Die Frage nach der „besten" Methode ist nach wie vor offen.

M. Kranert (Hrsg.), *Einführung in die Kreislaufwirtschaft*,
DOI 10.1007/978-3-8348-2257-4

Abfall-Identitätskontrolle Kontrollanalyse des Abfalls am Ort seiner Entsorgung, zur orientierenden Überprüfung seiner, in der Verantwortlichen Erklärung beschriebenen Eigenschaften.

Abfallintensität das Gesamtabfallaufkommen bezogen auf das reale Bruttoinlandsprodukt in einer Volkswirtschaft.

Abfallkatalog (Europäischer Abfallkatalog, EAK) Der ursprüngliche EU-Abfallkatalog ist eine tabellarische Einteilung von Abfällen nach ihrer stofflicher Zusammensetzung und (Branchen-)Herkunft. Er ist mit der Verordnung über das Europäische Abfallverzeichnis (Abfallverzeichnis-Verordnung, AVV) am 1. Februar 2007 in deutsches Recht umgesetzt worden.

Der Katalog umfasst derzeit 839 Abfallarten, die sich in 20 Kapitel (davon 12 branchen-prozessspezifisch und 8 herkunfts-abfallartenspezifisch) untergliedern. Die Kapitel sind weiter in Gruppen gegliedert, innerhalb derer die einzelnen Abfallarten gelistet sind. Jeder Abfall hat einen Abfallschlüssel bestehend aus 6 Codeziffern, von denen die beiden ersten die Kapitel-Nr., die beiden nächsten die Gruppen-Nr. und die beiden letzten die Platzzahl innerhalb der Gruppe beinhalten. Die letzte Platzzahl innerhalb einer Gruppe lautet stets „99" als Auffangposition für „Abfälle nicht genannt". Gefährliche Abfälle (insgesamt 405) sind mit einem Sternchen (*) gekennzeichnet.

Abfallkompaktor Fahrzeug, mit dem nicht vorbehandelte Siedlungsabfälle auf Deponien eingebaut werden. Der Abfallkompaktor verfügt über ein hohes Eigengewicht und Stampffüße, so dass eine Zerkleinerung der Abfälle erfolgt.

Abfallprobenahme Die repräsentative Beprobung großer ruhender Haufwerke fester Abfälle oder von Altlastenmaterial (z. B. von LKW-Ladungen) ist eine praktisch unlösbare Aufgabe. Grob angenähert kann diese mit erheblichem personellen und finanziellem Aufwand durch Anwendung der LAGA-Methode PN 98 (2002) durchgeführt werden. Diese wird auch als „abfallcharakterisierende Probenahme" gekennzeichnet. Da zutreffende Ergebnisse von Abfallanalysen maßgeblich von der Probenahme abhängen, sind alle Abfallanalysen unsicher. Dem hat der Gesetzgeber dadurch Rechnung getragen, dass Grenzwerte bei der Identitätskontrolle eines Abfalls deutlich überschritten werden dürfen (AbfVereinfV, Anhang 3, Punkt 2).

Abfallverbrennung alle Verfahren, bei denen Abfall in einer speziell hierzu ausgelegten Anlage kontrolliert mit oder ohne Wärmenutzung unter Einhaltung vorgegebener Emissionsgrenzwerten und **Reststoffqualitäten** verbrannt wird.

Abfallvermeidung Maßnahmen und Handlungsmöglichkeiten die dazu führen, keine Abfälle entstehen zu lassen. Es wird unterschieden in:

– **quantitative Abfallvermeidung** Maßnahmen zur Abfallvermeidung, die auf eine Verminderung der Abfallmenge (Masse, Volumen) zielen.

– **qualitative Abfallvermeidung** Maßnahmen, die dazu führen, den Schadstoffgehalt oder den Gehalt an anderweitig problematischen Stoffen in Abfällen zu verringern.

Abfallverminderung Maßnahmen, die dazu führen bei Produktion und Konsum weniger Abfälle entstehen zu lassen.

Abfallverwertung findet in Abfallbehandlungsanlagen statt, deren Hauptzweck darauf gerichtet ist, dass die behandelten Abfälle andere Primärmaterialien, wie z. B. Brennstoffe oder mineralische Rohstoffe, ersetzen.

Abfallwirtschaftskonzept Darstellung der zukünftigen abfallwirtschaftlichen Entsorgungsstruktur in Betrieben, Einrichtungen und Gebietskörperschaften und Aufzeigen der Maßnahmen auf dem Wege dorthin.

Abfallzusammensetzung beschreibt die Zusammensetzung von Abfallgemischen nach Stoffgruppen; aufgrund der heterogenen Eigenschaften und der großen Fehler bei der Probennahme sind Zusammensetzungen immer als statistische Verteilungen anzugeben, da es „die" mittlere Zusammensetzung in der Realität nicht gibt.

Abfuhr Summe der Vorgänge → Sammlung, → Transport und → Entladung (S + T + E); siehe auch → Abfuhrkosten

Abfuhrintervall Zeitlicher Abstand zwischen zwei (Regel-)Entleerungen eines Behälters

Abfuhrkosten Kosten für die → Abfuhr (ohne Behandlungs- und Beseitigungskosten). Soweit die Kosten für die Behälterbereitstellung (Kapital- und Betriebskosten) für den jeweiligen Untersuchungsansatz relevant sind, sind diese Kosten zu berücksichtigen.

Ablagerungsbereich Bereich einer Deponie, auf oder in dem Abfälle zeitlich unbegrenzt abgelagert werden

Ablagerungsphase Zeitraum von der Abnahme der für den Betrieb einer Deponie oder eines Deponieabschnittes erforderlichen Einrichtungen durch die zuständige Behörde bis zu dem Zeitpunkt, an dem die Ablagerung von Abfällen zur Beseitigung auf der Deponie oder dem Deponieabschnitt beendet wird.

Abprodukt Als Abprodukt werden feste, flüssige und gasförmige Stoffe bezeichnet, die im gesellschaftlichen Reproduktionsprozess sowie im gesellschaftlichen Konsum als Abfall entstehen.

Abproduktkosten Kosten für Roh-, Betriebs- und Hilfsstoffe sowie Energie, die nicht Bestandteil des Produkts sind sowie Kosten, die im Produktionsprozess und für die Entsorgung der Abprodukte entstehen.

Abschöpfungsquote Prozentualer Anteil des Gesamthausmülls, der durch die getrennte Sammlung einer Verwertung zugeführt wird. Bezugsgröße Gesamthausmüll.

Absorption nicht auf die Oberfläche beschränkte Aufnahme von Stoffen (z. B. Störanteil im Biogas) in eine Flüssigkeit oder einen Festkörper (KTBL-AP 219)

Abwasser flüssiger, meist schadstoffbeladener Ausstoß aus einem Prozess

Acidogenese Versäuerung; zweiter Reaktionsschritt bei der Methanbildung

Adsorption Anlagerung von gasförmigen oder gelösten Stoffen an ein Trägermaterial mit großer Oberfläche. Durch Adsorption lassen sich Stoffe aus Gasen oder Flüssigkeiten entfernen

Aerobe Behandlung Nutzung von vorwiegend aeroben Mikroorganismen in einem Verfahren mit dem Ziel des biologischen Abbaus und Umbaus und der Erzeugung eines verwertbaren Produktes (Sekundärrohstoff) zur Düngung und Bodenverbesserung, Synonym: Kompostierung, Rotte

Allokation Zuordnung der Input- oder Outputflüsse eines Prozesses oder eines Produktsystems zum untersuchten Produktsystem und zu einem oder mehreren anderen Produktsystemen.

Altdeponie

a) in Errichtung oder in Betrieb befindliche Deponie oder in Errichtung oder in Betrieb befindlicher Deponieabschnitt, deren Errichtung und Betrieb am 1. Juni 1993 zugelassen waren oder nach § 35 des Kreislaufwirtschafts- und Abfallgesetzes zulässig waren und
b) Deponien, zu deren Zulassung das Planfeststellungsverfahren eingeleitet und die öffentlich Bekanntmachung am 1. Juni 1993 erfolgt war.
c) Eine Deponie, die sich am 16.07.2009 in der Ablagerungs-, Stilllegungs- oder Nachsorgephase befindet

Altglas Abfallfraktion aus Glas, welche in Haushalten oder anderen Herkunftsbereichen in Form von Behälter- und Flachglas, Bleikristallglas sowie Glaskeramik getrennt gesammelt wird und anstelle der natürlichen Rohstoffe entsprechend der jeweiligen Zusammensetzung in der Glashütte verwendet werden kann.

Altkunststoffe Getrennt gesammelte oder aus Abfallgemischen abgetrennte Fraktionen aus *(gebrauchten)* Kunststoffen oder produktionsspezifischen Abfällen, die je nach vorliegender Sortenreinheit *(und Verfahren)* werkstofflich, rohstofflich oder energetisch verwertet werden können.

Altlast Durch schädliche Stoffe bedingte Veränderungen von Boden und/oder Grundwasser infolge früherer industrieller Tätigkeiten.

Altmetalle Abfallfraktion aus Metallen, unterteilt in Eisenmetalle (Fe) und Nichteisenmetalle (NE), die aus Altschrott (getrennt gesammelt oder aus Gemischen abgetrennt) oder Neuschrott (Produktionsabfälle) besteht.

Altmetalle werden direkt bei gewerblichen Endverbrauchern oder über Zwischenhändler erfasst sowie auch in Abfallaufbereitungsanlagen aus Abfallströmen abgetrennt. Die Definition der Sorten erfolgt nach deutscher oder europäischer Stahlschrottsortenliste oder nach der Richtlinie „Usancen und Klassifizierungen des Metallhandels".

Altpapier Abfallfraktion aus Papier, welche in Haushalten oder anderen Herkunftsbereichen getrennt gesammelt und nach der Altpapiersortenliste DIN EN 643 eingruppiert wird.

Anaerobe Behandlung gelenkter biologischer Abbau bzw. Umbau von nativ-organischen Abfällen in geschlossenen Systemen unter Luftabschluss; dieser Prozess wird auch Faulung genannt.

Andienungspflicht die pflichtgemäße Meldung der beabsichtigten Entsorgung von gefährlichen Abfällen an eine durch Landesrecht autorisierte Stelle – z. B. einer Sonderabfallagentur – die den Entsorgungsweg verbindlich festlegt.

Anschluss- und Benutzungszwang Die öffentliche Hand kann Anschluss und Benutzung öffentlicher oder privater Einrichtungen (z. B. Wasserversorgung, Abwasserbeseitigung, Abfallentsorgung, Straßenreinigung) vorschreiben. Macht dann Sinn für die Sonderabfallwirtschaft, wenn Entsorgungsanlagen zur Verfügung stehen.

Asche

1) der unbrennbare Anteil im Brennstoff (→ Proximat- oder Immediatanalyse)
2) der bei einer Feuerung in trockener Form anfallende **feste Reststoff** (Rostasche, Flugasche)

Aufarbeitung Herstellung von verwertbaren und verkaufsfähigen Zwischen- und Fertigprodukten aus Abfällen durch z. B. Zerkleinern, Waschen und Trocknen oder Agglomeration und Regranulation.

Aufbereitung beschreibt die Anreicherung von Stoffgruppen und die Überführung von Abfällen zumeist durch mechanische Behandlungsverfahren in Wertstoff- und Reststoffströme.

Aufbereitung (allgemein) beschreibt die Anreicherung von Stoffgruppen oder Eigenschaften in Stoffströmen durch mechanische Trennprozesse.

Aufbereitung (Kompostierung) hier: Vorbehandlung der Kompostausgangsmaterialien vor dem biologischen Prozess. Abtrennung von Störstoffen; Zerkleinerung; Homogenisierung von Materialien bzgl. Wassergehalt, Kornstruktur. Luftporenvolumen und organischer Masse und Konditionierung für optimales biologisches Abbauverhalten.

Auswertung (Ökobilanzen) Bestandteil der Ökobilanz, bei dem die Ergebnisse der Sachbilanz oder der Wirkungsabschätzung oder beide bezüglich des festlegten Zieles und Untersuchungsrahmens beurteilt werden, um Schlussfolgerungen abzuleiten und Empfehlungen zu geben.

Azetogenese Essigsäurebildung; dritter Reaktionsschritt bei der Methanbildung aus hochmolekularen organischen Stoffen. Aus Fettsäuren und Alkoholen werden Essigsäure, Wasser und Kohlendioxid gebildet.

Bakterien Mikroorganismen, die bei biologischen Abbauvorgängen (Fäulnis, Verwesung, Gärung u. a.) und als Erreger von Krankheiten eine wichtige Rolle spielen. B., die als Dauerformen Sporen ausbilden, heißen Bazillen. Sporen können auch unter sehr ungünstigen Umweltbedingungen (Trockenheit, sehr hohe oder tiefe Temperaturen) lebensfähig bleiben (Umweltchem).

Bauabfall (BA) Bauabfall, vermischte Anlieferung von BRM und BSA. Die Anlieferung von vermischten Bauabfällen ist möglichst zu vermeiden.

Baurestmasse (BRM) Baurestmassen sind Erdaushub, Bauschutt, Straßenaufbruch als inerter Abfall aus Baumaßnahmen ohne organische Verunreinigungen.

Bauschutt (BS) Bauschutt sind mineralische Abfälle aus Bautätigkeiten.

Baustellenabfall (BSA) Baustellenabfälle sind Abfälle aus Bautätigkeiten, wie z. B. Hölzer, Gebinde, Verpackungsmaterialien, außer mineralischen Abfällen.

Begleitscheinverfahren (gemäß AbfNachwV) Durch das Begleitscheinverfahren wird der Nachweis über die durchgeführte Entsorgung von überwachungsbedürftigen Sonderabfälle geführt. So ist für jeden Abfall, der das Firmengelände eines Abfallerzeugers verlässt, obligatorisch ein Satz Begleitscheine auszufüllen und beim Transport mitzuführen. Die Begleitscheine (6 Durchschriften) sind farblich gekennzeichnet und entsprechend für Erzeuger, Beförderer, Entsorger und die zuständigen Behörden bestimmt. Von April 2010 an, dürfen Begleitscheine nur noch in elektronischer Form geführt werden.

Behälterdichte Anzahl der zur → Sammlung bereitgestellten Behälter, bezogen auf die Sammelstrecke des Fahrzeugs, gemessen in Behälter je 100 m Sammelstrecke; [Beh./100 m].

Behältervolumen Rauminhalt des Sammelbehälters, Angabe in l oder m3.

Behandlung Verwertungs- und Beseitigungsverfahren, einschließlich Vorbereitung vor der Verwertung oder Beseitigung.

beidseitige Sammlung → Sammlung des Abfalls von beiden Straßenseiten bei einmaligem Durchfahren.

Belegungsdichte Massen-Flächen-Verhältnis, Auslegungsparameter für alle Einzelkorntrennprozesse.

Bereitstellungsgrad Anteil der zur Entleerung bereitgestellten Sammelbehälter bezogen auf die maximale Anzahl der regulär zu leerenden Behälter in Prozent [%].

Beseitigung Jedes Verfahren, das keine Verwertung ist, auch wenn das Verfahren zur Nebenfolge hat, dass Stoffe oder Energie zurück gewonnen werden.

Bioabfall Im Siedlungsabfall enthaltene biogene, kompostierfähige Abfallanteile (z. B. organische Küchenabfälle, Gartenabfälle).

Biofilter Filter mit aeroben Mikroorganismen, um bei übel riechenden Gasen u. Abluftgemischen die Geruchsbelästigung zu unterdrücken, z. B. Rindenmulch.

Biogas Gas, das bei der Methangärung gebildet wird. Besteht aus 50–75 % Methan. 34–40 % Kohlendioxid und geringen Beimengungen an Schwefelwasserstoff, Ammoniak, Wasserstoff und Wasserdampf.

Biologisch abbaubarer Werkstoff Werkstoffe, die hinsichtlich ihrer gesamten organischen Bestandteile dieselben Abbaumerkmale wie nativ organische Materialien aufweisen.

Biowäscher Abluft-Reinigungsanlage, bei der das Waschmedium aerobe Mikroorganismen zum Abbau luftverunreinigender u. geruchsbelästigender Stoffe enthält.

Boden die durch Verwitterung an der Erdoberfläche entstandene lockere Schicht, deren oberste Lage mehr oder weniger mit org. Substanz (Humus) durchsetzt ist. Der B. wird in verschiedene Bodenarten (physikal. Zusammensetzung) u. Bodentypen (Bodenaufbau, Gliederung in Horizonte) klassifiziert. Als Pflanzenstandort ist der B. Träger fast aller Lebensvorgänge auf der Erde u. wirkt außerdem als Mittler zwischen Atmosphäre u. Untergrund.

Bodenverbesserungsmittel In diesem Zusammenhang Stoffe oder Komposte, welche den Boden direkt in seinen physikalischen, chemischen und biologischen Eigenschaften nachhaltig im Sinne besserer Ertragsfähigkeit beeinflussen.

Brennwert Der Brennwert Hs (früher auch oberer Heizwert Ho genannt) eines Brennstoffes gibt die Wärmemenge an, die bei Verbrennung und anschließender Abkühlung der Verbrennungsgase auf 25 °C erzeugt wird. Er berücksichtigt sowohl die notwendige Energie zum Aufheizen der Verbrennungsluft und der Abgase, als auch die Verdampfungs- bzw. Kondensationswärme von Flüssigkeiten, insbesondere Wasser.

Bringsystem Abfallerzeuger bringt Abfälle zu einer zentralen Sammelstelle (z. B. zu einem Wertstoff-Recyclinghof oder einem Depotcontainer).

Chemisch-Physikalische Behandlung (CPB) Bei der CPB handelt es sich i. d. R. um die Behandlung von Flüssig-Sonderabfällen aus der Industrie, meist zum Zwecke der Wasserabtrennung und der Entgiftung. (Altöle, Alt-Emulsionen, Abfallsäuren/Laugen, schwermetallhaltige, nitrithaltige, cyanidhaltige Konzentrate, Lösemittel-Wassergemische, Dünnschlämme.)

Oftmals rangieren derartige Abfallflüssigkeiten auch unter der Bezeichnung Industrieabwasser. CPB-Anlagen beinhalten i. d. R. Tankanlagen, Fasslager, Absetzbecken, Dekanterzentrifugen, Entgiftungsreaktoren, Filterpressen und Aktivkohleadsorber – darüber hinaus z. T. Sonderanlagen.

CPB wird oftmals in firmeneigenen Anlagen durchgeführt – kleinere oder mittlere Betriebe ohne eigene CPB-Anlagen wenden sich an Sonderabfallentsorger.

C/N-Verhältnis Verhältnis von Kohlenstoff zu Stickstoff (Gesamtgehalte); relativ viel Kohlenstoff verlangsamt die Mineralisierung der organischen Substanz.

Deinking Prozess der Druckerfarbenentfernung bei der Papierverwertung. Die hydrophilen Papierfasern werden mit Wasser benetzt und von den hydrophoben Druckfarbenteilchen abgetrennt, welche durch Flotation aufgeschwemmt werden.

Dematerialisierung Vermeidung des Verbrauchs oder Wiederverwendung natürlicher Ressourcen und Vermeidung des Entstehens von Abfall durch quantitative und qualitative Maßnahmen.

Deponie Abfallbeseitigungsanlage für die zeitlich unbegrenzte Ablagerung von Abfällen oberhalb der Erdoberfläche.

Deponiegas durch Reaktionen der abgelagerten Abfälle entstandene Gase.

Deponieklasse Deponie, die nur solche Abfälle aufnehmen kann, die die Zuordnungswerte für die entsprechende Klasse einhalten.

Deponieverordnung (DepV) Verordnung über Deponien und Langzeitlager.

Deponieverwertungsverordnung (DepVerwV) Verordnung über die Verwertung von Abfällen auf Deponien über Tage (aufgehoben).

DIN ISO 14001:2004 Die Internationale Organization for Standardization (ISO) hat die Normen ISO 14001 veröffentlicht.

ISO 14001:2004 legt die Anforderungen an ein Umweltmanagementsystem (UMS) fest, das Unternehmen einen Rahmen für die Überprüfung der Umweltverträglichkeit ihrer Aktivitäten, Produkte und Dienstleistungen bietet und ihnen dabei hilft, ihre Umweltbilanz stetig zu verbessern. ISO 14004:2004 ist als Leitfaden konzipiert, der sich mit den einzelnen Elementen eines UMS, dessen Umsetzung sowie mit den damit verbundenen Problemen befasst.

Direkttransport unmittelbarer Transport des gesammelten Abfalls zur Entsorgungsanlage ohne Umladung oder Nutzung von → Wechselaufbausystemen.

Downcycling Englische Bezeichnung für Wiederverwertung, bei der sich die Qualität der Rohstoffe bei jedem Durchgang durch die Recyclingschleife verringert.

Drehrohrfeuerung eine aus einem mit Feuerfestmaterial ausgekleideten Drehrohr bestehende Feuerungsanlage, bei der fester, flüssiger/pastöser oder gasförmiger brennbarer Stoff (Abfall) über die Stirnwand eingetragen und durch geringe Neigung des sich langsam drehenden Drehrohres unter vollständigem Feststoffausbrand durch das Drehrohr transportiert wird.

Düngemittel Stoffe, die dazu bestimmt sind, unmittelbar oder mittelbar Nutzpflanzen zugeführt zu werden, um ihr Wachstum zu fördern, ihren Ertrag zu erhöhen oder ihre Qualität zu verbessern; ausgenommen sind Stoffe, die überwiegend dazu bestimmt sind, Pflanzen von Schadorganismen und Krankheiten zu schützen oder, ohne zur Ernährung von Pflanzen bestimmt zu sein, die Lebensvorgänge von Pflanzen zu beeinflussen, sowie Bodenhilfsstoffe, Kultursubstrate, Pflanzenhilfsmittel, Kohlendioxid, Torf und Wasser.

Eigenkompostierung Kompostierung von biogenen, kompostierfähigen Stoffen an der Anfallstelle oder in ihrer unmittelbaren Nähe, jedoch im eigenen Zuständigkeitsbereich (z. B. Kompostierung durch Landwirte, Gartenbesitzer und Kleingärtner; Kompostierung durch Garten- und Friedhofsämter).

Einhausung hier: das Einschließen von Rotteflächen in ein Gebäude mit dem Ziel der besseren Erfassung und Behandlung der Emissionen.

einseitige Sammlung → Sammlung des Abfalls von einer Straßenseite.

Elektrofilter Einrichtung zur Entstaubung von Abgasen (Rauchgasen), bei der die Partikel in einem elektrischen Feld mittels einer Sprühelektrode mit ionisiserten Gasmolekülen negativ aufgeladen und anschließend an einer positiv geladenen Niederschlagselektrode abgeschieden werden.

Elementaranalyse Bestimmung der Anteile der Elemente C, H, O, N, S in einem festen oder flüssigen brennbaren Stoff.

Elementarfluss Zusammenstellung und Beurteilung der Input- und Outputflüsse und der potentiellen Umweltwirkungen eines Produktsystems im Verlauf seines Lebensweges.

EMAS EMAS ist die Abkürzung für Eco-Management and Audit Scheme: Die Verordnung (Nr. 1863/93) beschreibt die Richtlinien für die freiwillige Beteiligung von gewerblichen Unternehmen (aus bestimmten Sektoren der Wirtschaft) am Gemeinschaftssystem der Europäischen Union zur Einführung von Umweltmanagementsystemen.

Als weiter reichende Variante von ISO 14001 kann sie mit bestehenden Managementsystemen verbunden werden, verlangt aber beispielsweise die Veröffentlichung einer regelmäßigen Umwelterklärung. Die EMAS bezieht ihre Richtlinien auf Standorte, die ISO auf das gesamte Unternehmen.

Emission gasförmiger und partikulärer Ausstoß bestimmter (Schad-) Stoffe aus einem Prozess in die Umgebung.

Energetische Verwertung Einsatz von Abfällen als Ersatzbrennstoff z. B. in Zementwerken, Kohlekraftwerken oder Müllverbrennungsanlagen. Die Energetische Verwertung ist nur unter bestimmten Bedingungen zulässig, insbesondere wenn der Heizwert des einzelnen Abfalls, ohne Vermischung mit anderen Stoffen, mindestens 11.000 Kilojoule pro Kilogramm beträgt.

Entgasung Erfassung des Deponiegases in Fassungselementen und dessen Ableitung mittels Absaugung (aktive Entgasung) oder durch Nutzung des Druckgradienten z. B. an Durchlässen im Oberflächenabdichtungssystem (passive Entgasung), → Pyrolyse.

Entladung Leeren des Sammelfahrzeugs in/auf einer Entsorgungsanlage, umfasst alle Tätigkeiten in/auf dieser Anlage wie z. B. Transporte auf der Anlage, Warten vor der Waage oder Verwiegung des Fahrzeugs. Die Ent-/Umladezeit ist der Zeitabschnitt von der Einfahrt bis zum Verlassen des Geländes der Ent-/Umladestelle.

Entseuchung einen Gegenstand oder ein Material in einen Zustand versetzten, in dem er nicht mehr infizieren kann.

Entsorgungsnachweis (ESN) für gefährliche Abfälle Gemäß NachwV dient der ESN als sog. "Vorab-Kontrolle". Es existieren mehrere Varianten:

- ESN als Einzelnachweis im Grundverfahren
- ESN ohne Behördenbestätigung (früher: privilegiertes Verfahren)
- Sammel-ESN
- Sammel-ESN ohne Behördenbestätigung

Der Entsorgungsnachweis besteht aus folgenden Teilen

- Deckblatt Entsorgungsnachweis (DEN)
- Verantwortliche Erklärung des Abfallerzeugers (VE)
- Deklarationsanalyse (DA)
- Annahmeerklärung des Abfallentsorgers (AE)
- Behördenbestätigung der zuständigen Entsorgerbehörde (BB)

Nachweisverfahren ohne Behördenbestätigung ist bei zertifizierten Entsorgungsfachbetrieben oder EMAS-Betrieben (Eco Management and Audit Scheme) möglich. Abfallerzeuger und Abfallentsorger sind aber immer verpflichtet, vor Beginn der Entsorgung eine Kopie der Nachweiserklärungen an die zuständige Behörde zu leiten; Andienungspflichten bleiben unberührt.

Bei einem Sammel-ESN für gefährliche Abfälle (Sammelentsorgung) führt der Einsammler einen "Sammel ESN" für Kunden, die eine bestimmte Abfallart entsorgen möchten. Der Kunde erhält als Nachweis einen Übernahmeschein.

Entsorgungssicherheit ausreichende Anlagenverfügbarkeit und -kapazität zur Sicherstellung der umweltverträglichen Abfallentsorgung.

Erdaushub (EAH) Erdaushub ist natürlich gewachsenes oder bereits verwendetes Erd- und Felsmaterial. Kann auch getrennt ausgewiesen werden im verunreinigten und nicht verunreinigten Erdaushub.

Erfassungsquote (-grad) Prozentualer Anteil, der bezogen auf das jeweilige Wertstoffpotential über ein Sammelsystem (z. B. Altpapier) erfasst wird.

Ersatzbrennstoff Brennstoff aus Abfällen, mit welchem fossile Brennstoffe ganz oder teilweise ersetzt werden können.

Europäisches Abfallverzeichnis (EAV) In der EU gemeinschaftlich harmonisiertes Abfallverzeichnis, das die Abfälle teils branchenbezogen, teils stoffbezogen erfasst und nach Abfallkapiteln, Abfallgruppen und Abfallarten gegliedert ist. Es ist in der deutschen Abfallverzeichnisverordnung vom 10. 12. 2001 (BGBl. I S. 3379) als Anlage enthalten und wird regelmäßig auf der Grundlage neuer Erkenntnisse geprüft und erforderlichenfalls geändert (vgl. BGBl. I S. 2833 vom 24. 7. 2002).

Faulung anaerober biologischer Abbau organischer Stoffe unter Bildung von Faulgas.

Fehlwurf/-einwurf Stoffe, die nicht der Positivliste kompostierungsfähiger Bio- und Grünabfälle entsprechen.

Fermentation In der Literatur: gleichbedeutend mit dem Terminus Vergärung.

Fertigkompost Hygienisierter, biologisch stabilisierter Kompost.

Festaufbausystem System, bei dem der Fahrzeugaufbau fest mit dem Fahrzeug verbunden ist (vgl. → Wechselaufbausystem).

Flächenkompostierung Ausbringung von Kompostrohmaterialien (Mischung und Monostoffe) ohne vorherige Hygienisierung.

Flugstromverfahren Verfahren, bei dem durch Eindüsen von festen, flüssigen oder pastösen Stoffen in einen Gastrom eine intensive Vermischung erreicht wird. Flugstromverfahren können bei thermischen Prozessen z. B. bei der Vergasung von brennbaren Stoffen, aber auch bei der Rauchgasreinigung z. B. zur Adsorption von Dioxinen/Furanen eingesetzt werden.

Fremdstoff Beim Einsatz von Komposten störende Stoffe (z. B. Steine, Glas, Kunststoffe etc.).

Frischkompost Hygienisiertes, in intensiver Rotte befindliches oder zu intensiver Rotte fähiges Rottegut.

Frontladerfahrzeug Sammelfahrzeug bei dem die Ladevorrichtung an der Front des Fahrzeugs angebracht ist.

Füllgrad Anteil des mit Abfall gefülltem Behältervolumens am gesamten Behältervolumen in Prozent.

Garten- und Parkabfälle (G+P) Garten- und Parkabfälle sind überwiegend pflanzliche Abfälle, die auf gärtnerisch genutzten Grundstücken, in öffentlichen Parkanlagen und auf Friedhöfen anfallen.

Gärung stufenweiser, enzymatischer Abbau organischer Stoffe, unter Ausschluss von Sauerstoff, im Gegensatz zu der Atmung werden die bei den Abbaureaktionen gebildeten Elektronen und Protonen nicht auf Sauerstoff, sondern auf organische Verbindungen (Gärungsendprodukte) übertragen. Nach den entstehenden Endprodukten [...] unterscheidet man u. a.: Alkohol-G., bei der von Hefepilzen Zucker (Glucose) in Alkohol und Kohlendioxid abgebaut wird; die Milchsäure-G. (Sauerwerden der Milch, Sauerkrautbereitung) und die Buttersäure-G. werden von verschiedenen Bakterien durchgeführt.

Gasausbeute Gasproduktion pro zugeführter Stoffmenge (z. B. m^3 Methan pro kg oTS).

Gebietsstruktur Struktur eines Sammelabschnittes oder Sammelgebietes, beschrieben anhand der Anzahl Wohneinheiten, der einzelnen Häuser und deren Zuordnung zueinander, durch Einteilung in verschiedene Gebietsstrukturklassen

G1	City-Gebiete:	Gekennzeichnet durch eine hohe Bebauung mit mindestens drei Vollgeschossen und einem hohen Anteil von Gewerbegebieten, starke Behinderung durch den Verkehr, enge bauliche Verhältnisse und schwierig zu erreichende oder weit entfernte Standplätze
G2	Geschlossene Mehrfamilienhausbebauung:	Geschlossen, innerstädtische Bebauung mit mindestens drei Vollgeschossen oder mindestens sechs Wohneinheiten je Hauseingang (große Behälteranzahl je Ladepunkt, oft weite Antransportwege der Sammelbehälter)
G3	Offene Mehrfamilienhausbebauung:	Moderne Wohnsiedlung mit Mehrfamilienhäusern, mindesten drei Vollgeschossen oder mindestens sechs Wohneinheiten je Hauseingang (große Behälterzahl pro Ladepunkt)
G4	Ein- und Zweifamilienhausbebauung:	Wohngebiet mit Ein- und Zweifamilienhäusern und kleinen Mehrfamilienhäusern mit weniger als drei Vollgeschossen und weniger als sechs Wohneinheiten je Hauseingang (Ladepunkte mit wenigen Behältern, großer Einfluss von Gartenabfällen)
G5	Aufgelockerte Bebauung:	Gebiete mit aufgelockerter, ländlicher Bebauung o. Ä. (Ladepunkte mit wenigen Behältern in großen, unregelmäßigen Abständen, viele kleine Siedlungszentren und Einzelladepunkten

Gefährliche Stoffe (gemäß REACH, CLP (= GHS) REACH steht für Registration, Evaluation, Authorisation of Chemicals. Diese EG-Verordnung zentralisiert und vereinfacht das Chemikalienrecht europaweit und trat am 01. Juni 2007 in Kraft. Ziel ist, das Wissen über die Risiken von Chemikalien zu verbessern und die Produktsicherheit zu erhöhen.

CLP steht für Regulation on Classification, Labelling and Packaging of Substances and Mixtures. Durch diese EG-Verordnung Nr. 1272/2008 welche am 20. Januar 2009 in Kraft getreten ist, wurde das GHS (Globally Harmonised System of Classification and Labelling of Chemicals) der UN in die EG implementiert. CLP regelt die Einstufung, Kennzeichnung und Verpackung von Stoffen und Gemischen im Hinblick auf sicheren Warenverkehr.

REACH und CLP schließen zwar derzeit noch Abfälle aus, allerdings bestehen Unklarheiten in Bezug auf das Abfallrecht – insbesondere betreffend gefährliche Abfälle und Sekundärrohstoffe. Entsprechende rechtliche Nachbesserungen sind abzusehen.

Geordnete Deponie Deponie, die nach vorgegebenen technischen Merkmalen zum Schutz der Umwelt und der Arbeitskräfte ausgestattet ist und betrieben wird (siehe auch → Deponie).

Geschäftsmüll (GM) Geschäftsmüll ist der in Geschäften, Kleingewerben (z. B. Handwerksbetrieben) und Dienstleistungsbetrieben (z. B. Speditionen, Gaststätten) anfallende Abfall, der gemeinsam mit dem Hausmüll gesammelt und transportiert wird.

Gewerbeabfall s. → hausmüllähnlicher Gewerbeabfall (hmä. GA).

Giftmüll Populäres Synonym für: Industrieabfall, Sonderabfall, besonders überwachungsbedürftiger Abfall, gefährlicher Abfall.

Grenzwert Durch Rechtsverordnung oder Vertrag verbindlich festgelegter Wert.

Grundoperation Die wesentlichen Hauptgrundoperationen der Aufbereitungstechnik sind Zerkleinerung, Klassierung und Sortierung; hinzu kommen Hilfsprozessgruppen wie Lagern, Fördern und Dosieren.

Grundvariante Betrachtung einer Stoffgruppe bzw. eines Sammelsystems bei Variantenrechnung.

Grüngut Gartenabfälle mit unterschiedlich hohem Anteil an verholzten Pflanzenteilen, wie Baum- und Strauchschnitt und ähnliche Gartenabfälle, Mäh- und Schnittgut von Brachflächen. Streuwiesen, Parkanlagen und Straßenrändern sowie anfallendes Pflanzenmaterial bei Landschaftspflege-maßnahmen.

Gut/Produkt Ein Gut bzw. Produkt besteht aus mehreren Stoffen und ist eine handelbare Substanz. Güter haben einen Handelswert, dieser kann positiv (z. B. Personenwagen, Trinkwasser) oder negativ (z. B. Klärschlamm, Hausmüll) sein.

In besonderen Fällen gibt es Güter, die keinen Wert aufweisen, d. h. sie verhalten sich wertmäßig neutral. Beispiele dafür sind Luft, Abluft oder Niederschlag.

Gütezeichen Symbol zur Kennzeichnung von Kompost mit definierten und garantierten Qualitätseigenschaften.

Handelsdünger vom Landwirt zugekaufte Dünger im Ggs. zu den im landw. Betrieb anfallenden Wirtschafsdüngern. Häufig fälschlicherweise als Synonym für mineral. Düngemittel benutzt.

Hauptrotte Hauptphase der Kompostierung mit dem Ziel des Ab- und Umbaus organischer Substanz.

Hausmüll (HM) Hausmüll sind Abfälle aus Haushaltungen, die von den Entsorgungspflichtigen selbst oder von ihnen beauftragten Dritten in genormten, im Entsorgungsgebiet vorgeschriebenen Behältern gesammelt und transportiert werden.

Hausmüllähnlicher Gewerbeabfall (hmä. GA) Gewerbeabfall sind die in Gewerbebetrieben anfallenden Abfälle, die getrennt vom Hausmüll gesammelt und gemeinsam mit Hausmüll der sonstigen Entsorgung zugeführt werden. (nach TA Siedlungsabfall: Gewerbemüll).

Heckladerfahrzeug Abfallsammelfahrzeug, bei dem die Ladevorrichtung am Heck angebracht ist.

Heizwert Der (untere) Heizwert ist die bei einer Verbrennung maximal nutzbare Wärmemenge, bei der es nicht zu einer Kondensation des im Abgas enthaltenen Wasserdampfes kommt, bezogen auf die Menge des eingesetzten Brennstoffs. Das Formelzeichen für den Heizwert ist Hi (früher Hu).

Heizwertreiche Fraktion (HWRF) Aus Abfallgemischen abgetrennte Fraktion, welche einen höheren Heizwert hat als das Abfallgemisch und in der Monoverbrennung (EBS-Kraftwerken) eingesetzt wird.

Holsystem Abfälle werden vom Grundstück bzw. vom Fahrbahnrand des Abfallerzeugers abgeholt.

Homogenisierung gleichmäßige Mischung verschiedener Stoffe, i. d. R. verbunden mit einer Vorzerkleinerung.

Humantoxikologisches Gutachten Gutachten über eventuelle Gefahren oder Beeinträchtigungen der menschlichen Gesundheit, welche teilweise im Zusammenhang mit genehmigungsverfahren von Toxikologen erstellt werden.

Huminstoff dem Humus angehörende pflanzl. und tier. Rückstände, die durch Humifizierung zu neuen Stoffen umgewandelt werden. Durch Mikroorganismen werden schwer zersetzbare Fette, Wachse, Lignine aus ihrem Zellverband freigelegt u. damit in einen reaktionsfähigen Zustand versetzt. Es bilden sich während der Humifizierung dunkel gefärbte, höhermolekulare, neue Stoffe, wie Humuskohle, Humine, Huminsäuren, Fulvosäuren, Hymatomelansäuren. Von diesen sind die Huminsäuren die wichtigsten.

Humus im weitesten Sinne alle organ. Stoffe in und auf dem Boden, die einem steigenden Ab-, Um- u. Aufbauprozess unterworfen sind, dessen Menge und Beschaffenheit für die Bodenfruchtbarkeit von größter Bedeutung ist. Der mengenmäßig weitaus größte Teil dieser Substanz rührt von abgestorbenen Pflanzenteilen her und kann durch äußere Zufuhren etwa von Stallmist oder Torf nur zu einem kleinen Teil ersetzt werden. Tierische Körperzersetzungs- und Ausscheidungsstoffen kommt eine besondere Bedeutung zu. Der Humusgehalt des natürlichen Bodens ist weitgehend Klima bedingt. Humusaktivierung durch Bodenbelüftung und Kalkung bedeutet stets auch Humusverbrauch.

Hydrolyse Verflüssigung; erster Reaktionsschritt bei der Methangärung. Langkettige, unlösliche Stoffe werden in kleine, wasserlösliche Stücke zerlegt.

Hygienisierung Verfahrensschritt mit dem Ziel der Entseuchung, d. h. das Material in einen nicht mehr infektiösen Zustand bringen

Identifikations- und Wägesystem System, bei dem während des Kippvorgangs (→ Kippen) spezifische Behälterdaten elektronisch erfasst werden (z. B. Adresse, Gebührenschuldner, ggf. auch Gewicht oder Füllgrad).

Immaterialisierung Vermeidung des Verbrauchs natürlicher Ressourcen und Vermeidung der Erzeugung von Abfall durch Veränderung des Lebensstils (Einkaufsverhalten, Konsumverhalten) und durch verstärkte Inanspruchnahme von Dienstleistungen (z. B. Kultur).

Immission die Zuführung von festen, flüssigen und gasförmigen luftverunreinigenden Stoffen, die ständig oder vorübergehend in Bodennähe weilen.

Immissionsprognose Gutachten im Zusammenhang von Genehmigungsverfahren über die von einer geplanten Anlage zu erwartenden Immissionen z. B. von Luftinhaltsstoffen, Niederschlägen von Staub inklusive Schadstoffen, Gerüchen, Lärm, teilweise Berechnung der Gesamtbelastung unter Berücksichtigung von vorhandenen Vorbelastungen.

Input-/Outputanalyse Die Input-/Outputanalyse wurde von LEONTIF entwickelt. Ursprünglich beruht sie auf einer sektoral gegliederten volkswirtschaftlichen Gesamtrechnung, die in Matrixform die Inputs und Outputs der einzelnen Sektoren angibt. Im Rahmen der umweltökonomischen Gesamtrechnung werden heute Material- und Energieflussrechnungen auf Input/Outputbasis durchgeführt [Statistisches Bundesamt, 1995]. Im internationalen Sprachgebrauch wird diese neue statistische Methode auch PIOT – Physical Input Output Tables – genannt. Beide Methoden, sowohl die Stoffflussanalyse als auch die Materialflussanalyse, sind letztendlich auch Input-/Outputanalysen. Daneben existieren auch Input-/Outputanalysen, die ausschließlich monetäre Ströme betrachten.

Integriertes Abfallwirtschaftskonzept Abfallwirtschaftskonzept, das basierend auf gesetzlich, wissenschaftlich, gesellschaftlich und politisch formulierten Zielvorgaben, optimierte und vernetzte stoffstromspezifisch orientierte differenzierte Entsorgungswege aufzeigt (interne Integration). Die abfallwirtschaftliche Struktur ist hierbei an die lokalen Rahmenbedingungen anzupassen (externe Integration).

Intensivrotte Erste, thermophile Phase(n) des mikrobiellen Ab- bzw. Umbaus unter aeroben Bedingungen mit hohem Sauerstoffbedarf.

KBE Koloniebildende Einheiten (Abkürzung).

Kippe („wilde Kippe") Abfallablagerung vor Einführung der geordneten Deponie, zumeist gekennzeichnet durch fehlende Kontrolle, kein systematischer Einbau, keine technischen Barrieren sowie das Auftreten von Bränden, Geruchs-, Sickerwasser- und Gasemissionen.

Kippen Einhängen des Behälters in die Behälterschüttvorrichtung, Entleeren und Aushängen. Die Kippzeit ist die Zeit, die für die Tätigkeit des Kippens benötigt wird.

Klärschlamm (KS) Klärschlamm ist der bei der Behandlung von kommunalen Abwässern in Abwasserbehandlungsanlagen zur weitergehenden Entsorgung anfallende Schlamm, der auch entwässert, getrocknet oder in sonstiger Form behandelt sein kann.

Klassierung Grundprozess der mechanischen Aufbereitung, Trennung von Stoffen nach der Korn- oder Stückgröße, in Recyclingprozessen vorwiegend durch Siebung.

Kleine und mittelständische Unternehmen (KMU) Das Institut für Mittelstandforschung in Bonn bezeichnet diejenigen Betriebe als mittelständig, die 10 bis 499 Mitarbeiter beschäftigen und/oder 1 bis 50 Millionen Euro Umsatz pro Jahr erwirtschaften. Anhand dieser Abgrenzung ist festzustellen, dass 99,7 Prozent aller deutschen Unternehmen Klein- und Mittelbetriebe sind, zwei Drittel aller Arbeitnehmer im Mittelstand beschäftigt sind, vier Fünftel aller Ausbildungsverhältnisse vom Mittelstand zur Verfügung gestellt werden und insgesamt die Hälfte des Sozialproduktes vom Mittelstand erwirtschaftet wird.

Die Europäische Kommission definiert Klein- und Mittelbetriebe als unabhängige Unternehmen mit bis zu 250 Mitarbeitern mit entweder einem jährlichem Umsatz von unter 40 Millionen Euro oder einer jährlichen Bilanzsumme bis zu 27 Millionen Euro. Diese unterschiedlichen Definitionen zeigen, dass häufig für unterschiedliche Branchen verschiedene quantitative Kriterien gelten.

Kofermentation gemeinsame Vergärung von Wirtschaftsdüngern und Reststoffen.

Koks die Summe von **Asche** und festem Kohlenstoff (C_{fix}) in einem Brennstoff.

Kombinationsdichtung Dichtungssystem moderner oberirdischen Deponien, bestehend aus einem lagenweise aufgebrachten, mächtigen mineralischen Schichtpaket auf Tonbasis, mit einer aufgelegten HDPE-Folie im Pressverbund.

Kompost „Dünger (besonders aus pflanzlichen oder tierischen Wirtschaftsabfällen)". Das Wort wurde Anfang des 19. Jahrhunderts aus dem gleichbedeutenden französischen compost entlehnt, das auf lat. compostum „Zusammengesetztes, Gemischtes", dem substantivierten Neutrum des Part. Perf. von lat. componere „zusammenstellen", -setzen" (vgl. komponieren), Duden Bd. 7).

Kompostierung Biologischer Abbau bzw. Umbau biogener, kompostierfähiger Abfälle unter aeroben Bedingungen.

Kompostmiete Aufschüttung von zu kompostierenden Abfallstoffen auf regelmäßige Haufen zum Zweck der Rotte.

Kontinuierlicher Verbesserungs-Prozess (KVP) Das Prinzip der Kontinuierlichen Verbesserung (KVP) geht zurück auf die Unternehmensphilosophie von Deming, der Verbesserung als einen permanenten Prozess verstand, den er in dem sog. Deming-Kreis oder PDCA-Zyklus veranschaulichte. Die Japaner tauften den ursprünglichen Deming-Aktivitätskreislauf im Unternehmen Deming-Cycle und beschrieben damit einen Kreislauf zur Verbesserung. Die Buchstaben PDCA stehen für die Schritte Plan (planen), Do (durchführen), Check (überprüfen), Act (handeln, z. B. auswerten, verbessern, standardisieren). Er beginnt mit der Untersuchung der gegenwärtigen Situation, um einen Plan zur Verbesserung zu formulieren. Nach der Fertigstellung wird dieser umgesetzt und überprüft, ob die gewünschte Verbesserung erzielt wurde. Im positiven Fall werden die

Maßnahmen Standard. Dieser etablierte Standard kann dann durch einen neuen Plan in Frage gestellt und verbessert werden. Die Japaner sahen hierin einen Ausgangspunkt für die stetige Verbesserung ihrer Arbeit. KVP wird mit gleicher inhaltlicher Bedeutung im englischen Sprachraum mit „Continous Improvement Process (CIP)“, in Japan mit „Kaizen“ bezeichnet.

Kultursubstrat Pflanzenerden, Mischungen auf der Grundlage von Torf und anderer Substrate, die den Pflanzen als Wurzelraum dienen, auch in flüssiger Form (Düngem.).

Laden Alle Tätigkeiten der Sammelmannschaft während des Anhaltens des Sammelfahrzeugs zum Beladen. Im Einzelnen, der Antransport des gefüllten Behälters vom Straßenrand zum Fahrzeug, das Verladen des gefüllten Behälters (z. B. Säcke) oder des Behälterinhaltes in das Sammelfahrzeug sowie das Zurückstellen des entleerten Behälters an den Straßenrand. Bei Vollservicebetrieb kommen alle hierzu erforderlichen Tätigkeiten (Rein- und Rausstellen) hinzu, soweit diese Tätigkeiten während des Haltens des Sammelfahrzeugs erledigt werden. Die Ladezeit ist die Zeit, die für die Tätigkeit des Ladens benötigt wird.

Ladepunkt Ort, an dem das Sammelfahrzeug zum Laden des Abfalls anhält; i. d. R. handelt es sich um einen Behälterstandplatz, an dem der Bürger bzw. ein Raus- und Reinsteller den oder die Behälter bereitgestellt hat oder an denen die Sammelmannschaft mehrere Behälter bereitgestellt hat (z. B. wenn Behälter von mehreren Standorten an einem Ladepunkt gemeinsam zur Entleerung zusammengezogen werden).

Länderarbeitsgemeinschaft Abfall (LAGA) Die LAGA (gegründet 1963!) ist ein Arbeitsgremium der Umweltministerkonferenz (UMK). Ihr Ziel ist ein ländereinheitlicher Vollzugs des Abfallrechts in Deutschland. Sie ist Herausgeber von Merkblättern, Richtlinien und Informationsschriften sowie Musterverwaltungsvorschriften betreffend Abfallwirtschaft und Abfalltechnik.

Langzeitlager Anlage zur Anlagerung von Abfällen nach § 4 Abs. 1 des Bundes-Immissionsschutzgesetzes in Verbindung mit Nummer 8.14 des Anhanges zur Verordnung über genehmigungsbedürftige Anlagen.

Laubkompostierung Kompostierung von Laub im privaten und kommunalen Bereich (vornehmlich von Straßenbäumen und Parkanlagen). Von den Gartenbauämtern der Kommunen durchgeführtes Verfahren zur Gewinnung von Bodenverbesserungsmitteln und zur Schonung von Deponievolumen. L.-K. wird üblicherweise in Form der einfachen Mietenkompostierung über einen Zeitraum von 1/2–1 Jahr betrieben. Als technische Geräte werden ein Zerkleinerungsgerät für Grobteile (Zweige, Äste) und eine Absiebungseinrichtung für den Fertigkompost benötigt.

Lignin wichtigster Aufbaustoff von Holz. Lignin ist anaerob nicht abbaubar.

Luftzahl (λ) Verhältnis der in einer Feuerung tatsächlich eingesetzten Luftmenge bzw. Luftmengenstrom zu der für stöchiometrische Verbrennung erforderlichen Mindestluftmenge bzw. Mindestluftmengenstrom.

Management Strategische Organisationsführung und das gezielte Steuern von Prozessen in Organisationen.

Marktabfall (MA) Marktabfälle sind die auf Märkten anfallenden Abfälle, wie z. B. Obst- und Gemüseabfälle.

Masseausbringen Beschreibt den Massenanteil, der durch einen Trennprozess aus einem Ausgangsstoffstrom in mindestens 2 Produktstoffströmen angereichert worden ist.

Material Der Begriff „Material" wird als Oberbegriff sowohl für Güter als auch für Stoffe verwendet.

Es handelt sich um einen allgemeinen Begriff, der sowohl Rohmaterialien als auch alle bereits vom Menschen durch physikalische oder chemische Prozesse veränderten Stoffe einschließt. Dabei handelt es sich also praktisch immer um zwar potenziell dienstleistungsfähige, jedoch nicht unbedingt in Gebrauch befindliche Güter.

Materialflussanalyse Die Materialflussanalyse ist eine Methodik, welche in einem abgegrenzten System, wie etwa einem Unternehmen, die Bewegung einzelner Materialien vom Rohstoffeinsatz bis zum Produkteinbau bzw. Abfallanfall beschreibt. Meist wird sie in Form einer Input-/Outputanalyse erstellt. Sie kann aber auch auf einzelne Materialströme, beispielsweise den Betriebswasserhaushalt, beschränkt werden.

Mattenkompostierung spezielles Verfahren der Kompostierung von meist kommunalen Pflanzenabfällen, bei dem die organischen Abfälle auf einer Rottefläche gleichmäßig verteilt, durch Überfahren mit einem Forstmulchgerät zerkleinert und so schichtweise zu einem Rottekörper (Matte) aufgebaut werden.

Mechanisch-biologisch behandelte Abfälle zur Ablagerung Abfälle, die eine mechanisch-biologische Behandlung durchlaufen haben und die Zuordnungswerte für die Deponieklasse II einhalten.

Mechanisch-biologische Behandlung Aufbereitung oder Umwandlung von Siedlungsabfällen und Abfällen im Sinne von § 2 Nr. 2 mit biologisch abbaubaren organischen Anteilen durch eine Kombination mechanischer und anderer physikalischer Verfahren (z. B. Zerkleinern, Sortieren) mit biologischen Verfahren (Rotte, Vergärung).

Mehrkammerfahrzeug Sammelfahrzeug mit geteiltem Laderaum für die integrierte Abfuhr von mindestens zwei getrennten Abfallfraktionen (hier Zweikammerfahrzeug).

Metabolismus Stoffwechsel, Umwandlung von Stoffen.

Methanoxidation Oxidation von Methan durch Mikroorganismen in Deponiebereichen, in denen sich Deponiegas mit Luft vermischt, tritt zumeist im oberen Bereich des Abfallkörpers bzw. in der Rekultivierungsschicht oder in Filtern auf.

Methanphase Zeitraum, in dem im Deponiekörper ein anaerober Abbau ausgeprägt vorherrscht.

Miete Kompostmiete: Kompostiermethode für große Mengen an Küchen- und Gartenabfällen (ab 4 m^3). Über das Jahr gesammeltes organisches Material unterschiedlicher Struktur wird systematisch aufgeschüttet.

Mikrobieller Abbau Abbau fester und flüssiger Abfälle durch Mikroorganismen (Bakterien, Pilze, Algen usw.). Der m. A. kann durch Zuführung ausreichender Mengen Sauerstoff beschleunigt werden. Die Steuerung des m. A. (Abbaugeschwindigkeit) erfolgt außer durch Regelung der Sauerstoffzufuhr durch Erstellung eines optimalen

Wassergehaltes, Herstellung optimaler Nährstoffbedingungen, Einstellung optimaler Temperaturbedingungen usw.

Mineraldünger Sammelbezeichnung für Düngemittel, welche einen oder mehrere Pflanzennährstoffe (Stickstoff, Phosphat, Kali, Kalk, Magnesium) aus mineralischem oder synthetischem Ursprung in anorg. Bindung enthalten. Davon unterscheiden sich die org. Düngemittel, welche die Pflanzennährstoffe in org. Bindung enthalten. Da die Pflanze die Nährstoffe nur als Ionen aufnimmt, müssen org. Düngemittel erst im Boden mineralisiert werden, ehe ihre Nährstoffe pflanzenverfügbar werden. Mit M. ist eine gezielte auf das Wachstum der Pflanzen abgestimmte Ernährung möglich; die Pflanze unterscheidet nicht zwischen Nährstoffen natürlicher oder synthetischer, organischer oder anorganischer Herkunft.

Mineralisierung Prozess des Abbaus organischer Substanzen bis hin zum anorganischen (mineralischen) Rest und damit verbunden, die Freisetzung von Nährstoffen.

Mitverbrennung Mitverbrennung von aus Abfallgemischen abgetrennten Fraktionen zusammen mit anderen Brennstoffen, z. B. in Zement- und Kraftwerken.

Monodeponie Deponie oder Deponiebereich für die zeitlich unbegrenzte Ablagerung von Abfällen, die nach Art, Schadstoffgehalt und Reaktionsverhalten ähnlich und untereinander verträglich sind.

Monoverbrennung Verbrennung von aus Abfallgemischen abgetrennten Fraktionen (z. B. im EBS-Kraftwerk) ohne die Zugabe von anderen Brennstoffen.

Mulch Organisches Material, welches mit dem Ziel der Erosionsminderung, der Unkrautunterdrückung oder Beeinflussung des Wasserhaushaltes und des Bodenlebens auf die Bodenoberfläche aufgebracht wird.

Mülleimer (ME) Nicht rollbares Abfallsammelgefäß mit 35 und 50 Litern Nutzvolumen; DIN 6628.

Müllgroßbehälter (MGB) Normiertes Abfallsammelgefäß, das für den einfacheren Transport mit Rollen ausgestattet ist; DIN EN 840.

Mülltonne (MT) Nicht rollbares Abfallsammelgefäß mit 70 bis 110 Litern Nutzvolumen (Ringtonne); DIN 6629.

Multibarrierenkonzept Installation möglichst vieler Sicherheitsbarrieren beim Bau einer oberirdischen Deponie: physische Barrieren, wie z. B. Abdichtungsschichten, aber auch Barrieren im übertragenen Sinn, wie z. B. die Standortwahl oder die Einschränkung der Palette der abzulagernden Abfälle durch Grenzwerte.

Multibarrieren-System Zusammenspiel mehrerer unabhängiger (redundanter) Barrieren zur Verhinderung des Stoffaustrages aus Abfalldeponien in das Deponieumfeld.

Nachhaltigkeit Die Nachhaltigkeit ist eine Übersetzung des englischen Begriffes „Sustainability". Nachhaltigkeit oder Zukunftsfähigkeit definiert eine Entwicklung, die den Bedürfnissen der heutigen Generation entspricht, ihre eigenen Bedürfnisse zu befriedigen und ihren Lebensstil zu wählen, ohne die Möglichkeiten künftiger Generationen zu gefährden.

Die Enquete-Kommission Schutz des Menschen und der Umwelt hat den Begriff der „nachhaltig zukunftsverträglichen Entwicklung" geprägt. Ursprünglich stammt der Nachhaltigkeitsbegriff aus dem Bereich der naturgemäßen Waldbewirtschaftung.

Bereits in der 12. Legislaturperiode wurden vier grundlegende Regeln über den nachhaltigen, zukunftsfähigen Umgang mit Ressourcen, Stoffen und Natur aufgestellt, die den Themenrahmen Material- und Stoffflussanalyse tangieren:

Die Abbaurate erneuerbarer Ressourcen soll deren Regenerationsrate nicht überschreiten. Dies entspricht der Forderung nach Aufrechterhaltung der ökologischen Leistungsfähigkeit, d. h. (mindestens) nach Erhaltung des von den Funktionen her definierten ökologischen Realkapitals.

Nicht erneuerbare Ressourcen sollen nur in dem Umfang genutzt werden, in dem ein physisch und funktionell gleichwertiger Ersatz in Form erneuerbarer Ressourcen oder höherer Produktivität der erneuerbaren sowie der nicht erneuerbaren Ressourcen geschaffen wird.

Stoffeinträge in die Umwelt sollen sich an der Belastbarkeit der Umweltmedien orientieren, wobei alle Funktionen zu berücksichtigen sind, nicht zuletzt auch die „stille" und empfindliche Regelungsfunktion.

Das Zeitmaß anthropogener Einträge bzw. Eingriffe in die Umwelt muss im ausgewogenen Verhältnis zum Zeitmaß der für das Reaktionsvermögen der Umwelt relevanten natürlichen Prozesse stehen.

Nachrotte Dritte Phase der Kompostrotte. In dieser Phase werden mineralisierte Nährstoffe zusammen mit Ton-Mineralien zu Ton-Humus-Komplexen aufgebaut. Das Ergebnis ist Humus, der dunkelbraun ist, eine feinkrümelige Struktur hat und nach Waldboden riecht.

Nachsorgephase Zeitraum nach der endgültigen Stilllegung einer Deponie bis zu dem Zeitpunkt, zu dem die zuständige Behörde nach § 36 Abs. 5 des Kreislaufwirtschafts- und Abfallgesetzes den Abschluss der Nachsorge feststellt.

Nativ-organische Stoffe (= biogen-organische Stoffe) Alle natürlich entstandenen Stoffe, die generell kompostierbar sind. Zu unterscheiden ist jedoch zwischen zur Kompostierung geeigneten und ungeeigneten Abfällen.

Nicht zertifiziertes Umweltmanagementsystem Neben den genormten Managementsystemen EMAS und DIN ISO 14001 existieren auf nationaler und internationalen Ebene eine Vielzahl nicht genormter Umweltmanagementsysteme. Aufbau und Zielsetzung entsprechenden den international genormten Systemen EMAS und ISO 14001. Es handelt sich in vielen Fällen um spezifisch an Branchen, Unternehmensgrößen oder Regionen angepasste Systeme, die z. T. durch Siegel oder Teilnahmenachweise bestätigt werden. Diese Art der Umweltmanagementsysteme lassen eine sehr flexible und angepasste Anwendung zu, verfügen aber nicht über eine Akkreditierung und weltweite Anerkennung der Zertifikate.

Notifizierungsverfahren für (gefährliche) Abfälle Genehmigungsverfahren zur grenzüberschreitenden Verbringung von (gefährlichen) Abfällen, gemäß Abfallverbringungsgesetz (AbfVerbrG). Hierdurch wird das Basler Übereinkommen in europäisches Recht umgesetzt. Der Abfallexporteur hat die geplante Verbringung von Abfällen mittels Notifizierungsformular und Begleitformular sowie weiterer erforderlicher Unterlagen bei der in seinem Heimatland zuständigen Behörde zu notifizieren (= zu beantragen).

Ökobilanz Stoff oder Energie, der bzw. die dem untersuchten System zugeführt wird und der Umwelt ohne vorherige Behandlung durch den Menschen entnommen wurde, oder Stoff oder Energie, der bzw. die das untersuchte System verlässt und ohne anschließende Behandlung durch den Menschen an die Umwelt abgegeben wird.

Olfaktometrie Messen der Reaktion von Prüfern auf Geruchsreize mit Hilfe eines Geräts in dem eine Probe geruchsbehafteten Gases in einem definierten Verhältnis mit Neutralluft verdünnt und den Prüfern dargeboten wird.

Organischer Abfall Abfälle organischer Natur. Im kommunalen Hausmüll vorwiegend natives Material (wie Gartenabfälle, Speisereste usw.), verarbeitete Stoffe (wie Textilien, Papier usw.) und synthetische Stoffe (korrekt: organisch-chemische Stoffe, wie Kunststoffe, organische Lösemittel usw.). Relativ leicht abbaubar sind nur die nativen und teilweise die verarbeiteten organischen Stoffe.

PCDD (Dioxin) polychlorierte Dibenzo-p-dioxine sind eine Klasse von aromatischen chlorierten Kohlenwasserstoffen, bei denen zwei chlorierte Benzolringe durch zwei Sauerstoffbrücken verbunden sind. Durch Position und Anzahl der Chloratome sind 75 unterschiedliche Dioxine (Variation von Isomerien = Kongenere) möglich, die unterschiedlich toxisch sind.

PCDF (Furan) polychlorierte Dibenzofurane; wie **Dioxine**, jedoch mit nur einer Sauerstoffbrücke und einer Direktverbindung zwischen den beiden chlorierten Benzolringen, wobei 135 Kongenere existieren.

Pflanzenabfälle Oberbegriff für Abfälle pflanzlicher Herkunft.

Pflanzenverträglichkeit Die im Test ermittelte positive oder neutrale Wirkung eines Stoffes oder Substrates auf das Pflanzenwachstum und die Pflanzenentwicklung.

Proaktiver Umweltschutz Antizipierendes und vorbeugendes Handeln von Organisationen und Unternehmen, die nicht nur „reaktiv" staatliche Vorgaben durch Umweltschutzinvestitionen umsetzen. Proaktiver Umweltschutz umfasst die komplette Fülle möglicher Ansatzpunkte unternehmerischen Umwelthandelns, die von Produkt- oder Produktionsverfahrensänderungen bis zu organi-satorischen Maßnahmen reicht.

Problemstoff (PS) Problemstoffe sind Bestandteile im Abfall, die bei der nachfolgenden Entsorgung zu Problemen führen, z. B. Lösemittel, Lacke, Farben, Batterien, Medikamente, Pflanzenschutzmittel.

Produktionsintegrierter Umweltschutz (PIUS) Produktionsintegrierter Umweltschutz ist insbesondere die Entwicklung umweltverträglicher Herstellungsverfahren im Sinne der Minimierung von Abfall, Abwasser und die Verminderung von Emission in die Luft bei gleicher oder sogar verbesserter Produktqualität unter Berücksichtigung des Energiebedarfs.

Der Produktionsintegrierte Umweltschutz umfasst dabei im Gegensatz zum Prozessintegrierten Umweltschutz den ganzheitlichen Blick auf die Gesamtproduktion.

Produktionsspezifische Abfall (PA) Produktspezifische Abfälle sind z. B. verdorbene Rohware, Fehlchargen, Formsande, Flugaschen, Rauchgasreinigungsrückstände, soweit nicht als Sonderabfall ausgeschlossen.

Produktprüfung Prüfung des Endproduktes auf bestimmte Pathogene, z. B. auf Salmonellen, bzw. Überprüfung des Produktes in Hinblick auf seine Qualitätsmerkmale und unerwünschten Inhaltsstoffe.

Produktsystem Zusammenstellung von Prozessmodulen mit Elementar- und Produktflüssen, die den Lebensweg eines Produktes, Dienstleistung oder Prozess modelliert und die eine oder mehrere festgelegte Funktionen erfüllt.

Profilierung Gestaltung des Deponiekörpers einer Deponie oder eines Deponieabschnittes, um darauf das Oberflächenabdichtungssystem in dem für die Entwässerung erforderlichen Gefälle aufbringen zu können.

Proximat- oder Immediatanalyse Bestimmung des Wassergehaltes, des Brennbaren d. h. der flüchtigen Bestandteile und des brennbaren festen Kohlenstoffs sowie des Aschegehaltes in einem festen brennbaren Stoff.

Prozess Ein Prozess beschreibt die Umformung, den Transport oder die Lagerung von Gütern und Stoffen. Der Prozess selbst wird meist als Black-Box definiert, d. h. die Vorgänge innerhalb des Prozesses werden im Allgemeinen nicht untersucht.

Prozesslandschaft Die Prozesslandschaft stellt i. d. R. eine Übersicht oder die Wechselwirkung der Prozesse dar, die Einzelprozesse beinhalten i. d. R. die detaillierte Ausführung der entsprechenden Vorgänge auf der Ebene von einzelnen Prozessschritten. Abhängig vom Detaillierungsgrad beinhaltet die graphische Darstellung eine zeitliche Anordnung, die Ablauflogik, Kennzahlen, Verantwortlichkeiten, Schnittstellenparameter, Aktivitäten und Ergebnisse.

Prozessprüfung Prüfung des Kompostierungsverfahrens, wobei repräsentative Testorganismen (Prüfpathogene) in Abhängigkeit vom jeweiligen Kompostierungsverfahren in charakteristische Rottebereiche eingelegt, durch den praxisüblichen Rotteprozess geschleust und nach verfahrenspezifischer Rottezeit entnommen und auf überlebende bzw. infektionsfähige Restorganismen geprüft werden.

Prozesswirkungsgrad Siehe auch → Trenngüte; kann nur mit Bezug zu einzelnen Merkmalen ermittelt werden, deren Ermittlung jedoch in Abfallstoffströmen häufig problematisch ist, da für die Bestimmung wiederum technische Trennverfahren eingesetzt werden; setzt die Massenanteile der Merkmalsklasse (z. B. Aluminiumverpackung) von Wertstoff- und Reststoffstrom zum Eingangsgehalt ins Verhältnis.

Pyrolyse thermische Zersetzung von organischen Stoffen unter Luftabschluss.

Qualitatives Bewertungskriterium verbal zu beschreibende Kriterien zur Bewertung von Varianten.

Quantitatives Bewertungskriterium numerisch vergleichbare Parameter zur Bewertung von Varianten.

Raumgewicht (RG) Gewicht eines Stoffes in einem Sammelbehälter, bezogen auf das gesamte Behältervolumen [kg/m³].

RCL-Baustoff Recyclingbaustoffe, z. B. aus der Aufbereitung von Bauschutt.

Recycling Jedes Verwertungsverfahren, durch das Abfallmaterialien zu Erzeugnissen, Materialien oder Stoffen entweder für den ursprünglichen Zweck oder für andere Zwecke aufbereitet werden. Es schließt die Aufbereitung organischer Materialien ein, aber nicht die energetische Verwertung und die Aufbereitung zu Materialien, die für die Verwendung als Brennstoff oder zur Verfüllung bestimmt sind.

Recycling (Aufbereitungstechnik) Erneute oder wiederholte Verwendung oder Verwertung von Abfällen oder von Rückständen eines Produktionsprozesses oder von Produkten oder Teilen von Produkten. Dementsprechend ist ein Recyclat oder Regenerat ein aus sekundärem Rohstoff durch Recycling zurückgewonnener Roh- oder Werkstoff.

Regionaler Stoffhaushalt Der regionale Stoffhaushalt stellt die Zusammenfassung sämtlicher geogener und anthropogener Prozesse, Güter- und Stoffflüsse in einem nach geographischen oder politischen Kriterien abgegrenzten Raum dar.

Reichweite Die Reichweite beschreibt den Zeitraum in Jahren, für den ein Rohstoff in Zukunft noch verfügbar sein wird. Die Werte werden berechnet, indem die Verfügbarkeit [Tonnen] durch den Verbrauch [Tonnen pro Jahr] geteilt wird. Dabei wird zwischen statischer und dynamischer Reichweite unterschieden. Während die statische Reichweite von zukünftig unverändertem Verbrauch und Verfügbarkeit ausgeht, wird deren Entwicklung bei der Berechnung der dynamischen Reichweite modelliert.

Reserven Der Begriff Reserven beschreibt die Gesamtmenge eines Rohstoffs in dessen natürlichen Vorkommen, deren Vorhandensein sicher nachgewiesen ist und welche mit bekannten Methoden wirtschaftlich abgebaut werden kann.

Ressource Eine Ressource kann ein materielles oder immaterielles Gut sein. Meist werden darunter Betriebsmittel, Geldmittel, Boden, Rohstoffe, Energie oder Personen verstanden. Im Umweltschutz liegt der Focus auf den natürlichen Ressourcen Wasser, Boden, Luft, Rohstoffe und Klima, als wichtige Teilbereiche der Umwelt. Im Bergbau wird der Begriff als nachgewiesene derzeit technisch und/oder wirtschaftlich nicht gewinnbare sowie nicht nachgewiesene, aber geologisch mögliche künftig gewinnbare Menge an Energierohstoffen definiert.

Ressourceneffizienz Nutzung natürlicher Ressourcen (Energie, Stoffe) in der Weise, dass sie im Verhältnis zu ihrem Gebrauchseinsatz lange, häufig und intensiv, d. h. mit hohem Wirkungsgrad, verwendet werden können.

Restmüll (Resthausmüll)) Verbleibender Hausmüll nach der getrennten Erfassung der momentan verwertbaren Stoffströme. Abfall zur Beseitigung.

Reststoff fester, verbleibender Rückstand aus einem Prozess.

Richtwert Nicht zwingend vorgeschriebener, höchster Wert für die Konzentration unerwünschter Inhaltsstoffe in Nahrungsmitteln, in Emissionen oder Immissionen, in Böden oder Gewässern oder auch ein Mindestwert für erwünschte Inhaltsstoffe in Nahrungsmitteln.

Rohstoffliches Recycling Beim rohstofflichen Recycling werden die Ausgangsbestandteile der Materialien auf Molekülebene genutzt. Dazu werden die Bindungsformen chemisch verändert und Makromoleküle zu kleineren Molekülen aufgespalten. Die Stoffe werden anschließend energetisch oder chemisch eingesetzt.

Rohstoffproduktivität in einer Volkswirtschaft ist das reale Bruttoinlandsprodukt bezogen auf den gesamten Rohstoffeinsatz (Entnahme verwerteter abiotischer Rohstoffe und Einfuhr abiotischer Güter).

Rostfeuerung Feuerungsanlage, bei der der feste brennbare Stoff (Abfall) auf einem von unten mit Verbrennungsmedium (meist Luft) durchströmten Rost durch den Feuerraum transportiert wird. Der Rost kann aus verschiedenen, teilweise beweglichen Elementen wie Walzen, Roststäben (Vor- und Rückschubrost) oder Platten bzw. Bändern (Wanderrost) aufgebaut sein.

Rotte unter aeroben Bedingungen ablaufender mikrobieller Ab- und Umbau des organischen Materials.

Rottedeponie Deponie, bei der der Abfall vor dem systematischen Einbau in einer Miete im Ablagerungsbereich der Deponie gerottet wird.

Rottegrad Kennzeichnet den aktuellen Stand der Rotte und stellt eine Stufe auf einer Skala von Kennwerten dar, die den Rottefortschritt vergleichbar charakterisieren. Einteilung in die Rottegrade I bis V, wobei I Kompostrohstoff, II und III Frischkomposte, IV und V Fertigkomposte sind.

Sachbilanz Bestandteil der Ökobilanz, der die Zusammenstellung und Quantifizierung von Inputs und Outputs eines gegebenen Produktsystems im Verlauf seines Lebensweges umfasst (ISO 14040).

Sammelzeit Sammelzeit ist die Zeit, die für die Sammlung beansprucht wird

Sammlung Summe der Vorgänge des → Ladens der Behälter und des Fahrens zwischen den einzelnen → Ladepunkten (→ Zwischenfahrten). Im Falle des → Vollservices zusätzlich das Rausstellen der gefüllten Sammelbehälter sowie das Reinstellen der entleerten Behälter einschließlich der erforderlichen Leerwege, (entspr. „Einsammeln" nach KrW-/AbfG).

Saure Phase Zeitraum, in dem im Deponiekörper der anaerobe Abbau noch nicht voll ausgeprägt vorherrscht, u. a. durch pH-Werte unter 7 im Sickerwasser gekennzeichnet.

Schadstoff organische und anorganische Stoffe in gesundheits- oder umweltgefährdender Konzentration.

Schlacke der bei einer Feuerung in flüssiger/pastöser Form anfallende feste Reststoff.

Schlammkonditionierung Zugabe geeigneter Additive (heute meist Polyelektrolyte) zu Dünnschlamm, um bei der nachfolgenden mechanischen Schlammentwässerung durch Filtration oder Zentrifugation schneller einen Filterkuchen mit hohem Trockenmasseanteil zu erzielen.

Schüttdichte Massen-Volumen-Verhältnis in Schüttungen, wichtigster Parameter für die Auslegung von Aufbereitungsprozessen.

Schüttgewicht (SG) Gewicht eines Stoffes in einem Sammelbehälter, bezogen auf das verfüllte Behältervolumen [kg/m³].

Seitenladerfahrzeug Sammelfahrzeug, bei dem die Ladevorrichtung an der Seite angebracht ist; i. d. R. erfolgt die Entleerung der Behälter mittels eines automatischen Greifarms durch den Fahrer.

Sekundärbrennstoff Aus produktionsspezifischen Abfällen oder Abfallgemischen gewonnene Fraktion mit definierten, qualitativ hochwertigen physikalischen und chemischen Eigenschaften, die in der Mitverbrennung eingesetzt wird. Sekundärbrennstoffe mit dem RAL-GZ 724 werden als SBS ® bezeichnet.

Sekundärrohstoffdünger Abwasser, Fäkalien, Klärschlamm und ähnliche Stoffe aus Siedlungsabfällen und vergleichbare Stoffe aus anderen Quellen, jeweils auch weiterbehandelt und in Mischungen untereinander oder mit Stoffen nach den Nummern 1, 2, 3, 4 und 5, die dazu bestimmt sind, zu einem der in Nummer 1 erster Teilsatz genannten Zwecke angewandt zu werden.

Selbsterhitzung mikrobiologisch bedingte Erwärmung eines organischen Materials über die Umgebungstemperatur hinaus.

Sensorgestützte Sortierung Sortierprozesse, die Stoffeigenschaften wie Farbe, elektrische Leitfähigkeit, chemische Zusammensetzung, Dichte und dergleichen berührungslos mittels Sensoren identifizieren, nach Auswertung der Merkmale eine Klassifikation mittels Datenverarbeitung vornehmen und einen zumeist pneumatischen Austrag positiv erkannter Bestandteile initiieren.

Sickerwasser Jede Flüssigkeit, die die abgelagerten Abfälle durchsickert und aus der Deponie ausgetragen oder in der Deponie eingeschlossen wird.

Siedlungsabfall Abfall aus privaten Haushaltungen und ähnlich beschaffener oder zusammengesetzter Abfall.

Sonderabfall Vermeidung/Verminderung/Verwertung (VVV) Die radikalste Sonderabfall-Vermeidungsstrategie besteht in Stoffverboten – praktiziert (und gerechtfertigt) z. B. bei PCB, PCP, HCB, CKW-Spezies, FCKW, PBDE, PFT und Quecksilber.

Generell ist Abfall VVV für bestehende industrielle Produktionsprozesse nicht trivial. So sind immer risikobehaftete technische Veränderungen am – meist sehr individuellen – Produktionsprozess erforderlich, z. B. durch Austausch von Edukten oder durch Einführung neuer Verfahrensschritte.

Trotz dieser Restriktionen hat Abfall VVV in der Industrie große Fortschritte gemacht – vielfach forciert durch Mitbewerber und der Furcht vor Imageverlust.

Sorption Unter Sorption von Chemikalien im Boden versteht man die physikalische, chemische oder physikochemische Bindung von Stoffen durch Bodenbestandteile.

Sortierquote (-grad) Prozentualer Anteil der gesammelten Menge (z. B. Altpapier), der z. B. in einer Sortieranlage aussortiert und der Verwertung zugeführt wird.

Sortierung Grundprozess der mechanischen Aufbereitung, Trennung von Stoffen nach physikalischen oder chemisch-physikalischen Merkmalen wie der Leitfähigkeit, der magnetischen Suszeptibilität, der Dichte, der Form sowie nach Oberflächeneigenschaften.

Sperrmüll (SM) Sperrmüll sind feste Abfälle aus Haushaltungen, die wegen ihrer Sperrigkeit nicht in die im Entsorgungsgebiet vorgeschriebenen Behälter passen und von den Entsorgungspflichtigen selbst oder von ihnen beauftragten Dritten getrennt vom Hausmüll gesammelt und transportiert werden.

Spezifisches Behältervolumen zur Verfügung gestelltes Behältervolumen je Einwohner und Zeitraum.

Stand der Technik Stand der Technik im Sinne dieses Gesetztes ist der Entwicklungsstand fortschrittlicher Verfahren, Einrichtungen oder Betriebsweisen, der die praktische Eignung einer Maßnahme zur Begrenzung von Emissionen gesichert erscheinen lässt. Bei der Bestimmung des Standes der Technik sind insbesondere vergleichbare Verfahren, Einrichtungen oder Betriebsweisen heranzuziehen, die mit Erfolg im Betrieb erprobt worden sind (BImSchG).

Stilllegungsphase Zeitraum vom Ende der Ablagerungsphase der Deponie oder eines Deponieabschnittes bis zur endgültigen Stilllegung der Deponie.

Stoff Ein Stoff ist ein Element des Periodensystems der Elemente (z. B. Stickstoff, Kohlenstoff etc.) oder auch eine chemische Verbindung (z. B. Kohlenstoffdioxid) oder deren Gruppe (z. B. Dioxine, organische Chlorverbindungen).

Ein einheitlicher Stoff besteht aus gleichartigen Molekülen oder Atomen und kann nur durch chemische Methoden verändert werden.

Stoffbilanz Bei der Stoffbilanz werden die In- und Outputflüsse eines Prozesses oder Systems bilanziert. Lagerveränderungen und Massenerhaltungsgesetz werden berücksichtigt. Eine wichtige Ergänzung zur Stoffbilanz ist die Energiebilanz. Stoff- und Energiebilanz gehören dem Wesen nach zusammen und sollten gemeinsam geführt werden.

Stoffbuchhaltung Die Stoffbuchhaltung ist eine periodische, mengenmäßige Erfassung der wichtigsten Güter- und Stoffflüsse. Die Stoffbuchhaltung ist gut mit dem Begriff der Finanzbuchhaltung zu vergleichen. Die Idee der Stoffbuchhaltung besteht darin, in Zukunft neben der rein wert- und mengenmäßigen Datenerfassung wie Preis, Gewicht etc. auch die in den Gütern enthaltenen Stoffe zu erfassen.

Stoffflussanalyse Die Stoffflussanalyse ist eine Methodik, welche die Prozesse, den Güter- und Stofffluss, das Lager und dessen Veränderungen in einem bestimmten, wohl definierten System möglichst gesamthaft mittels technisch-naturwissenschaftlicher Kriterien beschreibt.

Stofflich verwerteter Siedlungsabfall (SVA) in unterschiedlichen Stoffgruppen bereits erfasste und stofflich verwertete Abfälle, z. B. Altpapier, Altglas.

Stoffstromanalyse Hierbei handelt es sich um ein spezielles, d. h. ökologisches Rechnungswesen. Sie ist eine Input-Output Bilanzierung der ökologisch relevanten Stoff- und Energieströme. Die untersuchten Systeme können ein Einzelprozess, ein ganzes Unternehmen oder ein einzelnes Produkt sein. Falls erforderlich wird das Gesamtsystem in Teilprozesse zerlegt, die untereinander mittels ihrer Stoff- und Energieströme in Verbindung stehen.

Stoffstrommanagement Unter Stoffstrommanagement versteht man das zielorientierte Beeinflussen der Materialströme, um die Menge der benutzten Stoffe zu reduzieren, ihre Nutzung zu intensivieren, Emissionen zu reduzieren und ihren Kreislauf so weit wie möglich zu gewährleisten.

Stoffwechsel Metabolismus, alle meist im Protoplasma ablaufenden Auf-, Ab- und Umbaureaktionen der pflanzlichen und tierischen Organismen. Dabei ist der intermediäre Stoffwechsel die Gesamtheit der Stoffwechselreaktionen zwischen seiner Aufnahme der Nährstoffe und Ausscheidung der Endprodukte, dient dem Auf-, Um- und Abbau der Zellbausteine und der Energiegewinnung. Einzelne Stoffwechselreaktionen sind u. a. Photosynthese, Dissimilation, Gärung, Eiweiß-Stoffwechsel u. Fett-Stoffwechsel.

Straßenaufbruch (SAB) Straßenaufbruch sind mineralische Abfälle mit Bindemittelgehalten aus Bautätigkeiten im Straßen- und Brückenbau.

Straßenkehricht (SK) Straßenkehricht sind Abfälle aus der öffentlichen Straßenreinigung, wie z. B. Straßen- und Reifenabrieb, Laub sowie Streumittel des Winterdienstes.

Strategische Organisationsführung (Management) Die strategischen Organisations- und Unternehmensführung umfasst die Planung und Konzeption von Strategien und Maßnahmen zur Aufrechterhaltung der Entwicklungsfähigkeit als entscheidende Voraussetzung für den langfristigen Erfolg.

System Ein System bezeichnet die Menge an Elementen und deren Beziehung untereinander.

Im Rahmen der Stoffflussanalyse bezeichnet man die Elemente eines Systems als Prozesse und Flüsse (Güter-, Stoff-, Material- und Energieflüsse).

Durch die Bezeichnung der Elemente im System werden diejenigen, die nicht zum System gehören, ausgegrenzt und damit die Systemgrenzen definiert.

Ein System kann z. B. ein Betrieb (Müllverbrennungsanlage), eine Region, eine Nation oder auch ein Privathaushalt sein. In einem Stoffhaushaltssystem ist jedes Gut durch je einen zugehörigen Herkunfts- und Zielprozess eindeutig identifiziert.

Systemgrenze Satz von Kriterien zur Festlegung, welche Prozessmodule Teil eins Produktsystem sind.

Systemgrenzen definieren die zeitliche und räumliche Abgrenzung des zu untersuchenden Systems. Als zeitliche Grenze wird oft ein Jahr gewählt, als räumliche Grenze kann z. B. eine politische, hydrologische oder betriebliche Grenze verwendet werden. Materialflüsse in ein System hinein werden als Importe, solche aus dem System hinaus als Exporte bezeichnet.

Systemische Betrachtung Betrachtung kompletter, Systeme in denen einzelne Systemkomponenten beeinflussend auf andere Systemkomponenten und das Systemumfeld wirken können, im Gegensatz zur isolierten Betrachtung einzelner Systemkomponenten.

TA Siedlungsabfall Dritte Allgemeine Verwaltungsvorschrift zum Abfallgesetz: Technische Anleitung zur Verwertung, Behandlung und sonstigen Entsorgung von Siedlungsabfällen (aufgehoben).

Technosphäre/Anthroposphäre Die Technosphäre oder Anthroposphäre ist die durch den Menschen induzierte technische Umwelt. Sie ist ein durch menschliches Wirken entstehender Teil der Biosphäre, der mit ihr im stofflichen Austausch steht. Aus anthropozentrischer Sicht wird von der Anthroposphäre gesprochen. Stoffe treten durch

Rohstoffnutzung aus der Biosphäre in die Technosphäre ein und werden als Abfall zur Beseitigung wieder der Umwelt überlassen.

Teilservice (Benutzertransport) Behälter werden vom Benutzer am Abfuhrtag am Fahrbahnrand zur Abfuhr bereitgestellt und nach ihrer Entleerung wieder an ihren Standplatz auf dem Grundstück zurückgestellt.

Thermische Abfallbehandlung Dient der Inertisierung bzw. Zerstörung organisch-chemischer Schadstoffe, der Volumenverminderung und als Nebeneffekt der Energienutzung von unvermeidbaren, nicht verwertbaren Abfällen. Neben Müllverbrennungsanlagen oder Sonderabfall-Verbrennungsanlagen gibt es Anlagen zur Pyrolyse oder Hochtemperaturvergasung.

Toxikologie Giftkunde, Lehre von den Giften. Im Sonderabfall/Altlastenbereich von großer öffentlicher Bedeutung. Entsprechende Gutachten sollen Aufschluss über die akute und chronische Gefährdung von Mensch und Umwelt geben. Basiszahlen zu Toxizitäten von Stoffen werden i. d. R. mittels Tierversuchen ermittelt.

Bedeutsame toxikokogische Kenngrößen sind u. a. die Effektkonzentrationen (EC), die letalen Konzentration (LD bzw. LC), der „no observed effect level bzw. concentration" (NOEL bzw. NOEC), die „predicited no effect concentration" (PNEC) und der „acceptable daily intake" (ADI-Wert).

Transport Fahrten des Sammelfahrzeugs vom Betriebshof zum Sammelgebiet, vom Sammelgebiet zur Ent-/Umladestelle, von der Ent-/Umladestelle zum Sammelgebiet, von der Ent- Umladestelle zum Betriebshof, (entspr. „Befördern" nach KrWG).

Transportverpackung erleichtert den Transport von Waren, bewahrt auf dem Transport die Waren vor Schäden oder wird aus Gründen der Sicherheit des Transports verwendet und fällt beim Vertreiber als Abfall an. Beispiele sind Fässer, Kisten, Säcke, Kabeltrommeln, Paletten, Kartonagen, geschäumte Schalen, Schrumpffolien und ähnliche Umhüllungen.

Trennerfolg Siehe → Trenngüte.

Trenngüte Beschreibt den „Wirkungsgrad" von Trennprozessen wie der Siebklassierung (auch: Siebwirkungsgrad) oder von Sortierprozessen, wobei die Gütekriterien in jedem Einzelfall zu vereinbaren sind.

Trennkriterium Physikalische oder chemisch-physikalische Merkmale (Eigenschaften) von Stoffen, die für eine Sortierung genutzt werden können.

Trennmedium Unterscheidung in trockene (Trennmedium Luft) und nasse Trennverfahren (Trennmedien Wasser und wässrige Lösungen oder Suspensionen).

Tuch- oder Gewebefilter Einrichtung zur Entstaubung von Abgasen (Rauchgasen), bei der die Partikel an aus Fasern aufgebauten Filterschläuchen bei deren Durchströmung abgereinigt werden.

Umladung Umladung der eingesammelten Abfälle vom Sammelfahrzeug auf größere Transporteinheiten.

Umverpackung zusätzliche Verpackungen zu den Verkaufsverpackungen, die nicht aus Gründen der Hygiene, der Haltbarkeit oder des Schutzes der Ware vor Beschädigung oder Verschmutzung erforderlich sind. Beispiele sind Blister, Folien, Kartonagen oder ähnliche Umhüllungen um z. B. Flaschen, Becher oder Dosen.

Umweltaspekt (direkt/indirekt) Die direkten Umweltaspekte sind diejenigen Aspekte der Tätigkeiten, Produkte, Dienstleistungen mit Umweltauswirkungen, die vom Unternehmen direkt kontrolliert/gestaltet werden; die indirekten diejenigen, die das Unternehmen nicht in vollem Umfang kontrolliert, aber doch einen gewissen Einfluss ausüben kann.

Umweltauditgesetz (UAG) Gesetz zur Ausführung der Verordnung (EG) Nr. 761/2001 des Europäischen Parlaments und des Rates vom 19. März 2001 über die freiwillige Beteiligung von Organisationen an einem Gemeinschaftssystem für das Umweltmanagement und die Umweltbetriebsprüfung.

Umweltbelastung Unter Umweltverschmutzung wird im Rahmen des Umweltschutzes ganz allgemein die Verschmutzung der Umwelt, das heißt des natürlichen Lebensumfelds der Menschen, durch die Belastung der Natur mit Abfall- und Schadstoffen, z. B. Gifte, Mikroorganismen und radioaktive Substanzen verstanden.

Umweltbetriebsprüfung Die Umweltbetriebsprüfung ist ein Managementinstrument, das eine systematische, dokumentierte, regelmäßige Bewertung der Leistung der Organisation zum Schutz der Umwelt umfasst und der Überprüfung der Wirksamkeit eines Umweltmanagementsystems dient.

Umweltbilanz In der Umweltbilanz werden die Umwelteinwirkungen des Betriebes bewertet und in eine Übersicht gebracht. Man kann zwischen Stoffen und Materialien unterscheiden, die in den Betrieb eingebracht werden (Input) und Produkte, Emissionen und Abfälle, die den Betrieb wieder verlassen (Output).

Umwelterklärung Umwelterklärungen stellen in kurzer Form das Umweltmanagementsystem eines Unternehmens dar und machen Kennzahlen und Umweltziele öffentlich verfügbar. Dabei wird auch eine Bewertung von Umweltfragen am beschriebenen Standort vorgenommen.

Umweltkennzahl Betriebliche Umweltkennzahlen liefern Informationen über umweltrelevante betriebswirtschaftliche Tatbestände in konzentrierter Form. Sie machen umweltbezogene Leistungen des Unternehmens mess- und nachvollziehbar. Die Kennzahlen ermöglichen ein effizientes Umweltcontrolling, bei dem Soll-Ist-Vergleiche sowohl zwischen verschiedenen Standorten als auch mit anderen Unternehmen der Branche möglich werden.

Umweltleistung Die Umweltleistung einer Organisation oder eines Unternehmens ist die messbare Leistung im Hinblick auf die Bestandteile ihrer Tätigkeiten und Produkte, die auf die Umwelt einwirken können. Diese "Bestandteile" sind z. B. diejenigen Aktivitäten, die Emissionen in die Atmosphäre, Abwässer, Abfälle usw. erzeugen. Umweltleistungen spielen eine Rolle im Zusammenhang mit formellen Umweltmanagementsystemen, bei denen Organisationen sich zu einer ständigen Verbesserung der Umweltleistung verpflichten müssen, d. h. Emissionen, Abwässer, Abfälle usw. messbar reduzieren müssen.

Umweltmanagement Das Umweltmanagement ist ein Teilaspekt des Managements einer Organisation. Es beschäftigt sich mit den betrieblichen und behördlichen umweltrelevanten Belangen und Wirkungen der Organisation. Es dient der Sicherung der Umweltverträglichkeit der betrieblichen Produkte und Prozesse sowie der Bewusstseinsbildung der Mitarbeiter und Stakeholder.

Umweltmanagement-System Umweltmanagementsysteme (UMS) sind freiwillige Instrumente des vorsorgenden Umweltschutzes zur systematischen Erhebung und Verminderung der Umweltauswirkungen.

Umweltpolitik Umweltpolitik ist die Gesamtheit aller politischer Bestrebungen, welche die Erhaltung der natürlichen Lebensgrundlagen des Menschen bezwecken sowie die schriftliche Festlegung von Umweltleitlinien bei Organisationen und Unternehmen, die ein Umweltmanagementsystem eingeführt haben.

Umweltverträglichkeit, Umweltverträglichkeitsprüfung Systematische Untersuchung eines Vorhabens hinsichtlich seiner Auswirkungen auf die physische und soziale Umwelt durch Vergleich mit dem Zustand ohne Vorhaben.

Umweltziel Umweltziele sind die Ziele, die sich ein Unternehmen im einzelnen für seinen betrieblichen Umweltschutz gesetzt hat.

Untertageverbringung von Sonderabfällen Bei der Untertageverbringung von Abfällen ist zu unterscheiden:

- Untertagedeponierung (UTD), gemäß AbfVereinfV (April 2009) ist Abfallbeseitigung. Planfeststellungs- bzw. Raumordnungsverfahren mit Umweltverträglichkeitsprüfung und Öffentlichkeitsbeteiligung sind nötig
- Bergversatz (UTV), gemäß VersatzV (Juli 2002) ist Abfallverwertung. Bergbaurechtliches Betriebsplanverfahren ist nötig – ohne Umweltverträglichkeitsprüfung und Öffentlichkeits-beteiligung.

In beiden Fällen ist jedoch eine sog. Langzeitsicherheitsbeurteilung gefordert, die nur von Hohlräumen in geeigneten trockenen Salzformationen erbracht werden kann. Für Hohlräume in anderen geologischen Formationen z. B. von Bergbaubetrieben für Kohle, Erze und Mineralien, kann der Langzeitsicherheitsnachweis i. d. R. nicht erbracht werden, da diese immer Grundwasserkontakt haben.

Variantenkombination Betrachtung einer Kombination von Grundvarianten bis hin zu kompletten Entsorgungssystemen.

Verantwortliche Erklärung (VE) Bevor ein gefährlicher Abfall entsorgt werden darf, ist der zuständigen Behörde eine Verantwortliche Erklärung vorzulegen. Diese muss enthalten:

- Charakterisierung des Abfalls und Zuordnung eines Abfallschlüssels
- Deklarationsanalyse eines zertifizierten Labors
- Vorschlag des adäquaten Entsorgungswegs
- Stellungnahme, ob der Abfall verwertet werden kann.

Verbrennung vollständige Oxidation von organischen Stoffen mit Sauerstoff (in der Regel Luft) bei Luftzahlen $\lambda \geq 1$.

Verbrennung (von Abfall) Aufgabe der Verbrennung ist die möglichst vollständige Umwandlung des Verbrennungsgutes in gasförmige Verbrennungsprodukte und in mineralisierte, reaktionsträge feste Reststoffe, die als erdkrustenähnlich bezeichnet werden können.

Vereinzelung Vereinzelung von Körnern, Partikeln oder Stücken in einer Monoschicht ohne Berührung der Komponenten, Grundlage aller Trennprozesse mit Einzelkornsortierung.

Verfahrenstechnischer Prozess Beschreibt einen Gesamtprozess, der sich aus Grundoperationen (Teilprozessen) zusammensetzt, Teilprozesse sowohl mit Teilung von Stoffströmen als auch nur zur Eigenschaftsveränderung (z. B. Zerkleinerung oder Sortierung).

Vergärung biochemische Abbaureaktion von organischen Verbindungen bei Anwesenheit von Wasser und weitgehendem Luft-Sauerstoffabschluss.

Vergasung partielle Konversion (meist Oxidation) von organischen Stoffen mit einem Vergasungsmittel (in der Regel Sauerstoff oder Dampf, bisweilen Luft).

Verkaufsverpackung Verpackungen, die als Verkaufseinheit in den Verkehr gebracht werden und beim Endverbraucher als Abfall anfallen. Dazu gehören auch Verpackungen des Handels, der Gastronomie und anderer Dienstleister, die die Übergabe von Waren an den Endverbraucher ermöglichen oder unterstützen (Serviceverpackungen) sowie Einweggeschirr und Einwegbestecke. Beispiele sind Becher, Beutel, Blister, Dosen, Eimer, Fässer, Flaschen, Kanister, Kartonagen, Schachteln, Säcke, Schalen, Tragetaschen und Tuben.

Vermeidung Maßnahmen, die ergriffen werden, bevor ein Stoff, ein Material oder ein Erzeugnis zu Abfall geworden ist, und die Folgendes verringern:

a) die Abfallmenge, auch durch die Wiederverwendung von Erzeugnissen oder die Verlängerung ihrer Lebensdauer
b) die schädliche Auswirkungen des erzeugten Abfalls auf die Umwelt und die menschliche Gesundheit
c) den Gehalt an schädlichen Stoffen in Materialien und Erzeugnissen.

Verwertung Jedes Verfahren, als dessen Hauptergebnis Abfälle innerhalb der Anlage oder in der weiteren Wirtschaft einem sinnvollen Zweck zugeführt werden, indem sie andere Materialien ersetzen, die ansonsten zur Erfüllung einer bestimmten Funktion verwendet worden wären, oder die Abfälle so vorbereitet werden, dass sie diese Funktion erfüllen.

Verwertungsquote Prozentualer Anteil der von der gesammelten und sortierten Menge (z. B. Altpapier) tatsächlich verwertet wird.

Vollservice (Mannschaftstransport) Sammelmannschaft übernimmt auch das Rausstellen der gefüllten Behälter und nach dem
→ Laden auch das Reinstellen.

Vorbereitung zur Wiederverwendung Jedes Verwertungsverfahren der Prüfung, Reinigung oder Reparatur, bei dem Erzeugnisse oder Bestandteile von Erzeugnissen, die zu Abfällen geworden sind, so vorbereitet werden, dass sie ohne weitere Vorbehandlung wieder verwendet werden können (EU-Abfall-Rahmenrichtlinie).

Vorrotte Auf einige Tage beschränkte Anfangsphase der Rotte mit ausgeprägter Temperaturentwicklung.

Wäscher Einrichtung zur Abreinigung von (meist) gasförmigen Schadstoffen, wie z. B. HCl und SO_2, durch Absorption des Schadstoffs in einem flüssigen Absorbers (für HCl meist Wasser, für SO_2 häufig NaOH oder $Ca(OH)_2$).

Wasserdurchlässigkeit (Darcy-Wert, kf-Wert) Darcy: französischer Wasserbauingenieur, um 1850. kf-Wert ist wichtige Kenngröße zur Charakterisierung der Wasserdurchlässigkeit von Poren-Grundwasserleitern bei laminarem Wasserfluss. Nicht sinnvoll bei Kluft-Grundwasserleitern (Karst). Anwendung insb. für mineralische Deponieabdichtungen, von Deponieuntergrund sowie von Böden im Altlastenbereich. Einheit: m/s. Je kleiner der Wert, desto dichter. Realisierbar sind künstliche mineralische Dichtungen auf Tonbasis bis max. ca. 1·10-11 m/s (gemessen im Labor mit Permeameter). Im Feld kann der kf-Wert ausgedehnterer Bodenbereiche mittels Pumpversuchen ermittelt werden.

Wechselaufbausystem System, bei dem der Aufbau des Sammelfahrzeugs austauschbar ist, (mehrere) Wechselaufbauten können unabhängig vom Sammelfahrzeug zur Entsorgungsanlage transportiert werden kann.

Weiterverwendung Nutzung des Produktes für eine vom Erstzweck verschiedene Verwendung, für die es nicht hergestellt worden ist.

Wertstoffausbringen Beschreibt den Massenanteil einer Merkmalsklasse, der bezogen auf 100 % in einem Aufgabegut in einem Wertstoffstrom angereichert worden ist.

Wertstoffgehalt Auch Reinheit genannt, kennzeichnet, wie hoch ein Produkt durch aufbereitungstechnische Maßnahmen an einem Wertstoff angereichert worden ist.

Wertstoffliches Recycling Recyclingverfahren, bei dem die Werkstoffeigenschaften im Wesentlichen erhalten bleiben (Kunststoff, Glas).

Wiederverwendung Jedes Verfahren, bei dem Erzeugnisse oder Bestandteile, die keine Abfälle sind, wieder für denselben Zweck verwendet werden, für den sie ursprünglich bestimmt waren (EU-Abfall-Rahmenrichtlinie).

Wilde Müllkippe (→ Kippe) punktuelle, unsystematische Anhäufung von Abfällen.

Wirbelschichtfeuerung Feuerungsanlage, bei der feinstückiger brennbarer Stoff (Abfall) im Gemisch mit inertem Wirbelbettmaterial (meist feinkörnigem Sand) über einem von unten mit vorgewärmtem Verbrennungsmedium (meist Luft) durchströmten Düsen- oder Anströmboden in aufgewirbeltem Zustand in einer räumlich begrenzten Zone (Wirbelbett) abbrennt (stationäre Wirbelschichtfeuerung, SWS-Feuerung). Ist die Verbrennungszone für das feste Brenngut infolge erhöhter Geschwindigkeit der Verbrennungsluft räumlich nicht begrenzt, so dass die Brennstoffpartikel durch den gesamten Brennraum nach oben getragen werden und nach einem Gasabscheider wieder nach unten in den Feuerraum zurückgeführt werden, spricht man von einer **zirkulierenden Wirbelschichtfeuerung** (ZWS-Feuerung).

Wirkungsabschätzung Phase der Ökobilanz, in der die Sachbilanzergebnisse Wirkungskategorien zugeordnet werden. Für jede Wirkungskategorie wird der Wirkungsindikator ausgewählt und das Wirkungsindikatorergebnis berechnet [ISO 14040].

Wirkungskategorie Klasse, die wichtige Umweltthemen repräsentiert und der Sachbilanzergebnisse zugeordnet werden können.

Wirtschaftsdünger tierische Ausscheidungen, Gülle, Jauche, Stallmist, Stroh sowie ähnliche Nebenerzeugnisse aus der landwirtschaftlichen Produktion, auch weiterbehandelt, die dazu bestimmt sind, zu einem der in Nummer 1 erster Teilsatz genannten Zwecke angewandt zu werden.

Zerkleinerung Grundprozess der mechanischen Aufbereitung, führt zum Herabsetzen der oberen Korngröße und zum Aufschluss von Verbunden.

Zerkleinerungsbeanspruchung Mechanische Beanspruchung bei Zerkleinerungsverfahren durch Druck, Prall, Schlag, Reibung und/oder Scherung, letztere als reißender oder schneidender Prozess.

Zuordnungswert bestimmte Analysenwerte, die einen Abfall charakterisieren und bei Einhaltung vorgegebener Höchstwerte einer Deponieklasse zuweisen.

Zwischenfahrten Fahrten während der Sammlung vom Anfang eines Sammelabschnittes bis zum ersten Ladepunkt, zwischen den einzelnen Ladepunkten und vom letzten Ladepunkt eines Sammelabschnittes bis zum Ende eines Sammelabschnittes

Zwischenfahrtzeit ist die Zeit, die für die Zwischenfahrt benötigt wird.

Zwischentransport Fahrt, die zwischen zwei deutlich voneinander getrennten Sammelgebieten (z. B. 1 km Abstand in städtischen oder 5 km in ländlichen Gebieten) zurückgelegt wird. Die Zwischentransportzeit ist die Zeit, die für den Zwischentransport benötigt wird.

Glossar

[1] Anonym: LAGA Merkblatt M 10. Qualitätskriterien und Anwendungsempfehlungen für Kompost. E. Schmidt-Verlag, Berlin, 1994

[2] Anonym: Dritte Allgemeine Verwaltungsvorschrift zum Abfallgesetz (TA-Siedlungsabfall). Bundesanzeiger Jahrgang 45, Nr. 99a, 1993

[3] Hutzinger, O.: Umweltwissenschaften und Schadstoffforschung. Begriffsdefinitionen zum Bodenschutz. ecomed-Verlag, Landsberg, 1993

[4] Anonym: EU – Abfallrahmenrichtlinie. Richtlinie 2008/98/EG des Europäischen Parlaments und Rates vom 19. November 2008

[5] Anonym: Umwelt und Chemie von A-Z. Fachverband der Chemischen Industrie Österreichs, 1991

[6] Anonym: Leitfaden zur Kompostierung organischer Abfälle. Ministerium für Umwelt und Gesundheit Rheinland-Pfalz, 1989

[7] Anonym: Düngemittelgesetz von 1994

[8] Anonym: International Organization for Standardisation (ISO). Umweltmanagement – Ökobilanz – Grundsätze und Rahmenbedingungen (ISO 14040), CEN, 2000
[9] Anonym: Leitfaden – Bioabfallkompostierung. Umweltministerium Baden-Württemberg, 1994
[10] Gutmann, V., Hengge, E.: „Anorganische Chemie – eine Einführung“, 1990
[11] Anonym: Hinweise zum Aufbringen von Grüngut. Bayerisches Staatsministerium für Landwirtschaft und Umwelt, 1994
[12] Anonym: Was Sie schon immer über Abfall und Umwelt wissen wollten. 3. Auflage. Kohlhammer-Verlag, Berlin, Stuttgart, Köln, 1993
[13] Kuhn, E.: Kofermentation, KTBL – Arbeitspapier 219, Kuratorium für Technik und Bauwesen in der Landwirtschaft e.V., Darmstadt, 1995
[14] Leontief, W. W.: „Input-output economics“, 1986
[15] Brunner, P. H.: „Machbarkeitsstudie Stoffbuchhaltung Österreich“, Berichte Umweltbundesamt Wien, 1995
[16] Anonym: Kompost-Ratgeber. Senatsverwaltung für Stadtentwicklung und Umweltschutz, Berlin, 1994
[17] Anonym: Brundtland Report 1987: Our Common Future, Weltkommission für Umwelt und Entwicklung (World Commission on Environment and Development, WCED), (A/42/427, 4. August 1987), http://www.unric.org/html/german/entwicklung/rio5/index.htm#brundtland
[18] PIN EN 13725. Luftbeschaffenheit – Bestimmung der Geruchsstoffkonzentrationen mit dynamischer Olfaktometrie, Beuth-Verlag, 2003
[19] Anonym: Deutscher Bundestag 1997: Konzept Nachhaltigkeit, Fundamente einer Gesellschaft von morgen, Zwischenbericht der Enquetekommmission“Schutz des Menschens“, Bonn, 1997
[20] Daxbeck, H., Morf, L., Brunner, P. H.: Stofffloßanalysen als Grundlagen für eine ressourcenorientierte Abfallwirtschaft (Endbericht Techn. Univ. Wien Inst. für Wassergüte u. Abfallwirtschaft), 1998
[21] Baccini, P. u. Brunner, P. H.: Metabolism of the Anthroposphere, 1991
[22] Anonym: Abfallwirtschaftsprogramm des Landes Schleswig-Holstein, Ministerium für Natur und Umwelt, Kiel, 1991
[23] Schmidt-Bleek, F.: „Das MIPS-Konzept – Weniger Naturverbrauch – mehr Lebensqualität durch Faktor 10“, 1998

Stichwortverzeichnis

M. Kranert (Hrsg.), *Einführung in die Kreislaufwirtschaft*,
DOI 10.1007/978-3-8348-2257-4

Z

Printed by Printforce, the Netherlands